典型元素

10	11	12	13	14	15	16	17	18	最外殻
								₂He ヘリウム 4.003	K
			₅B ホウ素 10.81	₆C 炭素 12.01	₇N 窒素 14.01	₈O 酸素 16.00	₉F フッ素 19.00	₁₀Ne ネオン 20.18	L
			₁₃Al アルミニウム 26.98	₁₄Si ケイ素 28.09	₁₅P リン 30.97	₁₆S 硫黄 32.07	₁₇Cl 塩素 35.45	₁₈Ar アルゴン 39.95	M
₂₈Ni ニッケル 58.69	₂₉Cu 銅 63.55	₃₀Zn 亜鉛 65.38	₃₁Ga ガリウム 69.72	₃₂Ge ゲルマニウム 72.63	₃₃As ヒ素 74.92	₃₄Se セレン 78.97	₃₅Br 臭素 79.90	₃₆Kr クリプトン 83.80	N
₄₆Pd パラジウム 106.4	₄₇Ag 銀 107.9	₄₈Cd カドミウム 112.4	₄₉In インジウム 114.8	₅₀Sn スズ 118.7	₅₁Sb アンチモン 121.8	₅₂Te テルル 127.6	₅₃I ヨウ素 126.9	₅₄Xe キセノン 131.3	O
₇₈Pt 白金 195.1	₇₉Au 金 197.0	₈₀Hg 水銀 200.6	₈₁Tl タリウム 204.4	₈₂Pb 鉛 207.2	₈₃Bi ビスマス 209.0	₈₄Po ポロニウム (210)	₈₅At アスタチン (210)	₈₆Rn ラドン (222)	P
₁₁₀Ds ダームスタチウム (281)	₁₁₁Rg レントゲニウム (280)	₁₁₂Cn コペルニシウム (285)	₁₁₃Nh ニホニウム (278)	₁₁₄Fl フレロビウム (289)	₁₁₅Mc モスコビウム (289)	₁₁₆Lv リバモリウム (293)	₁₁₇Ts テネシン (293)	₁₁₈Og オガネソン (294)	Q

	2	3	4	5	6	7	0
						ハロゲン	貴ガス (希ガス)

液体　気体
非金属　金属

遷移元素

| ₆₃Eu ユウロピウム 152.0 | ₆₄Gd ガドリニウム 157.3 | ₆₅Tb テルビウム 158.9 | ₆₆Dy ジスプロシウム 162.5 | ₆₇Ho ホルミウム 164.9 | ₆₈Er エルビウム 167.3 | ₆₉Tm ツリウム 168.9 | ₇₀Yb イッテルビウム 173.0 | ₇₁Lu ルテチウム 175.0 |
| ₉₅Am アメリシウム (243) | ₉₆Cm キュリウム (247) | ₉₇Bk バークリウム (247) | ₉₈Cf カリホルニウム (252) | ₉₉Es アインスタイニウム (252) | ₁₀₀Fm フェルミウム (257) | ₁₀₁Md メンデレビウム (258) | ₁₀₂No ノーベリウム (259) | ₁₀₃Lr ローレンシウム (262) |

重要数値

原子量概数値

元素	概数
H	1.0
He	4.0
Li	7.0
C	12
N	14
O	16
F	19
Na	23
Mg	24
Al	27
Si	28
P	31
S	32
Cl	35.5
K	39
Ca	40
Cr	52
Mn	55
Fe	56
Ni	59
Cu	63.5
Zn	65.4
Br	80
Ag	108
I	127
Ba	137
Pb	207

アボガドロ定数
6.0×10^{23} /mol
気体1molの体積
22.4 L(標準状態)
ファラデー定数
9.65×10^4 C/mol

本書の特徴と利用法

　本書は，高校化学「化学基礎」と「化学」の学習内容の定着をはかり，理解を深める目的で編修された問題集です。基礎から応用まで段階をおった構成になっており，授業・教科書との併用により，学習効果を高めることができます。

まとめ　　　　　　　豊富な図版を用いて，学習事項をわかりやすく整理しています。

ウォーミングアップ　問題を解くうえでの基礎知識を確認します。解けない場合は，「まとめ」の学習事項を読みましょう。

基本例題　　　　　　教科書を理解するための基本問題と解答・解説で構成しています。解法のポイントを「エクセル」で示しています。　　（76題）

基本問題　　　　　　教科書を理解するための基本問題で構成しています。基本例題レベルの問題演習に適しています。　　　　　　　　（303題）

標準例題　　　　　　大学入試問題を解くための典型的な問題と解答・解説で構成しています。解法のポイントを「エクセル」で示しています。
　　　　　　　　　　　　　　　　　　　　　　　　　（43題）

標準問題　　　　　　大学入試問題を解くための典型的な問題で構成しています。標準例題レベルの問題演習に適しています。　　　　　　（169題）

発展問題　　　　　　難関大学の入試問題です。標準問題が解けたらチャレンジしてみてください。（46題）

エクササイズ　　　　おさえておきたい物質量の計算や各種反応式などを確認します。繰り返しチャレンジしてみてください。

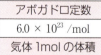
　　　　　　　　　　　左の重要数値を用いて解く問題。

　実験・論述・新傾向の問題については，問題文頭に **実験** **論述** **新傾向** を示した。「化学基礎」での学習指導要領の範囲外の内容（発展的な学習内容）については， **化学** をつけた。

別冊解答

　2色刷りの詳しい解答・解説です。「エクセル」を設けて，図解と解法のポイントを多く掲載しています。

新訂エクセル化学［総合版］

contents 目次

◆ 答案を作成するにあたって ・・・・・・・・・・・ 002

第1章 物質の構成

- 基礎 **1** 物質の探究 ・・・・・・・・・・・・・・・・・・・・ 006
- 基礎 **2** 物質の構成粒子 ・・・・・・・・・・・・・・・・ 016
- 基礎 **3** 物質と化学結合 ・・・・・・・・・・・・・・・・ 030
- ● 論述問題 ・・・・・・・・・・・・・・・・・・・・・・・ 048
- ● エクササイズ ・・・・・・・・・・・・・・・・・・・ 050

第2章 物質の変化

- 基礎 **4** 物質量 ・・・・・・・・・・・・・・・・・・・・・・・ 052
- 基礎 **5** 化学反応式と量的関係 ・・・・・・・・ 070
- ● エクササイズ ・・・・・・・・・・・・・・・・・・・ 080
- 基礎 **6** 酸・塩基 ・・・・・・・・・・・・・・・・・・・・・ 082
- 基礎 **7** 酸化還元反応 ・・・・・・・・・・・・・・・・・ 100
- 基礎 **8** 電池・電気分解 ・・・・・・・・・・・・・・・・ 110
- ● 論述問題 ・・・・・・・・・・・・・・・・・・・・・・・ 122
- ● エクササイズ ・・・・・・・・・・・・・・・・・・・ 124

第3章 物質の状態と平衡

- **9** 状態変化 ・・・・・・・・・・・・・・・・・・・・・・・ 126
- **10** 気体の性質 ・・・・・・・・・・・・・・・・・・・・・ 132
- **11** 固体の構造 ・・・・・・・・・・・・・・・・・・・・・ 144
- **12** 溶液の性質 ・・・・・・・・・・・・・・・・・・・・・ 154
- ● 論述問題 ・・・・・・・・・・・・・・・・・・・・・・・ 166

第4章 物質の変化と平衡

- **13** 化学反応と熱エネルギー ・・・・・・・ 168
- **14** 化学反応と光エネルギー ・・・・・・・ 180
- **15** 反応の速さとしくみ ・・・・・・・・・・・・・ 188
- **16** 化学平衡 ・・・・・・・・・・・・・・・・・・・・・・・ 198
- ● 論述問題 ・・・・・・・・・・・・・・・・・・・・・・・ 214

第5章 無機物質

- **17** 非金属元素 ・・・・・・・・・・・・・・・・・・・・・ 216
- **18** 典型金属元素の単体と化合物 ・・・・・・ 236
- **19** 遷移元素 ・・・・・・・・・・・・・・・・・・・・・・・ 248
- **20** 金属イオンの分離と推定 ・・・・・・・ 260
- **21** 無機物質と人間生活 ・・・・・・・・・・・・ 270
- ● 論述問題 ・・・・・・・・・・・・・・・・・・・・・・・ 274
- ● エクササイズ ・・・・・・・・・・・・・・・・・・・ 276

第6章 有機化合物

- **22** 有機化合物の特徴と分類 ・・・・・・・ 278
- **23** 脂肪族炭化水素 ・・・・・・・・・・・・・・・・・ 288
- **24** 酸素を含む脂肪族化合物 ・・・・・・・ 298
- **25** 芳香族化合物 ・・・・・・・・・・・・・・・・・・・ 316
- **26** 有機化合物と人間生活 ・・・・・・・・・・ 338
- ● 論述問題 ・・・・・・・・・・・・・・・・・・・・・・・ 344
- ● エクササイズ ・・・・・・・・・・・・・・・・・・・ 346

第7章 高分子化合物

- **27** 天然高分子化合物 ・・・・・・・・・・・・・・・ 350
- **28** 合成高分子化合物 ・・・・・・・・・・・・・・・ 368
- ● 論述問題 ・・・・・・・・・・・・・・・・・・・・・・・ 382

◆ 入試のポイント・発展知識 ・・・・・・・・・・ 384

◆ 入試のポイント・実験問題を攻略する 396

◆ 入試のポイント・思考問題 ・・・・・・・・・・ 408

◆ 論述問題を解くにあたって ・・・・・・・・・・ 412

◆ 付録 ・・・・ 415

◆ 略解 ・・・・ 419

答案を作成するにあたって

10進法の接頭語

k	h	d	c	m	μ	n
キロ	ヘクト	デシ	センチ	ミリ	マイクロ	ナノ
(kilo)	(hecto)	(deci)	(centi)	(milli)	(micro)	(nano)
1000倍	100倍	1/10倍	1/100倍	1/1000倍	1/1000000倍	1/1000000000倍

単位

● 長さ　$1\,\mathrm{m} = 100\,\mathrm{cm} = 1000\,\mathrm{mm}$

　　　　$0.0000000001\,\mathrm{m} = 10^{-10}\,\mathrm{m} = 1\,\mathring{\mathrm{A}}\,(オングストローム)$

　　　　$0.000000001\,\mathrm{m} = 10^{-9}\,\mathrm{m} = 1\,\mathrm{nm}\,(ナノメートル)$

● 質量　$1\,\mathrm{kg} = 1000\,\mathrm{g}$, $1\,\mathrm{g} = 1000\,\mathrm{mg}$, $1000\,\mathrm{kg} = 1\,\mathrm{t}\,(トン)$

● 体積　$1\,\mathrm{L} = 1000\,\mathrm{mL} = 1000\,\mathrm{cm}^3$

● 圧力　$1\,\mathrm{hPa} = 100\,\mathrm{Pa}$

指数表示

● 表記法　$\underbrace{10 \times 10 \times \cdots \times 10}_{n個} = 10^n$, $1/\underbrace{1000 \cdots 0}_{n個} = 1/10^n = 10^{-n}$

● 計算　$10^a \times 10^b = 10^{a+b}$, $10^a \div 10^b = 10^a / 10^b = 10^{a-b}$

　例1　縦$3.0 \times 10^2\,\mathrm{mm}$，横$4.0 \times 10^3\,\mathrm{mm}$の四角形の面積〔$\mathrm{mm}^2$〕

　　　　　$(3.0 \times 10^2) \times (4.0 \times 10^3) = 12 \times 10^5 = 1.2 \times 10 \times 10^5 = 1.2 \times 10^6$

　例2　質量$1.0 \times 10^3\,\mathrm{g}$，体積$4.0 \times 10^6\,\mathrm{cm}^3$の物質の密度〔$\mathrm{g/cm}^3$〕

　　　　　$\dfrac{1.0 \times 10^3\,\mathrm{g}}{4.0 \times 10^6\,\mathrm{cm}^3} = 0.25 \times 10^{-3} = 2.5 \times 0.1 \times 10^{-3} = 2.5 \times 10^{-4}$

対数計算

$10^x = y$のとき，$x = \log_{10} y$（底が10の対数を常用対数といい，10は省略することが多い）

$\log 10^a = a$　　　　**例**　$\log 10 = 1$, $\log 10^2 = 2$, $\log 10^{-3} = -3$

$\log (a \times b) = \log a + \log b$　　**例**　$\log 6 = \log (2 \times 3) = \log 2 + \log 3$

$\log \dfrac{a}{b} = \log a - \log b$　　　**例**　$\log 5 = \log \dfrac{10}{2} = \log 10 - \log 2 = 1 - \log 2$

比の計算

$a : b = c : d$のとき，$b \times c = a \times d$

例　酸素の質量が32gあったときに体積が22.4Lだったとすると，16gでは何Lになるか。　　　　$32\,\mathrm{g} : 22.4\,\mathrm{L} = 16\,\mathrm{g} : x\,〔\mathrm{L}〕$

　　　　　　　$x = \dfrac{22.4 \times 16}{32} = 11.2\,\mathrm{L}$

有効数字

● 測定値と有効数字という考え方

メスシリンダーの目盛りの読みは，通常最小目盛りの1/10まで目分量で読むことになっている。右のような場合，その読みは「12.3」になる。この測定値は本当の値（「真の値」とよぶ）に近い数値であり，「有効数字」とよばれる。このとき有効数字は3桁である。しかし，この数値には誤差が含まれているため，正確な体積は，12.3 − 0.05（12.25）≦ 真の値 < 12.3 + 0.05（12.35）になる。

● 有効数字の表記法

・12.3と12.30の違い

上の例の測定値は有効数字3桁であった。これがもし12.30と書かれると，有効数字4桁になり，12.295≦真の値<12.305ということを意味する（精度が10倍高くなる）。したがって，有効数字の桁数を考えることは大切なことである。

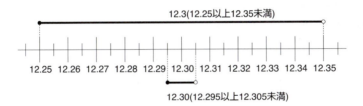

・小数表記と有効数字

小さな値を小数で表すとき，位取りを表す前の0は有効数字の桁数に含めない。ただし，後ろに続く0は有効数字の桁数に含める。

$$0.027 \rightarrow 有効数字は2と7の2桁$$
$$0.160 \rightarrow 有効数字は1と6と右端の0の3桁$$

・とても大きな値や小さな値の科学的な表記法

一般に，有効数字の科学的な表記法として，$a \times 10^n$（$1 \leq a < 10$）の形で表す。また，「有効数字が○桁である」というときには，末尾の位の一つ下の位を四捨五入して○桁にする。

$$整数\quad 340 \quad（有効数字3桁）\quad \rightarrow \quad 3.40 \times 10^2$$
$$小数\quad 0.082 \quad（有効数字2桁）\quad \rightarrow \quad 8.2 \times 10^{-2}$$

例 有効数字の科学的な表記法を使って，53519050を次の有効数字で表せ。

(1) 有効数字5桁…5.3519×10^7　（6桁目を四捨五入）
(2) 有効数字4桁…5.352×10^7　（5桁目を四捨五入）
(3) 有効数字3桁…5.35×10^7　（4桁目を四捨五入）

答案を作成するにあたって

● 問題の解答を作成するにあたって

測定値を使った計算結果の精度は，いくつか与えられた測定値（問題文では与えられた数値）の中で最も精度の低い（有効数字の桁数の少ない）値で決められてしまう。

なぜ有効数字にこだわるのかは，かけ算や割り算などの計算によって，実際の測定値よりも精度の高い結果が出てくることなどありえないということを考えればわかるだろう。

・足し算，引き算の時

位取りの最も高い値よりも1桁多く計算し，最後に四捨五入して最も高い位取りにしたものを答えにする。

> **例** $17.6 + 0.29 = 17.89 ≒ 17.9$
>
> 小数第2位を四捨五入
>
> 17.6は小数第1位までで0.29の第2位よりも高い。したがって，小数第1位まで求める。

・かけ算，割り算の時

有効数字の桁数が最も少ない値よりも1桁多く計算し，その結果を四捨五入して桁数の最も少ない値の桁数に合わせて答えにする。

> **例** $4.38 × 0.72 = 3.15… ≒ 3.2$
>
> 有効数字3桁目を四捨五入
>
> 0.72は有効数字2桁で4.38の3桁より少ない。したがって，答えは有効数字2桁まで求めればよい。その場合，有効数字3桁まで計算し，3桁目を四捨五入して2桁まで求める。

※連続してかけ算，割り算をする場合は，大きな分数をつくってできるだけ約分しながら計算する。

例 解答を有効数字2桁で指定されていた場合

$$\frac{2.47 × \overset{1.50}{1.50} × \overset{2.21}{4.42}}{\underset{7.00}{3.00} × 14.0}$$

約分して残った計算を進める場合，本書では途中の計算結果は「切り捨て」て次の計算に続ける。

次の式へ

切り捨て

$2.47 × 1.50 = 3.705$　　$3.70 × 2.21 = 8.177$

切り捨て

$$\frac{8.17}{7.00} = 1.167… ≒ 1.2$$
四捨五入

※前問の答えを次の問いに使用する場合は，最後の四捨五入の前の値を使う。

実際の問題では……

・有効数字の桁数が指定されていた場合

その指定された桁数の1桁多く計算し，最後に四捨五入して指定された桁数に合わせる。

・有効数字の桁数が指定されていない場合

問題文中の測定値の桁数のうちで，最も桁数の少ない値に，最後の結果を合わせる。

※問題文に個数などが1桁の数値で与えられた場合は，一般に有効数字1桁とは考えず，有効数字の考慮に入れない。

※測定値でない値（誤差を含まない数値）は有効数字の考慮に入れない。

（本書では，例えば次のような数値は問題文中にあっても，有効数字の考慮に入れない。反応式の係数，原子量，アボガドロ定数，気体定数，水のイオン積，標準状態での1molの体積など）

練習問題

1 次の数値の有効数字の桁数を答えよ。

(1) 22.4　　(2) 1.013　　(3) 0.025　　(4) 1.0　　(5) 6.02×10^{23}

2 次の数値を〔　〕の中の単位に変えよ。

(1) 22.4 L 〔mL〕　　(2) 5.24 nm 〔m〕　　(3) 0.24 g 〔mg〕

(4) 1013 hPa 〔Pa〕　　(5) 4.2 J 〔kJ〕

3 次の数値を $a \times 10^n$ の形で表せ。

(1) 141.4　　(2) 0.0073　　(3) 0.230　　(4) 96500〔有効数字3桁〕

(5) 1000〔有効数字2桁〕

4 次の計算結果を有効数字2桁で答えよ。

(1) $1.4 \times 10^3 \times 5.0 \times 10^2$　　(2) $3.0 \times 10^2 \times 4.2 \times 10^{-5}$

(3) $162 \times 55 \div 20$　　(4) $(3.05 + 2.42) \times 4.63$

(5) $(0.164 + 1.36) \times 2.46$

5 次の計算を有効数字を考えて答えよ。

(1) $45.27 + 66.8$　　(2) $4.264 - 1.8$

(3) $6.82 \times 10^3 + 2.41 \times 10^2$　　(4) $22.4 - 16.04 + 8.524 - 26.32$

6 次の計算を有効数字を考えて答えよ。

(1) 1.46×0.53　　(2) $6.24 \div 0.21$　　(3) $1.254 \times 10^3 \times 2.5 \times 10^2$

7 $5.5\ \mathrm{cm}^3$ で $7.095\ \mathrm{g}$ の液体がある。

(1) この液体の密度を求めよ。

(2) この液体が $2.05\ \mathrm{cm}^3$ で何 g になるかを求めよ。

　　① (1) の結果を使って求めよ。

　　② $5.5\ \mathrm{cm}^3$ で $7.095\ \mathrm{g}$ になる事実とともに比例式を立てて，分数にしてから分子分母を約分して求めよ。

8 直径12.0 cmの円周に1回巻きつけたひもを15等分にしたい。ただし，円周率は 3.141592…である。

(1) 円周率 π はどこまで使えばよいか。

(2) 1本は何 cm になるか。有効数字2桁で答えよ。

1 物質の探究

① 物質の種類と性質

◆1 物質

物質
- 純物質：他の物質が混じっていない単一の物質。融点・沸点・密度は一定。
  - 例：酸素，窒素，水，塩化ナトリウム，エタノール，二酸化炭素
- 混合物：2種類以上の物質が混じった物質。融点・沸点・密度は一定でない。
  - 例：空気，海水，石油，牛乳，土，岩石，天然ガス

◆2 混合物の分離方法　ろ過，再結晶，蒸留，分留，抽出，昇華法などがある。

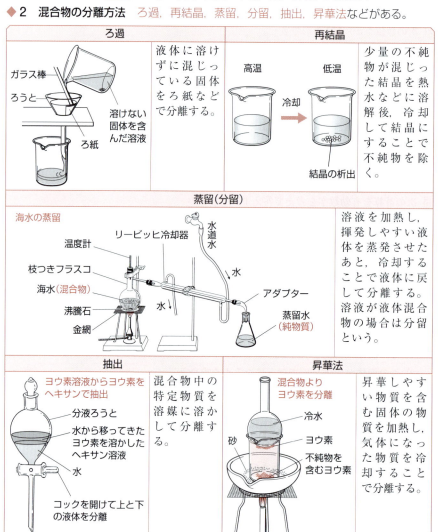

2 物質と元素

◆1 **元素・単体・化合物**

①**元素** 物質を構成する基本的な成分で元素は110種余りが知られている。

例：水は水素と酸素からできている。このときの水素と酸素は元素の意味。

②**元素記号** 元素を表す記号：英語やラテン語の元素名からとった大文字1文字, または, 大文字と小文字の2文字で表す。

例：水素 H, ヘリウム He, 窒素 N, ナトリウム Na

③**単体と化合物** 純物質は単体と化合物に分けられる。

純物質
- 単体 1種類の元素からできた物質
  - 例：酸素 O_2, 窒素 N_2, 炭素 C, ナトリウム Na, 鉄 Fe など
- 化合物 2種類以上の元素からできた物質
  - 例：水 H_2O, 二酸化炭素 CO_2, 塩化ナトリウム NaCl, エタノール C_2H_6O など

◆2 **同素体** 同じ元素の単体で性質の異なる物質

元素名	元素記号	同素体の例
硫黄	S	斜方硫黄 S_8, 単斜硫黄 S_8, ゴム状硫黄 S_x
炭素	C	黒鉛, ダイヤモンド, フラーレン C_{60}, C_{70} など
酸素	O	酸素 O_2, オゾン O_3
リン	P	黄リン P_4, 赤リン P_x

◆3 **成分元素の検出** 単体や化合物を構成する元素を知る。

①**炎色反応** 化合物を外炎に入れると元素によっては特有の炎の色を示す。

元素	色	元素	色
リチウム Li	赤	カルシウム Ca	橙赤
ナトリウム Na	黄	ストロンチウム Sr	深赤
カリウム K	赤紫	バリウム Ba	黄緑
ルビジウム Rb	紅紫	銅 Cu	青緑

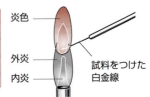

②**沈殿反応** 水溶液中に不溶な固体物質（沈殿）を生成させる。

例：塩素が含まれる水溶液⟶硝酸銀水溶液を加えると白色沈殿（AgCl）

炭素を含む化合物である二酸化炭素⟶石灰水に吹き込むと白色沈殿（$CaCO_3$）

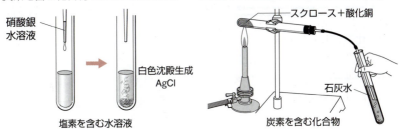

❸ 物質の三態と熱運動

◆1 **粒子の熱運動**
   ①**熱運動** 物質を構成する粒子は常に運動している。
   ②**拡散** 粒子は熱運動により自然に散らばって広がる。
   > 例：臭素が熱運動により拡散して，集気びん全体に均一に広がる。

臭素の拡散

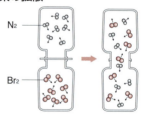

◆2 **温度** 粒子の熱運動の度合いを表す数値。
   ①**絶対零度** 粒子の熱運動が停止する温度。$-273℃ = 0K$（ケルビン）と定める。
   ②**絶対温度** 絶対零度を原点とした温度。単位はK（ケルビン）

   > 絶対温度とセルシウス温度の関係
   > t〔℃〕のときの絶対温度 T〔K〕は，
   > $$T = 273 + t$$

気体分子の熱運動と温度

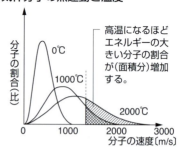

◆3 **物質の三態と状態変化** 固体，液体，気体を物質の三態といい，三態間の変化を状態変化という。

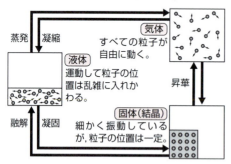

◆4 **状態変化と温度** 固体から液体になる温度を融点（凝固点），液体が沸騰する温度を沸点という。

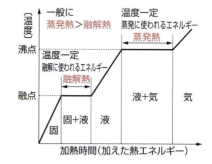

◆5 **化学変化** 物質そのものが変化する。
   > 例：炭素 $C \longrightarrow$ 二酸化炭素 CO_2

◆6 **物理変化** 物質の状態が変化する。
   > 例：固体の水（氷）$\longrightarrow$ 液体の水 $\longrightarrow$ 水蒸気

氷（固体）

水（液体）

水蒸気（気体）

WARMING UP／ウォーミングアップ

次の文中の(　)に適当な語句・数値・記号を入れよ。

1 物質の種類と分離

1種類だけの物質を(ア)，2種類以上の物質が混じり合ったものを(イ)という。(イ)はさまざまな方法で分離できる。混じり合った固体物質を熱水に溶かしたあと，冷却して純度の高い結晶を分離する操作を(ウ)，2種類以上の物質を含む液体を加熱して生じた蒸気を冷却し，蒸発のしやすい物質を取り出す操作を(エ)，水溶液中の不溶物を(オ)を用いて分離する操作を(カ)という。

2 単体と化合物

物質を構成する基本的な成分を(ア)といい，アルファベットを使った(イ)で表される。1種類の(ア)からなる物質を(ウ)，2種類以上の(ア)からなる物質を(エ)という。同じ(ア)の(ウ)で性質の異なる物質は(オ)といい，炭素では(カ)や(キ)などがある。

3 成分元素の検出

物質の構成元素はさまざまな方法でわかる。(ア)を含む水溶液に硝酸銀水溶液を加えると白色沈殿が生成する。バーナーの(イ)に化合物を入れて加熱すると炎が元素に特有な色を示すことがある。これは(ウ)とよばれ炎が橙赤色のときは(エ)を含む。

4 温度と圧力

温度は粒子の熱運動の激しさの度合いを表す。熱運動が停止する温度を(ア)とよび，これを原点とした温度が(イ)である(単位は K)。$t[℃]＝$(ウ)K なので，0℃ は(エ)K，100℃ は(オ)K であり，0K は(カ)℃，300K は(キ)℃ である。

5 物質の状態と状態変化

物質の状態において，構成粒子が自由に動き一定の形や体積をもたない状態が(ア)，その位置を変えずに一定の形や体積をもつ状態が(イ)，位置が入れかわる程度に動き一定の形をもたないが一定の体積をもつ状態が(ウ)である。(イ)→(ウ)の変化を(エ)，(ウ)→(ア)の変化を(オ)という。

1
- (ア)　純物質
- (イ)　混合物
- (ウ)　再結晶
- (エ)　蒸留
- (オ)　ろ紙
- (カ)　ろ過

2
- (ア)　元素
- (イ)　元素記号
- (ウ)　単体
- (エ)　化合物
- (オ)　同素体
- (カ)・(キ)　黒鉛・ダイヤモンドなど

3
- (ア)　塩素
- (イ)　外炎
- (ウ)　炎色反応
- (エ)　カルシウム

4
- (ア)　絶対零度
- (イ)　絶対温度
- (ウ)　$273＋t$
- (エ)　273
- (オ)　373
- (カ)　-273
- (キ)　27

5
- (ア)　気体
- (イ)　固体
- (ウ)　液体
- (エ)　融解
- (オ)　蒸発

10 —— 1章　物質の構成

基本例題 1　純物質と混合物　　　　　　　　　　　　　　　　　基本➡1,2

(ア)～(カ)の物質について，次の(1)～(3)に答えよ。

(ア)　水　　(イ)　食塩水　　(ウ)　ダイヤモンド

(エ)　二酸化炭素　　(オ)　石油　　(カ)　泥水

(1)　純物質と混合物に分類せよ。

(2)　(1)の混合物について，適当な分離操作をそれぞれあげよ。

(3)　25℃ において，液体であり，その密度が一定の物質を(ア)～(カ)より選べ。

●エクセル　純物質は単一物質よりなり，融点・沸点・密度が一定である。

考え方

(1)　石油はナフサ，軽油，重油などの液体混合物。

(2)　水と水に不溶な物質の分離はろ過，水に可溶な物質の分離は蒸留で行う。液体混合物の分離は分留で行う。

(3)　純物質は同温・同圧で密度が一定。

解答

(1)　食塩水は，水に食塩が混じっているものであり，石油はナフサ，軽油，重油などの液体の混合物である。ダイヤモンドは炭素のみでできた純物質である。

　　　答　純物質　(ア)，(ウ)，(エ)　　混合物　(イ)，(オ)，(カ)

(2)　食塩水を加熱すると，水は容易に気体となり溶けている食塩と分離できる。　　　　　　　　　答　(イ)　蒸留

　　　石油は液体の混合物なので，沸点の差を利用した分留で分離する。　　　　　　　　　　　　　答　(オ)　分留

　　　泥水はろ紙に通すことにより，水と泥を分離できる。

　　　　　　　　　　　　　　　　　　　　　　　答　(カ)　ろ過

(3)　25℃ で液体の純物質は水である。　　　　　答　(ア)

基本例題 2　元素と単体　　　　　　　　　　　　　　　　　　　基本➡6

次の文中の下線部は元素と単体のどちらの意味か。

(1)　空気の約 20％は酸素である。

(2)　水を電気分解すると水素と酸素になる。

(3)　地殻の質量の約 46％は酸素である。

(4)　人間のからだにはカルシウムが必要である。

(5)　温度計には水銀が使われている。

●エクセル　元素は成分，単体は物質である。

考え方

物質と考えて文章の意味が通るかどうかを基準にして判断する。

解答

(1)　空気は，酸素とさまざまな気体の混合気体。答　単体

(2)　気体の酸素と水素が生じる。　　　　　答　両方単体

(3)　地殻は酸素の化合物を多く含む。　　　　答　元素

(4)　人間のからだをつくる成分としてカルシウムは必要である。　　　　　　　　　　　　　　　　　答　元素

(5)　温度は水銀（液体）の体積の増減で測定する。答　単体

基本問題

1 ▶ 純物質と混合物　次にあげた物質を純物質と混合物に分類せよ。
海水，黒鉛，ドライアイス，牛乳，砂，塩化ナトリウム，土，銅

2 ▶ 物質の分離　次の(1)〜(6)について，適当な分離操作を(ア)〜(カ)より選べ。
(1) 少量の硫酸銅(Ⅱ)の青色結晶を含む硝酸カリウムの結晶を純粋にする。
(2) 塩化銀の沈殿を水溶液から分離する。
(3) 砂に混じったヨウ素を取り出す。
(4) 水にわずかに溶けているヨウ素を，ヨウ素をよく溶かす灯油に溶かして取り出す。
(5) 海水から純水を得る。
(6) 葉緑体中に含まれる色素を分離する。
(ア) ろ過　(イ) 蒸留　(ウ) 再結晶　(エ) 抽出　(オ) 昇華法
(カ) クロマトグラフィー

実験 3 ▶ ろ過　ろ過の操作を正しく示したものを，次の図の(1)〜(5)から1つ選べ。ただし，図ではろうと台などを省略している。

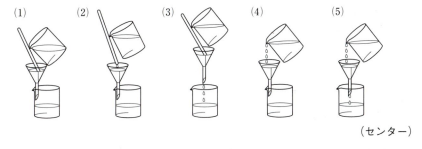

(センター)

実験 4 ▶ 物質の分離操作　右図の実験装置について，次の(1)〜(3)に答えよ。
(1) この実験装置は何という分離操作を行うものか。
(2) (ア)〜(ウ)の器具名を答えよ。
(3) (ア)に海水を入れて実験すると器具(ウ)に留出してくる物質名を答えよ。

5 ▶ 単体と化合物　次にあげた物質を単体と化合物に分類せよ。
酸素 O_2，水 H_2O，塩化ナトリウム $NaCl$，水素 H_2，オゾン O_3，過酸化水素 H_2O_2

12 —— 1章　物質の構成

6▶元素と単体　次の文章の中で使われている鉄という言葉が，元素の意味で使われているときは A，単体の意味で使われているときは B を記せ。
(1)　貧血の人は，鉄分を含んだものを食べるとよい。
(2)　赤鉄鉱は鉄を含んだ鉱石である。
(3)　釘は鉄でできている。
(4)　あの建物には鉄筋コンクリートが使われている。

7▶同素体　次にあげた物質が互いに同素体の関係にあるものを選べ。
(1)　酸素と窒素　　(2)　水と氷　　(3)　黄リンと赤リン
(4)　水と過酸化水素　　(5)　黒鉛とダイヤモンド　　(6)　斜方硫黄とゴム状硫黄

8▶混合物・単体・化合物・同素体　次の物質の組み合わせで，混合物には A，異なる元素の単体には B，化合物には C，同素体には D を記せ。
(1)　水と二酸化炭素　　(2)　酸素とオゾン　　(3)　海水と空気　　(4)　水素と窒素
(5)　石油と砂　　(6)　アンモニアと塩化ナトリウム
(7)　フラーレンとカーボンナノチューブ

9▶炎色反応　次の化合物をバーナーの外炎に入れたときの炎の色を(ア)〜(カ)より選べ。
化合物　(1)　塩化カリウム　　(2)　塩化ナトリウム　　(3)　塩化バリウム
　　　　(4)　塩化リチウム　　(5)　塩化カルシウム
炎の色　(ア)　赤　　(イ)　黄　　(ウ)　赤紫　　(エ)　橙赤　　(オ)　黄緑　　(カ)　青緑

10▶元素の確認　元素の確認方法について，次の(1)〜(3)に答えよ。
(1)　ある化合物をバーナーの外炎に入れたところ，炎の色が青緑色になった。この化合物に含まれる金属の元素名と元素記号を記せ。
(2)　水溶液に硝酸銀水溶液を加えたら，白く濁った。最初の水溶液にはどのような元素を含む物質が溶けていたか。元素名と元素記号を記せ。
(3)　二酸化炭素を水溶液中に吹き込んだら，白く濁った。この水溶液を(ア)〜(エ)より選べ。
(ア)　塩化ナトリウム水溶液　　(イ)　ショ糖水溶液　　(ウ)　硝酸銀水溶液
(エ)　石灰水（水酸化カルシウム水溶液）

11▶粒子の熱運動　次の文中の(ア)〜(エ)に適当な語句を入れよ。
　身のまわりの物質は非常に小さな粒子からできている。この粒子は静止することなく，常に運動している。このような粒子の運動を（　ア　）という。固体を形成している粒子でも，その位置は変化しないが，その位置を中心として（　イ　）による運動をしている。また，物質の状態が（　ウ　）のときは，粒子は自由に空間を飛び回って運動している。これにより粒子が運動しながら，自然に散らばっていく現象を（　エ　）という。

12 ▶拡散 右図のように，空気中で水素を満たした集気びんに他の集気びんを重ねた。次に，二つの集気びんの境にあるふたをそっとはずしてしばらく放置した。その後，二つの集気びんにふたをして離した。それぞれの集気びんのふたを取って，気体に点火してみた。どのような現象が見られるか。次の(1)～(4)より選べ。

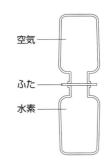

(1) 両方の集気びんとも，中の気体は爆発的に反応した。
(2) 上からかぶせた集気びんの気体は爆発的に反応したが，下の集気びんの気体は反応しなかった。
(3) 下の集気びんの気体は反応したが，上からかぶせた集気びんの気体は反応しなかった。
(4) 両方の集気びんとも，中の気体は反応しなかった。

13 ▶セルシウス温度と絶対温度 次の(1)～(3)に答えよ。
(1) 37℃ は絶対温度では何 K になるか。
(2) 絶対零度 0K は何℃ になるか。
(3) 水の凝固点と沸点を絶対温度で表すと，それぞれ何 K になるか。

14 ▶状態変化 右図はある物質の状態変化を示している。(ア)～(オ)の変化はそれぞれ何とよばれるか。その名称を記せ。

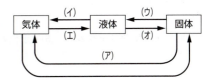

15 ▶状態変化と温度 次の(1)～(4)の記述について，正誤を調べよ。
(1) 圧力が一定のとき，氷が融解しはじめてからすべて水になるまでの温度は一定に保たれる。
(2) 通常，物質が液体から固体になる温度と固体から液体になる温度は異なる。
(3) 液体は，沸騰しながらも温度は上昇していく。
(4) 大気圧のもとでは，水蒸気の温度は 100℃ である。

16 ▶物理変化と化学変化 次の現象は物理変化と化学変化のどちらか。
(1) 風呂場の鏡がくもる。
(2) 寒いとき，水道管が破裂することがある。
(3) 銀食器の表面が黒くなる。
(4) お湯が沸騰する。
(5) ドライアイスを机の上に置いておくと，小さくなっていく。
(6) 卵や肉類が腐る。

標準例題 3　状態変化とそのエネルギー　　　　　　標準⇒20

右図は，水の加熱時間と温度との関係を示したものである。次の(1), (2)に答えよ。

(1) 図中のB, D, Eでは，水はどのような状態で存在しているか。次の(ア)～(オ)より選べ。
(ア) 氷　　(イ) 液体の水　　(ウ) 水蒸気
(エ) 氷と液体の水が混在
(オ) 水蒸気と液体の水が混在

(2) 温度 T_1, T_2 はそれぞれ何とよばれるか。

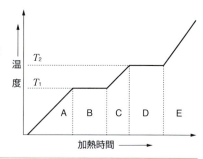

● エクセル　状態変化が起きているとき，物質の状態は混在し，温度上昇は見られない。

考え方
(1) 加熱により温度上昇が見られれば単一の状態，見られなければ2つの状態が混在。
(2) Bでは融解，Dでは沸騰の現象が見られる。

解 答
(1) 図から，A, C, Eの状態では温度上昇が見られるので，単一の状態である。B, Dは温度上昇が見られないので，状態変化が起きており，状態が混在している。
　　答　B (エ)　D (オ)　E (ウ)

(2) 融解をしているときの温度は融点，沸騰しているときの温度は沸点である。
　　答　T_1　融点　　T_2　沸点

標準問題

実験・論述 17 ▶ 物質の精製　水道水から純水を得るために，右図の装置を組み立てた。器具Aは（ア）といい，破線部分は下の①～④のうち（イ）である。

(1) (ア), (イ)に適当な語句・番号を入れよ。
(2) 器具Aにあるゴム管は水を流すためのものであるが，水をどのように流すか。また，何のために水を流すか。
(3) 純水はどの器具に得られるか。

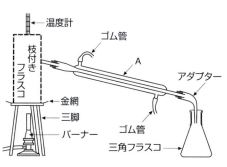

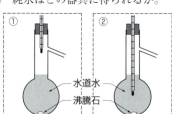
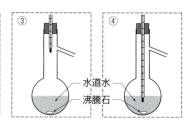

1 物質の探究──15

実験 論述 18 ▶混合物の分離 砂 1 g，硝酸カリウム 10 g，塩化ナトリウム 1 g，水 20 g を混合した混合物がある。混合物中の各物質を分離して取り出すために①～③の操作をした。次の(1)～(3)に答えよ。

① 混合物を加熱しながらガラス棒を使ってよくかき混ぜたら，沈殿物を含んだ水溶液ができた。

② ①の沈殿物を除いたあと，水溶液を冷却していくと白い結晶が析出してきた。

③ ②でできた白い結晶を取り除いたあとの水溶液を加熱して，生じる気体を冷却した。

(1) ①で生じた沈殿は何か。また，この沈殿物を取り除くにはどのような分離方法が考えられるか。

(2) ②で生じた白い結晶は何か。また，②では結晶が水に溶ける量の違いを利用して結晶を取り出している。このような分離方法を何とよぶか。

(3) ③で生じた気体を冷却して得られる物質は何か。このような分離方法を何とよぶか。また，これは物質のどのような性質を利用しているのか。

実験 19 ▶元素の確認 物質を構成する元素はさまざまな方法で確認することができる。例えば，塩化リチウムの水溶液に白金線をつけ，その白金線をガスバーナーの外炎に入れると，炎が（ ア ）色になり，リチウムを検出することができる。このような元素特有の発色を炎色反応といい，他に沈殿，変色などを利用して物質を構成する成分元素を確認することができる。いま，名前がわからない白色粉末状の試薬がある。以下の実験で調べたところ，その白色粉末の試薬名が明らかとなった。

実験①：粉末状の試薬は水に溶け，その水溶液の炎色反応を調べた結果，黄色に発色した。また，試薬は塩酸と反応して二酸化炭素を発生し，塩化ナトリウムが生成した。

実験②：この粉末を加熱すると，別の化合物に変化するとともに気体が発生した。この気体を石灰水に通じると，（ イ ）。

実験③：実験②では液体も生成しているので，その液体を無水硫酸銅（Ⅱ）の粉末につけると，その粉末は青色に変わった。

(1) （ア），（イ）に適当な語句を入れよ。

(2) これらの実験からこの試薬は何か。試薬名を答えよ。 （大阪電通大 改）

20 ▶物質の三態 次の(1)～(3)に答えよ。

(1) 次の(ア)，(イ)に適当な語句を入れよ。

物質を構成する粒子の集合状態の違いは，粒子の（ ア ）の激しさと粒子間にはたらく（ イ ）により決まる。

(2) 多くの物質での三態における密度を大きい順に並べよ。

(3) 通常，一定の圧力で温度を変化させたときの三態の体積変化を大きい順に並べよ。

2 物質の構成粒子

1 原子の構造

◆1 原子と分子

①**原子** 物質を構成する基本粒子。
原子は元素記号で表す。
Hは水素原子を表す。
Oは酸素原子を表す。
Cは炭素原子を表す。

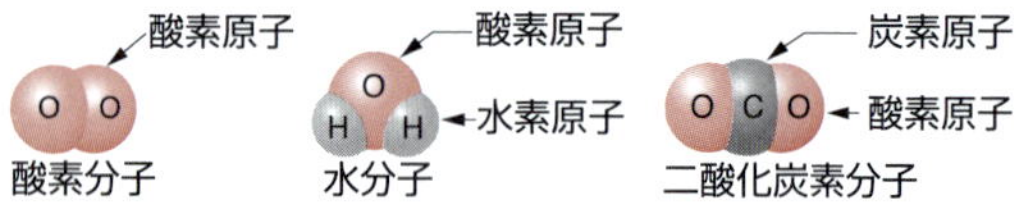

②**分子** 原子が結びついた粒子。
分子は分子式で表す。

酸素分子 O_2　水分子 H_2O　二酸化炭素分子 CO_2

◆2 原子の構造

原子 ─ 原子核 ─ **陽子** ……正の電荷をもつ粒子。
　　　　　　　 中性子 …電荷をもたない粒子。
　　　　　　　　　　　　 陽子とほぼ同じ質量。
　　　 電子 …負の電荷をもつ粒子で質量は陽子の $\frac{1}{1840}$。

^4_2He（ヘリウム原子）

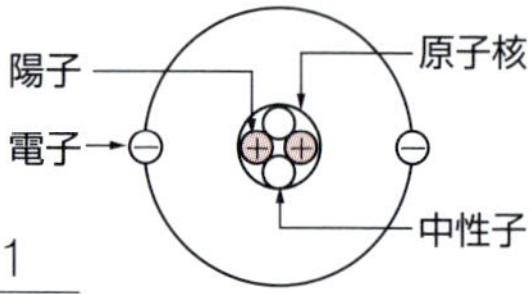

◆3 原子番号と質量数

質量数＝陽子の数＋中性子の数　→ ^4_2He ← 元素記号　（中性子＝ 4 − 2 ＝ 2）
原子番号＝陽子の数＝電子の数　→

原子番号と質量数がわかると陽子，中性子，電子の数がわかる。

◆4 同位体（アイソトープ）

原子番号が同じ（同じ元素）で，質量数が異なる（中性子数が異なる）原子を互いに同位体という。

^1_1H（水素）

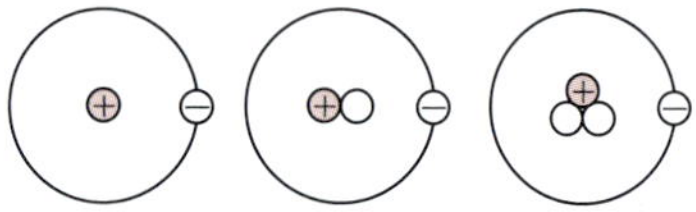

^2_1H（重水素）

^3_1H（三重水素）

同位体の存在比 天然では，数種類の同位体が一定の割合で存在。

同位体	^1_1H	^2_1H	$^{12}_6C$	$^{13}_6C$	$^{16}_8O$	$^{17}_8O$	$^{18}_8O$
原子番号	1	1	6	6	8	8	8
質量数	1	2	12	13	16	17	18
中性子数	0	1	6	7	8	9	10
存在比%	99.9885	0.0115	98.93	1.07	99.757	0.038	0.205

◆5 放射性同位体（ラジオアイソトープ）

放射線を放出して他の原子に変わる同位体。

放射線 ─ $α$線…^4_2Heの原子核 $^4_2He^{2+}$
　　　　 $β$線…原子核から出る電子 e^-
　　　　 $γ$線…電磁波

❷ 電子配置

◆1 **電子殻** 原子中の電子は電子殻中を運動している。電子殻は原子核から近い順に，K殻，L殻，M殻，N殻，…という。内側から n 番目の電子殻には，最大 $2n^2$ 個の電子まで入る。

$\begin{pmatrix} \text{K殻}\ 2 \times 1^2 = 2\ \text{個，L殻}\ 2 \times 2^2 = 8\ \text{個，} \\ \text{M殻}\ 2 \times 3^2 = 18\ \text{個，N殻}\ 2 \times 4^2 = 32\ \text{個，…} \end{pmatrix}$

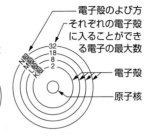

◆2 **電子配置** 電子はK殻から順に入っていく。最も外側の電子殻の電子を**最外殻電子(価電子)**という。

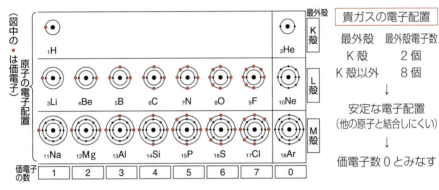

貴ガスの電子配置

最外殻	最外殻電子数
K殻	2個
K殻以外	8個

↓

安定な電子配置
(他の原子と結合しにくい)

↓

価電子数 0 とみなす

◆3 **イオン** 電荷をもつ粒子。正電荷をもつ陽イオンと負電荷をもつ陰イオンがある。

①**イオンの生成** 原子が原子番号の近い貴ガスと同じ安定な電子配置になり生成。

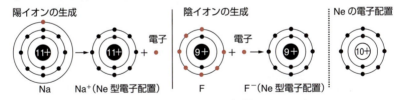

②**イオン式** 電子が陽子より n 個少ない。n 価陽イオン A^{n+}
電子が陽子より n 個多い。n 価陰イオン B^{n-}

	1価	2価	3価
陽イオン	水素イオン H^+ ナトリウムイオン Na^+ アンモニウムイオン NH_4^+	カルシウムイオン Ca^{2+} 鉄(Ⅱ)イオン Fe^{2+} 亜鉛イオン Zn^{2+}	アルミニウムイオン Al^{3+} 鉄(Ⅲ)イオン Fe^{3+}
陰イオン	塩化物イオン Cl^- 水酸化物イオン OH^- 硝酸イオン NO_3^-	酸化物イオン O^{2-} 硫酸イオン SO_4^{2-} 炭酸イオン CO_3^{2-}	リン酸イオン PO_4^{3-}

③ 元素の周期律・周期表

◆1 **周期律** 元素を原子番号順に並べると，性質のよく似た元素が周期的に表れる。この元素の周期的な性質の変化を周期律という。

◆2 **周期表** 元素を原子番号の順に並べ，性質の似た元素が同じ縦の列に並ぶように配列した表。1869年にロシアの科学者メンデレーエフが，元素を原子量の小さいものから並べた周期表の原型を発表した。

◆3 **周期** 横の行，1行目から順に第1周期から第7周期まで。

◆4 **族** 縦の列，左から順に1族から18族まで。

◆5 **同族元素** 同じ族の元素。
アルカリ金属元素（H を除く1族の元素，価電子数1）
アルカリ土類金属元素[*1]（2族の元素，価電子数2）
ハロゲン（17族の元素，価電子数7）
貴ガス（希ガス）（18族の元素，価電子数0）

[*1] Be, Mg を除く場合がある。

④ 元素の分類

◆1 **典型元素** 同族元素は，価電子の数が同じであるため，化学的性質が似ている。

◆2 **遷移元素** 周期表で隣り合った元素どうしの性質が似ている場合が多い。価電子の数は周期的に変化せず，1または2のものが多い。

◆3 **金属元素** 単体は金属の性質（金属光沢がある・熱伝導性・電気伝導性・展性・延性）をもち，一般的に陽イオンになりやすい。

◆4 **非金属元素** 金属元素以外の元素。18族以外の非金属元素は陰イオンになりやすいものが多い。

5 元素の性質

◆1 金属元素と非金属元素の分布

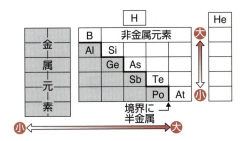

右上にいくほど大きくなるもの
 (a) 非金属性，陰性
 (b) イオン化エネルギー(Heが最大)
  $A \longrightarrow A^+ + e^- - Q \text{ kJ}$（吸熱）
 (c) 電子親和力
  $A + e^- \longrightarrow A^- + Q \text{ kJ}$（発熱）

◆2 **陽性** 原子核が電子を引きつける力が小さく，陽イオンになりやすい性質。
◆3 **陰性** 原子核が電子を引きつける力が大きく，陰イオンになりやすい性質。
◆4 **イオン化エネルギー** 原子から電子1個を取り去って1価の陽イオンにするために必要なエネルギー(Heが最大)。小さいほど陽イオンになりやすい。
◆5 **電子親和力** 原子が電子1個を受け取って，1価の陰イオンになるときに放出するエネルギー。大きいほど陰イオンになりやすい。

◆6 元素の性質と周期律

①価電子の数と原子番号

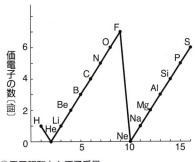

②イオン化エネルギーと原子番号

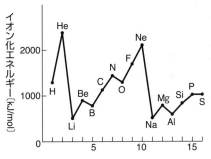

③電子親和力と原子番号

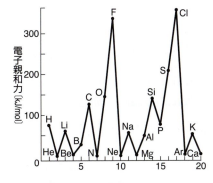

④電気陰性度と原子番号

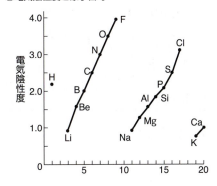

20 —— 1章　物質の構成

WARMING UP／ウォーミングアップ

次の文中の(　)に適当な語句・数値・記号を入れよ。

1 原子構造

原子はその中心に正の電荷をもつ(ア)があり，そのまわりを負の電荷をもつ(イ)が回っている。(ア)は正電荷をもつ(ウ)と電荷をもたない(エ)からなる。

1
(ア)　原子核
(イ)　電子　(ウ)　陽子
(エ)　中性子

2 原子番号・質量数

原子核に含まれる陽子数は元素ごとに決まっており，その数を(ア)という。陽子がもつ電気量は電子と同じで符号が反対であり，原子では陽子の数は(イ)の数と同じである。また，原子核には，陽子と中性子があり，陽子数＋中性子数を(ウ)という。原子が $^{12}_{6}C$ と表されるとき，(ア)は(エ)であり，(ウ)は(オ)である。

2
(ア)　原子番号
(イ)　電子
(ウ)　質量数
(エ)　6
(オ)　12

3 同位体

原子には原子番号が同じ，つまり同じ(ア)の原子であるが(イ)の数が違うために質量数が異なる原子が存在する。これらを互いに(ウ)という。(ウ)で放射線やエネルギーを出して，他の原子に変わるものを(エ)という。

3
(ア)　元素
(イ)　中性子
(ウ)　同位体
(エ)　放射性同位体

4 電子殻と電子配置

電子殻は原子核に近い方から，(ア)，(イ)，(ウ)とよばれる。電子はエネルギーの低い，原子核に近い電子殻から順に収容されるが，各電子殻に収容される数は決まっている。(ア)では(エ)個，(イ)では(オ)個が最大である。電子は(ア)→(イ)→(ウ)の順に収容される。最も外側の電子殻の電子を(カ)または(キ)とよぶ。ただし，貴ガスの(キ)の数は0とする。

4
(ア)　K殻
(イ)　L殻
(ウ)　M殻
(エ)　2　(オ)　8
(カ)　最外殻電子
(キ)　価電子

5 イオン

電子配置は最外殻の電子が8個(K殻では2個)が安定である。そのため原子は価電子が1個または2個のとき，これを放出して(ア)の電荷をもつ(イ)になりやすい。価電子が6個または7個のときは，原子は電子を2個または1個受け取って(ウ)の電荷をもつ(エ)になろうとする。価電子を1個放出すれば(オ)価，2個放出すれば(カ)価の(イ)に，電子を1個受け取れば(キ)価の(エ)になる。

5
(ア)　正または＋
(イ)　陽イオン
(ウ)　負または－
(エ)　陰イオン
(オ)　1
(カ)　2
(キ)　1

6 元素の周期律と周期表

元素を(ア)の順番に並べて，性質のよく似た元素を同じ縦の列に並ぶようにした表を(イ)という。この原型になる表は1869年にロシアの科学者(ウ)が発表した。この表に並んだ縦の列は(エ)，横の行は(オ)とよばれている。

7 元素の分類

次の元素を3つの元素のグループに分け，その族の名称を答えよ。

Na   Cl   Ne   F   Li   Ar
Br   He   K

8 元素の性質

第3周期の元素の中で，次の記述に当てはまるものをすべて選び，元素記号で答えよ。

(1)　金属元素に属する元素
(2)　イオン化エネルギーが最大な元素
(3)　最も陽性が強い元素
(4)　酸化物が酸性を示す元素(3種類)

9 イオン化エネルギー

元素の陽性の強弱は，原子から電子を1個取り去るのに必要なエネルギーの大きさで比較する。エネルギーが大きい元素は取り去られる電子が原子核と電気的引力で強く引きつけられており，原子半径の小さい原子ほどそのエネルギーは(ア)くなる。したがって周期表の(イ)にいくほどエネルギーが大きくなる。このエネルギーを(ウ)とよび(エ)が最大を示す。

10 電子親和力

原子が電子1個を受け取って陰イオンになるとき，放出するエネルギーを(ア)という。原子は，このエネルギーを放出してより安定な陰イオンになるので，(ア)の大きい原子はより陰イオンになり(イ)い。F，Cl，Brなど(ウ)個の価電子をもつ原子は(ア)が(エ)い。

6
(ア)　原子番号
(イ)　周期表
(ウ)　メンデレーエフ
(エ)　族
(オ)　周期

7
Na, Li, K
……アルカリ金属
Cl, F, Br
……ハロゲン
Ne, Ar, He
……貴ガス

8
(1)　Na, Mg, Al
(2)　Ar
(3)　Na
(4)　P, S, Cl

9
(ア)　大き
(イ)　右上
(ウ)　イオン化エネルギー
(エ)　He

10
(ア)　電子親和力
(イ)　やす
(ウ)　7
(エ)　大き

基本例題 4　原子の構造　　基本➡22,23

$^{17}_{8}O$ 原子について，次の(1)～(4)に答えよ。

(1) この原子の原子番号と質量数はそれぞれいくらか。
(2) この原子の陽子数，中性子数，電子数はそれぞれいくらか。
(3) この原子と同位体の関係にある質量数 16 の原子を元素記号を使って示せ。
(4) この原子の質量は，質量数 16 の原子の何倍か。

●エクセル　原子番号＝陽子数　　質量数＝陽子数＋中性子数

考え方

(1), (3) 下図のように，元素記号の左下に原子番号，左上に質量数を書く。また，原子番号が同じで，質量数の異なる原子を互いに同位体という。

質量数……12C
原子番号…6

(2) エクセル参照。

解答

(1) 原子番号は元素記号の左下，質量数は左上に書く。
答 原子番号 8，質量数 17

(2) 陽子数＝原子番号，また，中性子数＝質量数－陽子数から求められる。原子は電気を帯びていないので，陽子数＝電子数になっている。
答 陽子数 8，中性子数 9，電子数 8

(3) 同位体は同じ元素の原子である。質量数が 16 であるから，次のように表される。　**答 $^{16}_{8}O$**

(4) これらの原子の質量の比は質量数から，17：16 だとわかる。
答 $\dfrac{17}{16}$ 倍

基本例題 5　電子配置とイオン　　基本➡27,28

下図は原子の電子配置が示してある。これについて，次の(1)～(3)に答えよ。

(ア) 　(イ) 　(ウ) 　(エ) 　(オ)

(1) $_4Be$ は(ア)～(オ)のどれか。
(2) 価電子の数が等しいものを答えよ。
(3) (オ)がイオンになったときのイオン式を示せ。

●エクセル　原子では陽子数＝電子数　　価電子は最外殻の電子（貴ガスは 0 とみなす）

考え方

(1) 電子の数が 4 の電子配置を選ぶ。
(2) 原子核から最も外側の電子殻（最外殻）の電子数が等しいものを選ぶ。
(3) (オ)は価電子数が 7 で電子を 1 個受け取る。

解答

(1) 各原子の電子配置より，電子数が 4 になるのは(ア)である。　**答 (ア)**

(2) 最外殻の電子数は，(ア)が 2，(イ)が 4，(ウ)が 6，(エ)が 2，(オ)は 7 である。最外殻電子数が等しいものを選ぶ。
答 (ア)と(エ)

(3) 最外殻が電子を 1 個得て，価電子数が 0 になる。(オ)は原子番号 17 の塩素原子の電子配置である。　**答 Cl^-**

基本例題 6　元素の周期表　　　　　　　　　　　　　　　　基本➡33,34

下図は，周期表における元素を分類したものである。次の(1)，(2)に答えよ。

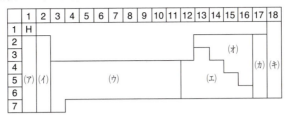

(1) 次の性質をもっている元素のグループを(ア)〜(キ)から選び，その名称を答えよ。
① 最外殻に電子が1個しかなく，イオン化エネルギーの小さな元素のグループ。
② 最外殻が安定な型になっており，化合物をつくりにくい元素のグループ。
③ 最外殻に電子が7個あり，陰性の大きい元素のグループ。
④ 最外殻に電子が2個ある元素のグループ。

(2) (ウ)のグループは何とよばれているか。また，そのグループの性質として正しい記述は次のうちのどれか。
① 同族元素は，価電子の数が同じであるため，化学的性質が似ている。
② 周期表で隣り合った元素どうしの性質が似ている。

● エクセル　まずは典型元素の性質を，その後，遷移元素の性質を覚える。

考え方
「イオン化エネルギー」や「電子親和力」は18族を除いて周期表の右上ほど大きい。

解答
(1) 答　① (ア) アルカリ金属　② (キ) 貴ガス
　　　　③ (カ) ハロゲン　④ (イ) アルカリ土類金属
(2) 答　遷移元素　①

基本問題

21 ▶ 原子の構造　次の(1)〜(5)の記述について，誤っているものを選べ。
(1) 電気的に中性な原子中の陽子の数と電子の数は等しい。
(2) 原子中の陽子の数と中性子の数の和を質量数という。
(3) 陽子の数を原子番号という。
(4) 陽子の数と中性子の数は等しい。
(5) 炭素原子の陽子の数はすべて6である。

22 ▶ 原子の構造　次の(ア)〜(ク)に適当な数値・記号を入れよ。

元素名	原子の記号	原子番号	質量数	陽子の数	中性子の数	電子の数
窒素	(ア)	7	(イ)	(ウ)	8	(エ)
硫黄	$_{16}S$	(オ)	33	(カ)	(キ)	(ク)

24 —— 1章 物質の構成

23 ▶同位体　次の文中の(ア)～(キ)に適当な語句・数値・記号を入れよ。

　酸素の原子では, 陽子の数はすべて(ア)個である。しかし, 中性子の数はすべて同じではなく, 8個, 9個, 10個のものがあり, 質量数はそれぞれ(イ), (ウ), (エ)である。質量数(イ)の原子は ^{16}O と表され, 質量数(ウ)の原子は(オ)と表される。

　これらの原子は互いに(カ)の関係にあるという。天然では, 酸素原子10000個あたり, ^{16}O が9976個ある。したがって, ^{16}O の存在比は(キ)%である。

24 ▶放射性同位体　放射性同位体は不安定で, 原子核が放射線を放出して別の原子に変化する。この変化を(ア)とよぶ。放射線には, α線やβ線, γ線などがある。放射性同位体が壊れてその量が半分になる時間を(イ)という。年代測定などに使われる放射性同位体 ^{14}C の(イ)は5730年である。

(1)　(ア), (イ)に適当な語句を入れよ。

(2)　$^{14}_{6}C$ がβ線を放出して他の原子に変わった場合, 原子番号と質量数はどのように変化するか。

(3)　地中から発見されたある植物のもつ ^{14}C の濃度が大気中の濃度の6.25%であった。この植物は枯れてからおよそ何年経っていると推定されるか。　　（金沢医科大　改）

25 ▶電子配置　右表は原子の電子配置を表している。表の数値は電子殻に含まれる電子の数である。表の(ア)～(カ)に適当な数値を入れよ。

原子	K殻	L殻	M殻
F	2	(ア)	0
Ar	2	(イ)	(ウ)
Mg	(エ)	(オ)	(カ)

26 ▶価電子　次の(1)～(5)の記述について, 正しいものを2つ選べ。

(1)　原子番号8の酸素原子と原子番号16の硫黄原子の価電子数は等しい。

(2)　原子番号10のネオン原子の価電子数は8である。

(3)　原子核に最も近い電子殻にある電子を価電子という。

(4)　価電子は原子どうしが結合するとき, 重要な役割をはたす。

(5)　価電子はエネルギー的に安定で, 原子から放出されることはない。

27 ▶貴ガス　貴ガスについて, 次の(1)～(3)に答えよ。

(1)　原子番号が18までの元素で, 貴ガスに属するものを元素記号ですべて記せ。

(2)　Al^{3+} と同じ電子配置の貴ガスの元素記号を記せ。

(3)　S^{2-} と同じ電子配置の貴ガスの元素記号を記せ。

28 ▶ イオン式 (1)〜(3)の原子からできるイオンと(4)のイオン式を記せ。
(1) 原子番号 17 の塩素原子
(2) 原子番号 8 の酸素原子
(3) 原子番号 20 のカルシウム原子
(4) 窒素原子 1 個と酸素原子 3 個からなる原子団で 1 価の陰イオン

29 ▶ イオンと電子数 次の(1), (2)に答えよ。
(1) 次の組み合わせの中で，電子数の等しいものを選べ。
　(ア) Na^+　O^{2-}　(イ) K^+　Mg^{2+}　(ウ) Cl^-　Ne　(エ) Li^+　F^-
(2) 次のイオンの電子の総数はそれぞれいくつか。
　(ア) OH^-　(イ) NH_4^+　(ウ) SO_4^{2-}

30 ▶ イオン化エネルギーとグラフ
右図は，横軸が原子番号，縦軸がイオン化エネルギーを示したグラフである。次の(1), (2)に答えよ。
(1) (ア)〜(カ)で貴ガスに属するものをすべて選べ。
(2) (ア)〜(カ)で最も陽イオンになりやすいものを選べ。

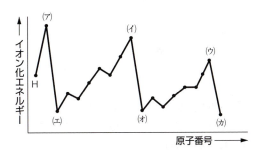

31 ▶ イオン化エネルギーと電子親和力 次の(1)〜(5)の記述のうち，誤っているものを 2 つ選べ。
(1) 原子から電子を取り去って，陽イオンにするために必要なエネルギーをイオン化エネルギーという。
(2) 原子が電子を受け取って，陰イオンになるときに吸収するエネルギーを電子親和力という。
(3) 同じ周期では，イオン化エネルギーは原子番号とともに増加する傾向を示す。
(4) 同じ周期の元素で，17 族元素の電子親和力は，18 族元素の電子親和力よりも大きい。
(5) 第 3 周期のアルカリ金属原子のイオン化エネルギーは，第 2 周期の貴ガス原子のイオン化エネルギーより大きい。

32 ▶ イオンの大きさ イオン半径が大きい順に並べられている組み合わせとして，最も適切なものはどれか。
(1) $Li^+ > Na^+ > K^+$　(2) $Al^{3+} > Mg^{2+} > Na^+$　(3) $Ca^{2+} > K^+ > Cl^-$
(4) $Na^+ > F^- > O^{2-}$　(5) $O^{2-} > F^- > Na^+$　(6) $K^+ > Cl^- > S^{2-}$
(7) $O^{2-} > S^{2-} > Se^{2-}$　(8) $F^- > Cl^- > Br^-$　(9) $I^- > Cl^- > Br^-$　　（北里大）

26 —— 1章　物質の構成

33 ▶周期表　次の文中の(ア)～(エ)に適当な語句を入れよ。

　元素は周期表という表により，18 のグループに分けられている。このグループは，周期表では縦の列に並んでおり族とよばれ，同じ縦の列にある元素は（ ア ）とよばれる。1 族，2 族と 12 族から 18 族の元素は（ イ ）とよばれており，中でも 17 族は（ ウ ）とよばれて 1 価の陰イオンになりやすい性質をもつ。3 族から 11 族までの元素は，隣り合った元素どうしの性質が似ており，明確な周期性が見られないためこの元素は（ エ ）とよばれている。

34 ▶典型元素の性質　次の記述は典型元素(18 族を除く)の性質を説明したものである。（　　）のうちから適当なものを選べ。

　同じ族の元素は，原子番号が大きくなるほど原子半径は(1)(大きく・小さく)なる。そしてイオン化エネルギーは(2)(大きく・小さく)なり，(3)(陰性・陽性)は大きくなる。

　同じ周期の元素は，18 族を除いて原子番号が大きくなるほど原子半径は(4)(大きく・小さく)なる。そしてイオン化エネルギーは(5)(大きく・小さく)なり，(6)(陰性・陽性)は大きくなる。

35 ▶元素の性質　次の(1)～(5)の記述について，誤っているものを 1 つ選べ。
(1)　2 族の元素は，典型元素である。
(2)　ハロゲンは陰イオンになりやすい。
(3)　遷移元素の単体は，すべて金属である。
(4)　貴ガスの単体は，すべて単原子分子である。
(5)　14 族に属する元素の単体は，すべて非金属である。

標準例題 7　**原子の電子配置**　　　　　　　　　　　　　標準➡38

　下記に原子の電子配置を示してある。K，L，M は電子殻で，（　　）内の数字は電子数である。次の(1)～(3)に答えよ。

(ア)　K(2)L(5)　　(イ)　K(2)L(6)　　(ウ)　K(2)L(8)M(1)　　(エ)　K(2)L(8)M(3)
(オ)　K(2)L(8)M(4)　　(カ)　K(2)L(8)M(7)　　(キ)　K(2)L(8)M(8)

(1)　3 価の陽イオンになりやすいものはどれか。
(2)　価電子数の最も多いものはどれか。
(3)　他の原子と結合しないものはどれか。

●エクセル　貴ガスの価電子数は 0

考え方

　最外殻電子は価電子といい，8 個あると安定で価電子数は 0 となり，他の原子と結合しない。

解答

(1)　価電子が 3 個であればよい。　　　　　　　　　**答** (エ)
(2)　最外殻電子の多いものを選ぶ。ただし，8 個のとき，価電子数は 0 である。　　　　　　　　　　　**答** (カ)
(3)　価電子数が 0 のものを選ぶ。　　　　　　　　　**答** (キ)

標準問題

36 ▶ 原子の構造 次の文中の(ア)〜(サ)に適当な語句・数字・式を入れよ。

原子はその中心に存在する(ア)と，そのまわりを取りまく(イ)から構成されている。(ア)はさらに，正の電荷をもつ(ウ)と電荷をもたない(エ)からできている。各原子の(ア)中の(ウ)の数は決まっており，その数を(オ)という。また，(ウ)と(エ)の数の和を(カ)という。ある原子の(オ)が Z，(カ)が A であるとすると(エ)の数 N は，Z および A を用いて，(キ)と表せる。(オ)が同じで(カ)が異なる原子を互いに(ク)であるという。例えば，天然に存在する水素原子には，3種類の(ク)が存在する。したがって，(ク)まで区別して考えると，(ケ)種類の異なった水素分子と思われる分子が存在することになる。水素原子の(ク)のうち，(ウ)1個と(エ)2個からなる(コ)は，天然にはごく微量しか存在しない。(コ)は弱い放射線を放出しており，このような(ク)をとくに(サ)という。 (東京農工大)

37 ▶ 同位体の存在比 天然の塩素 Cl には，質量数 35 の塩素 ^{35}Cl が 75％，質量数 37 の塩素 ^{37}Cl が 25％の割合で存在する。質量数の和が 74 の塩素分子は，全体の塩素分子の何％を占めるか。

38 ▶ 原子とイオンの電子配置 次の電子配置をもつ原子およびイオンの元素記号を記せ。
(1) 中性原子のとき最外殻M殻に3個の電子をもつ。
(2) 2価の陽イオンのとき最外殻M殻に8個の電子をもつ。
(3) 1価の陰イオンのとき最外殻N殻に8個の電子をもつ。 (早大)

39 ▶ 周期表と電子配置 右表は第3周期までの元素を族ごとに元素記号とカタカナで示した周期表である。また，下図は周期表の中の(ア)〜(カ)の元素の電子配置を模式的に示したものである。次の(1)〜(3)に答えよ。

周期\族	1	2	13	14	15	16	17	18
1	(ア)							He
2	Li	Be	B	(イ)	(ウ)	(エ)	F	(オ)
3	Na	Mg	Al	Si	P	S	(カ)	Ar

●原子核 ○電子

(1) (イ)，(ウ)，(エ)，(カ)の電子配置に相当する元素は何か，元素記号で答えよ。
(2) 第3周期に属する元素のなかで，同素体をもつ2つの元素の元素記号とそれぞれの元素について同素体の物質名を書け。
(3) 次の各原子の組み合わせでできる化合物の名称と化学式を書け。
　(i) (ア)3個と(ウ)1個　(ii) (イ)1個と(エ)2個　(iii) (ア)4個と(イ)1個と(エ)1個

40▶周期表　右表は元素の周期表の一部である。周期表の①～⑩の元素について，次の(1)～(5)に当てはまるものを選べ。

1族	2族	12族	13族	14族	15族	16族	17族	18族
H								He
Li	Be		B	C	N	O	F	Ne
Na	Mg		Al	Si	P	S	Cl	Ar
K	Ca	Zn	①	②	③	④	⑤	⑥
⑦	⑧	Cd	⑨	⑩				

(1)　2価の陽イオンになりやすいもの。
(2)　化学的に反応性を示さないもの。
(3)　2価の陰イオンになりやすいもの。
(4)　イオン化エネルギーが最も小さいもの。
(5)　ハロゲンに属するもの。

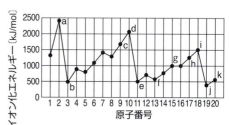

41▶周期表と元素の性質　右図は，原子番号1～20の元素のイオン化エネルギーと原子番号との関係を示したものである。次の文中の(ア)～(ク)に適当な語句・数字を入れよ。

元素b，e，jは(　ア　)元素に属する。(　ア　)の原子は，価電子を(　イ　)個もっており，価電子を放出して(　イ　)価の陽イオンになりやすい。(　ア　)の単体は常温の水と激しく反応して(　ウ　)を発生する。元素a，d，iは(　エ　)元素に属する。(　エ　)は原子の価電子の数が(　オ　)であり，化学結合をつくりにくい。元素c，hは(　カ　)元素に属する。(　カ　)の原子は価電子を(　キ　)個もち，電子(　イ　)個を取り入れて(　イ　)価の陰イオンになりやすい。このとき放出されるエネルギーを原子の(　ク　)力という。

(日本女子大　改)

発展問題

論述 **42▶原子核の発見**　1909年，ガイガーとマースデンは放射性元素から出てくるα線の粒子を原子約1000個分の厚さしかない非常に薄い金箔に打ち込み，金原子との衝突により，α線の粒子の向きが変わる角度の分布を調べた。その結果，ほとんどのα線の粒子の進路は1°以内の角度しか曲がらないが，およそ20000個に1個の割合で90°以上も曲がることがわかった。1911年，ラザフォードはこれらの実験事実を説明するために，原子の構造を次のように推定した。

ガイガーとマースデンの実験装置

①　原子の大部分は，空の空間である。
②　原子の質量のほとんどと正電荷は，原子の中心の核にある。
(1)　ラザフォードはなぜ①のように考えたか。
(2)　ラザフォードはなぜ②のように考えたか。

(静岡大　改)

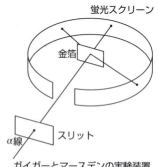

43 ▶副殻 原子の電子殻は原子核に近いものから K 殻，L 殻，M 殻などがある。それぞれの電子殻には，さらにエネルギーの異なる電子軌道(副殻)があり，1つの s 軌道，3つの p 軌道，5つの d 軌道，7つの f 軌道などがある。1つの電子軌道には最大で2個の電子が入る。M 殻には s 軌道，p 軌道，d 軌道があり，N 殻には s 軌道，p 軌道，d 軌道，f 軌道がある。これらのことから，それぞれの電子殻に入る電子の最大数が定まっていることがわかる。内側から n 番目の電子殻(K 殻は $n=1$，L 殻は $n=2$)に入る電子の最大数を n を用いて表すと $2n^2$ となる。

　一般に電子は内側の電子殻から順に配置されていくが，ₐ元素によっては M 殻の d 軌道よりも先に N 殻の s 軌道に入るものがある。ᵦ第4周期の遷移元素の原子の場合，N 殻に1個または2個の電子があり，M 殻には，5つの d 軌道をひとまとめにして数えると，1個以上10個以下の電子がある。

(1) 第4周期1族の元素の原子は下線部 a の性質をもつ。この原子の M 殻と N 殻にある電子数を書け。

(2) 下線部 b の性質をもつ第4周期の遷移元素の原子で，N 殻に2個，M 殻の d 軌道に2個の電子をもつ遷移元素は何か。元素記号で書け。

(3) 第4周期10族の元素の原子(N 殻の電子は2個)は，K 殻，L 殻，M 殻にそれぞれ何個の電子をもつか。また，この元素名を元素記号で書け。　　　　　　(早大)

論述 44 ▶周期表と元素の性質 メンデレーエフは，すべての元素について，その当時知られていた原子量をもとに小さいものから順番に並べていくと，同じような性質をもった元素が同じ列に配列できることに気がついた。次の(1)，(2)に答えよ。

表　メンデレーエフの周期表の一部

	I 族	II 族	III 族	IV 族	V 族	VI 族	VII 族	VIII族
1	H=1							
2	Li=7	Be=9.4	B=11	C=12	N=14	O=16	F=19	
3	Na=23	Mg=24	Al=27.3	Si=28	P=31	S=32	Cl=35.5	
4	K=39	Ca=40	＿＿=44	Ti=48	V=51	Cr=52	Mn=55	Fe=56, Co=59 Ni=59, Cu=63
5	(Cu=63)	Zn=65	＿＿=68	E=□	As=75	Se=78	Br=80	
6	Rb=85	Sr=87	?Yt=88	Zr=90	Nb=94	Mo=96	＿＿=100	Ru=104, Rh=104 Pd=106, Ag=108
7	(Ag=108)	Cd=112	In=113	Sn=118	Sb=122	Te=128	I=127	
8	Cs=133	Ba=137	?Di=138	?Ce=140	—	—	—	

(注)　? および＿＿の空欄はメンデレーエフが当時まだ発見されていなかった元素を予測したものである。また，一部の元素記号は現在の元素記号と異なる。なお，周期表の一部は改訂してある。

(1) メンデレーエフが予測した表中の□で囲んだ未知の元素 E の酸化物および塩化物の一般式を記せ。なお，例として，酸化物の場合は，E_2O_3 のように記せ。

(2) 原子量の順番から考えると，テルル(Te)とヨウ素(I)の順番は逆転している。しかし，メンデレーエフは，元素の化学的な性質の類似性から，テルルは VI 族，ヨウ素は VII 族に配列されると考えた。原子量の順番が逆転している理由を記せ。

(中央大　改)

3 物質と化学結合

❶ イオンとイオン結合

◆1 **イオン結合** 陽イオンの正電荷と陰イオンの負電荷間の静電気的引力による結合。

◆2 **イオン結晶** 陽イオンと陰イオンのみからできており，**陽イオンと陰イオンの数の比で表した組成式で表す。**

陽イオンの正電荷と陰イオンの負電荷が打ち消されるような個数の割合で存在。
(陽イオンの価数)×(陽イオンの個数)=(陰イオンの価数)×(陰イオンの個数)

化合物名	組成式	個数比	電荷
塩化ナトリウム	NaCl	$Na^+ : Cl^- = 1 : 1$	$(+1)×1+(-1)×1=0$
塩化カルシウム	$CaCl_2$	$Ca^{2+} : Cl^- = 1 : 2$	$(+2)×1+(-1)×2=0$
硫酸アンモニウム	$(NH_4)_2SO_4$	$NH_4^+ : SO_4^{2-} = 2 : 1$	$(+1)×2+(-2)×1=0$

組成式は陽イオン→陰イオンの順に書く。化合物名は陰イオン→陽イオンの順に読む。

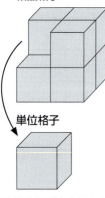

結晶格子

単位格子

結晶の並び方を表したものを<u>結晶格子</u>という。結晶格子の繰り返しの最小単位を<u>単位格子</u>とよぶ。

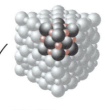

結晶格子

単位格子

面で切断

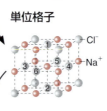

塩化ナトリウム(NaCl型)

配位数 1個の粒子に隣り合って接している粒子の数
6

イオンの数

$Na^+ : \dfrac{1}{4} × 12 + 1 = 4$

$Cl^- : \dfrac{1}{8} × 8 + \dfrac{1}{2} × 6 = 4$

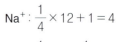

❷ 分子と共有結合

◆1 **電子式** 最外殻電子(下表中・または•)を用いて表した式

最外殻電子の数	1	2	3	4	5	6	7	8
電子式	Li・	Be:	·Ḃ·	·Ċ·	·N̈:	:Ö:	:F̈:	:N̈e:

・不対電子
・非共有電子対

:Ö: ⋯ Ö と表してもよい

◆2 **共有結合**

①**共有結合** 原子が互いに不対電子を出し合い電子対を共有して生じる結合。

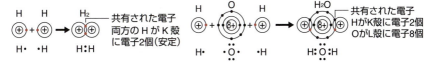

共有された電子 両方のHがK殻に電子2個(安定)

共有された電子 HがK殻に電子2個 OがL殻に電子8個

②**共有電子対** 原子が不対電子を1個ずつ出し合い共有電子対を1組(単結合)つくる。2個ずつ出し合えば2組(二重結合), 3個ずつなら3組(三重結合)つくる。

H·+·C̈l: ⟶ H:C̈l:	:Ö·+·Ċ·+·Ö: ⟶ :Ö::C::Ö:	:N̈·+·N̈: ⟶ :N⋮⋮N:
共有電子対1組で結合	共有電子対2組で結合	共有電子対3組で結合

・不対電子   :: 共有電子対   :: 非共有電子対を表す

◆3 **構造式と分子の形**

①**構造式** 共有電子対1組を1本線(価標)で表した式。

分子式	HCl	H₂O	NH₃	CH₄	CO₂	N₂
電子式	H:C̈l:	H:Ö:H	H:N̈:H H	H:C̈:H H	:Ö::C::Ö:	:N⋮⋮N:
構造式	H−Cl	H−O−H	H−N−H | H	H−C−H | H	O=C=O	N≡N
立体形	○−○	○−○−○ (bent)	○−○−○ (pyramid)	tetrahedral	○−○−○	○−○

②**原子価** 構造式で1つの原子から出る価標の数。原子の不対電子数に一致。

原子	H	Cl	O	N	C
不対電子数	1	1	2	3	4
原子価	1 H−	1 Cl−	2 −O−	3 −N− |	4 −C− |

③**結合距離と結合角**

結合距離 結合している原子の中心間を結ぶ距離。

結合角 分子中の隣り合う2つの結合のなす角。

結合距離
結合角

◆4 配位結合
①**配位結合** 一方の原子の非共有電子対が他の原子に与えられて生じる共有結合。

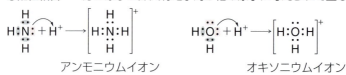

アンモニウムイオン　　　　　　オキソニウムイオン

②**錯イオン** 中心の金属イオンに非共有電子対をもつ分子または陰イオンが配位結合してできたイオン。

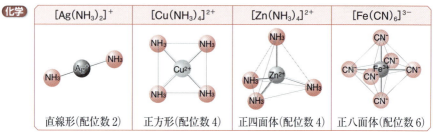

配位子　結合している分子またはイオン　　[Ag(NH₃)₂]⁺
配位数　結合している数

◆5 **高分子化合物** 分子が共有結合により繰り返しつながり, 分子量がおよそ1万以上になった物質。

①**単量体(モノマー)と重合体(ポリマー)**　繰り返しの最小単位を単量体(モノマー)といい, 単量体が繰り返し結合(重合)することにより生成した高分子化合物を重合体(ポリマー)という。

②**付加重合** 炭素間の二重結合や三重結合を切って次々と重合。

例 [モノマー] エチレン　　→　[ポリマー] ポリエチレン
　　　　　塩化ビニル　→　　　　　　ポリ塩化ビニル

③**縮合重合** 分子間で水などの簡単な分子がとれて次々と重合。

例 [モノマー] エチレングリコール　　[ポリマー]
　　　　　　　　＋　　→　　ポリエチレンテレフタラート(PET)
　　　　　テレフタル酸

❸ 分子間にはたらく力

◆1 **電気陰性度と極性**
　①**電気陰性度**　共有電子対が原子に引き寄せられる度合の数値。貴ガスは除く。
　②**極性**　原子の電気陰性度の違いにより，共有結合に電荷のかたよりが生じること。

結合の極性	無極性分子	極性分子	
塩素原子の方へかたよる HCl $H^{\delta+}$　　$Cl^{\delta-}$	 二酸化炭素 （直線形）　　メタン （正四面体形）	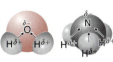 水 （折れ線形）　　アンモニア （三角錐形）	→は共有結合の極性（電子対は，→の方向にかたよっている）

◆2 **分子間力**　分子間にはたらく弱い力。
　ファンデルワールス力＝全分子間にはたらく引力＋極性による静電気的引力
　分子間力＝ファンデルワールス力＋水素結合など

化学 ◆3 **水素結合**　電気陰性度の大きい原子（F, O, N）に結合した水素原子と他の分子中の電気陰性度の大きい原子との結合。極性分子のファンデルワールス力より強い。

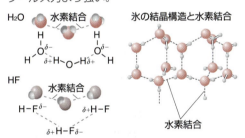

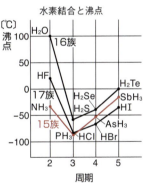

水素結合と沸点

分子量が大きいと沸点は高い。水素結合があると沸点は異常に高い。

◆4 **共有結合の結晶と分子結晶**
①**共有結合の結晶**　　　　　　　　　　②**分子結晶**
　原子が共有結合により規則的に結合してできた結晶　　原子が共有結合してできた分子が分子間力により配列した結晶

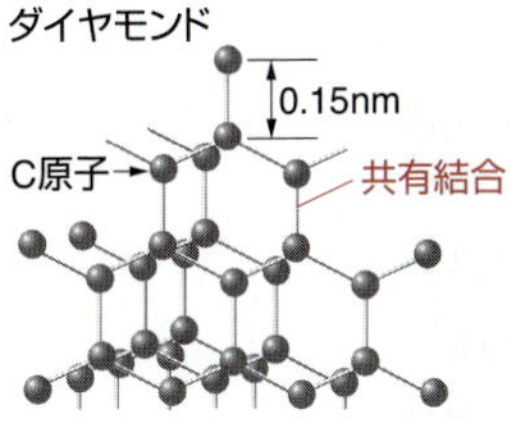

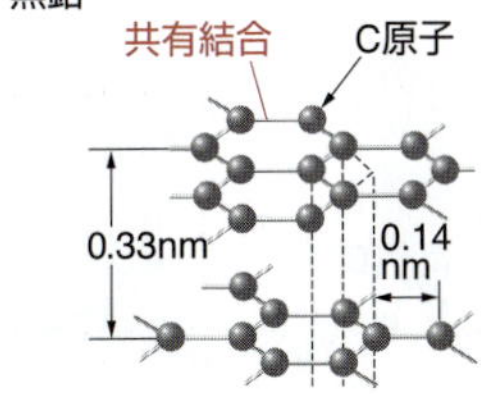

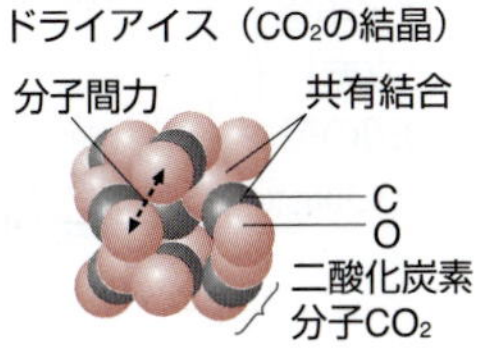

ダイヤモンド　　　黒鉛
0.15nm　　　　共有結合　C原子
C原子　　共有結合
　　　　　　　　0.33nm　0.14nm

ドライアイス（CO_2の結晶）
分子間力　共有結合
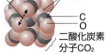
C
O
二酸化炭素
分子CO_2

4 金属と金属結合

◆1 **自由電子** 原子核との間の引力から離れ，金属全体を自由に動き回る金属原子の価電子。

◆2 **金属結合** 金属原子が自由電子を共有してできる結合。
金属は元素記号を使った組成式で表される。
鉄は Fe，銅は Cu，銀は Ag など。

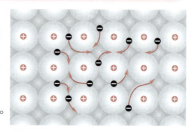

⊕は金属イオンを，⊖は自由電子を表す。自由電子は電子殻の重なりを伝って金属全体を移動する。

◆3 **金属の特徴** ①金属光沢がある。
②電気伝導性や熱伝導性が大きい。
③薄く広がる性質(展性)，線状に延びる性質(延性)がある。

◆4 **金属の結晶格子** 金属原子の規則的な配列(結晶格子)には次の3つの型がある。

	体心立方格子	面心立方格子	六方最密構造
単位格子の構造			
単位格子中に含まれる原子の数	$1(中心)+\frac{1}{8}(頂点)×8$ $=1+1=2$	$\frac{1}{2}(面)×6+\frac{1}{8}(頂点)×8$ $=3+1=4$	$1(中心付近)+$ $\left(\frac{1}{12}+\frac{1}{6}\right)(頂点)×4$ $=1+1=2$
結晶の例	Na, Fe	Al, Cu, Ag	Mg, Zn
原子半径 r と立方格子の辺の長さ a の関係	$r=\frac{\sqrt{3}}{4}a$	$r=\frac{\sqrt{2}}{4}a$	

3 物質と化学結合── 35

❺ 物質の分類

◆1 結晶の種類とその性質

	イオン結晶	共有結合の結晶	金属結晶	分子結晶
モデル	●塩化物イオン ○ナトリウムイオン	C原子／共有結合	金属原子	分子間力／C原子・O原子／CO_2分子
構成粒子	陽イオンと陰イオン	原子	金属原子（自由電子を含む）	分子
結合の種類	イオン結合	共有結合	金属結合	分子間力
融点・沸点	高い	きわめて高い	種々の値	低い・昇華性
機械的性質	かたくてもろい	非常にかたい	展性・延性がある	やわらかい
電気の伝導性	通さない[*1]	通さない[*2]	通す	通さない
例	$NaCl$, $Al_2(SO_4)_3$	SiO_2, ダイヤモンド	Fe, Na	CO_2, N_2, Ar

[*1] 融解したり水溶液にすると通す。　　[*2] 黒鉛は例外として通す。

◆2 身のまわりの物質

①イオン結合からなる物質

名称	化学式	用途
塩化ナトリウム	$NaCl$	食塩
炭酸水素ナトリウム	$NaHCO_3$	ベーキングパウダー
水酸化ナトリウム	$NaOH$	パイプ用洗剤
塩化カルシウム	$CaCl_2$	乾燥剤
炭酸カルシウム	$CaCO_3$	チョーク
硫酸カルシウム	$CaSO_4$	焼セッコウ

②共有結合からなる物質（無機物質）

名称	化学式	用途
水素	H_2	燃料
酸素	O_2	酸化剤
窒素	N_2	菓子袋への封入
二酸化炭素	CO_2	炭酸飲料
水	H_2O	飲料水
アンモニア	NH_3	虫さされ薬
塩化水素	HCl	トイレ用洗剤
硫酸	H_2SO_4	
硝酸	HNO_3	火薬・医薬品

③共有結合からなる物質（共有結合の結晶）

名称	化学式	用途
黒鉛	C	鉛筆
ダイヤモンド	C	宝石
ケイ素	Si	半導体材料
二酸化ケイ素	SiO_2	水晶

④共有結合からなる物質（有機化合物）

名称	化学式	用途
メタン	CH_4	都市ガス
エチレン	C_2H_4	エチレンガス
エタノール	C_2H_5OH	消毒薬
酢酸	CH_3COOH	食酢
ベンゼン	C_6H_6	工業製品の原料
アセトン	CH_3COCH_3	リムーバー

⑤金属結合からなる物質

名称	化学式	用途
鉄	Fe	化学カイロ
アルミニウム	Al	アルミニウム箔
銅	Cu	銅線
水銀	Hg	温度計

WARMING UP／ウォーミングアップ

次の文中の（　）に適当な語句・数値・記号を入れよ。

1 イオン結合とイオン結晶

塩化ナトリウムでは，ナトリウム原子は最外殻電子を放出して(ア)電荷をもった(イ)に，放出された電子は塩素原子が受け取り，(ウ)電荷をもった(エ)になる。(イ)と(エ)は静電気的に引き合い結合する。この結合を(オ)という。塩化ナトリウムでは分子は存在せず，(カ)[化学式]と(キ)[化学式]が規則的に配列している。このように(オ)でできた結晶を(ク)結晶という。

(ク)結晶は，一般に沸点や融点が(ケ)く，かたいが(コ)性質がある。固体のままでは電気を(サ)，融解したり水に溶かしたりすると電気を(シ)。

2 組成式

イオンからなる物質は陽イオンと陰イオンのイオン数の比で表される。このようにして表した式を(ア)とよぶ。(イ)～(カ)に適当な数値を入れ，結晶 A～D の(ア)を記せ。

結晶	陽イオンと陰イオンの数の比
(A)	$Ca^{2+} : Cl^- = 1 : (イ)$
(B)	$Na^+ : S^{2-} = (ウ) : (エ)$
(C)	$Ca^{2+} : CO_3^{2-} = 1 : 1$
(D)	$NH_4^+ : SO_4^{2-} = (オ) : (カ)$

3 共有結合

分子では構成原子が互いに電子を出し合い，それを共有して結合する。この結合が(ア)である。2つの水素原子がK殻の電子を互いに共有し，それぞれK殻に(イ)個の電子をもった状態で分子をつくる。分子式は(ウ)で表される。

4 電子式

元素記号のまわりに最外殻電子を点で表した式を電子式という。例えば，電子式で原子と分子を表すと次のようになる。(ア)，(イ)，(ウ)はそれぞれ何とよばれるか。

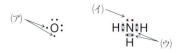

1
- (ア) 正
- (イ) 陽イオン
- (ウ) 負
- (エ) 陰イオン
- (オ) イオン結合
- (カ) Na^+　(キ) Cl^-
- (ク) イオン
- (ケ) 高
- (コ) もろい
- (サ) 通さず
- (シ) 通す

2
- (ア) 組成式　(イ) 2
- (ウ) 2　(エ) 1
- (オ) 2　(カ) 1
- (A) $CaCl_2$
- (B) Na_2S
- (C) $CaCO_3$
- (D) $(NH_4)_2SO_4$

3
- (ア) 共有結合
- (イ) 2　(ウ) H_2

4
- (ア) 不対電子
- (イ) 非共有電子対
- (ウ) 共有電子対

3　物質と化学結合——37

5 構造式

原子間で共有した電子2個を1本の線で表した式を(ア)，この線を(イ)という。電子を4個共有したとき二重線，6個共有したとき三重線で表し，前者を(ウ)結合，後者を(エ)結合という。

5
(ア)　構造式
(イ)　価標
(ウ)　二重
(エ)　三重

6 配位結合

分子内の原子の(ア)が他方の原子やイオンに提供されてできる(イ)を配位結合という。アンモニア分子 NH_3 には(ウ)組の(ア)があり，それが水素イオン H^+ に提供されて配位結合をつくると(エ)[化学式]のアンモニウムイオンが生じる。

6
(ア)　非共有電子対
(イ)　共有結合
(ウ)　1
(エ)　NH_4^+

7 錯イオン

中心の金属イオンに(ア)で分子やイオンが結合してできるイオンを(イ)という。また，金属イオンに結合した分子やイオンを(ウ)といい，結合した(ウ)の数を(エ)という。

7
(ア)　配位結合
(イ)　錯イオン
(ウ)　配位子
(エ)　配位数

8 電気陰性度と極性

共有結合している原子間で，共有電子対を引き寄せる程度を数値で表したものを(ア)という。2原子間の共有結合では，結合する原子の(ア)が異なると結合に電荷のかたよりが生じる。これを結合の(イ)といい，このため分子に電荷のかたよりがある(ウ)と，分子全体として電荷のかたよりが打ち消される(エ)がある。

8
(ア)　電気陰性度
(イ)　極性
(ウ)　極性分子
(エ)　無極性分子

9 分子結晶

(ア)力により，分子が規則正しく配列してできた結晶を(イ)という。(イ)は，やわらかく，融点が(ウ)ものが多い。また，結晶，水溶液，液体のいずれの状態でも電気伝導性は(エ)。

9
(ア)　分子間
(イ)　分子結晶
(ウ)　低い　(エ)　ない

10 金属結合と金属の性質

金属中の原子では，その価電子が原子を離れて，結晶全体を動き回るため(ア)とよばれ，(ア)により金属原子が結びつけられる。この結合を(イ)という。金属にはたたくと薄く広がる(ウ)という性質と，延ばすと長く延びる(エ)という性質がある。

10
(ア)　自由電子
(イ)　金属結合
(ウ)　展性　(エ)　延性

化学 11 金属結晶

金属原子は金属結合によって規則的に配列し結晶格子をつくっている。また，結晶の繰り返し単位を(ア)という。金属の結晶格子は六方最密構造，(イ)，(ウ)のいずれかに分類される。

11
(ア)　単位格子
(イ)　体心立方格子
(ウ)　面心立方格子

基本例題 8 組成式 基本 → 47

次の陽イオンと陰イオンの組み合わせでできる化合物の組成式と名称を答えよ。

	Cl^-	O^{2-}	SO_4^{2-}
Na^+	(ア)	(イ)	(ウ)
Ca^{2+}	(エ)	(オ)	(カ)
Al^{3+}	(キ)	(ク)	(ケ)

●エクセル 陽イオンの価数×陽イオンの数＝陰イオンの価数×陰イオンの数

考え方
- ＋の数（左辺）と－の数（右辺）が等しくなる数をさがす。
- 組成式の書き方は，陽イオン→陰イオンの順。
- 組成式の読み方は，陰イオン→陽イオンの順。
- 多原子イオンが複数あるときはかっこで示す。

解答
(ア) $NaCl$　塩化ナトリウム　(イ) Na_2O　酸化ナトリウム
(ウ) Na_2SO_4　硫酸ナトリウム　(エ) $CaCl_2$　塩化カルシウム
(オ) CaO　酸化カルシウム　(カ) $CaSO_4$　硫酸カルシウム
(キ) $AlCl_3$　塩化アルミニウム　(ク) Al_2O_3　酸化アルミニウム
(ケ) $Al_2(SO_4)_3$　硫酸アルミニウム

基本例題 9 電子式と構造式 基本 → 49, 50

二酸化炭素 CO_2，窒素 N_2，水 H_2O，メタン CH_4 について，その電子式を下に示してある。それぞれの構造式を記せ。

二酸化炭素 CO_2	窒素 N_2	水 H_2O	メタン CH_4
Ö::C::Ö	N⋮⋮N	H:Ö:H	H:C:H（上下H）

●エクセル 構造式は，共有電子対1対を価標という線1本で示した化学式

考え方
- 2個ずつ出し合って共有 → 二重結合
- 3個ずつ出し合って共有 → 三重結合
- 構造式は分子の形まで表しているわけではない。

解答

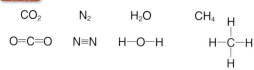

基本例題 10 極性　　　　　　　　　　　基本➡52,53,54

次の(ア), (イ)に極性あるいは無極性を入れ, 文章を完成させよ。

分子の極性は, 結合の極性と分子の立体構造によって決まる。メタン, 二酸化炭素は, 結合には極性があるが, 分子が正四面体形, 直線形であるため(ア)分子となる。

一方, 水は結合に極性があり, 分子が折れ線形であるため(イ)分子となる。

● **エクセル**　原子の電気陰性度の違いにより, 異なる2原子からなる結合には極性がある。

考え方
分子全体の極性は, 分子の立体構造に基づいて判断する。

解答
メタン, 二酸化炭素は, それぞれ分子内の結合の極性の大きさは等しく, 正四面体形, 直線形という構造から, 極性を打ち消し合う。一方, 水は折れ線形であり, 極性は打ち消し合わず極性分子となる。

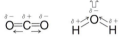

答　(ア)　**無極性**　(イ)　**極性**

基本例題 11 結合と物質の性質　　　　　　基本➡59,60

(ア)〜(ウ)の物質について, 物質を構成する原子間の結合を[A群], 物質の性質を[B群]よりそれぞれ選べ。

　　　(ア) 鉄　　(イ) 塩化ナトリウム　　(ウ) 水
[A群]　(a) イオン結合　(b) 共有結合　(c) 金属結合
[B群]　(a) 固体の状態で, 熱や電気を通す。
　　　(b) 固体の状態では電気を通さないが, 液体になると電気を通す。
　　　(c) 常温で液体であり, 電気は通しにくい。

● **エクセル**
金属原子＋非金属原子　⇒　イオン結合
非金属原子＋非金属原子　⇒　共有結合
金属原子＋金属原子　⇒　金属結合

考え方
物質を構成する元素が, 周期表のどの位置にあるかで, おおよそどの結合をするかがわかる。

解答
[A]　(ア) 鉄は金属原子なので, 鉄原子どうしの結合は金属結合である。　**答** (c)
　　(イ) ナトリウムは金属原子, 塩素は非金属原子であるので, 2原子間の結合はイオン結合である。　**答** (a)
　　(ウ) 水素も酸素も非金属原子なので, その2つの間の結合は共有結合である。　**答** (b)
[B]　(ア) 自由電子のため, 熱や電気を通しやすい。　**答** (a)
　　(イ) イオンは電荷をもつ粒子であり, その粒子が動けば電気を通す。　**答** (b)
　　(ウ) 結合をつくる際に電荷のやりとりがないため, 粒子に電荷が無く, 電気は通さない。　**答** (c)

基本問題

45 ▶ イオン結合の生成　次の文中の（　　）には語句・数字，〔　　〕には化学式を入れよ。また，①と②では適当なものを選べ。

原子番号12のマグネシウム Mg は価電子の数が（ ア ）個の①{(a)金属原子，(b)非金属原子} である。また，原子番号17の塩素 Cl は価電子の数が（ イ ）個の②{(a)金属原子，(b)非金属原子} である。マグネシウムと塩素の結合を考えてみる。マグネシウムはその価電子を放出して〔 1 〕という陽イオンになり，塩素はその放出された電子を受け取って〔 2 〕という陰イオンになる。生じたイオンの正電荷と負電荷の間に，静電気的な引力が生じ，これによって結合をつくる。ここで生じた生成物の化学式は〔 3 〕で，名称は（ ウ ）とよばれる。

46 ▶ イオン結合　価電子の少ない金属原子と価電子の多い非金属原子の結合はイオン結合と考えられる。次にあげる原子の組み合わせで，その原子間の結合がイオン結合となるものを選べ。

(1)　C と H　　(2)　S と O　　(3)　Zn と Cu　　(4)　C と O　　(5)　Na と S

47 ▶ 組成式　次の陽イオンと陰イオンの組み合わせによってできる化合物の組成式と名称を答えよ。

(1)　Al^{3+} と O^{2-}　　　(2)　K^+ と SO_4^{2-}　　(3)　Cu^{2+} と NO_3^-
(4)　NH_4^+ と NO_3^-　　(5)　NH_4^+ と SO_4^{2-}

48 ▶ 共有結合　次の文中の(ア)〜(オ)に適当な語句を入れよ。

共有結合では，原子が（ ア ）を1個ずつ出し合って（ イ ）を1組つくる。1組の（ イ ）で生じる結合を（ ウ ）結合，2組のときは（ エ ）結合という。（ オ ）原子どうしが結合すると分子ができる。

49 ▶ 構造式　エタン C_2H_6 とエチレン C_2H_4 の電子式は下図に示される。それぞれの構造式を記せ。

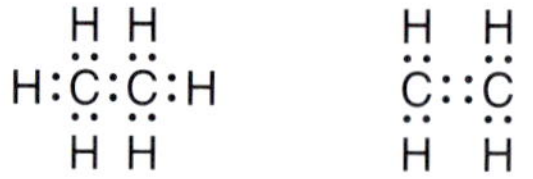

50 ▶ 電子式と構造式　次の分子式で表される物質の電子式と構造式を記せ。
(1) Cl_2　(2) H_2S　(3) CO_2　(4) C_2H_6　(5) N_2

51 ▶ 原子価　原子価は，H は1，O は2，N は3，C は4である。このことを参考に，次の化学式で表される物質の構造式をかけ。
(1) メタン CH_4　(2) アンモニア NH_3　(3) 二酸化炭素 CO_2

52 ▶ 極性　次の文中の(ア)～(オ)に適当な語句を入れよ。
　共有結合をしている原子が共有電子対を引き寄せる強さの尺度を（ ア ）という。典型元素では，貴ガスを除き，周期表を右にいくほど，また，上にいくほど（ ア ）は（ イ ）なる。異なる種類の原子が共有結合をつくるとき，（ ア ）の差が大きいほど原子間の電荷のかたよりが大きくなる。このとき，結合は（ ウ ）をもつという。結合に（ ウ ）があるため，分子全体に電荷のかたよりができる分子を（ エ ）という。一方，結合に（ ウ ）があるが分子全体では電荷のかたよりが打ち消された分子を（ オ ）という。

論述 53 ▶ 電気陰性度　各原子の電気陰性度は以下のようである。これを参考にして，次の(1)～(3)に答えよ。
　　H 2.2　C 2.6　N 3.0　O 3.4　F 4.0　Cl 3.2
(1) 電気陰性度とはどのようなことを表す数値か説明せよ。
(2) 次の原子で共有結合を生じるとき，負電荷を帯びる原子はどちらの原子か。
　　(ア) C と O　(イ) C と H　(ウ) Cl と O
(3) 次の(ア)～(エ)の分子の構造式をかき，共有電子対のかたよりを$\delta+$と$\delta-$の記号を用いて図示せよ。ただし，$\delta+$は微小な正の電気量，$\delta-$は微小な負の電気量を表す。
　　(ア) HF　(イ) CO_2　(ウ) NH_3　(エ) H_2O

54 ▶ 立体構造　次に分子の立体模型を示してある。これについて，次の(1)，(2)に答えよ。

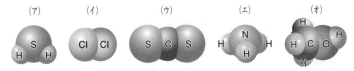

(1) (ア)～(オ)の構造式を示せ。
(2) (ア)～(オ)を極性分子と無極性分子に分けよ。

55 ▶ 配位結合と電子式　アンモニア NH_3 がフッ化ホウ素 BF_3 に配位結合して，1つの分子 A をつくる。フッ化ホウ素と A の電子式を記せ。

56 ▶ 錯イオンの構造と名称
次の化学式で表される錯イオンについて，下の(1)，(2)に答えよ。

(ア) [Ag(NH$_3$)$_2$]$^+$　(イ) [Zn(NH$_3$)$_4$]$^{2+}$　(ウ) [Fe(CN)$_6$]$^{3-}$

(1) (ア)～(ウ)の名称を記せ。
(2) (ア)～(ウ)の構造はそれぞれ下のどれに相当するか。

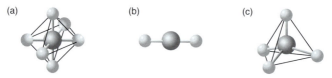

(a)　(b)　(c)

57 ▶ 高分子化合物
次の文中の(ア)～(オ)に適当な語句を入れよ。

　分子が共有結合によって繰り返しつながることで，とても大きな分子になった物質を（ ア ）化合物という。（ ア ）化合物は繰り返し単位に相当する低分子の化合物である（ イ ）からできており，その生成する過程を（ ウ ）という。（ ウ ）の種類には分子内の二重結合が次々に開いて結合する（ エ ）と，分子間で水などの分子が取れて次々に結合ができる（ オ ）がある。

58 ▶ 金属の結晶格子
右図に2種類の金属の結晶格子が示してある。これについて，次の(1)～(3)に答えよ。

(1) 結晶格子(A)，(B)はそれぞれ何というか。
(2) 図の(ア)，(イ)，(ウ)の金属原子はそれぞれ，原子の何分の1が単位格子中に存在しているか。
(3) 結晶の単位格子(A)，(B)にはそれぞれ金属原子がいくつ存在しているか。

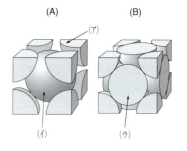

59 ▶ 物質とその結合
次の(1)～(6)の物質の原子間の結合が，イオン結合であるものはA，共有結合であるものはB，金属結合であるものはCを記入せよ。

(1) ナトリウム Na　(2) 塩化カルシウム CaCl$_2$　(3) 酸化ナトリウム Na$_2$O
(4) 塩化水素 HCl　(5) 青銅（銅とスズの合金）　(6) 酸素 O$_2$

60 ▶ 物質の性質
次の(1)～(3)の物質の性質を(ア)～(ウ)より選べ。

(1) 金 Au　(2) 塩化カリウム KCl　(3) ヨウ素 I$_2$

(ア) 加熱すると容易に気体になる。
(イ) たたいて薄く広げることができる。
(ウ) 常温では固体で電気を通さないが，加熱して液体になると電気を導くようになる。

3　物質と化学結合——43

61 ▶ 身のまわりのイオン結合からなる物質　次の(1)〜(6)の記述が塩化ナトリウムの説明になっているものには A，炭酸カルシウムの説明になっているものには B，塩化カルシウムの説明になっているものには C を記せ。

(1)　自然界では，海水に多く含まれている。
(2)　サンゴや貝殻のおもな成分である。
(3)　吸湿性が高く，乾燥剤に用いられる。
(4)　水に溶けにくく，セメントの原料になる。
(5)　消費量の多くは，ソーダ工業や調味料として使われている。
(6)　潮解性をもち，道路の凍結防止剤に使われている。

62 ▶ 身のまわりの共有結合からなる物質　次の(1)〜(5)の記述は，下の選択肢のいずれかを説明したものである。それぞれ最も正しいものを選べ。

(1)　同一の原子が共有結合により正四面体形の立体構造になった結晶で，非常にかたくて電気を通さない。
(2)　自然界では石英として存在し，デジタル機器の電子部品として使われている。
(3)　一般には液体だが，気温が低いと固体になっている。弱酸性の化合物で，医薬品や合成繊維などの原料になるほか，食品としても利用されている。
(4)　6個の炭素原子が環状の六角形の構造をしており，有機化合物をよく溶かし，引火しやすく大量のすすを出して燃える。
(5)　エチレングリコールとテレフタル酸からつくられる，ペットボトルなどに使われる高分子化合物。

　　〔選択肢〕
　　ダイヤモンド，ポリエチレンテレフタラート，ベンゼン，二酸化ケイ素，酢酸

63 ▶ 身のまわりの金属　次の(1)〜(4)の記述は，下の選択肢のいずれかを説明したものである。それぞれ最も正しいものを選べ。

(1)　銀白色の軽金属で，展性・延性に優れ，空気中に放置すると金属表面に無色透明な酸化物が被膜になって，金属内部を保護するため，食品の包装に用いられる。
(2)　電気伝導性が高いため，導線などに使われるほか，熱伝導性も高く，調理器具などにも使われる。
(3)　常温で唯一液体の金属で，蒸気は蛍光灯などに封入されている。
(4)　最も生産量の多い金属で，純度を高めたものは強度も高く弾性もあるため，鉄道レールや建築材に利用されている。

　　〔選択肢〕　鉄，アルミニウム，水銀，銅

44 —— 1章　物質の構成

標準例題 12　結晶の分類と性質

下表は6種類の物質(A)〜(F)の性質を示している。この表を見て，(1)，(2)に答えよ。

物質	融点〔℃〕	沸点〔℃〕	固体状態での電気伝導性	液体状態での電気伝導性	水溶液での電気伝導性	その他の特徴
(A)	660	2470	良	良		
(B)	801	1413	不良	良	良	
(C)	114	184	不良	不良		加熱すると容易に気体となる。
(D)	1540	2750	良	良		室温で磁石につく。
(E)	0	100	不良	不良		
(F)	1550	2950	不良	不良		

(1)　(A)〜(F)は次の6種の物質のいずれかである。それぞれの物質を化学式で答えよ。

　[物質]　アルミニウム，鉄，塩化ナトリウム，水，ヨウ素，石英(二酸化ケイ素)

(2)　(A)〜(F)が結晶になったとき，以下のどれに分類されるか。

　(ア)　イオン結晶　　(イ)　分子結晶　　(ウ)　共有結合でできた結晶　　(エ)　金属結晶

●エクセル

種類	イオン結晶	分子結晶	共有結合の結晶	金属結晶
構成粒子	陽イオンと陰イオン	分子	多数の原子が共有結合	金属原子(自由電子を含む)
特徴	液体や水溶液では通電する。融点・沸点は高い。	固体・液体では通電しない。融点・沸点は低い。	黒鉛以外の固体は通電しない。融点・沸点は非常に高い。	固体・液体は通電する。融点・沸点は非常に低いものから高いものまであり，熱もよく通す。

考え方

固体で電気を通す。
→金属結晶と黒鉛
液体でのみ電気を通す。
→イオン結晶
固体・液体で電気を通さない。
→分子結晶
→共有結合の結晶

解答

　固体で電気を通すのは，金属と黒鉛である。(A)と(D)は金属であり，磁性があることから(D)は鉄。また，固体では通電性がないが，液体では通電性があるのはイオン結晶であり，この物質は水に溶け，水溶液は電気を通すことより，(B)は塩化ナトリウム。融点・沸点が低く，固体でも液体でも通電性がないのは分子結晶であり，容易に気体になるため，蒸発や昇華しやすい(C)はヨウ素。融点が0℃，沸点が100℃であることより，(E)は水と考えられる。多数の原子が共有結合している共有結合の結晶は，かたく，融点・沸点も非常に高く，黒鉛以外の固体では電気を通さないので，石英(二酸化ケイ素)がこれらの性質に相当する。

答　(1) (A) Al　(B) $NaCl$　(C) I_2　(D) Fe　(E) H_2O　(F) SiO_2

　　　(2) (A)—(エ)　(B)—(ア)　(C)—(イ)　(D)—(エ)　(E)—(イ)　(F)—(ウ)

化学 標準例題 13 結晶格子と組成式

次の(1)〜(5)の図は，A原子(●)とB原子(○)からなる結晶の構造を示したものである。それぞれの結晶の組成式を A_2B_3 のように示せ。

(1) (2) (3) (4) (5)

●エクセル 立方体の頂点の原子は $\frac{1}{8}$ 個，面の中心の原子は $\frac{1}{2}$ 個，辺の中心の原子は $\frac{1}{4}$ 個。

考え方
各立方体中に属する原子の数をA，Bについて，それぞれ求める。

解答

	Aの数	Bの数		Aの数	Bの数
(1)	$\frac{1}{8}\times 8=1$	1	(4)	$\frac{1}{8}\times 8=1$	$\frac{1}{4}\times 12=3$
(2)	$\frac{1}{8}\times 8+1$ $=2$	$1\times 4=4$	(5)	$\frac{1}{8}\times 8+\frac{1}{2}\times 6=4$	$\frac{1}{4}\times 12+1$ $=4$
(3)	$\frac{1}{8}\times 8+\frac{1}{2}\times 6=4$	$1\times 4=4$			

答 (1) AB (2) AB_2 (3) AB (4) AB_3 (5) AB

化学 標準例題 14 分子間にはたらく力

標準➡65

次の文中の(ア)〜(エ)に最も適する語句を，(A)〜(C)に適当な化学式を入れよ。

右図は，いろいろな水素化合物の分子量と 1.01×10^5 Pa における沸点との関係を示したものである。一般に，分子構造が似ている物質では，分子量が大きいほど分子間力が(ア)く，沸点は(イ)くなる。

水素化合物(A)，(B)および(C)の沸点が異常に高いのは，水素原子と水素原子に結合している原子との(ウ)の差が大きく，分子間に(エ)結合が形成されるためである。

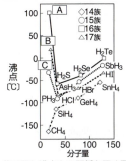
分子量と沸点との関係を示す図

●エクセル 分子間にはたらく力が大きいほど沸点は高い。

考え方
結合する原子間の電気陰性度の差が大きくなると結合の極性も大きくなる。

解答
グラフから 1.01×10^5 Pa で 100℃ の沸点である(A)は H_2O と推定される。分子間力は分子量が大きいほど大きいため，沸点が高くなる。(B)は17族のFの水素化合物 HF，(C)は15族の水素化合物 NH_3 になる。

答 (ア) 大き (イ) 高 (ウ) 電気陰性度 (エ) 水素
(A) H_2O (B) HF (C) NH_3

標準問題

64 ▶ 化学結合　次の(1)〜(5)の記述について，誤っているものを選べ。
(1) 貴ガスの第一イオン化エネルギーは，原子番号が大きくなるにつれて小さくなる。
(2) K^+とCl^-は同じ電子配置をもつが，イオンの大きさはK^+の方が小さい。
(3) NH_3にH^+が配位したNH_4^+では，四つのN—H結合エネルギーはすべて等しい。
(4) 分子内に極性をもつ共有結合がある場合，その分子は極性分子である。
(5) 銀が特有の光沢をもつのは自由電子のはたらきによる。

65 ▶ 水素結合　右図に，水素化合物の分子量と沸点の関係を示した。次の文の(A)と(B)に該当する化合物の分子式，(ア)と(イ)に適当な整数，①〜⑧に適当な語句を入れよ。

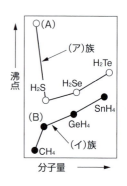

一般に2個の原子が最外殻にある（①）を1個ずつ出し合って（②）をつくってできる結合を共有結合という。異なる種類の原子間に形成された共有結合では（②）はどちらかの原子に引き寄せられ電荷のかたよりができる。このとき結合は（③）をもつといい，原子が電子を引きつける強さの尺度を（④）という。図では，水素化合物（A）は，同族や（イ）族元素の水素化合物より極端に沸点が高い。（A）では（④）の大きい原子が水素と共有結合しており，（A）分子間に（⑤）が形成されるため，他の水素化合物より沸点が高くなる。（イ）族元素の水素化合物の沸点は，分子量の増大とともに高くなる。これは分子間にはたらく（⑥）力が，分子量の増大とともに強くなるためである。一方，ほぼ同じ分子量の（ア）族と（イ）族元素の水素化合物では，その沸点は（ア）族の方が高い。例えば，H_2Sの沸点は（B）より高いが，H_2Sのような（⑦）分子間には（⑦）による（⑧）力がはたらくからである。

66 ▶ 周期表と結合　右表は周期表の一部である。a〜rは表に入るべき元素を記号で示したものである。次の(1)〜(5)に答えよ。

周期\族	1	2	13	14	15	16	17	18
1	a							b
2	c	d	e	f	g	h	i	j
3	k	l	m	n	o	p	q	r

(1) 次の(ア)〜(エ)の原子が結合するとき，その結合はそれぞれ，イオン結合，共有結合，金属結合のどれに相当するか。
　(ア) fとp　　(イ) cとc　　(ウ) aとi　　(エ) hとl
(2) 電気陰性度が最も大きい元素は表の中のどれか。表中の記号で示せ。
(3) aとpからできる化合物では，非共有電子対が何組あるか。
(4) fとhからできる化合物の一例を電子式で示せ。fとhを元素記号として示せ。
　例　　a:q̈:
(5) nとhが結合してできた化合物を次の(ア)〜(エ)より選べ。
　(ア) イオン結晶　　(イ) 分子結晶　　(ウ) 共有結合の結晶　　(エ) 金属

発展問題

67 ▶ 電子対反発則 次の文章を読み，(ア)～(オ)に適当な数値・語句を入れよ。

　分子の立体構造について，価電子の数から推定する方法がある。これは，価電子が2個で1つの対（電子対）をつくり，電子対どうしの反発を最小にするように分子の構造が決まるという考え方である。メタン分子の場合，炭素原子の価電子の数は（　ア　）個であり，4個の水素原子から，それぞれ1個の電子を受け取って共有結合を形成する。等価な共有電子対が，炭素原子と水素原子の間に主に分布し，これらの電子対が互いに最も遠くなるように配置される。そのためメタン分子は，（　イ　）形構造である。

　アンモニア分子の場合，窒素原子の価電子の数は（　ウ　）個であり，このうち3個は，水素原子からそれぞれ1個の電子を受け取って共有電子対をつくる。残りの電子は，水素原子との結合には関与しておらず，非共有電子対をつくる。よって，アンモニア分子は，合計（　エ　）組の電子対をもち（　オ　）形構造となる。

68 ▶ イオン結晶 塩化ナトリウムの結晶の単位格子は右図に示すとおりである。次の(1)～(4)に答えよ。

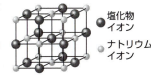

(1) 塩化ナトリウム単位格子中に含まれるNa^+の数およびCl^-の数をそれぞれ整数値で答えよ。

(2) 塩化ナトリウム結晶$1.0cm^3$の中に含まれるNa^+の数を有効数字2桁で求めよ。ただし，$5.6^3 = 180$とする。

(3) フッ化ナトリウム，塩化ナトリウムおよび臭化ナトリウムはすべて同じ結晶構造をもつ。それぞれの物質でのイオンの半径比（F^-/Na^+, Cl^-/Na^+およびBr^-/Na^+）はそれぞれ1.03, 1.44 および 1.57 である。結晶の密度が大きい順に化学式で答えよ。

(4) (3)で示した物質の化学式を融点の高い順に並べ，その理由を簡潔に記せ。

69 ▶ 金属結晶 次の記述(1), (2)を読み，(ア)～(オ)には適当な語句を，(a)～(d)に適当な数字を入れよ。

(1) 周期表第1族の Li, Na, K などは（　ア　）と総称され，（　a　）個の電子を放出して（　b　）族の元素と同じ安定な電子配置をとる。これらの原子の結晶は右図で模式的に示される単位格子をもち，（　イ　）格子とよばれる。原子どうしを結びつけている動きやすい電子は（　ウ　）電子とよばれ，この電子のために，これらの元素の結晶は金属光沢をもち，電気や（　エ　）をよく伝え，展性や（　オ　）をもつ。

(2) 図の単位格子の一辺の長さをlとすると充填率は次式で表される。ただし，結晶中では，金属原子は球形で，互いに接しているものとする。

$$充填率[\%] = \frac{\frac{4}{3}\pi \times \left(\frac{(　c　)}{4}l\right)^3 \times (　d　)}{l^3} \times 100$$

論述問題

70 ▶ 蒸留 蒸留の実験装置で，温度計について注意しなければならない点を記せ。　　　　　　　（10　群馬大）

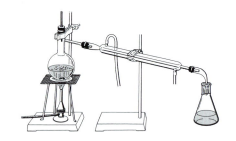

71 ▶ 昇華 右図に示したように，ビーカーに少量のヨウ素の固体を入れ，これに氷水の入った丸底フラスコをかぶせ，ビーカーを 90℃ の温水につけた。このあとヨウ素にどのような変化が観察されるか，結果を図示するとともに，60 字程度で簡潔に説明せよ。　　　　　　　　　　　　　　　（東大）

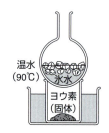

72 ▶ 同素体・同位体 同素体と同位体の違いを簡潔に述べよ。

73 ▶ 年代測定法 遺跡や土器に含まれる ^{14}C の濃度を測定すると，これらが使われていた時代を推定することができる理由を説明せよ。

74 ▶ イオン化エネルギーの周期性 第一イオン化エネルギーは原子番号の増加に伴い周期的に変化している。その理由を 40 字以内で書け。　　　　　　　（岩手大）

75 ▶ 第一イオン化エネルギー 第 1 周期から第 4 周期までの 1 族の元素について，原子から価電子 1 つを取り去るのに必要なエネルギーが大きい順に並べよ。また，そのような順になると考えた理由を述べよ。　　　　　　　　　　（東京都立大　改）

76 ▶ 元素の周期律 典型元素と遷移元素の周期性の違いを説明せよ。

77 ▶ イオン半径 イオン半径が $S^{2-} > K^+ > Ca^{2+}$ となる理由を簡潔に述べよ。（千葉大）

78 ▶ イオン結晶の融点 フッ化ナトリウム NaF とフッ化セシウム CsF は，塩化ナトリウムと同様の結晶構造をとる。それぞれの融点は NaF で 993℃，CsF で 684℃ である。CsF の融点が NaF に比べて低くなる理由を 60 字以内で述べよ。　　（10　東北大）

79 ▶配位結合 水やアンモニアが金属イオンと配位結合して錯イオンを形成しやすい理由を説明せよ。　　　　　　　　　　　　　　　　　　　　（神戸大　改）

80 ▶電気陰性度 18族の元素を除くと，周期表の右上側ほど「電気陰性度」の値が大きくなる傾向が見られる。この理由を述べよ。

81 ▶分子の極性 水分子が分子全体として電荷のかたよりをもっている理由を，二酸化炭素の場合と比較しながら説明せよ。　　　　　　　　　　　　（10　弘前大）

82 ▶分子の極性と分子間力 下に示したハロゲン化水素化合物のなかで，最も高い沸点をもつ化合物名を答え，その理由を20字以内で説明せよ。

　　　　　ハロゲン化水素：HF, HCl, HBr, HI

（10　大阪大）

83 ▶分子結晶 ドライアイスがすぐに気体になる理由を説明せよ。

84 ▶黒鉛の構造 炭素の価電子の状態を考慮して，黒鉛の構造から黒鉛が電気の良導体である理由を45字以内で説明せよ。　　　　　　　　　　　　（10　東北大）

85 ▶金属の結晶格子 体心立方格子と面心立方格子について，対比して説明せよ。

（愛媛大）

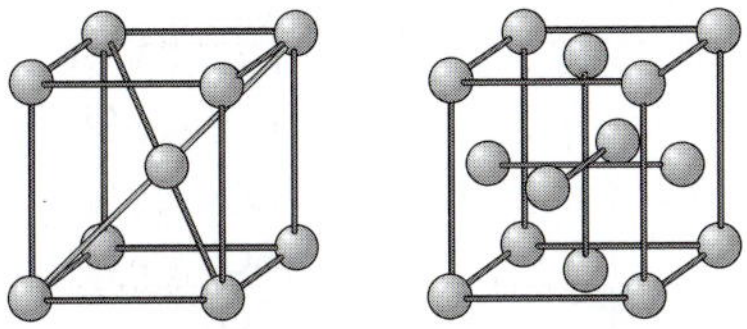

体心立方格子　　面心立方格子

86 ▶金属結晶とイオン結晶 一般に，金属結晶とは異なり，イオン結晶はたたくとすぐに割れてしまう。その理由について簡潔に説明せよ。

87 ▶化学結合 結合の仕方を表す「共有結合」，「イオン結合」，「金属結合」について，それぞれ分かりやすく説明せよ。　　　　　　　　　　　　　　　　（愛媛大）

エクササイズ

◆元素記号を覚えよう

原子番号 1 〜 20 までの元素の元素記号と名称

H 水素	He ヘリウム	Li リチウム	Be ベリリウム
B ホウ素	C 炭素	N 窒素	O 酸素
F フッ素	Ne ネオン	Na ナトリウム	Mg マグネシウム
Al アルミニウム	Si ケイ素	P リン	S 硫黄
Cl 塩素	Ar アルゴン	K カリウム	Ca カルシウム

他の金属元素 Zn 亜鉛 Cu 銅 Fe 鉄 Ag 銀 Au 金 Pt 白金
Hg 水銀 Cr クロム Mn マンガン Pb 鉛

非金属元素 17族(ハロゲン) F フッ素 Cl 塩素 Br 臭素 I ヨウ素
18族(貴ガス) He ヘリウム Ne ネオン Ar アルゴン
Kr クリプトン Xe キセノン

◆イオン式を覚えよう

	陽イオン		陰イオン	
	イオン式	名称	イオン式	名称
1価	H^+	水素イオン	F^-	フッ化物イオン
	Li^+	リチウムイオン	Cl^-	塩化物イオン
	Na^+	ナトリウムイオン	Br^-	臭化物イオン
	K^+	カリウムイオン	OH^-	水酸化物イオン
	Ag^+	銀イオン	NO_3^-	硝酸イオン
	NH_4^+	アンモニウムイオン	HCO_3^-	炭酸水素イオン
	H_3O^+	オキソニウムイオン	MnO_4^-	過マンガン酸イオン
2価	Mg^{2+}	マグネシウムイオン	O^{2-}	酸化物イオン
	Ca^{2+}	カルシウムイオン	S^{2-}	硫化物イオン
	Ba^{2+}	バリウムイオン	CO_3^{2-}	炭酸イオン
	Cu^{2+}	銅(II)イオン	SO_4^{2-}	硫酸イオン
	Fe^{2+}	鉄(II)イオン	SO_3^{2-}	亜硫酸イオン
3価	Al^{3+}	アルミニウムイオン	PO_4^{3-}	リン酸イオン
	Fe^{3+}	鉄(III)イオン		

◆分子式を覚えよう

単体 H_2 水素 O_2 酸素 O_3 オゾン N_2 窒素

化合物 H_2O 水 H_2O_2 過酸化水素 HCl 塩化水素(塩酸)
HF フッ化水素 HNO_3 硝酸 H_2SO_4 硫酸
H_2S 硫化水素 NH_3 アンモニア NO_2 二酸化窒素
SO_2 二酸化硫黄 CO_2 二酸化炭素 CH_4 メタン
CH_3OH メタノール C_2H_5OH エタノール C_2H_2 アセチレン
CH_3COOH 酢酸 $C_6H_{12}O_6$ グルコース

エクササイズ—— 51

◆組成式を覚えよう

塩化物

NaCl　塩化ナトリウム	KCl　塩化カリウム	$MgCl_2$　塩化マグネシウム
$CaCl_2$　塩化カルシウム	$BaCl_2$　塩化バリウム	$AlCl_3$　塩化アルミニウム
AgCl　塩化銀	$CuCl_2$　塩化銅(Ⅱ)	$ZnCl_2$　塩化亜鉛
$FeCl_2$　塩化鉄(Ⅱ)	$FeCl_3$　塩化鉄(Ⅲ)	NH_4Cl　塩化アンモニウム

酸化物

Na_2O　酸化ナトリウム	MgO　酸化マグネシウム	CaO　酸化カルシウム
Al_2O_3　酸化アルミニウム	CuO　酸化銅(Ⅱ)	ZnO　酸化亜鉛
FeO　酸化鉄(Ⅱ)	Fe_2O_3　酸化鉄(Ⅲ)	MnO_2　酸化マンガン(Ⅳ)

硫化物

Na_2S　硫化ナトリウム	CaS　硫化カルシウム	Al_2S_3　硫化アルミニウム
ZnS　硫化亜鉛	CuS　硫化銅(Ⅱ)	FeS　硫化鉄(Ⅱ)

水酸化物

NaOH　水酸化ナトリウム	KOH　水酸化カリウム	$Ca(OH)_2$　水酸化カルシウム
$Ba(OH)_2$　水酸化バリウム	$Al(OH)_3$　水酸化アルミニウム	$Zn(OH)_2$　水酸化亜鉛
$Cu(OH)_2$　水酸化銅(Ⅱ)	$Fe(OH)_2$　水酸化鉄(Ⅱ)	$Fe(OH)_3$　水酸化鉄(Ⅲ)

硝酸塩

$NaNO_3$　硝酸ナトリウム	KNO_3　硝酸カリウム	$Mg(NO_3)_2$　硝酸マグネシウム
$Ca(NO_3)_2$　硝酸カルシウム	$Ba(NO_3)_2$　硝酸バリウム	$Al(NO_3)_3$　硝酸アルミニウム
$Cu(NO_3)_2$　硝酸銅(Ⅱ)	$Fe(NO_3)_3$　硝酸鉄(Ⅲ)	NH_4NO_3　硝酸アンモニウム

硫酸塩

Na_2SO_4　硫酸ナトリウム	K_2SO_4　硫酸カリウム	$MgSO_4$　硫酸マグネシウム
$CaSO_4$　硫酸カルシウム	$BaSO_4$　硫酸バリウム	$Al_2(SO_4)_3$　硫酸アルミニウム
$CuSO_4$　硫酸銅(Ⅱ)	$Fe_2(SO_4)_3$　硫酸鉄(Ⅲ)	$(NH_4)_2SO_4$　硫酸アンモニウム

炭酸塩

Na_2CO_3　炭酸ナトリウム	K_2CO_3　炭酸カリウム	$MgCO_3$　炭酸マグネシウム
$CaCO_3$　炭酸カルシウム	$BaCO_3$　炭酸バリウム	$(NH_4)_2CO_3$　炭酸アンモニウム

リン酸塩

Na_3PO_4　リン酸ナトリウム	K_3PO_4　リン酸カリウム	$Ca_3(PO_4)_2$　リン酸カルシウム
$Fe_3(PO_4)_2$　リン酸鉄(Ⅱ)	$(NH_4)_3PO_4$　リン酸アンモニウム	

その他の塩

$NaHSO_4$　硫酸水素ナトリウム	$NaHCO_3$　炭酸水素ナトリウム
Na_2HPO_4　リン酸水素二ナトリウム	NaH_2PO_4　リン酸二水素ナトリウム
CH_3COONa　酢酸ナトリウム	Na_2SO_3　亜硫酸ナトリウム　　$NaNO_2$　亜硝酸ナトリウム

その他の組成式

金属　Fe　鉄　　Cu　銅　　非金属　C　ダイヤモンド　　SiO_2　二酸化ケイ素

4 物質量

❶ 原子量・分子量・式量

◆1 原子の相対質量
^{12}C の質量を 12 とし，これを基準に各原子の質量を相対的に求めた値。

	1個の質量〔g〕	相対質量
^{12}C	1.9926×10^{-23}	12
^{1}H	1.6735×10^{-24}	1.0078

^{1}H の相対質量の求め方
$$1.9926 \times 10^{-23} : 1.6735 \times 10^{-24} = 12 : x$$
$$x = 1.0078$$

◆2 原子量
多くの元素は天然で，相対質量の異なる同位体が混合して存在している。
各元素の原子量は，同位体の相対質量を存在比から平均して求めた数値。

同位体	相対質量	存在比〔%〕	原子量
^{12}C	12	98.93	12.01
^{13}C	13.0034	1.07	

炭素の原子量
$$= 12 \times \frac{98.93}{100} + 13.003 \times \frac{1.07}{100}$$
$$= 12.01$$

◆3 分子量
原子量と同様 ^{12}C を基準とした分子の相対質量が分子量である。

◆4 分子量と式量
分子式や組成式から，次のようにして求められる。

分子量 ＝ 構成原子の原子量の総和

式量 ＝ 組成式やイオン式に含まれる 原子の原子量の総和

CO_2： O C O CO_2
分子量＝16＋12＋16＝44

NO_3^-： N O O O NO_3
式量＝14＋16＋16＋16＝62

電子の質量は原子に比べて非常に小さいので無視できる。

❷ 物質量

◆1 物質量
単位 mol（モル）で表される物質の量

①**アボガドロ数** ^{12}C 原子の 12 g 中に含まれる ^{12}C 原子の数。

$$\frac{12\,g}{^{12}C\,原子1個の質量} = \frac{12\,g}{1.9926 \times 10^{-23}\,g} = 6.0 \times 10^{23}$$

② **1 mol** 原子・分子・イオンなどの粒子が 6.0×10^{23} 個集まった集団。

③**アボガドロ定数** 1 mol あたりの単位粒子の数。

アボガドロ定数 $N_A = 6.0 \times 10^{23}/mol$。

粒子の数より，物質量は次のようにして求められる。

$$物質量〔mol〕 = \frac{粒子の数}{6.0 \times 10^{23}/mol}$$

◆2 物質量と質量・体積

①**物質量と質量** 原子・分子・イオンなどの粒子 1 mol の質量は，それぞれ原子量・分子量・式量にグラム単位をつけた量となる。

②**モル質量〔g/mol〕** 1 mol あたりの原子・分子・イオンなどの質量。

	炭素原子 C	水分子 H_2O	ナトリウム Na	塩化ナトリウム NaCl
原子量・分子量・式量	12	$1.0 \times 2 + 16 = 18$	23	$23 + 35.5 = 58.5$
1 mol の粒子の数と質量	6.0×10^{23} 個 12 g	6.0×10^{23} 個 18 g	6.0×10^{23} 個 23 g	6.0×10^{23} 個 58.5 g
モル質量	12 g/mol	18 g/mol	23 g/mol	58.5 g/mol

質量より，物質量は次のようにして求められる。

$$\text{物質量〔mol〕} = \frac{\text{質量〔g〕}}{\text{モル質量〔g/mol〕}}$$

③**物質量と気体の体積** 気体の体積は温度と圧力で変わる。「同温・同圧のもとでは，気体はその種類によらず，同体積中に同数の分子を含む(アボガドロの法則)」によると，気体の種類によらず，標準状態(0℃，1.013×10^5 Pa (1 atm))で気体 1 mol は 22.4 L の体積を占める。

標準状態における気体の体積より，物質量は次のようにして求められる。

$$\text{物質量〔mol〕} = \frac{\text{標準状態の気体の体積〔L〕}}{22.4 \text{ L/mol}}$$

◆3 物質量の関係と単位の換算

①**物質 1 mol の量**

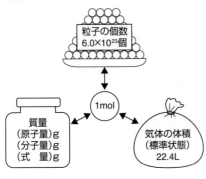

②**単位の換算**

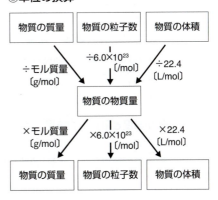

③ 溶液の濃度

◆1 **溶液**

①**溶解** 液体に他の物質が溶けて均一に混じり合うこと。
②**溶媒** 物質を溶かしている液体。
③**溶質** 溶けている物質。
④**溶液** 溶解によってできた液体。溶媒が水の場合を水溶液という。

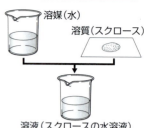

◆2 **質量パーセント濃度** 溶液100g中に含まれる溶質の質量で表す。記号%をつける。

$$質量パーセント濃度〔\%〕 = \frac{溶質の質量〔g〕}{溶液の質量〔g〕} \times 100$$

例：スクロース20gを水100gに溶かした溶液は、$\frac{20g}{(100+20)g} \times 100 ≒ 17\%$

◆3 **モル濃度** 溶液1L中に含まれる溶質の物質量で表す。単位はmol/L。

$$モル濃度〔mol/L〕 = \frac{溶質の物質量〔mol〕}{溶液の体積〔L〕}$$

例：塩化ナトリウム0.2molを溶かした0.5Lの溶液では、$\frac{0.2\,mol}{0.5\,L} = 0.4\,mol/L$

①**目的のモル濃度の溶液の調製方法の例**

0.1mol/L水酸化ナトリウム水溶液200mLのつくり方

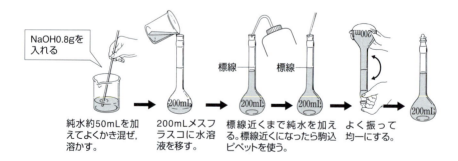

②**モル濃度と溶質の物質量** 溶液の体積より、溶質の物質量は次のようにして求められる。

溶質の物質量〔mol〕＝モル濃度〔mol/L〕×溶液の体積〔L〕

例：0.1mol/L水酸化ナトリウム水溶液200mLでは、$0.1\,mol/L \times \frac{200}{1000}\,L = 0.02\,mol$

4 固体の溶解度

◆1 **溶解度** 溶媒 100 g に溶かすことができる溶質の g 単位の質量の数値で表す。

◆2 **飽和溶液** ある温度で溶けることができる最大量の溶質を溶かした溶液を飽和溶液という。

◆3 **溶解度曲線** 温度と溶解度の関係を示す曲線（右図）。

◆4 **溶解度と温度** 一般に固体では，温度が高いほど溶解度も大きい。
（NaCl は温度によってあまり変わらず，Ca(OH)$_2$ は温度が高いほど溶解度は減少）

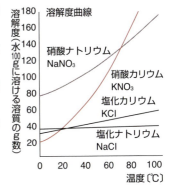

◆5 **水和物の溶解度** 結晶水をもった結晶では，水 100 g に溶ける無水物（結晶水をもたない結晶）の g 単位の質量の数値で表す。

例 硫酸銅（Ⅱ）五水和物の結晶 CuSO$_4$・5H$_2$O において，5H$_2$O は結晶水，CuSO$_4$ は無水物を表す。硫酸銅（Ⅱ）五水和物の結晶の溶解度は水 100 g（結晶を溶かしたとき，結晶から出てくる結晶水も含む）に CuSO$_4$ 無水物が何 g 溶けるかで考える。CuSO$_4$・5H$_2$O x 〔g〕に含まれる水 H$_2$O および硫酸銅（Ⅱ）無水物 CuSO$_4$ の質量は次のようにして求められる。

水の質量

$$x \times \frac{5H_2O \text{ 分子量}}{CuSO_4 \cdot 5H_2O \text{ 式量}} = \frac{90}{250}x$$

硫酸銅（Ⅱ）無水物の質量

$$x \times \frac{CuSO_4 \text{ 式量}}{CuSO_4 \cdot 5H_2O \text{ 式量}} = \frac{160}{250}x$$

◆6 **結晶の析出** 温度により溶解度が著しく変わる物質の場合，結晶を高温で溶かし，冷却すると結晶が析出してくる。

硝酸カリウム KNO$_3$ は温度により，溶解度が著しく変わる。右のグラフでは，50℃で水 100 g に KNO$_3$ 85.2 g が溶けている。これを 25℃まで冷やすと，水 100 g に KNO$_3$ は 37.9 g しか溶けないので，溶けきれない結晶が（85.2 － 37.9 ＝）47.3 g 析出する。

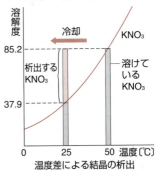

◆7 **再結晶** 少量の不純物を含む固体結晶に，溶媒を加え，高温にして溶かし，冷却すると不純物は溶媒に溶けた状態で純度の高い結晶が析出する。この操作を繰り返すことにより，結晶を精製する操作を再結晶という。

56 —— 2章　物質の変化

WARMING UP／ウォーミングアップ

次の文中の（　）に適当な語句・数値・記号を入れよ。

1 原子の相対質量・原子量

原子1個の質量はきわめて小さく，g単位で扱うには適さない。そこで ^{12}C 原子1個の質量を基準とし，この原子との質量の比で原子の質量を表す。^{12}C の質量を（ア）とし，これを基準として表した質量を原子の（イ）という。（イ）は，質量そのものではなく質量の比なので，単位は（ウ）。ほとんどの元素に同位体があり，天然ではその存在比がほぼ一定であり，同位体の（イ）とその存在比の平均値を元素の（エ）という。

2 分子量・式量

分子1個が ^{12}C の $\dfrac{1}{12}$ の質量の何倍の質量をもつかを表す数を（ア）という。（ア）は分子を構成する原子の（イ）の総和になる。金属やイオンでできた物質では組成式に含まれる原子の（イ）の総和を同様に扱い，これを（ウ）という。

3 物質量

^{12}C の12g中には 6.0×10^{23} 個の原子が含まれる。これと同じ個数の粒子の集団を1（ア）という。（ア）を単位として表した物質の量を（イ）という。1（ア）あたりの粒子数を（ウ）といい，その数は 6.0×10^{23}，その単位は（エ）である。

4 物質量と質量・気体の体積

原子1molの質量は（ア）にg単位をつけた量になり，分子1molの質量は（イ）にg単位をつけた量になる。この1molあたりの質量を（ウ）といい，その単位は（エ）である。標準状態（0℃，$1.013 \times 10^5\,Pa(1atm)$）のとき，気体1molの体積は，気体の種類によらず，（オ）Lを占める。標準状態の気体（オ）Lには，分子が（カ）個含まれる。

5 溶液

液体中に他の物質が溶けて均一に混じり合い，透明になることを（ア）という。他の物質を溶かしている液体を（イ），溶け込んだ物質を（ウ）という。また，溶解によってできた液体を（エ）といい，水が溶媒の場合はとくに（オ）という。

1
- (ア) 12
- (イ) 相対質量
- (ウ) ない
- (エ) 原子量

2
- (ア) 分子量
- (イ) 原子量
- (ウ) 式量

3
- (ア) mol
- (イ) 物質量
- (ウ) アボガドロ定数
- (エ) ／mol

4
- (ア) 原子量
- (イ) 分子量
- (ウ) モル質量
- (エ) g／mol
- (オ) 22.4
- (カ) 6.0×10^{23}

5
- (ア) 溶解
- (イ) 溶媒
- (ウ) 溶質
- (エ) 溶液
- (オ) 水溶液

6 濃度

質量パーセント濃度は，(ア)の100gあたりに含まれる(イ)の質量で表され，単位はなく，記号(ウ)を使う。粒子の数に着目したモル濃度では，(ア)の(エ)Lあたりに含まれる(イ)の(オ)で表し，その単位は(カ)である。

7 溶解度

溶媒(ア)gに溶かすことができる溶質のg単位の質量の数値を(イ)という。また，温度と(イ)の関係を示す曲線を(ウ)という。一般に，固体の(イ)は温度が高くなるほど，(エ)くなる。ある温度で溶けることができる最大量の溶質を溶かした溶液を(オ)という。温度による溶解度の違いを利用して，混合物を精製する方法を(カ)という。

8 水和物

硫酸銅(Ⅱ)$CuSO_4$は硫酸銅(Ⅱ)五水和物$CuSO_4·5H_2O$のようにある一定の割合で水分子を含んだ結晶となる。この水分子のことを(ア)，水分子を含んだ結晶を(イ)とよぶ。

6
(ア) 溶液　(イ) 溶質
(ウ) ％　(エ) 1
(オ) 物質量
(カ) mol/L

7
(ア) 100
(イ) 溶解度
(ウ) 溶解度曲線
(エ) 大き
(オ) 飽和溶液
(カ) 再結晶

8
(ア) 結晶水（水和水）
(イ) 水和物

基本例題 15　相対質量と原子量　　　　　　　　　　　　　　基本➡91

炭素には，相対質量が12.0の^{12}Cと13.0の^{13}Cの同位体があり，存在比はそれぞれ98.93％と1.07％である。炭素の原子量を小数点以下第2位まで求めよ。

●エクセル　原子量＝同位体の相対質量と存在比から求めた，元素の相対質量の平均値

考え方
多くの元素には，質量の異なる数種類の同位体が存在する。
原子量は，
各同位体の相対質量　×存在比
の総和として求めることができる。

解答
$$12.0 \times \frac{98.93}{100} + 13.0 \times \frac{1.07}{100} = 12.010 ≒ 12.01$$

答　12.01

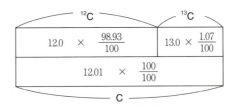

基本例題 16　分子量・式量　　基本➡93,94

次の分子量・式量を求めよ。ただし、Cu = 64 とする。
(1) 酸素 O_2　(2) 水 H_2O　(3) 塩化カルシウム $CaCl_2$
(4) 炭酸イオン CO_3^{2-}　(5) 硫酸銅(Ⅱ)五水和物 $CuSO_4 \cdot 5H_2O$

●エクセル　分子量＝構成原子の原子量の総和
　　　　　式　量＝組成式に含まれる元素の原子量の総和

考え方
(4) 電子の質量は原子に比べて非常に小さく無視できる。
(5) 結晶水も式量に加える。

解答
(1) $16 \times 2 = 32$　　　　答 **32**
(2) $1.0 \times 2 + 16 = 18$　　答 **18**
(3) $40 + 35.5 \times 2 = 111$　答 **111**
(4) $12 + 16 \times 3 = 60$　　答 **60**
(5) $64 + 32 + 16 \times 4 + 5 \times (1.0 \times 2 + 16) = 250$
　　　　　　　　　　　　　　答 **250**

基本例題 17　物質量と粒子数・質量・体積　　基本➡97,99

(1) アンモニア NH_3 3.0×10^{23} 個の物質量は何 mol か。
(2) 水 H_2O 0.20 mol の質量は何 g か。
(3) 窒素 N_2 0.50 mol は、標準状態で何 L の体積を占めるか。
(4) メタン CH_4 が標準状態で 5.6 L のとき、物質量は何 mol か。

●エクセル
① 分子 1 mol の質量〔g〕＝分子量に g 単位をつけた量
② 1 mol の粒子数＝アボガドロ数個＝6.0×10^{23} 個
③ 気体 1 mol の体積〔L〕＝標準状態で 22.4 L

考え方
(1) 6.0×10^{23} 個の粒子の集団が 1 mol。
(2) モル質量〔g/mol〕をまず求める。
(3)(4) 標準状態では 1 mol の気体の体積は気体の種類によらず 22.4 L。

解答
(1) $\dfrac{3.0 \times 10^{23}}{6.0 \times 10^{23}/\text{mol}} = 0.50\,\text{mol}$　答 **0.50 mol**

(2) $H_2O = 1.0 \times 2 + 16 = 18$ より、水分子は 1 mol で 18 g。
つまり、モル質量は 18 g/mol。
質量 $= 18\,\text{g/mol} \times 0.20\,\text{mol} = 3.6\,\text{g}$　答 **3.6 g**

(3) $22.4\,\text{L/mol} \times 0.50\,\text{mol} = 11.2\,\text{L} \fallingdotseq 11\,\text{L}$　答 **11 L**

(4) $\dfrac{5.6\,\text{L}}{22.4\,\text{L/mol}} = 0.25\,\text{mol}$　答 **0.25 mol**

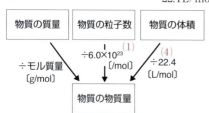
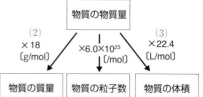

基本例題 18　物質量と質量・体積・粒子数　　　　　　　　　　基本 ➡ 99

(1) 酸素分子 O_2 1.5×10^{23} 個の質量はいくらか。
(2) アンモニア NH_3 の 5.1 g は，標準状態では何 L の体積を占めるか。
(3) 窒素分子 N_2 5.6 g と酸素分子 9.6 g の混合気体中の分子数はいくらか。

●エクセル　まず，物質量〔mol〕を求めて，その物質量から粒子数や質量，体積を計算する。

考え方

(1) まず，酸素の物質量を求め，その物質量から酸素の質量を求める。
(2) 標準状態で気体 1 mol の体積は気体の種類によらず 22.4 L。
(3) 混合気体の総物質量＝窒素の物質量＋酸素の物質量。混合気体の総物質量より求める。

解答

(1) 酸素の物質量 $= \dfrac{1.5 \times 10^{23}}{6.0 \times 10^{23}/mol} = 0.25\,mol$。

酸素のモル質量は 32 g/mol。酸素分子 0.25 mol の質量は，
$32\,g/mol \times 0.25\,mol = 8.0\,g$　　**答　8.0 g**

(2) NH_3 は $\dfrac{5.1\,g}{17\,g/mol} = 0.30\,mol$，求める NH_3 の体積は，

$22.4\,L/mol \times 0.30\,mol = 6.72 \fallingdotseq 6.7\,L$　　**答　6.7 L**

(3) 混合気体の総物質量 $= \dfrac{5.6\,g}{28\,g/mol} + \dfrac{9.6\,g}{32\,g/mol} = 0.50\,mol$

混合気体の分子数 $= 6.0 \times 10^{23}/mol \times 0.50\,mol = 3.0 \times 10^{23}$

答　3.0×10^{23} 個

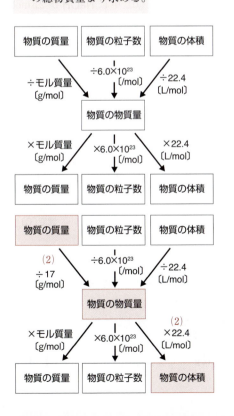
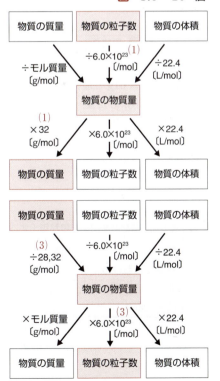

60 ── 2章 物質の変化

基本例題 19　濃度　　　　　　　　　　　　　　　　　　　基本 ➡ 109, 110

水酸化ナトリウム NaOH の 10% 水溶液がある。この溶液について，次の(1)～(3)に答えよ。

(1) この水溶液 100 g には水酸化ナトリウムと水がそれぞれ何 g ずつ含まれているか。
(2) この水溶液 1.0 mL の質量は 1.0 g であるとすると，水溶液 1.0 L 中には NaOH が何 g 溶けているか。
(3) この水溶液のモル濃度を求めよ。

● エクセル　a [%] → 溶液 100 g に溶質 a [g]，a [mol/L] → 溶液 1 L に溶質 a [mol]

考え方

(1) 10% 水溶液は水溶液 100 g 中に溶質 10 g。
(2) 水溶液 1 kg 中の溶質の質量を求める。
(3) 水溶液 1.0 L 中の溶質の物質量を質量から求める。

解答

(1) 水溶液 100 g に NaOH が 10 g 溶解。したがって，水は 100 g − 10 g = 90 g である。　**答 NaOH 10 g，水 90 g**

(2) 水溶液 1.0 L の質量は 1.0 kg = 1000 g，NaOH は

$$1000\,g \times \frac{10}{100} = 1.0 \times 10^2\,g \text{ 溶解}。$$

　答 1.0×10^2 g

(3) NaOH の式量は 40，NaOH 100 g の物質量は，

$$\frac{100\,g}{40\,g/mol} = 2.5\,mol。$$

水溶液 1.0 L 中に NaOH が 2.5 mol 溶解している。　**答 2.5 mol/L**

基本例題 20　再結晶　　　　　　　　　　　　　　　　　　　基本 ➡ 113, 115

次の文章を読み，(ア)，(イ)に適当な数値を入れよ。

硝酸カリウム 64 g と塩化ナトリウム 10 g の混合物を，50℃の水 100 g に溶かした後，冷却する。硝酸カリウムは(ア)℃で飽和水溶液になり，結晶が析出しはじめる。10℃まで冷却すると，(イ) g 析出する。塩化ナトリウムは飽和に達しないので，溶けたままである。

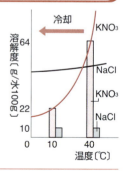

● エクセル　溶解度を超えた量が析出する。

考え方

(ア) 各温度における溶解度曲線と溶解量の交点を読み取る。

解答

(ア) 溶解度の限度まで溶質が溶けた溶液を飽和溶液とよぶ。KNO₃ が飽和水溶液になるのは 40℃である。　**答 40℃**

(イ) 10℃で KNO₃ は 22 g しか溶けることができないので，析出量は

64 g − 22 g = 42 g　**答 42 g**

基本問題

88 ▶ 原子・分子・イオンの相対質量 下図において，質量がつり合っているとき，(ア)～(ウ)に入る数値はいくつか。ただし，$^{12}C = 12$ とする。

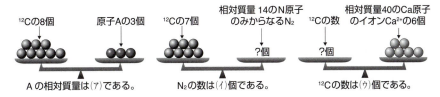

89 ▶ 原子量と物質量 次の文中の(ア)～(キ)に適当な語句を入れよ。

原子核に含まれる陽子の数をその原子の(ア)という。原子の質量は陽子と中性子の数でほぼ決まり，陽子と中性子の数の和を(イ)という。多くの元素は，陽子の数が同じで(イ)の異なる原子すなわち(ウ)が存在する。(ウ)の相対質量と存在比から求めた元素の相対質量の平均値を，その元素の(エ)という。また，分子を構成するすべての原子の(エ)の和を(オ)という。

^{12}C を 12g 集めたときに含まれる炭素原子の数を(カ)数といい，同一の原子，分子，イオンなどの粒子が(カ)数だけ集まった物質の量を 1(キ)という。

90 ▶ 原子量 次の(1)，(2)に答えよ。
(1) ある原子の質量は，窒素原子の2倍であることがわかった。この原子の原子量を求めよ。
(2) 窒素原子1個の質量は何gか。

91 ▶ 同位体と原子量 次の(1)，(2)に答えよ。
(1) 天然の銅には，相対質量 62.9 の ^{63}Cu が 69.2％，相対質量 64.9 の ^{65}Cu が 30.8％含まれている。銅の原子量を求めよ。
(2) 天然の塩素には，相対質量が 35.0 の ^{35}Cl と 37.0 の ^{37}Cl の同位体があり，原子量は 35.5 である。^{35}Cl と ^{37}Cl の存在比は，それぞれ何％か。

92 ▶ 物質量と粒子数 次の(1)，(2)に答えよ。
(1) 二酸化炭素分子 CO_2 が 0.20mol ある。二酸化炭素分子は何個あるか。また，その中に含まれる炭素原子の数と酸素原子の数はそれぞれ何個か。
(2) 鉄原子が 1.5×10^{24} 個集まってできている結晶がある。この鉄の物質量は何 mol か。

93 ▶ 分子量 次の分子の分子量を求めよ。
(1) O_2　　(2) H_2O　　(3) NH_3　　(4) H_2SO_4　　(5) CH_3COOH　　(6) $C_6H_{12}O_6$

94 ▶式量 次の物質の式量を求めよ。
(1) KCl (2) NaOH (3) MgCl$_2$ (4) Ca(OH)$_2$ (5) Al$_2$(SO$_4$)$_3$

95 ▶物質量と質量 次の(1)〜(4)に答えよ。
(1) H$_2$O 7.2 g の物質量は何 mol か。
(2) H$_2$SO$_4$ 0.50 mol の質量は何 g か。
(3) Al$_2$(SO$_4$)$_3$ 0.200 mol の質量は何 g か。
(4) MgCl$_2$ 0.10 mol の中には塩化物イオン Cl$^-$ が何 g 含まれるか。

96 ▶物質量と質量・粒子数 下図において質量がそれぞれつり合っているとき、次の(1)〜(3)に答えよ。

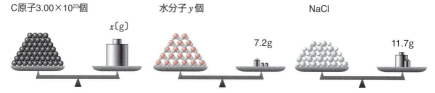

(1) おもりの質量は何 g か。
(2) 水分子の数は何個か。
(3) Na$^+$と Cl$^-$はそれぞれ何個あるか。

97 ▶粒子の数と質量 次の(1), (2)に答えよ。
(1) アルミニウム原子 3.6 × 10^{24} 個の質量は何 g か。
(2) 塩化ナトリウム NaCl 11.7 g に含まれるイオンの総数と同じ数の水素分子を集めると、その質量は何 g か。

98 ▶イオンの式量と粒子の数 水酸化カルシウム Ca(OH)$_2$ が 3.7 g ある。これについて、次の(1), (2)に答えよ。
(1) 水酸化カルシウムの物質量は何 mol か。
(2) カルシウムイオン Ca^{2+}と水酸化物イオン OH$^-$はそれぞれ何個ずつあるか。

99 ▶物質量と気体の体積 次の(1)〜(3)に答えよ。ただし、気体の体積はすべて標準状態で考えるものとする。
(1) 5.6 L の酸素 O$_2$がある。この酸素の質量は何 g か。
(2) 28.0 g の窒素 N$_2$がある。この窒素の体積は何 L か。
(3) 体積が 67.2 L の水素 H$_2$がある。この中に水素分子は何個あるか。

100 ▶気体の分子数・質量 酸素 O_2 9.6 g がある。この酸素分子と同じ数の窒素分子 N_2 を集めると,その質量は何 g か。

101 ▶分子量・式量と物質量 次の物質の分子量・式量を求めよ。
(1) 窒素 35 g の標準状態での体積は 28 L である。窒素の分子量を求めよ。
(2) 同温・同圧のもとで,ある気体の質量は,同じ体積のメタン CH_4 の質量の 4.0 倍であった。この気体の分子量を求めよ。
(3) 鉄 1.12 g 中には鉄原子 Fe が 1.2×10^{22} 個含まれている。鉄の式量を求めよ。

102 ▶組成式と原子量 ある金属 M 2.6 g を完全に酸化したところ,組成式が M_2O_3 で表される金属の酸化物が 3.8 g 得られた。この金属元素の原子量として最も適当なものはどれか。
(1) 26　(2) 38　(3) 40　(4) 52　(5) 76
〔東邦大 改〕

103 ▶気体の密度 次の(1)～(3)に答えよ。
(1) 窒素 N_2 の密度は標準状態で何 g/L か。
(2) 標準状態で密度が 0.76 g/L の気体の分子量はいくらか。
(3) 次の気体をそれぞれ 10 g ずつとったとき,標準状態において体積が最も大きいものはどれか。
　(ア) 水素　(イ) アンモニア　(ウ) 窒素　(エ) 塩化水素　(オ) 二酸化炭素

104 ▶空気の平均分子量 空気の平均分子量はいくらか。ただし,空気は窒素 N_2 と酸素 O_2 の体積比 4:1 の混合気体とする。有効数字 3 桁で答えよ。

105 ▶物質量と単位の換算 下表の(1)～(15)に適当な化学式や数値を入れよ。

物質	化学式	物質量〔mol〕	粒子数	質量〔g〕	標準状態での体積〔L〕
ヘリウム	(1)	2.0	(2)	(3)	(4)
窒素	(5)	(6)	(7)	7.0	(8)
ナトリウムイオン	(9)	(10)	2.4×10^{23}	(11)	—
二酸化炭素	(12)	(13)	(14)	(15)	4.48

64 —— 2章　物質の変化

106▶溶液を希釈したときの質量パーセント濃度　20%の塩化ナトリウム NaCl 水溶液 100g がある。これに水を 100g 加えたときできる水溶液の質量パーセント濃度を求めよ。

107▶混合溶液の質量パーセント濃度　10%塩化ナトリウム NaCl 水溶液 150g と，15%塩化ナトリウム水溶液 100g を混合するときにできる塩化ナトリウム水溶液の質量パーセント濃度を求めよ。

108▶溶液の調製　1.0mol/L の水酸化ナトリウム NaOH 水溶液をつくりたい。次のどの方法が正しいか。⑴〜⑷より 1 つ選べ。ただし，NaOH の式量は 40 とする。
⑴　水 1000mL をとり，NaOH 40g を加える。
⑵　水 1000g をとり，NaOH 40g を加える。
⑶　水 960g をとり，NaOH 40g を加える。
⑷　NaOH 40g を水に溶かし，さらに水を加えて体積を 1000mL にする。

109▶物質量と濃度　2.0mol/L の水酸化ナトリウム NaOH 水溶液について，次の⑴〜⑶に答えよ。ただし，NaOH の式量は 40 とする。
⑴　この水溶液 50mL 中に存在する NaOH の物質量は何 mol か。
⑵　この水溶液 1L 中に存在する NaOH の質量は何 g か。
⑶　この水溶液 1mL の質量が 1.05g（密度が 1.05g/mL）であるとき，この水溶液の質量パーセント濃度を求めよ。

110▶質量パーセント濃度とモル濃度　密度が 1.83g/cm^3 の 97.0%硫酸 H$_2$SO$_4$ 水溶液がある。H$_2$SO$_4$ の分子量を 98.0 として，次の⑴〜⑶に答えよ。
⑴　この硫酸水溶液 1.00L の質量はいくらか。
⑵　この硫酸水溶液 1.00L 中に含まれる H$_2$SO$_4$ の質量と物質量をそれぞれ求めよ。
⑶　この硫酸水溶液のモル濃度はいくらになるか。

check! **111▶濃度の調整**　濃度 36.5%の濃塩酸 HCl（密度 1.18g/cm^3）を水で希釈して，1.00mol/L の希塩酸 1.00L をつくった。次の⑴，⑵に答えよ。
⑴　濃塩酸のモル濃度を求めよ。
⑵　希塩酸 1.00L をつくるのに必要とした濃塩酸は何 mL か。

112 ▶ 固体の溶解度 30℃で硝酸カリウム KNO₃ の水への溶解度は 45.6 である。次の (1), (2)に答えよ。
(1) この温度で水 200 g には何 g の KNO₃ を溶かすことができるか。
(2) この温度で溶けることのできる KNO₃ をすべて水に溶かしたとき，この水溶液の質量パーセント濃度は何%か。

113 ▶ 溶解度と温度 右図は固体の溶解度と温度の関係を表すグラフである。次の(1)～(4)に答えよ。
(1) 右図のグラフは何とよばれるか。
(2) 温度 70℃では水 1 kg に硝酸カリウム KNO₃ は何 kg 溶けるか。
(3) 70℃で水 200 g に KNO₃ を最大限溶かした溶液を 40℃ に冷却するとき，析出する KNO₃ の結晶は何 g か。
(4) グラフの中で，再結晶による精製が最も適する物質と最も適さない物質を答えよ。

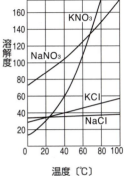

114 ▶ 結晶の析出 60℃の硝酸ナトリウム NaNO₃ の飽和水溶液が 100 g ある。NaNO₃ の溶解度を 60℃で 124，20℃で 88 として，次の(1), (2)に答えよ。
(1) この水溶液 100 g 中に溶けている溶質の質量は何 g か。
(2) この水溶液 100 g を 20℃に冷却すると，析出する結晶は何 g か。

115 ▶ 再結晶 水 100 g に少量の塩化ナトリウム NaCl を含む硝酸カリウム KNO₃ が溶解した混合水溶液がある。純粋な KNO₃ を得るために混合水溶液を 60℃に加熱し，さらに 50.0 g の KNO₃ を溶かしたあと，0℃に冷却して純粋な KNO₃ 76.7 g を得た。右表の溶解度の値を用いて，次の(1), (2)に答えよ。
(1) 混合水溶液に溶解していた KNO₃ は何 g か。
(2) このような精製方法を何というか。

固体の溶解度(g/100 g 水)

溶質 \ 温度	0℃	60℃
塩化ナトリウム	35.7	37.1
硝酸カリウム	13.3	109.0

66 —— 2章　物質の変化

標準例題 21　水和物の溶解度　　　　　　　　　　　　標準➡119

硫酸銅(Ⅱ)$CuSO_4$ の水への溶解度を 60℃ で 40.0 として，次の(1)～(3)に答えよ。ただし，$Cu = 64$ とする。

(1)　硫酸銅(Ⅱ)五水和物 $CuSO_4 \cdot 5H_2O$ の質量を x〔g〕とすると，この結晶中に含まれる $CuSO_4$ 無水物と水和水の質量をそれぞれ x を使って示せ。

(2)　水 50 g を加えて硫酸銅(Ⅱ)五水和物を x〔g〕溶かしたとする。このときの水の質量を x を使って示せ。

(3)　60℃ の水 50 g に硫酸銅(Ⅱ)五水和物 $CuSO_4 \cdot 5H_2O$ は何 g まで溶けるか。

●エクセル　水和物の結晶の溶解度は，水 100 g に溶けることができる無水物の部分の質量〔g〕で考える。

$$無水物の質量 = 結晶の質量〔g〕\times \frac{無水物の式量}{結晶の式量}$$

考え方

(1)

$CuSO_4 \cdot 5H_2O \ x$〔g〕

水へ

$CuSO_4$
$\dfrac{160}{250}x$〔g〕

$5H_2O$
$\dfrac{90}{250}x$〔g〕

(2)　結晶が溶けると水和水は，溶媒の水になる。

(3)　飽和溶液において，(溶媒の質量)〔g〕：(溶質の質量)〔g〕の比(溶液の質量)〔g〕：(溶質の質量)〔g〕の比は，それぞれ一定となる。

解　答

(1)　$CuSO_4 \cdot 5H_2O$ の式量は $160 + 18 \times 5 = 250$，$CuSO_4$ の式量は 160 であるから，

$CuSO_4 \cdot 5H_2O$ 250 g では，$CuSO_4$ 無水物が 160 g，水和水が $18 \times 5 = 90$ g 含まれている。

$CuSO_4 \cdot 5H_2O \ x$〔g〕では，

$CuSO_4$ 無水物が $\dfrac{160}{250}x$〔g〕，水和水 $\dfrac{90}{250}x$〔g〕。

答 $CuSO_4$ **無水物** $\dfrac{160}{250}x$〔g〕 **水和水** $\dfrac{90}{250}x$〔g〕

(2)　(1)から，$CuSO_4 \cdot 5H_2O$ の結晶 x〔g〕から出てくる水の質量は，$\dfrac{90}{250}x$〔g〕。

水溶液の水の質量は，$\left(50 + \dfrac{90}{250}x\right)$〔g〕 **答** $\left(50 + \dfrac{90}{250}x\right)$〔g〕

(3)　60℃ では，水 100 g に $CuSO_4$ 無水物が 40.0 g 溶けるから，次の比例式が成り立つ。

$$100\,g : 40.0\,g = \left(50 + \dfrac{90}{250}x\right)〔g〕 : \dfrac{160}{250}x〔g〕$$

これより，$x = 40.3\,g ≒ 40\,g$ **答** **40 g**

(別解)

$CuSO_4$ の飽和水溶液 140 g には，$CuSO_4$ 無水物が 40.0 g 溶けているから，次の比例式が成り立つ。

$$140\,g : 40\,g = (50 + x)〔g〕 : \dfrac{160}{250}x〔g〕$$

これより，$x = 40.3 ≒ 40\,g$

4 物質量—— 67

化学 **標準例題 22** **体心立方格子** 標準➡121

ナトリウムの結晶は，右図のような体心立方格子をとっている。
ただし，単位格子の一辺の長さを 0.43 nm，ナトリウムの結晶の密
度を 0.97 g/cm³，$4.3^3 = 80$ とする。

(1) 1個のナトリウム原子に隣接する（最も近くにある）ナトリウム
　原子の数はいくつか。

(2) この単位格子中に何個の原子が含まれているか。

(3) ナトリウム原子1個の質量は何 g か。

(4) ナトリウムの原子量を求めよ。

●**エクセル** 体心立方格子では，各頂点に $\dfrac{1}{8} \times 8$ 個，中心に1個の計2個の原子を含む。

考え方

(1) 1つの原子に接して
　いる他の原子の数を配
　位数という。

(3) 1 nm ＝ 10^{-9} m
　　　＝ 10^{-7} cm

(4) 1 mol の質量（モル質
　量）の単位を除いたも
　のが，原子量となる。

解答

(1) 単位格子の中心にある原子は，8頂点にある原子と接
　している。　　　　　　　　　　　　　　　　**答 8個**

(2) 8頂点の原子は，それぞれ3つの面で切断されている
　ので，$\left(\dfrac{1}{2}\right)^3 = \dfrac{1}{8}$ 個である。そのほかに中心に1個ある。
　よって，単位格子全体では，$\dfrac{1}{8} \times 8 + 1 = 2$ 　**答 2個**

(3) 0.43 nm ＝ 4.3×10^{-8} cm。よって，単位格子の体積は，
　$(4.3 \times 10^{-8})^3$ cm³ ≒ 8.0×10^{-23} cm³
　一方で，単位格子の質量は，
　　0.97 g/cm³ $\times 8.0 \times 10^{-23}$ cm³ ＝ 7.76×10^{-23} g
　この単位格子には2個の Na 原子が含まれているので，
　$\dfrac{7.76 \times 10^{-23} \text{ g}}{2} = 3.88 \times 10^{-23} ≒ 3.9 \times 10^{-23}$ g

　　　　　　　　　　　　　　　　答 3.9×10^{-23} g

(4) 6.0×10^{23} 個つまり 1 mol の質量は，
　3.88×10^{-23} g/ 個 $\times 6.0 \times 10^{23}$ 個 ＝ $23.28 ≒ 23$ g　**答 23**

標準問題

116▶単位の換算 次に定義された記号を用いて，下の(1)〜(3)を示す式を表せ。

m〔g〕：気体の質量　M〔g/mol〕：気体分子のモル質量　A〔g/mol〕：原子のモル質量
N_A〔/mol〕：アボガドロ定数　V〔L〕：標準状態における 1 mol の気体の体積

(1) 原子1個の質量 g

(2) 気体 m〔g〕中の分子数

(3) 標準状態における体積が v〔L〕の気体の質量 g

（山口大　改）

117 ▶ アボガドロ定数 ステアリン酸 W〔g〕をベンゼンに溶かして体積 V_1〔L〕にした溶液を，図1のように水槽の水面に滴下していったら，ベンゼン溶液を V_2〔L〕滴下したとき，ベンゼン溶液が水面を完全に覆った。その後，ベンゼンを蒸発させ，水面全体に単分子膜をつくった。

図1 ステアリン酸のベンゼン溶液を水面に滴下する

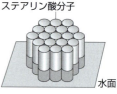
ステアリン酸単分子膜の模式図
図2

水面全体の面積を S_1〔cm²〕，ステアリン酸1分子の水面の占有面積を S_2〔cm²〕，ステアリン酸の分子量を M とする。分子間のすきまを無視し，アボガドロ定数を文字を使って表せ。

論述 118 ▶ 原子量と相対質量 いくつかの元素の原子量を右表に示してある。これを参考にして次の(1)～(4)に答えよ。
ただし，アボガドロ定数は 6.02×10^{23}/mol とする。

原子量表

元素	原子量
H	1.008
C	12.011
O	15.999
Cl	35.453

(1) Cの原子量が12.000でないのはなぜか。
(2) H1個の平均の質量はいくらか。（有効数字3桁）
(3) 自然界に，中性子数18個の塩素原子と中性子数20個の塩素原子のみ存在するものとすると，中性子数18個の塩素原子は20個の塩素原子の約何倍存在するか。（有効数字1桁）
(4) 原子量は ^{16}O の質量を16としたときの相対質量で表すことにし，^{16}O の16g中に含まれる原子の数と同数の粒子の物質量を1molとする。次の(ア)～(エ)の数値を，現在の数値より大きくなるもの，小さくなるもの，変化しないものに分けよ。なお，^{12}C の質量を12としたときの ^{16}O の相対質量は15.995である。
　(ア) 炭素の原子量　(イ) 1.013×10^5Pa　4℃の水1cm³の質量
　(ウ) 鉄1g中の鉄原子の物質量　(エ) 標準状態で1Lの体積の酸素の物質量
（横浜国立大 改）

check! 119 ▶ 水和物の析出 60℃における無水硫酸銅(Ⅱ)の水に対する溶解度を40.0，また20℃における溶解度を20.0とする。60℃における飽和水溶液140gを20℃に放置すると，硫酸銅(Ⅱ)五水和物の結晶が析出した。析出した硫酸銅(Ⅱ)五水和物は何gか。ただし，Cu=64とする。

check! 120 ▶ 水和物の溶液調製 1.0mol/Lのシュウ酸(COOH)₂水溶液をつくりたい。次のどの方法が正しいか。(1)～(6)より1つ選べ。ただし，シュウ酸の結晶は二水和物(COOH)₂·2H₂Oを用いるものとする。

(1) 水1000gにシュウ酸の結晶90gを溶かす。
(2) 水910gにシュウ酸の結晶90gを溶かす。
(3) シュウ酸の結晶90gを水に溶かし，さらに水を加えて体積を1000mLにする。
(4) 水1000gにシュウ酸の結晶126gを溶かす。
(5) 水874gにシュウ酸の結晶126gを溶かす。
(6) シュウ酸の結晶126gを水に溶かし，さらに水を加えて体積を1000mLにする。

121 ▶結晶の格子と原子量 高純度のケイ素Siの結晶は右図のようになる。この結晶の単位格子の体積は$1.60 \times 10^{-22} cm^3$，密度は$2.33 g/cm^3$である。次の(1)～(3)に答えよ。
ただし，アボガドロ定数は6.02×10^{23}/molとする。
(1) 単位格子中にケイ素原子は何個存在するか。
(2) 結晶の$1.00 cm^3$中にケイ素原子は何個存在するか。
(3) ケイ素の原子量を計算せよ。

○はケイ素原子

(慶應大　改)

化学 122 ▶面心立方格子 アルミニウムは，右図のような単位格子をとる。次の(1)～(4)に答えよ。
(1) 単位格子に含まれるアルミニウム原子は何個か。
(2) アルミニウムの原子半径をr〔nm〕として，rを単位格子の一辺の長さa〔nm〕を用いて表せ。
(3) アルミニウム原子のモル質量をM〔g/mol〕，アボガドロ定数をN_A〔/mol〕，単位格子の一辺の長さをa〔cm〕として，密度d〔g/cm^3〕をM, N_A, aを用いて表せ。
(4) この単位格子の充填率(単位格子全体の体積に占める原子の体積)は何%か。円周率$\pi = 3.14$，$\sqrt{2} = 1.41$として求めよ。

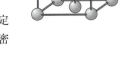

化学 123 ▶NaCl型イオン結晶 塩化ナトリウムは，右図のような単位格子をとる。次の(1)～(3)に答えよ。
(1) 単位格子に含まれるナトリウムイオンNa$^+$と塩化物イオンCl$^-$はそれぞれ何個か。
(2) ナトリウムイオンのイオン半径をr^+〔nm〕，塩化物イオンのイオン半径をr^-〔nm〕として，単位格子の一辺の長さa〔nm〕をr^+, r^-を用いて表せ。
(3) 塩化ナトリウムのモル質量をM〔g/mol〕，アボガドロ定数をN_A〔/mol〕，単位格子の一辺の長さをa〔cm〕として，密度d〔g/cm^3〕をM, N_A, aを用いて表せ。

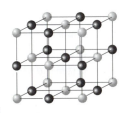

●Na$^+$　○Cl$^-$

5 化学反応式と量的関係

❶ 化学反応式

◆1 化学反応式 化学変化を化学式を使って表した式

> ・反応物を左辺，生成物を右辺にし，$\longrightarrow$で結ぶ。 反応物 $\longrightarrow$ 生成物
> ・$\longrightarrow$の両辺の各原子の数を一致させるため，化学式の前に係数をつける。
> 　係数は最小の正の整数で，1 は書かない。
>
> 　　$H_2 + O_2 \longrightarrow H_2O$ 誤（$\longrightarrow$の左辺と右辺で O の数が一致しない。）
>
> 　　$H_2 + \dfrac{1}{2} O_2 \longrightarrow H_2O$ 誤（係数が分数） 　$2H_2 + O_2 \longrightarrow 2H_2O$ 正
>
> ・触媒は書かない。
> 　過酸化水素 H_2O_2 と酸化マンガン（Ⅳ）MnO_2 より，酸素を発生。
> 　　$2H_2O_2 \longrightarrow 2H_2O + O_2$ （触媒としてはたらく MnO_2 は書かない）

◆2 イオン反応式 化学反応をイオンに着目してイオン式を用いて表した式

例 : $Ag^+ + Cl^- \longrightarrow AgCl$ 　$Ca(OH)_2 \longrightarrow Ca^{2+} + 2OH^-$

❷ 化学反応式と量的関係

化学反応式の係数は，反応に関係する粒子の数の関係を示す。

反応式	CH_4	$+$	$2O_2$	$\longrightarrow$	CO_2	$+$	$2H_2O$
数の関係	1 分子	と	2 分子	より	1 分子	と	2 分子が生じる
物質量	$1 \times 6.0 \times 10^{23}$ 個 1 mol		$2 \times 6.0 \times 10^{23}$ 個 2 mol		$1 \times 6.0 \times 10^{23}$ 個 1 mol		$2 \times 6.0 \times 10^{23}$ 個 2 mol
質量〔g〕	16 g		$2 \times 32 = 64$ g		44 g		$2 \times 18 = 36$ g
標準状態での体積	22.4 L		$2 \times 22.4 = 44.8$ L		22.4 L		気体ではない。

❸ 化学の基本法則

◆1 質量保存の法則 化学反応の前後において，反応物の質量の総和＝生成物の質量の総和

例 : 銅 a〔g〕と酸素 b〔g〕が反応して，酸化銅（Ⅱ）が（$a+b$）〔g〕生成する。

◆2 気体反応の法則 反応に関係する気体の体積は同温・同圧で簡単な整数比になる。

例 : 水素 1 体積と塩素 1 体積が反応し，塩化水素 2 体積が生成する。

◆3 定比例の法則 化合物の成分元素の質量の比は常に一定。

例 : 二酸化炭素は，つくり方によらず常に，炭素の質量：酸素の質量＝3：8 である。

◆4 倍数比例の法則 2 種類の元素 A，B が 2 種類以上の化合物をつくるとき，A の一定量と結合する B の質量は簡単な整数比をなす。

例 : 炭素と酸素の化合物，一酸化炭素と二酸化炭素では，炭素（A）の一定量と結合する酸素（B）の質量の比が，一酸化炭素：二酸化炭素では 1：2 である。

5 化学反応式と量的関係——71

WARMING UP／ウォーミングアップ

次の文中の（　）に適当な語句・数値を入れよ。

1 化学反応式

化学反応式は，（ア）変化を物質の（イ）で表したものである。炭素を燃焼させると二酸化炭素になる反応では，炭素と酸素を（ウ）といい，二酸化炭素を（エ）という。（ウ）は化学反応式の（オ）に書き，（エ）は（カ）に書く。

2 化学反応式の係数

化学反応式では，両辺で各原子の数は一致していなければならない。次の化学反応式に係数を入れよ。ただし，係数が1のときは1と書け。（ア）N_2 ＋（イ）H_2 ⟶（ウ）NH_3

3 化学反応式と量的関係

常温で気体のメタン CH_4 を燃焼させるときの化学反応式は次のようになる。

$$CH_4 + 2O_2 \longrightarrow CO_2 + 2H_2O$$

(1) CH_4 1 mol を完全に反応させるには酸素が（ア）mol 必要であり，また，反応によって生じる二酸化炭素は（イ）mol，水は（ウ）mol である。

(2) CH_4 32 g を完全に燃焼させるとき，必要な酸素は（ア）g である。このとき生じる二酸化炭素は（イ）g で，水は（ウ）g である。このとき，燃焼前のメタンと酸素の質量の和は（エ）g であり，燃焼によって生じた二酸化炭素と水の質量の和は（オ）g である。これは，反応の前後で物質の質量の総和は変わらないことを示している。これを（カ）の法則という。

4 化学反応式と気体の体積

次の反応において，CH_4 1 mol と反応する酸素の体積は標準状態で（ア）L，また，生じる二酸化炭素は（イ）L である。

$$CH_4 + 2O_2 \longrightarrow CO_2 + 2H_2O$$

5 化学の基本法則

次の法則の記述に最も関係の深い法則名を答えよ。

(1) 反応中の気体の体積は同温・同圧で簡単な整数比になる。

(2) 化合物の成分元素の質量の比は常に一定である。

(3) 2種類の元素 A，B が2種類以上の化合物をつくるとき，A の一定量と結合する B の質量は簡単な整数比をなす。

1
- (ア) 化学
- (イ) 化学式
- (ウ) 反応物
- (エ) 生成物
- (オ) 左辺　(カ) 右辺

2
- (ア) 1
- (イ) 3
- (ウ) 2

3
- (1)(ア) 2
- (イ) 1
- (ウ) 2
- (2)(ア) 128
- (イ) 88
- (ウ) 72
- (エ) 160
- (オ) 160
- (カ) 質量保存

4
- (ア) 44.8
- (イ) 22.4

5
- (1) 気体反応の法則
- (2) 定比例の法則
- (3) 倍数比例の法則

72 —— 2章　物質の変化

基本例題 23　化学反応式の係数　　　　　　　　　　　　　　　　　基本➡124

次の化学反応式に係数を入れよ。ただし，係数が 1 のときは 1 と書け。

(1)　(ア)Cu + (イ)O_2 ⟶ (ウ)CuO

(2)　(ア)C_2H_2 + (イ)O_2 ⟶ (ウ)CO_2 + (エ)H_2O

(3)　(ア)Zn + (イ)H^+ ⟶ (ウ)Zn^{2+} + (エ)H_2

●**エクセル**　化学反応式では，両辺の原子数が等しい。
　　　　　　イオン反応式では，両辺の原子数と電荷の総和が等しい。

考え方

(1), (2)　両辺で原子の数を合わせる。

　多くの種類の原子が結合しているような，複雑な化学式の係数を 1 とおくと，他の係数が早く決まることが多い。

　係数が分数ならば，化学反応式の両辺を整数倍して分母を払う。（目算法）

(3)　イオン反応式では，
　　左辺の電荷の総和
　　　　＝右辺の電荷の総和
　（化学反応式では両辺の電荷はともに 0）

解答

(1)　CuO の係数(ウ)を 1 とすると，右辺の Cu 原子と O 原子の数がそれぞれ 1 と決まる。Cu 原子の数を等しくするためには，Cu の係数(ア)は 1 と決まる。また，O 原子の数を等しくするためには，O_2 の係数(イ)は $\dfrac{1}{2}$ となる。

$$Cu + \dfrac{1}{2} O_2 \longrightarrow CuO$$

両辺を 2 倍して分母を払う。

答　(ア) **2**　　(イ) **1**　　(ウ) **2**

(2)　C 原子に着目し，C_2H_2 の係数(ア)を 1 とすると，CO_2 の係数(ウ)は 2 となる。また，H 原子に着目すると，H_2O の係数(エ)は 1 となる。両辺の O 原子数に着目すれば，O_2 の係数(イ)は $\dfrac{5}{2}$ となる。

$$C_2H_2 + \dfrac{5}{2} O_2 \longrightarrow 2CO_2 + H_2O$$

分母を払うため，両辺を 2 倍して係数全部を 2 倍する。

答　(ア) **2**　　(イ) **5**　　(ウ) **4**　　(エ) **2**

(3)　両辺の電荷は等しいので，H^+ の係数(イ)は 2，Zn^{2+} の係数(ウ)は 1 となる。原子数も両辺で等しくなる。

答　(ア) **1**　　(イ) **2**　　(ウ) **1**　　(エ) **1**

基本例題 24　化学反応式のつくり方　　　　　　　　　　　　　　　基本➡125

次の化学反応を化学反応式で表せ。

(1)　一酸化炭素 CO が燃焼すると，二酸化炭素 CO_2 ができる。

(2)　メタン CH_4 が燃焼すると，二酸化炭素 CO_2 と水 H_2O ができる。

(3)　銅 Cu に希硝酸 HNO_3 を加えると，硝酸銅(Ⅱ)$Cu(NO_3)_2$ と一酸化窒素 NO と水 H_2O ができる。

●**エクセル**　複雑な化学反応式の係数は未定係数法により求める。

考え方

(1) 燃焼は，酸素と激しく化合する反応である。

(2) メタン CH_4 のような炭化水素が燃焼すると，C原子が CO_2 に，H原子が H_2O になる。

(3) 係数が目算で決まらないときは，各係数を $a, b, c, \cdots$ とおいて求める（未定係数法）。

解答

(1) 反応物は CO と酸素 O_2，生成物は CO_2 である。
答 $2CO + O_2 \longrightarrow 2CO_2$

(2) 反応物は CH_4 と酸素 O_2，生成物は CO_2 と H_2O である。
答 $CH_4 + 2O_2 \longrightarrow CO_2 + 2H_2O$

(3) $Cu(NO_3)_2$ の係数を1とおく。Cu原子数に着目して，Cuの係数が1となる。

$Cu + aHNO_3 \longrightarrow Cu(NO_3)_2 + bNO + cH_2O$

H原子： $a = 2c$ …①
N原子： $a = 2 + b$ …②
O原子： $3a = 6 + b + c$ …③

①，②より，$2c = 2 + b \quad b = 2c - 2$ …④

①と④を③に代入して，

$3(2c) = 6 + (2c - 2) + c \quad c = \dfrac{4}{3},\ b = \dfrac{2}{3},\ a = \dfrac{8}{3}$

$Cu + \dfrac{8}{3}HNO_3 \longrightarrow Cu(NO_3)_2 + \dfrac{2}{3}NO + \dfrac{4}{3}H_2O$

両辺を3倍して分母を払う。
答 $3Cu + 8HNO_3 \longrightarrow 3Cu(NO_3)_2 + 2NO + 4H_2O$

 基本例題 25　化学反応の量的関係 1　　　　　基本 ⇒ 126

プロパン C_3H_8 が燃焼するときの反応式は，次のように表される。次の(1)～(3)に答えよ。

$C_3H_8 + 5O_2 \longrightarrow 3CO_2 + 4H_2O$

(1) プロパン 6.6g を燃焼させるのに必要な酸素は何gか。
(2) プロパン 6.6g の燃焼によって生じる二酸化炭素は，標準状態で何Lか。
(3) ある量のプロパンを燃焼させたら，水が 7.2g 生じた。プロパンの質量は何gか。

●**エクセル**　係数比＝物質量の比＝体積比

考え方

(1) C_3H_8 1mol の燃焼には O_2 5mol が必要である。

(2) C_3H_8 1mol から CO_2 3mol が生じる。

(3) H_2O 1mol を生じさせるのに，C_3H_8 0.25mol が必要である。

解答

(1) C_3H_8 6.6g は $\dfrac{6.6\,g}{44\,g/mol} = 0.15\,mol$。必要な O_2 は，

$0.15 \times 5 = 0.75\,mol$，$32\,g/mol \times 0.75\,mol = 24\,g$　**答 24g**

(2) C_3H_8 6.6g は 0.15mol だから，CO_2 は，$0.15\,mol \times 3 = 0.45\,mol$ 生じる。

$22.4\,L/mol \times 0.45\,mol = 10.0 ≒ 10\,L$　**答 10L**

(3) H_2O 7.2g は，$\dfrac{7.2\,g}{18\,g/mol} = 0.40\,mol$

必要な C_3H_8 は，$0.40\,mol \times 0.25 = 0.10\,mol$ である。
$44\,g/mol \times 0.10\,mol = 4.4\,g$　**答 4.4g**

基本例題 26　反応物の過不足　　　　　　　　　　　　　　基本➡130

メタン CH_4 を燃焼させると二酸化炭素 CO_2 と水 H_2O になる。いま，標準状態で 5.60 L のメタンと 8.96 L の酸素 O_2 の混合気体が容器中にある。この混合気体を反応させてメタンを完全に燃焼させた後，室温になるまで放置した。次の(1)〜(3)に答えよ。

(1) メタンの燃焼の化学反応式を書け。
(2) 燃焼後に容器内に存在する気体とその物質量を答えよ。
(3) 反応後，気体の質量は何 g 減少するか。

●エクセル　未反応の気体があるかどうか。気体以外の生成物は何かを考える。

考え方
(1) 反応物の化学式と生成物の化学式を⟶でつなぎ，係数をつける。
(2) 化学反応式の係数は物質量の関係を表し，これから各物質間の量的関係を把握する。
(3) 燃焼で生じる水は，室温では液体。

解 答
(1) 答　$CH_4 + 2O_2 \longrightarrow CO_2 + 2H_2O$

(2) 燃焼前の CH_4 は 0.250 mol，O_2 は 0.400 mol である。反応式から 0.250 mol の CH_4 をすべて燃焼させるには，O_2 は 0.500 mol 必要である。O_2 はすべて反応して，CH_4 は 0.200 mol 燃焼し，0.050 mol 余る。生成する CO_2 は 0.200 mol，生成する H_2O は液体である。
答　CH_4 が 0.050 mol，CO_2 が 0.200 mol

(3) 反応の前後で総質量は変わらないので，液体の水 H_2O の質量分（0.400 mol × 18 g/mol = 7.2 g）だけ減少する。
答　7.2 g

基本例題 27　化学反応の量的関係 2　　　　　　　　　　基本➡129,131

常温・常圧で，気体の一酸化炭素 CO と酸素 O_2 を反応させると，次式のように二酸化炭素 CO_2 を生じる。次の(1)，(2)に答えよ。　　$2CO + O_2 \longrightarrow 2CO_2$

(1) 常温・常圧で一酸化炭素 10 L を完全に反応させるのに必要な酸素と，そのとき生成する二酸化炭素の体積はそれぞれ何 L か。
(2) 常温・常圧で一酸化炭素 50 L と酸素 50 L とを反応させた後に，存在する気体の名称と体積を答えよ。

●エクセル　化学反応式の気体物質の係数の比は，同温・同圧での気体物質の体積比を表す。

考え方
化学反応式の係数から CO 2 L と O_2 1 L が反応し，CO_2 2 L が生成する。

解 答
(1) 反応式の係数から，反応する CO と O_2 の体積比は $CO:O_2 = 2:1$，反応する CO と生成する CO_2 の体積比は $CO:CO_2 = 1:1$ である。CO 10 L は O_2 5 L と反応し，CO_2 10 L を生成する。　答　O_2　5 L　CO_2　10 L

(2) CO 50 L をすべて反応させるのに必要な O_2 は 25 L。O_2 が 50 L − 25 L = 25 L 残る。また，CO 50 L から生成する CO_2 は 50 L。　答　酸素　25 L　二酸化炭素　50 L

5 化学反応式と量的関係──75

基本問題

124 ▶化学反応式の係数　次の(1)〜(6)の化学反応式の係数をつけよ。

(1)　$Cu + O_2 \longrightarrow CuO$

(2)　$Al + HCl \longrightarrow AlCl_3 + H_2$

(3)　$Ba(OH)_2 + HNO_3 \longrightarrow Ba(NO_3)_2 + H_2O$

(4)　$H_2S + SO_2 \longrightarrow S + H_2O$

(5)　$Cu + HNO_3 \longrightarrow Cu(NO_3)_2 + NO_2 + H_2O$

(6)　$Al + H^+ \longrightarrow Al^{3+} + H_2$

125 ▶化学反応式　次の(1)〜(5)の化学反応式をつくれ。

(1)　マグネシウム Mg を燃焼させると，酸化マグネシウム MgO ができる。

(2)　亜鉛 Zn に塩酸 HCl を加えると，塩化亜鉛 $ZnCl_2$ ができ，水素 H_2 が発生する。

(3)　エタン C_2H_6 を燃焼させると，二酸化炭素 CO_2 と水 H_2O ができる。

(4)　過酸化水素 H_2O_2 に触媒として酸化マンガン(IV)を加えると，H_2O_2 が分解されて，水 H_2O と酸素 O_2 になる。

(5)　銅 Cu に熱濃硫酸 H_2SO_4 を加えると，硫酸銅(II)$CuSO_4$ と二酸化硫黄 SO_2 と水 H_2O ができる。

論述 126 ▶化学反応の量的関係　気体のメタン CH_4 の燃焼反応について，表の空欄を埋めよ。
check! また，H_2O の標準状態の体積が計算できないのはなぜか。

化学反応式	CH_4	$+$	$2O_2$	$\longrightarrow$	CO_2	$+$	$2H_2O$
係数	1		2		1		2
分子数の関係					1.2×10^{23}		
物質量の関係	mol		0.40 mol		mol		mol
質量の関係	3.2 g		g		g		g
標準状態での体積	L		L		L		

check! **127 ▶反応における分子数**　炭素 C が完全燃焼する反応は次式のようになる。これについて，次の(1)，(2)に答えよ。　　$C + O_2 \longrightarrow CO_2$

(1)　炭素 6.0 g が完全に燃焼したとき生じる二酸化炭素の分子は何個か。

(2)　反応によって二酸化炭素分子 CO_2 が 2.4×10^{23} 個生じたとすると，反応した炭素の質量は何 g か。

check! **128 ▶反応における質量と体積**　次式のように，水素 H_2 と酸素 O_2 が反応すると水 H_2O を生じる。次の(1)，(2)に答えよ。　　$2H_2 + O_2 \longrightarrow 2H_2O$

(1)　標準状態で 28.0 L の水素をすべて燃焼させると，水が何 g 生じるか。

(2)　水素 6.0 g を完全に燃焼させるのに必要な酸素は，標準状態で何 L か。また，それは何 g か。

76 —— 2章　物質の変化

129▶体積が増加する気体の反応　次式のように，オゾン O_3 は分解すると酸素 O_2 になる。この反応について，次の(1)，(2)に答えよ。

$$2O_3 \longrightarrow 3O_2$$

(1)　オゾン 10L がすべて反応すると，同温・同圧のもとで酸素は何 L 生成するか。

(2)　オゾンが分解して酸素になったとき，同温・同圧のもとで気体の体積が 15L 増加していた。分解したオゾンの体積は何 L か。

check!
130▶反応物の過不足と質量　エタン C_2H_6 が燃焼するときの反応式は次のように表される。3.0 g のエタンと標準状態で 8.96 L の酸素を反応させたとき，次の(1)，(2)に答えよ。

$$2C_2H_6 + 7O_2 \longrightarrow 4CO_2 + 6H_2O$$

(1)　反応せずに残った気体は何か。また，その物質量は何 mol か。

(2)　生成した二酸化炭素は何 g か。

131▶反応物の過不足と体積　一酸化窒素 NO および酸素 O_2 は水に溶けにくいが，これらを混合すると次式のように容易に反応して，水に溶けやすい気体の二酸化窒素 NO_2 を生成する。この反応について，次の(1)〜(3)に答えよ。

$$2NO + O_2 \longrightarrow 2NO_2$$

(1)　反応により，二酸化窒素 10L が生成したとすると，同温・同圧の状態で反応した一酸化窒素と酸素は，それぞれ何 L ずつか。

(2)　同温・同圧のもとで，一酸化窒素 20L と酸素 20L を反応させるとき，反応後に存在する気体の名称とその体積を答えよ。

(3)　同温・同圧のもとで，一酸化窒素 10L と酸素 10L を反応させ，生成した気体を水に通して集めると，その体積は何 L になるか。

check!
132▶沈殿が生じる反応　塩化ナトリウム NaCl 水溶液に硝酸銀 $AgNO_3$ 水溶液を加えると，塩化銀 AgCl が沈殿する。この反応は，次のように表される。次の(1)，(2)に答えよ。

$$NaCl + AgNO_3 \longrightarrow AgCl + NaNO_3$$

(1)　0.10 mol/L の硝酸銀水溶液 20mL と過不足なく反応するには，0.050 mol/L の塩化ナトリウム水溶液が何 mL 必要か。

(2)　(1)のとき，沈殿する塩化銀は何 g か。

論述 **133▶化学の基本法則**　次の(1)，(2)に答えよ。

check!
(1)　酸化カルシウム CaO を例に，定比例の法則を説明せよ。

(2)　鉄 Fe と硫黄 S を反応させると硫化鉄(Ⅱ)ができる。

　この反応を例に質量保存の法則を説明せよ。

$$Fe + S \longrightarrow FeS$$

標準例題 28　物質量と気体の体積　　　標準➡138

0.24gのマグネシウムに1.0mol/Lの塩酸を少量ずつ加え，発生した水素を捕集して，その体積を標準状態で測定した。このとき加えた塩酸の体積と発生した水素の体積との関係を表す図として最も適当なものを，次の(1)〜(4)より選べ。

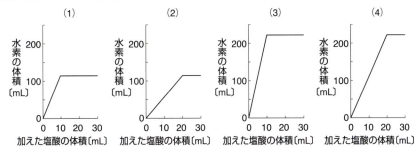

● **エクセル**　グラフの折れ曲がる点＝MgとHClがちょうど過不足なく反応

考え方

化学反応式より，Mg 1molとHCl 2molから，H_2 1molが発生する。

Mgの2倍の物質量のHClを加えると反応は終わる。

解答

反応式は次のようになる。$Mg + 2HCl \longrightarrow MgCl_2 + H_2$

Mg 0.24gの物質量は $\dfrac{0.24\,g}{24\,g/mol} = 0.010\,mol$ であり，Mgを完全に反応させるのに，HCl 0.020molが必要である。塩酸20mLで反応が終わる。また発生するH_2の体積は標準状態で $22400\,mL/mol \times 0.010\,mol = 224\,mL$ である。　**答** (4)

標準例題 29　混合気体の燃焼　　　標準➡135

一酸化炭素とエタンC_2H_6の混合気体を，触媒の存在下で十分な量の酸素を用いて完全に燃焼させたところ，二酸化炭素0.045molと水0.030molが生成した。反応前の混合気体中の一酸化炭素とエタンの物質量は，それぞれいくらか。

● **エクセル**　炭化水素C_nH_mの完全燃焼はCO_2とH_2Oを生じる

考え方

十分な量の酸素が存在していたから，一酸化炭素もエタンも完全に燃焼したことになる。

一酸化炭素の燃焼により，二酸化炭素が生じる。

炭化水素のエタンの燃焼から二酸化炭素と水が生じる。

解答

一酸化炭素とエタンの燃焼の反応式は次式である。

$$2CO + O_2 \longrightarrow 2CO_2 \qquad \cdots ①$$
$$2C_2H_6 + 7O_2 \longrightarrow 4CO_2 + 6H_2O \qquad \cdots ②$$

H_2O 0.030molは②の反応でのみ生じる。したがって，C_2H_6は0.010molあったことになる。これにより，①の反応で生じたCO_2の物質量は，$0.045\,mol - 0.010\,mol \times 2 = 0.025\,mol$になるから，①から，反応前にあったCOは0.025molである。

答　CO　0.025 mol　C_2H_6　0.010 mol

標準問題

134 ▶ 物質量と気体の体積 気体状態の四酸化二窒素 N_2O_4 を 9.20 g 取って，標準状態においたら，その一部が次式のような反応を起こし，気体の体積は 2.9 L になった。このとき，N_2O_4 の何％が NO_2 に変化したか。　　　$N_2O_4 \longrightarrow 2NO_2$

135 ▶ 混合気体の燃焼 水素と一酸化炭素 CO からなる混合気体 A が 200 cm³ ある。この混合気体に乾燥空気(窒素と酸素の体積比 4 : 1)を 600 cm³ 加え，完全燃焼させた。生成した水を塩化カルシウムで完全に除いたら，気体は 550 cm³ の混合気体 B と

成分	気体A〔cm³〕	気体B〔cm³〕	気体C〔cm³〕
H_2	(ア)	*	*
CO	(イ)	*	*
O_2	*	(ウ)	(カ)
N_2	*	(エ)	(キ)
CO_2	*	(オ)	(ク)
H_2O	*	*	*

なった。さらに，B からソーダ石灰で二酸化炭素を完全に取り除いたら，体積 500 cm³ の混合気体 C となった。体積は同温・同圧のもとで測定した。表に示した気体 A，B，C の各成分の体積(ア)～(ク)はいくらか。ただし，存在しないときは 0 を記せ。

136 ▶ 化学反応式と量的関係 主成分が炭酸カルシウム $CaCO_3$ の石灰岩 15.0 g に 0.500 mol/L の塩酸を注いだら，気体が出なくなるまでに塩酸 0.400 L を要した。次の(1)～(3)に答えよ。
(1) このときの化学反応式を示せ。
(2) 気体がすべて炭酸カルシウムから発生したとして，標準状態で何 L の気体が発生したか。
(3) 上記の石灰岩には何％の炭酸カルシウムが含まれていたか。

137 ▶ 化学式の決定 ある有機化合物 0.80 g を完全に燃焼させたところ，1.1 g の二酸化炭素と 0.90 g の水のみが生成した。この化合物の化学式として最も適当なものを，次の(1)～(6)のうちから一つ選べ。
(1) CH_4　　(2) CH_3OH　　(3) $HCHO$
(4) C_2H_4　　(5) C_2H_5OH　　(6) CH_3COOH
　　　　　　　　　　　　　　　　　　　　　　（16　センター）

138 ▶ 化学反応式と量的関係　炭酸水素ナトリウムは塩酸と反応して，二酸化炭素が発生する。炭酸水素ナトリウムと 0.50 mol/L の塩酸 100 mL を用い，反応前後の質量変化から化学反応の量的関係を確かめる実験を 25℃，1.0 気圧で行った。

(1) 炭酸水素ナトリウムに塩酸を加えたときの化学反応式を書け。

(2) 0.50 mol/L の塩酸 100 mL を調製するには，12 mol/L の濃塩酸が何 g 必要か求めよ。ただし，濃塩酸の密度は 1.2 g/mL とする。

(3) この実験で，塩酸に炭酸水素ナトリウム 2.0 g を加えたときに生成する二酸化炭素の質量を小数第 2 位まで求めよ。

(4) この実験で，塩酸に炭酸水素ナトリウム 5.0 g を加えたときに生成する二酸化炭素の標準状態での体積を小数第 2 位まで求めよ。

(5) 加えた炭酸水素ナトリウムの質量が 0〜7.0 g のとき，加えた炭酸水素ナトリウムの質量と発生する二酸化炭素の物質量の関係をグラフに示せ。

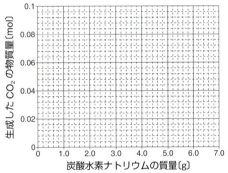

（15　学芸大）

139 ▶ 化学の基本法則　A 群の(1)〜(4)の文の(ア)〜(エ)に適当な数値を入れ，これらの記述に最も関係の深い法則名を B 群(a)〜(e)から，人名を C 群①〜⑤からそれぞれ選べ。

A群　(1)　炭素の燃焼により生じる二酸化炭素も，炭酸カルシウムに塩酸を加えたとき発生する二酸化炭素も，炭素と酸素の質量比は 3 : (ア)である。

(2)　炭素 6 g と酸素(イ)g が完全に反応すると，二酸化炭素 22 g が生じる。

(3)　標準状態で二酸化炭素 1 L に含まれる分子の数は，標準状態で 50 mL を占める二酸化炭素の分子の数の(ウ)倍である。

(4)　標準状態で一酸化炭素 2 L と酸素 1 L が反応し，二酸化炭素は標準状態で(エ)L 生成する。

B群　(a)　質量保存の法則　　(b)　倍数比例の法則　　(c)　アボガドロの法則
　　　(d)　定比例の法則　　　(e)　気体反応の法則

C群　①　アボガドロ　　②　ラボアジエ　　③　プルースト
　　　④　ドルトン　　　⑤　ゲーリュサック

エクササイズ

◆**物質量の計算**

次の値を使って計算せよ。

原子量　H＝1.0　C＝12　N＝14　O＝16　Na＝23　Mg＝24
　　　　Al＝27　S＝32　Cl＝35.5　K＝39　Ca＝40　Fe＝56
　　　　Cu＝64　Ag＝108

アボガドロ定数を 6.0×10^{23}/mol として答えよ。

1　分子量の計算　分子量は構成原子の原子量の総和である。次の分子量を計算せよ。

(1)　水素 H_2　　(2)　酸素 O_2　　(3)　オゾン O_3　　(4)　窒素 N_2

(5)　塩化水素 HCl　　(6)　水 H_2O　　(7)　二酸化炭素 CO_2

(8)　アンモニア NH_3　　(9)　メタン CH_4　　(10)　硫酸 H_2SO_4

(11)　エタノール C_2H_5OH　　(12)　グルコース $C_6H_{12}O_6$

2　式量の計算　式量は分子量と同様，組成式を構成する原子の原子量の総和で表される。次の式量を計算せよ。

(1)　塩化ナトリウム $NaCl$　　　　　　(2)　塩化マグネシウム $MgCl_2$

(3)　水酸化ナトリウム $NaOH$　　　　　(4)　水酸化カルシウム $Ca(OH)_2$

(5)　硝酸マグネシウム $Mg(NO_3)_2$　　(6)　硫酸アンモニウム $(NH_4)_2SO_4$

(7)　炭酸アルミニウム $Al_2(CO_3)_3$　　(8)　硫酸銅(Ⅱ)五水和物 $CuSO_4 \cdot 5H_2O$

(9)　ナトリウムイオン Na^+　　　　　(10)　酢酸イオン CH_3COO^-

3　質量・体積・粒子数と物質量　下記の記述を参考にして，次の(1)〜(20)に答えよ。

物質 1 mol　質量は分子量・式量に g 単位をつけた量，体積は標準状態で 22.4 L
　　　　　　粒子数はアボガドロ数（通常 6.02×10^{23}，ここでは 6.0×10^{23}）個

(1)　酸素 O_2 64 g は何 mol か。　　　　　　(2)　水 9 g は何 mol か。

(3)　酸化ナトリウム Na_2O 93 g は何 mol か。　(4)　硫酸 196 g は何 mol か。

(5)　メタン CH_4 2.0 mol は何 g か。　　(6)　グルコース $C_6H_{12}O_6$ 0.30 mol は何 g か。

(7)　硫酸イオン SO_4^{2-} 1.5 mol は何 g か。

(8)　塩化マグネシウム 0.50 mol は何 g か。

(9)　硫酸銅(Ⅱ)五水和物 $CuSO_4 \cdot 5H_2O$ 1.00 mol は何 g か。

(10)　水素 33.6 L は何 mol か。　　＊(10)〜(14)では，体積は標準状態として答えよ。

(11)　アンモニア 11.2 L は何 mol か。　　(12)　二酸化炭素 5.6 L は何 mol か。

(13)　メタン CH_4 2.00 mol は何 L か。　(14)　水素 2.00 mol は何 L か。

(15)　鉄原子 2.4×10^{24} 個は何 mol になるか。

(16)　水分子 3.0×10^{23} 個は何 mol になるか。

(17)　Na^+ と Cl^- をそれぞれ 1.2×10^{22} 個含んでいる塩化ナトリウム $NaCl$ は何 mol か。

(18)　銅 Cu 1.5 mol がある。銅原子何個が含まれているか。

⒆　二酸化炭素 0.30 mol 中には，二酸化炭素分子何個が含まれているか。

⒇　塩化マグネシウム $MgCl_2$ 0.50 mol 中には，Mg^{2+} と Cl^- がそれぞれ何個ずつ含まれているか。

4　質量と体積の関係　気体の体積は標準状態におけるものとして，次の⑴〜⑹に答えよ。

⑴　水素 6.0 g の物質量は何 mol か。また，その体積は何 L か。

⑵　アンモニア 3.4 g の物質量は何 mol か。また，その体積は何 L か。

⑶　二酸化炭素 11 g の物質量は何 mol か。また，その体積は何 L か。

⑷　体積 44.8 L の酸素の物質量は何 mol か。また，その質量は何 g か。

⑸　体積 5.6 L のメタン CH_4 の物質量は何 mol か。また，その質量は何 g か。

⑹　体積 112 L の塩化水素 HCl の物質量は何 mol か。また，その質量は何 g か。

5　質量と粒子数　次の⑴〜⑷に答えよ。

⑴　鉄 280 g の物質量は何 mol か。また，鉄原子何個が存在するか。

⑵　塩化カリウム KCl が 149 g ある。その物質量は何 mol か。また，カリウムイオン K^+ と塩化物イオン Cl^- はそれぞれ何個ずつあるか。

⑶　銀 Ag 原子 1.2×10^{23} 個は何 mol か。また，その質量は何 g か。

⑷　水分子 2.4×10^{24} 個は何 mol か。また，その質量は何 g か。

6　粒子数と体積　気体の体積は標準状態におけるものとして，次の⑴〜⑷に答えよ。

⑴　体積 33.6 L の酸素中には，酸素分子は何個あるか。また，酸素原子は何個か。

⑵　体積 1.12 L のメタン CH_4 中に，メタン分子は何個あるか。また，水素原子は何個か。

⑶　二酸化炭素分子 1.5×10^{23} 個は，何 L の体積を占めるか。

⑷　水素原子 2.4×10^{23} 個から水素分子は何個つくれるか。また，この数の水素分子は何 L の体積を占めるか。

7　モル濃度　下記の記述を参考にして，次の⑴〜⑹に答えよ。

モル濃度　溶液 1 L（1000 mL）あたりに溶けている溶質の量を物質量で表した濃度
$$= \frac{溶質の物質量〔mol〕}{溶液の体積〔L〕}$$

⑴　グルコース 0.60 mol を水に溶かし，3.0 L とした水溶液のモル濃度は何 mol/L か。

⑵　水酸化ナトリウム 2.0 g を水に溶かし，100 mL とした水溶液のモル濃度は何 mol/L か。

⑶　0.50 mol/L の塩化ナトリウム水溶液を 200 mL つくりたい。必要な塩化ナトリウムは何 g か。

⑷　2.0 mol/L の硫酸 2.0 L 中に含まれる純硫酸は何 mol か。

⑸　6.0 mol/L の水酸化ナトリウム水溶液 20 mL に溶けている水酸化ナトリウムは何 mol か。

⑹　0.50 mol/L の塩化ナトリウム水溶液 400 mL に溶けている塩化ナトリウムは何 g か。

6 酸・塩基

❶ 酸・塩基の定義

◆1 アレニウスの定義

	酸	塩基
アレニウスの定義	水に溶けて水素イオン H^+（H_3O^+）を生じる物質	水に溶けて水酸化物イオン OH^- を生じる物質
	$HCl \longrightarrow H^+ + Cl^-$	$NaOH \longrightarrow Na^+ + OH^-$

◆2 ブレンステッドの定義

	酸	塩基
ブレンステッドの定義	水素イオン H^+ を与える分子・イオン	水素イオン H^+ を受け取る分子・イオン
	$$\overset{\overset{\textstyle H^+}{\downarrow}}{\underset{\substack{酸 \quad 塩基}}{HCl + H_2O}} \longrightarrow Cl^- + H_3O^+$$	

❷ 酸・塩基の分類

◆1 酸・塩基の価数
酸の1化学式あたりから生じる H^+ の数を酸の価数，塩基の1化学式あたりから生じる OH^- の数を塩基の価数という。

酸	化学式	価数	塩基	化学式
塩酸 硝酸 酢酸	HCl HNO_3 CH_3COOH	1価	水酸化ナトリウム 水酸化カリウム アンモニア	$NaOH$ KOH NH_3
硫酸 シュウ酸	H_2SO_4 $(COOH)_2$	2価	水酸化カルシウム 水酸化バリウム	$Ca(OH)_2$ $Ba(OH)_2$
リン酸	H_3PO_4	3価	水酸化鉄(Ⅲ) 水酸化アルミニウム	$Fe(OH)_3$ $Al(OH)_3$

◆2 電離度
水に溶かした酸・塩基の電離の割合

$$電離度 \ \alpha = \frac{電離している電解質の物質量〔mol〕}{溶けている電解質全体の物質量〔mol〕} \qquad 0 < \alpha \leqq 1$$

$\alpha ≒ 1 \cdots$ 強酸，強塩基 $\qquad\qquad \alpha \ll 1 \cdots$ 弱酸，弱塩基

◆3 酸・塩基の強弱

強酸	水溶液中で，溶質のほとんどが電離している酸　HCl, HNO_3, H_2SO_4
弱酸	水溶液中で，溶質の一部が電離している酸　CH_3COOH, H_2CO_3
強塩基	水溶液中で，溶質のほとんどが電離している塩基　$NaOH$, KOH, $Ca(OH)_2$
弱塩基	水溶液中で，溶質の一部が電離している塩基　NH_3, $Fe(OH)_3$

6 酸・塩基 —— 83

③ 水素イオン濃度と pH

◆1 **水の電離** $\quad H_2O \rightleftarrows H^+ + OH^-$

純水の水素イオン濃度$[H^+]$は水酸化物イオン濃度$[OH^-]$と等しく，25℃では次のようになる。

$$[H^+] = [OH^-] = 1.0 \times 10^{-7} \text{mol/L}$$

したがって，これらの濃度の積は次式で示される。

水のイオン積 $\quad K_w = [H^+][OH^-] = 1.0 \times 10^{-14} (\text{mol/L})^2$

◆2 **pH（水素イオン指数）** 水溶液の水素イオン濃度$[H^+]$は，非常に広い範囲にわたって変化するため，次のように 10^{-n} の形で表される。

$$[H^+] = 10^{-n} (\text{mol/L}), \quad pH = n \qquad *pH = -\log[H^+] = -\log_{10}10^{-n} = n$$

n の値は，酸性・塩基性の強さを表す。n の値を pH または水素イオン指数という。

例 ① 0.01mol/L の塩酸なら，
$[H^+] = 0.01\,\text{mol/L} = 10^{-2}\text{mol/L}$
$pH = 2$

② ①の塩酸を 10 倍に薄めると，
$[H^+] = 0.001\,\text{mol/L} = 10^{-3}\text{mol/L}$
$pH = 3$

◆3 **液性と pH**

	酸性							中性						塩基性	
pH	0	1	2	3	4	5	6	7	8	9	10	11	12	13	14
$[H^+]$	1	10^{-1}	10^{-2}	10^{-3}	10^{-4}	10^{-5}	10^{-6}	10^{-7}	10^{-8}	10^{-9}	10^{-10}	10^{-11}	10^{-12}	10^{-13}	10^{-14}
$[OH^-]$	10^{-14}	10^{-13}	10^{-12}	10^{-11}	10^{-10}	10^{-9}	10^{-8}	10^{-7}	10^{-6}	10^{-5}	10^{-4}	10^{-3}	10^{-2}	10^{-1}	1

④ 中和反応

◆1 **酸と塩基の中和** 酸から生じた H^+ が塩基から生じた OH^- と結合し，水 H_2O が生成する反応 $\quad H^+ + OH^- \longrightarrow H_2O$

例 塩酸と水酸化ナトリウム水溶液の中和反応 $\quad HCl + NaOH \longrightarrow NaCl + H_2O$
塩酸とアンモニア水の中和反応 $\quad HCl + NH_3 \longrightarrow NH_4Cl$

◆2 **中和反応の量的関係** 酸の出す H^+ の物質量＝塩基の出す OH^- の物質量

①中和反応の量的関係（物質量）

酸の価数×酸の物質量＝塩基の価数×塩基の物質量

②中和反応の量的関係（濃度と体積）

濃度 c〔mol/L〕の a 価の酸 V〔mL〕と，濃度 c'〔mol/L〕の b 価の塩基 V'〔mL〕がちょうど中和したとき，次の関係が成り立つ。

$$a \times c \times \frac{V}{1000} = b \times c' \times \frac{V'}{1000}$$

5 塩

◆1 **塩** 酸の陰イオンと塩基の陽イオンからなる化合物。

例 HCl ＋ NaOH ⟶ NaCl ＋ H₂O
　　　酸　　　塩基　　　塩　　水

◆2 **塩の分類**

正塩	酸の H⁺ も塩基の OH⁻ も残っていない塩	NaCl，FeSO₄，NH₄Cl
酸性塩	酸としての H⁺ が残っている塩	NaHCO₃，NaHSO₄
塩基性塩	塩基としての OH⁻ が残っている塩	MgCl(OH)，CuCl(OH)

（＊）この名称は水溶液の液性（酸性，塩基性，中性）とは無関係である。NaHSO₄ 水溶液は酸性，NaHCO₃ 水溶液は塩基性を示す。

◆3 **塩の水溶液の性質**

弱酸と強塩基からなる塩は塩基性，強酸と弱塩基からなる塩は酸性，強酸と強塩基からなる塩は中性を示すことが多い。

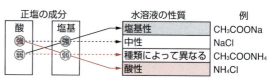

◆4 **塩の加水分解** 酸と塩基の中和反応によって生じる塩の水溶液は，中性とは限らず，酸性または塩基性を示すことがある。これは，塩の電離によって生じたイオンが水 H₂O と反応したためで，これを塩の加水分解という。

①**酢酸ナトリウム水溶液**

酢酸ナトリウム CH₃COONa は水に溶かすと，下式のように電離する。

　　CH₃COONa ⟶ CH₃COO⁻ ＋ Na⁺

弱酸由来の CH₃COO⁻ は水素イオンと結びつきやすいので，水の電離によって生じた水素イオンと結合して酢酸を生じる。

　　CH₃COO⁻ ＋ H₂O ⇌ CH₃COOH ＋ OH⁻
　　　　　　　　　　　　　　　　　塩基性を示す

となり，OH⁻ の濃度が増加し，溶液は塩基性を示すようになる。

②**塩化アンモニウム水溶液**

塩化アンモニウム NH₄Cl は水に溶かすと，下式のように電離する。

　　NH₄Cl ⟶ NH₄⁺ ＋ Cl⁻

弱塩基由来の NH₄⁺ は水素イオンと分かれやすいので，水 H₂O に水素イオンを与え，アンモニア NH₃ を生じる。水素イオンを受け取った水は，オキソニウムイオン H₃O⁺（＝H⁺）となり，溶液は酸性を示すようになる。

　　NH₄⁺ ＋ H₂O ⇌ NH₃ ＋ H₃O⁺
　　　　　　　　　　　酸性を示す

6 中和滴定と滴定曲線

◆1 **中和滴定** 濃度不明の酸(または塩基)の濃度を濃度既知の塩基(または酸)との中和により求める実験操作。

〈酢酸水溶液の濃度決定〉

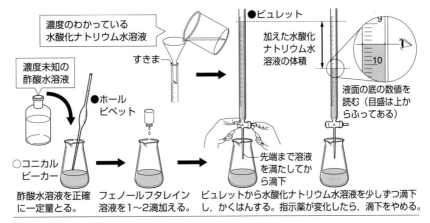

○：純水でぬれたまま使用してよい。　●：共洗い(中に入れる溶液ですすぐ)する。

◆2 **中和滴定と指示薬**

①**中和滴定曲線** 中和滴定で加えた酸や塩基の体積と pH の関係を示した図。

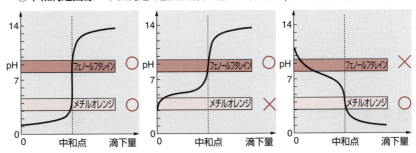

図1．強酸を強塩基で滴定
例：0.1 mol/L 塩酸を水酸化ナトリウムで滴定

図2．弱酸を強塩基で滴定
例：0.1 mol/L 酢酸を水酸化ナトリウムで滴定

図3．弱塩基を強酸で滴定
例：0.1 mol/L アンモニアを塩酸で滴定

②**指示薬の変色域**

指示薬 pH	1	2	3	4	5	6	7	8	9	10	11	12	13
メチルオレンジ			赤(3.1)		(4.4)黄								
メチルレッド				赤(4.2)		(6.2)黄							
ブロモチモールブルー					黄(6.0)		(7.6)青						
フェノールフタレイン								無(8.0)		(9.8)赤			

86 —— 2章 物質の変化

WARMING UP／ウォーミングアップ

1 酸・塩基の定義

次の文中の（　）に適するイオン式を答えよ。

アレニウスの定義では，水溶液中で（ア）を生じる物質が酸であり，（イ）を生じる物質が塩基である。

ブレンステッドの定義では，相手に（ウ）を与える分子またはイオンが酸であり，相手から（ウ）を受け取る分子またはイオンが塩基である。

1
(ア) H^+
(イ) OH^-
(ウ) H^+

2 酸と塩基

次の酸，塩基の強弱を答えよ。

酸　：(1) 塩酸 HCl 　　(2) 酢酸 CH_3COOH

　　　(3) 硫酸 H_2SO_4 　(4) 硝酸 HNO_3

塩基：(5) 水酸化ナトリウム $NaOH$ 　(6) アンモニア NH_3

　　　(7) 水酸化カルシウム $Ca(OH)_2$

2
(1) 強酸 　(2) 弱酸
(3) 強酸 　(4) 強酸
(5) 強塩基
(6) 弱塩基
(7) 強塩基

3 電離式

次の酸，塩基の電離式の（　）には係数，[　]には化学式を入れて，電離式を完成させよ。

(1) $HCl \longrightarrow$ [　] + [　]

(2) $H_2SO_4 \longrightarrow$ （　）H^+ + [　]

(3) $CH_3COOH \longrightarrow$ [　] + H^+

(4) $NaOH \longrightarrow$ [　] + [　]

(5) $NH_3 + H_2O \longrightarrow$ [　] + [　]

(6) $Ca(OH)_2 \longrightarrow$ [　] + （　）OH^-

3
(1) H^+, Cl^-
(2) 2, SO_4^{2-}
(3) CH_3COO^-
(4) Na^+, OH^-
(5) NH_4^+, OH^-
(6) Ca^{2+}, 2

4 酸・塩基の価数

次の酸・塩基の価数を答えよ。

(1) 塩酸 HCl 　(2) 酢酸 CH_3COOH

(3) 硫酸 H_2SO_4 　(4) 水酸化ナトリウム $NaOH$

(5) アンモニア NH_3 　(6) 水酸化カルシウム $Ca(OH)_2$

4
(1) 1 　(2) 1
(3) 2 　(4) 1
(5) 1 　(6) 2

5 電離度

次の文中の（　）に適する語句を答えよ。

電解質が水溶液中で電離している割合を（ア）という。塩酸などは（ア）が（イ）く，同じモル濃度でも多くの（ウ）イオンを生じる。このような酸を（エ）という。酢酸のように（ア）が（オ）い酸は，（ウ）イオンを少ししか生じない。このような酸を（カ）という。

5
(ア) 電離度
(イ) 大き
(ウ) 水素
(エ) 強酸
(オ) 小さ
(カ) 弱酸

6　酸・塩基——87

6 pH

次の水溶液の pH を求めよ。また，この水溶液は酸性，中性，塩基性のいずれか答えよ。

(1)　$[H^+] = 10^{-3}\,mol/L$　　(2)　$[H^+] = 10^{-7}\,mol/L$

(3)　$[OH^-] = 10^{-2}\,mol/L$　　(4)　$[OH^-] = 10^{-12}\,mol/L$

7 中和の化学反応式

次の中和の反応式の（　）内に係数を，また，□□□内に化学式を入れて，化学反応式を完成させよ。

(1)　$HCl + NaOH \longrightarrow$ □□□ $+ H_2O$

(2)　（　）$HCl + Ba(OH)_2 \longrightarrow BaCl_2 + $（　）$H_2O$

(3)　$H_2SO_4 + Ca(OH)_2 \longrightarrow$ □□□ $+ 2H_2O$

(4)　$H_2SO_4 + $（　）$NH_3 \longrightarrow$ □□□

(5)　$CH_3COOH + NaOH \longrightarrow$ □□□ $+ H_2O$

8 $H^+(OH^-)$の物質量

次の□□□に適切な式・数値を入れよ。

(1)　モル濃度 c〔mol/L〕の a 価の強酸 V〔mL〕は水素イオンを□□□ mol 放出することができる。

(2)　$1.0\,mol/L$ の塩酸 $500\,mL$ 中には水素イオンが□□□ mol 存在する。

(3)　□□□ mol/L の硫酸 $200\,mL$ 中には水素イオンが $0.2\,mol$ 存在する。

(4)　$0.2\,mol/L$ の水酸化ナトリウム水溶液□□□ mL 中には水酸化物イオンが $0.1\,mol$ 存在する。

(5)　$0.1\,mol/L$ の水酸化バリウム水溶液 $500\,mL$ 中には水酸化物イオンが□□□ mol 存在する。

9 塩の液性

次の酸と塩基を完全に中和したときの水溶液の液性は，酸性，塩基性，中性のいずれか答えよ。

(1)　塩酸　HCl，水酸化ナトリウム　NaOH

(2)　塩酸　HCl，アンモニア水　NH_3

(3)　酢酸　CH_3COOH，水酸化ナトリウム　NaOH

(4)　硫酸　H_2SO_4，水酸化ナトリウム　NaOH

10 塩の分類

次の(1)〜(7)の塩を正塩，酸性塩，塩基性塩に分類せよ。

(1)　NaCl　(2)　$NaHCO_3$　(3)　$NaHSO_4$　(4)　$(NH_4)_2SO_4$

(5)　CuCl(OH)　(6)　CH_3COONa　(7)　MgCl(OH)

6

(1)　3　酸性

(2)　7　中性

(3)　12　塩基性

(4)　2　酸性

7

(1)　NaCl

(2)　2，2

(3)　$CaSO_4$

(4)　2，$(NH_4)_2SO_4$

(5)　CH_3COONa

8

(1)　$a \times c \times \dfrac{V}{1000}$

(2)　$1 \times 1.0 \times \dfrac{500}{1000}$
$= 0.50$

(3)　$2 \times c \times \dfrac{200}{1000}$
$= 0.2,\ c = 0.5$

(4)　$1 \times 0.2 \times \dfrac{V}{1000}$
$= 0.1,\ V = 500$

(5)　$2 \times 0.1 \times \dfrac{500}{1000}$
$= 0.1$

9

(1)　中性

(2)　酸性

(3)　塩基性

(4)　中性

10

正塩：(1)，(4)，(6)

酸性塩：(2)，(3)

塩基性塩：(5)，(7)

11 中和反応の量的関係の公式の導出

酸に塩基を加えて中和したとき，酸から生じた水素イオン H^+ の物質量と加えた塩基から生じた水酸化物イオン OH^- の物質量が等しくなっている。酸，塩基の価数を a, b, 酸, 塩基のモル濃度を c〔mol/L〕, c'〔mol/L〕, 酸, 塩基の体積を V〔mL〕, V'〔mL〕とすると, 酸から生じた水素イオンの物質量は(ア)〔mol〕, 加えた塩基から生じた水酸化物イオンの物質量は(イ)〔mol〕となる。中和したとき,「水素イオンの物質量」＝「水酸化物イオンの物質量」の関係が成り立つので, (ウ)となる。

12 滴定曲線

右図の滴定曲線は, 酢酸水溶液を水酸化ナトリウムで滴定したときのものである。次の(1), (2)に答えよ。

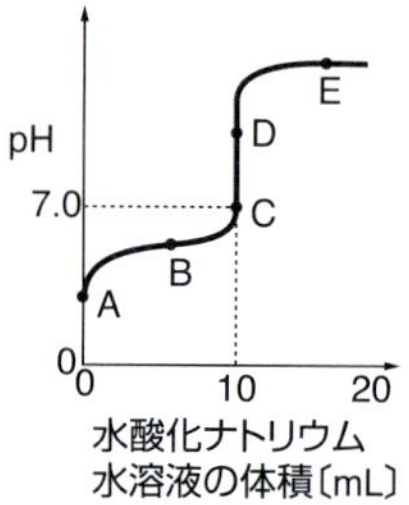

(1) 中和点は図中の A ～ E のどれか。
(2) この実験に適した指示薬は次の①～④のうちどれか。ただし, （　）内は変色域である。
　① メチルオレンジ(3.1 ～ 4.4)
　② メチルレッド(4.2 ～ 6.2)
　③ ブロモチモールブルー(6.0 ～ 7.6)
　④ フェノールフタレイン(8.0 ～ 9.8)

13 中和滴定の流れ

濃度が未知の酢酸水溶液を濃度のわかっている水酸化ナトリウム水溶液で下記の手順で滴定し, 酢酸水溶液の濃度を求めた。下記の文章中の（　）内に適当な実験器具名を答え, その器具の絵を下の①～③から選べ。

(1) 濃度未知の酢酸水溶液を(ア)で正確に一定量取り, コニカルビーカーに入れた。
(2) 酢酸水溶液にフェノールフタレイン溶液を 1 ～ 2 滴加えた。
(3) 濃度がわかっている水酸化ナトリウム水溶液を(イ)に入れ, 酢酸水溶液に滴下した。

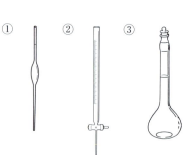

11

(ア) $a \times c \times \dfrac{V}{1000}$

(イ) $b \times c' \times \dfrac{V'}{1000}$

(ウ) $a \times c \times \dfrac{V}{1000}$
　　$= b \times c' \times \dfrac{V'}{1000}$

12

(1) D

(2) ④

13

(ア) ホールピペット
　　①

(イ) ビュレット
　　②

6 酸・塩基——89

基本例題 30 ブレンステッドの定義 基本➡140

次の文中の(ア)～(キ)に適当な語句を入れよ。

ブレンステッドとローリーは，水以外の溶媒中でも適用できるように，酸・塩基を（ア）のやりとりで定義した。すなわち，酸とは（ア）を（イ）物質をいい，塩基とは（ア）を（ウ）物質をいう。

$$NH_3 + H_2O \rightleftharpoons NH_4^+ + OH^-$$

この反応では NH_3 は，H_2O から（ア）を受け取っているので（エ）である。H_2O は，NH_3 に（ア）を与えているので（オ）である。逆反応の場合，NH_4^+ は OH^- に（ア）を与えているので（カ），OH^- は（ア）を受け取っているので（キ）となる。

●エクセル ブレンステッドの定義　酸：水素イオン H^+ を与える分子・イオン
塩基：水素イオン H^+ を受け取る分子・イオン

考え方

水素イオンのやりとりに注目する。

解答

(ア)　水素イオン　(イ)　与える　(ウ)　受け取る　(エ)　塩基
(オ)　酸　(カ)　酸　(キ)　塩基

基本例題 31 水素イオン濃度と pH 基本➡143

次の水溶液の pH を求めよ。ただし，電離度は 1 とする。

(1)　0.010 mol/L の塩酸　　(2)　0.10 mol/L の水酸化ナトリウム

●エクセル 水のイオン積　$K_w = [H^+][OH^-] = 1.0 \times 10^{-14} (mol/L)^2$

考え方

(1), (2)　水素イオン濃度を指数表記する。塩酸は 1 価の酸，水酸化ナトリウムは 1 価の塩基。塩基の場合は，水酸化物イオン濃度を求めてから，水のイオン積を利用して，水素イオン濃度を求める。

〈指数計算の方法〉
$$\frac{10^a}{10^b} = 10^{(a-b)}$$

水のイオン積
$[H^+][OH^-]$
$= 1.0 \times 10^{-14} (mol/L)^2$

解答

(1)　電離度は 1 なので塩酸の濃度と水素イオン濃度は等しい。よって，$[H^+] = 0.010 = 1.0 \times 10^{-2} mol/L$　水素イオン指数は，pH ＝ 2　**答 2**

(2)　電離度は 1 なので，1 価の塩基である水酸化ナトリウムの濃度と水酸化物イオン濃度は等しい。

よって，$[OH^-] = 0.10 = 1.0 \times 10^{-1} mol/L$

水のイオン積より，$[H^+] = \dfrac{1.0 \times 10^{-14}}{[OH^-]}$

$$= \frac{1.0 \times 10^{-14}}{1.0 \times 10^{-1}} = 1.0 \times 10^{-13} mol/L$$

よって，水素イオン指数は，pH ＝ 13　**答 13**

90 —— 2章　物質の変化

基本例題 32　弱酸，弱塩基の[H⁺]，[OH⁻]　　　　　　　　　　　基本➡143

次の(1)，(2)に答えよ。

(1)　0.020 mol/L の酢酸水溶液が 50 mL ある。この水溶液の水素イオン濃度[H⁺]と水素
イオンの物質量を求めよ。ただし，電離度は 0.010 とする。

(2)　0.10 mol/L のアンモニア水が 500 mL ある。この水溶液の水酸化物イオン濃度[OH⁻]
と水酸化物イオンの物質量を求めよ。ただし，電離度を 0.010 とする。

●**エクセル**　1価の弱酸・弱塩基（c：モル濃度，　α：電離度）
　　　　　　弱酸の$[H^+] = c\alpha$，弱塩基の$[OH^-] = c\alpha$

考え方

　H⁺の物質量＝価数×
濃度×体積

(1)，(2)　弱酸の[H⁺]，
弱塩基の[OH⁻]を求める。

弱酸の$[H^+] = c\alpha$

弱塩基の$[OH^-] = c\alpha$

(1価の酸・塩基のとき)

解答

(1)　弱酸の$[H^+] = c\alpha = 0.020 \times 0.010 = 0.00020$

　　　　　　　　$= 2.0 \times 10^{-4} \, \text{mol/L}$

　H⁺の物質量〔mol〕＝酸の価数×モル濃度×体積

　　　　　$= 1 \times 2.0 \times 10^{-4} \times \dfrac{50}{1000} = 1.0 \times 10^{-5} \, \text{mol}$

　答　$2.0 \times 10^{-4} \, \text{mol/L}$，　$1.0 \times 10^{-5} \, \text{mol}$

(2)　弱塩基の$[OH^-] = c\alpha$

　　　　　$= 0.10 \times 0.010 = 1.0 \times 10^{-3} \, \text{mol/L}$

　OH⁻の物質量〔mol〕＝塩基の価数×モル濃度×体積

　　　　　$= 1 \times 1.0 \times 10^{-3} \times \dfrac{500}{1000} = 5.0 \times 10^{-4} \, \text{mol}$

　答　$1.0 \times 10^{-3} \, \text{mol/L}$，　$5.0 \times 10^{-4} \, \text{mol}$

基本例題 33　中和反応の量的関係　　　　　　　　　　　　基本➡145, 146

0.10 mol/L の塩酸 40 mL を中和するには，0.10 mol/L の水酸化バリウム水溶液が何
mL 必要か。

●**エクセル**　酸：c〔mol/L〕，a価，V〔mL〕，塩基：c'〔mol/L〕，b価，V'〔mL〕
　　　　　　$a \times c \times \dfrac{V}{1000} = b \times c' \times \dfrac{V'}{1000}$

考え方

　中和点では，酸から生
じる水素イオン H⁺ の物
質量と，塩基から生じる
水酸化物イオン OH⁻ の
物質量が等しい。

解答

　求める水酸化バリウムの体積を x〔mL〕とすると，

　　　$1 \times 0.10 \times \dfrac{40}{1000} = 2 \times 0.10 \times \dfrac{x}{1000}$

　よって，$x = 20 \, \text{mL}$　　　　　　　　　　**答**　**20 mL**

基本例題 34　中和滴定曲線　　　　　　　　　　　　　　　　　　基本⇒150

次の(1)～(3)の図は，0.1 mol/L の酸 10 mL あるいは 0.1 mol/L の塩基 10 mL を中和反応させたときの滴定曲線である。縦軸は pH，横軸は加えた酸・塩基の体積を示す。
(1)～(3)は，次の酸・塩基のどの組み合わせの滴定曲線に該当するか。

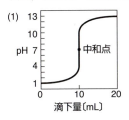 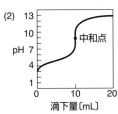 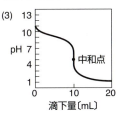

(ア)　HCl-NH₃　　(イ)　HCl-NaOH　　(ウ)　CH₃COOH-NH₃
(エ)　H₂SO₄-NaOH　　(オ)　CH₃COOH-NaOH

●エクセル　中和滴定曲線の最初と最後の pH の値や，中和点の pH の値を見て，酸・塩基の強弱を判断する。

考え方
中和滴定曲線の pH が急激に変化している部分が中和点となる。

解答
(1) 中和点の pH の値は 7。最初の pH の値は 1。
(2) 弱酸を強塩基で滴定すると，中和点の pH の値は 7 より大きい。最初の pH の値は 3。
(3) 弱塩基を強酸で滴定すると，中和点の pH の値は 7 より小さい。最初の pH の値は約 11。

答　(1) (イ)　(2) (オ)　(3) (ア)

基本問題

140 ▶ ブレンステッドの定義　次の化学反応式で，下線を引いた物質はブレンステッドの定義によると，酸・塩基のいずれとしてはたらいているか。
(1)　HCl + H₂O ⟶ Cl⁻ + H₃O⁺
(2)　CH₃COO⁻ + H₂O ⟶ CH₃COOH + OH⁻
(3)　NH₃ + H₂O ⟶ NH₄⁺ + OH⁻
(4)　NH₃ + HCl ⟶ NH₄Cl

141 ▶ 弱酸の電離度　0.1 mol/L の酢酸がある。この酢酸について，次の(1), (2)に答えよ。
(1)　酢酸の電離式を答えよ。
(2)　この溶液の水素イオン濃度 [H⁺] は 0.001 mol/L であった。酢酸の電離度を求めよ。

92 —— 2章 物質の変化

142 ▶水素イオン濃度 次の水溶液の水素イオン濃度[H$^+$]を求めよ。ただし，電離度は1とする。

(1) 0.02 mol/L の塩酸　　　　　　　(2) 0.03 mol/L の硫酸

(3) 0.05 mol/L の水酸化カリウム水溶液　(4) 0.05 mol/L の水酸化カルシウム水溶液

(5) 塩化水素 0.2 mol を水に溶かし，500 mL にした塩酸

(6) 水酸化ナトリウム 0.1 mol を水に溶かし，100 mL にした水溶液

143 ▶pH の計算 次の水溶液の水素イオン指数 pH を求めよ。ただし，指示のない場合は電離度を1とする。

(1) 0.01 mol/L の塩酸　　　　　　　(2) 0.05 mol/L の硫酸

(3) 0.1 mol/L の水酸化ナトリウム水溶液　(4) 0.005 mol/L の水酸化カルシウム水溶液

(5) 塩化水素 0.2 mol を水に溶かし，2L にした塩酸

(6) 水酸化ナトリウム 0.05 mol を水に溶かし，5L にした水溶液

(7) 0.01 mol/L の酢酸水溶液（電離度 0.01）

144 ▶中和の化学反応式 次の操作で起こる中和反応を化学反応式で表せ。

(1) 塩酸 HCl に水酸化ナトリウム NaOH 水溶液を加える。

(2) 塩酸 HCl に水酸化バリウム Ba(OH)$_2$ 水溶液を加える。

(3) 硫酸 H$_2$SO$_4$ に水酸化カルシウム Ca(OH)$_2$ 水溶液を加える。

(4) 硫酸 H$_2$SO$_4$ にアンモニア NH$_3$ 水を加える。

(5) 酢酸 CH$_3$COOH に水酸化ナトリウム NaOH 水溶液を加える。

145 ▶中和反応の量的関係 次の(1)〜(4)に答えよ。

(1) 1.5 mol/L の塩酸 100 mL の中和には，水酸化ナトリウム NaOH が何 mol 必要か。

(2) 0.2 mol/L の硫酸 200 mL の中和には，水酸化ナトリウム NaOH が何 mol 必要か。

(3) 1.0 mol/L の塩酸 50 mL の中和には，水酸化カルシウム Ca(OH)$_2$ が何 mol 必要か。

(4) 0.1 mol/L の硫酸 100 mL の中和には，水酸化カルシウム Ca(OH)$_2$ が何 mol 必要か。

146 ▶中和反応の量的関係 次の(1)〜(4)に答えよ。

(1) 濃度がわからない塩酸 10 mL を，0.10 mol/L の水酸化ナトリウム水溶液で滴定したら，8.0 mL を必要とした。この塩酸のモル濃度を求めよ。

(2) 濃度のわからない水酸化ナトリウム水溶液 10 mL を中和するのに，0.10 mol/L の塩酸 15 mL を必要とした。この水酸化ナトリウム水溶液は何 mol/L か。

(3) 0.10 mol/L の希硫酸 40 mL を中和するには，0.10 mol/L の水酸化ナトリウム水溶液を何 mL 必要とするか。

(4) 0.20 mol/L の希硫酸 40 mL を中和するには，0.10 mol/L の水酸化バリウム水溶液を何 mL 必要とするか。

147 ▶中和反応の量的関係　次の(1), (2)に答えよ。
(1) 水酸化ナトリウム 4.0 g を溶かし，100 mL の水溶液とした。この水溶液を中和するのに 0.10 mol/L の塩酸を何 mL 必要とするか。
(2) 標準状態において，気体のアンモニア 11.2 L をすべて水に溶かした水溶液を中和するのに 0.10 mol/L の硫酸を何 mL 必要とするか。

148 ▶塩の分類　例にならって，下表中の(1)〜(5)の塩の化学式，分類(各塩が正塩，酸性塩，塩基性塩のいずれかであるか)および性質(各塩の水溶液が酸性，塩基性，中性のいずれかであるか)を記せ。

塩	化学式	分類	性質
(例)　硝酸カリウム	KNO_3	(　正　)塩	(　中　)性
(1)　硫酸ナトリウム		(　　　)塩	(　　　)性
(2)　塩化アンモニウム		(　　　)塩	(　　　)性
(3)　酢酸ナトリウム		(　　　)塩	(　　　)性
(4)　炭酸水素ナトリウム		(　　　)塩	(　　　)性
(5)　硫酸水素ナトリウム		(　　　)塩	(　　　)性

(崇城大)

149 ▶実験器具　次の文は中和滴定についてのものである。下の(1)〜(3)に答えよ。
　中和滴定などで標準溶液を調製する際に，一定体積まで希釈するのに（ ア ）を用いる。また，一定量の溶液を測り取るのに（ イ ），溶液を徐々に滴下するのに（ ウ ）を用いる。滴定前に，（ エ ），コニカルビーカーは純水で濡れていてもよいが，（ オ ），（ カ ）は中に入れる溶液で，数回すすぐ必要がある。これを（ キ ）という。
(1) 上の文の(　)内に適する語句を入れよ。ただし，(エ), (オ), (カ)に入れる語句は，(ア), (イ), (ウ)で入れた語句のいずれかである。
(2) 上の文の実験器具(ア), (イ), (ウ)を下の(a)〜(d)から選べ。

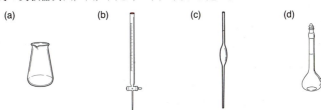

(3) 上の(a)〜(d)の実験器具の中で，乾燥させるとき加熱してはいけないものをすべて選べ。

150 ▶ 中和滴定曲線 次の文を読み，下の(1)，(2)に答えよ。

下図 1 〜 3 は，0.10 mol/L の 1 価の酸と 0.10 mol/L の 1 価の塩基を用いて中和滴定を行ったときの中和滴定曲線である。図 1 は（ ア ）を（ イ ）で，図 2 は（ ウ ）を（ エ ）で，図 3 は（ オ ）を（ カ ）で滴定したものである。指示薬としては，メチルオレンジ（変色域：pH 3.1 〜 4.4）とフェノールフタレイン（変色域：pH 8.0 〜 9.8）を用いた。

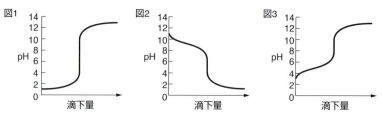

(1) 上の文の（　）に適する語句を次の(a)〜(d)から選べ。
　(a) 強酸　　(b) 弱酸　　(c) 強塩基　　(d) 弱塩基

(2) 図 1 〜 3 の滴定に適する指示薬をそれぞれ次の①〜④から選べ。
　① メチルオレンジのみが適している。
　② フェノールフタレインのみが適している。
　③ メチルオレンジとフェノールフタレインの両方が適している。
　④ メチルオレンジとフェノールフタレインのどちらも不適である。

標準例題 35 NaOH と Na₂CO₃ の混合溶液の中和滴定　　　　　　　標準 ➡ 155

次の文を読んで，下の(1)〜(3)に答えよ。

炭酸ナトリウムと水酸化ナトリウムの混合水溶液がある。この溶液 25.0 mL に指示薬としてフェノールフタレイン（変色域：pH 8.0 〜 9.8）を加え，塩酸標準溶液（濃度 0.100 mol/L）で滴定したところ，滴定値が 13.5 mL で赤色が消えた。次にメチルオレンジ（変色域：pH 3.1 〜 4.4）を指示薬として加えて滴定したところ，溶液の色が黄色から赤色に変化するのにさらに 11.5 mL を必要とした。

(1) フェノールフタレインの変色域までに起こる 2 つの反応の反応式をそれぞれ書け。
(2) メチルオレンジの変色域までに起こる反応の反応式を書け。
(3) 溶液中の炭酸ナトリウムと水酸化ナトリウムのモル濃度を求めよ。(岡山理科大　改)

●エクセル	塩酸 HCl と炭酸ナトリウム Na₂CO₃ の中和反応
	第 1 中和点　Na₂CO₃ + HCl ⟶ NaHCO₃ + NaCl
	第 2 中和点　NaHCO₃ + HCl ⟶ NaCl + H₂O + CO₂

考え方

Na₂CO₃ と HCl の反応は,
Na₂CO₃ + HCl ⟶
  NaHCO₃ + NaCl …①
NaHCO₃ + HCl ⟶
  NaCl + H₂O + CO₂ …②
①の反応が完了してから②の反応が起こるというように,二段階で中和反応が起こる。

[中和点と指示薬]

第1中和点はフェノールフタレイン(変色域:pH 8.0〜9.8)で,第2中和点はメチルオレンジ(変色域:pH 3.1〜4.4)で確認する。

解 答

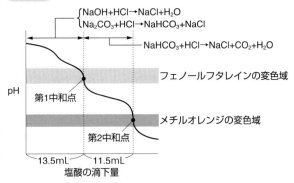

(1) フェノールフタレインの変色域までに,
   NaOH + HCl ⟶ NaCl + H₂O
   Na₂CO₃ + HCl ⟶ NaHCO₃ + NaCl
 の2つの反応が起こる。

(2) メチルオレンジの変色域までには,次の反応が起こる。
   NaHCO₃ + HCl ⟶ NaCl + H₂O + CO₂

(3) Na₂CO₃ のモル濃度を x〔mol/L〕, NaOH のモル濃度を y〔mol/L〕とする。フェノールフタレインを指示薬として用いた第1中和点までに起こる反応は,(1)より,
   {NaOH + HCl ⟶ NaCl + H₂O
   {Na₂CO₃ + HCl ⟶ NaHCO₃ + NaCl

 HCl は1価の酸,Na₂CO₃ と NaOH は1価の塩基として反応しているので,

$$1 \times 0.100 \times \frac{13.5}{1000} = 1 \times (x+y) \times \frac{25.0}{1000}$$

 よって,$x + y = 0.0540 \, \text{mol/L}$ …①

 (1)より,反応した Na₂CO₃ と生成した NaHCO₃ の物質量は等しい。メチルオレンジを指示薬とした第2中和点までの反応は,(2)より,
   NaHCO₃ + HCl ⟶ NaCl + H₂O + CO₂

 HCl は1価の酸,NaHCO₃ は1価の塩基として反応しているので,

$$1 \times 0.100 \times \frac{11.5}{1000} = 1 \times x \times \frac{25.0}{1000}$$

 よって,$x = 0.0460 \, \text{mol/L}$ …②

 ①,②より,$y = 0.0540 - 0.0460 = 0.0080 \, \text{mol/L}$

答 Na₂CO₃:4.60×10^{-2} mol/L NaOH:8.0×10^{-3} mol/L

96 —— 2章　物質の変化

標準例題 36　二酸化炭素の定量　　　　　　　　　　　　　　　　　標準➡156,157

　呼気中の二酸化炭素の量を知るために，標準状態で呼気 1.0L を水酸化バリウム水溶液 50.0mL 中に吹き込んで，1.0L 中の二酸化炭素を完全に吸収させた。反応後の上澄み液 25.0mL を 0.20mol/L 塩酸で中和するのに 15.7mL を要した。ただし，この実験で使用した水酸化バリウム水溶液 25.0mL を中和するのに 0.20mol/L 塩酸 23.8mL を要した。

(1)　この実験に使用した水酸化バリウム水溶液のモル濃度はいくらか。有効数字 2 桁で答えよ。

(2)　呼気 1.0L 中には二酸化炭素は何 mL 含まれていたか。有効数字 2 桁で答えよ。

(15　医科歯科大　改)

●エクセル

反応により残った Ba(OH)$_2$ を HCl により滴定する。

Ba(OH)$_2$	Ba(OH)$_2$
CO$_2$	HCl
↓	↓
沈殿反応	中和反応

考え方

酸から生じた
H$^+$の物質量
‖
塩基から生じた
OH$^-$の物質量

Ba(OH)$_2$ と CO$_2$ が反応すると，BaCO$_3$ の白色沈殿が生成する。
Ba(OH)$_2$ + CO$_2$
　　⟶ BaCO$_3$↓ + H$_2$O

解答

(1)　Ba(OH)$_2$ 水溶液のモル濃度を x〔mol/L〕とすると

$$1 \times 0.20 \times \frac{23.8}{1000} = 2 \times x \times \frac{25.0}{1000}$$

よって，$x = 9.52 \times 10^{-2} \fallingdotseq 9.5 \times 10^{-2}$ mol/L

答　9.5×10^{-2} mol/L

(2)　水酸化バリウムと二酸化炭素の反応は

$$Ba(OH)_2 + CO_2 \longrightarrow BaCO_3\downarrow + H_2O$$

　1.0L の呼気に含まれる CO$_2$ の物質量を y〔mol〕とすると，1.0L の呼気を通じた Ba(OH)$_2$ 水溶液の上澄みに残っている Ba(OH)$_2$ の物質量は

$$9.52 \times 10^{-2} \times \frac{50}{1000} - y \quad となる。$$

上澄み 25.0mL を塩酸で滴定しているので，

$$2 \times \left(9.52 \times 10^{-2} \times \frac{50}{1000} - y\right) \times \frac{25.0}{50.0} = 1 \times 0.20 \times \frac{15.7}{1000}$$

よって，$y = 1.62 \times 10^{-3}$ mol
したがって，体積は

$$22400 \times 1.62 \times 10^{-3} = 3.62 \times 10 \fallingdotseq 3.6 \times 10 \text{ mL}$$

答　3.6×10 mL

標準問題

151 ▶ 混合溶液の[H⁺]
(1) 0.50 mol/L の塩酸 1.0L と 0.30 mol/L の水酸化ナトリウム水溶液 1.0L の混合溶液の水素イオン濃度[H⁺]を求めよ。
(2) 0.10 mol/L の水酸化ナトリウム水溶液 500mL と，濃度未知の硫酸 500mL の混合液の pH は 2.0 であった。このとき硫酸の濃度は何 mol/L か。
(3) 0.10 mol/L の硫酸 500mL に水酸化ナトリウム 0.150mol を溶かした水溶液の水素イオン濃度を求めよ。

152 ▶ pH の大小 次の(a)〜(d)の水溶液を pH の小さい順に並べよ。
(a) 0.1 mol/L の酢酸水溶液（電離度 0.01）
(b) 0.1 mol/L のアンモニア水（電離度 0.01）
(c) pH＝2 の塩酸を水で 100 倍に薄めた水溶液
(d) pH＝8 の水酸化ナトリウム水溶液を水で 1000 倍に薄めた水溶液

153 ▶ 食酢の中和滴定 市販の食酢中の酸の濃度を中和滴定により求めるために，次のような実験を行った。濃度 0.100 mol/L の(ア)シュウ酸水溶液 500mL をつくるため，シュウ酸二水和物を正確に(A)〔g〕秤量した。この(イ)シュウ酸水溶液 25.0mL を正確にコニカルビーカーに取り，(ウ)フェノールフタレインを指示薬として，(エ)水酸化ナトリウム水溶液を 40.0mL 滴下したところで溶液の色は無色から薄い赤色になった。この中和滴定の実験より水酸化ナトリウム水溶液のモル濃度は(B)〔mol/L〕となる。

次に食酢 8.00g を別のコニカルビーカーに正確に秤量し，水 30mL とフェノールフタレインを加えたあと，(オ)前の実験で濃度を求めた水酸化ナトリウム水溶液で滴定した。終点（中和点）までに水酸化ナトリウム水溶液 48.0mL を必要とした。食酢中の酸を酢酸のみとすると，この滴定実験より食酢中の酢酸の質量パーセント濃度は(C)〔%〕となる。

(1) 下線部(ア)，(イ)，(エ)の操作に適したガラス器具名をそれぞれ書け。
(2) 下線部(イ)のコニカルビーカーの内部が水で濡れていても，そのコニカルビーカーを乾燥する必要はない。この理由を説明せよ。
(3) 下線部(ウ)で，メチルオレンジを用いない理由を説明せよ。
(4) 食酢中の酸の濃度を正確に求めるには，水酸化ナトリウムを秤量してつくった水溶液を用いて滴定するのではなく，下線部(オ)のようにシュウ酸水溶液との滴定により濃度を求めた水酸化ナトリウム水溶液を用いて滴定する必要がある。この理由を述べよ。
(5) (A)，(B)，(C)の値を計算せよ。
(6) 実験終了後，下線部(ア)，(イ)，(エ)のガラス器具は，乾燥させるときは加熱せずに自然乾燥させなくてはいけない。自然乾燥させる理由を説明せよ。

(大阪市立大 改)

98 —— 2章　物質の変化

化学 論述 154 ▶ 塩の加水分解　塩とは，酸の（　ア　）イオンと塩基の（　イ　）イオンとが結合してできた化合物の総称である。塩は，（　ウ　）塩，（　エ　）塩，（　オ　）塩の3つに分類されるが，これらの名称は，塩の組成からつけられたもので，その水溶液の性質とは関係ない。例えば，酢酸ナトリウムは（　ウ　）塩であるが，その水溶液は（　カ　）性を示し，炭酸水素ナトリウムは（　エ　）塩であるが，その水溶液は（　キ　）性を示す。

(1)　文中の(ア)〜(キ)に適当な語句を入れよ。

(2)　下線部において，酢酸ナトリウムの水溶液が（　カ　）性を示す理由を説明せよ。

(3)　下に示した物質を水に溶解させたとき，その水溶液が酸性を示す物質，塩基性を示す物質，ほぼ中性を示す物質に分類せよ。

NH_4Cl，$NaHSO_4$，Na_2CO_3，$NaNO_3$，Na_2SO_3

check! 155 ▶ NaOH と Na_2CO_3 の混合溶液の中和滴定　水酸化ナトリウムと炭酸ナトリウムの混合水溶液が200 mL ある。溶液中のそれぞれの物質の重量を調べるために，次の実験を行った。

混合水溶液 10.0 mL を（　ア　）を用いて正確に測り取り，コニカルビーカーへ入れた。これに，指示薬 A の溶液を 2 〜 3 滴加えた。コニカルビーカー内の水溶液をかき混ぜながら，（　イ　）を用いて 0.100 mol/L の塩酸を滴下した。その結果，(a)32.5 mL を加えたところで黄色から赤色への変色が見られた。

次に，同様に混合水溶液を 10.0 mL 測り取り(b)塩化バリウム水溶液を十分に加えた。さらに，指示薬 B の溶液を 2 〜 3 滴加え，赤色から無色への変色が見られるまで，0.100 mol/L の塩酸を滴下した。このときの滴定量は，12.5 mL であった。

(1)　文中の(ア)と(イ)にあてはまる最も適当な器具名をそれぞれ記せ。

(2)　指示薬 A，指示薬 B の名称とそれぞれの変色域を下から選び，記号で答えよ。

指示薬　①　ブロモチモールブルー　　②　フェノールフタレイン　　③　リトマス
　　　　④　メチルオレンジ　　⑤　チモールフタレイン

変色域　①　pH 4.5 〜 8.3　　②　pH 6.0 〜 7.6　　③　pH 3.1 〜 4.4　　④　pH 8.0 〜 9.8
　　　　⑤　pH 9.3 〜 10.6

(3)　下線部(a)までに，どのような中和反応が起こったか。反応が起こる順に従って化学反応式を記せ。

(4)　下線部(b)では，どのような反応が起こっているか。化学反応式を記せ。

(5)　この混合水溶液 200 mL 中の水酸化ナトリウムと炭酸ナトリウムの重量をそれぞれ求めよ。途中の計算式も記せ。計算値は有効数字 3 桁で答えよ。

156 ▶ 中和反応の量的関係　濃度のわからない塩酸がある。この塩酸の濃度を求めるために次のような実験をした。塩酸 50.0 mL を取り，0.100 mol/L の水酸化ナトリウム 15.0 mL を加えたら，中和点を超えてしまった。そこで，この溶液を中和するために，さらに 0.0100 mol/L の硫酸 12.0 mL を要した。塩酸の濃度〔mol/L〕を求めよ。

157 ▶ 窒素の定量 ある食品 21.0 mg に水，濃硫酸および触媒を加えて加熱し，含まれている窒素をすべて硫酸アンモニウムとした。これに 6 mol/L の水酸化ナトリウム水溶液を十分に加えて蒸留し，出てくるアンモニアのすべてを 0.0250 mol/L の希硫酸 15.0 mL に吸収させた。この溶液を 0.0500 mol/L の水酸化ナトリウム水溶液で滴定したところ，中和に 12.0 mL 要した。
(1) 下線部の希硫酸に吸収されたアンモニアは何 mg か。
(2) この食品には窒素が何 % 含まれているか。 　　　　　　　　　　　　（福島県立医大　改）

発展問題

158 ▶ 電気伝導度滴定 酸と塩基の中和反応に関して実験を行った。水溶液の電気伝導度は，水溶液中のイオン濃度が高くなるにつれて大きくなる。ただし，イオンの種類によって電気伝導度は大きく異なり，H_3O^+ や OH^- は，Na^+，Cl^- や CH_3COO^- に比べて大きな電気伝導度をもつことが知られている。

実験1：0.05 mol/L の水酸化ナトリウム水溶液 100 mL をビーカーに入れ，電気伝導度測定用の白金電極を水酸化ナトリウム水溶液中に浸して固定し，かくはんしながら 0.1 mol/L の塩酸 x [mL] を徐々に加えた。混合溶液を 25℃ に保ち，電気伝導度を測定した。

上記の実験においては，溶液を混合したときの希釈熱および混合による体積変化は無視でき，また混合は瞬間的に起こり，均一な溶液になるものとする。

(1) 実験1において，電気伝導度の変化を加えた塩酸の体積に対して示すと，どのようなグラフが得られるか。次の(a)〜(f)の中から最も近いものを選び，その理由を 150 字以内で述べよ。

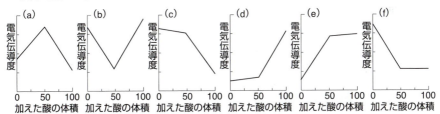

(2) 実験1において，0.1 mol/L の塩酸のかわりに，0.1 mol/L の酢酸水溶液を混合した場合，加えた酢酸水溶液の体積に対して電気伝導度の変化を示すと，どのようなグラフが得られるか。上の(a)〜(f)の中から最も近いものを選び，その理由を 150 字以内で述べよ。 　　　　　　　　　　　　　　　　　　　　　　　　　　　　　　　（東大　改）

7 酸化還元反応

❶ 酸化・還元と酸化数

◆1 酸化と還元の定義

定義	酸化	還元
酸素の授受	酸素と化合する変化 $2Cu + O_2 \longrightarrow 2CuO$	酸素を失う変化 $2CuO + C \longrightarrow 2Cu + CO_2$
水素の授受	水素を失う変化 $2H_2S + O_2 \longrightarrow 2S + 2H_2O$	水素と化合する変化 $N_2 + 3H_2 \longrightarrow 2NH_3$
電子の授受	原子・イオンが電子を失う変化 $Fe^{2+} \longrightarrow Fe^{3+} + e^-$	原子・イオンが電子を得る変化 $Cu^{2+} + 2e^- \longrightarrow Cu$
酸化数の増減	酸化数が増加する変化 $\underset{0}{CuO} + H_2 \longrightarrow Cu + \underset{+1}{H_2O}$	酸化数が減少する変化 $\underset{+2}{CuO} + H_2 \longrightarrow \underset{0}{Cu} + H_2O$

◆2 酸化数　原子やイオンが酸化されている程度を表す尺度。酸化数が大きいほど酸化されている程度が高い。酸化数が正の数の場合には＋の符号をつける。

酸化数の決め方	例
(1)　単体中の原子の酸化数は 0	$H_2(H：0)$，$Cu(Cu：0)$
(2)　化合物中の水素原子の酸化数は ＋1 　　化合物中の酸素原子の酸化数は －2	$H_2O(H：+1,\ O：-2)$
(3)　化合物中の各原子の酸化数の総和は 0	$H_2O[(+1) \times 2 + (-2)] = 0$
(4)　単原子イオンの酸化数はそのイオンの 　　価数と等しい。	$H^+(H：+1)$，$O^{2-}(O：-2)$ $Na^+(Na：+1)$，$Cu^{2+}(Cu：+2)$
(5)　多原子イオン中の各原子の酸化数の総 　　和はそのイオンの価数と等しい。	$SO_4{}^{2-}$　Sの酸化数を x とすると 総和 $= x + (-2) \times 4 = -2$，$x = +6$
1族の元素　化合物中の酸化数は ＋1	$NaCl(Na：+1,\ Cl：-1)$
2族の元素　化合物中の酸化数は ＋2	$CaCl_2(Ca：+2,\ Cl：-1)$

＊例外　$H_2O_2(H：+1,\ O：-1)$　　$NaH(Na：+1,\ H：-1)$

❷ 酸化剤・還元剤と酸化還元反応

◆1 酸化剤と還元剤　酸化還元反応において，相手の物質を酸化しているものを酸化剤，相手の物質を還元しているものを還元剤という。

酸化剤＝酸化数が減少している物質(自身は還元されている物質)

還元剤＝酸化数が増加している物質(自身は酸化されている物質)

例　$2\underset{-1}{K}\underset{0}{I} + Cl_2 \longrightarrow \underset{0}{I_2} + 2K\underset{-1}{Cl}$　　（KI：還元剤，Cl_2：酸化剤）

7 酸化還元反応── 101

◆2 おもな酸化剤・還元剤のはたらき（半反応式）

酸化剤		還元剤	
Cl_2, Br_2, I_2	$Cl_2 + 2e^- \rightarrow 2Cl^-$	Na, Mg	$Na \rightarrow Na^+ + e^-$
O_3	$O_3 + 2H^+ + 2e^- \rightarrow O_2 + H_2O$	H_2	$H_2 \rightarrow 2H^+ + 2e^-$
$KMnO_4$	$MnO_4^- + 8H^+ + 5e^- \rightarrow Mn^{2+} + 4H_2O$	$FeSO_4$	$Fe^{2+} \rightarrow Fe^{3+} + e^-$
$K_2Cr_2O_7$	$Cr_2O_7^{2-} + 14H^+ + 6e^- \rightarrow 2Cr^{3+} + 7H_2O$	$SnCl_2$	$Sn^{2+} \rightarrow Sn^{4+} + 2e^-$
HNO_3（希）	$HNO_3 + 3H^+ + 3e^- \rightarrow NO + 2H_2O$	H_2S	$H_2S \rightarrow S + 2H^+ + 2e^-$
HNO_3（濃）	$HNO_3 + H^+ + e^- \rightarrow NO_2 + H_2O$	KI	$2I^- \rightarrow I_2 + 2e^-$
H_2SO_4（熱濃）	$H_2SO_4 + 2H^+ + 2e^- \rightarrow SO_2 + 2H_2O$	$H_2C_2O_4$	$H_2C_2O_4 \rightarrow 2CO_2 + 2H^+ + 2e^-$
H_2O_2	$H_2O_2 + 2H^+ + 2e^- \rightarrow 2H_2O$	H_2O_2	$H_2O_2 \rightarrow O_2 + 2H^+ + 2e^-$
SO_2	$SO_2 + 4H^+ + 4e^- \rightarrow S + 2H_2O$	SO_2	$SO_2 + 2H_2O \rightarrow SO_4^{2-} + 4H^+ + 2e^-$

①**過酸化水素のはたらき**　H_2O_2 はふつう，酸化剤としてはたらくが，強い酸化剤である $KMnO_4$ や $K_2Cr_2O_7$ に対しては還元剤としてはたらく。

②**二酸化硫黄のはたらき**　SO_2 はふつう，還元剤としてはたらくが，強い還元剤である H_2S に対しては酸化剤としてはたらく。

③**ハロゲンの反応性**　$Cl_2 > Br_2 > I_2$

例　$2KI + Cl_2 \longrightarrow 2KCl + I_2$　　反応する

　　　$2KCl + I_2 \not\longrightarrow 2KI + Cl_2$　　反応しない

◆3 酸化還元反応の量的関係

酸化剤が受け取る e^- の物質量＝還元剤が与える e^- の物質量

濃度 c〔mol/L〕，n〔mol〕の電子を受け取る酸化剤 V〔mL〕と，濃度 c'〔mol/L〕，n'〔mol〕の電子を与える還元剤 V'〔mL〕が終点に達するとき，次の関係が成り立つ。

$$n \times c \times \frac{V}{1000} = n' \times c' \times \frac{V'}{1000}$$

◆4 酸化還元滴定

①**ヨウ素滴定**

$\boxed{酸化剤}$　$H_2O_2 + 2H^+ + 2e^- \longrightarrow 2H_2O$ ⎫
$\boxed{還元剤}$　$2I^- \longrightarrow I_2 + 2e^-$ ⎭ H_2O_2 と KI の反応

$\boxed{酸化剤}$　$I_2 + 2e^- \longrightarrow 2I^-$ ⎱ I_2 と $Na_2S_2O_3$ の反応。終点はヨウ素
$\boxed{還元剤}$　$2S_2O_3^{2-} \longrightarrow S_4O_6^{2-} + 2e^-$ ⎰ デンプン反応により確認。

②**COD 滴定**　水中の有機物を酸化分解するのに必要な酸素量を求める滴定。値が高いほど汚い。

③**DO 滴定**　水中の酸素量を求める滴定。値が低いほど汚い。

102——2章　物質の変化

WARMING UP／ウォーミングアップ

1 酸化・還元

次の（　）に適する語句を入れよ。

ある物質が酸素と化合することを（ア）といい，逆に酸素がうばわれる反応を（イ）という。また，ある物質が水素と化合することを（ウ）といい，逆に水素がうばわれる反応を（エ）という。しかし，このような酸素や水素の授受に限定しないで（オ）の授受による酸化・還元の定義の仕方がある。（オ）を失う反応を（カ）といい，（オ）を受け取る反応を（キ）という。

2 電子の授受

次の文章は銅の酸化反応での電子の授受に関するものである。（　）に適する化学式・語句を入れよ。

銅を加熱すると，銅が空気中の酸素と化合して，表面に黒色の酸化銅（Ⅱ）が生じる。

$$2Cu + O_2 \longrightarrow 2CuO$$

このとき，銅は電子を失って，銅（Ⅱ）イオンになり，酸素は電子を受け取って酸化物イオンになっている。このことをイオン反応式で表すと次のようになる。

$$2Cu \longrightarrow 2(ア) + 4e^-$$
$$O_2 + 4e^- \longrightarrow 2(イ)$$

よって，反応式により，電子を失った銅は（ウ）され，電子を受け取った酸素は（エ）されたことになる。

3 酸化数

次の(1)～(4)の文章は，物質・イオンを構成する原子の酸化数に関するものである。（　）に適する数値を入れよ。

(1) 水素 H_2 は単体であるので，酸化数は（ア）である。

(2) Na^+ は単原子イオンである。単原子イオンの酸化数はそのイオンの価数と等しいので，酸化数は（イ）である。

(3) 化合物 $NaCl$ を構成している原子 Na，Cl の酸化数の総和は（ウ）になる。Na は1族の元素であるので酸化数は（エ）であるから，Cl の酸化数は（オ）である。

(4) 化合物 H_2O 中の O は酸化数が（カ），H の酸化数は（キ）である。この化合物の酸化数の総和は（ク）となる。

1

(ア)　酸化
(イ)　還元
(ウ)　還元
(エ)　酸化
(オ)　電子
(カ)　酸化
(キ)　還元

2

(ア)　Cu^{2+}
(イ)　O^{2-}
(ウ)　酸化
(エ)　還元

3

(ア)　0
(イ)　+1
(ウ)　0
(エ)　+1
(オ)　−1
(カ)　−2
(キ)　+1
(ク)　0

7 酸化還元反応——103

基本例題 37 酸化数と酸化還元反応　　　　　　　　　　　　　　　基本➡162

次の反応式について，下の(1)，(2)に答えよ。

$$Cu + 2H_2SO_4 \longrightarrow CuSO_4 + 2H_2O + SO_2$$

(1)　反応前の硫酸中の硫黄原子と，反応後の二酸化硫黄中の硫黄原子の酸化数をそれぞれ求めよ。

(2)　この反応によって硫酸中の硫黄原子は酸化されたか還元されたかを答えよ。

●**エクセル**　化合物中の各原子の酸化数の総和は 0

考え方

　反応の前後で，酸化数が増加していればその原子を含む物質は酸化されたことになり，逆に減少していればその原子を含む物質は還元されたという。

解答

(1)　硫酸中の硫黄原子の酸化数を x とすると，

　　$H_2\underline{S}O_4$　$(+1) \times 2 + x + (-2) \times 4 = 0$, $x = +6$

　　二酸化硫黄中の硫黄原子の酸化数を y とすると，

　　$\underline{S}O_2$　$y + (-2) \times 2 = 0$, $y = +4$

　　　　　　　　　答 H_2SO_4 **+6** SO_2 **+4**

(2)　(1)より，硫黄原子の酸化数は反応の前後で $+6 \to +4$ と変化しており，減少している。よって，硫酸は還元されたことになる。　　　　**答** **還元された**

基本例題 38 半反応式のつくり方　　　　　　　　　　　　　　　　　基本➡164

次の酸化剤の半反応式の（　　）に適当な数値，化学式を入れて，完成させよ。

$$MnO_4^- + (\ ア\ )H^+ + (\ イ\ )e^- \longrightarrow (\ ウ\ ) + 4H_2O$$

●**エクセル**　両辺の酸化数の変化に着目し，電荷と原子数を合わせる。

考え方

　過マンガン酸カリウム $KMnO_4$ は水に溶かすと K^+ と MnO_4^-（赤紫色）に電離する。このとき，MnO_4^- が酸化剤としてはたらく。硫酸酸性中の MnO_4^- は酸化剤としてはたらくと，2価の陽イオンの Mn^{2+}（淡桃色）になる。

解答

半反応式のつくり方を以下の(1)〜(4)に示す。

(1)　硫酸酸性中の MnO_4^- は酸化剤としてはたらくと Mn^{2+} になる。

　　$MnO_4^- \longrightarrow Mn^{2+}$

(2)　酸化剤の酸化数の変化を調べ，電子 e^- を左辺に加える。

　　$\underset{+7}{MnO_4^-} + 5e^- \longrightarrow \underset{+2}{Mn^{2+}}$

(3)　両辺の電荷をそろえるために，酸化剤では左辺に水素イオン H^+ を加える。

　　$MnO_4^- + 8H^+ + 5e^- \longrightarrow Mn^{2+}$

(4)　両辺の H，O の数をそろえるために，酸化剤では右辺に水 H_2O を加える。

　　$MnO_4^- + 8H^+ + 5e^- \longrightarrow Mn^{2+} + 4H_2O$

　　　　　　答 (ア) **8** (イ) **5** (ウ) Mn^{2+}

104 —— 2章 物質の変化

基本例題 39　酸化還元反応式のつくり方
基本➡165, 166

　過マンガン酸カリウム $KMnO_4$ の硫酸酸性水溶液と過酸化水素水 H_2O_2 の酸化還元反応式をつくれ。ただし，$KMnO_4$ と H_2O_2 の酸化剤，還元剤としてのはたらき方は次のようになる。

（酸化剤）　$MnO_4^- + 8H^+ + 5e^- \longrightarrow Mn^{2+} + 4H_2O$　　…①

（還元剤）　$H_2O_2 \longrightarrow O_2 + 2H^+ + 2e^-$　　　　　　　…②

●**エクセル**　酸化剤と還元剤の半反応式における e^- の数をそろえる。

考え方

　酸化還元反応では移動する電子の数が等しいので，酸化剤と還元剤の半反応式から電子 e^- を消去すれば，イオン反応式が得られる。

解答

①式，②式から電子 e^- を消去する。①×2＋②×5

$$2MnO_4^- + 16H^+ + 10e^- \longrightarrow 2Mn^{2+} + 8H_2O$$

$$+\underline{)\quad 5H_2O_2 \qquad\qquad\qquad \longrightarrow 5O_2 + 10H^+ + 10e^-}$$

$$2MnO_4^- + 6H^+ + 5H_2O_2 \quad\longrightarrow 2Mn^{2+} + 5O_2 + 8H_2O$$

左辺の MnO_4^- を $KMnO_4$ にするために，両辺に $2K^+$ を加える。

$$2KMnO_4 + 6H^+ + 5H_2O_2$$
$$\longrightarrow 2Mn^{2+} + 2K^+ + 5O_2 + 8H_2O$$

左辺の H^+ は硫酸由来のものなので，両辺に $3SO_4^{2-}$ を加える。

$$2KMnO_4 + 3H_2SO_4 + 5H_2O_2$$
$$\longrightarrow 2MnSO_4 + K_2SO_4 + 5O_2 + 8H_2O$$

$\left(\begin{array}{l}\text{反応によって過マンガン酸カリウムの赤紫色が消え}\\\text{る。酸素の発生による発泡も見られる。}\end{array}\right)$

基本例題 40　酸化還元反応の量的関係
標準➡167

硫酸酸性の過マンガン酸カリウム水溶液とシュウ酸水溶液は次のようにはたらく。

　$MnO_4^- + 8H^+ + 5e^- \longrightarrow Mn^{2+} + 4H_2O$　　…①

　$(COOH)_2 \longrightarrow 2CO_2 + 2H^+ + 2e^-$　　　　…②

$0.100\,mol/L$ のシュウ酸水溶液 $10.0\,mL$ を酸化するのに，$0.100\,mol/L$ の過マンガン酸カリウム水溶液を何 mL 加えればよいか。

●**エクセル**

$$n \times c \times \frac{V}{1000} = n' \times c' \times \frac{V'}{1000}$$

酸化剤：c〔mol/L〕，V〔mL〕（酸化剤 1mol が n〔mol〕の電子を受け取るとする）

還元剤：c'〔mol/L〕，V'〔mL〕（還元剤 1mol が n'〔mol〕の電子を与えるとする）

7　酸化還元反応——105

考え方	解答

考え方

　1 mol の過マンガン酸カリウムは 5 mol の電子を受け取る。

　1 mol のシュウ酸は 2 mol の電子を与える。

　よって，$n = 5$，$n' = 2$

解答

　酸化剤が受け取る e^- の物質量

　　　＝還元剤が与える e^- の物質量

　過マンガン酸カリウム水溶液の体積を x 〔mL〕とすると，

$$n \times c \times \frac{V}{1000} = n' \times c' \times \frac{V'}{1000} \text{ より，} 5 \times 0.100 \times \frac{x}{1000} = 2 \times 0.100 \times \frac{10.0}{1000}$$

$x = 4.00 \, \text{mL}$　　　答　**4.00 mL**

考え方

　①式，②式から e^- を消去すると（①×2＋②×5），酸化還元反応式ができる。化学反応式の係数は，物質量の比を表している。

別解

酸化還元反応式は，$2KMnO_4 + 5(COOH)_2 + 3H_2SO_4 \longrightarrow 2MnSO_4 + K_2SO_4 + 10CO_2 + 8H_2O$　　よって，$KMnO_4$ と $(COOH)_2$ は 2：5 の物質量比で反応するから，加える過マンガン酸カリウム水溶液を x 〔mL〕とすると，

$$0.100 \times \frac{x}{1000} : 0.100 \times \frac{10.0}{1000} = 2 : 5$$

$x = 4.00 \, \text{mL}$　　　答　**4.00 mL**

基本問題

159 ▶酸化数　次の物質について，下線部の原子の酸化数を求めよ。

(1) $\underline{K}$　(2) $\underline{Cl}_2$　(3) $H_2\underline{O}$　(4) $H_2\underline{O}_2$　(5) $\underline{S}O_2$　(6) $H_2\underline{S}O_4$

(7) $H\underline{N}O_3$　(8) $\underline{Na}^+$　(9) $\underline{O}H^-$　(10) $H\underline{Cl}O_3$　(11) $\underline{Mn}O_2$　(12) $K_2\underline{Cr}_2O_7$

160 ▶ハロゲンの酸化力　次の文中の（　　）に適当な語句・数値を入れよ。

$$2KI + Cl_2 \longrightarrow I_2 + 2KCl$$

　上の反応では，ヨウ化カリウム KI のヨウ素の酸化数が（ ア ）から（ イ ）に増加，つまり，KI 自身は（ ウ ）されているので，KI は（ エ ）剤として作用している。また，塩素 Cl_2 の酸化数は（ オ ）から（ カ ）に減少，つまり，Cl_2 自身は（ キ ）されているので，Cl_2 は（ ク ）剤として作用している。このような反応を（ ケ ）反応という。(関西大　改)

161 ▶酸化・還元　次の文中の(ア)～(ケ)に適当な語句・数値を入れよ。

　酸化・還元は酸素原子や水素原子のやりとりだけでなく，広く電子の授受という立場で定義することができる。原子やイオンが電子を失って酸化数が（ ア ）すれば，その原子やイオンは（ イ ）されたといい，逆に電子を受け取って酸化数が（ ウ ）すれば，（ エ ）されたという。例えば，酸化マンガン(Ⅳ)と塩酸の反応では，マンガンは（ オ ）されて，その酸化数は（ カ ）から（ キ ）に変化する。また，ヨウ化カリウム水溶液に塩素ガスを通じるとき，水溶液中のヨウ化物イオンは（ ク ）され，（ ケ ）が生じる。

106 —— 2章　物質の変化

162 ▶酸化数の変化　下線を引いた原子について，反応前，反応後の酸化数を示せ。

(1)　$\underline{Zn} + 2HCl \longrightarrow \underline{Zn}Cl_2 + H_2$
(2)　$2\underline{H}_2 + O_2 \longrightarrow 2\underline{H}_2O$

(3)　$Cu + \underline{Cl}_2 \longrightarrow Cu\underline{Cl}_2$
(4)　$\underline{Cu} + 2H_2SO_4 \longrightarrow \underline{Cu}SO_4 + SO_2 + 2H_2O$

163 ▶酸化還元反応　次の反応式のうち酸化還元反応を選べ。

(1)　$NaOH + HCl \longrightarrow NaCl + H_2O$
(2)　$NaHCO_3 + HCl \longrightarrow NaCl + CO_2 + H_2O$

(3)　$SO_2 + H_2O_2 \longrightarrow H_2SO_4$
(4)　$AgNO_3 + HCl \longrightarrow AgCl + HNO_3$

(5)　$2KMnO_4 + 3H_2SO_4 + 5H_2O_2 \longrightarrow K_2SO_4 + 2MnSO_4 + 8H_2O + 5O_2$

164 ▶半反応式　次の酸化剤，還元剤の半反応式を完成させよ。

(1)　$Cl_2 + 2e^- \longrightarrow 2(\quad)$

(2)　$MnO_4^- + 8H^+ + 5e^- \longrightarrow (\quad) + 4H_2O$

(3)　$(濃)HNO_3 + H^+ + e^- \longrightarrow (\quad) + H_2O$

(4)　$H_2S \longrightarrow S + (\quad)H^+ + 2e^-$

(5)　$Fe^{2+} \longrightarrow (\quad) + e^-$

(6)　$2I^- \longrightarrow (\quad) + (\quad)e^-$

165 ▶酸化還元反応　硫酸酸性の二クロム酸カリウム $K_2Cr_2O_7$ とシュウ酸$(COOH)_2$ 水溶液との反応を表す化学反応式を，次の手順でつくれ。

(1)　硫酸酸性の二クロム酸カリウムの水溶液中でのはたらきを，e^- を含む反応式で示せ。ただし，二クロム酸イオンは，反応後 Cr^{3+} になる。

(2)　シュウ酸の水溶液中でのはたらきを，e^- を含む反応式で示せ。ただし，シュウ酸は還元剤としてはたらき，反応後 CO_2 になる。

(3)　(1)，(2)の式から，e^- を消去して1つのイオン反応式をつくれ。

(4)　(3)で省略されているイオンは何か。陽イオン，陰イオンに分けてそれぞれ答えよ。

(5)　省略されているイオンを補い，化学反応式を完成させよ。

166 ▶酸化還元反応　次の酸化還元反応を化学反応式で示せ。

(1)　熱濃硫酸に銅板を入れる。

(2)　濃硝酸に銀板を入れる。

(3)　硫化水素水に二酸化硫黄を吹き込む。

(4)　硫酸酸性の二クロム酸カリウム水溶液に二酸化硫黄を吹き込む。

167 ▶**酸化還元の量的関係**　過マンガン酸カリウム $KMnO_4$ は，硫酸酸性の水溶液では，過マンガン酸イオンとして，次のように強い酸化力を示す。

$$MnO_4^- + (\ ア\ )H^+ + (\ イ\ )e^- \longrightarrow Mn^{2+} + (\ ウ\ )H_2O$$

　一方，過酸化水素の水溶液は，酸化剤としても還元剤としてもはたらくが，過マンガン酸カリウム水溶液に対しては，次のように還元剤としてはたらく。

$$H_2O_2 \longrightarrow O_2 + (\ エ\ )H^+ + (\ オ\ )e^-$$

(1)　文中の(ア)〜(オ)に入る適当な数字を答えよ。

(2)　過マンガン酸カリウムと過酸化水素がちょうど反応するとき，物質量の比を求めよ。

標準例題 41　SO_2 の定量　　　　　　　　　　　　　　　　　　　　　標準➡170

　0.20 mol/L のヨウ素溶液 25 mL に，二酸化硫黄 SO_2 を通じ，完全に反応させた。未反応のヨウ素を，デンプンを指示薬として 0.050 mol/L のチオ硫酸ナトリウム水溶液で滴定したところ，20 mL を加えたときに溶液の色が変化した。始めに吸収させた二酸化硫黄の物質量を求めよ。

　チオ硫酸ナトリウムとヨウ素は次のように反応する。

$$I_2 + 2Na_2S_2O_3 \longrightarrow 2NaI + Na_2S_4O_6$$

●**エクセル**　酸化剤が奪った e^- の物質量＝還元剤が与えた e^- の物質量

考え方

　I_2 が酸化剤，SO_2 が還元剤としてはたらく。

　チオ硫酸ナトリウムも I_2 を還元している。

解答

　ヨウ素 I_2 と二酸化硫黄 SO_2 の反応では，I_2 が酸化剤，SO_2 が還元剤としてはたらく。

$$I_2 + 2e^- \longrightarrow 2I^-$$
$$SO_2 + 2H_2O \longrightarrow SO_4^{2-} + 4H^+ + 2e^-$$

　よって，I_2 1 mol が e^- 2 mol を奪っている。

　また，SO_2 1 mol が e^- 2 mol を与える。

　さらに，チオ硫酸ナトリウム $Na_2S_2O_3$ はヨウ素 I_2 を還元している。

$$2S_2O_3^{2-} \longrightarrow S_4O_6^{2-} + 2e^-$$

　よって，$S_2O_3^{2-}$ 1 mol が e^- 1 mol を与えている。

　求める SO_2 の物質量を x〔mol〕とすると

I_2 の奪った e^- の物質量＝SO_2 が与えた e^- の物質量
　　　　　　　　　　　　　　＋$S_2O_3^{2-}$ が与えた e^- の物質量より

$$\left(0.20 \times \frac{25}{1000}\right) \times 2 = 2x + \left(0.050 \times \frac{20}{1000}\right) \times 1$$

　よって，$x = 4.5 \times 10^{-3}$ mol　　**答** $\mathbf{4.5 \times 10^{-3}\ mol}$

108 —— 2章　物質の変化

標準問題

168 ▶酸化還元滴定　硫酸酸性にした 0.10 mol/L シュウ酸 $(COOH)_2$ 水溶液 10 mL に，濃度が未知の二クロム酸カリウム $K_2Cr_2O_7$ 水溶液を加えて，酸化還元反応を行ったところ，シュウ酸がすべて反応するまでに 15 mL を要した。

(1) 二クロム酸イオンとシュウ酸の反応をイオン反応式で表せ。

(2) 反応に用いた二クロム酸カリウム水溶液の濃度を求めよ。

実験 169 ▶過マンガン酸塩滴定　0.020 mol/L の過マンガン酸カリウム水溶液 20.0 mL を三角フラスコに取り，硫酸酸性下で濃度不明の亜硝酸カリウム KNO_2 溶液 10.0 mL を加えた。このとき，亜硝酸塩は過マンガン酸カリウムに酸化されて，次式に示すように硝酸塩となる。

$$NO_2^- + H_2O \longrightarrow NO_3^- + 2H^+ + 2e^-$$

この溶液に，0.20 mol/L の硫酸鉄(Ⅱ)$FeSO_4$ 溶液を 2.0 mL 加えたところ，この溶液の色は赤紫色から淡桃色に変化した。濃度不明の亜硝酸カリウム溶液のモル濃度を求めよ。ただし，有効数字は 2 桁とする。　　　　　　　　　　　　　　　（宇都宮大　改）

実験 170 ▶ヨウ素滴定　市販の過酸化水素水 25.0 mL を（　ア　）を用いて正確に取り，500 mL の（　イ　）に入れ，蒸留水を加えて正確に 20 倍に希釈した。この希釈水溶液 20.0 mL を（　ウ　）を用いて正確に取り，200 mL の（　エ　）に入れ，蒸留水を加えて全量を 50.0 mL としたあと，ヨウ化カリウム 2.00 g と 3.00 mol/L の硫酸 5.00 mL を加え，①式の反応によりヨウ素を遊離させた。その後，（　オ　）から 0.104 mol/L のチオ硫酸ナトリウム $Na_2S_2O_3$ 水溶液を滴下して②式の反応により遊離したヨウ素を滴定したところ，滴定値の平均は，17.31 mL であった。

$$H_2O_2 + 2I^- + 2H^+ \longrightarrow (\ a\ ) + I_2 \quad \cdots ①$$
$$I_2 + 2S_2O_3{}^{2-} \longrightarrow 2I^- + S_4O_6{}^{2-} \quad \cdots ②$$

(1) 文中の(ア)〜(オ)にあてはまる器具を次の(A)〜(F)の中から選べ。

(A) 駒込ピペット　　(B) ホールピペット　　(C) 三角フラスコ

(D) メスフラスコ　　(E) メスシリンダー　　(F) ビュレット

(2) 反応式①の（　a　）に係数と化学式を記入し，化学反応式を完成させよ。

(3) この滴定に用いられる指示薬の名称と終点における溶液の色の変化をかけ。

(4) 市販の過酸化水素水（密度 1.00 g/mL）のモル濃度(mol/L)と質量パーセント濃度（%）を求めよ。H_2O_2 の分子量を 34.0 とし，有効数字 3 桁で表せ。

(5) この実験で①式の反応を完成させるためには，ヨウ化カリウムは理論上何 g 必要か。KI の式量を 166 とし，有効数字 3 桁で表せ。　　　　　　　　　（日本医科大　改）

7 酸化還元反応——109

実験 171 ▶ COD 次の操作1〜4によりCODを求めた。各問いに答えよ。計算問題は計算過程を示し、有効数字は3桁まで答えよ。ただし、原子量は、$O = 16.0$, $K = 39.1$, $Mn = 54.9$ とする。

操作1 正確に濃度を求めた 5.00×10^{-3} mol/L シュウ酸($H_2C_2O_4$)標準溶液10 mLをホールピペットを用いて正確に量り取り、水10 mLと、3.00 mol/L 硫酸を5 mL加えて60℃に加熱し、ビュレットから濃度がおよそ 2×10^{-3} mol/L の過マンガン酸カリウム溶液を滴下して、滴定を行った。そのときの過マンガン酸カリウム滴定の平均値は10.96 mLであった。

操作2 試料水50 mLをホールピペットを用いて正確に量り取り、3.00 mol/L 硫酸を5 mL加えて、さらにビュレットから操作1で濃度を決定した過マンガン酸カリウム溶液を10 mL加えて、60℃に加熱し、十分に反応させた。

操作3 正確に濃度を求めた 5.00×10^{-3} mol/L シュウ酸標準溶液10 mLを加えた。操作1で濃度を決定した過マンガン酸カリウム溶液で滴定したところ、滴定の平均値は、4.22 mLであった。

操作4 試料水の代わりに蒸留水50 mLを用い、操作2, 3を行ったところ、滴定の平均値は、1.69 mLであった。

(1) 操作1において、過マンガン酸カリウムとシュウ酸の化学反応式を書け。

(2) 操作1において、過マンガン酸カリウムの濃度がいくらになるか求めよ。

(3) 操作1〜4の結果より、この試料水のCOD〔mg/L〕を求めよ。　（13　香川大　改）

実験 172 ▶ DO ある河川より試料水を採取し、直ちに空気が入らないように100 mLの密閉容器（共栓つき試料びん）2本にそれぞれ正確に100 mL入れ、栓をした。直後に、1つの試料びん中の試料水に2.0 mol/L 硫酸マンガン $MnSO_4$ 水溶液0.5 mLと塩基性ヨウ化カリウム溶液（15%ヨウ化カリウムを含む70%水酸化カリウム水溶液）0.5 mLを静かに注入し、栓をしたところ、溶液中で $Mn(OH)_2$ の白色沈殿が生じた。つづいて、栓を押さえながら試料びんを数回転倒させて、沈殿がびん内の溶液全体に及ぶように混和すると、沈殿の一部が試料水中のすべての溶存酸素と反応して、褐色沈殿のオキシ水酸化マンガン $MnO(OH)_2$ に変化した。

$$2Mn(OH)_2 + O_2 \longrightarrow 2MnO(OH)_2 \quad \cdots\cdots(1)$$

その後、試料びん内に5.0 mol/L 硫酸1.0 mLを速やかに注入し、密栓して溶液をよく混ぜると、以下の反応が起こり、褐色沈殿は完全に溶解し、ヨウ素が遊離した。

$$MnO(OH)_2 + 2I^- + 4H^+ \longrightarrow Mn^{2+} + I_2 + 3H_2O \quad \cdots\cdots(2)$$

この試料びん中の溶液をすべてコニカルビーカーに移し、ヨウ素を0.025 mol/L チオ硫酸ナトリウム $Na_2S_2O_3$ 水溶液で滴定したところ、3.65 mLで終点に達した。

$$I_2 + 2Na_2S_2O_3 \longrightarrow 2NaI + Na_2S_4O_6 \quad \cdots\cdots(3)$$

採取直後の試料びんの試料水100 mL中のDO〔mg〕を求めよ。ただし、加えた試薬の液量は無視してよいものとして、計算せよ。
（14　医科歯科大）

8 電池・電気分解

1 金属のイオン化傾向

金属	大←──────イオン化傾向──────→小 Li K Ca Na Mg Al Zn Fe Ni Sn Pb (H₂) Cu Hg Ag Pt Au				
反応	空気	常温でただちに酸化される	加熱により酸化	強熱により酸化	酸化されない
	水	常温で水と反応→水素発生	*	高温で水蒸気と反応→水素発生	反応しない	
	酸	酸化力のない酸(塩酸・希硫酸)と反応して水素を発生して溶ける			硝酸・熱濃硫酸に溶ける	王水に溶ける

＊熱水と反応→水素発生　　　　　　　　王水は濃硝酸と濃塩酸を1:3の体積比で混合したもの。
※Pbは，塩酸や希硫酸とは難溶性の被膜を生じるので，溶けにくい。
　Al, Fe, Niは，濃硝酸とは表面にち密な酸化被膜をつくるので，溶けにくい(不動態)。

金属の反応性　イオン化傾向が大きいほど酸化されやすい(e^-を失いやすい)
　　　　　　　＝イオン化傾向が大きいほど還元性が強い(e^-を与えやすい)

2 電池

◆1 **イオン化傾向と電池**　一般に，電池の基本的構造は，イオン化傾向の異なる2種類の金属を電極として，電解質の水溶液に浸したものである。酸化還元反応に伴って生じる化学エネルギーを電気エネルギーとして取り出している。

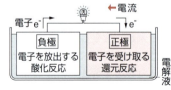

負極：電子を放出する反応(酸化反応)。
正極：電子を受け取る反応(還元反応)。
電解液：電解質の溶液。電解液内ではイオンが移動することができる。

化学 ◆2 **電池の種類**

名称／起電力	電池式／負極・正極の反応	
ボルタ電池＊ (1.1 V)	(−)Zn ｜ H₂SO₄aq ｜ Cu(+)	
	(−)Zn → Zn²⁺ + 2e⁻	(+)2H⁺ + 2e⁻ → H₂
ダニエル電池 (1.1 V)	(−)Zn ｜ ZnSO₄aq ｜ CuSO₄aq ｜ Cu(+)	
	(−)Zn → Zn²⁺ + 2e⁻	(+)Cu²⁺ + 2e⁻ → Cu
鉛蓄電池 (2.1 V)	(−)Pb ｜ H₂SO₄aq ｜ PbO₂(+)	
	(−)Pb + SO₄²⁻ → PbSO₄ + 2e⁻	(+)PbO₂ + 4H⁺ + SO₄²⁻ + 2e⁻ → PbSO₄ + 2H₂O
燃料電池 (1.4 V)	(−)H₂(Pt) ｜ H₃PO₄aq ｜ O₂(Pt)(+)	
	(−)H₂ → 2H⁺ + 2e⁻	(+)O₂ + 4H⁺ + 4e⁻ → 2H₂O
マンガン乾電池 (1.5 V)	(−)Zn ｜ NH₄Claq, ZnCl₂aq ｜ MnO₂, C(+)	
	(−)Zn → Zn²⁺ + 2e⁻	(+)MnO₂ + NH₄⁺ + e⁻ → MnO(OH) + NH₃

(＊)　分極：正極で生じる水素のために，電圧が低下し，電気が流れなくなる。

化学 ③ 電気分解

◆1 **電気分解** 電気エネルギーを与えて酸化還元反応を強制的に起こすことを電気分解という。

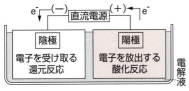

陰極：直流電源の負極に接続した電極。
  電子 e^- を受け取る反応（還元反応）。
陽極：直流電源の正極に接続した電極。
  電子 e^- を放出する反応（酸化反応）。

◆2 **水溶液の電気分解** 水溶液の電気分解ではイオンや電極の種類により反応が異なる。

〈電気分解の考え方〉

陰極	○イオン化傾向が小さい金属イオン（Cu〜Au）→金属の単体が析出 　　$Cu^{2+} + 2e^- → Cu$，$Ag^+ + e^- → Ag$ ○イオン化傾向が大きい金属イオン（Li〜Pb）→ H_2 発生 　　$2H^+ + 2e^- → H_2$（酸性），$2H_2O + 2e^- → H_2 + 2OH^-$（中性，塩基性）
陽極	○電極が Pt, C のとき 　①ハロゲン化物イオン→ハロゲンの単体生成 　　$2Cl^- → Cl_2 + 2e^-$ 　②ハロゲン以外のイオン→ O_2 発生 　　$2H_2O → O_2 + 4H^+ + 4e^-$（中性，酸性）， 　　$4OH^- → 2H_2O + O_2 + 4e^-$（塩基性） ○電極が Ag または Ag よりイオン化傾向が大きい金属のとき→陽極自身が溶解 　　$Cu → Cu^{2+} + 2e^-$，$Ag → Ag^+ + e^-$

◆3 **溶融塩電解** 陰極で陽イオンが還元され，陽極で陰イオンが酸化される。

例： 塩化ナトリウムの溶融塩電解（$NaCl \longrightarrow Na^+ + Cl^-$）
陰極(−)：$Na^+ + e^- \longrightarrow Na$（還元）　陽極(+)：$2Cl^- \longrightarrow Cl_2 + 2e^-$（酸化）

化学 ④ 電気分解による物質の変化量

◆1 **電気量** 電気量〔C〕＝電流〔A〕×時間〔s〕

◆2 **ファラデー定数** 電子 e^- 1mol あたりの電気量。$F = 9.65 \times 10^4$ C/mol
電気量より電子の物質量は次のようにして求める。

$$電子の物質量 = \frac{電気量〔C〕}{9.65 \times 10^4 \text{C/mol}}$$

◆3 **ファラデーの法則** 電気分解において，陰極や陽極で変化したイオンの物質量と，流れた電気量とは比例する。

112 —— 2章　物質の変化

WARMING UP／ウォーミングアップ

1 金属の性質

次の金属について，下の(1)～(3)に答えよ。

　　Na　Cu　Mg　Zn　Ag

(1) イオン化傾向の大きい順に並べ替えよ。

(2) 常温の水と激しく反応する金属を選べ。

(3) 塩酸中で反応しない金属をすべて選べ。

化学 2 ダニエル電池

次の文の(　)に適する語句を入れよ。

ダニエル電池は，亜鉛板と銅板を，素焼き板で区切った容器に入れた物である。電解液は，亜鉛板側に(ア)水溶液，銅板側に(イ)水溶液を用いる。導線で2つの金属板をつなぐと，亜鉛板は溶けて(ウ)になる。このとき，電子が放出されるので，亜鉛板は(エ)極となる。亜鉛板から放出された電子は導線を通って銅板に流れてくる。銅板の表面では，流れてきた電子を溶液中の(オ)が受け取り，単体の銅として析出する。よって銅板は(カ)極となる。

化学 3 電気分解

白金電極を用いて，塩化銅(II)$CuCl_2$水溶液の電気分解を行った。(　)に適する語句・数値を入れよ。

(1) 次のイオン反応式は陰極での反応である。イオン反応式を完成させよ。　$Cu^{2+} + 2e^- \longrightarrow ($ア$)$　…①

(2) (1)より，陰極では，酸化数が(イ)の銅イオンが，酸化数が(ウ)の銅に(エ)されている。

(3) 次のイオン反応式は陽極での反応である。イオン反応式を完成させよ。　$2Cl^- \longrightarrow ($オ$) + 2e^-$　…②

(4) (3)より，陽極では，酸化数が(カ)の塩化物イオンが，酸化数が(キ)の塩素に(ク)されている。

(5) 以上より，全体の反応式は，(①式＋②式より)

　　$CuCl_2 \longrightarrow ($ケ$) + ($コ$)$

化学 4 電気量

次の文の(　)に適当な数値を入れよ。

(1) 2.0Aの電流を30秒間流した。このとき流れた電気量は(ア)Cである。

(2) 銀イオンが電子を受け取って，0.100molの銀が析出した。このときに流れた電気量は(イ)Cである。ただし，このときに起きた反応は，$Ag^+ + e^- \longrightarrow Ag$である。

1

(1) Na，Mg，Zn，Cu，Ag

(2) Na

(3) Cu，Ag

2

(ア) 硫酸亜鉛

(イ) 硫酸銅(II)

(ウ) 亜鉛イオン

(エ) 負

(オ) 銅(II)イオン

(カ) 正

3

(ア) Cu

(イ) ＋2

(ウ) 0

(エ) 還元

(オ) Cl_2

(カ) －1

(キ) 0

(ク) 酸化

(ケ) Cu

(コ) Cl_2

4

(ア) 60

(イ) 9.65×10^3

基本例題 42　ダニエル電池　　基本➡177

ダニエル電池は，次のように表される。

$$(-)\text{Zn} \mid \text{ZnSO}_4\text{aq} \mid \text{CuSO}_4\text{aq} \mid \text{Cu}(+)$$

(1) 両電極で起こる反応について，電子 e^- を含む反応式を記せ。
(2) 負極で起こるのは，酸化反応か還元反応か答えよ。
(3) 亜鉛 0.10 g が消費されると何 C の電気量が生じるか。

●エクセル　負極：電子を放出する反応（酸化反応），正極：電子を受け取る反応（還元反応）

考え方
負極では酸化反応，正極では還元反応が起きている。

電子 e^- 1 mol あたりの電気量は 9.65×10^4 C/mol

解答
(1) 負極：$\text{Zn} \longrightarrow \text{Zn}^{2+} + 2e^-$，正極：$\text{Cu}^{2+} + 2e^- \longrightarrow \text{Cu}$
(2) 亜鉛の酸化数の変化は　$0(\text{Zn}) \longrightarrow +2(\text{Zn}^{2+})$
酸化数が増加しているので酸化反応。　**答　酸化反応**
(3) 亜鉛 0.10 g の物質量は，$\dfrac{0.10}{65.4} = 1.52 \times 10^{-3}$ mol

負極の反応式より，亜鉛 1 mol から電子 e^- が 2 mol 放出される。電子 e^- 1 mol あたりの電気量は 9.65×10^4 C/mol なので，流れた電気量は，
$$1.52 \times 10^{-3} \times 2 \times 9.65 \times 10^4 = 293 \fallingdotseq 2.9 \times 10^2 \text{ C}$$
答　2.9×10^2 C

基本例題 43　電気分解の量的関係　　基本➡182

白金電極で，硫酸銅(Ⅱ)水溶液を 1.0 A の電流で 10 分間電気分解した。このとき，陰極の質量の変化を有効数字 2 桁で求めよ。ただし，Cu の原子量＝63.5，ファラデー定数は，9.65×10^4 C/mol とする。

●エクセル　電子 e^- 1 mol あたりの電気量は 9.65×10^4 C/mol
電気量〔C〕＝電流〔A〕×時間〔s〕

考え方
陰極：
$\text{Cu}^{2+} + 2e^- \longrightarrow \text{Cu}$
陽極：
$2\text{H}_2\text{O} \longrightarrow \text{O}_2 + 4\text{H}^+ + 4e^-$

解答
電気量〔C〕＝電流〔A〕×時間〔s〕より，10 分＝10×60＝600 秒なので，電気量＝1.0×600＝600 C。

流れた電子の物質量は，$\dfrac{600}{9.65 \times 10^4} = 6.21 \times 10^{-3}$ mol

陰極では電子が 2 mol 流れると，銅が 1 mol 析出する。析出した銅の物質量は，
$$6.21 \times 10^{-3} \times \dfrac{1}{2} = 3.10 \times 10^{-3}$$
よって，析出した銅の質量は，
$$63.5 \times 3.10 \times 10^{-3} = 0.196 \fallingdotseq 0.20 \text{ g}$$
答　0.20 g 増加

114——2章　物質の変化

基本問題

173▶イオン化傾向　次の文章の（　）に適する語句を，［　］には化学式を入れよ。

　硫酸銅（Ⅱ）水溶液に亜鉛板を入れると，水溶液中の銅イオンが亜鉛から電子を受け取り，亜鉛の表面に（　ア　）の単体が析出し，水溶液中に亜鉛が，亜鉛イオン［　イ　］となって溶け出す。このときの変化はイオン反応式で次のように表すことができる。

$$［　ウ　］+2e^- \longrightarrow Cu \quad \cdots ①$$
$$Zn \longrightarrow ［　エ　］+2e^- \quad \cdots ②$$

　反応全体では，①式，②式から電子 e^- を消去すると，①式＋②式より，

$$［　オ　］+Zn \longrightarrow Cu+［　カ　］$$

　次に，硫酸亜鉛水溶液に銅板を入れても，反応は（　キ　）。

　以上の実験から，銅と亜鉛では（　ク　）の方が陽イオンになりやすい，つまり，イオン化傾向が大きいことがわかる。

174▶金属の推定　次の文章を読み，(1)〜(3)に答えよ。文中のＡ〜Ｅは，鉄，カルシウム，亜鉛，銅，白金のいずれかの単体である。

㋐　Ａ〜Ｅをそれぞれ塩酸に入れたところ，Ａ，Ｂ，Ｅは溶けたが，Ｃ，Ｄは溶けなかった。

㋑　Ａ〜Ｅをそれぞれ常温の水に入れたところ，Ｅのみが溶けた。

㋒　Ａ〜Ｅをそれぞれ希硝酸に入れたところ，Ｄ以外は溶けた。

㋓　Ａ，Ｂ，Ｃ，Ｄをそれぞれ水酸化ナトリウム水溶液に入れたところ，Ａのみが溶けた。

㋔　Ｂを希硝酸に溶かした水溶液に，Ａの小片を入れると，その表面にＢが析出した。

(1)　Ａ〜Ｅを元素記号で記せ。

(2)　㋑の下線部の反応を化学反応式で記せ。

(3)　各金属が水溶液中で陽イオンになりやすい順にＡ〜Ｅの記号で記せ。

175▶電池のしくみ　3種類の金属Ａ，Ｂ，Ｃの間で電圧を測定した。次の(1)〜(3)に答えよ。

(1)　金属板の組み合わせで正極（＋），負極（−）は，㋐〜㋒のようになった。この結果から，イオン化傾向の大きい順にＡ，Ｂ，Ｃを並べよ。

　㋐　正極：Ａ，負極：Ｂ　　㋑　正極：Ａ，負極：Ｃ　　㋒　正極：Ｃ，負極：Ｂ

(2)　3種類の金属がマグネシウム，鉄，銅のどれかであるとき，Ａ，Ｂ，Ｃはそれぞれ何か。

(3)　(1)の実験結果で，最も大きい電圧を示した組み合わせはどれか。

8 電池・電気分解 115

化学 論述 176 ▶ ボルタ電池 右図のように，亜鉛板と銅板を希硫酸に浸し，ボルタ電池をつくった。この電池について，次の(1)〜(5)に答えよ。 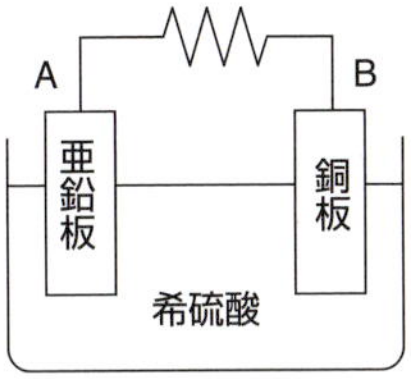
(1) 銅板，亜鉛板のどちらが負極か。
(2) 負極，正極での反応を電子 e⁻ を含む反応式で表せ。
(3) このボルタ電池は，すぐに起電力が低下する。この現象を何というか。
(4) (3)の現象が起こる理由を説明せよ。
(5) 過酸化水素のような酸化剤を加えると，(3)の現象を抑えることができる。このような酸化剤のことをとくに何というか。

化学 177 ▶ ダニエル電池 右図は，亜鉛板を薄い硫酸亜鉛水溶液に浸し，銅板を濃い硫酸銅（Ⅱ）水溶液に浸し，素焼きの筒で仕切った電池である。
(1) 銅板，亜鉛板のどちらが負極か。
(2) 負極，正極での反応を電子 e⁻ を含む式で表せ。
(3) 素焼きの筒を通って，硫酸銅（Ⅱ）水溶液から硫酸亜鉛水溶液の方へ移動するイオンは何か。イオン式で答えよ。
(4) 素焼き板の筒のかわりに，ガラスの筒を用いた場合，起電力はどうなるか。
(5) この電池で「亜鉛板を浸した硫酸亜鉛水溶液」を「ニッケル板を浸した硫酸ニッケル水溶液」にすると起電力はどうなるか。
(6) この電池で「銅板を浸した硫酸銅（Ⅱ）水溶液」を「銀板を浸した硝酸銀水溶液」にすると起電力はどうなるか。

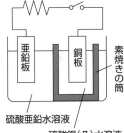

化学 178 ▶ 鉛蓄電池 次の文を読んで，下の(1)〜(5)に答えよ。
　鉛蓄電池では正極に（ ア ），負極に（ イ ），電解液に（ ウ ）が用いられている。その起電力は約（ エ ）Vで，充電できるので（ オ ）電池とよばれる。
(1) 上の文において，(ア)，(イ)には化学式，(ウ)〜(オ)には適する語句または数値を入れよ。
(2) 正極，負極での反応を電子 e⁻ を含む反応式で表せ。
(3) 充電するときの化学反応式を記せ。
(4) 鉛蓄電池の電解液は，放電すると密度は増加するか減少するか。
(5) 鉛蓄電池において，9.65×10^4 C の電気量を放電させると，両極の質量は合計何 g 増加するか。

116—2章　物質の変化

化学 **179**▶**燃料電池**　右図は，水素と酸素を用いたリン酸形燃料電池の模式図である。電極A，Bを導線でつなぐと，電極Aでは，次のような（ ア ）反応が起こり，（ イ ）極となる。

$$H_2 \longrightarrow (i)\boxed{\ \ \text{I}\ \ } + (ii)e^- \cdots \text{①式}$$

また，電極Bでは，次のような（ ウ ）反応が起こり，（ エ ）極となる。

$$O_2 + (iii)\boxed{\ \ \text{II}\ \ } + (iv)e^- \longrightarrow (v)\boxed{\ \ \text{III}\ \ } \cdots \text{②式}$$

(1)　上の文章の(ア)～(エ)に適当な語句を入れよ。

(2)　①式，②式の(i)～(v)には係数を，$\boxed{\text{I}}$～$\boxed{\text{III}}$には適当な化学式を入れよ。

(3)　燃料電池全体の反応の化学反応式を記せ。

180▶**実用電池**　さまざまな実用電池を下表にまとめた。

名称	負極活物質	電解質	正極活物質	実用例
①マンガン乾電池	（ i ）	$ZnCl_2$	MnO_2	リモコン，懐中電灯
②アルカリマンガン電池	Zn	KOH	（ ii ）	オーディオプレーヤー，デジカメ
③酸化銀電池	Zn	KOH	（ iii ）	（ ア ）
④空気電池	Zn	NH_4Cl	（ iv ）	（ イ ）
⑤鉛蓄電池	Pb	H_2SO_4	PbO_2	自動車のバッテリー
⑥ニッケル・カドミウム電池	Cd	KOH	$NiO(OH)$	電動歯ブラシ
⑦ニッケル・水素電池	（ v ）	KOH	$NiO(OH)$	電気自動車
⑧リチウムイオン電池	Li_xC	Li塩	$Li_{(1-x)}CoO_2$	（ ウ ）

(1)　表の(i)～(v)に適する物質の化学式を入れよ。

(2)　実用例の(ア)，(イ)，(ウ)に適するものを次の(a)～(d)から選べ。

(a)　ハイブリッド車，電気自動車　　　(b)　補聴器

(c)　置き時計，懐中電灯　　　(d)　腕時計，カメラの露出計

(3)　⑤～⑧の電池は外部電源からの充電により繰り返し使用できる。このような電池を何とよぶか。

化学 (4)　鉛蓄電池の負極での反応を化学反応式で書け。

化学 **181**▶**電気分解の電極**　右表の水溶液を電気分解した。陽極，陰極で起こる反応①～⑥をイオン反応式で表せ。ただし，（　）内は電極を表す。

水溶液	陽極		陰極	
$CuCl_2$水溶液	(Pt)	[①]	(Pt)	[②]
$AgNO_3$水溶液	(C)	[③]	(C)	[④]
$CuSO_4$水溶液	(Cu)	[⑤]	(Cu)	[⑥]

化学 **182**▶**硫酸銅(Ⅱ)の電気分解**　硫酸銅(Ⅱ)水溶液100mLに，白金電極を用いて，1.0Aの電流を通じたところ，すべての銅(Ⅱ)イオンが銅として析出するのに，16分5秒かかった。次の(1)，(2)に答えよ。

(1)　陰極で析出した銅の質量を求めよ。

(2)　陽極で発生した気体の化学式を答えよ。また，この発生した気体は標準状態で何Lか。

183 ▶ アルミニウムの溶融塩電解 アルミニウムは鉱石の（ア）からつくられる酸化アルミニウムを（イ）とともに溶融塩電解して得られる。電極には炭素を用いる。陽極では二酸化炭素や一酸化炭素が発生し，陰極ではアルミニウムが析出する。

(1) 文中の(ア), (イ)に適当な語句を入れよ。
(2) 陽極，陰極での反応を電子 e^- を含んだ反応式で表せ。
(3) この溶融塩電解で 965 A の電流を 100 時間流すと，得られるアルミニウムの質量は理論上いくらか。有効数字 2 桁で答えよ。

184 ▶ 銅の電解精錬 銅の電解精錬では，（ア）極に不純物(Au, Ag, Fe, Ni, Zn など)を多く含む粗銅を，（イ）極には純銅の薄い板を用いて，硫酸酸性の硫酸銅(II)水溶液中で電気分解する。このとき電圧は約 0.3 V にする。電気分解を行うと，粗銅はイオンとなって溶け出し，薄い純銅の板には，純銅が析出し銅板が厚くなる。

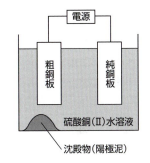

(1) 文中の(ア), (イ)に適当な語句を入れよ。
(2) (イ)極での反応を化学反応式で書け。
(3) 下線部のようにする理由を答えよ。

185 ▶ 塩化ナトリウム水溶液の電気分解 右図のように陽イオン交換膜で仕切られた陽極側に飽和塩化ナトリウム水溶液を，陰極側に水を入れ電気分解を行う。陽極では気体として（ア）が発生する。陰極では気体として（イ）と液中には（ウ）イオンが発生する。溶液中の陰極付近では（ウ）イオンの濃度が高くなり，また，（エ）イオンは陽極から陰極へ陽イオン交換膜を透過できる。一方，（ウ）イオンや（オ）イオンは陽イオン交換膜を透過できない。したがって，陰極付近では（ウ）イオンと（エ）イオンの濃度が高くなり，この水溶液を濃縮すると（カ）が得られる。

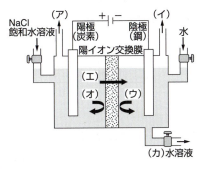

(1) (ア)～(カ)に適当な語句を入れよ。
(2) 1.00 A の電流を 1.93×10^3 秒間流して電気分解したとき，陰極で発生する気体は標準状態では何 L か。有効数字 3 桁で答えよ。

(鹿児島大　改)

標準例題 44 直列接続の電気分解　　　　　　　　　　　　　標準➡187

右図のように白金電極を用いた2つの電解槽を直列につなぎ，電解槽Aには塩化銅(Ⅱ)水溶液を，電解槽Bには硝酸銀水溶液を入れた。これに電流をある時間通じ電気分解を行うと，電解槽Aの陰極には1.27gの銅が析出した。有効数字3桁で答えよ。

(1) 電解槽Aの陽極での反応を電子e⁻を含んだ反応式で表せ。

(2) 溶液中を通った電気量は何Cか。

(3) 電解槽Bの陽極，陰極で生成する物質は何か。金属の場合はその質量を，気体の場合は標準状態における体積を求めよ。

●エクセル　$I_A = I_B$　直列接続の場合，どの電解槽も流れる電気量は等しい。

考え方

直列接続なので，電解槽A，Bに流れる電流は等しい。電解槽Aの陰極に析出した銅の質量から流れた電気量が求まる。

解答

(1) $2Cl^- \longrightarrow Cl_2 + 2e^-$

(2) 銅1.27gの物質量は，$\dfrac{1.27}{63.5} = 0.02000\,mol$

$Cu^{2+} + 2e^- \longrightarrow Cu$ より，電子が2mol流れると銅が1mol析出する。よって，流れた電子の物質量は，$0.02000 \times 2 = 0.04000\,mol$，電子1molの電気量は96500Cなので，求める電気量は，$0.04000 \times 96500 = 3860\,C$

答　$3.86 \times 10^3\,C$

(3) 陰極：$Ag^+ + e^- \longrightarrow Ag$　銀が析出。

上式より，陰極では電子1molが流れると，銀が1mol析出する。(2)より電子は0.04000mol流れるので，銀も0.04000mol析出する。銀の質量は$0.04000 \times 108 = 4.32\,g$

陽極：$2H_2O \longrightarrow O_2 + 4H^+ + 4e^-$　酸素が発生。

上式より，陽極では電子が4mol流れると，酸素が1mol発生する。電子は(2)より0.04000molなので，酸素は，$\dfrac{0.04000}{4} = 0.01000\,mol$発生することになる。標準状態では1molの気体の体積は22.4Lなので，求める気体の体積は，$22.4 \times 0.01000 = 0.224\,L$

答　陽極では酸素が0.224L発生し，陰極では銀が4.32g析出する。

標準問題

186 ▶ 乾電池　日常用いられているマンガン乾電池とアルカリ乾電池について，次の(1)，(2)に答えよ。

マンガン乾電池は，次のような簡略化した式で表すことができる。

(−)Zn｜NH₄Cl(飽和 aq)，ZnCl₂(aq)｜MnO₂，C(+)

正極では(ア)が還元され，アンモニアを生成する。また，負極における反応は，(イ)⟶(ウ)+(エ)e⁻で表される。乾電池の電圧は，約(オ)Vである。一方，アルカリ乾電池は，マンガン乾電池の電解液を(カ)の水溶液に変えたもので，より安定な電圧が得られる。

(1) (ア)〜(カ)に適当な化学式，語句，または数値を入れよ。
(2) マンガン乾電池の正極で生じたアンモニアは，負極での反応を促進する。その理由を述べよ。
　　　　　　　　　　　　　　　　　　　　　　　　　　　　　　　　　　　　　　　(千葉大)

187 ▶ 直列接続の電気分解　右図のような電解装置がある。電解槽Ⅰの電極および電解液には白金および0.10 mol/L 硝酸銀水溶液 500 mL を用いた。また，電解槽Ⅱの電極および電解液には銅および 0.10 mol/L 硫酸銅(Ⅱ)水溶液 500 mL を用いた。電流効率100%，ファラデー定数を 9.65×10^4 C/mol として，次の(1)〜(3)に答えよ。

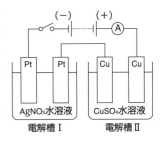

(1) 965 C の電気量を通電すると，各電極で析出する金属は銀，銅合わせて何gか。有効数字2桁で答えよ。
(2) 965 C の電気量を通電したとき，電極で発生する気体をすべて集めると，標準状態で何mLになるか。整数値で答えよ。
(3) 965 C の電気量を通電したとき，電解槽Ⅱ中の硫酸銅(Ⅱ)の濃度は何mol/Lになるか。
　　　　　　　　　　　　　　　　　　　　　　　　　　　　　　　　　　(東海大　改)

188 ▶ 並列接続の電気分解　少量の亜鉛と銀を含む粗銅を陽極，純銅を陰極とし，硫酸銅(Ⅱ)水溶液を入れた電解槽Ⅰと，両電極を白金とし，硫酸ナトリウム水溶液を入れてふたをつけた電解槽Ⅱを並列につないだあと，鉛蓄電池を電源として180分電気分解したところ，鉛蓄電池の負極の質量が 0.960 g 増加した。また，粗銅の下に銀が析出した。この間，電流計Aは一定値100 mAを示し，電解槽Ⅱには気体が捕集された。

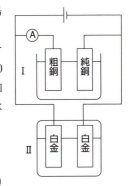

(1) 電解槽Ⅰの両極での反応を e⁻ を含む式で示せ。
(2) 電解槽Ⅱで発生した気体の体積は，標準状態で何mLか。有効数字3桁で答えよ。
　　　　　　　　　　　　　　　　　　　　(長崎大　改)

189 ▶ ファラデー定数
銅を電極として硫酸銅(Ⅱ)水溶液を電気分解した。その際，1.00 A の電流を 30 分間流した。次の(1)〜(4)に答えよ。ただし，アボガドロ定数は 6.02×10^{23}/mol とし，数値はすべて有効数字 3 桁で答えよ。

(1) 陽極，陰極で起こる反応を電子 e^- を用いた式で示せ。
(2) このとき流れた総電気量〔C〕を求めよ。
(3) 電子 1 個の電気量は 1.60×10^{-19} C として，ファラデー定数を求めよ。
(4) 陽極および陰極の質量変化を増減を含めて答えよ。

(福岡教育大 改)

190 ▶ 電池と電気分解
図のように鉛蓄電池の電極 A，B を白金電極 C，D に接続して，塩化銅(Ⅱ)水溶液を電気分解した。その結果，電極 C に銅が析出した。次の(1)〜(3)に答えよ。

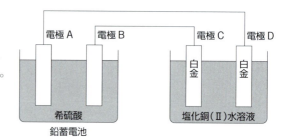

(1) 鉛蓄電池の電極 A，B に用いられている物質を化学式で答えよ。また，電極での反応を，電子 e^- を用いた反応式で示せ。
(2) 電極 D での反応を，電子 e^- を用いた反応式で示せ。
(3) 電気分解の結果，電極 C で 0.64 g の銅が析出した。このとき鉛蓄電池の電極 B での質量の増減は何 g か，有効数字 2 桁で求めよ。ただし，原子量は，O = 16.0，S = 32.0，Cu = 64.0，Pb = 207 とする。

191 ▶ メッキと腐食
トタンは鉄板に亜鉛をメッキしたものである。トタンには，表面に傷がつき，水滴が付着するとそれに含まれる水素イオンにより電解液が酸性の電池が形成される。このような場合，鉄の腐食が遅くなる。図を参照して次の(1)，(2)に答えよ。

(1) 亜鉛が負極とみなせるが，正極と負極付近で起こる反応をイオン反応式で書け。
(2) トタンの鉄が腐食されにくい理由を化学的に簡潔に説明せよ。

(昭和薬科大 改)

発展問題

192 ▶ リチウムイオン電池
次の文，(a)，(b)を読んで，(1)〜(5)に答えよ。ただし，原子量は Li = 6.94，C = 12.0，O = 16.0，S = 32.0 とする。

(a) 炭素の単体の一つである黒鉛では，図1に示すように炭素原子は他の3個の炭素原子と ア 結合して，巨大な平面状網目構造をつくる。平面網目間（層間）は弱い イ により結合している。そのため，黒鉛の層間距離は容易に変化するので，多くの原子，分子を挿入させたり，脱離させたりすることができる。この現象を利用しているのがリチウム二次電池である。

リチウム二次電池では適当な有機溶媒中で正極からリチウムイオンが脱離し，負極の黒鉛の層間にリチウムイオンが取り込まれることにより充電反応が生じる。この負極の充電反応を考えてみる。いま，炭素 n〔mol〕に対して，リチウムイオン1molが黒鉛中に取り込まれ，①LiC_n という化合物ができたとする。この反応式を電子 e^- を含んだ式で表すと， ウ となる。黒鉛の層間にリチウムがもっとも多く取り込まれた場合，リチウムは，黒鉛のすべての平面状網目構造に対して図2の配置をとり，黒鉛の層間では1層である。したがって，このときの n は エ となる。

(1) ア ～ エ にそれぞれ適切な語句，反応式，数値を入れよ。
(2) 下線部①の LiC_n を大気中に出すと，大気中の水分と反応して分解し，黒鉛層内からリチウムイオンを放出する。このときの反応式を記せ。ただし，LiC_n は金属リチウムと似た性質を示すことが知られている。

(b) 次に図3に示すように配線し，リチウム二次電池を用いて鉛蓄電池を充電してみる。鉛蓄電池を使用する放電反応の逆向きの反応が充電反応であるので，電極Ⅰの充電反応を電子 e^- を含んだ式で表すと， オ であり，また，同様に電極Ⅱの充電反応は， カ となる。このとき，リチウム二次電池の負極の質量は2.30g減少した。この質量変化から計算すると，リチウム二次電池から鉛蓄電池に流れた電子の物質量は キ molである。したがって，理論的には電極Ⅰの質量減少は ク gとなる。しかしながら，実際には電極Ⅰの質量減少は9.80gであった。

(3) オ と カ にそれぞれ適切な反応式を入れよ。
(4) キ と ク にそれぞれ適切な数値を有効数字3桁で入れよ。
(5) リチウム二次電池が放電したエネルギーの何パーセントが鉛蓄電池の充電に利用されたか。有効数字3桁で求めよ。

炭素原子　リチウム

図1　　　図2　　　図3

122 —— 2章　物質の変化

論述問題

193 ▶ 相対質量　「相対質量」はどのようにして決められているか。簡潔に説明せよ。
（関西学院大）

194 ▶ 原子量　原子番号 27 のコバルトの原子量は 58.93 である。原子番号 28 のニッケルの原子量は 58.69 である。原子番号が増加しているのに，原子量が小さくなるのはなぜか，簡潔に説明せよ。

195 ▶ アレニウスの定義　アレニウスの定義における塩基とは何か。30 字以内で説明せよ。
（10　長崎大）

196 ▶ 標準溶液　水酸化ナトリウム水溶液をつくるとき，その濃度を決定するにはシュウ酸水溶液（標準溶液）で中和滴定の実験をしなければならない。これは水酸化ナトリウムのある性質のためである。どのような性質か簡潔に説明せよ。　　（防衛大　改）

197 ▶ 酸化剤・還元剤　水と二酸化硫黄 SO_2 の反応式は次の通りである。
　$H_2O + SO_2 \longrightarrow H_2SO_3$
硫化水素 H_2S と二酸化硫黄 SO_2 の反応式は次の通りである。
　$2H_2S + SO_2 \longrightarrow 2H_2O + 3S$
この反応の違いを酸素と硫黄の電気陰性度の違いから説明せよ。　　（10　大阪大　改）

198 ▶ 硫酸酸性　酸化還元滴定で酸性条件にするために，塩酸や硝酸ではなく硫酸を用いる。その理由を述べよ。

199 ▶ 酸化還元滴定　過酸化水素水の濃度を知るために，溶液を硫酸酸性にしたあと，濃度の分かった過マンガン酸カリウム水溶液で滴定して調べる。滴定の終点はどのように判定できるか。20 字以内で答えよ。　　（10　大阪府立大）

200 ▶ 金属のイオン化傾向　銅に塩酸や希硫酸を加えても水素が発生せず，溶けない理由を 25 字以内で説明せよ。　　（10　愛知工大）

201 ▶ 鉄と酸の反応 金属鉄に濃硝酸を加えて，鉄イオンを含んだ溶液をつくるのは困難である。その理由を30字以内で答えよ。　　　　　　　　　（10　首都大）

202 ▶ 金属のイオン化傾向 鉛は常温で塩酸や希硫酸にほとんど溶けない。この理由を答えよ。　　　　　　　　　　　　　　　　　　　　　　　（10　広島市立大）

203 ▶ 金属樹 硝酸銀の水溶液に銅板を入れると金属樹が生成する理由を説明せよ。

化学 **204 ▶ ボルタ電池** ボルタ電池では電流を流すと銅板から気体が発生するが，ダニエル電池では銅板から気体の発生は見られない。この理由を説明せよ。　（10　新潟大）

化学 **205 ▶ ダニエル電池** ダニエル電池では硫酸亜鉛 $ZnSO_4$ と硫酸銅(Ⅱ) $CuSO_4$ の境に素焼き板を設ける。この理由を説明せよ。　　　　　　　　　　　（10　新潟大）

化学 **206 ▶ 鉛蓄電池** 鉛蓄電池を放電すると硫酸水溶液の密度が減少する。この理由を述べよ。　　　　　　　　　　　　　　　　　　　　　　　　　　　　（奈良女子大）

化学 **207 ▶ 銅の精錬** 銅を精錬するのに，電解槽において純銅板と不純物を含む銅板を硫酸銅(Ⅱ)水溶液に浸した。鉛蓄電池の正極と負極をどのように接続して電気分解を行えばよいか。理由を述べて説明せよ。　　　　　　　　　　（10　横浜市立大　改）

化学 **208 ▶ 隔膜法・イオン交換膜法** 陽極に炭素，陰極に鉄を用いた右の電解槽は，中央部分の隔膜で陽極室と陰極室に分かれている。この理由を述べよ。また，近年，隔膜の代わりに「陽イオン交換膜」を用いることが主流になった理由を簡潔に述べよ。

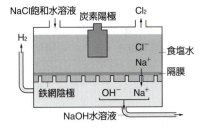

化学 **209 ▶ ブリキとトタンの特徴** ブリキとトタンの表面に傷がついて内部の鉄が露出するとどちらがさびやすいか。理由とともに簡潔に答えよ。

エクササイズ

◆酸・塩基の電離式

（　）内に係数，[＿＿＿]にイオン式を入れ，次の電離式を完成せよ。

(1) $HNO_3 \longrightarrow$ [＿＿＿] + [＿＿＿]

(2) $H_2CO_3 \longrightarrow H^+ +$ [＿＿＿]

(3) $CH_3COOH \longrightarrow$ [＿＿＿] + [＿＿＿]

(4) $NaOH \longrightarrow$ [＿＿＿] + [＿＿＿]

(5) $KOH \longrightarrow$ [＿＿＿] + [＿＿＿]

(6) $Ca(OH)_2 \longrightarrow$ [＿＿＿] + （　）[＿＿＿]

(7) $Ba(OH)_2 \longrightarrow$ [＿＿＿] + （　）[＿＿＿]

(8) $NH_3 + H_2O \longrightarrow$ [＿＿＿] + [＿＿＿]

◆中和の化学反応式

（　）に係数，[＿＿＿]に化学式を入れ，次の酸と塩基が中和したときの化学反応式を完成せよ。

(1) 塩酸 HCl と水酸化ナトリウム $NaOH$ 水溶液

[＿＿＿] + [＿＿＿] $\longrightarrow$ [＿＿＿] + [＿＿＿]

(2) 塩酸 HCl と水酸化カルシウム $Ca(OH)_2$ 水溶液

（　）[＿＿＿] + [＿＿＿] $\longrightarrow$ [＿＿＿] + （　）[＿＿＿]

(3) 硫酸 H_2SO_4 と水酸化ナトリウム $NaOH$ 水溶液

[＿＿＿] + （　）[＿＿＿] $\longrightarrow$ [＿＿＿] + （　）[＿＿＿]

(4) 硫酸 H_2SO_4 と水酸化カルシウム $Ca(OH)_2$ 水溶液

[＿＿＿] + [＿＿＿] $\longrightarrow$ [＿＿＿] + （　）[＿＿＿]

(5) 塩酸 HCl とアンモニア NH_3 水溶液

[＿＿＿] + [＿＿＿] $\longrightarrow$ [＿＿＿]

(6) 硫酸 H_2SO_4 とアンモニア NH_3 水溶液

[＿＿＿] + （　）[＿＿＿] $\longrightarrow$ [＿＿＿]

◆酸化数

次の化学反応において，下線部の原子の酸化数を求めよ。また，酸化剤としてはたらいている物質の化学式を示せ。

(1) $2K\underline{I} + Cl_2 \longrightarrow 2KCl + \underline{I}_2$

(2) $\underline{S}O_2 + 2H_2S \longrightarrow 3\underline{S} + 2H_2O$

(3) $H_2\underline{O}_2 + 2KI + H_2SO_4 \longrightarrow K_2SO_4 + 2H_2\underline{O} + I_2$

(4) $3\underline{Cu} + 8HNO_3 \longrightarrow 3\underline{Cu}(NO_3)_2 + 4H_2O + 2NO$

(5) $MnO_2 + 4H\underline{Cl} \longrightarrow MnCl_2 + 2H_2O + \underline{Cl}_2$

◆酸化剤・還元剤のはたらき方（半反応式）

（　）に係数，□□□□に化学式を入れ，次の酸化剤，還元剤の半反応式を完成せよ。

(1) H_2O_2 + (　)□□□□ + (　)e^- ⟶ (　)H_2O

(2) MnO_4^- + (　)H^+ + (　)e^- ⟶ □□□□ + (　)H_2O

(3) $Cr_2O_7^{2-}$ + (　)H^+ + (　)e^- ⟶ (　)□□□□ + (　)H_2O

(4) HNO_3 + (　)H^+ + (　)e^- ⟶ NO + (　)H_2O

(5) H_2SO_4 + (　)H^+ + (　)e^- ⟶ □□□□ + (　)H_2O

(6) H_2O_2 ⟶ □□□□ + (　)H^+ + (　)e^-

(7) H_2S ⟶ □□□□ + (　)H^+ + (　)e^-

(8) Fe^{2+} ⟶ □□□□ + e^-

(9) (　)I^- ⟶ □□□□ + (　)e^-

(10) SO_2 + (　)H_2O ⟶ □□□□ + (　)H^+ + (　)e^-

◆酸化還元反応式

（　）に係数，□□□□に化学式を入れ，次の酸化還元反応の化学反応式を完成せよ。

(1) ヨウ化カリウム KI と塩素 Cl_2　　（　）KI + Cl_2 ⟶ I_2 + (　)□□□□

(2) 過マンガン酸カリウム $KMnO_4$ と過酸化水素 H_2O_2（硫酸酸性）

（　）$KMnO_4$ + (　)□□□□ + (　)H_2O_2

⟶ 2□□□□ + 8□□□□ + 5□□□□ + K_2SO_4

(3) 過酸化水素 H_2O_2 とヨウ化カリウム KI（硫酸酸性）

H_2O_2 + (　)KI + □□□□ ⟶ □□□□ + K_2SO_4 + (　)H_2O

(4) 過マンガン酸カリウム $KMnO_4$ 水溶液とシュウ酸 $H_2C_2O_4$（硫酸酸性）

（　）$KMnO_4$ + (　)$H_2C_2O_4$ + (　)□□□□

⟶ 2□□□□ + 8□□□□ + 10□□□□ + □□□□

(5) ヨウ素I_2 と二酸化硫黄 SO_2

I_2 + □□□□ + (　)□□□□ ⟶ 2□□□□ + □□□□

(6) 二酸化硫黄 SO_2 と硫化水素 H_2S

SO_2 + (　)□□□□ ⟶ 3□□□□ + (　)□□□□

(7) 希硝酸 HNO_3 と銅 Cu

（　）Cu + (　)HNO_3 ⟶ 3□□□□ + 2□□□□ + (　)H_2O

(8) 濃硝酸 HNO_3 と銅 Cu

Cu + (　)HNO_3 ⟶ □□□□ + 2□□□□ + (　)H_2O

(9) 熱濃硫酸 H_2SO_4 と銅 Cu

Cu + (　)H_2SO_4 ⟶ □□□□ + (　)H_2O + □□□□

(10) 二クロム酸カリウム $K_2Cr_2O_7$ とシュウ酸 $H_2C_2O_4$（硫酸酸性）

$K_2Cr_2O_7$ + 4□□□□ + (　)□□□□

⟶ □□□□ + (　)H_2O + 6□□□□ + □□□□

9 状態変化

① 物質の三態変化とそのエネルギー

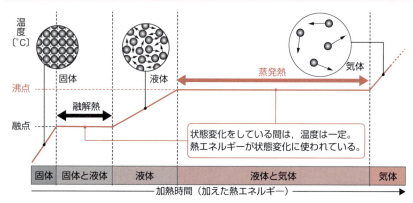

- ◆1 **融解熱** 固体が融解して液体になるときに吸収する熱量。
- ◆2 **蒸発熱** 液体が気体になるときに吸収する熱量。
- ◆3 **融点・沸点と物質の構造**

	共有結合の結晶	イオン結晶	金属結晶	分子結晶
構成粒子	原子	陽イオンと陰イオン	原子と自由電子	分子
結合の種類	共有結合 >>	イオン結合 ・	金属結合 >	分子間力
例 (融点, 沸点)	二酸化ケイ素 (1550, 2950)	塩化ナトリウム (801, 1413)	銀 (952, 2212)	ヨウ素 (114, 184)

② 蒸気圧

- ◆1 **気液平衡** 単位時間あたりに液体表面から蒸発する分子数 = 液体中に入ってくる気体分子の数
  （見かけ上，蒸発が止まって見える。）

- ◆2 **飽和蒸気圧(蒸気圧)** 気液平衡のとき，蒸気の示す圧力。

蒸気圧は温度一定ならば一定。
体積が変化しても一定。

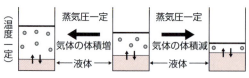

- ◆3 **蒸気圧曲線** 蒸気圧は温度によって変化する。蒸気圧と温度の関係を表すグラフを蒸気圧曲線という。

- ◆4 **状態図** ある温度と圧力において物質がどのような状態にあるかを表した図を状態図という。

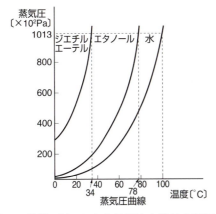
蒸気圧曲線

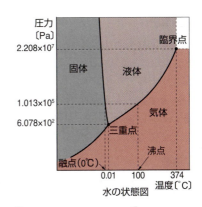
水の状態図

◆5 **沸騰** 液面にかかる圧力と液体の蒸気圧が等しいとき液体の内部から泡が発生する現象。

WARMING UP／ウォーミングアップ

次の文中の( )に適当な語句を入れよ。

1 物質の三態

物質の状態には固体，液体，気体の三つの状態が知られている。物質の構成粒子が自由に動き，特定の形や体積をもたない状態が(ア)である。構成粒子がその位置を変えないため，一定の形・体積をもつ状態が(イ)である。また，構成粒子が位置を入れかわる程度に動き，一定の形はもたないが一定の体積をもつ状態が(ウ)である。

1
(ア) 気体
(イ) 固体
(ウ) 液体

2 物質の状態変化

次の状態変化をそれぞれ何というか。
(ア) 液体→気体　(イ) 固体→液体　(ウ) 固体→気体
(エ) 気体→液体　(オ) 液体→固体

2
(ア) 蒸発　(イ) 融解
(ウ) 昇華　(エ) 凝縮
(オ) 凝固

3 気液平衡

密閉容器中に液体を入れると，液体の表面から分子が飛び出す(ア)が起こり，気体になる。しばらくすると，単位時間に(ア)する分子数と，液体中に入ってくる気体の分子数が等しくなる。このとき，見かけ上は(ア)が(イ)。この状態を(ウ)という。

3
(ア) 蒸発
(イ) 止まって見える
(ウ) 平衡(気液平衡)

4 蒸気圧

液体が気液平衡にあるとき，気体の蒸気による圧力を飽和蒸気圧，または，蒸気圧という。蒸気圧は，温度が一定ならば(ア)が温度が上昇すると(イ)。蒸気圧と温度の関係を表したグラフを(ウ)とよぶ。ある温度で，液体Aの蒸気圧が他の液体より大きいとき，液体Aの方が(エ)しやすく，揮発性が高いことを示している。

4
(ア) 一定である
(イ) 増加する
(ウ) 蒸気圧曲線
(エ) 蒸発

5 沸騰

液体の内部から(ア)が起こる現象を沸騰とよぶ。見かけ上は液体の内部から(イ)が発生する。沸騰は液面を押す圧力と，(ウ)が等しくなったときに起こる。沸騰が起こる温度を(エ)とよび，大気圧下では，液体の蒸気圧が $1.013 \times 10^5 \mathrm{Pa} = 1$ (オ)のときの温度である。

5
(ア) 蒸発
(イ) 泡
(ウ) 液体の蒸気圧
(エ) 沸点
(オ) 気圧または atm

基本例題 45　物質の三態変化とそのエネルギー　　　基本➡210

右図はある物質 1mol に加えた熱量と温度の関係を示したものである。次の(1)~(3)に答えよ。

(1) 温度 t_2 は何とよばれているか。
(2) 熱量 $(b-a)$, $(d-c)$ はそれぞれ何とよばれているか。
(3) この物質の固体 1mol を 1℃ 温度上昇させるには何 J 必要か。$a \sim d$, $t_1 \sim t_3$ の中から必要なものを用いて表せ。

（10　名城大）

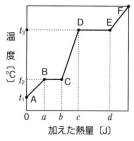

●エクセル　状態変化が起きているとき，温度上昇は見られない。

考え方
(1) B-C での状態変化は融解，D-E で見られる現象は沸騰である。
(2) 沸騰のときは液体内部からも液体から気体への状態変化が起きている。

解答
(1) 融解の起こる温度は融点である。　　答 t_2 **融点**
(2) 物質 1mol を融解させるのに必要なエネルギーは融解熱。物質 1mol を蒸発させるのに必要なエネルギーは蒸発熱。　　答 $(b-a)$ **融解熱**, $(d-c)$ **蒸発熱**
(3) A~B のとき，この物質は固体である。この間に加えた熱量は a，上昇した温度は t_2-t_1 であるので，1℃ 上昇させるのに必要な熱量は　　答 $\dfrac{a}{t_2-t_1}$ 〔J〕

基本問題

210 ▶ 熱量　0℃の氷 18g をすべて 100℃の水蒸気に変えるのに，何 kJ のエネルギーを必要とするか。ただし，水 1mol を 1℃上昇させるのに必要なエネルギーは 75J/(mol・℃)，水の 0℃における融解熱 6.0kJ/mol，水の 100℃における蒸発熱 41kJ/mol とする。

論述 211 ▶ 気体の圧力　大気圧 1.00×10^5 Pa で右図のようにメスシリンダーに水銀を満たし，水銀槽中で静かに倒立させた。(ア)上部に空間ができ，水銀柱の高さ h は 760mm であった。中に水を一滴入れたら，25℃で h は 736mm となった。次に，この装置全体を温度コントロールできる箱に入れ，温度変化に対する水銀柱の高さを調べた。まず，0℃にし，水滴が凍るのを観察したあと，ゆっくり加熱していくと，60℃で水滴は見えなくなり，h は 610mm になった。この実験中に水銀はまったく蒸発しないとする。次の(1)～(5)に答えよ。

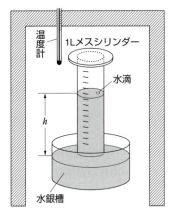

(1) 下線部(ア)の空間はどのような状態か。
(2) このときの大気の圧力は，水銀柱の高さにすると何 mm に相当するか。
(3) 25℃で水を入れたとき，水銀柱が下がったのはなぜか。
(4) 25℃で水より揮発性の高い液体一滴を水銀柱の中に入れたとき，水と比べて水銀柱の高さはどうなるか。ただし，水銀面の表面に液体の一部が存在している。
(5) 25℃と 60℃で，メスシリンダーの水銀で密閉された空間での水蒸気の圧力はそれぞれ何 Pa か。

212 ▶ 蒸気圧曲線　右図はジエチルエーテル，エタノール，水の蒸気圧曲線である。次の(1)～(5)に答えよ。

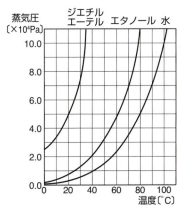

(1) 1.0×10^5 Pa でのエタノールの沸点は何℃か。
(2) 富士山頂の大気圧は約 6.5×10^4 Pa である。水は何℃で沸騰するか。
(3) 水を 60℃で沸騰させるためには，外圧を何 Pa にすればよいか。
(4) 3種類の物質を分子間力の大きい順に並べよ。
(5) 蒸発熱が最も小さい物質はどれか。

標準例題 46　状態図

次の文章を読み，(ア)～(カ)に適当な語句・数値を入れよ。

状態図は，ある温度と圧力でのその物質の存在状態（固体，液体，気体など）を示した図であり，右に二酸化炭素の状態図の概略を示す。状態図からわかるように，二酸化炭素の液化は(ア)℃以下では起こらない。二酸化炭素は大気圧($1.0×10^5$ Pa)のもとで，低温であれば固体状態で存在し，ドライアイスとして食品の保冷剤に使用されている。温度一定で液化炭酸ガスの圧力を(イ)することにより，ドライアイスに変えることができる。大気圧($1.0×10^5$ Pa)のもとで，ドライアイスは(ウ)とよばれる状態変化を起こす。そのときの温度は(エ)℃であるが，圧力を上げるとその状態変化の温度は(オ)なる。

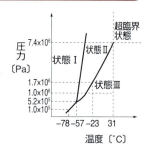

状態Ⅱと状態Ⅲの境界になる線を(カ)という。二酸化炭素の状態図において，(カ)は温度31.0℃，圧力$7.4×10^6$ Paのところで途切れる。二酸化炭素は，それ以上の温度と圧力で超臨界状態という液体と気体の両方の特性をもった特殊な状態になり，コーヒーや紅茶からカフェインを除去する抽出溶媒などに使用されている。

(名工大　改)

● **エクセル**　圧力と温度が決まると，その物質の状態が決まる。

考え方

状態図の境界線上の温度・圧力では，両側の状態が共存している。温度や圧力を変化させて境界線を通過するときに状態変化が起こる。なお，3つの境界線の交点を三重点とよび，この点では固体と液体と気体が平衡状態で共存している。

解答

状態Ⅰは固体，状態Ⅱは液体，状態Ⅲは気体である。状態図より，液体の領域(状態Ⅱ)は－57℃以上にしかないので，二酸化炭素の液化は<u>－57℃</u>(ア)以下では起こらない。液化炭酸ガス(液体)がドライアイス(固体)となる状態変化は凝固である。状態図の固体(状態Ⅰ)と液体(状態Ⅱ)の境界線(融解曲線)が右上がりであるから，温度一定で液化炭酸ガスの圧力を<u>高く</u>(イ)すれば，凝固させることができる。

ドライアイスは大気圧($1.0×10^5$ Pa)のもとでは，固体から直接気体に変化する。この状態変化を<u>昇華</u>(ウ)という。状態図より，そのときの温度は<u>－78℃</u>(エ)である。また，固体と気体の境界線(昇華圧曲線)が右上がりであることから，圧力を上げると昇華するときの温度は<u>高く</u>(オ)なる。

液体と気体の境界線を表すのは<u>蒸気圧曲線</u>(カ)である。蒸気圧曲線が途切れる場所を臨界点とよび，これより高い温度・圧力では気体と液体の区別がなくなる超臨界状態となる。

答　(ア) **－57**　(イ) **高く**　(ウ) **昇華**　(エ) **－78**
　　(オ) **高く**　(カ) **蒸気圧曲線**

標準問題

213▶ 蒸気圧と水銀柱 1.0×10^5 Pa のもとで，一方を閉じたガラス管に水銀を満たし，水銀を入れた容器中で倒立させる。

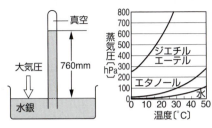

(1) ある液体 A をガラス管の下端に注入し，水銀柱の上に極少量 A が液体で存在する状態で水銀柱の高さを測定したところ，685 mm であった。この液体 A はジエチルエーテル，エタノール，水のうちどれか。また，このときの温度を求めよ。ただし，室温は 0℃ 以上 40℃ 以下とする。

(2) 水銀の密度は，水の密度の 13.6 倍である。水銀のかわりに水を用いると，水柱は 1.0×10^5 Pa で何 m になるか。ただし，水銀の密度を 13.6 g/cm³，水の密度を 1.0 g/cm³ とする。

(愛媛大　改)

214▶ 飽和蒸気圧 水の蒸気圧に関する記述として誤りを含むものを，次の(1)～(5)のうちから2つ選べ。

(1) 密閉容器に水を入れておくと，実際には蒸発が起きているにもかかわらず，蒸発が止まって見える状態になる。

(2) 温度が高くなると，熱運動が激しくなり，蒸発する分子の割合が増すために，蒸気圧は高くなる。

(3) 一定温度で，気体と液体が入った容器の体積を減少させると，蒸気圧は大きくなる。

(4) 水の飽和蒸気圧は，他の気体が共存する場合には小さくなる。

(5) 外圧が低いところでは，水の沸点は低くなる。

論述 215▶ 状態図 温度・圧力と物質の状態の関係を示したグラフを状態図という。図1は水，図2は二酸化炭素の状態図である。ただし，図の軸の目盛りは均等ではない。

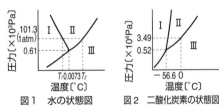

図1　水の状態図　　図2　二酸化炭素の状態図

(1) 液体の水が存在するのに必要な圧力は最低何 Pa か。

(2) 固体の水(氷)に圧力を加えていくと融点はどのようになるか。また，固体の二酸化炭素ではどうなるか。

(3) 6.06×10^5 Pa (6 atm) で，温度を上げていくとき，二酸化炭素はどのように状態が変わるか。また，その理由を状態図から説明せよ。

(慶應大　改)

10 気体の性質

1 ボイル・シャルルの法則

◆1 ボイルの法則

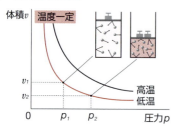

◆2 シャルルの法則

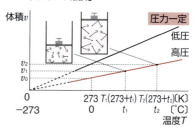

温度一定

$p_1, v_1 \longrightarrow p_2, v_2$
状態1　　　状態2

$$\boxed{p_1v_1 = p_2v_2}$$

圧力pと体積vは反比例の関係

圧力一定

$T_1, v_1 \longrightarrow T_2, v_2$
状態1　　　状態2

$$\boxed{\frac{v_1}{T_1} = \frac{v_2}{T_2}}$$

温度Tと体積vは比例の関係

◆3 ボイル・シャルルの法則

$p_1, v_1, T_1 \longrightarrow p_2, v_2, T_2$
状態1　　　　　　状態2

$$\boxed{\frac{p_1v_1}{T_1} = \frac{p_2v_2}{T_2}}$$

一定量の気体の体積vは圧力pに反比例，絶対温度Tに比例する。

＊1　計算は圧力・体積・温度の単位をそろえて行う。
＊2　温度は絶対温度〔K〕を用いる。

2 気体の状態方程式

◆1 気体の状態方程式
気体がある一つの状態をとるとき，圧力p〔Pa〕，体積v〔L〕，物質量n〔mol〕，絶対温度T〔K〕の間に次の関係式が成り立つ。

$$\boxed{pv = nRT}$$　（気体定数$R = 8.31 \times 10^3$ Pa・L/(K・mol)）

①質量wがわかっているとき

n〔mol〕$= \dfrac{w〔g〕}{M〔g/mol〕} \longrightarrow \boxed{pv = \dfrac{w}{M}RT}$　（M：モル質量）

②密度dがわかっているとき

$w〔g〕= d〔g/L〕\times v〔L〕\longrightarrow pv = \dfrac{dv}{M}RT \longrightarrow \boxed{p = \dfrac{d}{M}RT}$

◆2 気体の状態方程式と気体の法則
同じ物質量の気体が異なる状態にあるとき，次のように表せる。

$p_1v_1 = nRT_1$　…①　　$p_2v_2 = nRT_2$　…②

①②式をまとめると，右図のようになる。

$$\frac{p_1v_1}{T_1} = \frac{p_2v_2}{T_2} \xrightarrow{p-定} \frac{v_1}{T_1} = \frac{v_2}{T_2}$$

$$\downarrow {T-定} \qquad \downarrow {v-定}$$

$$p_1v_1 = p_2v_2 \qquad \frac{p_1}{T_1} = \frac{p_2}{T_2}$$

◆3 混合気体

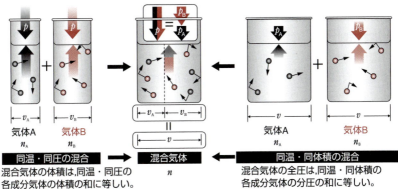

①**ドルトンの分圧の法則**

同温・同体積の混合気体の全圧 p は各気体成分の分圧（p_A, p_B）の和に等しい。

$$p = p_A + p_B$$

②**分圧と物質量の関係**

各気体の分圧（p_A, p_B）は全圧 p × モル分率に等しい。

$$p_A = \frac{n_A}{n_A + n_B} p \quad p_B = \frac{n_B}{n_A + n_B} p$$

モル分率 全気体の物質量に対する成分気体の物質量の割合。

分圧比＝物質量の比 $\quad p_A : p_B = n_A : n_B$

◆4 混合気体と平均分子量

混合気体の平均分子量 M は各気体の分子量（M_A, M_B）にモル分率をかけて足したものである。

$$M = M_A \times \frac{n_A}{n_A + n_B} + M_B \times \frac{n_B}{n_A + n_B}$$

◆5 理想気体と実在気体

①**理想気体**：分子に大きさがなく，分子間の引力がなく，気体の状態方程式に完全にしたがう気体。

②**実在気体**：分子に大きさがあり，分子間の引力があり，気体の状態方程式に完全にはしたがわない気体。

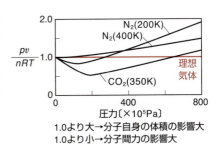

1.0より大→分子自身の体積の影響大
1.0より小→分子間力の影響大

高温・低圧にするほど実在気体は理想気体に近づく。
・高温では，分子間の引力の影響が小さくなりほとんど無視できる。
・低圧では，分子間の引力や分子自身の大きさの影響が小さくなりほとんど無視できる。

134——3章　物質の状態と平衡

WARMING UP／ウォーミングアップ

次の文中の（　）に適当な語句・記号・数値を入れよ。

1 基本法則

(1) 温度一定のとき，一定量の気体の体積 v は，圧力 p に（ア）する。これを（イ）の法則という。定数 a を用いてこの関係を式で表すと，$v =$（ウ）となる。

(2) 圧力一定のとき，一定量の気体の体積 v は，絶対温度 T に（エ）する。これを（オ）の法則という。定数 b を用いてこの関係を式で表すと，$v =$（カ）となる。

(3) 一定量の気体の体積 v は，圧力 p に（キ），絶対温度 T に（ク）する。これを（ケ）の法則という。定数 c を用いてこの関係を式で表すと，$v = c \times$（コ）となる。

2 単位の変換

(1) $1.013 \times 10^5 \, \mathrm{Pa} =$（ア）$\mathrm{hPa} =$（イ）$\mathrm{mmHg} =$（ウ）$\mathrm{atm}$

(2) $1 \, \mathrm{m}^3 =$（エ）$\mathrm{L} =$（オ）mL

(3) $0\,℃ =$（カ）K　　$20\,℃ =$（キ）K

3 気体の状態方程式

標準状態（温度（ア）K，圧力（イ）Pa）での 1 mol の気体の体積は，気体の種類によらず一定の値 $22.4 \, \mathrm{L} =$（ウ）m^3 になる。よって，1 mol の気体ではボイル・シャルルの法則の定数 c も気体の種類によらず一定の値をとる。これを R とおくと，

$$R = \frac{1.013 \times 10^5 \, \mathrm{Pa} \times 22.4 \, \mathrm{L/mol}}{273 \, \mathrm{K}} = （エ）\mathrm{Pa \cdot L/(K \cdot mol)}$$

$=$（オ）$\mathrm{Pa \cdot m^3/(K \cdot mol)}$ となり，この定数 R を（カ）という。

4 混合気体

混合気体の全圧は各成分気体の（ア）の総和に等しい。この法則を（イ）の法則という。気体 A，B の混合気体の場合，全圧を p，それぞれの分圧を p_A，p_B とおくと，$p =$（ウ）の関係が成り立つ。

1

- （ア）　反比例
- （イ）　ボイル
- （ウ）　$\dfrac{a}{p}$　　（エ）　比例
- （オ）　シャルル
- （カ）　bT
- （キ）　反比例
- （ク）　比例
- （ケ）　ボイル・シャルル
- （コ）　$\dfrac{T}{p}$

2

- （ア）　$1.013 \times 10^3 (1013)$
- （イ）　760　　（ウ）　1
- （エ）　$1000 (10^3)$
- （オ）　$1000000 (10^6)$
- （カ）　273　　（キ）　293

3

- （ア）　273
- （イ）　1.013×10^5
- （ウ）　22.4×10^{-3}
- （エ）　8.31×10^3
- （オ）　8.31
- （カ）　気体定数

4

- （ア）　分圧
- （イ）　ドルトンの分圧
- （ウ）　$p_A + p_B$

10 気体の性質——135

基本例題 47 ボイル・シャルルの法則　　　　　基本➡216, 217, 218

次の(1)～(3)に答えよ。

(1) 温度一定で，圧力 $8.0 \times 10^4 Pa$，体積 5.0L の気体の体積を 10.0L にすると，圧力は何 Pa になるか。

(2) 圧力一定で，27℃ において体積が 3.00L の気体の体積を 4.00L にするには温度を何℃ にすればよいか。

(3) 27℃，$3.0 \times 10^4 Pa$，10.0L の気体を，127℃，$5.0 \times 10^4 Pa$ にすると，体積は何 L になるか。

●エクセル

ボイルの法則　$p_1 v_1 = p_2 v_2$　　　　シャルルの法則　$\dfrac{v_1}{T_1} = \dfrac{v_2}{T_2}$

ボイル・シャルルの法則　$\dfrac{p_1 v_1}{T_1} = \dfrac{p_2 v_2}{T_2}$

考え方

状態1から状態2への変化の場合，

$$\dfrac{p_1 v_1}{T_1} = \dfrac{p_2 v_2}{T_2}$$

T 一定 ↙　　　↘ p 一定

$p_1 v_1 = p_2 v_2$　　$\dfrac{v_1}{T_1} = \dfrac{v_2}{T_2}$

ボイルの法則　　シャルルの法則

解答

(1) 温度一定 $(T_1 = T_2)$ の場合，$p_1 v_1 = p_2 v_2$（ボイルの法則）

$8.0 \times 10^4 \times 5.0 = p \times 10.0$，$p = 4.0 \times 10^4 Pa$

答 $\mathbf{4.0 \times 10^4 \, Pa}$

(2) 圧力一定 $(p_1 = p_2)$ の場合，$\dfrac{v_1}{T_1} = \dfrac{v_2}{T_2}$（シャルルの法則）

$$\dfrac{3.00}{27 + 273} = \dfrac{4.00}{T}, \quad T = 400 K$$

求める温度は $400 - 273 = 127℃$

答 **127℃**

(3) $\dfrac{p_1 v_1}{T_1} = \dfrac{p_2 v_2}{T_2}$（ボイル・シャルルの法則）

$$\dfrac{3.0 \times 10^4 \times 10.0}{27 + 273} = \dfrac{5.0 \times 10^4 \times v}{127 + 273}$$

$v = 8.0 L$

答 **8.0 L**

基本例題 48 気体の状態方程式　　　　　基本➡220, 221

圧力 $1.0 \times 10^5 Pa$，温度 127℃，体積 16.6L の理想気体の物質量を求めよ。ただし，気体定数 $R = 8.3 \times 10^3 Pa \cdot L/(K \cdot mol)$ とする。

●エクセル　気体の状態方程式　　$pv = nRT$

考え方

圧力，体積，温度の単位がそれぞれ，Pa，L，K のとき，気体定数 R は

$$R = 8.3 \times 10^3 \dfrac{Pa \cdot L}{K \cdot mol}$$

解答

$p = 1.0 \times 10^5 Pa$，$v = 16.6 L$，$T = 127 + 273 = 400 K$，これらの数値を気体の状態方程式に代入すると，

$1.0 \times 10^5 \times 16.6 = n \times 8.3 \times 10^3 \times 400$

$n = 0.50 mol$

答 **0.50 mol**

136 —— 3章　物質の状態と平衡

基本問題

216 ▶ボイルの法則　次の(1)〜(3)に答えよ。

(1) 温度一定で圧力 1.0×10^5 Pa，体積 5.0L の気体の体積を 10L にすると，圧力は何 kPa となるか。

(2) 温度一定で圧力 5.0×10^4 Pa，体積 2.0 m^3 の気体の圧力を 1.0×10^5 Pa にすると，体積は何 m^3 となるか。

(3) 温度一定で圧力 1.0 atm，体積 10L の気体の圧力を 2.5 atm にすると，体積は何 L となるか。

217 ▶シャルルの法則　次の(1)，(2)に答えよ。

(1) 圧力一定で温度 27℃，体積 3.0 m^3 の気体の温度を 127℃ にすると，体積は何 m^3 となるか。

(2) 圧力一定で温度 77℃，体積 2.0L の気体の温度を 252℃ にすると，体積は何 L となるか。

218 ▶ボイル・シャルルの法則　次の(1)〜(3)に答えよ。

(1) 圧力 3.0×10^5 Pa，体積 2.0×10^{-2} m^3，温度 27℃ の気体を，圧力 2.0×10^5 Pa，温度 77℃ にしたとき体積は何 m^3 となるか。

(2) 圧力 1.2×10^5 Pa，体積 10.0L，温度 27℃ の気体を，体積 25.0L，温度 127℃ にしたとき圧力は何 Pa となるか。

(3) 圧力 1.0 atm，体積 20.0L，温度が 300K の気体を，圧力 2.0 atm，温度 450K にしたとき，体積は何 L となるか。

219 ▶気体定数　1mol あたりの気体の体積 V〔L/mol〕は標準状態(0℃，1.013×10^5 Pa)で 22.4L になる。これらの値をボイル・シャルルの法則の式($\frac{pv}{T} = c$)に代入して，c の値を有効数字 3 桁で求めよ。

220 ▶気体の状態方程式　次の(1)〜(3)に答えよ。

ただし，気体定数 $R = 8.3 \times 10^3$ Pa・L/(K・mol)とする。

(1) 圧力が 1.66×10^5 Pa，体積が 10.0L，物質量 0.500 mol の気体の温度は何℃ となるか。

(2) 圧力が 4.15×10^5 Pa，物質量が 2.5 mol，温度が 27℃ の気体の体積は何 L となるか。

(3) 圧力が 3.32×10^5 Pa，体積が 20L，温度が 400K の気体の物質量は何 mol か。

221 ▶ 気体の状態方程式 圧力が 1.5 atm, 体積が $5.0 \times 10^{-3}\,\mathrm{m}^3$, 温度が 27℃ の気体がある。この気体について, 次の(1)〜(3)に答えよ。ただし, 気体定数 $R = 8.3 \times 10^3$ Pa・L/(K・mol), 1 atm $= 1.01 \times 10^5$ Pa, 1 L $= 10^{-3}\,\mathrm{m}^3$ である。有効数字 2 桁で答えよ。
(1) この気体の圧力は何 Pa か。
(2) この気体の体積は何 L か。
(3) この気体の物質量は何 mol か。

222 ▶ 気体の密度
(1) 27℃, 101 kPa における酸素の密度は何 g/L か。ただし, 気体定数 $R = 8.3 \times 10^3$ Pa・L/(K・mol) とする。
(2) ある気体の密度は, 同温・同圧の酸素の密度の 0.88 倍であった。この気体の分子量はいくらか。

223 ▶ 気体の法則とグラフ 一定量の気体について, 次の(1)〜(4)の関係を示すグラフを, 下の(ア)〜(オ)から選べ。
(1) 圧力を一定にしたとき, 体積と絶対温度の関係
(2) 体積を一定にしたとき, 圧力と絶対温度の関係
(3) 温度を一定にしたとき, 圧力と体積の関係
(4) 温度を一定にしたとき, 圧力と体積の積と, 圧力の関係

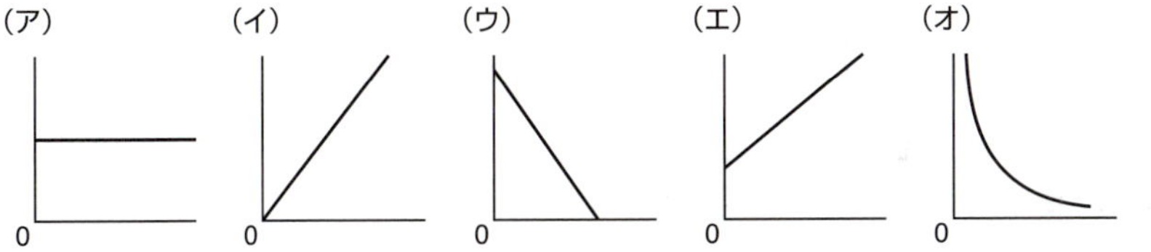

(ア)　　　　(イ)　　　　(ウ)　　　　(エ)　　　　(オ)

実験 224 ▶ 気体の分子量 ある純粋な液体を, 内容量 500 mL のフラスコに入れ, 小さな穴のあいたアルミニウム箔でふたをした。これを, 右図のように沸騰した水(100℃)につけて完全に蒸発させたあと, 室温(27.0℃)に戻して液体にした。この液体の質量を測定すると, 1.86 g であった。大気圧を 1.00×10^5 Pa として, この液体の分子量を整数値で求めよ。ただし, 気体定数 $R = 8.31 \times 10^3$ Pa・L/(K・mol) とする。

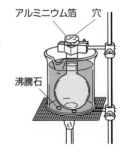

225 ▶ ドルトンの分圧の法則 27℃ において, 2.0 L の容器の中に 3.20 g の酸素, 5.60 g の窒素, 4.00 g のアルゴンからなる混合気体が入っている。ただし, Ar = 40 とする。
(1) 次の数値を有効数字 2 桁で求めよ。
　(a) 混合気体の全圧　(b) 酸素のモル分率　(c) 窒素の分圧
(2) この混合気体の平均分子量(見かけの分子量)を有効数字 2 桁で求めよ。(横浜国立大)

226 ▶ 水上置換した気体の圧力 水素を発生させて，メスシリンダーを用いて水上置換で捕集したところ，温度 27.0 ℃，圧力 1.02×10^5 Pa，体積 2.49 L の気体が得られた。27.0 ℃ における水蒸気圧は 3.56×10^3 Pa である。次の(1)，(2)に答えよ。

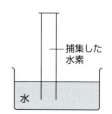

(1) 捕集した気体中の水素の分圧は何 Pa か。
(2) 得られた水素の物質量は何 mol か。ただし，気体定数 $R = 8.31 \times 10^3$ Pa・L/(K・mol) とする。

227 ▶ 理想気体 次のうち，正しい文には○，誤った文には×を記せ。
(1) 圧力が限りなく 0 に近づくと，理想気体として扱える。
(2) 実在気体では分子間力がはたらいている。
(3) 高温では分子の運動エネルギーが大きいため，理想気体として扱えない。
(4) 理想気体では，絶対零度(0 K)で体積が 0 となる。

標準例題 49　混合気体の圧力　　　　　　　　　標準 ➡ 230

体積 2.0 L の容器 A に圧力 2.1×10^5 Pa の窒素，体積 5.0 L の容器 B に圧力 3.5×10^5 Pa の酸素が入っている。温度一定で，コックを開いて容器をつないだ。

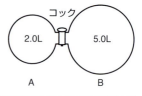

(1) 窒素，酸素それぞれの分圧と全圧を求めよ。
(2) 混合気体の平均分子量を求めよ。

● **エクセル**　気体 A, B, C の分圧と物質量の関係
$p_A : p_B : p_C = n_A : n_B : n_C$

考え方
(1) 混合気体中の窒素，酸素の分圧は，それぞれの気体が容器全体を占めているときの圧力に相当する。

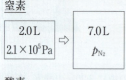

解答
(1) コックを開くと混合気体の体積は 2.0 + 5.0 = 7.0 L となる。窒素についてボイルの法則を適用すると，
$2.1 \times 10^5 \times 2.0 = p_{N_2} \times 7.0$
$p_{N_2} = 6.0 \times 10^4$ Pa　　**答** 窒素の分圧 **6.0×10^4 Pa**
酸素についてボイルの法則を適用すると，
$3.5 \times 10^5 \times 5.0 = p_{O_2} \times 7.0$
$p_{O_2} = 2.5 \times 10^5$ Pa　　**答** 酸素の分圧 **2.5×10^5 Pa**
よって，混合気体の全圧 p は
$p = p_{N_2} + p_{O_2} = 6.0 \times 10^4 + 2.5 \times 10^5 = 0.6 \times 10^5 + 2.5 \times 10^5$
$= 3.1 \times 10^5$ Pa　　**答** 全圧 **3.1×10^5 Pa**

(2) ドルトンの分圧の法則

より，$p_A = \dfrac{n_A}{n_A + n_B} p$

$\dfrac{n_A}{n_A + n_B} = \dfrac{p_A}{p}$

(2) 混合気体の平均分子量は

$28 \times \dfrac{n_{N_2}}{n_{N_2} + n_{O_2}} + 32 \times \dfrac{n_{O_2}}{n_{N_2} + n_{O_2}}$

$= 28 \times \dfrac{p_{N_2}}{p} + 32 \times \dfrac{p_{O_2}}{p}$

$= 28 \times \dfrac{6.0 \times 10^4}{3.1 \times 10^5} + 32 \times \dfrac{2.5 \times 10^5}{3.1 \times 10^5} = 31.2 ≒ 31$ **答 31**

標準例題 50 気体の反応と蒸気圧 標準⇒228

水素 1.0g と酸素 16.0g の混合気体について，次の(1)～(3)に答えよ。ただし，気体定数 $R = 8.3 \times 10^3$ Pa·L/(K·mol)，100℃ での水の飽和蒸気圧は 1.0×10^5 Pa とする。

(1) 0℃ で 10L の容器に混合気体を詰めると，全圧は何 Pa か。
(2) 容器の体積を 10L に保ったまま，この混合気体に点火して水素を完全に燃焼させ 0℃ に戻した。容器内の圧力は何 Pa か。ただし，水蒸気は存在しないものとする。
(3) 燃焼後，容器の体積を 10L に保って 100℃ にすると，容器内の全圧は何 Pa か。

●エクセル　密閉容器内の水の一部が凝縮しているとき，水の分圧はその温度での飽和蒸気圧となる。

考え方

(2) 反応前後の物質量は

	$2H_2$	$+ O_2$	$\rightarrow 2H_2O$
反応前	0.50	0.50	0
反応後	0	0.25	0.50

(3) 容器内の水をすべて気体としたときの水の分圧を p とすると，
・$p <$ 飽和水蒸気圧
　⇒水はすべて気体
・$p >$ 飽和水蒸気圧
　⇒液体の水が存在

解答

(1) 全圧 p は $p \times 10 = \left(\dfrac{1.0}{2.0} + \dfrac{16.0}{32} \right) \times 8.3 \times 10^3 \times 273$

$p = 2.26 \times 10^5 ≒ 2.3 \times 10^5$ Pa　**答 2.3×10^5 Pa**

(2) 燃焼後，0℃ では水は液体とみなせるから，酸素 0.25 mol の圧力を求めればよい。

$p \times 10 = 0.25 \times 8.3 \times 10^3 \times 273$

$p = 5.66 \times 10^4 ≒ 5.7 \times 10^4$ Pa　**答 5.7×10^4 Pa**

(3) 生じた水がすべて気体として存在すると仮定すると，

その圧力は $p = 0.50 \times 8.3 \times 10^3 \times \dfrac{373}{10} ≒ 1.5 \times 10^5$ Pa

100℃ での水の飽和蒸気圧 1.0×10^5 Pa よりも大きいから，仮定は誤りで生じた水の一部は液体である。よって，水の分圧は 1.0×10^5 Pa になる。全圧は

$p_{H_2O} + p_{O_2} = 1.0 \times 10^5 + 5.66 \times 10^4 \times \dfrac{373}{273}$

$= 1.77 \times 10^5 ≒ 1.8 \times 10^5$ Pa　**答 1.8×10^5 Pa**

標準問題

228 ▶ 気体の圧力と物質量 容積一定の容器に，等しい物質量の水素と酸素が，27℃ で $5.2×10^4$Pa 入っている。水素を完全に燃焼させたあと，温度を 57℃ にしたとき，容器内の圧力は何 Pa か。ただし，57℃ における水蒸気圧は $1.7×10^4$Pa である。

229 ▶ 混合気体の圧力 温度 400 K に保った体積 83 L の密閉容器に酸素 0.10 mol，二酸化炭素 0.40 mol，水蒸気 0.60 mol を入れ，次の 2 つの操作のいずれかを行った。
操作 1 温度を 400 K に保ち，体積を 5 L まで圧縮したところ，体積 V_c で水蒸気の一部が凝縮し始めた。
操作 2 体積を 83 L に保ち，温度を 300 K まで下げたところ，水蒸気の一部が凝縮した。
　ただし，水蒸気以外の気体の凝縮は起こらないものとする。また，二酸化炭素の水への溶解は無視する。気体定数 $R=8.3×10^3$ Pa・L/(K・mol)，温度 400 K における水の飽和蒸気圧 $2.5×10^5$ Pa，温度 300 K における水の飽和蒸気圧 $4.0×10^3$ Pa とする。
(1) 操作前の，温度 400 K，体積 83 L における混合気体の全圧を有効数字 2 桁で求めよ。
(2) 操作 1 で水蒸気が凝縮を始める体積 V_c [L]を有効数字 2 桁で求めよ。
(3) 操作 1 で体積を 83 L から 5 L まで圧縮したとき，二酸化炭素及び水蒸気の分圧の変化を示したものとして，最も適切なものを，次の図(ア)～(エ)の中から 1 つずつ選べ。

(4) 操作 2 で凝縮した水の質量を有効数字 2 桁で答えよ。　　　　（15　札幌医大　改）

230 ▶ 混合気体の反応 図のようにコックに連結された断熱容器 A，B がある。A，B の内容積はそれぞれ 1.66 L，2.49 L であり，それぞれ内部ヒーターによって容器内の温度を調整できる。いま，コックを閉じた状態で A にメタン 1.6 g，B に酸素 8.0 g を封入し，A，B ともに気体の温度は 27℃ であった。次の(1)～(3)に答えよ。
　ただし，気体定数 $R=8.3×10^3$ Pa・L/(K・mol) とする。

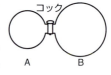

(1) 容器 A，B 内の圧力をそれぞれ求めよ。
(2) コックを開き，温度を 27℃ に保ち，A，B 内の混合気体の組成，圧力が一定になるまで静置した。メタン，酸素の分圧をそれぞれ求めよ。
(3) コックを開いたまま，メタンを燃焼させた。その後，A，B 内を 227℃ とした。混合気体の組成，圧力が一定になったとき，混合気体の圧力を求めよ。ただし，反応後に生成した水はすべて気体になったとする。

231 ▶ 気体の圧力と壁の移動　次の文章を読み，以下のただし書き(1)から(3)の指示にしたがって(ア)〜(ク)を埋めよ。

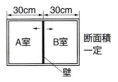

　断面積が一定で長さが60cmである円筒容器を考える。図に示すように，左右に摩擦なく動く壁を中央に設置しA室とB室に二分する。壁を固定した状態で，体積百分率で窒素80%，酸素20%の混合気体をA室に2mol，水素をB室に1mol詰める。円筒容器は密閉され容器からの気体の漏れはなく，壁からの気体の漏れもないとする。さらに，壁にともなう体積は無視できるものとし，気体は理想気体であるとする。円筒容器の温度T〔K〕は室温程度に常に一定に保たれている。このとき，A室の圧力はB室の圧力の（　ア　）倍である。円筒容器の体積をV〔cm³〕で表し，さらに，温度T〔K〕と気体定数R〔Pa・cm³/(K・mol)〕を用いると，A室の圧力は（　イ　）〔Pa〕であり，酸素の分圧は（　ウ　）〔Pa〕である。固定していた壁を左右に動けるようにすると，壁は（　エ　）室から（　オ　）室に（　カ　）〔cm〕移動する。このときのA室の圧力は（　キ　）〔Pa〕である。

　次に，壁を円筒容器から取り除き，十分な時間をかけて両室の気体を混合させる。混合後の円筒容器の圧力は（　ク　）〔Pa〕である。

(1) (イ), (ウ), (キ), (ク)は，円筒容器の体積V，温度Tおよび気体定数Rを用いて表せ。
(2) (ア), (カ)には数値を埋めよ。
(3) (エ), (オ)には記号を埋めよ。

（三重大　改）

論述 232 ▶ 理想気体と実在気体　アンモニア，水素，メタンの3種類の気体がある。各気体の1molの$\frac{pv}{RT}$の値が，一定温度T(273K)のもとで，圧力pとともに変化するようすは，右図に示したようになる。ここでvは気体の体積，Rは気体定数を表す。

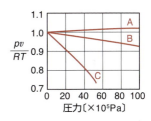

(1) 次の①〜③に該当する気体は，図の気体A〜Cのうちどれか。
　① これらの実在気体のうちで最も理想気体に近い挙動を示すもの。
　② $40×10^5$Paにおいて，体積が最も小さいもの。
　③ 最も圧縮されにくいもの。
(2) 図の気体A〜Cは，アンモニア(分子量17)，水素(分子量2)，メタン(分子量16)のうちのいずれかである。気体Aの化学式を答えよ。
(3) 温度が一定の場合，実在気体が理想気体に近づくのは，圧力が低いときか，高いときか。
(4) BとCの曲線が理想気体と異なった挙動を示す原因を30字以内で説明せよ。

（玉川大　改）

発展問題

233 ▶ ファンデルワールスの状態方程式 理想気体 1 mol の温度が T [K] で，圧力が P [Pa]，体積が V [L]，気体定数が R であるとき，

$$\boxed{\text{A}} = RT \quad \cdots(1)$$

が成り立つ。式(1)では，分子自身には大きさがなく，分子間に引力がはたらかないと仮定されている。しかしながら，実在する気体では，この仮定は成り立たない。これに対して，ファンデルワールスは分子自身の体積と分子間にはたらく引力を考慮して式(1)を補正し，実在気体によくあてはまる状態方程式を導き出した。

今，1 mol の実在気体について考えてみる。実在気体の体積 V_r は，その分子自身の体積の影響を考慮し，分子自身の体積の効果を表す正の定数 b を用いることで，$V_r =$ $\boxed{\text{ア}}$ と表すことができる。

また，実在気体 1 mol について体積が小さくなるほど，分子間にはたらく引力は $\boxed{\text{B}}$ なる。この分子間にはたらく引力によって，実在気体の圧力 P_r は理想気体の圧力に比べて $\boxed{\text{C}}$ なり，この効果は気体の体積の 2 乗に反比例するため，分子間にはたらく引力の効果を表す正の定数 a を用いることで，P_r は $P_r = \boxed{\text{イ}}$ と表すことができる。

以上より，1 mol あたりの実在気体について P_r，V_r，a，b を用いることで，

$$\boxed{\text{D}} = RT \quad \cdots(2)$$

が導き出される。この式(2)はファンデルワールスの状態方程式とよばれ，a，b はファンデルワールスの定数とよばれている。

理想気体 1 mol では，式(1)の右辺と左辺との比は，常に 1 になる。この比は圧縮因子とよばれ，Z で表す。

$$Z = \frac{\boxed{\text{A}}}{RT} = 1$$

しかし，実在気体については，式(1)の仮定が成り立たないため，Z は 1 からずれることが知られている。図 1 は，ある実在気体の温度 T_1 [K] および T_2 [K]，T_3 [K] における，圧力と Z との関係を表したグラフである。ただし，図 1 の温度および圧力範囲では気体状態であることは確認されている。

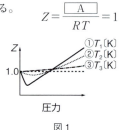
図 1

(1) 空欄 ア ，イ にあてはまる式を書け。
(2) 空欄 A ～ D にあてはまる最も適切な語句または式を記入せよ。
(3) 図 1 より，曲線①～③は圧力が高いところで $Z = 1$ からずれ，そのずれの程度は温度により異なる。温度 T_1 [K]，T_2 [K]，T_3 [K] の関係を不等号を用いて表せ。
(4) (3)の解答の理由について，(　　)内の 3 つの語句をすべて使用して，40 字以内で説明せよ。ただし，句読点も字数に含める。（分子間力　熱運動　高温）
(5) ある実在気体 1 mol，27 ℃，1 L におけるファンデルワールスの定数 a と b の値が，それぞれ $a = 1.41 \times 10^5$ (Pa・L^2)/mol^2，$b = 3.91 \times 10^{-2}$ L/mol のとき，この実在気体の圧力を有効数字 3 桁で答えよ。ただし，気体定数 $R = 8.31 \times 10^3$ Pa・L/(K・mol) とする。

(13　神戸大　改)

234 ▶ 混合気体と蒸気圧 体積を自由に変えることのできるピストン付きのガラス容器に 0.030 mol のエタノールと 0.020 mol の窒素を入れ，圧力を 0.050×10^5 Pa，温度を 27℃ に保ち，長時間放置した(状態 A)。このとき，エタノールはすべて気体となっていた。その後，温度を一定に保ちながら，圧力を徐々に高めていったところ，状態 B でエタノールが凝縮しはじめた。その後，さらに圧力を高め，0.29×10^5 Pa まで圧縮した(状態 C)。このとき，容器内の体積変化は図 1 のようになった。

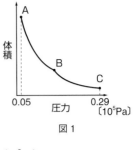
図 1

気体はすべて理想気体とし，液体(エタノール)の体積は無視できるものとする。また，窒素の液体への溶解も無視できるものとする。エタノールの蒸気圧曲線は図 2 のように変化するものとし，27℃ における飽和蒸気圧は 0.090×10^5 Pa とする。また，気体定数 $R = 8.3 \times 10^3$ Pa·L/(K·mol) とする。

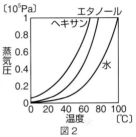
図 2

(1) 状態 A における容器内の体積〔L〕を有効数字 2 桁で答えよ。

(2) 状態 B における容器内の圧力〔Pa〕を有効数字 2 桁で答えよ。

(3) 状態 B において，体積を固定したままエタノールと窒素のモル分率を変化させたとすると，容器内の圧力はどのように変化すると考えられるか。次の(ア)～(ク)のグラフから一つ選び，記号で答えよ。ただし，エタノールのモル分率を x，窒素のモル分率を $1-x$ とし，全物質量は変化させないものとする。また，温度は 27℃ に保ったままとする。

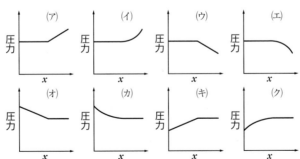

(4) 状態 C における容器内の体積〔L〕を有効数字 2 桁で答えよ。

(5) 状態 C から容器内の体積を固定したまま，温度を徐々に上げた。容器内の液体がすべて気体に変化する温度は，次の(ケ)～(セ)のどの範囲に含まれるか，記号で答えよ。

 (ケ) 27～37℃   (コ) 37～47℃   (サ) 47～57℃

 (シ) 57～67℃   (ス) 67～77℃   (セ) 77℃ 以上

(16 北大)

11 固体の構造

❶ 結晶の構造

結晶の種類	構成粒子	結合の種類	化学式	例
イオン結晶	陽イオンと陰イオン	イオン結合	組成式	NaCl, AgNO$_3$
共有結合の結晶	原子	共有結合	組成式	SiO$_2$, C(ダイヤモンド)
分子結晶	分子	分子間力	分子式	CO$_2$, Ar
金属結晶	原子と自由電子	金属結合	組成式	Cu, Fe

①**結晶格子** 結晶中の規則的な粒子の配列
②**単位格子** 結晶格子の繰り返しの最小単位

◆1 イオン結晶　　○陽イオン　●陰イオン　　線はイオンの位置関係を示す

NaCl型　　　CsCl型　　　ZnS型　　　CaF$_2$型　　　Cu$_2$O型
(塩化ナトリウム型)　(塩化セシウム型)　(閃亜鉛鉱型)　(ホタル石型)　(酸化銅(Ⅰ)型)

◆2 共有結合の結晶　　　　　　　　◆3 分子結晶

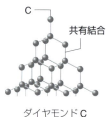 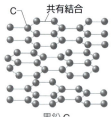 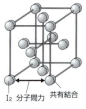

ダイヤモンド C　　　黒鉛 C　　　　　　ヨウ素 I$_2$
　　　　　　　　　　　　　　　I$_2$ 分子間力　共有結合

◆4 金属結晶

①**配位数** ある原子に近接する原子の数。
②**充填率** 結晶構造の体積に占める，原子の体積の割合。

名称	体心立方格子	面心立方格子	六方最密構造
単位格子	$\frac{1}{8}$個, 1個	$\frac{1}{8}$個, $\frac{1}{2}$個	$\frac{1}{6}$個, $\frac{1}{12}$個, 合わせて1個
含まれる原子数	$1 + \frac{1}{8} \times 8 = 2$	$\frac{1}{2} \times 6 + \frac{1}{8} \times 8 = 4$	$1 + \frac{1}{12} \times 4 + \frac{1}{6} \times 4 = 2$
配位数	8	12	12
充填率	68%	74%	74%
例	Na	Al, Cu	Mg, Zn

2 アモルファス

◆1 **アモルファス** 固体の原子や分子の配列に規則性のないものをアモルファス(非晶質)という。

結晶質	アモルファス(非晶質)	
石英 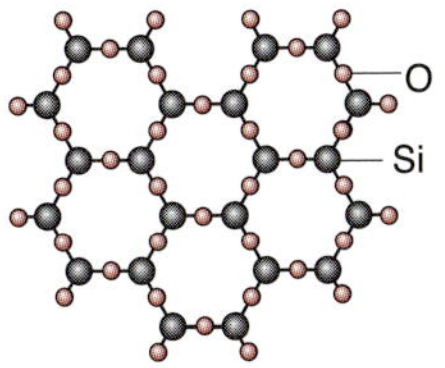	石英ガラス 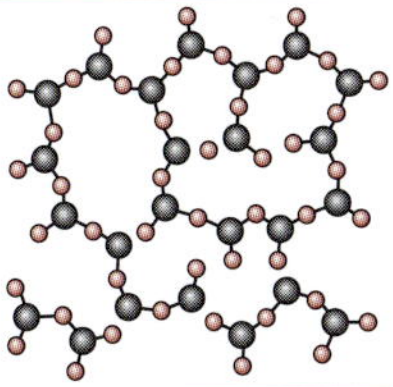	ソーダ石灰ガラス 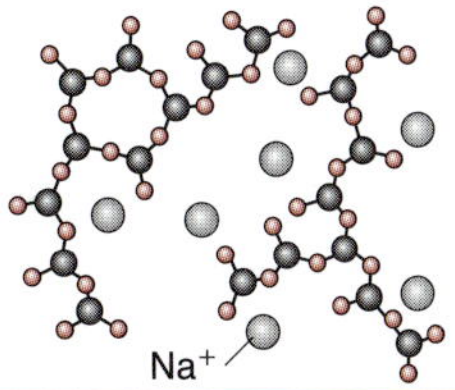

WARMING UP／ウォーミングアップ

次の文中の( )に適当な語句・化学式・数値を入れよ。

1 イオン結晶

塩化ナトリウムの単位格子は，右図のように表される。この単位格子の中に含まれるナトリウムイオンは(ア)個，塩化物イオンは(イ)個であるから，塩化ナトリウムの組成式は(ウ)と示すことができる。また，1個のナトリウムイオンは(エ)個の塩化物イオンと接している。

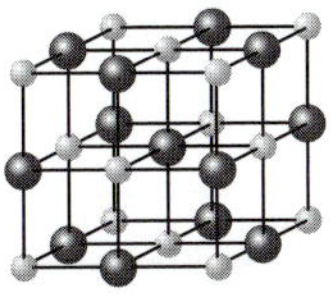

塩化ナトリウムの単位格子
● 陽イオン ○ 陰イオン

1
(ア) 4
(イ) 4
(ウ) NaCl
(エ) 6

2 共有結合の結晶

ダイヤモンドでは，炭素の(ア)個の価電子が共有結合に使われ，(イ)形の立体構造をつくっているため，非常にかたく，電気を(ウ)。黒鉛は，(エ)個の価電子が共有結合に使われ，(オ)形を基本とする層をつくる。残りの1個の価電子は層全体を動くため黒鉛は電気伝導性を(カ)。また，層と層は弱い(キ)力でつながっているため，平面どうしがはがれやすく，もろい。

2
(ア) 4
(イ) 正四面体
(ウ) 通さない
(エ) 3
(オ) 正六角
(カ) もつ
(キ) 分子間

3 分子結晶

共有結合をした物質の多くは分子をつくる。分子どうしが弱い(ア)力で互いに結ばれてできた結晶を分子結晶という。(ア)力が弱いため，分子結晶はもろく，融点が低い。分子結晶である氷の結晶は，(イ)結合によってすきまの多い構造をもつ。したがって，0℃の氷の密度は，0℃の水の密度よりも(ウ)い。

3
(ア) 分子間
(イ) 水素
(ウ) 小さ

4 金属結晶

金属原子は金属結合によって規則的に配列し結晶格子をつくっている。結晶の繰り返し単位を(ア)という。金属の結晶格子は六方最密構造，図Aのような(イ)，Bのような(ウ)がある。

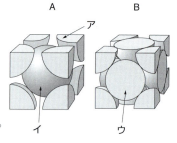

図のア，イ，ウの金属原子はそれぞれ，原子(エ)個分，(オ)個分，(カ)個分が単位格子中に存在している。また，金属原子が単位格子Aには(キ)個，Bには(ク)個存在している。単位格子Aでは1個の金属原子が(ケ)個の金属原子と接し，Bでは(コ)個と接している。

5 アモルファス

固体には，原子やイオンなどの構成粒子が結合して規則正しく配列してできている(ア)と，構成粒子に規則性のない(イ)がある。

4
- (ア) 単位格子
- (イ) 体心立方格子
- (ウ) 面心立方格子
- (エ) $\dfrac{1}{8}$ (オ) 1
- (カ) $\dfrac{1}{2}$ (キ) 2
- (ク) 4   (ケ) 8
- (コ) 12

5
- (ア) 結晶質
- (イ) アモルファス（非晶質）

基本例題 51　面心立方格子　　　　　　　　基本➡237, 238

金属 Cu は面心立方構造をとる。以下に示す(1)～(6)の手順に従って，銅の原子半径を求めてみる。次の(1)～(6)に答えよ。また，銅の密度は 8.95 g/cm³ である。(ただし，原子量 Cu = 63.6，$\sqrt{2} = 1.41$，$3.62^3 = 47.4$ とする。)

(1) 面心立方構造の単位格子(繰り返しの単位となる結晶格子)中に存在する原子数(銅)を求めよ。
(2) 単位格子中に存在する原子の質量はいくらになるか。有効数字3桁で記せ。
(3) 単位格子の容積はいくらになるか。有効数字3桁で記せ。
(4) この立方体の容積から，単位格子の一辺の長さ(a)を求めよ。有効数字3桁で記せ。
(5) 銅原子の半径を r とすると一辺の長さ a と半径 r の関係はどのような式で表されるか。
(6) 結果として求まる，原子半径 r の値を求めよ。有効数字3桁で記せ。（12　岡山大）

●エクセル　単位格子の質量〔g〕＝モル質量〔g/mol〕× $\dfrac{\text{単位格子中の粒子数}}{\text{アボガドロ定数〔/mol〕}}$

考え方

解答

(1) $\dfrac{1}{8}(頂点)\times 8 + \dfrac{1}{2}(面)\times 6 = 4$ 個　　**答 4個**

(2) 質量〔g〕$= 63.6\,\mathrm{g/mol} \times \dfrac{4}{6.0\times 10^{23}/\mathrm{mol}} = 4.24\times 10^{-22}\,\mathrm{g}$

　　答 $4.24\times 10^{-22}\,\mathrm{g}$

(3) 体積〔cm³〕$= \dfrac{4.24\times 10^{-22}\,\mathrm{g}}{8.95\,\mathrm{g/cm^3}} \fallingdotseq 4.74\times 10^{-23}\,\mathrm{cm^3}$

　　答 $4.74\times 10^{-23}\,\mathrm{cm^3}$

(4) $a = \sqrt[3]{4.74\times 10^{-23}} = \sqrt[3]{47.4\times 10^{-24}} = 3.62\times 10^{-8}$

　　答 $3.62\times 10^{-8}\,\mathrm{cm}$

(5) $\sqrt{2}\,a = 4r$ より，$a = 2\sqrt{2}\,r$　　**答 $a = 2\sqrt{2}\,r$**

(6) $r = \dfrac{\sqrt{2}}{4}a = \dfrac{\sqrt{2}}{4}\times 3.62\times 10^{-8} \fallingdotseq 1.28\times 10^{-8}$

　　答 $1.28\times 10^{-8}\,\mathrm{cm}$

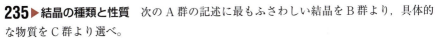

基本問題

235 ▶ 結晶の種類と性質　次のA群の記述に最もふさわしい結晶をB群より，具体的な物質をC群より選べ。

A群：(ア) すべての原子が自由電子を共有してできる結合からなる結晶。
　　(イ) 分子が規則正しく並んだ結晶。融点が低く昇華しやすい。
　　(ウ) 静電気的に引き合った結合からなる結晶。固体の状態では電気を導かないが液体や水溶液にすると電気を導く。
　　(エ) 分子のサイズは巨大である。きわめてかたく，融点が非常に高い。

B群：① 共有結合の結晶　② 金属結晶　③ 分子結晶　④ イオン結晶

C群：(a) 石英（SiO_2）　(b) スズ（Sn）　(c) 塩化ナトリウム（NaCl）
　　(d) ドライアイス（固体　CO_2）　　　　　　　　　　　　　（秋田大）

236 ▶ 結晶にはたらく結合や力　次の各物質が結晶として存在しているとき，その中ではたらいている結合もしくは力の種類はどれか。下の(ア)～(カ)からすべて選び，その記号を書け。

(1) 二酸化ケイ素　(2) ドライアイス　(3) フッ化水素
(4) 酸化カルシウム　(5) 塩化アンモニウム　(6) 銅

　(ア) 共有結合　(イ) 金属結合　(ウ) イオン結合　(エ) 配位結合
　(オ) 水素結合　(カ) ファンデルワールス力

237 ▶ CsCl 型単位格子 右図について，次の(1)〜(5)に答えよ。

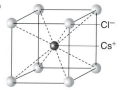

図　CsCl単位格子

(1) 図に示された CsCl 単位格子中において，Cs$^+$ および Cl$^-$ は，イオン半径がそれぞれ，1.89×10^{-8} cm と 1.67×10^{-8} cm の剛体球として存在すると考えると，CsCl 単位格子の一辺の長さは，何 cm となるか，有効数字 2 桁で求めよ。ただし，Cs$^+$ と Cl$^-$ は，CsCl 単位格子において，対角線方向に互いに接していると考えよ。また，必要があれば，$\sqrt{3} = 1.73$ を使用せよ。

(2) この単位格子中に，Cs$^+$ と Cl$^-$ は，それぞれ何個ずつ存在するか答えよ。

(3) (1)で求めた単位格子の体積中で，Cs$^+$ と Cl$^-$ が占める体積の割合(充填率)は何％であるか，有効数字 2 桁で求めよ。ただし，Cs$^+$ と Cl$^-$ の体積は，2.83×10^{-23} 及び，1.95×10^{-23} cm^3 であるとせよ。

(4) 1 cm^3 の体積をもつ CsCl 結晶中には，Cs$^+$ と Cl$^-$ は，それぞれ何個ずつ存在するか，有効数字 2 桁で求めよ。

(5) 塩化セシウム結晶の密度は，何 g/cm^3 であるか，有効数字 2 桁で求めよ。ただし，塩化セシウムの式量 168.5 を用いよ。

(中央大)

238 ▶ 分子結晶 ヨウ素分子 I$_2$ の結晶では，単位格子は右図のような直方体であり，6 個の面の中央と 8 個の頂点にそれぞれヨウ素分子 I$_2$ が位置している。面の中央の分子は，隣り合う 2 個の単位格子に属し，1 個の単位格子あたりに $\frac{1}{2}$ 個含まれる。同様に，頂点の分子は 1 個の単位格子に $\frac{1}{8}$ 個含まれる。ヨウ素分子の結晶の密度はいくらか，有効数字 2 桁で答えよ。単位格子の体積は 3.4×10^{-22} cm^3 である。

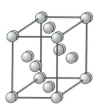

(大阪市立大)

239 ▶ アモルファス 次の文中の(ア)〜(エ)に適当な語句を入れよ。

一般に，固体の構造粒子が規則的な配列をなしていないものを(　ア　)という。結晶と異なり，決まった融点が(　イ　)，ある温度幅で軟化する。この温度を(　ウ　)という。ガラスは代表的な(　ア　)である。金属でも，ガラスのように原子の配列が乱れているものがあり，これを(　エ　)とよぶ。(　エ　)は結晶性金属よりも優れた機械的強度や耐食性を示す。

標準例題 52　六方最密構造　　標準⇒243

ある金属は図1のような六方最密構造の結晶格子をつくる。

(1) この結晶格子の単位格子中に含まれる原子の数および，配位数を答えよ。
(2) この金属元素の原子量を M，原子半径を r〔cm〕，アボガドロ定数を N_A〔/mol〕とする。
　(a) 単位格子の高さを，r を用いて表せ。
　(b) この金属の密度を，M，r，N_A を用いて表せ。
(3) 六方最密構造における原子の配列は，原子が最もすき間の少ないように接してできた層が積み重なったものと考えることができる。六方最密構造の1層目，2層目の原子を詰めるようすを図2に示す。3層目の原子位置として最も適切な位置（×印）を(a)～(d)から1つ選べ。　　（東北大　改）

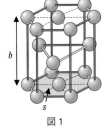

図1

図2　六方最密構造を上から見た図

● エクセル　面心立方格子と六方最密構造はいずれも最密構造であるが，原子の層の重なり方が異なる。

考え方

六方最密構造の単位格子は，六角柱を3等分したものである。

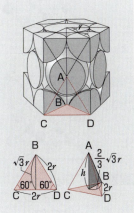

解答

(1) 単位格子中の原子の数は，$1 + \dfrac{1}{12} \times 4 + \dfrac{1}{6} \times 4 = 2$。

　　　　　　　　　　　　　　　　　　答　**2**

配位数は，ある原子に着目すると，同一平面の6個と上下面各3個の計12個の原子と接するから12である。　答　**12**

(2) (a) 左図より　$h^2 + \left(\dfrac{2}{3}\sqrt{3}\,r\right)^2 = (2r)^2$　　$h = \dfrac{2}{3}\sqrt{6}\,r$

単位格子の高さ　$2h = \dfrac{4}{3}\sqrt{6}\,r$　　　答　$\dfrac{4}{3}\sqrt{6}\,r$

(b) 単位格子の底面積　$2r \times \sqrt{3}\,r \times \dfrac{1}{2} \times 2 = 2\sqrt{3}\,r^2$

単位格子の体積　$2\sqrt{3}\,r^2 \times \dfrac{4}{3}\sqrt{6}\,r = 8\sqrt{2}\,r^3$

密度　$\dfrac{2 \times \dfrac{M}{N_A}}{8\sqrt{2}\,r^3} = \dfrac{M}{4\sqrt{2}\,r^3 N_A}$　　答　$\dfrac{M}{4\sqrt{2}\,r^3 N_A}$

(3) 六方最密構造では1層目と3層目の原子が重なるため，(c)の位置に原子がのる。　　答　**(c)**

標準問題

240 ▶ 組成式 次の文章を読み，下の(1)〜(3)に答えよ。

バリウムとチタンと酸素の化合物であるチタン酸バリウム（式量233.2）は，エレクトロニクスの分野で重要な材料のひとつである。チタン酸バリウムの単位格子を右図に示す。単位格子は，1辺が4.0×10^{-8} cmの立方体であり，バリウムイオン，チタンイオン，酸化物イオンは，それぞれ立方体の頂点，中心，面の中心に存在する。よって，単位格子中に含まれるバリウムイオン，チタンイオン，酸化物イオンの正味の数は，それぞれ（ ア ）個，（ イ ）個，（ ウ ）個であり，チタン酸バリウムの組成式は（ エ ）となる。

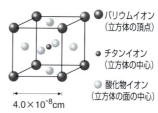

(1) 文中の(ア)〜(ウ)に適当な数値，(エ)にチタン酸バリウムの組成式を記せ。
(2) チタン酸バリウムにおけるチタンイオンの価数を記せ。
(3) チタン酸バリウムの結晶の密度〔g/cm³〕を求め，有効数字2桁で答えよ。（岡山大）

241 ▶ 閃亜鉛鉱型・ホタル石型 次の文章を読み，下の(1)〜(5)に答えよ。

硫化亜鉛の結晶構造は，図1に示すような閃亜鉛鉱型のイオン結晶である。閃亜鉛鉱型の結晶構造では，（ ア ）イオンが（ イ ）格子をつくり，そのすき間に（ ウ ）イオンが配置されている。この単位格子を図の点線により8個の立方体に分割すると，その立方体の中心に1つおきに（ ウ ）イオンが配置されていることになる。

フッ化カルシウムの結晶構造は，図2に示すホタル石型のイオン結晶である。ホタル石型の結晶構造では，（ エ ）イオンが（ イ ）格子をつくり，そのすき間に（ オ ）イオンが配置されている。この単位格子を8個の立方体に分割すると，その全ての立方体の中心に（ オ ）イオンが配置されている。

(1) 文中の(ア)〜(オ)に適当な語句を答えよ。
(2) これらのイオン結晶について，次のそれぞれの値を答えよ。
　(a) 単位格子あたりに含まれるイオンの数
　(b) 各イオンに接する反対符号のイオンの数
(3) これらのイオン結晶の単位格子の1辺の長さをaとするとき，陽イオンと陰イオンの間の最短距離をaで表せ。
(4) 硫化亜鉛の密度〔g/cm³〕を有効数字2桁で求めよ。ただし，単位格子は1辺5.4×10^{-8} cm，硫化亜鉛の式量は97.5とする。
(5) ホタル石に濃硫酸を加え加熱すると，フッ化水素が得られる。この反応を化学反応式で記せ。

図1
（閃亜鉛鉱型）

図2
（ホタル石型）

○ 陽イオン
● 陰イオン

242 ▶ 鉄の単位格子　次の(1), (2)に答えよ。

(1) 鉄は常温では体心立方の結晶格子をつくる。このとき，鉄の結晶 $1cm^3$ の中には何個の鉄原子が含まれているか。また，鉄原子1個の質量は何gになるか。有効数字2桁で答えよ。ただし，このときの結晶格子の単位格子の体積を $2.4×10^{-23}cm^3$，鉄の密度を $7.9g/cm^3$ とする。

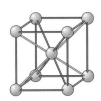
体心立方格子

(2) 鉄は温度上昇に伴って，900℃付近までは体心立方の結晶格子をつくるが，900～1400℃の温度では結晶格子が面心立方格子に変化する。鉄の結晶格子が体心立方から面心立方に変化したとき，鉄の密度は何倍になるか，有効数字2桁で答えよ。ただし，鉄原子の直径を $2.5×10^{-8}cm$，鉄の体心立方格子および面心立方格子における単位格子の体積をそれぞれ $2.4×10^{-23}cm^3$，$4.3×10^{-23}cm^3$ とする。
（鹿児島大　改）

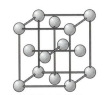
面心立方格子

243 ▶ ダイヤモンドと黒鉛　ダイヤモンドも黒鉛も炭素原子のみからなる。ダイヤモンドでは，1個の炭素原子のまわりを4個の炭素原子がとり囲み，各炭素原子は共有結合で結びついている。この共有結合は強いため，ダイヤモンドは非常にかたく密度が比較的大きい。そしてダイヤモンドは立方体の結晶格子をもつ。一方，黒鉛は，正六角形の網目状に配列した炭素原子が層状に積み重なった構造をもち，単位格子に4つの炭素原子が含まれる。層中のC－C間の結合は共有結合であるが，層を結びつけているのは分子間力で，この力が弱いために，各層は互いに滑り合うことができ，黒鉛はやわらかく，密度が比較的小さい。

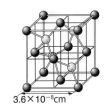
ダイヤモンドの単位格子

(1) ダイヤモンドの単位格子に含まれる炭素原子は何個か。

(2) ダイヤモンド，黒鉛それぞれの単位格子の体積を有効数字2桁で答えよ。必要があれば，$\sin 60° = 0.87$ を用いよ。

(3) ダイヤモンドと黒鉛の密度を求めよ。有効数字2桁で答えよ。ただし，アボガドロ数は $6.02×10^{23}$ とする。
（千葉大）

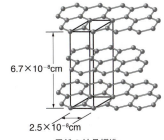
黒鉛の結晶構造

244 ▶ フラーレンと密度 C₆₀は炭素原子60個が共有結合でつながったサッカーボールに似た分子であり，分子間力によってできるだけ密に詰まった分子結晶をなしている。その際，C₆₀分子の中心が面心立方格子の金属結晶の金属原子の位置を占める最密構造をとる。原子量 C ＝ 12，アボガドロ定数 $6.02 \times 10^{23}\,\text{mol}^{-1}$, $\sqrt{2} = 1.41$, $\sqrt{3} = 1.73$ とし，また，1 nm $= 10^{-7}$ cm である。

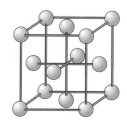

(1) C₆₀結晶中で最も近い二つのC₆₀分子の中心間距離は1.00 nmである。C₆₀結晶単位格子の一辺の長さは何nmか。小数点以下第2位を四捨五入せよ。

(2) C₆₀の結晶の密度は何g/cm³か。小数点以下第2位を四捨五入せよ。

(東工大　改)

245 ▶ 結晶のすき間 図1は面心立方格子の単位格子を示したものである。この単位格子中には，原子が頂点に位置する正八面体の中心にできるすき間（八面体間隙，図2）と，正四面体の中心にできるすき間（四面体間隙，図3）がある。$\sqrt{2} = 1.41$ とする。

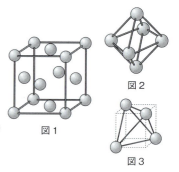

(1) 面心立方格子の単位格子中に正八面体間隙，正四面体間隙はそれぞれいくつ存在するかを答えよ。なお，すき間の個数を数えるとき，すき間が隣接する単位格子で共有されるときには，共有する単位格子の数で割ること。この考え方は単位格子に含まれる原子を数えるときと同様である。

(2) 正八面体間隙と正四面体間隙の中心にそれぞれ原子を配置させた。これらの中心原子に隣接する原子数を正八面体間隙と正四面体間隙それぞれについて答えよ。

(3) ある金属の結晶は，面心立方格子の構造であることが知られている。この金属の原子は球とみなすことができ，隣接する原子同士は接触している。この結晶の正八面体間隙に入ることができる球の最大の半径は，単位格子の一辺の長さの何倍になるか。有効数字2桁で答えよ。

発展問題

化学 新傾向 246 ▶ イオン結晶の構造 以下の文を読んで，(1)〜(7)に答えよ。

アルカリ金属のハロゲン化物の結晶構造には NaCl 型と CsCl 型があり，それぞれの単位格子は右図のように表される。ただし，図では構造をわかりやすくするために各イオンを小さく示しているが，以下の考察では，隣り合うイオンは可能な限り互いに接しているものと仮定する。イオン結晶の安定な構造が，

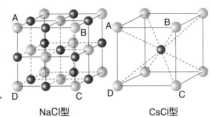

Ⅰ 同符号のイオンどうしは接しない。
Ⅱ 異符号のイオンどうしができるだけ多く接する。

という二つの条件で決まるものとして考察すると，この結晶構造の違いは陽イオンの半径を r，陰イオンの半径を R として，半径比 $\frac{r}{R}$ の違いによる効果として理解できる。

(1) 不安定ではあるが，NaCl 型構造で陽イオンが陰イオンに比べて十分に小さく，陰イオンどうしが互いに接していると仮定する。図中の面 ABCD における陰イオンのようすを図示し，単位格子の一辺の長さを R を用いて表せ。

(2) (1)の条件に加えて，さらに陽イオンが隣り合うすべての陰イオンに接していると仮定する。適当な面を選んで陽イオンと陰イオンのようすを図示し，半径比 $\frac{r}{R}$ を求めよ。

(3) 不安定ではあるが，CsCl 型構造で陽イオンが陰イオンに比べて十分に小さく，陰イオンどうしが互いに接していると仮定する。図中の面 ABCD における陰イオンのようすを図示し，単位格子の一辺の長さを R を用いて表せ。

(4) (3)の条件に加えて，さらに陽イオンが隣り合うすべての陰イオンに接していると仮定する。適当な面を選んで陽イオンと陰イオンのようすを図示し，半径比 $\frac{r}{R}$ を求めよ。

(5) (2)で得られた半径比を a，(4)で得られた半径比を b とする。NaCl 型で $\frac{r}{R} < a$ の場合と $a < \frac{r}{R}$ の場合，CsCl 型で $\frac{r}{R} < b$ の場合と $b < \frac{r}{R}$ の場合のそれぞれについて，陰イオンどうしが接するか，および陽イオンと陰イオンが接するかどうかを答えよ。

(6) NaCl 型，CsCl 型それぞれの結晶構造における陽イオンの配位数を示せ。

(7) (5)，(6)の結果および序文の二つの条件に基づいて，$a < \frac{r}{R} < b$ と $b < \frac{r}{R}$ の場合においてそれぞれ NaCl 型と CsCl 型のどちらの結晶構造がより安定と考えられるか答えよ。ただし，陽イオンが陰イオンよりも大きい場合は，逆の半径比 $\frac{R}{r}$ を考えることでまったく同じ考察が成り立つので，ここでは $\frac{r}{R} \leq 1$ の場合のみを考えることにする。したがって，陽イオンどうしが接することはないと考えてよい。また，これらの構造では陽イオンの配位数と陰イオンの配位数が同じであることに注意せよ。 (関西学院大)

12 溶液の性質

1 溶解

◆1 **溶解と溶液** 液体(溶媒)中に他の物質(溶質)が溶けて均一に混じり合い，透明になることを溶解といい，できた液体を溶液という。とくに水が溶媒の場合の溶液を水溶液という。

例：塩化ナトリウム水溶液　溶媒：水，　溶質：塩化ナトリウム

溶質	電解質	水に溶けて電離する物質	**例**：塩化ナトリウム
	非電解質	水に溶けても電離しない物質	**例**：スクロース，エタノール

◆2 **水和** 極性の大きい水分子が，水素結合や静電気力により，溶質分子やイオンの周囲に結合している現象。

◆3 **溶解性**

溶媒	極性溶媒	極性分子の溶媒であり，極性分子やイオン結晶を溶かす。
	無極性溶媒	無極性分子の溶媒であり，無極性分子をよく溶かす。

2 固体の溶解度

◆1 **溶解度** 溶媒100gに溶かすことができる溶質のg単位の質量の数値のこと。

◆2 **飽和溶液** ある温度で溶けることができる最大量の溶質を溶かした溶液を飽和溶液という。
飽和溶液の質量＝(溶解度＋100)g

◆3 **溶解度曲線** 温度と溶解度の関係を示したグラフのこと。

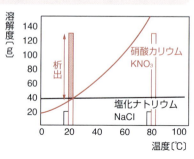

◆4 **再結晶** 不純物を少量含む物質を溶媒に溶かして再び結晶させること。不純物の量が飽和濃度に達していなければ，その不純物は析出しないで溶液中に残る。

3 気体の溶解度

◆1 **気体の溶解度** $1.013×10^5$ Pa(1 atm)で1Lの溶媒に溶ける気体の体積，物質量，質量などで表す。気体の溶解度は温度が高くなるほど減少する。また，圧力が高くなるほど増加する。

◆2 **ヘンリーの法則** 一定温度のもとで一定量の溶媒に溶ける気体の体積は，その気体の圧力下で測ると一定であり，一定の圧力下で測ると溶かしたときの気体の圧力に比例する。

その圧力下の体積	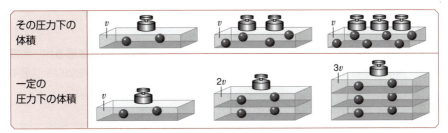
一定の圧力下の体積	

◆3 **質量モル濃度** 溶媒1kg中に溶けている溶質の物質量。単位はmol/kg。

4 溶液の性質

◆1 沸点上昇と凝固点降下

①**蒸気圧降下** 不揮発性物質を溶かした溶液の蒸気圧は，純溶媒の蒸気圧より低くなる。

②**沸点上昇** 溶液の沸点が純粋な溶媒の沸点よりも高くなる現象。沸点上昇度は，濃度の小さい溶液では，溶液の質量モル濃度に比例する。

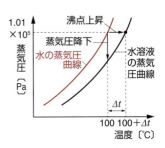

③**凝固点降下** 溶液の凝固点が純溶媒の凝固点よりも低くなる現象。凝固点降下度は，濃度の小さい溶液では，溶液の質量モル濃度に比例する。

④**沸点上昇度・凝固点降下度**

$$\Delta t = K \times m$$

Δt〔K〕：沸点上昇度または凝固点降下度
m〔mol/kg〕：質量モル濃度
K〔K·kg/mol〕：モル沸点上昇またはモル凝固点降下

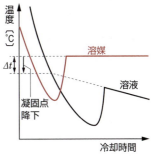

◆2 浸透圧

①**浸透** 溶媒分子が，半透膜を通って濃度の大きい溶液側へ移動すること。
半透膜：溶媒などの小さな粒子は通すが，大きな溶質粒子は通さない膜のこと。
例：セロハン，ぼうこう膜，細胞膜など

②**浸透圧** 半透膜を通じて溶媒が浸透しようとする圧力のこと。絶対温度〔K〕と，溶質粒子の物質量〔mol〕に比例し，溶液の体積に反比例する。

ファントホッフの式　$\Pi v = nRT$

Π〔Pa〕：浸透圧，v〔L〕：溶液の体積，n〔mol〕：溶質の物質量，
R〔Pa·L/(K·mol)〕：気体定数，T〔K〕：絶対温度

❺ コロイド

◆1 **コロイド粒子** 直径 $10^{-9} \sim 10^{-7}$m 程度の大きさの粒子。ろ紙は通るが，半透膜などは通らない。コロイド粒子が液体の中に分散しているものをコロイド溶液（ゾル）という。ゾルが流動性を失い，固体になったものをゲルという。

◆2 **コロイドの分類**

分散コロイド	金属などの微粒子が水に分散してできたコロイド	金，炭素など
会合コロイド	多くの分子が集まってできたコロイド	セッケンなど
分子コロイド	1つの分子からできたコロイド	デンプン，タンパク質など

◆3 **疎水コロイドと親水コロイド**

	疎水コロイド	親水コロイド
種類	無機化合物のコロイドに多い。 例：水酸化鉄(Ⅲ)，炭素，硫黄	有機化合物のコロイドに多い。 例：デンプン，タンパク質，セッケン
水和	水和している水分子が少ない。	多数の水分子が水和している。
安定性	同じ符号の電荷の反発によって安定している。	水和によって安定している。
電解質を加える	少量加えると，電気的反発力を失い沈殿する（凝析）。	少量加えても沈殿しないが，多量に加えると水和水を失い沈殿が生じる（塩析）。

・**保護コロイド** 疎水コロイドを凝析させにくくするために加える親水コロイド。

例：墨汁中のにかわ，インク中のアラビアゴム

◆4 **コロイド溶液の性質**

チンダル現象	コロイド粒子が光を散乱し，光の通路が輝いて見える現象
ブラウン運動	コロイド粒子が，熱運動する分散媒粒子に衝突され，不規則に動く現象
透析	コロイド粒子が半透膜を通過できないことを利用して，コロイド粒子を他のイオンや分子と分離し精製すること。
電気泳動	電荷を帯びたコロイド粒子が電極の一方に引かれる現象

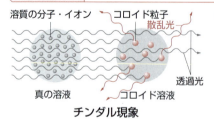

チンダル現象

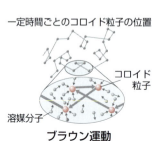

ブラウン運動

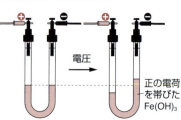

電気泳動

WARMING UP／ウォーミングアップ

次の文中の（　）に適当な語句・数値・記号を入れよ。

1 溶液

(1)　液体中に他の物質が溶けて均一に混じり合い，透明になること
を(ア)という。他の物質を溶かしている液体を(イ)，溶け込んだ
物質を(ウ)という。また，溶解によってできた液体を(エ)といい，
水が溶媒の場合はとくに(オ)という。水に溶解して電離する物質
を(カ)といい，電離しない物質を(キ)という。

(2)　(ク)の強い水分子が水素結合や静電気力により，溶質分子
やイオンの周囲に結合している現象を(ケ)という。

2 溶解度

(1)　飽和溶液では，固体が溶液に溶けだす速さと溶液から固体
が析出する速さが等しくなっている。このように見かけ上，
溶解も析出も止まった状態を(ア)という。

(2)　溶媒(イ)g に溶かすことができる溶質の g 単位の質量の数
値を(ウ)という。一般に，固体の(ウ)は，温度が高くなるほ
ど，(エ)くなるものが多い。

(3)　ある温度で溶けることができる最大量の溶質を溶かした溶
液を(オ)という。

(4)　温度による溶解度の違いを利用して，混合物を精製する方
法を(カ)という。

(5)　気体の水への溶解度は，$1.013 \times 10^5\,Pa(1\,atm)$ で，1 L の溶
媒に溶ける気体の体積，物質量，質量などで表す。気体の溶
解度は温度が高くなるほど(キ)する。また，圧力が高くなる
ほど(ク)する。

(6)　一定温度のもとで一定量の溶媒に溶ける気体の体積は，そ
の気体の圧力下で測ると(ケ)であり，一定の圧力下で測ると
溶かしたときの気体の圧力に(コ)する。このことを(サ)の法
則という。

3 溶液の濃度

(1)　(ア)の質量に対する(イ)の質量を百分率で表した値を(ウ)
という。単位は(エ)。

(2)　溶液(オ)L 中に溶けている溶質の物質量で表した濃度を
(カ)という。単位は(キ)。

(3)　溶媒(ク)kg 中に溶けている溶質の物質量で表した濃度を
(ケ)という。単位は(コ)。

1
(ア)　溶解　(イ)　溶媒
(ウ)　溶質　(エ)　溶液
(オ)　水溶液
(カ)　電解質
(キ)　非電解質
(ク)　極性　(ケ)　水和

2
(ア)　溶解平衡
(イ)　100
(ウ)　溶解度
(エ)　大き
(オ)　飽和溶液
(カ)　再結晶
(キ)　減少
(ク)　増加
(ケ)　一定
(コ)　比例
(サ)　ヘンリー

3
(ア)　溶液　(イ)　溶質
(ウ)　質量パーセント濃度
(エ)　%
(オ)　1　(カ)　モル濃度
(キ)　mol/L　(ク)　1
(ケ)　質量モル濃度
(コ)　mol/kg

158 —— 3章　物質の状態と平衡

4 溶液の性質

(1)　溶液の沸点が溶媒の沸点よりも高くなる現象を(ア)という。

(2)　溶液の凝固点が純溶媒よりも低くなる現象を(イ)という。純溶媒を冷却していくと，液体のまま凝固点よりも温度が低下して(ウ)となり，凝固が始まると温度が上昇し，凝固点で温度が一定となって凝固が進む。

(3)　水のように小さな分子は透過させるが，デンプンやタンパク質のように大きな分子は透過させないような膜を(エ)という。溶媒分子が，(エ)を通って濃度の大きい溶液側へ移動することを(オ)という。(エ)を通じて溶媒が浸透しようとする圧力のことを(カ)という。

5 コロイド

(1)　直径が $10^{-9} \sim 10^{-7}$ m 程度の大きさの粒子で，気体，液体，または固体に均一に分散している粒子を(ア)粒子という。

(2)　金属などの微粒子が水に分散してできたコロイドを(イ)コロイドという。セッケンなどのように，多くの分子が集まってできたコロイドを(ウ)コロイドという。デンプン，タンパク質などのように，1つの分子からできたコロイドを(エ)コロイドという。

(3)　コロイド粒子が光を散乱し，光の通路が輝いて見える現象を(オ)現象という。

(4)　コロイド粒子が，熱運動する分散媒粒子に衝突され，不規則に動く現象を(カ)運動という。

(5)　コロイド粒子が(キ)を通過できないことを利用して，コロイド粒子を他のイオンや分子と分離し精製することを(ク)という。

(6)　コロイド溶液に直流電圧をかけると，電荷を帯びたコロイド粒子が反対符号の電極の方に移動する。この現象を(ケ)という。

(7)　疎水コロイドの水溶液に少量の電解質を加えると，コロイド粒子が沈殿した。この現象を(コ)という。

(8)　デンプン水溶液のように，少量の電解質を加えても，沈殿を生じないコロイドを(サ)コロイドという。このコロイドに過剰の電解質を加えると沈殿する。この現象を(シ)という。

(9)　疎水コロイドの溶液に親水コロイドの溶液を加えると，疎水コロイドの粒子が親水コロイドの粒子によって囲まれて，凝析しにくくなる。このような親水コロイドを(ス)コロイドという。

4

(ア)　沸点上昇

(イ)　凝固点降下

(ウ)　過冷却

(エ)　半透膜

(オ)　浸透

(カ)　浸透圧

5

(ア)　コロイド

(イ)　分散

(ウ)　会合

(エ)　分子

(オ)　チンダル

(カ)　ブラウン

(キ)　半透膜

(ク)　透析

(ケ)　電気泳動

(コ)　凝析

(サ)　親水

(シ)　塩析

(ス)　保護

基本例題 53　気体の溶解度　　　　　　　　　　　　　　　基本⇒251

気体の溶解度について，正しいものを2つ選べ。
(1) 溶ける気体の質量は，その気体の圧力に比例する。
(2) 溶ける気体の質量は，温度が上がると一般に増加する。
(3) 溶ける気体の質量は，その気体の分圧を一定に保って他の気体の分圧を上げると，減少する。
(4) 溶ける気体の体積は，その気体の圧力によらず一定である。
(5) 溶ける気体の体積は，その気体の圧力に比例する。　　　　　　　　　　（法政大）

●エクセル　一定温度で，一定量の溶媒に溶ける気体の質量は，その気体の圧力に比例する。

考え方
溶ける気体の質量は，その気体の圧力に比例する。
溶ける気体の体積は，その気体の圧力下では一定である。

解答
(1) 溶ける気体の質量は，その気体の圧力に比例する。
(2) 溶ける気体の質量は，温度が上がると一般に減少する。
(3) 混合気体の場合，それぞれの気体の溶ける質量は，その気体の分圧に比例する。分圧が一定のとき，溶ける気体の質量は変化しない。
(4) 溶ける気体の体積は，その気体の圧力下では一定。
(5) 溶ける気体の体積は，その気体の圧力下では一定。

答　(1), (4)

基本例題 54　凝固点降下　　　　　　　　　　　　　　　　基本⇒255

エチレングリコール（$C_2H_6O_2$）は自動車のエンジン冷却水に加えられている。水 2kg を $-3.7℃$ の凝固点とするには，加えるエチレングリコールは何 g 必要か。ただし，水のモル凝固点降下を 1.85 とする。　　　　　　　　　　　　　　　　　　　　　（日大）

●エクセル　$\Delta t = K \times m$　$\begin{pmatrix} \Delta t〔K〕：凝固点降下度，m〔mol/kg〕：質量モル濃度 \\ K〔K・kg/mol〕：モル凝固点降下 \end{pmatrix}$

考え方
溶液の凝固点降下度 Δt は，溶液の質量モル濃度に比例する。

解答
自動車のエンジン冷却水は，エンジンを冷却して過熱を防ぐためのもの。冷却水が寒冷地でも凍らないように，エチレングリコールを混ぜて凝固点を下げている。
加えるエチレングリコールを $w〔g〕$ とおくと，$C_2H_6O_2 = 62$ より，その質量モル濃度 m は

$$\frac{\frac{w}{62} \text{mol}}{2\text{kg}} = \frac{w}{124} \text{mol/kg}$$

$\Delta t = K \times m$ より，

$$3.7 = 1.85 \times \frac{w}{124} \quad w = 248\text{g}$$

答　2.5×10^2 g

基本問題

247 ▶ 溶解性 次のうち，水に溶けるがベンゼンに溶けにくいものにはA，水には溶けにくくベンゼンには溶けるものにはB，水にもベンゼンにも溶けるものにはCと記せ。
(1) 塩化ナトリウム　　(2) ヨウ素　　(3) 塩化水素　　(4) グルコース

248 ▶ 電解質と非電解質 次の物質のうち，電解質であるものをすべて選べ。
(1) エタノール　　　　(2) スクロース(ショ糖)　　(3) グルコース
(4) エチレングリコール　(5) 塩化ナトリウム　　　(6) 塩化カルシウム

249 ▶ 溶解度曲線 硝酸カリウムの溶解度(水100gに溶ける溶質の最大質量[g])と温度との関係を右図に示した。図中A点(・)にある溶液600gを45℃まで冷却するとき，析出する硝酸カリウムの質量は何gか。

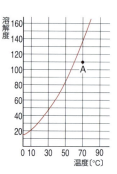

250 ▶ 再結晶 硝酸カリウムの水への溶解度は，40℃で62，20℃で31である。40℃の硝酸カリウム飽和水溶液324gを20℃まで冷却したときに析出する硝酸カリウムの質量は何gか。
〔10　東京電機大〕

251 ▶ 気体の溶解度 0℃，1.0×10^5 Paで水1LにメタンCH_4は56mL溶ける。次の(1)〜(5)に答えよ。
(1) 0℃，1.0×10^5 Paで水1Lに溶けるメタンは何gか。
(2) 0℃，2.0×10^5 Paで水1Lに溶けるメタンは何gか。
(3) 0℃，2.0×10^5 Paで水5Lに溶けるメタンは何gか。
(4) 0℃，2.0×10^5 Paで水5Lに溶けるメタンの体積は，0℃，1.0×10^5 Paで何mLか。
(5) 0℃，2.0×10^5 Paで水5Lに溶けるメタンの体積は，0℃，2.0×10^5 Paで何mLか。

252 ▶ 溶液の濃度 質量パーセント濃度18%の塩化ナトリウム水溶液の密度は1.13 g/cm³である。この水溶液について，次の(1)〜(3)に答えよ。
(1) この水溶液500gをつくるのに要した塩化ナトリウムは何gか。
(2) この水溶液のモル濃度を求めよ。　(3) この水溶液の質量モル濃度を求めよ。

253 ▶ 沸点上昇 次の文中の(ア)〜(ク)に適当な語句を入れよ。
　水にショ糖や食塩を溶かした水溶液の水の蒸気圧は，同温度の純粋な水の蒸気圧より(　ア　)。液体の沸点とは液体の蒸気圧が(　イ　)に達するときの(　ウ　)である。そのとき，液体の(　エ　)から気化が起こる。また，溶液の濃度が大きいほど蒸気圧が(　オ　)なり，沸点が(　カ　)くなる。不揮発性の溶質を含む溶液では沸騰を続けるにつれて溶液の濃度が(　キ　)くなり，沸点は(　ク　)くなっていく。
〔岩手大　改〕

254 ▶ 溶液の性質
次の(ア)～(ウ)の溶液について，(1)蒸気圧の高い順，(2)沸点の高い順，(3)凝固点の高い順にそれぞれ並べよ。
(ア) 0.10 mol/kg のグルコース($C_6H_{12}O_6$)水溶液
(イ) 0.12 mol/kg の塩化ナトリウム水溶液
(ウ) 0.10 mol/kg の塩化カルシウム水溶液

255 ▶ 冷却曲線
右図はスクロース(ショ糖)$C_{12}H_{22}O_{11}$ の希薄水溶液を冷却していく場合の，冷却時間と温度の関係を示した冷却曲線である。

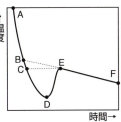

(1) 凝固点は，図中の A～F のどの点の温度か。
(2) D のように，凝固点よりも温度が下がっても液体の状態を保っていることを何というか。
(3) 水 200 g にスクロース 3.42 g を溶かした水溶液の凝固点は何℃ か。小数第 3 位まで求めよ。ただし，$C_{12}H_{22}O_{11}=342$，水のモル凝固点降下は 1.85 K・kg/mol とする。

256 ▶ 浸透圧

不揮発性物質を溶かした水溶液と純粋な水を，U字管の①膜 A の両側にそれぞれ同じ高さになるように加えた。しばらくすると，図に示すように，②水溶液の液面が純粋な水の液面よりも高くなったところで停止した。
(1) 下線部①の膜 A のような性質を示す膜を何というか。
(2) 下線部②の現象を起こす圧力を何というか。
(3) 次の(a)～(d)の 4 種類の水溶液について，図にある液面の高さの差を測定した。差の大きいものから順に記号で答えよ。
 (a) グルコース($C_6H_{12}O_6$) 225 mg を溶かした 100 mL の水溶液
 (b) NaCl 23.4 mg を溶かした 100 mL の水溶液
 (c) 分子量 $1.00×10^4$ のタンパク質 500 mg を溶かした 100 mL の水溶液
 (d) $CaCl_2$ 55.5 mg を溶かした 100 mL の水溶液
(4) (3)(a)の水溶液の，27℃ における浸透圧〔Pa〕を求めよ。 （千葉大 改）

257 ▶ いろいろなコロイド
次の(1)～(4)に最も関係のある語句を(ア)～(キ)から一つ選べ。
(1) 墨汁は煙のすす(炭素)，ニカワ，防腐剤などを混合し，水溶液としたものである。
(2) 霧や雲の中を強い光が通るとき，光の進路が明るく輝いて見える。
(3) 浄水場では，水の浄化にアルミニウムイオンを用いている。
(4) 煙道の一部に直流電圧をかけておくと，ばい煙を除去することができる。
　(ア) 塩析　(イ) 凝析　(ウ) 透析　(エ) チンダル現象　(オ) 保護コロイド
　(カ) ブラウン運動　(キ) 電気泳動 （昭和薬科大 改）

162 —— 3章　物質の状態と平衡

標準例題 55　混合気体の溶解
標準➡259

水を 2.00×10^{-1} L 入れた容器に酸素と窒素を加え温度 40℃ として十分な時間をおいたところ，この混合気体の全圧は 5.60×10^5 Pa であり，水に溶解している窒素の物質量は 2.80×10^{-4} mol であった。このときの混合気体中の酸素の体積割合は何％か。有効数字 2 けたで答えよ。この混合気体にはヘンリーの法則が成り立ち，40℃ における窒素の水への溶解度（圧力 1.01×10^5 Pa の窒素が水 1 L に溶ける物質量）は 5.18×10^{-4} mol とする。水の蒸気圧は無視できるものとする　　　　　　　　　　　（12　東京農工大）

●エクセル　ヘンリーの法則：一定量の溶媒に溶け込む気体の物質量は混合気体の分圧に比例する。

考え方

1 気圧で n 〔mol〕溶ける気体は，2 気圧では $2n$ 〔mol〕溶ける。

解答

窒素の分圧を p〔Pa〕とする。ヘンリーの法則より，一定量の溶媒に溶け込む気体の体積は分圧に比例するので，

$$p : 1.01 \times 10^5 = \frac{2.80 \times 10^{-4}}{2.00 \times 10^{-1}} : 5.18 \times 10^{-4}$$

$$p = 2.72 \times 10^5 \, \text{Pa}$$

酸素の分圧は

$$5.60 \times 10^5 - 2.72 \times 10^5 = 2.88 \times 10^5 \, \text{Pa}$$

よって，酸素の体積割合は

$$\frac{2.88 \times 10^5}{5.60 \times 10^5} \times 100 = 51.4 \fallingdotseq 51 \%$$

答　**51%**

標準例題 56　沸点上昇
標準➡260

水 100 g にグルコース（分子量 180）1.8 g を溶かした溶液の沸点は，水の沸点に比べて 0.052 K 高かった。3.0 g の尿素 $CO(NH_2)_2$（分子量 60）を，水 100 g に溶かした溶液の沸点は何℃ か。小数第 2 位まで答えよ。

●エクセル　$\Delta t = K \times m$　$\begin{pmatrix} \Delta t〔\text{K}〕：沸点上昇度，m〔\text{mol/kg}〕：質量モル濃度 \\ K〔\text{K・kg/mol}〕：モル沸点上昇 \end{pmatrix}$

考え方

不揮発性の非電解質を溶かした希薄溶液の沸点上昇度 Δt は，溶質の種類に関係なく，溶液の質量モル濃度だけに比例する。

解答

水 100 g にグルコース 1.8 g を溶かした溶液の質量モル濃度は　$\dfrac{1.8}{180} \times \dfrac{1}{0.100} = 0.10 \, \text{mol/kg}$

したがって，$\Delta t = 0.052$ K, $m = 0.10$ mol/kg, $\Delta t = K \times m$ より，

$0.052 = K \times 0.10$

$K = 0.52 \, \text{K・kg/mol}$

水 100 g に 3.0 g の尿素を溶かした溶液の質量モル濃度は

$$\frac{3.0}{60} \times \frac{1}{0.100} = 0.50\,\text{mol/kg}$$

したがって，$\Delta t = 0.52 \times 0.50 = 0.26\,\text{K}$

純水の沸点は $1.013 \times 10^5\,\text{Pa}$ で $100\,℃$ である。

よって，求める沸点は　$100 + 0.26 = 100.26\,℃$

答　$100.26\,℃$

標準問題

258 ▶ **水和物の溶解度**　硫酸銅（Ⅱ）の水への溶解度は，$60\,℃$ で 40 である。$60\,℃$ の水 $100\,\text{g}$ に硫酸銅（Ⅱ）五水和物は何 g まで溶けるか。$CuSO_4 = 160$，$CuSO_4 \cdot 5H_2O = 250$

259 ▶ **気体の溶解度**　酸素は，$0\,℃$，$1.0 \times 10^5\,\text{Pa}$ のとき，$0\,℃$ の水 $1\,\text{L}$ に $49\,\text{mL}$ 溶け込むことが知られている。
(1) $0\,℃$，$1.0 \times 10^5\,\text{Pa}$ の酸素が，$0\,℃$ の水 $1\,\text{L}$ に溶け込む質量を求めよ。
(2) $0\,℃$ の水 $1\,\text{L}$ に，$0\,℃$，$2.0 \times 10^5\,\text{Pa}$ の空気を接触させておいたとき，溶け込む酸素の質量を求めよ。ただし，空気は酸素と窒素の物質量比 $1:4$ の混合物とする。

260 ▶ **沸点上昇**　水の沸点は，1気圧（$1.0 \times 10^5\,\text{Pa}$）で $100\,℃$ である。尿素 $CO(NH_2)_2$ $4.5\,\text{g}$ を水 $150\,\text{g}$ に溶解した溶液について，以下の(1)，(2)に答えよ。
(1) この溶液の沸点は，純水よりも高い。沸点が上昇する度合いは，溶質の種類に無関係で溶液の質量モル濃度に比例する。この比例定数は，水において $0.52\,\text{K}\cdot\text{kg/mol}$ である。この溶液の沸点を求めよ。答えは小数点以下 2 桁まで求めよ。
(2) 溶液の沸点が，純粋な溶媒の沸点と異なるのはなぜか。　　　　　　　　（千葉大）

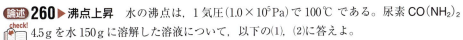

261 ▶ **凝固点降下**　$40.0\,\text{g}$ のベンゼンに $0.680\,\text{g}$ の酢酸を加えた溶液の凝固点降下度は $0.870\,\text{K}$ であった。ベンゼンのモル凝固点降下 $5.12\,\text{K}\cdot\text{kg/mol}$ から，この溶液中の溶質の物質量は（ ア ）〔mol〕と求められる。酢酸の分子量は 60.0 なので，ベンゼン中で酢酸分子は水素結合を形成していると考えられる。
(1) （ ア ）に当てはまる値を有効数字 2 桁で答えよ。
(2) 下線部について，酢酸の構造式を用いて水素結合のようすを図示せよ。ただし，共有結合は実線，水素結合は点線で表すこと。
(3) このときの酢酸の会合度 α（溶かした酢酸の分子数に対する会合した酢酸分子数の比，$0 < \alpha < 1$）を求めよ。　　　　　　　　　　　　　　　（11　北大　改）

262 ▶ 冷却曲線 曲線 A は純ベンゼン 100 g, 曲線 B はベンゼン 100 g に非電解質 X 2.00 g を溶かした溶液をそれぞれ冷却したときの温度変化を表す。

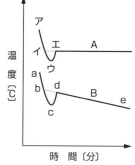

(1) 曲線 A のイ-ウ間, ウ-エ間における純ベンゼンの状態について説明せよ。
(2) 曲線 B の d〜e の部分は水平にならず, 右下がりになる。その理由を書け。
(3) ベンゼン溶液(曲線 B)の凝固点は, どの点の温度とみなせるか。記号で答えよ。
(4) 純ベンゼンの凝固点は 5.460℃, ベンゼン溶液の凝固点は 4.670℃ であった。X の分子量を整数で答えよ。ベンゼンのモル凝固点降下は, 5.07 K·kg/mol である。
(お茶の水女子大)

263 ▶ 浸透圧 涙や血液とほぼ同じ浸透圧を示す, 0.90% の塩化ナトリウム水溶液は生理食塩水とよばれ, 傷口の洗浄や注射薬の溶媒として用いられている。ただし, 生理食塩水の密度を 1.0 g/cm³, 気体定数 $R = 8.3 \times 10^3$ Pa·L/(K·mol) とする。
(1) 生理食塩水のモル濃度は何 mol/L か。 ア . イ ウ mol/L で表せ。
(2) 体温(37℃)における生理食塩水の浸透圧は何 Pa か。
(摂南大)

264 ▶ コロイド溶液 コロイド溶液に横から強い光を照射すると, 光の進路が明るく見える。この現象を(ア)現象という。コロイド粒子は, セロハンのような半透膜を通過できないため, この膜を利用して純粋なコロイド溶液が得られる。この操作を(イ)という。また, コロイド溶液に入れた 2 本の電極に 100 V 程度の直流電圧をかけると, コロイド粒子は一方の電極に引き寄せられて移動する。この現象を(ウ)という。

　コロイド溶液に少量の電解質を添加するとコロイド粒子が集合して大きな粒子となり沈殿する。この現象を凝析という。水酸化鉄(Ⅲ)水溶液のような凝析しやすいコロイドを疎水コロイドという。一方, <u>デンプンやゼラチンの水溶液のような親水コロイドに少量の電解質を加えても凝析は起こらないが, 多量の電解質を加えるとコロイド粒子が集合し沈殿する</u>。また, 疎水コロイドに親水コロイドを加えると凝析しにくくなる。このような作用をもつコロイドを(エ)コロイドという。
(1) 文中の(ア)〜(エ)に適当な語句を入れよ。
(2) 下線部について, このような現象が起こる理由を述べよ。
(信州大　改)

265 ▶ コロイド粒子 沸騰した蒸留水に 0.40 mol/L の塩化鉄(Ⅲ)水溶液 5.0 mL を加え, 全量 50 mL の水酸化鉄(Ⅲ)のコロイド溶液を得た。この溶液をセロファン袋に入れ, 十分な量の蒸留水に長時間浸してセロファン袋内の塩化物イオンを除去した後, コロイド溶液の量を 100 mL とした。このコロイド溶液の浸透圧は 27℃ で 24.9 Pa であった。一つのコロイド粒子には平均すると, 何個の鉄原子が含まれると考えられるか。有効数字 2 桁で答えよ。加えた塩化鉄(Ⅲ)の鉄原子はすべてコロイドを形成しているものとする。ただし, 気体定数 $R = 8.3 \times 10^3$ Pa·L/(K·mol) とする。
(北大)

発展問題

266 ▶ 気体の溶解度 右表は，分圧 1.0×10^5 Pa，温度 0 ℃ および 20 ℃ において，水 1.00 L に溶解する二酸化炭素と窒素の物質量を表している。

表　分圧 1.0×10^5 Pa における二酸化炭素と窒素の水 1.00 L への溶解量

	二酸化炭素	窒素
0 ℃	7.7×10^{-2} mol	1.0×10^{-3} mol
20 ℃	3.9×10^{-2} mol	6.8×10^{-4} mol

温度，圧力，体積を変えられる容器を用意し，次の操作①〜③を順に続けて行った。以下では，ヘンリーの法則が成り立つとし，水の体積変化および蒸気圧は無視できるとし，気体定数 $R = 8.3 \times 10^3$ Pa·L/(K·mol) とする。

操作①　この容器に水 1.00 L を入れ，圧力 2.0×10^5 Pa の二酸化炭素と 20 ℃ において平衡状態にしたあと，密閉した。このとき，容器中の気体の二酸化炭素の体積は 0.20 L であった。

操作②　次に，密閉状態を保ち，体積一定のまま，全体の温度を 0 ℃ に冷却し，平衡状態にした。

操作③　さらに，容器の体積を変えずに，温度を 0 ℃ に保ちながら，二酸化炭素を逃さないように容器に気体の窒素を注入し，全圧 2.0×10^5 Pa において平衡状態にした。

(1) 操作①のあと，水に溶けている二酸化炭素の質量を有効数字 2 桁で求めよ。
(2) 操作②を行ったあとの，気体の圧力および水に溶けている二酸化炭素の質量を有効数字 2 桁で求めよ。ただし，水は液体の状態を保っていたとする。
(3) 操作③のあと，水に溶けている二酸化炭素の質量を有効数字 2 桁で，水に溶けている窒素の質量を有効数字 1 桁で求めよ。

（千葉大）

267 ▶ 浸透圧　赤血球は血液中で血漿（けっしょう）とよばれる電解質やタンパク質を含む水溶液に浮遊している。血液から赤血球と血漿を分離して以下の実験を行った。実験結果に関する下の問いに答えよ。ただし，1 atm = 1.01×10^5 Pa，気体定数 $R = 8.3 \times 10^3$ Pa·L/(K·mol) とする。

［実験 1］ 化合物 X を分析したところ，分子量 100 の弱電解質で，水溶液中では部分的に 1 価の陽イオンと陰イオンに電離することがわかった。

［実験 2］ 図の実験装置の A 側には X 20 g を純水に溶かして全量を 1000 mL とした溶液を，B 側には血漿をそれぞれ同量入れて 37 ℃ に保ってしばらく放置したが，A, B 両液の液面の高さには差は認められなかった。

［実験 3］ A 側には純水を，B 側には血漿を同容量入れて 37 ℃ に保ち，B 側に 7.6 atm の圧力をかけたところ A, B 両液の液面は一致した。

以上の結果から，X の水溶液中における電離度 α を求めよ。有効数字 2 桁として求めよ。

（東京理科大　改）

論述問題

268 ▶ 状態変化 右図は，$-50℃$ の氷 27.0g に 1.01×10^5Pa のもとで，毎分 0.30kJ の割合で熱を与えたときの，加熱時間と温度の関係を示したものである。ただし，この他に周囲との熱のやりとりはないものとする。また，気体は理想気体とする。

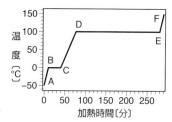

(1) 区間 A→B，区間 C→D，区間 E→F のなかで，比熱(1g の物質の温度を 1℃ 上げるために必要な熱量)が最も大きい状態をとる区間はどれか。また，上図からそのように判断した理由を，25 字程度で説明せよ。

(2) 同じ温度である D 点と E 点において，この物質の「分子間の平均距離」と「分子の熱運動のエネルギー」をそれぞれ比較し，35 字程度で説明せよ。

(3) 上図から水の蒸発熱は氷の融解熱より大きいことがわかる。一般に，同一物質の融解熱と蒸発熱を比較すると，蒸発熱の方が大きい。この理由を「分子間力」という語句を用いて 70 字程度で説明せよ。

(07　埼玉大　改)

269 ▶ 実在気体と理想気体 気体の状態方程式において $Z = \dfrac{PV}{nRT}$ とする。一定圧力(1.0×10^5Pa)のもとで，ある気体の Z 値を調べたら，右図のような曲線が得られた。温度の上昇に伴って，気体の Z 値が理想気体に近づく理由を，「熱運動」という語句を使って 40 字以内で答えよ。

(10　北大)

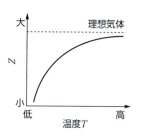

一定圧力(1.0×10^5Pa)における Z 値と温度 T との関係

270 ▶ 気体の捕集 小型のガスボンベに入っている気体 X を，メスシリンダーを用いて水上置換で捕集し，メスシリンダー内外の水面を合わせて体積を測ることにより，気体 X の分子量を求めることができる。このとき，気体 X の圧力は実験場所の大気圧と同じにならない。その理由とどのようにして気体 X の圧力を知ることができるかを 35 字以内で述べよ。ただし，気体 X の水への溶解は無視する。

(11　筑波大)

271 ▶ 溶解性 溶解性について，次の(1)，(2)に答えよ。

(1) ヨウ素を水とヘキサンが同じ体積ずつ入った 1 本の試験管に入れ，よく振ったらヨウ素は完全に溶解した。このときの試験管内のようすを書き，なぜそうなったかの理由も述べよ。

(2) (1)の試験管にヨウ化カリウム KI の飽和溶液を加えて振ったら，試験管の中にはどのような変化が見られたか。50字以内で述べよ。ただし，KI の物質量は試験管中にあったヨウ素の物質量より大きいとする。　　　　　　　　　　　（10　大阪大）

272▶ヘンリーの法則　酸素や窒素の水への溶解は，ヘンリーの法則に従うことが知られている。次の(1)，(2)に答えよ。
(1)　ヘンリーの法則について，30字以上40字以内で説明せよ。
(2)　以下に示す気体が水に溶解する場合に，ヘンリーの法則に従わないものをすべて選べ。また，選択した気体がヘンリーの法則に従わない理由を，20字以上35字以内で説明せよ。
　　H_2，HCl，NH_3，Ne　　　　　　　　　　　　　　　　　　　　（東京農工大）

273▶質量モル濃度　水溶液の沸点上昇度，蒸気圧降下度，凝固点降下度は，モル濃度ではなく，「質量モル濃度」に比例する。この理由を述べよ。

274▶蒸気圧降下と沸点上昇　純粋な溶媒に比べ，不揮発性物質を溶質とする溶液の蒸気圧が低下する理由と，沸点が上昇する理由をそれぞれ70字以内で説明せよ。ただし，溶媒と溶質の間には分子間力ははたらかないものとする。　　　　　　（10　千葉大）

275▶凝固点降下の利用　塩化カルシウムを散布すると濡れた路面は凍りにくくなる。この理由を40字以内で述べよ。　　　　　　　　　　　　　　　　　　（11　静岡大）

276▶凝固点降下法　ベンゼンに溶かした安息香酸の分子量を凝固点降下法で測定したら実際の分子量の2倍の値になった。この理由を説明せよ。
　　　　　　　　　　　　　　　　　　　　　　　　　　　　　　　　（徳島大　改）

277▶浸透圧法　高分子化合物の分子量決定には凝固点降下法ではなく，浸透圧法を用いる。この理由を説明せよ。　　　　　　　　　　　　　　　（医科歯科大　改）

278▶浸透圧　医療用の輸液に用いられる生理的食塩水の濃度は0.9％に定められている。これより低い濃度や高い濃度だと問題が生じる理由を述べよ。

279▶親水コロイド　デンプンやタンパク質を水に溶かしてつくったコロイド溶液は親水コロイドであり，電解質を少量加えただけでは沈殿しない。この理由を60字以内で説明せよ。　　　　　　　　　　　　　　　　　　　　　　　　　　（11　琉球大）

13 化学反応と熱エネルギー

❶ エネルギーの変換と保存

◆1 **エネルギーの変換** エネルギーがその姿を変えることをエネルギーの変換という。また，変換の前後ではエネルギーの総和は変わらない。これをエネルギー保存の法則という。

◆2 **化学エネルギー** 物質がもつエネルギーを化学エネルギーという。化学エネルギーが変換されるとき，エネルギーの一部が熱，電気，光として放出および吸収される。

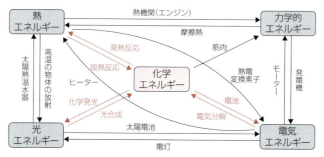

❷ 反応熱と熱化学方程式

◆1 **反応熱** 化学反応にともなって，発生したり吸収されたりする熱量。25℃，$1.013×10^5\,Pa$ における，目的物質 1 mol あたりの熱量（単位 kJ/mol）で表す。

◆2 **熱化学方程式** 化学反応式の右辺に反応熱をかき加え，両辺を等号で結んだもの。

例 2 mol の水素(気体)と 1 mol の酸素(気体)が反応して 2 mol の水(液体)を生じて 572 kJ の熱が発生したとき，この反応の熱化学方程式は，

$$2H_2(気)+O_2(気)=2H_2O(液)+572\,kJ$$

・反応熱は物質の状態によって変わるので，物質の状態も付記する。
・物質の状態は（固），（液），（気）と表す。
・熱化学方程式中の各物質の係数は，物質量〔mol〕を表す。
・「左辺のエネルギーの総和」＝「右辺のエネルギーの総和」を意味している。
・反応熱の符号は発熱反応(熱が発生する反応)のときは ＋ 符号，吸熱反応(熱を吸収する反応)のときは － 符号。

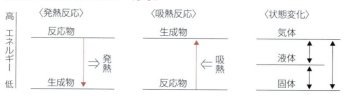

◆3 いろいろな熱化学方程式

（表中，HCl aq は塩化水素の水溶液〔塩酸〕，aq だけの場合は多量の水を表す。）

燃焼熱	物質 1 mol が完全燃焼するときの反応熱。注 H_2O は液体状態 例：$CH_4(気) + 2O_2(気) = CO_2(気) + 2H_2O(液) + 891 kJ$
生成熱	化合物 1 mol がその成分元素の単体から生成するときの反応熱。 例：$C(黒鉛) + 2H_2(気) = CH_4(気) + 74.9 kJ$
中和熱	酸の水溶液と塩基の水溶液が中和して水 1 mol ができるときの反応熱。 例：$HCl\ aq + NaOH\ aq = NaCl\ aq + H_2O(液) + 56.5 kJ$
溶解熱	物質 1 mol が多量の溶媒に溶解するときに発生または吸収する熱。 例：$NaOH(固) + aq = NaOH\ aq + 44.5 kJ$ （aq は多量の水を表す）
蒸発熱	液体の物質 1 mol が気体に状態変化するときに吸収する熱。 例：$H_2O(液) = H_2O(気) - 44.0 kJ$

＊状態変化（融解，蒸発，昇華）は化学変化ではないが，熱化学方程式で表すことができる。

❸ ヘスの法則

◆1 **ヘスの法則（総熱量保存の法則）** 化学変化（状態変化も含む）に伴って出入りする熱量の総和は，化学変化する前後の物質の種類と状態によって決まり，物質の変化の過程に関わらず一定である。

ヘスの法則から，未知の反応熱を間接的に求めることができる。

例：
$C(黒鉛) + O_2 = CO_2 + 394 kJ$ …①
$CO + \frac{1}{2}O_2 = CO_2 + 283 kJ$ …②

①，②より，
$C(黒鉛) + \frac{1}{2}O_2 = CO + Q kJ$ を求める。

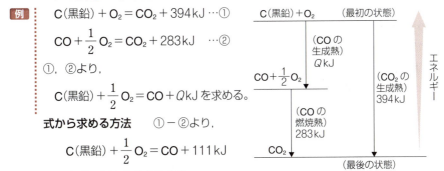

式から求める方法 ①－②より，
$C(黒鉛) + \frac{1}{2}O_2 = CO + 111 kJ$

エネルギー図から求める方法
右上のエネルギー図から $Q + 283 = 394$　　よって，$Q = 111 kJ$

◆2 **反応熱と生成熱** 単体の生成熱を 0 としているので，単体がもつエネルギーを基準とし，生成物と反応物の生成熱の差として反応熱を求めることができる。

生成熱を用いた反応熱の計算

反応熱＝（生成物の生成熱の総和）－（反応物の生成熱の総和）

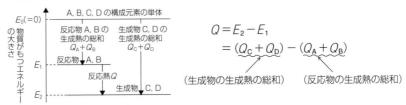

例 メタンの燃焼

$CH_4(気) + 2O_2(気) = CO_2(気) + 2H_2O(液) + Q\, kJ$

$Q = (394 + 2 \times 286) - 74 = 892\, kJ/mol$

物質	生成熱〔kJ/mol〕
CH_4(気)	74
CO_2(気)	394
H_2O(液)	286

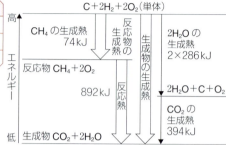

WARMING UP／ウォーミングアップ

次の文中の（　）に適当な語句・数値・化学式・記号を入れよ。

1 エネルギーの変換

(1) 物質はそれぞれ固有のエネルギーをもっており，これを（ア）という。

(2) エネルギーが姿を変えることを（イ）という。変換してもその前後におけるエネルギーの総量は変わらない。これを（ウ）という。

2 反応熱

(1) 化学反応において，着目する物質1molあたりについて発生または吸収した熱量を（ア）という。熱を発生する反応を（イ），また，吸収する反応を（ウ）という。熱量の単位には（エ）を用いる。

(2) 物質1molが完全燃焼するときの（オ）を（カ）という。また，化合物1molが成分元素の単体から生成するときの（オ）を（キ）という。

3 熱化学方程式

(1) 水素と酸素から水（気体）1molが生成するときに，242kJの熱が発生する。

　　$H_2(気) + (ア) = (イ)(気) + 242\, kJ$

(2) 一酸化炭素1molが燃焼すると，283kJの熱が発生する。

　　$(ウ) + (エ) = CO_2(気) + (オ)\, kJ$

1
(ア) 化学エネルギー
(イ) エネルギーの変換
(ウ) エネルギー保存の法則

2
(ア) 反応熱
(イ) 発熱反応
(ウ) 吸熱反応
(エ) J(kJ)
(オ) 反応熱
(カ) 燃焼熱
(キ) 生成熱

3
(ア) $\frac{1}{2} O_2$(気)
(イ) H_2O
(ウ) CO(気)
(エ) $\frac{1}{2} O_2$(気)
(オ) 283

4 ヘスの法則

化学反応において発生または吸収する熱量は変化の過程によらず，物質の最初と最後の(ア)と(イ)だけで決まる。この法則を(ウ)の法則という。

4
(ア) 種類
(イ) 状態
(ウ) ヘス

5 反応熱と生成熱

単体の生成熱を 0 としているので，単体がもつエネルギーを基準とし，生成物と反応物の生成熱の差として反応熱を求めることができる。このことを式で表すと，「反応熱＝((ア)の生成熱の総和) －((イ)の生成熱の総和)」となる。

5
(ア) 生成物
(イ) 反応物

6 エネルギー図

右のエネルギー図から，1 mol の液体の水が気体の水になると，(ア)kJ の熱を(イ)することがわかる。この熱は(ウ)という。

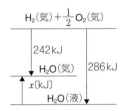

6
(ア) 44(＝286－242)
(イ) 吸収
(ウ) 蒸発熱

基本例題 57　ヘスの法則　　　　　　　　　　基本 ▶ 282, 284, 285

次の熱化学方程式を用いて，プロパン C_3H_8 の生成熱〔kJ/mol〕を求めよ。

$C(黒鉛) + O_2 = CO_2 + 394 kJ$ 　　　…①

$H_2 + \dfrac{1}{2} O_2 = H_2O(液) + 286 kJ$ 　　　…②

$C_3H_8 + 5O_2 = 3CO_2 + 4H_2O(液) + 2220 kJ$ 　…③

● **エクセル**　生成熱：化合物 1 mol がその成分元素の単体から生成するときの反応熱。

考え方

①，②，③式から $3C + 4H_2 = C_3H_8 + Q kJ$ の式をつくる。

解答

①，②，③式から $3C + 4H_2 = C_3H_8 + Q kJ$ の式をつくる。
① × 3 ＋ ② × 4 － ③ より，

$3C + 4H_2 = C_3H_8 + 106 kJ$ 　**答 106 kJ/mol**

(別解)

```
          3C+3O₂+4H₂+2O₂
              │              │ x〔kJ〕
         286×4              C₃H₈+5O₂
              ↓              │
          3C+3O₂+4H₂O
              │
           394×3           2220
              ↓              ↓
           3CO₂+4H₂O
```

$286 × 4 + 394 × 3 = x + 2220$
$x = 106 kJ$

172 —— 4章　物質の変化と平衡

基本例題 58　生成熱と反応熱

基本 ➡ 283

アセチレン C_2H_2 の燃焼熱は何 kJ/mol か。整数値で答えよ。ただし，水は液体として生じるものとし，水の蒸発熱は 44 kJ/mol である。

右の生成熱の表も利用せよ。　　　　（自治医大）

物質	生成熱（kJ/mol）
H_2O（気）	242
CO_2（気）	394
C_2H_6（気）	84
C_2H_4（気）	-52
C_2H_2（気）	-228

●**エクセル**　反応熱＝（生成物の生成熱の総和）－（反応物の生成熱の総和）

考え方

C_2H_2（気），O_2（気），CO_2（気）の生成熱はそれぞれ，-228，0，394 kJ/mol である。

H_2O（液）の生成熱は，H_2O（気）の生成熱と水の蒸発熱から求める。

解答

アセチレンの燃焼の熱化学方程式は

$$C_2H_2（気）+ \frac{5}{2}O_2（気）= 2CO_2（気）+ H_2O（液）+ Q\,kJ$$

水の蒸発熱が 44 kJ/mol であるので

$$H_2O（気）= H_2O（液）+ 44\,kJ \quad \cdots①$$

H_2O（気）の生成熱は 242 kJ/mol より，

$$H_2（気）+ \frac{1}{2}O_2（気）= H_2O（気）+ 242\,kJ \quad \cdots②$$

①，②式より，（①＋②）

$$H_2（気）+ \frac{1}{2}O_2（気）= H_2O（液）+ 286\,kJ$$

よって，H_2O（液）の生成熱は，286 kJ/mol。

反応熱＝（生成物の生成熱の総和）

　　　　　－（反応物の生成熱の総和）

より，$Q =（2×394＋286）-\left(-228＋\dfrac{5}{2}×0\right)= 1302$

答　1302 kJ/mol

基本問題

280 ▶**反応熱**　次の(1)～(5)の変化に伴う反応熱を，それぞれ何というか答えよ。

(1)　$NaNO_3$（固）+ aq ＝ $NaNO_3$ aq － 21 kJ

(2)　HCl aq ＋ NaOH aq ＝ NaCl aq ＋ H_2O（液）＋ 56 kJ

(3)　C_2H_5OH（液）＋ $3O_2$（気）＝ $2CO_2$（気）＋ $3H_2O$（液）＋ 1368 kJ

(4)　H_2O（液）＝ H_2O（気）－ 44 kJ

(5)　3C（黒鉛）＋ $4H_2$（気）＝ C_3H_8（気）＋ 106 kJ

281 ▶熱化学方程式 次の(1)～(5)の変化を熱化学方程式で表せ。

(1) 1 mol のアンモニアを，窒素と水素からつくるとき，46.1 kJ の熱量を発生した。

(2) 炭素(黒鉛)1 mol を完全燃焼させたとき，394 kJ の熱量を発生した。

(3) 1 mol の水酸化ナトリウムを多量の水に溶解したとき，44.6 kJ の熱量を発生した。

(4) 固体の水(氷)2 mol が液体の水になるとき，12.0 kJ の熱量が必要である。固体の水 1 mol のときの熱化学方程式を書け。

(5) 0.5 mol のエタンを完全燃焼させたとき，780 kJ の熱量を発生した。ただし，生成した水は液体である。1 mol のエタンが反応するときの熱化学方程式を書け。

282 ▶ヘスの法則 次の熱化学方程式を用いて，メタン CH_4 の燃焼熱を求めよ。

$$2H_2 + C(黒鉛) = CH_4 + 74\,kJ \quad \cdots ①$$
$$2H_2 + O_2 = 2H_2O(液) + 572\,kJ \quad \cdots ②$$
$$C(黒鉛) + O_2 = CO_2 + 394\,kJ \quad \cdots ③$$

283 ▶生成熱と反応熱 二酸化炭素，水(液体)，メタノール CH_3OH(液体)の生成熱は，それぞれ 394，286，239 kJ/mol である。メタノール(液体)の燃焼熱を求めよ。

284 ▶燃焼熱と生成熱 炭素(黒鉛)，水素，ホルムアルデヒド $HCHO$ の燃焼反応の熱化学方程式は次のとおりである。

$$C(黒鉛) + O_2(気) = CO_2(気) + 394\,kJ \qquad \cdots Ⅰ式$$
$$H_2(気) + \frac{1}{2}O_2(気) = H_2O(液) + 286\,kJ \qquad \cdots Ⅱ式$$
$$HCHO(気) + O_2(気) = CO_2(気) + H_2O(液) + 561\,kJ \quad \cdots Ⅲ式$$

ホルムアルデヒドの生成熱はいくらか。有効数字 2 桁で答えよ。 （東工大）

285 ▶エネルギー図 右下の図は炭素 C(黒鉛)と酸素 O_2 から一酸化炭素 CO および二酸化炭素 CO_2 を生成する反応を表している。

(1) 次の文の（ ）に適する数値・式を入れよ。

右図で，上段の C(黒鉛)$+O_2$(気)は，中段の CO(気)$+\frac{1}{2}O_2$(気)よりも（ ア ）kJ 高いエネルギー状態にあるので，C(黒鉛)$+O_2$(気)$=CO$(気)$+\frac{1}{2}O_2$(気)$+$（ ア ）kJ となる。この式の両辺に共通する $\frac{1}{2}O_2$(気)を消去すると（ イ ）という熱化学方程式になる。

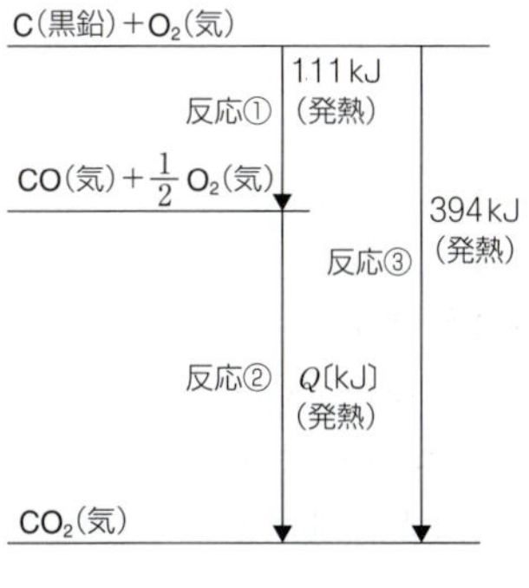

(2) 図の①～③の反応熱は次の(a)～(d)のどれを示しているか。

　(a) CO の生成熱　　(b) CO_2 の生成熱　　(c) CO の燃焼熱　　(d) CO_2 の燃焼熱

(3) 反応熱 Q〔kJ〕を求めて，反応②の熱化学方程式で表せ。

標準例題 59　結合エネルギーと反応熱　　標準→293

一酸化炭素 CO の C と O の間の結合エネルギーは，単結合の値とは異なる。その値を熱化学方程式(A)と次の表を用いて求めよ。

CO(気) + 2H₂(気) = CH₃OH(気) + 93 kJ　……(A)

単結合の種類	H－H	C－H	C－O	O－H
結合エネルギー〔kJ/mol〕	432	411	378	435

●エクセル　反応熱＝(生成物の結合エネルギーの総和)－(反応物の結合エネルギーの総和)

考え方
メタノール
C－H 結合　3個
C－O 結合　1個
O－H 結合　1個

解答
反応熱＝(生成物の結合エネルギーの総和)
　　　　－(反応物の結合エネルギーの総和)
CO の C と O の間の結合エネルギーを x〔kJ/mol〕とする。
$93 = (411 \times 3 + 378 + 435) - (x + 2 \times 432)$
$x = 1089$

答　1089 kJ/mol

標準例題 60　塩化ナトリウムの溶解熱　　発展→297

①～⑤の熱化学方程式を用いて，ア に適当な数値を入れよ。また，塩化ナトリウムの水への溶解を熱化学方程式で表せ。

NaCl(固) = Na(気) + Cl(気) － 624 kJ　…①
Na(気) = Na⁺(気) + e⁻ － 496 kJ　…②
Cl(気) + e⁻ = Cl⁻(気) + 349 kJ　…③
Na⁺(気) + aq = Na⁺aq + 406 kJ　…④
Cl⁻(気) + aq = Cl⁻aq + 361 kJ　…⑤

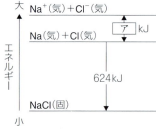

●エクセル　ヘスの法則：反応熱の大きさは，変化する前の状態と変化した後の状態だけで決まり，その変化の経路には無関係である。

考え方
イオン化エネルギー：原子から電子1個をとり，1価の陽イオンにするのに必要なエネルギー。

電子親和力：原子が電子1個をとり入れ，1価の陰イオンになるときに放出されるエネルギー。

解答
アの反応熱を Q とすると，
　Na⁺(気) + Cl⁻(気) = Na(気) + Cl(気) + Q kJ
よって －②－③より，
　$Q = 496 - 349 = 147$ kJ　　**答　147**

塩化ナトリウムの溶解熱を Q' とすると，
　NaCl(固) + aq = Na⁺aq + Cl⁻aq + Q' kJ
となるので，①＋②＋③＋④＋⑤より，
　$Q' = -624 - 496 + 349 + 406 + 361$
　　　$= -4$ kJ

答　NaCl(固) + aq = Na⁺aq + Cl⁻aq － 4 kJ

標準問題

286 ▶ 燃焼熱と反応熱　次の熱化学方程式①〜⑤を用いて，下の(1), (2)に答えよ。

$$H_2 + \frac{1}{2}O_2 = H_2O(液) + 286\,kJ \quad \cdots ①$$

$$6C + 3H_2 = C_6H_6 - 50\,kJ \quad \cdots ②$$

$$C_2H_2 + \frac{5}{2}O_2 = 2CO_2 + H_2O(液) + 1297\,kJ \quad \cdots ③$$

$$CO + \frac{1}{2}O_2 = CO_2 + 283\,kJ \quad \cdots ④$$

$$C + O_2 = CO_2 + 394\,kJ \quad \cdots ⑤$$

(1) ベンゼン C_6H_6 1 mol が完全燃焼するときの燃焼熱を求めよ。
(2) アセチレン C_2H_2 からベンゼン C_6H_6 1 mol を生成するときの反応熱を求めよ。

287 ▶ 混合気体の燃焼　水素とエタン C_2H_6 の混合気体を標準状態で 4.48 L 取り，これを完全燃焼させた。このとき，ある量の二酸化炭素(気体)と水(液体)5.40 g を生じた。ただし，水素，エタンの燃焼熱はそれぞれ，286，1561 kJ/mol とする。
(1) 水素およびエタンの燃焼反応の熱化学方程式をかけ。
(2) 反応前の混合気体の水素，エタンの物質量を求めよ。
(3) この混合気体の燃焼で発生する熱量を求めよ。

288 ▶ 混合気体の燃焼　次の(1), (2)に答えよ。
(1) メタノール，炭素(黒鉛)および水素の燃焼熱をそれぞれ Q_1 [kJ/mol]，Q_2 [kJ/mol] および Q_3 [kJ/mol] とする。このとき，メタノールの生成熱 Q [kJ/mol] を Q_1, Q_2, Q_3 を用いて表せ。
(2) エタンとプロパンの混合気体 1 mol を完全に燃焼させたところ，2000 kJ の発熱があった。この混合気体のエタンとプロパンの物質量の比(エタンの物質量：プロパンの物質量)を求めよ。ただし，エタンとプロパンの燃焼熱をそれぞれ 1560 kJ/mol および 2220 kJ/mol とする。

289 ▶ 生成熱とヘスの法則　水素 0.100 mol を完全燃焼させて，生じたすべての水を過剰の酸化バリウム BaO と反応させた。このとき，水素の燃焼で生じた熱量と水が酸化バリウムと反応したときに生じた熱量の和は，39.1 kJ (発熱)だった。また，バリウム Ba 0.100 mol を完全燃焼させ，酸化バリウムを生じさせると，55.4 kJ の発熱が観測された。以上のことから，水酸化バリウム $Ba(OH)_2$ の生成熱を求めよ。　　(センター)

176 —— 4章　物質の変化と平衡

290 ▶溶解熱　塩化亜鉛 $ZnCl_2$ の生成熱は 415.1 kJ/mol，水への溶解熱は 73.1 kJ/mol である。また，塩化水素 HCl の生成熱は 92.3 kJ/mol，水への溶解熱は 74.9 kJ/mol である。

(1) 塩化亜鉛 $ZnCl_2$ の生成の熱化学方程式をかけ。

(2) 塩化水素 HCl の溶解の熱化学方程式をかけ。

(3) 亜鉛を塩酸に溶かすときの反応を，熱化学方程式で示せ。

291 ▶中和熱　25.0℃ で 200 mL の水酸化ナトリウム水溶液に，塩化水素 0.050 mol を溶解したところ，溶液は酸性となり，温度が 31.3℃ となった。次の熱化学方程式を用いて，水酸化ナトリウム水溶液のモル濃度を求めよ。ただし，いずれの溶液も密度は 1.0 g/mL，比熱は 4.2 J/(g·K) とし，容器と外界の熱の出入りおよび容器の熱容量は無視するものとする。

　　HCl(気) ＋ aq ＝ HCl aq ＋ 75 kJ

　　NaOH aq ＋ HCl aq ＝ NaCl aq ＋ H_2O(液) ＋ 57 kJ　　　　　　　（東工大）

292 ▶メタンハイドレート　メタンの生成熱を 75 kJ/mol，気体の二酸化炭素と液体の水の生成熱をそれぞれ 394 kJ/mol と 286 kJ/mol とし，(1)〜(3)に答えよ。

(1) メタンの燃焼熱〔kJ/mol〕を書け。

(2) メタンハイドレートを $(CH_4)_4 \cdot (H_2O)_{23}$(固) で表し，次式のようにメタンが水に取り込まれるときに発生する熱を Q_0 kJ とする。

　　$4CH_4$(気) ＋ $23H_2O$(液) ＝ $(CH_4)_4 \cdot (H_2O)_{23}$(固) ＋ Q_0

　　次式のように，メタンハイドレートを完全燃焼したときに発生する熱 Q_1〔kJ〕を Q_0 を用いて書け。

　　$(CH_4)_4 \cdot (H_2O)_{23}$(固) ＋ $8O_2$(気) ＝ $4CO_2$(気) ＋ $31H_2O$(液) ＋ Q_1

(3) メタンハイドレート（$(CH_4)_4 \cdot (H_2O)_{23}$(固)）の密度は 0.91 g/cm^3 である。1.0 m^3 のメタンハイドレートに含まれる水の質量〔kg〕を有効数字 2 桁で書け。　　　　　（東北大）

293 ▶ 結合エネルギーと反応熱　下表の各結合の結合エネルギーの値を用いて次の(1)～(3)に答えよ。

	結合エネルギー〔kJ/mol〕
H―H	432
C―H	413
O―H	463
O=O	498
C=O	804

	結合エネルギー〔kJ/mol〕
C≡C	810
F―F	158
Cl―Cl	243

(1) HF の生成熱は 273 kJ/mol である。このとき，H―F の結合エネルギーの値を求めよ。
(2) メタン CH_4 の燃焼熱を求めよ。ただし，生成する水は気体とする。
(3) 1 mol のアセチレン C_2H_2 に水素が結合して，1 mol のエタン C_2H_6 が生成する反応は，構造式を用いると次の式で表される。C―C 結合の結合エネルギーの値を求めよ。

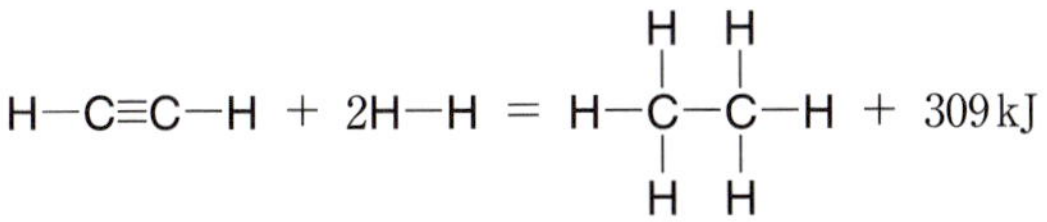

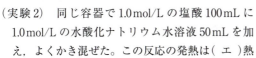

実験 294 ▶ 反応熱の測定　次の実験について，文中の(ア)～(ク)に適当な語句・式・数値を入れよ。ただし，すべての溶液の比熱は 4.2 J/(g・K)，密度は 1.0 g/cm³ とする。

(実験1) ふた付きの発泡ポリスチレン製容器に水 50 mL を取り，水酸化ナトリウム 2.0 g を入れ，よくかき混ぜながら温度を測定した。このときの発熱は(ア)熱によるもので，その温度上昇は右図の(イ)に相当し，10.5 K であった。したがって，水酸化ナトリウムの(ア)熱は(ウ) kJ/mol と算出される。ただし，体積は変わらないものとする。

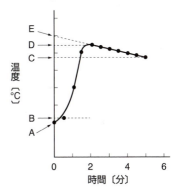

(実験2) 同じ容器で 1.0 mol/L の塩酸 100 mL に 1.0 mol/L の水酸化ナトリウム水溶液 50 mL を加え，よくかき混ぜた。この反応の発熱は(エ)熱によるもので，その値を 56 kJ/mol とすると，温度上昇は(オ) K と算出される。

(実験3) 同じ容器で 1.0 mol/L の塩酸 100 mL に水酸化ナトリウムの固体 2.0 g を加えよくかき混ぜるとき，その反応熱は(カ)の法則により，水酸化ナトリウム 1 mol あたり(キ) kJ/mol，溶液の温度上昇は(ク) K と算出される。

(近畿大)

178 —— 4章　物質の変化と平衡

発展問題

295 ▶ ベンゼン環の結合エネルギー　ベンゼン(C_6H_6)では，6個の炭素原子が結合して正六角形の平面の環を形成している。その炭素原子間の結合はすべて同等である。ベンゼンの炭素原子間の結合エネルギーは，通常の炭素原子間の二重結合（C＝C 二重結合）や単結合（C—C 単結合）と比べるとどのような大きさであろうか。実際のベンゼン（ここでは実在ベンゼンとよぶ）と，次のような仮想ベンゼンとを比較することによって考察してみよう。

　仮想ベンゼンとは，「6個の炭素原子が結合して正六角形の平面の環を形成しているが，その炭素原子間の結合エネルギーはC＝C 二重結合とC—C 単結合のちょうど中間の値（二つの結合エネルギーの平均値）である」と，仮定したものである。ただし，C—H 単結合の結合エネルギーは，実在ベンゼンと仮想ベンゼンとで等しいとする。

⑴　C＝C 二重結合，C—C 単結合，C—H 単結合，H—H 単結合の結合エネルギーを，それぞれ e, f, g, h とする。次の①～③を e, f, g, h のうち必要なものを用いた式で表せ。

　①　仮想ベンゼン（気体）を構成する全結合の結合エネルギーの総和 X

　②　シクロヘキサン（気体）を構成する全結合の結合エネルギーの総和 Y

　③　仮想ベンゼン（気体）に水素分子（気体）が付加してシクロヘキサン（気体）になる反応の反応熱（水素化熱）Q

⑵　⑴③で求めた式に，右表に与えた e, f, g, h の値を代入して，仮想ベンゼン（気体）の水素化熱 Q〔kJ/mol〕を計算せよ。

結合の種類	結合エネルギー〔kJ/mol〕
C＝C 二重結合（e）	610
C—C 単結合（f）	350
C—H 単結合（g）	410
H—H 単結合（h）	440

化合物	生成熱〔kJ/mol〕
実在ベンゼン（気体）	−82
シクロヘキサン（気体）	122

⑶　表に与えた各化合物の生成熱の値を用いて，実在ベンゼン（気体）がシクロヘキサン（気体）になる反応の反応熱（水素化熱）〔kJ/mol〕を計算せよ。

⑷　仮想ベンゼン（気体）が実在ベンゼン（気体）に変化する反応の反応熱〔kJ/mol〕を計算せよ。

⑸　以上の考察から，実在ベンゼンにおける炭素原子間の結合エネルギーの説明として正しい文を，次の(a)～(c)から一つ選び，記号で答えよ。

　(a)　C＝C 二重結合とC—C 単結合の結合エネルギーのちょうど中間の値である。

　(b)　C＝C 二重結合とC—C 単結合の結合エネルギーの中間の値より大きい。

　(c)　C＝C 二重結合とC—C 単結合の結合エネルギーの中間の値より小さい。(広島大)

論述 296 ▶ 反応熱と結合エネルギー　水の水素結合について考察する。ただし，以下の⑴～⑸において，水分子の間にはたらく引力は水素結合のみと考える。

⑴　水は水素の燃焼によって生成する。25℃，1.0×10^5 Pa の条件下で水素が燃焼して液体の水を生じたとき，燃焼熱は 286 kJ/mol であった。この反応の熱化学方程式をかけ。

結合	H—H	O＝O	O—H
結合エネルギー〔kJ/mol〕	436	498	463

(2) 水の25℃における蒸発熱は何 kJ/mol であるか。表の結合エネルギーの値を参考にして，有効数字2桁で答えよ。また，計算過程も示せ。

(3) 氷の結晶中の水1分子を考えると，この水分子は4本の水素結合により隣接する4つの水分子と結ばれている。0℃における氷の昇華熱は 47 kJ/mol である。このとき，氷における水素結合の結合エネルギーは何 kJ/mol であるか。有効数字2桁で答えよ。

(4) 25℃の液体の水においては，1個の水分子は平均して何本の水素結合を形成していると考えられるか，有効数字2桁で答えよ。ただし，水素結合の結合エネルギーは氷のものと同じとする。

(5) 水の融解熱と蒸発熱を比べると，蒸発熱のほうがはるかに大きい。この理由を50字以内で述べよ。　　　　　　　　　　　　　　　　　　　　　　　　　　　　　　　　　（東北大）

新傾向 297 ▶ NaCl 結晶の格子エネルギー NaCl 結晶を構成するイオンを互いに結び付けているエネルギーは，次の熱化学方程式①の右辺の熱量 Q_1 で与えられる。

$$NaCl(固) = Na^+(気) + Cl^-(気) - Q_1 [kJ] \quad \cdots ①$$

Q_1 は，次の3つの熱化学方程式②～④を組み合わせて求めることができる。

$$Na(気) + Cl(気) = Na^+(気) + Cl^-(気) - Q_2 [kJ] \quad \cdots ②$$

$$Na(固) + \frac{1}{2}Cl_2(気) = Na(気) + Cl(気) - Q_3 [kJ] \quad \cdots ③$$

$$NaCl(固) = Na(固) + \frac{1}{2}Cl_2(気) - Q_4 [kJ] \quad \cdots ④$$

また，ナトリウムが固体から気体になる状態変化の熱化学方程式は，次の式⑤である。

$$Na(固) = Na(気) - 108 [kJ] \quad \cdots ⑤$$

必要ならば，右表に示したデータを用いよ。

(1) 電子を e^- で記すことにすると，気体のナトリウム原子から気体のナトリウムイオンを生成する反応の熱化学方程式は，次の式⑥で表される。

$$Na(気) = Na^+(気) + e^- - Q_5 [kJ] \quad \cdots ⑥$$

NaCl(固)の生成熱	411 kJ/mol
Na(気)のイオン化エネルギー	502 kJ/mol
Cl(気)の電子親和力	354 kJ/mol
Cl_2(気)の結合エネルギー	240 kJ/mol

一方，気体の塩素原子と電子から気体の塩化物イオンを生成する反応の熱化学方程式は，次の式⑦とかくことができる。

$$Cl(気) + e^- = Cl^-(気) + Q_6 [kJ] \quad \cdots ⑦$$

熱化学方程式②，⑥，⑦が示すエネルギー変化のようすは，右図のように表される。熱量 Q_2, Q_5, Q_6 をそれぞれ答えよ。

(2) 1 mol の気体の塩素分子から気体の塩素原子ができる反応の熱化学方程式を記せ。

(3) 熱化学方程式③の右辺の熱量 Q_3 を答えよ。

(4) 熱化学方程式①の右辺の熱量 Q_1 を答えよ。

（11　首都大）

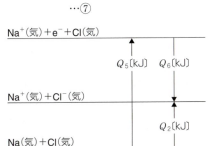

14 化学反応と光エネルギー

1 化学反応と光エネルギー

◆1 **光とエネルギー** 光は波長により，電波，赤外線，可視光線，紫外線，X線などに分類される。光の波長が短いほど，エネルギーは大きい。

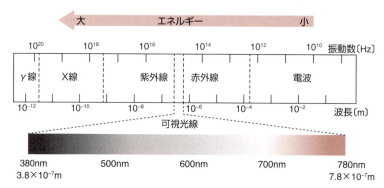

◆2 **光化学反応**
① **連鎖反応** 塩素に光を当てると，不対電子をもつ塩素原子 Cl· が生成する。このように不対電子をもつ原子を遊離基（ラジカル）とよぶ。遊離基は反応性が高いため，水素と塩素を混合して，光を当てると爆発的に反応して塩化水素が生成する。

$Cl_2 + 光 \longrightarrow 2Cl·$
$Cl· + H_2 \longrightarrow HCl + H·$
$H· + Cl_2 \longrightarrow HCl + Cl·$
$H· + Cl· \longrightarrow HCl$

② **光合成** 緑色植物が光エネルギーを利用して，二酸化炭素と水から有機物と酸素を生成する反応。生成物をグルコース $C_6H_{12}O_6$ と仮定すると，光合成は次のような吸熱反応となる。

$$6CO_2(気) + 6H_2O(液) = C_6H_{12}O_6(固) + 6O_2(気) - 2807 kJ$$

◆3 **化学発光**
① **ルミノール反応** 塩基性水溶液中でルミノールを過酸化水素などで酸化すると青く発光する。
この発光は，高エネルギー状態(生成物)から低エネルギー状態(生成物)に戻るときの，エネルギー差によるものである。

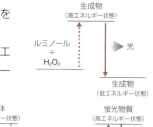

② **シュウ酸エステル** シュウ酸ジフェニルに蛍光物質を混合し，過酸化水素などで酸化すると蛍光を発光する。この蛍光は，反応のエネルギーが蛍光物質に移動し，蛍光物質が高エネルギー状態から低エネルギー状態に戻るときの，エネルギー差によるものである。

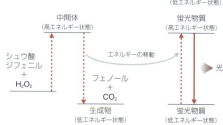

14 化学反応と光エネルギー —— 181

WARMING UP／ウォーミングアップ

次の文中の(　)に適当な語句を入れよ。

1 光とエネルギー

光は電磁波であり，波長の長い方から，電波，赤外線，可視光線，紫外線，(ア)線などがある。光の波長が短いほど，光のエネルギーは(イ)くなる。

物質に光を当て光が吸収されると，光エネルギーによって物質がエネルギーの低い(ウ)状態から，エネルギーの高い(エ)状態になり化学反応が起こる場合がある。これを(オ)反応という。また，化学反応によってエネルギーが光の波長領域の電磁波となって放出されると，(カ)が観察される。化学反応による(カ)を(キ)という。

2 連鎖反応

水素 H_2 と塩素 Cl_2 を $1:1$ で混合し，光を当てると爆発的に反応して(ア)が生成する。この反応は，下記の3つの反応からなる。まず，(1)式のように，塩素が光エネルギーにより，(イ)をもつ塩素原子 $Cl\cdot$ となる。この塩素原子のように(イ)をもつ原子や原子団を(ウ)といい，反応性が(エ)い。$Cl\cdot$ が生成されると，(2)式，(3)式の反応が連続して繰り返され爆発的に反応が進行する。このような反応を(オ)という。

$$Cl_2 + 光 \longrightarrow 2Cl\cdot \qquad \cdots(1)$$
$$Cl\cdot + H_2 \longrightarrow HCl + H\cdot \qquad \cdots(2)$$
$$H\cdot + Cl_2 \longrightarrow HCl + Cl\cdot \qquad \cdots(3)$$

3 光合成

緑色植物が光のエネルギーを利用して，空気中の(ア)からグルコースやデンプンなどの糖類や気体の(イ)を生成する反応を(ウ)という。この反応は，葉緑体内部の色素(エ)が光の吸収を伴う反応と，光が関与しない反応からなる。光エネルギーを吸収した高いエネルギー状態の(エ)が水 H_2O に作用し，H_2O が酸化されて(オ)が生成する。

4 化学発光

塩基性水溶液中でルミノールを過酸化水素などで酸化すると，青い発光が観察される。これを(ア)反応という。ルミノールと酸化物の混合物は血液を加えた場合，血液成分が(イ)となり，強く発光する。このため(ア)反応は，血液の鑑識などに利用されている。

1

(ア)　X
(イ)　大き
(ウ)　基底
(エ)　励起
(オ)　光化学
(カ)　発光
(キ)　化学発光

2

(ア)　塩化水素(HCl)
(イ)　不対電子
(ウ)　遊離基(ラジカル)
(エ)　高
(オ)　連鎖反応

3

(ア)　二酸化炭素
(イ)　酸素
(ウ)　光合成
(エ)　クロロフィル
(オ)　酸素(O_2)

4

(ア)　ルミノール
(イ)　触媒

182 —— 4章　物質の変化と平衡

基本例題 61　光合成　　　　　　　　　　　　　　　　　　　　　基本➡298

　光合成とは，緑色植物が光エネルギーを利用して空気中の二酸化炭素と水からグルコースなどの糖類を合成し，酸素を生成する反応である。この反応を式で表すと次のようになる。

　　　$6CO_2 + 6H_2O +$ 光エネルギー $\longrightarrow$ （　①　）$+ 6O_2$

　この反応は，いくつかの反応系からなる反応である。クロロフィルの光合成色素が光エネルギーを吸収して，化学的に活発な活性クロロフィルになる。<u>この反応で吸収したエネルギーを用いて水を酸化し，酸素が発生する。</u>

(1)　上式の①に当てはまる適当な化学式を答えよ。

(2)　下線部の反応を電子 e^- を含んだ化学反応式で示せ。

●**エクセル**　光合成：$6CO_2 + 6H_2O +$ 光エネルギー $\longrightarrow C_6H_{12}O_6 + 6O_2$

考え方

(1)　光合成の反応

$6CO_2 + 6H_2O +$ 光エネルギー

　　　$\longrightarrow C_6H_{12}O_6 + 6O_2$

(2)　酸素原子の酸化数の

　　変化

$2H_2O \longrightarrow \underset{0}{O_2} + 4H^+ + 4e^-$
$\underset{-2}{}$

解答

(1)　光合成では，緑色植物が光エネルギーを利用して，空気中の二酸化炭素からグルコース $C_6H_{12}O_6$ などの糖類を合成し，酸素を生成する。　**答** $C_6H_{12}O_6$

(2)　光エネルギーを吸収し，高いエネルギー状態のクロロフィルが水を酸化して，酸素が生成する。

　答　$2H_2O \longrightarrow O_2 + 4H^+ + 4e^-$

基本問題

298▶**光合成**　光のエネルギーを利用して有機化合物（グルコース $C_6H_{12}O_6$）を合成することができるのは，緑色植物だけではない。例えば緑色硫黄細菌や紅色硫黄細菌なども光合成を行い，グルコース，硫黄，水ができる。そこで，これらの細菌をまとめて光合成細菌とよぶ。緑色硫黄細菌と紅色硫黄細菌の光合成の反応をまとめて式で表すと，次のようになる。

　　（　①　）$+ 6CO_2 +$ 光エネルギー $\longrightarrow C_6H_{12}O_6 +$（　②　）$+ 6H_2O$

(1)　上の式の①，②に当てはまる適当な化学式を，係数をつけて答えよ。

(2)　次の(ア)～(オ)から正しい文を2つ選べ。

　(ア)　緑色植物の光合成でも，光合成細菌の光合成でも，酸素が放出される。

　(イ)　光合成細菌の光合成では，硫化水素と二酸化炭素から，グルコースがつくられる。

　(ウ)　光合成細菌の光合成で放出される酸素は，二酸化炭素に由来している。

　(エ)　光合成細菌の光合成では，水と二酸化炭素の炭素が反応してグルコースがつくられる。

　(オ)　光合成細菌の光合成では，硫化水素が酸化されて硫黄がつくられる。

14　化学反応と光エネルギー —— 183

標準例題 62　連鎖反応　　　　　　　　　　　　　　　標準➡299

　メタン CH_4 と塩素の混合気体に光を当てると激しく反応して，CH_3Cl，CH_2Cl_2，$CHCl_3$，CCl_4 などを塩化水素とともに生成する。

　メタンから CH_3Cl を生成する反応は，光によって，まず塩素分子が塩素原子に解離し，次の(A)，(B)の（　ア　）反応を繰り返す，いわゆる（　イ　）反応のしくみで進む。

$$CH_4 + Cl\cdot \longrightarrow （\ a\ ） + HCl　\cdots 式(A)　（\qquad\qquad b \qquad\qquad ）\ \cdots 式(B)$$

(1)　(ア)，(イ)に適当な語句を入れよ。　　　(2)　(a)，(b)に適当な化学式を入れよ。

●エクセル　不対電子をもつ塩素原子(ラジカル)は反応性が高い。

考え方

$$Cl-Cl \xrightarrow{\text{光}} Cl\cdot + Cl\cdot　\cdots ①$$

$$Cl\cdot + CH_4 \longrightarrow HCl + CH_3\cdot　\cdots ②$$

$$CH_3\cdot + Cl-Cl \longrightarrow CH_3Cl + Cl\cdot　\cdots ③$$

解答

　塩素に光を当てることにより，反応性が高い塩素原子(塩素ラジカル)$Cl\cdot$が生じる(式①)。この塩素ラジカルが CH_4 と衝突すると HCl とメチルラジカル $CH_3\cdot$ が生じる(式②)。メチルラジカルも反応性が高く，Cl_2 と衝突すると CH_3Cl と $Cl\cdot$ が生じる(式③)。このように①の反応が起こり $Cl\cdot$ が生じると，②，③の反応が次々と起こる。これを連鎖反応という。

答　(1)　(ア)　**素**　　(イ)　**連鎖**

　　　(2)　(a)　$CH_3\cdot$　(b)　$CH_3\cdot + Cl_2 \longrightarrow CH_3Cl + Cl\cdot$

標準問題

299▶連鎖反応　水素と塩素の混合気体に強い紫外光を当てると，まず塩素分子 Cl_2 が光エネルギーを吸収し，$Cl-Cl$ 結合が解離してエネルギーの高い塩素原子 $Cl\cdot$ が生じる(反応①)。次に，生成した塩素原子 $Cl\cdot$ は水素分子 H_2 と反応する(反応②)。さらに，生成した水素原子 $H\cdot$ は塩素分子 Cl_2 と反応する(反応③)。

　このように反応②と③が繰り返し反応して，反応④が進み塩化水素 HCl が生成する。以下に示す熱化学方程式における Q はそれぞれの式の反応熱とする。

$$Cl_2 = 2Cl\cdot - 243\,kJ　①　\qquad　Cl\cdot + H_2 = HCl + H\cdot - 4\,kJ　②$$

$$H\cdot + Cl_2 = HCl + Cl\cdot + Q_1\,(kJ)　③　\qquad　H_2 + Cl_2 = 2HCl + Q_2\,(kJ)　④$$

$$H_2 = 2H\cdot - 436\,kJ　⑤　\qquad　HCl = H\cdot + Cl\cdot - 432\,kJ　⑥$$

(1)　塩素ラジカル $Cl\cdot$ およびメチルラジカル $CH_3\cdot$ の総電子数を答えよ。

(2)　上に示した反応と反応熱(熱化学方程式)から，次の共有結合 $H-H$，$H-Cl$，$Cl-Cl$ のうち最も結合が弱いものを選んで答えよ。

(3)　水素と塩素の混合気体での光反応は，反応②や③の反応が繰り返し起こって爆発的に反応が進む。このような反応を連鎖反応という。問題文の熱化学方程式を参考にして，連鎖反応を停止させると考えられる反応式の例を2つ書け。(13　京都工繊大　改)

184 —— 4章 物質の変化と平衡

論述 300 ▶ オゾン層の破壊　「オゾンホール」の言葉で知られているように，上層大気中の成層圏(高度 10 ～ 50 km)に存在するオゾン量の減少が問題になっている。成層圏のオゾンは，地表の生物に有害な紫外線を次のような反応で吸収してくれているからである。

$$O_3 + 紫外線 \longrightarrow O + O_2 \quad ①$$

オゾンは地表から高度 110 km 付近にまで分布して存在する。地表に立てた断面積 1 cm^2 の大気柱に含まれるオゾンの総量(分子数)は，日本各地の平均で，8×10^{18} 個であるという。

オゾン層破壊の元凶は，ふつうは分解されにくい安定なフロン(冷媒として使われるフレオンなどのクロロフルオロカーボン類)とされている。フロンは，10 年以上もかかって成層圏に達し，成層圏上層部で紫外線を受けると，

$$CCl_2F_2 + 紫外線 \longrightarrow CClF_2 + Cl \quad (フレオンの場合) \quad ②$$

のような反応で Cl 原子を発生し，これが次のようにオゾンを破壊する。

$$Cl + O_3 \longrightarrow ClO + O_2 \quad ③ \qquad ClO + O \longrightarrow Cl + O_2 \quad ④$$

ここで，式④の O は式①や O_2 と紫外線の反応($O_2 + 紫外線 \longrightarrow 2O$)などから供給される O 原子である。「フレオンから生成する 1 個の Cl 原子が約 10 万個ものオゾン分子を破壊している」と言われている。どうしてそのようなことになるのか，式①～式④を使って説明せよ。

301 ▶ 光合成　植物は光エネルギーを使って，二酸化炭素と水から糖類を合成し，酸素を発生させる。これを光合成という。

(1) 二酸化炭素と水からグルコースができるとした場合，次のような吸熱反応となる。

(a)CO_2(気) + (b)H_2O(液) = $C_6H_{12}O_6$(固) + (c)O_2(気) − 2807 kJ ……①

①式の(a)～(c)に係数を入れて熱化学方程式を完成させよ。

(2) 光合成では，①式の吸熱反応を光エネルギーを用いて行う。光合成における①式は，光の吸収にともなって進行する第一段階と，光が関与しない第二段階からなる。光の吸収にともなって H_2O が酸化される第一段階を反応式で

$$2H_2O \xrightarrow{\text{光}} O_2 + 4H^+ + 4e^- \quad ……②$$

と表すとき，光の関与なくグルコースが生じる第二段階の反応式は

(d)CO_2 + (e)H^+ + (f)$e^- \longrightarrow C_6H_{12}O_6$ + (g)H_2O ……③

と表せる。③式の(d)～(g)に係数を入れて式を完成させよ。

(3) 光合成における①式の吸熱反応は，光エネルギーが 2807 kJ の化学エネルギーに変換されることを意味する。光合成で酸素 1 mol 当たり 1407 kJ の光エネルギーが必要とすると，この光エネルギーの何%が化学エネルギーに変換されるか。有効数字 3 桁で答えよ。計算過程も記せ。

(15　日本女子大　改)

発展問題

302 ▶ 光触媒 酸化チタン(IV)はルチルで見られるルチル型構造(図(a))のほかに，アナターゼ型構造(図(b))が知られている。ルチルは白色の顔料や化粧品材料として利用されている。アナターゼ型酸化チタン(IV)は光が当たると触媒作用を示すようになる。アナターゼ型酸化チタン(IV)の表面に紫外線が当たると，結晶中の電子が自由に動けるようになり，電子のあったところは正電荷を帯びた抜け殻になる。これを正孔といい，表面に付着した水分子があると，この正孔が水から電子を奪い，ヒドロキシラジカル(・OH)が生じる。

$$H_2O \longrightarrow \cdot OH + H^+ + e^-$$

このヒドロキシラジカルは，反応性が高いため，有機化合物から電子を奪うことにより，有機化合物を酸化分解する。実際に，生活環境の浄化や自動車排ガスなどで汚れた外壁や大気，下水などの浄化に利用されるようになっている。例えば，シックハウスガスのひとつである(a)ホルムアルデヒドがあれば，二酸化炭素と水に分解して無害化する。

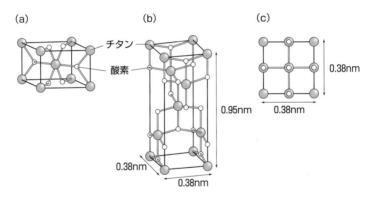

図 (a)ルチル型酸化チタン(IV)の結晶構造と(b)アナターゼ型酸化チタン(IV)の結晶構造。(c)には(b)を上から見た結晶構造を示す。

(1) アナターゼ型酸化チタン(IV)の密度〔g/cm³〕を有効数字2桁で計算せよ。ただし，Tiの原子量は47.9である。
(2) 下線部(a)の化学反応式を記せ。
(3) アナターゼ型酸化チタン(IV)の表面に水分子が付着している状態で，紫外線を当てるのをやめると，表面に付着したホルムアルデヒドはどうなるか。また，紫外線の代わりに可視光線を当てると，ホルムアルデヒドはどうなるか。それぞれ説明せよ。

(15 医科歯科大)

303 ▶ 化学発光 化学反応により発光する現象は化学発光とよばれる。塩基性水溶液中でルミノールに過酸化水素を加えると，3-アミノフタル酸(励起状態)が生じるが，そのエネルギーの高い励起状態からエネルギーの最も低い基底状態になるときに，余分なエネルギーを青色の光で放出する(図1)。この反応はルミノール反応とよばれ，科学捜査における血痕の鑑定法，過酸化水素や金属の微量定量に利用されている。光の吸収，発光と物質の基底状態，励起状態の関係を図2に示す。

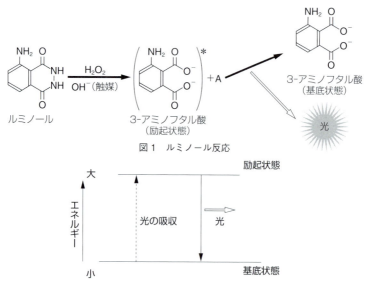

図1 ルミノール反応

図2 光の吸収，発光と物質の基底状態，励起状態の関係

シュウ酸ジフェニルやシュウ酸ジフェニル誘導体も化学発光に用いられる。有機溶媒にシュウ酸ジフェニルを溶かし，(a)シュウ酸ジフェニルに過酸化水素を加えると，フェノールとペルオキシシュウ酸無水物ができるが，中間体であるペルオキシシュウ酸無水物はすぐに分解して二酸化炭素になる。このときにシュウ酸ジフェニル溶液にあらかじめ蛍光物質を混合しておくと，蛍光物質にエネルギーを与えて，蛍光を発光する。

(1) ルミノールの分子式を記せ。
(2) ルミノール反応で生じる気体Aは何か。化学式で答えよ。
(3) ルミノール反応で反応物の過酸化水素はどのような役割を果たすか。
(4) 下線部(a)の化学反応式を記せ。生成物は二酸化炭素とすること。シュウ酸ジフェニルの組成式は$C_7H_5O_2$である。
(5) ペルオキシシュウ酸無水物の分子式はC_2O_4である。この分子の構造式を記せ。
(6) 発光中の溶液を2本の試験管に分けて，1本は室温のままで，もう1本は熱水に入れた。熱水に入れた直後の試験管内の発光は室温のものと比べてどうなるか。(ア)〜(ウ)の中から1つ選び，その理由を述べよ。

　(ア) 弱くなる　　(イ) 変わらない　　(ウ) 強くなる　　　　(16 医科歯科大 改)

14 化学反応と光エネルギー —— 187

304 ▶オゾン層の破壊　オゾンは，酸素分子が紫外線を吸収することによって生成する。酸素分子が光を吸収して酸素原子に解離し，この酸素原子が酸素分子と反応することによってオゾンが生じる。

$$O_2 + 光エネルギー \longrightarrow 2O　（式1）　　O_2 + O \longrightarrow O_3　（式2）$$

成層圏のオゾンは，一般にフロンと総称される化学物質などの存在によって分解が促進される。例えば，化学物質を X としたとき，成層圏では以下のような反応によってオゾン濃度の低下がもたらされる。

$$X + O_3 \longrightarrow XO + O_2　（式3）　　XO + O \longrightarrow X + O_2　（式4）$$

ここで，式3によってオゾンが分解されるとともに，式4によってオゾン生成の鍵となる酸素原子も失われる。また，式3において反応の引き金になる X は，式4において再び生じる。このように，ある反応で使われる物質が別の反応で生成するために連続的に進行する反応を連鎖反応という。このため，X の量がわずかであっても，オゾン層の消失に影響を与える。

(1) オゾンは一酸化窒素と反応して，酸素と二酸化窒素になる。この反応熱は 200 kJ である。この反応の熱化学方程式を答えよ。

(2) オゾンと一酸化窒素が反応する際には，生じたエネルギーの一部は光として放出される。光のエネルギーは波長に応じて異なるが，1 mol の光子のエネルギー E〔J/mol〕= 0.120〔J・m/mol〕÷ 光の波長〔m〕として計算できる。反応物各1分子が反応して生じるエネルギーが，1個の光子として放出されるとした場合に，放出される光の波長を答えよ。ただし，有効数字は3桁，単位は nm とせよ。　（16　早大　改）

論述 新傾向 305 ▶光異性化　トランス–アゾベンゼンに紫外光を当てると，式のようにシス–アゾベンゼンへ変化する。アゾベンゼンのシス形に可視光を当てるか，加熱すると，トランス形に戻る。①光を当ててトランス形からシス形に変化させると，分子全体の形だけでなく，極性も変化する。分子全体の極性は，②ベンゼン環に置換基を導入することでも変化する。

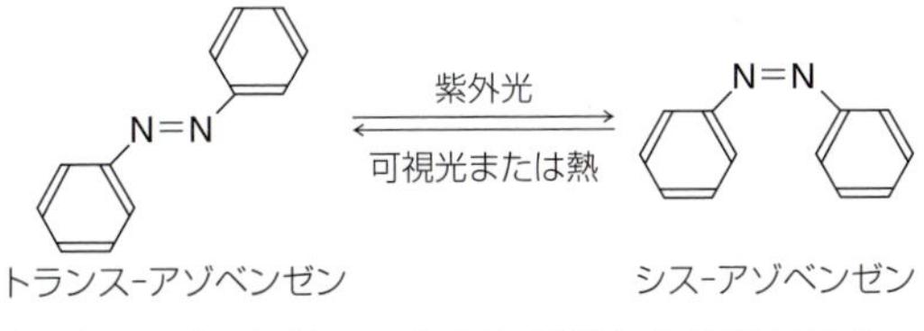

トランス–アゾベンゼン　　　　　　　　　　シス–アゾベンゼン

(1) 下線部①に関して，アゾベンゼンのトランス形とシス形のうち，より極性が高い方の異性体がどちらであるかを30字程度の理由とともに記せ。

(2) 下線部②に関して，トランス–アゾベンゼンの任意の二つの水素原子を塩素原子に置き換えた化合物を考える。その化合物で下線部①の反応が進んだ場合，反応の前後で二つの塩素原子の間の距離が変化しないものは何通りあるかを記せ。ただし，−N＝N−部分以外の構造変化は起こらないものとする。

（15　東大）

15 反応の速さとしくみ

❶ 反応の速さ

◆1 **反応速度** $\overline{v} = -\dfrac{反応物の濃度の減少量}{反応時間}$

または $= \dfrac{生成物の濃度の増加量}{反応時間}$

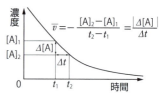

◆2 **反応速度式** 反応速度と濃度の関係を表した式

例： $H_2 + I_2 \longrightarrow 2HI$　$v = k[H_2][I_2]$　k：反応速度定数
反応物の濃度の何乗に比例するかは，実験によって求められる。

❷ 反応速度を変える条件

◆1 **濃度** 一般に，濃度が大きくなるほど一定時間あたりの粒子の衝突回数が増加するため反応の速さは増加する。気体の場合には分圧が大きいほど増加する。

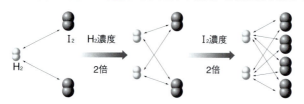

$v = k[H_2][I_2]$
$[H_2]$が2倍，$[I_2]$が2倍になると反応速度は4倍になる。

◆2 **温度** 一般に，ほかの条件が一定ならば，活性化エネルギー以上のエネルギーをもつ粒子数が増加するため，高温であるほど反応速度が大きくなる。

◆3 **触媒** 反応の前後で，それ自身は変化せず，反応速度のみを変える物質。触媒は反応の活性化エネルギーを小さくし反応速度を大きくする。ただし，反応熱は触媒の有無に関わらず一定である。

❸ 化学反応のしくみ

◆1 **活性化状態** 化学反応が起こるためには反応する粒子どうしの衝突が必要である。反応する粒子どうしはエネルギーの高い不安定な状態(活性化状態)になっている。

◆2 **活性化エネルギー** 活性化状態になるために最低限必要なエネルギー。反応が起こるには共有結合を完全に切断する必要はないので，結合エネルギーよりは小さい。

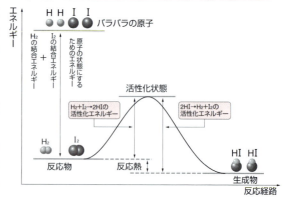

WARMING UP／ウォーミングアップ

次の文中の（　）に適当な語句・記号・式を入れよ。

1 反応速度

$H_2 + I_2 \longrightarrow 2HI$ の反応で1時間後に H_2 の濃度が c_1〔mol/L〕から c_2〔mol/L〕に変化した。この間の平均の反応速度 v〔mol/(L·s)〕を表す式を示せ。

2 反応速度を変える条件

次のように反応の条件を変えると反応は速くなるか，遅くなるか。
(1) 濃度を大きくする。
(2) 温度を下げる。
(3) （正）触媒を加える。

3 化学反応のしくみ

化学反応が起こるとき，反応物は反応の途中でエネルギーの高い不安定な状態になる。このような状態を(ア)といい，(ア)になるのに要するエネルギーを(イ)という。(イ)の大きい反応ほど反応の速さは(ウ)い。

4 触媒

反応の前後で，それ自身は変化せずに反応速度を変化させる物質を(ア)という。(ア)は反応の(イ)を小さくして反応速度を(ウ)する。ただし(エ)熱は(ア)の有無に関わらず一定である。

5 化学反応とエネルギー変化

右図は次の反応におけるエネルギー変化を示したものである。

$H_2 + I_2 \longrightarrow 2HI$

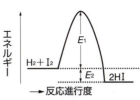

(1) この反応は発熱反応か吸熱反応か。
(2) 図中のエネルギー差 E_1，E_2 はそれぞれ何とよばれるか。
(3) この反応を触媒を加えて行うと，反応速度は著しく大きくなった。このとき図中の E_1，E_2 の値はそれぞれどうなるか。次の記号で答えよ。
　　(ア) 大きくなる　　(イ) 変わらない　　(ウ) 小さくなる

1
$-\dfrac{c_2 - c_1}{3600}$〔mol/(L·s)〕

2
(1) 速くなる
(2) 遅くなる
(3) 速くなる

3
(ア) 活性化状態
(イ) 活性化エネルギー
(ウ) 遅

4
(ア) 触媒
(イ) 活性化エネルギー
(ウ) 大きく
(エ) 反応

5
(1) 発熱反応
(2) E_1　活性化エネルギー
　　E_2　反応熱
(3) E_1　(ウ)
　　E_2　(イ)

基本例題 63 反応の速さ　　　　　　　　　　　　　　　　　　　　　基本→307

過酸化水素水は触媒を加えると次のように反応し，過酸化水素の濃度は減少する。

　　$2H_2O_2 \longrightarrow 2H_2O + O_2$

その減少する濃度と時間の関係をグラフにしたものが右図である。

反応開始後5分から10分の5分間（300秒間）における過酸化水素の平均分解速度 mol/(L・s) を求めよ。　　　　　　　　　　　　　　（北見工大　改）

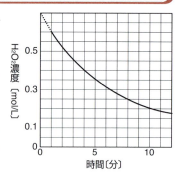

●エクセル　平均の反応速度：$v = -\dfrac{c_2 - c_1}{t_2 - t_1}$〔mol/(L・s)〕

考え方

反応速度の式にマイナスがつくのは，v が正であるのに対し，分子（$c_2 - c_1$）が負のためである。

解答

グラフの目盛りを読み，式に代入する。

平均分解速度　$v = -\dfrac{0.20\,\text{mol/L} - 0.35\,\text{mol/L}}{300\,\text{s}}$

　　　　　　　　　$= 5.0 \times 10^{-4}\,\text{mol/(L・s)}$

答 $5.0 \times 10^{-4}\,\text{mol/(L・s)}$

基本例題 64 濃度と反応速度　　　　　　　　　　　　　　　　　　　基本→308

反応 $2A + 3B \longrightarrow 2C + D$ において，温度一定にして A および B の初期濃度を変えて実験を3回したところ，C の初期生成速度は下表のようになった。

実験	初期濃度[A]₀	初期濃度[B]₀	Cの初期生成速度 v
1	0.10 mol/L	0.10 mol/L	2.0×10^{-3} mol/(L・s)
2	0.10 mol/L	0.30 mol/L	6.0×10^{-3} mol/(L・s)
3	0.30 mol/L	0.30 mol/L	5.4×10^{-2} mol/(L・s)

(1) 初期反応速度は $v = k[A]^x[B]^y$ で表される。上の表から x, y を求めよ。
(2) この反応の速度定数 k を単位とともに答えよ。　　　　　　　　（東京水産大）

●エクセル　反応速度式中の次数は，実験データから導かれる。

考え方

$k = \dfrac{v}{[A]^2[B]}$ より

k の単位は

$\dfrac{\text{mol/(L・s)}}{(\text{mol/L})^2(\text{mol/L})}$

$= \dfrac{L^2}{\text{mol}^2 \cdot s}$

解答

(1) 実験1と2を比較する。[A]一定で[B]が3倍になったとき，速度は3倍になっているので，[B]の次数は1である。次に，実験2と3を比較する。[B]一定で[A]を3倍にすると速度は9倍になっているので，[A]の次数は2であることがわかる。　**答** $x = 2,\ y = 1$

(2) 実験結果と(1)の結果を反応速度式に代入する。
$2.0 \times 10^{-3} = k \times 0.10^2 \times 0.10$　**答** $k = 2.0\,L^2/(\text{mol}^2\cdot s)$

15 反応の速さとしくみ —— 191

●基本例題 65　化学反応とエネルギー変化　　　　　　　　　　　　　基本➡309

　物質 A と物質 B が反応して物質 C と物質 D が生
成する反応①と，その逆である反応②が，ある一定
温度で同時に進行している場合を考える。

$$A + B \longrightarrow C + D \quad \cdots\cdots ①$$
$$C + D \longrightarrow A + B \quad \cdots\cdots ②$$

右図は，上の反応のエネルギー図である。

(1)　反応①の活性化エネルギーは何 kJ/mol か。

(2)　反応②の活性化エネルギーは何 kJ/mol か。

(3)　触媒を作用させることにより，反応①の活性化エネルギーが E_3〔kJ/mol〕になった
　とすると，反応②の活性化エネルギーは何 kJ/mol になるか。
　　ただし，$E_1 > E_3 > E_2$ とする。　　　　　　　　　　　　　　（甲南大　改）

●エクセル　触媒の作用 —→ 活性化エネルギーを下げ，反応速度を大きくするはたらき

考え方	解答
逆反応の活性化エネルギーも乗り越えるエネルギーの高さを考えればよい。	(1)　E_1〔kJ/mol〕　　(2)　$(E_1 - E_2)$〔kJ/mol〕 (3)　触媒によって，反応②の活性化エネルギーも減少している。 　　　答　$(E_3 - E_2)$〔kJ/mol〕

基本問題

306▶**反応の速さと条件**　反応の速さを変える条件として，㋐濃度，㋑温度，㋒触媒，
㋓光などがある。次の(1)〜(4)の現象はそのどれと最も関係が深いか。

(1)　過酸化水素水に酸化マンガン（Ⅳ）を加えると，容易に酸素が発生する。

(2)　濃硝酸を褐色のびんに入れて保存する。

(3)　マッチ棒は空気中より酸素中の方が激しく燃える。

(4)　鉄くぎを希塩酸の中に入れると少しずつ水素が発生するが，加熱すると水素の発生
　がさかんになる。

307▶**濃度と反応速度**　温度を一定に保った容器中に，水素とヨウ素がそれぞれ 1.0×10^{-2} mol/L になるようにして反応させた。この反応は，次の反応式(a)で表される。

$$H_2 + I_2 \longrightarrow 2HI \quad \cdots\cdots(a)$$

ここで反応速度を v，反応速度定数を k とすると，v は次式で表される。

$$v = k[H_2][I_2] \quad ただし，[\quad] は物質の濃度 mol/L である。$$

(1)　容器中のヨウ素は反応開始から 60 秒後に 3.9×10^{-4} mol/L に減少していた。この
　間のヨウ化水素の平均の生成速度を求めよ。

(2)　容器中の水素とヨウ素の濃度をそれぞれ 3 倍にして反応させた場合，反応開始時の
　反応速度 v は濃度を変える前の何倍になるか。　　　　　　　　　　（信州大　改）

308 ▶濃度と反応速度 化合物 X と Y が反応して化合物 Z が生じる化学反応がある。いま,ある一定の温度において X と Y の初濃度を変えて,反応初期の Z の生成速度 v を求める実験を行ったところ,表の通りの結果が得られた。

実験	X の初濃度〔mol/L〕	Y の初濃度〔mol/L〕	Z の生成速度〔mol/(L・s)〕
①	0.20	0.10	1.0×10^{-4}
②	0.20	0.20	2.0×10^{-4}
③	0.40	0.10	4.0×10^{-4}
④	0.60	0.20	v_4

(1) 化合物 X,Y のモル濃度をそれぞれ[X],[Y],反応速度定数を k とするとき,Z の生成速度 v を表す反応速度式を[X],[Y],k を用いて表せ。
(2) 反応速度定数 k〔L²/(mol²・s)〕を求め,有効数字 2 桁で答えよ。
(3) 実験④の反応速度 v_4〔mol/(L・s)〕を求め,有効数字 2 桁で答えよ。

（14　大阪薬科大）

309 ▶反応経路 次の文中の(ア)〜(エ)に適当な語句・数値を入れよ。

反応の前後でそれ自身は変わらないが,反応速度を変化させる物質を(ア)とよぶ。反応を速くする(ア)は,それがない場合に比べて(イ)を小さくしている。その例として窒素と水素からアンモニアが生成する反応経路を右図に示した。点線は鉄の酸化物を(ア)として用いた場合の反応経路である。この反応の(イ)は,(ア)のない場合には(ウ)kJ/mol,ある場合には(エ)kJ/mol である。　（富山大　改）

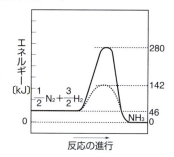

310 ▶反応速度を変える条件 次の反応が気体反応であるとき,下の文章の(ア),(イ)に適当な数値を入れよ。ただし,反応速度 $v = k[A][B]$ とする。

　　A + B ⟶ C

温度一定のまま反応容器の体積を半分にすると,反応速度はもとの(ア)倍となる。この反応の温度を 10 K だけ上昇させると,生成物の生成速度は 2 倍となった。したがって温度を 30 K 上昇させると,反応速度はもとの(イ)倍となる。　（10　星薬科大）

311 ▶触媒が必要な反応 物質の製法として触媒を必要とするものはどれか。次の記述(1)〜(5)のうちから一つ選べ。
(1) アンモニアを酸化して硝酸をつくる。
(2) 硝酸とアンモニアを反応させて硝酸アンモニウム(硝安)をつくる。
(3) ボーキサイトからアルミニウムをつくる。
(4) 赤鉄鉱と一酸化炭素を反応させて鉄をつくる。
(5) 石油を分留(蒸留)してナフサを得る。

（センター）

15 反応の速さとしくみ——193

標準例題 66 反応の速さ　　　　　　　　　　　　　　　　標準➡312

少量の MnO_2 に濃度が $0.880\,mol/L$ の H_2O_2 水溶液を $5.00\,mL$ 加え，一定温度に保ちながら，反応により生成した O_2 の体積を反応開始から 30 秒ごとに記録した。

時間〔s〕	0	30	60	90	120
発生した O_2〔mol〕	0	1.10×10^{-3}	1.68×10^{-3}	1.95×10^{-3}	2.08×10^{-3}
反応した H_2O_2〔mol〕	0	2.20×10^{-3}	3.36×10^{-3}	3.90×10^{-3}	4.16×10^{-3}
H_2O_2 水溶液の濃度〔mol/L〕	(ア)	(イ)	0.208	0.100	0.0480
H_2O_2 水溶液の平均濃度〔mol/L〕		(ウ)	(エ)	0.154	0.0740
H_2O_2 水溶液の濃度の変化量〔mol/L〕		(オ)	(カ)	0.108	0.0520
反応速度〔mol/(L·s)〕		(キ)	(ク)	3.6×10^{-3}	1.7×10^{-3}

(1) (ア)～(ク)に当てはまる数値を記せ。

(2) 求めた反応速度は，30 秒間の H_2O_2 水溶液の平均濃度と比例関係にあることがわかった。つまり，反応速度＝$k \times$（H_2O_2 水溶液の平均濃度）となる（k は速度定数）。反応開始から 30 秒後までにおける速度定数 k を有効数字 2 桁で求めよ。

●**エクセル**　反応速度　$v = k \times$ [平均濃度]

考え方

平均濃度 $= \dfrac{[\text{前}] + [\text{後}]}{2}$

変化量 $= [\text{後}] - [\text{前}]$

反応速度 $= \dfrac{\text{変化量}}{\text{時間}}$

解答

(1) (ア)　$0.880\,mol/L$

(イ)　$\left(0.880 \times \dfrac{5.00}{1000} - 2.20 \times 10^{-3}\right) \div \dfrac{5.00}{1000}$

　　　$= 0.440\,mol/L$

(ウ)　$\dfrac{(ア)+(イ)}{2} = \dfrac{0.880 + 0.440}{2} = 0.660\,mol/L$

(エ)　$\dfrac{(イ)+0.208}{2} = \dfrac{0.440 + 0.208}{2} = 0.324\,mol/L$

(オ)　$(ア)-(イ) = 0.880 - 0.440 = 0.440\,mol/L$

(カ)　$(イ)-0.208 = 0.440 - 0.208 = 0.232\,mol/L$

(キ)　$\dfrac{(オ)}{30-0} = \dfrac{0.440}{30} \fallingdotseq 1.5 \times 10^{-2}\,mol/(L·s)$

(ク)　$\dfrac{(カ)}{60-30} = \dfrac{0.232}{30} \fallingdotseq 7.7 \times 10^{-3}\,mol/(L·s)$

(2)　$v = k[H_2O_2]$ より，(キ)$= k \times$(ウ)

　　$1.46 \times 10^{-2} = k \times 0.660$

　　$k = \dfrac{1.46 \times 10^{-2}}{0.660} = 2.21 \times 10^{-2}/s$

答 (1)(ア)　**0.880**　(イ)　**0.440**　(ウ)　**0.660**　(エ)　**0.324**

　　(オ)　**0.440**　(カ)　**0.232**　(キ)　**1.5×10^{-2}**

　　(ク)　**7.7×10^{-3}**

(2)　**$2.2 \times 10^{-2}/s$**

標準問題

312 ▶ 反応速度とグラフ 化合物 A が分解して，化合物 B と C が生成する次の反応を考える。

A ⟶ B + C

A の分解速度を調べるために，温度を一定に保ちながら 30 秒ごとに A の濃度を測定した。各測定区間における A の平均濃度および分解速度を算出した結果が右表である。

反応時間 〔s〕	A の濃度 〔mol/L〕	A の平均濃度 〔mol/L〕	分解速度 〔mol/(L·s)〕
0	（ア）		
		3.04	（イ）
30	2.67		
		2.39	1.87×10^{-2}
60	2.11		
		1.88	1.53×10^{-2}
90	1.65		
		1.47	1.20×10^{-2}
120	1.29		
		1.16	0.90×10^{-2}
150	1.02		

(1) 表の(ア)，(イ)に適する数値を有効数字 3 桁で記せ。

(2) 表から，化合物 A の平均濃度と分解速度の関係を図示するとどのように表されるか。最も適するものを次の①～⑤から選び，番号で答えよ。

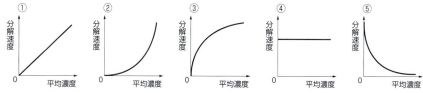

(3) 反応速度定数を k，化合物 A の平均濃度を $[A]$ とするとき，分解速度 v をどのように表せるか。

(4) 反応速度定数 k に関する下の記述①～③のうち，誤っているものを選べ。
① 一般に，k は反応物濃度の増加にともない，大きくなる。
② 一般に，k は反応温度の上昇にともない，大きくなる。
③ 一般に，k は触媒が存在すると，大きくなる。

(10　福岡大)

313 ▶ 反応速度と速度定数 次の文章を読み，下の(1)～(3)に答えよ。気体はすべて理想気体としてとり扱うものとする。

五酸化二窒素 2.00 mol を 1.00 L の四塩化炭素に溶解し，一定温度で分解反応させ，時間 t 秒後に発生した酸素の体積を測定した。五酸化二窒素は次式のように分解する。

時間〔s〕	五酸化二窒素の濃度〔mol/L〕
0	2.00
100	1.88
200	(a)
400	1.56
800	1.21
1200	0.955
1800	0.654

$2N_2O_5 \longrightarrow 4NO_2 + O_2$

得られた酸素の体積から五酸化二窒素の濃度 c〔mol/L〕を計算したところ上表のようになった。ただし，生成した二酸化窒素はすべて四塩化炭素に溶解しているものとする。また，酸素は四塩化炭素に溶けず，溶液の体積変化はないものとする。

(1) 反応開始200秒後までに捕集した酸素の体積を17℃，1.01×10^5 Paで測定したところ，3.10 Lであった。四塩化炭素の蒸気圧が1.21×10^4 Paであったとすると，生成した酸素は標準状態では何Lになるか。また反応開始200秒後の五酸化二窒素の濃度(a)を有効数字3桁で求めよ。ただし，気体定数$R = 8.3 \times 10^3$ Pa·L/(K·mol)とする。

(2) 反応開始t_1，t_2秒後の五酸化二窒素の濃度をそれぞれc_1，c_2であるとすると，五酸化二窒素の分解反応速度vを求める式を記せ。

(3) 反応開始200〜400秒後の平均の反応速度vおよび反応速度定数kを求めよ。答えは有効数字3桁で示せ。　　　　　　　　　　　　　　　　　（長崎大　改）

314 ▶ 活性化エネルギー

図Aは，仮想の分子とA_2とX_2とで起こる化学反応

$$A_2 + X_2 \longrightarrow 2AX$$

におけるエネルギーの変化を表している。ただし，A_2，X_2，AXは，すべて気体である。図の縦軸は，1 molのA_2と1 molのX_2を用いたときのエネルギー変化を，1個のA_2と1個のX_2あたりに換算したものである。

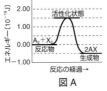

図A

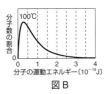

図B

(1) 図Bは100℃におけるA_2とX_2の気体分子の運動エネルギーの分布を表している。「活性化エネルギー以上のエネルギーをもっている分子」に対応する領域を図Bの中に斜線で示せ。

(2) 300℃におけるA_2とX_2の気体分子の運動エネルギーの分布として正しいものを，下の図C(あ)〜(え)から1つ選び，記号で答えよ。

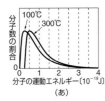
(あ)

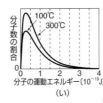
(い)

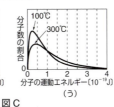
(う)

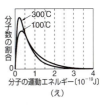
(え)

図C

(3) 触媒を使用することによって，縦軸を図Aのようにして表した場合の活性化エネルギーが1.00×10^{-19} Jになった。このときのエネルギーの変化を，図Aにならって，図Dの中に示せ。　　　　　　　　　　（15　金沢大）

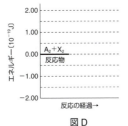

図D

発展問題

315 ▶ 半減期 ある遺跡調査で発見された木片の ^{14}C 含有量を調べたところ,大気中 ^{14}C 含有量の70%であった。^{14}C の含有量からその木片の年代測定を行うことができる。

大気中の二酸化炭素は,微量ではあるが十分検出可能な量の ^{14}C 同位体を含んでいる。この同位体は,宇宙線に含まれる中性子が窒素原子核と反応を起こすことにより生成される。つまり,

$$^{14}_{7}N + 中性子 \longrightarrow {}^{14}_{6}C + {}^{1}_{1}H \qquad ①$$

と表される。^{14}C 原子核は不安定なので,次の反応にしたがって5730年の半減期($t_{1/2}$)で減少する。

$$^{14}_{6}C \longrightarrow {}^{14}_{7}N + \beta 粒子 \qquad ②$$

このように原子核が反応で減少することを崩壊という。式②の反応速度は

$$-\frac{\Delta [{}^{14}C]}{\Delta t} = k[{}^{14}C] \qquad ③$$

と表すことができる。ここで k は速度定数,t は時間(年)である。式①の生成と式②の崩壊のつり合いがとれることにより,大気中の二酸化炭素はほぼ一定の割合で ^{14}C を含んでいる。樹木が伐採されると,木片中の ^{14}C は崩壊のみが起こり,かつ伐採されてから現在に至るまで大気中の ^{14}C は一定であると仮定する。

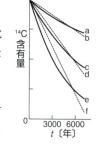

(1) 一般に,木片の ^{14}C の含有量は時間経過によりどのように変化するか。最も適当なものを右図の a〜f のなかから一つ選べ。ただし,木が伐採されたときを $t=0$ とする。

(2) $k \cdot t_{1/2}$ を計算せよ。ただし,$\log_e 10 = 2.30$, $\log_{10} 2 = 0.30$ とする。

(3) 木片が伐採された時期は,現在からさかのぼって何年前か。計算せよ。ただし,$\log_{10} 7 = 0.85$ とする。　　　　(医科歯科大)

316 ▶ 活性化エネルギー ある気体分子の反応を考える。絶対温度 $T_1 [K]$ のときの反応する気体分子の運動エネルギー分布図(縦軸に気体分子数の割合,横軸に分子のもつ運動エネルギーをとったもの)は,右図のようになる。図中に示している E_a は活性化エネルギーであり,運動エネルギーが E_a 以上の分布面積 S は,化学反応することが可能な分子数の割合を示す。

絶対温度 $T_1 [K]$ のときの気体分子の運動エネルギー分布図

(1) この化学反応において,絶対温度 $T_2 [K]$ ($T_1 < T_2$) のときの反応する気体の運動エネルギー分布を上図にかき入れた場合,以下のどのグラフになるか。

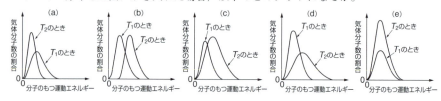

15　反応の速さとしくみ——197

(2)　活性化エネルギー E_a 以上の運動エネルギーをもつ気体分子が化学反応に関わるが，その分布面積 S は底が e である指数関数 e^{-f} で表される。(1)を参考にして f の式を選べ。ただし，e は自然対数の底，C は比例定数である。

(ア)　$C \times (E_a \times T)$　　(イ)　$C \times (E_a + T)$　　(ウ)　$C \times (T/E_a)$　　(エ)　$C \times (E_a/T)$

(九大　改)

論述 新傾向 317▶アレニウスの式　化学反応の速度と濃度の関係を示す式は反応速度式とよばれ，その形は反応物の濃度の積や累乗に比例するなどさまざまである。例えば，(a)気体の五酸化二窒素 N_2O_5 を温めると二酸化窒素と酸素を生じる反応 $2N_2O_5 \longrightarrow 4NO_2 + O_2$ では，反応速度は五酸化二窒素の濃度に比例する。一方，気体のヨウ化水素の分解反応 $2HI \longrightarrow H_2 + I_2$ では，反応速度は反応物の濃度の 2 乗に比例する。実際の反応が反応物の濃度の何乗に比例するかは，実験によって求められる。

　反応速度定数を求めるには，反応物や生成物の濃度を時間とともに測定する必要がある。五酸化二窒素の分解反応では，濃度 $[N_2O_5]$ は反応開始からの時間 t とともに

$$[N_2O_5] = [N_2O_5]_0 e^{-kt} \quad ①$$

に従って減少することが示される。ここで $[N_2O_5]_0$ は反応開始時刻における五酸化二窒素の濃度，k は反応速度定数である。(b)化学反応の反応速度定数は，温度などの反応条件が一定であれば一定の値であるが，温度の上昇とともに急激に増加する。例えば，(c)ヨウ化水素の分解反応では，温度が 647 K から 716 K になると，反応速度定数は約 30 倍になる。アレニウスはいくつかの反応で反応速度定数が，

$$k = Ae^{-\frac{Ea}{RT}} \quad ②$$

で表されることを示した。ここで，A は比例定数，E_a〔J/mol〕は活性化エネルギー，T〔K〕は絶対温度，R〔J/(mol・K)〕は気体定数である。これを用いると，反応速度定数が温度によってどのように変化するかを測定することで，反応の活性化エネルギーを求めることができる。

(1)　下線部(a)に関して，この反応の反応速度式を反応式から導くことはできない理由を簡潔に述べよ。

(2)　①式の両辺の自然対数(底を e とする対数)をとることにより，反応物の濃度を時間とともに測定することで反応速度定数 k を求められる。その方法を簡潔に述べよ。

(3)　下線部(b)について，温度を上げると反応速度定数が大きくなる理由を，分子運動の観点から簡潔に示せ。

(4)　②式の両辺の自然対数をとることにより，反応の活性化エネルギー E_a を求めることができる。その方法を簡潔に述べよ。

(5)　下線部(c)において，温度 T_1(647 K)と，T_2(716 K)で反応速度定数を測定したところ，それぞれ，$k_1 = 8.6 \times 10^{-5}$ L/(mol・s)と，$k_2 = 2.5 \times 10^{-3}$ L/(mol・s)であった。(4)の結果を用いてこの反応の活性化エネルギー E_a を求めよ。ただし，速度定数 k_1 と k_2 の値を自然対数で表すと $\log_e k_1 = -9.3$ と $\log_e k_2 = -6.0$ となる。また気体定数 R は 8.31 J/(mol・K)である。

(横浜市立大)

16 化学平衡

❶ 化学平衡

◆ 1 **可逆反応** 正反応(右向き)へも逆反応(左向き)へも進み得る反応。 　例 ：$H_2 + I_2 \underset{逆反応}{\overset{正反応}{\rightleftarrows}} 2HI$

◆ 2 **不可逆反応** 一方向にだけ進行する反応。 　例 ：$Zn + 2HCl \longrightarrow ZnCl_2 + H_2 \uparrow$

◆ 3 **化学平衡** 可逆反応において正反応と逆反応の反応速度が等しくなって，見かけ上，反応が停止しているようにみえる状態。

◆ 4 **化学平衡の法則**

可逆反応 $aA + bB + \cdots \rightleftarrows mM + nN + \cdots$ において次の関係が成り立つ。

①**化学平衡の法則(質量作用の法則)**

平衡状態の各物質のモル濃度を[A]，[B]，…とすれば，

$$\frac{[M]^m[N]^n\cdots}{[A]^a[B]^b\cdots} = K \qquad ただし，K：平衡定数(温度により決まる)$$

②**圧平衡定数**

気体反応の場合，平衡状態の各気体の分圧を p_A, p_B, …とすれば，

$$\frac{p_M{}^m \times p_N{}^n \times \cdots}{p_A{}^a \times p_B{}^b \times \cdots} = K_p \qquad ただし，K_p：圧平衡定数(温度により決まる)$$

❷ 平衡移動の原理(ルシャトリエの原理)

化学反応が平衡状態にあるとき，濃度・圧力・温度などの反応条件を変化させると，その変化をやわらげる方向に反応が進み，新しい平衡状態になる。

	反応条件の変化	平衡移動の向き(変化をやわらげる向き)
濃度	ある物質の濃度減少	その物質の濃度が増加する向き
	ある物質の濃度増加	その物質の濃度が減少する向き
温度	冷却	発熱する向き
	加熱	吸熱する向き
圧力	減圧	気体全体の物質量が増加する向き
	加圧	気体全体の物質量が減少する向き

例 ：$2NO_2(気体) = N_2O_4(気体) + 57kJ$　発熱反応(逆反応は吸熱反応)

① NO_2 の濃度増加 $\longrightarrow NO_2$ の濃度が減少する向き $\longrightarrow$ 平衡が右へ移動

②加熱 $\longrightarrow$ 吸熱する向き $\longrightarrow$ 平衡が左へ移動

③加圧 $\longrightarrow$ 気体全体の物質量が減少する向き $\longrightarrow$ 平衡が右へ移動

❸ 電離平衡

◆1 **水の電離平衡** 水はわずかに電離して平衡状態にある。

$$H_2O \rightleftharpoons H^+ + OH^-$$

①**水のイオン積** $[H^+][OH^-] = K[H_2O] = K_w$（水のイオン積）
$$= 1.0 \times 10^{-14}(mol/L)^2 \quad (25℃)$$

②**水素イオン指数(pH)** $pH = -\log_{10}a \; ([H^+] = a(mol/L))$

◆2 **弱酸・弱塩基の電離平衡** 弱電解質を水に溶かすと，電離したイオンと電離していないもとの物質の間で平衡状態になる（電離平衡）。

濃度 $c(mol/L)$ の酢酸やアンモニアの電離度 α と電離定数 $K_a \cdot K_b$ との関係

	弱酸の電離　（例：酢酸）			弱塩基の電離（例：アンモニア）		
電離平衡	$CH_3COOH + H_2O \rightleftharpoons$	CH_3COO^-	$+ H_3O^+$	$NH_3 + H_2O \rightleftharpoons$	NH_4^+	$+ OH^-$
はじめ	c	0	0	c	0	0
変化量	$-c\alpha$	$+c\alpha$	$+c\alpha$	$-c\alpha$	$+c\alpha$	$+c\alpha$
平衡状態	$c(1-\alpha)$	$c\alpha$	$c\alpha$	$c(1-\alpha)$	$c\alpha$	$c\alpha$
電離定数	$K_a = \dfrac{[CH_3COO^-][H^+]}{[CH_3COOH]} = K[H_2O]$			$K_b = \dfrac{[NH_4^+][OH^-]}{[NH_3]} = K[H_2O]$		
$\alpha \ll 1$ のとき ↓ $1-\alpha \fallingdotseq 1$	$K_a = \dfrac{c\alpha \times c\alpha}{c(1-\alpha)} \fallingdotseq c\alpha^2$　$\alpha \fallingdotseq \sqrt{\dfrac{K_a}{c}}$ $[H^+] = c\alpha = \sqrt{cK_a}$			$K_b = \dfrac{c\alpha \times c\alpha}{c(1-\alpha)} \fallingdotseq c\alpha^2$　$\alpha \fallingdotseq \sqrt{\dfrac{K_b}{c}}$ $[OH^-] = c\alpha = \sqrt{cK_b}$		

❹ 塩の加水分解
弱酸の陰イオンや弱塩基の陽イオンと水が反応（加水分解）して平衡状態に達する。

例 $CH_3COO^- + H_2O \rightleftharpoons CH_3COOH + OH^-$

$$\dfrac{[CH_3COOH][OH^-]}{[CH_3COO^-]} = K[H_2O] = K_h（加水分解定数）$$

分子・分母に $[H^+]$ をかけると　$K_h = \dfrac{[CH_3COOH][OH^-][H^+]}{[CH_3COO^-][H^+]} = \dfrac{K_w}{K_a}$

❺ 緩衝液

◆1 **緩衝液** 酸や塩基を少量加えても，pH があまり変化しない溶液。

例 酢酸と酢酸ナトリウムの混合溶液

水溶液中……酢酸分子 CH_3COOH と酢酸イオン CH_3COO^- が多量に存在

*酸の影響：$CH_3COO^- + H^+ \longrightarrow CH_3COOH$（$H^+$ が増えない）

*塩基の影響：$CH_3COOH + OH^- \longrightarrow CH_3COO^- + H_2O$（$OH^-$ が増えない）

◆2 **緩衝液と pH の変化** 緩衝液での $[H^+]$ は次のように表せる。

$$[H^+] = \dfrac{[CH_3COOH]}{[CH_3COO^-]} K_a = \dfrac{c_a}{c_s} K_a$$

6 溶解平衡

◆1 溶解度積 水に溶けにくい電解質は，飽和溶液中で析出と溶解が同時に起こっており溶解平衡の状態にある。このとき，一定の温度のもとでは，飽和溶液中の各イオンの濃度の積は一定であり，これを溶解度積とよぶ。

例 難溶性の塩　$AgCl(固) \rightleftharpoons Ag^+ + Cl^-$　$[Ag^+][Cl^-] = K_{sp}$　溶解度積（一定値）
$K_{sp} < [Ag^+][Cl^-]$　のとき沈殿を生じる。

◆2 共通イオン効果 電解質の水溶液に，電解質を構成するイオンを加えると平衡が移動する現象。

例 $NaCl(固) \rightleftharpoons Na^+aq + Cl^-aq$
$NaCl$ の水溶液に Na^+ や Cl^- を含む水溶液を加えると $NaCl$ の固体が析出する。

WARMING UP／ウォーミングアップ

次の文中の（　）に適当な語句・式・数値を入れよ。

1 化学平衡

水素とヨウ素が反応してヨウ化水素が生成する反応は次のように書ける。　$H_2 + I_2 \rightleftharpoons 2HI$　……①

このとき HI が生成する反応を（ア）反応，HI が分解する反応を（イ）反応という。そして（ア）と（イ）の両方が起こる反応を（ウ）反応という。また，この①式の反応において（ア）反応の反応速度を v_1，（イ）反応の反応速度を v_2 としたとき，$v_1 = v_2$ の状態になると，反応が見かけ上停止したように見える。この状態を（エ）という。

1
- (ア) 正
- (イ) 逆
- (ウ) 可逆
- (エ) 平衡状態

2 平衡の移動

「化学反応が平衡状態にあるとき，濃度・圧力・温度などの反応条件を変化させると，その変化をやわらげる向きに反応が進み，新しい平衡状態になる。」これを（ア）の原理という。

① 濃度の影響　ある物質の濃度を増加させると，その物質の濃度が（イ）する方向へ平衡は移動する。

② 圧力の影響　気体反応の場合，圧力を高くすると，気体分子の総数が（ウ）する向き，すなわち反応式の係数の和が（エ）する方向へ平衡は移動する。

③ 温度の影響　温度を高くすると，（オ）の向きに平衡は移動する。

④ 触媒の影響　平衡の移動には関係（カ）。触媒は反応速度を（キ）し，はやく平衡状態に達するように導く。

2
- (ア) ルシャトリエ
- (イ) 減少
- (ウ) 減少
- (エ) 減少
- (オ) 吸熱反応
- (カ) ない
- (キ) 大きく

3 化学平衡の法則

次のような気体反応が平衡状態にあるとする。

$$A + 3B \rightleftarrows 2C$$

このとき各成分のモル濃度を $[A]$, $[B]$, $[C]$ とすれば、この間には、$K =$ (ア) の関係が成り立つ。このような関係を化学平衡の法則(質量作用の法則)といい、K を (イ) という。K はそれぞれ反応によって決まった定数で、温度によって変化 (ウ)。

4 平衡定数

次のそれぞれの反応における平衡定数 K を表す式をかけ。

(1) $2NO_2 \rightleftarrows N_2O_4$

(2) $2SO_2 + O_2 \rightleftarrows 2SO_3$

5 弱酸の電離平衡

弱酸は、水溶液中ではその一部が電離して①式のように電離平衡が成り立っている。

$$HA \rightleftarrows H^+ + A^- \quad \cdots\cdots①$$

弱酸の初濃度 c [mol/L]、電離度 α とすると、電離平衡時のモル濃度の関係は、$[HA] =$ (ア)、$[A^-] =$ (イ)、$K_a =$ (ウ) と表すことができる。また、α が1より極めて小さい場合、$K_a =$ (エ) と簡略化できる。したがって、$[H^+]$ を K_a と c を用いて、$[H^+] =$ (オ) と表すことができる。

6 2価の弱酸の電離

弱酸の硫化水素 H_2S の電離は

$$H_2S \rightleftarrows H^+ + HS^- \qquad HS^- \rightleftarrows H^+ + S^{2-}$$

と2段階で起こる。

1段階目の電離定数を K_1 とすると、

$$K_1 = \boxed{\text{(ア)}}$$

2段階目の電離定数を K_2 とすると、

$$K_2 = \boxed{\text{(イ)}}$$

となる。また上式より、

$$K_1 \cdot K_2 = \boxed{\text{(ウ)}}$$

となり、$[S^{2-}]$ と $[H^+]$ の関係もわかる。

3

(ア) $\dfrac{[C]^2}{[A][B]^3}$

(イ) 平衡定数

(ウ) する

4

(1) $\dfrac{[N_2O_4]}{[NO_2]^2}$

(2) $\dfrac{[SO_3]^2}{[SO_2]^2[O_2]}$

5

(ア) $c(1-\alpha)$

(イ) $c\alpha$

(ウ) $\dfrac{c\alpha^2}{1-\alpha}$

(エ) $c\alpha^2$

(オ) $\sqrt{cK_a}$

6

(ア) $\dfrac{[H^+][HS^-]}{[H_2S]}$

(イ) $\dfrac{[H^+][S^{2-}]}{[HS^-]}$

(ウ) $\dfrac{[H^+]^2[S^{2-}]}{[H_2S]}$

基本例題 67 化学平衡の法則　　　　　　　　　　　　　　基本 ➡ 319, 320, 322

1.00 L の容器の中に 0.100 mol の水素と 0.100 mol のヨウ素を入れ，490℃ に保ったところ，次の反応が平衡に達し，0.154 mol のヨウ化水素が生成した。

$H_2 + I_2 \rightleftarrows 2HI$

この反応の 490℃ における平衡定数を求めよ。

●エクセル　化学平衡の法則：$aA + bB + \cdots \rightleftarrows mM + nN + \cdots$　　$K = \dfrac{[M]^m [N]^n \cdots}{[A]^a [B]^b \cdots}$

考え方
平衡に至る量的な関係を「反応前の量」，「変化量」，「平衡時の量」に分けて表にしてみる。

解答

	H_2	$+$	I_2	$\rightleftarrows$	$2HI$
反応前の量	0.100 mol		0.100 mol		0 mol
変化量	$-x$ [mol]		$-x$ [mol]		$+2x$ [mol]
平衡時の量	$(0.100-x)$ [mol]		$(0.100-x)$ [mol]		$2x$ [mol]

平衡状態の HI は $0.154 = 2x$ [mol]　よって，$x = 0.0770$ mol
容器の体積は 1.00 L なので
$[H_2] = [I_2] = 0.100 - 0.0770 = 0.023$ mol/L
$[HI] = 0.154$ mol/L
平衡定数を表す式に代入すると，

$K = \dfrac{[HI]^2}{[H_2][I_2]} = \dfrac{0.154^2}{0.023 \times 0.023} = 44.8 ≒ 45$　　**答 45**

基本例題 68 平衡の移動　　　　　　　　　　　　　　　　基本 ➡ 324

$aA + bB \rightleftarrows cC$ の反応において，いろいろな温度・圧力で平衡に達したときの C の濃度は右図のようになった。次の(1), (2)に答えよ。ただし，物質 A，B，C は気体である。

(1) C の生成反応は発熱反応か吸熱反応か。
(2) a, b, c には，次のいずれの関係があるか。
　(ア) $a+b>c$　(イ) $a+b<c$　(ウ) $a+b=c$

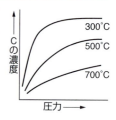

●エクセル　ルシャトリエの原理：温度・圧力などを変えると，その変化をやわらげる方向に平衡は移動する。

考え方
グラフを見て，温度を上げると C の濃度はどうなるか，同一温度で圧力を大きくすると（グラフが右にいくほど）C の濃度はどうなるかを読み取る。

解答
(1) 温度を上げるほど C の濃度が小さくなることから，C が生成する右向きの反応は発熱反応である。
　　　　　　　　　　　　　　　　　　　答 発熱反応
(2) 圧力を大きくするほど C の濃度が大きくなっている。気体の圧力が高くなると，平衡は分子数を減らす方向へ移動するので $a+b>c$ である。　　**答 (ア)**

基本例題 69　溶解度積　　基本➡328

(1) 25℃で塩化銀の水に対する溶解度は，2.009×10^{-3} g/L である。塩化銀の溶解度積 K_{sp} はいくらか。有効数字2桁で答えよ。

(2) 25℃で濃度 1.00×10^{-1} mol/L の希塩酸1.00Lに対して，塩化銀は最大何mol溶けるか。有効数字2桁で答えよ。ただし，水溶液の体積の変化はないものとする。

●エクセル　溶解度積 $K_{sp} \geq [Ag^+][Cl^-]$ ……沈殿が生成しない
　　　　　　溶解度積 $K_{sp} < [Ag^+][Cl^-]$ ……沈殿が生じる

考え方

AgClの飽和水溶液中では，固体のAgClと水溶液中のAg$^+$とCl$^-$の間で，次のような溶解平衡が成り立っている。
AgCl(固) $\rightleftarrows$ Ag$^+$ + Cl$^-$

解答

(1) 溶解した塩化銀のモル濃度は
$$\frac{2.009 \times 10^{-3} \text{g/L}}{143.5 \text{g/mol}} = 1.40 \times 10^{-5} \text{mol/L}$$
AgCl $\rightleftarrows$ Ag$^+$ + Cl$^-$ より
$K_{sp} = [Ag^+][Cl^-] = (1.40 \times 10^{-5}) \times (1.40 \times 10^{-5})$
　　　$= 1.96 \times 10^{-10}$ (mol/L)^2

答 2.0×10^{-10} (mol/L)^2

(2) $[Ag^+][Cl^-] = 1.96 \times 10^{-10}$ (mol/L)^2
$[Ag^+] = \dfrac{1.96 \times 10^{-10}}{[Cl^-]}$
　　　$= \dfrac{1.96 \times 10^{-10}}{1.00 \times 10^{-1}} = 1.96 \times 10^{-9}$ mol/L

答 2.0×10^{-9} mol

基本問題

318 ▶ **正反応・逆反応の速さ**　水素とヨウ素の混合物を密閉容器に入れ450℃で反応させると，ヨウ化水素が生成し，やがて平衡に達する。

H$_2$ + I$_2$ $\underset{\text{逆反応}}{\overset{\text{正反応}}{\rightleftarrows}}$ 2HI

反応開始後の正反応の速さと逆反応の速さを表す図として最も適当なものを，(1)～(5)のうちから一つ選べ。

(センター)

(1) 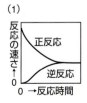　(2) 　(3) 　(4) 　(5)

319 ▶ 平衡定数　水素 5.0 mol とヨウ素 4.0 mol を 2.0 L の容器に入れ，ある温度に保ったところ，密閉容器内は，

$$H_2 + I_2 \rightleftharpoons 2HI$$

の化学反応式で表される平衡状態になり，ヨウ化水素が 6.0 mol 生じていた。この反応の平衡定数を求めよ。 　　　　　　　　　　　　　　　　　　　　　　（11　北見工業大）

320 ▶ 平衡定数　酢酸とエタノールからエステル（酢酸エチル）を生成する反応は可逆反応であり，次のように書ける。通常は触媒として酸を加える。

$$CH_3COOH + CH_3CH_2OH \rightleftharpoons CH_3COOCH_2CH_3 + H_2O \qquad ①$$

酢酸 1.6 mol とエタノール 1.0 mol を混合し，硫酸をわずかに加えた。この反応が平衡状態になったとき，酢酸エチルの生成量は 0.8 mol であった。

⑴　①の反応が平衡状態になったときの平衡定数を求めよ。

⑵　最初に酢酸 2.0 mol とエタノール 1.0 mol で反応を開始し，平衡定数が⑴と同じとするとき，生成する酢酸エチルのモル数を求めよ。ただし $\sqrt{3} = 1.7$ とし，有効数字 2 桁で答えよ。 　　　　　　　　　　　　　　　　　　　　　　（13　宮城大）

321 ▶ 圧平衡定数　密閉容器に四酸化二窒素を入れて 1.0×10^5 Pa に保ったところ，ある温度で 40 % の四酸化二窒素が次のように変化して平衡に達した。

$$N_2O_4 \rightleftharpoons 2NO_2$$

⑴　平衡に達したときの N_2O_4 の分圧を求めよ。

⑵　圧平衡定数 K_p を求めよ。 　　　　　　　　　　　　　　　　　　（14　東京電機大　改）

322 ▶ 平衡定数　0.225 mol の水素 H_2 と 0.225 mol のヨウ素 I_2 を，体積 5.00 L の容器に入れて密閉し一定温度に保つと次のような平衡状態に達し，ヨウ化水素 HI が 0.360 mol 生成した。

$$H_2(気) + I_2(気) \rightleftharpoons 2HI(気)$$

⑴　この状態における平衡定数 K を求めよ。

⑵　⑴の平衡状態に新たに 0.025 mol の H_2 と 0.025 mol の I_2 を加えると，同一温度で平衡が移動した。新しく達した平衡状態での H_2，I_2 および HI の濃度〔mol/L〕を求めよ。 　　　　　　　　　　　　　　　　　　　　　　（15　三重大）

323 ▶濃度平衡定数と圧平衡定数　気体 A と B が反応し，気体 C と D が生成する可逆反応式は，次のように表すことができるものとする。

$$A + 3B \rightleftharpoons C + 2D$$

ある温度 T においてこの反応が平衡状態にあり，各気体の分圧がそれぞれ p_A，p_B，p_C，p_D であるとき，圧平衡定数 K_p は次式で示される。

$$K_p = \frac{p_C p_D{}^2}{p_A p_B{}^3}$$

気体定数を R，各気体のモル濃度で表す濃度平衡定数を K とするとき，K_p を求めよ。

(11　明治大)

324 ▶平衡の移動　次の(1)〜(10)の反応が平衡状態にあるとき，〔　〕内に示されている変化を与えると，平衡はどちらに移動するか。右向きはア，左向きはイ，どちらにも移動しない場合にはウを，それぞれ記せ。

(1)　$N_2 + O_2 = 2NO - 180\,kJ$ 〔加圧する〕

(2)　$C(固) + H_2O(気) = CO + H_2 - 132\,kJ$ 〔減圧する〕

(3)　$2NH_3 = N_2 + 3H_2 - 92\,kJ$ 〔触媒として鉄の酸化物を加える〕

(4)　$N_2O_4 = 2NO_2 - 57\,kJ$ 〔温度を下げる〕

(5)　$2O_3 = 3O_2 + 284\,kJ$ 〔加圧する〕

(6)　$NH_3 + H_2O = NH_4{}^+ + OH^-$ 〔NH_4Cl を加える〕

(7)　$NH_3 + H_2O = NH_4{}^+ + OH^-$ 〔水で薄める〕

(8)　$CH_3COOH = CH_3COO^- + H^+$ 〔CH_3COONa を加える〕

(9)　$2SO_2 + O_2 = 2SO_3 + 188\,kJ$ 〔He を加える(体積一定)〕

(10)　$2SO_2 + O_2 = 2SO_3 + 188\,kJ$ 〔He を加える(圧力一定)〕

325 ▶弱酸の電離平衡　次の文中の(ア)〜(カ)に適当な化学式・数式・数値を入れよ。ただし，$\log_{10} 1.6 = 0.2$ とする。

弱酸である酢酸は，水溶液中でその一部が電離して①式のように電離平衡の状態に達している。　　　　$CH_3COOH \rightleftharpoons CH_3COO^- + H^+$　……①

この場合の電離定数 K_a は，②式で示される。

$$K_a = (　ア　)\,[mol/L]　……②$$

ここで，水に溶かした酢酸の濃度を $c\,[mol/L]$，電離度を α とすると，②式は c と α を用いて，③式のように表される。

$$K_a = \frac{(　イ　)}{1 - \alpha}\,[mol/L]　……③$$

ここで酢酸は弱酸であり，その電離度 α は非常に小さいため $1 - \alpha \fallingdotseq (　ウ　)$ と近似できる。いま，ある温度で，$0.10\,mol/L$ の酢酸水溶液がある。電離度 α を 0.016 とすると，K_a は (　エ　)mol/L となり，水素イオン濃度 $[H^+]$ は (　オ　)mol/L，水素イオン指数(pH)は (　カ　) となる。

326 ▶ 弱塩基の平衡定数 次の文中の(ア)〜(オ)に適当な数式・数値を入れよ。ただし, $\sqrt{2} = 1.4$, $\log_{10}2 = 0.30$, $\log_{10}3 = 0.48$, 25℃における水のイオン積 $K_w = [H^+][OH^-] = 1.0 \times 10^{-14} mol^2/L^2$ とし, (オ)は小数点以下第1位まで求めよ。

アンモニア水でのアンモニアの電離平衡は次のように表される。

$NH_3 + H_2O \rightleftarrows NH_4^+ + OH^-$ ①

アンモニア水のモル濃度をC, 電離度をαとすると, 電離定数K_bはCとαを用いて, $K_b = ($ ア $)$ mol/L と表される。しかし, αは非常に小さいため, $K_b = ($ イ $)$ mol/L と近似することができる。これを用いると, 1.0×10^{-2} mol/L アンモニア水の25℃における電離定数K_bが1.8×10^{-5} mol/L であれば, 電離度は(ウ), 水酸化物イオン濃度は(エ)mol/L, そしてpHは(オ)と求められる。　　　　　(12 岩手医大)

327 ▶ 緩衝液 次の文中(ア)〜(カ)には適当な語句や化学式を, 下線部①, ②にはそれぞれの反応のイオン反応式をかけ。

酢酸と酢酸ナトリウムの混合水溶液は, その中に少量の酸や塩基を加えてもpHがほぼ一定に保たれる。このような水溶液を(ア)という。酢酸は電離して次のような平衡状態で存在する。　　　$CH_3COOH \rightleftarrows ($ イ $) + ($ ウ $)$　　(a)

酢酸ナトリウムは次のように完全に電離している。

　　　　　　　　$CH_3COONa \longrightarrow ($ イ $) + ($ エ $)$　　(b)

この混合溶液に少量の酸を加えると, ①酸によって生じた水素イオンは(b)式の反応で生じる(オ)との反応に使われる。また少量の塩基を加えると, ②塩基の電離で生じた水酸化物イオンは, (a)式の平衡にある(カ)との反応に使われるため, pHがほとんど変化しない。

328 ▶ 溶解度積 硫酸バリウムの飽和水溶液100mL中には硫酸バリウムが2.33×10^{-4}g溶解している。

(1) 硫酸バリウムの溶解度積K_{sp}はいくらか。

(2) 0.0500 mol/L の硫酸1Lに硫酸バリウムは最大何gまで溶解するか。

　　　　　　　　　　　　　　　　　　　　　　　　　　　(東京電機大　改)

標準例題 70　緩衝液

次の文章を読んで，下の(1)～(3)に答えよ。必要であれば，次の値を用いよ。$\sqrt{2.8}=1.7$，$\log 2.8=0.45$，$\log 1.7=0.23$

右図は，0.10 mol/L 酢酸水溶液 10 mL に 0.10 mol/L 水酸化ナトリウム水溶液を滴下し，pH を測定した結果である。C は中和点を，B は中和に必要な量の半分の水酸化ナトリウム水溶液を滴下したときの点を示す。この実験条件下での酢酸の電離定数 K_a を 2.8 $\times 10^{-5}$ mol/L とする。

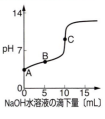

(1) 点 A(0.10 mol/L 酢酸水溶液)の pH を，計算過程を示して答えよ。ただし，このときの酢酸の電離度は 1 に比べて非常に小さいものとする。

(2) 点 B では，酢酸(CH_3COOH)と酢酸イオン(CH_3COO^-)の濃度は等しい。点 B の pH を，計算過程を示して答えよ。

(3) 点 C と比べて，点 B では水酸化ナトリウム水溶液を加えても pH の変化は小さい。このような pH の変化が小さい溶液を何とよぶか答えよ。また，pH の変化が小さい理由を説明せよ。

（10　山口大）

●エクセル　酢酸水溶液の pH
$$[H^+]=\sqrt{cK_a} \quad pH=-\log_{10}\sqrt{cK_a}$$
酢酸と酢酸ナトリウムの混合溶液(緩衝液)の pH
$$[H^+]=\frac{c_a}{c_s}K_a \quad pH=-\log_{10}\left(\frac{c_a}{c_s}K_a\right)$$

考え方

酢酸と酢酸ナトリウムの混合溶液でも酢酸の電離平衡が成り立っているので，
$$K_a=\frac{[CH_3COO^-][H^+]}{[CH_3COOH]}$$
が成り立つ。

点 B では，$[CH_3COOH]=[CH_3COO^-]$ なので，
$[H^+]=K_a$
$pH=-\log_{10}K_a$

解答

(1) 点 A は 0.10 mol/L 酢酸水溶液なので，
$$[H^+]=\sqrt{cK_a}=\sqrt{0.10\times 2.8\times 10^{-5}}=1.7\times 10^{-3} \text{ mol/L}$$
よって　$pH=-\log_{10}[H^+]$
$=-\log_{10}(1.7\times 10^{-3})$
$\fallingdotseq 2.8$　　**答　2.8**

(2) 点 B では酢酸と酢酸ナトリウムの混合溶液で，かつ $[CH_3COOH]=[CH_3COO^-]$ なので，
$$[H^+]=\frac{[CH_3COOH]}{[CH_3COO^-]}K_a=K_a=2.8\times 10^{-5} \text{ mol/L}$$
$pH=-\log_{10}[H^+]=-\log_{10}(2.8\times 10^{-5})\fallingdotseq 4.6$　**答　4.6**

(3) **答**　溶液の名称　**緩衝液**

理由　点 B の領域（酢酸と酢酸ナトリウムの混合溶液）では，NaOH を加えても，OH^- が CH_3COOH と反応して CH_3COO^- と H_2O が生じるため OH^- の影響が打ち消され水素イオン濃度はあまり減少しないから。

標準例題 71　気体の平衡状態　　　標準→331

四酸化二窒素は二酸化窒素との間に次のような平衡が成り立つ。

N_2O_4(気) $\rightleftharpoons$ $2NO_2$(気)

ある温度で容積 V[L]の容器に x[mol]の四酸化二窒素を入れると平衡状態にした。このときの容器内の圧力を P[Pa]，四酸化二窒素の解離度を α とすると平衡時の二酸化窒素の分圧はいくらになるか。またこの温度での圧平衡定数はいくらか。

● エクセル　$aA + bB + \cdots \rightleftharpoons mM + nN + \cdots$　圧平衡定数は $K_p = \dfrac{P_M^m \times P_N^n \times \cdots}{P_A^a \times P_B^b \times \cdots}$　P：分圧

考え方
反応前・変化量・平衡状態でのそれぞれの物質量の関係を表にまとめてみる。
分圧＝モル分率×全圧

解答

	N_2O_4(気)	$\rightleftharpoons$	$2NO_2$(気)
反応前	x[mol]		0
変化量	$-x\alpha$[mol]		$+2x\alpha$[mol]
平衡状態	$x(1-\alpha)$[mol]		$2x\alpha$[mol]

平衡状態の全物質量 $= x(1-\alpha) + 2x\alpha = x(1+\alpha)$[mol]

$P_{NO_2} = \dfrac{2x\alpha}{x(1+\alpha)} P = \dfrac{2\alpha}{1+\alpha} P$　　**答** $\dfrac{2\alpha}{1+\alpha} P$

$K_p = \dfrac{(P_{NO_2})^2}{P_{N_2O_4}} = \dfrac{\{2\alpha/(1+\alpha)\}^2 P^2}{\{(1-\alpha)/(1+\alpha)\}P} = \dfrac{4\alpha^2}{1-\alpha^2} P$　**答** $\dfrac{4\alpha^2}{1-\alpha^2} P$

標準問題

論述 329 ▶ 平衡の移動　窒素と水素を 1：3 の物質量の比で混合し，触媒を用いてアンモニアを合成した。圧力を 3.04×10^7 Pa に保ちながら，温度を 200〜700℃ の範囲で変化させた。平衡状態になったときの混合気体中のアンモニアの体積百分率の温度変化は，図1の実線（—）となった。また，圧力 3.04×10^7 Pa の温度 500℃ におけるアンモニアの体積百分率は，時間とともに図2の実線（—）のように変化した。

(1) 下線部のアンモニアが生成する化学反応は吸熱反応か発熱反応か，図1の結果から判断し，その理由を30字以内で記せ。

(2) 図1の実験で，圧力を 3.04×10^7 Pa より高くしたとき，平衡状態でのアンモニアの体積百分率はどのように変化すると予想されるか，A〜Dのなかから選べ。

(3) 図2の実験で，温度を 500℃ より低くしたとき，アンモニアの体積百分率は時間とともにどのように変化すると予想されるか，E〜Hのなかから選べ。

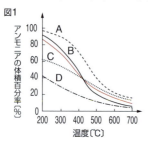
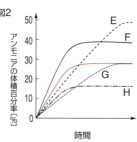

（群馬大　改）

16 化学平衡— 209

330▶SO$_2$ の平衡 二酸化硫黄から三酸化硫黄が生成する反応は，次のような平衡反応である。

$$2SO_2 + O_2 \rightleftharpoons 2SO_3$$

ある温度において，この平衡が成り立っている密閉容器の容積を半分に圧縮し，しばらく放置して新たな平衡状態になったとき，

(1) 圧縮後の三酸化硫黄の分圧はどのようになるか。最も適当なものを，次の(ア)～(エ)から1つ選べ。容器内の温度は一定に保たれるものとする。

(ア) 三酸化硫黄の分圧はもとの分圧の2倍になる。

(イ) 三酸化硫黄の分圧はもとの分圧の2倍より大きくなる。

(ウ) 三酸化硫黄の分圧はもとの分圧より大きく，2倍より小さい。

(エ) この条件だけではわからない。

(2) ある温度で，容積2Lの密閉容器中に二酸化硫黄 $2a$〔mol〕と酸素 a〔mol〕を入れて混合したところ，三酸化硫黄が $2b$〔mol〕生成した時点で平衡に達した。このときの濃度による平衡定数を表す式を答えよ。 (関西大)

331▶気体反応の平衡 ピストン付きの容器に 0.92g の四酸化二窒素を入れて容器内の温度を 67℃ に保った。このとき，N_2O_4（気体）$\rightleftharpoons$ $2NO_2$（気体）の平衡が成立しているものとして，次の(1)～(3)に答えよ。ただし，気体定数 $R = 8.3 \times 10^3 Pa \cdot L/(K \cdot mol)$ とする。

(1) 容器の体積を 1.0L としたところ，混合気体の圧力は $0.46 \times 10^5 Pa$ であった。このとき四酸化二窒素の解離度はいくらか。

(2) この平衡の圧平衡定数はいくらか。

(3) 次に温度を 67℃ に保ったままピストンで混合気体を圧縮して全圧力を $1.0 \times 10^5 Pa$ にした。このとき四酸化二窒素の解離度はいくらか。 (早大 改)

332▶塩の加水分解 0.20mol/L の CH_3COONa 水溶液の pH を求めよ。ただし，この温度での酢酸 CH_3COOH の電離定数を $K_a = 2.0 \times 10^{-5}$ mol/L，水のイオン積 $K_w = [H^+][OH^-] = 1.0 \times 10^{-14}$ (mol/L)^2 とする。

333▶緩衝液 アンモニアは水に溶けて次のように電離し，アルカリ性を示す。

$$NH_3 + H_2O \rightleftharpoons NH_4^+ + OH^-$$

この電離平衡における電離定数 K_b の値を 2.0×10^{-5} mol/L として，0.10mol/L のアンモニア水 100mL に塩化アンモニウムの固体 0.010mol を加えた水溶液の pH を求めよ。ただし，塩化アンモニウムは水溶液で完全に電離し，溶液の体積は塩化アンモニウムを加えたことにより変化しないものとする。また，この温度での水のイオン積 $[H^+][OH^-] = 1.0 \times 10^{-14}$ (mol/L)^2，$\log_{10} 2 = 0.30$，$\log_{10} 3 = 0.48$ とする。 (関西学院大 改)

210 —— 4章　物質の変化と平衡

334 ▶**溶液の pH**　次の(1), (2)の各水溶液の pH を求めよ。ただし，酢酸の電離定数を $K_a = 2.0 \times 10^{-5}\,\text{mol/L}$，水のイオン積を $[\text{H}^+][\text{OH}^-] = 1.0 \times 10^{-14}\,(\text{mol/L})^2$ とし，$\log_{10} 2.0 = 0.3$，$\log_{10} 1.62 = 0.21$，$\sqrt{5} = 2.23$ とする。

(1)　$4.0 \times 10^{-5}\,\text{mol/L}$ の酢酸水溶液

(2)　$1.0 \times 10^{-5}\,\text{mol/L}$ の塩酸を 100 倍に薄めた水溶液

335 ▶**純水と塩基の pH**　次の文章を読み，下の(1), (2)に答えよ。ただし，$\log_{10} 5.47 = 0.74$ とする。純粋な水もごく少量の水分子が H^+ と OH^- に電離して平衡が保たれている。水中での H^+，OH^- の濃度の積は水のイオン積とよび K_w で表す。25℃ では $K_w = 1.0 \times 10^{-14}\,(\text{mol/L})^2$ であるが，温度上昇とともに K_w は増大し，50℃ では $K_w = 5.47 \times 10^{-14}\,(\text{mol/L})^2$ となる。

(1)　50℃ の純粋な水の pH を小数点以下第 1 位まで求めよ。

(2)　塩基 A の水溶液では，次のような電離平衡が成り立っている。

$$\text{H}_2\text{O} + \text{A} \rightleftharpoons \text{AH}^+ + \text{OH}^-$$

塩基 A の 0.200 mol/L 水溶液の 50℃ における pH を小数点以下第 1 位まで求めよ。ただし，塩基 A の電離定数 K_b は，50℃ で

$$K_b = \frac{[\text{AH}^+][\text{OH}^-]}{[\text{A}]} = 5.00 \times 10^{-6}\,\text{mol/L}\ \text{である。}$$

（名大　改）

336 ▶**溶解度積**　硫化亜鉛 ZnS は水溶液中でわずかに溶けて，次式の平衡となる。

$$\text{ZnS} \rightleftharpoons \text{Zn}^{2+} + \text{S}^{2-}$$

飽和水溶液では温度一定の場合，溶存イオン濃度の積 $[\text{Zn}^{2+}][\text{S}^{2-}]$ は一定の値を示す。この値を溶解度積 K_{sp} という。$[\text{Zn}^{2+}][\text{S}^{2-}] < K_{sp}$ ならば硫化亜鉛の沈殿は生じないが，$[\text{Zn}^{2+}][\text{S}^{2-}] > K_{sp}$ となるような場合は沈殿が生じる。一方，硫化水素 H_2S は水に溶け 2 段階に電離する。

$$\text{H}_2\text{S} \rightleftharpoons \text{H}^+ + \text{HS}^-\quad K_1 = \frac{[\text{H}^+][\text{HS}^-]}{[\text{H}_2\text{S}]},\quad \text{HS}^- \rightleftharpoons \text{H}^+ + \text{S}^{2-}\quad K_2 = \frac{[\text{H}^+][\text{S}^{2-}]}{[\text{HS}^-]}$$

ここで $K = K_1 \cdot K_2$ とすると　$K = \dfrac{[\text{H}^+]^2[\text{S}^{2-}]}{[\text{H}_2\text{S}]}$

となり，K は便宜上，$\text{H}_2\text{S} \rightleftharpoons 2\text{H}^+ + \text{S}^{2-}$ の平衡定数を表す量になる。今ここで，$1.0 \times 10^{-7}\,\text{mol/L}$ の Zn^{2+} を含む水溶液に H_2S を通じたとき，以下の(1), (2)に答えよ。ただし，水溶液中の $[\text{H}_2\text{S}]$ は常に 0.10 mol/L とし，水溶液の体積は H_2S を通じても変わらないものとする。また，実験は温度一定で行い ZnS の溶解度積 K_{sp} は $1.0 \times 10^{-24}\,\text{mol}^2/\text{L}^2$，$\text{H}_2\text{S}$ の平衡定数 K は $1.0 \times 10^{-22}\,\text{mol}^2/\text{L}^2$ とする。

(1)　水溶液の pH を何未満とすれば ZnS の沈殿が生じないか。

(2)　水溶液の pH が 7 の場合，ZnS の沈殿が生じた。H_2S を通じたあとの水溶液中の Zn^{2+} の濃度を有効数字 2 桁で求めよ。

（金沢大　改）

発展問題

337 ▶ 炭酸の電離平衡 炭酸の水溶液中での電離平衡とその電離定数は，以下の①〜④式に示される通りである。ここで，③式における[H_2CO_3]は水溶液中の炭酸と二酸化炭素の全濃度を表しており，水に溶解した炭酸物質はすべて炭酸とその電離により生じたイオンとして存在するものとみなせる。25℃において，pH＝6.0のミネラルウォーターに溶解している炭酸物質のうち炭酸水素イオンとして存在するのは全体の何%か。有効数字2桁で答えよ。

$$H_2CO_3 \rightleftharpoons HCO_3^- + H^+ \qquad ①$$

$$HCO_3^- \rightleftharpoons CO_3^{2-} + H^+ \qquad ②$$

$$K_1 = \frac{[HCO_3^-][H^+]}{[H_2CO_3]} = 4.5 \times 10^{-7} \text{mol/L}(25℃) \qquad ③$$

$$K_2 = \frac{[CO_3^{2-}][H^+]}{[HCO_3^-]} = 5.6 \times 10^{-11} \text{mol/L}(25℃) \qquad ④$$

（上智大 改）

論述 338 ▶ モール法 クロム酸イオン CrO_4^{2-} は水溶液中で銀イオン Ag^+ と反応し，クロム酸銀 Ag_2CrO_4 の赤褐色沈殿を生じる。Ag_2CrO_4 の溶解度積(25℃)は $3.6 \times 10^{-12} \text{mol}^3/\text{L}^3$ である。また，塩化物イオン Cl^- も水溶液中で銀イオン Ag^+ と反応して塩化銀 $AgCl$ の白色沈殿を生じる。$AgCl$ の溶解度積(25℃)は $1.8 \times 10^{-10} \text{mol}^2/\text{L}^2$ である。

(1) 25℃において，濃度 1.0×10^{-2} mol/L の K_2CrO_4 水溶液 49.8 mL に，濃度 1.0×10^{-2} mol/L の $AgNO_3$ 水溶液 0.2 mL を加えたとき，Ag_2CrO_4 の沈殿が生じるか答えよ。また，そのように考えた理由を説明せよ。ただし，$K_2Cr_2O_7$ の生成は無視してよい。

(2) 25℃において，K_2CrO_4 と $NaCl$ を両方溶解させた水溶液(それぞれの濃度は 1.0×10^{-2} mol/L である)50.0 mL に $AgNO_3$ 水溶液(濃度 1.0×10^{-2} mol/L)を少しずつ滴下した。このときの水溶液中に存在する Ag^+，CrO_4^{2-}，および Cl^- の濃度変化として，最も適するものを図中の(ア)〜(エ)から選べ。ただし，$K_2Cr_2O_7$ の生成は無視してよい。

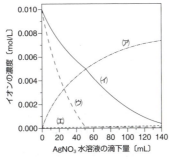

(3) (2)の実験において，$AgNO_3$ 水溶液の滴下量が 0〜70 mL の範囲で観察されるようすを説明せよ。

（15 大阪大 改）

212 —— 4章　物質の変化と平衡

339▶分配平衡　互いに混じり合わない溶媒への溶解度の違いを利用して，水溶液に溶解した化合物を有機溶媒相へ抽出することができる。化合物 X は水にも有機溶媒にも溶解し，これらが十分に撹拌されて平衡に達した際，その溶解度の比は，分配係数 $P = \dfrac{有機溶媒相の濃度}{水相の濃度}$ で表すことができる。化合物 X が 1.00×10^{-3} mol/L の濃度で溶解した水溶液 A が 100 mL ある。この水溶液 A から化合物 X を有機溶媒相に抽出する実験を行う。

⑴　100 mL の水溶液 A に有機溶媒を 100 mL 加え，よく撹拌した後静置し，有機溶媒相と水相を分離させた。有機溶媒相に含まれる化合物 X の物質量を，分配係数 P を用いて答えよ。

⑵　上記⑴の操作の代わりに 100 mL の水溶液 A に有機溶媒を 50.0 mL 加えて 1 回目の抽出を行い，有機溶媒相を分取した後，残った水相に新たに有機溶媒 50.0 mL を加えて 2 回目の抽出を行った。これら 1 回目，2 回目の抽出操作によって有機溶媒相に回収される化合物 X の物質量を，分配係数 P を用いて答えよ。

⑶　分配係数 P が 2.00 であった場合，上記⑵の 2 段階の抽出作業を行うことによって，上記⑴の 1 段階の抽出作業のみの場合に比して，化合物 X の抽出量は何％増加するか答えよ。

(13　慶應大)

340▶指示薬の電離平衡　指示薬は酸塩基指示薬とよばれており，弱酸または弱塩基である。いま，指示薬の分子を HA と表すと，溶液中で以下の電離平衡が成立している。

　　　$HA \rightleftharpoons H^+ + A^-$

その電離定数を K とする。溶液の水素イオン濃度が大きくなると平衡は（　ア　）へ移動し，水素イオン濃度が小さくなると平衡は逆方向へ移動する。指示薬では HA と A^- で色が異なり，溶液の水素イオン濃度に応じて濃度比 $\dfrac{[A^-]}{[HA]}$ が定まるので，溶液の色が変化する。例えばフェノールフタレインでは，その濃度比が十分小さいときには（　イ　）色であるが，濃度比が 0.1 になると（　ウ　）色を帯び始め，濃度比の増加とともにその色が優勢となり，濃度比 10 以上では色は変わらなくなる。

⑴　文中の(ア)〜(ウ)にあてはまる適切な語句を答えよ。

⑵　電離定数 K を表す式を示せ。

⑶　pK を表す式を pH と濃度比 $\dfrac{[A^-]}{[HA]}$ を用いて示せ。ただし，$pK = -\log_{10}K$ である。

⑷　フェノールフタレインの変色域の pH を小数第 1 位まで求めよ。ただし，フェノールフタレインの電離定数を 3.2×10^{-10} mol/L とする。必要があれば $\log_{10}2 = 0.30$，$\log_{10}3 = 0.48$ を用いよ。

(11　岐阜大)

16 化学平衡——213

新傾向 論述 **341**▶**ミカエリス・メンテンの式** 次の文章を読み，下の(1)〜(4)に答えよ。

生体内で起こる多くの化学反応において，酵素とよばれるタンパク質が触媒としてはたらいている。酵素(E)は，基質(S)と結合して酵素-基質複合体($E \cdot S$)となり，反応生成物(P)を生じる。また，酵素-基質複合体から酵素と基質に戻る反応も起こる。これらの反応は次式①〜③のように表すことができる。

$$E + S \longrightarrow E \cdot S \qquad ①$$
$$E \cdot S \longrightarrow E + P \qquad ②$$
$$E \cdot S \longrightarrow E + S \qquad ③$$

(1) 以下の文の空欄(a)〜(d)に入る適切な式を記せ。ただし，反応①，②，③の反応速度定数をそれぞれ k_1, k_2, k_3 とし，酵素，基質，酵素-基質複合体，反応生成物の濃度をそれぞれ $[E]$, $[S]$, $[E \cdot S]$, $[P]$ とする。

反応①によって $E \cdot S$ が生成する速度は $v_1 = ($ a $)$，反応②において P が生成する速度は $v_2 = ($ b $)$ と表される。一方，$E \cdot S$ が分解する反応は，反応②と反応③の2経路があり，それぞれの反応速度は，$v_2 = ($ b $)$，$v_3 = ($ c $)$ と表される。したがって，$E \cdot S$ の分解する速度 v_4 は，$v_4 = ($ d $)$ となる。

(2) 多くの酵素反応では酵素-基質複合体 $E \cdot S$ の生成と分解がつり合い，$E \cdot S$ の濃度は変化せず一定と考えることができる。この条件では，反応生成物 P の生成する速度 v_2 は，次式④となることを示せ。

$$v_2 = \frac{k_2 \times [E]_T \times [S]}{K + [S]} \qquad ④$$

ただし，$[E]_T$ は全酵素濃度，

$$[E]_T = [E] + [E \cdot S] \qquad ⑤$$

である。また，

$$K = \frac{k_2 + k_3}{k_1} \qquad ⑥$$

である。

(3) インベルターゼは加水分解酵素の一種であり，スクロースをグルコースとフルクトースに分解する。

$$\underset{\text{スクロース}}{C_{12}H_{22}O_{11}} + H_2O \longrightarrow \underset{\text{グルコース}}{C_6H_{12}O_6} + \underset{\text{フルクトース}}{C_6H_{12}O_6} \qquad ⑦$$

式⑦の反応速度はスクロースを基質(S)として式④に従い，$K = 1.5 \times 10^{-2} \mathrm{mol \cdot L^{-1}}$ とする。インベルターゼ濃度が一定の場合，スクロース濃度が $1 \times 10^{-6} \sim 1 \times 10^{-5} \mathrm{mol \cdot L^{-1}}$ の範囲にあるとき，スクロース濃度と反応速度 v_2 との関係として最も適切なものを(A)〜(D)から選べ。また，その理由を式④を用いて簡潔に説明せよ。

  (A) 反応速度 v_2 はスクロース濃度にほぼ比例する。

  (B) 反応速度 v_2 はスクロース濃度の2乗にほぼ比例する。

  (C) 反応速度 v_2 はスクロース濃度にほぼ反比例する。

  (D) 反応速度 v_2 はスクロース濃度によらずほぼ一定である。

(4) (3)において，スクロース濃度が $1 \sim 2 \mathrm{mol \cdot L^{-1}}$ の範囲にあるとき，スクロース濃度と反応速度 v_2 との関係として最も適切なものを，(3)の(A)〜(D)から選び，その理由を式④を用いて簡潔に説明せよ。

(10 東大 改)

論述問題

342 ▶ エネルギーと安定性　黒鉛に比べて高いエネルギー状態にあるダイヤモンドは，常温・常圧条件下では黒鉛に変化しない。この理由を簡潔に述べよ。　　　　（埼玉大）

343 ▶ 中和熱　うすい水溶液の強酸と強塩基の反応熱は，その種類に関わらずほぼ一定である。この理由を述べよ。　　　　（岐阜薬科大）

344 ▶ 活性化エネルギー　化学発光は温度を上げると光が強くなるが，生物発光は温度を上げても光が強くなるとは限らない。この理由を説明せよ。

345 ▶ 反応の速さとしくみ　酢酸エチル $CH_3COOC_2H_5$ の加水分解の反応式は次のように表される。この反応では，酢酸エチルに対して，水を大過剰に存在させておくと，加水分解の反応速度は酢酸エチルの濃度にのみ比例するとしてよい。その理由を30字以内で述べよ。

$$CH_3COOC_2H_5 + H_2O \longrightarrow CH_3COOH + C_2H_5OH$$

（10　静岡大）

346 ▶ 触媒　酢酸とエタノールの混合物に少量の濃硫酸を加えて温めると酢酸エチルができる。この反応における濃硫酸のはたらきを，「活性化エネルギー」，「反応速度」という二つの語句を用いて説明せよ。　　　　（10　防衛大）

347 ▶ 化学平衡と圧力　温度と容積を変えられる反応容器中で，次の気体反応が温度 T において平衡に達している。

$$N_2 + 3H_2 \rightleftharpoons 2NH_3$$

気体成分 X についての分圧を p_X と表すとき，次の(1)，(2)に答えよ。

(1)　温度 T と反応容器の容積 V を一定に保ったまま，反応容器中にアルゴンを添加し，新しい平衡状態に到達させた。この操作でアンモニアの分圧 p_{NH_3} がどのように変化したか。理由をつけて40字以内で答えよ。

(2)　(1)の状態から温度を一定にしたまま，反応容器の容積 V を減少させて，新しい平衡状態に到達させた。この操作で，窒素の分圧 p_{N_2} はどのように変化したか。理由をつけて60字以内で答えよ。　　　　（10　金沢大　改）

348 ▶ 化学平衡と温度，圧力　人工的なアンモニアの合成法であるハーバー・ボッシュ法では，鉄触媒の存在下で 300 気圧の圧力で合成反応を行う。この反応は発熱反応なので，反応系の温度が低いほど生成物の収率が上がると考えられるが，実際には温度 400〜500℃ の条件で合成反応を行う。この理由を述べよ。

349 ▶ 水のイオン積　水のイオン積の値は，温度を下げるとどのように変化するか。ただし，H₂O(液) = H⁺aq + OH⁻aq − 56kJ とすること。　　　　　　（名古屋市立大）

350 ▶ 水のイオン積と pH　25℃ で pH が 7 の水を 50℃ にしたら pH が 7 よりも小さくなった。この理由を述べよ。

351 ▶ 中和点の液性　水酸化ナトリウム水溶液と酢酸水溶液がちょうど中和したときの水溶液は塩基性になる。反応式を書いてこの理由を簡単に説明せよ。　（10　山口大）

352 ▶ 指示薬　濃度不明のアンモニア水に濃度既知の希塩酸を加えて中和滴定を行った。どの指示薬を用いればよいか。その理由を含めて説明せよ。

353 ▶ 緩衝溶液　アンモニアと塩化アンモニウムからなる緩衝液に少量の酸や塩基を加えても，溶液の pH はほとんど変わらない理由を説明せよ。関係する化学反応式も示すこと。　　　　　　　　　　　　　　　　　　　　　　　　（11　山口大）

354 ▶ 溶解平衡　飽和食塩水に濃い塩酸を少量加えると，食塩の沈殿を生じた。この理由を簡潔に説明せよ。

355 ▶ 溶解平衡　鉄(Ⅱ)イオンを含む水溶液に硫化水素を通じると，塩基性では黒色の沈殿を生じるのに対し，酸性では沈殿が生じない。酸性では沈殿が生じない理由を電離平衡，溶解平衡の立場から簡潔に述べよ。　　　　　　　（11　筑波大）

17 非金属元素

1 水素(1族)と貴ガス(18族)

単体	水素 H_2	酸素と爆発的に反応。$2H_2 + O_2 \longrightarrow 2H_2O$ [製法] 実験室：亜鉛や鉄に希硫酸を加える。 　　　$Zn + H_2SO_4 \longrightarrow ZnSO_4 + H_2$
	貴ガス	安定な電子配置(価電子0)をとり，単原子分子として存在。 放電管に貴ガスを入れて放電すると，特有の色を発色する。

2 ハロゲン(17族)

	フッ素 F_2	塩素 Cl_2	臭素 Br_2	ヨウ素 I_2
色	淡黄色	黄緑色	赤褐色	黒紫色
状態	気体	気体	液体	固体
酸化力	大 →→→→→→→→→→→→→→→→→→→→→→→ 小			
水との反応	$2H_2O + 2F_2$ $\longrightarrow 4HF + O_2$	$H_2O + Cl_2$ $\rightleftarrows HCl + HClO$	$H_2O + Br_2$ $\rightleftarrows HBr + HBrO$	反応しにくい
水素との反応	$H_2 + F_2 \longrightarrow 2HF$ (冷暗所でも反応)	$H_2 + Cl_2$ $\longrightarrow 2HCl$ (光により反応)	$H_2 + Br_2$ $\longrightarrow 2HBr$ (加熱により反応)	$H_2 + I_2 \rightleftarrows 2HI$ (触媒と加熱により反応)
性質	[塩素] ①酸化作用・漂白・殺菌作用。 　　　　②ヨウ化カリウムデンプン紙を青くする。 [ヨウ素]①昇華性。 　　　　②デンプンと反応して青紫色(ヨウ素デンプン反応)。 　　　　③I^-を含む水溶液に溶ける。			

◆塩素の製法

①実験室：酸化マンガン(Ⅳ)に濃塩酸を加えて加熱。

　$MnO_2 + 4HCl \longrightarrow MnCl_2 + 2H_2O + Cl_2$

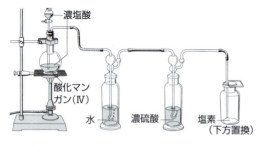

水を通すことにより塩化水素を，濃硫酸により水を除去する。水と濃硫酸を逆にすると，濃硫酸で水を除去しても，塩化水素を除去するための水が塩素に含まれてしまう。

②高度さらし粉に希塩酸を加える。

　$Ca(ClO)_2 \cdot 2H_2O + 4HCl \longrightarrow CaCl_2 + 4H_2O + 2Cl_2$

③工業的：塩化ナトリウム水溶液の電気分解

化合物	フッ化水素 HF	無色気体	水溶液「フッ化水素酸」弱酸 ガラスを腐食。(ポリエチレン容器に保存)	
		刺激臭	$SiO_2 + 6HF \longrightarrow H_2SiF_6 + 2H_2O$	
		沸点 20℃	水素結合により,沸点が高い。 [製法] ホタル石に濃硫酸を加え加熱。 $CaF_2 + H_2SO_4 \longrightarrow CaSO_4 + 2HF$	ポリエチレン製　ガラス製
	塩化水素 HCl	無色気体	水溶液「塩酸」強酸 アンモニアと反応して白煙。 $NH_3 + HCl \longrightarrow NH_4Cl$	
		刺激臭 沸点 −85℃	[製法] 実験室：塩化ナトリウムに濃硫酸を加える。加熱により反応速度をあげることもある。 $NaCl + H_2SO_4 \longrightarrow NaHSO_4 + HCl$	HCl—　　NH₃をつけたガラス棒

	ハロゲン化銀	ハロゲン化銀は光で分解されて Ag が生成する。(感光性)					
		フッ化銀 AgF	塩化銀 AgCl		臭化銀 AgBr		ヨウ化銀 AgI
		水に可溶	白色	水に不溶	淡黄色	水に不溶	黄色	水に不溶

	オキソ酸	酸の強さ　$HClO_4$　>　$HClO_3$　>　$HClO_2$　>　$HClO$
		過塩素酸　　　塩素酸　　　亜塩素酸　　次亜塩素酸
	さらし粉	$CaCl(ClO) \cdot H_2O$　酸化剤・漂白・殺菌作用。 保存しやすい高度さらし粉(主成分 $Ca(ClO)_2$)も利用されている。 [製法] 塩素を水酸化カルシウムに吸収させる。 $Cl_2 + Ca(OH)_2 \longrightarrow CaCl(ClO) \cdot H_2O$

❸ 酸素（16族）

単体	同素体	酸素 O_2	無色気体 無臭	空気中に約21%含まれる。水に溶けにくい。 多くの物質と酸化物をつくる。 [製法]①実験室：過酸化水素の分解 $2H_2O_2 \longrightarrow 2H_2O + O_2$($MnO_2$ を触媒) ②塩素酸カリウムの熱分解 $2KClO_3 \longrightarrow 2KCl + 3O_2$($MnO_2$ を触媒) 工業的：液体空気の分留	—H₂O₂ —MnO₂
		オゾン O_3	淡青色気体 特異臭	酸化作用。(ヨウ化カリウムデンプン紙を青変) [製法] 酸素中での無声放電 $3O_2 \longrightarrow 2O_3$	
化合物	酸化物			両性元素(Al, Zn, Sn, Pb)の酸化物→両性酸化物 両性元素以外の金属元素酸化物→塩基性酸化物 非金属元素の酸化物→酸性酸化物	

218 —— 5章　無機物質

❹ 硫黄（16族）

単体	硫黄 S	斜方硫黄・単斜硫黄（S_8分子, 黄色結晶） ゴム状硫黄（S_x 暗褐色〜黄色）の同素体。 多くの物質と硫化物をつくる。 青い炎をあげて燃える。$S + O_2 \longrightarrow SO_2$	環状分子S_8　　　鎖状分子S_x
化合物	水素化物	硫化水素 H_2S	無色，腐卵臭，有毒の気体。 還元性が強い。水に溶けて弱酸性。 $H_2S \rightleftharpoons 2H^+ + S^{2-}$ 多くの金属イオンと沈殿を生じる。 ［製法］硫化鉄（Ⅱ）に希硫酸を加える。 $FeS + H_2SO_4 \longrightarrow FeSO_4 + H_2S$
	酸化物	二酸化硫黄 SO_2	無色，刺激臭，有毒の気体。還元性が強い。 水によく溶けて亜硫酸 H_2SO_3 を生じる。 （酸性雨の一因） $SO_2 + H_2O \rightleftharpoons H^+ + HSO_3^-$ ［製法］ ①銅に濃硫酸を加えて加熱する。 $Cu + 2H_2SO_4 \longrightarrow CuSO_4 + 2H_2O + SO_2$ ②亜硫酸水素ナトリウムに希硫酸を加える。 $NaHSO_3 + H_2SO_4 \longrightarrow$ 　　　　　$NaHSO_4 + H_2O + SO_2$
	オキソ酸	硫酸 H_2SO_4	［濃硫酸］無色，粘性のある密度の大きな液体（$1.83\,g/cm^3$） ①不揮発性（蒸発しにくい） ②酸化作用（熱濃硫酸は強い酸化剤） ③吸湿性（乾燥剤として利用） ④脱水作用（分子中の水素と酸素を水としてうばう） ⑤水への溶解熱が大きい。（薄めるときは水に濃硫酸を加える） ［希硫酸］強酸。多くの金属と反応して水素を発生。硫酸塩は水に溶けるものが多いが $CaSO_4$，$BaSO_4$，$PbSO_4$ は白色沈殿。 ［製法］工業的：接触法 ①約450℃で酸化バナジウム（Ⅴ）V_2O_5 を触媒に用いて SO_2 と O_2 を反応させる。 $2SO_2 + O_2 \longrightarrow 2SO_3$ ②生成した三酸化硫黄を濃硫酸に吸収させて発煙硫酸にする。 ③発煙硫酸を希硫酸に薄めて濃硫酸にする。 $SO_3 + H_2O \longrightarrow H_2SO_4$

（硫化水素の製法の図）A　希硫酸　コックD　B　FeS　希硫酸　C　キップの装置　集気びん

（二酸化硫黄の製法の図）濃硫酸　銅

17 非金属元素──219

❺ 窒素(15族)

単体	窒素 N_2	気体	空気中に約78%存在。水に溶けにくく,常温で安定。 [製法] 工業的:液体空気の分留
化合物	水素化物 アンモニア NH_3	気体 刺激臭	水によく溶ける。弱塩基性。 塩化水素と反応して白煙。$NH_3 + HCl \longrightarrow NH_4Cl$ [製法]①実験室:アンモニウム塩に強塩基を加えて加熱。 $2NH_4Cl + Ca(OH)_2 \longrightarrow CaCl_2 + 2H_2O + 2NH_3$ ②工業的:ハーバー法(ハーバー・ボッシュ法) 適当な温度・圧力のもとで触媒(Fe_3O_4)を使い,窒素と水素を反応させる。$N_2 + 3H_2 \longrightarrow 2NH_3$
	酸化物 一酸化窒素 NO	気体 無色	水に溶けにくい。 酸素と反応して二酸化窒素になる。 $2NO + O_2 \longrightarrow 2NO_2$ [製法] 実験室:銅に希硝酸を加える。 $3Cu + 8HNO_3 \longrightarrow 3Cu(NO_3)_2 + 4H_2O + 2NO$
	二酸化窒素 NO_2	気体 赤褐色 刺激臭	有毒。常温では一部がN_2O_4(無色)になっている。 水に溶けて硝酸になる。 $3NO_2 + H_2O \longrightarrow 2HNO_3 + NO$ [製法] 実験室:銅に濃硝酸を加える。 $Cu + 4HNO_3 \longrightarrow Cu(NO_3)_2 + 2H_2O + 2NO_2$
	オキソ酸 硝酸 HNO_3	液体 揮発性	強酸。光で分解するため褐色びんに保存する。 酸化力が強い(イオン化傾向の小さいCu, Hg, Agも溶かす)。 Al, Fe, Niは濃硝酸に溶けない。(不動態) [製法] 工業的:オストワルト法 ① $4NH_3 + 5O_2 \longrightarrow 4NO + 6H_2O$(白金を触媒) ② $2NO + O_2 \longrightarrow 2NO_2$(空気酸化) ③ $3NO_2 + H_2O \longrightarrow 2HNO_3 + NO$ まとめると(① + ② × 3 + ③ × 2) × $\dfrac{1}{4}$ $NH_3 + 2O_2 \longrightarrow HNO_3 + H_2O$

❻ リン(15族)

単体	リン P	同素体[黄リン] 淡黄色固体。猛毒。自然発火するため水中に保存。 [赤リン] 赤褐色固体。無毒。常温では安定。	
化合物	十酸化四リン P_4O_{10}	固体 白色	吸湿性が強く,乾燥剤になる。温水と反応してリン酸になる。 $P_4O_{10} + 6H_2O \longrightarrow 4H_3PO_4$ [製法] 実験室:リンを燃焼 $4P + 5O_2 \longrightarrow P_4O_{10}$

❼ 炭素・ケイ素（14族）

単体	炭素 C	同素体　ダイヤモンド・黒鉛・フラーレンなど 燃焼すると CO_2 になる。$C + O_2 \longrightarrow CO_2$
化合物	二酸化炭素 CO_2	水に溶けて弱酸性。 石灰水を白濁させる。$Ca(OH)_2 + CO_2 \longrightarrow CaCO_3 + H_2O$ ［製法］　$CaCO_3 + 2HCl \longrightarrow CaCl_2 + H_2O + CO_2$
	一酸化炭素 CO	有毒。水に溶けにくい。空気中で燃えて CO_2 となる。 ［製法］　ギ酸に濃硫酸を加え，加熱。$HCOOH \longrightarrow CO + H_2O$
単体	ケイ素 Si	ダイヤモンド型の結晶構造。 融点・硬度が高い。
化合物	二酸化ケイ素 SiO_2	石英，水晶，ケイ砂として産出。融点が高い。 フッ化水素酸 HF に溶ける。
	ケイ酸ナトリウム Na_2SiO_3	Na^+ と長い鎖状の SiO_3^{2-} からなる。 水と加熱すると水ガラスが得られる。 ［製法］　$SiO_2 + 2NaOH \longrightarrow Na_2SiO_3 + H_2O$
	シリカゲル	水ガラスに酸を加えてケイ酸 $SiO_2 \cdot nH_2O$ とし，加熱すると生成。 多孔質。乾燥剤。

❽ 気体の性質の比較と捕集

◆1　**捕集法**

水上置換：水に溶けにくい気体。

上方置換：水に溶けやすく空気より軽い気体。

下方置換：水に溶けやすく空気より重い気体。

水上置換

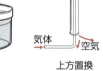
上方置換

下方置換

◆2　**乾燥剤**　A　酸性の乾燥剤：濃硫酸，十酸化四リン

B　中性の乾燥剤：塩化カルシウム　　C　塩基性の乾燥剤：ソーダ石灰，生石灰

＊　酸性の気体と塩基性の乾燥剤，塩基性の気体と酸性の乾燥剤は中和反応する。
$CaCl_2$ は NH_3 と反応して $CaCl_2 \cdot 8NH_3$ となるため使用できない。また，H_2SO_4 も H_2S と酸化還元反応するため使用できない。

気体＼性質	H_2	O_2	O_3	N_2	Cl_2	CO	CO_2	NO	NO_2	SO_2	NH_3	HCl	H_2S	CH_4
色をもつ			淡青		黄緑				赤褐					
臭いがある			特異臭		○				○	○	○	○	腐卵臭	
有毒			○		○	○			○	○		○	○	
水溶性	×	×	×	×		×		×		○	○	○		×
空気中で燃える	○					○							○	○
水溶液の性質					酸性		酸性			酸性	塩基性	酸性	酸性	
酸化・還元作用	還元	酸化	酸化		酸化	還元		還元	酸化	還元			還元	
捕集法	水上	水上	−	水上	下方	水上	下方	水上	下方	下方	上方	下方	下方	水上
乾燥剤	ABC	ABC	ABC	ABC	AB	ABC	AB	ABC	AB	AB	C	AB	AB	ABC

17 非金属元素—— 221

WARMING UP／ウォーミングアップ

次の文中の( )に適当な語句・数値を入れよ。

1 周期表と元素の性質

周期表により元素の性質はある程度予測できる。同じ周期の元素の場合，原子番号の小さい元素から大きい元素にいくにつれ，元素の性質は(ア)性から(イ)性へと変わっていく。1族，2族の元素の単体は水素を除きすべて(ア)，17族，18族の元素の単体は(イ)である。13族の Al は(ア)でありながら，酸とも塩基とも反応する性質をもつ(ウ)である。また，13族，14族，15族の元素では，原子番号が増加するにつれ，元素の性質は(エ)性から(オ)性に変わっていく。

2 水素

水素 H_2 は，(ア)色(イ)臭で最も(ウ)い気体である。実験室では，(エ)や鉄に(オ)を加えて発生させ，(カ)置換で捕集する。

3 貴ガス

貴ガスは周期表(ア)族に属する元素で，すべて価電子が(イ)個の電子配置をとる(ウ)分子である。

4 ハロゲン

周期表の(ア)族の元素を総称してハロゲンとよぶ。ハロゲン原子は価電子が(イ)個なので電子を1個受け取って(ウ)価の(エ)イオンになりやすい性質をもつ。

5 ハロゲンの単体

ハロゲン単体のうちで，常温・常圧で次の①～⑤に該当するものはどれか。
① 液体 ② 酸化力が最大 ③ 黄緑色の気体
④ デンプン水溶液によって青紫色になる。
⑤ 高度さらし粉に塩酸を加えると発生する。

6 ハロゲンの単体とイオンの反応

次の反応のうち，実際には起こらない反応はどれか。
(ア) $F_2 + 2I^- \longrightarrow 2F^- + I_2$
(イ) $Cl_2 + 2F^- \longrightarrow 2Cl^- + F_2$
(ウ) $Cl_2 + 2Br^- \longrightarrow 2Cl^- + Br_2$
(エ) $Cl_2 + 2I^- \longrightarrow 2Cl^- + I_2$

1
(ア) 金属
(イ) 非金属
(ウ) 両性金属
(エ) 非金属
(オ) 金属

2
(ア) 無
(イ) 無
(ウ) 軽
(エ) 亜鉛
(オ) 希硫酸
(カ) 水上

3
(ア) 18
(イ) 0
(ウ) 単原子

4
(ア) 17
(イ) 7
(ウ) 1
(エ) 陰

5
① 臭素
② フッ素
③ 塩素
④ ヨウ素
⑤ 塩素

6
(イ)

222 —— 5章　無機物質

7 ハロゲン化水素

フッ化水素の性質でないものは次のうちのどれか。

① 水に溶けやすい。　② 強酸　③ ガラスを溶かす。

④ 他のハロゲン化水素に比べ沸点が高い。

8 酸素とオゾン

酸素は周期表の(ア)族に属する元素で，空気中の約(イ)％を占める気体である。多くの元素と化合して(ウ)をつくる。酸素中で放電させると酸素 O_2 の(エ)であるオゾン O_3 ができる。酸素は無色無臭であるが，オゾンは(オ)色で(カ)臭がある。また，オゾンは(キ)作用が強く，(ク)紙を青変する。

9 硫酸の製造

二酸化硫黄 $\xrightarrow{①}$ 三酸化硫黄 $\xrightarrow{②}$ 濃硫酸

(1) 反応①で使われる触媒は何か。

(2) 反応①の化学反応式を示せ。

(3) 反応②の化学反応式を示せ。

(4) 硫酸の工業的製法であるこの方法は何とよばれているか。

10 濃硫酸の特徴

次の中で濃硫酸の特徴として間違っているものはどれか。

① 不揮発性　② 強酸性

③ 脱水性　④ 酸化性(加熱時)

11 窒素

窒素は地球上の大気の約(ア)％を占める気体で，常温での反応性はきわめて(イ)い。アンモニアは水に溶け(ウ)く空気より軽いため，実験室では(エ)置換で捕集する。工業的には水素と窒素を原料とし，(オ)法でつくられている。窒素の酸化物はいくつか存在し，銅に希硝酸を反応させてつくる(カ)と，銅に濃硝酸を反応させてつくる(キ)があり，そのうち(ク)は赤褐色で刺激臭の気体である。

12 リン

リンの同素体には(ア)と(イ)があり，燃焼すると(ウ)になる。(イ)は有毒であり，空気中で自然発火するので(エ)の中に保存する。

7
②

8
(ア) 16
(イ) 21
(ウ) 酸化物
(エ) 同素体
(オ) 淡青
(カ) 特異
(キ) 酸化
(ク) ヨウ化カリウム
　　デンプン

9
(1) 酸化バナジウム(V)
(2) $2SO_2 + O_2$
　　　$\longrightarrow 2SO_3$
(3) $SO_3 + H_2O$
　　　$\longrightarrow H_2SO_4$
(4) 接触法

10
②

11
(ア) 78
(イ) 低
(ウ) やす
(エ) 上方
(オ) ハーバー
(カ) 一酸化窒素
(キ) 二酸化窒素
(ク) 二酸化窒素

12
(ア) 赤リン
(イ) 黄リン
(ウ) 十酸化四リン
(エ) 水

13 硝酸の工業的製法

下の化学反応式は，工業的に硝酸を製造する方法を示したものである。

$$(①)NH_3 + (②)O_2 \longrightarrow (③)NO + (④)H_2O$$
$$(⑤)NO + O_2 \longrightarrow (⑥)NO_2$$
$$(⑦)NO_2 + H_2O \longrightarrow (⑧)HNO_3 + NO$$

この方法を(ア)法という。硝酸は強い(イ)性で，(ウ)作用も強い。そのため濃硝酸はさまざまな金属と反応するが，鉄やアルミニウムとは(エ)をつくり反応しない。

14 炭素・ケイ素

炭素の同素体には(ア)と黒鉛などがある。(ア)は炭素原子どうしが(イ)結合で結びついており，融点も高く非常にかたい。同じ(ウ)族の元素にケイ素がある。ケイ素の酸化物である二酸化ケイ素は化学式を(エ)とかくが分子としては存在せず，(オ)結合の結晶をつくっている。これを水酸化ナトリウムとともに加熱すると(カ)になり，さらに水を加えて熱すると(キ)とよばれる粘性の大きな液体が生じる。この水溶液に塩酸を加えると白くゼリー状の(ク)の沈殿が生じ，この沈殿を乾燥させたものが(ケ)とよばれ，乾燥剤として利用される。

15 気体の製法

次の反応で発生する気体を化学式で答えよ。
① 炭酸カルシウムに希塩酸を加える。
② 硫化鉄(Ⅱ)に希硫酸を加える。
③ 塩化ナトリウムに濃硫酸を加えておだやかに加熱する。
④ 塩化アンモニウムと水酸化カルシウムの混合物を加熱する。
⑤ 亜硫酸水素ナトリウムに希硫酸を加える。

16 気体の性質

次の性質を示す気体を化学式で答えよ。
① 黄緑色の気体で，酸化作用があり，殺菌・漂白に用いる。
② 無色・刺激臭の気体で，還元作用がある。
③ 無色・刺激臭の気体で，水溶液は弱塩基性を示す。
④ 硫酸銅(Ⅱ)水溶液に通じると，黒色沈殿ができる。

13
(ア) オストワルト
(イ) 酸
(ウ) 酸化
(エ) 不動態
① 4　② 5
③ 4　④ 6
⑤ 2　⑥ 2
⑦ 3　⑧ 2

14
(ア) ダイヤモンド
(イ) 共有
(ウ) 14
(エ) SiO_2
(オ) 共有
(カ) ケイ酸ナトリウム
(キ) 水ガラス
(ク) ケイ酸
(ケ) シリカゲル

15
① CO_2
② H_2S
③ HCl
④ NH_3
⑤ SO_2

16
① Cl_2
② SO_2
③ NH_3
④ H_2S

224 —— 5章　無機物質

基本例題 72　ハロゲンの性質と反応
基本➡359, 360, 361, 362

ハロゲンに関する次の記述のうち，正しいものを一つ選べ。

(1)　ハロゲンの単体は，いずれも常温・常圧で気体である。

(2)　臭素は，ガラスを侵す。

(3)　銀のハロゲン化合物は，いずれも水に溶けやすい。

(4)　ハロゲンの単体の酸化力は，原子番号が大きいほど弱くなる。

(5)　塩素を得るには，塩酸を加熱すればよい。　　　　　　　　　　（センター）

●エクセル　ハロゲン単体の酸化力は $F_2 > Cl_2 > Br_2 > I_2$

考え方
ハロゲン単体の特徴を整理しておくとよい。

解答
(1)　ハロゲン単体は，フッ素・塩素は気体，臭素は液体，ヨウ素は固体。(2)　フッ化水素はガラスを侵す。

(3)　ハロゲン化銀は一般に水に溶けにくい。AgF のみ可溶。

(4)　酸化力は $F_2 > Cl_2 > Br_2 > I_2$

(5)　塩酸とは塩化水素の水溶液である。　　**答**　(4)

基本例題 73　硫黄とその化合物
基本➡364, 365, 366

硫黄には斜方硫黄，単斜硫黄などの（　ア　）がある。斜方硫黄，単斜硫黄は固体状態では（　イ　）個の原子が環状に結合している。また硫黄の酸化物である(a)二酸化硫黄は，亜硫酸水素ナトリウムに希硫酸を作用させると得られる。二酸化硫黄は水に溶けやすく，その一部は（　ウ　）になり，水溶液は（　エ　）い酸性を示す。硫酸は濃度によって性質が異なる。濃硫酸には(b)脱水作用，吸湿性，不揮発性などの性質がある。希硫酸は強い酸性を示すが酸化力はなく，鉄，亜鉛などの金属を溶かし，（　オ　）を発生する。

(1)　文中の(ア)〜(オ)に適当な語句・数値を入れよ。

(2)　下線部(a)の反応を化学反応式で示せ。

(3)　次の反応のうち，下線部(b)の濃硫酸の性質と関係の深い反応を選べ。

①　塩化ナトリウムと濃硫酸の混合物を加熱すると，塩化水素が発生する。

②　砂糖に濃硫酸を加えると，砂糖は炭化する。

③　銀に濃硫酸を加えて熱すると，二酸化硫黄が発生する。

●エクセル　濃硫酸の性質は不揮発性・吸湿性・脱水性・酸化作用(加熱時)

考え方
SO_2 は水に溶けると
$SO_2 + H_2O \longrightarrow H_2SO_3$
$\longrightarrow H^+ + HSO_3^-$　これは酸性雨の一因となる。

解答
(1)　**答**　(ア) **同素体**　(イ) **8**　(ウ) **亜硫酸**
　　　(エ) **弱**　(オ) **水素**

(2)　**答**　$NaHSO_3 + H_2SO_4 \longrightarrow NaHSO_4 + SO_2 + H_2O$

(3)　①は揮発性の酸の塩に不揮発性の酸を加えて揮発性の酸を遊離させる反応。③は銀を酸化させている。　**答**　②

17 非金属元素 —— 225

基本例題 74 　アンモニア　　　　　　　　　　　　　　基本➡367

アンモニアに関する次の記述のうち，誤りを含むものを一つ選べ。

(1)　アンモニアは刺激臭のある無色の気体である。

(2)　アンモニアは水に溶けて，塩基性（アルカリ性）を示す。

(3)　アンモニアは塩化水素と反応すると，白煙が生じる。

(4)　アンモニアは工業的に窒素と水素から合成され，この方法をオストワルト法という。

(5)　アンモニアは Fe_3O_4 を触媒として工業的に合成される。　　　　（センター　改）

●**エクセル**　NH_3 の工業的製法　$N_2 + 3H_2 \rightleftarrows 2NH_3$（ハーバー法：触媒 Fe_3O_4）

考え方

代表的な窒素化合物の工業的製法

ハーバー法：NH_3 合成

オストワルト法

　　：HNO_3 の合成

解答

(2)　$NH_3 + H_2O \rightleftarrows NH_4^+ + OH^-$ となり弱塩基性を示す。

(3)　空気中で両者が接触すると，$NH_3 + HCl \longrightarrow NH_4Cl$ の反応が起こり，白煙を生じる。これは NH_3 の検出法として利用される。　　　　**答**　(4)

基本例題 75 　ケイ素とその化合物　　　　　　　　　基本➡374, 375

次の文中の(ア)～(カ)に適当な語句・数値を入れよ。また，下線部の反応を化学反応式で示せ。

ケイ素は周期表の（　ア　）族の典型元素で（　イ　）個の価電子をもつ。単体はダイヤモンドと同じ共有結合の結晶で，融点が（　ウ　）い。(a)二酸化ケイ素の粉末に水酸化ナトリウムを加えて高温で加熱すると（　エ　）が生じる。（　エ　）に水を加えて熱すると（　オ　）とよばれる粘性の大きな液体が得られる。乾燥剤として用いられる（　カ　）は，(b)（　オ　）の水溶液に塩酸を加えて，白色ゲル状のケイ酸の沈殿をつくり，110℃くらいで加熱し乾燥すると得られる。

●**エクセル**　$SiO_2 \xrightarrow[\text{融解}]{\text{NaOH}} Na_2SiO_3 \xrightarrow[\text{加熱}]{H_2O}$ 水ガラス $\xrightarrow{HCl}$ ケイ酸 $\xrightarrow{\text{乾燥}}$ シリカゲル
　　　　　　　　　　　　　　　　　　　　　　　　　　$(SiO_2 \cdot nH_2O)$

考え方

ケイ素の単体は天然には存在しないので，二酸化ケイ素から得る。

二酸化ケイ素に Na_2CO_3 を反応させてもケイ酸ナトリウムが生じる。

$SiO_2 + Na_2CO_3$
　　$\longrightarrow Na_2SiO_3 + CO_2$

解答

(エ)が生じる反応は，$\underline{SiO_2 + 2NaOH \longrightarrow Na_2SiO_3 + H_2O}$

(カ)をつくる反応は，$\underline{Na_2SiO_3 + 2HCl \longrightarrow H_2SiO_3 + 2NaCl}$

Na_2SiO_3 に水を混ぜて粘性のある液体にしたものを「水ガラス」，H_2SiO_3 を乾燥させたものを「シリカゲル」という。ケイ酸の組成は $SiO_2 \cdot nH_2O$ で表され，$n=1$ のときは H_2SiO_3 である。

答　(ア)　**14**　(イ)　**4**　(ウ)　**高**　(エ)　**ケイ酸ナトリウム**

　　(オ)　**水ガラス**　(カ)　**シリカゲル**

　　(a)　$SiO_2 + 2NaOH \longrightarrow Na_2SiO_3 + H_2O$

　　(b)　$Na_2SiO_3 + 2HCl \longrightarrow H_2SiO_3 + 2NaCl$

基本問題

356 ▶ 周期表 右図は元素の周期表のうち，第1周期から第4周期まで表したものである。次の(1)〜(4)のうち，正しいものをすべて選べ。

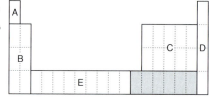

(1) A，C，Dの元素は，すべて非金属元素である。
(2) BとEの元素は，すべて金属元素である。
(3) Cの元素のなかには，単体が常温・常圧で液体である元素が含まれている。
(4) Dの元素の単体は，いずれも二原子分子からなる。　　(11 神戸薬科大 改)

357 ▶ 水素 水素について，次の(1)，(2)に答えよ。
(1) 水素は実験室的には亜鉛や鉄などの金属に酸を加えて発生させる。亜鉛 Zn に塩酸を加えて，水素を発生させるときの化学反応式を示せ。
(2) 下の(ア)〜(カ)の記述のうち，水素について述べたものを3つ選べ。
　(ア) 水によく溶ける。
　(イ) 特有の臭いをもった無色の気体である。
　(ウ) すべての気体のなかで最も密度が小さい。
　(エ) 加熱した状態で金属銅を酸化することができる。
　(オ) 酸素との混合気体に点火すると爆発的に化合して水になる。
　(カ) 水の電気分解によっても得られる。

358 ▶ 貴ガス ヘリウム，ネオン，アルゴンに関する記述として誤りを含むものを，次の(1)〜(6)のうちから一つ選べ。
(1) これらはいずれも空気より軽い。
(2) これらの気体は，いずれも無色・無臭である。
(3) いずれも単原子分子からなる。
(4) いずれも反応性に乏しい。
(5) これらのなかで沸点が最も低いのはヘリウムである。
(6) これらのなかで空気中に最も多く含まれているのはアルゴンである。(11 センター)

論述 359 ▶ 17族の元素 17族の元素について，次の(1)〜(3)に答えよ。
(1) 17族元素は総称して何とよばれるか。
(2) フッ素，塩素，臭素，ヨウ素の単体の化学式と常温・常圧での状態を記せ。
(3) 水素化物ではAを除いて，沸点は分子量の増加にともなって増加する。Aの化学式を示せ。また，Aの沸点が異常に高い理由を簡単に述べよ。

実験論述 360 ▶ 塩素の製法 単体の塩素を発生させるために，右図のような装置を組み立てた。滴下ろうとAには濃塩酸，フラスコBには酸化マンガン(Ⅳ)が入っている。次の(1)～(3)に答えよ。

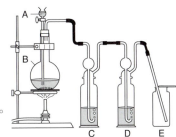

(1) 塩素が発生する化学反応式を示せ。
(2) 容器Cには水，容器Dには濃硫酸が入っている。それぞれ何のために使用するのか述べよ。
(3) 塩素の入った容器Eに，蒸留水を入れてよく振り混ぜた。この水溶液は(a)酸性，(b)中性，(c)塩基性のいずれか。(a)～(c)の記号で答え，理由を説明せよ。

(千葉大 改)

361 ▶ ハロゲンとその化合物 次の文章を読み，下の(1)，(2)に答えよ。

ハロゲン原子は価電子を(ア)個もち，電子1個をとり入れて1価の(イ)イオンになりやすい。塩素を水に溶かすと，溶けた塩素の一部は水と反応して(ウ)と塩酸を生じる。塩酸は(エ)い酸である。(a)フッ素は水と激しく反応し，フッ化水素を生成する。フッ化水素を水に溶かしたフッ化水素酸は(オ)い酸であり，(b)(カ)を溶かす性質があるので，ポリエチレン容器に保存する。
(1) 文中の(ア)～(カ)に適当な語句を入れよ。
(2) 下線部(a)，(b)の反応式を示せ。

(山梨大 改)

362 ▶ ハロゲン化銀 次の文章を読み，下の(1)，(2)に答えよ。

ハロゲン化物イオンを含む水溶液に硝酸銀水溶液を加えると，(ア)以外のハロゲン化物イオンは沈殿を生じ，(イ)は白色，(ウ)は淡黄色，(エ)は黄色の沈殿になる。(ウ)は感光性があり，写真の感光剤に利用されている。
(1) (ア)～(エ)に適当な語句や化学式を入れよ。
(2) 下線部の変化を化学反応式で示せ。

論述 363 ▶ 酸素・オゾン 次の(1)，(2)に答えよ。
(1) 過酸化水素水に酸化マンガン(Ⅳ)を加えて酸素を発生させるときの化学反応式を示せ。
(2) 酸素中で無声放電させるとオゾンが発生する。このときの化学反応式を示し，発生したオゾンによりヨウ化カリウムデンプン紙がどのように変化するかを説明せよ。

364 ▶ 酸素と硫黄 次の文中の(ア)～(ケ)に適当な語句・数値・化学式を入れよ。

酸素と硫黄は(ア)族の元素で，これらの元素の原子はいずれも(イ)個の価電子をもち，(ウ)個の電子を受け入れて(エ)価の陰イオンになりやすい。同じ元素の単体で性質の異なるものを互いに(オ)といい，酸素の(オ)には酸素O_2と化学式(カ)の(キ)があり，硫黄の(オ)には(ク)，(ケ)，(コ)などがある。

365 ▶ 二酸化硫黄と硫化水素の性質　二酸化硫黄と硫化水素の性質として正しいものを，次の(1)～(5)のうちから一つ選べ。
(1) 二酸化硫黄は硫化水素と反応して硫黄を生じる。
(2) 二酸化硫黄は無色・無臭の気体である。
(3) 二酸化硫黄の水溶液は，中性である。
(4) 硫化水素は空気よりも軽く，無色の気体である。
(5) 硫化水素を銅(Ⅱ)イオンを含む水溶液に通すと，青紫色の沈殿を生じる。

(センター)

366 ▶ 硫酸　硫酸の製法についての次の文章を読み，下の(1)～(3)に答えよ。
　(ア)二酸化硫黄は硫黄の燃焼により得られ，硫酸の原料となる。(イ)工業的には酸化バナジウム(Ⅴ)の存在下で二酸化硫黄を酸化し，(ウ)生成物を水と反応させて硫酸をつくる。
(1) 下線部(ア)～(ウ)のそれぞれの化学反応式を示せ。
(2) 下線部(イ)，(ウ)からつくる工業的製法を何というか。
(3) 硫酸 490 g をつくるには，少なくとも何 g の硫黄が必要か。

実験 367 ▶ アンモニアの製法　実験室でアンモニアをつくるために，右図のような装置を組み立てた。試験管に塩化アンモニウムと(ア)の混合物を入れ，試験管を加熱した。この反応式は次式で示される。

(a)NH₄Cl + (ア)
　⟶ CaCl₂ + (b)NH₃ + (c)(イ)

アンモニアの検出には，(ウ)のついた

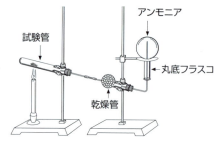

ガラス棒を丸底フラスコの口に近づけると白煙が生じることを利用する。これは(エ)とアンモニアから(オ)の微粉末が生成したことによる。
(1) 文中の(ア)～(オ)には適当な語句あるいは化学式を，また(a)～(c)には適当な数値を入れよ。
(2) 下線部の化学反応式を示せ。
(3) 次の①～④について，アンモニアの乾燥に用いる乾燥剤として適当であれば○印を，不適当であれば×印を記せ。
　① 生石灰　② 濃硫酸　③ 塩化カルシウム　④ ソーダ石灰

(京都産業大　改)

17 非金属元素──229

368 ▶窒素の化合物　次の文中の(ア)～(エ)に適当な語句・化学式を入れよ。また，下線部(a)，(b)の化学反応式を記せ。

大気の主成分である窒素は，常温では反応性に乏しいが，高温では酸素と反応し気体（　ア　）を生じる。この気体（　ア　）は，(a)銅を希硝酸に溶かすと発生し，水には溶け（　イ　）。常温では，空気中の酸素と反応して（　ウ　）色の有毒な気体（　エ　）になる。この気体（　エ　）は(b)銅を濃硝酸に溶かすと発生する。この気体（　エ　）は水に溶けて硝酸になる。

369 ▶硝酸の製造法　次の文章を読み，下の(1)～(3)に答えよ。

工業的に硝酸をつくるには，まず白金を触媒としてアンモニアを空気中の酸素と約800℃で反応させて一酸化窒素をつくる。

（　ア　）NH_3 + （　イ　）$O_2 \longrightarrow 4NO + 6$（　ウ　）　…①

次に，この一酸化窒素を空気中の酸素で酸化させて二酸化窒素とする。

$2NO + O_2 \longrightarrow 2NO_2$　…②

さらに，この二酸化窒素を水に溶かして硝酸にする。

（　エ　）$NO_2 + H_2O \longrightarrow$ （　オ　）HNO_3 + （　カ　）　…③

(1)　文中の(ア)～(カ)に適当な数値または化学式を記せ。

(2)　この硝酸の工業的製造法を何というか。

(3)　①～③の化学反応式を1つの化学反応式にまとめて記せ。　　　（宮崎大　改）

論述 370 ▶濃硝酸の性質　次の文章を読み，下の(1)～(3)に答えよ。

濃硝酸は無色・揮発性の液体で（　ア　）や熱で分解されやすい。また強酸で酸化力も強いため銅や銀などを溶かすが，ある種の金属では表面に酸化被膜ができて溶けにくくなる。この状態を（　イ　）という。

(1)　文中の(ア)，(イ)に適当な語句を入れよ。

(2)　濃硝酸には下線部のような性質があるため保存法に注意しなければならない。どのように保存するかを示せ。

(3)　濃硝酸に入れたとき(イ)を形成して溶けにくくなる金属を，次の(a)～(e)のうちから一つ選べ。

(a)　金　　(b)　銀　　(c)　銅　　(d)　亜鉛　　(e)　アルミニウム

371 ▶黄リンと赤リン　リンに関する次の記述のうち，正しいものをすべて選べ。

(1)　黄リンと赤リンは同位体の関係にあり，化学的性質はかなり異なる。

(2)　黄リンは空気中で比較的安定であるが，室内に長時間放置しておくと赤リンに変わる。

(3)　黄リンは空気を断った状態で長時間加熱すると，反応性に富む赤リンに変わる。

(4)　赤リンは黄リンに比べて反応性に乏しく，空気中で安定で，毒性も低い。

(5)　赤リンも黄リンも空気中で燃焼させると，吸湿性の強い白い粉末の十酸化四リンに変わる。

（福岡大）

230 —— 5章　無機物質

372 ▶炭素の酸化物　次の記述のうちで二酸化炭素のみの性質には A，一酸化炭素のみの性質には B，両方に共通する性質の場合には C を記せ。

(1)　無色・無臭の気体である。

(2)　空気中で燃焼する。

(3)　水に溶けて弱酸性を示す。

(4)　石灰水に溶けると白く濁る。

(5)　低濃度であっても有毒な気体である。

論述 373 ▶二酸化炭素　二酸化炭素について，次の(1)〜(3)に答えよ。

(1)　二酸化炭素を石灰水中に通すと白濁を生じる。このときの化学反応式を記せ。

(2)　(1)の水溶液にさらに二酸化炭素を通すと透明な溶液になる。このときの化学反応式を記せ。

(3)　(2)の溶液を煮沸すると，再び白濁する。この現象が起こる理由を反応式を使って説明せよ。　　　　　　　　　　　　　　　　　　　　　　　（10　横浜国立大　改）

374 ▶ケイ素　ケイ素に関する次の記述のうち，正しいものをすべて選べ。

(1)　ケイ素の単体は黒鉛と同じ層状構造をしている。

(2)　純度の高いケイ素の単体は半導体として用いられる。

(3)　ケイ酸ナトリウムに水を加えて加熱して溶かしたものをソーダガラスという。

(4)　ケイ酸を加熱して乾燥させたものをシリカゲルという。

(5)　二酸化ケイ素の結晶は，1つのケイ素原子に2つの酸素原子が結合した分子が分子間の引力で集まったものである。

375 ▶炭素とケイ素　次の文章を読み，下の(1)〜(3)に答えよ。

　周期表の（　ア　）族に属する炭素とケイ素は，ともに価電子数が（　イ　）であり，常温・常圧下でそれぞれの単体の状態はいずれも（　ウ　）である。炭素は他の原子とおもに（　エ　）結合をすることで多種多様な化合物を形成する。一方，ケイ素は地殻中では二酸化ケイ素やさまざまなケイ酸塩として存在する。二酸化ケイ素は安定な物質であるが，(a)フッ化水素酸と反応してヘキサフルオロケイ酸を生成する。また，(b)二酸化ケイ素は塩基と反応して塩をつくる。

(1)　文中の(ア)〜(エ)に適当な語句・数値を記入せよ。

(2)　下線部(a)の化学反応式を示せ。

(3)　下線部(b)のような性質をもつ酸化物を何とよぶか。　　　　　　　（10　甲南大　改）

標準例題 76 気体の性質　　標準➡387

次の記述はさまざまな気体の性質について述べたものである。
- (ア) 淡青色・特異臭があり，ヨウ化カリウムデンプン紙を青変させる。
- (イ) 酸素と混合して点火すると爆発的に反応する。
- (ウ) 無色・刺激臭のある気体で，水溶液は酸性を示す。
- (エ) 腐卵臭のある気体で，硫酸銅(Ⅱ)の水溶液に通すと黒色の沈殿を生じる。
- (オ) 石灰水を白く濁らせる。
- (カ) 赤褐色で刺激臭のある気体で，水溶液は酸性を示す。
- (キ) 刺激臭のある無色の気体で，水によく溶けて塩基性を示す。

(1) それぞれの記述は下のどの気体の性質か。
　　NO_2　CO_2　O_3　H_2　NH_3　HCl　H_2S

(2) 気体の捕集法には水上置換・上方置換・下方置換があるが，上方置換でしか集められない気体はどれか。

●エクセル　腐卵臭 ⟶ H_2S，赤褐色 ⟶ NO_2

考え方
色のある気体は
Cl_2（黄緑色）
NO_2（赤褐色）
O_3（淡青色）
F_2（淡黄色）

解答
(1)(ア) 色・においのほか，ヨウ化カリウムデンプン紙の色を変えることから決まる。(ウ) 気体が水に溶けて酸性を示すものには HCl，H_2S，CO_2，NO_2，SO_2，Cl_2 などがある。HCl は刺激臭，H_2S は腐卵臭がする。(エ) 銅(Ⅱ)イオンで黒色沈殿 CuS が生じる。(オ) CO_2 の検出法。(キ) 水に溶けて塩基性を示すのは NH_3。

答　(ア) O_3　(イ) H_2　(ウ) HCl　(エ) H_2S　(オ) CO_2　(カ) NO_2　(キ) NH_3

(2) 水に溶けない気体は水上置換で集めればよい。水に溶けてしまう気体のなかで空気より軽い気体は NH_3。　**答**　NH_3

標準問題

376 ▶ 周期表と元素　周期表の第3周期に属する元素の酸化物に関する記述として誤りを含むものを，次の(1)〜(7)のうちから2つ選べ。
- (1) 1族元素の酸化物を水に溶かすと，水溶液はアルカリ性を示す。
- (2) 2族元素の単体を空気中で熱すると，燃えて酸化物を生じる。
- (3) 13族元素の酸化物は両性酸化物である。
- (4) 14族元素の酸化物は，共有結合でできている固体である。
- (5) 15族元素の単体を空気中で燃焼させると，強い吸湿性を示す酸化物を生じる。
- (6) 16族元素の酸化物を水に溶かすと，水溶液は中性を示す。
- (7) 17族元素の酸化物には，その元素の酸化数が＋Ⅷ(＋8)のものがある。

232—— 5章　無機物質

論述 377▶ハロゲン　次の文章を読み，下の(1)～(5)に答えよ。

　ハロゲンは，単体では原子が2個結合した2原子分子の形で安定に存在する。単体の融点や沸点は，周期表の下にいくほど（　ア　）くなっている。このような物質の結晶中では，分子は，（　イ　）とよばれる引力によって集合している。ハロゲン単体のうち（　ウ　）は最も反応性に富み(a)水と激しく反応する。(b)（　エ　）は水と一部反応して，漂白・殺菌作用のある（　オ　）を生じる。このため（　エ　）は水道水の殺菌に用いられる。（　カ　）の単体は常温・常圧で（　キ　）色の液体である。（　ク　）の単体は昇華性のある金属光沢を有する結晶で，水にはほとんど溶けないが，(c)ヨウ化カリウムの水溶液にはよく溶ける。

(1)　文中の(ア)～(ク)に適当な語句を入れよ。

(2)　下線部(a)で生じる酸を保存する際の注意点を簡潔に述べよ。

(3)　(エ)を実験室で高度さらし粉から発生させるときの反応式を示せ。

(4)　下線部(b)の化学反応式を示せ。

(5)　下線部(c)の現象が起こる理由を説明せよ。

378▶ハロゲン化水素の性質　周期表の17族の元素群はハロゲンとよばれる。ハロゲンと水素の化合物をハロゲン化水素という。ハロゲン化水素はいずれも室温で無色，刺激臭の有害な気体である。(a)フッ化水素は，フッ化カルシウムを濃硫酸とともに加熱すると得られる。(b)フッ化水素酸は二酸化ケイ素と反応する。塩化水素は塩化ナトリウムに濃硫酸を加えて加熱すると得られる。

(1)　下線部(a)，(b)の化学反応式を示せ。

(2)　次の反応式①～⑥のうちから，実際に反応が進行するものをすべて選べ。

　　①　$2KI + Cl_2 \longrightarrow 2KCl + I_2$　　②　$2KBr + Cl_2 \longrightarrow 2KCl + Br_2$

　　③　$2KBr + I_2 \longrightarrow 2KI + Br_2$　　④　$2KCl + Br_2 \longrightarrow 2KBr + Cl_2$

　　⑤　$2KI + Br_2 \longrightarrow 2KBr + I_2$　　⑥　$2KCl + I_2 \longrightarrow 2KI + Cl_2$　　（三重大　改）

379▶酸素　次の文章を読み，下の(1)～(3)に答えよ。

　大気中には体積百分率で約（　A　）％の酸素が含まれ，(a)地球上で多くの元素が酸化物として存在する。非金属元素の酸化物の多くは（　ア　）酸化物に分類され，（　イ　）と反応して塩を生成する。(b)（　ア　）酸化物と水が反応すると分子中に酸素原子を含む酸を生じ，このような酸をとくに（　ウ　）という。

(1)　文中の(A)に適当な数値を，(ア)～(ウ)に適当な語句または化学式を入れよ。

(2)　下線部(a)で白金や金などの金属元素以外で，酸化物を生成しない元素群の名称を記せ。

(3)　下線部(b)について，塩素酸，亜塩素酸，次亜塩素酸，過塩素酸を酸として強い順に並べよ。

　　　　　　　　　　　　　　　　　　　　　　　　　　　　　　（10　熊本大　改）

380 ▶ オゾン 次の文章を読み，下の(1)〜(3)に答えよ。

　オゾンは酸素の(ア)であり，成層圏では有害な(イ)線を吸収して，地球上の生物を守っている。冷蔵庫などに使用されてきた(ウ)は成層圏でオゾンを分解するため，それに代わる物質の開発が進められた。オゾンは酸素中での(エ)や酸素への(イ)線の照射により生成する。オゾンが分解したときにできる(オ)は(カ)力が強く，殺菌作用がある。また，オゾンの検出には，ヨウ化カリウムデンプン紙が使用される。<u>湿ったヨウ化カリウムデンプン紙はオゾンに触れると(キ)色に変化するためである。</u>

(1) (ア)〜(キ)に適当な語句を入れよ。
(2) オゾン分子の形は右図のどれか。記号で答えよ。（●は酸素原子を表す。）
(3) 下線部の化学反応式をかけ。

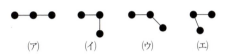

(法政大)

381 ▶ 硫化水素の発生 右図は(ア)の装置の図である。この装置を用いて<u>硫化鉄(Ⅱ)と希硫酸の反応により硫化水素を発生させた。</u>はじめに(イ)の栓をはずし(ウ)の中に硫化鉄(Ⅱ)の小塊を適当量入れた。次に(イ)の栓をとりつけ(エ)および(オ)の栓が閉じていることを確認し，(カ)に希硫酸を満たした。(キ)の栓を開くと，希硫酸は装置内部の空気を押し出しながら(ク)を満たしたあと，硫化鉄(Ⅱ)に触れ硫化水素を発生した。発生した気体はGにゴム管で連結したガラス管を通じて捕集したあと，Gの活栓を閉じると，硫化水素の発生はしばらくして停止した。

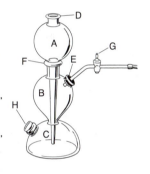

　この実験で発生した硫化水素の密度は空気の密度より(ケ)く，色は(コ)色で(サ)臭がある。また，この気体は水に溶解し，わずかに電離して(シ)性を示す。
(1) 文中の(ア)〜(シ)に適当な語句または図中の記号(A 〜 H)を記せ。
(2) 下線部の化学反応式を記せ。

(宮崎大　改)

382 ▶ 硝酸の工業的製法 硝酸を工業的に製造する方法は，次の①〜③の過程からなる。①アンモニアを空気と混合し約800℃で白金触媒を通すと，一酸化窒素が生成する。②この一酸化窒素を空気と混合して酸化し，二酸化窒素にする。③この二酸化窒素を水に溶かして硝酸と一酸化窒素を得る。なお，この一酸化窒素は回収して再び用いる。
(1) 硝酸製造の過程①，②，③とそれらをまとめた反応を化学反応式で表せ。
(2) 1.0 mol の硝酸を合成するために標準状態で何Lの空気を必要とするか。ただし，酸素は空気の体積の21%を占めていて反応は完全に進むものとする。
(3) ある市販されている濃硝酸は密度 $1.40\,g/cm^3$ の液体で，質量パーセント濃度で66.0%の硝酸を含む。この濃硝酸のモル濃度を求めよ。

(学習院大　改)

383 ▶ 酸の性質 次の文章を読み，下の(1)～(3)に答えよ。

　濃塩酸，濃硫酸，濃硝酸は，いずれも化学実験によく用いられる酸である。このうち，(ア)は不揮発性で，吸湿性が強い。(イ)は揮発性であり，その蒸気がアンモニアと接触すると，白煙を生じる。(ウ)は酸化作用が強く，常温で銅を酸化して溶かす。(エ)は常温で銅を溶かさないが，これを(オ)と体積比3：1の割合で混合した酸は(カ)とよばれ，通常の酸に溶けない金や白金をも溶かす。

(1) (ア)～(オ)は，(a)濃塩酸，(b)濃硫酸，(c)濃硝酸のいずれかである。これらの空欄にあてはまる酸を(a)～(c)の記号で答えよ。また，(カ)に適当な語句を入れよ。

(2) 下線部で生じる白煙の化学式を記せ。白煙の物質を水に溶かしたとき，この溶液は(a)酸性，(b)中性，(c)塩基性のいずれを示すか。(a)～(c)の記号で答えよ。また，その理由を説明せよ。

(3) 質量パーセント濃度96％，密度1.8g/cm³の濃硫酸をうすめて，2.0mol/Lの硫酸を100mLつくりたい。何mLの濃硫酸が必要か，有効数字2けたで求めよ。計算過程も示せ。また，この操作において注意すべきことを述べよ。　　　　　（千葉大）

384 ▶ 環境問題 二酸化炭素は常温・常圧では気体であるが，冷却すると(ア)とよばれる固体になり，冷却剤に用いられている。(a)二酸化炭素は実験室では炭酸カルシウムに塩酸を作用させて発生させる。(b)工業的には炭酸カルシウムを強熱してつくる。大気中の二酸化炭素は大気圏外への赤外線放射を妨げ，結果として気温を上昇させる効果((イ)効果)がある。二酸化炭素は水に溶けるのでふつうの雨水は弱い(ウ)性を示す。一方，二酸化硫黄や二酸化窒素などが溶けてpHがさらに低くなった雨を(エ)という。(c)二酸化硫黄は水と反応して，酸性雨の原因物質の一つである(オ)ができる。

(1) (ア)～(オ)に適当な語句を入れよ。

(2) 下線部(a)～(c)の化学反応式を示せ。

385 ▶ 肥料 窒素，リン，カリウムを肥料の三要素という。窒素肥料としては，(a)アンモニアを二酸化炭素と反応させて尿素にしたものや，硫酸アンモニウムや硝酸アンモニウムにしたものなどが用いられている。リン酸肥料としては，リン鉱石の主成分である(b)リン酸カルシウムを硫酸で処理して生じる，リン酸二水素カルシウムと硫酸カルシウムの混合物が，過リン酸石灰として用いられている。肥料の多投与は土壌の性質を変えてしまうので，植物の生育に適したpHにするために消石灰が使われる。

(1) 下線部(a)，(b)の反応をそれぞれ化学反応式で示せ。

(2) 硫酸アンモニウム，硝酸アンモニウム，尿素，それぞれに含まれている窒素の質量百分率〔％〕を求め，最も高い値を小数第1位まで示せ。　　　　（15　芝浦工大）

386 ▶乾燥剤 次の文章を読み，下の(1), (2)に答えよ。

　化学実験で気体や固体を乾燥させるための乾燥剤として，以下のようなものがある。十酸化四リンは白色の粉末で，強力な乾燥剤である。カルシウム化合物には，無水塩化カルシウム，酸化カルシウム，無水硫酸カルシウムなど，吸湿性をもつものが多い。粒状の水酸化ナトリウムはアンモニアの乾燥に適する。濃硫酸は液体の乾燥剤の代表的なものである。一方，乾燥剤は家庭でも使われている。食品保存用のシリカゲルや酸化カルシウム，それに除湿剤としての無水塩化カルシウムがその例である。

(1) 乾燥剤が水分を取り除くしくみについて，次の(a), (b)に答えよ。
　(a) 十酸化四リンは，水と反応することを利用した乾燥剤である。十酸化四リンを水と十分に反応させたときの化学反応式を示せ。
　(b) シリカゲルは，水分子を吸着することを利用した乾燥剤である。この乾燥剤が多くの水分を取り除くことができる理由を1行程度で説明せよ。

(2) 無水塩化カルシウム 10.0 g をビーカーに入れて室内に放置したところ，数週間後にはビーカーの中身は無色透明な液体となっていた。この液体からゆっくりと水を蒸発させたところ，無色の結晶が析出して，その重量は 19.7 g であった。この結晶の化学式を示せ。　　　　　　　　　　　　　　　　　　　　　　　　　　　　（東大　改）

387 ▶気体の発生と性質 右表は，5種類の気体とそれらを発生させるために用いる試薬を示している。

気体	気体を発生させるために用いる試薬
水素	亜鉛と希硫酸
硫化水素	①と希硫酸
塩化水素	②と濃硫酸
二酸化硫黄	③と希硫酸
塩素	④と濃塩酸

(1) 表中に示した5種類の気体の特徴を下記の(ア)〜(キ)からそれぞれ一つずつ選び，記号で答えよ。
　(ア) 無色で刺激臭がある。強酸で水に溶けやすい。
　(イ) 無色で水に溶けにくい。空気に触れると赤褐色となる。
　(ウ) 無色・無臭である。酸素との混合気体は点火により爆発的に反応する。
　(エ) 黄緑色で刺激臭がある。水にいくらか溶ける。
　(オ) 無色で腐った卵のにおいがする。多くの金属イオンと反応し，沈殿を生じる。
　(カ) 褐色で刺激臭がある。水に溶けやすく，水溶液は酸性を示す。
　(キ) 無色で刺激臭がある。硫酸の原料として工業的に用いられている。

(2) 表中の①〜④に当てはまる試薬として最も適したものを下記のうちからそれぞれ一つずつ選び，化学式で答えよ。
　　塩化ナトリウム，硫化鉄（Ⅱ），酸化マンガン（Ⅳ），亜硫酸ナトリウム

(3) 表中に示した①と希硫酸から硫化水素を発生させる反応および④と濃塩酸から塩素を発生させる反応の化学反応式を示せ。

(4) 表中に示した④と濃塩酸から塩素を発生させる場合について，発生する塩素の捕集方法として最も適当なものを下記の(a)〜(c)から選び，理由とともに記せ。
　(a) 上方置換　　(b) 下方置換　　(c) 水上置換　　　　　　　　　　（信州大）

18 典型金属元素の単体と化合物

① アルカリ金属（Hをのぞく1族 Li, Na, K, Rb, Cs, Fr）

単体	銀白色の金属で密度が小さい。比較的やわらかく融点が低い。 1価の陽イオンになりやすい。 常温の空気中で酸素と速やかに反応する（保存は石油中）。 　　$4Na + O_2 \longrightarrow 2Na_2O$ 水とは激しく反応する（反応性 Li＜Na＜K）。 　　$2Na + 2H_2O \longrightarrow 2NaOH + H_2$ 炎色反応は Li 赤, Na 黄, K 赤紫 ［製法］　工業的：溶融塩電解法	 リチウム（石油中に浮く）　ナトリウム（石油中に沈む）

化合物		
酸化物	いずれも塩基性酸化物で，水や酸と反応する。 　　$Na_2O + H_2O \longrightarrow 2NaOH$ 　　$Na_2O + 2HCl \longrightarrow 2NaCl + H_2O$	
水酸化物	水溶液は強塩基性。NaOH, KOH は潮解性がある。 CO_2 を吸収する。$2NaOH + CO_2 \longrightarrow Na_2CO_3 + H_2O$ ［製法］　工業的：NaOH の製造　イオン交換膜法（食塩水の電気分解） ［利用］　NaOH はセッケン・パルプ・繊維の製造などに利用。	
炭酸塩	白色固体。水に溶けると加水分解によって塩基性を示す。 　　$Na_2CO_3 + H_2O \longrightarrow NaHCO_3 + NaOH$ 酸と反応して CO_2 を発生する。 　　$Na_2CO_3 + 2HCl \longrightarrow 2NaCl + H_2O + CO_2$ 炭酸ナトリウム十水和物 $Na_2CO_3 \cdot 10H_2O$ は風解性を示す。 ［製法］　工業的：Na_2CO_3 の合成　アンモニアソーダ法（ソルベー法） 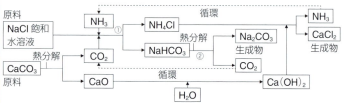 ①　$NaCl + NH_3 + CO_2 + H_2O \longrightarrow NaHCO_3 + NH_4Cl$（$NaHCO_3$ が沈殿） ②　$2NaHCO_3 \longrightarrow Na_2CO_3 + CO_2 + H_2O$（$NaHCO_3$ が熱分解） 上図をまとめると，$2NaCl + CaCO_3 \longrightarrow Na_2CO_3 + CaCl_2$ ［利用］　ガラスなどの原料	
炭酸水素塩	白色固体。加熱すると熱分解。「重そう」ともよばれる。 　　$2NaHCO_3 \longrightarrow Na_2CO_3 + H_2O + CO_2$ 水に少し溶けると加水分解により弱塩基性を示す。 酸と反応して CO_2 を発生する。 　　$NaHCO_3 + HCl \longrightarrow NaCl + H_2O + CO_2$ ［利用］　胃薬などの医薬品・ベーキングパウダー・入浴剤など	

❷ アルカリ土類金属[*1]（2族　Be，Mg，Ca，Sr，Ba，Ra）

単体		銀白色の軽金属。アルカリ金属の単体と比べると，密度がやや大きく融点が高い。2価の陽イオンになりやすい。 Mg：常温の水にはほとんど反応しない。熱水とは反応して H_2 を発生。 　　　強熱すると強い光を出して燃える。$2Mg + O_2 \longrightarrow 2MgO$ 　　　炎色反応は示さない。 Ca，Sr，Ba，Ra：常温の水と反応。$Ca + 2H_2O \longrightarrow Ca(OH)_2 + H_2$ 　　　空気中で加熱すると激しく燃焼して酸化物になる。 　　　炎色反応を示す。Ca（橙赤），Sr（深赤），Ba（黄緑）
化合物	酸化物	塩基性酸化物で酸と反応する。 　　　$CaO + 2HCl \longrightarrow CaCl_2 + H_2O$ 酸化カルシウム CaO（生石灰） 水と反応して水酸化カルシウムになる。$CaO + H_2O \longrightarrow Ca(OH)_2$ ［製法］工業的：CaO の製法　石灰石を加熱する。$CaCO_3 \longrightarrow CaO + CO_2$ ［利用］乾燥剤，発熱剤
	水酸化物	水に溶けて塩基性を示す。 　　　$Mg(OH)_2$：水に難溶で弱塩基 　　　Ca，Sr，Ba の水酸化物：水に可溶で強塩基 水酸化カルシウム $Ca(OH)_2$（消石灰）：飽和水溶液を「石灰水」とよぶ。 二酸化炭素を吹き込むと炭酸カルシウムの白色沈殿を生じる。（CO_2 の検出） 　　　$Ca(OH)_2 + CO_2 \longrightarrow CaCO_3 + H_2O$ ［利用］土壌の中和剤，建築材料の原料
	炭酸塩	白色固体で水に難溶性。 酸と反応して CO_2 を発生する。$CaCO_3 + 2HCl \longrightarrow CaCl_2 + H_2O + CO_2$ 炭酸カルシウム $CaCO_3$：水溶液中で過剰の CO_2 を吹き込むと炭酸水素塩になって水に溶ける。沈殿は溶解する。 　　　$CaCO_3 + CO_2 + H_2O \longrightarrow Ca(HCO_3)_2$（水に可溶） ［存在］石灰岩や大理石として天然に存在し，鍾乳石の成分。
	硫酸塩	Be，Mg の硫酸塩は水に可溶。 硫酸カルシウム二水和物 $CaSO_4 \cdot 2H_2O$：「セッコウ」，これを焼くと $\frac{1}{2}$ 水和物（焼きセッコウ）になる。 ［利用］建築材料，塑像，医療用ギプス 硫酸バリウム $BaSO_4$：水や酸に溶けずに X 線をさえぎる。 ［利用］X 線の造影剤
	塩化物	塩化マグネシウム $MgCl_2$：潮解性がある。 ［利用］にがり 塩化カルシウム $CaCl_2$：潮解性がある。吸湿性が強い。 ［利用］乾燥剤

[*1] Be，Mg をアルカリ土類金属から除く場合がある。

238 —— 5章　無機物質

❸ 1，2族以外の典型元素（Zn，Al，Sn，Pb：両性元素）

		Zn	Al
単体		青白色の重金属。 2価の陽イオンになる。 両性元素で酸とも強塩基とも反応する。 $Zn + 2HCl \longrightarrow ZnCl_2 + H_2$ $Zn + 2NaOH + 2H_2O$ 　　　　$\longrightarrow Na_2[Zn(OH)_4] + H_2$ 　　　　テトラヒドロキシド亜鉛(Ⅱ)酸ナトリウム ［利用］　合金や鋼板のめっき ［合金］　$Cu + Zn \longrightarrow$ 黄銅 ［めっき］　$\boxed{\begin{array}{c}Zn\\\hline Fe\end{array}} \rightarrow$ トタン	銀白色の軽金属。熱や電気の良導体。 3価の陽イオンになる。 濃硝酸には不動態になる。 両性元素で酸とも強塩基とも反応する。 $2Al + 6HCl \longrightarrow 2AlCl_3 + 3H_2$ $2Al + 2NaOH + 6H_2O$ 　　　　$\longrightarrow 2Na[Al(OH)_4] + 3H_2$ 　　　　テトラヒドロキシドアルミン酸ナトリウム ［製法］工業的：アルミナの溶融塩電解 ［利用］自動車などの車体，調理器具，建築資材，飲料水の缶など ［合金］Al，Cu，Mg など→ジュラルミン 酸化被膜をつけた製品→アルマイト
化合物	酸化物	白色固体で水に難溶。 両性酸化物 →酸とも強塩基とも反応。 ［利用］　白色顔料，医薬品	白色固体（アルミナ）で水に不溶。 両性酸化物 →酸とも強塩基とも反応。 ［存在］　ルビー，サファイア
	水酸化物	白色ゲル状の沈殿で水に難溶。 両性水酸化物 →酸とも強塩基とも反応。 $Zn(OH)_2 + 2HCl$ 　　　　$\longrightarrow ZnCl_2 + 2H_2O$ $Zn(OH)_2 + 2NaOH$ 　　　　$\longrightarrow Na_2[Zn(OH)_4]$ 過剰のアンモニア水に溶ける。 $Zn(OH)_2 + 4NH_3$ 　　　　$\longrightarrow [Zn(NH_3)_4]^{2+} + 2OH^-$ 　　　　テトラアンミン亜鉛(Ⅱ)イオン	白色ゲル状の沈殿で水に難溶。 両性水酸化物 →酸とも強塩基とも反応。 $Al(OH)_3 + 3HCl \longrightarrow AlCl_3 + 3H_2O$ $Al(OH)_3 + NaOH \longrightarrow Na[Al(OH)_4]$ アンモニア水には不溶。
	その他	硫化亜鉛 ZnS：白色沈殿。 Zn^{2+} を含む水溶液に弱塩基～中性で H_2S を吹き込むと生成する。 $Zn^{2+} + S^{2-} \longrightarrow ZnS$	ミョウバン $AlK(SO_4)_2 \cdot 12H_2O$： 無色の結晶。複塩。 水に溶けると3種のイオンに電離する。

		Sn	Pb
単体		銀白色 両性元素で酸とも強塩基とも反応する。 ［利用］　合金やめっき ［合金］　$Cu + Sn \longrightarrow$ 青銅 ［めっき］　$\boxed{\begin{array}{c}Sn\\\hline Fe\end{array}} \rightarrow$ ブリキ	青白色でやわらかい。 両性元素で硝酸，強塩基には溶けるが，塩酸や希硫酸には不溶性の塩の被膜をつくって難溶。 ［利用］　ハンダ（鉛とスズ），鉛蓄電池，X線の遮へい材

| 化合物 | SnCl₂·2H₂O（無色の結晶）は強い還元性を示す。
SnCl₂ + 2Cl⁻ ⟶ SnCl₄ + 2e⁻ | PbCl₂（白色，熱水に可溶）
PbSO₄（白色）
PbS（黒色） |

WARMING UP／ウォーミングアップ

次の文中の（　）に適当な語句・化学式・数値・記号を入れよ。

◆ アルカリ金属 Na

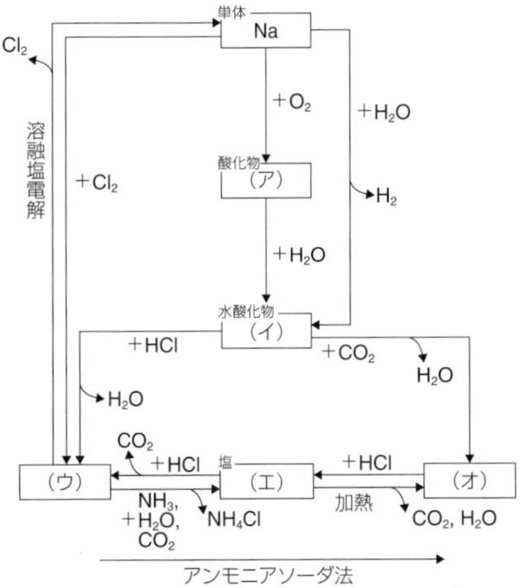

◆ アルカリ土類金属 Ca

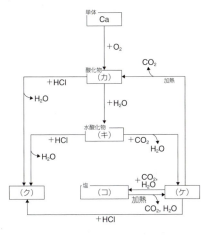

◆ Zn

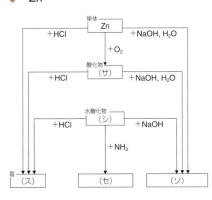

◆ Al

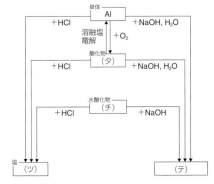

(ア) Na₂O　(イ) NaOH　(ウ) NaCl　(エ) NaHCO₃　(オ) Na₂CO₃
(カ) CaO　(キ) Ca(OH)₂　(ク) CaCl₂　(ケ) CaCO₃　(コ) Ca(HCO₃)₂
(サ) ZnO　(シ) Zn(OH)₂　(ス) ZnCl₂　(セ) [Zn(NH₃)₄]²⁺　(ソ) Na₂[Zn(OH)₄]
(タ) Al₂O₃　(チ) Al(OH)₃　(ツ) AlCl₃　(テ) Na[Al(OH)₄]

240 —— 5章　無機物質

1 アルカリ金属

アルカリ金属は，原子が価電子を（ア）個もっているためイオン化エネルギーが（イ）く，1価の（ウ）イオンになりやすい。単体は密度が（エ）く融点が（オ）。常温の水と（カ）を発生させながら（キ）く反応して（ク）化物になる。そのため（ケ）中に保存する。水と反応させたあとの水溶液は強い（コ）性を示す。アルカリ金属はいずれも炎色反応を示し，Li は（サ）色，Na は（シ）色，K は（ス）色を示す。

2 アルカリ土類金属

2族の元素は（ア）とよばれる。Mg，Ca，Sr，Ba などの単体は（イ）価の（ウ）イオンになりやすく，その反応性はアルカリ金属ほど大きくないが，原子番号が大きくなるほど（エ）くなる。Ca，Sr，Ba の単体は，常温の水と反応し，水溶液はすべて（オ）性を示す。（カ），（キ）を除く2族元素は炎色反応を示し，（ク）は黄緑色，（ケ）は橙赤色，（コ）は深赤色を示す。

3 両性金属

12族の亜鉛，13族のアルミニウム，14族のスズ，鉛などの金属元素の単体は，酸とも塩基とも反応して（ア）を発生するので（イ）元素という。これらの金属の酸化物は（ウ）酸化物といい，水酸化物は（エ）水酸化物という。

4 アルミニウム

アルミニウムは13族の元素で，原子は（ア）個の価電子をもち，（イ）価の（ウ）イオンになりやすい。単体のアルミニウムを工業的に得るには，化学式（エ）を主成分とする鉱石の（オ）から得られる（カ）を（キ）する。アルミニウムは酸とも塩基とも反応する（ク）元素だが，濃硝酸や濃硫酸には金属表面に（ケ）をつくって溶けない。

5 亜鉛

亜鉛は酸とも塩基とも反応する（ア）元素である。Zn^{2+} を含む水溶液に NH_3 を加えていくと化学式（イ）で表される白い沈殿が生じるが，さらに加えるとイオン式（ウ）で表される無色透明の水溶液になる。

1
- （ア）1
- （イ）小さ
- （ウ）陽
- （エ）小さ
- （オ）低い
- （カ）水素
- （キ）激し
- （ク）水酸
- （ケ）石油
- （コ）塩基
- （サ）赤
- （シ）黄
- （ス）赤紫

2
- （ア）アルカリ土類金属
- （イ）2
- （ウ）陽
- （エ）激し
- （オ）塩基
- （カ）Be
- （キ）Mg
- （ク）Ba
- （ケ）Ca
- （コ）Sr

3
- （ア）水素
- （イ）両性
- （ウ）両性
- （エ）両性

4
- （ア）3
- （イ）3
- （ウ）陽
- （エ）Al_2O_3
- （オ）ボーキサイト
- （カ）アルミナ
- （キ）溶融塩電解
- （ク）両性
- （ケ）不動態

5
- （ア）両性
- （イ）$Zn(OH)_2$
- （ウ）$[Zn(NH_3)_4]^{2+}$

18 典型金属元素の単体と化合物——241

基本例題 77 ナトリウムの性質　　　　　　　　　　基本➡389, 391, 395

ナトリウムの単体に関する次の記述のうち，正しいものをすべて選べ。
(1) 単体の密度は大きく，やわらかくて融点が低い。
(2) フェノールフタレインを入れた水に小片を入れると赤色の水溶液になる。
(3) 常温で水と激しく反応して，酸素を発生する。
(4) 空気中では表面がすみやかに酸化され，金属光沢を失う。
(5) 石油中で保存する。

●**エクセル**　Na 単体は水と激しく反応して水素を発生するため，石油中に保存する。

考え方

Na はアルカリ金属に属する。原子は最外殻に電子を1個もっているため，1価の陽イオンになりやすく反応性が高い。

解答

(1) Na 単体は密度が小さく，やわらかくて融点が低い。誤り。(2) 水と反応して $NaOH$ になるため，水にフェノールフタレインを入れておくと赤く色がつく。正しい。
(3) 常温の水と激しく反応して，水素を発生する。誤り。
(4) 反応性が高く空気中の酸素と反応して Na_2O になり，金属光沢を失う。正しい。(5) 水や酸素と容易に反応するため，石油中で保存する。正しい。　**答** (2), (4), (5)

基本例題 78 アルミニウムの性質　　　　　　　　　　基本➡396, 397

アルミニウムに関する次の記述のうち，正しいものをすべて選べ。
(1) アルミニウムは，地殻中に最も多量に存在する元素である。
(2) アルミニウムの原料となる鉱石は，ボーキサイトである。
(3) アルミニウムは，酸化アルミニウムを氷晶石とともに融解し，電気分解することによって製造される。
(4) アルミニウムは電気を通さない。
(5) アルミニウムの密度は，鉄の密度よりも大きい。　　　　　　（06　センター）

●**エクセル**　Al の製法　ボーキサイト ⟶ アルミナ Al_2O_3 ⟶ 溶融塩電解（＋氷晶石）

考え方

Al の単体を工業的に得るには，原料のボーキサイトからアルミナ Al_2O_3 をつくり，氷晶石とともに溶融塩電解する。

解答

(1) 地殻（深さ約 16 km 程度まで）に存在する元素は，多い順に $O > Si > Al > Fe > Ca > Na > \cdots$ なので誤り。
(2) アルミニウムの原料になる鉱石はボーキサイト。正しい。
(3) 酸化アルミニウムの溶融塩電解では，氷晶石を入れると融点を低くすることができる。正しい。
(4) アルミニウム単体は金属のため電気をよく導く。誤り。
(5) アルミニウムの密度は 2.7 g/cm³ で軽金属に属する。なお，鉄の密度は 7.9 g/cm³。誤り。　**答** (2), (3)

基本問題

388 ▶ アルカリ金属　次の文章を読み，下の(1)〜(3)に答えよ。

Hを除くLi，Na，Kなどの1族は（ ア ）とよばれ，（ イ ）価の（ ウ ）イオンになりやすい。そのためイオン化エネルギーの値は（ エ ）。単体，化合物は特有の色の炎色反応をする。

(1) 文中の(ア)〜(エ)に適切な語句や数値を入れよ。
(2) Li，Na，Kをイオン化エネルギーの小さいものから順番にかけ。
(3) Li，Na，Kそれぞれの炎色反応の色をかけ。

389 ▶ ナトリウムとその化合物　図に示した変化に関する次の記述が誤っているものをすべて選べ。

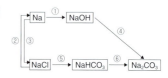

(1) ①の変化は，金属ナトリウムに水を作用させると起こる。
(2) ②の変化は，塩化ナトリウムの溶融塩電解で起こる。
(3) ③の変化は，金属ナトリウムに塩素を作用させると起こる。
(4) ④の変化は，水酸化ナトリウムの潮解とよばれる。
(5) ⑤と⑥の変化は，炭酸ナトリウムの工業的な製法の一部である。　(07　北里大　改)

390 ▶ Na_2CO_3 と $NaHCO_3$　次の記述のうち，誤っているものを選べ。

(1) $NaHCO_3$ は，NaCl飽和水溶液に NH_3 を十分に溶かし，さらに CO_2 を通じると得られる。
(2) $NaHCO_3$ を加熱すると，Na_2CO_3 が得られる。
(3) Na_2CO_3 水溶液に $CaCl_2$ 水溶液を加えると，白い沈殿ができる。
(4) Na_2CO_3 水溶液はアルカリ性を示すが，$NaHCO_3$ 水溶液は弱酸性を示す。
(5) いずれも塩酸と反応して気体を発生させる。　(センター)

論述 391 ▶ ナトリウムの反応　次の文章を読み，下の(1)〜(3)に答えよ。

単体のナトリウムは，(a)水と激しく反応し，空気中では速やかに酸化される。単体のナトリウムは天然には存在せず，塩化ナトリウムの溶融塩を電気分解することで工業的に製造されているが，(b)塩化ナトリウム水溶液の電気分解では得られない。

(1) 下線部(a)について，金属ナトリウムはどのように保存するかを簡潔に記せ。
(2) 下線部(b)について，その理由を簡潔に記せ。
(3) 炭酸ナトリウムに希塩酸を加えると，以下のように，二段階で化学反応が進行する。化学反応式中の(ア)〜(ウ)にあてはまる化合物の化学式を示せ。

$Na_2CO_3 + HCl \longrightarrow$ （ ア ）＋（ イ ）
（ ア ）＋ $HCl \longrightarrow$ （ イ ）＋（ ウ ）＋ H_2O

(15　静岡大　改)

392 ▶ アルカリ土類金属　次の文章を読み，下の(1), (2)に答えよ。
　周期表の2族の元素は，すべて金属元素で，アルカリ土類金属とよばれている。これらの原子は2個の（ ア ）をもち，2価の（ イ ）イオンになりやすい。アルカリ土類金属のうち，（ ウ ），（ エ ），（ オ ）および Ra は特に性質が似ている。
(1) 文中の(ア)〜(オ)に適当な語句や元素記号を記せ。
(2) 次の記述は2族の元素に関するものである。正しいものを1つ選び，記号で答えよ。
　① 2族の単体はすべて常温の水と反応して，水素を発生する。
　② Be, Mg の硫酸塩は水に溶解するが，Ca, Sr, Ba の硫酸塩は水に溶けにくい。
　③ Be, Mg の水酸化物は水に溶解するが，Ca, Sr, Ba の水酸化物は水に溶けにくい。
　④ アルカリ土類金属の単体や化合物はすべて特有な炎色反応を示す。

393 ▶ カルシウムの化合物　次の(1)〜(6)に当てはまる化合物を下の(ア)〜(カ)から選べ。
(1) 乾燥剤として使われ，水に触れると発熱するため「生石灰」とよばれる。
(2) 乾燥剤として使われ，空気中に放置しておくと湿気を吸ってべたべたになる。
(3) 大理石や石灰岩，貝殻などの主成分で，塩酸と反応させると二酸化炭素を発生する。
(4) 水溶液中に存在し，安定な固体としては得られない。水溶液を加熱すると白い沈殿を生じる。
(5) 「生石灰」が水と反応すると生成し，「消石灰」ともよばれる。水溶液は「石灰水」とよばれる。
(6) 二水和物は「セッコウ」とよばれ，これを焼いてつくった「焼きセッコウ」は医療用ギプスや美術品に用いられる。
　(ア) $CaCl_2$　　(イ) $CaSO_4$　　(ウ) $Ca(HCO_3)_2$　　(エ) $Ca(OH)_2$　　(オ) CaO
　(カ) $CaCO_3$

394 ▶ カルシウムとその化合物　右図はカルシウムとその化合物の相互関係を表したものである。ア〜エに適当な化学式を入れよ。また，①〜③の反応に相当する化学反応式をかけ。

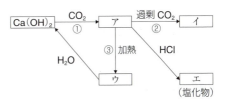

395 ▶ アルカリ金属とアルカリ土類金属　次の記述は Na, Mg, Ca のいずれかの性質を表している。どの元素のことか。それぞれ元素記号で答えよ。
(1) 単体は石油中で保存する。　　(2) 単体は常温の水と反応しない。
(3) 水酸化物は水に溶けにくい。　　(4) 硫酸塩は水に溶けにくい。
(5) 炭酸塩(正塩)は水に溶けやすい。　　(6) 炎色反応を呈しない。

244——5章　無機物質

396 ▶アルミニウム　次の文中の[A]，[B]に適当な語句を，[a]～[f]に適当な数字を，　ア　，　イ　に適当な化学式を入れよ。

　　アルミニウムは塩酸と反応するほか，水酸化ナトリウム水溶液とも反応し[A]を発生して，溶解する。このように酸とも塩基とも反応する性質を示す元素を[B]元素という。反応式は下に示す。

　　　$2Al + [\ a\ ]HCl \longrightarrow [\ b\ ]$　ア　$+ [\ c\ ]H_2$

　　　$2Al + [\ d\ ]NaOH + 6H_2O \longrightarrow [\ e\ ]$　イ　$+ [\ f\ ]H_2$

397 ▶アルミニウムの工業的製法　次の文章を読み，下の(1)，(2)に答えよ。

　　工業的にアルミニウム単体を得るには，鉱石である（　ア　）から酸化アルミニウムをつくったのち，これを加熱融解した（　イ　）に溶かし，（　ウ　）を電極に用いて（　エ　）を行う。（　オ　）極では酸化アルミニウムの電離で生じたアルミニウムイオンが（　カ　）されてアルミニウムを生じる。

(1)　文中の(ア)～(カ)に適当な語句を入れよ。

(2)　10.2 kg の酸化アルミニウムから理論上，得られるアルミニウムは何 kg か。

398 ▶亜鉛　次の文章を読み，下の(1)，(2)に答えよ。

　　亜鉛は12族に属する（　ア　）金属元素である。また酸とも塩基とも反応するため（　イ　）元素の一つでもある。例えば，(a)塩酸に亜鉛を加えると，気体の発生を伴い溶解する。(b)同様の現象は水酸化ナトリウム水溶液を用いても観察される。

(1)　文中の(ア)，(イ)に適当な語句を入れよ。

(2)　下線部(a)，(b)の化学反応式を記せ。

399 ▶アルミニウムと亜鉛　次の(1)～(5)の記述について，Al に当てはまるものには A，Zn に当てはまるものには B，両方に当てはまるものには C を記せ。

(1)　両性元素である。　　　　　　　(2)　単体は塩酸と反応して水素を発生する。

(3)　単体は濃硝酸には溶けない。　　(4)　水酸化物はアンモニア水に溶ける。

(5)　水酸化物は水酸化ナトリウム水溶液に溶ける。

400 ▶スズと鉛　スズと鉛に関する次の記述のうち，誤りを含むものを一つ選べ。

(1)　スズ Sn は，塩酸に溶ける。

(2)　塩化スズ(Ⅱ)$SnCl_2$ は，還元作用を示す。

(3)　硫酸鉛(Ⅱ)$PbSO_4$ は，希硫酸に溶けにくい。

(4)　塩化鉛(Ⅱ)$PbCl_2$ は，冷水に溶けにくい。

(5)　酸化鉛(Ⅳ)PbO_2 は，還元剤として使われる。

（センター）

18 典型金属元素の単体と化合物——245

標準例題 79 アンモニアソーダ法　　　　　　　　　　標準➡401

下図は石灰石，塩化ナトリウムおよびアンモニアを主原料として炭酸ナトリウムを工業的に製造する工程の概略を示したものである。実線は製造の工程，点線は回収の工程を表している。例えば反応②では，飽和塩化ナトリウム水溶液にアンモニアを十分に溶かし，これに二酸化炭素を通じて溶解度の比較的小さい炭酸水素ナトリウムを沈殿させている。

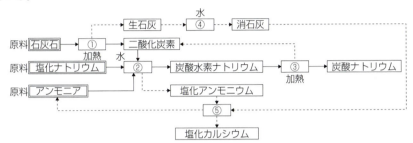

(1) 図中の反応①〜⑤をそれぞれ化学反応式で示せ。
(2) ①〜⑤の化学反応を1つの反応式にまとめよ。
(3) ②の反応で使用する二酸化炭素のうち，①の反応で発生する二酸化炭素は何%を占めるか。ただし，③の反応で発生する二酸化炭素は100%回収して利用するものとする。
(4) ③の反応で炭酸水素ナトリウム840kgから生成する炭酸ナトリウムおよび二酸化炭素は，それぞれ何kgになるか。　　　　　　　　　　　　　　　　　　　　(名大)

●エクセル　アンモニアソーダ法 ⇒ $2NaCl + CaCO_3 \longrightarrow Na_2CO_3 + CaCl_2$

考え方

アンモニアソーダ法の一つ一つの式をまとめると
①+②×2+③+④+⑤より，
$2NaCl + CaCO_3 \longrightarrow Na_2CO_3 + CaCl_2$
しかし，この反応は実際には進まない。①〜⑤の反応を組み合わせて炭酸ナトリウムを生成している。

解答

(1) ① $CaCO_3 \longrightarrow CaO + CO_2$
② $NaCl + H_2O + NH_3 + CO_2 \longrightarrow NaHCO_3 + NH_4Cl$
③ $2NaHCO_3 \longrightarrow Na_2CO_3 + H_2O + CO_2$
④ $CaO + H_2O \longrightarrow Ca(OH)_2$
⑤ $Ca(OH)_2 + 2NH_4Cl \longrightarrow CaCl_2 + 2H_2O + 2NH_3$

(2) $2NaCl + CaCO_3 \longrightarrow Na_2CO_3 + CaCl_2$

(3) ②より CO_2 1 mol から $NaHCO_3$ 1 mol が生じる。③で $NaHCO_3$ 1 mol からは CO_2 が 0.5 mol しか発生しないので①で供給される CO_2 は残りの 0.5 mol を占める。　**答 50%**

(4) $NaHCO_3$ 840 kg は $\dfrac{840000}{84} = 10000$ mol　③より生成する

Na_2CO_3 $10000 \times \dfrac{1}{2} \times 106\,\text{g/mol} = 530\,\text{kg}$,

CO_2 $10000 \times \dfrac{1}{2} \times 44\,\text{g/mol} = 220\,\text{kg}$

答 Na_2CO_3 530 kg，CO_2 220 kg

246 —— 5章　無機物質

標準問題

論述 401 ▶ ナトリウム化合物の製造　次の文章を読み，下の(1)〜(5)に答えよ。

　炭酸ナトリウムは，工業的には次のように製造される。①塩化ナトリウムの飽和水溶液にアンモニアを十分吸収させてから二酸化炭素を吹き込み沈殿を生じさせる。この沈殿を分離して，約200℃で焼くことによって炭酸ナトリウムが得られる。炭酸ナトリウムは水によく溶け，炭酸ナトリウム水溶液を濃縮すると無色の結晶が析出する。この結晶を②空気中に放置すると水和水の一部を失って白色粉末になる。水酸化ナトリウムは③塩化ナトリウム水溶液を電気分解するイオン交換膜法によって工業的に製造される。水酸化ナトリウムの固体は無色半透明で，④空気中に放置しておくと水分を吸収して溶ける。⑤水酸化ナトリウム水溶液を白金電極を用いて電気分解すると，陰極と陽極のどちらからも気体が発生する。　　　　　　　　　　　　　　　　　　　　　（新潟大）

(1)　下線部①の反応の化学反応式をかけ。

(2)　下線部②の現象と下線部④の現象はそれぞれ何というかかけ。

(3)　炭酸ナトリウムの水溶液は塩基性を示す。この理由を，水溶液中で起こっている反応の化学反応式をかき，簡潔に説明せよ。

(4)　下線部③で，水酸化ナトリウムは陽極と陰極のどちらで生成するか，また水酸化ナトリウムが生成する極とは別の極では何が生成するか，化学式でかけ。

(5)　下線部⑤で，陰極で起こっている反応の化学反応式をかけ，また陽極から発生した気体に強い紫外線を照射して得られる気体は何か，その名称および化学式をかけ。

論述 402 ▶ 2族元素　周期表の2族元素は，すべて2価の陽イオンになりやすい。2族元素の単体のうち，多くは室温の水と反応して水素を発生するが，ベリリウムや①（　ア　）は熱水とのみ反応する。

　②カルシウムの炭酸塩は塩酸に溶けて二酸化炭素を発生するが，水には難溶である。また，③カルシウムの炭酸塩は加熱すると二酸化炭素を放出して酸化物になる。カルシウムの酸化物は（　A　）とよばれ，水と反応して多量の熱を発生し，消石灰を生じる。消石灰は水に少し溶け，この飽和水溶液を（　B　）という。この（　B　）に二酸化炭素を通じると白色の沈殿が生じ，④さらに二酸化炭素を通じ続けると沈殿は溶ける。また，⑤カルシウムの酸化物は炭素と反応するとカーバイドと一酸化炭素を生成する。（　イ　）の硫酸塩の二水和物をセッコウという。これを約130℃で焼くと，焼きセッコウになる。また，2族元素の硫酸塩のうち，（　ア　）の硫酸塩は水に溶けやすい。

(1)　文中の(ア)，(イ)に適当な元素名を入れよ。

(2)　(A)，(B)に適当な語句を入れよ。

(3)　下線部①の化学反応式を記せ。

(4)　下線部②において，カルシウムの炭酸塩 2.21 g を完全に反応させたとき，生じる二酸化炭素の体積は標準状態(0℃，1.01×10^5 Pa)で何 L か。

(5) 下線部③の化学反応式を記せ。
(6) 下線部④のように，二酸化炭素を通じ続けると，沈殿が溶ける理由を記せ。
(7) 下線部⑤の化学反応式を記せ。　　　　　　　　　　　　（東京都市大　改）

論述 403 ▶ アルミニウム　次の文章を読み，下の(1)～(4)に答えよ。

　アルミニウムの単体は鉱石の（ア）からつくられる酸化アルミニウムを（イ）とともに高温で融解し，炭素を電極として溶融塩電解（融解塩電解）して得られる。（ウ）極では酸素，一酸化炭素や二酸化炭素などの気体が発生し，（エ）極ではアルミニウムイオンが（オ）されて金属アルミニウムを生じる。アルミニウムは空気中に放置すると，①表面にち密な酸化被膜をつくる。アルミニウムに少量の銅，マグネシウムを添加した合金である（カ）は，軽量で強度が高く航空機の機体などに利用される。また硫酸アルミニウムと硫酸カリウムの混合水溶液から再結晶により，両者が一つの塩になった（キ）という複塩がある。
　②アルミニウムは塩酸に溶解し，3価の陽イオンを生じる。また水酸化ナトリウム水溶液とも，次式のように反応して溶解する。

$$2Al + 2NaOH + 6H_2O \longrightarrow 2Na[Al(OH)_4] + 3H_2$$

この反応で生じた③テトラヒドロキシドアルミン酸ナトリウムの水溶液に少量の塩酸を加えると，白色ゼリー状の物質が沈殿する。
(1) 文中の(ア)～(キ)に適当な語句または数値を入れよ。
(2) 下線部①のように酸化被膜ができ，それ以上反応しなくなる状態を何というか。
(3) 下線部②で得られる水溶液を電気分解しても，金属アルミニウムを得ることはできない。その理由を40字程度で説明せよ。
(4) 下線部③の反応の化学反応式を記せ。　　　　　　　　（11　甲南大　改）

404 ▶ 混合物の組成　次の(1), (2)に答えよ。
(1) 塩化ナトリウムと硫酸ナトリウムの混合物がある。この混合物10.0 gを水にすべて溶解させた後，十分な量の塩化バリウム水溶液を添加したところ4.66 gの硫酸バリウムが生じた。混合物10.0 g中の塩化ナトリウムの質量を有効数字3桁で求めよ。
(2) アルミニウムおよび亜鉛の微粉末からなる混合物Xがある。混合物Xを完全燃焼させると総量183 gの混合物Yになった。また，同じ質量の混合物Xを希塩酸と反応させると，標準状態で89.6 Lの水素が発生した。混合物X中における，アルミニウムと亜鉛の質量をそれぞれ有効数字2桁で求めよ。　　（16　東北大　改）

19 遷移元素

❶ 遷移元素の特徴

◆1 **周期表上での位置** 3族〜11族の元素

◆2 **電子配置** 最外殻の電子は2個または1個で，原子番号の増加とともに内側の電子殻の電子が増加していく。

◆3 **特徴**
①周期表上での同族元素だけでなく，横に並んだ元素とも性質が似ている。
②すべて金属元素で単体の融点が高く密度も大。ScとTi以外は重金属とよばれ，密度は$4.0\,g/cm^3$以上。
③2価または3価の陽イオンになるものが多く，有色のものが多い。
④同じ元素で異なる酸化数をとるものが多い。
⑤触媒として利用されるものが多い。

❷ 鉄とその化合物

単体	灰白色の重金属で融点は高い(1535℃)。強い磁性をもつ。塩酸や希硫酸と反応してH_2を発生する。(濃硝酸には不動態になって反応しない) $Fe + H_2SO_4 \longrightarrow FeSO_4 + H_2$ 〔製法〕工業的：$Fe_2O_3 + 3CO \longrightarrow 2Fe + 3CO_2$ 溶鉱炉から得られる鉄は「銑鉄」とよばれ，炭素を約4%含む。転炉で酸素を吹き込んで炭素の含有量を低くした「鋼」は弾性があり建築材などに利用される。クロム・ニッケルとの合金は「ステンレス鋼」とよばれ，さびにくい。

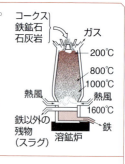

化合物	酸化物	酸化鉄(Ⅱ)FeO 黒色 酸化鉄(Ⅲ)Fe_2O_3 赤褐色(赤鉄鉱・赤さび)。四酸化三鉄Fe_3O_4黒色(磁鉄鉱・黒さび)。酸化鉄＋2と＋3の鉄が含まれる。
	水酸化物	Fe^{2+}(淡緑色水溶液)＋$2OH^-\longrightarrow Fe(OH)_2$(緑白色沈殿) Fe^{3+}(黄褐色水溶液)＋$3OH^-\longrightarrow Fe(OH)_3$(赤褐色沈殿)
	その他	硫酸鉄(Ⅱ)七水和物 $FeSO_4\cdot 7H_2O$ 淡緑色の結晶(水溶液も淡緑色) 塩化鉄(Ⅲ)六水和物 $FeCl_3\cdot 6H_2O$ 黄褐色の結晶。潮解性がある。(水溶液も黄褐色)

	Fe^{2+}	Fe^{3+}
$K_4[Fe(CN)_6]$水溶液 ヘキサシアニド鉄(Ⅱ)酸カリウム	—	濃青色の沈殿
$K_3[Fe(CN)_6]$水溶液 ヘキサシアニド鉄(Ⅲ)酸カリウム	濃青色の沈殿	—
KSCN水溶液 チオシアン酸カリウム	変化なし	血赤色溶液

19 遷移元素──249

❸ 銅とその化合物

単体	赤色の光沢をもつ。展性・延性に富み，熱や電気をよく導く。湿った空気中に放置すると緑青(ろくしょう)が生じる。塩酸や希硫酸とは反応せず，酸化力のある酸と反応する。銅と濃硝酸の反応　$Cu + 4HNO_3 \longrightarrow Cu(NO_3)_2 + 2H_2O + 2NO_2$（$NO_2$ の製法）銅と希硝酸の反応　$3Cu + 8HNO_3 \longrightarrow 3Cu(NO_3)_2 + 4H_2O + 2NO$（$NO$ の製法）銅と熱濃硫酸の反応　$Cu + 2H_2SO_4 \longrightarrow CuSO_4 + 2H_2O + SO_2$（$SO_2$ の製法）銅と亜鉛の合金：黄銅(しんちゅう)，銅とスズの合金：青銅(ブロンズ)　[製法]　工業的：黄銅鉱 $\xrightarrow{\text{空気}+\text{加熱}}$ 粗銅 $\xrightarrow{\text{電解精錬}}$ 純銅

化合物	酸化物	酸化銅(Ⅰ)Cu_2O 赤色酸化銅(Ⅱ)CuO 黒色	
	水酸化物	水酸化銅(Ⅱ)$Cu(OH)_2$ 青白色沈殿$Cu^{2+} + 2OH^- \longrightarrow Cu(OH)_2$$NH_3$ 水を過剰に加える。$Cu(OH)_2 + 4NH_3$　$\longrightarrow [Cu(NH_3)_4]^{2+} + 2OH^-$　　　　深青色溶液	陰極 $\ominus$　純銅板　SO_4^{2-}　Cu^{2+}　Cu^{2+}　Cu^{2+}　陽極 $\oplus$　粗銅板　Cu^{2+}　Fe^{2+}　Ni^{2+}　SO_4^{2-}硫酸銅(Ⅱ)水溶液　　陽極泥（Ag や Au など Cu よりもイオン化傾向の小さい金属が単体の状態で沈殿する。）
	その他	硫酸銅(Ⅱ)五水和物 $CuSO_4 \cdot 5H_2O$ 青色の結晶。加熱すると無水物の $CuSO_4$(白色)になる。(水分を吸収すると再び青色になるため，水の検出に利用)	

❹ 銀とその化合物

単体	銀白色で展性・延性に富み，熱や電気をよく導く。(電気伝導性は最大　$Ag > Cu > Au > Al$)空気中では安定で酸化されない。塩酸や希硫酸とは反応せず，酸化力のある酸と反応する。濃硝酸との反応　$Ag + 2HNO_3 \longrightarrow AgNO_3 + H_2O + NO_2$

化合物	酸化物	酸化銀 Ag_2O：褐色。光や熱で分解しやすい。$2Ag_2O \longrightarrow 4Ag + O_2$硝酸銀水溶液に塩基を加えると生じる。$2Ag^+ + 2OH^- \longrightarrow Ag_2O + H_2O$(生成する $AgOH$ は不安定ですぐに分解して Ag_2O になる)アンモニア水に溶ける。$Ag_2O + 4NH_3 + H_2O \longrightarrow 2[Ag(NH_3)_2]^+ + 2OH^-$　　　　　　　　　　　　　　　　　　　　ジアンミン銀(Ⅰ)イオン
	その他	硝酸銀 $AgNO_3$：無色結晶。光により分解しやすい(褐色びんに保存)。ハロゲン化銀：光により分解しやすい(感光性)。AgF(水溶性)　　$AgCl$(白色沈殿)　　$AgBr$(淡黄色沈殿)　　AgI(黄色沈殿)

5 クロム，マンガンとその化合物

Cr	クロム酸イオンと二クロム酸イオンの平衡　$2CrO_4^{2-} + 2H^+ \rightleftarrows Cr_2O_7^{2-} + H_2O$ 二クロム酸カリウム $K_2Cr_2O_7$：赤橙色の結晶で $Cr_2O_7^{2-}$ は酸性溶液中で強い酸化作用を示し，Cr^{3+}（緑色）に変化する。　$Cr_2O_7^{2-} + 14H^+ + 6e^- \longrightarrow 2Cr^{3+} + 7H_2O$ クロム酸カリウム K_2CrO_4：黄色の結晶で Ba^{2+}，Pb^{2+}，Ag^+ と水に溶けにくい沈殿を生成する。$BaCrO_4$（黄色），$PbCrO_4$（黄色），Ag_2CrO_4（赤褐色）
Mn	酸化マンガン(Ⅳ) MnO_2：黒色粉末で酸化剤や触媒として利用。 過マンガン酸カリウム $KMnO_4$：黒紫色結晶で酸性の水溶液中で強い酸化作用を示す。MnO_4^-（赤紫色）$+ 8H^+ + 5e^- \longrightarrow Mn^{2+}$（無色）$+ 4H_2O$

WARMING UP／ウォーミングアップ

次の文中の(　)に適当な語句・化学式・数値・記号を入れよ。

◆ Fe

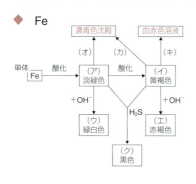

◆ Cu

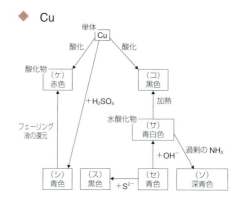

◆ Ag

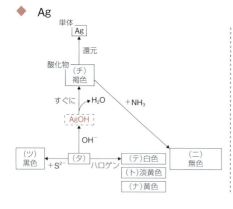

(ア) Fe^{2+}　(イ) Fe^{3+}　(ウ) $Fe(OH)_2$
(エ) $Fe(OH)_3$　(オ) $[Fe(CN)_6]^{3-}$
(カ) $[Fe(CN)_6]^{4-}$　(キ) SCN^-
(ク) FeS　(ケ) Cu_2O　(コ) CuO
(サ) $Cu(OH)_2$　(シ) Cu^{2+}
(ス) CuS　(セ) Cu^{2+}
(ソ) $[Cu(NH_3)_4]^{2+}$　(タ) Ag^+
(チ) Ag_2O　(ツ) Ag_2S　(テ) $AgCl$
(ト) $AgBr$　(ナ) AgI
(ニ) $[Ag(NH_3)_2]^+$

1 遷移元素

遷移元素は(ア)族から(イ)族に属し，すべて(ウ)元素である。密度が比較的(エ)く，融点も(オ)い。同じ元素でもいくつかの(カ)をとるため，いくつかの価数の(キ)イオンになる。イオンや化合物には(ク)色のものが多い。

2 鉄

鉄は酸化数が(ア)，(イ)の状態をとる。単体は濃硝酸には(ウ)になって溶けないが，塩酸や硫酸には(エ)を発生しながら溶解する。酸化物には化学式が(オ)で表される酸化鉄(Ⅱ)，(カ)で表される(キ)色の酸化鉄(Ⅲ)，(ク)で表される(ケ)色の四酸化三鉄などがある。

3 鉄の製錬

鉄は溶鉱炉で(ア)，(イ)などの鉄鉱石を(ウ)と気体である(エ)によって還元してつくる。このとき得られる鉄は(オ)とよばれ，炭素を多く含む。そこで(カ)で酸素を吹き込み，炭素の含有量を減らした(キ)をつくる。

4 銅とその化合物

銅は(ア)色を帯びた金属光沢をもち，展性，(イ)が大きく電気伝導性や(ウ)伝導性の大きな金属である。銅は長く雨風にさらされると青緑色の(エ)が生じる。単体を空気中で加熱すると黒色の化学式(オ)で表される物質を生じるが1000℃以上で加熱すると赤色の化学式(カ)で表される物質を生じる。(キ)色の銅(Ⅱ)イオンが溶けた水溶液に OH^- を加えると化学式(ク)の(ケ)色沈殿を生じる。この沈殿を加熱すると(コ)を生じる。また(ク)の沈殿に過剰のアンモニア水を加えると錯イオン(サ)を生じて再び溶解して(シ)色の水溶液になる。

5 銀とその化合物

銀は金属のなかで熱や電気の伝導性が(ア)で，化学的に安定である。硝酸銀は化学式が(イ)で水に溶けやすく，その水溶液は光で変化するので(ウ)に保存する。この水溶液に塩基を加えると(エ)色の(オ)が沈殿する。そこにさらにアンモニア水を加えると化学式が(カ)の(キ)色の水溶液になる。

1
- (ア) 3 　(イ) 11
- (ウ) 金属 　(エ) 大き
- (オ) 高 　(カ) 酸化数
- (キ) 陽 　(ク) 有

2
- (ア) ＋2 　(イ) ＋3
- (ウ) 不動態 　(エ) 水素
- (オ) FeO 　(カ) Fe_2O_3
- (キ) 赤褐 　(ク) Fe_3O_4
- (ケ) 黒

3
- (ア) 磁鉄鉱
- (イ) 赤鉄鉱
- (ウ) コークス
- (エ) 一酸化炭素
- (オ) 銑鉄 　(カ) 転炉
- (キ) 鋼

4
- (ア) 赤 　(イ) 延性
- (ウ) 熱 　(エ) 緑青
- (オ) CuO 　(カ) Cu_2O
- (キ) 青 　(ク) $Cu(OH)_2$
- (ケ) 青白 　(コ) CuO
- (サ) $[Cu(NH_3)_4]^{2+}$
- (シ) 深青

5
- (ア) 最大 　(イ) $AgNO_3$
- (ウ) 褐色びん
- (エ) 褐
- (オ) Ag_2O
- (カ) $[Ag(NH_3)_2]^+$
- (キ) 無

252 —— 5章　無機物質

基本例題 80　鉄とそのイオン　　　　　　　　　　　　　基本➡406, 407

鉄とそのイオンに関する次の記述のうち，正しいものをすべて選べ。
(1)　鉄の単体は，赤鉄鉱や磁鉄鉱などの鉱物を還元することにより得られる。
(2)　鉄は水素よりもイオン化傾向が小さい。
(3)　Fe^{2+}を含む水溶液に水酸化ナトリウム水溶液を加えると，緑白色の沈殿を生じる。
(4)　Fe^{2+}を含む水溶液に$[Fe(CN)_6]^{4-}$を加えると濃青色の沈殿を生じる。
(5)　Fe^{3+}を含む水溶液にチオシアン酸カリウム水溶液を加えると黄褐色溶液になる。

●エクセル　鉄のイオン・化合物は有色のものが多いので整理しておこう。

考え方

Fe^{2+}の水溶液：淡緑色
Fe^{3+}の水溶液：黄褐色
$Fe(OH)_2$：緑白色沈殿
$Fe(OH)_3$：赤褐色沈殿
Fe^{2+}の水溶液＋$[Fe(CN)_6]^{3-}$
　：濃青色沈殿
Fe^{3+}の水溶液＋$[Fe(CN)_6]^{4-}$
　：濃青色沈殿

解答

(1)　鉄鉱石は酸化物のため，還元すれば金属が得られる。正しい。(2)　鉄のイオン化傾向は水素より大きい。誤り。(3)　$Fe(OH)_2$の沈殿は緑白色。正しい。(4)　Fe^{2+}を含む水溶液には$[Fe(CN)_6]^{3-}$ヘキサシアニド鉄(Ⅲ)酸イオンが反応して濃青色の沈殿が生じる。誤り。(5)　Fe^{3+}を含む水溶液にチオシアン酸カリウム水溶液を加えると血赤色溶液になる。誤り。　　**答**　(1)，(3)

基本例題 81　銅の性質と用途　　　　　　　　　　　　　　基本➡409

銅に関する次の記述のうち，誤りを含むものを二つ選べ。
(1)　延性・展性に富み，加工しやすい。
(2)　表面にできる緑青（ろくしょう）は，酸化銅(Ⅱ)である。
(3)　塩酸に溶けない。
(4)　橙（だいだい）色の炎色反応を示す。
(5)　電気伝導度が大きく，電線などに用いられる。
(6)　さまざまな合金の材料として用いられている。　　　　　　（センター）

●エクセル　銅は塩酸や希硫酸には溶けず，酸化力の強い酸にのみ溶ける。

考え方

銅の単体は，赤色の光沢がある金属で，展性・延性・電気伝導性に優れている。

解答

(2)　Cu は室温では酸化されにくいが，湿った空気中ではしだいに酸化されて「緑青」とよばれるさびが生じる。「緑青」は塩基性炭酸銅 $CuCO_3 \cdot Cu(OH)_2$ を主とする混合物といわれている。(4)　銅イオンの炎色反応は青緑色である。

答　(2)，(4)

19 遷移元素 —— 253

基本例題 82 銀とそのイオン

基本 ➡ 410

①銀は酸化力の強い濃硝酸と反応して溶ける。②ここで得られる銀塩の水溶液に少量のアンモニア水を加えると褐色の(ア)の沈殿が生成するが、③さらに多量のアンモニア水を加えると、その沈殿は再び溶けて無色の溶液になる。銀イオンの水溶液に硫化水素の気体を通すと、黒色の(イ)が沈殿する。また銀イオンの水溶液に臭化物イオンを加えると、淡黄色の(ウ)が沈殿する。この沈殿は塩化銀やヨウ化銀と同じ(エ)の一つで(オ)性があるために写真に利用される。

① $Ag + 2(\ a \ ) \longrightarrow (\ b \ ) + H_2O + NO_2$

② $2Ag^+ + 2(\ c \ ) \longrightarrow (\ d \ ) + H_2O$

③ $(\ d \ ) + 4(\ e \ ) + H_2O \longrightarrow 2(\ f \ ) + 2OH^-$

(1) 文中の(ア)～(オ)に適当な語句を入れよ。

(2) それぞれの下線部に対応する化学反応式を①～③に示している。(a)～(f)に適当な化学式を入れよ。

(岩手大)

●**エクセル** Ag^+とアンモニア水：少量 $\longrightarrow Ag_2O$(褐色)，多量 $\longrightarrow [Ag(NH_3)_2]^+$(無色溶液)

考え方

銀は塩酸や希硫酸に溶けないが、酸化力の強い酸には溶ける。銀イオンはさまざまなイオンと沈殿をつくる。

解答

Ag^+はOH^-と反応すると$AgOH$ができるが、すぐにAg_2Oに変化してしまう。

答 (1) (ア) **酸化銀** (イ) **硫化銀** (ウ) **臭化銀** (エ) **ハロゲン化銀** (オ) **感光** (2) (a) HNO_3 (b) $AgNO_3$ (c) OH^- (d) Ag_2O (e) NH_3 (f) $[Ag(NH_3)_2]^+$

基本問題

405 ▶ 遷移元素 次の文中の(ア)～(エ)に適当な語句や数値を下から選べ。

遷移元素は、(ア)族から(イ)族に属する元素であり、同じ元素でもいろいろな価数の(ウ)になる。典型元素と遷移元素を比較した場合、典型元素では同一周期の元素どうしの性質は異なっているが遷移元素では似ている。これは、遷移元素の(エ)がほとんど変化しないためである。

① 原子量 ② 最外殻電子数 ③ 陽子数 ④ 配位子 ⑤ 1 ⑥ 2
⑦ 3 ⑧ 10 ⑨ 11 ⑩ 17 ⑪ 陰イオン ⑫ 陽イオン

406 ▶ 鉄の製錬 鉄の製錬に関する次の文章を読み、(ア)～(エ)に適当な語句を下の①～⑫のうちから一つずつ選べ。

溶鉱炉に鉄鉱石、(ア)、石灰石を入れ、下から熱風を吹き込んで(ア)を燃やす。このとき鉄鉱石の主成分である(イ)は、(ア)から生じる一酸化炭素と反応して(ウ)になる。(ウ)は炭素を含んでいるため、転炉で(エ)を吹き込み炭素を取り除く。

① 石油 ② コークス ③ 鉄の酸化物 ④ 鉄の硫化物 ⑤ 純鉄
⑥ 鉄鉱 ⑦ 銑鉄 ⑧ 鋼 ⑨ 酸素 ⑩ 硫黄 ⑪ 水素 ⑫ 窒素

407▶鉄とその化合物 次の文章を読み，下の(1)〜(3)に答えよ。

鉄は(①)族の遷移元素で，地殻中には金属元素としては(②)について多く含まれている。鉄の酸化物には，FeO，(ア)，(イ)の三つがある。鉄の単体は濃硝酸には不動態となるが，希硫酸には(ウ)イオンとなって溶ける。(ウ)イオンは酸素と反応して，(エ)イオンになりやすい。<u>(エ)イオンを含む水溶液に水酸化ナトリウム水溶液を加えると赤褐色の沈殿が生じる</u>。また，K₄[Fe(CN)₆]水溶液を加えると(③)色沈殿が生じ，(オ)水溶液を加えると，血赤色溶液となる。これらの反応は，(カ)イオンの検出に用いられる。
(1) ①〜③に適当な語句・数値を入れよ。　(2) (ア)〜(カ)に適当な化学式を入れよ。
(3) 下線部の反応をイオン反応式で示せ。　　　　　　　　　　　(07　京都産大)

408▶鉄の製錬 製鉄用溶鉱炉では次のような反応が完全に進行しているものとする。純度80％の鉄鉱石(Fe₂O₃)200tを製鉄するためには，コークス(純度100％)を何t準備すればよいか。
C + O₂ ⟶ CO₂ ①　　CO₂ + C ⟶ 2CO ②　　Fe₂O₃ + 3CO ⟶ 2Fe + 3CO₂ ③

409▶銅の性質と反応 次の文章を読み，(ア)〜(コ)に適当な語句を記せ。なお，(エ)，(オ)，(キ)，(ク)には分子式またはイオン式を記せ。

銅は11族に属する遷移元素であり，黄銅鉱から得られた粗銅を電解精錬して純銅として得られる。その方法は，(ア)極に粗銅の板を，(イ)極には純銅を用い，硫酸銅(Ⅱ)水溶液を電解液として用いる。このとき，(ウ)が銅より大きいニッケルなどの不純物は陽イオンとして溶け，銅より小さい金属はイオンにならず，(ア)極の下に落ちる。銅を空気中で熱するとき，1000℃以下では黒色の(エ)が生成し，1000℃以上では赤色の(オ)が生成する。銅は水素よりも(ウ)が小さいので塩酸や希硫酸には溶けないが，硝酸や熱濃硫酸のような(カ)力のある酸とは反応して溶ける。硫酸銅(Ⅱ)の水溶液にアンモニア水を加えると，最初に青白色の(キ)が沈殿するが，過剰のアンモニア水を加えると(ク)イオンを生じ，深青色の水溶液となって完全に溶ける。金属陽イオンに数個の分子が結合したイオンを(ケ)イオンといい，この結合する分子を(コ)という。

410▶銀と銀イオンの性質 次の記述は銀または銀イオンに関するものである。正しいものをすべて選べ。
(1) 銀に濃硝酸を加えると水素を発生して溶ける。
(2) 銀イオンを含む水溶液に塩酸を加えると白色沈殿を生じる。
(3) 銀イオンを含む水溶液に水酸化ナトリウム水溶液を加えると水酸化銀を生じる。
(4) 銀イオンを含む水溶液にアンモニア水を加えると，始め褐色の沈殿を生じたあと，さらにアンモニア水を加えるとその沈殿が溶解して無色の溶液になる。
(5) 銀を銅(Ⅱ)イオンを含む水溶液に入れると銅が析出してくる。
(6) ハロゲン化銀に光を当てると，分解して銀が析出してくる。

19 遷移元素——255

411 ▶遷移金属イオンの反応　次の文章を読み，下の(1)，(2)に答えよ。

　ある金属のイオン〔A〕を含む水溶液にアンモニア水をゆっくり滴下していったところ，はじめは(a)青白色の沈殿が生成したが，さらにアンモニア水を滴下していくと，この沈殿は溶解して深青色の溶液となった。また，別の金属のイオン〔B〕を含む水溶液にアンモニア水を滴下したところ，すぐに白色の沈殿が生じたが，この白色沈殿は，さらにアンモニア水を滴下していっても溶解しなかった。しかし，この白色沈殿に水酸化ナトリウム水溶液を滴下していったところ，完全に溶解して無色透明の溶液となった。

(1)　金属イオン〔A〕，〔B〕として適当なものを，次の(ア)〜(オ)のうちから1つずつ選べ。

　(ア)　Ag^+　　(イ)　Al^{3+}　　(ウ)　Cu^{2+}　　(エ)　Fe^{3+}　　(オ)　Zn^{2+}

(2)　下線部(a)の青白色の沈殿を含む溶液を加熱したときの沈殿の変化として，最も適当なものを，次の(ア)〜(エ)のうちから1つ選べ。

　(ア)　沈殿の色が白色に変化する。

　(イ)　沈殿の色が黒色に変化する。

　(ウ)　沈殿は，すべて溶解して青色の溶液になる。

　(エ)　沈殿は，すべて溶解して無色透明の溶液になる。　　　　　　(15　神奈川大)

412 ▶金属のイオン化傾向　次の文章を読み，下の(1)〜(3)に答えよ。

　5種類の金属A〜Eは $\boxed{\text{Mg, Al, Fe, Ni, Cu, Zn, Ag, Pb}}$ のどれかである。一般に金属と水との反応，空気との反応，酸との反応，金属イオンとの反応は，金属のイオン化傾向と密接に関連している。

　水との反応では，A〜Cは，熱水と反応しないが高温の水蒸気とは反応する。しかし，DとEはどのような条件の水とも反応しない。

　空気との反応では，AとDは湿った空気中で表面から徐々に酸化されて酸化物になるが，BとCは表面に酸化物の被膜が生じて，それ以上は酸化されない。このような金属の状態を（　ア　）という。また，Eは空気中では酸化されない。

　酸との反応では，A〜Cは塩酸や希硫酸と反応して溶けるが，DとEはこれらの酸とは反応しない。DとEは硝酸や熱濃硫酸のような強い酸化力をもつ酸とは反応し，水素以外の気体を発生しながら溶ける。AとCは濃硝酸と反応すると，表面に酸化物の被膜を生じて，酸化が内部にまで進行せず（　ア　）となる。また，BとCは酸の水溶液とも強塩基の水溶液とも反応する（　イ　）元素である。

　金属イオンとの反応では，Dの陽イオンを含む水溶液にBの金属板を入れると，Bは（　ウ　）されて陽イオンとなって溶け出し，Dの陽イオンは（　エ　）されてDが析出する。

(1)　金属A〜Eをそれぞれ元素記号で答えよ。

(2)　空欄(ア)〜(エ)にそれぞれ適当な語句を入れよ。

(3)　下線部について，金属Dと熱濃硫酸の反応を化学反応式で示せ。　　(15　岐阜大)

標準例題 83 硫酸銅

硫酸銅(Ⅱ)五水和物結晶 $CuSO_4 \cdot 5H_2O$ を 250 mg 取り、少しずつ温度を上昇させながら、質量変化を測定した。測定結果を縦軸に質量〔mg〕、横軸に温度〔℃〕を取り、グラフにかくと右図のようになった。ただし、Cu = 64 とする。

(1) C-D 間に存在する物質を化学式で示せ。
(2) G-H 間に存在する物質を化学式で示せ。
(3) 次の化合物の色を答えよ。
  ① 原料物質の $CuSO_4 \cdot 5H_2O$ ② E-F 間の化合物

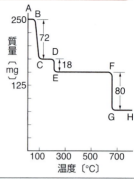

●エクセル $CuSO_4 \cdot 5H_2O$(青色結晶)→加熱→ $CuSO_4$(白色結晶)

考え方
$CuSO_4 \cdot 5H_2O$ は加熱するとしだいに水和水がなくなり $CuSO_4$ になる。さらに加熱すると CuO (黒色)になる。

解答
$CuSO_4 \cdot 5H_2O \longrightarrow CuSO_4 \cdot nH_2O + (5-n)H_2O$ ということ。始めに水和水は 5 mmol あったが、B-C 間で加熱により 72 mg 減少した(H_2O が 4 mmol 相当)ので $n=1$。D-E 間で 1 mmol 減るため $CuSO_4$ になった。

答 (1) $CuSO_4 \cdot H_2O$ (2) CuO   (3) ① 青 ② 白

標準問題

413 ▶ 鉄の性質と反応 鉄は、溶鉱炉の中で高温のコークスから発生する一酸化炭素と鉄鉱石を反応させることにより製造する。溶鉱炉から出た鉄は(ア)とよばれ、これは 4 % 程度の炭素を含んでいる。(ア)を転炉に移して酸素を吹き込むと、不純物の少ない鋼となる。鉄を含む鉱物には、黄鉄鉱(主成分 FeS_2)などがある。黄鉄鉱は硫黄の含有量が多いため鉄の原料として用いられることは少ないが、(a)黄鉄鉱を燃焼させ、生成した気体を空気で酸化し、それを水に溶かすことによって硫酸を得ることができる。鉄はイオン化傾向が比較的大きくさびやすいが、濃硝酸には(イ)となって反応しない。また、空気中で水蒸気と接触させると化学反応が起こり、その表面に水酸化物や酸化物が生じる。これらの反応は、さびの原因となる。さびから鉄を守る方法として、その表面に他の金属を析出させるめっき法がある。(b)鉄表面に亜鉛をめっきしたものが(ウ)であり、スズをめっきしたものが(エ)である。

(1) 文中の(ア)～(エ)に適当な語句または物質名を記せ。
(2) 文中の下線部(a)の反応により 96.0 % の濃硫酸(密度 1.84 g/cm³)を 0.500 L 得るために必要な黄鉄鉱の質量を求めよ。ただし、黄鉄鉱は FeS_2 のみからなるものとする。
(3) 文中の下線部(b)の操作により、(ウ)について、鉄が腐食されにくくなる理由を記せ。

(立教大 改)

19 遷移元素——257

414 ▶錯イオン 次の(1)〜(3)の化学反応式を記せ。

(1) 酸化銀 Ag_2O の褐色沈殿にアンモニア水を加えると，沈殿は溶けて無色の溶液となる。

(2) 水酸化亜鉛 $Zn(OH)_2$ の白色沈殿に水酸化ナトリウム水溶液を加えると，沈殿は溶けて無色の溶液となる。

(3) 塩化銀 $AgCl$ の白色沈殿にチオ硫酸ナトリウム $Na_2S_2O_3$ 水溶液を加えると，沈殿は溶けて無色の溶液となる。 (15 大阪市立大)

415 ▶ハロゲン化銀の性質 次の文章を読み，下の(1)，(2)に答えよ。

多量の銀イオンを含む水溶液にハロゲン化物イオンを添加すると，ハロゲン化銀を生成する。ハロゲン化銀のうち，（ ア ）は水に対する溶解度が大きいために沈殿は生じないが，（ イ ）(淡黄色)，（ ウ ）(黄色)，（ エ ）(白色)に関しては沈殿が生じる。それらの沈殿のうち，（ エ ）はアンモニア水に溶けて無色の水溶液になる。ハロゲン化銀は光によって分解し，銀を遊離する。このような特性を利用して，写真フィルムにはおもに（ イ ）が利用されている。塩化銀は，$25℃$ の純粋な水に 1.3×10^{-5} mol/L まで溶ける。溶けた塩化銀は水中でほぼ完全に電離しており，溶解平衡が成り立つ。なお，飽和水溶液では温度が一定ならば，水溶液中の銀イオンの濃度と塩化物イオンの濃度の積は一定値になる。この一定値を溶解度積という。

(1) (ア)〜(エ)に適当な化合物の化学式をかけ。

(2) 1.0L の塩化銀飽和水溶液に，2.0×10^{-3} mol/L の塩酸 1.0L を混合してよく混ぜた。下線部の条件が成り立つとき，水溶液中に銀イオンは何 mol/L 溶けているか。有効数字 2 桁で答えよ。ただし，塩化銀飽和水溶液から生じる塩化物イオンは無視できるものとする。 (10 千葉大 改)

416 ▶クロムの化合物 多くの典型元素や遷移元素は複数の酸化数を示す。例えば，鉄には ＋2，＋3 などの酸化数の化合物が知られている。また，クロムには ＋6 という高い酸化数の化合物(a)K_2CrO_4 や $K_2Cr_2O_7$ などが知られている。(b)酸性水溶液中で二クロム酸イオン $Cr_2O_7{}^{2-}$ が Fe^{2+} と反応すると，クロムは電子を受け取って Cr^{3+} になり，鉄は電子を失って Fe^{3+} になる。

(1) 下線部(a)の K_2CrO_4 と $K_2Cr_2O_7$ は水溶液中で平衡の関係にあり，水溶液の pH によって両者の割合が変わる。この平衡のイオン反応式を記せ。

(2) 下線部(b)の反応例として，硫酸で酸性にした濃度 6.0×10^{-2} mol/L の $FeSO_4$ 水溶液 50.0mL に，硫酸で酸性にした濃度 3.0×10^{-2} mol/L の $K_2Cr_2O_7$ 水溶液を 50.0mL 加えた場合を考える。この反応が終了したとき，水溶液中に存在する Fe^{3+} および Cr^{3+} の濃度を有効数字 2 桁で求めよ。ただし，K_2CrO_4 の生成は無視してよい。 (15 大阪大)

258 —— 5章　無機物質

発展問題

実験 論述
417▶鉄の酸化　次の文章を読み，下の(1)〜(5)に答えよ。

　鉄は乾燥空気中ではほとんどさびないが，湿った空気中ではかなりの速さでさびることが知られている。また，極めて純度の高い鉄はさびにくいが，日常使われる鉄は炭素などの不純物を含む鋼であり，電解質を含む水溶液と接触すると，容易にさびる。

　さびに関係する次の2つの実験を行った。

【実験1】　3%食塩水に少量のフェノールフタレインと少量の(A)ヘキサシアニド鉄(Ⅲ)酸カリウムを溶かした溶液(X)を，よく磨いた鉄板のきれいな表面に静かに滴下し，できた液滴の変化のようすを時間を追って観察した。滴下するとすぐに(B)液滴の中心部の鉄表面が青色に変化し始めた。しばらくすると，(C)液滴の周辺部からピンク色になっていった。これをさらに放置すると，(D)青色とピンク色の境付近から茶色に変化し始めた。

【実験2】　よく磨いた別の鉄板のきれいな表面に，表面がきれいな亜鉛の小片を充分接触させてのせ，その上から溶液(X)を滴下して(E)亜鉛片を覆う液滴をつくりその溶液の変化のようすを観察した。

(1)　下線部(A)について，陰イオン部の構造を図示せよ。

(2)　下線部(B)について，鉄表面およびその付近で起こる反応を説明せよ。

(3)　下線部(C)について，このような変化を起こす原因となる物質(またはイオン)がどのようにして生成するかを，化学反応式を書いて説明せよ。

(4)　下線部(D)について，どのような反応が起きているのかを説明せよ。

(5)　下線部(E)について，溶液の変化のようすとそのようになる理由を【実験1】と比較して説明せよ。
　　　　　　　　　　　　　　　　　　　　　　　　　　　　（16　横浜市立大）

check!
418▶錯イオンの構造　金属イオンの周囲に配位子が配位結合してできたイオンは錯イオンとよばれるが，より一般的な名称として，イオン性でないものも含め，配位結合をもつ化合物を「錯体」という。錯体は，金属イオンおよび配位子の種類により特有の立体構造と配位数をとる。例えば，$[Co(NH_3)_6]Cl_3$ はコバルト(Ⅲ)イオンの周囲に6個の NH_3 が配位結合し，（　ア　）の立体構造をとっている。鉄(Ⅱ)イオンの周囲に6個のシアン化物イオン(CN^-)が配位結合した $[Fe(CN)_6]^{4-}$ も，（　ア　）の立体構造をとっている。同じ立体構造で CN^- イオンが配位結合した錯体でも，(イ)中心の鉄イオンの酸化数が+2から+3に変わると，$[Fe(CN)_6]^{4-}$ と $[Fe(CN)_6]^{3-}$ のように錯体全体の電荷が違ってくる。

(1)　(ア)にあてはまる適当な語句を答えよ。

(2)　白金(Ⅱ)イオンの周囲に2個の NH_3 と2個の Cl^- が配位結合した錯体 $[PtCl_2(NH_3)_2]$ の構造を考えてみよう。白金(Ⅱ)イオンが，(a)正四面体あるいは(b)正方形の構造をとると仮定した場合，それぞれ何種類の異なる錯体が生成可能か。整数で答えよ。

図1 (a) 正四面体構造　　(b) 正方形構造

(3) Co(Ⅲ)イオン，Cl⁻イオン，NH₃からなるコバルト(Ⅲ)錯体の中には，Co：Cl：NH₃の組成比が1：3：6であるAと1：3：5であるBが知られている。AとBは，それぞれのコバルト(Ⅲ)イオンに直接配位している配位子の総数が6個で同じであるが，その種類に違いがある。1molのAとBそれぞれに十分な硝酸銀水溶液を加えると，Aでは3mol，Bでは2molの塩化銀の沈殿が生じることから，Aの化学式は[Co(NH₃)₆]Cl₃であると推定できる。Bの化学式はどのように書けるか，答えよ。

(4) [Co(NH₃)₆]Cl₃ 1.0gの水溶液に十分な硝酸銀水溶液を加えたときに得られる塩化銀の質量を有効数字2桁で求めよ。ただし，Co＝59とする。

(5) 下線部(ｲ)について，酸化数がxの中心金属Mの周囲に電荷がyの陰イオン性($y<0$)の配位子L^yがn個配位結合した錯イオン$[M(L)_n]^z$を考えたとき，錯イオンの電荷zはx, y, nを用いてどのように表せるか。数式を答えよ。　　　　　　（15　中央大）

419▶キレート滴定 エチレンジアミン四酢酸(EDTA)の二ナトリウム二水和物は分子量372.25で，下に示した構造式をもつ。このEDTAの二ナトリウム二水和物は多くの金属イオンと極めて安定な水溶性化合物(キレートという)を形成するので，金属イオンを直接滴定することができる。

EDTAの二ナトリウム二水和物の構造式

銅(Ⅱ)イオンの水溶液30.0mLに緩衝液と指示薬を加え，$4.00×10^{-2}$mol/LのEDTAの二ナトリウム二水和物の水溶液で滴定すると51.0mLを要した。この銅(Ⅱ)イオンの水溶液の濃度[mol/L]を求めよ。EDTAの二ナトリウム塩は，次の反応式のように銅(Ⅱ)イオンと1：1の物質量の比で結合し，キレートを形成する。

　　　$H_2Y^{2-} + 2Na^+ + Cu^{2+} \longrightarrow CuY^{2-} + 2Na^+ + 2H^+$

ここでは，EDTAの二ナトリウム塩の組成式をNa_2H_2Yで表した。また，EDTAの二ナトリウム塩は，水溶液中で完全に電離する。　　　　　　（10　福島県立医大　改）

20 金属イオンの分離と推定

❶ 金属イオンの沈殿反応

◆1 塩化物イオン Cl^- との反応

沈殿　$AgCl$（白），$PbCl_2$（白）

＊ $AgCl$ は光により黒変，アンモニア水に可溶。$PbCl_2$ は熱水により溶解する。

◆2 硫化物イオン S^{2-} との反応

金属イオン	中・塩基性	酸性 （液性によらない）
Zn^{2+}	ZnS（白）	×
Fe^{2+}	FeS（黒）	×
Ni^{2+}	NiS（黒）	×
Pb^{2+}	PbS（黒）	PbS（黒）
Cu^{2+}	CuS（黒）	CuS（黒）
Hg^{2+}	HgS（黒）	HgS（黒）
Ag^+	Ag_2S（黒）	Ag_2S（黒）

（大）イオン化傾向（小）

◆3 水酸化物イオン OH^- との反応

金属イオン	少量の OH^-	多量のアンモニア水	多量の 水酸化ナトリウム
Al^{3+}	$Al(OH)_3$（白）	変化なし	$[Al(OH)_4]^-$（無）
Zn^{2+}	$Zn(OH)_2$（白）	$[Zn(NH_3)_4]^{2+}$（無）	$[Zn(OH)_4]^{2-}$（無）
Fe^{2+}	$Fe(OH)_2$（緑白）	変化なし	変化なし
Fe^{3+}	$Fe(OH)_3$（赤褐）	変化なし	変化なし
Pb^{2+}	$Pb(OH)_2$（白）	変化なし	$[Pb(OH)_4]^{2-}$（無）
Cu^{2+}	$Cu(OH)_2$（青白）	$[Cu(NH_3)_4]^{2+}$（深青）	変化なし
Ag^+	Ag_2O（褐）	$[Ag(NH_3)_2]^+$（無）	変化なし

◆4 その他のイオンとの沈殿反応

①陰イオンの反応

陰イオン	沈殿（色）
CO_3^{2-}	$BaCO_3$（白），$CaCO_3$（白）
SO_4^{2-}	$BaSO_4$（白），$CaSO_4$（白），$PbSO_4$（白）
CrO_4^{2-}	Ag_2CrO_4（赤褐），$BaCrO_4$（黄），$PbCrO_4$（黄）

②鉄イオンの反応

	Fe^{2+}（淡緑色）	Fe^{3+}（黄褐色）
ヘキサシアニド鉄(Ⅲ)酸カリウム $K_3[Fe(CN)_6]$	濃青色沈殿（ターンブル青）	暗褐色溶液
ヘキサシアニド鉄(Ⅱ)酸カリウム $K_4[Fe(CN)_6]$	青白色沈殿	濃青色沈殿（紺青）
チオシアン酸カリウム $KSCN$	変化なし	血赤（暗赤）色溶液

◆5 **沈殿が生じない金属イオンの検出**
イオン化傾向の大きな金属は沈殿を生じにくいので，炎色反応などで金属イオンの検出を行う。
Li$^+$（赤），Na$^+$（黄），K$^+$（赤紫），Ca^{2+}（橙赤），Sr^{2+}（深赤），Ba^{2+}（黄緑），Cu^{2+}（青緑）

2 金属イオンの系統分析

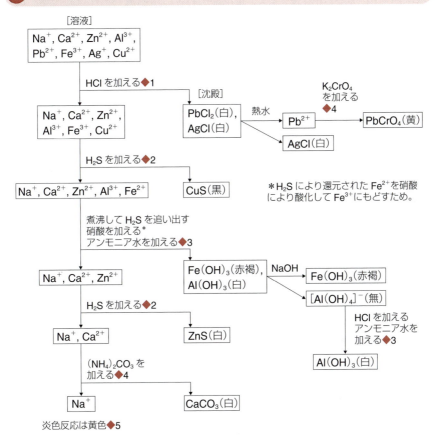

262——5章　無機物質

WARMING UP／ウォーミングアップ

次の文中の［　］に適当な語句，（　）には化学式を入れよ。

1　塩化物・硫酸塩

　一般に，水に対して溶けるのは，1族のアルカリ金属のイオンや（ア），（イ）を含む化合物である。塩化物では（ウ），（エ）の化合物は［オ］色の沈殿を生じるが，それ以外は水に溶けやすい。また（カ），（キ），（ク）の硫酸塩は水に溶けにくく，［オ］色の沈殿であるが，それ以外は水に溶ける。

2　水酸化物・炭酸塩

　水酸化物のなかでは，［ア］と2族の（イ），（ウ），（エ）の水酸化物以外は水に溶けにくい。また炭酸塩はNH_4^+や［オ］の化合物以外は水に溶けにくい塩が多い。水酸化物イオンで生成する沈殿のうちで（カ），（キ），（ク）は過剰のアンモニア水を入れると溶解し，（ケ），（コ），（サ）は過剰の水酸化ナトリウム水溶液で沈殿が溶解する。

3　硫化物

　「Ca^{2+}，Fe^{2+}，Ni^{2+}，Sn^{2+}，Zn^{2+}，Pb^{2+}，Cu^{2+}，Ag^+」を含む水溶液の中に硫化水素を吹き込んだとき，酸性・中性・塩基性のすべての液性で生じる沈殿は（ア），（イ），（ウ），（エ）で，中性・塩基性で生じる沈殿は（オ），（カ），（キ）である。これらの沈殿のうちで，（オ）だけは白色であとは黒色である。

4　Ca^{2+}の反応

　塩基性でCa^{2+}を含む水溶液に二酸化炭素を吹き込むと（ア）の［イ］色沈殿が生じる。さらに二酸化炭素を吹き込むと，水に溶けやすい（ウ）が生じて［エ］色の水溶液になる。

5　Ba^{2+}の反応

　Ba^{2+}を含む水溶液に，炭酸アンモニウムの水溶液を加えると（ア）の［イ］色沈殿が生じ，希硫酸を加えると（ウ）の［エ］色沈殿が得られる。またBa^{2+}を含む水溶液にクロム酸カリウム水溶液を加えると［オ］色沈殿の（カ）が生じる。

6　Al^{3+}の反応

　Al^{3+}を含む水溶液に水酸化物イオンを加えると，（ア）の［イ］色沈殿が生じる。さらに水酸化ナトリウム水溶液を加え続けると（ウ）で表される錯イオンを生じて溶けるが，アンモニア水には溶けない。

1

（ア）　NO_3^-　（イ）　NH_4^+

（ウ）　Ag^+　（エ）　Pb^{2+}

（オ）　白　（カ）　Ba^{2+}

（キ）　Pb^{2+}　（ク）　Ca^{2+}

2

（ア）　アルカリ金属

（イ）　Ca　（ウ）　Sr

（エ）　Ba

（オ）　アルカリ金属

（カ）　$Cu(OH)_2$

（キ）　Ag_2O

（ク）　$Zn(OH)_2$

（ケ）　$Zn(OH)_2$

（コ）　$Pb(OH)_2$

（サ）　$Al(OH)_3$

3

（ア）　SnS　（イ）　PbS

（ウ）　CuS　（エ）　Ag_2S

（オ）　ZnS　（カ）　FeS

（キ）　NiS

4

（ア）　$CaCO_3$　（イ）　白

（ウ）　$Ca(HCO_3)_2$

（エ）　無

5

（ア）　$BaCO_3$　（イ）　白

（ウ）　$BaSO_4$　（エ）　白

（オ）　黄

（カ）　$BaCrO_4$

6

（ア）　$Al(OH)_3$

（イ）　白

（ウ）　$[Al(OH)_4]^-$

7 Zn^{2+} の反応

Zn^{2+} を含む水溶液に水酸化ナトリウム水溶液やアンモニア水を加えてよく混ぜると，（ア）の［イ］色沈殿が生じる。この沈殿は，さらに水酸化ナトリウム水溶液を加え続けると（ウ）で表される錯イオンを生じて無色の水溶液になる。またアンモニア水を加え続けると（エ）の無色の水溶液になる。Zn^{2+} を含む中性または塩基性の水溶液に硫化水素を吹き込むと，（オ）の［カ］色の沈殿ができる。

8 Pb^{2+} の反応

Pb^{2+} を含む水溶液に希塩酸を加えると（ア）の［イ］色沈殿が生じる。この沈殿は熱湯を加えると溶けて無色の水溶液になる。Pb^{2+} を含む水溶液に希硫酸を加えると（ウ）の［エ］色の沈殿ができる。またクロム酸カリウム水溶液を加えると（オ）で表される［カ］色の沈殿を生じる。また Pb^{2+} を含む水溶液に硫化水素を吹き込むと，（キ）の［ク］色沈殿が得られる。

9 Fe^{2+} と Fe^{3+} の反応

Fe^{3+} を含む水溶液に水酸化ナトリウム水溶液を加えると，（ア）の［イ］色沈殿が得られる。また Fe^{3+} を含む水溶液にヘキサシアニド鉄（Ⅱ）酸カリウム（ウ）の水溶液を加えるか，Fe^{2+} を含む水溶液にヘキサシアニド鉄（Ⅲ）酸カリウム（エ）の水溶液を加えると，どちらの水溶液も［オ］色の沈殿が生じる。またチオシアン酸カリウム（カ）の水溶液を Fe^{3+} の水溶液に加えると，［キ］色の水溶液になる。

10 Cu^{2+} の反応

Cu^{2+} を含む水溶液に水酸化ナトリウム水溶液やアンモニア水を加えると，（ア）の［イ］色沈殿ができる。この沈殿にアンモニア水を加え続けると（ウ）の錯イオンを形成して溶解し，［エ］色の水溶液になる。また硫化水素を吹き込むと（オ）の［カ］色の沈殿が生じる。

11 Ag^+ の反応

Ag^+ を含む水溶液に，塩酸を加えると（ア）の［イ］色沈殿が生じる。また水酸化ナトリウム水溶液を加えると，（ウ）で表される［エ］色の沈殿を生じる。また，アンモニア水を加えると（オ）の錯イオンを形成して無色の水溶液になる。Ag^+ を含む水溶液にクロム酸カリウム水溶液を加えると［カ］色の沈殿を生じる。

7
- （ア） $Zn(OH)_2$
- （イ） 白
- （ウ） $[Zn(OH)_4]^{2-}$
- （エ） $[Zn(NH_3)_4]^{2+}$
- （オ） ZnS
- （カ） 白

8
（ア） $PbCl_2$	（イ） 白
（ウ） $PbSO_4$	（エ） 白
（オ） $PbCrO_4$	（カ） 黄
（キ） PbS	（ク） 黒

9
- （ア） $Fe(OH)_3$
- （イ） 赤褐
- （ウ） $K_4[Fe(CN)_6]$
- （エ） $K_3[Fe(CN)_6]$
- （オ） 濃青
- （カ） $KSCN$
- （キ） 血赤

10
- （ア） $Cu(OH)_2$
- （イ） 青白
- （ウ） $[Cu(NH_3)_4]^{2+}$
- （エ） 深青
- （オ） CuS
- （カ） 黒

11
- （ア） $AgCl$
- （イ） 白
- （ウ） Ag_2O
- （エ） 褐
- （オ） $[Ag(NH_3)_2]^+$
- （カ） 赤褐

基本例題 84 陽イオンの分離と推定　　　　基本 ➡ 420, 421

5種類のイオン、Ag^+、Al^{3+}、Ba^{2+}、Cu^{2+}、Fe^{3+}を含む水溶液がある。これに次に示す(1)から(5)の順に操作を行った結果、最終的にろ液に残るイオンは何か。

(1) 塩酸を加え、生じた沈殿をろ過する。
(2) (1)のろ液に希硫酸を加え、生じた沈殿をろ過する。
(3) (2)のろ液に濃い水酸化ナトリウム水溶液を過剰に加え、生じた沈殿をろ過する。
(4) (3)で得た沈殿を水で洗浄後、塩酸に溶かす。
(5) (4)にアンモニア水を過剰に加え、生じた沈殿をろ過する。

　(ア) Ag^+　(イ) Al^{3+}　(ウ) Ba^{2+}　(エ) Cu^{2+}　(オ) Fe^{3+}　　　　　　（自治医大）

●エクセル　OH^-による沈殿 ⇒ $NaOH$、NH_3水の少量・過剰による違いに注意。

考え方
金属イオンの分離法には基本的なパターンがある。$AgCl$は最初に沈殿させることが多い。

解答
(3)ではOH^-にはAl^{3+}、Cu^{2+}、Fe^{3+}のいずれも沈殿するが$Al(OH)_3$は両性水酸化物のため過剰のOH^-で沈殿が溶けてしまう。(4)で(3)の沈殿$Cu(OH)_2$、$Fe(OH)_3$を酸で溶かしたあと、(5)でアンモニア水を過剰に入れるとOH^-によりFe^{3+}は沈殿し、Cu^{2+}は沈殿が溶けてしまう。　**答** (エ)

基本問題

420 ▶ 金属イオンの性質　次の(1)～(5)の記述に当てはまるものを[　]の金属イオンから選べ。

(1) 塩酸を加えると白色沈殿を生じるもの　　　[Cu^{2+}, Fe^{3+}, Pb^{2+}, Zn^{2+}, Ca^{2+}]
(2) 硫酸を加えると白色沈殿を生じるもの　　　[Cu^{2+}, Fe^{3+}, Al^{3+}, Zn^{2+}, Ba^{2+}]
(3) アンモニア水を加えていくと、少量では沈殿が生じ、過剰に加えると沈殿が溶けるもの。　　　[Cu^{2+}, Fe^{3+}, Pb^{2+}, Al^{3+}, Ca^{2+}]
(4) 水酸化ナトリウム水溶液を加えていくと、少量では沈殿が生じ、過剰に加えると沈殿が溶けるもの。　　　[Cu^{2+}, Fe^{3+}, Ag^+, Al^{3+}, Ca^{2+}]
(5) 酸性にしてH_2Sを加えると黒色沈殿を生じるもの。[Al^{3+}, Ca^{2+}, Fe^{3+}, Cu^{2+}, Zn^{2+}]

421 ▶ 金属イオンの分離　[　]には適当な化学式、(　)には色を入れよ。

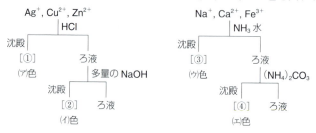

20 金属イオンの分離と推定──265

422▶塩の性質 塩化ナトリウム水溶液に，A欄の水溶液を加えると白色沈殿が生成し，さらにB欄の水溶液を加えていくとその沈殿が溶解した。AとBの溶液の組み合わせとして正しいものを一つ選べ。

	(1)	(2)	(3)	(4)	(5)
A	$CuSO_4$	NH_3	$AgNO_3$	$AgNO_3$	$AgNO_3$
B	NH_3	H_2SO_4	HNO_3	H_2S	NH_3

（センター）

423▶塩の性質 硫酸バリウムと炭酸カルシウムの混合物（粉末）から，炭酸カルシウムだけを溶解させたい。このための試薬として最も適当なものを一つ選べ。
(1) 酢酸ナトリウム水溶液　　(2) アンモニア水　　(3) 過酸化水素水
(4) 希硝酸　　(5) 水酸化ナトリウム

（センター）

424▶金属の性質 下表のA欄には2種類の金属，B欄にはそれらに共通する化学的性質が示されている。B欄の記述に誤りを含むものを，次の(1)～(5)のうちから一つ選べ。

	A	B
(1)	Cu，Ag	希硫酸には溶けないが，熱濃硫酸には溶ける。
(2)	Al，Fe	希硝酸には溶けるが，濃硝酸には溶けない。
(3)	Zn，Pb	希硫酸にも希塩酸にも溶ける。
(4)	Pt，Au	濃塩酸にも濃硝酸にも溶けないが，王水には溶ける。
(5)	Na，Ca	常温で水と反応して水素を発生する。

（センター）

425▶金属イオンの分離 Al^{3+}，Ba^{2+}，Fe^{3+}，Zn^{2+}を含む水溶液から，図の実験により各イオンをそれぞれ分離することができた。この実験に関する記述として誤りを含むものを次の①～⑥のうちから一つ選べ。
① **操作a**では，アンモニア水を過剰に加える必要があった。
② **操作b**では，水酸化ナトリウム水溶液を過剰に加える必要があった。
③ **操作c**では，硫化水素を通じる前にろ液を酸性にする必要があった。
④ 沈殿**ア**を塩酸に溶かして$K_4[Fe(CN)_6]$水溶液を加えると，濃青色沈殿が生じる。
⑤ ろ液**イ**に塩酸を少しずつ加えていくと生じる沈殿は，両性水酸化物である。
⑥ 沈殿**ウ**は，白色である。

（センター）

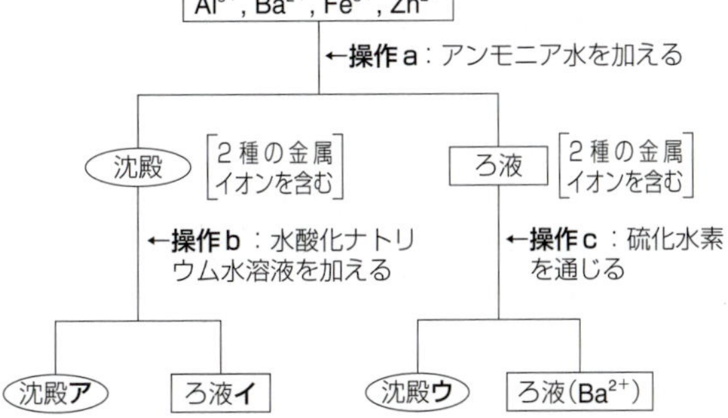

426 ▶ 鉄イオンの性質
次の記述(1)〜(5)のうち，誤りを含むものを一つ選べ。
(1) 塩化鉄(Ⅲ)水溶液に水酸化ナトリウム水溶液を加えると，沈殿が生じる。
(2) 硫化鉄(Ⅱ)水溶液にKSCN水溶液を加えると，血赤色溶液になる。
(3) 塩化鉄(Ⅲ)水溶液に$K_4[Fe(CN)_6]$水溶液を加えると，濃青色の沈殿が生じる。
(4) 硫酸鉄(Ⅱ)水溶液に$K_3[Fe(CN)_6]$水溶液を加えると，濃青色の沈殿が生じる。
(5) 硫酸鉄(Ⅱ)水溶液にアンモニア水を加えると，沈殿が生じる。　(センター)

実験 427 ▶ 炎色反応
白金線を濃塩酸に浸したあと，(a)ガスバーナーの炎(外炎)に入れた。次に白金線の先を(b)金属塩の水溶液に浸して炎に入れたところ，黄色の炎色反応が観察された。次の(1)，(2)に答えよ。
(1) 下線部(a)の操作を行った理由として適当なものを次の(ア)〜(エ)から一つ選べ。
　(ア) 白金線の表面を酸化するため。
　(イ) 白金線の表面を還元するため。
　(ウ) 炎色反応を示す物質が白金線に付着していないことを確かめるため。
　(エ) 白金線が炎の中で溶融しないことを確かめるため。
(2) 下線部(b)の結果から，溶けているイオンとして正しいものを次の(ア)〜(エ)から一つ選べ。
　(ア) Li^+　(イ) Na^+　(ウ) K^+　(エ) Sr^{2+}　(センター)

428 ▶ 金属イオンの性質
金属のイオンに関する次の記述(1)〜(5)のうち，正しいものを一つ選べ。
(1) マンガンの酸化数は，+3と+4の二つだけである。
(2) ジアンミン銀(Ⅰ)イオンは，正方形構造をしている。
(3) ヘキサシアニド鉄(Ⅱ)酸イオンは，正四面体構造をしている。
(4) 銅(Ⅱ)イオンは，水溶液中ではアクア錯イオンとして存在する。
(5) クロム酸カリウムのクロムの酸化数は，+3である。　(センター)

実験 429 ▶ 金属イオンの分離
Ag^+，Al^{3+}，Cu^{2+}を含む硝酸酸性水溶液から，下図の操作により各イオンを分離した。この実験に関する記述として正しいものを，次の(1)〜(4)のうちから一つ選べ。
(1) ろ液イ・エはともに無色である。
(2) 沈殿アは過剰のアンモニア水に溶ける。
(3) 操作aで希塩酸のかわりに硫化水素水を加えると，Ag^+だけが硫化物の沈殿として分離できる。
(4) 操作bでアンモニア水のかわりに水酸化ナトリウム水溶液を過剰に加えても，沈殿ウと同じものが分離できる。　(センター)

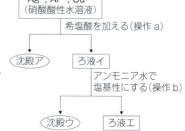

標準例題 85　陰イオンの分離　　　発展➡433

硫酸ナトリウム，炭酸ナトリウム，クロム酸カリウムおよび臭化カリウムのそれぞれ数％程度の濃度の水溶液を調製し，これらを5mLずつ混合したところ，混合水溶液は弱塩基性を示した。これに約0.2mLの酢酸を加えて中性にしたものを試料水溶液として，陰イオンの分離・検出を試みた。下の(1)～(4)に答えよ。

操作 I：塩化バリウム水溶液を十分に加えると沈殿が生じた。沈殿物は，沈殿a(白色)，沈殿b(白色)，沈殿c(黄色)の混合物である。沈殿の生成を完全なものにするために，さらにアンモニア水を数滴加えてしばらく加熱した。

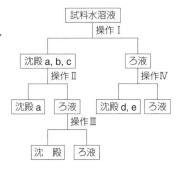

操作 II：希塩酸を加えると沈殿の一部(沈殿bと沈殿c)は溶解した。このとき，気体が発生したが，これは(ア)沈殿bの溶解にともなって起こったものである。

操作 III：ろ液に硫酸ナトリウム水溶液を加えると(イ)白色沈殿を生じたので，これをろ過して取り除いた。(ウ)ろ液に水酸化ナトリウム水溶液を加えて塩基性にすると溶液は[　]色に変化した。

操作 IV：ろ液に硝酸銀水溶液を少しずつ加えると，最初に淡黄色の沈殿dが，その後，白色の沈殿eが生じた。

(1) 沈殿a，d，eを化学式で記せ。
(2) 下線部(ア)の変化の化学反応式を記せ。　　(3) 下線部(イ)の沈殿の化学式を記せ。
(4) 下線部(ウ)の変化をイオン反応式でかき，[　]に語句を記せ。　　(金沢大)

●エクセル
SO_4^{2-}, CO_3^{2-} ⟶ Ba^{2+}, Ca^{2+} で白色沈殿
　　⇒強酸を加える：炭酸塩は弱酸遊離でCO_2発生
Cl^-, Br^-, I^- ⟶ Ag^+で沈殿　AgCl 白，AgBr 淡黄，AgI 黄

考え方

クロム酸イオンは水溶液中で
$2CrO_4^{2-}$(黄) $+ 2H^+$ ⇌ $Cr_2O_7^{2-}$(赤橙) $+ H_2O$
となり酸性で赤橙色，塩基性で黄色になる。

解答

操作Iで$BaSO_4$，$BaCO_3$，$BaCrO_4$が沈殿する。色が黄色(c)なのは$BaCrO_4$。操作IIは強酸による弱酸CO_2の遊離で沈殿(b)が$BaCO_3$。また$BaCrO_4$も希塩酸で溶解している。操作IIIで$BaSO_4$が沈殿する。また$Cr_2O_7^{2-}$の赤橙色が塩基性でCrO_4^{2-}の黄色になった。

操作IVで銀イオンによりハロゲン化銀の沈殿が生じた。操作Iで$BaCl_2$を入れているため，白色沈殿(e)は$AgCl$。

答　(1) (a) $BaSO_4$　(d) $AgBr$　(e) $AgCl$
(2) $BaCO_3 + 2HCl ⟶ BaCl_2 + H_2O + CO_2$　(3) $BaSO_4$
(4) $Cr_2O_7^{2-} + 2OH^- ⟶ 2CrO_4^{2-}$[黄] $+ H_2O$

268 —— 5章　無機物質

標準問題

430 ▶ 金属の推定　次の(ア)～(オ)の文を読み，下の(1)～(4)に答えよ。文中のA～Eは，鉄，カルシウム，亜鉛，銅，白金のいずれかの単体である。

(ア)　A～Eをそれぞれ塩酸に入れたところ，A，B，Eは溶けたが，C，Dは溶けなかった。

(イ)　A～Eをそれぞれ常温の水に入れたところ，Eのみが溶けた。

(ウ)　A～Eをそれぞれ硝酸に入れたところ，D以外は溶けた。

(エ)　A，B，C，Dをそれぞれ水酸化ナトリウム水溶液に入れたところ，Aのみが溶けた。

(オ)　Bを希硫酸に溶かした水溶液に，Aの小片を入れると，その表面にBが析出した。

(1)　A～Eを元素記号で記せ。

(2)　(イ)の下線部の反応を化学反応式で記せ。

(3)　金属の単体が水溶液中で電子を放出し，陽イオンになろうとする性質を何というか。

(4)　各金属が水溶液中で陽イオンになりやすい順にA～Eの記号で記せ。

(岡山理科大)

431 ▶ 塩の推定　次の文の[　　]には適当な物質名，(　　)には化学式を入れよ。

　水溶液A，B，C，D，Eがあり，それらの中には塩化アルミニウム，塩化鉄(II)，硫酸銅(II)，塩化亜鉛，硝酸銀，酢酸鉛(II)のうちいずれか一つが溶けている。いま，これらの異なる5種類の水溶液に溶けている化合物を決定するために，以下の実験1～5を行った。

実験1：A，B，C，D，Eにそれぞれ希塩酸を加えると，DおよびEで白色の沈殿が生じた。

実験2：DおよびEにクロム酸カリウム水溶液を加えると，Dでは赤褐色の沈殿が，Eでは黄色の沈殿がそれぞれ生成した。

実験3：A，B，C，Dに少量のアンモニア水を加えると，いずれの溶液でも沈殿が生成した。さらに，アンモニア水を過剰に加えると，A，B，Dで生成した沈殿は，錯イオンを形成して溶けた。しかし，Cで生成した緑白色の沈殿は溶けなかった。

実験4：A，B，Cに希硫酸を加えて溶液を酸性にしたあと，硫化水素を通じると，Bだけが黒色の沈殿を生じた。

実験5：A，B，Cに少量の水酸化ナトリウム水溶液を加えると，いずれの溶液でも沈殿が生成した。さらに，水酸化ナトリウム水溶液を過剰に加えると，Aで生成した沈殿は錯イオンを形成して溶けたが，B，Cで生成した沈殿は溶けなかった。

　以上のことから，Aには[①]，Bには[②]，Cには[③]，Dには[④]，Eには[⑤]がそれぞれ溶けていることがわかる。したがって，実験3においてDで生じた錯イオンは(⑥)，実験5においてAで生じた錯イオンは(⑦)である。　(関西大)

20　金属イオンの分離と推定——269

432▶塩の化学反応　以下の文章を読んで，A〜Gに対応する最も適当な化合物を(ア)〜(キ)より選び，記号を答えよ。

実験(1)：A〜Gの粉末に水を加えたところ，A，B，C，Gは容易に溶けたが，残りは，ほとんど溶けなかった。なお，A，Gの水溶液には色がついていた。

実験(2)：A〜Gの粉末に2mol/Lの希塩酸を加えたところ，D以外はすべて溶けた。なお，C，Eは，溶けるときに気体が発生した。

実験(3)：A〜Gの粉末に2mol/Lの水酸化ナトリウム水溶液を加えたところ，B，C，Fは溶けたが，残りは溶けないか，反応によって沈殿を生じた。

実験(4)：実験(3)で溶けずに残った粉末や，生じた沈殿を分離し，これらを別の試験管に移して，2mol/Lのアンモニア水を加えたところ，D，Gは溶けたが，残りは溶けなかった。

(ア) $AgCl$　　(イ) Al_2O_3　　(ウ) $CaCO_3$　　(エ) $CuSO_4$

(オ) $FeCl_3$　　(カ) $NaCl$　　(キ) $NaHCO_3$　　　　　　　　　(16　名大)

発展問題

433▶陰イオンの推定　MnO_4^-，NO_3^-，SCN^-，I^-，CrO_4^{2-}，CO_3^{2-}，S^{2-}，SO_4^{2-}のいずれかを含む8種類の水溶液(A〜H)がある。次の試薬などを加えて観察したところ，下の実験1〜8のような結果を示した。水溶液A〜Hに含まれる陰イオンを，イオン式で記せ。

試薬　(1)　Ba^{2+}を含む水溶液　　(2)　Pb^{2+}を含む水溶液

　　　(3)　Ag^+を含む水溶液　　(4)　Fe^{2+}を含む水溶液

実験1　Aに(1)または(2)を加えたところ，ともに白色の沈殿を生じた。また，(3)または(4)を加えても変化はなかった。

実験2　Bに(1)，(2)または塩化カルシウム水溶液を加えたところ，すべての場合で白色の沈殿を生じた。また，塩化カルシウムとの混合溶液に二酸化炭素を吹き込むと沈殿は溶解した。

実験3　Cに(3)を加えたところ，黄色の沈殿を生じた。また，この沈殿は光により分解し黒くなった。

実験4　Dに(1)，(2)または(3)を加えると，それぞれ黄色，黄色，赤褐色の沈殿を生じた。

実験5　純水に硫化水素を通じ飽和することにより，Eを調製した。Eに(2)または(3)を加えたところ，すべて黒色の沈殿を生じた。

実験6　(4)を硫酸酸性水溶液とし，Fを滴下したところ，Fの赤紫色は消失した。

実験7　鉄(III)イオンを含む水溶液にGを加えたところ，血赤色の水溶液となった。

実験8　(1)〜(3)のいずれを加えても，Hに変化はなかった。　　　　　(千葉大　改)

21 無機物質と人間生活

❶ 金属と人間生活

◆1 **身のまわりの金属** 鉄，アルミニウム，銅，亜鉛，鉛などが多く使用されている。

①**鉄** 最も多く使われている。機械強度に優れ，炭素の含有量で性質を調整。

②**銅** 電気伝導性が高く，電線などに使用。

③**アルミニウム** 軽くてさびにくい。表面の酸化被膜が内部を保護する。

名称	鉄	銅	アルミニウム	チタン
化学式	Fe	Cu	Al	Ti
融点（℃）	1535	1083	660	1660
密度（g/cm³）	7.87	8.96	2.7	4.54
用途	建造物，自動車	導線，台所用品	硬貨	眼鏡のフレーム

名称	白金	金	タングステン	鉛
化学式	Pt	Au	W	Pb
融点（℃）	1772	1064	3410	328
密度（g/cm³）	21.4	19.32	19.3	11.4
用途	触媒，装飾品	装飾品，微細配線	フィラメント	遮蔽板

◆2 **合金** 2種類以上の金属を混ぜ合わせ，もとの金属にない優れた性質をもつ。

ステンレス	Fe, Cr, Ni さびにくい	ニクロム	Ni と Cr 電気抵抗が大
黄銅	Cu と Zn 美しく加工しやすい	青銅	Cu と Sn かたく美しい
ジュラルミン	Al, Cu, Mg, Mn 軽くて丈夫	ハンダ	Sn と Pb 融点が低い

❷ セラミックスと人間生活

セラミックス 元来は粘土や陶土を焼いたものだが，現在は無機質固体材料をさす。

◆1 **陶磁器** 粘土を800℃以上の高温で焼いてつくる。原料の種類により分類。

土器	粘土	陶器	粘土＋ケイ砂	磁器	粘土＋ケイ砂＋長石

◆2 **ガラス** Si－O－Si 結合でできた，非晶質の物質，一定の融点をもたない。

ソーダ石灰ガラス	鉛ガラス	ホウケイ酸ガラス
ケイ砂，Na_2CO_3，石灰石	ケイ砂，K_2CO_3，酸化鉛（Ⅱ）	ケイ砂，ホウ砂

◆3 **機能性材料**

①**ファインセラミックス** 新しい機能や特性をもたせた高精度のセラミックス。

電子材料，耐熱強度材，バイオセラミックスなどがある。

②**複合材料** FRP（繊維強化プラスチック）など。引っ張りに強い。

名称	酸化チタン（Ⅳ）	酸化アルミニウム	二酸化ケイ素	ヒドロキシアパタイト
化学式	TiO_2	Al_2O_3	SiO_2	$Ca_5(PO_4)_3OH$
性質	紫外線を吸収	絶縁性	良導体	生体親和性
用途	顔料，光触媒	人工宝石，ガイシ	光ファイバー	人工骨，人工関節

21 無機物質と人間生活 ── 271

WARMING UP／ウォーミングアップ

次の文中の（　）に適当な語句・記号を入れよ。

1 金属単体

次の文は Fe, Al, Cu, Zn, Ag のいずれかを説明するものである。どの金属を説明したものか。元素記号で答えよ。

(1) 熱伝導率が高いため調理器具に使われたり，電気伝導性が高いため送電線などにも利用されたりする。やわらかくて加工しやすいため合金の成分としても使われる。

(2) 鉱石から単体を得やすく安価なため，さまざまなところに利用されている。酸化されやすいため電池の電極として利用されているほか，鋼板のめっきとしても使われている。

(3) 軽金属に属しており，加工しやすく自動車の車体や飲料水の缶に使われている。酸化されやすく，金属表面に酸化被膜ができて内部が保護される。

(4) 鉱石が豊富で強いため，古くから利用されており現在でも建築物や交通機関をはじめとするさまざまなところで使われており，金属のなかで最も生産量が多い。

(5) 金属のなかでも最も熱伝導性・電気伝導性が高い。銀白色で単体として産出する。

2 合金・めっき

２種類以上の金属を融かして混合したり，金属に非金属を溶かしたりしたものを（ア）という。また金属が化学反応によって変質して，劣化する現象を（イ）といい，それを防ぐために別の金属で表面を覆う操作を（ウ）という。鉄の表面を亜鉛で覆ったものを（エ）といい，屋根などに利用されている。また鉄の表面をスズで覆ったものを（オ）といい，缶詰などに利用されている。

3 セラミックス 1

セラミックスとは元来，粘土や石英などを焼いてつくったものを意味し，これを器に成形したものを（ア）とよんでいる。現在では，そのほかに石灰岩と粘土，セッコウを混ぜ 1500℃ に熱してつくられる（イ）やガラスも含まれる。ガラスは粒子の配列に規則性のない（ウ）の固体である。

4 セラミックス 2

土器・陶磁器やガラスなど，金属ではない無機物質を高温にして焼き固めた材料を（ア）といい，高純度の原料を制御された条件で焼き固めた製品を（イ）という。

1
(1) Cu
(2) Zn
(3) Al
(4) Fe
(5) Ag

2
(ア) 合金
(イ) 腐食
(ウ) めっき
(エ) トタン
(オ) ブリキ

3
(ア) 陶磁器
(イ) セメント
(ウ) 非晶質

4
(ア) セラミックス
(イ) ファインセラミックス

272 —— 5章　無機物質

基本例題 86　合金

次の(1)〜(4)に当てはまる合金を下の(ア)〜(エ)より選べ。

(1)　鉛とスズの合金で，融点が低く，金属の接合に使われる。

(2)　アルミニウムとマグネシウムなどからなる合金で，軽くて強度が大きく，航空機の材料として使われる。

(3)　クロムとニッケルの合金で電気抵抗が大きく，電熱器の発熱体などに使われる。

(4)　鉄，クロム，ニッケルなどの合金で，さびにくく，台所用品などに使われる。

　(ア)　ステンレス鋼　　(イ)　ニクロム　　(ウ)　ジュラルミン　　(エ)　ハンダ　　(センター)

●**エクセル**　合金は，もとの金属にない優れた性質をもつ。

考え方

・Cu が主成分
黄銅(＋Zn)，青銅(＋Sn)
・Fe が主成分
ステンレス鋼(＋Cr, Ni)
・Al が主成分
ジュラルミン(＋Cu, Mg)
・Sn が主成分
ハンダ(＋Pb)
・Ni が主成分
ニクロム(＋Cr)

解答

(1)　ハンダは，電子部品の金属部分を接合する場合，融点が低いため熱により部品を壊すことがない。

(2)　ジュラルミンは，軽金属であるアルミニウムを主成分とした強度の高い合金で，航空機などに利用されている。

(3)　ニクロムは，電気抵抗が大きいため，電流を流すと発熱させることができる。この性質を利用して電熱器として利用されている。

(4)　ステンレス鋼は，鉄を主成分にしているが，さびにくいため台所の流しなどに多用されている。

答　(1)　(エ)　　(2)　(ウ)　　(3)　(イ)　　(4)　(ア)

基本問題

434▶**セラミックス**　次の(1)〜(4)に当てはまる材料の名称を記せ。

(1)　制御された条件で焼結し，高度な寸法精度で成形した材料である。

(2)　ケイ砂を主成分とした非晶質の物質。Na_2CO_3，ホウ砂などの成分を混合することによりいろいろな性質をもたせた材料。

(3)　粘土にケイ砂や長石などを混ぜて焼結した材料。器の製造などに用いられる。

(4)　いくつかの材料を組み合わせ，単一材料にない機能や性能をもたせた材料。

435▶**ガラス**　次の(1)〜(5)の記述でソーダ石灰ガラスに相当するものには S，ホウケイ酸ガラスに相当するものには B をつけよ。

(1)　おもな材料は，ケイ砂，炭酸ナトリウム，石灰石である。

(2)　ケイ砂とホウ砂を原料にしてつくられている。

(3)　耐熱・硬質ガラスとして使用されている。

(4)　軟化温度が高く約830℃ である。

(5)　板ガラスなど多くの日用品に使われている。

21　無機物質と人間生活——273

標準例題 87　セラミックスの性質

次の(1)～(4)の正誤を答えよ。

(1)　陶磁器の焼き方のうち，本焼きとは素焼きの器にうわ薬をかけて，約 1300℃ で焼いて，ゆっくり冷やす焼き方である。

(2)　光通信に用いられる光ファイバーは，高純度の石英ガラスを主体とする。

(3)　建築用材料に用いられるセメントに，砂と砂利を混ぜたものをモルタルという。

(4)　鉛ガラスはクリスタルガラスともよばれ，屈折率が大きいため，光学機器のレンズや装飾品として利用されている。　　　　　　　　　　　　　（07　星薬科大）

●エクセル　セラミックスは陶磁器やガラスなどの無機固体材料をさす。

考え方

光ファイバー：高純度の石英ガラスでつくる。
セメント：石灰石，粘土，ケイ砂などを高温で加熱してつくられ，砂と混ぜたものをモルタル，砂と砂利を混ぜたものをコンクリートとよぶ。

解答

(1)　700℃ で焼いて水分を除くのが素焼きで，その後にうわ薬をかけて 1300℃ で焼くことを本焼きという。正しい。

(2)　光ファイバーは高純度の石英ガラスからできており，光通信に利用される。正しい。

(3)　セメントに砂を混ぜたものをモルタルという。誤り。

(4)　鉛ガラスはクリスタルガラスとよばれ，屈折率が大きいため光学機器のレンズなどに利用されている。正しい。

答　(1) **正**　　(2) **正**　　(3) **誤**　　(4) **正**

標準問題

436 ▶金属　次の文中の(ア)～(ケ)に適当な語句を入れよ。

　私たちの身のまわりに見られる電化製品や自動車，建造物などには，いろいろな金属が材料として利用されている。最も多く使われているのは，鉄，アルミニウム，銅である。鉄は溶鉱炉に赤鉄鉱などの鉄鉱石，コークス，石灰石を入れ，下部から熱風を吹き込むことにより製造される。溶鉱炉から出たばかりの鉄は（ ア ）とよばれ（ イ ）を不純物として含むため，もろい。（ ア ）に含まれる（ イ ）の量を少なくすると，かたく粘りのある鋼になる。軽くて，やわらかく，加工しやすいアルミニウムもよく使われる。アルミニウムの原料である（ ウ ）と水酸化ナトリウムの水溶液を混ぜると水酸化アルミニウムを経て（ エ ）が得られる。（ エ ）を加熱して溶かしたのち電気分解を行うと，アルミニウムイオンが（ オ ）を受け取って純粋なアルミニウムが得られる。銅の製造にも（ カ ）とよばれる電気分解が使われる。2種類以上の金属どうしを混ぜ溶融してつくる合金は，もとの金属には見られない優れた性質をもつことが多い。例えば，ステンレス鋼は鋼に（ キ ）やニッケルなどを加えてつくる。これは鉄に比べてさびにくく，薬品に強い。飛行機の機体に使われるジュラルミンは主成分の（ ク ）と銅，マグネシウム，マンガンなどとの合金である。（ ケ ）は加工されたときの形を覚えていて，変形したあとでも条件を変えるともとの形に戻るという特性をもつ。　　　　　　　　　（11　早大）

論述問題

437 ▶ 空気 地球の大気はほぼ窒素と酸素からなっている。大気中の窒素を使って工業的にアンモニアが合成され、酸素は多くの生物の呼吸に利用されている。また、空気は冷却すると液体空気が得られる。
(1) 大気から酸素，二酸化炭素，水蒸気を除いた気体 A は，窒素化合物から作成した窒素 B より，同温・同圧における密度がわずかに大きい。この理由を 30 字以内で記せ。
(2) 液体空気から工業的に窒素と酸素を分離する方法を 20 字以内で記せ。
(11　金沢大　改)

438 ▶ 濃硫酸 濃硫酸には，吸湿性があるので，乾燥剤として用いられることがある。次の気体のうち，濃硫酸を乾燥剤として使用できない気体を書き，その理由を答えよ。
　　塩化水素，二酸化炭素，アンモニア，塩素
(10　山口大)

439 ▶ 希硫酸の調製 濃硫酸から希硫酸をつくるときには，必ず水に濃硫酸を少しずつかき混ぜながら加えなければならない。この理由を述べよ。　　(12　島根大)

440 ▶ 硫酸の性質 実験ノートに希硫酸をこぼすと，その部分が黒くなり，やがて穴があく。これは硫酸のどのような性質によるものか説明せよ。
(弘前大　改)

441 ▶ 一酸化炭素 一酸化炭素は人体にとって極めて有害である。この理由を述べよ。
(日本女子大)

442 ▶ オキソ酸 塩素のオキソ酸では，水溶液の酸性度は「$HClO < HClO_2 < HClO_3 < HClO_4$」の順になる。この理由を述べよ。

443 ▶ 潮解・風解 潮解と風解の違いを述べよ。

444 ▶ 水酸化カルシウム カルシウムの水酸化物である水酸化カルシウムは消石灰ともよばれ，しっくいなどの建築剤や<u>酸性土壌の改良剤</u>として用いられる。下線部の用途に使われる理由を答えよ。
(11　徳島大)

445 ▶鍾乳洞 鍾乳洞は地層中の石灰岩が浸食されてできる。その内部にできる鍾乳石や石筍が形成される過程を化学反応式を用いて説明せよ。　　　　（千葉大　改）

446 ▶アルミニウムの製造 金属のアルミニウムは，ボーキサイトを濃い水酸化ナトリウム水溶液で処理して得た酸化アルミニウムを融解した氷晶石 Na_3AlF_6 に溶かして，炭素を電極として電気分解するとできる。このとき，氷晶石はどんな役割を果たしているかを説明せよ。　　　　（10　三重大　改）

447 ▶鉄の製造 鉄鉱石から鋼（炭素含量の少ない鉄）を製造する方法を 80 字以内で述べよ。　　　　（11　首都大）

448 ▶金属イオンと硫化水素 3種の金属イオン Zn^{2+}，Cu^{2+}，Fe^{3+} を含む水溶液に硫化水素を通したら黒色沈殿 A を生じた。A を硝酸で溶かし，過剰のアンモニア水を加えたところ，その溶液は青色を呈した。また，ろ液を加熱して硫化水素を追い出し，<u>希硝酸を加えたあと</u>，過剰のアンモニア水を加えたところ，沈殿 B が得られた。
(1) 沈殿 A と沈殿 B の化学式を示し，そう考えた理由を述べよ。
(2) 下線部について，なぜ希硝酸を加えたかを句読点を含めて 40 字以内で記せ。
　　　　（11　名古屋市大　改）

449 ▶トタンとブリキ 鉄板に亜鉛をめっきしたものをトタンといい，鉄板にスズをめっきしたものをブリキという。トタンとブリキそれぞれに鉄が露出するような傷をつけた。それぞれの傷をヘキサシアニド鉄(Ⅲ)酸カリウムと塩化カリウムの混合水溶液で覆ったところ，一方のみに濃い青色の物質が生じた。ここで，濃い青色の物質が生じたのは，トタンとブリキのどちらか。理由とともに答えよ。　　　　（山形大）

450 ▶合金 航空機用の材料として用いられる合金の名称を示せ。また，この合金が航空機用の材料として用いられる理由を述べよ。　　　　（11　信州大）

エクササイズ

左段の物質の反応式を右段の空欄に記せ。（△は加熱処理を示す。）

F
- [ ] フッ化カルシウム（蛍石）と硫酸　　△
- [ ] フッ化水素酸とガラス（二酸化ケイ素）

Cl
- [ ] 濃塩酸と酸化マンガン（Ⅳ）　　△
- [ ] 高度さらし粉と塩酸
- [ ] 塩素と水
- [ ] 塩素と水酸化カルシウム
- [ ] 塩素と水素
- [ ] 塩化ナトリウムと濃硫酸　　△

Br
- [ ] 臭化カリウムと塩素　　（ハロゲンの酸化力）

I
- [ ] ヨウ化カリウムと塩素　　（ハロゲンの酸化力）
- [ ] ヨウ化カリウムと臭素　　（ハロゲンの酸化力）

O
- [ ] 塩素酸カリウムの分解　　△
- [ ] 過酸化水素の分解
- [ ] ヨウ化カリウム水溶液とオゾン

S
- [ ] 硫黄の燃焼
- [ ] 二酸化硫黄の酸化　　（接触法）
- [ ] 三酸化硫黄と水
- [ ] 亜硫酸水素ナトリウムと硫酸
- [ ] 銅と熱濃硫酸　　△
- [ ] 硫化鉄（Ⅱ）と硫酸

N
- [ ] 銅と濃硝酸
- [ ] 銅と希硝酸
- [ ] 塩化アンモニウムと水酸化カルシウム　△
- [ ] 窒素と水素　　（ハーバー・ボッシュ法）
- [ ] アンモニアと塩化水素
- [ ] アンモニアと水
- [ ] アンモニアの酸化　　（オストワルト法）
- [ ] 一酸化窒素の酸化
- [ ] 二酸化窒素と水
- [ ] 二酸化窒素と四酸化二窒素の平衡

P
- [ ] リンの燃焼
- [ ] 十酸化四リンと水
- [ ] 過リン酸石灰の生成

C
- [ ] 二酸化炭素と水　　（光合成）

- [ ] ギ酸の分解 △
- [ ] コークスと水蒸気 （水性ガスの生成）

Si
- [ ] 二酸化ケイ素と炭酸ナトリウム
- [ ] 水ガラスと塩酸

Na
- [ ] ナトリウム（金属）と水
- [ ] 酸化ナトリウムと水
- [ ] 水酸化ナトリウムと二酸化炭素
- [ ] 炭酸水素ナトリウムの熱分解 △
- [ ] 炭酸ナトリウムと塩酸
- [ ] 炭酸水素ナトリウムと塩酸
- [ ] 飽和食塩水とアンモニアと二酸化炭素
  （アンモニアソーダ法）

Ca
- [ ] カルシウムと水
- [ ] 酸化カルシウムと水
- [ ] 水酸化カルシウム（石灰水）に二酸化炭素
- [ ] 炭酸カルシウムに水と二酸化炭素
- [ ] 炭酸カルシウムの熱分解 △
- [ ] 炭酸カルシウムと塩酸
- [ ] 炭化カルシウムと水

Al
- [ ] アルミニウムと塩酸
- [ ] アルミニウムと水酸化ナトリウム
- [ ] 酸化アルミニウムと塩酸
- [ ] 酸化アルミニウムと水酸化ナトリウム
- [ ] 水酸化アルミニウムと塩酸
- [ ] 水酸化アルミニウムと水酸化ナトリウム

Zn
- [ ] 亜鉛と硫酸
- [ ] 亜鉛と水酸化ナトリウム
- [ ] 酸化亜鉛と塩酸
- [ ] 酸化亜鉛と水酸化ナトリウム
- [ ] 水酸化亜鉛と塩酸
- [ ] 水酸化亜鉛と水酸化ナトリウム

Cu
- [ ] 水酸化銅（II）とアンモニア

Ag
- [ ] 銀イオンと水酸化物イオン
- [ ] 酸化銀とアンモニア水

Fe
- [ ] 酸化鉄（III）とアルミニウム（テルミット反応）
- [ ] 塩化鉄（III）と水 （コロイドの生成）

Pb
- [ ] 鉛蓄電池の全体の反応

22 有機化合物の特徴と分類

❶ 有機化合物の特徴

◆1 **有機化合物とは**
- 炭素原子を骨格として組み立てられている。
- C, H, O のほかに，N, S, ハロゲンなどを含む。
- 無機化合物に比べて融点や沸点が低く，水に溶けにくいものが多い。
- 燃焼しやすいものが多く，燃焼で C は CO_2，H は H_2O になる。

◆2 **炭化水素** 最も簡単な有機化合物は，炭素と水素からなる炭化水素である。単結合のみを含む炭化水素を飽和炭化水素，二重結合や三重結合を含むものを不飽和炭化水素という。

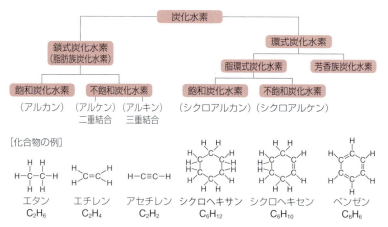

◆3 **官能基** 有機化合物の性質を決める原子や原子団を官能基という。官能基の種類によって，性質の似た化合物に分類できる。官能基を表示した化学式を示性式という。

官能基の種類		化合物の一般名	化合物の例（示性式）
ヒドロキシ基	—OH	アルコール	メタノール CH_3OH
ホルミル基(アルデヒド基)	—CHO	アルデヒド	アセトアルデヒド CH_3CHO
ケトン基	—CO—	ケトン	アセトン CH_3COCH_3
カルボキシ基	—COOH	カルボン酸	酢酸 CH_3COOH
エーテル結合	—O—	エーテル	ジエチルエーテル $C_2H_5OC_2H_5$
エステル結合	—COO—	エステル	酢酸エチル $CH_3COOC_2H_5$

炭化水素基の種類	
メチル基	CH_3-
エチル基	C_2H_5-
プロピル基	C_3H_7-

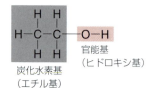

多くの有機化合物は，炭化水素基に官能基がついた構造をしている。

2 異性体

同じ分子式だが，分子の構造が異なるために性質の異なる化合物を異性体という。

◆1 **構造異性体** 原子の結合する順番が異なっている異性体のこと。

例 ① $CH_3-CH_2-CH_2-CH_3$ ブタン と $CH_3-CH(CH_3)-CH_3$ (2-)メチルプロパン

② CH_3-CH_2-OH エタノール と CH_3-O-CH_3 ジメチルエーテル

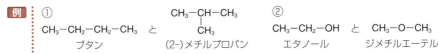

◆2 **立体異性体**

①**幾何異性体**…二重結合についた置換基の位置が異なる立体異性体のこと。置換基が同じ側にあるものをシス形，反対側にあるものをトランス形という。

②**鏡像(光学)異性体**…4 つの異なる原子団が結合している炭素原子をとくに不斉炭素原子という。不斉炭素原子を正四面体の中心において立体的に考えると，互いに重ね合わせることのできない二種類の異性体が存在する。これを鏡像異性体という。

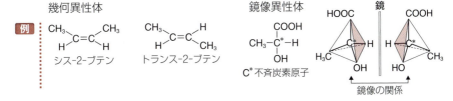

幾何異性体　　　　鏡像異性体

例

3 元素分析

◆1 **構造式を決定する手順**

ある有機化合物 → 成分元素の確認 → 元素分析 → 組成式の決定 →（分子量）→ 分子式の決定 →（官能基の情報 化学的性質）→ 構造式の決定

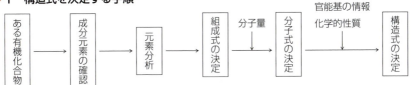

◆2 **成分元素の確認**

元素	操作	生成物	確認方法
炭素 C	完全燃焼	二酸化炭素 CO_2	石灰水に通すと白く濁る。
水素 H	完全燃焼	水 H_2O	硫酸銅(Ⅱ)無水塩につけると青くなる。
窒素 N	ソーダ石灰と混合して加熱	アンモニア NH_3	濃塩酸を近づけると白煙が発生。
塩素 Cl	焼いた銅線の先につけて加熱	塩化銅(Ⅱ) $CuCl_2$	銅の炎色反応(青緑色)を示す。
硫黄 S	ナトリウムを加えて加熱・融解	硫化ナトリウム Na_2S	生成物を水に溶かして酢酸鉛(Ⅱ)水溶液を加えると黒色沈殿を生じる。

4 元素分析と組成式の決定

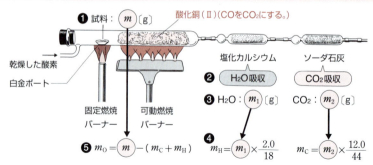

① 試料 m〔g〕から H_2O が m_1〔g〕，CO_2 が m_2〔g〕得られたとする。
② m_1 と m_2 から，m〔g〕中の水素の質量 m_H〔g〕と炭素の質量 m_C〔g〕を求める。
③ 酸素の質量 m_O〔g〕は，はじめの質量 m から m_H と m_C を引いて求める。
④ 各元素の質量を，原子量で割り，整数比にして，組成式が決まる。 $\dfrac{m_C}{12} : \dfrac{m_H}{1.0} : \dfrac{m_O}{16} = x : y : z \longrightarrow C_xH_yO_z$

* 試料中の質量%，C：m_C%，H：m_H%，O：m_O%ならば

原子数比 C：H：O $= \dfrac{m_C}{12} : \dfrac{m_H}{1.0} : \dfrac{m_O}{16} = a : b : c \Rightarrow$ 組成式 $C_aH_bO_c$ となる。

⑤ 分子式は組成式を整数倍したものである。そのため，別の方法で求めた分子量より，

分子式＝組成式×整数倍 n　によって n を求め，組成式を n 倍し分子式を決定する。

⑥ 官能基の特徴から構造式を決定する。化学的性質をまとめておくとよい。

WARMING UP／ウォーミングアップ

次の文中の（　）に適当な語句・数値・化学式を入れよ。

1 異性体の数え上げ

単結合のみからなるアルカンでは，炭素数(ア)以上から構造異性体が存在する。ブタン C_4H_{10} の構造異性体は(イ)種類存在する。

エタンの水素原子 2 個を塩素原子 2 個で置き換えた化合物には(ウ)と(エ)の 2 種類が存在する。

1
(ア)　4
(イ)　2
(ウ)
```
  H  Cl
  |  |
H-C--C-Cl
  |  |
  H  H
```
(エ)
```
  H  H
  |  |
H-C--C-H
  |  |
  Cl Cl
```

22 有機化合物の特徴と分類──281

2 アルコールの構造異性体

エタノールとジメチルエーテルはともに分子式（ア）で表される。（イ）は金属ナトリウムと反応し，（ウ）を発生するが，（エ）は反応しない。

3 元素分析

目的の化合物に（ア）を行って成分元素の割合を求め，それをもとに（イ）式を決める。一方，別の手段で（ウ）を求め，（イ）式と（ウ）から（エ）式を決める。さらに，（エ）式を満たすいくつかの構造式のなかから，実際の化合物の性質を満たすものを選ぶ。

4 分子式の決定

組成式が CH_2O で表される化合物 A，B がある。化合物 A は分子量 90 であった。A の分子式は（ア）となる。また，化合物 B は分子量 60 で弱酸性を示した。化合物 B の示性式は（イ）で，その名称は（ウ）である。

2
- （ア） C_2H_6O
- （イ） エタノール
- （ウ） 水素
- （エ） ジメチルエーテル

3
- （ア） 元素分析
- （イ） 組成（実験）
- （ウ） 分子量
- （エ） 分子

4
- （ア） $C_3H_6O_3$
- （イ） CH_3COOH
- （ウ） 酢酸

基本例題 88 有機化合物の特徴　　　　　　　　　　　　　　　　基本➡451

次の記述のうち，有機化合物の特徴として当てはまるものを 1 つ選べ。

(1) 融点・沸点が高い。
(2) イオンからなる物質が多い。
(3) 構成する元素の種類が多い。
(4) 水より有機溶媒に溶けやすい。
(5) 炭素を含んでいる物質はすべて有機化合物である。

●**エクセル** 有機化合物の特徴をまとめておこう。

考え方

有機化合物は C，H，O など構成元素は少なく，共有結合による分子からなる。C 原子がさまざまな構造で結合するため化合物の種類は無機物質より多い。

解答

(1) 一般に融点・沸点は低い。高温では分解しやすい。
(2) 共有結合による分子からなる物質が多い。
(3) 有機化合物の種類は多いが，構成する元素の種類は少ない。
(5) 二酸化炭素など，炭素を含んでいても無機物質に属するものがある。　　　　　　　　　　　　　**答** (4)

282 —— 6章　有機化合物

基本例題 89　官能基・化学式　　　　　　　　　　　　　　　　　基本➡452

分子式 C_2H_6O で表される化合物について，次の(1)，(2)に答えよ。
(1)　ヒドロキシ基をもつ化合物の示性式と構造式を記せ。
(2)　エーテル結合をもつ化合物の示性式と構造式を記せ。

●エクセル　示性式：分子式の中から官能基だけを抜き出して表した化学式。
　　　　　　構造式：物質の構造を示すための化学式。価標を用いて表す。

考え方

同じ分子式で表される化合物で，原子の結合する順番が異なる異性体を構造異性体という。

解答

有機化合物の構造は構成する原子の原子価を考えること。

H—　1価　　　—O—　2価　　　—C—　4価

(1)　C_2H_5OH
（ヒドロキシ基—OH）

```
    H  H
    |  |
H—C—C—O—H
    |  |
    H  H
```

(2)　CH_3OCH_3
（エーテル結合—O—）

```
    H       H
    |       |
H—C—O—C—H
    |       |
    H       H
```

基本例題 90　異性体　　　　　　　　　　　　　　　　　　　　　基本➡456

(1)　ブタン C_4H_{10} は単結合のみからなる。ブタンの構造異性体の構造式をすべて記せ。
(2)　プロパン $CH_3-CH_2-CH_3$ の水素原子1個を塩素原子1個で置き換えた化合物の構造式をすべて記せ。
(3)　エチレン $CH_2＝CH_2$ の水素原子2個を塩素原子2個で置き換えた化合物の構造式をすべて記せ。幾何異性体も考慮せよ。

●エクセル　構造異性体は，まず炭素原子の並び方を考える。

考え方

(1)　炭素原子の並び方は次の2通りがある。

```
C-C-C-C   C-C-C
              |
              C
```

(2)　$CH_3-CH_2-CH_2-Cl$ と $Cl-CH_2-CH_2-CH_3$ とは同じ化合物である。

(3)　塩素原子を二重結合の片側に2個おく場合と，二重結合の両側に1個ずつおく場合に分けて考える。

解答

(1)　炭素原子の並び方を考えたのち，空いた結合の手に水素原子を入れる。

$CH_3-CH_2-CH_2-CH_3$　　　$CH_3-CH-CH_3$
　　　　　　　　　　　　　　　　　　　　　$|$
　　　　　　　　　　　　　　　　　　　　CH_3

(2)　水素原子の1個を塩素原子に置き換える。

$CH_3-CH_2-CH_2-Cl$　　　$CH_3-CH-CH_3$
　　　　　　　　　　　　　　　　　　　　$|$
　　　　　　　　　　　　　　　　　　　Cl

(3)　二重結合の両側に1個ずつおく場合は，幾何異性体が存在する。

```
 H       Cl    Cl      H     Cl      Cl
  \     /        \     /       \    /
   C＝C           C＝C          C＝C
  /     \        /     \       /    \
 H       Cl    H      Cl      H      H
```

　　　　　　　　　　　トランス形　　　シス形

22 有機化合物の特徴と分類 — 283

基本例題 91 　分子式の決定　　　　　　　　　　　　　　　基本 ➡ 459, 460

炭素，水素，酸素だけからなる有機化合物 44mg を完全に燃焼させたところ，二酸化炭素が 88mg，水が 36mg 得られた。この化合物の組成式を求めよ。

● **エクセル**　有機化合物の燃焼：C ⟶ CO_2，H ⟶ H_2O へ。
　　　　　　　ここから各元素の質量を算出し，個数の比に変換して組成式へ。

考え方

CO_2（分子量 44）中の C（原子量 12）は CO_2 の質量の $\dfrac{12}{44}$ である。

H_2O（分子量 18）中の H（原子量 1.0）は H_2O の質量の $\dfrac{2.0}{18}$ である。

解答

各元素の質量を算出する。

C の質量：CO_2 の質量 $\times \dfrac{12}{44} = 88 \times \dfrac{12}{44} = 24$ mg

H の質量：H_2O の質量 $\times \dfrac{2.0}{18} = 36 \times \dfrac{2.0}{18} = 4.0$ mg

O の質量：試料の質量 − (C の質量 + H の質量)
　　　　　　 $= 44 − (24 + 4.0) = 16$ mg

原子数の比は物質量の比に等しいので，試料の組成式を $C_xH_yO_z$ とすると，

$$x : y : z = \dfrac{24}{12} : \dfrac{4}{1.0} : \dfrac{16}{16} = 2 : 4 : 1$$

答　C_2H_4O

基本問題

451 ▶ 有機化合物の特徴　次の記述のうち，正しいものをすべて選べ。
(1) 有機化合物は分子からなる物質が多く，一般に融点・沸点は低い。
(2) 有機化合物の種類が多いのは，構成する元素の種類が多いからである。
(3) 有機化合物は水に溶けやすく，エーテルなどの有機溶媒に溶けにくいものが多い。
(4) 有機化合物のなかには，分子式が同じでも，構造や性質が異なる物質が存在する。
(5) 有機化合物の多くは可燃性である。

452 ▶ 官能基とその性質　次の化合物に含まれる官能基を下の(ア)～(カ)のうちから選べ。

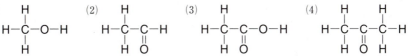

(ア) ヒドロキシ基　　(イ) エーテル結合　　(ウ) ホルミル基
(エ) ケトン基　　　　(オ) カルボキシ基　　(カ) エステル結合

284 —— 6章 有機化合物

453▶異性体 次の各組で，2つの構造式が同一の化合物を表しているのはどれか。

(1)
$$H-\underset{\underset{Cl}{|}}{\overset{\overset{H}{|}}{C}}-Cl \quad と \quad Cl-\underset{\underset{H}{|}}{\overset{\overset{H}{|}}{C}}-Cl$$

(2)
$$H-\underset{\underset{Cl}{|}}{\overset{\overset{H}{|}}{C}}-\underset{\underset{H}{|}}{\overset{\overset{H}{|}}{C}}-Cl \quad と \quad H-\underset{\underset{H}{|}}{\overset{\overset{H}{|}}{C}}-\underset{\underset{Cl}{|}}{\overset{\overset{H}{|}}{C}}-Cl$$

(3)
$$\underset{H}{\overset{Cl}{\diagdown}}C=C\underset{Cl}{\overset{H}{\diagup}} \quad と \quad \underset{H}{\overset{Cl}{\diagdown}}C=C\underset{H}{\overset{Cl}{\diagup}}$$

(4)
$$\underset{H}{\overset{Cl}{\diagdown}}C=C\underset{Cl}{\overset{H}{\diagup}} \quad と \quad \underset{Cl}{\overset{H}{\diagdown}}C=C\underset{H}{\overset{Cl}{\diagup}}$$

454▶幾何異性体 次の化合物のうち，幾何異性体が存在するのはどれか。

(1) CH_3-CH_2-COOH (2) $CH_3-CH(OH)-COOH$

(3) $Br-CH=CH-Br$ (4) $Cl-CH_2-CH_2-Cl$

(5) $CH_2=CH-COOH$ (6) $Cl-CH=CH-Br$

(センター　改)

455▶鏡像異性体 次の構造式で表された化合物のうち，鏡像異性体をもつものをすべて選べ。

(1) $CH_3-\underset{\underset{OH}{|}}{CH}-CH_3$ (2) $CH_3-\underset{\underset{OH}{|}}{CH}-CH_2-CH_3$ (3) $CH_3-\underset{\underset{OH}{|}}{CH}-COOH$

(4) CH_3-CH_2-COOH (5) $CH_3-\underset{\underset{OH}{|}}{CH}-CH_2-OH$

(センター　改)

456▶異性体の数え上げ

(1) ペンタン C_5H_{12} は単結合のみからなる炭化水素である。ペンタンの構造異性体の構造式をすべて記せ。

(2) プロパン $CH_3-CH_2-CH_3$ の水素原子2個を塩素原子2個で置き換えた化合物には，構造異性体が何種類あるか。　C_3H_8　(センター　改)

457▶成分元素の確認 有機化合物中に含まれる窒素，硫黄，塩素の検出法に関する次の説明文(ア)〜(ウ)について，正しい場合は○を，誤っている場合は×を記せ。

(ア) 窒素は，試料とソーダ石灰の混合物を加熱してアンモニアを発生させ，そこに濃塩酸をつけたガラス棒を近づけて，白煙が生じることにより検出できる。

(イ) 硫黄は，試料に過酸化水素水を加えて，褐色溶液になることで検出できる。

(ウ) 塩素は，焼いた銅線の先に試料をつけて燃焼させ，炎色反応によって青緑色の炎を生じることから検出できる。　(北大)

458▶有機化合物の定量的元素分析 炭素，水素，酸素から構成された有機化合物の組成式を決めるには，図に示すような元素分析の装置を用いる。まず，質量を精密に測

定した試料を図のように設置して，乾燥酸素を流入しながら燃焼させる。生じた ア と イ をそれぞれ ウ と エ に吸収させ，ウ と エ の増加した質量から ア と イ の質量をそれぞれ求める。これらの質量から，試料中の水素と炭素の質量を計算する。さらに，試料と水素，炭素との質量の差から酸素の質量を計算する。

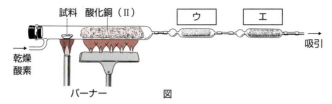

(1) ア ～ エ に当てはまる物質名を答えよ。
(2) 図中の酸化銅（Ⅱ）の役割を答えよ。　　　　　　　　　　（北大　改）

459 ▶ 分子式の決定　炭素，水素，酸素のみからなる化合物がある。その分子量は116であり，その元素分析による成分元素の質量組成は炭素62.1%，水素10.3%であった。この化合物の分子式を求めよ。　　　　　　　　　　（10　青山学院大　改）

460 ▶ 分子式の決定　カルボキシ基を1つもつカルボン酸5.80mgを完全燃焼させたところ，二酸化炭素が13.2mg，水が5.40mg得られた。カルボン酸の分子式を求めよ。

■ **標準例題 92**　炭化水素の構造異性体　　　　　　　　　　　　　　標準➡462

(1) 分子式 C_4H_8 のアルケンの構造式をすべて記せ。幾何異性体も考慮せよ。
(2) 分子式 C_4H_8 のシクロアルカンの構造式をすべて記せ。

●**エクセル**　C_nH_{2n} はアルケンかシクロアルカン

考え方
(1) 異性体は二重結合の位置とC原子の並び方（主鎖と側鎖）について，それぞれ考える。

解答
(1) 二重結合の位置により，AとBとCの構造異性体が考えられる。

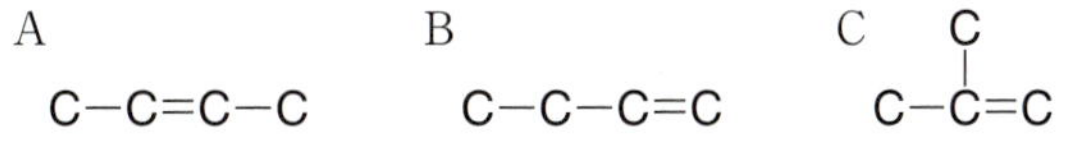

A　　　　　　　B　　　　　　　C
C-C=C-C　　　C-C-C=C　　　C-C=C
　　　　　　　　　　　　　　　　｜
　　　　　　　　　　　　　　　　C

Aには幾何異性体が存在するので，異性体は4種類となる。

答
CH_3 　CH_3　　CH_3 　H
　＼C=C／　　　　　＼C=C／
　／　　＼　　　　 ／　　＼
H　　　 H　　　　H　　　CH_3

H　　　 H　　　CH_3 　H
　＼C=C／　　　　　＼C=C／
　／　　＼　　　　 ／　　＼
CH_3CH_2　H　　CH_3　　H

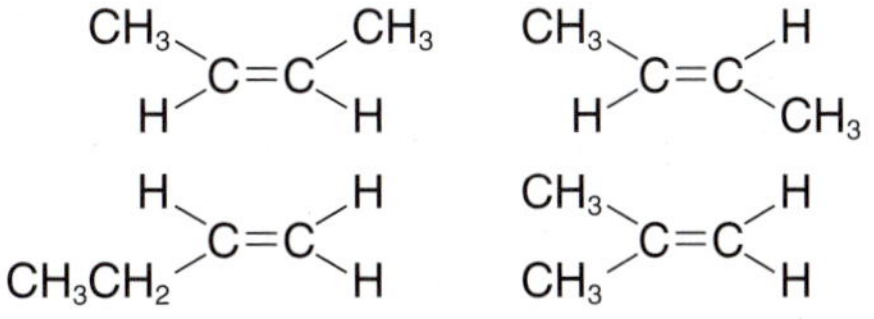

(2) 環が1つあるので，三員環と四員環をつくることができる。　答

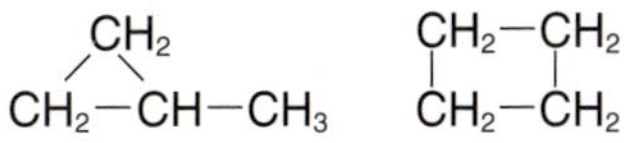

　　CH　　　　　　CH_2-CH_2
　／　＼　　　　　　｜　　　｜
$CH_2-CH-CH_3$　　CH_2-CH_2

標準問題

461 ▶ 有機化合物の燃焼　次の化合物を完全燃焼させたとき，生成する二酸化炭素と水の物質量の比をそれぞれ求めよ。
(1)　プロパン　$CH_3-CH_2-CH_3$　　(2)　プロペン　$CH_2=CH-CH_3$
(3)　アセトン　$CH_3-CO-CH_3$
(4)　1-プロパノール　$CH_3-CH_2-CH_2-OH$　　　　　　　　　　　（センター　改）

462 ▶ 異性体の数え上げ
(1)　1-ブテン $CH_2=CH-CH_2-CH_3$ の水素原子1個を塩素原子1個で置き換えた化合物には，異性体が何種類あるか。幾何異性体も考慮せよ。
(2)　分子式 C_4H_6 のアルキンの構造式をすべて記せ。
(3)　分子式 C_5H_8 のアルキンの構造式をすべて記せ。

463 ▶ 炭化水素の構造決定　標準状態での密度が 2.41 g/L である炭化水素の化合物A 32.0 mg を完全燃焼させるのに，標準状態で 73.0 mL の酸素が必要であった。
(1)　化合物Aの分子量を求めよ。
(2)　化合物Aの分子式を求めよ。
(3)　化合物Aが鎖式化合物であるとき，構造式をすべて記せ。

発展問題

464 ▶ シクロアルカンの立体異性体　不斉炭素原子をもつ全ての化合物に，その鏡像異性体が存在するとは限らない。その1つの例として，ジブロモシクロプロパンがある。互いに鏡像の関係にない3つの異性体を下に示す。

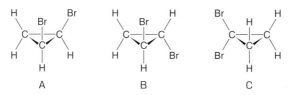

(1)　鏡像異性体が存在する化合物をA～Cの中から選べ。
(2)　不斉炭素原子をもつが，鏡像異性体が存在しない化合物をA～Cの中から選べ。

（12　大阪大）

465 ▶ シクロアルカンの立体異性体　シクロアルカンは，環のサイズが大きくなると全ての炭素原子が同じ平面上に位置することができなくなる。6員環であるシクロヘキサンの安定な構造の1つに，右の「いす形」構造がある。シクロヘキサンの水素原子の1つを臭素原子で置き換えたブロモシクロヘキサン($C_6H_{11}Br$)のいす形構造を図に示した。

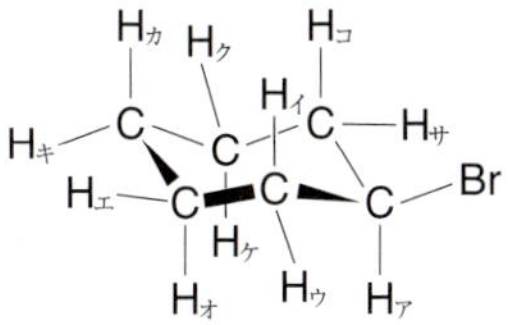

(1) ブロモシクロヘキサンの水素原子のうち，H$_ア$，H$_イ$，もしくはH$_ウ$を臭素原子で置換した3つの化合物($C_6H_{10}Br_2$)には，不斉炭素原子はそれぞれいくつあるか。ある場合にはその数を，ない場合には「なし」と記せ。

(2) ブロモシクロヘキサンの水素原子H$_ア$〜H$_サ$の1つを塩素原子で置換した化合物($C_6H_{10}BrCl$)が不斉炭素原子をもたないためには，どの水素原子を置換するとよいか。可能なすべての水素原子を記号で記せ。

(12　大阪大)

466 ▶ 鏡像異性体　乳酸 $CH_3C^*H(OH)COOH$ の＊印を付けた炭素原子は不斉炭素原子とよばれ，4つの異なる原子あるいは原子団と結合している。図1の1と2は実像と鏡に映った像との関係にある。1を C^*-O 結合を軸として180度回転させて，CH_3 基が2と同じ位置になるようにすると，1と2は重ね合わせられないことがわかる。このような立体異性体を鏡像異性体という。示性式 $CH_3CH(OH)CH(OH)COOH$ で表される化合物には不斉炭素原子が2個あるので，この場合には，4個の立体異性体が存在する。それらの構造は図2の3〜6のように書き表すことができ，3と4，および5と6がそれぞれ鏡像異性体の関係にある。

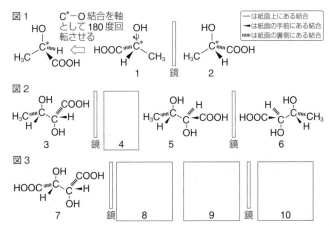

(1) 4の構造を書き，図2を完成させよ。
(2) 酒石酸 $HOOCCH(OH)CH(OH)COOH$ には，図2にならうと，図3に示した4つの構造7〜10が考えられる。8〜10の構造を書き，図3を完成させよ。
(3) 7〜10のうちで，重ね合わせられるものの組み合わせを番号で答えよ。

(大阪市立大)

23 脂肪族炭化水素

❶ アルカン C_nH_{2n+2} 単結合のみでできている鎖式炭化水素の総称である。

◆1 分子の構造

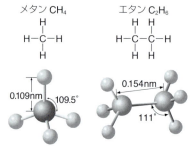

◆2 構造異性体

同じ分子式だが，分子の構造が異なるために性質の異なる化合物を異性体という。とくに原子の結合する順番が異なる異性体を構造異性体という。

$CH_3-CH_2-CH_2-CH_3$
ブタン

$CH_3-CH-CH_3$
　　　　$|$
　　　　CH_3
2-メチルプロパン

◆3 アルカンの性質と反応

①炭素数が増加して分子量が大きくなると，融点や沸点が高くなる。
②天然ガスや石油中に含まれ，燃焼すると二酸化炭素と水になる。
③反応性に乏しいが，ハロゲンの存在下で紫外線を照射すると置換反応を起こす。

メタンの置換反応

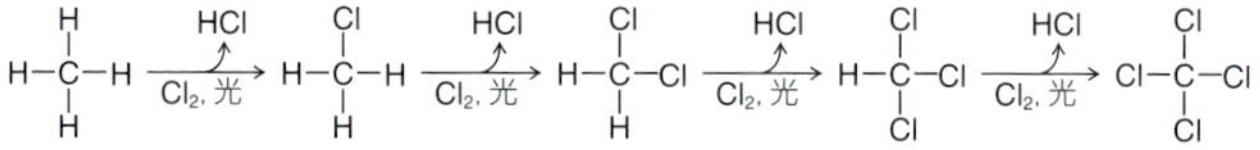

H-CH-H →(HCl, Cl₂, 光)→ H-CH-H →(HCl, Cl₂, 光)→ H-C-Cl →(HCl, Cl₂, 光)→ H-C-Cl →(HCl, Cl₂, 光)→ Cl-C-Cl
　　　　　　　　　　　　　　　　　　　　　　　　　Cl　　　　　　　Cl　　　　　　Cl
　　　　　　　　　　クロロメタン　　　　ジクロロメタン　　　　トリクロロメタン　　　テトラクロロメタン

④メタンの実験室的製法…酢酸ナトリウムと水酸化ナトリウムの混合物を加熱する。$CH_3COONa + NaOH \longrightarrow CH_4 + Na_2CO_3$

◆4 シクロアルカン

環状の構造をもつ飽和炭化水素の総称。
一般式は C_nH_{2n} でアルカンと似た性質をもつ。

シクロペンタン 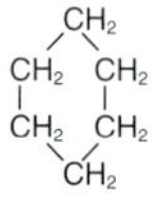　シクロヘキサン

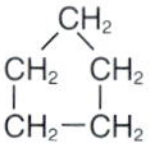

❷ アルケン C_nH_{2n} 二重結合を一つもつ鎖式炭化水素の総称である。

◆1 分子の構造

エチレン C_2H_4

すべての原子は同一平面上にある。

プロペン(プロピレン)C_3H_6

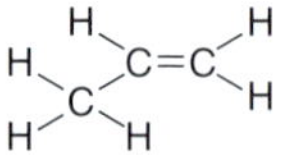

H   H
 \ /
  C=C-H
 /   \
H   CH₃

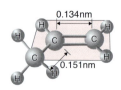

◆2 幾何異性体

分子の立体的な構造が異なる異性体を立体異性体という。二重結合についた置換基の位置が異なる立体異性体を幾

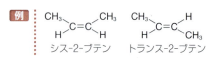
シス-2-ブテン　　トランス-2-ブテン

何異性体とよび，置換基が同じ側にあるものをシス形，反対側にあるものをトランス形という。

◆3 **アルケンの性質と反応** ①二重結合をもつため，付加反応しやすい。
②臭素 Br_2 が付加すると，臭素の赤褐色が消える。── 不飽和結合の確認。
③付加重合で高分子化合物を生じる。
④エチレンの実験室的製法…エタノールに濃硫酸を加え，160～170℃に加熱する。$C_2H_5OH \longrightarrow CH_2=CH_2 + H_2O$
＊130℃ではジエチルエーテル生成。

3 アルキン C_nH_{2n-2}　三重結合を一つもつ鎖式炭化水素の総称である。

◆1 **分子の構造**　三重結合の炭素と，それに結合する両端の原子は直線上に並ぶ。

アセチレン C_2H_2
H－C≡C－H

プロピン C_3H_4
H－C≡C－CH$_3$

◆2 **アルキンの性質と反応**
①三重結合をもつため，付加反応しやすい。
②アセチレンの実験室的製法…炭化カルシウムに水を加える。
　　$CaC_2 + 2H_2O \longrightarrow Ca(OH)_2 + C_2H_2$
③アセチレンに水を付加させると，不安定なビニルアルコールを経て，アセトアルデヒドになる。

4 炭化水素の反応経路図

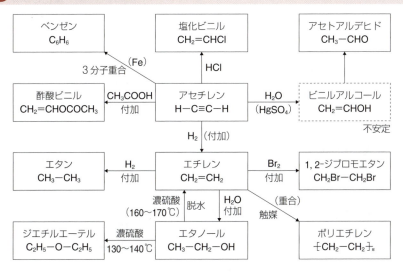

290 —— 6章　有機化合物

WARMING UP／ウォーミングアップ

次の文中の（　）に適当な語句・数値・化学式を入れよ。

1 アルカンの反応

アルカンは鎖式炭化水素の総称で，一般式は（ア）で，分子内には（イ）結合のみをもつ。

アルカンは反応性が乏しいが，塩素の存在下，紫外線を照射すると，以下のような（ウ）反応が起きる。

$$CH_4 \longrightarrow （エ）\longrightarrow （オ）\longrightarrow （カ）\longrightarrow （キ）$$

メタンを実験室で得る際には，（ク）と水酸化ナトリウムを混合して加熱する。

2 アルケンの反応

アルケンの一般式は（ア）で，分子内には（イ）結合を1個もつ鎖式不飽和炭化水素をいう。

アルケンは（ウ）反応を起こしやすい。そのため，臭素水にアルケンを通じると臭素の（エ）色が消える。

エチレンは（オ）に濃硫酸を加え，（カ）℃に加熱すると得られる。

3 アルキンの反応

アルキンの一般式は（ア）で，分子内には（イ）結合を1個もつ鎖式不飽和炭化水素をいう。

アルキンも（ウ）反応を起こしやすい。例えば，アセチレンC_2H_2に水素を1分子付加すると（エ）が，（エ）に水素をもう1分子付加すると（オ）になる。

アセチレンに塩化水素が付加すると（カ）になる。また，アセチレンに触媒の存在下で水を付加させると，不安定な（キ）を経て，（ク）が得られる。

アセチレンを実験室で得る際には（ケ）に水を加えればよい。

4 炭化水素の分類

(1)～(5)の分子式を，(ア)～(ケ)からすべて選べ。

(1) アルカン　　(2) アルケン　　(3) アルキン
(4) シクロアルカン　　(5) シクロアルケン

(ア) C_2H_4　　(イ) C_2H_2　　(ウ) C_2H_6
(エ) C_3H_8　　(オ) C_3H_6　　(カ) C_3H_4
(キ) C_4H_6　　(ク) C_4H_{10}　　(ケ) C_4H_8

1

(ア)　C_nH_{2n+2}
(イ)　単　(ウ)　置換
(エ)　CH_3Cl
(オ)　CH_2Cl_2
(カ)　$CHCl_3$
(キ)　CCl_4
(ク)　酢酸ナトリウム

2

(ア)　C_nH_{2n}　(イ)　二重
(ウ)　付加　(エ)　赤褐
(オ)　エタノール
(カ)　$160 \sim 170$

3

(ア)　C_nH_{2n-2}
(イ)　三重
(ウ)　付加
(エ)　エチレン（C_2H_4）
(オ)　エタン（C_2H_6）
(カ)　塩化ビニル
(キ)　ビニルアルコール
(ク)　アセトアルデヒド
(ケ)　炭化カルシウム

4

(1)　アルカン　C_nH_{2n+2}
　　(ウ)，(エ)，(ク)
(2)　アルケン　C_nH_{2n}
　　(ア)，(オ)，(ケ)
(3)　アルキン　C_nH_{2n-2}
　　(イ)，(カ)，(キ)
(4)　シクロアルカン　C_nH_{2n}
　　(ア)，(オ)，(ケ)
(5)　シクロアルケン　C_nH_{2n-2}
　　(イ)，(カ)，(キ)

23　脂肪族炭化水素 —— 291

基本例題 93　付加反応　　　　　　　　　　　　基本➡471, 472

(ア)
$$H \atop H$$ C=C $CH_2-CH_3 \atop H$

(イ)　$CH_3-C≡C-CH_3$

(ウ)
$$H \atop H$$ C=C $CH_3 \atop CH_3$

(1)　化合物(ア)に水素を付加したとき，得られる化合物の構造式を記せ。

(2)　化合物(イ)に臭素を1分子付加したとき，得られる化合物の構造式を記せ。

(3)　化合物(ウ)に塩化水素を付加したとき，得られる化合物の構造式を記せ。

●**エクセル**　付加反応の鉄則　三重結合 $\xrightarrow{\text{付加}}$ 二重結合 $\xrightarrow{\text{付加}}$ 単結合

考え方

(1)　二重結合1つが切れ単結合になる。

(2)　二重結合をもつ化合物は幾何異性体に注意。

(3)　アルケンへの付加では，付加する化合物の向きの違いから，2通りの化合物が生じる場合がある。

解答

(1)　ブタンが生成する。　　$CH_3-CH_2-CH_2-CH_3$

(2)　互いに幾何異性体の関係にある2種類が生成する。

$$CH_3 \atop Br$$ C=C $CH_3 \atop Br$　　　$CH_3 \atop Br$ C=C $Br \atop CH_3$

(3)　HCl の入り方で2種類の化合物が生成する。

$$H \atop H$$ C=C $CH_3 \atop CH_3$　H　Cl　$\longrightarrow$　$CH_3-\overset{\displaystyle CH_3}{\underset{\displaystyle Cl}{C}}-CH_3$

$$H \atop H$$ C=C $CH_3 \atop CH_3$　Cl　H　$\longrightarrow$　$Cl-CH_2-\overset{}{\underset{\displaystyle CH_3}{CH}}-CH_3$

基本例題 94　炭化水素の反応経路図　　　　　　　基本➡472, 473

次の反応経路図において，(ア)～(オ)の示性式を記せ。

(ア) $\xleftarrow{\text{+HCl}}$　$H-C≡C-H$　$\xrightarrow{\text{+H}_2}$ (イ)

$\swarrow$ +Cl₂　　↓ +H₂O　　　↓ +H₂

(エ)　　　　(オ)　　　　(ウ)

●**エクセル**　アルケン・アルキンは付加反応が重要。

考え方

　付加反応では，二重結合の一つが切れ，新たに単結合が生成する。

$$\text{C=C} \xrightarrow[\text{A–B}]{\text{付加}} -\overset{\displaystyle}{\underset{\displaystyle A}{C}}-\overset{\displaystyle}{\underset{\displaystyle B}{C}}-$$

解答

(ア)　$CH_2=CHCl$　　(イ)　$CH_2=CH_2$

(ウ)　CH_3CH_3　　(エ)　$CHCl=CHCl$

(オ)　CH_3CHO（$CH_2=CHOH$（ビニルアルコール）は不安定）

292 —— 6章　有機化合物

基本問題

467 ▶炭化水素の構造　次の物質の構造式を記せ。
(1)　アセチレン　　(2)　エチレン　　(3)　(2-)メチルプロパン
(4)　プロペン(プロピレン)　　(5)　プロピン　　(6)　シクロプロパン
(7)　シクロヘキセン

468 ▶メタンの製法　天然ガスの主成分であるメタンはアルカンの一種で，常温常圧では気体である。メタン分子は無極性で，有機溶媒には溶けるが水にはほとんど溶けない。実験室では<u>酢酸ナトリウムと水酸化ナトリウムの混合物を加熱してメタンを発生させる</u>。
(1)　メタンの立体構造を図示せよ。
(2)　下線部について，起こる反応を化学反応式で表せ。

469 ▶アルカンの置換反応　アルカンと塩素の混合物に紫外線を照射すると，水素原子が塩素原子で置換される。この反応で生成するモノクロロ置換体(一塩素化物)の構造異性体の数を調べ，アルカンを互いに識別する方法がある。下図に示すアルカンから生じるモノクロロ置換体はそれぞれ何種類あるか。ただし，光学異性体は考えないものとする。
　　　　　　　　　　　　　　　　　　　　　　　　　　　　　　(センター　改)
(1)　　　　　　　　　　　　　(2) 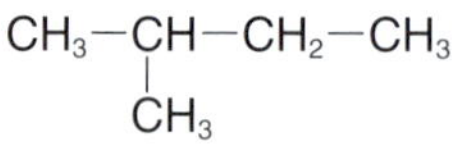　　　　　　　　　　　(3)　　　CH_3
　　　　　　　　　　　　　　　　　　　　　　　　　　　　　　　|
$CH_3-CH_2-CH_2-CH_2-CH_3$　　$CH_3-CH-CH_2-CH_3$　　CH_3-C-CH_3
　　　　　　　　　　　　　　　　　　　|　　　　　　　　　　　|
　　　　　　　　　　　　　　　　　　CH_3　　　　　　　　　CH_3

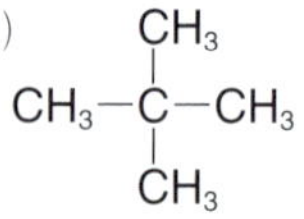

470 ▶エチレンの製法　エチレンやプロペンのように，1個の二重結合をもつ鎖式炭化水素は(　ア　)とよばれ，一般式(　イ　)で表される。実験室では，<u>エチレンはエタノールに濃硫酸を加え，約170℃に熱して発生させる</u>。
(1)　文中の(ア)，(イ)に適当な語句や化学式を入れよ。
(2)　下線部の反応を化学反応式で表せ。

471 ▶アルケンの構造　分子式 C_4H_8 のアルケンには，四種類の化合物がある。次の記述に当てはまる化合物を，下の(ア)～(エ)のうちから一つずつ選べ。
(1)　分子内のすべての炭素原子が同一平面上にない。
(2)　二重結合に臭素を付加させて得られる生成物が不斉炭素原子をもたない。

(ア)　H　　　　H　　(イ)　H　　　　CH_3　(ウ)　CH_3　　　CH_3　(エ)　CH_3　　　H
　　　　＼　　／　　　　　　＼　　／　　　　　　　＼　　／　　　　　　　＼　　／
　　　　　C＝C　　　　　　　C＝C　　　　　　　　C＝C　　　　　　　　C＝C
　　　　／　　　＼　　　　／　　　＼　　　　　／　　　＼　　　　　／　　　＼
　　　H　　CH_2-CH_3　　H　　CH_3　　　H　　H　　　　　H　　CH_3

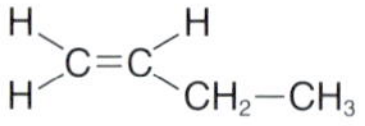

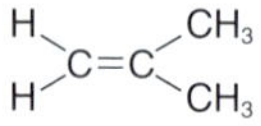

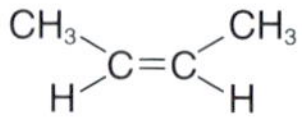

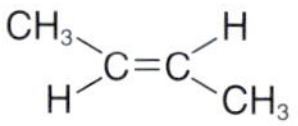

472 ▶ アセチレンの性質　アセチレンについての次の記述のうち，誤っているものを二つ選べ。
(1)　分子は直線構造をしている。
(2)　常温・常圧では無色・刺激臭の液体である。
(3)　酢酸を付加させると酢酸ビニルになる。
(4)　1分子の臭素を反応させて得られた化合物には幾何異性体が存在する。
(5)　アセチレンの三重結合の結合距離はエチレンの二重結合の結合距離より長い。

（自治医大　改）

473 ▶ 反応経路図　以下の反応経路において，(ア)〜(カ)に当てはまる化合物の構造式を記せ。

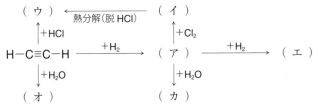

（弘前大　改）

474 ▶ アルキンの反応　炭化カルシウム CaC_2（式量 64）3.2g を水と完全に反応させてアセチレンを得た。

$$CaC_2 + 2H_2O \longrightarrow Ca(OH)_2 + C_2H_2$$

(1)　得られたアセチレンの質量は何 g か。
(2)　このアセチレンに水素を付加させてエチレンにするとき，消費される水素は標準状態で何 L か，有効数字 2 桁で求めよ。
(3)　(2)で得られたエチレンに水素を付加させてエタンにするとき，消費される水素は標準状態で何 L か，有効数字 2 桁で求めよ。

475 ▶ 脂肪族炭化水素の性質　脂肪族炭化水素について述べた次の記述のうち，正しいものに○を，誤っているものに×を記せ。
(1)　鎖状の飽和炭化水素を総称してアルカンという。
(2)　炭素数が 3 以上のアルカンには，構造異性体がある。
(3)　C_nH_{2n}（n は 2 以上の整数）で表される鎖式炭化水素には，二重結合が一つある。
(4)　アルカンの沸点は，炭素原子数が増加するにつれて低くなる。
(5)　アルケンは，二重結合を軸とした分子内の回転が自由にできる。
(6)　アルキンには幾何異性体がある。
(7)　同じ炭素数のシクロアルカンとアルケンは互いに構造異性体である。
(8)　炭素数が 2 以上のアルカンは正方形が連結した構造をしている。　（センター　改）

476 ▶ 石油の分留 石油に関する記述として誤りを含むものを，次の(1)〜(5)のうちから一つ選べ。
(1) 原油の主成分は，炭素と水素からなる有機化合物の混合物である。
(2) 原油の分留で得られる石油ガスの主成分は，メタンである。
(3) 原油の分留の際に最も低い温度で分離される液体成分は，ナフサである。
(4) 軽油は，ディーゼルエンジン用燃料などに用いられる。
(5) 残油に含まれる高沸点炭化水素を熱分解(クラッキング)すると，ガソリンなどが得られる。

477 ▶ 炭化水素の分子式 炭素数4の鎖式不飽和炭化水素を完全燃焼させたところ，二酸化炭素88mgと水27mgが生成した。この炭化水素8.1gに，触媒を用いて水素を付加させたところ，すべてが飽和炭化水素に変化した。このとき消費された水素分子の物質量は何molか。最も適当な数値を，次の(1)〜(6)のうちから一つ選べ。
(1) 0.15   (2) 0.30   (3) 0.47   (4) 0.56   (5) 0.60   (6) 0.65

（センター）

標準例題 95 アルケンへの付加   標準➡478

5.60gのアルケン C_nH_{2n} に臭素(分子量160)を完全に反応させ，37.6gの化合物を得た。このアルケンの炭素数 n はいくらか。

●エクセル アルケンには1mol，アルキンには2mol付加する。反応前後の分子量の変化に注目して式をたてる。

考え方
反応前後で質量は変化するが，物質量[mol]は変わらない。

解 答
もとのアルケンの分子量は $12n + 2n = 14n$ である。付加したあとの化合物の分子量は $14n + 160$ である。

$$>C=C< + Br_2 \longrightarrow -\underset{Br}{C}-\underset{Br}{C}-$$

反応前後で物質量[mol]は変わらないので，

$$\frac{5.60}{14n} = \frac{37.6}{14n + 160}$$ よって，$n = 2$ **答** $n = 2$

なお，アルキンの場合は以下のようになる。

$$-C \equiv C- + 2Br_2 \longrightarrow -\underset{Br\ Br}{\overset{Br\ Br}{C-C}}-$$

このとき，もとのアルキンの分子量は $12n + (2n-2) = 14n - 2$ であり，付加したあとの化合物の分子量は $14n - 2 + 320$ である。

アルキンの場合は，もとのアルキンの物質量[mol]と付加する臭素の物質量[mol]が1:2となることを用いて，立式すればよい。

標準例題 96 オゾン分解　　　　　　　　　　　　　　　　　標準➡482

一般に，炭素原子間の二重結合をオゾン分解すると，二重結合が切断され，次のように，カルボニル基をもつ2つの化合物が生じる。

$$\underset{R^2}{\overset{R^1}{>}}C=C\underset{R^4}{\overset{R^3}{<}} \xrightarrow{O_3} \underset{R^2}{\overset{R^1}{>}}C=O + O=C\underset{R^4}{\overset{R^3}{<}}$$

化合物 A をオゾン分解したところ，ホルムアルデヒド HCHO とアセトン CH_3COCH_3 を生じた。化合物 A の構造式を示せ。

●エクセル　オゾン分解によって生じる2つの化合物（アルデヒドまたはケトン）の構造から，もとのアルケンの構造を推定する。

考え方

R^1 および R^2（または R^3 および R^4）が炭化水素基の場合はケトンが生じる。R^1, R^2（または R^3, R^4）のいずれか一方でも H 原子になると，アルデヒドが生じる。両方が H 原子になると，ホルムアルデヒド HCHO が生じる。

解答

化合物 A をオゾン分解すると，ホルムアルデヒド HCHO とアセトン CH_3COCH_3 を生じたことから，次の変化が起こったことになる。

$$A \xrightarrow{O_3} \underset{H}{\overset{H}{>}}C=O + O=C\underset{CH_3}{\overset{CH_3}{<}}$$

生じたホルムアルデヒドとアセトンがもつ $>C=O$ が，もとのアルケンの $>C=C<$ に由来する。よって，構造式は右のようになる。　答

$$\underset{H}{\overset{H}{>}}C=C\underset{CH_3}{\overset{CH_3}{<}}$$

標準問題

478 ▶アルケンへの付加　あるアルケン C_nH_{2n} に臭素（分子量160）を完全に反応させたところ，もとのアルケンの約3.3倍の分子量をもつ生成物が得られた。このアルケンの炭素数 n はいくらか。

479 ▶アルキンの付加反応　次の記述に当てはまる化合物の構造式を，下の(ア)〜(オ)のうちからすべて選べ。
(1) 水素1分子が付加した生成物には，幾何異性体（シス-トランス異性体）が存在する。
(2) 水素2分子が付加した生成物には，不斉炭素原子が存在する。

(ア) $CH_3-CH_2-\underset{\underset{CH_3}{|}}{CH}-C≡C-H$ 　　(イ) $CH_3-\underset{\underset{CH_3}{|}}{CH}-C≡C-CH_3$

(ウ) $CH_3-CH_2-CH_2-\underset{\underset{CH_3}{|}}{CH}-C≡C-H$ 　　(エ) $CH_3-\underset{\underset{CH_3}{|}}{CH}-C≡C-\underset{\underset{CH_3}{|}}{CH}-CH_3$

(オ) $CH_3-CH_2-\underset{\underset{CH_3}{|}}{CH}-C≡C-\underset{\underset{CH_3}{|}}{CH}-CH_3$

(11 センター 改)

296 —— 6章　有機化合物

check! 480 ▶ 炭化水素の構造　炭素数7の不飽和炭化水素を完全燃焼させたところ，308 mg の二酸化炭素と 108 mg の水が生成した。また，この炭化水素の不飽和結合のすべてに臭素 Br_2 を付加させたところ，生成物に含まれる Br の質量の割合は 77% であった。この炭化水素の構造として最も適当なものを次の①〜④のうちから一つ選べ。

(10　センター)

(1)
$$\begin{array}{c} HC=CH \\ H_2C \quad\quad CH-CH_3 \\ H_2C-CH_2 \end{array}$$

(2)
$$\begin{array}{c} HC=CH \\ H_2C \quad\quad CH-CH_3 \\ HC=CH \end{array}$$

(3)　$CH_2=CHCH_2CH_2CH_2CH_2CH_3$

(4)　$CH_2=CHCH_2CH_2CH=CH_2$

481 ▶ 炭化水素の燃焼　標準状態で 1.68 L を占める気体の炭化水素である化合物 A に標準状態で 11.2 L の酸素を加えて完全燃焼させた。燃焼後の混合気体から水分を除くと気体の体積は標準状態で 9.52 L となった。さらに二酸化炭素を取り除くと，体積は標準状態で 6.16 L となった。この化合物 A に塩素を付加させると化合物 B が得られ，この化合物 B を加熱分解すると化合物 C が生成した。

問　化合物 A 〜 C の構造式と化合物名を答えよ。

(三重大)

482 ▶ オゾン分解　分子式 C_5H_{10} で示されるアルケンは 6 種類(A，B，C，D，E，F)存在する。それぞれの構造を決定するために次のような実験を行った。

a)　アルケン A 〜 F をそれぞれ触媒の存在下で水素と反応させると，アルケン A，B，C からは化合物 X が生成し，アルケン D，E，F からは化合物 Y が生成した。

b)　次の式に示すように，アルケン1を O_3 と反応させた後，酢酸中で Zn と反応させると，C=C の二重結合が開裂し，カルボニル化合物2，3が生成する。ここで，R^1，R^2，R^3，R^4 は，水素原子またはアルキル基を表す。

$$\begin{array}{ccc} \dfrac{R^1}{R^2}C=C\dfrac{R^3}{R^4} & \longrightarrow & \dfrac{R^1}{R^2}C=O \quad + \quad O=C\dfrac{R^3}{R^4} \\ 1 & & 2 \quad\quad\quad\quad 3 \end{array}$$

アルケン A 〜 F に対し，この反応を行ったところ，次の結果が得られた。

i)　アルケン A，B からケトンが生成した。

ii)　アルケン A，C，D からホルムアルデヒドが生成した。

iii)　アルケン B，E，F からアセトアルデヒドが生成した。

(1)　アルケン A，B，C，D の構造式を記せ。

(2)　アルケン E および F に可能な 2 種類の構造式を記せ。また，このような関係にある化合物を互いに何とよぶか。

(3)　アルケンに HBr を反応させると，Br_2 を反応させたときと同様に付加反応が起こる。アルケン A，B に HBr を付加させると，どちらからも 2 通りの化合物が生成する可能性がある。A，B から共通に生成する化合物 Z の構造式を記せ。

23 脂肪族炭化水素——297

483▶ケト-エノール互変異性　アルキンについて，次の(1)，(2)に答えよ。

(1) 分子式 C_2H_2 および C_3H_4 で表されるアルキンの名称を答えよ。

(2) 分子式 C_4H_6 をもつアルキンには構造異性体が２種類存在する。これらをアルキン A および B とし，以下の実験を行った。(i)，(ii)の問いに答えよ。

　実験１：アルキン A および B それぞれに対し，水素を適当な条件で反応させたところ，アルキン A からはアルケン C が，アルキン B からはアルケン D が，それぞれ生成した。アルケン C には幾何異性体が存在するが，アルケン D には幾何異性体が存在しないことがわかった。

　実験２：アルキン A および B に対して触媒を用いて水を付加させたところ，アルキン A からは化合物 E が得られたのに対し，アルキン B からは化合物 E および F が生成した。

　(i)　アルキン A および B の構造式をそれぞれ記せ。

　(ii)　化合物 E および F の構造式をそれぞれ記せ。　　　　　　（11　大阪府立大）

発展問題

484▶マルコフニコフ則　次の文章を読んで，化合物 A ～ C，G ～ L の構造式を記せ。なお，光学異性体を区別して記す必要はないが，不斉炭素原子が存在する場合には，不斉炭素原子に＊印をつけよ。

　アルケンに対する塩化水素の付加反応は，以下の図に示すように進行する。まず，H^+ が二重結合の片方の炭素原子に結合する。その結果として，もう一方の炭素原子上に正電荷をもった炭素陽イオン（カルボカチオン）中間体が生成する。正電荷をもつ炭素原子に結合しているアルキル基が多いほど（水素原子が少ないほど），カルボカチオン中間体は安定である。そして，より安定なカルボカチオン中間体を経る生成物が優先して得られる。なお，酸性水溶液中での水の付加も，塩化水素の場合と同様の生成物が優先して得られる。

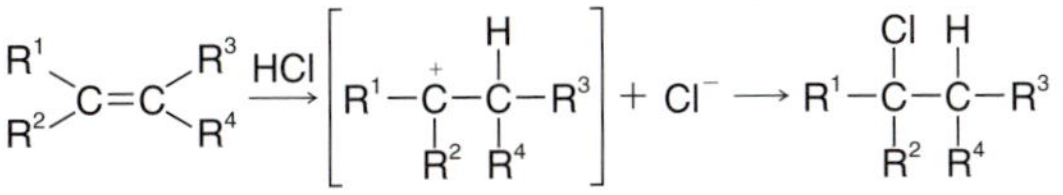

　さて，分子式が C_5H_{10} で表されるアルケンには６種類の異性体（A ～ F）があり，このうち，化合物 A，B，C の３種類は直鎖状構造をしている。A を塩化水素と反応させたところ，２種の付加生成物 G と H のうち G が優先して生成した。一方，B と C を塩化水素と反応させると，どちらからも化合物 G と I が生成した。

　次に，残りの３つの異性体 D，E，F に酸性条件下で水を付加させたところ，２種のアルコール J または K，あるいはその両方が主生成物として得られた。J を二クロム酸カリウムの硫酸酸性水溶液で穏やかに酸化したところ，新しい中性の化合物 L が得られたが，K は同じ条件では変化しなかった。また，L はフェーリング液に対する反応が陰性だった。

（名大）

24 酸素を含む脂肪族化合物

❶ アルコール R−OH　ヒドロキシ基をもつ脂肪族化合物

◆1　アルコールの分類

①ヒドロキシ基(−OH)についた炭素原子の環境による分類

分類	構造式	例	沸点(℃)
第一級アルコール	R−CH₂−OH	$C_3H_7-CH_2-OH$ 1-ブタノール	117
第二級アルコール	R−CH−OH のR'	$C_2H_5-CH-OH$ のCH₃ 2-ブタノール	99
第三級アルコール	R'−C−OH のR, R''	CH₃ CH₃−C−OH CH₃ 2-メチル-2-プロパノール	83

②ヒドロキシ基の数による分類

分類	例
1価アルコール	CH_3-OH メタノール
2価アルコール	CH_2-OH CH_2-OH 1,2-エタンジオール(エチレングリコール)
3価アルコール	CH_2-OH $CH-OH$ CH_2-OH 1,2,3-プロパントリオール(グリセリン)

◆2　性質
親水性のヒドロキシ基(−OH)をもつため，炭素数の少ないものは水によく溶け，同じ分子量の炭化水素に比べると，沸点や融点が高い。また，水溶液は中性を示す。

◆3　反応

①金属ナトリウムと激しく反応して水素を発生する(同じ分子式のエーテルでは反応しない)。

$$2R-OH + 2Na \longrightarrow 2R-ONa + H_2$$

②ニクロム酸カリウムなどの酸化剤と反応する(第一級，第二級アルコール)。

$$R-CH_2-OH \xrightleftharpoons[\text{還元}(+2H)]{\text{酸化}(-2H)} R-C-H \xrightleftharpoons[\text{還元}(-O)]{\text{酸化}(+O)} R-C-OH$$

第一級アルコール　　　アルデヒド　　　カルボン酸

$$R-CH-OH \xrightleftharpoons[\text{還元}(+2H)]{\text{酸化}(-2H)} R-C-R' \xrightarrow{\text{酸化}} \times \text{これ以上酸化されない}$$

第二級アルコール　　　ケトン

第三級アルコールは酸化されにくい。

③濃硫酸などの脱水剤の存在下で加熱すると脱水する。低温ではエーテル，高温ではアルケンを生じる。

④カルボン酸と反応してエステルを生じる。

◆4 おもなアルコール

①メタノール　無色の液体。工業的には一酸化炭素と水素の反応で得られる。

[酸化反応]

$$CH_3-OH \xrightarrow{\text{酸化}} \underset{\text{ホルムアルデヒド}}{H-\overset{\displaystyle ||}{\underset{\displaystyle O}{C}}-H} \xrightarrow{\text{酸化}} \underset{\text{ギ酸}}{H-\overset{\displaystyle ||}{\underset{\displaystyle O}{C}}-OH}$$

メタノール

②エタノール　無色の液体。工業的にはエチレンと水の付加反応や発酵で得られる。

[酸化反応]

$$CH_3-CH_2-OH \xrightarrow{\text{酸化}} \underset{\text{アセトアルデヒド}}{CH_3-\overset{\displaystyle ||}{\underset{\displaystyle O}{C}}-H} \xrightarrow{\text{酸化}} \underset{\text{酢酸}}{CH_3-\overset{\displaystyle ||}{\underset{\displaystyle O}{C}}-OH}$$

エタノール

[脱水・縮合反応]

$$2CH_3-CH_2-OH \xrightarrow[\text{分子間脱水}]{130\sim140℃} CH_3-CH_2-O-CH_2-CH_3 + H_2O$$

エタノール　　　　　　　　　　　　　　　ジエチルエーテル

$$CH_3-CH_2-OH \xrightarrow[\text{分子内脱水}]{160\sim170℃} CH_2=CH_2 + H_2O$$

エタノール　　　　　　　　　　　　　エチレン

❷ エーテル R−O−R′　エーテル結合(−O−)をもつ。

◆1　**製法と性質**　アルコール2分子の縮合で得られる。アルコールの構造異性体。極性(電荷のかたより)が小さく,同じ分子式のアルコールより融点・沸点が低い。

◆2　**おもなエーテル**　ジエチルエーテル　$CH_3-CH_2-O-CH_2-CH_3$
沸点34℃,引火性が高い。薬品との反応性が乏しいので,溶媒として使われる。

❸ アルデヒド R−CHO　ホルミル基(−CHO)をもつ。

◆1　**製法と性質**　第一級アルコールの酸化で得られる。容易に酸化されてカルボン酸になる。ホルミル基(アルデヒド基)は,酸化されやすく還元性がある。

◆2　**おもなアルデヒド**

$H-\overset{||}{\underset{O}{C}}-H$ ホルムアルデヒド	・メタノールを酸化して得る。実験室では,メタノールを銅触媒を用いて酸化する。 ・刺激臭のある気体で,その水溶液はホルマリンとよばれる。
$CH_3-\overset{||}{\underset{O}{C}}-H$ アセトアルデヒド	・エタノールを二クロム酸カリウム $K_2Cr_2O_7$ などの酸化剤で酸化して得る。 ・刺激臭のある液体である。

◆3　**アルデヒドの検出**

①銀鏡反応　アンモニア性硝酸銀水溶液を加えて加熱すると,銀が析出する。

②フェーリング液の還元　フェーリング液(Cu^{2+}の錯イオンを含んでいる)を還元して,酸化銅(Ⅰ)Cu_2O の赤色沈殿を生じる。

④ ケトン R—CO—R′   カルボニル基（—CO—）をもつ。

◆1 **製法と性質**　第二級アルコールの酸化で得られる。アルデヒドと違い還元性はない。

◆2 **おもなケトン**　アセトン　$CH_3—CO—CH_3$
2-プロパノールの酸化で生じる。実験室では，酢酸カルシウムの乾留で得る。
$(CH_3COO)_2Ca \longrightarrow CH_3—CO—CH_3 + CaCO_3$

◆3 **検出**　ヨードホルム反応
右図のような構造をもつ化合物に，塩基性でヨウ素を作用させると，ヨードホルム CHI_3 の黄色結晶を生じる。

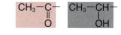

例：アセトン，アセトアルデヒド，エタノール，2-プロパノールなど

⑤ カルボン酸 R—COOH   カルボキシ基（—COOH）をもつ。

◆1 **製法と性質**　アルデヒドの酸化で得られる。カルボキシ基の数を価数といい，1価のカルボン酸をとくに脂肪酸という。
①水に溶けやすく，水溶液は弱酸性を示す。$R—COOH \rightleftarrows R—COO^- + H^+$
②塩基と中和反応する。$R—COOH + NaOH \longrightarrow R—COONa + H_2O$
③炭酸水素ナトリウムと反応して二酸化炭素を発生する（カルボン酸の検出）。
　$R—COOH + NaHCO_3 \longrightarrow R—COONa + H_2O + CO_2$

◆2 **おもな脂肪酸**
①ギ酸　HCOOH　メタノール，ホルムアルデヒドの酸化で得られる。ホルミル基をもつので還元性を示す。

②酢酸　CH_3COOH
エタノール，アセトアルデヒドの酸化で得られる。冬季は凝固しやすいため，純粋な酢酸を氷酢酸という。

◆3 **鏡像異性体**
4つの異なる原子団が結合している炭素原子をとくに不斉炭素原子という。不斉炭素原子を正四面体の中心において立体的に考えると，互いに重ねあわせることのできない二種類の異性体が存在する。これを鏡像異性体という。

例：乳酸

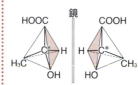

◆4 **その他のカルボン酸**
①**不飽和ジカルボン酸**　カルボキシ基を2つもち，二重結合を有する。

　　H　　H　　　　　　H　　COOH
　　 \\C=C/　　　　　　\\C=C/
　HOOC　 COOH　　HOOC　　H
　マレイン酸（シス形）　　フマル酸（トランス形）

②**酸無水物**　2つのカルボキシ基から水がとれて生じた化合物。

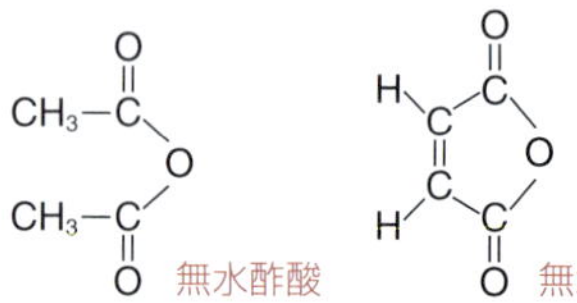

　$CH_3—C(=O)—O—C(=O)—CH_3$　　無水マレイン酸
　　無水酢酸

6 エステル R−COO−R′ エステル結合(−COO−)をもつ。

◆1 製法と性質
①カルボン酸とアルコールを，濃硫酸を触媒として縮合して得られる化合物。
$$RCOOH + R'{-}OH \longrightarrow RCOOR' + H_2O$$
②中性で，水に溶けにくい。独特の芳香がある。
③酸や塩基の水溶液を加えて加熱すると加水分解される。塩基による加水分解をとくにけん化という。
$$RCOOR' + H_2O \longrightarrow RCOOH + R'{-}OH \quad (加水分解)$$
$$RCOOR' + NaOH \longrightarrow RCOONa + R'{-}OH \quad (けん化)$$

◆2 おもなエステル　酢酸エチル　酢酸とエタノールから生じる芳香のある液体。

$$CH_3-\underset{\underset{O}{\|}}{C}-OH + CH_3-CH_2-OH \longrightarrow CH_3-\underset{\underset{O}{\|}}{C}-O-CH_2-CH_3 + H_2O$$
　　酢酸　　　　　エタノール　　　　　　酢酸エチル

7 油脂とセッケン　エステル結合(−COO−)をもつ。

◆1 油脂
高級脂肪酸(炭素数の多い[16，18など]カルボン酸)とグリセリンのエステルで，動植物に含まれる。常温で固体のものを脂肪，液体のものを脂肪油という。また，不飽和の高級脂肪酸からなる液体の油脂に水素を付加させると，固体になり，こうしてつくった油脂を硬化油という。

$$\begin{array}{l}CH_2-O-\underset{\underset{O}{\|}}{C}-R^1\\CH-O-\underset{\underset{O}{\|}}{C}-R^2\\CH_2-O-\underset{\underset{O}{\|}}{C}-R^3\end{array}$$

◆2 セッケン
①油脂を水酸化ナトリウムでけん化すると，脂肪酸のナトリウム塩(セッケン)とグリセリンが得られる。

$$\begin{array}{l}CH_2-O-COR^1\\CH-O-COR^2\\CH_2-O-COR^3\end{array} + 3NaOH \longrightarrow \begin{array}{l}CH_2-OH\\CH-OH\\CH_2-OH\end{array} + \begin{array}{l}R^1-COONa\\R^2-COONa\\R^3-COONa\end{array} セッケン$$

②セッケンは，親水性の部分と疎水性の炭化水素基をもつので，乳化作用，洗浄作用をもつ。弱酸と強塩基の塩なので，弱塩基性を示す。Ca^{2+}やMg^{2+}とは，水に溶けにくい塩をつくるので，これらのイオンを多く含む水(硬水という)では泡立ちが悪い。

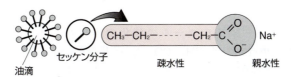

③アルキルベンゼンスルホン酸ナトリウム($R-C_6H_4-SO_3^-Na^+$)などの合成洗剤は，不溶性の塩をつくらず，硬水中でも泡立ちが悪くならない。

WARMING UP／ウォーミングアップ

次の文中の（　）に適当な語句・化学式を入れよ。

1 アルコールの分類

分子内に(ア)基をもつ化合物，すなわちR−OH(Rは炭化水素基)の構造をもつ化合物をアルコールという。アルコールは，分子間に水素結合がはたらき，分子量が同程度の炭化水素より沸点が(イ)い。アルコールは，(ア)基が結合している炭素原子の場所に注目して，以下のように分類される。

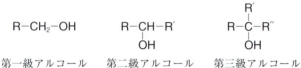

第一級アルコール　　第二級アルコール　　第三級アルコール

2 アルコールの酸化

第一級アルコールを酸化すると(ア)が得られる。さらに(ア)を酸化すると(イ)を生じる。例えば，メタノール CH₃−OH を酸化すると示性式(ウ)で表される(エ)となり，さらに酸化すると示性式(オ)で表される(カ)となる。

第二級アルコールを酸化すると(キ)が得られる。例えば2-プロパノールを酸化すると，示性式(ク)で表される(ケ)となる。第三級アルコールは，通常は酸化されない。

3 エーテル

エーテルは，アルコールの(ア)異性体で，R−O−R′ という(イ)結合をもつ。アルコールとエーテルを区別するには，(ウ)と反応させて，水素が発生した方が(エ)である。

4 アルデヒドとケトン

アルデヒドは，第(ア)級アルコールの酸化で得られ，−CHO という(イ)基をもち，(ウ)性を有する。アルデヒドにアンモニア性硝酸銀を加えて加熱すると銀が析出する反応を(エ)反応という。また，フェーリング液を還元し，(オ)色の(カ)を沈殿させる。

ケトンは，第(キ)級アルコールの酸化で得られ，R−CO−R′ という構造をもつ。CH₃−CO− という構造をもつケトンに，ヨウ素と水酸化ナトリウム水溶液を加えて加熱すると，(ク)色の(ケ)の沈殿が生じる。

1
- (ア) ヒドロキシ
- (イ) 高

2
- (ア) アルデヒド
- (イ) カルボン酸
- (ウ) HCHO
- (エ) ホルムアルデヒド
- (オ) HCOOH
- (カ) ギ酸　(キ) ケトン
- (ク) CH₃COCH₃
- (ケ) アセトン

3
- (ア) 構造
- (イ) エーテル
- (ウ) (金属)ナトリウム
- (エ) アルコール

4
- (ア) 一
- (イ) ホルミル
- (ウ) 還元　(エ) 銀鏡
- (オ) 赤
- (カ) 酸化銅(Ⅰ)
- (キ) 二　(ク) 黄
- (ケ) ヨードホルム

5 カルボン酸の性質

カルボン酸は—COOH という(ア)基をもつ化合物の総称で，例えば，ギ酸は示性式(イ)で，酢酸は示性式(ウ)で表される。

カルボン酸はアルコールを(エ)して得られる。例えば，酢酸は(オ)の酸化で，ギ酸は(カ)の酸化で得られる。また，アルデヒドを酸化しても得られる。

カルボン酸のうち，炭素数の少ないものは水に溶けて(キ)性を示す。したがって，塩基と中和反応し，また，炭酸水素ナトリウムと反応して(ク)を発生する。

カルボン酸を十酸化四リンなどの脱水剤と加熱すると，脱水反応が起き，酸無水物となる。例えば酢酸の場合は(ケ)が得られる。ジカルボン酸であるマレイン酸の場合は(コ)が生じる。

6 エステル

カルボン酸とアルコールの脱水縮合で得られる化合物をエステルといい，合成するときは(ア)を触媒として用いる。酢酸とエタノールの反応で得られる(イ)は，示性式(ウ)で表され，化合物を溶かすための溶剤や，その芳香から，食品添加物として使われる。

エステルをもとのカルボン酸とアルコールに分解する反応を(エ)といい，とくに，塩基を用いる場合を(オ)という。

7 油脂

油脂は，高級脂肪酸と(ア)とのエステルで，動植物中に含まれる。常温で固体の油脂を(イ)，液体の油脂を(ウ)という。

油脂に水酸化ナトリウムを加えて加熱するとけん化され，高級脂肪酸のナトリウム塩(セッケン)と，(ア)になる。

セッケンは水溶液中で(エ)性を示す。また，Ca^{2+}やMg^{2+}を多く含む水溶液中では泡立ちが悪い。

セッケンは(オ)性の炭化水素基 R—と，(カ)性のイオン部分—COO^-Na^+からなり，油滴を取り囲み，油滴を微粒子として分散する。この現象を(キ)といい，油汚れなどを落とすことができる。

5
- (ア) カルボキシ
- (イ) HCOOH
- (ウ) CH_3COOH
- (エ) 酸化
- (オ) エタノール
- (カ) メタノール
- (キ) 酸
- (ク) 二酸化炭素
- (ケ) 無水酢酸
- (コ) 無水マレイン酸

6
- (ア) 濃硫酸
- (イ) 酢酸エチル
- (ウ) $CH_3COOC_2H_5$
- (エ) 加水分解
- (オ) けん化

7
- (ア) グリセリン
- (イ) 脂肪
- (ウ) 脂肪油
- (エ) 塩基
- (オ) 疎水
- (カ) 親水
- (キ) 乳化

基本例題 97 エタノールの反応 基本➡495

次の反応経路図において，(ア)～(オ)の示性式を記せ。

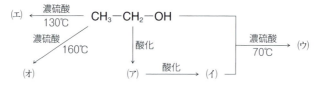

● エクセル　アルコールのおもな反応
①酸化反応　②脱水反応　③エステル化

考え方

官能基ごとの性質の違いに注目しよう。

解答

第一級アルコールを酸化すると，アルデヒドを経てカルボン酸になる。　答　(ア) CH_3CHO　(イ) CH_3COOH

カルボン酸とアルコールが縮合して，エステルとなる。
答　(ウ) $CH_3COOC_2H_5$

エタノールが脱水するときは，温度によって生成物が異なる。　答　(エ) $C_2H_5OC_2H_5$　(オ) $CH_2=CH_2$

基本例題 98 アルコールの反応 基本➡485

分子式 C_3H_8O のアルコールには，次の2種類がある。

(a)　$CH_3-CH_2-CH_2-OH$ $\xrightarrow{酸化}$ (ア) $\xrightarrow{酸化}$ (イ)

(b)　$CH_3-CH(OH)-CH_3$ $\xrightarrow{酸化}$ (ウ)

(1) アルコール(a), (b)をそれぞれ酸化した。このときに得られる化合物(ア)～(ウ)の示性式を記せ。
(2) 化合物(ア)～(ウ)の一般名を答えよ。
(3) 分子式 C_3H_8O のエーテルの示性式を記せ。

● エクセル　
第一級アルコール $\xrightarrow{酸化}$ アルデヒド $\xrightarrow{酸化}$ カルボン酸
第二級アルコール $\xrightarrow{酸化}$ ケトン

考え方

(1) アルコールの級数と，酸化のされ方に注意する。

(3) 分子式が C_3H_8O で表される化合物をかいてみると，計3種類あることがわかる。

解答

(1) 答　(ア) CH_3CH_2CHO　(イ) CH_3CH_2COOH
　　(ウ) CH_3COCH_3
(2) 答　(ア) **アルデヒド**　(イ) **カルボン酸**　(ウ) **ケトン**
(3) アルコールとエーテルは互いに構造異性体である。エーテルは一般に反応性に乏しい。　答　$C_2H_5OCH_3$

24 酸素を含む脂肪族化合物 —— 305

基本例題 99 官能基の検出   基本➡487, 493

次の記述で表される脂肪族化合物の示性式を示せ。

(1) 分子式 C_2H_6O の化合物で，単体のナトリウムと反応して水素を発生する。

(2) 分子式 C_2H_6O の化合物で，単体のナトリウムと反応しない。

(3) 分子式 C_3H_6O の化合物で，フェーリング液を還元する。

(4) 分子式 C_3H_6O の化合物で，ヨードホルム反応を示す。

●エクセル　　酸素を含む脂肪族化合物
　　　　　　分子式　　　$C_nH_{2n+2}O$　アルコールとエーテル
　　　　　　　　　　　　$C_nH_{2n}O$　　アルデヒドとケトン

考え方

酸素を含む脂肪族化合物の分子式と性質を確認しよう。

解答

(1) 分子式の一般式が $C_nH_{2n+2}O$ で表され，単体のナトリウムと反応するのはアルコールである。

(2) 分子式の一般式が $C_nH_{2n+2}O$ で表され，単体のナトリウムと反応しないのはエーテルである。

(3) 分子式の一般式が $C_nH_{2n}O$ で表され，フェーリング液を還元するのはアルデヒドである。

(4) 分子式が C_3H_6O で表され，ヨードホルム反応を示す CH_3CO- か $CH_3CH(OH)-$ の構造をもつのはアセトンである。　**答** (1) C_2H_5OH　　(2) CH_3OCH_3

(3) CH_3CH_2CHO　(4) CH_3COCH_3

基本問題

485▶**アルコールの反応**　次にあげたアルコールについて，下の(1)～(3)に答えよ。

(ア) CH_3-CH_2-OH

(イ) $CH_3-CH_2-CH_2-OH$

(ウ) $CH_3-\underset{\underset{OH}{|}}{\overset{\overset{CH_3}{|}}{C}}-CH_3$

(エ) $CH_3-\underset{\underset{CH_3}{|}}{CH}-CH_2-OH$

(オ) $CH_3-CH_2-\underset{\underset{OH}{|}}{CH}-CH_3$

(1) 酸化されにくいものはどれか，すべてあげよ。

(2) 酸化するとケトンを生じるものはどれか，すべてあげよ。

(3) ヨードホルム反応を示すものはどれか，すべてあげよ。

306 —— 6章　有機化合物

486 ▶アルコールの構造異性体　次の文章中の化合物 C ～ G の示性式を記せ。また，㋐～㋕に適当な語句を入れよ。

分子式 C_3H_8O のアルコールには，以下の A，B の 2 種類がある。

A　$CH_3-CH_2-CH_2-OH$　　B　$CH_3-CH(OH)-CH_3$

化合物 A をおだやかに酸化すると C が生成した。C は，アンモニア性硝酸銀水溶液を加えて温めると銀が析出し，（ ㋐ ）反応を示した。C をさらに酸化すると D が得られた。D の水溶液は，（ ㋑ ）色のリトマス紙を（ ㋒ ）色に変えた。A は金属ナトリウムと反応させると（ ㋓ ）を発生した。

化合物 B を酸化すると E となった。E に水酸化ナトリウム水溶液とヨウ素を入れて反応させると，（ ㋔ ）反応を示し，特異なにおいのする黄色沈殿 F が得られた。また，B を濃硫酸と加熱すると（ ㋕ ）反応を起こしてアルケン G が生成した。

487 ▶アルデヒドとケトン　次の記述のうち，アセトアルデヒドに当てはまるものには A を，アセトンに当てはまるものには B を，両方に当てはまるものには C を記せ。
⑴　酸化するとカルボン酸になる。　　⑵　ヨードホルム反応を示す。
⑶　フェーリング液を還元する。　　⑷　銀鏡反応を示す。
⑸　2-プロパノールの酸化で得られる。　　　　　　　　　　　　　　（センター）

488 ▶脂肪族化合物の性質　次の記述のうち，酢酸に当てはまるものには A を，エタノールに当てはまるものには B を，どちらにも当てはまらないものには C を記せ。
⑴　水酸化ナトリウム水溶液と反応する。
⑵　硫酸酸性二クロム酸カリウム水溶液で酸化される。
⑶　炭酸水素ナトリウム水溶液と反応して二酸化炭素を発生する。
⑷　ヨウ素と水酸化ナトリウム水溶液を加えて加熱すると黄色の結晶が生成する。
⑸　ヒドロキシ基の水素原子が水素イオンとして電離しやすく，その水溶液は酸性を示す。

489 ▶酢酸　文中の㋐～㋗に適当な語句を入れよ。

分子中に（ ㋐ ）基をもつ化合物をカルボン酸という。また，乳酸のように（ ㋐ ）基と（ ㋑ ）基をもつ化合物をヒドロキシ酸という。

ギ酸は最も簡単なカルボン酸で，構造中に（ ㋐ ）基のほかに（ ㋒ ）基に相当する部分を含むので（ ㋓ ）を示す。酢酸は食酢中にも含まれ，純粋なものは冬季に凍結するので（ ㋔ ）とよばれる。酢酸の水溶液は弱い酸性を示し，水酸化ナトリウム水溶液に酢酸を加えると反応して酢酸ナトリウムとなる。酢酸ナトリウム水溶液に塩酸を加えると，酢酸が遊離するが，二酸化炭素を通じても酢酸は遊離しない。このことから，酢酸の酸性は，塩酸よりも（ ㋕ ）こと，ならびに，二酸化炭素の水溶液よりも（ ㋖ ）ことがわかる。

490 ▶ ジカルボン酸の性質　文中の(ア)〜(カ)に適当な語句を入れよ。また，下線部の化学反応式を記せ。

カルボキシ基を2つもつ化合物をジカルボン酸といい，分子式 $C_4H_4O_4$ で表されるものには，(ア)と(イ)がある。(ア)は分子内で脱水を起こし，(ウ)となる。(ア)と(イ)は互いに(エ)異性体で，(ア)は(オ)体，(イ)は(カ)体である。　　(センター)

491 ▶ エステル　下表の組み合わせからできるエステルについて，エステル A〜H の示性式を示せ。

	ギ酸	酢酸		ギ酸	酢酸
メタノール	A	B	エタノール	C	D
1-プロパノール	E	F	2-プロパノール	G	H

実験 論述 492 ▶ エステルの合成　酢酸3mLにエタノールを3mL加え，さらに，(ア)濃硫酸を数滴加えたのち，80℃の温湯中で10分間加熱した(右図)。反応後，水10mLを加え，上層を別の試験管にとり，その中に(イ)飽和炭酸水素ナトリウム水溶液を加えると，芳香のある化合物が得られた。

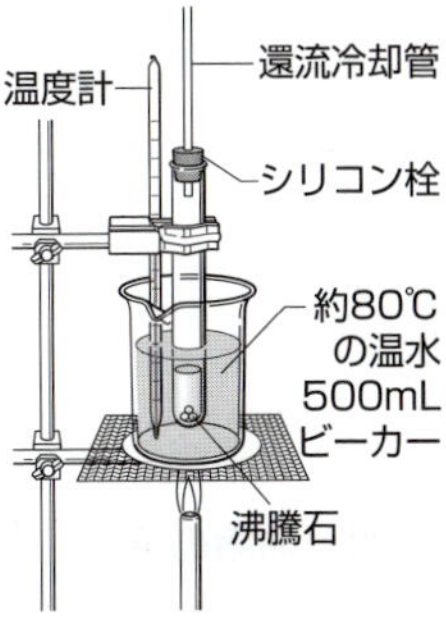

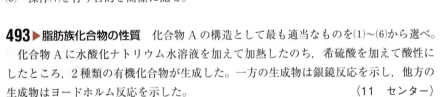

(1) この反応で生じた芳香のある物質の名称を記せ。
(2) 図中の還流冷却管はどのような目的で使用しているか。
(3) この反応の化学反応式を構造式で記せ。
(4) 操作(ア)において，濃硫酸を加える目的を簡潔に記せ。
(5) 操作(イ)を行う目的を簡潔に記せ。

493 ▶ 脂肪族化合物の性質　化合物 A の構造として最も適当なものを(1)〜(6)から選べ。
化合物 A に水酸化ナトリウム水溶液を加えて加熱したのち，希硫酸を加えて酸性にしたところ，2種類の有機化合物が生成した。一方の生成物は銀鏡反応を示し，他方の生成物はヨードホルム反応を示した。　　(11　センター)

(1) 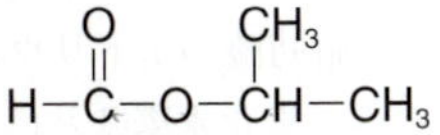 H-CO-O-CH(CH₃)-CH₃
(2) 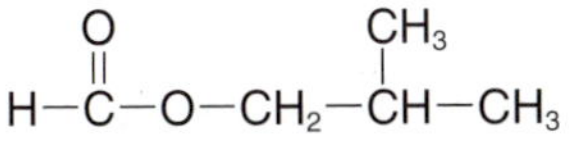 H-CO-O-CH₂-CH₂-CH₃
(3) 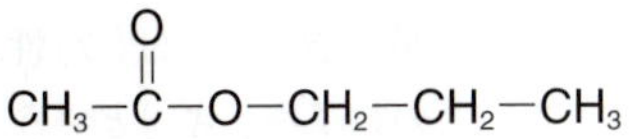 CH₃-CO-O-CH₂-CH₂-CH₃
(4) 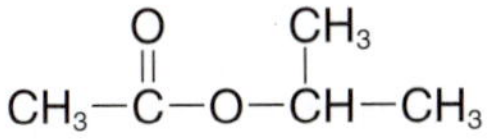 CH₃-CO-O-CH(CH₃)-CH₃
(5) 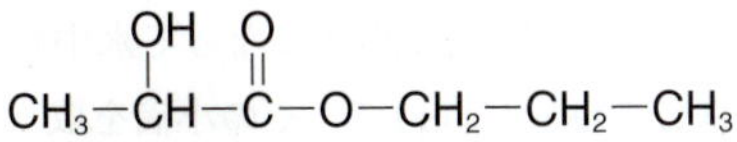 CH₃-CH(OH)-CO-O-CH₂-CH₂-CH₃
(6) 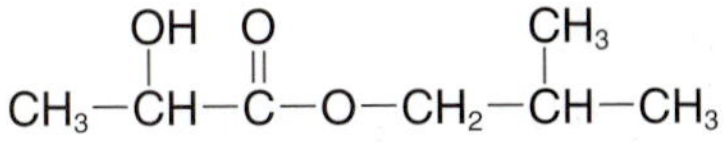 CH₃-CH(OH)-CO-O-CH₂-CH(CH₃)-CH₃

308 —— 6章　有機化合物

494 ▶官能基とその性質　次の(1)～(5)に当てはまる物質の示性式を A 群から，また関連する性質を B 群から選べ。

(1)　カルボン酸　　(2)　アルコール　　(3)　アルデヒド　　(4)　エステル　　(5)　ケトン

　　[A 群]　(ア)　CH_3COOCH_3　　(イ)　CH_3COOH　　(ウ)　CH_3COCH_3
　　　　　　(エ)　$HCHO$　　(オ)　CH_3OH

　　[B 群]　(a)　還元作用があり，フェーリング液を還元する。
　　　　　　(b)　水溶液は酸性を示し，塩基と中和反応する。
　　　　　　(c)　酸とアルコールの反応で生じる。
　　　　　　(d)　中性であり，金属ナトリウムと反応する。
　　　　　　(e)　第二級アルコールの酸化によって生じる。

495 ▶反応経路図　次の反応経路において，(ア)～(キ)に当てはまる化合物の構造式を記せ。

$$
\begin{array}{c}
(\text{エ}) \xleftarrow{\ H_2\ } HC\equiv CH \\
\end{array}
$$

160～170℃↑脱水　　　　　　　│H_2O

$CH_3-CH_2-OH \xrightarrow{\text{酸化}} (\text{ア}) \xrightarrow{\text{酸化}} (\text{イ})$

130～140℃↓脱水　　　　│縮合　　　　　│$Ca(OH)_2$

（オ）　　　　　　　（ウ）　　　　（キ）$\xleftarrow{\text{熱分解}}$（カ）

496 ▶油脂の性質　文中の(ア)～(ク)に適当な語句を入れよ。

　油脂は高級脂肪酸と（ ア ）の（ イ ）である。そして，油脂を構成する脂肪酸の種類によって，油脂の性質が変わってくる。例えば（ ウ ）脂肪酸を主とする油脂は室温で固体のものが多く，（ エ ）とよばれる。一方，（ オ ）脂肪酸を主とする油脂は室温で液体のものが多く，（ カ ）とよばれる。（ オ ）脂肪酸のもつ二重結合はアルケンと同じ性質があり，ヨウ素や水素が（ キ ）する。とくに，ニッケル触媒を用いて水素を（ キ ）させると固体の油脂に変えられる。このようにして得られた油脂を（ ク ）という。　　　（明治薬科大　改）

497 ▶セッケン　文中の(ア)～(サ)に適当な語句を入れよ。

　油脂に水酸化ナトリウムを加えて加熱すると，油脂は（ ア ）と脂肪酸のナトリウム塩（セッケン）になる。この反応を（ イ ）という。セッケンは，（ ウ ）性の炭化水素基と（ エ ）性のイオンの部分からできている。セッケンを水に溶かすと，脂肪酸イオンは(ウ)性部分を（ オ ）側に，(エ)性部分を（ カ ）側にして粒子をつくる。この粒子を（ キ ）という。

　油脂は水と混じらないが，セッケン水に入れて振ると微細な小滴になって水中に分散する。これはセッケンの脂肪酸イオンが(ウ)性部分を油脂に向けて，その小滴を取り囲むためである。セッケンのこの作用を（ ク ）という。また，セッケン水の表面では，セッケンの(ウ)性部分は（ ケ ）側に，(エ)性部分は（ コ ）側に向いて並ぶことにより，水の（ サ ）は著しく下がる。このため，セッケン水は繊維などの隙間にしみこみやすい。

標準例題 100 油脂のけん化　　標準→509

パルミチン酸 $C_{15}H_{31}COOH$ のみからなる油脂について，次の(1), (2)に答えよ。$H = 1.0$, $C = 12$, $O = 16$, $Na = 23$
(1) この油脂の分子量を求めよ。
(2) この油脂 1.0 g をけん化するのに，何 g の水酸化ナトリウムが必要か。

●エクセル　油脂 1 mol のけん化に 3 mol の水酸化ナトリウムが必要

考え方
(1) 構造式をかいて計算する。
構造式を変形して $C_3H_5(OCOC_{15}H_{31})_3$
(2) 油脂をけん化すると，グリセリンとセッケン（脂肪酸のナトリウム塩のこと）が得られる。

解答
油脂はグリセリンと高級脂肪酸のエステルである。

$$CH_2-O-\underset{O}{\overset{\|}{C}}-C_{15}H_{31}$$
$$CH-O-\underset{O}{\overset{\|}{C}}-C_{15}H_{31} + 3NaOH \longrightarrow \begin{array}{l} CH_2-OH \\ CH-OH \\ CH_2-OH \end{array} + 3C_{15}H_{31}-COONa$$
$$CH_2-O-\underset{O}{\overset{\|}{C}}-C_{15}H_{31}$$
グリセリン

(1) 上式より計算して，分子量 806　　**答 806**
(2) 油脂 1 mol（ここでは 806 g）をけん化するのに，3 mol の NaOH（$40 \times 3 = 120$ g）が必要である。
比例式より，
$$806 : 120 = 1.0 : x \quad よって，x = 0.148 ≒ 0.15$$
答 0.15 g

標準例題 101 エステルの構造決定　　標準→505, 506, 507

分子式 $C_3H_6O_2$ の化合物 A，B がある。A は中性で，加水分解するとカルボン酸 C とアルコール D が得られ，C は銀鏡反応を示した。B は酸性で，炭酸水素ナトリウム水溶液に加えると，二酸化炭素を発生した。A～D の示性式を記せ。

●エクセル　エステルとカルボン酸は互いに構造異性体

考え方
分子式が $C_3H_6O_2$ で表される化合物をかいてみる。
ギ酸の特徴

ホルミル基　カルボキシ基
還元性　　　酸性

解答
A を加水分解してできるカルボン酸 C が銀鏡反応を示すことから，C はギ酸とわかる。A は炭素数が 3，C が炭素数 1 なので，D は炭素数 2 のアルコールであるエタノールといえる。また，問題文より，B はカルボン酸とわかる。

分子式 $C_3H_6O_2$ の

エステル　$H-COO-CH_2-CH_3$ と $CH_3-COO-CH_3$
カルボン酸　CH_3-CH_2-COOH

答 (A) $HCOOCH_2CH_3$　(B) CH_3CH_2COOH
(C) $HCOOH$　(D) CH_3CH_2OH

標準問題

実験 498 ▶ メタノールの酸化 次の文中の空欄□には適当な語句を，( )には化学式を入れよ。

右図のように，先端をらせん状に巻いた銅線をバーナーで赤熱し，炎から出すと ア 色に変色していた。これは，表面の銅が酸化銅(Ⅱ)に変化したからである。この銅線を熱いうちにメタノール水溶液の入った試験管に差し入れた。この操作を数回行うと，刺激臭のある イ が生成し，銅線はもとの色に戻った。

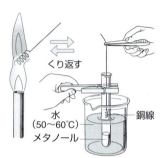

この反応を化学式で表現すると，
$$CuO + CH_3OH \longrightarrow (ウ) + (エ) + H_2O$$
となる。生成した イ を，以下の方法で検出した。

試験管に 0.1 mol/L 硝酸銀水溶液を 2 mL とり，これに 2 mol/L の オ 水溶液を，いったんできた沈殿が消えるまで加えた。これに， イ を含む溶液を加え，温湯に入れて温めると， カ 反応を示した。

499 ▶ エタノールの反応 次の文中の化合物 A, C, D, E, G, H の示性式および B, F の名称を答えよ。

エタノール CH_3CH_2OH は糖類やデンプンの発酵で得られるが，工業的にはリン酸を触媒として，化合物 A を水蒸気と反応させて合成する。

エタノールと金属ナトリウムが反応すると，気体 B を発生し，化合物 C が生じる。

エタノールを酸化すると，化合物 D を経てカルボン酸 E になる。化合物 D は，フェーリング液を還元して赤色沈殿 F を生じる。

エタノールに濃硫酸を加えて 130℃ に加熱すると，引火性の G を生成する。一方，この反応を 160℃ で行うとおもに A を生じる。この A は臭素水と付加反応を起こし，臭素の赤色が消え，H が生成する。

（愛知工大 改）

論述 500 ▶ アルコールの推定 分子式 $C_4H_{10}O$ で表されるアルコールの構造異性体 A ～ D がある。
・A を脱水すると 3 種のアルケン E, F, G が得られる。
・B を脱水するとアルケン E のみが得られる。
・C, D を脱水するとアルケン H のみが得られる。
・A, B, C は容易に酸化されるが D は酸化されにくい。

(1) アルコール A ～ D の構造式を記せ。
(2) A ～ D は分子式が同じエーテル類よりはるかに沸点が高い。その理由を 40 字前後で述べよ。
(3) B と C のうち，沸点が高いのはどちらか。

（星薬科大 改）

24 酸素を含む脂肪族化合物——311

check! 501 ▶ **$C_5H_{12}O$ の構造決定**　$C_5H_{12}O$ の分子式で表される化合物 A, B, C, D, E, F がある。化合物 A, B, C, D, E, F は, いずれも (a) <u>金属ナトリウムと反応し, 水素が発生した</u>。化合物 B, D, F には不斉炭素原子があるが, 化合物 A, C, E には不斉炭素原子はない。また, 化合物 A, B, C の炭化水素基には枝分かれがないが, 化合物 D, E, F には枝分かれがあることがわかった。塩基性水溶液でヨウ素と作用させると, 化合物 B, F は特異臭をもつ黄色沈殿を生じた。二クロム酸カリウムの硫酸酸性水溶液を用い酸化を行ったところ, 化合物 A, B, C, D, F は容易に酸化されたが, 化合物 E は酸化されにくかった。化合物 A, D の酸化により得られた化合物に (b) <u>アンモニア性硝酸銀水溶液を作用させると, 銀が析出した</u>。

(1) 化合物 A, B, C, D, E, F の構造式を記せ。ただし, 不斉炭素原子に＊印を付せ。

(2) 下線部(a)において, 0.30 g の金属ナトリウムを 10 g の化合物 A に加えたとき, 発生する水素の標準状態の体積は何 L か, 有効数字 2 桁で求めよ。

(3) 下線部(b)の反応の名称を記せ。また, この反応はどのような官能基を検出するのに有効であるか。官能基名を記せ。

(4) 化合物 B を濃硫酸で脱水すると, 分子式 C_5H_{10} のアルケンが生成する。生成するアルケンには 3 種類の異性体が存在する。それらの構造式をすべて記せ。

(5) 化合物 E の炭素上の 1 つの水素原子を塩素原子で置換したときに生じる化合物のうち, 不斉炭素原子を有する化合物の構造式をすべて記せ。ただし, 不斉炭素原子に＊印を付せ。　　　　　　　　　　　　　　　　　　　　　　　　　　　（金沢大）

502 ▶ **カルボニル化合物の構造決定**　カルボニル基をもち, 分子式 $C_5H_{10}O$ で表される化合物について, (1)〜(3)に答えよ。ただし, 鏡像異性体は考慮しないものとする。

(1) 銀鏡反応を示す, すべての化合物の構造式を示せ。

(2) ヨードホルム反応を示す, 構造異性体の構造式を二つ示せ。

(3) 還元すると不斉炭素原子を新たに生じる構造異性体の構造式を二つ示せ。　（弘前大）

503 ▶ **カルボン酸の中和**　1 価のカルボン酸 0.183 g をある量の水に溶かし, この溶液全量を 0.100 mol/L の水酸化ナトリウム水溶液で中和したところ 15.0 mL 要した。このカルボン酸の分子量を求めよ。　　　　　　　　　　　　　（11　静岡大　改）

論述 504 ▶ **マレイン酸とフマル酸**

(1) マレイン酸とフマル酸, それぞれの構造式をかけ。

(2) マレイン酸とフマル酸を大気中で加熱すると, マレイン酸は 133℃ で融解するが, フマル酸は 200℃ 以上で昇華する。マレイン酸とフマル酸の熱的性質が大きく異なる理由について, 分子間の結合を考慮して説明せよ。　　　　　　　　（新潟大　改）

505 ▶ エステルの推定 分子式 $C_4H_8O_2$ の化合物 A ～ C がある。これらの化合物は，いずれも芳香のある液体で水に溶けにくい。A ～ C にそれぞれ水酸化ナトリウム水溶液を加えて加熱し，反応溶液を酸性にすると，A からは D と E が，B からは D と F，C からは G と H が得られた。D と G はともに酸性の化合物で，D は銀鏡反応を示した。E，F，および H はいずれも中性の化合物で，E はヨードホルム反応を示したが，ほかは示さなかった。
問　A ～ C の構造式を記せ。　　　　　　　　　　　　　　　　　　　（東海大　改）

506 ▶ 構造決定の応用問題 組成式が C_3H_6O となる化合物 A ～ C がある。A は分子量 58 の液体で，フェーリング液を還元した。B および C の分子量は 116 で，ともにエステルである。B を加水分解すると，酢酸と D になった。D は不斉炭素原子をもつ。一方，C を加水分解すると E と F になり，E を酸化すると F になった。
問　A ～ C の構造式を記せ。

507 ▶ 構造決定の応用問題 分子式 $C_{10}H_{16}O_4$ で表されるエステル 1 mol を酸を触媒として加水分解すると，化合物 A 1 mol と化合物 B 2 mol が生成する。A には幾何異性体が存在する。また，A を加熱すると脱水反応が起こり，分子式 $C_4H_2O_3$ で表される化合物 C が得られる。B はヨードホルム反応を示す。また，B を酸化するとアセトンになる。
問　化合物 A ～ C の名称をかけ。　　　　　　　　　　　　　　　　　（10　センター）

508 ▶ 油脂の構造異性体 油脂の構造は次のように表され，R^1，R^2，R^3 はそれぞれの油脂を構成する脂肪酸の炭化水素基である。ただし，立体異性体については考慮しないものとする。
(1) 構成脂肪酸がリノール酸（$C_{17}H_{31}-COOH$）およびリノレン酸（$C_{17}H_{29}-COOH$）であるとき，何種類の構造異性体が存在するか。
(2) 構成脂肪酸がステアリン酸（$C_{17}H_{35}-COOH$），オレイン酸（$C_{17}H_{33}-COOH$）およびリノール酸（$C_{17}H_{31}-COOH$）であるとき，何種類の構造異性体が存在するか。

$$\begin{array}{l} CH_2-O-CO-R^1 \\ CH-O-CO-R^2 \\ CH_2-O-CO-R^3 \end{array}$$

509 ▶ 油脂のけん化価・ヨウ素価
(1) 油脂を構成する脂肪酸が，すべてリノレン酸 $C_{17}H_{29}-COOH$ である油脂がある。この油脂 100 g について，水酸化カリウム水溶液でけん化した場合，反応の完結に必要な水酸化カリウムの質量を有効数字 2 桁で求めよ。
(2) 1 種類の脂肪酸 X（分子量 304）でのみ構成される油脂（分子量 950）100 g にヨウ素（I_2）を反応させたところ，320 g を消費した。この脂肪酸 X には何個の不飽和結合が含まれるか整数で答えよ。ただし，すべての不飽和結合は二重結合とする。　　（千葉大）

510 ▶ 油脂の構造決定　油脂 A に関する文章①〜⑦を読み，以下の(1)〜(6)に答えよ。

① 油脂 A は室温で液体であり，分子量は約 850 であった。また油脂 A の分子内には 1 個の不斉炭素原子が存在していた。
② 100 g の油脂 A はニッケル触媒の存在下で 10.5 L（0℃，1.01×10^5 Pa）の水素を吸収した。またこの反応により油脂 A は油脂 B へと変化した。
③ 油脂 A をエタノールに溶かし，十分な量の水酸化ナトリウム水溶液を加えて加熱した。続いてこの反応溶液に飽和食塩水を加えると，乳白色の固形物が得られた。
④ ③で得られた生成物に十分な量のうすい塩酸を加えたところ，直鎖状の飽和脂肪酸 C と直鎖状の不飽和脂肪酸 D が 1：2 の物質量の比で生成した。
⑤ 脂肪酸 C の分子量は 256 であった。
⑥ 14.0 g の脂肪酸 D を完全燃焼させたところ，39.6 g の二酸化炭素と 14.4 g の水が生成した。
⑦ 脂肪酸 D に炭素と炭素の三重結合は含まれていなかった。
(1) 脂肪酸 C の構造式を示せ。
(2) 脂肪酸 D の分子式を求めよ。
(3) 油脂 100 g に付加するヨウ素の質量〔g〕を「ヨウ素価」という。油脂 A のヨウ素価を求めよ。計算結果は有効数字 3 桁で示せ。
(4) 脂肪酸 D の 1 分子中に存在する炭素と炭素の二重結合の個数を示せ。
(5) 油脂 A の分子式を示せ。
(6) 油脂 B の構造式を示せ。なお不斉炭素原子には ＊ 印を付記せよ。　　　　　（岩手大）

511 ▶ セッケンと合成洗剤　高級脂肪酸のナトリウム塩であるセッケン（X）と代表的合成洗剤である硫酸アルキルナトリウム（Y）を比較したときの説明で正しいのはどれか。
A：X の水溶液は弱アルカリ性を示すが，Y の水溶液は弱酸性を示す。
B：X と異なり Y が硬水中でもよく泡立つのは，硫酸塩の場合はカルシウムやマグネシウムとの塩でも水によく溶けるからである。
C：X の合成にはけん化反応が利用されるが，Y の合成には逆反応であるエステル化反応が利用される。
D：水に溶かしたとき，X は親水基を外側に向けたミセルをつくるが，Y は親水基を内側に向けたミセルをつくる。
E：脂肪油に X の水溶液を混合すると乳化するが，Y の水溶液を混合しても乳化は起こらない。
　(1) A と B　(2) A と E　(3) B と C　(4) C と D　(5) D と E
　　　　　　　　　　　　　　　　　　　　　　　　　　　　　　　　　（自治医大）

512 ▶ 合成洗剤

(i) 油脂 A に水酸化ナトリウムを加えて加熱すると，高級脂肪酸のナトリウム塩(セッケン)B と 1,2,3-プロパントリオール(グリセリン)C が生じる。

(ii) セッケンの水溶液は弱塩基性を示すが，これはセッケンが(ア)酸と(イ)塩基からなる塩で，この塩が(ウ)されるからである。セッケンは，疎水基と親水基をあわせもつ。このため，一定濃度以上のセッケン水中において，セッケンは(エ)基を内側に向けて球状に集合する。これを，(オ)という。油脂は水に溶けにくいが，セッケン水に油脂を加えると，油脂がセッケンの(オ)に包まれ，細かい粒子となって水中へ分散する。セッケンのこの作用を，(カ)作用という。

(iii) Ca^{2+} や Mg^{2+} などを多く含む水の中では，これらのイオンが，セッケンの(キ)と置き換わった不溶性の脂肪酸塩をつくるため，セッケンは使用できなくなる。

長い炭化水素基をもつ(iv)アルキル硫酸ナトリウム D やアルキルベンゼンスルホン酸ナトリウム E は，セッケンと似た作用があり，合成洗剤と呼ばれる。これらの合成洗剤は，いずれも(ク)酸と(ケ)塩基からなる塩なので，(ウ)は受けず，その水溶液は(コ)性を示す。これらは，Ca^{2+} や Mg^{2+} などを多く含む水の中でも沈殿をつくらないので，洗剤として使用できる。

(1) (ア)〜(コ)の中に最も適切な語句を入れよ。

(2) 油脂が 1 種類の高級脂肪酸 R−COOH(R は炭化水素基)からなるとき，下線部(i)の A, B, C として適切な示性式を記入し，次の化学反応式を完成させよ。また，[あ]には適切な数字を書け。

　　　A + [あ]NaOH ⟶ [あ] B + C

(3) 下線(ii)の反応式を書け。ただし，セッケンの構造式は，(2)で B として記入したものを用いよ。

(4) 下線(iii)の水の名称を書け。

(5) 下記の反応式は下線(iv)で示される合成洗剤の合成法である。ただし，炭化水素基は $C_{12}H_{25}-$ である。D と E の適切な構造式を書け。

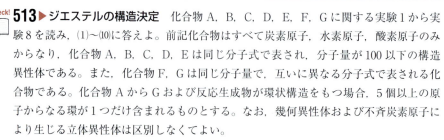

(神戸薬科大)

発展問題

513 ▶ ジエステルの構造決定

化合物 A, B, C, D, E, F, G に関する実験 1 から実験 8 を読み，(1)〜(10)に答えよ。前記化合物はすべて炭素原子，水素原子，酸素原子のみからなり，化合物 A, B, C, D, E は同じ分子式で表され，分子量が 100 以下の構造異性体である。また，化合物 F, G は同じ分子量で，互いに異なる分子式で表される化合物である。化合物 A から G および反応生成物が環状構造をもつ場合，5 個以上の原子からなる環が 1 つだけ含まれるものとする。なお，幾何異性体および不斉炭素原子により生じる立体異性体は区別しなくてよい。

実験 1　化合物 A 86.0 mg を完全燃焼すると，二酸化炭素 220 mg と水 90.0 mg が生じた。

24 酸素を含む脂肪族化合物——315

実験2　不斉炭素原子を1つもつ化合物 A に，適切な触媒を用いて水素を付加させたところ，不斉炭素原子をもたない生成物が得られた。

実験3　不斉炭素原子を1つもつ化合物 B に，適切な触媒を用いて水素を付加させたところ，不斉炭素原子を1つもつ化合物 H が得られた。化合物 B に臭素を付加させたところ，不斉炭素原子を3つもつ化合物 I が得られた。

実験4　不斉炭素原子を1つもつ化合物 C に，適切な触媒を用いて水素を付加させたところ，不斉炭素原子を1つもつ化合物 J が得られた。化合物 J にナトリウムを加えたが，気体の発生は観測されなかった。

実験5　不斉炭素原子をもたない化合物 D に臭素を付加させたところ，不斉炭素原子を1つもつ生成物が得られた。適切な触媒を用いて化合物 D に水素を付加させると化合物 K が得られた。化合物 K を二クロム酸カリウムの硫酸酸性溶液で酸化したところ，化合物 K より分子量が14.0増加した化合物 L が得られた。化合物 L は，不斉炭素原子を1つもつ化合物 E を二クロム酸カリウムの硫酸酸性溶液で酸化しても得られた。また，化合物 L とメタノールの混合物に濃硫酸を加えて加熱すると化合物 M が得られた。

実験6　化合物 F，G の分子量測定と元素分析を行ったところ，化合物 F，G の分子量はいずれも化合物 M と同じであり，化合物 F，G，M の炭素原子数は4以上で，分子式は互いに異なることがわかった。

実験7　不斉炭素原子をもたない化合物 F に，適切な触媒を用いて水素を付加させたところ，分子量が2.0増加し，不斉炭素原子を1つもつ化合物 N が得られた。化合物 F，N はいずれもヨードホルム反応を示した。また，化合物 F，N にそれぞれ炭酸水素ナトリウム水溶液を加えると気体が発生した。　ア　の飽和水溶液にこの気体を通すと白色沈殿が生じた。化合物 N に濃硫酸を加えて加熱すると分子内脱水反応により化合物 O が得られた。

実験8　0.10 mol の化合物 G に希硫酸を加えて加水分解したところ，0.20 mol の化合物 P が得られた。

⑴　化合物 A の分子式を書け。

⑵　化合物 A の構造式を書け。

⑶　化合物 I の構造式を書け。

⑷　化合物 C の構造式を書け。

⑸　化合物 D および E の構造式を書け。

⑹　実験5の化合物 E が酸化されて化合物 L が生成する反応のイオン反応式を書け。なお，化合物 E と L は構造式ではなく，化合物記号 E と L を用いて表すこと。

⑺　化合物 M の構造式を書け。

⑻　実験7の空欄　ア　にあてはまる化合物の組成式を書け。

⑼　化合物 O の構造式を書け。

⑽　化合物 G の構造式を書け。

（東北大）

25 芳香族化合物

❶ 芳香族炭化水素　ベンゼン環(ベンゼン分子の環状構造)をもつ炭化水素

◆1　ベンゼン

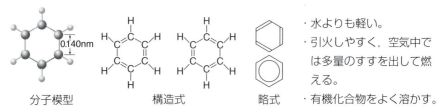

分子模型　　　構造式　　　略式

・水よりも軽い。
・引火しやすく，空気中では多量のすすを出して燃える。
・有機化合物をよく溶かす。

◆2　芳香族炭化水素

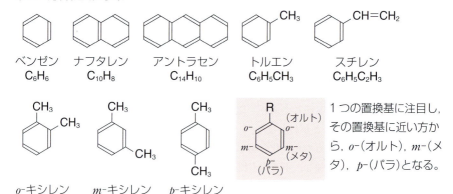

ベンゼン　ナフタレン　アントラセン　トルエン　スチレン
C_6H_6　$C_{10}H_8$　$C_{14}H_{10}$　$C_6H_5CH_3$　$C_6H_5C_2H_3$

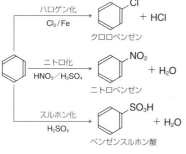

o-キシレン　　m-キシレン　　p-キシレン

1つの置換基に注目し，その置換基に近い方から，o-(オルト)，m-(メタ)，p-(パラ)となる。

◆3　芳香族炭化水素の反応

①一般に置換反応しやすい。　　②付加反応することもある。

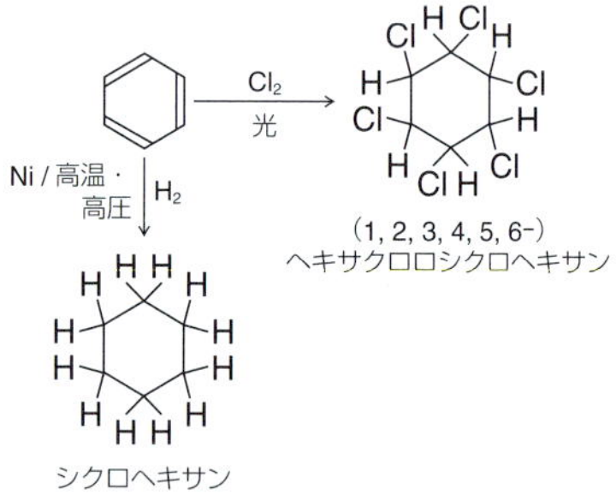

ハロゲン化　Cl_2/Fe → クロロベンゼン ＋ HCl

ニトロ化　HNO_3/H_2SO_4 → ニトロベンゼン ＋ H_2O

スルホン化　H_2SO_4 → ベンゼンスルホン酸 ＋ H_2O

Ni/高温・高圧　H_2 → シクロヘキサン

Cl_2／光 → (1, 2, 3, 4, 5, 6-)ヘキサクロロシクロヘキサン

③過マンガン酸カリウムによって側鎖の炭化水素が酸化され，芳香族カルボン酸になる。

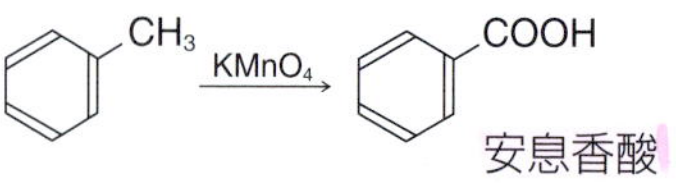

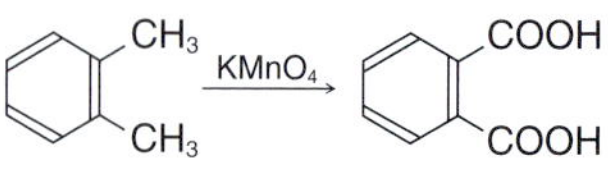

トルエン $\xrightarrow{KMnO_4}$ 安息香酸

o-キシレン $\xrightarrow{KMnO_4}$ フタル酸

25 芳香族化合物——317

❷ フェノール類　ベンゼン環にヒドロキシ基(−OH)が結合した構造をもつ。

◆1　**性質**　アルコールのヒドロキシ基と違い，酸性を示す。

①水にわずかに溶け，水溶液は弱酸性を示す。

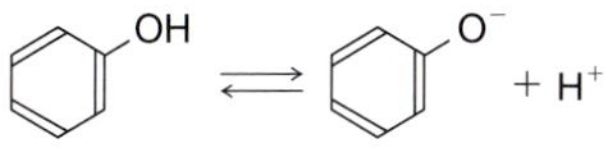

フェノキシドイオン

②カルボン酸や酸無水物と反応してエステルをつくる。

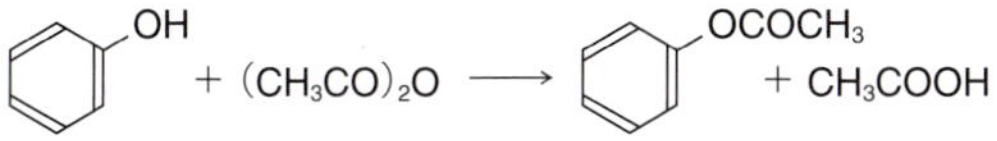

③塩化鉄(Ⅲ)水溶液を加えると，青紫〜赤紫色の呈色反応を示す(フェノール類の検出)。

◆2　**おもなフェノール類**

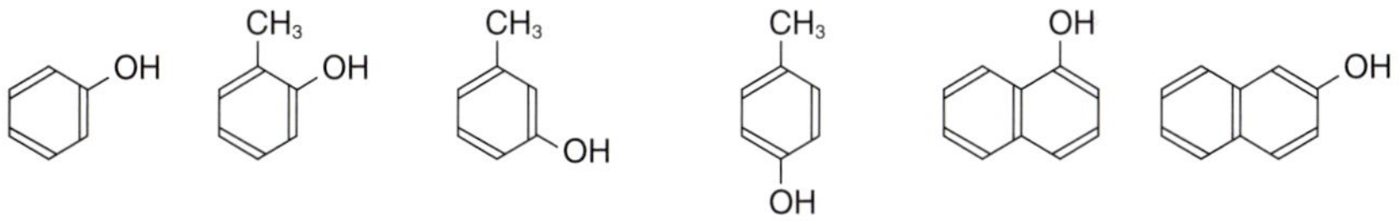

フェノール　　o-クレゾール　　m-クレゾール　　p-クレゾール　　1-ナフトール　　2-ナフトール

◆3　**フェノールの合成**

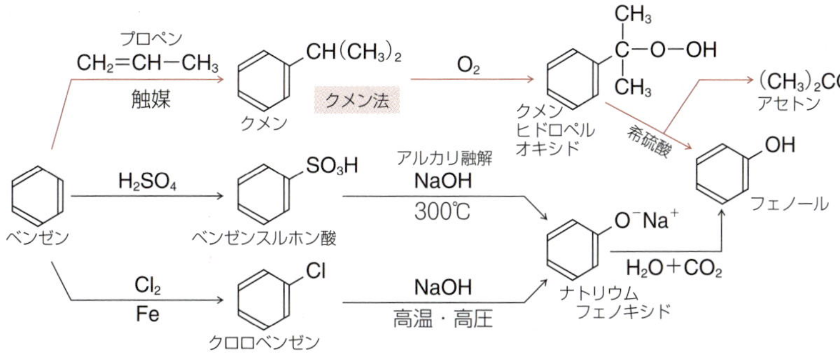

❸ 芳香族カルボン酸　ベンゼン環にカルボキシ基が結合した構造をもつ。

◆1　**製法**　芳香族炭化水素の酸化で得られる。

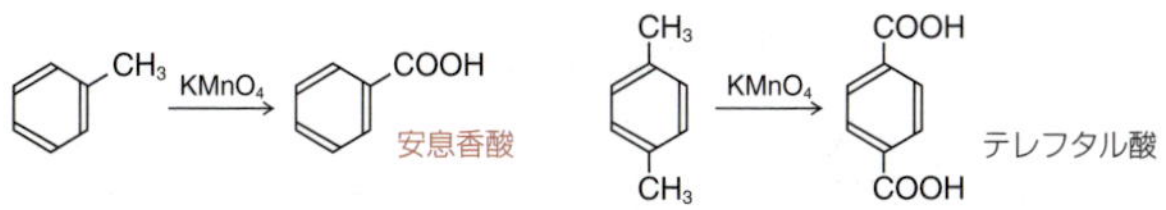

フタル酸は分子内脱水反応
を起こし無水フタル酸になる。

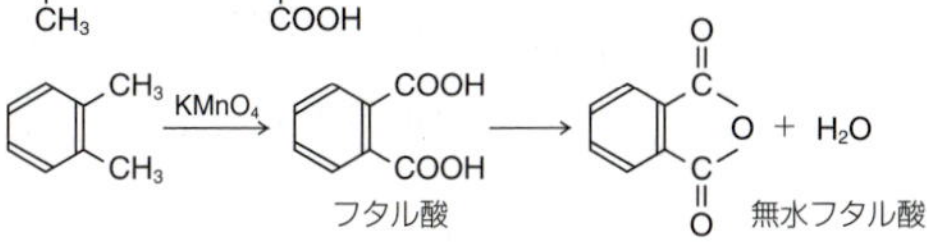

318 —— 6章　有機化合物

◆2　**サリチル酸**　フェノールとカルボン酸の両方の性質をもつ。

①製法　ナトリウムフェノキシドに，加圧下，CO_2 を作用させて得る。

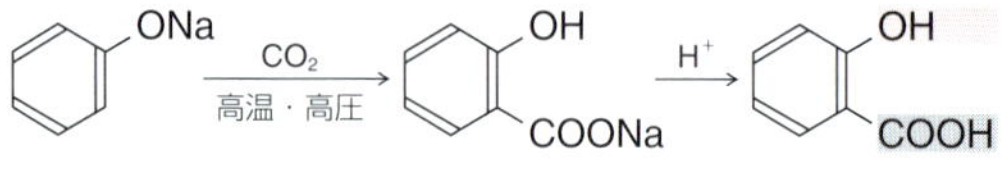

フェノール類としての性質をもち $FeCl_3$ 水溶液で赤紫色
カルボン酸としての性質をもち $NaHCO_3$ 水溶液を加えると CO_2 を発生

サリチル酸

②反応　2種類のエステルをつくる。

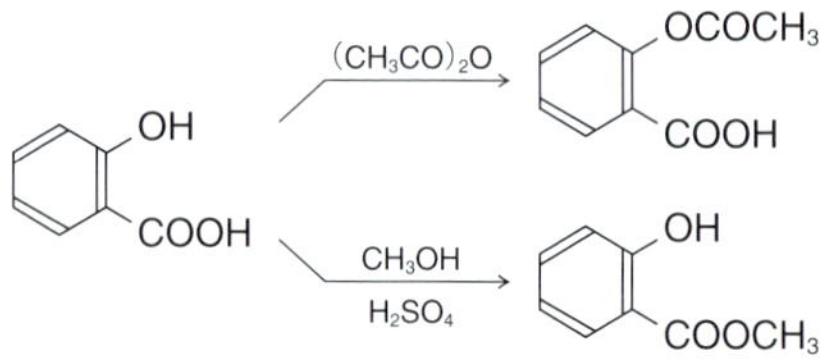

アセチルサリチル酸…解熱鎮痛剤
　カルボン酸としての性質を有し，炭酸水素ナトリウム水溶液に加えると CO_2 発生

サリチル酸メチル…消炎鎮痛剤
　フェノール類としての性質を有し，塩化鉄（Ⅲ）水溶液で紫色に呈色

---

④　芳香族窒素化合物　ベンゼン環にニトロ基やアミノ基が結合した構造をもつ。

◆1　**芳香族ニトロ化合物**　ニトロ基（$-NO_2$）をもつ。

①製法　濃硝酸と濃硫酸の混合物を作用させ，ニトロ化して得る。

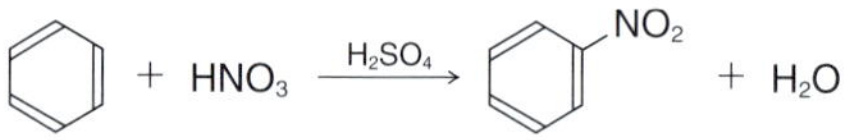

$$\bigcirc + HNO_3 \xrightarrow{H_2SO_4} \bigcirc NO_2 + H_2O$$

②おもな芳香族ニトロ化合物

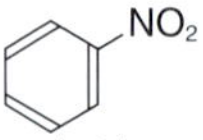

ニトロベンゼン

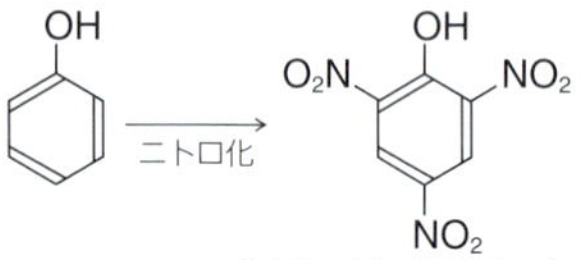

2,4,6-トリニトロフェノール
（ピクリン酸，火薬）

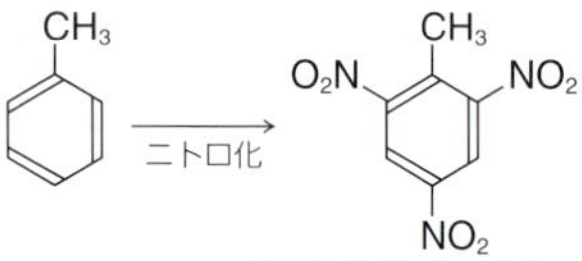

2,4,6-トリニトロトルエン
（TNT，火薬）

◆2　**芳香族アミン**　アミノ基（$-NH_2$）をもつ。

①製法　ニトロベンゼンをスズと塩酸で還元して得る。

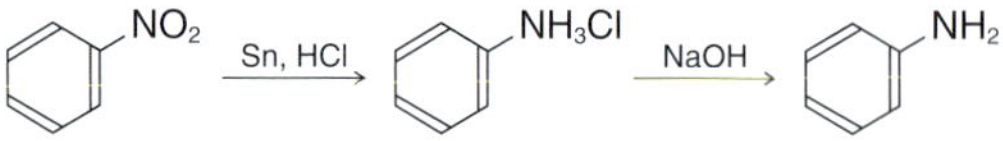

②アニリンの性質

(a)　弱い塩基で，酸の水溶液には塩酸塩として溶ける。

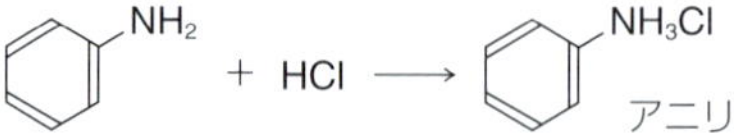

アニリン塩酸塩

(b)　無水酢酸でアセチル化される。

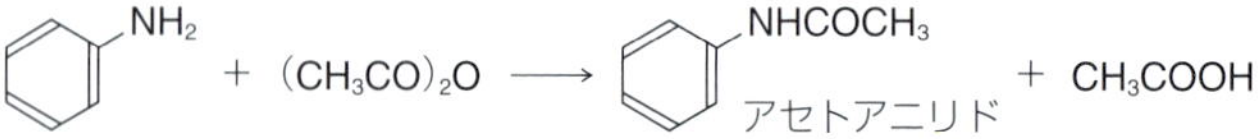

アセトアニリド　　$+ CH_3COOH$

(c)　さらし粉の水溶液を加えると，酸化されて赤紫色の呈色を示す（アニリンの検出）。

◆3 **アゾ化合物** ①アニリンの希塩酸溶液に低温で亜硝酸ナトリウムを加えると，塩化ベンゼンジアゾニウムが生成する(ジアゾ化)。

C₆H₅NH₂ + 2HCl + NaNO₂ ⟶ C₆H₅N⁺≡NCl⁻ (塩化ベンゼンジアゾニウム) + NaCl + 2H₂O

②この水溶液にナトリウムフェノキシドの水溶液を加えると，赤橙色の*p*-ヒドロキシアゾベンゼン(*p*-フェニルアゾフェノール)が生成する(ジアゾカップリング)。

アニリン →(1)HCl, 2)NaNO₂)→ 塩化ベンゼンジアゾニウム + C₆H₅O⁻Na⁺ ⟶ C₆H₅-N=N-C₆H₄-OH (*p*-ヒドロキシアゾベンゼン) + NaCl

5 混合物の分離

◆1 **弱酸の遊離，弱塩基の遊離**
①弱酸の塩に強酸を加えると，弱酸が遊離する。
②弱塩基の塩に強塩基を加えると，弱塩基が遊離する。

◆2 **系統図**

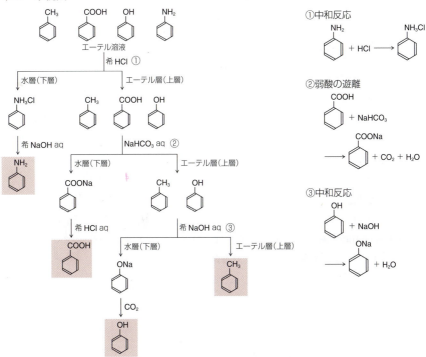

WARMING UP／ウォーミングアップ

次の文中の（　）に適当な語句・化学式を入れよ。

1 ベンゼンの反応

ベンゼンは，鉄を触媒として塩素と反応して(ア)を，濃硫酸と反応して(イ)を生じる。

ベンゼン環に直接結合している炭素原子は，過マンガン酸カリウムで酸化すると(ウ)基になる。例えば，トルエンを酸化すると(エ)が得られる。

2 フェノール

フェノールの示性式は(ア)で，炭酸よりも(イ)い酸である。

ベンゼンを(ウ)化してクロロベンゼンにし，続いて高温・高圧下で水酸化ナトリウム水溶液を加えると(エ)になる。これに酸を作用させるとフェノールが得られる。

3 サリチル酸

フェノールに水酸化ナトリウムを反応させて(ア)にし，これに高温・高圧の二酸化炭素を作用させたあと，酸を加えるとサリチル酸が得られる。構造式は(イ)である。

サリチル酸に濃硫酸を触媒としてメタノールを反応させると(ウ)が，無水酢酸を反応させると(エ)が得られる。

4 アニリン

アニリンは，(ア)をスズと塩酸とで還元することで得られ，示性式は(イ)である。アニリンを塩酸に溶かし，氷冷しながら亜硝酸ナトリウム水溶液を加えると，(ウ)が起こる。さらにナトリウムフェノキシド水溶液を加えると，(エ)が起こり，アゾ染料が得られる。

5 分子式の決定

組成式が C_4H_5 で表される芳香族化合物 A がある。この化合物の分子量は 106 であった。A の分子式は(ア)となる。A を過マンガン酸カリウムで酸化すると安息香酸を生じたので，A の構造式は(イ)である。

1
- (ア) クロロベンゼン
- (イ) ベンゼンスルホン酸
- (ウ) カルボキシ
- (エ) 安息香酸

2
- (ア) C_6H_5OH
- (イ) 弱
- (ウ) 塩素
- (エ) ナトリウムフェノキシド

3
- (ア) ナトリウムフェノキシド
- (イ) 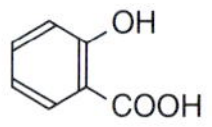
OH
COOH
- (ウ) サリチル酸メチル
- (エ) アセチルサリチル酸

4
- (ア) ニトロベンゼン
- (イ) $C_6H_5NH_2$
- (ウ) ジアゾ化
- (エ) ジアゾカップリング

5
- (ア) C_8H_{10}
- (イ)

6 芳香族化合物の液性

安息香酸は(ア)性の物質で，炭酸より(イ)い酸である。このため，安息香酸は水酸化ナトリウム水溶液に(ウ)，炭酸水素ナトリウム水溶液に(エ)。

フェノールは(オ)性の物質で，炭酸より(カ)く，酢酸より(キ)い酸である。このため，フェノールは水酸化ナトリウム水溶液に(ク)，炭酸水素ナトリウム水溶液に(ケ)。

アニリンは(コ)性の物質で，アニリンは塩酸に(サ)。

6
(ア) 酸   (イ) 強
(ウ) 溶け
(エ) 溶ける
(オ) 酸   (カ) 弱
(キ) 弱
(ク) 溶け
(ケ) 溶けない
(コ) 塩基
(サ) 溶ける

基本例題 102　芳香族炭化水素の異性体　　　基本➡515, 526

(1) トルエンの水素原子の1つを塩素原子で置換した化合物の構造式をすべてあげよ。
(2) 分子式 C_8H_{10} の芳香族炭化水素の構造式をすべてあげよ。

●エクセル

ベンゼンの二置換体……互いに構造異性体である。

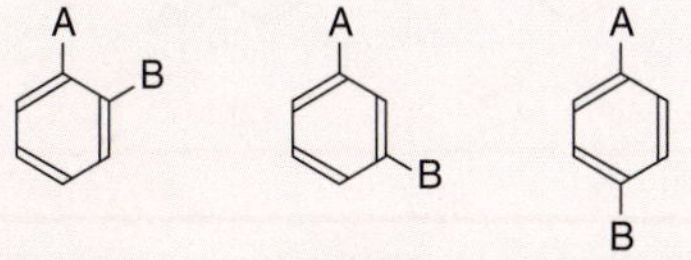

オルト体 (o-)　　メタ体 (m-)　　パラ体 (p-)

考え方
(1) ベンゼン環上の水素原子または側鎖のメチル基の水素原子が塩素原子に置換される。
(2) ベンゼンの一置換体と二置換体があり，二置換体には三種類の異性体が存在する。

解答
(1) トルエンのH原子の1つをClで置換すると，次の4種類の化合物が生成する。

答　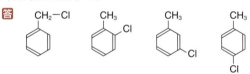

(2) 炭素原子の数が8で，ベンゼン環で炭素原子6個を使うので，①一置換体，②二置換体に分けて考える。二置換体の場合は o-, m-, p- の3種類がある。

答

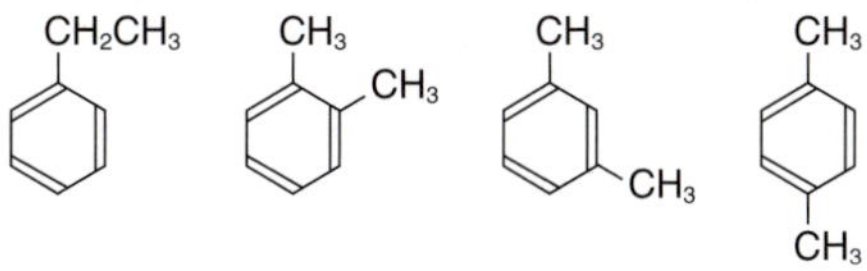

基本例題 103　芳香族化合物の反応

ベンゼンに濃硝酸と濃硫酸を用いて（ ア ）すると化合物 A が生じた。化合物 A をスズと塩酸で（ イ ）したあと，水酸化ナトリウム水溶液を加えると化合物 B が生じた。
(1) (ア)，(イ)に適当な反応名を入れよ。
(2) 化合物 A，B の示性式と名称をそれぞれ答えよ。
(3) 化合物 A の 1mol を，濃硫酸を触媒として 1mol の濃硝酸と反応させたとき，生成する可能性のある二置換体の構造式をすべて記せ。

●エクセル　芳香族化合物は置換反応が鍵
ベンゼン環の二置換体 → o(オルト) 　 m(メタ) 　 p(パラ)

考え方
(1) ベンゼン環の水素原子の1つが別の官能基に置換される。
(3) ベンゼンの二置換体には3種類の異性体がある。

解答
(1) (ア) ニトロ化　(イ) 還元
(2) (A) $C_6H_5NO_2$ 　ニトロベンゼン
　　(B) $C_6H_5NH_2$ 　アニリン
(3)

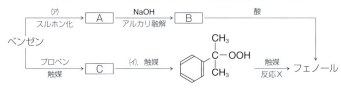

（オルト体）　（メタ体） 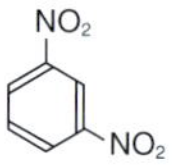　（パラ体）

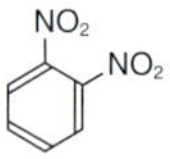

基本例題 104　フェノールの合成

下図はベンゼンからフェノールを合成する二つの経路を表している。

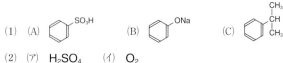

(1) (A)～(C)に当てはまる化合物の構造式を記せ。
(2) (ア)，(イ)に当てはまる化合物の化学式を記せ。
(3) 反応 X でフェノールとともに生成する化合物の名称を記せ。(09　青山学院大　改)

●エクセル　フェノールの製法
①クロロベンゼンの置換
②ベンゼンスルホン酸のアルカリ融解　③クメン法

考え方
(1) 置換反応が基本。

解答
(1) (A) ベンゼン-SO₃H　(B) ベンゼン-ONa　(C) ベンゼン-CH(CH₃)₂
(2) (ア) H_2SO_4 　(イ) O_2
(3) アセトン

25 芳香族化合物——323

基本例題 105 混合物の分離   基本➡527

次の各組の混合物の一方を水溶性の塩として分離するのに必要な試薬を下の(ア)～(ウ)よりそれぞれ選べ。また，試薬を加えたときに起こる反応の化学反応式を記せ。

(1) フェノールとトルエン   (2) ニトロベンゼンとアニリン

(3) フェノールと安息香酸

(ア) 塩酸   (イ) 水酸化ナトリウム水溶液   (ウ) 炭酸水素ナトリウム水溶液

●エクセル
①フェノール，安息香酸などの酸性の物質は，塩基と反応して塩をつくる。アニリンなどの塩基性の物質は，酸と反応して塩をつくる。
②トルエン，ニトロベンゼンなどの中性の物質は，酸とも塩基とも反応しない。
③安息香酸など炭酸よりも強い酸は，炭酸水素ナトリウム水溶液と反応して塩をつくる（弱酸の遊離反応）。

考え方

2つの化合物の官能基に注目し，それを塩にするための試薬を選ぶ。

塩酸…アミノ基と反応して塩酸塩となる。

水酸化ナトリウム水溶液…カルボキシ基，フェノール性ヒドロキシ基，スルホ基など酸性を示す官能基と反応して，塩をつくる。

炭酸水素ナトリウム水溶液…炭酸よりも強い酸であるスルホン酸のスルホ基，カルボン酸のカルボキシ基と反応して，二酸化炭素を発生し，塩をつくる。

解答

(1) フェノールは酸性を示すフェノール性ヒドロキシ基をもっているため，水酸化ナトリウム水溶液と反応して水溶性の塩になる。

(2) アニリンは塩基性を示すアミノ基をもっているため，塩酸と反応して水溶性の塩になる。

(3) フェノール，安息香酸ともに酸性の物質であるが，炭酸水素ナトリウム水溶液には，炭酸よりも強い酸である安息香酸のみが反応して，水溶性の塩になる。

答

(1) (イ)

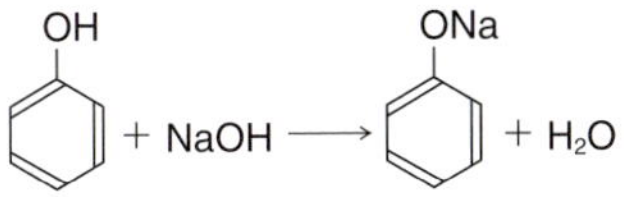

(2) (ア)

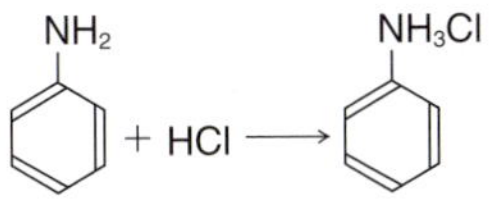

(3) (ウ)

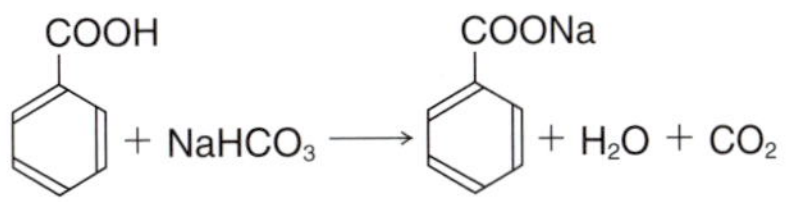

基本問題

514 ▶ ベンゼンの構造と性質　ベンゼンに関する記述として誤りを含むものを，次の(1)〜(6)のうちから一つ選べ。
(1)　水に溶けにくい液体である。
(2)　揮発性があり，引火しやすい。
(3)　空気中で燃やすと多量のすすを出す。
(4)　分子中の原子は，すべて同一平面上にある。
(5)　隣り合う炭素原子間の距離は，すべて等しい。
(6)　ベンゼン分子の炭素原子間の結合の長さは，エチレン分子のそれと同じである。

515 ▶ 置換反応　文中の(ア)〜(エ)に適当な語句，(A)〜(D)に示性式を入れよ。
　ベンゼンの分子の不飽和結合はアルケンやアルキンと違い，（ア）反応を起こしにくい。そのかわり，ベンゼン環に結合した水素原子が他の原子(原子団)に入れ替わる（イ）反応を起こしやすい。
　例えば，ベンゼンに鉄を触媒として臭素を作用させると，（ウ）が生成する。
　　$C_6H_6 + Br_2 \longrightarrow$（A）$+$（B）
　また，ベンゼンに濃硫酸を作用させると，（エ）が生成する。
　　$C_6H_6 + H_2SO_4 \longrightarrow$（C）$+$（D）
　　　　　　　　　　　　　　　　　　　　　　　　　　　（九大　改）

516 ▶ 付加反応　次の化学反応のうち，付加反応が進行するものを選べ。また，そのとき生成する物質の名称を答えよ。

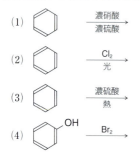

（11　センター　改）

517▶フェノールの性質　ベンゼン環に（　ア　）基が直接結合した化合物をフェノール類という。フェノール類は水溶液中でわずかに電離して，弱い（　イ　）性を示す。したがって，水酸化ナトリウム水溶液に溶けて（　ウ　）の水溶液になる。また，（　エ　）水溶液で紫色の呈色反応をする。

　　フェノールをニトロ化すると，爆薬として用いられる（　A　）が得られる。

(1)　文中の(ア)〜(エ)に適当な語句を入れよ。

(2)　化合物Aの構造式と名称を答えよ。

518▶アルコールとフェノール　次の(1)〜(6)について，エタノールに関係するものはA，フェノールに関係するものはB，両方に共通するものはCを記せ。

(1)　水によく溶ける。　　　　(2)　水酸化ナトリウムと反応して塩を生じる。

(3)　エステルをつくる。　　　(4)　ナトリウムと反応して水素を発生する。

(5)　水溶液は酸性である。　　(6)　塩化鉄(III)水溶液で呈色反応を示す。

519▶フェノールの合成　フェノールは，工業的には下にあげる3つの方法で合成される。図中のA〜Gに当てはまる構造式を記せ。

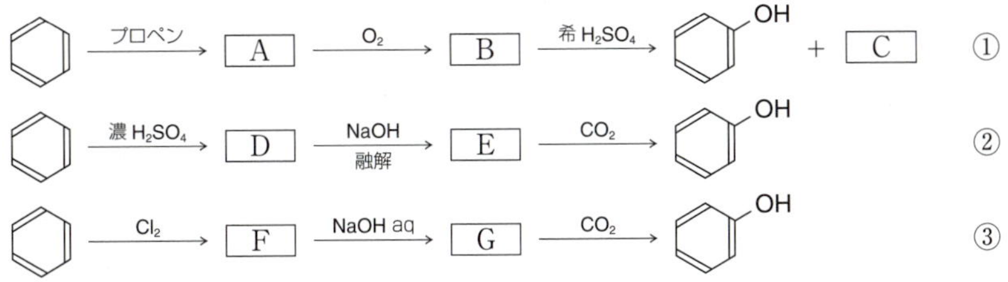

（新潟大　改）

520▶サリチル酸　サリチル酸について，次の(1)，(2)に答えよ。

(1)　次の文中の(ア)〜(ウ)に適当な語句を入れよ。

　　フェノールは（　ア　）性の物質で，水酸化ナトリウム水溶液に溶けて（　イ　）になる。これに高温で加圧しながら（　ウ　）を作用させると，サリチル酸ナトリウムが生じ，これに希硫酸を作用させるとサリチル酸が遊離する。

(2)　次の反応で得られる化合物のA，Bの名称と構造式を記せ。

$$A \xleftarrow[\text{濃硫酸}]{\text{メタノール}} \text{サリチル酸} \xrightarrow{\text{無水酢酸}} B$$

（早大　改）

326 —— 6章　有機化合物

521 ▶化合物の区別

(1) 次の化合物のうち，過マンガン酸カリウムで酸化すると安息香酸を生じるものをすべて選べ。

(ア) 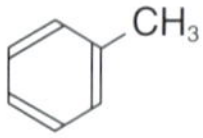 ベンゼン環に CH_3
(イ) 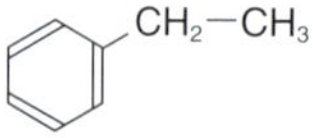 ベンゼン環に CH_2-CH_3
(ウ) 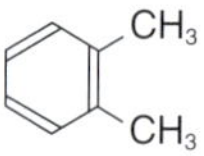 ベンゼン環に CH_3 と CH_3
(エ) 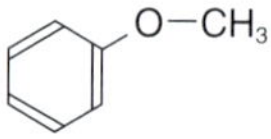 ベンゼン環に $O-CH_3$

(2) 次の化合物のうち，塩化鉄(Ⅲ)水溶液で呈色しないものをすべて選べ。

(ア) 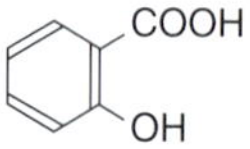 ベンゼン環に COOH と OH
(イ) 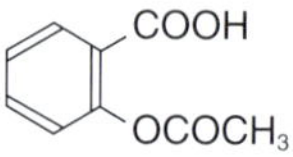 ベンゼン環に COOH と $OCOCH_3$
(ウ) 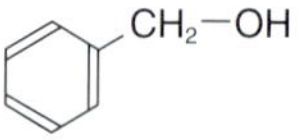 ベンゼン環に CH_2-OH
(エ) 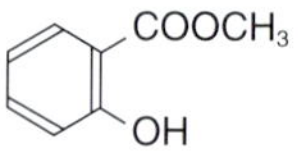 ベンゼン環に $COOCH_3$ と OH

論述 522 ▶アニリン　アニリンについて，次の(1)〜(3)に答えよ。

(1) 次の文中の(ア)〜(オ)に適当な語句を入れよ。

　　ベンゼンを（ ア ）化して得られるニトロベンゼンをスズと塩酸で（ イ ）すると，アニリンが得られる。アニリンは示性式（ ウ ）で表される（ エ ）性の物質で，特異臭をもつ。塩酸と反応して水溶性の（ オ ）となる。

(2) アニリンに以下の操作を行ったときに生成する芳香族化合物の名称と構造式を記せ。
　　(ア)　無水酢酸と反応させる。
　　(イ)　塩酸と亜硝酸ナトリウムを低温で作用させる。
　　(ウ)　(イ)の生成物とナトリウムフェノキシド水溶液を混合する。

(3) アニリンは呈色反応を利用して存在を確認することができる。何を用いると，どのような色を呈するかを簡潔に述べよ。　　　　　　　　　　　　（名古屋市立大　改）

---

523 ▶トルエン　トルエンに関する記述として誤りを含むものを次の(1)〜(6)のうちから一つ選べ。

(1) 芳香族炭化水素である。
(2) 水と任意の割合で混じり合う。
(3) 鉄触媒を用いると，臭素と反応する。
(4) ベンゼン環部分の炭素–炭素間の結合距離は，ベンゼン環とメチル基の炭素–炭素間の結合距離よりも短い。
(5) 過マンガン酸カリウム水溶液を用いて酸化したあと，酸性にすると安息香酸が生じる。
(6) 炭素原子はすべて同一平面上にある。

（センター　改）

25 芳香族化合物──327

524 ▶芳香族化合物と官能基 ベンゼンの水素原子1個を以下の官能基で置き換えた化合物の名称をそれぞれ記せ。また，それぞれの物質を表す説明として適当なものを，(ア)～(キ)から一つずつ選べ。

(1) $-CH_3$　(2) $-COOH$　(3) $-OH$　(4) $-NO_2$

(5) $-NH_2$　(6) $-SO_3H$　(7) $-CH=CH_2$

(ア) ナトリウムを加えると，水素を発生する。工業的にはクメン法で合成される。

(イ) 弱塩基性を示し，塩酸によく溶ける。

(ウ) 室温で無色透明の液体で，ニトロ化すると爆薬の原料が生成する。

(エ) 付加重合をし，生成物はプラスチックとして利用される。

(オ) 特有のにおいをもつ淡黄色の液体で，水よりも密度が大きい。

(カ) 水溶液は弱酸性を示し，炭酸水素ナトリウム水溶液に溶ける。

(キ) 水によく溶け，水溶液は強酸性を示す。

525 ▶芳香族化合物 次の(1)～(4)に当てはまる化合物の構造式を下の(ア)～(ク)からそれぞれ二つずつ選び，記号で答えよ。

(1) 炭酸水素ナトリウム水溶液に溶け，塩化鉄(Ⅲ)水溶液では呈色反応を示す。

(2) 炭酸水素ナトリウム水溶液に溶けるが，塩化鉄(Ⅲ)水溶液で呈色反応を示さない。

(3) 炭酸水素ナトリウム水溶液に溶けないが，塩化鉄(Ⅲ)水溶液で呈色反応を示す。

(4) 炭酸水素ナトリウム水溶液に溶けず，塩化鉄(Ⅲ)水溶液でも呈色反応を示さない。

(ア) ベンゼン環 CH_2-OH
(イ) ベンゼン環 $COOH$, OH
(ウ) ベンゼン環 OH, $COOCH_3$
(エ) ベンゼン環 $COOH$, $OCOCH_3$
(オ) HO-ベンゼン環-$COOH$
(カ) ベンゼン環 CH_3, OH
(キ) ベンゼン環 $COOH$, $COOH$
(ク) ベンゼン環 $O-CH_3$

526 ▶異性体の数え上げ 次の分子式で表される芳香族化合物の異性体は何種類あるか。また，その構造式をすべて記せ。ただし，環構造はベンゼン環のみとする。

(1) $C_6H_3Cl_3$　(2) C_9H_{12}

527 ▶混合物の分離 次の各組の混合物の一方を水溶性の塩として分離するのに必要な試薬を下の(ア)～(ウ)よりそれぞれ選べ。また，試薬を加えたときに起こる反応の化学反応式を答えよ。

(1) o-クレゾールとトルエン　(2) サリチル酸とサリチル酸メチル

(ア) 塩酸　(イ) 水酸化ナトリウム水溶液　(ウ) 炭酸水素ナトリウム水溶液

標準例題 106 化合物の識別

次の化合物の組み合わせを区別するには，それぞれ下の(ア)～(エ)のどの方法を用いるとよいか答えよ。また，そのときに変化を生じる物質を答え，生じる変化を(a)～(e)から選べ。

(1) サリチル酸とアセチルサリチル酸　　(2) 安息香酸とベンズアルデヒド
(3) ニトロベンゼンとアニリン　　(4) フタル酸とテレフタル酸

(ア) アンモニア性硝酸銀水溶液を加える。　(イ) 塩化鉄(Ⅲ)水溶液を加える。
(ウ) 加熱する。　　(エ) さらし粉を加える。
(a) 黒色に呈色する。　(b) 赤紫色に呈色する。　(c) 銀鏡が生じる。
(d) 水素を発生する。　(e) 水蒸気を発生し，酸無水物を生成する。

● エクセル

おもな化合物	反応
アルコール，フェノール類	金属ナトリウムを加えると水素を発生する。
アルデヒド	銀鏡反応，フェーリング液を還元する。
フェノール類	塩化鉄(Ⅲ)の水溶液を加えると，青紫～赤紫色の呈色を示す。
アニリン(芳香族アミン)	さらし粉の水溶液を加えると，赤紫色の呈色を示す。

考え方

2つの化合物を比べて，異なる官能基に注目し，それを検出するための試薬を選ぶ。

アンモニア性硝酸銀水溶液…ホルミル基を酸化し，銀鏡を生じる。

塩化鉄(Ⅲ)水溶液…フェノール性ヒドロキシ基と反応して，青紫～赤紫色になる。

さらし粉水溶液…アニリンと反応して赤紫色になる。

解答

(1) COOH-OH（サリチル酸）, COOH-OCOCH₃（アセチルサリチル酸）

サリチル酸のみフェノール性ヒドロキシ基をもっている。塩化鉄(Ⅲ)水溶液を加えると，サリチル酸が赤紫色に呈色する。

(2) COOH（安息香酸）, CHO（ベンズアルデヒド）

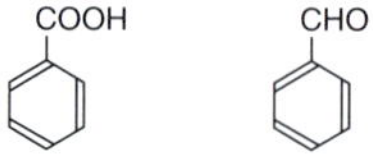

アンモニア性硝酸銀水溶液を加えると，ベンズアルデヒドが酸化されて銀鏡を生じる。

(3) NO₂（ニトロベンゼン）, NH₂（アニリン）

さらし粉水溶液を加えると，アニリンが赤紫色に呈色する。

(4)

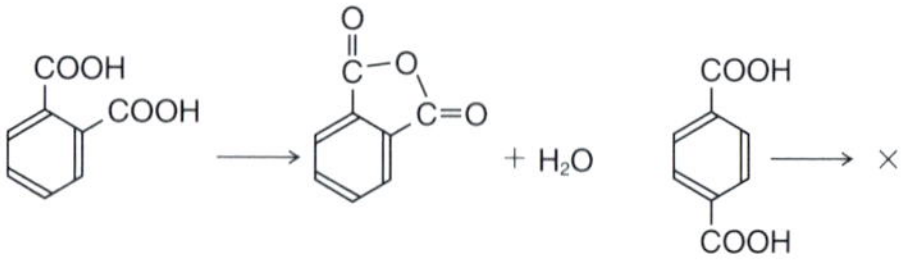

フタル酸はオルト位に2つのカルボキシ基をもつので，加熱をすると脱水して無水フタル酸を生成する。

答 (1) (イ), **サリチル酸**, (b)　(2) (ア), **ベンズアルデヒド**, (c)
　　(3) (エ), **アニリン**, (b)　(4) (ウ), **フタル酸**, (e)

標準例題 107 構造式の推定　　　　　　　　　　　標準➡533, 534

分子式 C_8H_{10} の芳香族炭化水素 A，B がある。A を過マンガン酸カリウムで酸化したところ，A から安息香酸が得られた。B はベンゼン環の二置換体で，B のベンゼン環の水素原子の 1 つを塩素原子で置換したところ，ただ 1 種類の化合物が得られた。A，B の構造式を記せ。

（北大　改）

●エクセル　ベンゼン環に直結している炭化水素基 $\langle\rangle$C- の $KMnO_4$ 酸化 ⟶ カルボキシ基 -COOH ⟶ $\langle\rangle$COOH 安息香酸

考え方

キシレンの異性体への塩素置換

解答

A を酸化すると安息香酸になることから，A は一置換体である。よって，A はエチルベンゼンである。B はキシレンの異性体のいずれかである。水素原子の 1 つを塩素原子で置換すると，o 体は 2 種類，m 体は 3 種類，p 体は 1 種類の異性体が生じるので，B は p-キシレンである。

答　A　$\langle\rangle$$CH_2$-$CH_3$　　　B　CH_3-$\langle\rangle$-CH_3

標準例題 108 構造式の推定　　　　　　　　　　　標準➡533, 534

分子式 C_7H_8O で表される芳香族化合物 A，B がある。A，B はともに金属ナトリウムと反応して水素を発生した。また，塩化鉄(III)水溶液を加えると，A は変化しなかったが，B は青紫色に変化した。B を過マンガン酸カリウムで酸化するとサリチル酸が生成した。化合物 A，B の構造式を記せ。

（首都大）

●エクセル　炭素原子 6 個以上の分子式はベンゼン環存在の可能性。分子式から炭素数を 6 を引き，官能基を推定する。

考え方

分子式を満たす化合物をすべてかいて考える。

ベンゼンの一置換体

$\langle\rangle$X

(C_6H_5 - X)

ベンゼンの二置換体

$\langle\rangle$X,Y

(C_6H_4 - XY)

解答

分子式より，ベンゼン環の炭素原子以外に，1 個の炭素原子があることがわかる。可能な化合物は以下のとおり。

① $\langle\rangle$$CH_2$-OH　② $\langle\rangle$O-CH_3　③ $\langle\rangle$$CH_3$,OH

④ $\langle\rangle$$CH_3$,OH　⑤ CH_3-$\langle\rangle$-OH

A は金属 Na と反応し，$FeCl_3$ 水溶液で呈色しないからアルコールの①である。B は金属 Na と反応し，$FeCl_3$ 水溶液で呈色するからフェノール性ヒドロキシ基をもつ。B は酸化するとサリチル酸になることから，B はオルト二置換体と判明する。よって，B は③である。

標準例題 109 芳香族化合物の分離　　標準➡538, 539

フェノール，トルエン，安息香酸，アニリンを含むエーテル溶液から，下図のような操作により，各化合物を分離した。　　　　　　　　　　　　　　（山口大　改）

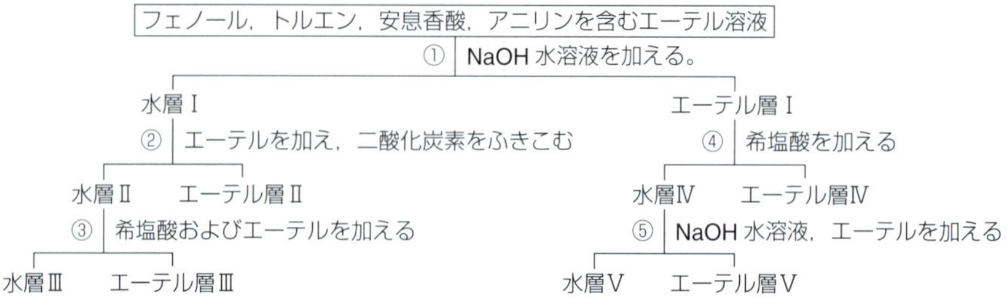

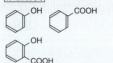

各化合物はそれぞれエーテル層Ⅱ～Ⅴのいずれに含まれるか記せ。

●エクセル
① 酸の強さ　$HCl > R-COOH > CO_2 > C_6H_5-OH$
② 弱酸の塩　＋　強酸　⟶　弱酸　＋　強酸の塩

考え方

一般的に芳香族化合物はエーテルに溶けるが，中和反応により塩をつくると，水に溶けやすくなる点を利用している。

[酸性物質]

NaOH 水溶液に塩をつくって溶ける。

[塩基性物質]

HCl 水溶液に塩をつくって溶ける。

[中性物質]

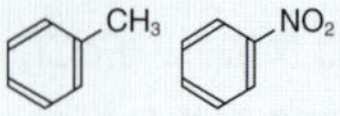

NaOH，HCl のどちらとも反応しない。

解答

操作①：NaOH 水溶液を加える→酸性の物質が水層に。

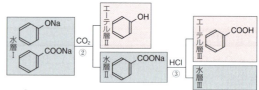

操作②：CO_2 を加える→炭酸より弱いフェノールが生じ，エーテル層へ。

$C_6H_5ONa + CO_2 + H_2O \longrightarrow C_6H_5OH + NaHCO_3$

操作③：塩酸を加える→塩酸より弱い安息香酸が生じ，エーテル層へ。

$C_6H_5COONa + HCl \longrightarrow C_6H_5COOH + NaCl$

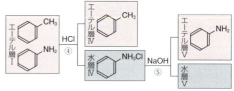

操作④：塩基性のアニリンが反応して水層へ。
操作⑤：アニリン塩酸塩がアニリンに戻り，エーテル層へ。

$C_6H_5NH_3Cl + NaOH \longrightarrow C_6H_5NH_2 + NaCl + H_2O$

答　フェノール…Ⅱ　　トルエン…Ⅳ　　安息香酸…Ⅲ
　　　アニリン…Ⅴ

25　芳香族化合物——331

標準問題

528 ▶ ベンゼンの誘導体

(ア) ベンゼンに濃硫酸を作用させると，化合物 A が得られる。A を水酸化ナトリウムで中和したあと，固体の水酸化ナトリウムで加熱融解すると B となり，B の水溶液に二酸化炭素を通じるとフェノールが遊離する。

(イ) ベンゼンに化合物 C を作用させると D が生成する。D を空気中で酸化，分解するとフェノールになり，同時に化合物 E が生成するが，E は 2-プロパノールの酸化でも得られる。

(ウ) ベンゼンに濃硫酸と濃硝酸の混合物を作用させると，化合物 F が得られる。F をスズと塩酸で還元すると，G の塩酸塩が生成する。G を塩酸に溶かしたあと，氷冷しながら亜硝酸ナトリウムの水溶液を加えると，H が得られる。H の水溶液に B の水溶液を混合すると，橙赤色の化合物 I が析出する。

(1) 化合物 A ～ E の名称を記せ。

(2) 化合物 F ～ I の構造式を記せ。　　　　　　　　　　　　　（大阪女子大　改）

529 ▶ 化学反応式　次の(1)～(6)の化学反応式を記せ。

(1) フェノールに水酸化ナトリウム水溶液を加える。

(2) (1)の生成物に二酸化炭素を吹き込む。

(3) ベンゼンに濃硫酸と濃硝酸の混合物を作用させる。

(4) アニリンに無水酢酸を作用させる。

(5) 安息香酸は炭酸水素ナトリウム水溶液に気体を発生して溶ける。

(6) クメンヒドロペルオキシドに希硫酸を作用させる。

（実験）（論述）530 ▶ サリチル酸メチルの合成　試験管にサリチル酸 0.5 g とメタノール 5 mL をとり，濃硫酸 1 mL と沸騰石を入れた。この試験管に十分長いガラス管のついたゴム栓をはめ，熱水の入ったビーカーの中で 30 分加熱した。試験管を冷やしたあと，反応液を炭酸水素ナトリウム水溶液 50 mL を入れたビーカーに注いだ。すると，生成物が遊離してきた。

(1) サリチル酸とメタノールからサリチル酸メチルが生成する化学反応式を記せ。

(2) 下線部の操作のとき，どのような変化が見られるか。次のうちから一つ選べ。

　(ア) 溶液の色が変化する。　　　(イ) 気体が発生する。

　(ウ) 白色沈殿が生じる。　　　　(エ) とくに変化は見られない。

(3) 下線部の操作において，炭酸水素ナトリウム水溶液のかわりに，水酸化ナトリウム水溶液を使うことはできない。その理由を簡潔に記せ。　　　　（センター　改）

332 —— 6章　有機化合物

実験 **論述** **531**▶**ニトロベンゼンの合成**　大口試験管に 5.0 mL の濃硝酸を取り，これに 5.0 mL の濃硫酸を冷却しながら少しずつ加えて混ぜ合わせた。続いて，冷却しながら 5.0 mL のベンゼンを数滴ずつ加えた。その後，試験管を 60 ℃ の温水に入れ，振り混ぜながら約 10 分間加熱した。

　反応後，試験管の内容物を，水を入れた 300 mL ビーカーにそって注ぐと，（　ア　）色・油状のニトロベンゼンが（　イ　）。水層を捨て，(a)炭酸水素ナトリウム水溶液を加えたあと，ニトロベンゼンを取り出し，(b)無水塩化カルシウムを適量加えて放置すると，純粋なニトロベンゼンが得られた。

(1)　文中の(ア)に当てはまる色を記せ。

(2)　文中の(イ)には，「浮かんできた」，「沈んできた」のどちらが入るか。

(3)　下線部(a)，(b)の操作の目的を簡潔に記せ。　　　　　　　　　　（神戸大　改）

532▶**反応経路図**　ベンゼンを出発原料として染料(g)，消炎鎮痛用塗布剤(i)および解熱剤(アスピリン)(j)を下の経路にしたがって合成する。(ア)〜(オ)の反応名，(1)〜(5)の試薬の化学式および(a)〜(j)の構造式をそれぞれ記せ。

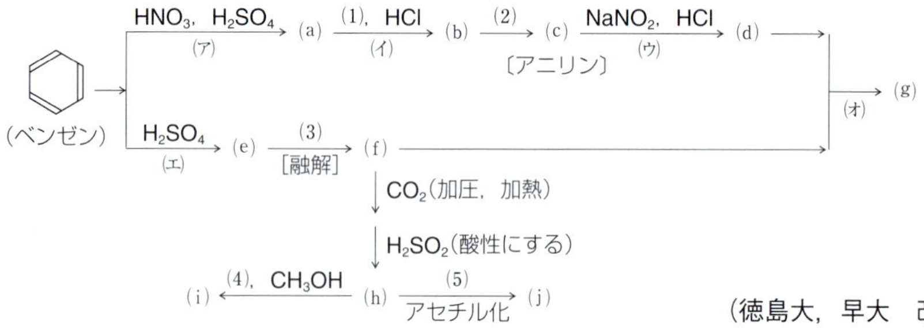

（徳島大，早大　改）

533▶**芳香族エステルの構造決定**

　3 種類の芳香族エステル A，B，C がある。元素分析の結果，いずれも分子式が $C_9H_{10}O_2$ であり，以下の性質をもつことがわかった。

(ア)　A を加水分解すると，D とエタノールが生成した。

(イ)　B を加水分解すると，E と F が生成した。E はエタノールを十分酸化して得られる化合物と同じであった。また，F は十分に酸化すると D が生成した。

(ウ)　C を加水分解すると，G とメタノールが生成した。G はベンゼンの一置換体であった。

問　A，B，C の構造式を記せ。　　　　　　　　　　　　　　　　（名工大　改）

25 芳香族化合物——333

534 ▶芳香族化合物の構造決定 $C_8H_{10}O$ の分子式で表される芳香族化合物 A ～ E がある。A，B，C はベンゼン環に 2 つの置換基をもち，その位置はオルト位である。D，E はベンゼンの一置換体である。

A と B は金属ナトリウムと反応して水素を発生したが，C は反応しなかった。A を厳しい条件下で酸化するとサリチル酸が生じ，同様に B を酸化するとフタル酸が生じた。また，D を穏やかに酸化すると，還元性を示す F が生じた。E は不斉炭素原子を有し，酸化すると G を生じた。

問 　A ～ E の構造式を記せ。 　　　　　　　　　　　　　　　　　　　　　　（神戸大）

535 ▶染料の合成 　次の文中の(ア)～(エ)に適当な語句および構造式を入れよ。

反応経路に示したように，ベンゼンを出発物質として，染料に用いられるオレンジⅡを合成する。

【反応経路】

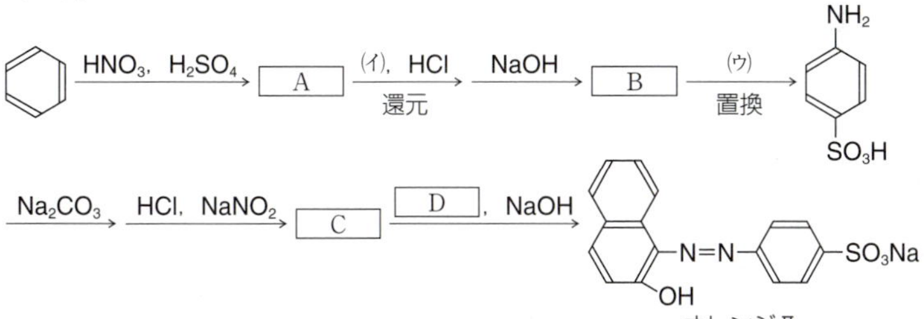

オレンジⅡ

(1) ベンゼンを濃硝酸と濃硫酸の混合物と反応させると，ベンゼンの 1 つの水素原子が（ ア ）基によって置換され，化合物 A が生じる。化合物 A に金属の（ イ ）または鉄を塩酸中で作用させると（ ア ）基が還元され，引き続き水酸化ナトリウム水溶液を加えると，化合物 B が得られる。

(2) 化合物 B を（ ウ ）とともに加熱すると，スルファニル酸が生じる。スルファニル酸を炭酸ナトリウム水溶液に溶解し，これを氷冷しながら，塩酸と亜硝酸ナトリウム水溶液を加えると，化合物 C が得られる。

(3) 氷冷した化合物 C の水溶液に，化合物 D と水酸化ナトリウムを溶解した水溶液を加えるとオレンジⅡが得られる。また，化合物 D のかわりにフェノールを作用させて得られる化合物の構造は（ エ ）である。 　　　　　　　　　　（12　慶應大）

536 ▶ エステルの構造決定　次の実験1から実験5の結果に基づき，下の(1)〜(7)に答えよ。

実験1　分子量256の化合物Aについて元素分析を行い，構成元素の質量パーセントを計算したところ，炭素：75.00％，水素：6.25％，酸素：18.75％であった。

実験2　化合物Aに水酸化ナトリウム水溶液を加えて加熱したのち，希塩酸を加えて酸性にしたところ，ベンゼンの二置換体Bと，不斉炭素原子とベンゼン環をもつ分子式 $C_8H_{10}O$ の化合物Cが得られた。

実験3　化合物Cに水酸化ナトリウム水溶液と（ ア ）を加えて加熱すると，特有のにおいをもつ（ イ ）の黄色沈殿と安息香酸のナトリウム塩が得られた。

実験4　化合物Bに塩化鉄(Ⅲ)水溶液を加えたところ，特有の呈色反応を示した。

実験5　化合物Bを少量の酸と加熱すると，分子内脱水反応が起こり，化合物Dが得られた。

(1)　化合物Aの分子式をかけ。
(2)　化合物Cの構造式をかき，不斉炭素原子に＊印をつけよ。
(3)　(ア)および(イ)に適当な物質名を入れよ。
(4)　化合物Bの分子式をかけ。
(5)　化合物BとDの構造式をかけ。
(6)　化合物Aの構造式をかけ。また，実験2の反応は一般に何とよばれるか。その反応の名称をかけ。
(7)　化合物Cと同じ分子式をもつベンゼンの三置換体Fの構造として可能なものはいくつあるか。

〔東北大〕

537 ▶ 芳香族アミドの構造決定　$C_{14}H_{13}NO$ の分子式をもつ化合物Aがある。Aはアミド結合をもち希塩酸と十分に加熱し，加水分解したあと，後処理をすると，B，Cが得られた。

Bを過マンガン酸カリウムで酸化すると，Dが生成した。Dを加熱すると酸無水物Eになった。Cに無水酢酸を反応させると，Aと同じアミド結合をもつ化合物Fが生成した。Fの分子式は C_8H_9NO であった。

問　A〜Fの構造式を記せ。ただし，A〜Fは芳香族化合物である。

実験 538 ▶ 混合物の分離 安息香酸，トルエン，ニトロベンゼン，アニリンのすべてを少量ずつ含むジエチルエーテル溶液を分液ろうとに入れた。これに希塩酸を加えて，よく振ったのち静かに置いたところ，2層に分離した。次に，水層を抜きとり，油層に水酸化ナトリウム水溶液を入れ，よく振ったのち静かに置いたところ，2層に分離した。このとき，上の層に主成分として溶けている化合物2種類の名称を記せ。(センター　改)

実験 539 ▶ 芳香族化合物の分離 サリチル酸，フェノール，アニリンおよびニトロベンゼンの4種類の化合物を含むエーテル溶液がある。各化合物を分離するために，二通りの方法で操作を行った。

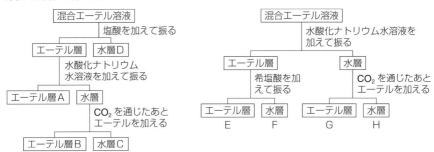

問　A～Hには各化合物がそれぞれどのような状態で含まれているか。構造式で記せ。

(大阪府大　改)

発展問題

540 ▶ 芳香族化合物の分離 化合物AとBの混合物について，以下の操作を行った。

操作1　十分な量の水酸化ナトリウム水溶液を加えて加熱したところ，A，Bともに加水分解された。室温まで冷却すると，水溶液の表面に透明な液体の有機物Cが浮遊していた。Cをエーテルで抽出した。

操作2　操作1のあとの溶液に塩酸を少しずつ加えていくと，pH5付近で透明な液体の有機物Dが水溶液の表面に現れ，pH3付近から化合物Eの結晶が析出し始めた。pH1において，DとEをエーテルで抽出した。

(1) C～Eの構造式を記せ。
(2) 操作2で得られた抽出液には，Dが4.70g，Eが18.3g含まれていることがその後の分析により判明した。最初の混合物中におけるAとBの物質量はそれぞれ何molか。また，得られた化合物Cの質量は何gか。有効数字2桁で求めよ。　(千葉大)

336——6章　有機化合物

541▶**配向性**　ベンゼン環上の置換基の種類により芳香族化合物の置換反応の位置が異なることが知られている。ヒドロキシ基(−**OH**)やアルキル基をもつ芳香族化合物は，オルト位とパラ位で置換反応が起こりやすく，カルボキシ基(−**COOH**)やニトロ基(−**NO₂**)をもつ化合物では，メタ位での反応が優先する。このような性質を配向性という。

トルエンをニトロ化し，ニトロ基が一つ導入された化合物 A と B が生成した(下図)。

A と B を分離した後，臭素を作用させると，A からは C が主に生成し，B からは D と E が得られた。化合物 C，D，E は臭素原子をそれぞれ一つ有している。C を芳香族アミン F へ変換し，亜硝酸ナトリウムと塩酸を加えて化合物 G を得た。G と化合物1との反応で化合物2が生成した。

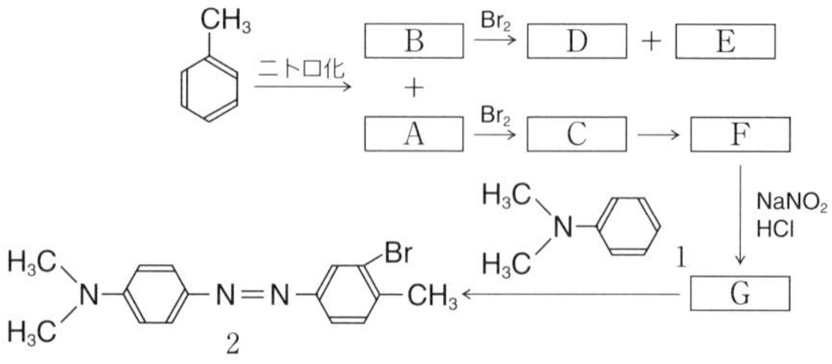

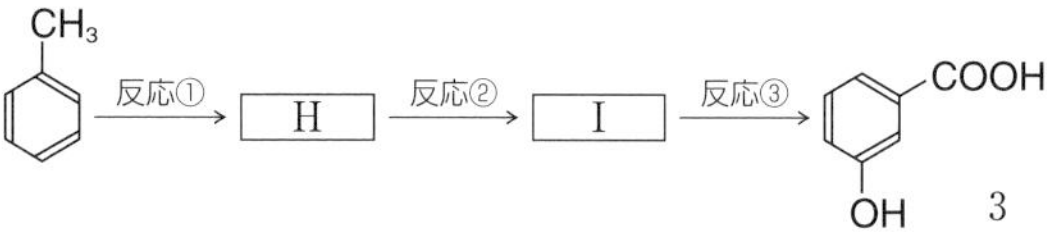

サリチル酸は，　(ア)　に水酸化ナトリウムを作用させた後，高温・高圧条件下における　(イ)　との反応で合成されている。一方，サリチル酸の異性体3は，トルエンから三段階の反応で合成できる。

(1)　配向性を考慮して，D，E の構造として適切なものを次の(a)〜(j)の中から二つ選び記号で記せ。

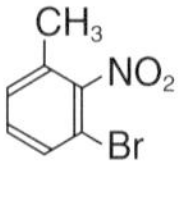

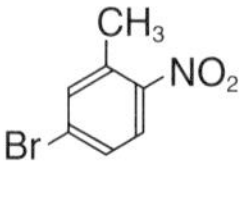

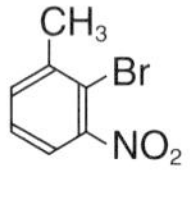

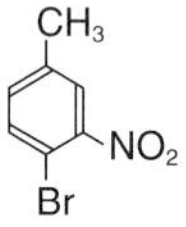

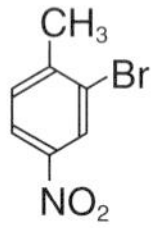

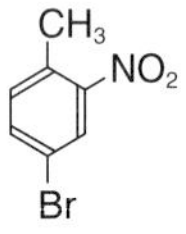

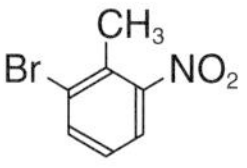

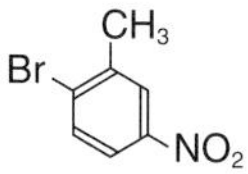

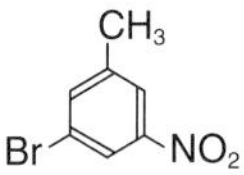

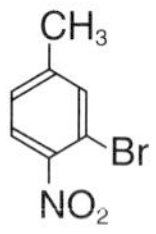

(2)　化合物 G の構造式を記せ。

(3)　空欄(ア)と(イ)にあてはまる適切な化合物名を記せ。

(4)　下線部の合成では，化合物 H，I のいずれかが安息香酸である。配向性を考慮しながら，反応①，②，③について最も適切な試薬や操作を次の(あ)〜(け)から選び，それぞれ記号で記せ。

　　(あ)　無水酢酸　　　(い)　アルカリ融解，中和　　　(う)　過酸化水素による酸化

　　(え)　**KMnO₄**酸化　　(お)　メタノール，塩酸　　　(か)　加熱による脱水

　　(き)　白金触媒，水素　　(く)　スルホン化　　(け)　濃硝酸とともに加熱　　　　(北大)

25 芳香族化合物——337

論述 **542▶環状ジエステル** 分子式 $C_{16}H_{16}O_4$ のエステル A がある。A は不斉炭素原子を check! もたないが，幾何異性体は存在する。実験 1 から実験 8 に関する記述を読み，(1)〜(8)に答えよ。ただし，幾何異性体は区別して書くこと。また，環状構造をもつ場合には，環は 5 つ以上の原子からなるものとする。

実験 1　エステル A に水酸化ナトリウム水溶液を加え完全に加水分解した。この反応液をエーテルで抽出したところ，分子式 C_5H_8O の環状構造をもつアルコール B が得られた。残った水層を希塩酸で酸性にした後に，エーテルで抽出を行ったところ化合物 C と化合物 D が得られた。化合物 C の分子量は 116.0 であった。

実験 2　化合物 B に冷暗所で臭素水を少量加えて振り混ぜたところ，臭素水の赤褐色が消えた。

実験 3　適切な触媒を用いて化合物 B に水素を付加させたところ，分子量が化合物 B のものより 2.0 増加した化合物 E が得られた。また，化合物 B を酸性条件で加熱したところ，分子量が化合物 B のものより 18.0 減少した化合物 F が得られた。

実験 4　化合物 C 43.5 mg を完全に燃焼させると，二酸化炭素 66.0 mg と水 13.5 mg が得られた。

実験 5　化合物 C に十分な量のメタノールと少量の濃硫酸を加えて加熱したところ，分子量が化合物 C のものより 28.0 増加した化合物 G が得られた。

実験 6　化合物 C を加熱すると分子内で脱水反応が起こり，分子量が化合物 C のものより 18.0 減少した化合物 H が得られた。

実験 7　化合物 D を適切な酸化剤を用いて酸化すると化合物 I が得られた。

実験 8　化合物 I はベンゼンから合成したナトリウムフェノキシドを，高温・高圧の二酸化炭素と反応させ，希硫酸を作用させても得られた。

(1)　化合物 B の構造式を書け。

(2)　化合物 C の分子式を書け。

(3)　化合物 C，H の構造式を書け。

(4)　化合物 D の構造式を書け。

(5)　化合物 I の構造式を書け。

(6)　ナトリウムフェノキシドは次の 2 段階の反応で合成した。下式の空欄 ア にあてはまる適切な化合物の構造式，空欄 イ にあてはまる適切な試薬をそれぞれ書け。

$$ベンゼン \xrightarrow[\text{Fe}]{\text{Cl}_2} \boxed{\text{ア}} \xrightarrow[\text{高温・高圧}]{\boxed{\text{イ}}} ナトリウムフェノキシド$$

(7)　実験 8 について，高温・高圧の二酸化炭素のかわりに炭酸水を用いるとどのような反応が起こるのか，20 字以内で述べよ。

(8)　化合物 A の構造式を書け。　　　　　　　　　　　　　　　　　　　　（東北大）

26 有機化合物と人間生活

① エネルギー

◆1 **石油** 炭化水素の混合物。分留によってナフサ，灯油，軽油などに分離。
◆2 **天然ガス** メタンを主成分とした混合物。都市ガスや火力発電に利用。

② 糖類

◆1 **いろいろな糖類とその分類**

分類	名称		構成単糖	存在
単糖類 $C_6H_{12}O_6$	グルコース（ブドウ糖）			果物・ハチミツ
	フルクトース（果糖）			果物・ハチミツ
二糖類 $C_{12}H_{22}O_{11}$	スクロース（ショ糖）		グルコース＋フルクトース	サトウキビ・テンサイ
	マルトース（麦芽糖）		グルコース＋グルコース	水あめ・麦芽
多糖類 $(C_6H_{10}O_5)_n$	デンプン	人が消化	多数のグルコース	米・麦・イモ類
	グリコーゲン	できる	多数のグルコース	肝臓や筋肉内に保存
	セルロース	人が消化	多数のグルコース	野菜・果物・樹木
	グルコマンナン	できない	多数のグルコースとマンノース	コンニャク

デンプンや糖は組成式 $C_m(H_2O)_n$ で表すことができる。炭素と水が結合しているように見えるため，炭水化物ともよぶ。炭水化物は人間の生命活動のエネルギー源である。

デンプンの消化 デンプン→デキストリン→マルトース→グルコース

③ タンパク質 人の各器官や筋肉をつくり，酵素や抗体の主成分でもある。

◆1 **タンパク質** 多数のアミノ酸が縮合重合してタンパク質になる。

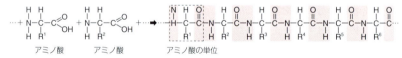

①**タンパク質の存在** 動物性のタンパク質　肉類，魚，たまご
　　　　　　　　　　　植物性のタンパク質　大豆，豆腐

②**タンパク質の消化と分解** タンパク質はアミノ酸に分解され体内に吸収される。

　タンパク質 ─→ アミノ酸→体内に吸収→タンパク質を合成
　　　　　　　↑
　　ペプシン（胃液），トリプシン（すい液）

◆2 **必須アミノ酸** ヒトに必要なアミノ酸約20種類のうち，人体ではつくることができず，食物から摂取しなければならないアミノ酸（9種類）。

④ 油脂 ヒトの体の構成成分であり，ヒトの活動のエネルギーとなる。

サラダ油，バターなどに含まれる。植物の種子や牛脂などに存在している。

26 有機化合物と人間生活 — 339

◆1 **油脂の構造と分類** 油脂はグリセリンと脂肪酸を成分としてできる。

$$\begin{array}{l} CH_2-O-COR^1 \\ CH-O-COR^2 \\ CH_2-O-COR^3 \end{array} \begin{pmatrix} R^1 & 脂肪酸の \\ R^2 & 炭化水素 \\ R^3 & 基を示す \end{pmatrix}$$
油脂

- R^1, R^2, R^3 に二重結合が少ないと固体状態(脂肪)
- R^1, R^2, R^3 に二重結合が多いと液体状態(脂肪油)
  二重結合が多くなると酸化され固化しやすい
  (乾性油)[アマニ油など]
  二重結合が多くないと酸化されにくく固化しに
  くい(不乾性油)[オリーブ油など]

◆2 **油脂の性質** 油脂は空気中の酸素で分解や重合を起こし、変質する。
油脂の消化と分解 油脂 ⟶ モノグリセリド,脂肪酸→体内に吸収→油脂
　　　　　　　　　　　　　　↑
　　　　　　　　リパーゼ(胃液・すい液)

5 医薬品　医療に用いられる化学物質を医薬品,日常的には薬という。

薬理作用 医薬品が人間や動物に与える作用。多くは人間の健康に有益。

◆1 **医薬品の種類**
- ①**生薬** 植物や動物からとる薬(原料　カッコン,ゼンマイ,ハッカなど)
- ②**解熱鎮痛剤** アセチルサリチル酸,p-アセトアミドフェノール
- ③**抗菌物質** 細菌を殺傷したり,細菌の成長を止める医薬品
  化学療法 人体に侵入した病原菌に対し人体に毒性を示さない化学物質で治療。
  - サルバルサン　最初の化学療法剤,梅毒の治療
  - サルファ剤　スルファニルアミドの骨格をもつ抗菌剤
  - 抗生物質　微生物がつくる抗菌物質　ペニシリン,ストレプトマイシン
- ④**胃腸薬** 消化を助け,不必要な胃液の分泌をおさえ,胃液を中和する薬品
  ジアスターゼ,炭酸水素ナトリウム $NaHCO_3$,酸化マグネシウム MgO

◆2 **薬理作用のしくみ** 薬が受容体や酵素に作用し,本来の生体内反応を阻害したり,促進したりする。

薬が受容体に結合し,反応を促進。

薬が受容体に作用し反応を阻害。

◆3 **ビタミンとホルモン** 生体の機能を調節する物質。
- ①**ビタミン** 代謝や生理現象を円滑に行う有機化合物で,生体内で合成することができない。
- ②**ホルモン** 生体内でつくられる有機化合物でさまざまな生理作用をする。

6 染料と染色　天然染料(植物染料と動物染料)と合成染料がある。

◆1 **天然染料**　植物染料　インジゴ(アイから),アリザリン(アカネから)など
　　　　　　　動物染料　コチニール(えんじ虫から),古代紫(貝レイシから)など
◆2 **合成染料** インジゴやアリザリン,$-N=N-$基をもつアゾ染料など。

7 洗剤　水と油の界面の表面張力を弱める界面活性剤が洗浄に使われる。

セッケン

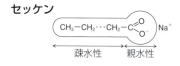

合成洗剤

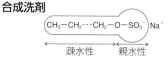

WARMING UP／ウォーミングアップ

次の文中の（　）に適当な語句を入れよ。

1 エネルギー

わたしたちの日常生活を支えるエネルギーには，おもに(ア)，天然ガス，石炭などの(イ)燃料が用いられている。これらの主成分は(ウ)で，燃焼によって多量の熱を発生する。また，(イ)燃料以外のエネルギーとして，原子力エネルギーのほか，最近では水力発電，地熱発電，太陽光発電，風力発電，バイオマス発電などの(エ)エネルギーの利用がとくに注目されている。

1
- (ア) 石油
- (イ) 化石
- (ウ) 炭化水素
- (エ) 再生可能

2 食品

食物の中の栄養素は分子式 $C_nH_{2m}O_m$ で表される(ア)，アミノ酸が縮合重合してできる(イ)，グリセリンと脂肪酸を成分とする(ウ)などがある。$(C_6H_{10}O_5)_n$ の分子式で表される(エ)は(ア)の一種で，米などに含まれわれわれの活動を維持するエネルギー源となる。(イ)からはアミノ酸が得られるが，われわれの体内ではつくることのできない(オ)アミノ酸は食物から摂取しなければならない。(ウ)はサラダ油やバターなどに含まれている。(ウ)の固体状のものを(カ)，液体状のものを(キ)という。

2
- (ア) 糖類または炭水化物
- (イ) タンパク質
- (ウ) 油脂
- (エ) デンプン
- (オ) 必須
- (カ) 脂肪
- (キ) 脂肪油

3 医薬品

医薬品には，天然の植物や動物を利用するものがあり，これを(ア)という。また，病気を直接治療するのではなく，病気の症状を緩和する作用の医薬品を(イ)薬という。一方，病気の原因に直接作用して治療する医薬品を(ウ)薬という。スルファニルアミドの構造をもつ抗菌作用のある化合物は(エ)とよばれ，微生物によって生産される抗菌作用をもつ化合物を(オ)とよんでいる。フレミングがアオカビから発見した(カ)は，細菌が細胞壁をつくるはたらきを阻害する。医薬品を多量に用いたとき，本来の薬理作用と異なった人体に有害な作用を起こすことがある。これを(キ)という。

3
- (ア) 生薬
- (イ) 対症療法
- (ウ) 原因療法
- (エ) サルファ剤
- (オ) 抗生物質
- (カ) ペニシリン
- (キ) 副作用

4 洗剤

洗剤の分子は右図のように，疎水基 A と親水基 B からできている。セッケンと合成洗剤では A は(ア)基，B はセッケンでは(イ)基，合成洗剤では強酸性の(ウ)基のイオンである。

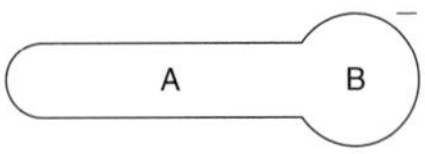

4	
(ア)	炭化水素
(イ)	カルボキシ
(ウ)	スルホ

5 染料

染料は原料によって，自然に存在する(ア)染料と化学的につくられた(イ)染料に分類される。(ア)染料にはインジゴ，アリザリンなどの(ウ)染料と，コチニール，古代紫などの(エ)染料がある。(イ)染料にはアゾ染料などがある。

5	
(ア)	天然
(イ)	合成
(ウ)	植物
(エ)	動物

基本例題 110 医薬品とその効果　　　　　　　　　　　　　　標準➡548

サリチル酸はヤナギ属の植物から，薬の有効成分として単離されたが，その副作用に問題があった。そのため，サリチル酸から下図のような反応により，医薬品をつくった。次の(1)，(2)に答えよ。

$$\boxed{\text{ア}} \xleftarrow[\text{アセチル化}]{(CH_3CO)_2O} \text{サリチル酸} \xrightarrow[\text{エステル化}]{CH_3OH} \boxed{\text{イ}}$$

(1)　$\boxed{\text{ア}}$ と $\boxed{\text{イ}}$ に相当する医薬品の名称とその構造式をそれぞれ記せ。

(2)　$\boxed{\text{ア}}$ と $\boxed{\text{イ}}$ の医薬品はそれぞれどのような薬理作用をするか。次の(a)～(d)より選べ。

　(a)　胃液を中和して胃液の分泌をおさえる。

　(b)　皮膚から吸収され，筋肉痛や関節痛の塗布剤として用いられる。

　(c)　傷口の殺菌消毒に使われる。

　(d)　解熱鎮痛作用や炎症をしずめる作用もある。

●**エクセル**　ヒドロキシ基—OH はカルボキシ基—COOH とエステル化反応をする。無水酢酸 $(CH_3CO)_2O$ を作用させアセチル基 CH_3CO—を導入。

考え方

(1)　無水酢酸はサリチル酸のヒドロキシ基と反応して，アセチル基を入れる。また，メタノールはカルボキシ基と反応してエステルをつくる。

(2)　アセチルサリチル酸は解熱剤，サリチル酸メチルは外用塗布剤として使用されている。

解答

(1)　$\boxed{\text{ア}}$ の生成反応　　　　　　$\boxed{\text{イ}}$ の生成反応

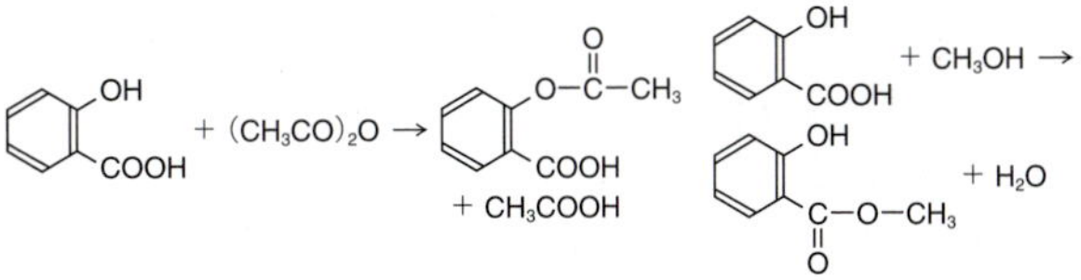

答　(ア)　**アセチルサリチル酸**　(イ)　**サリチル酸メチル**

(2)　胃腸薬には弱塩基性の薬品が使われる。傷口の消毒には過酸化水素水などが使われる。　**答**　(ア)　(d)　(イ)　(b)

基本問題

543 ▶食品と栄養素 下の(1)〜(4)に相当する物質を次のうちから選べ。
　　　デンプン，油脂，タンパク質，スクロース
(1) アミノ酸からつくられ，肉，魚，大豆などに多く含まれる。
(2) バターやマーガリンなどに含まれる。体内では，酵素リパーゼによって加水分解され，脂肪酸とモノグリセリドになる。
(3) ご飯やパンなどに多く含まれ，酵素アミラーゼによって加水分解される。
(4) 分子式は$C_{12}H_{22}O_{11}$で，甘味料として，日常的にいちばん多く使われる。

544 ▶栄養素 炭水化物，タンパク質，油脂に関する次の記述で誤っているものを選べ。
(1) 卵白中に含まれるタンパク質は熱や酸によって変性する。
(2) タンパク質の水溶液に，水酸化ナトリウム水溶液と硫酸銅(Ⅱ)水溶液を加えると黄色になる。
(3) 人が消化できない炭水化物がある。
(4) 穀類のおもな栄養素は炭水化物である。
(5) 油脂には，炭素－炭素間に二重結合を含むものがある。　　　　　　　　　（センター）

545 ▶発酵と腐敗 次の文中の(ア)〜(エ)に適当な語句を入れよ。
　カビや細菌などの微生物はその酵素によって多くの物質を分解する。このとき，分解生成物が人間にとって有用ならば（ア），好ましくないものであれば（イ）とよばれる。（ア）の例としては，微生物（ウ）によるビールやワインの製造，乳酸菌や納豆菌などの（エ）によるヨーグルト，納豆の製造などがある。

546 ▶医薬品の開発 医薬品の開発過程の流れは，およそ下図のようである。

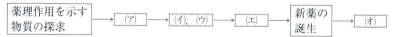

(ア)〜(オ)に入るべき内容を下記から選べ。
　(1) 合成方法の確立　　(2) 有効性・安全性の最終検査
　(3) 新薬候補物質の選定　(4) 毒性試験
　(5) 臨床試験

547 ▶洗剤 次の(1)〜(4)の説明のうち，セッケンに相当するものにはA，合成洗剤に相当するものにはBを記せ。
(1) 高級脂肪酸のアルカリ金属塩でできている。
(2) 水溶液は加水分解により塩基性となるので，動物繊維には使用できない。
(3) 水溶液は中性であるものが多く，動物繊維にも使用できる。
(4) Ca^{2+}やMg^{2+}などと不溶性の塩をつくらないので，硬水でも使用できる。

標準問題

548 ▶ 医療品 天然の植物・動物・鉱物などをそのまま，あるいは乾燥などの簡単な処理をして用いる医薬品を（　ア　）とよぶ。古くから，ヤナギの樹皮に解熱鎮痛作用があることが知られていた。その成分はサリシンで，体内で代謝されて生じる化合物 A が，薬理作用を示すと考えられる。化合物 A は(a)強い胃痛を起こすこともあるため，化合物 A に無水酢酸を反応させて得られる化合物 B が開発され，アスピリンの名前で使われている。アセトアニリドには解熱作用があるが，毒性が強いため，フェナセチンが開発され広く使われた。しかし，(b)長期間大量に服用すると腎臓などに悪影響を及ぼすことがわかり，使用が中止された。現在は，p-ニトロフェノールを還元し無水酢酸でアセチル化したアセトアミノフェンが，解熱鎮痛薬として使われている。これらの医薬品は，病気の原因となる細菌などに直接作用するわけではなく，病気によって引き起こされる症状をやわらげる効果があり，（　イ　）療法薬という。

　細菌を殺す，あるいはその生育を止める物質を抗菌物質という。アゾ染料のプロントジルには抗菌作用があることが知られていたが，体内で分解されてできるスルファニルアミドが有効成分であることが解明された。その誘導体は（　ウ　）とよばれる。ある種の微生物によって生産され，別の微生物の生育または代謝を阻害する物質を（　エ　）という。アオカビから発見された最初の(エ)は，（　オ　）と名付けられ，細菌のもつ細胞壁の合成を阻害する。最初の結核治療薬として使われたストレプトマイシンは，タンパク質の合成過程を阻害する。一方で，これらの(エ)を多用すると，突然変異などにより(エ)が効かない（　カ　）が出現するという問題も生じる。

(1)　(ア)〜(カ)に入る適切な語句または物質名を記せ。

(2)　下線部(a)および(b)のように，医薬品を用いたとき，目的の薬理作用とは異なる作用が起こることがある。この作用を一般に何とよぶか，記せ。

549 ▶ 染料 色素は染料と[　ア　]に分けられ，染料は天然染料と合成染料に分けられる。合成染料は，石油を原料として合成される染料で，−N＝N−で表される[　イ　]基をもつ色素が代表的である。染料は，（Ⅰ）直接染料，（Ⅱ）分散染料，（Ⅲ）媒染染料，（Ⅳ）建染め染料（還元染料）が代表例として挙げられる。

(1)　[　ア　]と[　イ　]に入る適切な語句を記せ。

(2)　（Ⅰ）直接染料，（Ⅱ）分散染料，（Ⅲ）媒染染料，（Ⅳ）建染め染料の説明として適切なものを，次の(a)〜(d)からそれぞれ一つずつ選べ。

(a)　水に不溶であり，界面活性剤を用い，水中で微粒子状にして染色する。

(b)　染料の水溶液に繊維を浸す。分子間力で色素と繊維が結合する。

(c)　水に不溶であるが，発酵させるなどして水溶性にし，繊維に浸したのちに空気で酸化して元の染料に戻す。インジゴ色素による藍染めなどが代表例である。

(d)　金属塩溶液であらかじめ繊維を処理し，次に染料の水溶液に浸す。用いる金属塩の種類で発色が変わる。

（金沢大）

344 —— 6章　有機化合物

論述問題

550▶元素分析　有機化合物の元素分析で、有機化合物を完全に燃焼させ、発生気体を塩化カルシウムを詰めた管、ソーダ石灰を詰めた管の順に通して、すべて吸収させた。発生気体を先にソーダ石灰を詰めた管に通すと、どのような点で不都合があるか。30字以内で答えよ。
（11　首都大）

551▶幾何異性体　2−ブテン $CH_3CH=CHCH_3$ には、炭化水素基配置が異なる異性体ができる。
⑴　この異性体の構造式と名称をかけ。
⑵　この異性体は、炭素と炭素の二重結合のどのような性質によるものか説明せよ。
（11　新潟大　改）

552▶アルコールの溶解性　一般に、直鎖状の1価の第一級アルコールでは炭素数が大きいほど水に対する溶解性が小さくなる。また、同じ炭素数のアルコールであればヒドロキシ基の数が多いほど水に対する溶解性が大きくなる。この理由を簡潔に述べよ。

553▶アルコールとエーテル　アルコールは構造異性体のエーテルに比べて沸点が高い。この理由を述べよ。
（10　新潟大）

554▶アルデヒド　還元力の強いホルムアルデヒドにフェーリング液を加えると、酸化銅（Ⅰ）の赤色沈殿が通常得られるが、沈殿の生成以外の反応が起こることもある。どのような反応が起こると考えられるか。20字以内でかけ。
（10　徳島大）

555▶アルデヒドの酸化　ホルムアルデヒドを酸化して得られる物質は還元性を示す。この物質の名称をかけ。また、この物質がなぜ還元性をもつのか、構造式をかいて説明せよ。
（11　東京女子大）

556▶ジカルボン酸　分子内に $\diagdown C=C \diagup$ をもつジカルボン酸 $C_2H_2(COOH)_2$ にはシス−トランス異性体が存在する。
⑴　シス形、トランス形、それぞれの異性体の名称と構造式をかけ。
⑵　これらの異性体を加熱したら、一方の異性体のみから環状の酸無水物を生じる。その理由を簡潔に記せ。
（11　広島市立大　改）

557▶けん化　3種類の油脂 A、B、C それぞれの1g を KOH でけん化したら、A が最も多くの KOH を必要とした。A についてわかることを30字以内でかけ。
（11　名古屋市立大　改）

論述問題——345

558▶**セッケン**　セッケンは硬水中での使用に適さない。この理由を簡潔に述べよ。

559▶**構造式の決定**　分子式がともに $C_5H_{10}O_3$ で，同一分子内にヒドロキシ基とカルボキシ基をもつ化合物 A，B がある。A，B はいずれも炭素原子が直鎖状に連結した骨格をもつモノカルボン酸である。

(1)　化合物 A を酸化すると化合物 X_1 が生成し，さらに酸化するとジカルボン酸となった。化合物 A の構造式をかき，化合物 X_1 の生成を確認する方法を 20 字以内で述べよ。

(2)　化合物 B を酸化するとカルボキシ基を含むケトン X_2 となった。B と X_2 はいずれもヨードホルム反応を示さなかった。この結果をもとに化合物 B の構造を推定し，その推定の過程を簡潔に説明せよ。なお，複数の化合物が該当する場合も含めて考えよ。ただし，光学異性体の有無について触れる必要はない。　　　（11　筑波大　改）

560▶**フェノールの合成**　従来，フェノールは，ベンゼンスルホン酸やクロロベンゼンに高温・高圧条件下で水酸化ナトリウムを反応させて製造していた。ところが，現在では，この方法ではなく「クメン法」でフェノールを合成するのが一般的になっている。この理由を述べよ。

561▶**アニリンの合成**　ニトロベンゼンに濃塩酸とスズを加え加熱したあと，この溶液から反応生成物を得るのに，水酸化ナトリウム水溶液を加えて塩基性にしてからエーテルで抽出するのはなぜか。その理由を 50 字以内で述べよ。　　　（10　金沢大）

562▶**ジアゾニウム塩**　アニリンを塩酸に溶かし，5℃ 以下で亜硝酸ナトリウムを加えると塩化ベンゼンジアゾニウムができる。このときの反応を 5℃ 以下で行う理由を説明せよ。　　　（11　日本女子大）

563▶**有機化合物の分離**　フェノールと安息香酸をジエチルエーテルに溶かした溶液を分液ロートに入れて，炭酸水素ナトリウム水溶液を加えてよく振り混ぜた。このとき，分液ロート内の圧力が上昇したので，栓を開けて大気圧に戻した。分液ロート内の圧力が上昇するのはなぜか。簡潔に述べよ。　　　（10　お茶の水女子大　改）

564▶**立体障害**　トルエン $C_6H_5CH_3$ のニトロ化では o-ニトロトルエン A と p-ニトロトルエン B が主として生成する。A と B の生成比は 61：39 である。メチル基よりかさ高いエチル基 CH_3CH_2- をもったエチルベンゼンのニトロ化において，主生成物の比率は次の①～③のどれと予測されるか。記号で答え，その理由を簡潔に述べよ。

①　トルエンのニトロ化よりもオルト異性体の割合が減少する。

②　オルト異性体とパラ異性体の割合は変わらない。

③　トルエンのニトロ化よりもオルト異性体の割合が増加する。（10　お茶の水女子大）

エクササイズ

◆脂肪族化合物の反応経路

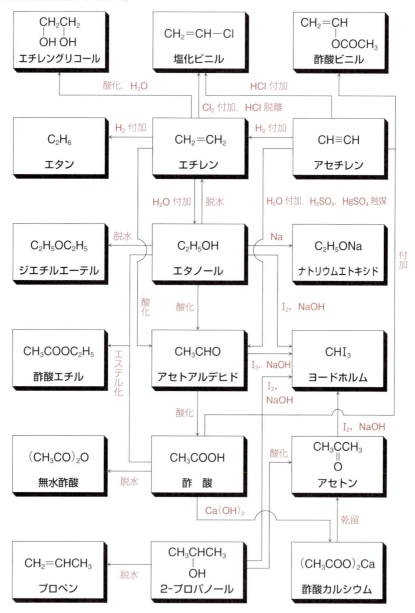

◆脂肪族化合物の反応経路を埋めてみよう！

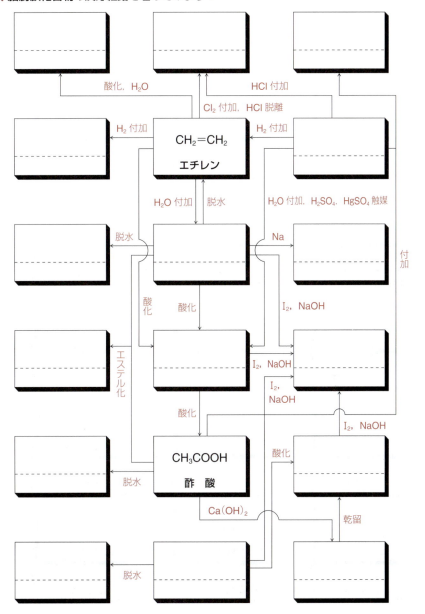

◆芳香族化合物の反応経路

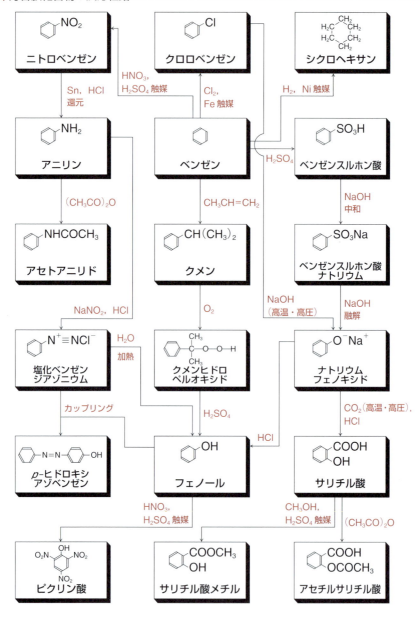

◆芳香族化合物の反応経路を埋めてみよう！

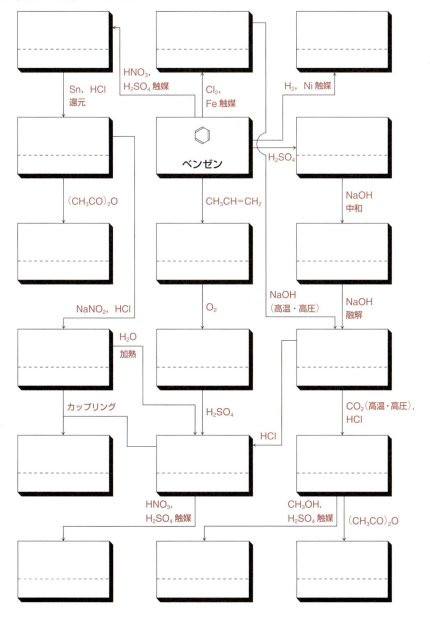

27 天然高分子化合物

1 糖類

◆1 糖類

分類	名称	分子式	加水分解
単糖類	グルコース(ブドウ糖) フルクトース(果糖) ガラクトース	$C_6H_{12}O_6$	単量体のため加水分解しない
二糖類	スクロース(ショ糖) ラクトース(乳糖) マルトース(麦芽糖)	$C_{12}H_{22}O_{11}$	グルコース ＋ フルクトース グルコース ＋ ガラクトース グルコース(2分子)
多糖類	デンプン セルロース	$(C_6H_{10}O_5)_n$	グルコース グルコース

◆2 単糖類 $C_6H_{12}O_6$

①**グルコース(ブドウ糖)** デンプンなどを加水分解して得られる。生体内のエネルギー源として重要である。

②**フルクトース(果糖)** 果物，ハチミツなどに含まれる。ホルミル基をもたないが還元性を示す。

③**ガラクトース** ガラクタンを加水分解すると得られる。還元性を示す。鎖状構造のグルコース，フルクトース，ガラクトースは還元性をもち，銀鏡反応，フェーリング液の還元を示す。

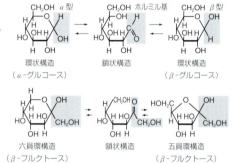

環状構造　　　鎖状構造　　　環状構造
(α-グルコース)　　　　　　　　　(β-グルコース)

六員環構造　　鎖状構造　　五員環構造
(β-フルクトース)　　　　　　(β-フルクトース)

六員環構造はピラノース形
五員環構造はフラノース形
という。

環状構造
(α-ガラクトース)

④**アルコール発酵** 単糖類は酵母(チマーゼ)により，エタノールと二酸化炭素に分解する。

$$C_6H_{12}O_6 \longrightarrow 2C_2H_5OH + 2CO_2 + (エネルギー)$$

◆3 二糖類 $C_{12}H_{22}O_{11}$ 2分子の単糖類が脱水縮合した構造。

①**マルトース(麦芽糖)**

鎖状構造になれない　鎖状構造になれる
α-グルコース　　　α-グルコース

②**スクロース(ショ糖)**

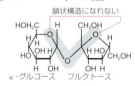

鎖状構造になれない
α-グルコース　　フルクトース

マルトース，ラクトースは還元性を示すが，スクロースは還元性を示さない。

◆4 **多糖類** ($C_6H_{10}O_5)_n$　多数の単糖類が脱水縮合した構造。

①**デンプン**　α-グルコースが脱水縮合した構造で，直鎖状のアミロースと枝分かれのあるアミロペクチンがある。還元性を示さず，ヨウ素デンプン反応で青紫色になる。

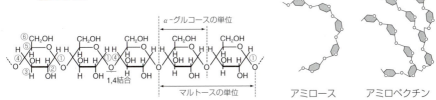

②**デキストリン**　デンプンはアミラーゼによって加水分解され，マルトースになる。加水分解を途中で止めると，種々の分子量の糖類が混在した状態となる。これをデキストリンという。

$$デンプン \xrightarrow[加水分解]{アミラーゼ} デキストリン \longrightarrow マルトース \xrightarrow{マルターゼ} グルコース$$

③**グリコーゲン**　動物の体内にあるエネルギー貯蔵物質。アミロペクチンよりも枝分かれが多い構造をもち，ヨウ素デンプン反応を示す。

④**セルロース**　植物の細胞壁の主成分で，木綿，麻，ろ紙などはほぼ純粋なセルロースである。β-グルコースが脱水縮合した構造で，直線状に結合している。

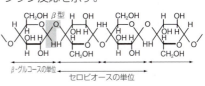

◆5 **セルロースの改質**

①**レーヨン(再生繊維)**　セルロースを溶媒に溶解後，凝固液中に引き出してつくる繊維。

> **例**：ビスコースレーヨン，銅アンモニアレーヨン

②**アセテート(半合成繊維)**　セルロースのヒドロキシ基をアセチル化し，トリアセチルセルロースとし，部分的に加水分解してつくる繊維。

$$[C_6H_7O_2(OH)_3]_n \xrightarrow[(CH_3CO)_2O]{アセチル化} [C_6H_7O_2(OCOCH_3)_3]_n \xrightarrow{加水分解} [C_6H_7O_2(OH)(OCOCH_3)_2]_n$$
　　　セルロース　　　　無水酢酸　　　トリアセチルセルロース　　　　　　アセテート繊維

③**トリニトロセルロース**　セルロースのヒドロキシ基を濃硝酸と濃硫酸の混酸により，エステル化したもの。火薬の原料である。

$$[C_6H_7O_2(OH)_3]_n + 3nHONO_2 \xrightarrow{エステル化} [C_6H_7O_2(ONO_2)_3]_n + 3nH_2O$$
　　　セルロース　　　　硝酸　　　　　　　　トリニトロセルロース

2 アミノ酸とタンパク質

◆1 α-アミノ酸 NH₂－CHR－COOH

①**構造** 同一の炭素原子にアミノ基－NH₂とカルボキシ基－COOHが結合した両性化合物。天然には約20種類存在する。グリシン以外は不斉炭素原子が存在する。

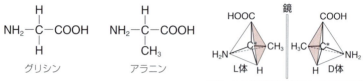

②**双性イオン** 塩基性を示すアミノ基と酸性を示すカルボキシ基がともに存在するので、結晶や中性の溶液中では双性イオンとして存在する。また、溶液のpHによって構造が変化する。

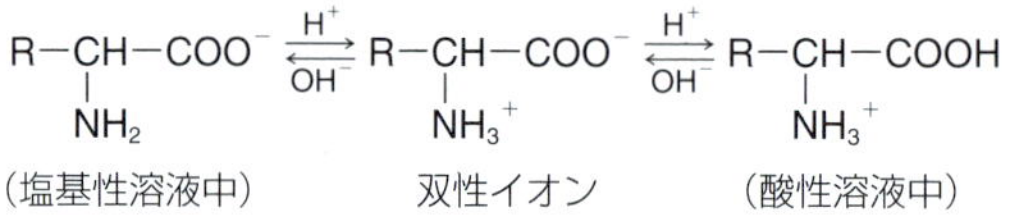

$$R-CH-COO^- \underset{OH^-}{\overset{H^+}{\rightleftharpoons}} R-CH-COO^- \underset{OH^-}{\overset{H^+}{\rightleftharpoons}} R-CH-COOH$$
$$\quad\;\;\, NH_2 \qquad\qquad\quad\; NH_3^+ \qquad\qquad\quad\; NH_3^+$$
（塩基性溶液中）　　双性イオン　　（酸性溶液中）

③**等電点** アミノ酸の正と負の電荷が等しくなる pH。

④**アミノ酸の反応**

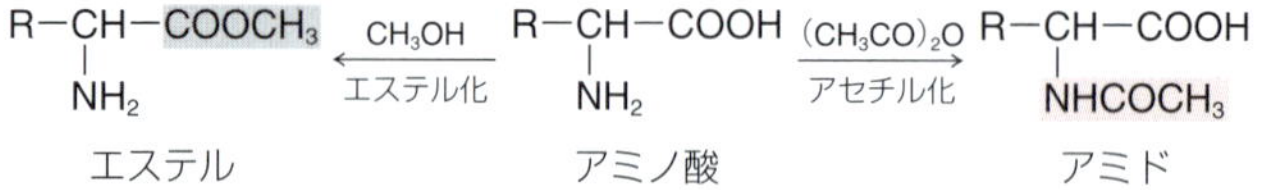

$$R-CH-COOCH_3 \xleftarrow{CH_3OH}_{エステル化} R-CH-COOH \xrightarrow{(CH_3CO)_2O}_{アセチル化} R-CH-COOH$$
$$\quad\;\; NH_2 \qquad\qquad\qquad\quad\; NH_2 \qquad\qquad\qquad\quad\; NHCOCH_3$$
エステル　　　　　　アミノ酸　　　　　　　アミド

⑤**検出** アミノ酸にニンヒドリン溶液を加えると赤紫色になる。(ニンヒドリン反応)

◆2 タンパク質

①**ペプチド結合** 2分子のアミノ酸が縮合してできたものをジペプチド、このときできた結合をペプチド結合という。また、多数のアミノ酸が縮合してできたものをポリペプチドという。

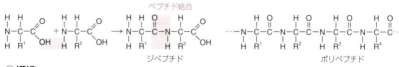

②**構造**

一次構造　→　二次構造
(アミノ酸の配列順序)→二次構造が決定

らせん構造

ジグザグ構造

水素結合

四次構造
タンパク質の立体構造が生体内反応に深く関係する。

三次構造が立体的に集まり四次構造になる。

三次構造

二次構造が立体的に重なり合って三次構造をつくる。

③**性質** 加熱，酸，アルコール，重金属イオンなどによって立体構造が変化し凝固する。これを変性という。

④**検出**
- 濃硝酸を加えて加熱すると黄色になり，さらにアンモニア水を加えると橙黄色に変色する(キサントプロテイン反応)。タンパク質中のベンゼン環のニトロ化による。
- NaOH 水溶液と硫酸銅(Ⅱ)水溶液を加えると赤紫色になる(ビウレット反応)。
- 酢酸鉛(Ⅱ)水溶液を加えると黒色になる(S を含むもの)。
- NaOH 水溶液を加えて加熱すると NH_3 が発生するので，赤色リトマス紙が青色になる。

⑤**ジスルフィド結合** 2 組の －SH が，共有結合することにより生成する，－S－S－ 結合。毛髪は，システインがジスルフィド結合をつくることにより安定化している。下図は，パーマのしくみを表したものである。

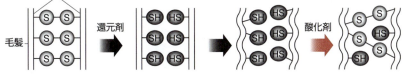

◆**3 酵素** 生体内化学反応の触媒
①**最適 pH** 最も高い触媒作用を示す pH。
②**最適温度** 最も高い触媒作用を示す温度。人体では 36 ～ 37℃。
③**基質特異性**(特定の反応にのみ作用)

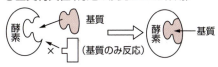

3 核酸

◆**1 核酸** DNA(デオキシリボ核酸)，RNA(リボ核酸)がある。生命維持と遺伝情報。
① **DNA** 二重らせん構造をとり，塩基配列により遺伝情報を有している。
② **RNA** DNA の遺伝情報を写しとったり，タンパク質合成のためアミノ酸を運ぶ。
③ **ヌクレオチド** リン酸，塩基，糖で構成されている。多数のヌクレオチドが結合することで核酸ができる。

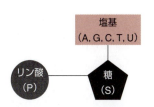

核酸	リン酸	糖(五炭糖)
DNA (デオキシリボ核酸)	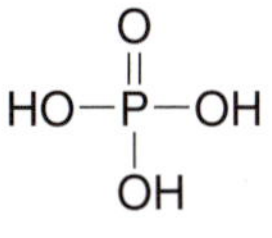 $HO-\overset{\overset{O}{\|\|}}{P}-OH$ $\|$ OH	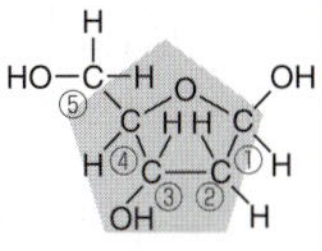 デオキシリボース
RNA (リボ核酸)	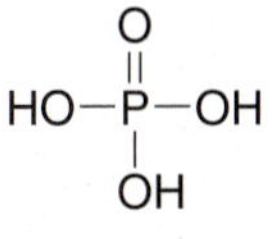 $HO-\overset{\overset{O}{\|\|}}{P}-OH$ $\|$ OH	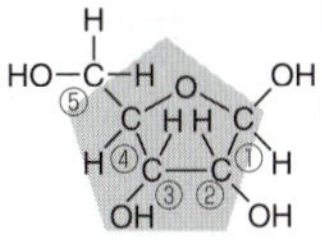 リボース

核酸	塩基			
	プリン塩基		ピリミジン塩基	
	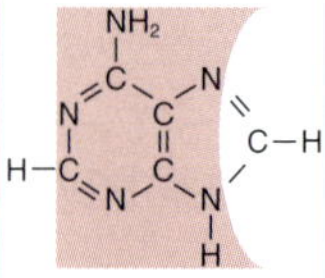 アデニン(A)	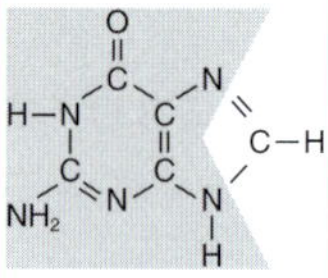 グアニン(G)	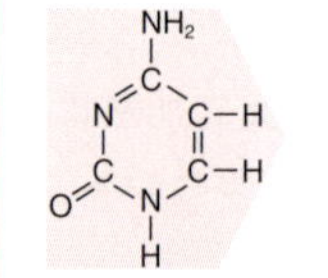 シトシン(C)	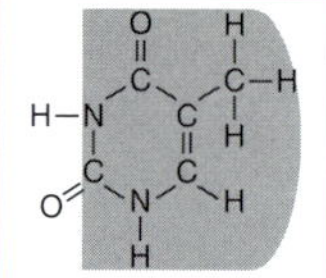 チミン(T)
DNA (デオキシリボ核酸)				
RNA (リボ核酸)	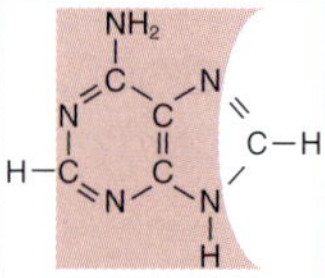 アデニン(A)	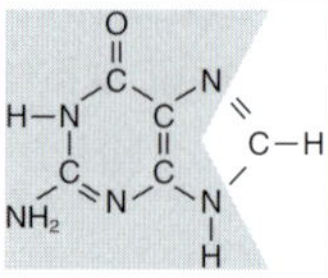 グアニン(G)	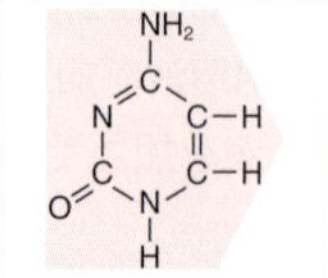 シトシン(C)	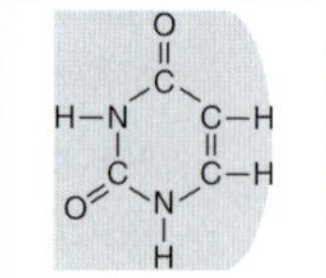 ウラシル(U)

④ DNA の構造

⑤ 伝令 RNA

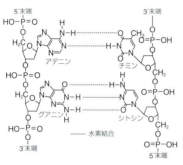

伝令 RNA は1本のヌクレオチド鎖が直線に伸びたもの。DNA の塩基配列の情報を読み取る。3つの塩基でアミノ酸を指定する。

DNA は2本のヌクレオチド鎖の塩基部位が A(アデニン)－T(チミン)，C(シトシン)－G(グアニン)でそれぞれ水素結合をして二重らせん構造を形成している。

WARMING UP／ウォーミングアップ

次の文中の( )に適当な語句・化学式・記号を入れよ。

1 グルコースの構造

グルコースは水中において，α型，β型，鎖状の3種が平衡状態にある。鎖状のグルコースは(ア)基をもつので還元性がある。

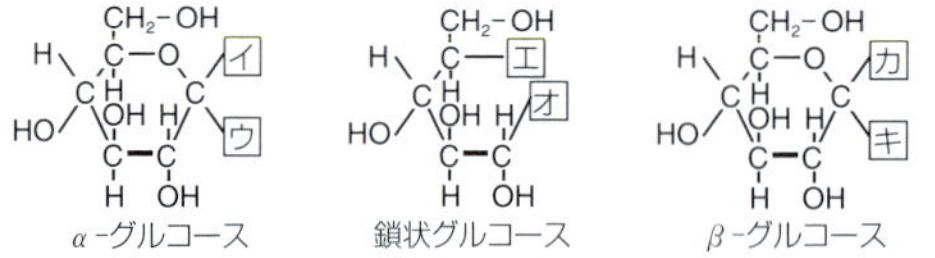

α-グルコース　　鎖状グルコース　　β-グルコース

(ア) ホルミル
(イ) H　(ウ) OH
(エ) OH　(オ) CHO
(カ) OH
(キ) H

2 二糖類

マルトースは二分子の(ア)が縮合した構造をもつ。また、スクロースは(イ)と(ウ)が縮合した構造をもつ。マルトースは還元性を示(エ)が、スクロースは還元性を示(オ)。

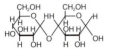

マルトース(麦芽糖)　　スクロース(ショ糖)

3 多糖類

植物体内で光合成されるデンプンには、直鎖状の(ア)と、枝分かれのある(イ)の2種類が存在し、いずれも(ウ)が縮合重合した構造をしている。デンプン水溶液にヨウ素溶液を加えると(エ)色を呈する。

一方、植物の細胞壁などの主成分であるセルロースは、(オ)が縮合重合した構造をしている。

4 アミノ酸とタンパク質

1分子中に(ア)基と(イ)基の両方をもつ化合物をアミノ酸という。α-アミノ酸は一般に構造式(ウ)で表され、(エ)を除いてすべて不斉炭素原子をもつ。

2分子のアミノ酸が脱水縮合して得られる化合物を(オ)といい、このとき形成される－CO－NH－のアミド結合をとくに(カ)結合という。多数のアミノ酸が(カ)結合でつながったものを(キ)といい、タンパク質もその1つである。

タンパク質を加熱したり、酸や塩基を加えると凝固する。この現象を(ク)という。

5 酵素

酵素は生体内で触媒のはたらきをするタンパク質である。酵素がはたらきかける物質を(ア)といい、特定の(ア)とのみ反応する酵素の性質を(イ)という。また、酵素にはそのはたらきが最も活発になる最適の(ウ)と(エ)がある。

6 核酸

核酸には(ア)(DNA)と(イ)(RNA)とがある。核酸は糖とリン酸のエステルで、その糖の部分に(ウ)が共有結合した構造をもつ。(ウ)はそれぞれ4種類で構成されており、DNAはアデニン、(エ)、グアニン、シトシン、RNAでは(エ)が(オ)に置き換わる。

2
- (ア) α-グルコース
- (イ) α-グルコース
- (ウ) β-フルクトース
- (エ) す
- (オ) さない

3
- (ア) アミロース
- (イ) アミロペクチン
- (ウ) α-グルコース
- (エ) 青紫
- (オ) β-グルコース

4
- (ア) カルボキシ
- (イ) アミノ
- (ウ) NH₂－CH－COOH
       　　　|
       　　　R
- (エ) グリシン
- (オ) ジペプチド
- (カ) ペプチド
- (キ) ポリペプチド
- (ク) 変性

5
- (ア) 基質
- (イ) 基質特異性
- (ウ)・(エ) 温度・pH

6
- (ア) デオキシリボ核酸
- (イ) リボ核酸
- (ウ) 塩基
- (エ) チミン
- (オ) ウラシル

基本例題 111 糖類の分類　　基本 ➡ 565, 566, 567, 568

次の(ア)～(オ)に当てはまる糖類を，下の(1)～(6)より選べ。
- (ア) 単糖類である。
- (イ) 二糖類である。
- (ウ) フェーリング液を還元する。
- (エ) ヨウ素ヨウ化カリウム水溶液を加えると青紫色を呈する。
- (オ) 希酸で完全に加水分解すると，グルコースだけを生じる。

(1) グルコース　(2) フルクトース(果糖)　(3) スクロース(ショ糖)
(4) マルトース(麦芽糖)　(5) デンプン　(6) セルロース

●エクセル　主要な糖類の分類の構造と性質を整理しよう。
フェーリング液の還元による還元性の確認が重要。

考え方
(1) α-グルコース

(3) スクロース

解答
単糖類は(1)・(2)，二糖類は(3)・(4)，多糖類は(5)・(6)である。スクロースは，α-グルコースとフルクトースが脱水縮合した二糖類で，デンプンはα-グルコースから，セルロースはβ-グルコースからなる多糖類である。

単糖類と二糖類の多くはフェーリング液を還元するが，スクロース(二糖類)はフェーリング液を還元しない。

答 (ア) (1), (2)　(イ) (3), (4)　(ウ) (1), (2), (4)
(エ) (5)　(オ) (4), (5), (6)

基本例題 112 アミノ酸の構造　　基本 ➡ 570, 571

α-アミノ酸は，酸性を示す(ア)基と塩基性を示す(イ)基が同一の炭素原子に結合した化合物であり，天然に約20種類が存在する。これらのうち，いちばん分子量が小さいのが(ウ)で，鏡像異性体は存在しない。鏡像異性体が存在する，最も分子量の小さいものは(エ)である。α-アミノ酸は室温では(オ)体で，一般の有機化合物よりも融点が高く，水に溶けやすいものが多い。多数のα-アミノ酸が縮合重合してできた高分子化合物を一般にポリペプチドという。

(1) 文中の(ア)～(オ)に適当な語句を入れよ。
(2) 下線部で形成される結合を何というか。

●エクセル　アミノ酸はカルボキシ基とアミノ基をもつ。

考え方
アミノ酸の縮合

アミノ酸間のアミド結合をペプチド結合という。

解答

アミノ酸の構造	グリシン(R=H)	アラニン(R=CH₃)
NH₂-CH-C-OH 　　　|　|| 　　　R　O	NH₂-CH₂-C-OH 　　　　　|| 　　　　　O	NH₂-CH-C-OH 　　　|　|| 　　　CH₃ O

答 (1) (ア) カルボキシ　(イ) アミノ　(ウ) グリシン
(エ) アラニン　(オ) 固
(2) ペプチド結合

27 天然高分子化合物—— 357

基本問題

565 ▶ 単糖類・二糖類　次の文章を読み，下の(1)，(2)に答えよ。

　グルコース($C_6H_{12}O_6$)は，水溶液中では環状構造と鎖状構造が一定の割合で平衡を保ちながら存在する。例として，グルコース(ブドウ糖)の平衡を右図に示す。

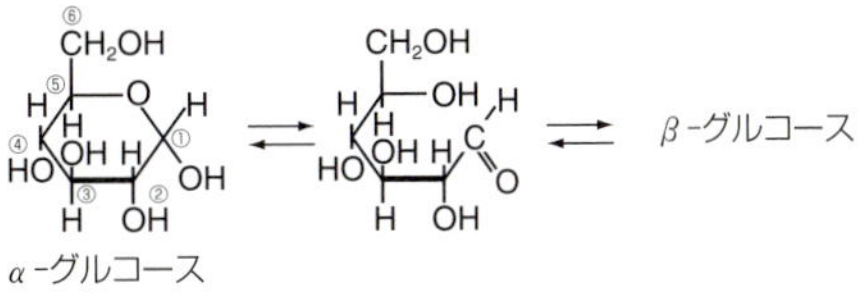

α-グルコース　⇄　　　⇄　β-グルコース

　いずれの単糖類においても，鎖状構造には還元性を示す部位が存在する。そのため，単糖類の水溶液は(ア)液を還元して赤色の(イ)の沈殿を生じる。鎖状構造のグルコースが環状構造に変わるとき，(ウ)位の炭素につくヒドロキシ基の立体配置の違いによって α 型と β 型の2つの異性体ができる。

(1)　文中の(ア)～(ウ)に適当な語句・数値を入れよ。

(2)　図の α-グルコースにならい，β 型のグルコースの構造を記せ。

566 ▶ 糖の性質　次の糖(A)～(E)の名称をそれぞれ答えよ。また，糖(A)～(E)に当てはまる文を(ア)～(カ)より選べ。ただし糖(D)，(E)は直鎖状の多糖である。

(A)　(B) 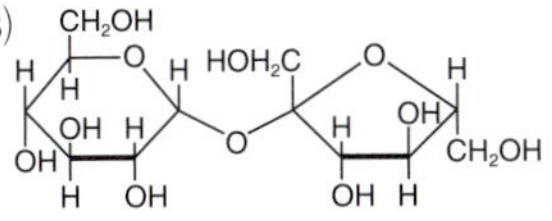　(C)

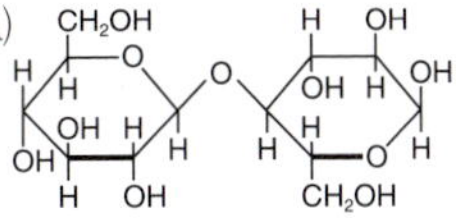

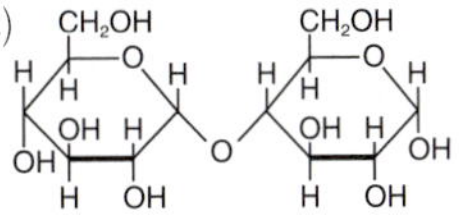

(D) 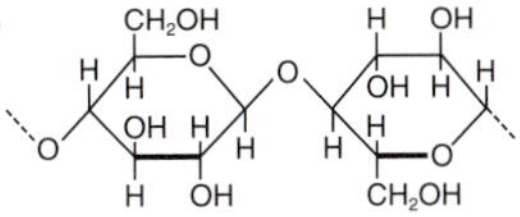　(E)

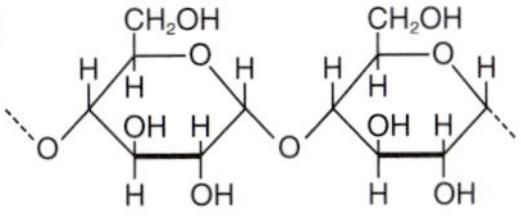

(ア)　α-グルコースが2分子でできた二糖で，水あめの成分でもあるもの。

(イ)　フェーリング液を還元し，乳汁中に含まれるもの。

(ウ)　加水分解により転化糖が得られるもの。

(エ)　植物の細胞壁を構成する主成分であるもの。

(オ)　β-グルコースが2分子でできた二糖で，甘みはほとんどないもの。

(カ)　α-グルコースが1,4位で結合してできた多糖で，らせん構造をしているもの。

567 ▶ 二糖類　A～Eを次の物質から選べ。また，(ア)～(ウ)に適当な語句を入れよ。

　　フルクトース，マルトース，ガラクトース，スクロース，ラクトース

　A，B，Cはともに分子式 $C_{12}H_{22}O_{11}$ をもつ化合物である。Aに希硫酸を加え煮沸するとグルコースのみを含む水溶液となるが，BとCは二種類の化合物の水溶液となる。AとBはフェーリング液と反応するが，Cは反応しない。Bを希硫酸，または(ア)という酵素で加水分解すると，グルコースとDが得られる。また，Cを希硫酸，または(イ)という酵素で加水分解すると，グルコースとEが得られる。この混合物を(ウ)という。

(愛媛大　改)

358 —— 7章　高分子化合物

568 ▶多糖類　次の文章を読み，文中の(ア)〜(ス)に適当な語句を入れよ。

　デンプンは（ア）型のグルコースが多数結合している多糖類で，直鎖状の（イ）と，枝分かれのある（ウ）からなる。デンプンの水溶液にヨウ素ヨウ化カリウム水溶液を加えると（エ）色を呈する。この反応は（オ）反応とよばれる。デンプンは食物として摂取されると，消化液中の酵素（カ）によって二糖類の（キ）に，さらに酵素（ク）によってグルコースに加水分解されて吸収される。吸収されたグルコースの一部は（ケ）となって肝臓や筋肉などにたくわえられる。セルロースは（コ）型のグルコースが多数結合している多糖類で，植物の細胞壁の主成分である。セルロースは直鎖状で，分子間に（サ）結合がはたらいているため，水に溶けにくい。セルロースを酵素（シ）で加水分解すると，二糖類の（ス）となる。

(京都産業大　改)

569 ▶半合成繊維・再生繊維　次の文章を読み，(ア)〜(エ)に適当な語句・化学式を入れよ。

　セルロースに無水酢酸と濃硫酸を作用させると，ヒドロキシ基がアセチル化される。セルロースのヒドロキシ基の3分の2をアセチル化したものを（ア）といい，その示性式は（イ）である。（ア）をアセトンに溶かしたあと，細孔から押し出して繊維にしたものを（ウ）といい，半合成繊維に分類される。

　セルロースを水酸化ナトリウムで処理し，二硫化炭素を反応させたのち，希硫酸中に押し出して繊維にしたものを（エ）という。

(熊本大　改)

570 ▶α-アミノ酸　タンパク質を構成するα-アミノ酸は約20種類が知られており，Rを側鎖として図1のように表すことができる。<u>（ア）を除くα-アミノ酸は不斉炭素原子をもつためL体とD体の鏡像異性体（光学異性体）が存在する</u>が，生体内ではほとんど（イ）体が使われている。また，9種類のα-アミノ酸はヒト体内では合成できないため，食物から摂取しなければならず，（ウ）アミノ酸といわれる。

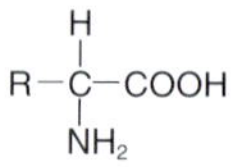

図1

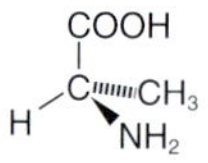

図2 D体のアラニン

(1)　文中の(ア)〜(ウ)に適当な語句を答えよ。
(2)　図2は，D体のアラニンを表している。L体の構造を図2にならって記せ。ただし，◀は紙面の手前，|||||||は紙面の向こう側を示している。

571 ▶α-アミノ酸　次の(ア)〜(ケ)のα-アミノ酸について，下の(1)〜(6)に答えよ。

　(ア)　グリシン　　　　(イ)　システイン　　　(ウ)　チロシン
　(エ)　グルタミン酸　　(オ)　リシン　　　　　(カ)　セリン
　(キ)　アラニン　　　　(ク)　フェニルアラニン　(ケ)　メチオニン

(1)　α-アミノ酸(ア)の構造式を記せ。
(2)　分子量89のα-アミノ酸を選べ。また，このα-アミノ酸の構造式を答えよ。
(3)　第二のカルボキシ基を側鎖の中にもつ酸性アミノ酸を選べ。
(4)　第二のアミノ基を側鎖の中にもつ塩基性アミノ酸を選べ。
(5)　ベンゼン環を含むα-アミノ酸を選べ。　　(6)　S原子を含むα-アミノ酸を選べ。

572 ▶アミノ酸の性質　グリシンを水に溶かし，塩酸および水酸化ナトリウム水溶液で滴定すると，図のような滴定曲線が得られる。点線で示した pH＝6.0 付近では，グリシンはほとんど（ A ）の形をとっており，（ ア ）イオンと呼ばれる。特に，アミノ基とカルボキシ基の両者の電離度が等しく，アミノ酸の電荷が全体でゼロとなる pH＝6.0 のことを（ イ ）とよぶ。

酸性溶液中では，グリシンはほとんど（ B ）の形をとり，（ ウ ）イオンとして存在する。一方，塩基性溶液中では，グリシンは（ C ）の形をとり，（ エ ）イオンとして存在する。

(1) 文中の(ア)～(エ)に適当な語句を入れよ。
(2) (A)～(C)の構造式を答えよ。

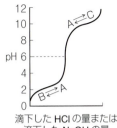

滴下した HCl の量または滴下した NaOH の量

（青山学院大　改）

573 ▶ポリペプチド　次の(1)，(2)に答えよ。
(1) グリシン2分子，アラニン1分子からなるトリペプチドの分子式を求めよ。
(2) 分子量 M の $α$-アミノ酸が X 個縮合重合してできた鎖状のポリペプチドの分子量を M，X を用いた文字式で表せ。なお，水の分子量は18とする。

574 ▶ポリペプチド　次の(1)～(3)に答えよ。
(1) グリシンとアラニンからなる直鎖状ジペプチドには，何種類の構造が考えられるか答えよ。ただし，鏡像異性体は考えないものとする。
(2) グリシン，アラニン，フェニルアラニンからなる直鎖状トリペプチドには，何種類の構造が考えられるか答えよ。ただし，鏡像異性体は考えないものとする。
(3) グリシンとグルタミン酸からなる直鎖状ジペプチドには，何種類の構造が考えられるか答えよ。ただし，鏡像異性体は考えないものとする。

（岡山大　改）

575 ▶タンパク質の構造　次の文章中の(ア)～(オ)に適当な語句を入れよ。

タンパク質は，多数の $α$-アミノ酸が（ ア ）結合によってつながったポリペプチド鎖である。$α$-アミノ酸の配列順序のことをタンパク質の一次構造とよぶ。（ ア ）結合中の N－H と他の（ ア ）中の C＝O 間では（ イ ）結合が形成される場合があり，これにより（ ウ ），（ エ ）などの二次構造が安定化されている。（ ウ ）は，図のように平均3.6個のアミノ酸を1巻きの単位とする時計回り（右巻き）のらせん構造をしている。

0.54 nm

また，システインの側鎖は酸化されやすく，（ オ ）結合とよばれる共有結合をつくりタンパク質の立体構造をつくっている。このようにポリペプチド鎖が複雑に折れ曲がってできあがる構造を三次構造とよぶ。

（三重大　改）

360 —— 7章 高分子化合物

576 ▶タンパク質の分類　次の文章中の(ア)～(カ)に適当な語句を入れよ。

　タンパク質のうち、加水分解により α-アミノ酸だけが得られるものを(ア)タンパク質といい、卵白に含まれるアルブミン、爪や髪の毛、羊毛に含まれるケラチンなどがある。これに対して、α-アミノ酸以外に、糖、リン酸、色素なども得られるタンパク質を(イ)タンパク質といい、牛乳に含まれるカゼイン、血液中の(ウ)などがある。

　また、タンパク質はポリペプチド鎖の形状により(エ)状タンパク質、(オ)状タンパク質に分類することができる。(エ)状タンパク質はポリペプチド鎖が球状に丸まっていて、アルブミンや(ウ)などがある。(オ)状タンパク質はポリペプチド鎖が束状になっていて、絹に含まれる(カ)などがある。
　　　　　　　　　　　　　　　　　　　　　　　　　　　　　　　（群馬大　改）

577 ▶タンパク質の検出　卵白を使って、タンパク質の性質を調べる実験を行った。

実験1　卵白水溶液に濃い水酸化ナトリウム水溶液を加えて加熱すると、(ア)刺激臭のする気体が発生した。

実験2　卵白水溶液に薄い水酸化ナトリウム水溶液を加えたあと、硫酸銅(Ⅱ)水溶液を加えると、赤紫色になった。

実験3　卵白水溶液に水酸化ナトリウム水溶液を加えて加熱し、中和したあと、酢酸鉛(Ⅱ)水溶液を加えると(イ)黒色沈殿を生じた。

実験4　卵白水溶液に濃硝酸を加えて加熱したあと、アンモニア水で塩基性にすると橙黄色になった。

(1)　下線部(ア)、(イ)の物質の化学式をそれぞれ記せ。

(2)　実験2、4の呈色反応の名称をそれぞれ記せ。
　　　　　　　　　　　　　　　　　　　　　　　　　　　　　　　（愛媛大　改）

論述 578 ▶酵素　次の文章中の(ア)～(コ)に適当な語句を入れよ。また、下線部の性質の名称とその性質が生じる理由を答えよ。

　生体内の多くの化学反応は、酵素によって行われている。酵素は化学反応の(ア)としてはたらき、それ自身は反応の前後で変化しない。酵素は(イ)とよばれる決まった物質にだけ作用する。酵素は反応の(ウ)エネルギーを(エ)することにより反応をより速く進行させる。酵素反応では、(イ)は酵素の(オ)とよばれる特定の部分に結合する。次に(イ)は生成物に変化して酵素から放出される。だ液中の酵素アミラーゼはデンプンを二糖類の(カ)に分解する。ある種の微生物はセルラーゼを利用してセルロースを二糖類の(キ)に分解する。また、インベルターゼはスクロースを単糖類の(ク)と(ケ)に分解する。酵素反応は温度の影響を受けやすく、低温から(コ)までは反応速度は大きくなるが、それ以上の温度では小さくなる。
　　　　　　　　　　　　　　　　　　　　　　　　　　　　　　　（信州大　改）

標準例題 113 デンプンの反応 標準➡581

(1) 平均分子量 4.86×10^5 のデンプンは平均何個のグルコース単位で構成されているか。
(2) デンプン 100 g から，何 g のグルコースが得られるか。整数で求めよ。

●エクセル　グルコースが脱水（縮合重合）して多糖類に
　α-グルコース ⟶ デンプン，β-グルコース ⟶ セルロース

考え方
(1) デンプンの構造は，繰り返し単位の分子式に注目する。

(2) 両辺の分子量を比較する。デンプンは $162n$，グルコース n 個の分子量の総和は $180n$ なので，$\dfrac{180}{162}$ 倍重くなる。

解答
(1) 多糖類は分子式を $(C_6H_{10}O_5)_n$ と表せ，その分子量は $162n$ である。したがって，平均重合度 n は，
$$\dfrac{4.86 \times 10^5}{162} = 3.00 \times 10^3$$
答 3.00×10^3

(2) デンプンの加水分解の反応式は以下のとおりである。
$$(C_6H_{10}O_5)_n + nH_2O \longrightarrow nC_6H_{12}O_6$$
デンプン 100 g は $\dfrac{100}{162n}$ [mol] であり，デンプン 1 mol からグルコース（分子量 180）が n [mol] 得られるので，
$$\dfrac{100}{162n} \times n \times 180 \fallingdotseq 111 \text{ g}$$
答 111 g

標準例題 114 アミノ酸の平衡 標準➡583

アミノ酸のグリシンは次のように 2 段階の平衡が成り立っている。
$$^+H_3N-CH_2-COOH \rightleftharpoons {^+H_3N}-CH_2-COO^- + H^+ \quad \cdots\cdots ①$$
$$^+H_3N-CH_2-COO^- \rightleftharpoons H_2N-CH_2-COO^- + H^+ \quad \cdots\cdots ②$$

グリシンの陽イオン $^+H_3N-CH_2-COOH$ と陰イオン $H_2N-CH_2-COO^-$ の濃度が等しいときの pH を，グリシンの等電点という。①，②式の電離定数 K_1，K_2 の値をそれぞれ，$K_1 = 4.0 \times 10^{-3}$ mol/L，$K_2 = 2.5 \times 10^{-10}$ mol/L とすると，グリシンの等電点の値を求めよ。

●エクセル　等電点では，$[H^+] = \sqrt{K_1 \cdot K_2}$

考え方
等電点では，
$[^+H_3N-CH_2-COOH] = [H_2N-CH_2-COO^-]$

$K_1 \cdot K_2 = \dfrac{[H_2N-CH_2-COO^-][H^+]^2}{[^+H_3N-CH_2-COOH]}$

解答
等電点では $[^+H_3N-CH_2-COOH] = [H_2N-CH_2-COO^-]$ が成り立っている。電離定数 K_1，K_2 の積を求めると，

$K_1 \cdot K_2 = \dfrac{[^+H_3N-CH_2-COO^-][H^+]}{[^+H_3N-CH_2-COOH]} \times \dfrac{[H_2N-CH_2-COO^-][H^+]}{[^+H_3N-CH_2-COO^-]}$

$= \dfrac{[H_2N-CH_2-COO^-][H^+]^2}{[^+H_3N-CH_2-COOH]}$

$= [H^+]^2$ （$[^+H_3N-CH_2-COOH] = [H_2N-CH_2-COO^-]$ より）

$[H^+] = \sqrt{K_1 \cdot K_2} = \sqrt{4.0 \times 10^{-3} \times 2.5 \times 10^{-10}} = 1.0 \times 10^{-6}$ mol/L

pH $= -\log[H^+] = -\log(1.0 \times 10^{-6}) = 6.0$　**答 6.0**

標準問題

579 ▶二糖類の還元性 次の(1), (2)に答えよ。
(1) 文中の(ア)～(カ)に適当な語句・酸化数・化学式を入れよ。

単糖類および一部の二糖類の水溶液にフェーリング液を加え加熱すると、化学式（ア）で表される（イ）色の沈殿が生成する。このとき、単糖類のホルミル基が（ウ）基になり、銅の酸化数は（エ）から（オ）になる。これはアルデヒドが（カ）性をもつためである。

(2) スクロースとマルトースを、物質量比1：2で含む水溶液がある。この溶液を3等分して実験A～Cを行った。その後、それぞれにフェーリング液の還元を行い、生成した沈殿の量を比較した。
実験A 酵素マルターゼを加えて適温に保ち、マルトースを加水分解した。
実験B 酵素インベルターゼを加えて適温に保ち、スクロースを加水分解した。
実験C 希硫酸を加えて1時間加熱したあと、中和した。

実験A～Cで生成する沈殿の量の比を、簡単な整数比で表せ。なお、還元性を示す糖1molあたり、沈殿1molが生成する。

580 ▶シクロデキストリン 単糖類が6ないし8分子縮合したシクロデキストリンとよばれる環状の分子が存在する。シクロデキストリンの一種であるα-シクロデキストリンは、ある単糖が6分子縮合した化合物であり、その構造は図に示すとおりである。
(1) α-シクロデキストリンを希硫酸中で長時間加熱して生じる単糖の名称を記せ。
(2) α-シクロデキストリンの分子量を有効数字3桁で求めよ。
(3) 10.0 g のα-シクロデキストリンを完全に加水分解すると、単糖は何g得られるか。

(東京理科大 改)

581 ▶デンプンの加水分解 デンプン水溶液を酵素Aおよび酵素Bによって順に加水分解したとき、その過程で生成する物質は右のように示すことができる。

(1) 酵素AとBの名称を記せ。
(2) 100 g のデンプンが酵素Aのはたらきで完全に麦芽糖になったとすると、麦芽糖は何g得られるか。

(3) 100gのデンプンから生じた麦芽糖を，酵素Bの働きでグルコースまで完全に加水分解した溶液にフェーリング溶液を加え加熱したとき，酸化銅(I)の赤色沈殿は何g得られるか。ただし，グルコース1molから酸化銅(I)1molが定量的に生成するものとする。

(4) 麦芽糖と同じ二糖類に属し，フルクトースとグルコースよりなる糖は，フェーリング液を還元しない。この糖の名称と，還元性を示さない理由を答えよ。(弘前大 改)

582 ▶多糖類の反応　次の文章を読み，(ア)，(イ)に適当な語句・数値を入れよ。また，下の(1)，(2)に答えよ。

セルロースは(ア)-グルコースが縮合重合したもので，その立体構造と重合度の違いから，デンプンとはその性質が異なる。セルロースを構成するグルコースには，グルコース単位1つにつき(イ)個のヒドロキシ基があり，酸とエステルをつくる。

(1) セルロースを濃硝酸と濃硫酸の混酸と十分に反応させて得られる高分子化合物の名称をあげよ。また，セルロース18gから，この高分子化合物は何g得られるか。

(2) セルロースに酢酸と無水酢酸および少量の濃硫酸を作用させて，トリアセチルセルロースにする。セルロース18gから，トリアセチルセルロースは何g得られるか。

583 ▶アミノ酸の電気泳動　アミノ酸の水溶液では，式①のように，イオンX，Y，Zが平衡状態にあり，pHによってその割合が変化する。

$$\boxed{X} \underset{+H^+}{\overset{K_1,\ -H^+}{\rightleftharpoons}} \boxed{Y} \underset{+H^+}{\overset{K_2,\ -H^+}{\rightleftharpoons}} \boxed{Z} \quad \cdots\cdots ①$$

アラニン，グルタミン酸，リシンを含む混合水溶液がある。この混合水溶液の1滴をpH=7.0の緩衝液で湿らせた細長いろ紙の中央付近に吸着させた後，電気泳動を行い，ニンヒドリン溶液で発色させたところ，下図のA，B，Cの位置に呈色が観察された。

(1) A，B，Cはいずれのアミノ酸か。

(2) 式①の電離平衡が成り立つアミノ酸水溶液の電離定数K_1およびK_2は，

$$K_1 = \frac{[Y][H^+]}{[X]},\ K_2 = \frac{[Z][H^+]}{[Y]}\ と表される。$$

アラニンのK_1およびK_2は，それぞれ5.0×10^{-3}mol/L，2.0×10^{-10}mol/Lである。電気泳動において，アラニンがどちらの極にも移動しないpHを小数点以下第1位まで求めよ。

(3) (2)のアミノ酸水溶液に酸を加えてpHを4.0にした。このときの$\dfrac{[X]}{[Z]}$の値を有効数字2桁で答えよ。

(15 神戸薬科大)

584 ▶ アミノ酸の滴定 0.2 mol/L のグリシン水溶液 40 mL に，2.0 mol/L 塩酸を少しずつ滴下して，溶液の pH を pH メーターで測定した。

ついで別のビーカーに入れた 0.2 mol/L のグリシン水溶液 40 mL に，2.0 mol/L 水酸化ナトリウム水溶液を少しずつ滴下して，溶液の pH を測定した。

右図は，加えた塩酸あるいは水酸化ナトリウム水溶液の滴下量と pH との関係をグラフに表したものである。

滴定曲線上の点 A, C, E で，グリシンはどのような形で存在しているか。 (岡山大)

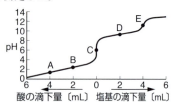

585 ▶ ペプチドの構造決定 不斉炭素原子をもたないアミノ酸 2 分子を含むトリペプチド A について，次の(1), (2)に答えよ。

(1) トリペプチド A がグリシン（$C_2H_5NO_2$）とチロシン（$C_9H_{11}NO_3$）から構成されるとき，トリペプチド A の分子量を求めよ。

(2) トリペプチド A の考えられる構造は何種類か答えよ。ただし，鏡像異性体は考えないものとする。 〔12 岩手医大〕

586 ▶ ペプチドの構造決定 次の文章を読み，下の(1), (2)に答えよ。

トリペプチド X は，両末端以外にアミノ基やカルボキシ基など塩基性や酸性の官能基をもたない化合物である。0.0586 g の X を純水に溶かし，0.100 mol/L の水酸化ナトリウム水溶液を用いて中和滴定すると，2.00 mL を要した。X を加水分解すると 3 種類の α-アミノ酸 A, B, C が得られた。A は不斉炭素原子をもたないアミノ酸であった。B はベンゼン環を含むがメチル基は含まないアミノ酸で，分子量が 165 であった。

(1) X の分子量を求めよ。
(2) アミノ酸 B と C の構造式をかけ。 〔12 芝浦工大〕

587 ▶ ペプチドの構造決定 次の文章を読み，下の(1)～(4)に答えよ。

α-アミノ酸は，分子中にアミノ基およびカルボキシ基の 2 種類の官能基をもち，これらが同一炭素原子に結合している。テトラペプチド A は，下表に示した α-アミノ酸のうちの互いに異なる 4 つが直鎖状に縮合したものである。

①A に水酸化ナトリウム水溶液を加えて塩基性にしたあと，硫酸銅(Ⅱ)の水溶液を少量加えると赤紫色を示した。また A を部分的に加水分解したところ，3 種類のジペプチド B, C および D が得られた。B と C のそれぞれの水溶液に水酸化ナトリウム水溶液を加えて加熱し，酢酸で中和したあと，酢酸鉛(Ⅱ)の水溶液を加えると，いずれも硫黄の存在を示す黒色沈殿が生じた。C と D のそれぞれに，②濃硝酸を加えて熱したあと，アンモニア水を加えて塩基性にすると，いずれも橙黄色を示した。D を加水分解したところ，不斉炭素原子をもたないアミノ酸が含まれていることがわかった。さらに A を完全に加水分

解したところ，アミノ基を2個もつ塩基性アミノ酸が含まれていることがわかった。

(1) アラニンの構造異性体のうち，アミノ基およびカルボキシ基の2種類の官能基をもち，不斉炭素原子をもたない化合物の構造式を記せ。
(2) 下線部①，②に当てはまる呈色反応の名称を記せ。
(3) テトラペプチドAの分子量を有効数字3桁で記せ。
(4) テトラペプチドAに含まれるアミノ酸は，どのような順序で結合していると考えられるか。該当する配列をすべて，Phe—Gly—Cys—Gluのように表せ。(11 北大 改)

名称	略記号	分子量
グリシン	Gly	75
アラニン	Ala	89
システイン	Cys	121
リシン	Lys	146
グルタミン酸	Glu	147
フェニルアラニン	Phe	165

588 ▶ 核酸 次の文章を読み，下の(1)～(3)に答えよ。

細胞を構成するおもな高分子化合物としてのタンパク質，(ア)，多糖類および核酸がある。核酸にはデオキシリボ核酸(DNA)とリボ核酸(RNA)がある。核酸の基本単位は糖に塩基とリン酸が結合したヌクレオチドであり，このヌクレオチドが連なった高分子である。DNAの糖はデオキシリボースであり，塩基はアデニン(A)，グアニン(G)，シトシン(C)およびチミン(T)である。塩基が水素結合することにより2本の高分子が強く結ばれて，右回りの(イ)構造をとっている。RNAは，細胞の核の中でDNAの塩基配列を写し取りながら合成され，このRNAは(ウ)に移動し，ここでRNAの塩基配列にもとづき必要なタンパク質が合成される。

(1) (ア)～(ウ)に適当な語句を入れよ。
(2) 下線部について，次の(i)～(iii)に答えよ。
　(i) ヌクレオチドを構成するリン酸は，デオキシリボースのどの炭素のヒドロキシ基と結合するか，下図に示した構造式に付した炭素の位置番号で答えよ。
　(ii) ヌクレオチドが連なって高分子になるとき，ヌクレオチドのリン酸はデオキシリボースのどの炭素のヒドロキシ基と結合するか，下図に示した構造式に付した炭素の位置番号で答えよ。
　(iii) 塩基が水素結合するとき，どの塩基とどの塩基が水素結合するか2組み答えよ。
(3) RNAを構成する糖であるリボースの構造式を右図にしたがって記載せよ。また，RNAの塩基をすべて列挙せよ。

(熊本大)

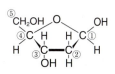

デオキシリボースの構造式

発展問題

589 ▶ 糖類の構造決定 次の文章を読み，下の(1)〜(4)に答えよ。

ただし，原子量は H＝1.0, C＝12, O＝16 とする。

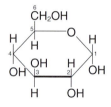

グルコースの各炭素原子に右図のように1〜6の番号をつける。グルコースをヨウ化メチル(CH₃I)と反応させると，そのヒドロキシ基はすべてメチル化されてメトキシ基(―OCH₃)となる。このメチル化されたグルコースを希硫酸で処理すると，1位(番号1の炭素上)のメトキシ基だけが加水分解されヒドロキシ基に戻る。デキストリンやマルトースのヒドロキシ基も同様の処理によってメチル化することができる。

デンプンはグルコースが(ア)型の(イ)結合でつながった多糖類であり，グルコースが直鎖状につながった構造をとっている(ウ)と，枝分かれ状につながった構造を含む(エ)からなる。デンプンの(イ)結合を酸や酵素で部分的に加水分解すると，デキストリンが生じる。デキストリンをさらに分解するとマルトースを経て最終的には単糖類であるグルコースが生成する。

マルトース 10.0 g を酵素(オ)により完全に加水分解したあと，生成したグルコースを酵母菌から分離したアルコール生成酵素群(チマーゼ)と反応させると，エタノールと二酸化炭素が生じた。

マルトースをメチル化したあと，酸で加水分解すると，2, 3, 4, 6位のヒドロキシ基がメチル化されたグルコースと(カ)位のヒドロキシ基がメチル化されたグルコースが(キ):1の物質量比(モル量比)で生成した。

デキストリンの中から化合物 A を分離し，化合物 A 100.0 g を酸で完全に加水分解するとグルコース 107.1 g が生成した。したがって，化合物 A はグルコースが(ク)個つながってできた糖である。化合物 A をメチル化したあと，酸で加水分解すると 2, 3, 4, 6位のヒドロキシ基がメチル化されたグルコースと 2, 3 位のヒドロキシ基がメチル化されたグルコースが生じた。

(1) 文中の(ア)〜(オ)に適切な語句を入れよ。
(2) 下線部において，生成したグルコースのすべてがエタノールと二酸化炭素に変化したとして，生成するエタノールは何 g か。有効数字2桁で答えよ。
(3) 文中の(カ)〜(ク)に適切な数値を入れよ。
(4) 化合物 A の構造を記せ。

(京大)

590 ▶アスパラギン酸 酸性アミノ酸であるアスパラギン酸を溶解した水溶液の電離平衡について考える。アミノ基に水素イオンが結合したアスパラギン酸を H_3A^+ と略記すると、3段階の電離平衡は、(1)〜(3)のイオン反応式として表記できる。

$$H_3A^+ \rightleftharpoons H^+ + H_2A \quad \cdots\cdots(1)$$
$$H_2A \rightleftharpoons H^+ + HA^- \quad \cdots\cdots(2)$$
$$HA^- \rightleftharpoons H^+ + A^{2-} \quad \cdots\cdots(3)$$

また、(1)〜(3)について電離定数をそれぞれ K_1, K_2, K_3 とすると、成分濃度を用いて式(a)〜(c)のように表記できる。

$$K_1 = \frac{[H^+][H_2A]}{[H_3A^+]} \quad \cdots\cdots(a)$$
$$K_2 = \frac{[H^+][HA^-]}{[H_2A]} \quad \cdots\cdots(b)$$
$$K_3 = \frac{[H^+][A^{2-}]}{[HA^-]} \quad \cdots\cdots(c)$$

K の常用対数にマイナスをつけた値($-\log K$)を pK と表すと、$pK_1 = 2.00$, $pK_2 = 3.90$, $pK_3 = 9.90$ である。これらの値からアスパラギン酸の等電点を有効数字3桁で求めよ。考え方と計算の過程も記せ。　　　　　　　　　　　　　　　　　　（15　奈良県立医科大）

591 ▶DNA の構造 ある微生物の細胞 1.0×10^9 個からすべてのDNAを抽出して 4.3×10^{-6} g のDNAを得た。このDNAの塩基組成を調べたところ、全塩基数に対するアデニンの数の割合は23％であった。

(1) このDNAの全塩基数に対するグアニン、シトシン、チミンの数の割合はそれぞれ何％か答えよ。

(2) この微生物の細胞1個が有するDNAの塩基対の数を有効数字2桁で答えよ。ただし、DNAにおけるヌクレオチド構成単位の式量を塩基がアデニンの場合に313、グアニンの場合に329、シトシンの場合に289、チミンの場合に304とし、アボガドロ数を 6.0×10^{23} とする。　　（東工大）

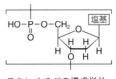

ヌクレオチドの構成単位

28 合成高分子化合物

❶ 高分子化合物の特徴

◆1 **高分子化合物とは** ①分子量が1万以上の化合物で，天然に存在する天然高分子化合物と，人工的に合成された合成高分子化合物がある。
②繰り返しの単位である単量体（モノマー）が多数重合してできており，高分子化合物は重合体（ポリマー）とよばれる。繰り返しの数を重合度という。
③分子量に幅があり，さまざまな分子量をもっている。

◆2 **重合の形成**

①付加重合

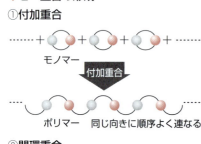

②縮合重合

③開環重合

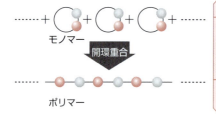

	付加重合	縮合重合	開環重合
結合の仕方	二重結合を開きながら次々に付加する反応	二つの分子から水などの簡単な分子が取れて縮合する反応	環状構造を切りながら繰り返して重合する反応
例	ポリエチレン ポリスチレン	ナイロン66 ポリエチレンテレフタラート	ナイロン6

❷ 合成繊維

◆1 **ポリアミド系繊維** アミド結合をもつ。絹に似た風合いをもつ合成繊維。

①**ナイロン66** ヘキサメチレンジアミンとアジピン酸が縮合重合

$n\text{H}_2\text{N}-(\text{CH}_2)_6-\text{NH}_2 + n\text{HOOC}-(\text{CH}_2)_4-\text{COOH}$
ヘキサメチレンジアミン　　　　アジピン酸
$\longrightarrow \text{-[NH}-(\text{CH}_2)_6-\text{NHCO}-(\text{CH}_2)_4-\text{CO]}_n + 2n\text{H}_2\text{O}$

②**ナイロン6**
ε-カプロラクタムの開環重合

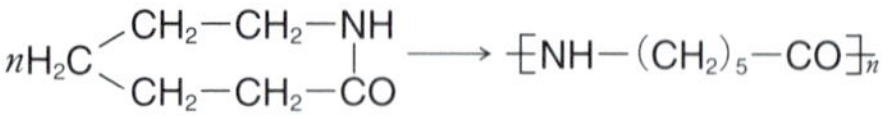

$n\text{H}_2\text{C}\begin{smallmatrix}\text{CH}_2-\text{CH}_2-\text{NH}\\\text{CH}_2-\text{CH}_2-\text{CO}\end{smallmatrix} \longrightarrow \text{-[NH}-(\text{CH}_2)_5-\text{CO]}_n$

③**アラミド繊維** p-フェニレンジアミンとテレフタル酸ジクロリドが縮合重合

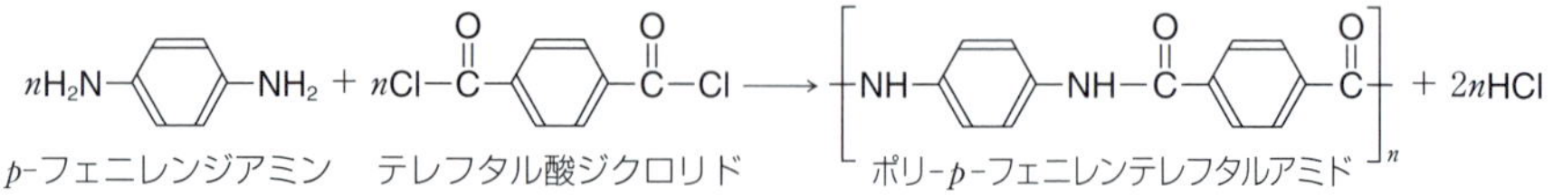

◆2 ポリエステル系繊維　エステル結合をもつ。
ポリエチレンテレフタラート　エチレングリコールとテレフタル酸の縮合重合

$n\text{HO}-(\text{CH}_2)_2-\text{OH} + n\text{HOOC}-\bigcirc-\text{COOH} \longrightarrow [\text{O}-(\text{CH}_2)_2-\text{O}-\text{C}-\bigcirc-\text{C}]_n + 2n\text{H}_2\text{O}$

エチレングリコール　　テレフタル酸　　　　　ポリエチレンテレフタラート

◆3 ポリビニル系繊維　ビニル基をもつ化合物の付加重合
①**アクリル(ポリアクリロニトリル)**　　$n\text{CH}_2=\text{CHCN} \longrightarrow [\text{CH}_2-\text{CH(CN)}]_n$
　　　　　　　　　　　　　　　　　　　　アクリロニトリル　　　ポリアクリロニトリル
②**ビニロン**

$n\text{H}_2\text{C}=\text{CH} \xrightarrow{付加重合} [\text{CH}_2-\text{CH}]_n \xrightarrow{加水分解} [\text{CH}_2-\text{CH}]$
　　　OCOCH$_3$　　　　　　　　OCOCH$_3$　　　　　　　OH
　　酢酸ビニル　　　　　　　ポリ酢酸ビニル　　　　　　ポリビニルアルコール

$\xrightarrow{\text{HCHO}}$ ··· CH$_2$—CH—CH$_2$—CH—CH$_2$—CH ···
アセタール化　　　　　OH　　　　　O—CH$_2$—O
　　　　　　　　　　　　　　　　　ビニロン

3 合成樹脂

◆1 熱可塑性樹脂と熱硬化性樹脂

	構造の特徴		性質
熱可塑性	直線状の高分子からなる。付加重合，縮合重合で合成。	高分子鎖	加熱すると容易に軟化する。
熱硬化性	高分子間に結合のできた網目状構造をとる。付加縮合で合成。	高分子間の結合／高分子鎖	熱により硬化し，再び軟化しない。溶媒に溶けにくい。

◆2 付加重合による合成樹脂　(熱可塑性)＝長い鎖状構造
①**ビニル化合物から合成される樹脂**

$n \overset{\text{H}}{\underset{\text{H}}{\text{C}}}=\overset{\text{H}}{\underset{\text{X}}{\text{C}}} \xrightarrow{付加重合} [\overset{\text{H}}{\underset{\text{H}}{\text{C}}}-\overset{\text{H}}{\underset{\text{X}}{\text{C}}}]_n$　$\begin{pmatrix} \text{X}=\text{H}：ポリエチレン & \text{CH}_3：ポリプロピレン \\ \text{Cl}：ポリ塩化ビニル & \text{C}_6\text{H}_5：ポリスチレン \end{pmatrix}$

②**アクリル樹脂**

$n \overset{\text{H}}{\underset{\text{H}}{\text{C}}}=\overset{\text{CH}_3}{\underset{\text{COOCH}_3}{\text{C}}} \xrightarrow{付加重合} [\overset{\text{H}}{\underset{\text{H}}{\text{C}}}-\overset{\text{CH}_3}{\underset{\text{COOCH}_3}{\text{C}}}]_n$

メタクリル酸メチル　　ポリメタクリル酸メチル(PMMA)

◆3 付加縮合による合成樹脂　(熱硬化性)＝三次元の網目構造
①**フェノール樹脂**

②**尿素樹脂**　尿素とホルムアルデヒド　③**メラミン樹脂**　メラミンとホルムアルデヒド

④ 合成ゴム

◆1 **天然ゴム(生ゴム)** 天然ゴムはイソプレンが付加重合したポリイソプレンである。乾留するとイソプレンを生じる。

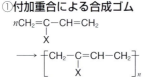

◆2 **合成ゴム** 共役二重結合(単結合と二重結合が交互に並ぶ)をもつ化合物が付加重合

①付加重合による合成ゴム　　②共重合による合成ゴム

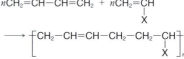

◆3 **ゴムの加硫** ゴムに硫黄を混ぜて処理すること。
弾性, 耐久性が増す。硫黄の割合を増やすとかたくなり, 40%程度加えたものをエボナイトとよぶ。

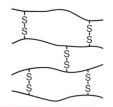

⑤ 機能性高分子化合物

◆1 **イオン交換樹脂**
　①陽イオン交換樹脂　陽イオンを H^+ と交換する。
　②陰イオン交換樹脂　陰イオンを OH^- と交換する。

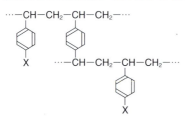

陽イオン交換樹脂　X＝−SO_3H, −COOH など
陰イオン交換樹脂　X＝−$N^+(CH_3)_3OH^-$ など

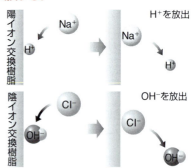

◆2 **イオン交換樹脂の再生** イオン交換樹脂は使用を続けるとはたらきが低下する。陽イオン交換樹脂では多量の塩酸を加えると, 交換した陽イオンが H^+ に戻り, はたらきが回復する。

28　合成高分子化合物──**371**

WARMING UP／ウォーミングアップ

次の文中の（　）に適当な語句・化学式を入れよ。

1 付加重合

エチレンのような二重結合をもつ化合物が付加反応によって多数重合し，高分子が得られる反応を（ア）という。このとき，原料となる物質を（イ），得られた高分子化合物を（ウ）という。

$CH_2＝CH－$という構造の官能基を（エ）基といい，この基をもつ化合物は（ア）によって高分子をつくる。

$CH_2＝CH－X$ において，X	単量体名	高分子名
（オ）	エチレン	ポリエチレン
Cl	（カ）	（キ）
（ク）	プロピレン	ポリプロピレン
（ケ）	アクリロニトリル	（コ）

2 縮合重合

ナイロン 66 は，ジカルボン酸の（ア）とジアミンの（イ）の縮合重合で得られる高分子化合物で，合成繊維として利用されている。（ウ）結合によってつながり，構造式は（エ）で表される。

ナイロン 6 は ε-カプロラクタムの（オ）重合で得られる。

ポリエチレンテレフタラートは，ジカルボン酸の（カ）とジオールの（キ）との縮合で得られる高分子化合物で，合成繊維として利用されている。（ク）結合によってつながり，構造式は（ケ）で表される。

3 ビニロン

ビニロンをつくるには，まず単量体の（ア）を付加重合させて（イ）にしたのち加水分解する。得られた（ウ）は水に溶けるので，（エ）でアセタール化処理してヒドロキシ基を減らして，ビニロンとする。ビニロンは魚網，テントなどの原料として使われている。

$$\begin{array}{c}\left[\!\begin{array}{c}CH_2-CH\\|\\OH\end{array}\!\right]_{\!n} \xrightarrow{\text{（エ）}} \cdots-CH_2-CH-CH_2-CH-\cdots\\ \underset{\text{（ウ）}}{}\qquad\qquad\qquad O-\boxed{\text{オ}}-O\end{array}$$

1
- （ア）　付加重合
- （イ）　単量体（モノマー）
- （ウ）　重合体（ポリマー）
- （エ）　ビニル
- （オ）　H
- （カ）　塩化ビニル
- （キ）　ポリ塩化ビニル
- （ク）　CH_3
- （ケ）　CN
- （コ）　ポリアクリロニトリル

2
- （ア）　アジピン酸
- （イ）　ヘキサメチレンジアミン
- （ウ）　アミド
- （エ）　$\left[\!\begin{array}{c}NH-(CH_2)_6-NH-\underset{O}{C}-(CH_2)_4-\underset{O}{C}\end{array}\!\right]_{\!n}$
- （オ）　開環
- （カ）　テレフタル酸
- （キ）　エチレングリコール
- （ク）　エステル
- （ケ）　$\left[\!\begin{array}{c}\underset{O}{C}\end{array}\!\!\!\!\!\!\text{〈〉}\!\!\!\!\!\!\begin{array}{c}C-O-(CH_2)_2-O\\O\end{array}\!\right]_{\!n}$

3
- （ア）　酢酸ビニル
- （イ）　ポリ酢酸ビニル
- （ウ）　ポリビニルアルコール
- （エ）　ホルムアルデヒド
- （オ）　CH_2

372 —— 7章　高分子化合物

4 合成樹脂

合成樹脂は，熱を加えると流動性をもつ(ア)樹脂と，熱を加えても流動性をもたない(イ)樹脂に分類される。(イ)樹脂の一つであるフェノール樹脂は，付加反応と縮合反応が繰り返される(ウ)によってできる。フェノール樹脂の反応中間体としてレゾールや(エ)が知られている。

4	
(ア)	熱可塑性
(イ)	熱硬化性
(ウ)	付加縮合
(エ)	ノボラック

5 イオン交換樹脂

イオン交換樹脂は水溶液中の陽イオンを(ア)と交換する陽イオン交換樹脂と陰イオンを(イ)と交換する陰イオン交換樹脂に分類される。陽イオン交換樹脂は使用を続けるとはたらきが低下するが，(ウ)などを加えることでそのはたらきを再生することができる。

5	
(ア)	H^+
(イ)	OH^-
(ウ)	塩酸

基本例題 115　単量体・重合体　　　　　　　　　　　　基本➡593, 594

高分子(1)〜(5)は単量体(ア)〜(コ)の1種類または2種類の重合で得られる。それぞれの高分子の原料の単量体を選べ。

(1)　ポリスチレン　　　(2)　ナイロン66　　　(3)　フェノール樹脂
(4)　クロロプレンゴム　　　(5)　ポリエチレンテレフタラート

(ア)　エチレングリコール　　　(イ)　フェノール　　　(ウ)　ヘキサメチレンジアミン
(エ)　スチレン　　　(オ)　ブタジエン　　　(カ)　アジピン酸　　　(キ)　クロロプレン
(ク)　ホルムアルデヒド　　　(ケ)　テレフタル酸　　　(コ)　ε-カプロラクタム

● **エクセル**　付加重合：二重結合が開いて次々に付加する。
　　　　　　　縮合重合：エステル結合やアミド結合でつながる。

考え方
(1)〜(5)　高分子化合物の名称は，単量体の名称に由来することが多い。

解答
高分子の名称と構造式を整理しよう。

答　(1)　(エ)　　　(2)　(ウ), (カ)　　　(3)　(イ), (ク)
　　(4)　(キ)　　　(5)　(ア), (ケ)

基本例題 116　重合度　　　　　　　　　　　　　　　　　　基本➡595

(1)　分子量 7.2×10^5 のポリエチレンの重合度を求めよ。なお，エチレンの分子量は28である。

(2)　アジピン酸(分子量146)とヘキサメチレンジアミン(分子量116)の縮合重合によって，ナイロン66が生成する。いま，分子量 4.5×10^4 のナイロン66がある。このナイロン66の重合度を求めよ。なお，水の分子量を18とする。

● **エクセル**　　重合度 $= \dfrac{分子量}{繰り返し単位の式量}$

考え方

得られる高分子化合物の，繰り返し単位の式量を求める。
(1) 付加重合の場合は単量体の分子量からすぐに求まる。
(2) 反応で水が抜けるのに注意する。

解答

(1) ポリエチレンの構造式は $+CH_2-CH_2+_n$ である。繰り返し単位の式量は28なので，重合度 n とすると，分子量 $28n = 7.2 \times 10^5$ より，

$$n = \frac{7.2 \times 10^5}{28} = 2.57 \times 10^4 \fallingdotseq 2.6 \times 10^4$$

答 2.6×10^4

(2) 反応式より，アジピン酸 n 個とヘキサメチレンジアミン n 個から，重合度 n のナイロン66と水 $2n$ 個が生じる。

$nHOOC-(CH_2)_4-COOH + nH_2N-(CH_2)_6-NH_2$
$\longrightarrow [\overset{O}{\overset{\|}{C}}-(CH_2)_4-\overset{O}{\overset{\|}{C}}-\overset{H}{\overset{|}{N}}-(CH_2)_6-\overset{H}{\overset{|}{N}}]_n + 2nH_2O$

繰り返し単位の式量は226なので，重合度 n とすると，分子量 $226n = 4.5 \times 10^4$ より，

$$n = \frac{4.5 \times 10^4}{226} = 1.99 \times 10^2 \fallingdotseq 2.0 \times 10^2$$

答 2.0×10^2

基本例題 117　合成ゴム　　　　　　　　　　基本➡598

次の文章を読み，(ア)～(ケ)に適当な語句を下の解答群から選べ。

ゴムとして利用される高分子は，小さな力をかけても大きな変形が起こり，力を除くともとに戻るという（ ア ）を示す。天然ゴムすなわち（ イ ）の炭化水素は，（ ウ ）結合を2個もつイソプレンが（ エ ）重合したポリイソプレンで，（ イ ）に数%の（ オ ）を加えて熱すると，（ カ ）結合の炭素原子に（ キ ）原子が結合し，三次元（ ク ）構造が生成する。この処理を（ ケ ）という。

〔解答群〕　(1) スチレン　(2) クロロプレン　(3) 生ゴム　(4) 硫黄
　　　　　(5) 二重　(6) 結合　(7) 付加　(8) 網目　(9) 加硫　(10) 弾性

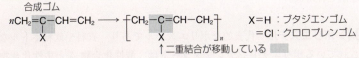

考え方

解答

天然ゴムや合成ゴムの単量体には，二重結合が2つあり，付加重合によって，弾力のある高分子をつくる。

天然ゴムはそのままでは弾力が弱いが，硫黄を加えて熱すると，二重結合部分が反応して橋かけ構造（架橋構造）ができる。これを加硫という。加硫により，酸化されにくく，弾力や機械的強度が増す。

答　(ア) (10)　(イ) (3)　(ウ) (5)　(エ) (7)　(オ) (4)
　　　(カ) (5)　(キ) (4)　(ク) (8)　(ケ) (9)

374 —— 7章　高分子化合物

基本問題

592 ▶ 高分子化合物　次の文章を読み，(ア)〜(カ)に適当な語句を(a)〜(l)より選べ。

　合成高分子化合物は衣料，建築材料その他に広く利用されている。高分子化合物を合成して樹脂状にしたものには，加熱するとやわらかくなり，冷やすと固くなる(ア)樹脂と，加熱してもやわらかくならない(イ)樹脂がある。

　高分子物質を構成する小さい分子を単量体または(ウ)というが，単量体が次々と結合する反応を(エ)という。生成する高分子を重合体または(オ)といって，重合体1分子を構成する繰り返し単位の数を(カ)という。

(a)　ポリマー　　　(b)　モノマー　　　(c)　縮合重合　　　(d)　重合度

(e)　付加重合　　　(f)　重合　　　　　(g)　熱可塑性　　　(h)　融解性

(i)　イオン交換　　(j)　開環重合　　　(k)　付加　　　　　(l)　熱硬化性　　　（長崎大　改）

論述 593 ▶ ナイロン　代表的な合成繊維であるナイロンには，ナイロン66やナイロン6などがある。アジピン酸とヘキサメチレンジアミンを(ア)重合すると，(イ)結合という新しい結合ができてナイロン66が得られる。また，ε-カプロラクタムを(ウ)重合するとナイロン6が得られる。ナイロンは，単量体中の炭素原子の数に応じて数字をつけて命名される。

(1)　文中の空欄(ア)〜(ウ)に適当な語句を入れよ。

(2)　アジピン酸，ヘキサメチレンジアミンの構造式を答えよ。

(3)　重合度(n)を用いてナイロン66の構造式を答えよ。

(4)　ε-カプロラクタムの構造式を答えよ。

(5)　重合度(n)を用いてナイロン6の構造式を答えよ。

(6)　ナイロンには，引っ張っても分子と分子がずれにくく強いという性質がある。この理由を答えよ。

594 ▶ ポリエステル　代表的なポリエステルであり，衣料や飲料ボトルなどに広く利用されているポリエチレンテレフタラートは，酸性化合物Aと中性化合物Bを(ア)重合させることにより得られる。このとき(イ)という新しい結合ができる。

(1)　文中の空欄(ア)，(イ)に適当な語句を入れよ。

(2)　酸性化合物A，中性化合物Bの名称を答えよ。

(3)　酸性化合物A，中性化合物Bの構造式を答えよ。

(4)　重合度(n)を用いてポリエチレンテレフタラートの構造式を答えよ。

595 ▶ 高分子化合物の重合度　次の(a)〜(c)の高分子化合物がすべて等しい平均分子量をもつとき，平均重合度を大きい順に並べよ。

(a)　ポリイソプレン　　　(b)　ナイロン6　　　(c)　ポリエチレンテレフタラート

（愛知工業大）

28 合成高分子化合物——375

論述 **596** ▶ビニロン (A)ビニロンは，ポリビニルアルコールをホルムアルデヒドで処理することによって得られる。ポリビニルアルコールは，構造上はビニルアルコールの（ ア ）重合体である。しかし，ビニルアルコールは不安定であり容易に（ イ ）に変わるために，ビニルアルコールを単量体として使えない。このため，酢酸ビニルを（ ア ）重合しポリ酢酸ビニルを得る。この(B)ポリ酢酸ビニルを水酸化ナトリウム水溶液で加水分解してポリビニルアルコールを得る。

(1) 文中の(ア)，(イ)に適当な語句を答えよ。　　(2) 下線部(A)の反応を何というか答えよ。

(3) 重合度(n)を用いて下線部(B)の化学反応式を答えよ。

(4) 下線部(A)について，なぜポリビニルアルコールをホルムアルデヒドで処理する必要があるか答えよ。
　　　　　　　　　　　　　　　　　　　　　　　　　　　　　（慶應大　改）

597 ▶合成樹脂の性質と用途

(1) 下の合成樹脂(a)〜(f)の構造を，(ア)〜(カ)より選べ。

(2) 熱硬化性樹脂を合成樹脂(a)〜(f)よりすべて選べ。

　(a) ポリスチレン　　(b) フェノール樹脂　　(c) 尿素樹脂

　(d) ポリ塩化ビニル　(e) ポリメタクリル酸メチル　(f) ポリ酢酸ビニル

(ア)
$$\left[\begin{array}{c}CH_2-N-CH_2\\C=O\\CH_2-N-CH_2\end{array}\right]_n$$

(イ)
$$\left[\begin{array}{cc}H & COOCH_3\\C-C\\H & CH_3\end{array}\right]_n$$

(ウ)
$$\left[\begin{array}{c}CH_2-CH\\OCOCH_3\end{array}\right]_n$$

(エ)
$$\left[\begin{array}{c}CH-CH_2\end{array}\right]_n$$

(オ)
$$\left[\begin{array}{c}OH \qquad OH\\CH_2\end{array}\right]_n$$

(カ)
$$\left[\begin{array}{c}CH_2-CH\\Cl\end{array}\right]_n$$

　　　　　　　　　　　　　　　　　　　　　　　　　　（千葉工大　改）

598 ▶合成ゴム　ゴムノキの樹液である（ ア ）に酸を加えて得られる生ゴム（天然ゴム）を乾留すると（ A ）が生成する。合成ゴムは，この（ A ）とよく似た構造をもつ1,3-ブタジエンあるいはクロロプレンを，それぞれ（ イ ）重合してブタジエンゴムあるいはクロロプレンゴムとしたものである。また，アクリロニトリルと1,3-ブタジエンとを（ ウ ）重合させると，アクリロニトリル–ブタジエンゴムが得られる。いずれのゴムも野外で長い間放置すると，紫外線と（ エ ）との影響で弾性が失われていく。

(1) (ア)〜(エ)に適当な語句を記せ。　　(2) (A)の物質名と構造式を記せ。

(3) 生ゴムを原料としたタイヤを，焼却するときに出るおもな有害ガスを答えよ。

(4) クロロプレンの構造式を記せ。

(5) アクリロニトリルと1,3-ブタジエンとから，アクリロニトリル–ブタジエンゴムを合成する化学反応式を記せ。ただし，次の化学反応式を完成させること。

化学反応式：

$$n\left(\ =\quad=\ \right) + n\left(\ =\quad\ \right) \longrightarrow \left[\ =\quad CH\ \right]_n$$

　　　　　　　　　　　　　　　　　　　　　　　　　（10　法政大）

376 —— 7章　高分子化合物

| check! | **標準例題 118** | **生分解性プラスチック** | 発展➡606 |

植物資源を利用して合成繊維や合成樹脂をつくることが可能である。植物はデンプンを生産しており，デンプンを加水分解すればグルコースができる。さらに，グルコースを発酵させれば乳酸ができ，乳酸の重合によりポリ乳酸をつくることができる。ポリ乳酸は生分解性プラスチックであり，利用したあと，微生物によって分解され，最終的には二酸化炭素と水になる。

(1)　ポリ乳酸に該当するものを(ア)〜(カ)のうちから選べ。

　(ア)　アクリル樹脂　　(イ)　アセテート　　(ウ)　ビニロン

　(エ)　ポリアミド　　(オ)　ポリエステル　　(カ)　レーヨン

(2)　重合度 n のポリ乳酸が水酸化ナトリウム水溶液中で完全に反応したときの化学反応式をかけ。

(3)　分子量 7290 のポリ乳酸 100 g が微生物によって完全に分解を受けた場合，発生する二酸化炭素の体積は標準状態で何 L か。また，この二酸化炭素から何 g のグルコースをつくることができるか。有効数字 3 桁で答えよ。　　　　　　　　(12　早大　改)

●**エクセル**　乳酸 $\xrightarrow{\text{分解}}$ 二酸化炭素 ＋ 水

考え方

　循環型社会は炭素の収支に注目して，カーボンニュートラルとよぶこともある。

解答

(1)　ポリ乳酸にはエステル結合 —COO— が含まれるので，ポリエステルである。　　　　　　　　**答** (オ)

(2)　ポリ乳酸に水酸化ナトリウム水溶液を加えると，次のように加水分解する。

$$H-\left[O-CH-\underset{\underset{O}{\|}}{\overset{CH_3}{|}}C\right]_n-OH + nNaOH \longrightarrow nHO-CH-\underset{\underset{O}{\|}}{\overset{CH_3}{|}}C-ONa + H_2O$$

(3)　ポリ乳酸の繰り返し部分の分子量は，72 であるから，重合度は

$$\frac{7290-18}{72}=101$$

よって，ポリ乳酸 1 分子あたり二酸化炭素が 303 分子生じるので，二酸化炭素の体積は

$$\frac{100}{7290}\times303\times22.4=93.10\,\text{L}$$

グルコース 1 分子（分子量 180）に含まれる炭素原子は 6 個であるので，二酸化炭素 6 mol からグルコース 1 mol が生じる。よって，得られるグルコースの質量は

$$\frac{100}{7290}\times303\times\frac{1}{6}\times180=124.6\,\text{g}$$

答　**二酸化炭素 93.1 L　　グルコース 125 g**

標準例題 119　イオン交換樹脂　　標準➡605

陽イオン交換樹脂 A と陰イオン交換樹脂 B がある。イオンの交換は完全に行われたものとする。

(1) 1mol/L の塩化ナトリウム水溶液 100 mL を A に通したのち，水を加えて 1L にした。この溶液の pH を求めよ。

(2) 続いて，(1)の溶液を B に通した。この溶液の pH を求めよ。

●エクセル　陽イオン交換樹脂：陽イオン ⟶ H^+
　　　　　　陰イオン交換樹脂：陰イオン ⟶ OH^-

考え方

(1) まず陽イオンの交換が起き，酸性になる。
$[H^+] = a$ [mol/L]
$pH = -\log a$

(2) 続いて陰イオンの交換が起きる。ここでは，(1)で生じた H^+ があるので，中和反応する。

解　答

(1) 陽イオンの Na^+ が H^+ に交換される。溶液中には Na^+ が 0.1 mol あるので，H^+ は 0.1 mol できる。陰イオンは Cl^- のままである。溶液は 1L なので，0.1 mol/L の塩酸で，$pH = -\log 10^{-1}$ より，$pH = 1$。　　**答** $pH = 1$

(2) 陰イオンの Cl^- が OH^- に交換される。溶液中には Cl^- が 0.1 mol あるので，OH^- は 0.1 mol できる。これが陽イオン H^+ の 0.1 mol と中和反応する。したがって，ちょうど中性となる。　　**答** $pH = 7$

標準問題

599 ▶ 縮合重合　次の文章を読み，下の問いに答えよ。

合成繊維ナイロン 66 を発明したアメリカの化学者カロザースは，アミノ基を両端にもつジアミン[$H_2N-(CH_2)_m-NH_2$]の m の数と，カルボキシ基を両端にもつジカルボン酸[$HOOC-(CH_2)_n-COOH$]の n の数をいろいろ変えて縮合重合させ，アミド結合を形成させる方法を研究した。そのうちのある実験で，生成した重合物中の窒素の含有率(質量百分率)を測定すると，10.0%であった。この重合物を合成するのに用いたジアミンとジカルボン酸に含まれる CH_2 基の合計($m+n$)はいくらか。　　（センター）

600 ▶ ビニロン　次の(1)〜(3)に答えよ。

(1) ポリ酢酸ビニルを水酸化ナトリウムのメタノール溶液でけん化すると，ポリビニルアルコールが得られる。1 kg のポリ酢酸ビニルをけん化するには，何 g の水酸化ナトリウムが必要か，有効数字 2 桁で求めよ。

(2) 分子量 $6.71×10^4$ のポリ酢酸ビニルの重合度を有効数字 2 桁で求めよ。

(3) 分子量 $6.71×10^4$ のポリ酢酸ビニルをけん化してポリビニルアルコールを得た。これを酸性下でホルムアルデヒドで処理すると分子内の 3 分の 1 の OH が反応し，ビニロンを得た。生成したビニロンの分子量を有効数字 2 桁で求めよ。　　（東工大）

601 ▶ 共重合 1 次の(1)〜(3)に答えよ。

(1) 合成ゴムの一種であるポリクロロプレンに含まれる塩素の質量パーセントは何%か。整数で答えよ。

(2) 塩化ビニルとアクリロニトリルの付加重合により平均分子量 8700 の共重合体を得た。この共重合体に含まれる塩素の質量パーセントは、ポリクロロプレンに含まれる塩素の質量パーセントに等しかった。この共重合体1分子に含まれるアクリロニトリル単位の平均の数は何個か。整数で答えよ。

(3) 合成高分子に関する次の記述のうち、正しいものを一つ選べ。

　(ア) 合成繊維として利用されるナイロン、ポリエステル、ポリアクリロニトリルは、いずれも縮合重合によって合成される。

　(イ) 尿素樹脂、フェノール樹脂、エボナイトはいずれも高分子の三次元網目構造をもつ。

　(ウ) 高分子の平均分子量は、浸透圧、溶液の粘度、融点のいずれからも求めることができる。

　(エ) ポリイソプレン、ブタジエンゴム、ポリプロピレンは、いずれも高分子主鎖に二重結合を含み、ゴム弾性を示す。

　(オ) ポリエチレンテレフタラートは、テレフタル酸とエチレングリコールの共重合によって得られる。

(東工大)

602 ▶ 合成繊維と合成樹脂 衣料に用いられる繊維には化学繊維と（ア）繊維があり、化学繊維はさらに、（イ）繊維、半合成繊維、合成繊維に分類される。（ア）繊維の一つとして知られている (A)綿の主成分はセルロースである。合成繊維としては、ナイロン66、(B)ポリエチレンテレフタラート、アクリル系繊維が知られている。

また、高分子化合物を合成して樹脂状にしたものを、合成樹脂またはプラスチックという。代表的な合成樹脂であるポリエチレンには製法の違いにより、やわらかく比較的透明度が高い（ウ）ポリエチレンと、かたく透明度が低い（エ）ポリエチレンがある。

高分子化合物には、分子が規則正しく配列した（オ）部分と不規則に配列した無定形部分が混在したものや、無定形部分のみのものがある。高分子化合物は明確な融点を示さず、加熱により、軟化点とよばれる温度でやわらかくなり始め、しだいに流動性を増していくものが多い。

(1) 文中の(ア)〜(オ)に適当な語句を答えよ。

(2) 下線部(A)より、セルロースのヒドロキシ基の一部を酢酸エステルにした半合成繊維であるアセテートを合成した。45gのセルロースから66gのアセテートが得られた。このとき、ヒドロキシ基の何%がエステル化されているか有効数字2桁で答えよ。なお、セルロースの分子量は十分に大きいものとする。

(3) 下線部(B)より、テレフタル酸 83.0g とエチレングリコール 31.0g を反応させると、ポリエチレンテレフタラートが 96.2g 得られた。ポリエチレンテレフタラートの重合度は均一であると仮定して、ポリエチレンテレフタラートの分子量を答えよ。

603 ▶共重合2 次の文章を読み，問いに答えよ。

スチレンとブタジエンの共重合反応により，スチレン-ブタジエンゴム(SBR)が得られる。SBR の 8.0 g に，触媒の存在下で水素を付加すると，水素 0.10 mol が消費された。反応はポリブタジエン部分の二重結合だけで，そのすべてが反応したとすると，この SBR のスチレンとブタジエンの物質量の比を，スチレンを 1 として表せ。　　（関西大）

604 ▶ゴム　次の文章を読み，下の(1)〜(5)に答えよ。

生ゴムは $(C_5H_8)_n$ の分子式で表され，ジエン化合物である A が（ア）重合した鎖状構造をもつ高分子化合物である。生ゴムに数％の（イ）を加えて加熱するとゴム弾性が大きくなる。これは(イ)原子が鎖状の生ゴム分子どうしの間に結合して（ウ）構造をつくるためであり，このような操作を（エ）という。

合成ゴムは，ゴム弾性をもつ高分子化合物を人工的に合成したものである。代表的な合成ゴムの原料であるブタジエン(1,3-ブタジエン)は，2 分子のアセチレンから得られるビニルアセチレン(構造式 $CH_2=CH-C\equiv CH$)に水素を作用させてつくることができる。このブタジエンを（オ）重合させるとポリブタジエン(ブタジエンゴム)が得られる。ポリブタジエンには，生ゴム分子と同じようなゴム弾性を示す（B）とゴム弾性にとぼしい（C）のシス-トランス異性体(幾何異性体)が存在する。

スチレンとブタジエンの共重合によりスチレン・ブタジエンゴムがつくられる。いま，スチレン・ブタジエンゴム 4.0 g に，触媒の存在下で水素を反応させたところ，0℃，1.0×10^5 Pa で（カ）L の水素が消費された。したがって共重合に使われたスチレンとブタジエンの物質量比は 1 : 4 であったことになる。

(1) 文中の(ア)〜(オ)に適当な語句を記入せよ。
(2) 文中のジエン化合物 A の構造式を示せ。
(3) 文中の(B)および(C)に適当な構造式を，例にならって示せ。
(4) 文中の下線部について，各反応の収率を 100％とすると，ブタジエンゴム 108 g をつくるには 0℃，1.0×10^5 Pa のアセチレンが何 L 必要か。整数で答えよ。
(5) 文中の(カ)に適当な数値を記入せよ。ただし，水素はベンゼン環と反応しないものとする。有効数字 2 桁で答えよ。　　（同志社大）

ポリプロピレンの構造式

605 ▶イオン交換樹脂　濃度不明の塩化カルシウム水溶液 100 mL を陽イオン交換樹脂の層を通し，陽イオンをすべて交換した。このとき得られた水溶液を完全に中和するのに 0.80 mol/L 水酸化ナトリウム水溶液が 25 mL 必要であった。最初の塩化カルシウム水溶液のモル濃度はいくらか。有効数字 2 桁で答えよ。　　（三重大）

発展問題

606 ▶ 生分解性高分子 次の文章を読み，下の(1)～(3)に答えよ。

新しい生分解性ポリマーとして，非常に水溶性が高く，さまざまな置換基を導入するための官能基を有するポリリンゴ酸が注目されている。平均分子量 70000 以上の水溶性ポリマーと薬剤を結合させることにより，薬剤の腎臓からの排出が妨げられ，薬剤の体内滞留時間を延長するとともに薬剤の投与回数を減らすことが可能となる。リンゴ酸(分子量 134)の構造式を右に記す。

$$\text{HOOC-CH(OH)-CH}_2\text{-COOH}$$

ただし，リンゴ酸の縮合において環状化合物の生成，およびポリリンゴ酸の末端に関しては考慮する必要はない。

(1) リンゴ酸 2 分子をエステル結合により結合させた化合物には，光学異性体を含めて何種類の異性体が存在するかを記せ。

(2) 右の繰り返し単位をもつ平均分子量 60000 の直鎖状のポリリンゴ酸がある。このポリリンゴ酸の重合度(繰り返し単位の数)を有効数字 2 桁で記せ。

$$\begin{bmatrix} \text{HO-C=O} \\ | \\ \text{CH}_2 \text{ O} \\ | \quad \| \\ \text{O-CH-C} \end{bmatrix}$$

(3) ポリリンゴ酸は高分子量になりにくいため，ポリリンゴ酸のカルボキシ基にさまざまなアミノ酸を反応させることにより分子量を大きくすると同時に，生体適合性を上げる試みが行われている。(2)のポリリンゴ酸にアラニン $\text{NH}_2\text{CH(CH}_3\text{)COOH}$(分子量 89)を反応させたところ，ポリリンゴ酸のカルボキシ基の一部がアラニンと反応したポリマーが得られた。このポリマーの平均分子量は 80000 であった。ポリリンゴ酸中のカルボキシ基の何%が反応したか有効数字 2 桁で記せ。ただし，アラニンどうしの縮合は起こらなかったものとする。
(11 名工大)

607 ▶ 吸水性高分子 炭素数 3 の有機化合物は，ポリマーの原料としてきわめて重要である。次の文章を読み，下の(1)～(5)に答えよ。

実験 1　化合物 A は炭素数 3 で分子量 42 の常温・常圧で気体の化合物であり，炭素原子と水素原子のみからなっている。この化合物 A を重合反応させると熱可塑性をもつポリマー X を得ることができた。一方で，化合物 A を触媒存在下で酸素によって酸化すると，分子量 72 の化合物 B(沸点 141℃)が得られた。化合物 B は炭酸水素ナトリウムと反応して水溶性の塩 C を生じた。また，化合物 B をメタノールと反応させると化合物 D(沸点 80℃)と水が生じた。なお，化合物 A, B, C, D は臭素と反応し得る部分構造を有する。

実験 2　化合物 C に架橋剤を加えて重合を行うと，網目構造をもつポリマー Y が得られた。このポリマー Y に水を加えると，吸水して膨らんだ。

実験 3　分子式 $\text{C}_3\text{H}_6\text{O}_3$ を有する化合物 E は，酵素によるグルコースの分解反応によって得られる。この化合物は不斉炭素原子を有しており，炭酸水素ナトリウ

ムと反応して水溶性の塩を生じた。化合物 E を脱水縮合すると分子式 $C_6H_8O_4$ の化合物 F が得られた。さらに化合物 F を重合するとポリマー Z が得られた。

(1) 化合物 B の構造式を示せ。
(2) 化合物 D の構造式を示せ。また，化合物 B と化合物 D の沸点が大きく異なる理由を 25 字以内で述べよ。
(3) 下線部の理由を下記の選択肢から選べ。
　(ア) ポリマーの官能基間の静電引力　(イ) ポリマーの官能基の水和
　(ウ) ポリマーの官能基の凝集　　　　(エ) ポリマーの重合度の上昇
　(オ) ポリマー外へのナトリウムイオンの移動
(4) 化合物 F の構造式を示せ。ただし，立体異性体は考慮しなくてよい。
(5) 実験 3 で得られるポリマー Z は，実験 1 で得られるポリマー X よりも土壌中で容易に低分子量の化合物に変換される。この理由を下記の選択肢から選べ。
　(ア) 揮発しやすいため。　　　(イ) 還元されやすいため。
　(ウ) 加水分解されやすいため。(エ) 再重合しやすいため。
　(オ) 脱水反応を起こしやすいため。

(12　東大　改)

論述 608 ▶ **イオン交換樹脂によるアミノ酸の分離**　アラニン，グルタミン酸，アルギニンの混合溶液（pH = 12.0）を，図のように陰イオン交換樹脂をつめたカラムの上から流す。これに pH = 12.0, 9.0, 6.0, 3.0 の順に pH を小さくしながら緩衝液を流していったときに，カラム出口から溶出される順にアミノ酸の名称を答えよ。また，その理由も述べよ。

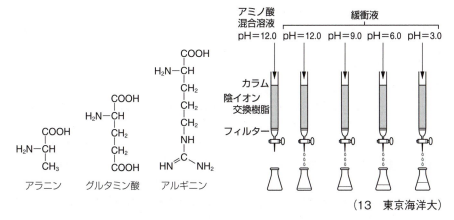

(13　東京海洋大)

382 —— 7章　高分子化合物

論述問題

609 ▶ 単糖類の性質　グルコースなどの単糖類は水に溶けやすいが，ヘキサンやジエチルエーテルにはほとんど溶解しない。その理由を簡潔に説明せよ。

610 ▶ スクロース　ショ糖水溶液はフェーリング液を還元できない。その理由を述べよ。
(広島大　改)

611 ▶ スクロース　スクロースはα-グルコース（六員環）とβ-フルクトース（五員環）が縮合した二糖類である。スクロースは本来フェーリング液と反応させても沈殿を生じることはないが，希硫酸の中で穏やかに加熱処理したあとならば沈殿を生じるようになる。この理由を書け。
(11　神戸大)

612 ▶ ヨウ素デンプン反応　デンプンとヨウ素溶液の混合物にアミラーゼを加えるとしだいに呈色を示さなくなる。この理由を25字以内で述べよ。
(10　群馬大)

613 ▶ α-アミノ酸　α-アミノ酸は有機化合物の中では融点が高く，水に溶けやすいが有機溶媒には溶けにくい。この理由を説明せよ。
(高知大)

614 ▶ タンパク質の変性　タンパク質の変性は，どのような変化がタンパク質に起こることによるのか。その理由を簡潔に説明せよ。
(11　秋田大)

615 ▶ タンパク質の性質　純水と卵白水溶液を加熱することなく区別するにはどのような方法があるか。原理を含め簡潔に説明せよ。
(12　慈恵医大　改)

616 ▶ キサントプロテイン反応　あるポリペプチドに対してキサントプロテイン反応を行ったところ呈色しなかった。このポリペプチドの構造上の特徴を示せ。
(12　山形大)

617 ▶ 酵素　酵素は生体内で触媒として働く。その特徴を説明せよ。
(琉球大　改)

618 ▶ DNAとRNA　DNAとRNAの化学的な構造上の違いを3つ述べよ。

619▶DNA 一般に，中性の2本鎖DNA水溶液に熱を加えていくと，水中で2本鎖DNAが1本に解離する。このとき，グアニンとシトシンの含有率が高い2本鎖DNAのほうが，アデニンとチミンの含有率が高い2本鎖DNAよりも解離しにくいと考えられる理由を述べよ。
（13　慶應大）

620▶合成高分子化合物　一般に，合成高分子化合物は天然高分子化合物に比べて自然界で分解されにくい。この理由を説明せよ。

621▶合成繊維　合成高分子化合物を溶融したあと，引き延ばす（紡糸する）ことにより強度を増したものが合成繊維に使われる。紡糸することにより繊維としての強度が増すのはなぜか。「配列」と「結晶」という二つの語句を含めて30字以内で述べよ。
（11　広島大）

622▶ビニロン　ビニロンはポリビニルアルコールとホルムアルデヒドの脱水縮合で合成される。ここで，原料として用いるポリビニルアルコールは「ビニルアルコール」をモノマーとして合成せずに，酢酸ビニルの付加重合によって生成したポリ酢酸ビニルのけん化によって合成している。この理由を述べよ。

623▶合成樹脂　合成樹脂には熱可塑性樹脂と熱硬化性樹脂がある。熱可塑性樹脂と熱硬化性樹脂の分子構造の違い，および，熱による性質の違いについて述べよ。
（10　信州大）

624▶合成樹脂　ポリスチレンを加熱するとすすを出しながら燃焼する。その理由を簡潔に説明せよ。

625▶加硫　ポリイソプレンに硫黄の粉末を加え，ゴム弾性を改善させることを加硫という。加硫によりポリイソプレン分子の化学構造に生じる変化について，40字以内で説明せよ。
（愛媛大　改）

626▶イオン交換樹脂　薄い濃度のしょう油Aがある。Aを10倍に希釈した溶液は弱酸性を示す。Aを陽イオン交換樹脂に通した溶液のpHは，Aを10倍に希釈した溶液と比べてどのようになっているか。理由を述べて説明せよ。
（11　新潟大）

入試のポイント・発展知識

1 電子軌道

◆1 **電子軌道** 電子はK殻，L殻，M殻…とよばれる電子殻に収容されることが知られている。K殻には1s軌道とよばれる電子軌道が存在し，L殻には1s軌道よりもエネルギーの高い2s軌道と3種類の2p軌道(p_x, p_y, p_z)が存在することが確かめられている。そして，M殻には，さらにエネルギーの高い3s軌道と3種類の3p軌道(p_x, p_y, p_z)と5種類のd軌道($d_{x^2-y^2}$, d_{z^2}, d_{xy}, d_{xz}, d_{yz})が存在することが確かめられている(図1)。ここでは，図2のような順序にしたがって，エネルギー準位の低い軌道から電子が順番に収容されていく。各原子の電子配置は図3に示したように，スピンの方向が異なる電子が2個まで収容することができる。

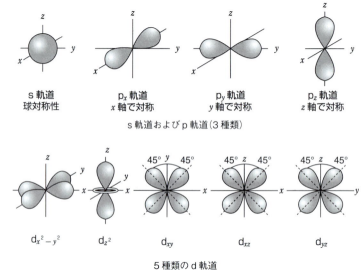

図1 電子軌道のモデル

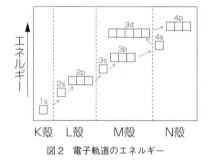

図2 電子軌道のエネルギー　　　図3 電子配置の例

2 電子対反発則

◆1 **電子対の数と立体構造** 中心にある原子 A を取り囲む電子対(共有電子対と非共有電子対)は,反発力が最小になるように配列する。

電子対	2組	3組	4組	5組	6組
モデル	 直線形	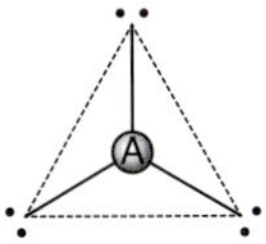 三方平面形	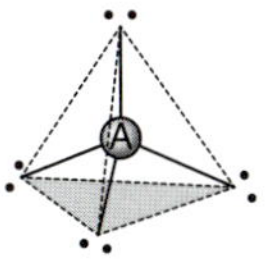 正四面体形	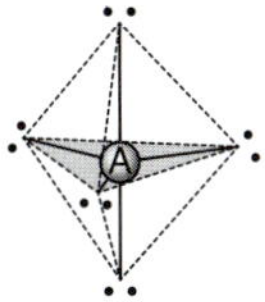 三方両すい形	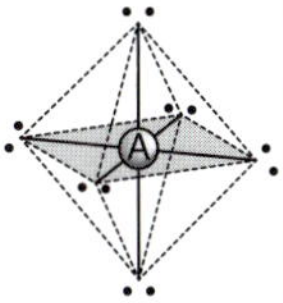 正八面体形

◆2 **電子対の反発の大きさ** 電子対間の反発力には次のような序列がある。
①非共有電子対どうしの反発
②非共有電子対と共有電子対の反発
③共有電子対どうしの反発

例

水 H_2O

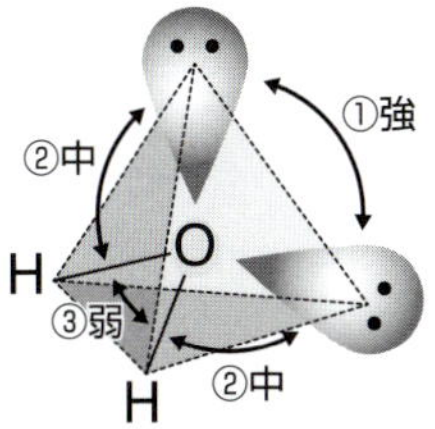

電子対が4組なので,正四面体構造をとる。H−O−H間の反発力が弱いため,結合角は104.5°になる。

アンモニア NH_3

電子対が4組なので,正四面体構造をとる。H−N−H間の反発力が弱いため,結合角は107°になる。

◆3 **おもな分子の立体構造**

電子対 \ 非共有電子対	0	1	2
2	CO_2 直線形		
3	BCl_3 三方平面形	O_3 折れ線形	
4	CH_4 正四面体形	NH_3 三角すい形	H_2O 折れ線形

◆4 **二重結合と三重結合を含む立体構造** 二重結合と三重結合を形成している電子対を1つの共有電子対と考える。

①エチレン C_2H_4

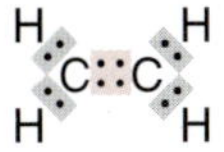

Cの共有電子対が3組なので,三方平面形。

②アセチレン C_2H_2

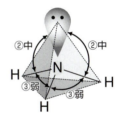

Cの共有電子対が2組なので,直線形。

③ 電気双極子モーメント

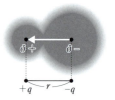

向き	$\delta-$から$\delta+$の向き
大きさ	電気量×距離 qr

◆1 **電気双極子モーメント** 結合の極性には，向きと大きさがある。これをベクトルを用いて表したものを電気双極子モーメント(以下，双極子モーメントと略す)とよぶ。

◆2 **双極子モーメントと極性** 分子全体の双極子モーメントは，それぞれの双極子モーメントの和で与えられる。分子の双極子モーメントの大きさが 0 のとき，その分子は無極性分子である。

例 二酸化炭素

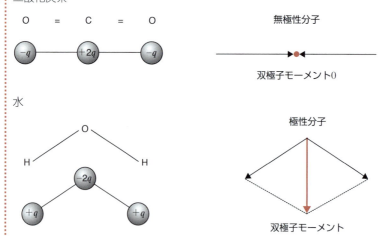

水

練習問題

627 ▶次の文章を読み，下の(1)～(7)に答えよ。

H_2 や N_2 では 2 個の原子の不対電子が原子間で電子対をつくることによって(ア)結合が形成される。同じ原子からなる二原子分子の結合には極性がないが，HCl のように異なる原子間で化学結合が生成するときには，電子対の一部がどちらかの原子に引き寄せられて極性を生じる。2 原子間の結合の極性の程度を表すために，右図に示すように電荷δ^+とδ^-が距離 L 離れて存在すると考えて，$\mu = L \cdot \delta \cdot e$ という量を定義し，δ^+からδ^-に向いた矢印で示すことにする。ここで e は電子の電荷の大きさ(1.61×10^{-19}C)である。実測された μ が $L \cdot e$ と一致する場合は$\delta = 1$，また μ が 0 であれば$\delta = 0$ である。一般にはδ が大きくなるにつれて(イ)結合の性質が大きくなる。

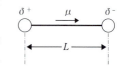

発展知識──387

右表には，いくつかの分子の化学結合の長さ L と μ の値を示す。これらは二原子分子として存在する希薄な気体の状態で測定されたものである。ここに示すように，μ の値は物質に依存し化学結合における δ の値が異なる。

3原子以上からなる分子全体の極性は，個々の化学結合の極性と分子の形から決定される。

化合物	$L(10^{-10}\text{m})$	$\mu(10^{-30}\text{C·m})$	δ
LiF	1.56	21.1	0.85
NaCl	2.36	30.0	0.79
HF	0.917	6.09	δ_1
HCl	1.27	3.70	δ_2
HBr	1.41	2.76	δ_3
HI	1.61	1.50	δ_4

二酸化炭素では2つの酸素原子と炭素原子が $O=C=O$ のように一直線上に並ぶので，炭素原子と酸素原子の結合には極性はあるが分子全体としては極性を生じない。このような分子は（　ウ　）とよばれる。一方，水分子は酸素原子を頂点とする折れ曲がった構造をとるので，分子全体として極性を有する。

(1)　文章の(ア)～(ウ)に入る語句を記せ。

(2)　δ の値の大小を決める原子の重要な性質を記せ。

(3)　表に示したハロゲン化水素化合物は，それぞれ異なる δ の値をもつ。このなかで，最大の δ と最小の δ をもつ化合物名を，それぞれの δ の値とともに答えよ。δ は有効数字2桁で求めよ。

(4)　水の分子全体としての極性の方向を個々の $O-H$ 結合の極性の方向とともに矢印を用いて示せ。ただし，個々の結合の極性の方向は細い矢印（──→）で，分子全体の極性の方向は白抜きの矢印（⟹）で示せ。

(5)　以下の分子またはイオンのなかで，全体として極性をもつものを化学式ですべて記せ。

エチレン，アンモニア，アンモニウムイオン，メタノール，クロロメタン

(6)

　①　o-ジクロロベンゼンの分子全体としての μ の大きさを M とする。この分子の中の一つの $C-Cl$ 結合の μ の値を求めよ。ただしベンゼンは平面正六角形とし，塩素原子間の反発と $C-Cl$ 結合以外の極性は無視する。答えに平方根が含まれる場合には，それを小数で近似しなくてよい。

　②　上で求めた値に基づき，m-ジクロロベンゼンの分子全体の μ を M を用いて示せ。

(7)　分子の極性は，分子間力にも大きな影響を与える。表に示したハロゲン化水素化合物のなかで，最も高い沸点をもつ化合物名とその理由を20字以内で記せ。

＊この問題では，μ の矢印の向きを双極子モーメントの矢印の向きと反対に定義している。

4 ファンデルワールスの状態方程式

◆1 **ファンデルワールスの状態方程式** 実在気体は分子自身の体積と分子間力の影響で，理想気体の状態方程式 $pv=nRT$ を満たさない。そこで，この2つの要因を考慮したものを**ファンデルワールスの状態方程式**とよぶ。

$$\left(p' + \frac{an^2}{v'^2}\right)(v' - nb) = nRT$$

ただし，温度 T〔K〕で，実在気体 n〔mol〕の圧力と体積をそれぞれ p'，v' で表す。
a，b：ファンデルワールスの定数

①**分子体積の影響** 実在気体は分子自身の体積をもつため，理想気体より体積が大きくなる。そのため，補正項として nb を引いている。

②**分子間力の影響** 実在気体は分子間力の影響により，理想気体より圧力が小さくなる。そのため，補正項として $\dfrac{an^2}{v'^2}$ を加えている。

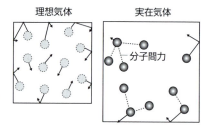

5 ラウールの法則

◆1 **ラウールの法則** フランスのラウールは，1887年に不揮発性の溶質が溶けた希薄溶液では，その蒸気圧は溶媒のモル分率に比例することを発見した。

純溶媒の蒸気圧を p_0，不揮発性の溶質が溶解した希薄溶液の蒸気圧を p，溶媒分子の物質量を N，溶質粒子の物質量を n とすると，これらの間には次の関係が成立する。

$$p = \frac{N}{N+n} \cdot p_0$$

この関係を**ラウールの法則**という。

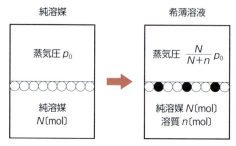

ここで，p_0 と p の差を Δp とすると

$$\Delta p = \left(1 - \frac{N}{N+n}\right) \cdot p_0 = \frac{n}{N+n} \cdot p_0 \text{ となる。}$$

希薄溶液では $N \gg n$ となるので，$N + n \fallingdotseq N$ と近似できる。

つまり，$\Delta p \fallingdotseq \dfrac{n}{N} \cdot p_0$ となる。

ここで，溶媒の分子量を M，溶液の質量モル濃度を m とすると
Δp は，質量モル濃度に比例することがわかる。

$$\Delta p = \frac{n}{N \times M \times 10^{-3}} \times M \times 10^{-3} \times p_0 = km$$

(k：溶媒固有の定数)

練習問題

628 ▶ 次図に示したように，密閉できるガラス製容器中に，質量パーセントで 1.17％ の塩化ナトリウム水溶液，1.11％の塩化カルシウム水溶液，6.84％のスクロース水溶液 をそれぞれ 100 g ずつ入れたビーカー A，B，C を置き，空気を除いたのち栓 S を閉じ て長時間一定温度で放置した。

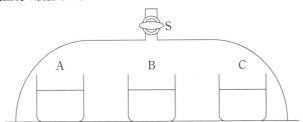

この実験に関する次の①〜⑥の記述のうち，正しいものはどれか。ただし，蒸気圧降下度は全溶質粒子の質量モル濃度に比例するものとし，塩化ナトリウム，塩化カルシウム，スクロースの式量または分子量は，それぞれ 58.5，111，342 とする。さらに塩は完全に電離しているものとする。

① A，B の質量は増加し，C の質量は減少する。
② A，C の質量は増加し，B の質量は減少する。
③ B，C の質量は増加し，A の質量は減少する。
④ A，B の質量は減少し，C の質量は増加する。
⑤ A，C の質量は減少し，B の質量は増加する。
⑥ B，C の質量は減少し，A の質量は増加する。

6 ボルンハーバーサイクル

◆1 **格子エネルギー** 1 mol の塩化ナトリウムの結晶を気体状態のイオンにするのに必要なエネルギーを，格子エネルギーとよぶ。格子エネルギー Q は熱化学方程式を用いて次のように表せる。

$$NaCl(固) = Na^+(気) + Cl^-(気) - Q[kJ]$$

また，格子エネルギーはヘスの法則を用いて間接的に求めることができる。

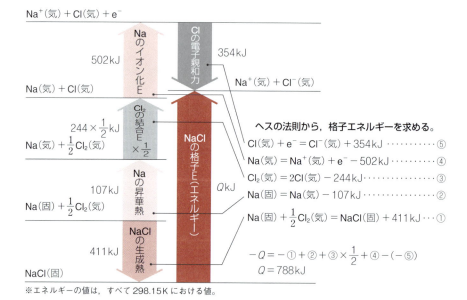

※エネルギーの値は，すべて 298.15 K における値。

7 アレニウスの式

反応速度定数 k は，絶対温度 T，活性化エネルギー E_a を用いて，

$$k = A \cdot e^{-\frac{E_a}{RT}} \quad \cdots ①$$

（A：頻度因子（定数），R：気体定数）

と表される。この式をアレニウスの式という。
①式の両辺の自然対数をとると，

$$\log_e k = \log_e A - \frac{E_a}{RT} \quad \cdots ②$$ となる。

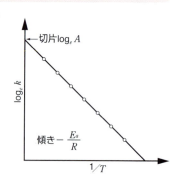

②式より，縦軸に $\log_e k$，横軸に $\frac{1}{T}$ をとってグラフ化（アレニウス・プロット）すると直線関係になることがわかる。この直線の傾きから，活性化エネルギー E_a を求めることができる。

発展知識 —— 391

⑧ 錯体の立体化学

①正方形型錯体（4配位）の立体化学

ML_2X_2型の錯体（M：中心金属イオン，L，X：配位子）では，Xが互いに隣接した cis 形（cis-）と，Xが互いに180°の位置関係にある trans 形（trans-）がある。

例

$cis\text{-}[PtCl_2(NH_3)_2]$　　$trans\text{-}[PtCl_2(NH_3)_2]$

②正八面体型錯体（6配位）の立体化学

ML_4X_2型の錯体（M：中心金属イオン，L，X：配位子）では，Xが互いに隣接した cis 形と，Xが互いに180°の位置関係にある trans 形がある。また，$ML_2X_2Y_2$型の錯体（M：中心金属イオン，L，X，Y：配位子）では，L，X，Yのすべてが trans 形の場合と，1つだけが trans 形で他の2つが cis 形の場合がある。ほかにも，ML_3X_3型の錯体では，同じ3つの配位子が互いに cis 形の facial 形（fac-）になるときと，同じ3つの配位子が同一平面上に存在する meridional 形（mer-）になるときがある。

例

$cis\text{-}[CoCl_4(NH_3)_2]^-$　　$trans\text{-}[CoCl_4(NH_3)_2]^-$

例

$fac\text{-}[CoCl_3(NH_3)_3]$　　$mer\text{-}[CoCl_3(NH_3)_3]$

⑨ 有機化学の発展知識

◆1 **マルコフニコフ則**　プロペンのような非対称アルケンにハロゲン化水素（HX）が付加する場合，二重結合を形成している二つの炭素原子のうち，水素の結合数が多い炭素原子にハロゲン化水素由来の水素原子が付加しやすい。この法則をマルコフニコフ則という。例えば，プロペンにHClが付加する場合の主成生物は，2-クロロプロペンになる。

$CH_2=CH-CH_3$　→　① $CH_3-\overset{\oplus}{CH}-CH_3$　$\xrightarrow{Cl^-}$　$CH_3-CH-CH_3$　2-クロロプロパン（主生成物）
　　　　　　　　　　　　　　　A　　　　　　　　　　　　　　 $\underset{Cl}{|}$

　　　　　　　　　② $\overset{\oplus}{CH_2}-CH_2-CH_3$　$\xrightarrow{Cl^-}$　$CH_2-CH_2-CH_3$　1-クロロプロパン（副生成物）
　　　　　　　　　　　B　　　　　　　　　　　　　 $\underset{Cl}{|}$

◆2 **アルケンのオゾン分解**　一般に，アルケンは過マンガン酸カリウムの水溶液で酸化させることが可能だが，アルケンにオゾンを反応させると次のような反応が起こる。これをオゾン分解という。溶媒にアルケンを溶解させて低温で O_3 を通じると，不安定なオゾニドが生成する。これを Zn 粉末と酢酸によって還元的な条件で加水分解するとカルボニル化合物が生成する。

$\underset{R^2}{\overset{R^1}{}}C=C\underset{R^4}{\overset{R^3}{}}$　$\xrightarrow[-78℃]{O_3,\ CH_2Cl_2}$　$\underset{R^2}{\overset{R^1}{}}C\underset{O}{\overset{O-O}{}}C\underset{R^4}{\overset{R^3}{}}$　$\xrightarrow[CH_3COOH]{Zn}$　$\underset{R^2}{\overset{R^1}{}}C=O$　$O=C\underset{R^4}{\overset{R^3}{}}$

⑩ 配座異性体

◆1 **ニューマン投影式** 炭素-炭素原子を軸に他の原子がどのような立体配置にあるか表したもの。

例： エタンのニューマン投影式

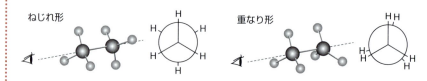

水素原子どうしが対角線上にあるものがねじれ形，同一直線状にあるものが重なり形である。

◆2 **立体的安定性**

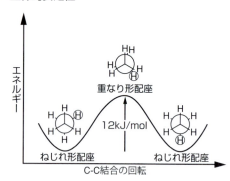

分子の立体配置は空間的に隙間があるときに安定である。すなわち，重なり形配座は立体的に混み合っているため，不安定であり，逆に，ねじれ形配座は立体的に隙間があるため，エネルギーが低く，安定である。

> 練習問題

629 ▶ シクロヘキサンでは，6個の炭素原子は同一平面上にはなく下の図に示したような「いす形」，「舟形」などの立体構造をとっている。シクロヘキサンの舟形配座はいす形配座よりも不安定である。この理由を説明せよ。

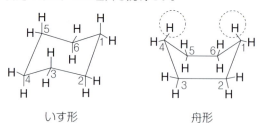

発展知識——393

⑪ 配向性

◆1 **配向性** ベンゼン環の一置換体にさらにニトロ基，ハロゲンなどの置換基を導入するとき，置換する位置は既存の置換基の影響を受ける。これを置換基の配向性とよぶ。

〔オルト-パラ配向性置換基〕

$-NH_2$	$-OH$	$-OCH_3$	$-NHCOCH_3$
アミノ基	ヒドロキシ基	メトキシ基	アセトアミド基

$-CH_3$	$-C_6H_5$	$-Cl$	$-Br$	$-I$
メチル基	フェニル基	ハロゲン		

〔メタ配向性置換基〕

$-NO_2$	$-CN$	$-SO_3H$
ニトロ基	シアノ基	スルホ基（スルホン酸基）

$-CHO$	$-COCH_3$	$-COOH$
ホルミル基	アセチル基	カルボキシ基

例

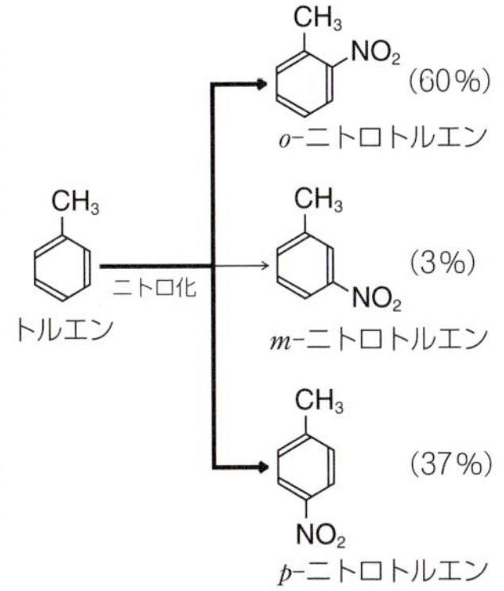

トルエン ──ニトロ化──→

o-ニトロトルエン (60%)

m-ニトロトルエン (3%)

p-ニトロトルエン (37%)

例

ニトロベンゼン ──ニトロ化──→

o-ジニトロベンゼン (6%)

m-ジニトロベンゼン (92%)

p-ジニトロベンゼン (2%)

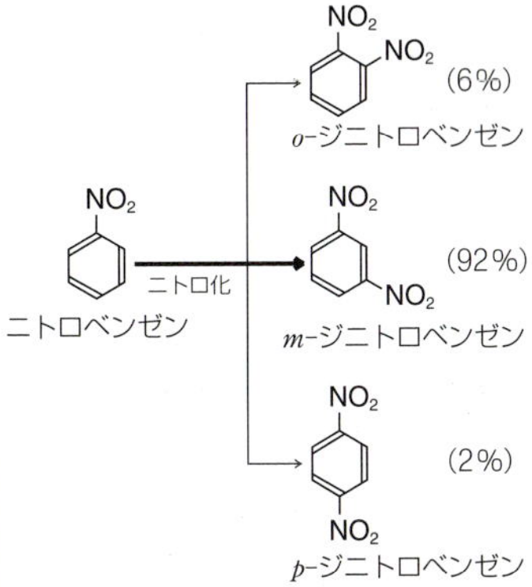

◆2 **配向性の原理** ベンゼン環の一置換体は次のようないくつかの構造をとり，安定化している。これを共鳴構造とよび，配向性の原因となっている。

①**オルト-パラ配向性**

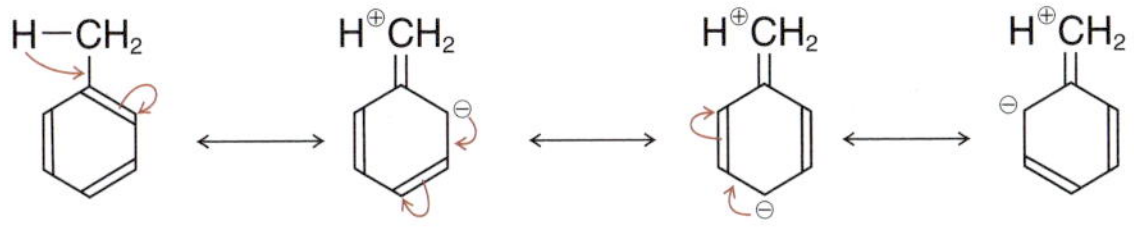

ベンゼン環に電子を供与する。その結果，オルト位とパラ位の電子密度が増加するため，この位置の置換反応が起こりやすい。

②**メタ配向性**

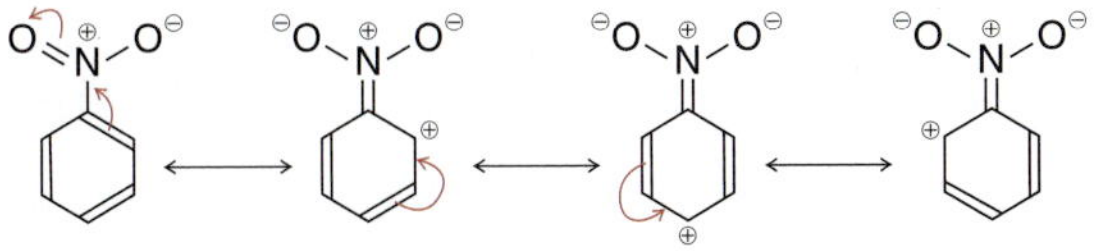

ベンゼン環の電子を吸引する。その結果，オルト位とパラ位の電子密度が低下する。相対的に電子密度が大きいメタ位に置換反応が起こりやすくなる。

練習問題

630 ▶次の文章を読み，下の(1)〜(4)に答えよ。

ベンゼンのニトロ化反応は，式①に示すように，途中で陽イオン(M)が生成する過程を経て進行する。このように，連続する反応過程の中間に一時的に生成する化合物を反応中間体とよぶ。ここでは，一例として置換基 X のパラ位での置換反応を示した。

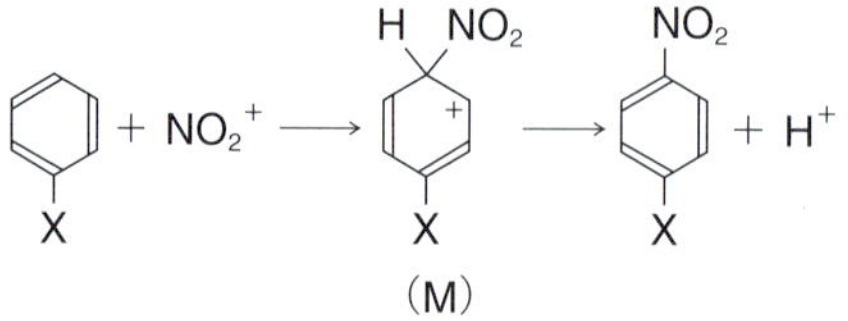

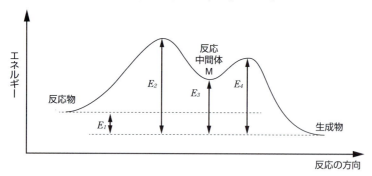

ベンゼン環へのニトロ化反応において，生成物を基準とした反応物のエネルギーを E_1，反応途中におけるエネルギーの極大値をそれぞれ E_2，E_4，極小値を E_3 とすると，反応の進行に伴うエネルギーの変化は下図のように示される。

一般に，活性化エネルギー E と反応速度定数 k との関係は，定数 A，絶対温度 T，および気体定数 R を用いて式②で表される。

$$k = Ae^{-\frac{E}{RT}} \quad \cdots ②$$

これはアレニウスの式とよばれ，反応速度から活性化エネルギーを求める関係式としてよく利用される。

式②の両辺の自然対数をとると，

$$\log_e k = -\frac{E}{RT} + \log_e A \quad \cdots ③$$

となる。

異なる温度での反応速度定数を求め，式③を用いて縦軸に $\log_e k$ の値，横軸に $\frac{1}{T}$ の値をとりその関係を図示すると，$\log_e k$ の値は温度の上昇とともに（ ア ）する直線関係が得られる。また，活性化エネルギーの大きい反応ほど，傾きの絶対値は（ イ ）なり，速度定数の温度依存性が（ ウ ）ことを示している。

反応速度を決定する活性化状態は寿命の短い不安定な状態であり，その構造や性質を詳しく調べることは困難である。しかし，図のMのような反応中間体は，活性化状態に近い構造ならびに性質を有していると考えられる。したがって，反応中間体の安定性と反応速度の間には強い相関がある。

　式①に示す反応を例にとって，反応速度に及ぼす置換基の影響を考えてみよう。反応中間体(M)は六員環に正電荷を有する陽イオンであるから，置換基 X が環に電子を与える性質(電子供与性)が強いと M はより安定になる。一方，反応物は電荷をもたないので，安定性に及ぼす置換基の影響は小さい。したがって，置換基 X の電子供与性が強いと，第一段階の活性化エネルギーは(エ)，M の生成速度は(オ)。またこの場合，式①全体の反応速度は(カ)。

　次に，置換基による反応速度定数の変化と活性化エネルギーの変化を関係づける式を導いてみよう。式③において，置換基 X を有する反応物の反応速度定数および活性化エネルギーを k_X, E_X とし，置換基として Y を有する場合のそれらを k_Y, E_Y とする。定数 A が置換基によって変化しないという条件のもとに，置換基 X, Y を有する反応物それぞれについて式③をつくり，その差をとると式④が得られる。

$$\log_e \frac{k_X}{k_Y} = -\frac{E_X - E_Y}{RT} \quad \cdots ④$$

$\Delta E_{XY} = E_X - E_Y$ とおくと式⑤が得られ，速度定数の比から活性化エネルギーの差(ΔE_{XY})を求めることができる。

$$\Delta E_{XY} = -RT \log_e \frac{k_X}{k_Y} \quad \cdots ⑤$$

この式は，異なる位置に置換基を有する化合物の反応性を比較する場合にも適用できる。

(1) 式①の反応において，反応物から反応中間体(M)に至る第一段階の反応の活性化エネルギー，M から生成物に至る第二段階の反応の活性化エネルギーを，それぞれ E_1, E_2, E_3, E_4 を用いて表せ。

(2) (ア)～(カ)の空欄に当てはまる，大小あるいは増減を示す語句を書け。

(3) ある反応の速度を測定したところ，反応温度を 250 K から 300 K に上げると，反応速度定数は 100 倍になった。この反応がアレニウスの式に従うとして，反応速度定数が 250 K のときの 1000 倍になる温度を求め，有効数字 3 桁で答えよ。また，計算過程も示せ。

(4) 一つの置換基を有するあるベンゼン誘導体のニトロ化を 300 K で行ったところ，パラ置換体とメタ置換体の生成比が 16：1 となった。パラ置換体を生成する反応とメタ置換体を生成する反応の活性化エネルギーの差を kJ/mol の単位で求め，有効数字 2 桁で答えよ。ただし，気体定数 $R = 8.3$ J/(K・mol) とし，$\log_e 2$ として 0.69 の値を用いよ。

入試のポイント・実験問題を攻略する

センター試験をはじめ，国公立2次・私大入試でも実験に関する問題が増加することが予想される。このような観点から，実験問題の題材を選び，図示した。本書の関連問題を解くときはもとより，実験問題の集中学習の資料としておおいに利用してほしい。

1 蒸留

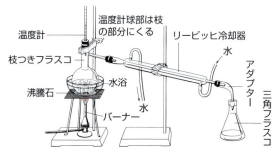

攻略のポイント！

- ◆**温度計の位置**……温度は冷却器に送る気体の温度を測るので，温度計の球部の位置が枝付きフラスコの枝の部分にくるようにする。
- ◆**冷却水の流し方**……冷却水は下から入れる。リービッヒ冷却器に水を上から入れると水がたまらず冷却効果があがらなくなる。
- ◆**沸騰石の使用の意味**……突然の沸騰(突沸)を防ぐため沸騰石を入れる。
- ◆**加熱する液体の量**……丸底フラスコの球の部分の半分より少なめがよい。
- ◆**水浴**……沸点が100℃以下の液体には水浴を用いる。

2 水面上の単分子膜の面積からアボガドロ定数を求める

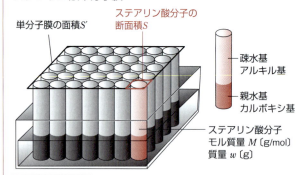

ステアリン酸 $C_{17}H_{35}COOH$（アルキル基 $C_{17}H_{35}-$，カルボキシ基 $-COOH$）をベンゼンなどの揮発性の溶媒に溶かし，水面に注いだあとに溶媒を揮発させるとステアリン酸が直立した単分子膜ができる。

攻略のポイント！

- ◆**アボガドロ定数の求め方**

$$N_A = \frac{MS'}{Sw} \ [/\text{mol}] \quad N_A：アボガドロ定数$$

3 中和滴定

1 滴定曲線と指示薬

中和滴定曲線 中和滴定で加えた酸や塩基の体積と pH の関係を示した図

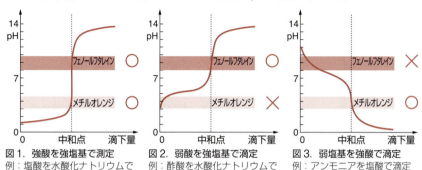

図1. 強酸を強塩基で測定
例：塩酸を水酸化ナトリウムで滴定

図2. 弱酸を強塩基で滴定
例：酢酸を水酸化ナトリウムで滴定

図3. 弱塩基を強酸で滴定
例：アンモニアを塩酸で滴定

攻略のポイント！

◆**指示薬を選ぶ**……指示薬の変色域が、中和点で pH が急激に変化する領域に入る指示薬を選定する。

2 炭酸ナトリウムの中和滴定曲線

●Na_2CO_3 の滴定

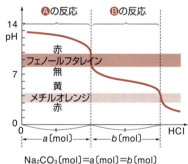

Na_2CO_3 [mol] = a [mol] = b [mol]

●NaOH と Na_2CO_3 の混合溶液の滴定

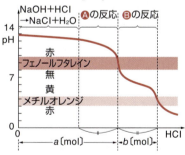

Na_2CO_3 [mol] = b [mol],
NaOH [mol] = ($a-b$) [mol]

攻略のポイント！

◆**変色域までに起こる反応式**

$Na_2CO_3 + HCl \longrightarrow NaHCO_3 + NaCl$ ……Ⓐ

$NaHCO_3 + HCl \longrightarrow NaCl + H_2O + CO_2$ ……Ⓑ

4 酸化還元滴定

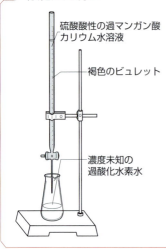

攻略のポイント！

◆ **過マンガン酸カリウムを塩酸，硝酸ではなく硫酸で酸性にする理由**……過マンガン酸カリウムは酸性条件で酸化力が高くなる。酸化力，還元力をもたない希硫酸を用いると酸化還元滴定の結果に影響を与えずに溶液を酸性にすることができるからである（過マンガン酸カリウムに対して，塩酸は還元剤としてはたらき，硝酸は酸化剤としてはたらく）。

◆ **過マンガン酸カリウム水溶液を褐色のビュレットに入れる理由**……過マンガン酸カリウムは光で分解して酸化マンガン(Ⅳ)に変化する性質があるからである。

5 中和熱の測定

塩酸と水酸化ナトリウム水溶液の中和熱の測定

攻略のポイント！

◆ **グラフの読み方**……グラフを延長し補正して，混合の瞬間の液温を読み取り，上昇温度 Δt [K] を求める。

◆ **反応熱を求める**……反応熱 [J] ＝ 水溶液の体積 [cm³] × 水溶液の密度 [g/cm³] × 4.2 J/(g・K) × Δt [K] を使って，反応熱を求める。水溶液の密度は 1.0 g/cm³ とすることが多い。

6 気体の分子量測定

アルミはくに
針で小さな
穴をあける
温度計
輪ゴム
沸騰石

温度計
比重びん
水

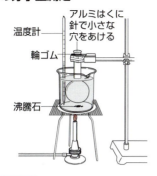

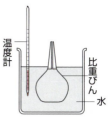

丸底フラスコのかわりに比重びんを使う場合もある。

攻略のポイント！

ある純粋な液体を，内容積 v〔L〕のフラスコに入れ，小さな穴のあいたアルミニウムはくでふたをした。アルミニウムはくに針であけた細い穴でもあいていれば，外気圧と中の気体の圧力は等しい。これを，上図のように T〔K〕の温水につけて完全に蒸発させたあと，室温に戻して液体にした。この液体の質量を測定すると，w〔g〕であった。大気圧を p〔Pa〕とすると，気体のモル質量 M〔g/mol〕は，次式で求まる。

$$M=\frac{wRT}{pv}\qquad R：気体定数$$

7 水上置換による分子量測定

水温
T〔K〕
V〔L〕
水上置換で集めた気体は，水蒸気との混合気体となる。
水分子
酸素分子
$P=P_{H_2O}+P_{O_2}$
P_{H_2O}
P_{O_2}
P
酸素ボンベ
水面の高さを一致させ，
捕集した酸素の体積を求める。

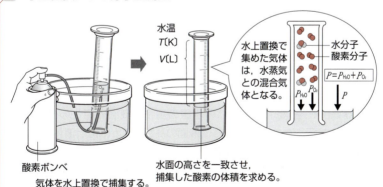

気体を水上置換で捕集する。
（捕集前後のボンベの質量を測定する。：減少量 w〔g〕）

攻略のポイント！

酸素のモル質量：$M=\dfrac{wRT}{P_{O_2}V}$　　P_{O_2}：酸素の分圧
R：気体定数

8 凝固点降下

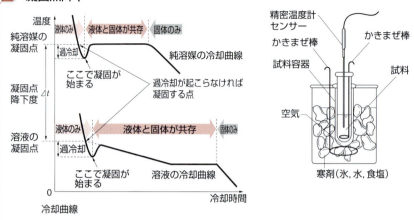

攻略のポイント！

試料容器と寒剤との間に空気層をおき，熱の急激な伝達を防いでいる。溶液の場合，凝固すると溶液の濃度が大きくなるので，液体と固体が共存している状態でも曲線は右下がりになる。

9 浸透圧

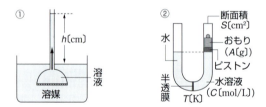

攻略のポイント！

① 1.013×10^5 Pa は，密度 13.6 g/cm³ の水銀の場合，液面の高さの差にして 76 cm に相当するから，浸透圧 Π [Pa] は，液面の高さの差 h [cm] と液体の密度 d [g/cm³] の値を用いて，次式により求まる。

$$\Pi \text{[Pa]} = \frac{h\text{[cm]} \times d\text{[g/cm}^3\text{]}}{76 \text{ cm} \times 13.6 \text{ g/cm}^3} \times 1.013 \times 10^5 \text{ Pa}$$

② 断面積が S [cm²] のU字管を用いて半透膜で仕切ったとき，右側に A [g] の分銅を載せてつり合ったとき，この溶液の浸透圧 Π [Pa] は，次式で表すことができる。

$$\Pi = \frac{A/S}{76 \times 13.6} \times 1.013 \times 10^5 = CRT$$

C：溶液のモル濃度 [mol/L]，R：気体定数 8.3×10^3 Pa・L/(K・mol)，
T：絶対温度 [K]

10 気体の製法

1 塩素の実験室での製法

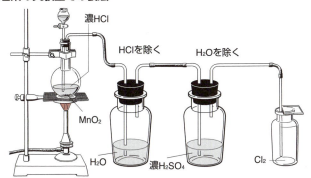

攻略のポイント！

◆**製法**……酸化マンガン(Ⅳ) MnO_2 に濃塩酸 HCl を加えて加熱する。

$$MnO_2 + 4HCl \longrightarrow MnCl_2 + 2H_2O + Cl_2$$

◆**水に通す**……発生する気体に含まれる塩化水素を除くため水に通す。

◆**濃硫酸に通す**……次に水分を除くため濃硫酸に通す。塩素は黄緑色の気体。

2 アンモニアの実験室での製法

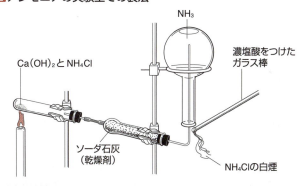

攻略のポイント！

◆**製法**……塩化アンモニウム NH_4Cl と水酸化カルシウム $Ca(OH)_2$ の混合物を加熱する。

$$2NH_4Cl + Ca(OH)_2 \longrightarrow CaCl_2 + 2H_2O + 2NH_3$$

◆**上方置換**……水に溶けやすく，空気より密度が小さいので上方置換で捕集する。

◆**乾燥剤にはソーダ石灰**……アンモニアは塩基性の気体なので，乾燥剤にはソーダ石灰($NaOH + CaO$)を用いる。

3 キップの装置

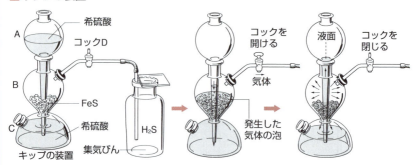

攻略のポイント！

◆ **コックの開閉**……①Bに固体試薬を入れ，コックを閉じた状態でAに液体試薬を入れる。
②コックを開くと，Aにある液体試薬がBに達し，気体が発生する。
③コックを閉じると，発生した気体の圧力がBにある液体試薬をCまで押し下げるので，気体の発生が停止する。

11 元素分析

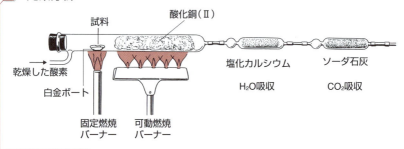

攻略のポイント！

◆ **生成した水と二酸化炭素の質量**……有機化合物を完全に酸化して，生成した水を塩化カルシウム管，生成した二酸化炭素をソーダ石灰管に吸収させ，生成した水と二酸化炭素の質量を求める。
◆ **COをCO_2に酸化**……酸化銅(Ⅱ)CuOにより，不完全燃焼で生成したCOはCO_2に酸化される。
◆ **管の順序**……塩化カルシウム管とソーダ石灰管の順序を間違えると，ソーダ石灰には二酸化炭素と水の両方が吸収されてしまう。

12 アルデヒドの合成と検出

● ホルムアルデヒドの合成

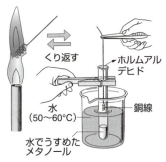

$CH_3OH + CuO \rightarrow HCHO + Cu + H_2O$

● アセトアルデヒドの合成

$3C_2H_5OH + Cr_2O_7^{2-}$（橙赤色）$+ 8H^+$
$\rightarrow 3CH_3CHO + 2Cr^{3+}$（緑色）$+ 7H_2O$

● 銀鏡反応
　① 硝酸銀水溶液にアンモニア水を滴下していく。

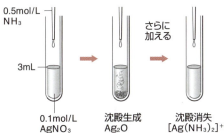

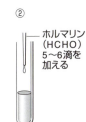

● フェーリング反応

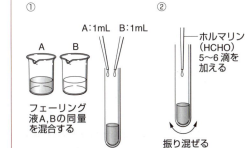

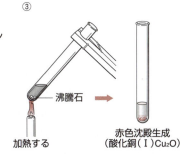

攻略のポイント！

◆ フェーリングA液……硫酸銅(Ⅱ)水溶液
◆ フェーリングB液……酒石酸ナトリウムカリウムと水酸化ナトリウムの混合水溶液

13 ヨードホルム反応

攻略のポイント！
アセチル基 －CO－CH₃ や，酸化するとアセチル基に変わる －CH(OH)CH₃ の構造をもつアルコールも，この反応を示す。

14 エステル化

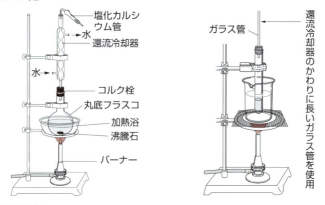

攻略のポイント！
◆**還流冷却器**……液体の有機化合物は，沸点が比較的低いので，加熱して反応させるとき，密閉して熱すると，内部の圧力が大きくなり危険である。また，密閉しないと長時間熱している間に，有機化合物は蒸発してなくなってしまう。そこで，還流冷却器をつけて，蒸発した有機化合物を水で冷却し，容器中に戻し，反応が続くようにする。

15 ニトロベンゼンの製法と性質

ベンゼン
混酸
(濃硫酸
濃硝酸)
ニトロ
ベンゼン
混酸
水
ニトロベンゼン

濃硝酸と濃硫酸の混合物にベンゼンを少しずつ加える。

ゆるやかに加熱する。

ニトロベンゼンが生成する。

反応液を冷却水に注ぐとニトロベンゼンが沈む。

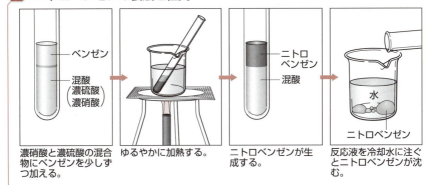

攻略のポイント!

ニトロベンゼンは淡黄色で芳香をもつ。水より重く，水と混ざらない。

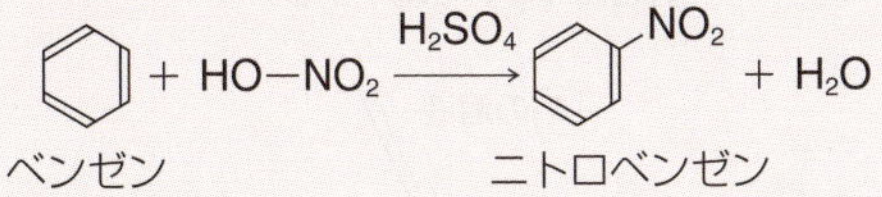

+ HO—NO$_2$
H_2SO_4
NO$_2$
+ H_2O
ベンゼン
ニトロベンゼン

16 アニリンの製法と性質

スズ
ニトロ
ベンゼン
+
塩酸
アニリン
アニリン+
ジエチルエーテル
アニリン
アニリン
酸化

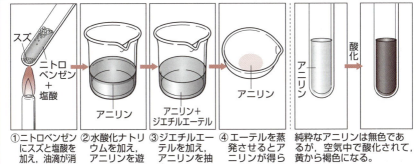

①ニトロベンゼンにスズと塩酸を加え，油滴が消えるまで熱する。

②水酸化ナトリウムを加え，アニリンを遊離させる。

③ジエチルエーテルを加え，アニリンを抽出する。

④エーテルを蒸発させるとアニリンが得られる。

純粋なアニリンは無色であるが，空気中で酸化されて，黄から褐色になる。

攻略のポイント!

◆①の反応式

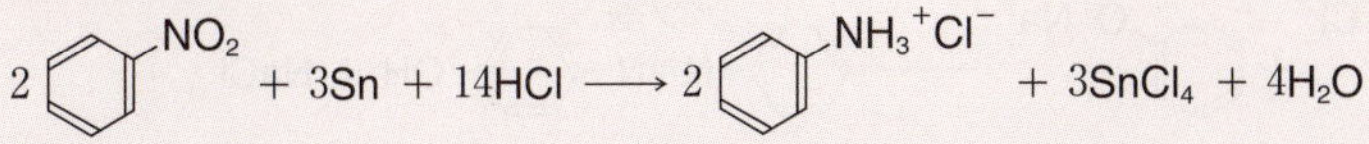

2
NO$_2$
+ 3Sn + 14HCl
2
NH$_3$$^+Cl^-$
+ 3SnCl$_4$ + 4H$_2$O

◆②の反応式

NH$_3$$^+Cl^-$
+ NaOH
NH$_2$
+ NaCl + H$_2$O

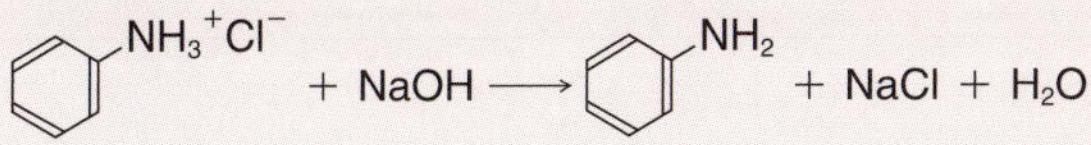

17 アゾ染料の合成

①アニリンに希塩酸を加える。

②亜硝酸ナトリウム水溶液を少しずつ加え，よくかき混ぜる。

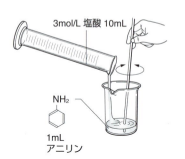

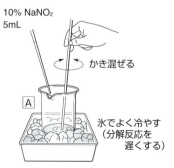

③別のビーカーにフェノールを入れ，水酸化ナトリウム水溶液を加えて溶かす。

④③の木綿布を時計皿に広げ，②の溶液を駒込ピペットで滴下する。

攻略のポイント！

◆①～②の反応式

アニリン　　亜硝酸ナトリウム　　塩化ベンゼンジアゾニウム

◆③～④の反応式

塩化ベンゼンジアゾニウム　　ナトリウムフェノキシド　　*p*-ヒドロキシアゾベンゼン（*p*-フェニルアゾフェノール）

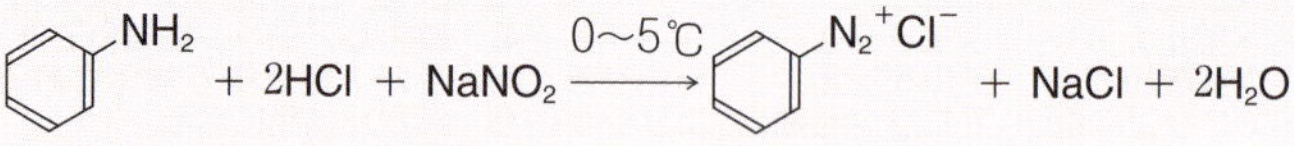

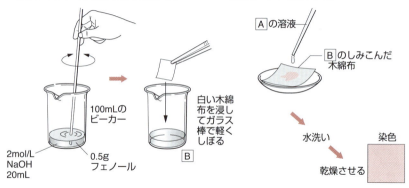

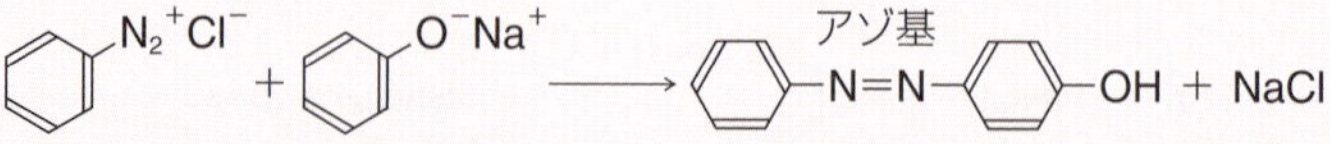

18 分液ろうと

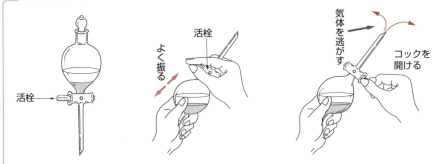

> **攻略のポイント！**
>
> ◆**活栓を開く理由**……分液ろうとを上下に振っていると，有機溶媒（エーテルなど）の蒸発により，ろうと内の圧力が増加して危険である。したがって，ときどき逆さにし，活栓を開いて気体を逃がし，内圧を下げることが必要となる。

例：分液ろうとを使った芳香族化合物の混合物の分離

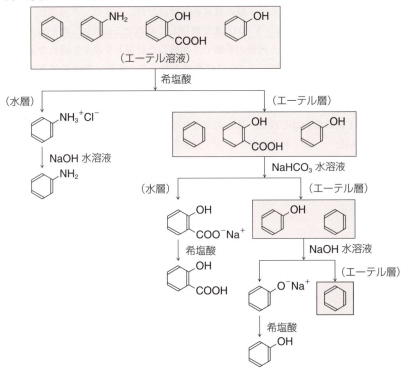

入試のポイント・思考問題

練習問題

　太郎くんは夏休みに「加糖したアイスティー」を作ることが日課になっていた。しかし，アイスティーに 氷を入れると，時間の経過と共に味が薄くなることが悩みであった。

　そこで，太郎くんは田舎から遊びに来る祖父母を喜ばせるために，氷を入れても味が薄くならないアイスティーを作ろうと，「加糖した紅茶で作った氷」の作成にチャレンジした。

　はじめに， 質量 2 000 g の鉄製容器に 25℃ の水 500 g を入れて火にかけ，沸騰したら火を止めた。次に，ここで用意した熱湯をティーポットに入れた紅茶の葉に注いで 3 分間静置した。すると， 茶葉の色が熱湯側に移ることが確認できた。

　この 紅茶 100 g を 60℃ まで放冷して 200 g のショ糖を溶かした。そして，こうしてできた「加糖した紅茶」を試験管に 3 mL 注ぎ，氷と食塩を 1 対 3 の割合で混合させた寒剤を入れた金属製のアイスバスを用いて 5℃ まで放冷した。ここでは，加糖した紅茶がまだ固まっていない段階で微量の白い結晶が沈んだ。引き続き，放冷したら加糖した紅茶が部分的に固体化した。ところが， 部分的に完成した固体の色は不均一であった。

　そこで，太郎君は紅茶に加えるショ糖の質量を再検討した。今度は，下線部 b，c と同様の手順で用意した 紅茶 100 g を 60℃ まで放冷した時点で 5 g のショ糖を加えたものを用意した。ここでは，先述と同様の手順で「加糖した紅茶」を冷やし固める過程における 試験管内の温度変化を調べてグラフ化を試みた。この実験に関する以下の各問いに答えよ。

問題 1　氷の分子間の結合はどれか。最も適当なものを次の①～④から一つ選べ。
　　　①　金属結合　　　②　共有結合　　　③　分子間力　　　④　イオン結合

問題2 下線部aで氷は浮いた。右の図1を参照しながら，この理由として適当なものを次の①～③から一つ選べ。

① 同じ体積の氷と水の質量は等しいため。
② 同じ体積の水と氷を比べると，氷の質量は水よりも大きいため。
③ 同じ体積の水と氷を比べると，氷の質量は水よりも小さいため。

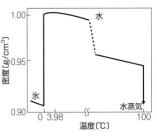

図1 水の密度の温度依存性

問題3 下線部bに示した鉄製容器と水全体の温度を1K上昇させるのに必要な熱量を有効数字2桁で表すとき，次式の ┌─1─┐ ～ ┌─3─┐ に入る数字として最も適当なものを下の①～⑬から一つずつ選べ。ただし，鉄の比熱を0.64J/(g·K)，水の比熱を4.2J/(g·K)とすること。

┌─1─┐．┌─2─┐×10^┌─3─┐ J

① 1 ② 2 ③ 3 ④ 4 ⑤ 5
⑥ 6 ⑦ 7 ⑧ 8 ⑨ 9 ⑩ 0
⑪ −1 ⑫ −2 ⑬ −3

問題4 水の加熱に関する説明として正しいものを次の①～④から一つ選べ。

① 水が水蒸気になるときに熱を奪うので，水を加熱し続けると温度は約100℃で一定になる。
② 水が水蒸気になるときに熱を与えるので，水を加熱し続けると温度は約100℃で一定になる。
③ 水が水蒸気になるときに熱を奪うので，水を加熱し続けると温度は約100℃を超えて上昇し続ける。
④ 水が水蒸気になるときに熱を与えるので，水を加熱し続けると温度は約100℃を超えて上昇し続ける。

問題5 下線部cの現象は次のどれか。最も適当なものを次の①～⑤から一つ選べ。

① ろ過 ② 蒸留 ③ 抽出 ④ 再結晶 ⑤ クロマトグラフィー

問題6 ショ糖は水に溶けやすい化合物である。この理由に関係する官能基を次の①～⑤から一つ選べ。

問題7 下線部 d でショ糖の結晶が析出した。下の図2を参考にして，ここで析出した結晶の質量に最も近い値を有効数字2桁で表すとき，次式の ［ 1 ］, ［ 2 ］ に入る数字として最も適当なものを下の①～⑬から一つずつ選べ。

［ 1 ］［ 2 ］ g

① 1　　② 2　　③ 3　　④ 4　　⑤ 5　　⑥ 6　　⑦ 7
⑧ 8　　⑨ 9　　⑩ 0　　⑪ −1　　⑫ −2　　⑬ −3

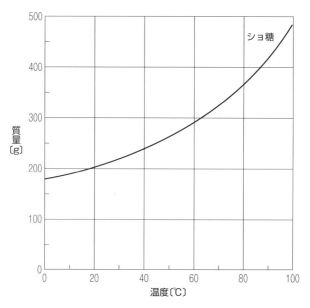

図2　ショ糖の水に対する溶解度曲線

問題8 下線部dの液体と比べて下線部eで部分的にできた固体の「甘さ」を比べるとどのようになるか。次の①～③から一つ選べ。
① 下線部dの液体と下線部eの固体は同じ甘さである。
② 下線部dの液体は下線部eの固体よりも甘い。
③ 下線部eの固体は下線部dの液体よりも甘い。

問題9 下線部fで用意した紅茶の凝固点を有効数字2桁で表すとき，次式の⌧1⌧，⌧2⌧に入る数字として最も適当なものを下の①～⑬から一つずつ選べ。ただし，ここでは溶出した紅茶の成分による影響は無視できるものとすること。また，ショ糖の分子量は342，水のモル凝固点降下は1.86 K・kg/mol とすること。

－0.⌧1⌧⌧2⌧ ℃

① 1   ② 2   ③ 3   ④ 4   ⑤ 5
⑥ 6   ⑦ 7   ⑧ 8   ⑨ 9   ⑩ 0
⑪ －1   ⑫ －2   ⑬ －3

問題10 太郎君は下線部gでの冷却時間にともなう温度変化のようすをモニターすると，右の図3のようになると予想した。
　ところが，実際には，固体と液体が共存している部分において図3とは大きく異なる挙動を示した。この実験結果に対応したグラフの概形をかけ。

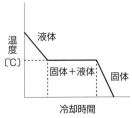

図3　太郎君が予想した冷却曲線

論述問題を解くにあたって

① 注意すること

論述問題を解くときは次の①〜⑤に注意する。

①丁寧に読みやすく書く。

- 続けて文字を書いたりせず，できれば楷書で書く。
- 文章は長くならないように，簡潔に書くようにする。

②字数の制限を守る。

- 〜字以内ならば指定された字数の8割以上は書くようにし，字数はオーバーしない。通常，句読点は1文字と考える。
- 〜字程度ならば，8割以上から指定字数をわずかに超える程度までにまとめる。

③化学式と数値の扱い

化学式は誤りのないように正確に書く。指定がなければ，アルファベット2文字を1文字に，2つの数値を1文字と考える。

④キーワードを入れるようにする。

キーワードとなる化学用語はできるだけ入れて書くようにする。キーワードを中心に文章を構築するとよい。

⑤誤字脱字に注意する。

化学用語などはとくに注意する。化学用語などは，普段から漢字で書くようにする。
（注意が必要な漢字）
抽出，沈殿，元素，原子，電子殻，周期律，沸騰，滴定，還元，電池，蓄電池，遷移元素，製法，精錬，揮発性，環式，置換，凝固，凝縮，浸透，凝析，緩衝液

例題：イオン化エネルギーが最も大きくなる元素を含む貴ガス原子の電子配置の特徴を25字以内で書け。

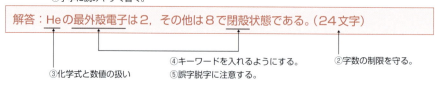

論述問題を解くにあたって —— 413

② 問題の傾向

■ 化学用語の説明

ポイント ・・・

①意味や定義を書く。

②具体例をあげる。

③共通することや異なることを書く（性質や構造など）。

> 例題：プラスチックのリサイクルには，製品をそのまま再利用する「製品リサイクル」のほか，「マテリアルリサイクル」，「ケミカルリサイクル」といった方法がとられる。それぞれのリサイクル方法を説明せよ。

考え方 ・・・

言葉の定義を示す。それぞれのリサイクルの共通点や違いがわかるようにまとめる。

> 解答：「マテリアルリサイクル」は使用済みの製品を回収して，粉砕・洗浄・分別などのあとに溶融させて成形するなど，適当な処理を施し，新しい製品の素材や材料として再利用する。
> 「ケミカルリサイクル」は使用済み製品を化学的に処理し，化学工業の原料として再利用する。ペットボトルを熱分解して，化合物を取り出し，それを原料として製品をつくるなどがある。

■ 化学現象の説明

ポイント ・・・

①どの内容に対応しているか考える。

②キーワードを入れて，文章をまとめていく。

> 例題：元素を原子番号の小さい順に並べると，20番目までは性質のよく似た元素が周期的に現れる。この理由を30字〜50字で説明せよ。

考え方 ・・・

電子配置と周期表の内容に対応。キーワードの「価電子」を入れてまとめる。

> 解答：元素の性質は，原子の価電子数によって決まり，価電子数は原子番号の増加に伴い周期的に変化するから。

論述問題を解くにあたって

3 実験に関しての説明
3-1 化学変化の説明

ポイント

①どの内容に対応しているか考える。
②化学反応式を書いて考える。

> 例題：石灰水に二酸化炭素を通じ続けるとどのような変化が観察されるか。化学反応式を用いてその変化を説明せよ。

考え方

カルシウムの化合物の内容の問題。化学反応式と変化のようすを対応させてまとめる。

> 解答：$Ca(OH)_2 + CO_2 \longrightarrow CaCO_3 + H_2O$ ………①
> $CaCO_3 + H_2O + CO_2 \longrightarrow Ca(HCO_3)_2$ ……②
> ①の反応により，水に不溶の炭酸カルシウム $CaCO_3$ ができ白色沈殿を生じるが，さらに二酸化炭素 CO_2 を通じると，②で示すように水に可溶の炭酸水素カルシウム $Ca(HCO_3)_2$ を生じるので無色透明の溶液になる。

3-2 実験操作の説明

ポイント

①操作の流れを考え，使用する実験器具を決める。
②器具の使い方，試薬の性質を含め，操作で注意することをまとめる。

> 例題：過酸化水素水に酸化マンガン(Ⅳ)を加えて発生する気体を捕集したい。次の実験器具を用い，適切な実験装置を図示せよ。メスシリンダー，水浴，二また試験管，ガラス管，ゴム管，ゴム栓

考え方

過酸化水素水と酸化マンガン(Ⅳ)を反応させると酸素が発生する。
$2H_2O_2 \rightarrow O_2 + 2H_2O$
酸素は水に溶けにくい，空気より重い気体であるため，酸素を水上置換で捕集する装置を考える。

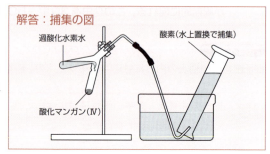

解答：捕集の図

付録1 原子の電子配置

（　　は遷移元素，その他は典型元素）

原子番号	元素記号	K	L	M	N	O
1	H	1				
2	He	2				
3	Li	2	1			
4	Be	2	2			
5	B	2	3			
6	C	2	4			
7	N	2	5			
8	O	2	6			
9	F	2	7			
10	Ne	2	8			
11	Na	2	8	1		
12	Mg	2	8	2		
13	Al	2	8	3		
14	Si	2	8	4		
15	P	2	8	5		
16	S	3	8	6		
17	Cl	2	8	7		
18	Ar	2	8	8		
19	K	2	8	8	1	
20	Ca	2	8	8	2	
21	Sc	2	8	9	2	
22	Ti	2	8	10	2	
23	V	2	8	11	2	
24	Cr	2	8	13	1	
25	Mn	2	8	13	2	
26	Fe	2	8	14	2	
27	Co	2	8	15	2	
28	Ni	2	8	16	2	
29	Cu	2	8	18	1	
30	Zn	2	8	18	2	
31	Ga	2	8	18	3	
32	Ge	2	8	18	4	
33	As	2	8	18	5	
34	Se	2	8	18	6	
35	Br	2	8	18	7	
36	Kr	2	8	18	8	
37	Rb	2	8	18	8	1
38	Sr	2	8	18	8	2
39	Y	2	8	18	9	2
40	Zr	2	8	18	10	2
41	Nb	2	8	18	12	1
42	Mo	2	8	18	13	1
43	Tc	2	8	18	13	2
44	Ru	2	8	18	15	1
45	Rh	2	8	18	16	1
46	Pd	2	8	18	18	
47	Ag	2	8	18	18	1
48	Cd	2	8	18	18	2
49	In	2	8	18	18	3
50	Sn	2	8	18	18	4
51	Sb	2	8	18	18	5
52	Te	2	8	18	18	6
53	I	2	8	18	18	7
54	Xe	2	8	18	18	8

原子番号	元素記号	K	L	M	N	O	P	Q
55	Cs	2	8	18	18	8	1	
56	Ba	2	8	18	18	8	2	
57	La	2	8	18	18	9	2	
58	Ce	2	8	18	19	9	2	
59	Pr	2	8	18	21	8	2	
60	Nd	2	8	18	22	8	2	
61	Pm	2	8	18	23	8	2	
62	Sm	2	8	18	24	8	2	
63	Eu	2	8	18	25	8	2	
64	Gd	2	8	18	25	9	2	
65	Tb	2	8	18	27	8	2	
66	Dy	2	8	18	28	8	2	
67	Ho	2	8	18	29	8	2	
68	Er	2	8	18	30	8	2	
69	Tm	2	8	18	31	8	2	
70	Yb	2	8	18	32	8	2	
71	Lu	2	8	18	32	9	2	
72	Hf	2	8	18	32	10	2	
73	Ta	2	8	18	32	11	2	
74	W	2	8	18	32	12	2	
75	Re	2	8	18	32	13	2	
76	Os	2	8	18	32	14	2	
77	Ir	2	8	18	32	15	2	
78	Pt	2	8	18	32	17	1	
79	Au	2	8	18	32	18	1	
80	Hg	2	8	18	32	18	2	
81	Tl	2	8	18	32	18	3	
82	Pb	2	8	18	32	18	4	
83	Bi	2	8	18	32	18	5	
84	Po	2	8	18	32	18	6	
85	At	2	8	18	32	18	7	
86	Rn	2	8	18	32	18	8	
87	Fr	2	8	18	32	18	8	1
88	Ra	2	8	18	32	18	8	2
89	Ac	2	8	18	32	18	9	2
90	Th	2	8	18	32	18	10	2
91	Pa	2	8	18	32	20	9	2
92	U	2	8	18	32	21	9	2
93	Np	2	8	18	32	22	9	2
94	Pu	2	8	18	32	24	8	2
95	Am	2	8	18	32	25	8	2
96	Cm	2	8	18	32	25	9	2
97	Bk	2	8	18	32	27	8	2
98	Cf	2	8	18	32	28	8	2
99	Es	2	8	18	32	29	8	2
100	Fm	2	8	18	32	30	8	2
101	Md	2	8	18	32	31	8	2
102	No	2	8	18	32	32	8	2
103	Lr	2	8	18	32	32	9	2
104	Rf	2	8	18	32	32	10	2
105	Db	2	8	18	32	32	11	2
106	Sg	2	8	18	32	32	12	2

416——付録

付録2 おもな気体の性質と製法

気体	性質	製法（実：実験室的製法　工：工業的製法）	捕集法*
水素 H_2	無色，無臭 最も軽い気体	実：$Zn + H_2SO_4 \longrightarrow ZnSO_4 + H_2\uparrow$ 工：$CH_4 + H_2O \longrightarrow CO + 3H_2\uparrow$	水上
酸素 O_2	無色，無臭 酸化物の生成	実：$2H_2O_2 \longrightarrow 2H_2O + O_2\uparrow$　（触媒：MnO_2） 実：$2KClO_3 \xrightarrow{加熱} 2KCl + 3O_2\uparrow$　（触媒：MnO_2）	水上
オゾン O_3	淡青色，特異臭，有毒 酸化作用	実：$3O_2 \longrightarrow 2O_3$（酸素中の無声放電） 　　（または酸素に紫外線を当てる）	下方
窒素 N_2	無色，無臭 化学的に不活性	実：$NH_4NO_2 \xrightarrow{加熱} 2H_2O + N_2\uparrow$ 工：液体空気の分留（沸点：$-196℃$）	水上
塩素 Cl_2	黄緑色，刺激臭，有毒 酸化作用	実：$MnO_2 + 4HCl \xrightarrow{加熱} MnCl_2 + 2H_2O + Cl_2\uparrow$ 工：$2Cl^- \longrightarrow Cl_2\uparrow + 2e^-$（食塩水の電気分解の陽極）	下方
一酸化炭素 CO	無色，無臭，有毒 水に不溶，還元作用	実：$HCOOH \xrightarrow{加熱} H_2O + CO\uparrow$　（触媒：濃硫酸）	水上
二酸化炭素 CO_2	無色，無臭 水に溶けて弱酸性	実：$CaCO_3 + 2HCl \longrightarrow CaCl_2 + H_2O + CO_2\uparrow$ 工：$CaCO_3 \xrightarrow{加熱} CaO + CO_2\uparrow$	下方
一酸化窒素 NO	無色，無臭，空気中で酸化されやすい	実：$3Cu + 8HNO_3$（希） 　　　　　　$\longrightarrow 3Cu(NO_3)_2 + 4H_2O + 2NO\uparrow$	水上
二酸化窒素 NO_2	赤褐色，刺激臭 有毒	実：$Cu + 4HNO_3$（濃）$\longrightarrow Cu(NO_3)_2 + 2H_2O + 2NO_2\uparrow$	下方
二酸化硫黄 SO_2	無色，刺激臭，有毒 水に溶けて弱酸性	実：$Cu + 2H_2SO_4$（濃）$\xrightarrow{加熱} CuSO_4 + 2H_2O + SO_2\uparrow$ 工：$S + O_2 \longrightarrow SO_2\uparrow$	下方
硫化水素 H_2S	無色，腐卵臭，有毒 水に溶けて弱酸性	実：$FeS + H_2SO_4$（希）$\longrightarrow FeSO_4 + H_2S\uparrow$	下方
アンモニア NH_3	無色，刺激臭，有毒 水に溶けて弱塩基性	実：$2NH_4Cl + Ca(OH)_2 \xrightarrow{加熱} CaCl_2 + 2H_2O + 2NH_3\uparrow$ 工：$N_2 + 3H_2 \rightleftharpoons 2NH_3$　（触媒：Fe_3O_4，ハーバー法）	上方
塩化水素 HCl	無色，刺激臭，有毒 水溶液は塩酸	実：$NaCl + H_2SO_4$（濃）$\xrightarrow{加熱} NaHSO_4 + HCl\uparrow$ 工：$H_2 + Cl_2 \longrightarrow 2HCl$	下方
フッ化水素 HF	無色，刺激臭，有毒 水溶液はガラスを溶かす	実：$\underset{（蛍石）}{CaF_2} + H_2SO_4 \xrightarrow{加熱} CaSO_4 + 2HF\uparrow$	下方
メタン CH_4	無色，無臭 天然ガスの主成分	実：$CH_3COONa + NaOH \xrightarrow{加熱} Na_2CO_3 + CH_4\uparrow$	水上
エチレン C_2H_4	無色，付加反応，燃えやすい	実：$C_2H_5OH \xrightarrow[170℃]{加熱} H_2O + C_2H_4\uparrow$　（触媒：濃硫酸）	水上
アセチレン C_2H_2	無色，付加反応，燃えやすい	実：$CaC_2 + 2H_2O \longrightarrow Ca(OH)_2 + C_2H_2\uparrow$	水上

*捕集法：水上；水上置換　上方：上方置換　下方：下方置換

付録3 有機化合物の命名法

◆1 数を表す接頭語

数	1	2	3	4	5	6	7	8	9	10
数詞	モノ	ジ	トリ	テトラ	ペンタ	ヘキサ	ヘプタ	オクタ	ノナ	デカ

◆2 飽和炭化水素　アルカン C_nH_{2n+2}

(1) **直鎖の飽和炭化水素**　　C_1 から C_4 までの慣用名を用い，C_5 以上では炭素数を示すギリシア語の数詞（上表）に接尾語アン ane をつけて命名する。

CH_4　メタン　　methane　　　　C_4H_{10}　ブタン　　butane

C_2H_6　エタン　　ethane　　　　　C_5H_{12}　ペンタン　pentane

C_3H_8　プロパン　propane　　　　C_6H_{14}　ヘキサン　hexane

(2) **枝分かれ（側鎖）のある飽和炭化水素**　　側鎖の位置は，主鎖の端からつけた位置番号で示し，この位置番号が最小となるように番号をつける。

$$\underset{①}{CH_3}-\underset{②}{\overset{\overset{\displaystyle CH_3}{|}}{CH}}-\underset{③}{CH_2}-\underset{④}{CH_3}$$

2-メチルブタン　2-methylbutane
（3-メチルブタンではない。）

◆3 不飽和炭化水素

(1) **アルケン C_nH_{2n}**　　二重結合を含む最も長い炭素鎖を主鎖とし，相当するアルカンの接尾語アン ane をエン ene にかえて命名する。二重結合の位置は最小の位置番号で示す。

$CH_2=CH_2$　　エテン　　ethene　（慣用名）エチレン

(2) **アルキン C_nH_{2n-2}**　　三重結合を含む最も長い炭素鎖を主鎖とし，相当するアルカンの接尾語をイン yne にかえて命名する。三重結合の位置は最小の位置番号で示す。

$CH\equiv CH$　　エチン　　ethyne　（慣用名）アセチレン

◆4 ハロゲン化合物

(1) **置換名**　　置換したハロゲンを接頭語として，炭化水素名につけて命名する。接頭語は，F，Cl，Br，I をそれぞれフルオロ，クロロ，ブロモ，ヨードという。ハロゲンの位置は，位置番号で示す。

(2) **基官能名**　　炭化水素基の名称と官能基の名称とを組み立てて命名する。

	（置換名）	（基官能名）
CH_3Cl	クロロメタン	塩化メチル

◆5 アルコール

(1) 炭化水素名の語尾 e をとり，接尾語オール ol をつけて命名する。

(2) 炭化水素基の名称にアルコール alcohol をつけて命名してもよい。

	（置換名）	（基官能名）
CH_3CH_2OH	エタノール	エチルアルコール

418——付録

◆6 エーテル

(1) 炭化水素を基 RO—（R は炭化水素基）で置換したものとして命名する。基 RO—は基 R の名称に接尾語オキシ oxy をつけて命名する。

(2) 酸素原子に結合している2個の炭化水素基の名称をアルファベット順に並べ，その後にエーテル ether をつけて命名してもよい。

	（置換名）	（基官能名）
$CH_3OCH_2CH_3$	メトキシエタン	エチルメチルエーテル

◆7 アルデヒド

(1) 炭化水素名の語尾 e をとり，接尾語アール al をつけて命名する。

(2) 相当する一塩基酸に慣用名があるときは，酸の英語慣用名の語尾をとり，アルデヒド aldehyde をつけて命名してもよい。

	（置換名）	（慣用名）
HCHO	メタナール	ホルムアルデヒド

◆8 ケトン

(1) 炭化水素名の語尾 e をとり，接尾語オン one をつけて命名する。カルボニル基は，=Oが結合している炭素原子の位置番号で示す。

(2) カルボニル基に結合している 2 個の炭化水素基の名称をアルファベット順に並べ，その後にケトン ketone をつけて命名してもよい。

	（置換名）	（基官能名）	（慣用名）
CH_3COCH_3	プロパノン	ジメチルケトン	アセトン

◆9 カルボン酸

(1) 炭化水素名の語尾 e をとり，接尾語オイックアシッド oic acid をつけて命名する。

(2) 簡単なカルボン酸は，慣用名を用いるほうが好ましい。

	（置換名）	（慣用名）
HCOOH	メタン酸	ギ酸
	methanoic acid	

◆10 エステル

(1) アルコールの炭化水素基名を先に書き，次にカルボン酸の陰イオン名（接尾語アート ate をもつ）を書いて命名する。

(2) エステルの名称を日本語で書くときには，先に酸の名称，次にアルコールの炭化水素基名を記す慣用名を用いてもよい。

	（基官能名）	（慣用名）
$CH_3COOC_2H_5$	エチルアセタート	酢酸エチル
	ethyl acetate	

解答——419

解答(計算問題)

1 (1) 3桁 (2) 4桁 (3) 2桁 (4) 2桁
  (5) 3桁

2 (1) $22400\,mL\,(2.24\times10^4)$
  (2) $0.00000000524\,m\,(5.24\times10^{-9})$
  (3) $240\,mg\,(2.4\times10^2)$
  (4) $101300\,Pa\,(1.013\times10^5)$
  (5) $0.0042\,kJ\,(4.2\times10^{-3})$

3 (1) 1.414×10^2 (2) 7.3×10^{-3}
  (3) 2.30×10^{-1} (4) 9.65×10^4
  (5) 1.0×10^3

4 (1) 7.0×10^5 (2) 1.3×10^{-2} (3) 4.5×10^2
  (4) $25(2.5\times10)$ (5) 3.7

5 (1) 112.1 (2) 2.5 (3) 7.06×10^3
  (4) -11.4

6 (1) $0.77(7.7\times10^{-1})$ (2) $30(3.0\times10)$
  (3) 3.1×10^5

7 (1) $1.3\,g/cm^3$ (2) ① $2.6\,g$ ② $2.6\,g$

8 (1) 3.14 (2) $2.5\,cm$

13 (1) $310\,K$ (2) $-273\,℃$
  (3) 凝固点 $273\,K$ 沸点 $373\,K$

23 (キ) 99.76

24 (3) 22920年

37 6.3%

58 (2) (ア) $\dfrac{1}{8}$ (イ) 1 (ウ) $\dfrac{1}{2}$
  (3) (A) 2個 (B) 4個

68 (1) Na^+の数 4個 Cl^-の数 4個
  (2) 2.2×10^{22} (3) $NaBr>NaF>NaCl$

69 (a) 1 (b) 18 (c) $\sqrt{3}$ (d) 2

88 (ア) 32 (イ) 3 (ウ) 20

90 (1) 28 (2) $2.3\times10^{-23}\,g$

91 (1) 63.5 (2) ^{35}Cl 75.0% ^{37}Cl 25.0%

92 (1) 二酸化炭素分子 1.2×10^{23}個
   炭素原子 1.2×10^{23}個
   酸素原子 2.4×10^{23}個 (2) $2.5\,mol$

93 (1) 32 (2) 18 (3) 17 (4) 98
  (5) 60 (6) 180

94 (1) 74.5 (2) 40 (3) 95 (4) 74
  (5) 342

95 (1) $0.40\,mol$ (2) $49\,g$ (3) $68.4\,g$
  (4) $7.1\,g$

96 (1) $6.00\,g$ (2) 2.4×10^{23}個

  (3) Na^+の個数 1.20×10^{23}個,
     Cl^-の個数 1.20×10^{23}個

97 (1) $1.6\times10^2\,g$ (2) $0.800\,g$

98 (1) $0.050\,mol$
  (2) Ca^{2+} 3.0×10^{22}個 OH^- 6.0×10^{22}個

99 (1) $8.0\,g$ (2) $22.4\,L$ (3) 1.80×10^{24}個

100 $8.4\,g$

101 (1) 28 (2) 64 (3) 56

102 (4)

103 (1) $1.3\,g/L$ (2) 17 (3) (ア)

104 28.8

105 (1) He (2) 1.2×10^{24} (3) 8.0 (4) 45
  (5) N_2 (6) 0.25 (7) 1.5×10^{23} (8) 5.6
  (9) Na^+ (10) 0.40 (11) 9.2 (12) CO_2
  (13) 0.200 (14) 1.20×10^{23} (15) 8.80

106 10%

107 12%

108 (4)

109 (1) $0.10\,mol$ (2) $80\,g$ (3) 7.6%

110 (1) $1.83\times10^3\,g$ (2) $1.78\times10^3\,g$, $18.1\,mol$
  (3) $18.1\,mol/L$

111 (1) $11.8\,mol/L$ (2) $84.7\,mL$

112 (1) $91.2\,g$ (2) 31.3%

113 (2) $1.40\,kg$ (3) $160\,g$

114 (1) $55.4\,g$ (2) $16\,g$

115 (1) $40.0\,g$

116 (1) $\dfrac{A}{N_A}\,[g]$ (2) $\dfrac{mN_A}{M}\,[個]$ (3) $\dfrac{vM}{V}\,[g]$

117 $\dfrac{MV_1S_1}{WV_2S_2}\,[/mol]$

118 (2) $1.67\times10^{-24}\,g$ (3) 3倍

119 $35.2\,g$

120 (6)

121 (1) 8個 (2) 5.00×10^{22}個 (3) 28.1

122 (1) 4個 (2) $r=\dfrac{\sqrt{2}}{4}a$
  (3) $d=\dfrac{4M}{a^3N_A}\,[g/cm^3]$ (4) 73.8%

123 (1) Na^+ 4個, Cl^- 4個
  (2) $a=2r^++2r^-$ (3) $\dfrac{4M}{a^3N_A}$

127 (1) 3.0×10^{23}個 (2) $4.8\,g$

420──解答

128 (1) 23g (2) 34L, 48g
129 (1) 15L (2) 30L
130 (1) 酸素 0.05mol (2) 8.8g
131 (1) 一酸化窒素 NO 10L 酸素 O_2 5L
(2) 酸素 10L 二酸化窒素 20L (3) 5L
132 (1) 40mL (2) 0.29g
134 29%
135 (ア) 150 (イ) 50 (ウ) 20 (エ) 480
(オ) 50 (カ) 20 (キ) 480 (ク) 0
136 (2) 2.24L (3) 66.7%
137 (2)
138 (2) 5.0g (3) 1.05g (4) 1.12L
139 (ア) 8 (イ) 16 (ウ) 20 (エ) 2
141 (2) 0.01
142 (1) 0.02mol/L (2) 0.06mol/L
(3) 2×10^{-13} mol/L (4) 1×10^{-13} mol/L
(5) 0.4mol/L (6) 1×10^{-14} mol/L
143 (1) pH = 2 (2) pH = 1 (3) pH = 13
(4) pH = 12 (5) pH = 1 (6) pH = 12
(7) pH = 4
145 (1) 0.15mol (2) 0.08mol (3) 0.025mol
(4) 0.01mol
146 (1) 0.080mol/L (2) 0.15mol/L
(3) 80mL (4) 80mL
147 (1) 1.0×10^3 mL (2) 2.5×10^3 mL
151 (1) 0.10mol/L (2) 6.0×10^{-2} mol/L
(3) 1.0×10^{-13} mol/L
152 (a), (c), (d), (b)
153 (5) (A) 6.30 (B) 0.125 (C) 4.50
155 (5) 水酸化ナトリウム 1.00g
炭酸ナトリウム 2.12g
156 2.52×10^{-2} mol/L
157 (1) 2.55mg (2) 10.0%
159 (1) 0 (2) 0 (3) -2 (4) -1
(5) $+4$ (6) $+6$ (7) $+5$ (8) $+1$
(9) -2 (10) $+5$ (11) $+4$ (12) $+6$
167 (2) 2 : 5
168 (2) 2.2×10^{-2} mol/L
169 8.0×10^{-2} mol/L
170 (4) 0.900mol/L, 3.06% (5) 0.299g
171 (2) 1.82×10^{-3} mol/L (3) 3.69mg/L
172 7.3×10^{-1} mg

178 (5) 80g
182 (1) 3.2×10^{-1} g (2) O_2, 5.6×10^{-2} L
183 (3) 32kg
185 (2) 0.224L
187 (1) 1.4g (2) 56mL (3) 0.10mol/L
188 (2) 148mL
189 (2) 1.80×10^3 C (3) 9.63×10^4 C/mol
(4) 陽極 5.93×10^{-1} g 減少
陰極 5.93×10^{-1} g 増加
190 (3) 9.6×10^{-1} g 増加
192 (4) (キ) 0.331 (ク) 10.6 (5) 92.5%
210 55kJ
211 (5) 25℃ 3.2×10^3 Pa
60℃ 1.97×10^4 Pa
213 (1) エタノール, 30℃ (2) 10m
216 (1) 50kPa 1.0m³ (3) 4.0L
217 (1) 4.0m³ (2) 3.0L
218 (1) 3.5×10^{-2} m³ (2) 6.4×10^4 Pa
(3) 15L
219 8.31×10^3 Pa・L/(K・mol)
220 (1) 127℃ (2) 15L (3) 2.0mol
221 (1) 1.5×10^5 Pa (2) 5.0L (3) 0.30mol
222 (1) 1.3g/L (2) 28
224 115
225 (1) (a) 5.0×10^5 Pa (b) 0.25
(c) 2.5×10^5 Pa
(2) 32
226 (1) 9.84×10^4 Pa (2) 0.0983mol
228 3.1×10^4 Pa
229 (1) 4.4×10^4 Pa (2) 8.0L (3) 8.4g
230 (1) A 1.5×10^5 Pa B 2.5×10^5 Pa
(2) メタン 6.0×10^4 Pa 酸素 1.5×10^5 Pa
(3) 3.5×10^5 Pa
231 (ア) 2 (イ) $\dfrac{4RT}{V}$ (ウ) $\dfrac{0.8RT}{V}$ (エ) A
(オ) B (カ) 10 (キ) $\dfrac{3RT}{V}$ (ク) $\dfrac{3RT}{V}$
233 (5) 2.45×10^6 Pa
234 (1) 25L (2) 1.5×10^4 Pa (3) (ウ)
(4) 2.5L (5) (サ)
237 (1) 4.1×10^{-8} cm
(2) Cs^+ 1個 Cl^- 1個

解答——421

(3) 69 %

(4) Cs^+ 1.4×10^{22} 個 Cl^- 1.4×10^{22} 個

(5) $4.0\,g/cm^3$

238 $5.0\,g/cm^3$

240 (1) (ア) 1 (イ) 1 (ウ) 3 (エ) $BaTiO_3$

(2) 4 (3) $6.1\,g/cm^3$

241 (2) (a) ZnS $Zn^{2+}\cdots4$ 個，$S^{2-}\cdots4$ 個

CaF_2 $Ca^{2+}\cdots4$ 個，$F^-\cdots8$ 個

(b) ZnS Zn^{2+} に接する $S^{2-}\cdots4$ 個，S^{2-} に

接する $Zn^{2+}\cdots4$ 個

CaF_2 Ca^{2+} に接する $F^-\cdots8$ 個，F^- に接

する $Ca^{2+}\cdots4$ 個

(3) $\dfrac{\sqrt{3}}{4}a$ (4) $4.1\,g/cm^3$

242 (1) $1\,cm^3$ 中の鉄原子 8.3×10^{22} 個

鉄原子 1 個の質量 $9.5 \times 10^{-23}\,g$

(2) 1.1 倍

243 (1) 8 個

(2) ダイヤモンド $4.6 \times 10^{-23}\,cm^3$

黒鉛 $3.6 \times 10^{-23}\,cm^3$

(3) ダイヤモンド $3.4\,g/cm^3$

黒鉛 $2.2\,g/cm^3$

244 (1) $1.4\,nm$ (2) $1.7\,g/cm^3$

245 (1) 正八面体間隙 4 個

正四面体間隙 8 個

(2) 正八面体間隙 6 個 正四面体間隙 4 個

(3) 0.15 倍

246 (1) $2\sqrt{2}\,R$ (2) $\sqrt{2}-1$

(3) $2R$ (4) $\sqrt{3}-1$

(5)

		陰イオンどうし	陽イオンと陰イオン
NaCl 型	$\dfrac{r}{R}<a$	接する	接しない
	$a<\dfrac{r}{R}$	接しない	接する
CsCl 型	$\dfrac{r}{R}<b$	接する	接しない
	$b<\dfrac{r}{R}$	接しない	接する

(6) NaCl 型 6 CsCl 型 8

(7) $a<\dfrac{r}{R}<b$ NaCl 型 $b<\dfrac{r}{R}$ CsCl 型

249 $114\,g$

250 $62\,g$

251 (1) $4.0 \times 10^{-2}\,g$ (2) $8.0 \times 10^{-2}\,g$

(3) $0.40\,g$ (4) $5.6 \times 10^2\,mL$

(5) $2.8 \times 10^2\,mL$

252 (1) $90\,g$ (2) $3.5\,mol/L$ (3) $3.8\,mol/kg$

254 (1) (ア), (イ), (ウ) (2) (ウ), (イ), (ア)

(3) (ア), (イ), (ウ)

255 (3) $-0.093\,℃$

256 (3) (d)＞(a)＞(b)＞(c) (4) $3.1 \times 10^4\,Pa$

258 $81\,g$

259 (1) $7.0 \times 10^{-2}\,g$ (2) $2.8 \times 10^{-2}\,g$

260 (1) $100.26\,℃$

261 (1) 6.8×10^{-3} (3) 0.80

262 (4) 128

263 (1) (ア) 0 (イ) 1 (ウ) 5

(2) $7.9 \times 10^5\,Pa$

265 2.0×10^3 個

266 (1) $3.4\,g$ (2) $1.1 \times 10^5\,Pa$, $3.7\,g$

(3) $CO_2 : 3.7\,g$ $N_2 : 3 \times 10^{-2}\,g$

267 4.9×10^{-1}

282 $892\,kJ/mol$

283 $727\,kJ/mol$

284 $1.2 \times 10^2\,kJ/mol$

286 (1) $3272\,kJ/mol$ (2) $619\,kJ/mol$

287 (2) 水素 $0.150\,mol$, エタン $0.050\,mol$

(3) $121\,kJ$

288 (1) $Q = -Q_1 + Q_2 + 2Q_3$ (2) $1:2$

289 $945\,kJ/mol$

291 $0.14\,mol/L$

292 (1) $891\,kJ/mol$ (2) $3564\,kJ - Q_0$

(3) $7.9 \times 10^2\,kg$

293 (1) $568\,kJ/mol$ (2) $812\,kJ/mol$

(3) $331\,kJ/mol$

294 (ウ) 46 (オ) 4.4 (キ) 102 (ク) 12

295 (1) ① $3e + 3f + 6g$ ② $6f + 12g$

③ $3f + 6g - 3e - 3h$

(2) $360\,kJ/mol$ (3) $204\,kJ/mol$

(4) $156\,kJ/mol$

296 (2) $45\,kJ/mol$ (3) $24\,kJ/mol$ (4) 1.9 本

297 (1) Q_2 $148\,kJ$ Q_5 $502\,kJ$ Q_6 $354\,kJ$

(2) $Cl_2(気) = 2Cl(気) - 240\,kJ$

(3) $228\,kJ$ (4) $787\,kJ$

301 (3) 33.3%

302 (1) $3.9\,g/cm^3$

304 (2) $6.00 \times 10^2\,nm$

307 (1) $3.2 \times 10^{-4}\,\mathrm{mol/(L \cdot s)}$　(2) 9倍

308 (1) $v = k[\mathsf{X}]^2[\mathsf{Y}]$

(2) $2.5 \times 10^{-2}\,\mathrm{L^2/(mol^2 \cdot s)}$

(3) $1.8 \times 10^{-3}\,\mathrm{mol/(L \cdot s)}$

310 (1) 4倍　(2) 8倍

312 (1) (ア) 3.41　(イ) 2.47×10^{-2}

313 (1) $2.56\,\mathrm{L}$, $1.77\,\mathrm{mol/L}$

(2) $v = -\dfrac{c_2 - c_1}{t_2 - t_1}\,[\mathrm{mol/(L \cdot s)}]$

(3) $v = 1.06 \times 10^{-3}\,\mathrm{mol/(L \cdot s)}$

　　$k = 6.34 \times 10^{-4}\,\mathrm{s^{-1}}$

315 (1) c　(2) 0.69　(3) 2.9×10^3 年

317 (5) $1.8 \times 10^5\,\mathrm{J/mol}$

319 18

320 (1) 4　(2) 0.87

321 (1) $4.3 \times 10^4\,\mathrm{Pa}$　(2) $7.6 \times 10^4\,\mathrm{Pa}$

322 (1) 64

(2) $\mathsf{H_2}$の濃度 $1.0 \times 10^{-2}\,\mathrm{mol/L}$

　　$\mathsf{I_2}$の濃度 $1.0 \times 10^{-2}\,\mathrm{mol/L}$

　　HIの濃度 $8.0 \times 10^{-2}\,\mathrm{mol/L}$

323 $K_p = \dfrac{K}{RT}$

325 (エ) 2.6×10^{-5}　(オ) 1.6×10^{-3}　(カ) 2.8

326 (ウ) 4.2×10^{-2}　(エ) $4.2 \times 10^{-4}\,\mathrm{mol/L}$

(オ) 10.6

328 (1) $1.00 \times 10^{-10}\,(\mathrm{mol/L})^2$

(2) $4.66 \times 10^{-7}\,\mathrm{g}$

330 (1) (イ)　(2) $\dfrac{2b^2}{(a-b)^3}$

331 (1) 0.63　(2) $1.2 \times 10^5\,\mathrm{Pa}$　(3) 0.48

332 $\mathrm{pH} = 9.0$

333 $\mathrm{pH} = 9.3$

334 (1) $\mathrm{pH} = 4.7$　(2) $\mathrm{pH} = 6.8$

335 (1) $\mathrm{pH} = 6.6$　(2) $\mathrm{pH} = 10.3$

336 (1) 3.0　(2) $1.0 \times 10^{-15}\,\mathrm{mol/L}$

337 31%

339 (1) $\dfrac{\mathrm{P}}{1+\mathrm{P}} \times 1.00 \times 10^{-4}\,\mathrm{mol}$

(2) 1回目　$\dfrac{\mathrm{P}}{2+\mathrm{P}} \times 1.00 \times 10^{-4}\,\mathrm{mol}$

　　2回目　$\dfrac{2\mathrm{P}}{(2+\mathrm{P})^2} \times 1.00 \times 10^{-4}\,\mathrm{mol}$

(3) 12.5%

340 (4) $8.5 < \mathrm{pH} < 10.5$

366 (3) $160\,\mathrm{g}$

382 (2) $2.1 \times 10^2\,\mathrm{L}$

(3) $14.7\,\mathrm{mol/L}$

383 (3) $11\,\mathrm{mL}$

385 (2) 46.7%

386 (2) $\mathsf{CaCl_2 \cdot 6H_2O}$

397 (2) $5.40\,\mathrm{kg}$

402 (4) $0.495\,\mathrm{L}$

404 (1) $7.16\,\mathrm{g}$

(2) アルミニウム $54\,\mathrm{g}$　亜鉛 $65\,\mathrm{g}$

408 $36\,\mathrm{t}$

413 (2) $5.41 \times 10^2\,\mathrm{g}$

415 (2) $1.7 \times 10^{-7}\,\mathrm{mol/L}$

416 (2) $\mathsf{Fe^{3+}}$　$3.0 \times 10^{-2}\,\mathrm{mol/L}$

　　$\mathsf{Cr^{3+}}$　$1.0 \times 10^{-2}\,\mathrm{mol/L}$

418 (4) $1.6\,\mathrm{g}$　(5) $z = x + ny$

419 $6.80 \times 10^{-2}\,\mathrm{mol/L}$

459 $\mathsf{C_6H_{12}O_2}$

460 $\mathsf{C_6H_{12}O_2}$

461 (1) $3:4$　(2) $1:1$　(3) $1:1$　(4) $3:4$

463 (1) 54.0　(2) $\mathsf{C_4H_6}$

474 (1) $1.3\,\mathrm{g}$　(2) $1.1\,\mathrm{L}$　(3) $1.1\,\mathrm{L}$

477 (2)

478 $n = 5$

480 (4)

501 (2) $0.15\,\mathrm{L}$

503 122

508 (1) 4種類　(2) 3種類

509 (1) $19\,\mathrm{g}$　(2) 4個

510 (1) $\mathsf{C_{15}H_{31}-COOH}$　(2) $\mathsf{C_{18}H_{32}O_2}$

(3) 119

513 (1) $\mathsf{C_5H_{10}O}$

536 (1) $\mathsf{C_{16}H_{16}O_3}$

540 (2) (A) $0.050\,\mathrm{mol}$　(B) $0.10\,\mathrm{mol}$　(C) $9.3\,\mathrm{g}$

542 (2) $\mathsf{C_4H_4O_4}$

573 (2) $(M-18)X + 18$

574 (1) 2種類　(2) 6種類　(3) 3種類

579 (2) $2:2:3$

580 (2) 972　(3) $11.1\,\mathrm{g}$

581 (2) $106\,\mathrm{g}$　(3) $88.3\,\mathrm{g}$

化学の計算のまとめ

⑮ 気体についての法則

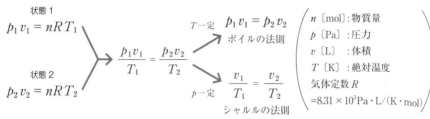

気体の状態方程式　ボイル・シャルルの法則

⑯ 熱化学方程式

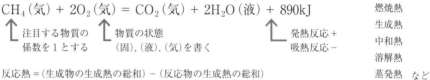

反応熱＝(生成物の生成熱の総和) − (反応物の生成熱の総和)

反応熱の種類
燃焼熱
生成熱
中和熱
溶解熱
蒸発熱　など

⑰ 希薄溶液についての法則

沸点上昇度・凝固点降下度　　$\Delta t = K \times m$

ファントホッフの法則　　　　$\Pi v = nRT$

Δt〔K〕：沸点上昇度・凝固点降下度
K〔K・kg/mol〕：モル沸点上昇・モル凝固点降下
m〔mol/kg〕：質量モル濃度　　Π〔Pa〕：浸透圧

⑱ 反応の速さ

反応速度 $v = -\dfrac{反応物の濃度減少量}{反応時間} = \dfrac{生成物の濃度増加量}{反応時間}$

A+B ⟶ C のとき，
$v = k[\text{A}][\text{B}]$　　(素反応のときのみ成立)

v：反応速度
k：反応速度定数
[　]〔mol/L〕：モル濃度

⑲ 化学平衡

$a\text{A}+b\text{B}+\cdots \rightleftarrows m\text{M}+n\text{N}+\cdots$ のとき，

$K = \dfrac{[\text{M}]^m[\text{N}]^n\cdots}{[\text{A}]^a[\text{B}]^b\cdots}$　　$K_p = \dfrac{p_\text{M}^m \times p_\text{N}^n \times \cdots}{p_\text{A}^a \times p_\text{B}^b \times \cdots}$

K：平衡定数　K_p：圧平衡定数
[　]〔mol/L〕：モル濃度

弱酸・弱塩基の濃度

$[\text{H}^+] = \sqrt{cK_a}$
$[\text{OH}^-] = \sqrt{cK_b}$

c〔mol/L〕：酸の濃度・塩基の濃度
K_a：酸の電離定数
K_b：塩基の電離定数

溶解度積 $K_{sp}=[\text{A}][\text{B}]$

$K_{sp} \geq [\text{A}][\text{B}]$　沈殿を生じない
$K_{sp} < [\text{A}][\text{B}]$　沈殿を生じる

解答 新訂エクセル化学[総合版] EXCEL
実教出版

答案を作成するにあたって (p.5)

1 解答 (1) 3桁 (2) 4桁 (3) 2桁 (4) 2桁 (5) 3桁

●「0」と有効数字

解説 小さな数値を小数で表すとき，位取りを表すために使う0は有効数字には入れない。そのため(3)の25の左の2個の0は有効数字ではない。また，(4)の0は無いという意味を表す数字のため有効数字に入れて考える。また，$a \times 10^n$ という書き方をすることで，有効数字をはっきり示す表記法もある。

エクセル 有効数字の科学的な表記法

$$\square.\square\cdots \times 10^n$$
↑
「0」以外の数字。

2 解答 (1) $22400\,\mathrm{mL}\,(2.24 \times 10^4)$ (2) $0.00000000524\,\mathrm{m}\,(5.24 \times 10^{-9})$
(3) $240\,\mathrm{mg}\,(2.4 \times 10^2)$ (4) $101300\,\mathrm{Pa}\,(1.013 \times 10^5)$
(5) $0.0042\,\mathrm{kJ}\,(4.2 \times 10^{-3})$

解説 (1) $22.4\,\mathrm{L} \times \dfrac{10^3\,\mathrm{mL}}{1\,\mathrm{L}} = 22400 = 2.24 \times 10^4\,\mathrm{mL}$

(2) $5.24\,\mathrm{nm} \times \dfrac{10^{-9}\,\mathrm{m}}{1\,\mathrm{nm}} = 0.00000000524 = 5.24 \times 10^{-9}\,\mathrm{m}$

(3) $0.24\,\mathrm{g} \times \dfrac{10^3\,\mathrm{mg}}{1\,\mathrm{g}} = 240 = 2.4 \times 10^2\,\mathrm{mg}$

(4) $1013\,\mathrm{hPa} \times \dfrac{10^2\,\mathrm{Pa}}{1\,\mathrm{hPa}} = 101300 = 1.013 \times 10^5\,\mathrm{Pa}$

(5) $4.2\,\mathrm{J} \times \dfrac{10^{-3}\,\mathrm{kJ}}{1\,\mathrm{J}} = 0.0042\,\mathrm{kJ} = 4.2 \times 10^{-3}\,\mathrm{kJ}$

エクセル 単位の関係を利用して換算する。

3 解答 (1) 1.414×10^2 (2) 7.3×10^{-3} (3) 2.30×10^{-1}
(4) 9.65×10^4 (5) 1.0×10^3

● $a \times 10^n$ の表記法
小数点を n 個ずらした。
左へずらす→正の値
右へずらす→負の値

解説 (1) $141.4 = 1.414 \times 10^2$
小数点を左へ2つ移動

(2) $0.0073 = 7.3 \times 10^{-3}$
小数点を右へ3つ移動

(3) $0.230 = 2.30 \times 10^{-1}$ 有効数字の0は忘れない
小数点を右へ1つ移動

(4) $96500 = 9.65 \times 10^4$
小数点を左へ4つ移動

(5) $1000 = 1.0 \times 10^3$
小数点を左へ3つ移動

エクセル $a \times 10^n$ の表記法 ($1 \leq a < 10$)

2——答案を作成するにあたって

4 **解答**
(1) 7.0×10^5　　(2) 1.3×10^{-2}　　(3) 4.5×10^2
(4) $25\,(2.5 \times 10)$　　(5) 3.7

解説
(1) $1.4 \times 10^3 \times 5.0 \times 10^2 = 1.4 \times 5.0 \times 10^3 \times 10^2$
$= 7.0 \times 10^{3+2} = \underline{7.0} \times 10^5$
　　　　　　　　　　　　　　有効数字2桁

(2) $3.0 \times 10^2 \times 4.2 \times 10^{-5} = 3.0 \times 4.2 \times 10^2 \times 10^{-5}$
$= 12.6 \times 10^{2+(-5)}$
$= 12.6 \times 10^{-3}$
$= 1.\underset{3}{2}\underline{6} \times 10^{-2}$
　　　　　3桁目を四捨五入
$\fallingdotseq \underline{1.3} \times 10^{-2}$
　　　　　有効数字2桁

▶有効数字2桁で答えるとき，2桁の値を答える場合は無理に $a \times 10^n$ にしなくてもよい。

(3) $162 \times 55 \div 20 = \dfrac{\overset{81}{\cancel{162}} \times \overset{11}{\cancel{55}}}{\underset{\underset{2}{4}}{\cancel{20}}}$　←できるだけ分数の形にして約分する。

$= \dfrac{891}{2}$　←途中の計算は1桁多く3桁まで計算する。
$= 44\underline{5}$(切り上げ)
　　　3桁目を四捨五入
$\fallingdotseq 450 = \underline{4.5 \times 10^2}$

●割り算を含む計算
できるだけ分数の形にして約分をしてから割り算をする。

(4) $(3.05 + 2.42) \times 4.63 = 5.47 \times 4.63$
$= 25.\underline{3}$(切り捨て)
　　　3桁目を四捨五入
$\fallingdotseq 25 = \underline{2.5 \times 10}$

(5) $(0.164 + 1.36) \times 2.46 = \underline{1.524} \times 2.46$
位取りは小数第2位が高いので，答えは小数第3位まで求める。
$= 3.7\underline{4}$(切り捨て)
　　　3桁目を四捨五入
$\fallingdotseq 3.7$

エクセル 有効数字を指定された場合は，指定された桁数より1桁多く計算して最後に四捨五入する。

5 **解答**
(1) 112.1　　(2) 2.5　　(3) 7.06×10^3
(4) -11.4

解説
(1) $45.2\underline{7} + 66.\underline{8} = 112.0\overset{1}{\cancel{7}} \fallingdotseq 112.1$
位取りは小数第1位が高いので，
小数第2位まで求めて四捨五入する。

(2) $4.264 - 1.8 = 2.4\overset{5}{\cancel{6}}$(切り捨て) $\fallingdotseq 2.5$
位取りは小数第1位が高いので，
小数第2位まで求めて四捨五入する。

(3) $6.82 \times 10^3 + 2.41 \times 10^2 = (68.2 + 2.41) \times 10^2$
位取りは小数第1位が高いので，小数第2位まで求めて四捨五入する。
$= 70.6\underline{1} \times 10^2$
　　　小数第2位を四捨五入
$\fallingdotseq 70.6 \times 10^2$

▶ $a \times 10^n$ の表記法のため，有効数字3桁と考え，4桁目まで求めて四捨五入すると考えてもよい。

$$= 7.06 \times 10^3$$

(4) $22.4 - 16.04 + 8.524 - 26.32 = -11.43$(切り捨て)$\fallingdotseq -11.4$
位取りは小数第1位が最も高いので，
小数第2位まで求めて四捨五入する。

エクセル 足し算，引き算→位取りの最も高い値よりも1桁多く計算し，最後に四捨五入して最も高い位取りにしたものを答えにする。

（有効数字の桁数を考える「かけ算，割り算」と混同しない）

---

6 解答 (1) **0.77（7.7×10⁻¹）**　(2) **30（3.0×10）**
(3) **3.1×10⁵**

解説 (1) $\underline{1.46} \times \underline{0.53} = 0.77\underset{\text{四捨五入}}{3}$(切り捨て)$\fallingdotseq 0.77 = 7.7 \times 10^{-1}$
有効数字3桁と2桁なので，3桁目まで求めて四捨五入し，2桁で答える。

(2) $\underline{6.24} \div \underline{0.21} = \overset{30}{29.7}$(切り捨て)$\fallingdotseq 30 = 3.0 \times 10$
有効数字3桁と2桁なので，3桁目まで求めて四捨五入し，2桁で答える。

(3) $\underline{1.254} \times 10^3 \times \underline{2.5} \times 10^2 = 1.254 \times 2.5 \times 10^{3+2}$
有効数字4桁と2桁なので，3桁目まで求めて四捨五入し，2桁で答える。
$$= 3.1\underset{\text{四捨五入}}{3}\text{(切り捨て)} \times 10^5$$
$$\fallingdotseq 3.1 \times 10^5$$

エクセル かけ算，割り算→有効数字の桁数が最も少ない値よりも1桁多く計算し，その結果を四捨五入して桁数の最も少ない値の桁数に合わせて答えにする。

---

7 解答 (1) **1.3 g/cm³**　(2) ① **2.6 g**　② **2.6 g**

●密度
単位体積あたりの質量

解説 (1) 密度〔g/cm³〕$= \dfrac{\text{質量〔g〕}}{\text{体積〔cm³〕}} = \dfrac{7.095\,\text{g}}{5.5\,\text{cm}^3}$
有効数字4桁と2桁なので，3桁まで求めて四捨五入し，2桁で答える。
$$= 1.2\underset{\underset{\text{四捨五入}}{3}}{9}$$
$$\fallingdotseq 1.3$$

(2) ①(1)で出た答えを次の問に使うときは，四捨五入する前の値を使う。この問題で与えられた数字は有効数字2桁と4桁のため，答えは2桁で出せばよい。このため，計算は3桁まで求めて四捨五入して2桁にする。
$$1.29\,\text{g/cm}^3 \times 2.05\,\text{cm}^3 = 2.64\text{(切り捨て)}$$
$$\fallingdotseq 2.6\,\text{g}$$
②求める質量を x〔g〕とすると
$$5.5\,\text{cm}^3 : 7.095\,\text{g} = 2.05\,\text{cm}^3 : x\text{〔g〕}$$
$$5.5x = 7.095 \times 2.05$$
$$x = \dfrac{\overset{6.45}{7.095} \times \overset{0.41}{2.05}}{\underset{1}{5.5}}$$
$$= 2.64\text{(切り捨て)}$$

●比例式
$$a : b = c : d$$
$$ad = bc$$

4 —— 1章　物質の構成

$\doteqdot 2.6\,\mathrm{g}$

エクセル　・前問の答えを使って計算する時は，最後に四捨五入する前の値を使う
　　　　・有効数字の桁数が指定されていない場合は，問題文中の測定値の桁数のうちで，
　　　　　最も桁数の少ない桁数に最後の結果を合わせる

⑧ 解答　(1)　**3.14**　　(2)　**2.5 cm**

解説　(1)　問題文中の測定値 12.0 cm の有効数字は 3 桁なので，円周
　　　　率も 4 桁以上は必要ない。
　　　　　$\pi = 3.141\!\mid\!592\cdots \doteqdot 3.14$
　　　　　　　　（切り捨て）
　　　　(2)　答えは有効数字 2 桁で求めるため，途中は有効数字 3 桁で
　　　　計算する。
　　　　　$12.0 \times 3.14 = 37.6\!\mid\!8$（切り捨て）
　　　　　$\dfrac{37.6}{15} = 2.50\!\mid\!\cdots \doteqdot 2.5\,\mathrm{cm}$

エクセル　かけたり，割ったりする計算が続く場合は，全体を大きな分数にしてできるだけ
　　　　約分し，最後に有効数字を考えたほうがよい

　　　　（例）　$\dfrac{\overset{0.800}{\underset{5}{\cancel{\overset{4.00}{\cancel{12.0}}}} \times 3.14}}{\cancel{15}} = 2.51\!\mid\!2$

　　　　　　　　　　　　　$\doteqdot 2.5$

▶1 物質の探究 (p.11)

1 解答　純物質　黒鉛，ドライアイス，塩化ナトリウム，銅
　　　　　混合物　海水，牛乳，砂，土

解説　単一の物質からできている物質が純物質である。黒鉛は炭素か
　　　　ら，ドライアイスは二酸化炭素からなる単一の物質である。

エクセル　純物質　単一の物質からなる物質
　　　　　混合物　2 種類以上の純物質が混じり合った物質

2 解答　(1)　(ウ)　　(2)　(ア)　　(3)　(オ)
　　　　　(4)　(エ)　　(5)　(イ)　　(6)　(カ)

解説　(1)　両方の結晶の混合物を加熱しながら水に溶解し，その後，
　　　　温度を下げると硫酸銅(Ⅱ)は溶液中に残るが，硝酸カリウムの
　　　　結晶の一部が溶けきれずに純粋な結晶として現れる(再結晶)。
　　　　(2)　水溶液から水に不溶な塩化銀をろ紙などで取り除く(ろ過)。
　　　　(3)　ヨウ素が加熱されると容易に気体になる(昇華する)ことを
　　　　利用して分離する(昇華法)。
　　　　(4)　水は石油に溶けにくいが，ヨウ素は石油によく溶ける。ヨ
　　　　ウ素を石油に溶かし出すことで分離する(抽出)。
　　　　(5)　水とそれに溶けている塩化ナトリウム(不揮発性物質)の沸
　　　　点の差を利用して水を分離する(蒸留)。

●純物質と混合物の分類
```
┌─ 物質 ─────────────┐
│                          │
│   純物質        混合物   │
│ ┌──────┐    ┌──────┐ │
│ │単一の物質│    │2種類以上│ │
│ │からなる。│    │の純物質が│ │
│ └──────┘    │混じり合う。│ │
│                └──────┘ │
└──────────────────────┘
```

●混合物の分離操作
　ろ過，蒸留(分留)，再結晶，
　抽出，昇華法，クロマトグ
　ラフィー

●不揮発性物質
　気体になりにくい物質

●揮発性物質
　気体になりやすい物質

1 物質の探究——5

(6) ろ紙などに色素を染み込ませると，色素によって吸着力が
異なり分離する。

エクセル 分離方法
① ろ過　　液体と液体に不溶な固体の分離
② 蒸留　　物質の沸点の差による分離
③ 再結晶　物質が同じ液体に溶ける量の差による分離
④ 抽出　　物質をよく溶かす液体に溶かして分離
⑤ 昇華法　固体から容易に気体になる性質を利用して分離
⑥ クロマトグラフィー　混合物が移動する速度の違いで分離

3 **解答** (1)

解説 ろうとの先をビーカーの内壁につけてセットし，ろ過する試料
は，飛び跳ねないようにガラス棒を伝わらせて，ろ紙上に静か
に注ぐ。

エクセル ろ過は粒子の大きさの違いを利用した分離法

▶ろ過する溶液は，最初に上
澄み液からろ過しはじめる
とよい。

4 **解答** (1) 蒸留　　(2) (ア) 枝つきフラスコ
(イ) リービッヒ冷却器　(ウ) 三角フラスコ　　(3) 水

解説 (1) 沸点の差を利用した分離を蒸留という。液体とそれに溶け
ている固体の分離，液体の混合物から目的の液体成分の分離
（分留）ができる。
(3) 加熱により気体となった水がリービッヒ冷却器で液体とな
り，三角フラスコに留出する。

エクセル 蒸留　物質の沸点の違いを利用して行う分離操作
　　　　　液体とそれに溶けている固体の分離
　　　　　液体の混合物から液体成分の分離
　　　分留　2種類以上の液体から各液体成分を分離

● 蒸留
固体が溶けている溶液から
溶媒を取り出す。

● 分留
いくつかの種類の液体が溶
けている溶液を沸点の差を
利用して分離する。

▶分留は石油の精製などに用
いられる。

5 **解答** 単体　酸素 O_2，水素 H_2，オゾン O_3
化合物　水 H_2O，塩化ナトリウム $NaCl$，過酸化水素 H_2O_2

解説 酸素とオゾンは酸素元素のみからなる物質である。また，水素
は水素元素のみからなる物質である。水，塩化ナトリウム，過
酸化水素の3物質はいずれも2種類の元素からなる物質である。

エクセル 純物質（単一の物質）
　　　　┌── 単体　　1種類の元素のみからなる物質
　　　　└── 化合物　2種類以上の元素からなる物質
　　　混合物（2種類以上の純物質が混じった物質）

● 純物質
┌─ 純物質 ─┐
単体　　　化合物
1種類　　2種類以
の元素　　上の元素

6 **解答** (1) A　　(2) A　　(3) B　　(4) B

解説 (1) 鉄の元素からなる化合物を含んだものを食べる。
(2) 赤鉄鉱は鉄の元素からなる化合物を含んでいる。
(3) 釘は金属の鉄よりつくる。
(4) コンクリートの芯として金属の鉄の棒が入っている。

エクセル 単体　1種類の元素からなる物質（金属としての鉄）
　　　元素　物質の成分（化合物中の鉄）

▶成分を表せば元素。

6 ── 1章　物質の構成

7
解答 (3), (5), (6)

解説 単体の組み合わせは(1), (3), (5), (6)である。その中で同じ元素からなるのは(3), (5), (6)である。黄リン P_4 と赤リン P_x はともにリンの単体，黒鉛 C とダイヤモンド C はともに炭素の単体，斜方硫黄 S_8 とゴム状硫黄 S_x はともに硫黄の単体であるが，それぞれ構造が異なる同素体である。
(2) 水も氷も H_2O で表される。水素と酸素からなる化合物である。
(4) 水 H_2O と過酸化水素 H_2O_2 はどちらも水素と酸素からなる化合物である。

エクセル 同素体
① 単体(1種類の元素からなる物質)
② 構造が異なり，性質(色，密度，融点など)も異なる

● 同素体
同じ元素の単体で性質(色，密度，融点など)の異なる物質

▶ S, C, O, P の元素にある。

8
解答 (1) C　(2) D　(3) A　(4) B
(5) A　(6) C　(7) D

解説 (1) 水 H_2O および二酸化炭素 CO_2 は化合物である。
(2) 酸素 O_2 とオゾン O_3 は同素体である。
(3) 海水は水 H_2O と塩化ナトリウム NaCl などの混合物，空気は窒素 N_2 と酸素 O_2 などの混合物である。
(4) 水素 H_2 および窒素 N_2 は単体である。
(5) 石油はナフサなどの混合物，砂はさまざまな鉱物からできる混合物である。
(6) アンモニア NH_3 および塩化ナトリウム NaCl は化合物である。
(7) フラーレン C_{60} とカーボンナノチューブは同素体である。

エクセル 単体は1種類の元素記号，化合物は2種類以上の元素記号で表せる。

▶ 混合物は化学式で表すことができない。

9
解答 (1) (ウ)　(2) (イ)　(3) (オ)　(4) (ア)　(5) (エ)

解説 ある種の金属を含む化合物をバーナーの外炎に入れると，その金属に特有の炎の色を示す。これを炎色反応という。金属の塩化物や硝酸塩は，炎色反応を見るのに用いられる。

エクセル 金属原子の炎色反応とその色
赤系の色　リチウム Li(赤)，ストロンチウム Sr(深赤)
紫系の色　カリウム K(赤紫)
橙系の色　カルシウム Ca(橙赤)，ナトリウム Na(黄)
緑系の色　バリウム Ba(黄緑)，銅 Cu(青緑)

● 炎色反応

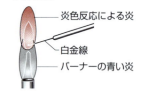

── 炎色反応による炎
── 白金線
── バーナーの青い炎

10
解答 (1) 銅 Cu　(2) 塩素 Cl　(3) (エ)

解説 (1) 炎色反応が青緑色を示す金属元素は銅である。
(2) 硝酸銀の銀イオン Ag^+ と塩化物イオン Cl^- は反応して，塩化銀 AgCl の白色沈殿を生成する。
(3) 二酸化炭素を石灰水中に吹き込むと，炭酸カルシウム $CaCO_3$ の白色沈殿を生じる。

● 炎色反応とその色
Li　赤
Na　黄
K　赤紫
Ca　橙赤
Sr　深赤
Ba　黄緑
Cu　青緑

1 物質の探究 — 7

エクセル 元素の確認
炎色反応　Li, Na, K, Ca, Sr, Ba, Cu
沈殿反応　Cl：AgCl(白)
その他　　C：CO_2 を石灰水に通すと白濁する

11
解答 (ア) 熱運動　(イ) 振動　(ウ) 気体　(エ) 拡散

解説 物質を構成する粒子は熱運動により，静止することなく常に運動している。物質の状態は，この運動の激しさにより決まる。粒子が自由に運動しているのは気体❶であり，この熱運動により粒子が自然に散らばっていくのが拡散である。

エクセル　固体　粒子の位置は一定で，粒子は細かく振動
　　　　　液体　粒子の位置は乱雑に入れかわる
　　　　　気体　すべての粒子は自由に動く

●拡散
自然に粒子が散らばっていく現象。

❶

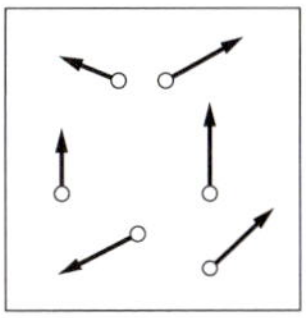

12
解答 (1)

解説 気体粒子は拡散現象により，容器全体に広がる。どちらの集気びんにも水素と空気が混じり合って存在する❶。したがって，点火すればどちらの集気びんの気体とも爆発的に反応する❷。

エクセル　気体粒子は拡散により，一様に広がっていく。

❶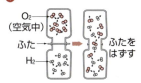

❷水素と空気中の酸素は爆発的に反応して水が生成する。

13
解答 (1) 310 K　(2) －273 ℃　(3) 凝固点　273 K　沸点　373 K

解説
(1) $273 + 37 = 310$ K
(2) $273 + t = 0$　$t = -273$ ℃
(3) 凝固点　$273 + 0 = 273$ K　沸点　$273 + 100 = 373$ K

エクセル　セルシウス温度を t [℃]，絶対温度を T [K] とすると，
$T = 273 + t$

14
解答 (ア) 昇華　(イ) 蒸発　(ウ) 融解　(エ) 凝縮　(オ) 凝固

解説 物質には固体，液体，気体の3つの状態がある。三態間で状態が変化することを状態変化という。

エクセル

●物質の三態
固体，液体，気体の3つの状態。

15
解答 (1) 正　(2) 誤　(3) 誤　(4) 誤

解説
(2) 通常，液体が固体になる温度(凝固点)と固体が液体になる温度(融点)は同じ❶。
(3) 沸騰中に熱エネルギーは液体→気体の状態変化に使われる❷。
(4) 気体である水蒸気を加熱すれば，温度は上昇する❸。

❷沸騰中は液体が気体になっている。

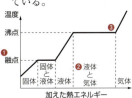

8 —— 1章　物質の構成

> **エクセル** 物質が状態変化しているとき，熱エネルギーは状態変化に使われ，温度は上昇しない。

16 **解答**
(1)　物理変化　　(2)　物理変化　　(3)　化学変化
(4)　物理変化　　(5)　物理変化　　(6)　化学変化

解説
(1)　水蒸気が水滴になることで鏡がくもる(凝縮)。
(2)　水が氷となって体積が大きくなることで水道管が破裂する(凝固)。
(3)　銀が空気中の硫黄と反応して硫化銀になる化学変化。
(4)　お湯の内部から蒸発が起こるのが沸騰である。
(5)　固体の二酸化炭素が気体に変化するために小さくなる(昇華)。
(6)　食品を構成している物質(タンパク質など)が酸化される化学変化。

> **エクセル** 物理変化　物質の状態の変化
> 化学変化　物質が他の物質になる変化

▶ ドライアイスは気体になるときまわりの熱を吸収するため冷却剤に用いられる。

17 **解答**
(1)　(ア)　リービッヒ冷却器　(イ)　③
(2)　下のゴム管から水を入れ，上のゴム管から水が出ていくように流す。
　　理由　A の中を通る気体を冷却して凝縮させるため。
(3)　三角フラスコ

解説
(イ)　加熱する液体の量は，フラスコの球の部分の半分より少なめがよい。また，温度はリービッヒ冷却器に送る気体の温度を測る。
(3)　冷却されてできた水はアダプターを通って三角フラスコにたまる。

> **エクセル** 蒸留装置の原理　物質の沸点の差を利用
> ①　試料を加熱
> ②　揮発しやすい成分(沸点の低い液体物質)が蒸発
> ③　蒸発した成分を冷却し，液体などに戻して回収

▶ 冷却水を上から下へ流すと水が管内にたまらず，冷却効果が悪くなる。

▶ 三角フラスコは密閉しない。密閉すると三角フラスコ内の圧力が高くなり危険である。

18 **解答**
(1)　沈殿　砂　分離方法　ろ過
(2)　結晶　硝酸カリウム　分離方法　再結晶
(3)　得られる物質　水　分離方法　蒸留
　　性質　沸点の違い。

解説
(1)　混合物の中で水に溶けないのは砂。液体と液体に溶けない固体の分離はろ過で行う。
(2)　冷却することにより，水に溶けている硝酸カリウムが飽和状態になり結晶が析出する。温度による溶ける量の違いを利用して結晶を精製する方法を再結晶という。
(3)　固体が溶けている溶液の溶媒を分離するには，沸点の差を利用する。加熱すると溶媒は容易に気体になるが，固体は気体にならない。この方法を蒸留という。

● 混合物分離の操作の流れ
(1)水への溶解性で分離。
(2)温度による溶解度の差で分離。
(3)沸点の差で分離。

2　物質の構成粒子——9

エクセル	ろ過	液体と液体に不溶の固体の分離
	再結晶	物質が一定量の溶媒に溶ける量の差による分離
	蒸留	物質の沸点の差による分離

19 解答 (1) (ア) 赤 (イ) 白濁した　(2) 炭酸水素ナトリウム

解説 (1) (ア) リチウムを含む化合物の炎色反応は赤色である。
(イ) 石灰水に二酸化炭素を通じると，白濁する。
(2) 炎色反応が黄色に発色することからナトリウム元素を含む。
また，加熱により，二酸化炭素が発生し，水が生成している
ことから，炭素と水素を含むことがわかる。

エクセル 成分元素の確認
炎色反応で黄色に発色→ Na の確認
石灰水に二酸化炭素を通じると白濁する→ C の確認
無水硫酸銅(Ⅱ)の白色粉末が青色に変わると水が存在する→ H の確認

20 解答 (1) (ア) 熱運動 (イ) 引力　(2) 固体＞液体＞気体
(3) 気体＞液体＞固体

解説 粒子はその温度に応じた運動エネルギーをもち，たえず運動
(熱運動)している。気体は，分子が離れて運動しているため，
密度が最小である。

エクセル 粒子のエネルギー(熱運動)
固体＜液体＜気体

▶ 2　物質の構成粒子 (p.23)

21 解答 (4)

解説 (1) 電荷を帯びていない原子(イオンになっていない原子)では，
陽子数＝電子数
(2) 質量数＝陽子数＋中性子数
(3) 原子核中の陽子数は原子番号❶に等しい。
(4) 陽子数と中性子数は，必ずしも一致しない。
(5) 同じ元素の原子は同じ数の陽子をもつ。

❶元素の種類を表す。

エクセル 元素記号
質量数＝陽子数＋中性子数 ⟶ 32
原子番号＝陽子数＝電子数 ⟶ 16 S ← 元素記号
＊原子番号は省略できる。

22 解答 (ア) ₇N (イ) 15 (ウ) 7 (エ) 7
(オ) 16 (カ) 16 (キ) 17 (ク) 16

解説 窒素原子では原子番号 7 より，陽子数 7，電子数 7，質量数＝
陽子数＋中性子数＝7＋8＝15。硫黄原子は原子番号 16 より
陽子数 16，電子数 16，質量数 33 より中性子数＝質量数－陽
子数＝33－16＝17。

エクセル 原子では，原子番号＝陽子数＝電子数
中性子数＝質量数－陽子数

23
解答 (ア) 8　(イ) 16　(ウ) 17　(エ) 18　(オ) ^{17}O　(カ) 同位体
(キ) 99.76

解説 (ア) 同じ元素の原子は同じ陽子数である。
(イ), (ウ), (エ) 陽子数＋中性子数が質量数である。
(オ) 原子番号は元素記号の左下[1]，質量数は左上に書く。
(カ) 同じ元素で質量数が異なる原子を互いに同位体という。
(キ) $\dfrac{9976}{10000} \times 100 = 99.76\%$

エクセル 同位体
原子番号が同じ（同じ元素）で，質量数が異なる（中性子数が異なる）原子どうしをいう。

●同位体
質量数の異なる同じ元素の原子 ^{16}O，^{17}O，^{18}O は互いに同位体である。

[1] 原子番号は省略できる。

24
解答 (1) (ア) 壊変（崩壊）　(イ) 半減期
(2) 原子番号 7　質量数 14
(3) 22920 年

解説 (1) 原子核が不安定で放射線を放出して他の原子に変化することを，壊変または崩壊という。
(2) $^{14}_{6}$C は β 壊変し，中性子が電子を放出して陽子に変化するため，原子番号が 1 増加する。
$^{14}_{6}$C $\longrightarrow$ $^{14}_{7}$N ＋ e$^-$
(3) $6.25\% = \left(\dfrac{1}{2}\right)^4$ になるには，半減期の 4 倍の時間がかかる。
$5730 \times 4 = 22920$ 年

エクセル 放射線を放出する同位体を放射性同位体（ラジオアイソトープ）という。

●放射性同位体による年代測定

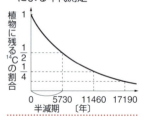

25
解答 (ア) 7　(イ) 8　(ウ) 8　(エ) 2　(オ) 8　(カ) 2

解説 各電子殻に入る電子の数には限度がある。電子殻が収容できる電子数は K 殻 2，L 殻 8，M 殻 18 である[1]。原子は原子番号と同じ数の電子をもっている。したがって，それぞれの原子の電子配置は次のようになる。
$_9$F　K 殻 2，L 殻 7　　$_{18}$Ar　K 殻 2，L 殻 8，M 殻 8
$_{12}$Mg　K 殻 2，L 殻 8，M 殻 2

エクセル 原子核から n 番目に近い電子殻に入る電子の最大数は $2n^2$ 個
K 殻は $2 \times 1^2 = 2$ 個　L 殻は $2 \times 2^2 = 8$ 個　M 殻は $2 \times 3^2 = 18$ 個

[1] 電子殻

26
解答 (1), (4)

解説 最外殻にある電子を価電子という。ただし，貴ガス（He，Ne，Ar，Kr，Xe，Rn）では最外殻に電子が He は 2 個，他の原子は 8 個あるが，価電子数は 0 である。価電子は原子の結合に関係する電子であり，貴ガスは原子どうしの結合をほとんどしない。

●酸素の電子配置

K2，L6
価電子 6

(2) ネオンは貴ガスで価電子数0である。
(3) 最外殻にある電子が価電子である。
(5) 価電子は安定な電子配置になるために放出されることもある。

エクセル 価電子　最外殻にある電子をいう。ただし，貴ガス(He, Ne, Ar, Kr, Xe, Rn)では最外殻電子はあるが，価電子数は0とする。
　1族・2族　　価電子数＝族の番号
　13族～17族　価電子数＝族の番号－10

●硫黄の電子配置

K2, L8, M6
価電子 6

▶価電子は周期的に変化する。

27
解答
(1) He, Ne, Ar　(2) Ne　(3) Ar

解説
(2) Al は電子を3個放出し，Ne と同じ電子配置になる❶。
　Al の電子配置　K2, L8, M3
　　↓電子3個放出
　Al^{3+} の電子配置　K2, L8
(3) S は電子を2個受け取り，Ar と同じ電子配置になる❶。
　S の電子配置　K2, L8, M6
　　↓電子を2個受け取る
　S^{2-} の電子配置　K2, L8, M8

❶価電子が少ない原子は電子を放出し，多い原子は電子を受け取り貴ガスと同じ電子配置になる。

エクセル アルミニウムイオンの生成　　　　硫化物イオンの生成

28
解答
(1) Cl^-　(2) O^{2-}　(3) Ca^{2+}　(4) NO_3^-

解説
(1) Cl の価電子数は7，1価の陰イオンになりやすい。
(2) O の価電子数は6，2価の陰イオンになりやすい。
(3) Ca の価電子数は2，2価の陽イオンになりやすい。

エクセル 価電子を放出するか，最外殻に電子を受け入れて，貴ガスと同じ電子配置をとると安定になる。

価電子数	移動する電子数	イオン
1	1個放出	1価陽イオン
2	2個放出	2価陽イオン
3	3個放出	3価陽イオン
6	2個受け入れ	2価陰イオン
7	1個受け入れ	1価陰イオン

●原子団
数個の原子が集合して一つのまとまりになったもの。(多原子イオンなど)

29
解答
(1) (ア)　(2) (ア) 10　(イ) 10　(ウ) 50

解説
(1) (　)の中に電子数を書くと次のようになる。
　(ア) Na^+(10), O^{2-}(10)　(イ) K^+(18), Mg^{2+}(10)
　(ウ) Cl^-(18), Ne(10)　(エ) Li^+(2), F^-(10)
(2) (ア) 原子番号の総和＋1　8＋1＋1＝10

▶原子番号＝電子数(原子)

(イ) 原子番号の総和−1　7+1×4−1＝10
(ウ) 原子番号の総和+2　16+8×4+2＝50

エクセル イオンの総電子数
・陽イオン＝原子の原子番号の総和−イオンの価数
・陰イオン＝原子の原子番号の総和＋イオンの価数

30

解答 (1) (ア), (イ), (ウ)　(2) (カ)

解説 周期表において，同一周期の元素では原子番号が大きくなるほどイオン化エネルギーは大きくなり，貴ガスの元素で最大になる。また，同族元素では原子番号が大きくなるほどより遠くの電子殻に電子が入るため原子核の引きつけが弱くなり，イオン化エネルギーは小さくなる。
(1) グラフの山の頂上に位置するのが，貴ガスである。
(2) グラフの谷の位置にある元素は，同一周期で，最も電子を放出しやすい。その中で最もイオン化エネルギーが小さいのは(カ)のカリウムである。

● イオン化エネルギー
　同周期　原子番号大→大きい
　同族　　原子番号大→小さい

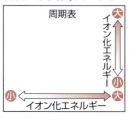

エクセル イオン化エネルギーの関係
　同周期の元素　原子番号が大きいほど大きくなり，貴ガスで最大になる。
　同族の元素　　原子番号が小さいほど大きくなる。

31

解答 (2), (5)

解説
(1) 原子から電子を取り去って，陽イオンになるときに必要なエネルギーをイオン化エネルギーという。
(2) 原子が電子を受け取って，陰イオンになるときに放出されるエネルギーを電子親和力という。
(3) 原子番号が増えると原子核中の陽子数が増える。同一周期では，陽子数が増えるほど電子を強く引きつけるため，イオン化エネルギーは大きくなる。
(4) 電子親和力は，陰イオンになりやすい❶17族元素は大きく，陰イオンになりにくい18族元素は小さい。
(5) イオン化エネルギーは周期表の右上にいくほど大きくなる。したがって，第2周期の貴ガス原子の方がイオン化エネルギーは大きい。

❶陰イオンになりやすい性質を陰性(→ p.19)という。

エクセル 17族元素は電子親和力が大きく，陰イオンになりやすい。

32

解答 (5)

解説 価数が同じイオンでは，原子番号が大きいほど，外側の電子殻に電子が配置されるのでイオン半径が大きくなる。また，同じ電子配置のイオンでは，原子番号が大きくなるほど，原子核中の陽子が電子を強く引きつけるため，イオン半径は小さくなる。

エクセル

原子番号	8	9	10	11	12
	O^{2-}	F^-	Ne	Na^+	Mg^{2+}
イオン半径〔nm〕	0.126	0.119		0.116	0.086

価数が同じイオン→原子番号が大きいほどイオン半径は大きくなる。
電子配置が同じイオン→原子番号が大きいほどイオン半径は小さくなる。

2 物質の構成粒子―13

33 解答 (ア) 同族元素 (イ) 典型元素 (ウ) ハロゲン (エ) 遷移元素

解説 周期表は縦に18のグループに分けられており，1族(Hを除く)を「アルカリ金属」，2族を「アルカリ土類金属」，17族を「ハロゲン」，18族を「貴ガス」とよんでいる。その他，周期表を大きく2つに分けて「典型元素」「遷移元素」という分け方もある。

エクセル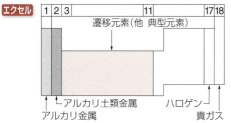

1族：アルカリ金属(Hを除く)
2族：アルカリ土類金属
17族：ハロゲン
18族：貴ガス

34 解答 (1) 大きく (2) 小さく (3) 陽性
(4) 小さく (5) 大きく (6) 陰性

解説 典型元素はその化学的性質が周期的に変化し，同族元素は性質が似ている。典型元素では，同族の原子を比較すると，その原子半径は原子番号が大きくなるほど大きくなる。それは原子番号が大きくなるほど，より外側の電子殻に電子が存在するようになるからである。また最外殻電子を取り去るのに必要なエネルギーは外側の電子殻ほど小さくてすむため，イオン化エネルギーは小さくなる。イオン化エネルギーが小さいことを陽性が強いという。

周期表と元素の陽性・陰性

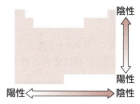

＊貴ガスは除く。

エクセル 同周期では右にいくほどイオン化エネルギーは大きくなり，原子半径は小さくなる。

35 解答 (5)

解説 14族の元素も，周期表の下の方は金属元素である。

エクセル 金属元素と非金属元素の境目を覚える。

●金属と非金属

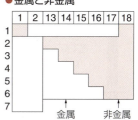

36 解答 (ア) 原子核 (イ) 電子 (ウ) 陽子 (エ) 中性子
(オ) 原子番号 (カ) 質量数 (キ) $A-Z$ (ク) 同位体
(ケ) 6 (コ) 三重水素(トリチウムまたは ^3_1H)
(サ) 放射性同位体(ラジオアイソトープ)

解説 原子番号＝陽子数，質量数＝陽子数＋中性子数，中性子数＝質量数－原子番号の関係がある。原子番号が同じで，質量数の異なる原子を互いに同位体という。
(ケ) 水素の構造式 H-H 水素原子の組み合わせは次の6種類である。(^1H, ^1H), (^1H, ^2H), (^1H, ^3H), (^2H, ^2H), (^2H, ^3H), (^3H, ^3H)

●同位体

	^1_1H	^2_1H	^3_1H
原子番号	1	1	1
陽子の数	1	1	1
中性子の数	0	1	2
質量数	1	2	3
電子の数	1	1	1

14 —— 1章　物質の構成

エクセル 原子 $\begin{cases} \text{原子核（正電荷をもち，原子の質量にほぼ等しい）} \begin{cases} \text{陽子（正電荷をもつ）} \\ \text{中性子（電荷をもたない）} \end{cases} \\ \text{電子（負電荷をもち，原子核のまわりを運動）} \end{cases}$

37 解答 6.3%

解説　質量数 35 の塩素 ^{35}Cl と質量数 37 の塩素 ^{37}Cl からできる塩素分子は，$^{35}Cl^{35}Cl$，$^{35}Cl^{37}Cl(^{37}Cl^{35}Cl)$，$^{37}Cl^{37}Cl$ の 3 種類となる。よって，質量数の和は，70，72，74 となる。それぞれの存在比は，以下のようになる。

$$^{35}Cl^{35}Cl : \left(\frac{3}{4}\right) \times \left(\frac{3}{4}\right) = \frac{9}{16}$$

$$^{35}Cl^{37}Cl : \left(\frac{3}{4}\right) \times \left(\frac{1}{4}\right) = \frac{3}{16}$$

$$(^{37}Cl^{35}Cl)$$

$$^{37}Cl^{37}Cl : \left(\frac{1}{4}\right) \times \left(\frac{1}{4}\right) = \frac{1}{16}$$

よって，存在比は 9：6：1 となる。

$$\frac{1}{9+6+1} \times 100 = 6.25 \fallingdotseq 6.3$$

エクセル 同位体 A と B が $x : y$ の比で存在するとき，

A の存在割合 $\dfrac{x}{x+y}$

B の存在割合 $\dfrac{y}{x+y}$

38 解答 (1) Al　(2) Ca　(3) Br

解説　(1)　中性原子の電子数は原子番号に一致する。
　　電子数　$2+8+3=13$　原子番号 13　Al
(2)　陽イオンでは中性原子より価数分の電子が少なくなっている。
　　電子数　$2+8+8+2=20$　原子番号 20　Ca
(3)　陰イオンでは中性原子より価数分の電子が多くなっている。
　　電子数　$2+8+18+8-1=35$　原子番号 35　Br

エクセル 電子の入っていく順序は，最初の 2 個は K 殻，次の 8 個は L 殻，次の 8 個は M 殻，次の 2 個は N 殻。さらに電子が入るときは M 殻にさらに 10 個（合計 18 個）まで入ってから，N 殻に進む。

● 各電子殻に収容できる電子数
K 殻は 2 個
L 殻は 8 個
M 殻には 18 個の電子が収容できるが 8 個で安定

▶ 2 価陽イオンになるのは 2 族の原子と遷移金属原子の一部

2 物質の構成粒子── 15

39
解答
(1) (イ) C (ウ) N (エ) O (カ) Cl
(2) P 黄リン 赤リン
S 単斜硫黄 斜方硫黄 ゴム状硫黄
(3) (i) アンモニア NH_3 (ii) 二酸化炭素 CO_2
(iii) メタノール CH_3OH

解説
(1) 電子数＝原子番号から元素はそれぞれ次のようになる。
(ア) 水素 H (イ) 炭素 C (ウ) 窒素 N
(エ) 酸素 O (オ) ネオン Ne (カ) 塩素 Cl
(2) 同素体は S, C, O, P の元素に存在する。

エクセル 典型元素では族番号の一桁目は最外殻電子数を表す。

● 電子が入る電子殻と周期表
第1周期…K 殻
第2周期…K 殻・L 殻
第3周期…K 殻・L 殻・M 殻

40
解答
(1) ⑧ (2) ⑥ (3) ④ (4) ⑦ (5) ⑤

解説
(1) 2族は価電子数が2であるので2価の陽イオンになりやすい。
(2) 貴ガスの価電子数は0であり，そのため化学的にはほとんど反応しない。
(3) 価電子数が6の原子は2価の陰イオンになりやすい。
(4) 同一周期では原子番号が小さいほど，同族では原子番号が大きいほど，イオン化エネルギーは一般に小さい。
(5) 17族の元素がハロゲンである。

▶ 17族の原子は1価陰イオンになる。

価電子	イオンになると
0	反応性なし
1	1価陽イオン
2	2価陽イオン
6	2価陰イオン
7	1価陰イオン

エクセル 周期表と元素の性質

族	族元素の名称	なりやすいイオン	イオン化エネルギー
1族	アルカリ金属(H以外)	1価陽イオン	同周期で最小
2族	アルカリ土類金属	2価陽イオン	小さい
13族		3価陽イオン	小さい
16族		2価陰イオン	大きい
17族	ハロゲン	1価陰イオン	大きい
18族	貴ガス	イオンにならない	同周期で最大

41
解答
(ア) アルカリ金属(1族) (イ) 1 (ウ) 水素(H_2)
(エ) 貴ガス(18族) (オ) 0 (カ) ハロゲン(17族) (キ) 7
(ク) 電子親和

解説
「アルカリ金属」は1価の陽イオンになりやすく，水と反応して水素を発生する。(例：$2Na + 2H_2O \longrightarrow 2NaOH + H_2$)
「貴ガス」は価電子が0で安定な元素である(最外殻電子数はHe が2，他は8)。
「ハロゲン」は1価の陰イオンになりやすい。

エクセル 周期表の右にいくほど大きくなるもの
・イオン化エネルギー(貴ガスが最大)
・価電子の数(ハロゲンが最大)
・電子親和力(ハロゲンが最大)

42

解答
(1) 金箔に向けて打ったほとんどのα線の粒子が，金箔を通りぬけたから。
(2) 金箔に打ち込んだα線の粒子は，20000個に1個の割合で90°以上も曲がったから。

解説
(1) α線の粒子のほとんどが金箔を通過したことから，原子の大部分が空であるということがわかった。
(2) 正電荷を帯びたα線の粒子は原子核とぶつかると20000個に1個の割合で90°以上も曲がることから，原子核は非常に小さく，正電荷を帯びていることが明らかになった。

エクセル 原子核は原子の中で非常に小さく，正電荷を帯びている。

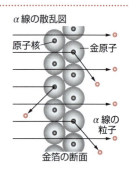

α線の散乱図
原子核　金原子
α線の粒子
金箔の断面

43

解答
(1) M殻 8　N殻 1　(2) Ti
(3) K殻 2　L殻 8　M殻 16　Ni

解説
(1) 第4周期1族元素の原子は，$_{19}$K(カリウム)である。カリウムは3d軌道より先にエネルギーの低い4s軌道に電子が入る。
(2) M殻には，3s軌道に2個，3p軌道に6個，3d軌道に10個の電子が入る。第4周期の遷移元素の原子は3d軌道より先に4s軌道に電子が入るため，N殻(4s軌道)に2個，M殻の3d軌道に2個の電子をもつ原子は$_{22}$Ti(チタン)となる。
(3) 第4周期10族元素の原子は，$_{28}$Ni(ニッケル)である。電子配置は，K殻に2個，L殻に8個，M殻に16個，N殻に2個となる。

エクセル 電子が軌道に入る数
K殻　―s軌道　2個
L殻　―s軌道　2個
　　　―p軌道　6個
M殻　―s軌道　2個
　　　―p軌道　6個
　　　―d軌道　10個

▶電子が軌道に入るときは，エネルギーの低い軌道から順に入っていく。
1s → 2s → 2p → 3s → 3p → 4s → 3d →…

44

解答
(1) EO$_2$, ECl$_4$
(2) 同位体の存在比が異なるから。(Teの方が中性子数が大きいから)

解説
(1) 典型元素では周期表の縦の列の最外殻電子数は等しい。したがって，C，Siの原子の価電子数が4個であることから，Eの価電子数も4個と考え，2価のOとではEO$_2$，1価のClとではECl$_4$の化合物になるはずである。
(2) 現在の周期表は原子番号(原子核中の陽子数)の順に並んでいるが，原子量の順に並べると質量数の大きい同位体の存在比によっては原子番号と原子量の順番が逆転する。

エクセル 周期表は原子番号(原子核中の陽子の個数)の順に並んでいる。
原子量は同位体の相対質量と存在比から求められる平均値。

3　物質と化学結合——17

3 物質と化学結合（p.40）

45 **解答** (ア) 2　(イ) 7　(ウ) 塩化マグネシウム
〔1〕 Mg^{2+}　〔2〕 Cl^-　〔3〕 $MgCl_2$　① (a)　② (b)

解説 価電子数1，2個の金属原子は1，2価の陽イオンになり，価電子数6，7個の非金属原子は2，1価の陰イオンになる。イオン結合からできた物質では，陽イオンの正電荷と陰イオンの負電荷がつり合っている個数の比で Mg^{2+}：Cl^-＝1：2である。通常，化学式は陽イオン→陰イオンの順に書き，名称は陰イオン→陽イオンの順に読む。

エクセル イオン結合の物質では，陽イオン A^{n+} の正電荷と陰イオン B^{m-} の負電荷がつり合う。
・陽イオンの価数×陽イオンの個数＝陰イオンの価数×陰イオンの個数

▶イオン結晶では，陽イオンと陰イオンの価数と個数の積は等しくなる。

$$\underset{\text{価数}}{2} \times \underset{}{\overset{\text{個数}}{1}} = \underset{}{1} \times \underset{}{2}$$
$$Mg^{2+} \qquad Cl^-$$

46 **解答** (5)

解説 一般的に，結合する原子の性質により結合の状態が異なる。イオン結合になる組み合わせとして，金属原子と非金属原子の組み合わせをさがせばよい。金属原子間の結合は金属結合，非金属原子間の結合では共有結合となる。
(1)　炭素 C と水素 H はともに非金属
(2)　硫黄 S と酸素 O はともに非金属
(3)　亜鉛 Zn と銅 Cu はともに金属
(4)　C と O はともに非金属

エクセル
原子間の結合 ｛ 金属原子間　金属結合
非金属原子間　共有結合
金属原子と非金属原子間　イオン結合

●イオン結合
金属原子と非金属原子間の結合

▶アンモニウムイオン NH_4^+ を含む結合は例外的にイオン結合である。
・塩化アンモニウム NH_4Cl

47 **解答** (1) Al_2O_3　酸化アルミニウム　(2) K_2SO_4　硫酸カリウム
(3) $Cu(NO_3)_2$　硝酸銅(II)　(4) NH_4NO_3　硝酸アンモニウム
(5) $(NH_4)_2SO_4$　硫酸アンモニウム

解説 組成式の書き方は陽イオン→陰イオンで，名称の付け方は陰イオン→陽イオンになる。陽イオンから生じる＋の数と陰イオンから生じる－の数が等しくなるようにそれぞれのイオンの数を決め，組成式全体では＋－ゼロになるようにする。また多原子イオンが複数あるときはカッコで囲む。

エクセル 組成式の書き方　陽イオン→陰イオン
名称の付け方　　陰イオン→陽イオン
多原子イオンが複数あるときはカッコで囲む。

▶銅や鉄など2種以上の価数をもつイオンでは，ローマ数字で価数を表す。
Cu^{2+}　銅(II)イオン
Cu^+　銅(I)イオン

48
解答 (ア) 不対電子 (イ) 共有電子対 (ウ) 単
(エ) 二重 (オ) 非金属

解説 原子の中の不対電子が原子どうしで共有されて電子対をつくると，その対を共有電子対という。この共有電子対をつくる結合を共有結合とよぶ。共有電子対の数により，単結合，二重結合，三重結合に分類される。

H:H （単結合）　　O::C::O （二重結合）　　N:::N （三重結合）

エクセル 共有結合　いくつかの不対電子が共有電子対になって結びついた結合

● 不対電子
　:Ö· — 不対電子
　　　— 電子対

● 共有電子対
　H:Ö:H — 共有電子対
　　　　 — 非共有電子対

49
解答 エタン　H H 　エチレン　H   H
　　　　 H-C-C-H 　　　　　 C=C
　　　　　 H H 　　　　　　H   H

解説 結合する原子間に共有される電子2個で価標1本を引く❶。価標を使って表したのが構造式。共有される電子2個につき，1本の価標にして表す。

エクセル 構造式　共有電子対1組を1本線（価標）で表す。
　　　　　　　　　共有電子対が2組ならば2本線で表す。

❶原子間に共有される2個の電子（共有電子対）は（価標）1本

● 結合の種類
　単結合　　H—Cl
　二重結合　O=C=O
　三重結合　N≡N

50
解答

	(1)	(2)	(3)	(4)	(5)
電子式	:Cl::Cl:	H:S:H	:O::C::O:	H H H:C:C:H H H	:N:::N:
構造式	Cl—Cl	H—S—H	O=C=O	H H H-C-C-H H H	N≡N

解説 原子の電子式から，次のように分子の電子式ができる。
(1) :Cl··Cl: → :Cl::Cl:　(2) H··S··H → H:S:H
(3) :O··C··O: → :O::C::O:
（原子OとCが不対電子2個ずつ出し合って共有電子対2組をつくる。）
(4) H··C··C··H → H:C:C:H （H上下省略）　(5) :N··N: → :N:::N:

エクセル 原子のもつ不対電子を1個ずつ出し合って共有電子対1組をつくる。
　　　　　　共有電子対1組を1本線（価標）にすれば構造式になる。

▶各原子の電子式を書き，原子間で不対電子を共有させて共有電子対にすると分子の電子式が書ける。

▶分子の電子式における共有電子対を価標になおして構造式をつくる。

51
解答 (1) メタン　　　(2) アンモニア
　　　　　　H
　　　　 H-C-H　　　　 H-N-H
　　　　　　H   H

(3) 二酸化炭素　O=C=O

解説 価標の1本が結合の手1本と考える。結合の手はHは1本，Oは2本，Nは3本，Cは4本と考え❶，原子が結合の手を1本

❶価標の数は原子の結合の手の数（原子価）

原子価	1	2	3	4
原子	H—	—O—	—N—	—C—

ずつ出し合って1つの結合をつくる。結合の手が余らないようにして構造式をつくる。

エクセル 原子価の数は原子が結合に使う手の数。原子では結合の手が結びつくと結合ができる。結合の手が4本の炭素Cは，結合の手が1本の水素4個と，結合の手が2本の酸素2個と結合できる。

52
解答 (ア) 電気陰性度 (イ) 大きく (ウ) 極性 (エ) 極性分子 (オ) 無極性分子

解説 電気陰性度は，原子が共有電子対を引き寄せる力の尺度であるから，ほとんど結合をつくらない貴ガスについては考えない。結合に極性があっても，分子がその極性のある結合に対して対称性があれば，分子全体としての電荷のかたよりは打ち消される。

エクセル 異なる元素の原子間の共有結合は極性をもつ。元素が異なれば，電気陰性度も異なる。

● 結合の極性
共有結合について考える。異なる元素の原子間

$A^{\delta +} - B^{\delta -}$

(電気陰性度 A＜B)
分子が次の立体的な形をとるとき，結合の極性が打ち消されることがある。
直線形，正四面体形

53
解答 (1) 共有結合している原子間の共有電子対を原子が引きつける強さを表す数値

(2) (ア) O (イ) C (ウ) O

(3) (ア) $\overset{\delta +}{H}-\overset{\delta -}{F}$ (イ) $\overset{\delta -}{O}=\overset{\delta +}{C}=\overset{\delta -}{O}$ (ウ) $\overset{\delta -}{H}-\overset{\delta +}{N}-\overset{\delta -}{H}$ (エ) $\overset{\delta +}{H}-\overset{\delta -}{O}-\overset{\delta +}{H}$
$\quad\quad\quad\quad\quad\quad\quad\quad\quad\quad\quad\quad\quad\quad\quad\quad\quad\overset{|}{\underset{H^{\delta +}}{}}$

解説 (2) 電気陰性度が大きい原子は，それだけ共有電子対を引きつける力が強い。電気陰性度の大きい方の原子が負電荷を帯びる。

(3) 共有結合している原子間において，電気陰性度が大きい方の原子が負電荷を帯び，小さい方の原子が正電荷を帯びる。

エクセル 電気陰性度が大→共有電子対を引きつける力が大(負電荷を帯びやすい)
電気陰性度が小→共有電子対を引きつける力が小(正電荷を帯びやすい)

▶2原子間の電気陰性度の差が大きい(約1.7以上)場合は，イオン結合に，小さい場合は共有結合となる。

54
解答 (1) (ア) H-S-H (with H below S) (イ) Cl-Cl (ウ) S=C=S
(エ) H-N-H (with H below N) (オ) H-C-O-H (with H above and below C)

(2) 極性分子 (ア), (エ), (オ)　無極性分子 (イ), (ウ)

解説 結合に極性があるため，分子全体として電荷のかたよりが生じる分子を極性分子という。また，結合に極性がなかったり，あっても分子の形から極性が打ち消されたりする分子を無極性分子という。

● 電気陰性度
F＞O＞Cl＞N＞S＞H

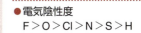

Fは最大の値を示す。

H					
2.2					
Li	Be	B	C	N	O	F
1.0	1.6	2.0	2.6	3.0	3.4	4.0
Na	Mg	Al	Si	P	S	Cl
0.9	1.3	1.6	1.9	2.2	2.6	3.2

20 —— 1章　物質の構成

> **エクセル** 極性は結合に生じる。立体的な結合に対して，
> 対称的な構造は極性を打ち消し合うことがある。

55 解答

フッ化ホウ素 BF_3　　　　　　A

$$
\begin{array}{ccc}
& \overset{\cdot\cdot}{:}\!F\!\overset{\cdot\cdot}{:} & \\
\overset{\cdot\cdot}{:}\!F\!: & B\!:\!\overset{\cdot\cdot}{F}\!: & \\
& \overset{\cdot\cdot}{:}\!F\!\overset{\cdot\cdot}{:} &
\end{array}
\qquad
\begin{array}{c}
H\!:\!\overset{\cdot\cdot}{F}\!: \\
H\!:\!N\!:\!B\!:\!\overset{\cdot\cdot}{F}\!: \\
H\!:\!\overset{\cdot\cdot}{F}\!:
\end{array}
$$

❶ フッ化ホウ素では，ホウ素原子の最外殻 L 殻の電子は 6 個であり，最外殻電子が 8 個の状態になっていない。また，アンモニア分子では，窒素原子が非共有電子対を 1 組もっている。

解説 アンモニア分子のもっている非共有電子対を使ってフッ化ホウ素と配位結合をつくる。

$$
\begin{array}{c}
H \\
H\!:\!N\!: \\
H
\end{array}
+
\begin{array}{c}
:\!\overset{\cdot\cdot}{F}\!: \\
\Box \;\; B\!:\!\overset{\cdot\cdot}{F}\!: \\
:\!\overset{\cdot\cdot}{F}\!:
\end{array}
\longrightarrow
\begin{array}{c}
H\!:\!\overset{\cdot\cdot}{F}\!: \\
H\!:\!N\!:\!B\!:\!\overset{\cdot\cdot}{F}\!: \\
H\!:\!\overset{\cdot\cdot}{F}\!:
\end{array}
$$

> **エクセル** 非共有電子対を使ってできる共有結合を配位結合という。配位結合は非共有電子
> 対をもつ分子やイオンと最外殻が満たされていない原子をもつイオンや分子など
> の間に形成される。

56 解答

(1)　(ア)　ジアンミン銀(I)イオン
　　(イ)　テトラアンミン亜鉛(II)イオン
　　(ウ)　ヘキサシアニド鉄(III)酸イオン

(2)　(ア)　(b)　　(イ)　(c)　　(ウ)　(a)

● 錯イオンの名称
数詞（2 個ジ，4 個テトラ，6 個ヘキサ）→配位子→金属イオン（イオンの価数）

金属イオン　Cu^{2+}
錯イオン　$[Cu(H_2O)_4]^{2+}$
　↓　　↓　　↓　↓
　金　　配　　配　イ
　属　　位　　位　オ
　イ　　子　　子　ン
　オ　　　　　の　の
　ン　　　　　数　価
　　　　　　　　　数

解説

(1)　(ア)　配位子 NH_3 はアンミンという。2 個なので数詞ジ，金属イオンは Ag^+ である。

　　(イ)　配位子 NH_3 はアンミン。4 個なので数詞テトラ，金属イオンは Zn^{2+} である。

　　(ウ)　配位子 CN^- はシアニド。6 個なので数詞ヘキサ，金属イオンは Fe^{3+}，負のイオンの名称には酸をつける。

(2)　配位数 2 は直線形，配位数 4 は正方形または正四面体，配位数 6 は正八面体である❶。

❶ 錯イオンは配位数と金属イオンの種類で構造が決まる。

> **エクセル** 錯イオン　金属イオンに非共有電子対をもつ分子やイオンが配位結合したイオン
> 　　　　　　Cu^{2+} に H_2O が配位　　$[Cu(H_2O)_4]^{2+}$
> 　　　　　配位結合した分子やイオン（配位子）
> 　　　　　配位子の数（配位数）
> 　　錯イオンの書き方　$[金属イオン(配位子)_{配位数}]^{イオンの価数}$
> 　　読み方　配位子の数を表す数詞→配位子名→金属イオン（酸化数）
> 　　　　　　陰イオンの場合は〜酸イオンとつける。

3 物質と化学結合

57 解答 (ア) 高分子 (イ) 単量体（モノマー） (ウ) 重合 (エ) 付加重合 (オ) 縮合重合

解説 分子内に二重結合をもっていると，その二重結合が切れて別の分子につながっていく。このようにしてつながることを付加重合という。また，分子間で小さな分子がとれながらつながっていくことを縮合重合という。

エクセル

単量体 ──→ 重合体
（モノマー） ⇓ （ポリマー）
　　　　付加重合
　　　　縮合重合

● 重合の種類

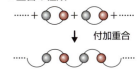

58 解答 (1) (A) 体心立方格子 (B) 面心立方格子
(2) (ア) $\dfrac{1}{8}$ (イ) 1 (ウ) $\dfrac{1}{2}$ (3) (A) 2個 (B) 4個

解説 (1) 立方体の中心に金属原子がくれば体心立方格子，立方体の各面の中心に金属原子がくれば，面心立方格子。

(2) 頂点の原子は3つの面で等分に切られているので(ア)は $\dfrac{1}{8}$。

面の中心の原子は1つの面で等分に切られているので(ウ)は $\dfrac{1}{2}$。

(3) (A)では $1+\left(\dfrac{1}{8}\right)\times 8=2$ 　(B)では $\left(\dfrac{1}{2}\right)\times 6+\left(\dfrac{1}{8}\right)\times 8=4$

エクセル 単位格子中の原子の数
　　　$=\dfrac{1}{8}\times$（立方体の頂点にある原子の数）$+\dfrac{1}{2}\times$（面の中心にある原子の数）
　　　$+1\times$（単位格子中に全部が入る原子の数）

● 各原子の単位格子中の存在数

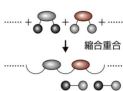

体心立方格子　面心立方格子

1個　$\dfrac{1}{8}$個　$\dfrac{1}{2}$個

59 解答 (1) C (2) A (3) A (4) B (5) C (6) B

解説 金属原子と非金属原子からなる物質❶は，塩化カルシウム $CaCl_2$，酸化ナトリウム Na_2O
金属原子だけからなる物質❷は，ナトリウム Na，青銅（Cu，Sn）
非金属原子だけからなる物質❸は，塩化水素 HCl，酸素 O_2

エクセル 非金属元素　周期表の右端の上方に位置する。
　1族のH，13族のB，14族のCとSi，18族と17族はすべての元素が非金属元素である。
　非金属以外の元素はすべて金属元素と考える。

❶ イオン結合
金属原子と非金属原子間の結合

❷ 金属結合
金属原子間の結合

❸ 共有結合
非金属原子間の結合

60 解答 (1) (イ) (2) (ウ) (3) (ア)

解説 (ア) 昇華しやすいのは分子からなる物質である。ヨウ素 I_2 やドライアイス CO_2 などがある。
(イ) 薄く広がる性質（展性）は金属の特徴である。金 Au はこの性質が著しい。
(ウ) 固体で通電しないが，液体または水溶液で通電するのはイオン結晶の特徴。

▶ 物質の性質は，その結晶の種類（イオン結晶，分子結晶，金属の結晶）により，だいたい推定できる。

22 —— 1章　物質の構成

エクセル	金属結晶	固体・液体ともに電気を通す。展性(薄く広がる性質)，延性(線状に延びる性質)をもつ。
	イオン性の結晶	固体では電気を通さないが，液体または水溶液では通る。かたいが，もろい。
	分子結晶	固体でも液体でも電気を通さない。液体や気体になりやすく，昇華する物質もある。

61 解答　(1)　A　(2)　B　(3)　C　(4)　B　(5)　A　(6)　C

解説　塩化ナトリウムは水に溶けやすい白色固体で，ソーダ工業の原料や調味料として使われている。

炭酸カルシウムは水に溶けにくい白色固体で，サンゴや貝殻の主成分で，石灰石や大理石にも含まれている。セメントの原料にもなる。

塩化カルシウムは水によく溶ける白色固体で，吸湿性を利用して乾燥剤に使われたり，潮解性❶を利用して道路の凍結防止剤として使われたりする。

エクセル　身のまわりのイオンからなる物質の例
　　　　$NaCl$，$CaCO_3$，$CaCl_2$

● 身のまわりのイオン性物質
▶ $NaCl$
・ソーダ工業の原料
・調味料

▶ $CaCO_3$
・石灰石，大理石，サンゴ，貝殻の主成分

▶ $CaCl_2$
・乾燥剤(吸湿性)
・凍結防止剤(潮解性)

❶潮解性
空気中の水分を吸収して水溶液になる性質

62 解答　(1)　ダイヤモンド　　(2)　二酸化ケイ素　　(3)　酢酸
　　　　(4)　ベンゼン　　　　(5)　ポリエチレンテレフタラート

エクセル　身のまわりの共有結合からなる物質の例
　　　有機化合物　　メタン・エチレン・ベンゼン・エタノール・酢酸
　　　高分子化合物　ポリエチレン・ポリエチレンテレフタラート

63 解答　(1)　アルミニウム　　(2)　銅　　(3)　水銀　　(4)　鉄

エクセル　身のまわりの金属の例
　　　アルミニウム・銅・水銀・鉄

64 解答　(4)

解説　(1)　正
　(2)　K^+とCl^-はともに最外殻電子はM殻に8個である。しかし，陽子数はK^+19個とCl^-17個であり，原子核のもつ正電荷はK^+の方が大きく，それだけ最外殻電子の電子1個を中心に引く力が大きい。したがって，イオンの大きさは$Cl^- > K^+$である。正
　(3)　共有結合のN—Hと配位結合のN—Hは区別されない。正
　(4)　結合に極性があっても，分子全体として，その極性が打ち消され無極性分子となることがある❶。誤
　　　例：二酸化炭素 CO_2　メタン CH_4 など
　(5)　金属表面の自由電子が光を反射する❷ので，金属には金属光沢がある。正

❶「分子の極性」を考えるときは，共有結合に極性があることと，その極性が分子全体として打ち消されていないことを考える。したがって極性の有無は，分子の立体構造も考える必要がある。

❷ほとんどの金属は，可視光線を反射するため，銀白色に見える。

エクセル 金属結晶は，自由電子のはたらきにより，特徴的な性質を示す。
① 金属光沢がある。
② 電気伝導性，熱伝導性が大きい。
③ 展性，延性

65

解答 ① 不対電子 ② 共有電子対 ③ 極性 ④ 電気陰性度 ⑤ 水素結合 ⑥ ファンデルワールス ⑦ 極性 ⑧ 静電気
(A) H_2O (B) SiH_4 (ア) 16 (イ) 14

●分子間にはたらく力

解説 各原子が不対電子を1個ずつ出し合って，共有電子対1組をつくるのが共有結合である。異なる種類の原子間に共有結合が形成されると，共有電子対は電気陰性度の大きい原子の方にかたより，結合する原子間に＋，－の電荷を生じる。これが結合の極性である。分子間力にはすべての分子間にはたらく引力のほかに，極性にもとづく静電気力もはたらくことがある。また，電気陰性度の大きいF，O，Nの原子などが水素原子と共有結合している場合は，分子間に水素結合が生じる。この結合はファンデルワールス力よりはるかに強く，物質の沸点を異常に高くする。

エクセル 分子間にはたらく力の大きさ
水素結合＞共有結合の極性による静電気力＞すべての分子間にはたらく力
分子間にはたらく力が強いほど，沸点は高くなる。

66

解答 (1) (ア) 共有結合 (イ) 金属結合 (ウ) 共有結合 (エ) イオン結合
(2) i (3) 2組 (4) (5) (ウ)

●電気陰性度

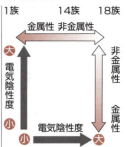

解説 (1) 与えられた周期表について，金属原子はc, d, k, l, mであり，残りは非金属原子と考えられる。
(ア) 非金属原子どうし，(イ) 金属原子どうし，(ウ) 非金属原子どうし，(エ) 非金属原子と金属原子
(2) 18族の原子は結合をほとんどつくらないので，電気陰性度は考えない。周期表の右へいくほど，また，上へいくほど電気陰性度は大きい。
(3) 原子の不対電子の数は，aは1，pは2。不対電子は共有結合をつくるから，pの原子1個にaの原子が2個結合する。pの価電子6個のうち残りの4個が非共有電子対をつくるから2組。

$$a\cdot + \cdot\overset{..}{p}\cdot + \cdot a \rightarrow a\overset{..}{:}\overset{..}{p}\overset{..}{:}a$$

(4) 電子式 $\cdot\overset{\cdot}{f}\cdot$ $\cdot\overset{..}{h}\overset{..}{:}$
fには不対電子4個，hには不対電子2個があるから，fは2個のhとそれぞれ不対電子を2個出し合って共有電子対をつくる。

(5) nとhはともに非金属原子。nはケイ素Si, hは酸素Oでこの化合物はSiO₂である。

エクセル 1族(水素を除く)と2族は金属元素、第3周期までの元素については、これらの族の元素以外には13族のアルミニウムAlが金属元素である。

電気陰性度　同周期の原子では原子番号の大きいほど大
　　　　　　同族元素では原子番号の小さいほど大
　　　　　　(ただし、18族の元素については考えない)

族	1族	2族	13族	14族	15族	16族	17族	18族
原子の最外殻電子数	1	2	3	4	5	6	7	8
不対電子数	1	2	3	4	3	2	1	0

67

解答 (ア) 4　(イ) 正四面体　(ウ) 5　(エ) 4　(オ) 三角錐

解説
(ア) 14族のCの最外殻電子は4個であり、不対電子数も4個である。

(イ) 炭素原子と水素原子間に形成される共有電子対はすべて等価である。また、H−C−Hの結合角はいずれも109.5°となり正四面体構造となる。

(ウ) 15族のNの最外殻電子は5個であり、不対電子数は3個である。

(エ) 共有電子対3組と非共有電子対1組より計4組の電子対がある。

(オ) 構造中に非共有電子対と共有電子対が存在し、共有電子対どうしの反発よりも非共有電子対と共有電子対の反発のほうが大きくなる。
したがって、H−N−Hの結合角は106.7°となり、正四面体構造の結合角より小さくなることから、三角錐形構造になる。

●アンモニア　NH₃

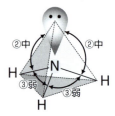

H−N−Hの結合角　106.7°
→正四面体構造の結合角109.5°より小さい。

エクセル 2種類の電子対により、電子対間には次の3つの反発がある。
① 非共有電子対どうしの反発
② 非共有電子対と共有電子対の反発
③ 共有電子対どうしの反発
　反発力の大きさ　①＞②＞③

68

解答
(1) Na⁺の数　4個　Cl⁻の数　4個　(2) $2.2×10^{22}$
(3) NaBr＞NaF＞NaCl
(4) NaF＞NaCl＞NaBr
　理由　イオン間の距離が小さいほどイオン結合は強くなり、融点が高くなる。

解説
(1) 単位格子の中に存在するNa⁺(図の小丸)は8個の頂点と6個の面の中心にある。したがって、
$$\left(\frac{1}{8}\right)×8+\left(\frac{1}{2}\right)×6=4個$$

●単位格子中の存在割合

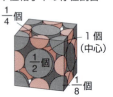

単位格子の中に存在するCl⁻(図の大丸)は12個の辺の中心と立方体の中心にある。

$\left(\dfrac{1}{4}\right) \times 12 + 1 = 4$ 個

(2) 単位格子の体積$(5.6 \times 10^{-8})^3 \mathrm{cm}^3$ に含まれるNa^+の数は4個なので，$1.0\,\mathrm{cm}^3$に含まれるNa^+の数は

$\dfrac{1.0}{(5.6 \times 10^{-8})^3} \times 4 = 2.22 \times 10^{22} \fallingdotseq 2.2 \times 10^{22}$

(3) 密度は単位格子の体積(一辺の三乗)に反比例し，質量に比例する。Na^+の半径を1とするとNaFの単位格子の一辺は$4.06(1 \times 2 + 1.03 \times 2)$となる。同様に$\mathrm{NaCl}$は4.88，$\mathrm{NaBr}$は5.14となる。

単位格子中に各4個のイオンを含むので，$\mathrm{NaF} = 42$，$\mathrm{NaCl} = 58.5$，$\mathrm{NaBr} = 103$を用いて密度の比を表すと次のようになる。

NaFの密度：NaClの密度：NaBrの密度

$= \dfrac{42 \times 4}{(4.06)^3} : \dfrac{58.5 \times 4}{(4.88)^3} : \dfrac{103 \times 4}{(5.14)^3}$

$\fallingdotseq 2.51 : 2.01 : 3.03$

よって $\mathrm{NaBr} > \mathrm{NaF} > \mathrm{NaCl}$ の順に密度は高い。

(4) イオン結合の強さは，両方のイオンの価数の積が大きいほど大きく，陽イオンと陰イオンの間の距離が小さいほど大きくなる❶。そのため，最もイオン結合が強く結びついているのがNa^+とF^-である。イオン結合が強いほど，融点も高くなるため，最も融点が高いのもNaFである。

❶イオン結合の強さ

| 陽イオンと陰イオンの価数の積が大 | 強くなる |
| 陽イオンと陰イオンの間の距離が小さい | |

エクセル 結晶格子　結晶中の規則的な粒子の配列
　　　　単位格子　結晶格子の繰り返し単位
　　　　　　　　(頂点・辺・面にある原子は，格子である立方体の中にある部分だけ考える。)

69 解答　(ア) アルカリ金属　(イ) 体心立方　(ウ) 自由　(エ) 熱
　　　(オ) 延性
　　　(a) 1　(b) 18　(c) $\sqrt{3}$　(d) 2

解説 (1) アルカリ金属は価電子を1個もつため，この電子を自由電子にすることで金属結合で結びつく。金属は，この自由電子のために電気や熱を伝えやすく，展性・延性をもつ。

(2) 充填率とは，原子自身が結晶中の空間に占める体積の割合を示したものである。したがって，問題に与えられた式は，

充填率$[\%] = \dfrac{\text{格子中に含まれる原子自身の体積}}{\text{単位格子の体積}} \times 100$

●充填率
面心立方格子
74%
体心立方格子
68%

(格子中に含まれる原子自身の体積)＝

$$\frac{4}{3}\pi \times (原子の半径)^3 \times (単位格子中の原子の個数)$$

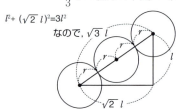

$l^2 + (\sqrt{2}\, l)^2 = 3l^2$
なので, $\sqrt{3}\, l$

原子の半径 r と単位格子の一辺の長さ l との関係は, 原子が立方体の対角線の方向ですべて接していることに注目すると, 左図のようになる。

$4r = \sqrt{3}\, l$ より, $r = \dfrac{\sqrt{3}}{4} l$

単位格子中の原子の数は,

$\dfrac{1}{8} \times 8 + 1 = 2$ 個
　↑　　↑
　頂点 中心

格子中に含まれる原子自身の体積は,

$\dfrac{4}{3} \pi \times \left(\dfrac{\sqrt{3}}{4} l\right)^3 \times 2$

よって, (c) ＝ $\sqrt{3}$, (d) ＝ 2 となる。

エクセル 充填率＝原子自身が結晶中の空間に占める体積の割合

70
解答 蒸気の温度を測るため, 温度計の先を枝つきフラスコの枝の付け根の高さに合わせる。

解説 ここでは, 枝つきフラスコの底を加熱しているので, 蒸気の温度は上側ほど低くなる。そのため, 出ていく蒸気の温度を測るには, 温度計の先を枝つきフラスコの枝の付け根の高さに合わせる必要がある。

キーワード
・沸点
・物質の分離

71
解答 加温されたヨウ素は昇華して紫色の気体になる。ヨウ素はビーカーの底部の水で冷却され, 再び黒紫色の結晶となって付着する。

解説 固体が液体を経ずに直接気体になる現象を昇華とよぶ。その気体を冷却すると直接固体となる。
昇華するものとしては, ヨウ素の他に防虫剤のナフタレンやパラジクロロベンゼンなどがある。

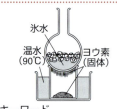

キーワード
・昇華

72
解答 同素体とは同じ元素からなる互いに性質の異なる単体である。同位体とは原子番号が同じで互いに質量数の異なる原子のことである。同素体の化学的性質は互いに異なるが, 同位体の化学的性質には差が見られない。

解説 (同素体の例)
S の同素体：斜方硫黄(斜方晶), 単斜硫黄(単斜晶), ゴム状硫黄(ゴム状)

C の同素体：黒鉛(黒色, 電気伝導性あり, やわらかい), ダイヤモンド(無色, 電気伝導性なし, かたい)

キーワード
・同素体
・同位体

Oの同素体：酸素（分子式 O_2，無色）とオゾン（分子式 O_3，淡青色）
Pの同素体：黄リン（猛毒，黄色），赤リン（毒性が低い，赤色）
（同位体の例）

^1_1H（水素）

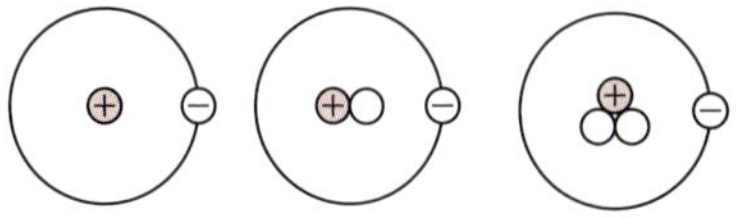

^2_1H（重水素）

^3_1H（三重水素）

73
解答 放射性炭素 ^{14}C は 5730 年の半減期で壊変する。そのため，遺跡や土器に含まれている ^{14}C の濃度は，時間の経過とともに一定の割合で減少する。このことを利用して，遺跡や土器が使われていた年代を推定することができる。

解説 放射性同位体が半分に減る時間を半減期という。^{14}C の半減期は 5730 年である。これは，はじめに存在していた ^{14}C の量が $\frac{1}{2}$ になるまで 5730 年を要することを意味している。

キーワード
・放射性同位体
・半減期

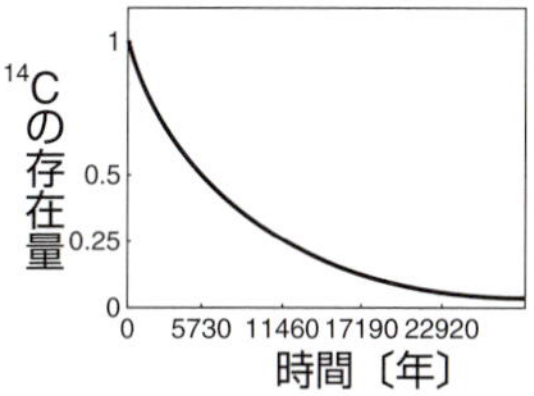

74
解答 原子番号の増加により周期的に変化する陽子数が多いほど電子を強く引きつけるため。

解説 原子から電子を1つ取り去るのに必要なエネルギーを第一イオン化エネルギーとよぶ。第一イオン化エネルギーは同一周期では，原子番号が増加するほど大きくなる。また，同族では下にいくほど陽子が電子を引きつける力が弱くなるため，第一イオン化エネルギーは小さくなる。

キーワード
・第一イオン化エネルギー
・陽子数

75
解答 大きさ　水素＞リチウム＞ナトリウム＞カリウム
理由　原子番号が大きい原子ほど，正の電荷をもつ原子核と負の電荷をもつ電子の距離が大きくなるため，第一イオン化エネルギーは小さくなる。

解説 第一イオン化エネルギーの値が大きいほど陽イオンになりにくく，第一イオン化エネルギーの値が小さいほど陽イオンになりやすい。

キーワード
・第一イオン化エネルギー

76
解答 典型元素では同族元素の化学的性質がよく似ている。遷移元素は隣り合う元素どうしの化学的性質がよく似ている。

解説 一般に，典型元素では原子番号が1つ増えるごとに最外殻の電子殻に電子が1つずつ収容される。一方で，遷移元素では，原子番号が1つ増えると内側の電子殻に電子が1つ収容される。そのため，典型元素では同族元素の化学的性質がよく似ているのに対して，遷移元素では隣り合う元素どうしの化学的性質が似ている。

キーワード
・典型元素
・遷移元素

28 —— 1章　物質の構成

77 解答
電子の数が同じなら陽子数が大きいほどイオン半径が小さくなる。これは原子核の正電荷が大きくなるにつれて，電子がより原子核に引きつけられるためである。

キーワード
・イオン半径
・原子番号

解説
陽イオンは原子が電子を放出してできる。このため，原子半径に比べて陽イオンのイオン半径は小さくなる。

同族元素では，原子番号が大きくなるほどイオン半径は大きくなり，同一周期の元素では，原子番号が大きいほど原子核の正電荷が大きくなるためイオン半径が小さくなる。

78 解答
Cs^+とF^-，Na^+とF^-では正電荷と負電荷の電気量が同じだが，イオン間距離は前者が大きく，静電気的引力は弱いため，融点が低くなる。

キーワード
・静電気的引力

解説
物質の融点は構成粒子間の力が強いほど高い。陽イオンと陰イオン間にはたらく静電気的引力（クーロン力）の強さは，正電荷と負電荷の電気量の積に比例し，その距離の2乗に反比例する。

79 解答
水やアンモニアは非共有電子対をもち，これらが中心金属イオンに配位結合して錯イオンを形成する。

キーワード
・非共有電子対
・錯イオン

解説
水は分子内に2組の非共有電子対をもち，アンモニアは分子内に1組の非共有電子対をもつ。

これらが，金属イオンの空の電子殻に配位結合して錯イオンを形成する。たとえば，銅（Ⅱ）イオンに水4分子が配位結合するとテトラアクア銅（Ⅱ）イオンになり，銅（Ⅱ）イオンにアンモニア4分子が配位結合するとテトラアンミン銅（Ⅱ）イオンになる。

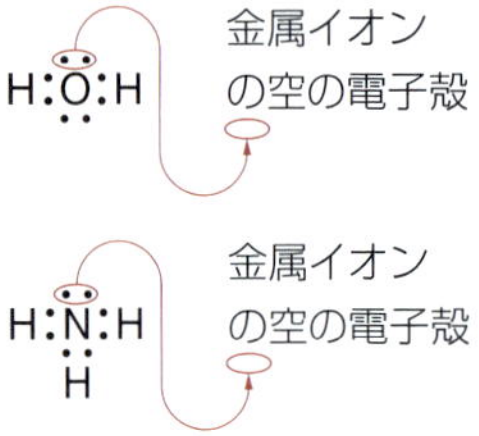

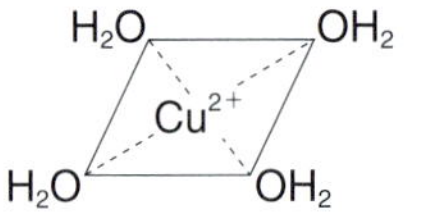

H:O:H　金属イオンの空の電子殻

H:N:H　金属イオンの空の電子殻
H

H₂O　　　　OH₂
　　Cu²⁺
H₂O　　　　OH₂
テトラアクア銅（Ⅱ）イオン

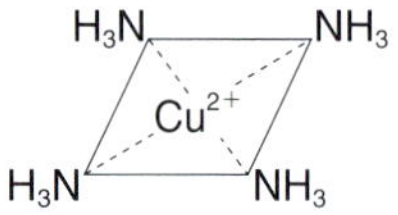

H₃N　　　　NH₃
　　Cu²⁺
H₃N　　　　NH₃
テトラアンミン銅（Ⅱ）イオン

80

解答 電気陰性度は原子核が共有電子対を引きつける強さの尺度である。原子核と共有電子対の距離が近く、原子核の正電荷が大きいほど強く引き合う。そのため、同一周期では右側ほど電気陰性度の値が大きくなり、同族元素では上側ほど電気陰性度の値が大きくなる。

キーワード
・電気陰性度

解説 おもな元素の電気陰性度 F＞O＞N, Cl＞C＞H

電気陰性度と周期表の関係

81

解答 折れ線形である水分子はHとOの間に分極を生じるため分子全体として極性をもつ。二酸化炭素も同様にCとOの間に分極を生じるが直線形であるため、極性が打ち消され分子全体としては極性をもたない。

キーワード
・分極
・極性
・電気陰性度

解説 水も二酸化炭素も原子の電気陰性度が異なるため結合間に分極が生じる。二酸化炭素は直線形のため互いに極性を打ち消し合い、分子全体としては極性をもたない(無極性分子)。水は折れ線形の構造のため、極性を打ち消し合うことはできず、分子全体として極性をもつ(極性分子)。

82

解答 フッ化水素　理由　水素結合が分子間に形成されるから。

キーワード
・水素結合
・分子間の引力

解説 電気陰性度の大きい原子(F, O, N)と結合した水素原子をもつ分子には水素結合ができる。水素結合により分子間が強く引きつけ合うため、沸点は高くなる。

83

解答 ドライアイスは二酸化炭素分子が非常に弱い分子間力で結びついている。この分子間力は常温で容易に切れるので、固体から液体を経ることなく気体になりやすい。

キーワード
・分子間力

解説 無極性分子間に作用する分子間力は極めて弱く、物質によっては常温で簡単に切れ、粒子間に分子間力がほとんどはたらかない状態となる。このため、液体にならずに直接気体になるものがある。

84

解答 黒鉛は炭素原子の3個の価電子が他の炭素原子と共有結合し、残りの1個が平面内を自由に動くため。

キーワード
・価電子

解説 共有結合の結晶は、電気を通さないものが多いが、黒鉛は炭素原子がもつ4個の価電子のうち、3個を他の炭素原子との共有結合に用い、残りの1個が平面内を自由に動き回れる。このため、電気を通すことができる。

30 —— 1章　物質の構成

85 解答　体心立方格子　立方体の各頂点と中心に原子が配置している。格子内の原子の数は2で，原子に隣接する原子数（配位数）は8である。

面心立方格子　立方体の各頂点と各面の中心に原子が配置している。格子内の原子の数は4で，原子に隣接する原子数（配位数）は12である。

キーワード
・格子内の原子の数
・配位数

86 解答　イオン結晶は陽イオンと陰イオンがイオン結合で結びついたものである。そのため，イオン結晶をたたくと，陽イオンと陰イオンにはたらいていた引力が反発力に変わって割れやすくなる。

解説　イオン結晶がある特定の面に沿って割れる現象をへき開という。イオン結晶をたたくと，同符号の粒子間で反発が生じてへき開が起こりやすくなる。

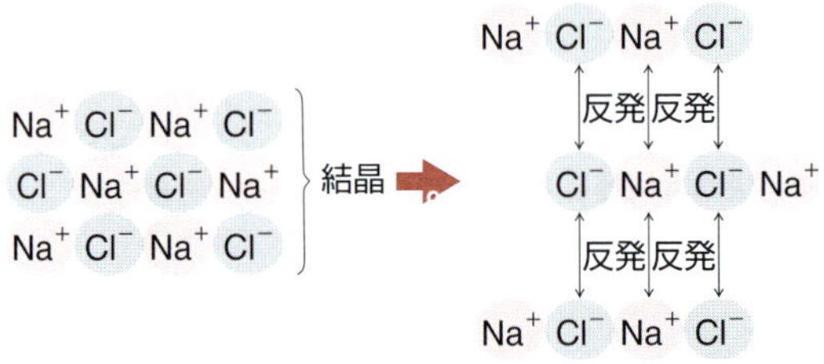

キーワード
・イオン結晶
・へき開

Na^+ Cl^- Na^+ Cl^-
Cl^- Na^+ Cl^- Na^+ ｝結晶　➡
Na^+ Cl^- Na^+ Cl^-

Na^+ Cl^- Na^+ Cl^-
　↕反発↕反発
Cl^- Na^+ Cl^- Na^+
　↕反発↕反発
Na^+ Cl^- Na^+ Cl^-

87 解答　共有結合　貴ガスと同様な電子配置を取るために，非金属原子どうしが不対電子を出し合って共有電子対を形成し結びつく結合。

イオン結合　金属原子が価電子を放出して陽イオンとなり，非金属原子が放出された電子を受け取り陰イオンとなって静電気的な引力により結びつく結合。

金属結合　金属の価電子が自由電子となって金属イオンのまわりを自由に動き，この自由電子を介して結びつく結合。

キーワード
・不対電子
・共有電子対
・陽イオン
・陰イオン
・自由電子

4 物質量（p.61）

88 解答 (ア) 32　(イ) 3　(ウ) 20

解説 (ア) 原子 A の相対質量を m_a とする。

$12 \times 8 = m_a \times 3$ より，$m_a = 32$

(イ) N_2 の数を x〔個〕とする。

$12 \times 7 = 28 \times x$ より，$x = 3$

(ウ) Ca 原子の相対質量が 40 なら，Ca^{2+} の相対質量も 40[1]。

^{12}C が y〔個〕であるとする。

$12 \times y = 40 \times 6$ より，$y = 20$

[1] 電子の質量は非常に小さいため，Ca 原子の相対質量＝Ca^{2+} の相対質量と考えることができる。

エクセル 原子の相対質量　質量数 12 の炭素原子 ^{12}C 1 個の質量を 12 とし，これを基準として各原子の相対質量を定める。

89 解答 (ア) 原子番号　(イ) 質量数　(ウ) 同位体　(エ) 原子量
(オ) 分子量　(カ) アボガドロ　(キ) mol（モル）

解説 (ア) 原子核の陽子数が原子番号。(イ) 陽子数＋中性子数の値が質量数。(ウ) 原子番号が同じで質量数（または中性子数）の異なる原子を互いに同位体という。(エ) 原子量は同位体の相対質量の組成平均で求められる。(オ) 分子を構成している原子の原子量の総和は分子量。(カ)，(キ) ^{12}C の 12g 中に含まれる ^{12}C の数がアボガドロ数で，粒子のアボガドロ数個の集団を 1mol という。

エクセル 原子量　同位体の相対質量の組成平均
1 mol　原子・分子・イオンなどの粒子のアボガドロ数個の集団

90 解答 (1) 28　(2) 2.3×10^{-23} g

解説 (1) 元素の原子量の比較は，元素の原子の平均化した質量の比較である。求める原子の原子量を x とすると

$14 : x = 1 : 2$ より，$x = 14 \times 2 = 28$

(2) 窒素原子 6.0×10^{23} 個の質量が 14g である。

窒素原子 1 個の質量[1]は，$\dfrac{14g}{6.0 \times 10^{23}} = 2.33 \times 10^{-23} \fallingdotseq 2.3 \times 10^{-23}$ g

▶原子がアボガドロ数個集まった質量は，原子量に g をつけた質量と等しい。

[1] 原子 1 個の質量
$= \dfrac{原子量}{アボガドロ数}$

エクセル 原子 1mol の質量は原子量〔g〕である。

91 解答 (1) 63.5　(2) ^{35}Cl　75.0%　^{37}Cl　25.0%

解説 元素の原子量は，同位体の相対質量の組成平均である。

(1) $62.9 \times \dfrac{69.2}{100} + 64.9 \times \dfrac{30.8}{100} = 63.50 \fallingdotseq 63.5$

(2) ^{35}Cl の存在比を x〔%〕とすると

$35.0 \times \dfrac{x}{100} + 37.0 \times \dfrac{100-x}{100} = 35.5$　　$x = 75.0\%$

エクセル 同位体 A と B からなり，A の相対質量が m，B の相対質量が n，A の組成が x〔%〕なら，

$$原子量 = m \times \frac{x}{100} + n \times \frac{100-x}{100}$$

32 —— 2章　物質の変化

92 解答
(1) 二酸化炭素分子　1.2×10^{23} 個　炭素原子　1.2×10^{23} 個
　　酸素原子　2.4×10^{23} 個　　(2)　2.5 mol

解説
(1)　二酸化炭素 1 mol は，6.0×10^{23} 個の二酸化炭素分子の集団
　　である。6.0×10^{23}/mol $\times 0.20$ mol $= 1.2 \times 10^{23}$

　　1 個の二酸化炭素分子 CO_2 は炭素原子 1 個と酸素原子 2 個
　　からなる。

　　炭素原子 1.2×10^{23}，酸素原子 $1.2 \times 10^{23} \times 2 = 2.4 \times 10^{23}$

(2)　鉄原子 6.0×10^{23} 個の物質量が 1 mol だから

$$\frac{1.5 \times 10^{24}}{6.0 \times 10^{23}/\text{mol}} = 2.5 \, \text{mol}$$

● CO_2 1 mol では
$\underline{C}\,\underline{\underline{O_2}}$ の粒子数
6.0×10^{23} 個

↓

$\underline{C}$ の粒子数
6.0×10^{23} 個

$\underline{\underline{O}}$ の粒子数
1.2×10^{24} 個

エクセル　粒子数 $\xrightarrow{\div 6.0 \times 10^{23}/\text{mol}}$ 物質量〔mol〕$\xrightarrow{\times 6.0 \times 10^{23}/\text{mol}}$ 粒子数

93 解答
(1)　32　　(2)　18　　(3)　17　　(4)　98
(5)　60　　(6)　180

解説
(1)　$16 \times 2 = 32$
(2)　$1.0 \times 2 + 16 = 18$
(3)　$14 + 1.0 \times 3 = 17$
(4)　$1.0 \times 2 + 32 + 16 \times 4 = 98$
(5)　$12 + 1.0 \times 3 + 12 + 16 + 16 + 1.0 = 60$
(6)　$12 \times 6 + 1.0 \times 12 + 16 \times 6 = 180$

▶構成粒子が分子のときは分子量，イオン・金属のときは式量という。

エクセル　分子量 = 分子式における構成元素の原子量の総和

94 解答
(1)　74.5　　(2)　40　　(3)　95　　(4)　74　　(5)　342

解説
(1)　$39 + 35.5 = 74.5$
(2)　$23 + 16 + 1.0 = 40$
(3)　$24 + 35.5 \times 2 = 95$
(4)　$40 + (16 + 1.0) \times 2 = 74$
(5)　$27 \times 2 + (32 + 16 \times 4) \times 3 = 342$

エクセル　式量 = 組成式やイオン式における構成元素の原子量の総和

95 解答
(1)　0.40 mol　　(2)　49 g　　(3)　68.4 g　　(4)　7.1 g

解説
(1)　H_2O の分子量は，$1.0 \times 2 + 16 = 18$ であり，1 mol は 18 g に
　　なる。

$$\frac{7.2 \, \text{g}}{18 \, \text{g/mol}} = 0.40 \, \text{mol}$$

(2)　H_2SO_4 の分子量は，$1.0 \times 2 + 32 + 16 \times 4 = 98$ であり，
　　1 mol は 98 g になる。
　　$98 \, \text{g/mol} \times 0.50 \, \text{mol} = 49 \, \text{g}$ ❶

(3)　$Al_2(SO_4)_3$ の式量は，$27 \times 2 + (32 + 16 \times 4) \times 3 = 342$ であ
　　り，$Al_2(SO_4)_3$ 1 mol は 342 g になる。
　　$342 \, \text{g/mol} \times 0.200 \, \text{mol} = 68.4 \, \text{g}$

(4)　$MgCl_2$ 1 mol には，Mg^{2+} 1 mol と Cl^- 2 mol が含まれる。
　　$MgCl_2$ 0.10 mol には，Cl^- 0.20 mol がある。Cl^- の式量は 35.5
　　であるから，$35.5 \, \text{g/mol} \times 0.20 \, \text{mol} = 7.1 \, \text{g}$

▶物質の 1 mol の質量（モル質量）は，分子量または式量に g をつけた量。

❶単位の計算
g/mol $\times$ mol = g

4　物質量　——　33

エクセル　分子 1 mol の質量 ＝ 分子量に g 単位をつけた量
　　　　　　イオン 1 mol の質量 ＝ 式量に g 単位をつけた量

$$\boxed{\begin{array}{c}\text{質量}\\ \text{〔g〕}\end{array}} \xrightarrow{\ \div\text{モル質量〔g/mol〕}\ } \boxed{\begin{array}{c}\text{物質量}\\ \text{〔mol〕}\end{array}} \xrightarrow{\ \times\text{モル質量〔g/mol〕}\ } \boxed{\begin{array}{c}\text{質量}\\ \text{〔g〕}\end{array}}$$

96

解答
(1)　6.00 g　　(2)　2.4×10^{23} 個
(3)　Na^+ の個数　1.20×10^{23} 個，Cl^- の個数　1.20×10^{23} 個

解説
(1)　C 原子の 3.00×10^{23} 個は 0.500 mol に相当する。C の原子
　　量は 12 なので，モル質量は 12 g/mol。よって
　　　　12 g/mol × 0.500 mol ＝ 6.00 g
(2)　水分子の分子量は，$1.0 \times 2 + 16 = 18$ なので，モル質量は
　　18 g/mol。よって

$$\frac{7.2\,g}{18\,g/mol} = 0.40\,mol$$

$$6.0 \times 10^{23}/mol \times 0.40\,mol = 2.4 \times 10^{23}$$

(3)　NaCl の式量は，$23 + 35.5 = 58.5$ なので
　　モル質量は 58.5 g/mol。NaCl の物質量は

●**イオン結晶の組成式では**

$$\boxed{\begin{array}{c}(\text{陽イオンの価数})\times\\ \text{陽イオンの数}\end{array}}$$
$$\|$$
$$\boxed{\begin{array}{c}(\text{陰イオンの価数})\times\\ \text{陰イオンの数}\end{array}}$$

$$\frac{11.7\,g}{58.5\,g/mol} = 0.200\,mol$$

Na^+ は，$6.0 \times 10^{23}/mol \times 0.200\,mol = 1.20 \times 10^{23}$
Cl^- は，$6.0 \times 10^{23}/mol \times 0.200\,mol = 1.20 \times 10^{23}$

エクセル　NaCl は Na^+ と Cl^- が 1：1 の数の比で構成されている。

97

解答
(1)　1.6×10^2 g　　(2)　0.800 g

解説
(1)　アルミニウム原子 3.6×10^{24} 個の物質量は

$$\frac{3.6 \times 10^{24}}{6.0 \times 10^{23}/mol} = 6.0\,mol$$

Al の原子量は 27 であるから
求める質量は，$27\,g/mol \times 6.0\,mol = 162\,g ≒ 1.6 \times 10^2\,g$
(2)　NaCl の式量は，$23 + 35.5 = 58.5$ であるから
NaCl 11.7 g の物質量は

$$\frac{11.7\,g}{58.5\,g/mol} = 0.200\,mol$$

NaCl は Na^+ と Cl^- からなる❶。
イオンの総物質量は，$0.200 \times 2 = 0.400\,mol$ になる。
よって，H_2 の 0.400 mol を集めることになる。
H_2 の分子量は，$1.0 \times 2 = 2.0$ であるから，H_2 の質量は
　　　　$2.0\,g/mol \times 0.400\,mol = 0.800\,g$

❶
1 単位
(Na)(Cl)
↓
イオンの総数
(Na^+)(Cl^-)
1 個 ＋ 1 個 ＝ 2 個

エクセル　物質中の原子 A の数 ＝ 分子数 ×（1 分子中の原子 A の数）

98

解答
(1)　0.050 mol
(2)　Ca^{2+}　3.0×10^{22} 個　　OH^-　6.0×10^{22} 個

解説
(1)　$Ca(OH)_2$ の式量は $40 + (16 + 1.0) \times 2 = 74$ であり，1 mol
は 74 g なので，

▶粒子 1mol の数はアボガドロ
数個（ここでは 6.0×10^{23} 個）

$$\frac{3.7\,\text{g}}{74\,\text{g/mol}} = 0.050\,\text{mol}$$

(2) Ca(OH)₂ 0.050 mol は，Ca²⁺イオン 0.050 mol と OH⁻イオン 0.050×2 = 0.10 mol から構成される。1 mol は 6.0×10²³ 個の集団であるから

Ca²⁺は，$6.0 \times 10^{23}/\text{mol} \times 0.050\,\text{mol} = 3.0 \times 10^{22}$

OH⁻は，$6.0 \times 10^{23}/\text{mol} \times 0.10\,\text{mol} = 6.0 \times 10^{22}$

エクセル 組成式中にイオンが n〔個〕あるとき，物質が 1 mol あれば，イオンの物質量は n〔mol〕，イオンの数は $6.0 \times 10^{23} \times n$〔個〕

99

解答 (1) 8.0 g　(2) 22.4 L　(3) 1.80×10^{24} 個

解説 (1) O₂ 1 mol の体積は 22.4 L である。

$$\frac{5.6\,\text{L}}{22.4\,\text{L/mol}} = 0.25\,\text{mol}$$

O₂ のモル質量は 32 g/mol であるので

$32\,\text{g/mol} \times 0.25\,\text{mol} = 8.0\,\text{g}$

(2) N₂ のモル質量は 28 g/mol である。N₂ 28.0 g は 1.00 mol であるから，$22.4\,\text{L/mol} \times 1.00\,\text{mol} = 22.4\,\text{L}$ ❶

(3) 標準状態では，どのような気体も 1 mol は 22.4 L の体積を占める。水素 67.2 L は，$\frac{67.2\,\text{L}}{22.4\,\text{L/mol}} = 3.00\,\text{mol}$

$6.0 \times 10^{23}/\text{mol} \times 3.00\,\text{mol} = 1.80 \times 10^{24}$

❶単位の計算
　L/mol × mol = L

エクセル 単位の換算

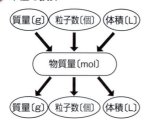

単位の換算（気体 1 mol）

体積	22.4 L（標準状態）
粒子数	6.0×10^{23}〔個〕
質量	分子量に〔g〕

100

解答 8.4 g

解説 酸素 O₂ の分子量は 32 であり，1 mol は 32 g であるから

O₂ 9.6 g は，$\frac{9.6\,\text{g}}{32\,\text{g/mol}} = 0.30\,\text{mol}$

分子数が等しいなら，N₂ の物質量も O₂ と同じ 0.30 mol である。❶
N₂ の分子量は 28 なので，$28\,\text{g/mol} \times 0.30\,\text{mol} = 8.4\,\text{g}$

エクセル 気体 n〔mol〕について

気体の分子数 = $6.0 \times 10^{23} \times n$

気体の質量〔g〕= モル質量 × n

❶分子の数が等しい
　＝物質量が等しい

101

解答 (1) 28　(2) 64　(3) 56

解説 (1) 気体 1 mol は標準状態で 22.4 L の体積を占める。

窒素 35 g の物質量は，$\frac{28\,\text{L}}{22.4\,\text{L/mol}} = 1.25\,\text{mol}$

窒素 1 mol の質量（モル質量）は，$\dfrac{35\,g}{1.25\,mol} = 28\,g/mol$

窒素の分子量は 28 と求められる。

(2) 同温・同圧のもとでは，同体積中に含まれる気体の分子数は等しい[1]。この気体分子はメタン分子の 4.0 倍の質量をもつ。 **❶アボガドロの法則**

メタン CH_4 の分子量は 16 より，この気体分子の分子量は

$$16 \times 4.0 = 64$$

(3) 鉄 1 mol に含まれる鉄原子 Fe の数は 6.0×10^{23}，鉄原子 Fe 1.2×10^{22} 個は

$$\dfrac{1.2 \times 10^{22}}{6.0 \times 10^{23}/mol} = 2.0 \times 10^{-2}\,mol$$

鉄 1 mol の質量（モル質量）は

$$\dfrac{1.12\,g}{2.0 \times 10^{-2}\,mol} = 56\,g/mol\ となり，式量は 56 と求められる。$$

エクセル 分子量 M の気体 1 mol（質量 M〔g〕）の体積は，標準状態で 22.4L
同温・同圧・同体積で分子量 m と n の気体の質量比 $= m : n$

102
解答 (4)

解説 組成式から，金属 M の原子 2 mol と結合する酸素原子 O は 3 mol である。M 2.6 g は酸素 3.8 g − 2.6 g = 1.2 g と結合する。M の原子量を x とする。 ▶組成式 A_xB_y では，A 原子と B 原子が $x : y$ の数の比で結合している。

$$\dfrac{2.6}{x} : \dfrac{1.2}{16} = 2 : 3\ \ より，\ x = 52$$

エクセル 原子が結合する数の比 = 結合する原子の物質量の比

103
解答 (1) **1.3 g/L** (2) **17** (3) **(ア)**

解説 (1) N_2 の分子量は，$14 \times 2 = 28$ であるから，窒素 1 mol の質量は 28 g。また，窒素 1 mol の体積は標準状態で 22.4L。よって，求める密度は

$$密度〔g/L〕 = \dfrac{28\,g}{22.4\,L} = 1.25\,g/L \fallingdotseq 1.3\,g/L$$

(2) 気体 1 mol の体積は標準状態で 22.4L より

$$密度〔g/L〕 = \dfrac{質量〔g〕}{22.4\,L} = 0.76\,g/L$$

1 mol の質量は，$0.76\,g/L \times 22.4\,L = 17.0\,g \fallingdotseq 17\,g$

よって，この気体の分子量は 17 とわかる。

(3) 同温・同圧において，気体の分子量が小さいほど密度も小さくなる[1]ので，同じ質量〔g〕で占める体積が大きくなる[2]。それぞれの気体の分子量は

(ア) $H_2 = 1.0 \times 2 = 2.0$

(イ) $NH_3 = 14 + 1.0 \times 3 = 17$

(ウ) $N_2 = 14 \times 2 = 28$

(エ) $HCl = 1.0 + 35.5 = 36.5$

(オ) $CO_2 = 12 + 16 \times 2 = 44$

である。よって，分子量が最も小さい(ア)となる。

❶同温・同圧においては，気体の分子量が小さいほど，1 mol の質量が小さくなり，密度も小さくなる。

❷密度〔g/L〕 $= \dfrac{質量〔g〕}{体積〔L〕}$ より，同じ質量〔g〕では，密度の小さい物質ほど体積が大きくなる。

36 —— 2章　物質の変化

エクセル $\text{密度〔g/L〕} = \dfrac{\text{質量〔g〕}}{\text{体積〔L〕}}$

104 **解答** 28.8

解説 窒素 N_2 の分子量は 28，酸素 O_2 の分子量は 32 より
平均分子量は

$$28 \times \frac{4}{4+1} + 32 \times \frac{1}{4+1} = 28.8$$

エクセル 空気などの混合気体における平均分子量は，各成分気体の分子量と存在比から求めた，分子量の平均値を用いる。見かけの分子量ともいう。

105 **解答**
(1) He　　(2) 1.2×10^{24}　　(3) 8.0

(4) 45　　(5) N_2　　(6) 0.25　　(7) 1.5×10^{23}

(8) 5.6　　(9) Na^+　　(10) 0.40

(11) 9.2　　(12) CO_2　　(13) 0.200

(14) 1.20×10^{23}　　(15) 8.80

解説
(2) $6.0 \times 10^{23}/\text{mol} \times 2.0\,\text{mol} = 1.2 \times 10^{24}$

(3) ヘリウム He の分子量は 4.0 より，$4.0\,\text{g/mol} \times 2.0\,\text{mol} = 8.0\,\text{g}$❶

(4) $22.4\,\text{L/mol} \times 2.0\,\text{mol} = 44.8\,\text{L} \fallingdotseq 45\,\text{L}$❶

(6) 窒素 N_2 の分子量は $14 \times 2 = 28$ より

$$\frac{7.0\,\text{g}}{28\,\text{g/mol}} = 0.25\,\text{mol}$$

(7) $6.0 \times 10^{23}/\text{mol} \times 0.25\,\text{mol} = 1.5 \times 10^{23}$

(8) $22.4\,\text{L/mol} \times 0.25\,\text{mol} = 5.6\,\text{L}$

(10) $\dfrac{2.4 \times 10^{23}}{6.0 \times 10^{23}/\text{mol}} = 0.40\,\text{mol}$

(11) Na^+ の式量は 23 より，$23\,\text{g/mol} \times 0.40\,\text{mol} = 9.2\,\text{g}$

(13) $\dfrac{4.48\,\text{L}}{22.4\,\text{L/mol}} = 0.200\,\text{mol}$

(14) $6.0 \times 10^{23}/\text{mol} \times 0.200\,\text{mol} = 1.20 \times 10^{23}$

(15) CO_2 の分子量は $12 + 16 \times 2 = 44$ より
$44\,\text{g/mol} \times 0.200\,\text{mol} = 8.80\,\text{g}$

❶単位の計算
$\text{g/mol} \times \text{mol} = \text{g}$
$\text{L/mol} \times \text{mol} = \text{L}$

エクセル はじめに物質量を求めてから，他の値を計算する。

106 **解答** 10%

解説 塩化ナトリウムの質量　$100\,\text{g} \times \dfrac{20}{100} = 20\,\text{g}$❶

水を加えたあとの水溶液の質量　$100\,\text{g} + 100\,\text{g} = 200\,\text{g}$

水を加えたあとの水溶液の濃度　$\dfrac{20\,\text{g}}{200\,\text{g}} \times 100 = 10\%$

エクセル $\text{質量パーセント濃度〔\%〕} = \dfrac{\text{溶質の質量〔g〕}}{\text{溶液の質量〔g〕}} \times 100$

❶

水溶液	
20g	80g
溶質	溶媒

4　物質量── 37

107 解答　**12%**

解説　混合水溶液の全体の質量　$150\,g + 100\,g = 250\,g$

溶質 NaCl の質量　$150\,g \times \dfrac{10}{100} + 100\,g \times \dfrac{15}{100} = 30\,g$

質量パーセント濃度　$\dfrac{30\,g}{250\,g} \times 100 = 12\%$

エクセル　混合溶液の質量＝混合前の各溶液の質量の総和
混合溶液の溶質の質量＝混合前の各溶液の溶質の質量の総和

108 解答　(4)

解説　$1.0\,mol/L$ は水溶液 1L 中に溶質が $1.0\,mol$ 含まれていることを意味する。NaOH $40\,g$ は $1.0\,mol$ に相当する。
(1)　溶質は $1.0\,mol$ であるが，水溶液の体積は 1L にならない。
(2)　溶質は $1.0\,mol$ であるが，水溶液の体積は 1L にならない。
(3)　溶質は $1.0\,mol$ であるが，水溶液の体積は 1L かどうかわからない。

エクセル　水溶液の体積を $1L(=1000\,mL)$ にする。水溶液 $1000\,mL$ の質量が $1000\,g$ であるかどうかは，水溶液の密度による。水溶液の密度が $d\,(g/mL)$ ならば，水溶液 $1000\,mL$ の質量は $1000d\,(g)$ である。

●溶液 1L の質量
溶液 1L の質量〔g〕
$= $ 密度〔g/cm^3〕$\times 1000\,cm^3$

109 解答　(1)　**0.10 mol**　(2)　**80 g**　(3)　**7.6%**

解説　水溶液 $1L(=1000\,mL)$ 中には NaOH が $2.0\,mol$ 含まれている。
(1)　50 mL では，$2.0\,mol/L \times \dfrac{50}{1000}\,L = 0.10\,mol$❶
(2)　NaOH の式量は 40 より
$40\,g/mol \times 2.0\,mol = 80\,g$❶
(3)　水溶液 $1L(=1000\,mL)$ の質量は
$1.05\,g/mL \times 1000\,mL = 1050\,g$❶
(2)より水溶液 $1050\,g$ に NaOH が $80\,g$ 溶けているから
質量パーセント濃度は，$\dfrac{80\,g}{1050\,g} \times 100 = 7.61 ≒ 7.6\%$

エクセル　x〔mol/L〕の溶液 v〔mL〕中に含まれる溶質について

その物質量は $x \times \dfrac{v}{1000}$〔mol〕

その質量は $x \times \dfrac{v}{1000} \times$（溶質の式量または分子量）〔g〕

▶モル濃度を質量パーセント濃度に変換するには溶液の密度が必要である。

❶単位の計算
$mol/L \times L = mol$
$g/mol \times mol = g$
$g/mL \times mL = g$

110 解答　(1)　**$1.83 \times 10^3\,g$**　(2)　**$1.78 \times 10^3\,g$，18.1 mol**
(3)　**18.1 mol/L**

解説　(1)　密度が $1.83\,g/cm^3$ なので硫酸水溶液 1.00 L
（$=1000\,mL = 1000\,cm^3$）の質量は
$1.83\,g/cm^3 \times 1000\,cm^3 = 1830\,g = 1.83 \times 10^3\,g$
(2)　この硫酸水溶液 1.00 L 中に含まれる溶質の硫酸の質量は
$1.83 \times 10^3\,g \times \dfrac{97.0}{100} = 1.775 \times 10^3\,g ≒ 1.78 \times 10^3\,g$

よって，溶質の硫酸の物質量は

$$\frac{1.775 \times 10^3 \text{g}}{98.0 \text{g/mol}} = 18.11 \text{ mol} \fallingdotseq 18.1 \text{ mol}$$

(3) 硫酸水溶液 1.00 L 中に含まれる溶質の硫酸は 18.1 mol なのでモル濃度は 18.1 mol/L である。

エクセル 密度 d〔g/cm³〕の v〔cm³〕の質量は dv〔g〕

111
解答 (1) 11.8 mol/L (2) 84.7 mL

解説 (1) 濃塩酸 1.00 L の質量は，$1.18 \text{g/cm}^3 \times 1000 \text{cm}^3 = 1180 \text{g}$
濃塩酸 1.00 L 中に溶けている HCl は

$$1180 \text{g} \times \frac{36.5}{100} = 430.7 \text{g}$$

HClの分子量は 36.5 なので，物質量は

$$\frac{430.7 \text{g}}{36.5 \text{g/mol}} = 11.8 \text{mol}$$

(2) 濃塩酸 1.00 L（= 1000 mL）中に HCl が 11.8 mol 溶けている。したがって，1.00 mol の HCl を得るのに必要な濃塩酸は

$$1000 \text{mL} \times \frac{1.00}{11.8} = 84.74 \fallingdotseq 84.7 \text{mL}$$

▶質量パーセント濃度からモル濃度への変換
① 溶液 1 L の質量〔g〕
　= 密度〔g/cm³〕× 1000 cm³
② 溶液 1 L 中に溶けている溶質の質量 m〔g〕
　= 溶液 1 L の質量〔g〕× $\frac{x}{100}$
　(x：質量パーセント濃度)
③ 溶質の質量 m を物質量 n に換算する。
$$n\text{〔mol〕} = \frac{m\text{〔g〕}}{\text{モル質量〔g/mol〕}}$$

エクセル 質量%濃度は溶液 100 g に溶けている溶質の質量で表す。
モル濃度は溶液 1 L 中に溶けている溶質の物質量で表す。

112
解答 (1) 91.2 g (2) 31.3%

解説 (1) 水 100 g に KNO₃ は 45.6 g まで溶かすことができる❶。
水 200 g には，$45.6 \text{g} \times \frac{200 \text{g}}{100 \text{g}} = 91.2 \text{g}$ まで溶ける。

(2) 30℃ では，水 100 g に KNO₃ は 45.6 g まで溶かすことができるから

$$\text{質量パーセント濃度} = \frac{45.6 \text{g}}{(100 + 45.6) \text{g}} \times 100 = 31.31 \fallingdotseq 31.3\%$$

❶
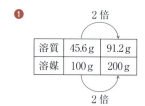

エクセル 溶解度　その温度で水 100 g あたりに溶ける溶質の質量〔g〕で表す。

113
解答 (1) 溶解度曲線 (2) 1.40 kg (3) 160 g
(4) 最適な物質　KNO₃　最も適さない物質　NaCl

解説 (1) 温度と溶解度の関係を示すグラフを溶解度曲線という。

(2) 硝酸カリウム KNO₃ の溶解度曲線から，70℃ での溶解度は約 140。水 100 g に KNO₃ が 140 g まで溶ける。
水 1.00 kg（= 1000 g）には，$140 \text{g} \times \frac{1000 \text{g}}{100 \text{g}} = 1400 \text{g} \fallingdotseq 1.40 \text{kg}$ 溶ける。

(3) 70℃ で水 200 g には KNO₃ が，$140 \text{g} \times \frac{200 \text{g}}{100 \text{g}} = 280 \text{g}$ まで溶ける。
40℃ での KNO₃ の溶解度は，溶解度曲線より 60 である。
40℃ の水 200 g には KNO₃ は，$60 \text{g} \times 2 = 120 \text{g}$ まで溶ける。
析出する KNO₃ の結晶は，$280 \text{g} - 120 \text{g} = 160 \text{g}$

▶溶解度曲線から，各温度における溶解度を読み取る。

(4) 再結晶による精製は，温度による溶解度の差が著しいほど効果的である。したがって，最も適しているのが KNO₃，最も適していないのが NaCl である。

エクセル 溶解度曲線　溶解度と温度の関係を表すグラフ
溶液の温度を下げると，その温度での溶解度を超えた分の溶質が結晶として析出する。

114
解答 (1) 55.4 g　(2) 16 g

解説 (1) 60℃ で NaNO₃ の水溶液 100 + 124 = 224 g あたりに，溶質の NaNO₃ が 124 g まで溶けている。水溶液 100 g に溶ける NaNO₃ は，$124\,\text{g} \times \dfrac{100\,\text{g}}{224\,\text{g}} = 55.35 \doteqdot 55.4\,\text{g}$ ❶

(2) 飽和水溶液 224 g を 60℃ から 20℃ まで冷却すると，析出する NaNO₃ の質量は，124 g − 88 g = 36 g
飽和水溶液 100 g では，$36\,\text{g} \times \dfrac{100\,\text{g}}{224\,\text{g}} = 16.0 \doteqdot 16\,\text{g}$ ❷

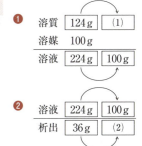

エクセル t_1〔℃〕で水 100 g に溶質を加えて溶かした飽和水溶液を t_2〔℃〕まで冷却するときに析出する結晶の質量〔g〕= t_1〔℃〕での結晶の溶解度 − t_2〔℃〕での結晶の溶解度

115
解答 (1) 40.0 g　(2) 再結晶（法）

解説 表から，水 100 g に 0℃ で溶けている KNO₃ は 13.3 g，0℃ で析出した結晶 KNO₃ は 76.7 g であるから，60℃ で溶かした KNO₃ は，76.7 + 13.3 = 90.0 g。60℃ での水 100 g には 109.0 g まで溶けることができるので，60℃ で KNO₃ の結晶は析出しない。最初に溶けていた KNO₃ は，90.0 − 50.0 = 40.0 g
塩化ナトリウムの溶解度は 0℃ と 60℃ でほとんど変化しないので，NaCl は 0℃ でも析出しない。したがって，純粋な KNO₃ の結晶を得ることができる。

▶KNO₃ と NaCl をそれぞれ独立して考えることができる。

エクセル 再結晶による精製は，温度による溶解度の差が著しい物質が適している。

116
解答 (1) $\dfrac{A}{N_A}$〔g〕　(2) $\dfrac{mN_A}{M}$〔個〕　(3) $\dfrac{vM}{V}$〔g〕

解説 (1) 原子 1 mol あたりの原子の数がアボガドロ定数（N_A）であり，その質量は A〔g/mol〕。
原子 1 個の質量は，$\dfrac{A}{N_A}$〔g〕❶

(2) 気体が M〔g〕のときの分子の数は N_A〔個〕であるから，気体が m〔g〕のときの分子の数は，$N_A \times \dfrac{m}{M} = \dfrac{mN_A}{M}$〔個〕❶

(3) 標準状態で 1 mol の気体の体積は V〔L〕であり，気体の質量は M〔g〕であるから
標準状態で v〔L〕の気体の質量は，$M \times \dfrac{v}{V} = \dfrac{vM}{V}$〔g〕❶

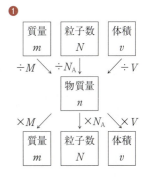

エクセル ① 1 mol の粒子数 = アボガドロ数
② 原子 1 mol の質量 = 原子量に g をつけた量

40 —— 2章　物質の変化

117 解答　$\dfrac{MV_1S_1}{WV_2S_2}$〔/mol〕

解説　水面を覆ったステアリン酸の質量は　$W \times \dfrac{V_2}{V_1}$〔g〕

これを物質量にすると　$\dfrac{WV_2}{MV_1}$〔mol〕

水面を覆ったステアリン酸分子の数　$\dfrac{S_1}{S_2}$

アボガドロ定数を N_A〔/mol〕とすると，次の比例式ができる。

　$1\text{mol} : \dfrac{WV_2}{MV_1}$〔mol〕$= N_A : \dfrac{S_1}{S_2}$

この式より，$N_A = \dfrac{MV_1S_1}{WV_2S_2}$

エクセル　ステアリン酸の W〔g〕が水面を覆うとき，アボガドロ定数を N_A〔/mol〕とすれば，

水面を覆ったステアリン酸の数は $\dfrac{W}{M} \times N_A$

118 解答
(1)　元素の原子量は，同位体の相対質量の組成平均で表され，炭素には ^{12}C，^{13}C，^{14}C の3種の同位体があるから。

(2)　$1.67 \times 10^{-24}\,g$　　(3)　3倍

(4)　大きくなるもの　(ア)　小さくなるもの　(ウ)と(エ)
　　変化しないもの　(イ)

解説
(1)　元素の原子量は ^{12}C の質量を 12 としたときその元素の同位体の相対質量の組成平均で表す。炭素原子には ^{12}C，^{13}C，^{14}C の同位体がある。^{13}C，^{14}C の相対質量は約 13，14 である。

(2)　H 原子 6.02×10^{23} 個の質量が $1.008\,g$ であるから，H 1 個の質量は $\dfrac{1.008\,g}{6.02 \times 10^{23}} = 1.674 \times 10^{-24}\,g \fallingdotseq 1.67 \times 10^{-24}\,g$

(3)　Cl の原子番号は 17 であるから，中性子数 18 個の Cl 原子の相対質量は 35，中性子数 20 個の Cl 原子の相対質量は 37 と考えられる。
中性子数 18 個の Cl 原子の存在割合を x〔%〕とする。塩素の原子量は 35.453 であるから，次の関係式ができる。

　$35 \times \dfrac{x}{100} + 37 \times \dfrac{100 - x}{100} = 35.453$

$x = 77.3 \fallingdotseq 77$，中性子数 18 個の Cl 原子 77%，中性子数 20

個の Cl 原子 23%，$\dfrac{77}{23} = 3.3 \fallingdotseq 3$　約 3 倍

(4)　(ア)　炭素の各同位体の相対質量が大きくなるので，炭素の原子量は増加する。(イ)　液体の水の特定の体積の質量には影響はない。(ウ)　(ア)と同様に鉄の原子量が増加するから，鉄 1g の物質量は減少する。(エ)　標準状態で 1L の酸素の質量は変化しないが，酸素の原子量が増加するので，物質量は減少する。

エクセル　基準となる原子に対する各原子の相対質量が増加すると，各元素の原子量は増加する。

119

解答 35.2 g

解説 最初の溶液中の溶質 $= 140 \times \dfrac{40.0}{100+40.0} = 40.0$ g

$CuSO_4 \cdot 5H_2O$ の析出量を x [g] とおくと

溶質に相当する質量 $= \dfrac{160}{250} x$ [g] ❶

よって，飽和溶液では $\dfrac{溶質の質量}{溶液の質量} = \dfrac{溶解度}{100+溶解度}$ より

20℃において

$\dfrac{40.0 - \dfrac{160}{250}x}{140 - x} = \dfrac{20.0}{100+20.0}$　$x = 35.21 ≒ 35.2$ g

エクセル 飽和溶液では，次の式が成り立つ。

$\dfrac{溶質の質量}{溶液の質量} = \dfrac{溶解度}{100+溶解度} = 一定$

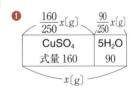

120

解答 (6) ウ

解説 $(COOH)_2 = (12+16+16+1.0) \times 2 = 90$

$(COOH)_2 \cdot 2H_2O = 90 + 2 \times (1.0 \times 2 + 16) = 126$

シュウ酸の結晶 $(COOH)_2 \cdot 2H_2O$ 1 mol $(= 126$ g$)$ を水に溶かすのは，シュウ酸 $(COOH)_2$ 1 mol $(= 90$ g$)$ を溶かすのと同じ。❶

エクセル 水和物を水に溶解すると，水和水は溶媒の一部になる。

❶
式量 126	
$(COOH)_2$	$2H_2O$
式量 90	36

121

解答 (1) 8 個　(2) 5.00×10^{22} 個　(3) 28.1

解説 (1) $\dfrac{1}{8} \times 8 + \dfrac{1}{2} \times 6 + 4 = 8$ 個

(2) 結晶 1.60×10^{-22} cm³ の中に 8 個のケイ素原子があるから，1.00 cm³ の中にあるケイ素原子の数は

$\dfrac{8 個}{1.60 \times 10^{-22} \text{cm}^3} = 5.00 \times 10^{22}$ 個 /cm³

(3) ケイ素原子 6.02×10^{23} 個の質量を x [g] とすると

$5.00 \times 10^{22} : 6.02 \times 10^{23} = 2.33 : x$ ❶❷

$x = 28.05 ≒ 28.1$

エクセル 単位格子に属する原子の数

頂点の原子は $\dfrac{1}{8}$ 個，各面の中心の原子は $\dfrac{1}{2}$ 個，単位格子中に全部入っていれば 1 個

❶ 密度から結晶 1.00 cm³ の質量は 2.33 g

❷ ケイ素の原子量を M とすれば，ケイ素原子 6.02×10^{23} 個の質量は M [g]

122

解答 (1) 4 個　(2) $r = \dfrac{\sqrt{2}}{4} a$　(3) $d = \dfrac{4M}{a^3 N_A}$ [g/cm³]

(4) 73.8 %

解説 (1) $\dfrac{1}{8} \times 8 + \dfrac{1}{2} \times 6 = 4$ 個 ❶❷

(2) 各面の対角線の長さは $\sqrt{2} a$ であり，ここに原子半径 4 個分が接している。

$4r = \sqrt{2} a$ ❸　$r = \dfrac{\sqrt{2} a}{4}$

❶ 8 頂点の原子は，それぞれ 3 つの面で切断されているので，$\left(\dfrac{1}{2}\right)^3 = \dfrac{1}{8}$ 個の原子に相当する。

❷ 6 面の原子は，それぞれの面で切断されているので，$\dfrac{1}{2}$ 個の原子に相当する。

(3) 単位格子の中には4個の原子があるので，単位格子の質量は

$$\frac{M(\text{g/mol})}{N_A(/\text{mol})} \times 4 = \frac{4M}{N_A}(\text{g})$$

また，単位格子の体積は$a^3(\text{cm}^3)$より密度dは

$$d(\text{g/cm}^3) = \frac{\frac{4M}{N_A}(\text{g})}{a^3(\text{cm}^3)} = \frac{4M}{a^3 N_A}(\text{g/cm}^3)$$

(4) 原子を球体とみなすと，単位格子中には4個の原子が含まれているので

$$\frac{\frac{4}{3}\pi r^3(\text{cm}^3) \times 4}{a^3(\text{cm}^3)} \times 100 = \frac{\frac{4}{3}\pi\left(\frac{\sqrt{2}}{4}a\right)^3 \times 4}{a^3} \times 100$$

$$= \frac{\sqrt{2}\pi}{6} \times 100$$

$$= 73.79 ≒ 73.8\%$$

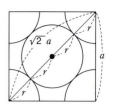

エクセル 面心立方格子では，各頂点に$\frac{1}{8} \times 8$個，各面上に$\frac{1}{2} \times 6$個の計4個の原子を含む。
面心立方格子の中で，原子は右図のように接している。

123 解答 (1) Na$^+$ 4個，Cl$^-$ 4個　(2) $a = 2r^+ + 2r^-$
(3) $\dfrac{4M}{a^3 N_A}$

解説 (1) Na$^+$　12辺上と中心にある。$\frac{1}{4} \times 12 + 1 = 4$個 ❶

Cl$^-$　8頂点と6面上にある。$\frac{1}{8} \times 8 + \frac{1}{2} \times 6 = 4$個

(2) 同符号のイオンどうしは反発し，反対符号のイオンどうしは互いに引きつけられるので接していると考える。
よって，Na$^+$とCl$^-$は単位格子の辺上で接している。❷

(3) 単位格子中にNa$^+$とCl$^-$とが4個ずつあるので，単位格子の質量はNaCl単位4個分とみなすことができる。よって，密度dは

$$\frac{\frac{4M}{N_A}(\text{g})}{a^3(\text{cm}^3)} = \frac{4M}{a^3 N_A}(\text{g/cm}^3)$$

❶ 12辺上の原子は，それぞれ2つの面で切断されているので，$\left(\frac{1}{2}\right)^2 = \frac{1}{4}$個。

❷ ●：Na$^+$　○：Cl$^-$
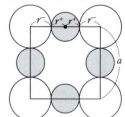

エクセル NaCl型イオン結晶では，Na$^+$とCl$^-$とが4個ずつ含まれるため，単位格子全体でNa$^+$：Cl$^-$＝1：1の組成比になっている。

5　化学反応式と量的関係── 43

▶ 5　化学反応式と量的関係（p.75）

124 解答

(1)　$2Cu + O_2 \longrightarrow 2CuO$

(2)　$2Al + 6HCl \longrightarrow 2AlCl_3 + 3H_2$

(3)　$Ba(OH)_2 + 2HNO_3 \longrightarrow Ba(NO_3)_2 + 2H_2O$

(4)　$2H_2S + SO_2 \longrightarrow 3S + 2H_2O$

(5)　$Cu + 4HNO_3 \longrightarrow Cu(NO_3)_2 + 2NO_2 + 2H_2O$

(6)　$2Al + 6H^+ \longrightarrow 2Al^{3+} + 3H_2$

解説

$\longrightarrow$（矢印）の両辺で各原子の数が一致するように係数をそろえる。このとき，係数は分数でもかまわない。係数が分数のとき，最終的に係数に分母と同じ数を掛けて分母をはらうようにする。

(1)　① 　$\longrightarrow$の両辺で原子の数を一致させる❶。

$$Cu + \frac{1}{2} O_2 \longrightarrow CuO$$

② 　すべての係数に2を掛ける❷。

$$2Cu + O_2 \longrightarrow 2CuO$$

(2)　$Al + 3HCl \longrightarrow AlCl_3 + \frac{3}{2} H_2$ より

$$2Al + 6HCl \longrightarrow 2AlCl_3 + 3H_2$$

(3)　$Ba(OH)_2 + 2HNO_3 \longrightarrow Ba(NO_3)_2 + 2H_2O$

(4)　$H_2S + \frac{1}{2} SO_2 \longrightarrow \frac{3}{2} S + H_2O$ より

$$2H_2S + SO_2 \longrightarrow 3S + 2H_2O$$

(5)　$Cu(NO_3)_2$の係数を1とおくと，Cu の係数も1となる。

$Cu + aHNO_3 \longrightarrow Cu(NO_3)_2 + bNO_2 + cH_2O$

H 原子：$a = 2c$

N 原子：$a = 2 + b$

O 原子：$3a = 6 + 2b + c$ より，$a = 4$，$b = 2$，$c = 2$

$Cu + 4HNO_3 \longrightarrow Cu(NO_3)_2 + 2NO_2 + 2H_2O$

(6)　$Al + 3H^+ \longrightarrow Al^{3+} + \frac{3}{2} H_2$ より

$$2Al + 6H^+ \longrightarrow 2Al^{3+} + 3H_2$$

❶ まずは，係数は分数でもよいから，矢印の両辺で原子数を一致させる。

❷ 最終的に，分母がなくなり，最も小さい正の整数になるように，係数全体に同じ数を掛ける。

エクセル　化学反応式は，両辺の原子の数が一致。
イオン反応式は，両辺の原子の数と電荷の総和の値がそれぞれ一致。

125 解答

(1)　$2Mg + O_2 \longrightarrow 2MgO$

(2)　$Zn + 2HCl \longrightarrow ZnCl_2 + H_2$

(3)　$2C_2H_6 + 7O_2 \longrightarrow 4CO_2 + 6H_2O$

(4)　$2H_2O_2 \longrightarrow 2H_2O + O_2$

(5)　$Cu + 2H_2SO_4 \longrightarrow CuSO_4 + SO_2 + 2H_2O$

解説

反応物の化学式を$\longrightarrow$（矢印）の左辺に，生成物の化学式を$\longrightarrow$（矢印）の右辺に書き，係数を決めていく。

① 反応物と生成物の化学式を書く。

$$Mg + O_2 \longrightarrow MgO$$

▶ エタン C_2H_6 のような炭化水素が燃焼すると，C 原子が CO_2 に，H 原子が H_2O になる。

44 —— 2章　物質の変化

② ⟶ の両辺の原子数を一致させる。

$$Mg + \frac{1}{2}O_2 \longrightarrow MgO$$

③ 係数を正の整数にする。

$$2Mg + O_2 \longrightarrow 2MgO^{❶}$$

❶係数1は省略する。

エクセル 化学反応式のつくり方

① 反応物の化学式を矢印の左辺に，生成物の化学式を右辺に書く。燃焼のときは，反応物に酸素の化学式 O_2 を加える。（加熱のときは加えない）

②③ 矢印の両辺の原子数が一致するように，反応物と生成物の化学式の前に係数をつける。

＊触媒は反応式に入れない。

126 解答

化学反応式	CH_4	$+$	$2O_2$	$\longrightarrow$	CO_2	$+$	$2H_2O$
係数	1		2		1		2
分子数の関係	1.2×10^{23}		2.4×10^{23}		1.2×10^{23}		2.4×10^{23}
物質量の関係	0.20 mol		0.40 mol		0.20 mol		0.40 mol
質量の関係	3.2 g		13 g		8.8 g		7.2 g
標準状態での体積	4.5 L		9.0 L		4.5 L		

▶化学反応式の係数は，反応物と生成物の量的関係を表す。係数は物質量の比を意味している。

理由 水は標準状態では気体ではないから。

解説　化学反応式の係数は分子数の関係を表している。反応に関係する CH_4 の分子数は CO_2 の分子数と等しい。O_2 の分子数と H_2O の分子数はそれぞれ CH_4 の分子数の2倍である。さらに，係数は物質量の関係も表している。反応に関係する CH_4 の物質量は CO_2 と同じ，O_2 と H_2O の物質量はそれぞれ CO_2 の2倍である❶。

　　物質の質量〔g〕＝モル質量〔g/mol〕×物質量〔mol〕

物質が標準状態で気体のとき，その体積は次のようにして求められる。

　　22.4 L/mol×物質量〔mol〕

水は標準状態では気体ではなく液体なので，上の式からは計算できない。

❶反応式
$CH_4 + 2O_2 \rightarrow CO_2 + 2H_2O$
は CH_4 1 mol が O_2 2 mol と反応すると，CO_2 1 mol と H_2O 2 mol が生成することを表している。

エクセル 化学反応式の係数の比は次のことを表す。

・分子数の比

・物質量の比

・気体では体積の比

127 解答

(1) 3.0×10^{23} 個　(2) 4.8 g

解説　(1) 化学反応式の係数から，炭素 C 1 mol が完全燃焼すると，二酸化炭素 CO_2 1 mol が生じる。

炭素 6.0 g の物質量は $\dfrac{6.0\,g}{12\,g/mol} = 0.50\,mol$

生成する CO_2 は 0.50 mol で，その分子数は

5　化学反応式と量的関係——45

$6.0 \times 10^{23}/\text{mol} \times 0.50\,\text{mol} = 3.0 \times 10^{23}$

(2)　二酸化炭素 CO_2 1 mol が生じるには，炭素 C 1 mol が完

全燃焼する。CO_2 2.4×10^{23} 個は $\dfrac{2.4 \times 10^{23}}{6.0 \times 10^{23}/\text{mol}} = 0.40\,\text{mol}$

燃焼した C は 0.40 mol になるから，質量に換算すると

$12\,\text{g/mol} \times 0.40\,\text{mol} = 4.8\,\text{g}$

エクセル 化学反応式の係数は物質量の関係を表す。

---

128 **解答** (1)　23 g　　(2)　34 L，48 g

解説 (1)　化学反応式の係数から，水素 H_2 1 mol の燃焼で，水 H_2O

1 mol ができる。標準状態で 28.0 L の水素の物質量は

$\dfrac{28.0\,\text{L}}{22.4\,\text{L/mol}} = 1.25\,\text{mol}$ である。生成する H_2O は 1.25 mol で，

質量は $18\,\text{g/mol} \times 1.25\,\text{mol} = 22.5 \fallingdotseq 23\,\text{g}$

(2)　化学反応式の係数から，水素 H_2 1 mol の燃焼には酸素 O_2

0.5 mol が必要。H_2 6.0 g を物質量にすると

$\dfrac{6.0\,\text{g}}{2.0\,\text{g/mol}} = 3.0\,\text{mol}$

必要な O_2 は 1.5 mol で，その体積は標準状態で

$22.4\,\text{L/mol} \times 1.5\,\text{mol} = 33.6 \fallingdotseq 34\,\text{L}$

質量は $32\,\text{g/mol} \times 1.5\,\text{mol} = 48\,\text{g}$

エクセル 化学反応式の係数は物質量の関係を表す。

---

129 **解答** (1)　15 L　　(2)　30 L

解説 (1)　化学反応式の係数から，2 L のオゾン O_3 から 3 L の酸素

O_2 が生成する**❶**。10 L の O_3 から O_2 は

$10\,\text{L} \times \dfrac{3}{2} = 15\,\text{L}$ 生成する。

(2)　2 L の O_3 から 3 L の O_2 が生成するから，O_3 2 L が分解し

たとき，体積は $3\,\text{L} - 2\,\text{L} = 1\,\text{L}$ 増加する。15 L の体積が増加

するとき，分解する O_3 は，$2\,\text{L} \times \dfrac{15}{1} = 30\,\text{L}$

❶同温・同圧のとき，化学反応式の係数は体積比を表す。

エクセル 化学反応式における気体状態の物質の係数比は，その体積比を表すことより，気体の体積がどのくらい増減するかを求められる。

---

130 **解答** (1)　酸素 0.05 mol　　(2)　8.8 g

解説 (1)　エタンの物質量と酸素の物質量はそれぞれ次のようになる。

エタン　$\dfrac{3.0\,\text{g}}{30\,\text{g/mol}} = 0.10\,\text{mol}$

酸素　　$\dfrac{8.96\,\text{L}}{22.4\,\text{L/mol}} = 0.400\,\text{mol}$

化学反応式の係数は物質量の比を表すので，エタンが完全燃

焼するのに必要な酸素の物質量はエタンの $3.5\left(= \dfrac{7}{2}\right)$ 倍であ

る。したがって，この反応で，反応前後の物質量の関係は次

▶ 0.400 mol の酸素をすべて消費するのに必要なエタンは 0.11 mol である。

46——2章　物質の変化

のようになる。

$$2C_2H_6 + 7O_2 \longrightarrow 4CO_2 + 6H_2O$$

反応前	0.10 mol	0.400 mol		
変化量	−0.10 mol	−0.35 mol	+0.20 mol	+0.30 mol
反応後	0	0.05 mol	0.20 mol	0.30 mol

よって，反応せずに残った気体は酸素でその物質量は 0.05 mol である。

(2) 生成した二酸化炭素の物質量は 0.20 mol より，質量は 44 g/mol × 0.20 mol ＝ 8.8 g である。

エクセル 反応物に過不足がある場合は，完全に消費される量をもとにして考える。

131 **解答** (1) 一酸化窒素 NO　10L　　酸素 O_2　5L
　　　　(2) 酸素　10L　　二酸化窒素　20L　　(3) 5L

解説 (1) 化学反応式の係数から，2L の NO と 1L の O_2 が反応して，2L の NO_2 が生成する。10L の NO_2 が生成するには，10L の NO と 5L の O_2 が反応しなければならない。

(2) 20L の NO は 10L の O_2 と反応して，20L の NO_2 が生成する。反応後は未反応の O_2 が 20L − 10L ＝ 10L，生成した NO_2 が 20L 存在する。

(3) 10L の NO は 5L の O_2 と反応して，10L の NO_2 が生成する。反応後は未反応の O_2 が 10L − 5L ＝ 5L，生成した NO_2 が 10L 存在する。水に通すと NO_2 は水に溶け❶，O_2 のみ集まるから体積は 5L である。

❶水に溶けやすい気体を水に通すと，その体積は 0（水上置換で気体を集めるとき，水に溶ける気体は除かれる）。

エクセル 化学反応式の気体物質の係数比は体積比を表す。
　　　　水に溶けやすい気体は水に溶け，その体積は 0 と考える。（NH_3 や NO_2 など）

132 **解答** (1) 40 mL　　(2) 0.29 g

解説 (1) 化学反応式の係数から，NaCl 1 mol は $AgNO_3$ 1 mol と反応する。$AgNO_3$ の物質量は

$$0.10 \, \text{mol/L} \times \frac{20}{1000} \, \text{L} = 2.0 \times 10^{-3} \, \text{mol}$$

これと過不足なく反応する NaCl 水溶液の体積を x〔mL〕とする。

$$0.050 \, \text{mol/L} \times \frac{x}{1000} \, \text{L} = 2.0 \times 10^{-3} \, \text{mol}$$

$$x = 40 \, \text{mL}$$

(2) 化学反応式の係数から，$AgNO_3$ 2.0×10^{-3} mol から生じた AgCl は，2.0×10^{-3} mol である。
AgCl の式量は 108 ＋ 35.5 ＝ 143.5 より，この AgCl の質量は
$$143.5 \, \text{g/mol} \times 2.0 \times 10^{-3} \, \text{mol} = 0.287 \fallingdotseq 0.29 \, \text{g}$$

エクセル この反応で AgCl の白い沈殿が生じる。$AgNO_3$ 水溶液は，Cl^- の検出に用いられる。

133 **解答** (1) 酸化カルシウム CaO では，成分であるカルシウムと酸素の質量の比が常に 5：2 である。

▶定比例の法則では CaO の成分元素の質量比は一定。

(2) 鉄と硫黄の質量の和をA〔g〕とすると，反応してできた硫化鉄(Ⅱ)の質量はA〔g〕である。
化学反応の前後で，物質の質量の総和は変わらない。（質量保存の法則）

▶原子量を比較すると
　Ca：O＝40：16＝5：2
▶反応前後の質量を考える。

エクセル 定比例の法則　化合物では，その成分元素の質量の比は常に一定。
　　　　　質量保存の法則　化学反応において，反応物の質量の総和と生成物の質量の総和は等しい。

134
解答 29%

解説
N_2O_4 9.20gの物質量は，$\dfrac{9.20\,g}{92\,g/mol} = 0.100\,mol$

x〔mol〕のN_2O_4がNO_2になったとすると
混合気体の物質量の総和は，$(0.100 - x) + 2x = 0.100 + x$〔mol〕❶
混合気体の標準状態の体積より，その物質量は

$\dfrac{2.9\,L}{22.4\,L/mol} = 0.129\,mol$，$0.100 + x = 0.129$より，$x = 0.029\,mol$

変化した割合は，$\dfrac{0.029\,mol}{0.100\,mol} \times 100 = 29\%$

❶
	N_2O_4	$\longrightarrow$	$2NO_2$
反応前	1		
変化量	$-x$		$+2x$
反応後	$1-x$		$2x$

エクセル 混合気体の物質量の総和 ＝ $\dfrac{標準状態での混合気体の体積〔L〕}{22.4\,L/mol}$

135
解答 (ア) 150　(イ) 50　(ウ) 20　(エ) 480　(オ) 50　(カ) 20
(キ) 480　(ク) 0

解説
水素H_2の燃焼の反応式　$2H_2 + O_2 \longrightarrow 2H_2O$
一酸化炭素COの燃焼の反応式　$2CO + O_2 \longrightarrow 2CO_2$

乾燥空気の酸素O_2の体積は $600\,cm^3 \times \dfrac{1}{5} = 120\,cm^3$

乾燥空気の窒素N_2の体積は $600\,cm^3 \times \dfrac{4}{5} = 480\,cm^3$ ❶
混合気体B中の$CO_2 + O_2$の体積は $550\,cm^3 - 480\,cm^3 = 70\,cm^3$
混合気体B中のCO_2の体積は $550\,cm^3 - 500\,cm^3 = 50\,cm^3$ ❷
混合気体B中のO_2の体積は $70\,cm^3 - 50\,cm^3 = 20\,cm^3$
混合気体C中のO_2は$20\,cm^3$，N_2は$480\,cm^3$，CO_2は$0\,cm^3$
混合気体A中のCOは$50\,cm^3$ ❷，H_2は$200\,cm^3 - 50\,cm^3 = 150\,cm^3$

▶化学反応式の係数比は反応する気体の体積比になる。

❶混合気体中のN_2は反応しない。

❷化学反応式の係数より，反応するCOと生成するCO_2の物質量は等しい。

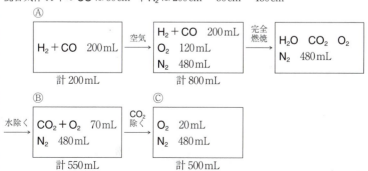

48 —— 2章　物質の変化

エクセル 混合気体の体積 ＝ 成分気体の体積の総和

136
解答
(1)　$CaCO_3 + 2HCl \longrightarrow CaCl_2 + CO_2 + H_2O$
(2)　**2.24 L**　(3)　**66.7％**

解説
(2)　使用した HCl の物質量は次のようになる。

$0.500\,mol/L \times 0.400\,L = 0.200\,mol$

化学反応式の係数から，発生した CO_2 の物質量は

$0.200\,mol \times \dfrac{1}{2} = 0.100\,mol$

CO_2 の標準状態の体積は，$22.4\,L/mol \times 0.100\,mol = 2.24\,L$

(3)　反応した炭酸カルシウム $CaCO_3$ の物質量は 0.100 mol で，質量に換算すると $100\,g/mol \times 0.100\,mol = 10.0\,g$ である。石灰岩中の炭酸カルシウムの含有率 $\dfrac{10.0\,g}{15.0\,g} \times 100 = 66.66 \fallingdotseq 66.7\%$

▶炭酸塩（$CaCO_3$，Na_2CO_3 など）に塩酸などの強酸を注ぐと二酸化炭素 CO_2 が発生する。

▶反応物の炭酸カルシウム $CaCO_3$ か塩酸 HCl のどちらかが全部消費されるまで，二酸化炭素は発生する。この問題では，十分な量の塩酸が加えられたので，炭酸カルシウム $CaCO_3$ がすべて反応している。

エクセル 含有率〔％〕＝ $\dfrac{純物質の質量}{純物質を含む混合物全体の質量} \times 100$

137
解答
(2)

解説
ある有機化合物の組成式を $C_xH_yO_z$ とすると，化学反応式は次のようになる。

$C_xH_yO_z + \left(x + \dfrac{y}{4} - \dfrac{z}{2}\right)O_2 \longrightarrow xCO_2 + \dfrac{y}{2}H_2O$ ❶

質量と物質量の関係は，それぞれ次のようになる。

$C_xH_yO_z + \left(x + \dfrac{y}{4} - \dfrac{z}{2}\right)O_2 \longrightarrow xCO_2 + \dfrac{y}{2}H_2O$

　0.80 g　　　　1.2 g　　　　　　1.1 g　　0.90 g　←質量保存の法則

　　　　　$\dfrac{1.2}{32}$ mol　　　　$\dfrac{1.1}{44}$ mol　$\dfrac{0.90}{18}$ mol

　　　　　　　　②　　　　　　　　①

化学反応式の係数比と物質量比は等しいので，CO_2 と H_2O で比例式①をたてると

$x : \dfrac{y}{2} = \dfrac{1.1}{44} : \dfrac{0.90}{18}$　　　$y = 4x$

O_2 と CO_2 で比例式②をたてると

$\left(x + \dfrac{y}{4} - \dfrac{z}{2}\right) : x = \dfrac{1.2}{32} : \dfrac{1.1}{44}$

ここで，$y = 4x$ を代入すると，$z = x$ となる。
よって，$C_xH_yO_z = C_xH_{4x}O_x$
　$C : H : O = x : 4x : x$
　　　　　　 $= 1 : 4 : 1$
これが当てはまるのは(2) CH_3OH（組成式 CH_4O）である。

❶ C と H の数を合わせてから，O の数を合わせる。

エクセル 有機化合物 $C_xH_yO_z$ の燃焼

$C_xH_yO_z + \left(x + \dfrac{y}{4} - \dfrac{z}{2}\right)O_2 \longrightarrow xCO_2 + \dfrac{y}{2}H_2O$

138

解答
(1) $NaHCO_3 + HCl \longrightarrow NaCl + H_2O + CO_2$
(2) $5.0\,g$ (3) $1.05\,g$ (4) $1.12\,L$ (5) 解説参照

解説
(1) $NaHCO_3 + HCl \longrightarrow NaCl + H_2O + CO_2$
(2) 必要な HCl の質量を x〔g〕とすると

$$0.50\,mol/L \times \frac{100}{1000}\,L = 12\,mol/L \times x\,〔g〕\times \frac{10^{-3}\,L}{1.2\,g}$$

$$x = 5.0\,g$$

(3)

	$NaHCO_3$ +	HCl	$\longrightarrow$	NaCl +	H_2O +	CO_2
反応前	$\frac{2.0}{84}$ mol	< 0.050 mol❶				
変化量	$-\frac{2.0}{84}$ mol					$+\frac{2.0}{84}$ mol
反応後						$\frac{2.0}{84}$ mol

❶ $NaHCO_3$ の物質量＜HCl の物質量なので，HCl が過剰であり，反応せずに残る。そのため，$NaHCO_3$ の物質量に合わせて解く。

生成する二酸化炭素の質量は

$\frac{2.0}{84}\,mol \times 44\,g/mol = 1.047 ≒ 1.05\,g$

(4)

	$NaHCO_3$ +	HCl	$\longrightarrow$	NaCl +	H_2O +	CO_2
反応前	$\frac{5.0}{84}$ mol	> 0.050 mol❷				
変化量	-0.050 mol					$+0.050$ mol
反応後						0.050 mol

❷ $NaHCO_3$ の物質量＞HCl の物質量なので，$NaHCO_3$ が過剰であり，反応せずに残る。そのため，HCl の物質量に合わせて解く。

生成する二酸化炭素の体積は

$0.050\,mol \times 22.4\,L/mol = 1.12\,L$

(5) 塩酸と過不足なく反応する炭酸水素ナトリウムの質量を x〔g〕とすると

$\frac{x}{84}\,mol = 0.50\,mol/L \times \frac{100}{1000}\,L$

$x = 4.2\,g$

このとき生成する二酸化炭素の物質量は $0.050\,mol$ である。よって，加えた炭酸水素ナトリウムが $4.2\,g$，発生した二酸化炭素が $0.05\,mol$ となるまでは比例関係で増加し，そのあと一定となる。

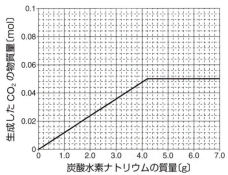

50——エクササイズ

> **エクセル** グラフが折れ曲がる点が $NaHCO_3$ と HCl が過不足なく反応している。

139 **解答** (ア) **8** (イ) **16** (ウ) **20** (エ) **2**

(1) (d)，③　(2) (a)，②　(3) (c)，①　(4) (e)，⑤

解説

(1) 化合物中の成分元素の質量組成は常に一定であり，CO_2 では炭素12gに対して酸素32gが結合する[1]。

(2) 化学反応の前後で，物質の総質量は変化しないから，反応前の炭素と酸素の質量の和は生成した二酸化炭素の質量に等しい。

(イ) $= 22g - 6g = 16g$

(3) 同温・同圧では気体の体積は気体の分子数に比例する[2]。

$1000mL : 50mL = 20 : 1$

(4) 同温・同圧のもとでは，反応に関係する気体の体積は簡単な整数比をなす。$2CO + O_2 \longrightarrow 2CO_2$ より，CO 2L と O_2 1L から CO_2 2L が生成する。

[1] C と O の原子量は，それぞれ 12 と 16 より，C : O_2 $= 12 : 32 = 3 : 8$

[2] 同温・同圧下では，気体はその種類によらず，同体積中に同数の分子を含むともいえる。

> **エクセル** 化学の基本法則

質量保存の法則（ラボアジエ）	化学反応の前後において，物質の質量の総和は変わらない。
倍数比例の法則（ドルトン）	2種類の元素 A，B が化合していくつかの化合物をつくるとき，Aの一定量と結合するBの質量を化合物どうしで比べると，簡単な整数比となる。
アボガドロの法則（アボガドロ）	同温・同圧・同体積の気体では，気体の種類に関係なく同数の気体分子が含まれる。
定比例の法則（プルースト）	化合物では，構成成分の元素の質量比は常に一定である。
気体反応の法則（ゲーリュサック）	気体どうしの反応では，反応に関係する気体の体積は，同温・同圧のもとでは簡単な整数比をなす。

●エクササイズ①（p.80）

1 (1) $1.0 \times 2 = \underline{2.0}$ (2) $16 \times 2 = \underline{32}$ (3) $16 \times 3 = \underline{48}$ (4) $14 \times 2 = \underline{28}$

(5) $1.0 + 35.5 = \underline{36.5}$ (6) $1.0 \times 2 + 16 = \underline{18}$ (7) $12 + 16 \times 2 = \underline{44}$

(8) $14 + 1.0 \times 3 = \underline{17}$ (9) $12 + 1.0 \times 4 = \underline{16}$ (10) $1.0 \times 2 + 32 + 16 \times 4 = \underline{98}$

(11) $12 \times 2 + 1.0 \times 6 + 16 = \underline{46}$ (12) $12 \times 6 + 1.0 \times 12 + 16 \times 6 = \underline{180}$

2 (1) $23 + 35.5 = \underline{58.5}$ (2) $24 + 35.5 \times 2 = \underline{95}$ (3) $23 + 16 + 1.0 = \underline{40}$

(4) $40 + (16 + 1.0) \times 2 = \underline{74}$ (5) $24 + (14 + 16 \times 3) \times 2 = \underline{148}$

(6) $(14 + 1.0 \times 4) \times 2 + 32 + 16 \times 4 = \underline{132}$ (7) $27 \times 2 + (12 + 16 \times 3) \times 3 = \underline{234}$

(8) $64 + 32 + 16 \times 4 + 5 \times (1.0 \times 2 + 16) = \underline{250}$ (9) $\underline{23}$

(10) $12 \times 2 + 1.0 \times 3 + 16 \times 2 = \underline{59}$

3 (1) $\dfrac{64g}{32g/mol} = \underline{2.0\,mol}$ (2) $\dfrac{9g}{18g/mol} = \underline{0.5\,mol}$

(3) $\dfrac{93g}{62g/mol} = \underline{1.5\,mol}$ (4) $\dfrac{196g}{98g/mol} = \underline{2.0\,mol}$

エクササイズ——51

(5) $16\,\mathrm{g/mol} \times 2.0\,\mathrm{mol} = \underline{32\,\mathrm{g}}$　　(6) $180\,\mathrm{g/mol} \times 0.30\,\mathrm{mol} = \underline{54\,\mathrm{g}}$

(7) $96\,\mathrm{g/mol} \times 1.5\,\mathrm{mol} = 144 \fallingdotseq \underline{1.4 \times 10^2\,\mathrm{g}}$　　(8) $95\,\mathrm{g/mol} \times 0.50\,\mathrm{mol} = 47.5 \fallingdotseq \underline{48\,\mathrm{g}}$

(9) $250\,\mathrm{g/mol} \times 1.00\,\mathrm{mol} = \underline{250\,\mathrm{g}}$

(10) $\dfrac{33.6\,\mathrm{L}}{22.4\,\mathrm{L/mol}} = \underline{1.50\,\mathrm{mol}}$

(11) $\dfrac{11.2\,\mathrm{L}}{22.4\,\mathrm{L/mol}} = \underline{0.500\,\mathrm{mol}}$　　(12) $\dfrac{5.6\,\mathrm{L}}{22.4\,\mathrm{L/mol}} = \underline{0.25\,\mathrm{mol}}$

(13) $22.4\,\mathrm{L/mol} \times 2.00\,\mathrm{mol} = \underline{44.8\,\mathrm{L}}$　　(14) $22.4\,\mathrm{L/mol} \times 2.00\,\mathrm{mol} = \underline{44.8\,\mathrm{L}}$

(15) $\dfrac{2.4 \times 10^{24}}{6.0 \times 10^{23}/\mathrm{mol}} = \underline{4.0\,\mathrm{mol}}$

(16) $\dfrac{3.0 \times 10^{23}}{6.0 \times 10^{23}/\mathrm{mol}} = \underline{0.50\,\mathrm{mol}}$

(17) $\dfrac{1.2 \times 10^{22}}{6.0 \times 10^{23}/\mathrm{mol}} = \underline{0.020\,\mathrm{mol}}$

(18) $6.0 \times 10^{23}/\mathrm{mol} \times 1.5\,\mathrm{mol} = \underline{9.0 \times 10^{23}\,\text{個}}$

(19) $6.0 \times 10^{23}/\mathrm{mol} \times 0.30\,\mathrm{mol} = \underline{1.8 \times 10^{23}\,\text{個}}$

(20) $\mathrm{Mg^{2+}}$　$6.0 \times 10^{23}/\mathrm{mol} \times 0.50\,\mathrm{mol} = \underline{3.0 \times 10^{23}\,\text{個}}$

　　$\mathrm{Cl^{-}}$　$6.0 \times 10^{23}/\mathrm{mol} \times 0.50\,\mathrm{mol} \times 2 = \underline{6.0 \times 10^{23}\,\text{個}}$

4 (1) $\dfrac{6.0\,\mathrm{g}}{2.0\,\mathrm{g/mol}} = \underline{3.0\,\mathrm{mol}}$　$22.4\,\mathrm{L/mol} \times 3.0\,\mathrm{mol} = 67.2 \fallingdotseq \underline{67\,\mathrm{L}}$

(2) $\dfrac{3.4\,\mathrm{g}}{17\,\mathrm{g/mol}} = \underline{0.20\,\mathrm{mol}}$　$22.4\,\mathrm{L/mol} \times 0.20\,\mathrm{mol} = 4.48 \fallingdotseq \underline{4.5\,\mathrm{L}}$

(3) $\dfrac{11\,\mathrm{g}}{44\,\mathrm{g/mol}} = \underline{0.25\,\mathrm{mol}}$　$22.4\,\mathrm{L/mol} \times 0.25\,\mathrm{mol} = \underline{5.6\,\mathrm{L}}$

(4) $\dfrac{44.8\,\mathrm{L}}{22.4\,\mathrm{L/mol}} = \underline{2.00\,\mathrm{mol}}$　$32\,\mathrm{g/mol} \times 2.00\,\mathrm{mol} = \underline{64.0\,\mathrm{g}}$

(5) $\dfrac{5.6\,\mathrm{L}}{22.4\,\mathrm{L/mol}} = \underline{0.25\,\mathrm{mol}}$　$16\,\mathrm{g/mol} \times 0.25\,\mathrm{mol} = \underline{4.0\,\mathrm{g}}$

(6) $\dfrac{112\,\mathrm{L}}{22.4\,\mathrm{L/mol}} = \underline{5.00\,\mathrm{mol}}$　$36.5\,\mathrm{g/mol} \times 5.00\,\mathrm{mol} = 182.5 \fallingdotseq \underline{183\,\mathrm{g}}$

5 (1) $\dfrac{280\,\mathrm{g}}{56\,\mathrm{g/mol}} = \underline{5.00\,\mathrm{mol}}$　$6.0 \times 10^{23}/\mathrm{mol} \times 5.00\,\mathrm{mol} = \underline{3.00 \times 10^{24}\,\text{個}}$

(2) $\dfrac{149\,\mathrm{g}}{74.5\,\mathrm{g/mol}} = \underline{2.00\,\mathrm{mol}}$　$\mathrm{K^{+}}$　$6.0 \times 10^{23}/\mathrm{mol} \times 2.00\,\mathrm{mol} = \underline{1.20 \times 10^{24}\,\text{個}}$

　　　　　　　　　　　　　　$\mathrm{Cl^{-}}$　$6.0 \times 10^{23}/\mathrm{mol} \times 2.00\,\mathrm{mol} = \underline{1.20 \times 10^{24}\,\text{個}}$

(3) $\dfrac{1.2 \times 10^{23}}{6.0 \times 10^{23}/\mathrm{mol}} = \underline{0.20\,\mathrm{mol}}$　$108\,\mathrm{g/mol} \times 0.20\,\mathrm{mol} = 21.6 \fallingdotseq \underline{22\,\mathrm{g}}$

(4) $\dfrac{2.4 \times 10^{24}}{6.0 \times 10^{23}/\mathrm{mol}} = \underline{4.0\,\mathrm{mol}}$　$18\,\mathrm{g/mol} \times 4.0\,\mathrm{mol} = \underline{72\,\mathrm{g}}$

6 (1) $\dfrac{33.6\,\mathrm{L}}{22.4\,\mathrm{L/mol}} = 1.50\,\mathrm{mol}$　酸素分子　$6.0 \times 10^{23}/\mathrm{mol} \times 1.50\,\mathrm{mol} = \underline{9.00 \times 10^{23}\,\text{個}}$

　　　　　　　　　　　　　　酸素原子　$9.00 \times 10^{23} \times 2 = \underline{1.80 \times 10^{24}\,\text{個}}$

(2) $\dfrac{1.12\,\mathrm{L}}{22.4\,\mathrm{L/mol}} = 0.0500\,\mathrm{mol}$　メタン分子　$6.0 \times 10^{23}/\mathrm{mol} \times 0.0500\,\mathrm{mol} = \underline{3.00 \times 10^{22}\,\text{個}}$

　　　　　　　　　　　　　　水素原子　$3.00 \times 10^{22} \times 4 = \underline{1.20 \times 10^{23}\,\text{個}}$

(3) $\dfrac{1.5 \times 10^{23}}{6.0 \times 10^{23}/\mathrm{mol}} = 0.25\,\mathrm{mol}$　$22.4\,\mathrm{L/mol} \times 0.25\,\mathrm{mol} = \underline{5.6\,\mathrm{L}}$

52——エクササイズ

(4) $\dfrac{2.4 \times 10^{23}}{2} = \underline{1.2 \times 10^{23}}$ 個〔水素分子〕　$\dfrac{1.2 \times 10^{23}}{6.0 \times 10^{23}/\text{mol}} = 0.20\,\text{mol}$

$22.4\,\text{L/mol} \times 0.20\,\text{mol} = 4.48 \fallingdotseq \underline{4.5\,\text{L}}$

7 (1) $\dfrac{0.60\,\text{mol}}{3.0\,\text{L}} = 0.20\,\text{mol/L}$

(2) $\dfrac{2.0\,\text{g}}{40\,\text{g/mol}} = 0.050\,\text{mol}$　$\dfrac{0.050\,\text{mol}}{0.100\,\text{L}} = \underline{0.50\,\text{mol/L}}$

(3) $0.50\,\text{mol/L} \times 0.200\,\text{L} = 0.10\,\text{mol}$　$58.5\,\text{g/mol} \times 0.10\,\text{mol} = 5.85 \fallingdotseq \underline{5.9\,\text{g}}$

(4) $2.0\,\text{mol/L} \times 2.0\,\text{L} = 4.0\,\text{mol}$

(5) $6.0\,\text{mol/L} \times 0.020\,\text{L} = 0.12\,\text{mol}$

(6) $0.50\,\text{mol/L} \times 0.400\,\text{L} = 0.20\,\text{mol}$　$58.5\,\text{g/mol} \times 0.20\,\text{mol} = 11.7 \fallingdotseq \underline{12\,\text{g}}$

6　酸・塩基——53

6　酸・塩基（p.91）

140 解答　(1)　塩基　　(2)　塩基　　(3)　酸　　(4)　塩基

解説　(4)　$NH_3 + HCl \longrightarrow NH_4Cl$

　　　　　塩化アンモニウム NH_4Cl はイオン結合の結晶で，結晶中では，NH_4^+ と Cl^- のイオンが存在している。

　　　　　よって，NH_3 は，NH_4^+ に変化したことになり，H^+ を受け取っているので塩基としてはたらいたことになる。

エクセル　ブレンステッドの定義

　　　酸　　水素イオン H^+ を与える分子・イオン

　　　塩基　水素イオン H^+ を受け取る分子・イオン

▶ブレンステッドの定義により，気体どうしの反応や塩の加水分解なども酸・塩基反応の一部として考えることができる。

141 解答　(1)　$CH_3COOH \longrightarrow CH_3COO^- + H^+$
　　　　(2)　0.01

解説　(2)　電離度 $\alpha = \dfrac{0.001\,\mathrm{mol/L}}{0.1\,\mathrm{mol/L}} = 0.01$ ❶

エクセル　電離度 $\alpha = \dfrac{\text{電離している電解質の物質量〔mol〕}}{\text{溶けている電解質全体の物質量〔mol〕}}$ $(0 < \alpha \leqq 1)$

❶体積が同じとき物質量を濃度に置き換えて考えることができる。

142 解答　(1)　$0.02\,\mathrm{mol/L}$　　(2)　$0.06\,\mathrm{mol/L}$　(3)　$2 \times 10^{-13}\,\mathrm{mol/L}$
　　　　(4)　$1 \times 10^{-13}\,\mathrm{mol/L}$　(5)　$0.4\,\mathrm{mol/L}$　(6)　$1 \times 10^{-14}\,\mathrm{mol/L}$

解説　(1)　塩酸は 1 価の酸

　　　　　$[H^+] = 1 \times 0.02 = 0.02\,\mathrm{mol/L}$

　　　(2)　硫酸は 2 価の酸

　　　　　$[H^+] = 2 \times 0.03 = 0.06\,\mathrm{mol/L}$

　　　(3)　水酸化カリウムは 1 価の塩基

　　　　　$[OH^-] = 1 \times 0.05 = 0.05\,\mathrm{mol/L}$

　　　　　$[H^+] = \dfrac{K_\mathrm{w}}{[OH^-]} = \dfrac{10^{-14}}{0.05} = 2 \times 10^{-13}\,\mathrm{mol/L}$ ❶

　　　(4)　水酸化カルシウムは 2 価の塩基

　　　　　$[OH^-] = 2 \times 0.05 = 0.1\,\mathrm{mol/L}$

　　　　　$[H^+] = \dfrac{K_\mathrm{w}}{[OH^-]} = \dfrac{10^{-14}}{0.1} = 1 \times 10^{-13}\,\mathrm{mol/L}$

　　　(5)　塩化水素の水溶液が塩酸である。塩酸は 1 価の酸

　　　　　$[H^+] = 1 \times \dfrac{0.2\,\mathrm{mol}}{0.5\,\mathrm{L}} = 0.4\,\mathrm{mol/L}$

　　　(6)　水酸化ナトリウムは 1 価の塩基

　　　　　$[OH^-] = 1 \times \dfrac{0.1\,\mathrm{mol}}{0.1\,\mathrm{L}} = 1\,\mathrm{mol/L}$

　　　　　$[H^+] = \dfrac{K_\mathrm{w}}{[OH^-]} = \dfrac{10^{-14}}{1} = 1 \times 10^{-14}\,\mathrm{mol/L}$

エクセル　強酸，強塩基の $[H^+]$，$[OH^-]$ の求め方

　　　　$[H^+] = a \times c$　　　$[OH^-] = b \times c'$

❶塩基の水溶液では $[H^+]$ は次のように求める。

　　$[H^+] = \dfrac{10^{-14}}{[OH^-]}$

54——2章　物質の変化

$$\begin{pmatrix} a,\ b：酸・塩基の価数 \\ c,\ c'：酸・塩基のモル濃度 \end{pmatrix}$$

水のイオン積 K_w

$$K_w = [H^+][OH^-] = 1 \times 10^{-14} (mol/L)^2$$

143 解答

(1)　pH $= 2$　　(2)　pH $= 1$　　(3)　pH $= 13$　　(4)　pH $= 12$

(5)　pH $= 1$　　(6)　pH $= 12$　　(7)　pH $= 4$

解説

(1)　塩酸は 1 価の強酸

$[H^+] = 1 \times 0.01 = 0.01 = 10^{-2} \, \text{mol/L}$

よって，pH $= 2$

(2)　硫酸は 2 価の強酸

$[H^+] = 2 \times 0.05 = 0.1 = 10^{-1} \, \text{mol/L}$

よって，pH $= 1$

(3)　水酸化ナトリウムは 1 価の強塩基

$[OH^-] = 1 \times 0.1 = 10^{-1} \, \text{mol/L}$

$[H^+] = \dfrac{K_w}{[OH^-]} = \dfrac{10^{-14}}{10^{-1}} = 10^{-13} \, \text{mol/L}$

よって，pH $= 13$

(4)　水酸化カルシウムは 2 価の強塩基

$[OH^-] = 2 \times 0.005 = 0.01 = 10^{-2} \, \text{mol/L}$

$[H^+] = \dfrac{K_w}{[OH^-]} = \dfrac{10^{-14}}{10^{-2}} = 10^{-12} \, \text{mol/L}$

よって，pH $= 12$

(5)　塩酸のモル濃度は，

$\dfrac{0.2 \, \text{mol}}{2 \, \text{L}} = 0.1 \, \text{mol/L}$

$[H^+] = 1 \times 0.1 = 10^{-1} \, \text{mol/L}$

よって，pH $= 1$

(6)　水酸化ナトリウム水溶液のモル濃度は，

$\dfrac{0.05 \, \text{mol}}{5 \, \text{L}} = 0.01 \, \text{mol/L}$

$[OH^-] = 1 \times 0.01 = 10^{-2} \, \text{mol/L}$

$[H^+] = \dfrac{K_w}{[OH^-]} = \dfrac{10^{-14}}{10^{-2}} = 10^{-12} \, \text{mol/L}$

よって，pH $= 12$

(7)　酢酸は 1 価の弱酸

$[H^+] = 1 \times 0.01 \times 0.01 = 10^{-4} \, \text{mol/L}$ [❶]

よって，pH $= 4$

エクセル　$[H^+] = 1 \times 10^{-n} \, \text{mol/L}$ のとき，pH $= n$

●水素イオン濃度と pH

$[H^+] = a \, [\text{mol/L}]$ のとき，

pH $= -\log a$

❶弱酸の水素イオン濃度

$[H^+] = m \, c \, \alpha$

m：価数

c：弱酸の濃度

α：電離度

6　酸・塩基——55

144
解答

(1) $HCl + NaOH \longrightarrow NaCl + H_2O$

(2) $2HCl + Ba(OH)_2 \longrightarrow BaCl_2 + 2H_2O$

(3) $H_2SO_4 + Ca(OH)_2 \longrightarrow CaSO_4 + 2H_2O$

(4) $H_2SO_4 + 2NH_3 \longrightarrow (NH_4)_2SO_4$

(5) $CH_3COOH + NaOH \longrightarrow CH_3COONa + H_2O$

解説
酸から生じる水素イオン H^+ と，塩基から生じる水酸化物イオン OH^- の数が合うように係数を決める。

(1) 塩酸 HCl は 1 価の酸，水酸化ナトリウム NaOH は 1 価の塩基なので，1 : 1 で反応する。

　酸，塩基の電離式は

　$HCl \longrightarrow \underset{\sim}{H^+} + Cl^-$ 　　$NaOH \longrightarrow Na^+ + \underset{\sim}{OH^-}$

(2) 塩酸 HCl は 1 価の酸，水酸化バリウム $Ba(OH)_2$ は 2 価の塩基なので，2 : 1 で反応する。

　酸，塩基の電離式は

　$HCl \longrightarrow \underset{\sim}{H^+} + Cl^-$ 　　$Ba(OH)_2 \longrightarrow Ba^{2+} + \underset{\sim}{2OH^-}$

(3) 硫酸 H_2SO_4 は 2 価の酸，水酸化カルシウム $Ca(OH)_2$ は 2 価の塩基なので，1 : 1 で反応する。

　酸，塩基の電離式は

　$H_2SO_4 \longrightarrow \underset{\sim}{2H^+} + SO_4^{2-}$ 　　$Ca(OH)_2 \longrightarrow Ca^{2+} + \underset{\sim}{2OH^-}$

(4) 硫酸 H_2SO_4 は 2 価の酸，アンモニア NH₃ は 1 価の塩基なので，1 : 2 で反応する[1]。

　酸，塩基の電離式は

　$H_2SO_4 \longrightarrow \underset{\sim}{2H^+} + SO_4^{2-}$ 　　$NH_3 + H_2O \longrightarrow NH_4^+ + \underset{\sim}{OH^-}$

(5) 酢酸 CH_3COOH は 1 価の酸[2]，水酸化ナトリウム NaOH は 1 価の塩基なので，1 : 1 で反応する。

　酸，塩基の電離式は

　$CH_3COOH \longrightarrow CH_3COO^- + \underset{\sim}{H^+}$ 　　$NaOH \longrightarrow Na^+ + \underset{\sim}{OH^-}$

エクセル　中和反応の化学反応式

　（酸の価数）×（酸の係数）＝（塩基の価数）×（塩基の係数）

[1] 中和反応は酸，塩基の強弱は関係ない。

[2] 酢酸は 1 価の酸

H－C－C－O－H
（電離）

145
解答

(1) 0.15 mol 　　(2) 0.08 mol

(3) 0.025 mol 　　(4) 0.01 mol

解説
中和の問題では，酸から生じた水素イオン H^+ と，塩基から生じた水酸化物イオン OH^- の物質量が等しくなるようにする。酸，塩基の価数に注意。

(1) 塩酸は 1 価の酸，水酸化ナトリウムは 1 価の塩基なので，水酸化ナトリウムの物質量を x〔mol〕とすると

　$1 \times 1.5 \times \dfrac{100}{1000} = 1 \times x, \ x = 0.15\,mol$

(2) 硫酸は 2 価の酸，水酸化ナトリウムは 1 価の塩基なので，水酸化ナトリウムの物質量を x〔mol〕とすると

　$2 \times 0.2 \times \dfrac{200}{1000} = 1 \times x, \ x = 0.08\,mol$

$HCl \longrightarrow H^+ + Cl^-$
$NaOH \longrightarrow Na^+ + OH^-$

$H_2SO_4 \longrightarrow 2H^+ + SO_4^{2-}$
$NaOH \longrightarrow Na^+ + OH^-$

56——2章　物質の変化

(3) 塩酸は1価の酸，水酸化カルシウムは2価の塩基なので，
水酸化カルシウムの物質量をx〔mol〕とすると

$$1 \times 1.0 \times \frac{50}{1000} = 2 \times x, \quad x = 0.025\,\text{mol}$$

$$HCl \longrightarrow H^+ + Cl^-$$
$$Ca(OH)_2 \longrightarrow Ca^{2+} + 2OH^-$$

(4) 硫酸は2価の酸，水酸化カルシウムは2価の塩基なので，
水酸化カルシウムの物質量をx〔mol〕とすると

$$2 \times 0.1 \times \frac{100}{1000} = 2 \times x, \quad x = 0.01\,\text{mol}$$

$$H_2SO_4 \longrightarrow 2H^+ + SO_4^{2-}$$
$$Ca(OH)_2 \longrightarrow Ca^{2+} + 2OH^-$$

エクセル H^+，OH^-の物質量の求め方

$$H^+ \text{の物質量} = a \times c \times \frac{V}{1000}$$

$$OH^- \text{の物質量} = b \times c' \times \frac{V'}{1000}$$

$$\begin{pmatrix} a,\ b：酸・塩基の価数 \\ c,\ c'：酸・塩基のモル濃度 \\ V,\ V'：酸・塩基の体積〔mL〕 \end{pmatrix}$$

146 **解答**
(1) 0.080 mol/L　　(2) 0.15 mol/L
(3) 80 mL　　(4) 80 mL

●中和反応の量的関係
　酸の出すH^+の物質量
　＝塩基の出すOH^-の物質量

解説
中和の問題では，酸から生じた水素イオンH^+と，塩基から生じた水酸化物イオンOH^-の物質量が等しくなるようにする。酸，塩基の価数に注意。

(1) 塩酸は1価の酸，水酸化ナトリウムは1価の塩基なので，
塩酸の濃度をx〔mol/L〕とすると

$$1 \times x \times \frac{10}{1000} = 1 \times 0.10 \times \frac{8.0}{1000} \quad x = 0.080\,\text{mol/L}$$

(2) 塩酸は1価の酸，水酸化ナトリウムは1価の塩基なので，
水酸化ナトリウム水溶液の濃度をx〔mol/L〕とすると

$$1 \times 0.10 \times \frac{15}{1000} = 1 \times x \times \frac{10}{1000} \quad x = 0.15\,\text{mol/L}$$

(3) 硫酸は2価の酸，水酸化ナトリウムは1価の塩基なので，
水酸化ナトリウム水溶液の体積をx〔mL〕とすると

$$2 \times 0.10 \times \frac{40}{1000} = 1 \times 0.10 \times \frac{x}{1000} \quad x = 80\,\text{mL}$$

(4) 硫酸は2価の酸，水酸化バリウムは2価の塩基なので，水
酸化バリウム水溶液の体積をx〔mL〕とすると

$$2 \times 0.20 \times \frac{40}{1000} = 2 \times 0.10 \times \frac{x}{1000} \quad x = 80\,\text{mL}$$

エクセル 中和反応の量的関係

$$a \times c \times \frac{V}{1000} = b \times c' \times \frac{V'}{1000}$$

$$\begin{pmatrix} a,\ b：酸・塩基の価数 \\ c,\ c'：酸・塩基のモル濃度 \\ V,\ V'：酸・塩基の体積〔mL〕 \end{pmatrix}$$

6 酸・塩基 —— 57

147
解答 (1) 1.0×10^3 mL　　(2) 2.5×10^3 mL

解説 (1) NaOH の式量は，$23 + 16 + 1.0 = 40$ なので

NaOH の物質量は，$\dfrac{4.0\,\text{g}}{40\,\text{g/mol}} = 0.10$ mol

HCl の体積を x〔mL〕とすると

$1 \times 0.10 \times \dfrac{x}{1000} = 1 \times 0.10$　$x = 1000$ mL

(2) NH_3 の物質量は，$\dfrac{11.2\,\text{L}}{22.4\,\text{L/mol}} = 0.500$ mol

H_2SO_4 の体積を x〔mL〕とすると

$2 \times 0.10 \times \dfrac{x}{1000} = 1 \times 0.500$　$x = 2500$ mL

エクセル 中和反応の量的関係
　　　酸の出す H^+の物質量 ＝ 塩基の出す OH^-の物質量

148
解答

	化学式	分類	性質
(1)	Na_2SO_4	（ 正 ）塩	（ 中 ）性
(2)	NH_4Cl	（ 正 ）塩	（ 酸 ）性
(3)	CH_3COONa	（ 正 ）塩	（塩基）性
(4)	$NaHCO_3$	（酸性）塩	（塩基）性
(5)	$NaHSO_4$	（酸性）塩	（ 酸 ）性

解説 (1) 硫酸ナトリウム Na_2SO_4 は正塩である。水溶液中では電離
するだけなので中性である。$Na_2SO_4 \longrightarrow 2Na^+ + SO_4^{2-}$

(2) 塩化アンモニウム NH_4Cl は正塩である。水溶液中では電
離してできたアンモニウムイオンが水と反応し，オキソニウ
ムイオン（水素イオン）❶が生じるので酸性を示す。
$$NH_4Cl \longrightarrow NH_4^+ + Cl^-$$
$$NH_4^+ + H_2O \rightleftharpoons NH_3 + \underline{H_3O^+}$$

(3) 酢酸ナトリウム CH_3COONa は正塩である。水溶液中で
は電離してできた酢酸イオンが水と反応し，水酸化物イオン
が生じるので塩基性を示す。
$$CH_3COONa \longrightarrow CH_3COO^- + Na^+$$
$$CH_3COO^- + H_2O \rightleftharpoons CH_3COOH + \underline{OH^-}$$

(4) 炭酸水素ナトリウム $NaHCO_3$ は酸性塩である。水溶液中
では電離してできた炭酸水素イオンが水と反応し，水酸化物
イオンが生じるので塩基性を示す。
$$NaHCO_3 \longrightarrow Na^+ + HCO_3^-$$
$$HCO_3^- + H_2O \rightleftharpoons H_2CO_3 + \underline{OH^-}$$

(5) 硫酸水素ナトリウム $NaHSO_4$ は酸性塩である。水溶液中
では電離してできた硫酸水素イオンがさらに電離して水素イ
オンが生じるので酸性を示す。
$$NaHSO_4 \longrightarrow Na^+ + HSO_4^-$$
$$HSO_4^- \longrightarrow \underline{H^+} + SO_4^{2-}$$

❶オキソニウムイオン
水素イオン H^+は水溶液中
では水 H_2O と結合してオ
キソニウムイオン H_3O^+と
して存在している。

58 — 2章 物質の変化

エクセル 正塩　塩基と中和できるH^+も，酸と反応できるOH^-もない塩のこと。
酸性塩　塩基と中和できるH^+が残っている塩のこと。
塩基性塩　酸と中和できるOH^-が残っている塩のこと。

149

解答
(1) (ア) メスフラスコ　(イ) ホールピペット　(ウ) ビュレット
　　(エ) メスフラスコ　(オ) ホールピペット　(カ) ビュレット
　　(キ) 共洗い　　　　　　　　　　　　　((オ)，(カ)は順不同)
(2) (ア) (d)　(イ) (c)　(ウ) (b)
(3) (b), (c), (d)

解説
(1), (2) 溶液を入れるコニカルビーカーや標準溶液を調製するメスフラスコは，水洗後，濡れたまま使用してよい。これは，器具内の溶質の物質量は変化しないからである。一方，ホールピペットやビュレットは，水洗後，これから使用する溶液で器具の内壁を数回すすいで(共洗い)使用する。これを行わないと，せっかく正確に濃度を調製した溶液の濃度が，薄まってしまう。
(3) 体積を正確に測るメスフラスコ，ホールピペット，ビュレットなどのガラス器具は乾燥する際は自然乾燥させる。ガラスは加熱すると膨張し，冷やしても元の形には戻らないので，次に使用する際に規定の体積を示さなくなる❶。

❶ メスフラスコ，ホールピペット，ビュレットなどの精度が高いガラス器具は加熱してはいけない。

エクセル 滴定で使う実験器具

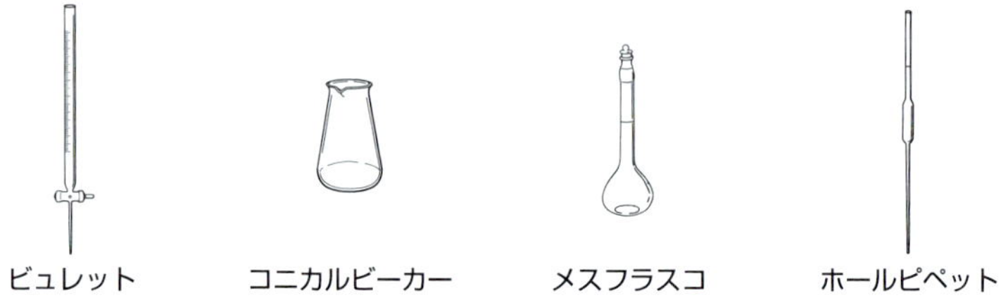

ビュレット　　コニカルビーカー　　メスフラスコ　　ホールピペット

150

解答
(1) (ア) (a)　(イ) (c)　(ウ) (d)　(エ) (a)　(オ) (b)　(カ) (c)
(2) 図1 ③　図2 ①　図3 ②

解説
(2) 滴定曲線の中和点が，指示薬の変色域に含まれるように選択する。メチルオレンジは酸性側(pH3.1〜4.4)に，フェノールフタレインは塩基性側(pH8.0〜9.8)に変色域がかたよる。図1では，中和点がpH7付近に幅広く広がっているので，指示薬の変色域が酸性側や塩基性側にかたよっていても使用可である。図2では，酸性側に中和点があるので，使用できる指示薬は変色域が酸性側にあるメチルオレンジである。図3では，塩基性側に中和点があるので，使用できる指示薬は変色域が塩基性側にあるフェノールフタレインである。

6 酸・塩基 — 59

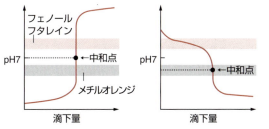

図1 強酸を強塩基で滴定　図2 弱塩基を強酸で滴定　図3 弱酸を強塩基で滴定

151 解答 (1) $0.10\,\text{mol/L}$　(2) $6.0\times10^{-2}\,\text{mol/L}$
(3) $1.0\times10^{-13}\,\text{mol/L}$

解説 (1) HClのH$^+$の物質量 $=0.50\times1.0=0.50$
NaOHのOH$^-$の物質量 $=0.30\times1.0=0.30$
混合溶液中のH$^+$の物質量 $=0.50-0.30=0.20$❶

よって，水素イオン濃度 $[\text{H}^+]=\dfrac{0.20}{1.0+1.0}=0.10\,\text{mol/L}$

(2) pH $=2.0$ より　$[\text{H}^+]=1.0\times10^{-2}\,\text{mol/L}$
混合溶液の体積は $500\,\text{mL}+500\,\text{mL}=1.0\,\text{L}$
よって，混合溶液中のH$^+$の物質量は，$1.0\times10^{-2}\,\text{mol}$
硫酸の濃度を x (mol/L) とすると，硫酸は2価の酸なので
$$1.0\times10^{-2}=2x\times\dfrac{500}{1000}-0.10\times\dfrac{500}{1000}$$❷
$$x=1.0\times10^{-2}+5.0\times10^{-2}=6.0\times10^{-2}\,\text{mol/L}$$

(3) 硫酸の物質量 $=2\times0.10\times\dfrac{500}{1000}=0.10\,\text{mol}$
水酸化ナトリウムのOH$^-$の物質量 $=0.150\,\text{mol}$
よって，混合液のOH$^-$の物質量 $=0.150-0.10=0.050\,\text{mol}$❸

$[\text{OH}^-]=\dfrac{0.050}{\dfrac{500}{1000}}=0.10$

水のイオン積 $[\text{H}^+][\text{OH}^-]=1.0\times10^{-14}$ より
$[\text{H}^+]=\dfrac{1.0\times10^{-14}}{[\text{OH}^-]}=\dfrac{1.0\times10^{-14}}{0.10}=1.0\times10^{-13}\,\text{mol/L}$

❶ H$^+$の物質量 ＞ OH$^-$の物質量なので，H$^+$が残る。

❷ H$^+$の物質量 ＞ OH$^-$の物質量なので，H$^+$が残る。

❸ H$^+$の物質量 ＜ OH$^-$の物質量なので，OH$^-$が残る。

エクセル　H$^+$とOH$^-$の物質量を比較する。

152 解答 (a), (c), (d), (b)

解説 (a) $[\text{H}^+]=0.1\times0.01=1\times10^{-3}\,\text{mol/L}$
よって，pH $=3$
(b) $[\text{OH}^-]=0.1\times0.01=1\times10^{-3}\,\text{mol/L}$
$[\text{H}^+]=\dfrac{1.0\times10^{-14}}{[\text{OH}^-]}=\dfrac{1.0\times10^{-14}}{1\times10^{-3}}=1\times10^{-11}$❶
よって，pH $=11$
(c) pH $=2$ より $[\text{H}^+]=1.0\times10^{-2}\,\text{mol/L}$
これを100倍に薄めたので

❶ 水のイオン積
$[\text{H}^+][\text{OH}^-]$
$=1.0\times10^{-14}\,(\text{mol/L})^2$

60 —— 2章　物質の変化

$$[H^+] = 1.0 \times 10^{-2} \times \frac{1}{100} = 1.0 \times 10^{-4}$$

よって，pH＝4

(d)　pH＝8 の水酸化ナトリウム水溶液を水で 1000 倍に薄める
と溶液は中性に近づく。よって pH≒7

エクセル $[H^+] = 1 \times 10^{-n}\,\mathrm{mol/L}$ のとき，pH＝n

▶酸・塩基が変わることはな
いので，(a)，(c)＜(b)，(d)

153 **解答**

(1)　(ア)　**メスフラスコ**　(イ)　**ホールピペット**　(エ)　**ビュレット**

(2)　**水で薄められても，シュウ酸の物質量は変化しないから。**

(3)　**シュウ酸は弱酸で，水酸化ナトリウムは強塩基なので中和
点の液性は塩基性である。メチルオレンジは変色域が酸性側
にあるので，メチルオレンジは用いない。**

(4)　**水酸化ナトリウムは空気中の二酸化炭素と反応して炭酸ナ
トリウムに変化し，また，空気中の水分を吸収する潮解性も
ある。このため正確な濃度の水溶液がつくれないから。**

(5)　(A)　**6.30**　(B)　**0.125**　(C)　**4.50**

(6)　**ガラスは加熱すると膨張するが，冷却しても元の形に戻ら
ない。このために正確な体積が測れなくなるから。**

▶中和点が塩基性のとき，塩
基性領域に変色域をもつ指
示薬を選ぶ。

▶ NaOH は空気中の水分や
二酸化炭素を吸収しやすい。
次のような反応が起こる。
$2NaOH + CO_2$
　　　　$\longrightarrow Na_2CO_3 + H_2O$

解説

(5)　(A)　シュウ酸の物質量 $= 0.100 \times \dfrac{500}{1000} = 0.0500\,\mathrm{mol}$

$(COOH)_2 \cdot 2H_2O = 126$ より

シュウ酸の質量は，$126 \times 0.0500 = 6.30\,\mathrm{g}$

(B)　シュウ酸は 2 価の酸，水酸化ナトリウムは 1 価の塩基なの
で，水酸化ナトリウム水溶液の濃度を $x\,\mathrm{(mol/L)}$ とすると

$$2 \times 0.100 \times \frac{25.0}{1000} = 1 \times x \times \frac{40.0}{1000}$$

よって，$x = 0.125\,\mathrm{mol/L}$

(C)　酢酸は 1 価の酸，水酸化ナトリウムは 1 価の塩基なので，
酢酸の物質量を $y\,\mathrm{(mol)}$ とすると

$$1 \times y = 1 \times 0.125 \times \frac{48.0}{1000}$$

$$y = 6.00 \times 10^{-3}\,\mathrm{mol}$$

酢酸 CH_3COOH の分子量は 60 なので，質量パーセント濃度
は次のように求める。

$$酢酸の質量パーセント濃度 = \frac{60 \times 6.00 \times 10^{-3}}{8.00} \times 100$$

$$= 4.50\%$$

(6)　ガラス，ゴム，プラスチックなどは粒子が不規則に配列し
ており，結晶化していない。このような物質を無定形固体ま
たは非晶質という。無定形固体(非晶質)は，加熱すると膨張
するが冷却しても元の形には戻らない。

エクセル　食酢の中和滴定の手順

①　シュウ酸標準溶液の調製

シュウ酸二水和物は潮解性がない固体なので，
正確な濃度の水溶液をつくることができる。

② シュウ酸標準溶液で水酸化ナトリウム水溶液の濃度を決定する。
③ 濃度が決定した水酸化ナトリウム水溶液で，食酢の濃度を決定する。

154
(1) (ア) 陰　(イ) 陽　(ウ) 正　(エ) 酸性　(オ) 塩基性
　　(カ) 塩基　(キ) 塩
(2) 酢酸ナトリウムを水に溶かすと酢酸イオンが生じるが，この酢酸イオンが水と反応し水酸化物イオンが生じるために，塩基性を示す。
(3) 酸性　　NH_4Cl，$NaHSO_4$
　　塩基性　Na_2CO_3，Na_2SO_3
　　中性　　$NaNO_3$

解説 (1), (2) 酢酸ナトリウム CH_3COONa を水に溶かすと，酢酸イオン CH_3COO^- とナトリウムイオン Na^+ に電離する。電離によって生じた CH_3COO^- が水 H_2O と反応し，水酸化物イオン OH^- が生成する。この反応を加水分解といい，このために，酢酸ナトリウム水溶液は塩基性を示す。

▶ $HA + BOH$
　$\longrightarrow BA + H_2O$

$CH_3COONa \longrightarrow CH_3COO^- + Na^+$（電離）
$CH_3COO^- + H_2O \rightleftarrows CH_3COOH + \underline{OH^-}$（水との反応）
　　　　　　　　　　　　　　　　　　　　↑
　　　　　　　　　　　　　　　　　塩基性を示す

炭酸水素ナトリウム $NaHCO_3$ は酸性塩に分類されるが，水溶液は加水分解のために塩基性を示す。

$NaHCO_3 \longrightarrow Na^+ + HCO_3^-$（電離）
$HCO_3^- + H_2O \rightleftarrows H_2CO_3 + \underline{OH^-}$（水との反応）
　　　　　　　　　　　　　　　　↑
　　　　　　　　　　　　　塩基性を示す

(3) 弱酸と強塩基からなる塩は塩基性，強酸と弱塩基からなる塩は酸性，強酸と強塩基からなる塩は中性を示すことが多い。ただし，$NaHSO_4$ は，強酸と強塩基からなる塩であるが，水溶液は酸性を示す。

$NaHSO_4 \longrightarrow Na^+ + HSO_4^-$
$HSO_4^- \longrightarrow \underline{H^+} + SO_4^{2-}$
　　　　　　　　↑
　　　　　酸性を示す

エクセル
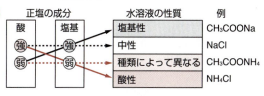

62 — 2章　物質の変化

155
解答

(1) (ア)　ホールピペット　(イ)　ビュレット

(2)　指示薬A　④　変色域　③
　　　指示薬B　②　変色域　④

(3)　①　$NaOH + HCl \longrightarrow NaCl + H_2O$
　　　②　$Na_2CO_3 + HCl \longrightarrow NaHCO_3 + NaCl$
　　　③　$NaHCO_3 + HCl \longrightarrow NaCl + H_2O + CO_2$

(4)　$Na_2CO_3 + BaCl_2 \longrightarrow BaCO_3 + 2NaCl$

(5)　**水酸化ナトリウム　1.00 g　炭酸ナトリウム　2.12 g**

解説

(1)　(ア)　一定体積の溶液を測りとるときは，ホールピペットを使う。

　　(イ)　滴下した溶液の体積を求めるときは，ビュレットを使う。

(2)　メチルオレンジの変色域は，pH3.1 ～ 4.4。
　　フェノールフタレインの変色域は，pH8.0 ～ 9.8。

(3)　NaOH，Na_2CO_3 と HCl の間で次のような順番で反応が起こる。

　　①　$NaOH + HCl \longrightarrow NaCl + H_2O$
　　②　$Na_2CO_3 + HCl \longrightarrow NaHCO_3 + NaCl$
　　③　$NaHCO_3 + HCl \longrightarrow NaCl + H_2O + CO_2$

(4)　$BaCl_2$ 水溶液を加えると，$BaCO_3$ の白色沈殿が生じ，溶液中の Na_2CO_3 は $BaCO_3$ として除かれる❶。
　　　$Na_2CO_3 + BaCl_2 \longrightarrow BaCO_3\downarrow + 2NaCl$

(5)　混合溶液に含まれる NaOH を x〔mol〕，Na_2CO_3 を y〔mol〕とする。メチルオレンジの変色域までには，NaOH と Na_2CO_3 が HCl と反応する。よって

$$(x + 2y) \times \frac{10.0}{200} = 1 \times 0.100 \times \frac{32.5}{1000}❷$$

フェノールフタレインの変色域までには，NaOH が HCl と反応する。

これより，$1 \times x \times \dfrac{10.0}{200} = 1 \times 0.100 \times \dfrac{12.5}{1000}$　よって

$x = 2.50 \times 10^{-2}\,\mathrm{mol}$，NaOH の質量 $= 2.50 \times 10^{-2} \times 40$
$\qquad\qquad\qquad\qquad\qquad\qquad\qquad = 1.00\,\mathrm{g}$

$y = 2.00 \times 10^{-2}\,\mathrm{mol}$，$Na_2CO_3$ の質量 $= 2.00 \times 10^{-2} \times 106$
$\qquad\qquad\qquad\qquad\qquad\qquad\qquad\qquad = 2.12\,\mathrm{g}$

エクセル Na_2CO_3 と HCl の中和反応
第1中和点　$Na_2CO_3 + HCl \longrightarrow NaHCO_3 + NaCl$
第2中和点　$NaHCO_3 + HCl \longrightarrow NaCl + H_2O + CO_2$

❶溶液中の Na_2CO_3 は $BaCl_2$ 水溶液を加えたため $BaCO_3$ の白色沈殿となり反応しない。

❷メチルオレンジの変色域は，第2中和点に相当するため，NaOH は 1 価の塩基，Na_2CO_3 は 2 価の塩基として中和される。

▶塩基性の領域では $BaCO_3$ は塩酸とは反応しない。

156
解答　$2.52 \times 10^{-2}\,\mathrm{mol/L}$

解説　0.100 mol/L の水酸化ナトリウム水溶液 15.0 mL を滴下しているので，水酸化物イオンの物質量は

$$1 \times 0.100 \times \frac{15.0}{1000} = 1.50 \times 10^{-3} \text{mol}$$

0.0100 mol/L の硫酸 12.0 mL を滴下しているので，硫酸中の水素イオンの物質量は

$$2 \times 0.0100 \times \frac{12.0}{1000} = 2.40 \times 10^{-4} \text{mol}$$

塩酸の濃度を x[mol/L]とすると，塩酸 50.0 mL 中の水素イオンの物質量は

$$1 \times x \times \frac{50.0}{1000} = \frac{50.0}{1000}x$$

「硫酸，塩酸が出した H^+ の物質量」
  ＝「水酸化ナトリウムが出した OH^- の物質量」より❶

$$\frac{50.0}{1000}x + 2.40 \times 10^{-4} = 1.50 \times 10^{-3} \quad x = 2.52 \times 10^{-2} \text{mol/L}$$

❶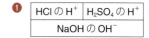

エクセル 中和反応の量的関係
　　塩酸と硫酸が出した H^+ の物質量＝水酸化ナトリウムが出した OH^- の物質量

157 解答 (1) 2.55 mg　(2) 10.0%

解説 (1) アンモニウム塩に強塩基を反応させると，弱塩基のアンモニアが発生する。硫酸アンモニウムと水酸化ナトリウムの反応は

　　$(NH_4)_2SO_4 + 2NaOH \longrightarrow Na_2SO_4 + 2NH_3 + 2H_2O$

硫酸は2価の酸，アンモニアは1価の塩基なので，発生したアンモニアの物質量を x[mol]とすると
(H_2SO_4 から生じる H^+ の物質量)
＝(NH_3 から生じる OH^- の物質量)
　　　　＋($NaOH$ から生じる OH^- の物質量)

$$2 \times 0.0250 \times \frac{15.0}{1000} = 1 \times x + 1 \times 0.0500 \times \frac{12.0}{1000}$$

$$x = 1.50 \times 10^{-4} \text{mol}$$

アンモニアの分子量は $NH_3 = 17$ より
アンモニアの質量 $= 17 \times 1.50 \times 10^{-4} = 2.55 \times 10^{-3}$ g $= 2.55$ mg

(2) アンモニア分子 NH_3 の物質量と窒素原子 N の物質量は等しいので

$$\text{窒素の質量\%} = 14 \times 1.50 \times 10^{-4} \times \frac{1000}{21.0} \times 100 = 10.0\%$$

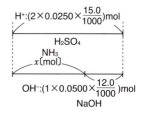

エクセル (H_2SO_4 から生じる H^+ の物質量)
　　＝(NH_3 から生じる OH^- の物質量)＋($NaOH$ から生じる OH^- の物質量)

64 —— 2章　物質の変化

158 解答
(1) (b)

理由：中和点までは中和反応が進むので，$H_3O^+ + OH^-$ $\longrightarrow 2H_2O$ の反応により OH^- の濃度が減少し，Cl^- の濃度が増加する。Cl^- よりも OH^- の方が電気伝導度が大きいので，全体としては電気伝導度が減少する。中和後は，H_3O^+ と Cl^- の濃度が増加するため，電気伝導度は増加する。

(2) (f)

理由：中和点までは $CH_3COOH + OH^-$ $\longrightarrow CH_3COO^- + H_2O$ の反応が進み，OH^- の濃度が減少し，CH_3COO^- の濃度が増加する。OH^- の方が CH_3COO^- よりも電気伝導度が大きいので全体として電気伝導度が減少する。中和後は，加えた CH_3COOH はほとんど電離しないために，電気伝導度はほとんど増加しない。

エクセル イオンの電気伝導性

$H_3O^+(H^+)$，$OH^- > Na^+$，Cl^-，CH_3COO^-

▶ 7 酸化還元反応 (p.105)

159 解答
(1) 0　(2) 0　(3) −2　(4) −1　(5) +4　(6) +6
(7) +5　(8) +1　(9) −2　(10) +5　(11) +4　(12) +6

解説　化合物中の各原子の酸化数の総和は 0 である。

(1) 単体の酸化数は 0

(2) 単体の酸化数は 0

(3) 化合物中の酸素原子の酸化数は H_2O_2 等の場合を除き，−2。

(4) 酸化数の決め方の例外：H_2O_2 の酸素原子の酸化数は −1，水素原子の酸化数は +1。

(5) 化合物中の酸素原子の酸化数は −2，各原子の酸化数の総和は 0 であるので，硫黄原子の酸化数を x とおくと
$\underset{x}{SO_2}$　$x + (-2) \times 2 = 0$，$x = +4$

(6) 化合物中の酸素原子の酸化数は −2，水素原子の酸化数は +1，各原子の酸化数の総和は 0 であるので，硫黄原子の酸化数を x とおくと
$H_2\underset{x}{S}O_4$　$(+1) \times 2 + x + (-2) \times 4 = 0$，$x = +6$

(7) 化合物中の酸素原子の酸化数は −2，水素原子の酸化数は +1，各原子の酸化数の総和は 0 であるので，窒素原子の酸化数を x とおくと
$H\underset{x}{N}O_3$　$(+1) + x + (-2) \times 3 = 0$，$x = +5$

(8) 単原子イオンの酸化数はそのイオンの価数と等しいので，ナトリウムイオン Na^+ の酸化数は +1。

▶酸化数に +，− の符号を忘れずに。酸化数はローマ数字（Ⅰ，Ⅱ，Ⅲ，Ⅳ，…）で表してもよい。

(9) 多原子イオン中の各原子の酸化数の総和はそのイオンの価数と等しい。水素原子の酸化数は+1であるので，酸素原子の酸化数を x とおくと

$\underset{x}{O}H^-$　$x+(+1)=-1$, $x=-2$

(10) 酸化数の決め方の例外：塩素酸類の塩素原子は17族の元素ではあるが，酸化数は-1ではない。酸素原子の酸化数を-2, 水素原子の酸化数を+1として塩素原子の酸化数を求める。

塩素酸類中の塩素原子の酸化数を x とおくと

$H\underset{x}{Cl}O$：$(+1)+x+(-2)=0$, $x=+1$

$H\underset{x}{Cl}O_2$：$(+1)+x+(-2)\times 2=0$, $x=+3$

$H\underset{x}{Cl}O_3$：$(+1)+x+(-2)\times 3=0$, $x=+5$

$H\underset{x}{Cl}O_4$：$(+1)+x+(-2)\times 4=0$, $x=+7$

▶塩素酸類の Cl の酸化数

塩素酸類	酸化数
HClO	+1
HClO$_2$	+3
HClO$_3$	+5
HClO$_4$	+7

(11) 化合物中の酸素原子の酸化数は-2, 各原子の酸化数の総和は0であるので，マンガン Mn の酸化数を x とおくと

$\underset{x}{Mn}O_2$　$x+(-2)\times 2=0$, $x=+4$

(12) 化合物中の K(1族)の酸化数は+1, 酸素原子の酸化数は-2, 各原子の酸化数の総和は0であるので，クロム Cr の酸化数を x とおくと

$K_2\underset{x}{Cr}_2O_7$　$(+1)\times 2+2x+(-2)\times 7=0$, $x=+6$

エクセル 酸化数　原子やイオンが酸化されている程度を表す尺度。酸化数が大きいほど酸化されている程度が高い。

160 解答　(ア) -1　(イ) 0　(ウ) 酸化　(エ) 還元　(オ) 0
(カ) -1　(キ) 還元　(ク) 酸化　(ケ) 酸化還元

解説　化合物中の Cl, I(17族)の酸化数は-1, 単体(Cl$_2$, I$_2$)中の原子(Cl, I)の酸化数は0。

エクセル 酸化数と酸化・還元
　酸化される：酸化数が増加＝電子をうばわれる
　還元される：酸化数が減少＝電子をもらう

161 解答　(ア) 増加　(イ) 酸化　(ウ) 減少　(エ) 還元　(オ) 還元
(カ) +4　(キ) +2　(ク) 酸化　(ケ) ヨウ素

解説　酸化マンガン(Ⅳ)と塩酸の反応
$$MnO_2 + 4HCl \longrightarrow MnCl_2 + 2H_2O + Cl_2$$

<u>MnO₂ 中の Mn の酸化数</u>

化合物中の酸素原子の酸化数は−2なので，Mnの酸化数を x とおくと　　　　　　　　　　　　　　　　　　　　　▶化合物中の酸素原子の酸化数は−2

$\underset{-2}{Mn\underline{O_2}}$　$x + (-2) \times 2 = 0$

$x = +4$

よって，MnO₂ の Mn の酸化数は +4

<u>MnCl₂ 中の Mn の酸化数</u>

化合物中の Cl (17族) の酸化数は−1なので，Mnの酸化数を y とおくと　　　　　　　　　　　　　　　　　　　▶化合物中の17族元素の酸化数は−1

$\underset{-1}{Mn\underline{Cl_2}}$　$y + (-1) \times 2 = 0$

$y = +2$

よって，MnCl₂ の Mn の酸化数は +2

$$\underset{+4}{\underline{MnO_2}} + 4HCl \longrightarrow \underset{+2}{\underline{MnCl_2}} + 2H_2O + Cl_2$$
　　　　　　　　　　還元された

ヨウ化カリウムと塩素の反応　　　　　　　　　　　　　　▶単体中の原子の酸化数は0

$$2K\underset{-1}{\underline{I}} + Cl_2 \longrightarrow \underset{0}{\underline{I_2}} + 2KCl$$
　　　　　　　酸化された

エクセル　酸化数と酸化・還元

$\begin{cases} 酸化される：酸化数が増加＝電子をうばわれる \\ 還元される：酸化数が減少＝電子をもらう \end{cases}$

162　(1) $0 \rightarrow +2$　(2) $0 \rightarrow +1$　(3) $0 \rightarrow -1$　(4) $0 \rightarrow +2$

解説　(1) 単体 (Zn, H₂) 中の原子 (Zn, H) の酸化数は 0, 化合物中の Cl (17族) の酸化数は−1。

HCl 中の H の酸化数を x とおくと

$\underset{x}{\underline{H}Cl}$　$x + (-1) = 0$　$x = +1$

ZnCl₂ 中の Zn の酸化数を y とおくと

$\underset{y}{\underline{Zn}Cl_2}$　$y + (-1) \times 2 = 0$　$y = +2$

(2) 単体 (H₂, O₂) 中の原子 (H, O) の酸化数は 0, 化合物中の H, O の酸化数はそれぞれ +1, −2。

7　酸化還元反応——67

$$2H_2 + O_2 \longrightarrow 2H_2O$$

（還元された）

$$\underset{0}{2H_2} + \underset{0}{O_2} \longrightarrow \underset{+1\ -2}{2H_2O}$$

（酸化された）

(3) 単体（Cu, Cl_2）中の原子（Cu, Cl）の酸化数は0, 化合物中の Cl（17族）の酸化数は-1。

　　$CuCl_2$ 中の Cu の酸化数を x とおくと

　　　$\underset{x}{CuCl_2}$　$x + 2 \times (-1) = 0$　$x = +2$

（還元された）

$$\underset{0}{Cu} + \underset{0}{Cl_2} \longrightarrow \underset{+2\ -1}{Cu\ Cl_2}$$

（酸化された）

(4) 単体（Cu）中の原子 Cu の酸化数は0, 化合物中の H, O の酸化数はそれぞれ$+1$, -2。

　　H_2SO_4 中の S の酸化数を x とおくと

　　　$\underset{+1\ -2}{H_2SO_4}$　$2 \times (+1) + x + 4 \times (-2) = 0$　$x = +6$

　　SO_2 中の S の酸化数を y とおくと

　　　$\underset{-2}{SO_2}$　$y + 2 \times (-2) = 0$　$y = +4$

　　$CuSO_4 \longrightarrow Cu^{2+} + SO_4^{2-}$ より

　　$CuSO_4$ 中の Cu の酸化数は$+2$。

　　（＊）$CuSO_4$ 中で, Cu は2価の陽イオン Cu^{2+} になっている。

（還元された）

$$\underset{0}{Cu} + \underset{+6}{2H_2SO_4} \longrightarrow \underset{+2}{CuSO_4} + \underset{+4}{SO_2} + 2H_2O$$

（酸化された）

エクセル 酸化数と酸化・還元

　　　$\begin{cases} \text{酸化される：酸化数が増加＝電子をうばわれる} \\ \text{還元される：酸化数が減少＝電子をもらう} \end{cases}$

　　H を$+1$, O を-2として酸化数を求める。

　　（例外：H_2O_2 の場合は H が$+1$, $\underline{O\ \text{が}-1}$）

163 解答　(3), (5)

解説

(3) 化合物中の H, O の酸化数はそれぞれ$+1$, -2。

　　ただし, H_2O_2（過酸化水素）中の O の酸化数は-1。

　　SO_2 中の S の酸化数を x とおくと

　　　$\underset{x}{SO_2}$　$x + 2 \times (-2) = 0$　$x = +4$

　　H_2SO_4 中の S の酸化数を y とおくと

　　　$\underset{y}{H_2SO_4}$　$2 \times (+1) + y + 4 \times (-2) = 0$　$y = +6$

▶(1), (2)のような中和反応では, 酸化数の変化は起きていない。

▶ H_2O_2 中の酸素原子の酸化数は-1

68 —— 2章 物質の変化

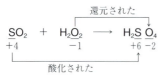

(5) 単体(O_2)中の原子 O の酸化数は 0。
化合物中の H の酸化数は $+1$。
H_2O_2 中の O の酸化数は -1。
化合物中の K(1族) の酸化数は $+1$。
$KMnO_4$ 中の Mn の酸化数を x とおくと
　$\underset{+1\ -2}{KMnO_4}$　$(+1) + x + 4 \times (-2) = 0$　$x = +7$
$MnSO_4$ 中の Mn の酸化数は $+2$。
　$MnSO_4 \longrightarrow Mn^{2+} + SO_4^{2-}$
(＊)$MnSO_4$ 中で，Mn は 2 価の陽イオン Mn^{2+} になっている。

　　　　　　　　　　還元された
$2K\underline{Mn}O_4 + 3H_2SO_4 + 5H_2\underline{O}_2 \rightarrow K_2SO_4 + 2\underline{Mn}SO_4 + 8H_2O + 5\underline{O}_2$
　　+7　　　　　　　　　　　−1　　　　　　　　　　+2　　　　　　　　0
　　　　　　　　　　酸化された

エクセル 酸化還元反応
　　酸化剤と還元剤の間で，同時に酸化還元反応が起こる。

164　**解答** (1) Cl^-　(2) Mn^{2+}　(3) NO_2　(4) 2　(5) Fe^{3+}
　　(6) I_2, 2

解説 半反応式のつくり方
① 酸化剤(還元剤)を左辺に，その反応生成物を右辺に書く。
② 酸化剤(還元剤)の酸化数の変化を調べ，電子 e^- を左辺(右辺)に加える。
③ 両辺の電荷をそろえるために，酸化剤では左辺に，還元剤では右辺に水素イオン H^+ を加える。
④ 両辺の H，O の数をそろえるために，酸化剤では右辺に，還元剤では左辺に水 H_2O を加える。
(1) ① $Cl_2 \longrightarrow 2Cl^-$
　　② $\underset{0}{Cl_2} + 2e^- \longrightarrow \underset{-1}{2Cl^-}$
　　＊酸化数が $0 \rightarrow (-1) \times 2$ と変化しているので，左辺に $2e^-$ を加える。
(2) ① $MnO_4^- \longrightarrow Mn^{2+}$
　　② $\underset{+7}{MnO_4^-} + 5e^- \longrightarrow \underset{+2}{Mn^{2+}}$
　　③ $MnO_4^- + 8H^+ + 5e^- \longrightarrow Mn^{2+}$
　　④ $MnO_4^- + 8H^+ + 5e^- \longrightarrow Mn^{2+} + 4H_2O$
(3) ① $HNO_3 \longrightarrow NO_2$
　　② $\underset{+5}{HNO_3} + e^- \longrightarrow \underset{+4}{NO_2}$

▶ $Cl_2 \longrightarrow 2Cl^-$
　$MnO_4^- \longrightarrow Mn^{2+}$
などはあらかじめ知っておく必要がある。

7　酸化還元反応——69

③　$HNO_3 + H^+ + e^- \longrightarrow NO_2$

④　$HNO_3 + H^+ + e^- \longrightarrow NO_2 + H_2O$

(4)　①　$H_2S \longrightarrow S$

②　$H_2\underline{S} \longrightarrow \underline{S} + 2e^-$
　　　　　　-2　　0

③　$H_2S \longrightarrow S + 2H^+ + 2e^-$

(5)　①　$Fe^{2+} \longrightarrow Fe^{3+}$

②　$\underline{Fe}^{2+} \longrightarrow \underline{Fe}^{3+} + e^-$
　　　　$+2$　　　$+3$

(6)　①　$2I^- \longrightarrow I_2$

②　$2\underline{I}^- \longrightarrow \underline{I}_2 + 2e^-$
　　　-1　　0

＊酸化数が$(-1) \times 2 \to 0$と変化しているので，右辺に
2e$^-$を加える。

エクセル　半反応式の書き方

①　酸化剤（還元剤）と生成物を書く。

②　酸化剤（還元剤）の酸化数の変化を調べ，電子 e$^-$を加える。

③　H$^+$で電荷をそろえる。

④　H$_2$O で，H，O の数をそろえる。

165
解答

(1)　$Cr_2O_7{}^{2-} + 14H^+ + 6e^- \longrightarrow 2Cr^{3+} + 7H_2O$

(2)　$(COOH)_2 \longrightarrow 2CO_2 + 2H^+ + 2e^-$

(3)　$Cr_2O_7{}^{2-} + 8H^+ + 3(COOH)_2 \longrightarrow 2Cr^{3+} + 7H_2O + 6CO_2$

(4)　陽イオン　K$^+$　陰イオン　$SO_4{}^{2-}$

(5)　$K_2Cr_2O_7 + 4H_2SO_4 + 3(COOH)_2$
　　　　　　　　$\longrightarrow K_2SO_4 + Cr_2(SO_4)_3 + 6CO_2 + 7H_2O$

▶シュウ酸は，常温では反応
しにくいが，温度を上げる
とすみやかに反応する。

解説

(1)　①　酸化剤 $Cr_2O_7{}^{2-}$を左辺に，その反応生成物 $2Cr^{3+}$を右
辺に書く。

　　　　$Cr_2O_7{}^{2-} \longrightarrow 2Cr^{3+}$

②　酸化剤の酸化数の変化を調べ，電子 e$^-$を左辺に加え
る。

　　　$\underline{Cr}_2O_7{}^{2-} + 6e^- \longrightarrow 2\underline{Cr}^{3+}$
　　　$+6$　　　　　　　$+3$

＊酸化数が$(+6) \times 2 \to (+3) \times 2$と変化しているので，
左辺に 6e$^-$を加える。

③　両辺の電荷をそろえるために，左辺に水素イオン H$^+$
を加える。

　　　$Cr_2O_7{}^{2-} + 14H^+ + 6e^- \longrightarrow 2Cr^{3+}$

④　両辺の H，O の数をそろえるために，右辺に水 H$_2$O
を加える。

　　　$Cr_2O_7{}^{2-} + 14H^+ + 6e^- \longrightarrow 2Cr^{3+} + 7H_2O$　…(I)式

(2)　①　還元剤$(COOH)_2$を左辺に，その反応生成物 $2CO_2$ を
右辺に書く。

　　　　$(COOH)_2 \longrightarrow 2CO_2$

②　還元剤の酸化数の変化を調べ，電子 e$^-$を右辺に加え
る。

70 —— 2章　物質の変化

$$(\underline{COOH})_2 \longrightarrow 2\underline{CO_2} + 2e^-$$
$$\quad +3 \qquad\qquad +4$$

＊酸化数が$(+3) \times 2 \rightarrow (+4) \times 2$ と変化しているので，右辺に $2e^-$ を加える。

③　両辺の電荷をそろえるために，右辺に水素イオン H^+ を加える。

$$(COOH)_2 \longrightarrow 2CO_2 + 2H^+ + 2e^- \quad \cdots\cdots(\text{II})式$$

(3)　(I)式，(II)式より，e^- を消去 (I)＋(II)×3

$$Cr_2O_7^{2-} + 14H^+ + 6e^- \longrightarrow 2Cr^{3+} + 7H_2O$$
$$+)\ 3(COOH)_2 \qquad\qquad \longrightarrow 6CO_2 + 6H^+ + 6e^-$$
$$\overline{Cr_2O_7^{2-} + 8H^+ + 3(COOH)_2 \longrightarrow 2Cr^{3+} + 7H_2O + 6CO_2}$$

(4), (5)　(3)の両辺に $2K^+$，$4SO_4^{2-}$ を加える。

（K^+ は $K_2Cr_2O_7$，SO_4^{2-} は H_2SO_4 由来のイオン）

$$K_2Cr_2O_7 + 4H_2SO_4 + 3(COOH)_2$$
$$\longrightarrow K_2SO_4 + Cr_2(SO_4)_3 + 6CO_2 + 7H_2O$$

エクセル　酸化還元反応式のつくり方

酸化剤と還元剤の半反応式における e^- の数をそろえて，e^- を消去する。

166 解答

(1)　$2H_2SO_4 + Cu \longrightarrow SO_2 + 2H_2O + CuSO_4$

(2)　$2HNO_3 + Ag \longrightarrow NO_2 + H_2O + AgNO_3$

(3)　$2H_2S + SO_2 \longrightarrow 3S + 2H_2O$

(4)　$K_2Cr_2O_7 + H_2SO_4 + 3SO_2 \longrightarrow K_2SO_4 + Cr_2(SO_4)_3 + H_2O$

解説

(1)　H_2SO_4 が酸化剤，Cu が還元剤としてはたらく。

$$\begin{cases} H_2SO_4 + 2H^+ + 2e^- \longrightarrow SO_2 + 2H_2O & \cdots① \\ Cu \longrightarrow Cu^{2+} + 2e^- & \cdots② \end{cases}$$

①，②より e^- を消去する。（①＋②）

$$H_2SO_4 + 2H^+ + Cu \longrightarrow SO_2 + 2H_2O + Cu^{2+}$$

両辺に SO_4^{2-} を加える。

$$2H_2SO_4 + Cu \longrightarrow SO_2 + 2H_2O + CuSO_4$$

(2)　HNO_3 が酸化剤，Ag が還元剤としてはたらく。

$$\begin{cases} (濃)HNO_3 + H^+ + e^- \longrightarrow NO_2 + H_2O & \cdots① \\ Ag \longrightarrow Ag^+ + e^- & \cdots② \end{cases}$$

①，②より e^- を消去（①＋②）

$$HNO_3 + H^+ + Ag \longrightarrow NO_2 + H_2O + Ag^+$$

両辺に NO_3^- を加える。

$$2HNO_3 + Ag \longrightarrow NO_2 + H_2O + AgNO_3$$

(3)　SO_2 が酸化剤，H_2S が還元剤としてはたらく。

$$\begin{cases} H_2S \longrightarrow S + 2H^+ + 2e^- & \cdots① \\ SO_2 + 4H^+ + 4e^- \longrightarrow S + 2H_2O & \cdots② \end{cases}$$

①，②より e^- を消去（①×2＋②）

$$2H_2S + SO_2 + 4H^+ \longrightarrow 2S + 4H^+ + S + 2H_2O$$
$$2H_2S + SO_2 \longrightarrow 3S + 2H_2O$$

(4)　$K_2Cr_2O_7$ が酸化剤，SO_2 が還元剤としてはたらく**❶**。

$$\begin{cases} Cr_2O_7^{2-} + 14H^+ + 6e^- \longrightarrow 2Cr^{3+} + 7H_2O & \cdots① \\ SO_2 + 2H_2O \longrightarrow SO_4^{2-} + 4H^+ + 2e^- & \cdots② \end{cases}$$

❶ SO_2 は強い還元剤であるが，H_2S と反応するとき酸化剤としてはたらく。

$$\underset{+4}{S}\ O_2 + 4e^- + 4H^+$$
$$\longrightarrow \underset{0}{S} + 2H_2O$$

7　酸化還元反応——71

①，②より e^- を消去（①＋②×3）
$$Cr_2O_7{}^{2-} + 14H^+ + 3SO_2 + 6H_2O$$
$$\longrightarrow 2Cr^{3+} + 7H_2O + 3SO_4{}^{2-} + 12H^+$$

両辺に $2K^+$，$SO_4{}^{2-}$ を加える。
$$K_2Cr_2O_7 + H_2SO_4 + 3SO_2 \longrightarrow K_2SO_4 + Cr_2(SO_4)_3 + H_2O$$

エクセル 酸化還元反応式のつくり方
　　① 酸化剤と還元剤の半反応式における e^- の数をそろえて，e^- を消去する。
　　② 溶液に存在する反応にかかわらないイオン（K^+，$SO_4{}^{2-}$ など）を両辺に加え，完成させる。

167 **解答** (1) (ア) 8　(イ) 5　(ウ) 4　(エ) 2　(オ) 2
(2) **2：5**

解説 (1) 過マンガン酸イオン $MnO_4{}^-$ は，強い酸化剤としてはたらくと Mn^{2+} となる。

① $\underset{+7}{MnO_4{}^-} \longrightarrow \underset{+2}{Mn^{2+}}$

② 酸化剤の酸化数の変化を調べ，電子 e^- を左辺に加える。
$$MnO_4{}^- + 5e^- \longrightarrow Mn^{2+}$$

③ 両辺の電荷をそろえるために，左辺に H^+ を加える。
$$MnO_4{}^- + 8H^+ + 5e^- \longrightarrow Mn^{2+}$$

④ H，O の数をそろえるために，右辺に H_2O を加える。
$$\underset{(ア)}{MnO_4{}^-} + \underset{(イ)}{8}H^+ + 5e^- \longrightarrow Mn^{2+} + \underset{(ウ)}{4}H_2O \quad \cdots①$$

過酸化水素は還元剤としてはたらくと，O_2 になる。

① $\underset{-1}{H_2O_2} \longrightarrow \underset{0}{O_2}$

② 酸化数が -1 から 0 に 1 増加しているが，O 原子は 2 個あるので
$$H_2O_2 \longrightarrow O_2 + 2e^-$$

③ 右辺に H^+ を加えて電荷を合わせる。
$$H_2O_2 \longrightarrow O_2 + \underset{(エ)}{2}H^+ + \underset{(オ)}{2}e^- \quad \cdots②$$

(2) ①，②より e^- を消去する。
①×2＋②×5
$$2MnO_4{}^- + 16H^+ + 5H_2O_2 \longrightarrow 2Mn^{2+} + 8H_2O + 5O_2 + 10H^+$$
$$2MnO_4{}^- + 6H^+ + 5H_2O_2 \longrightarrow 2Mn^{2+} + 8H_2O + 5O_2$$
よって，$MnO_4{}^- : H_2O_2 = 2 : 5$ で反応する。

エクセル 酸化還元反応式
　　＝酸化剤と還元剤の半反応式から e^- を消去する

168 **解答** (1) $Cr_2O_7{}^{2-} + 8H^+ + 3(COOH)_2 \longrightarrow 2Cr^{3+} + 7H_2O + 6CO_2$
(2) $2.2 \times 10^{-2}\,\text{mol/L}$

解説 (1) $\begin{cases} Cr_2O_7{}^{2-} + 14H^+ + 6e^- \longrightarrow 2Cr^{3+} + 7H_2O & \cdots① \\ (COOH)_2 \longrightarrow 2H^+ + 2CO_2 + 2e^- & \cdots② \end{cases}$
①＋②×3 で e^- を消去する。

72 —— 2章　物質の変化

$$Cr_2O_7^{2-} + 14H^+ + 3(COOH)_2$$
$$\longrightarrow 2Cr^{3+} + 7H_2O + 6H^+ + 6CO_2$$
$$Cr_2O_7^{2-} + 8H^+ + 3(COOH)_2 \longrightarrow 2Cr^{3+} + 7H_2O + 6CO_2$$

(2) 酸化剤がうばった e^- の物質量 ＝還元剤が与えた e^- の物質量

$$6 \times x \times \frac{15}{1000} = 2 \times 0.10 \times \frac{10}{1000}$$

$$1 = 45x$$

$$x = \frac{1}{45} = 0.0222$$

$$x = 2.2 \times 10^{-2}\,\text{mol/L}$$

エクセル 酸化剤がうばった e^- の物質量
　　　　　　　　　　　　　　　　＝還元剤が与えた e^- の物質量

▶イオン反応式から
　$Cr_2O_7^{2-}$：$(COOH)_2$
　＝1：3と考えられる。

169 解答　$8.0 \times 10^{-2}\,\text{mol/L}$

解説　$KMnO_4$ が酸化剤，KNO_2 と $FeSO_4$ が還元剤としてはたらく。

$$\begin{cases} MnO_4^- + 8H^+ + \underline{5e^-} \longrightarrow Mn^{2+} + 4H_2O \\ NO_2^- + H_2O \longrightarrow NO_3^- + 2H^+ + \underline{2e^-} \\ Fe^{2+} \longrightarrow Fe^{3+} + \underline{e^-} \end{cases}$$

MnO_4^- 1mol は反応相手の物質から 5mol の電子をうばい，NO_2^- 1mol は反応相手に 2mol の電子を与え，Fe^{2+} 1mol は反応相手に 1mol の電子を与える。酸化剤は MnO_4^-，還元剤は NO_2^- と Fe^{2+}。

亜硝酸カリウムのモル濃度を x〔mol/L〕とおくと，酸化剤（MnO_4^-）がうばった e^- の物質量

　　　　　＝還元剤（NO_2^-，Fe^{2+}）が与えた e^- の物質量より

$$5 \times 0.020 \times \frac{20.0}{1000} = 2 \times x \times \frac{10.0}{1000} + 1 \times 0.20 \times \frac{2.0}{1000}$$

$$x = 8.00 \times 10^{-2} \fallingdotseq 8.0 \times 10^{-2}\,\text{mol/L}$$

エクセル 酸化剤（MnO_4^-）がうばった e^- の物質量
　　　　　　　　　　　　　　＝還元剤（NO_2^-，Fe^{2+}）が与えた e^- の物質量

170 解答
(1) (ア) (B) (イ) (D) (ウ) (B) (エ) (C) (オ) (F)
(2) $2H_2O$　(3) デンプン，青色→無色
(4) $0.900\,\text{mol/L}$，3.06%　(5) $0.299\,\text{g}$

解説　(4) ①式，②式の反応式の係数から

$$H_2O_2 : I_2 : Na_2S_2O_3 = 1 : 1 : 2,$$

よって，滴定に用いた $Na_2S_2O_3$ の物質量の 2 分の 1 が H_2O_2 の物質量となる。よって，H_2O_2 の物質量は

$$0.104 \times \frac{17.31}{1000} \times \frac{1}{2} = 9.001 \times 10^{-4}\,\text{mol}$$

これだけの H_2O_2 が 20.0mL 中に含まれていたことになる。20 倍に希釈する前のモル濃度は

$$\frac{9.001 \times 10^{-4}}{\dfrac{20.0}{1000}} \times 20 = 0.9001 \fallingdotseq 0.900\,\text{mol/L}$$

●ヨウ素滴定
　ヨウ素のヨウ化カリウム水溶液は褐色だが，これにデンプンを加えると，ヨウ素－デンプン反応によって，はっきりとした青紫色を示す。還元剤を滴下し続け，すべてのヨウ素が反応してしまうと，水溶液の色が消え無色になる。これは，ヨウ素のすべてがヨウ化物イオンに変化しヨウ素－デンプン反応を示さなくなるからである。よって，「ヨウ素－デンプン反応の色

7 酸化還元反応——73

溶液1Lあたりで考えると，$H_2O_2 = 34.0$ より

$$\frac{(溶質の質量)}{(溶液の質量)} \times 100 = \frac{34.0 \times 0.9001}{1.00 \times 1000} \times 100 = 3.060 \fallingdotseq 3.06\%$$

が消えた時点が滴定の終点」となる。

(5) ①式より，必要なKIの物質量はH_2O_2の2倍である。

$9.001 \times 10^{-4} \times 2 \times 166 = 0.2988 \fallingdotseq 0.299 \text{g}$

エクセル ヨウ素滴定の手順

① 濃度を決定したい酸化剤である過酸化水素水（H_2O_2）とI^-（還元剤）を反応させ，I_2を生成させる。

② 生成したI_2を，濃度がわかっているチオ硫酸ナトリウム水溶液で滴定し，I_2の物質量を決定する。

③ I_2の物質量からH_2O_2の濃度を求める。

171

解答

(1) $2KMnO_4 + 5(COOH)_2 + 3H_2SO_4$
$\longrightarrow 2MnSO_4 + 10CO_2 + 8H_2O + K_2SO_4$

(2) $1.82 \times 10^{-3} \text{mol/L}$ (3) 3.69mg/L

解説

(1) 過マンガン酸カリウムが酸化剤，シュウ酸が還元剤としてはたらく。

$$\begin{cases} MnO_4^- + 8H^+ + 5e^- \longrightarrow Mn^{2+} + 4H_2O & \cdots ① \\ (COOH)_2 \longrightarrow 2CO_2 + 2H^+ + 2e^- & \cdots ② \end{cases}$$

①×2＋②×5 より e^-を消去する。

$2MnO_4^- + 6H^+ + 5(COOH)_2 \longrightarrow 2Mn^{2+} + 8H_2O + 10CO_2$

両辺に$2K^+$，$3SO_4^{2-}$を足すと

$2KMnO_4 + 5(COOH)_2 + 3H_2SO_4$
$\longrightarrow 2MnSO_4 + 10CO_2 + 8H_2O + K_2SO_4$

(2) 過マンガン酸カリウム水溶液の濃度をx〔mol/L〕とすると酸化剤がうばったe^-の物質量

$= $還元剤が与えた$e^-$の物質量

$x \times \dfrac{10.96}{1000} \times 5 = 5.00 \times 10^{-3} \times \dfrac{10}{1000} \times 2$

$x = 1.824 \times 10^{-3} \fallingdotseq 1.82 \times 10^{-3} \text{mol/L}$

(3) 操作3，4から有機物の酸化に使われた過マンガン酸カリウム水溶液の体積は$(4.22 - 1.69)$mL である。

よって，有機物の酸化に必要な電子e^-の物質量は，

$1.824 \times 10^{-3} \times \dfrac{4.22 - 1.69}{1000} \times 5 = 2.307 \times 10^{-5} \text{mol}$

O_2が酸化剤としてはたらくと

$O_2 + 4H^+ + 4e^- \longrightarrow 2H_2O$

となる。よって有機物を酸化するのに必要なO_2の物質量は

$2.307 \times 10^{-5} \times \dfrac{1}{4}$ となる。

CODの値は

$2.307 \times 10^{-5} \times \dfrac{1}{4} \times 32.0 \times 10^3 \times \dfrac{1000}{50} = 3.691 \text{mg/L}$

74 —— 2章　物質の変化

エクセル 化学的酸素要求量 COD
水中に溶けている有機物を酸化分解するのに必要な酸素量〔mg/L〕

172 **解答** 7.3×10^{-1} mg

解説
$$\begin{cases} 2Mn(OH)_2 + O_2 \longrightarrow 2MnO(OH)_2 & \cdots(1) \\ MnO(OH)_2 + 2I^- + 4H^+ \longrightarrow Mn^{2+} + I_2 + 3H_2O & \cdots(2) \\ I_2 + 2Na_2S_2O_3 \longrightarrow 2NaI + Na_2S_4O_6 & \cdots(3) \end{cases}$$

(1)〜(3)式より，試料水中の O_2 の物質量は，滴下した $Na_2S_2O_3$

の物質量の $\dfrac{1}{4}$ である。よって，試料水 100mL 中の DO〔mg〕は

$$0.025 \times \frac{3.65}{1000} \times \frac{1}{4} \times 32 \times 10^3 = 7.3 \times 10^{-1} \text{mg}$$

エクセル 溶存酸素 DO
水中に溶けている酸素量

▶8 電池・電気分解（p.114）

173 **解答** (ア) 銅　(イ) Zn^{2+}　(ウ) Cu^{2+}　(エ) Zn^{2+}　(オ) Cu^{2+}
(カ) Zn^{2+}　(キ) 起こらない　(ク) 亜鉛

解説
銅と亜鉛では亜鉛の方がイオン化傾向が大きいために，亜鉛が
電子を放出し酸化され，銅イオンが電子を受け取り還元される。

$$\underset{0}{Zn} \overset{\text{酸化}}{\longrightarrow} \underset{+2}{Zn^{2+}} + 2e^- \quad \cdots(1)$$

$$\underset{+2}{Cu^{2+}} + 2e^- \overset{\text{還元}}{\longrightarrow} \underset{0}{Cu} \quad \cdots(2)$$

反応全体では，(1)+(2)式より，電子 e^- を消去して

$$\begin{array}{r} Zn \longrightarrow Zn^{2+} + 2e^- \\ +) \underline{Cu^{2+} + 2e^- \longrightarrow Cu} \\ Zn + Cu^{2+} \longrightarrow Zn^{2+} + Cu \end{array}$$

●イオン化傾向
イオン化傾向が大きい。
↓
陽イオンになりやすい。
↓
電子を放出する。
↓
酸化される。
↓
相手を還元する。

エクセル イオン化傾向

大← 　　　　　　　　　　　　　　　　→小

Li K Ca Na Mg Al Zn Fe Ni Sn Pb (H$_2$) Cu Hg Ag Pt Au

イオン化傾向が大きいほど酸化されやすい（e^- を失いやすい）

8 電池・電気分解——75

174 解答 (1) A…Zn, B…Fe, C…Cu, D…Pt, E…Ca
(2) $Ca + 2H_2O \longrightarrow Ca(OH)_2 + H_2$
(3) E, A, B, C, D

● Cu や Ag などの反応
希 HNO_3…NO が発生
濃 HNO_3…NO_2 が発生
熱濃硫酸…SO_2 が発生

解説　常温の水に溶けるのはアルカリ金属や Ca, Sr, Ba の単体で，激しく反応して水素を発生する。(イ)より，E はカルシウム Ca である。また，希硝酸に溶かすと一般には水素が発生するが，銅や銀のようなイオン化傾向が小さい金属では一酸化窒素 NO が発生する。
　(ウ)より，反応しなかった D は白金や金で，ここでは白金 Pt があてはまる。
　水酸化ナトリウムに溶ける金属は，両性金属（Al, Zn, Sn, Pb）である。(エ)より，A は亜鉛 Zn である。
　(ア)より，塩酸に溶けなかった C は残りの金属のうち銅 Cu とわかる。
　最後に残った B が鉄 Fe である。イオン化傾向より
　　$Fe^{2+} + Zn \longrightarrow Fe + Zn^{2+}$
となり，(オ)とあてはまる。

エクセル　金属と酸との反応
　K, Ca, Na…水と反応して水素を発生
　Mg, Al, Zn など…酸と反応して水素を発生
　Cu, Ag など…硝酸や熱濃硫酸など酸化力のある酸に溶ける

175 解答 (1) B, C, A　　(2) (A) 銅　(B) マグネシウム　(C) 鉄
(3) (ア)

● イオン化列
　Mg ＞ Fe ＞ Cu

解説 (1) 2枚の金属板のうちイオン化傾向が大きい方が，負極となる。
(3) イオン化傾向の差が大きいほど，起電力が大きくなる。

エクセル　イオン化傾向が大きい金属が負極になる。

176 解答 (1) 亜鉛板
(2) 負極　$Zn \longrightarrow Zn^{2+} + 2e^-$　正極　$2H^+ + 2e^- \longrightarrow H_2$
(3) 分極　　(4) 正極で発生した水素が銅板を覆い電流が流れにくくなるから。　　(5) 減極剤

解説 (1) イオン化傾向が大きい金属が負極となる。
(2) 負極では亜鉛は酸化されて亜鉛イオン Zn^{2+} となり，正極では硫酸から生じた水素イオン H^+ が還元されて気体の水素 H_2 となる。
　　負極：$Zn \longrightarrow Zn^{2+} + 2e^-$（酸化）
　　正極：$2H^+ + 2e^- \longrightarrow H_2$（還元）
(3), (4) 正極で，水素イオン H^+ が還元されて，気体の水素 H_2 になり，銅板に付着する。その結果，溶液中の水素イオンが電子を受け取りづらくなるので，電圧が下がってしまう。この現象を分極という。
(5) 銅板のまわりで生じた水素を酸化剤によって酸化し，水に

76——2章 物質の変化

する。気体の水素が水になれば，水素イオンが電子を受け取りやすくなり電圧が上がる。さらに，H_2O_2 自身が正極活物質として反応している[1]。

❶H_2O_2 自身も酸化剤であり，$H_2O_2 + 2H^+ + 2e^- \longrightarrow 2H_2O$ という反応が起きている。

エクセル ボルタ電池

　　　$(-)Zn \,|\, H_2SO_4aq \,|\, Cu(+)$

　　　分極によって，起電力が約 $1.1\,V$ から $0.4 \sim 0.5\,V$ に低下

177 解答
(1) 亜鉛板
(2) 負極　$Zn \longrightarrow Zn^{2+} + 2e^-$
　　正極　$Cu^{2+} + 2e^- \longrightarrow Cu$　　(3) $SO_4{}^{2-}$
(4) 0になる　　(5) 小さくなる　　(6) 大きくなる

●ダニエル電池の記号
$(-)Zn \,|\, ZnSO_4aq \,|$
$\quad CuSO_4aq \,|\, Cu(+)$

解説
(1), (2) 銅と亜鉛では，亜鉛の方がイオン化傾向が大きいので，亜鉛が負極となる。負極では亜鉛 Zn が酸化されて亜鉛イオン Zn^{2+} となり，正極では銅イオン Cu^{2+} が還元されて銅 Cu となる。
　　　負極：$Zn \longrightarrow Zn^{2+} + 2e^-$（酸化）
　　　正極：$Cu^{2+} + 2e^- \longrightarrow Cu$（還元）
(3) 亜鉛イオン Zn^{2+} が素焼きの小さい穴を通って硫酸銅(Ⅱ)水溶液の方へ移動し，硫酸イオン $SO_4{}^{2-}$ は硫酸亜鉛水溶液の方へ移動する。
(4) 素焼き板[1]には小さな穴があいていて，その穴を溶液中のイオンが通り，電子の受け渡しをするので電気が流れる。ガラスにはイオンが通れる穴がないために，溶液中のイオンの移動ができなくなる。

❶素焼き板は両液が混合しないように拡散速度を遅らせているだけで，たえず溶液は滲みでている。

(5) イオン化傾向の差が大きい金属の組み合わせのときに，より大きな起電力が生じる。ニッケルと銅のイオン化傾向の差は，亜鉛と銅のイオン化傾向の差よりも小さいので，起電力は小さくなる。
(6) イオン化傾向の差が大きい金属の組み合わせのときに，より大きな起電力が生じる。亜鉛と銀のイオン化傾向の差は，亜鉛と銅のイオン化傾向の差よりも大きいので，起電力は大きくなる。

エクセル ダニエル電池

　　　$(-)Zn \,|\, ZnSO_4aq \,|\, CuSO_4aq \,|\, Cu(+)$
　　　　負極：$Zn \longrightarrow Zn^{2+} + 2e^-$（酸化反応）

　　　　正極：$Cu^{2+} + 2e^- \longrightarrow Cu$（還元反応）

178 解答
(1) (ア) PbO_2　(イ) Pb　(ウ) 希硫酸　(エ) 2.1　(オ) 二次
(2) 正極　$PbO_2 + 4H^+ + SO_4{}^{2-} + 2e^- \longrightarrow PbSO_4 + 2H_2O$
　　負極　$Pb + SO_4{}^{2-} \longrightarrow PbSO_4 + 2e^-$
(3) $2PbSO_4 + 2H_2O \longrightarrow Pb + PbO_2 + 2H_2SO_4$
(4) 減少する　　(5) 80 g

8 電池・電気分解——77

解説

(1), (2) 鉛蓄電池では，正極で二酸化鉛(酸化鉛(IV))PbO_2 が還元されて硫酸鉛(II)$PbSO_4$ になり，負極で鉛 Pb が酸化されて硫酸鉛(II)になる。電解液には希硫酸を用いる。

正極：$\underset{+4}{PbO_2} + 4H^+ + SO_4^{2-} + 2e^- \longrightarrow \underset{+2}{PbSO_4} + 2H_2O$ …①

$\overset{\text{還元}}{}$

負極：$\underset{0}{Pb} + SO_4^{2-} \longrightarrow \underset{+2}{PbSO_4} + 2e^-$ …②

$\overset{\text{酸化}}{}$

(3) 上の①，②式より電子 e^- を消去(①＋②)すると，放電するときの化学反応式が得られる。充電するときは，放電の逆の反応が起こる。

$PbO_2 + 4H^+ + SO_4^{2-} + 2e^- \longrightarrow PbSO_4 + 2H_2O$
$+)\ Pb + SO_4^{2-} \longrightarrow PbSO_4 + 2e^-$
$\overline{Pb + PbO_2 + 2H_2SO_4 \longrightarrow 2PbSO_4 + 2H_2O}$ （放電）

よって，充電するときの化学反応式は

$2PbSO_4 + 2H_2O \longrightarrow Pb + PbO_2 + 2H_2SO_4$

(4) 放電するときの化学反応式は

$Pb + PbO_2 + 2H_2SO_4 \longrightarrow 2PbSO_4 + 2H_2O$❶

上式より，硫酸(分子量＝98)が反応して水(分子量＝18)が生成している。よって，鉛蓄電池の電解液は放電すると密度は減少する。

(5) 正極，負極での反応式は，

正極：$\overset{239}{\underset{1\,mol}{PbO_2}} + 4H^+ + \underset{2\,mol}{SO_4^{2-}} + 2e^- \longrightarrow \overset{303}{\underset{1\,mol}{PbSO_4}} + 2H_2O$ …①

負極：$\overset{207}{\underset{1\,mol}{Pb}} + SO_4^{2-} \longrightarrow \overset{303}{\underset{1\,mol}{PbSO_4}} + \underset{2\,mol}{2e^-}$ …②

正極，負極での固体に注目する。

鉛蓄電池において，$9.65 \times 10^4\,C$ の電気量を放電させているので，電子 1mol 分が流れたことになる。上の①，②式より，電子 2mol が流れると，正極では，酸化鉛(IV)1mol が反応して硫酸鉛(II)1mol が生成し，負極では鉛 1mol が反応して硫酸鉛(II)1mol が生成している。

よって，$Pb = 207$，$PbSO_4 = 303$，$PbO_2 = 239$ より

正極での質量の増加 $= (303 - 239) \times \dfrac{1}{2} = 32\,g$

負極での質量の増加 $= (303 - 207) \times \dfrac{1}{2} = 48\,g$

両極の合計は　$32 + 48 = 80\,g$

●式のつくり方
⊖ $Pb \longrightarrow Pb^{2+} + 2e^-$
両辺に SO_4^{2-} を足し
$Pb + SO_4^{2-} \rightarrow PbSO_4 + 2e^-$
$PbSO_4$ は水に不溶で極板に付着している。
⊕ $\underset{+4}{PbO_2} \longrightarrow \underset{+2}{Pb^{2+}}$
PbO_2 の酸化剤としての半反応式をつくる。
$PbO_2 + 4H^+ + 2e^-$
$ \longrightarrow Pb^{2+} + 2H_2O$
両辺に SO_4^{2-} を足す。
$PbO_2 + 4H^+ + SO_4^{2-} + 2e^-$
$ \longrightarrow PbSO_4 + 2H_2O$
やはり水に不溶な $PbSO_4$ が極板に付着。

❶全体では 2mol の e^- が流れたとき，2mol の H_2SO_4 が消費され，2mol の水が生成する。

●二次電池
充電ができる電池

78 —— 2章 物質の変化

エクセル 鉛蓄電池　代表的な二次電池

$$Pb + PbO_2 + 2H_2SO_4 \xrightleftharpoons[\text{充電}(2e^-)]{\text{放電}(2e^-)} 2PbSO_4 + 2H_2O$$

負極：$Pb + SO_4^{2-} \longrightarrow PbSO_4 + 2e^-$（酸化反応）

正極：$PbO_2 + 4H^+ + SO_4^{2-} + 2e^- \longrightarrow PbSO_4 + 2H_2O$（還元反応）

179

解答

(1) (ア) **酸化** (イ) **負** (ウ) **還元** (エ) **正**

(2) (i) **2** (ii) **2** (iii) **4** (iv) **4** (v) **2**

　(I) H^+ (II) H^+ (III) H_2O

(3) $2H_2 + O_2 \longrightarrow 2H_2O$

解説

負極では酸化反応が起こる。リン酸形燃料電池では，H_2 が酸化されて H^+ が生じる。

　負極：$H_2 \longrightarrow 2H^+ + 2e^-$ …①

正極では還元反応が起こる。リン酸形燃料電池では，O_2 が還元されて H_2O が生じる。

　正極：$O_2 + 4H^+ + 4e^- \longrightarrow 2H_2O$ …②

電池全体の反応は，①，②式より e^- を消去して

　①×2＋②

　$2H_2 + O_2 \longrightarrow 2H_2O$

エクセル 燃料電池（リン酸形）

　負極：$H_2 \longrightarrow 2H^+ + 2e^-$

　正極：$O_2 + 4H^+ + 4e^- \longrightarrow 2H_2O$

　全体：$2H_2 + O_2 \longrightarrow 2H_2O$

180

解答

(1) (i) Zn (ii) MnO_2 (iii) Ag_2O (iv) O_2 (v) H_2

(2) (ア) (d) (イ) (b) (ウ) (a)

(3) **二次電池**

(4) $Pb + SO_4^{2-} \longrightarrow PbSO_4 + 2e^-$

解説

酸化銀電池は寿命が長く，電圧が安定しているため，腕時計などの電子機器に利用される。

空気電池は，使用時に底部にあるシールをはがして孔から空気を入れる。正極活物質として空気中の酸素 O_2 を用いる。補聴器などに利用される。

リチウムイオン電池は，起電力が 3.6 V と非常に大きい。小型軽量化された二次電池である。最近では，ハイブリッド車や電気自動車などにも利用される。

鉛蓄電池では負極活物質が Pb，正極活物質が PbO_2 である。

　負極：$Pb + SO_4^{2-} \longrightarrow PbSO_4 + 2e^-$

　正極：$PbO_2 + 4H^+ + SO_4^{2-} + 2e^- \longrightarrow PbSO_4 + 2H_2O$

エクセル 一次電池：充電できない電池

　　　　　二次電池：充電できる電池

8 電池・電気分解——79

181 解答
① $2Cl^- \longrightarrow Cl_2 + 2e^-$　② $Cu^{2+} + 2e^- \longrightarrow Cu$
③ $2H_2O \longrightarrow O_2 + 4H^+ + 4e^-$　④ $Ag^+ + e^- \longrightarrow Ag$
⑤ $Cu \longrightarrow Cu^{2+} + 2e^-$　⑥ $Cu^{2+} + 2e^- \longrightarrow Cu$

解説
$CuCl_2$ 水溶液を Pt 電極で電気分解すると，陽極では Cl^- が酸化され，陰極では Cu^{2+} が還元される。
　陽極：$2Cl^- \longrightarrow Cl_2 + 2e^-$　…①
　陰極：$Cu^{2+} + 2e^- \longrightarrow Cu$　…②
$AgNO_3$ 水溶液を C 電極で電気分解すると，陽極では H_2O が酸化され，陰極では Ag^+ が還元される。
　陽極：$2H_2O \longrightarrow O_2 + 4H^+ + 4e^-$　…③
　陰極：$Ag^+ + e^- \longrightarrow Ag$　…④
$CuSO_4$ 水溶液を Cu 電極で電気分解すると，陽極では電極の Cu が酸化され，陰極では Cu^{2+} が還元される。
　陽極：$Cu \longrightarrow Cu^{2+} + 2e^-$　…⑤
　陰極：$Cu^{2+} + 2e^- \longrightarrow Cu$　…⑥

エクセル 陽極：酸化反応が起こる
　　　　　陰極：還元反応が起こる

182 解答
(1) 3.2×10^{-1} g　(2) O_2，5.6×10^{-2} L

解説
硫酸銅(Ⅱ)水溶液を，白金電極を用いて電気分解すると
　陽極：$2H_2O \longrightarrow O_2 + 4H^+ + 4e^-$　…①
　陰極：$Cu^{2+} + 2e^- \longrightarrow Cu$　…②

(1) 流れた電気量 $= 1.0 \times (16 \times 60 + 5) = 965\,C$
　よって，電子の物質量は
$$\frac{965}{9.65 \times 10^4} = 1.0 \times 10^{-2}\,mol$$
　②式より析出した Cu の物質量は
$$1.0 \times 10^{-2} \times \frac{1}{2} = 5.0 \times 10^{-3}\,mol$$
　Cu の原子量は 63.5 であるので，求める質量は
$$63.5 \times 5.0 \times 10^{-3} = 317.5 \times 10^{-3} \fallingdotseq 3.2 \times 10^{-1}\,g$$

(2) ①式より発生した気体は酸素 O_2 である。
　O_2 の物質量は
$$1.0 \times 10^{-2} \times \frac{1}{4} = 2.5 \times 10^{-3}\,mol$$
　標準状態での O_2 の体積は
$$22.4 \times 2.5 \times 10^{-3} = 5.6 \times 10^{-2}\,L$$

エクセル 電子 e^- の物質量〔mol〕 $= \dfrac{電気量〔C〕}{9.65 \times 10^4\,C/mol}$

80 —— 2章　物質の変化

183 解答
(1) (ア)　ボーキサイト　(イ)　氷晶石
(2) 陽極：$O^{2-} + C \longrightarrow CO + 2e^-$
　　　　　$: 2O^{2-} + C \longrightarrow CO_2 + 4e^-$
　　陰極：$Al^{3+} + 3e^- \longrightarrow Al$
(3) 32 kg

解説
(1) 天然にあるボーキサイトを化学的に処理し不純物を取り除くと，純粋な酸化アルミニウム(アルミナ)が得られる。この酸化アルミニウムを溶融塩電解して，アルミニウムが得られる。純粋な酸化アルミニウムは融点が高いため，融点が低いアルミニウムの塩である氷晶石 Na_3AlF_6 にアルミナを少しずつ溶かしながら，溶融塩電解する。
(2) 陽極では，O^{2-} が酸化されるが，高温であるため電極の炭素 C と反応し，二酸化炭素や一酸化炭素が生成する。
　　陰極では，Al^{3+} が還元されて Al となり，融解した状態で炉底にたまる。
(3) 流れた電子の物質量は
$$\frac{965\,C/s \times (100 \times 60 \times 60)\,s}{9.65 \times 10^4\,C/mol} = 3.60 \times 10^3\,mol$$
(2)より，析出するアルミニウムの物質量は電子の $\frac{1}{3}$ であるので，アルミニウムの質量は
$$\frac{1}{3} \times 3.60 \times 10^3\,mol \times 27\,g/mol = 32.4 \times 10^3\,g$$

エクセル　アルミニウムの製造
　　陽極：$O^{2-} + C \longrightarrow CO + 2e^-$
　　　　　$2O^{2-} + C \longrightarrow CO_2 + 4e^-$
　　陰極：$Al^{3+} + 3e^- \longrightarrow Al$

184 解答
(1) (ア)　陽　(イ)　陰　　(2) $Cu^{2+} + 2e^- \longrightarrow Cu$
(3) **電圧を低くすることによって，粗銅に含まれる金や銀のようにイオンになりにくい金属を沈殿させるため。**

解説
(1)(2) 陽極では粗銅が酸化されイオンになり，陰極では溶液中の銅イオンが還元されて金属の銅が析出する。
(3) 電圧を 0.3 V と低くすることによって，粗銅に含まれているイオンになりにくい金や銀をイオンにしないで沈殿させることができる。陽極の下には沈殿がたまり，これを陽極泥という。この陽極泥から金や銀を取り出すことができる。また，粗銅に含まれている鉄，ニッケル，亜鉛などは酸化されてイオンとなって溶け出すが，この電圧では陰極に析出しない。

エクセル　銅の電解精錬
　　陽極：$Cu \longrightarrow Cu^{2+} + 2e^-$
　　陰極：$Cu^{2+} + 2e^- \longrightarrow Cu$

8 電池・電気分解 — 81

185 解答 (1) (ア) 塩素 (イ) 水素 (ウ) 水酸化物
(エ) ナトリウム (オ) 塩化物
(カ) 水酸化ナトリウム
(2) 0.224 L

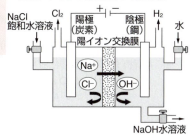

● 塩化ナトリウム水溶液の電気分解

● 陽イオン交換膜
陽イオンは通すが、陰イオンは通さない。
・電気量〔C〕
  ＝電流〔A〕×時間〔秒〕
・電子 e^- 1 mol の電気量
  ＝ 9.65×10^4 C

解説 (1) 陽極では、Cl^- が酸化されて気体の Cl_2 が発生。
陽極：$2Cl^- \longrightarrow Cl_2 + 2e^-$
陰極では、H_2O が還元されて気体の H_2 が発生。
陰極：$2H_2O + 2e^- \longrightarrow H_2 + 2OH^-$

(2) 流れた電子 e^- の物質量は
$$\frac{1.00 \times 1.93 \times 10^3}{9.65 \times 10^4} = 0.02000 \, mol$$
陰極の反応式の係数より、電子 e^- が 2 mol 流れると、H_2 が 1 mol 発生するので
H_2 の物質量 ＝ $0.02000 \times \dfrac{1}{2} = 0.01000 \, mol$
よって、標準状態における H_2 の体積は
$0.01000 \times 22.4 = 0.2240 \fallingdotseq 0.224 \, L$

エクセル 〈水酸化ナトリウムの製法（イオン交換膜法）〉
塩化ナトリウム水溶液を電気分解してつくられる。
　　陽極：$2Cl^- \longrightarrow Cl_2 + 2e^-$
　　陰極：$2H_2O + 2e^- \longrightarrow 2OH^- + H_2$
陰極付近では OH^- が増加する。また、Na^+ は陰極に引かれて移動してくる。したがって、陰極付近の水溶液を濃縮すると NaOH が得られる。

186 解答 (1) (ア) MnO_2 (イ) Zn (ウ) Zn^{2+} (エ) 2
(オ) 1.5 (カ) KOH
(2) アンモニア NH_3 が亜鉛イオン Zn^{2+} と結合して錯イオンになるので、亜鉛のイオン化が進みやすいから。

解説 マンガン乾電池❶
$(-) Zn \,|\, NH_4Claq, ZnCl_2aq \,|\, MnO_2, C (+)$
乾電池については、反応が複雑で反応がすべてわかっているわけではない。亜鉛 Zn の筒は容器を兼ねた負極で、放電すると亜鉛イオン Zn^{2+} が溶け出す。電子 e^- は、電池の外部の導線を通って正極の炭素棒に移動し、酸化マンガン(Ⅳ) MnO_2 は還元される。
　負極：$Zn \longrightarrow Zn^{2+} + 2e^-$
　正極：$MnO_2 + NH_4^+ + e^- \longrightarrow MnO(OH) + NH_3$
正極で生じたアンモニア NH_3 が、亜鉛イオン Zn^{2+} と結合して錯イオンになるので、亜鉛イオンは常に低濃度に保たれ、亜鉛のイオン化が進みやすくなっている。つまり、負極付近で起こる分極を防ぐことができる。
　　$Zn^{2+} + 4NH_3 \longrightarrow [Zn(NH_3)_4]^{2+}$
酸化マンガン(Ⅳ) MnO_2 は酸化剤で電子 e^- を受け取り、酸化数が＋3 の酸化水酸化マンガン(Ⅲ) MnO(OH) に変化する。

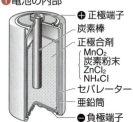

❶電池の内部
正極端子／炭素棒／正極合剤（MnO_2、炭素粉末、$ZnCl_2$、NH_4Cl）／セパレーター／亜鉛筒／負極端子

正極の反応は、実際にはいくつかの複雑な反応が同時に進行している。

エクセル マンガン乾電池
(−)Zn | NH₄Claq, ZnCl₂aq | MnO₂, C(+)

187 (1) 1.4 g　(2) 56 mL　(3) 0.10 mol/L

電解槽 I　電極は白金 Pt なので電極自身は反応しない。陽極では水 H₂O が酸化されて酸素 O₂ が発生し，陰極では銀イオン Ag⁺ が還元されて金属の銀 Ag が析出する。

陽極：$2H_2O \longrightarrow O_2 + 4H^+ + 4e^-$ …①
陰極：$Ag^+ + e^- \longrightarrow Ag$ …②

電解槽 II　陽極は金属の銅 Cu なので，陽極では電極自身の反応が起こり，銅 Cu が酸化されて銅イオン Cu²⁺ になり電極が溶けていく。陰極では，銅イオン Cu²⁺ が還元されて，金属の銅 Cu になり析出する。

陽極：$Cu \longrightarrow Cu^{2+} + 2e^-$ …③
陰極：$Cu^{2+} + 2e^- \longrightarrow Cu$ …④

(1) 流れた電子の物質量 $= \dfrac{965}{9.65 \times 10^4} = 0.0100\,\text{mol}$

電解槽 I の陰極では銀 Ag が析出する。②式から，電子 e⁻ 1 mol が流れると銀が 1 mol 析出することがわかる。

　析出する銀の物質量 $= 0.0100 \times 1\,\text{mol}$
　析出する銀の質量 $= 108 \times 0.0100 = 1.08\,\text{g}$

電解槽 II の陰極では銅 Cu が析出する。④式から，電子 e⁻ 2 mol が流れると銅が 1 mol 析出することがわかる。

　析出する銅の物質量 $= 0.0100 \times \dfrac{1}{2} = 0.00500\,\text{mol}$
　析出する銅の質量 $= 63.5 \times 0.00500 = 0.317$

よって，合計 $= 1.08 + 0.317 = 1.397$
　　　　　$\fallingdotseq 1.4\,\text{g}$

(2) 気体が発生するのは，電解槽 I の陽極である。①式から，電子 e⁻ 4 mol が流れると酸素が 1 mol 発生する。

　発生した酸素の物質量 $= 0.0100 \times \dfrac{1}{4} = 0.00250\,\text{mol}$
　発生した酸素の体積 $= 22.4 \times 0.00250 = 0.0560\,\text{L}$
　　　　　　　　　　　$= 56\,\text{mL}$

(3) 電解槽 II の③，④式より，電子 e⁻ 2 mol が流れると，陽極では銅(II)イオン 1 mol が生成，陰極では銅(II)イオン 1 mol が反応しているので，合計の銅(II)イオンの物質量の変化はなし。よって，電気分解後の硫酸銅(II)の濃度は最初の 0.10 mol/L から変わらない。

エクセル 〈直列接続の電気分解〉
電解槽 I と電解槽 II に流れる電気量は等しい。

● 電解槽：直列
電解槽が直列につながっているので，電解槽 I，電解槽 II に流れる電気量は等しい。

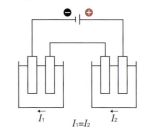

188

(1) 陽極　Cu ⟶ Cu²⁺ + 2e⁻, Zn ⟶ Zn²⁺ + 2e⁻
　　陰極　Cu²⁺ + 2e⁻ ⟶ Cu

(2) 148 mL

解説

電解槽Ⅰ　陽極は亜鉛を含んだ粗銅なので, 銅 Cu と亜鉛 Zn の酸化が起こる。陰極では, 銅イオン Cu²⁺ が還元されて金属の銅 Cu が析出する。

　　陽極：Cu ⟶ Cu²⁺ + 2e⁻, Zn ⟶ Zn²⁺ + 2e⁻　…①
　　陰極：Cu²⁺ + 2e⁻ ⟶ Cu　　　　　　　　　　…②

電解槽Ⅱ　電極は白金 Pt なので電極自身は反応しない。陽極では, 水 H₂O が酸化されて酸素 O₂ が発生する。陰極では水 H₂O が還元されて水素が発生する。

　　陽極：2H₂O ⟶ O₂ + 4H⁺ + 4e⁻　　…③
　　陰極：2H₂O + 2e⁻ ⟶ H₂ + 2OH⁻　…④

(2) 鉛蓄電池の電極反応

　　負極：Pb + SO₄²⁻ ⟶ PbSO₄ + 2e⁻
　　正極：PbO₂ + 4H⁺ + SO₄²⁻ + 2e⁻ ⟶ PbSO₄ + 2H₂O

負極で電極の鉛が硫酸鉛(Ⅱ)に変化している。その結果, 負極の電極の質量が 0.960 g 増加したことになる。

　　式量　207　　　　303
　　　　　Pb + SO₄²⁻ ⟶ PbSO₄ + 2e⁻

上式から, 電子 e⁻ が 2 mol 流れると, 鉛 Pb が 1 mol 反応し, 硫酸鉛(Ⅱ)が 1 mol 生成している。よって, 電子が 2 mol 流れると, 質量が 96 g (= 303 − 207) 増加することになる。

　　よって, 流れた電子の物質量 = $2 \times \dfrac{0.960}{96} = 0.02000$ mol

鉛蓄電池から流れた電気量 = 0.02000 × 96500 = 1930 C
電解槽Ⅰに流れた電気量は, 電気量〔C〕= 電流〔A〕× 時間〔s〕より, 電解槽Ⅰ = 0.100 × (180 × 60) = 1080 C
(鉛蓄電池から流れた電気量)
= (電解槽Ⅰの電気量) + (電解槽Ⅱの電気量) であるので,
　電解槽Ⅱの電気量 = 1930 − 1080 = 850 C
電解槽Ⅱでは③, ④式より, 電子 e⁻ が 4 mol 流れると, 酸素 O₂ が 1 mol, 水素 H₂ が 2 mol 発生する。電解槽Ⅱを流れた電気量は 850 C なので, 電解槽Ⅱを流れた電子の物質量は $\dfrac{850}{96500}$ mol となる。よって, 発生した気体の標準状態での体積は　$22.4 \times \dfrac{850}{96500} \times \dfrac{1+2}{4} = 0.1479 ≒ 0.148$ L = 148 mL

●電解槽：並列

電解槽ⅠとⅡが並列に接続されている。電源から流れてきた電気量は, 電解槽Ⅰ, 電解槽Ⅱに流れた電気量の和と等しい。

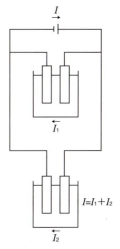

エクセル　〈並列接続の電気分解〉
　電源から流れた電気量
　　= 電解槽Ⅰと電解槽Ⅱに流れた電気量の和

84——2章 物質の変化

189

解答

(1) 陽極　$Cu \longrightarrow Cu^{2+} + 2e^-$
　　陰極　$Cu^{2+} + 2e^- \longrightarrow Cu$

(2) $1.80 \times 10^3 C$　　(3) $9.63 \times 10^4 C/mol$

(4) 陽極　$5.93 \times 10^{-1} g$ 減少
　　陰極　$5.93 \times 10^{-1} g$ 増加

解説

(1) 陽極では，電極の Cu が酸化される。
　　よって，$Cu \longrightarrow Cu^{2+} + 2e^-$
　　陰極では，電解液中の Cu^{2+} が還元される。
　　よって，$Cu^{2+} + 2e^- \longrightarrow Cu$

(2) 電気量〔C〕＝電流〔A〕×時間〔s〕より
　　電気量〔C〕$= 1.00 A \times (30 \times 60) s$
　　　　　　　$= 1.80 \times 10^3 C$

(3) 電子 1 mol のもつ電気量の絶対値がファラデー定数であるので
　　ファラデー定数 $= 1.60 \times 10^{-19} C \times 6.02 \times 10^{23} /mol$
　　　　　　　　　$= 9.632 \times 10^4 \fallingdotseq 9.63 \times 10^4 C/mol$

(4) 流れた e^- の物質量は
$$\frac{1.80 \times 10^3 C}{9.632 \times 10^4 C/mol} = 1.868 \times 10^{-2} mol$$
　　(1)より，e^- が 2 mol 流れると，陽極では Cu 1 mol 分の質量が減少し，陰極では 1 mol 分の質量が増加する。
　　よって，Cu の質量は
$$63.5 \times \frac{1.868 \times 10^{-2}}{2} \fallingdotseq 5.93 \times 10^{-1} g$$

エクセル ファラデー定数　電子 1 mol のもつ電気量の絶対値

190

解答

(1) 電極A：PbO_2
　　$PbO_2 + 4H^+ + SO_4^{2-} + 2e^- \longrightarrow PbSO_4 + 2H_2O$
　　電極B：Pb
　　$Pb + SO_4^{2-} \longrightarrow PbSO_4 + 2e^-$

(2) $2Cl^- \longrightarrow Cl_2 + 2e^-$　　(3) $9.6 \times 10^{-1} g$ 増加

解説

(1) 電極Cに銅が析出したので，電極Cは陰極である。
　　電極C：$Cu^{2+} + 2e^- \longrightarrow Cu$
　　よって，鉛蓄電池の電極Aは正極，Bは負極となる。
　　電極Aでは，PbO_2 が還元され，$PbSO_4$ となる。
　　電極A：$\underset{+4}{Pb}O_2 + 4H^+ + SO_4^{2-} + 2e^- \longrightarrow \underset{+2}{Pb}SO_4 + 2H_2O$
　　電極Bでは Pb が酸化され，$PbSO_4$ となる。
　　電極B：$\underset{0}{Pb} + SO_4^{2-} \longrightarrow \underset{+2}{Pb}SO_4 + 2e^-$

(2) 白金電極を用いて，$CuCl_2$ 水溶液を電気分解すると，陽極では Cl^- が酸化されて Cl_2 となり，陰極では Cu^{2+} が還元されて Cu となる。
　　陽極：$2Cl^- \longrightarrow Cl_2 + 2e^-$（電極D）
　　陰極：$Cu^{2+} + 2e^- \longrightarrow Cu$（電極C）

(3) 電極Cで0.64gの銅が析出したことから，流れた電子e^-の物質量は，$Cu^{2+} + 2e^- \longrightarrow Cu$ より

$$\frac{0.64}{64.0} \times 2 = 0.020 \, mol$$

電極Bでの反応は

$$Pb + SO_4^{2-} \longrightarrow PbSO_4 + 2e^-$$

であるので，2molのe^-が流れると1molのPbは1molの$PbSO_4$となる。

今回は，0.020molのe^-が流れているので，$0.020 \times \frac{1}{2}$ mol

のSO_4分の質量が増加することになる。

SO_4分の式量は96であるので，求める質量は

$$96 \times 0.020 \times \frac{1}{2} = 0.96 \, g$$

エクセル
- 負極　酸化反応が起こる
- 正極　還元反応が起こる
- 陽極　酸化反応が起こる
- 陰極　還元反応が起こる

鉛蓄電池(−)Pb｜H_2SO_4aq｜PbO_2(＋)
負極：$Pb + SO_4^{2-} \longrightarrow PbSO_4 + 2e^-$
正極：$PbO_2 + 4H^+ + SO_4^{2-} + 2e^- \longrightarrow PbSO_4 + 2H_2O$

191

解答
(1) 正極：$2H^+ + 2e^- \longrightarrow H_2$
　　負極：$Zn \longrightarrow Zn^{2+} + 2e^-$
(2) イオン化傾向が大きい亜鉛が溶けて生じた電子が水素イオンと反応するため，鉄が電子を失う酸化反応が起こりにくくなる。

解説
鉄を金属メッキしたものとして，亜鉛をメッキしたトタンと，スズをメッキしたブリキがある。
　鉄よりもイオン化傾向が大きい亜鉛をメッキしたトタンでは，傷がついても亜鉛が先に溶解し，生じた電子が鉄の方に移動されるために，メッキしていない鉄よりもさびにくい。

エクセル イオン化傾向
　　Zn＞Fe＞Sn
　イオン化傾向の大きい金属から反応していく。

● トタンとブリキ
鉄よりもイオン化傾向が小さいスズをメッキしたブリキでは，メッキしていない鉄に比べるとさびにくいが，傷がついて内部の鉄が露出するとメッキしていない鉄よりもさびやすくなる。
正極：$2H^+ + 2e^- \longrightarrow H_2$
負極：$Fe \longrightarrow Fe^{2+} + 2e^-$

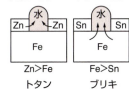

192

解答
(1) (ア) 共有　(イ) ファンデルワールス力(分子間力)
　　(ウ) $Li^+ + nC + e^- \longrightarrow LiC_n$　(エ) 6
(2) $2LiC_n + 2H_2O \longrightarrow 2LiOH + 2nC + H_2$
(3) (オ) $PbSO_4 + 2H_2O \longrightarrow PbO_2 + 4H^+ + SO_4^{2-} + 2e^-$
　　(カ) $PbSO_4 + 2e^- \longrightarrow Pb + SO_4^{2-}$
(4) (キ) 0.331　(ク) 10.6
(5) 92.5％

86 —— 2章　物質の変化

解説 (1) (エ) 1個の Li は，上下各6個の C に取り込まれている。した

がって，1個の Li あたりの C の個数は $\frac{1}{2} \times 6 \times 2 = 6$ 個である。

(3) 鉛蓄電池の放電の逆反応の式を書く。リチウム二次電池の負
極から出た電子が鉛蓄電池に流れ込み，もとの鉛へ戻している。

(4) リチウム二次電池が放電するとき，負極では(ウ)の逆反応が
起こる。

$$\text{LiC}_n \longrightarrow \text{Li}^+ + n\text{C} + \text{e}^-$$

1 mol の Li（原子量 6.94）が反応すると 1 mol の e^- が流れるので，

電子の物質量は $\dfrac{2.30\,\text{g}}{6.94\,\text{g/mol}} \times 1 = 0.3314 \fallingdotseq 0.331\,\text{mol}$

このとき，電極 I では 2 mol の e^- あたり 1 mol の PbSO_4 が
PbO_2 になり 64.0 g 質量が減少するので，その減少量は

$$0.3314 \times \frac{64.0}{2} = 10.60 \fallingdotseq 10.6\,\text{g}$$

(5) $\dfrac{9.80}{10.60} \times 100 = 92.45 \fallingdotseq 92.5\%$

エクセル リチウムイオン電池

負極：$\text{Li}_x\text{C} \longrightarrow \text{C} + x\text{Li}^+ + x\text{e}^-$

正極：$\text{Li}_{(1-x)}\text{CoO}_2 + x\text{Li}^+ + x\text{e}^- \longrightarrow \text{LiCoO}_2$

193 解答 **質量数 12 の炭素原子 ^{12}C の質量を 12 とし，他の原子の質量を相対値で表したもの。**

解説 原子はその質量が非常に小さいので，質量を表すのに相対値を
用いる。このとき，基準として炭素原子 ^{12}C を使う。相対質量
は質量を比較したものであり，単位はない。

キーワード
・相対質量

194 解答 **同位体が存在する原子の原子量は，各同位体の相対質量に存在比をかけたものの平均値として求める。ニッケルの原子番号はコバルトよりも大きいが，ニッケルでは，質量数が大きい同位体の存在比が比較的小さいので，コバルトよりも原子量が小さくなる。**

解説 天然のコバルトは ^{59}Co 1 種類からなる。これに対して，天然
のニッケルは ^{58}Ni，^{60}Ni，^{61}Ni，^{62}Ni，^{64}Ni からなり，このうち
^{58}Ni が最も多く存在する。その存在比は 68.08 % であるため，
ニッケルの原子量はコバルトよりも小さくなる。

キーワード
・原子量
・相対質量

195 解答 **水に溶けたとき，電離して水酸化物イオン OH^- を生じる物質。**

解説 アレニウスの定義では，水に溶け H^+ を生じるのが酸，OH^- を
生じるのが塩基である。

(例)塩酸は水に溶けて H^+ を生じるので酸である。

$$\text{HCl} \longrightarrow \text{H}^+ + \text{Cl}^-$$

(例)水酸化ナトリウムは水に溶けて OH^- を生じるので塩基で
ある。

$$\text{NaOH} \longrightarrow \text{Na}^+ + \text{OH}^-$$

キーワード
・酸：H^+
・塩基：OH^-

論述問題 —— 87

196
解答 水酸化ナトリウムは塩基性で空気中の CO_2 などを吸収する。また，潮解性があるので水分も吸収する。

解説 水酸化ナトリウムは空気中の CO_2（中和反応）と水分（潮解性）を吸収する。吸収により水酸化ナトリウム水溶液の濃度がずれるため，実験前にシュウ酸標準溶液により，中和滴定をして正確な濃度を調べる必要がある。

$$(COOH)_2 + 2NaOH \longrightarrow (COONa)_2 + 2H_2O$$

キーワード
・潮解性
・中和反応
・中和滴定

197
解答 電気陰性度の強さは $O>S>H$ の順である。電気陰性度が小さいほど電子対を引きつける力が弱いため，電子を放出しやすくなる。H_2O と H_2S を比較すると O よりも S の方が電子を放出しやすい。よって，H_2S（酸化数 -2）は電子を放出して S（酸化数 0）に酸化される。一方，SO_2 は O により電子対が強く引っぱられているため S の電子が不足している。そのため，SO_2（酸化数 $+4$）は電子を受け取り S（酸化数 0）に還元される。

解説 硫黄 S は化合物により酸化数が異なる。酸化数が小さい硫化水素 H_2S（酸化数 -2）は電子が余っているため還元剤としてはたらきやすく，酸化数が大きい二酸化硫黄 SO_2（酸化数 $+4$）は電子が不足しているため酸化剤としてはたらきやすい。

キーワード
・電気陰性度
・酸化数
・酸化剤
・還元剤

198
解答 酸化剤としてはたらく硝酸や還元剤としてはたらく塩酸を用いると，酸化還元反応をしてしまい，正確に測定ができないため。

解説 硝酸は酸化剤，塩酸（塩化水素の電離によって生成した塩化物イオン）は還元剤として反応する。
硝酸：$HNO_3 + 3e^- + 3H^+ \longrightarrow NO + 2H_2O$
塩酸：$2Cl^- \longrightarrow Cl_2 + 2e^-$

キーワード
・硫酸酸性

199
解答 溶液が過マンガン酸イオンの淡桃色になる。

解説 酸化還元反応の反応式は次のようである。
$$2MnO_4^- + 5H_2O_2 + 6H^+ \longrightarrow 2Mn^{2+} + 5O_2 + 8H_2O$$
溶液中に過酸化水素が存在する間は，加えた過マンガン酸カリウム $KMnO_4$ は反応し，マンガン（Ⅱ）イオンになるため溶液は無色のままである。反応が終了すると，溶液は加えた MnO_4^- により淡桃色になる。

キーワード
・酸化還元反応

200
解答 銅は水素よりイオン化傾向が小さいため。

解説 イオン化傾向が水素より大きい金属は酸化力のない酸に溶けて水素を発生する。
（例：$Zn + 2H^+ \longrightarrow Zn^{2+} + H_2$）
イオン化傾向が水素より小さい金属は酸とは反応しにくいが，Cu，Hg，Ag の金属は硝酸と熱濃硫酸とは反応して溶ける。このとき，これらの金属は水素よりイオン化傾向が小さいため水素は発生しない。

キーワード
・イオン化傾向

88 —— 2章　物質の変化

201　解答　鉄に濃硝酸を加えると不動態となり，反応が進行しないため。

解説　鉄，ニッケル，アルミニウムなどを濃硝酸と反応させると表面にち密な酸化被膜を形成し，不動態となる。不動態は安定であり，これ以上の反応が進行しない。

キーワード
・不動態

202　解答　反応によって生じる $PbCl_2$ や $PbSO_4$ は水にも酸にも溶けないため。

解説　鉛は塩酸・硫酸などと反応して次のようになる。

$Pb + 2HCl \longrightarrow PbCl_2 + H_2$　　$Pb + H_2SO_4 \longrightarrow PbSO_4 + H_2$

鉛の表面に反応によって生じた $PbCl_2$ や $PbSO_4$ が塩酸や硫酸に溶けない。このため，イオン化傾向が水素よりも大きいにも関わらず反応しにくい。

キーワード
・イオン化傾向

203　解答　銅の酸化反応と銀イオンの還元反応が同時に起こり，銀樹が生成する。

解説　イオン化傾向が小さい金属イオンの水溶液にイオン化傾向の大きな金属を入れると，イオン化傾向の小さい金属が析出する。

酸化：$Cu \longrightarrow Cu^{2+} + 2e^-$

還元：$Ag^+ + e^- \longrightarrow Ag\downarrow$（銀樹）

キーワード
・イオン化傾向

204　解答　ボルタ電池では銅板付近の溶液中に水素イオンと亜鉛イオンが存在する。イオン化傾向は $Zn > H$ であるため，水素イオンが還元されて水素が発生する。一方，ダニエル電池では，銅板付近の溶液中に銅（Ⅱ）イオンが存在する。ここでは，銅（Ⅱ）イオンが還元されて銅が生成する。

解説　電池は負極では酸化反応，正極では還元反応が起こる。正極では，溶液中で最も還元しやすいもの（イオン化傾向が小さい）が還元される。

キーワード
・イオン化傾向
・ボルタ電池
・ダニエル電池

205　解答　硫酸銅（Ⅱ）$CuSO_4$ 水溶液と硫酸亜鉛 $ZnSO_4$ 水溶液の拡散による混合を防ぎながらイオンの移動を可能にし，極板での反応を進行させるため。

解説　ダニエル電池では極板で次のような反応が起こる。

正極：$Cu^{2+} + 2e^- \longrightarrow Cu$

負極：$Zn \longrightarrow Zn^{2+} + 2e^-$

2種類の電解質が混合すると，Cu^{2+} が負極（亜鉛板）と反応して析出する。

　$Cu^{2+} + Zn \longrightarrow Cu + Zn^{2+}$

また，負極で生じた Zn^{2+} は正極の方に，硫酸イオン SO_4^{2-} は負極の方にスムーズに移動しないと反応が続かない。このため，2種類の電解質溶液の急激な混合を防ぐとともに，イオンの移動をスムーズに進行させるために，素焼き板やセロファンなどの半透性をもった膜などで電解質溶液に仕切りを設ける必要がある。

キーワード
・拡散
・半透膜

206

解答 鉛蓄電池を放電すると，反応物の硫酸が減少して生成物の水が増加する。このため，放電後に硫酸の密度は小さくなる。

解説 鉛蓄電池の両極の反応と全反応を次の①〜③に示す。③式より，反応物の硫酸が減少して生成物の水が増加することがわかる。
負極：$Pb + SO_4^{2-} \longrightarrow PbSO_4 + 2e^-$ …①
正極：$PbO_2 + SO_4^{2-} + 4H^+ + 2e^- \longrightarrow PbSO_4 + 2H_2O$ …②
全反応：$Pb + PbO_2 + 2H_2SO_4 \longrightarrow 2PbSO_4 + 2H_2O$ …③

キーワード
・鉛蓄電池

207

解答 銅の精錬では，陽極に不純物を含む銅板，陰極に純銅をつなげる。鉛蓄電池の正極 PbO_2 と陽極，負極 Pb と陰極をつなげることで電気分解を行う。

解説 陽極では酸化反応が起こり，銅(II)イオンが生成する。生成した銅(II)イオンは，陰極で還元されて銅となる。この反応により，純度の高い銅を得ることができる。

キーワード
・陽極と陰極
・正極と負極

208

解答 隔膜で陽極室と陰極室を分けるのは，陽極付近で生成する酸性の物質と陰極付近で生成する水酸化ナトリウムの中和による水酸化ナトリウムの収率の低下を防止するためである。また，隔膜の代わりに陽イオン交換膜を用いると，Na^+ だけを通すため，隔膜を用いた場合よりも高い純度の水酸化ナトリウムを製造することができる。

解説 隔膜もしくは陽イオン交換膜を用いて塩化ナトリウム水溶液を電気分解すると，次に示した反応が起こる。隔膜を用いないと，陽極で発生した塩素が水に溶けて，酸性の塩酸と次亜塩素酸に変化（$Cl_2 + H_2O \rightleftharpoons HCl + HClO$）してしまう。
陽極：$2Cl^- \longrightarrow Cl_2 + 2e^-$
陰極：$2H_2O + 2e^- \longrightarrow H_2 + 2OH^-$
全反応：$2NaCl + 2H_2O \longrightarrow 2NaOH + Cl_2 + H_2$

キーワード
・陽イオン交換膜

209

解答 ブリキは鉄をスズで覆ったものであり，トタンは鉄を亜鉛で覆ったものである。これらの表面に傷がつくと，ブリキではスズよりもイオン化傾向が大きい鉄から酸化され，トタンでは鉄よりもイオン化傾向が大きい亜鉛から酸化される。そのため，傷がついたブリキとトタンではブリキのほうがさびやすい。

解説 傷がついたブリキとトタンの内部構造は次のようになっている。いずれの場合も，イオン化傾向が大きい金属が先に酸化される。

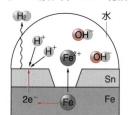

ブリキ：傷がつくと鉄のほうからさびていく

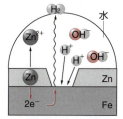

トタン：傷がついても，まず亜鉛が溶けて，鉄はさびない。

キーワード
・ブリキ
・トタン
・イオン化傾向

90——エクササイズ

●エクササイズ②(p.124)

酸・塩基の電離式

(1) H^+, NO_3^-　(2) HCO_3^-　(3) CH_3COO^-, H^+　(4) Na^+, OH^-

(5) K^+, OH^-　(6) Ca^{2+}, 2, OH^-　(7) Ba^{2+}, 2, OH^-　(8) NH_4^+, OH^-

中和の化学反応式

(1) HCl, $NaOH$, $NaCl$, H_2O

(2) 2, HCl, $Ca(OH)_2$, $CaCl_2$, 2, H_2O

(3) H_2SO_4, 2, $NaOH$, Na_2SO_4, 2, H_2O

(4) H_2SO_4, $Ca(OH)_2$, $CaSO_4$, 2, H_2O

(5) HCl, NH_3, NH_4Cl

(6) H_2SO_4, 2, NH_3, $(NH_4)_2SO_4$

酸化数

(1) $-1 \rightarrow 0$　(2) $+4 \rightarrow 0$　(3) $-1 \rightarrow -2$

(4) $0 \rightarrow +2$　(5) $-1 \rightarrow 0$

酸化剤　(1) Cl_2　(2) SO_2　(3) H_2O_2　(4) HNO_3　(5) MnO_2

酸化剤・還元剤のはたらき方(半反応式)

(1) 2, H^+, 2, 2　(2) 8, 5, Mn^{2+}, 4　(3) 14, 6, 2, Cr^{3+}, 7

(4) 3, 3, 2　(5) 2, 2, SO_2, 2　(6) O_2, 2, 2　(7) S, 2, 2

(8) Fe^{3+}　(9) 2, I_2, 2　(10) 2, SO_4^{2-}, 4, 2

酸化還元反応式

(1) 2, 2, KCl

(2) 2, 3, H_2SO_4, 5, $MnSO_4$, H_2O, O_2

(3) 2, H_2SO_4, I_2, 2

(4) 2, 5, 3, H_2SO_4, $MnSO_4$, H_2O, CO_2, K_2SO_4

(5) SO_2, 2, H_2O, HI, H_2SO_4

(6) 2, H_2S, S, 2, H_2O

(7) 3, 8, $Cu(NO_3)_2$, NO, 4

(8) 4, $Cu(NO_3)_2$, NO_2, 2

(9) 2, $CuSO_4$, 2, SO_2

(10) H_2SO_4, 3, $H_2C_2O_4$, $Cr_2(SO_4)_3$, 7, CO_2, K_2SO_4

9 状態変化——91

▶9 状態変化（p.129）

210 解答 55 kJ

解説 水 18 g は物質量 1 mol に相当する。

0℃の氷は，まず融解して 0℃の液体の水になる。このとき必要なエネルギーは，6.0 kJ/mol × 1 mol ＝ 6.0 kJ

次に，水が 0℃から 100℃まで上昇するのに必要なエネルギーは，75 J/(mol・℃) × 1 mol × (100 − 0)℃ ＝ 7500 J ＝ 7.5 kJ

100℃の水がすべて蒸発するためには，41 kJ/mol × 1 mol ＝ 41 kJ の熱量が必要である。

したがって，6.0 ＋ 7.5 ＋ 41 ＝ 54.5 ≒ 55 kJ

エクセル 比熱〔J/(g・℃)〕：物質 1 g を 1℃上昇させるのに必要な熱量。
熱量〔J〕＝比熱〔J/(g・℃)〕×質量〔g〕×温度変化〔℃〕

▶ 0℃の氷 18 g
$\xrightarrow{\text{融解熱}}$ 0℃の水 18 g
$\xrightarrow{\text{比熱}}$ 100℃の水 18 g
$\xrightarrow{\text{蒸発熱}}$ 100℃の水蒸気 18 g

1 kJ ＝ 1000 J

211 解答 (1) 真空　(2) 760 mm　(3) 水滴の一部が蒸発し，密閉空間にできた水蒸気の圧力によって，水銀面が押し下げられたから。　(4) 低くなる
(5) 25℃　3.2×10^3 Pa　60℃　1.97×10^4 Pa

解説 (2) 水銀槽に入れられている水銀の表面を押す大気の圧力と水銀柱の高さ (760 mm) に相当する水銀が押す圧力がつり合っている。

(4) 揮発性の高い液体では，メスシリンダー内の水銀で密閉された空間内に，水よりも多くの分子が気体となって存在する。そのため，水のときより水銀面を強く押すため液面が下がる。

(5) 25℃での水蒸気の圧力は，水銀柱の高さで 760 − 736 ＝ 24 mm，$1.00 \times 10^5 \text{ Pa} \times \dfrac{24 \text{ mm}}{760 \text{ mm}} = 3.15 \times 10^3 \fallingdotseq 3.2 \times 10^3$ Pa

60℃での水蒸気の圧力は，水銀柱の高さで 760 − 610 ＝ 150 mm，$1.00 \times 10^5 \text{ Pa} \times \dfrac{150 \text{ mm}}{760 \text{ mm}} = 1.973 \times 10^4 \fallingdotseq 1.97 \times 10^4$ Pa

エクセル 水銀槽内の水銀の表面を押す圧力
＝水銀柱の高さに相当する圧力＋密閉された気体の圧力

●圧力の関係

大気圧
＝
メスシリンダー内の水銀柱による圧力
＋
メスシリンダー内の密閉空間の気体の圧力

▶山の上では地上より大気圧が小さいため，水銀柱の高さは地上より低くなる。

▶密閉空間に液体の一部が存在していれば，その液体から蒸発する気体粒子数は，その温度では最大の状態にある。

212 解答 (1) 78℃　(2) 87℃　(3) 2.3×10^4 Pa
(4) 水，エタノール，ジエチルエーテル
(5) ジエチルエーテル

解説 (1) エタノールの蒸気圧が 1.0×10^5 Pa，すなわち 10×10^4 Pa に達する 78℃で沸騰❶する。

(2) 蒸気圧曲線より，6.5×10^4 Pa のとき水は 87℃で沸騰❷する。

(3) 蒸気圧曲線より，水が 60℃で沸騰するのは 2.3×10^4 Pa である。

(4) 液体の分子間力が大きいほど気体になりにくい。同じ圧力下でも沸点が高い物質は，分子間力が大きいといえる。

(5) 蒸発熱を加えると分子間力を振り切って気体になる。した

❶液体の温度が上昇すると蒸気圧が大きくなる。やがて，蒸気圧が液面にかかる圧力 (外圧) に達すると沸騰が起こる。

❷山頂では気圧が低いため，100℃よりも低い温度で水が沸騰するから，米を炊いても生煮えになってしまう。

92 —— 3章 物質の状態と平衡

がって，蒸発熱が大きい物質ほど分子間力が大きく，同じ圧力でも沸点が高い。

エクセル 蒸気圧曲線から，
・その温度での蒸気圧
・その圧力下での沸点
が読みとれる。

213 解答 (1) エタノール，30℃　(2) 10m

解説 (1) ガラス管内に液体 A を入れると，密閉空間内で液体が蒸発し，気液平衡に達する。そのときの水銀柱上部の気圧＝A の蒸気圧となる。よって大気圧に対して，A の蒸気圧と高さ 685mm の水銀柱がつり合っていることになる。
760mmHg＝（A の蒸気圧）＋ 685mmHg❶
（A の蒸気圧）＝ 760 － 685 ＝ 75mmHg ≒ 1.0 × 10⁴Pa ＝ 100hPa
0℃から 40℃において 100hPa の蒸気圧をとり得るのはエタノールであり，そのときの温度は 30℃。

(2) 水銀柱 760mm とつり合うために必要な水柱の高さ h は
$13.6 \text{g/cm}^3 \times 760\text{mm} = 1.0 \text{g/cm}^3 \times h\text{(mm)}$
$h = 10336\text{mm} ≒ 10\text{m}$

エクセル $1.0 \times 10^5 \text{Pa} = 760\text{mmHg}$
蒸気圧 ＝ 外圧 － 水銀柱の圧力

214 解答 (3)，(4)

解説 (1) 密閉容器に水を入れておくと，やがて見かけ上蒸発が止まって見える状態になる。このとき単位時間に蒸発する分子の数と，凝縮する分子の数が等しくなっている。この状態を気液平衡という。正

(2) 温度が高くなると，蒸気圧も高くなる。これは，温度が高くなると，水分子の熱運動が激しくなり，分子間力を振り切って蒸発する分子の割合が増すためである。正

(3) 一定温度では，気体の体積を減少させても，減少した体積の分の気体が凝縮して液体になるため，蒸気圧の大きさは変わらない。誤

(4) 飽和蒸気圧は温度だけで決まり，他の気体が共存しても変わらない。誤

(5) 外圧が低いところでは，低い温度で蒸気圧と外圧が等しくなる。このため水の沸点は低くなる。正

エクセル 気液平衡状態にある気体の圧力はその温度における飽和蒸気圧に等しい。

215 解答 (1) $6.1 \times 10^2 \text{Pa}$

(2) 水では融点は低くなる。二酸化炭素では高くなる。

(3) 固体→液体→気体となる。
理由 状態図から $0.606 \times 10^6 \text{Pa}$ の圧力では温度を上げるこ

---

❶ $1.0 \times 10^5 \text{Pa} = 760\text{mmHg}$

▶圧力〔Pa〕
$$= \frac{\text{水銀柱の重力〔N〕}}{\text{ガラス管の断面積〔m}^2\text{〕}}$$
$$= \frac{d \times S \times h \times 10^{-3} \times g}{S \times 10^{-4}}$$
$$= 10dgh$$
$\begin{cases} d：水銀の密度〔g/cm^3〕 \\ S：ガラス管の断面積〔cm^2〕 \\ g：重力加速度〔m/s^2〕 \\ h：水銀柱の高さ〔cm〕 \end{cases}$

となり，ガラス管の断面積によらず水銀柱の密度と高さによって圧力が求められる。

10　気体の性質──93

とにより，二酸化炭素はⅠ領域(固体)→Ⅱ領域(液体)→Ⅲ領域(気体)となるから。

解説　図1と図2の状態図において，Ⅰは固体，Ⅱは液体，Ⅲは気体を示している。

(1)　図1から，水が液体になるのは $0.61 \times 10^3\,Pa$ 以上の圧力のときであることがわかる。

(2)　図1と図2において，ⅠとⅡの境界線は固体が液体に変わる(融解する)点を表しており，融点の圧力と温度の関係を示している。これを融解曲線という[❶]。融解曲線から，水では圧力が高くなると融点が低くなり，二酸化炭素では高くなることがわかる。

(3)　図2の二酸化炭素の状態図から，$0.52 \times 10^6\,Pa$ の圧力以下では温度(横軸)を上昇させてもⅡ(液体)の領域を通らない。それ以上の圧力ではⅡ(液体)の領域を通る[❷]。

エクセル　物質の状態図は圧力と温度による物質の状態を示す図である。通常，縦軸は圧力，横軸は温度である。

❶ Ⅰ(固体)とⅡ(液体)の境界線(融解曲線)はいろいろな圧力での物質の融点を表す。

❷ $0.606 \times 10^6\,Pa$ で温度(横軸)を変化させてみる。

▶10　気体の性質 (p.136)

216　**解答**　(1) $50\,kPa$　(2) $1.0\,m^3$　(3) $4.0\,L$

解説　温度一定なので，ボイルの法則 $p_1 v_1 = p_2 v_2$ を用いる。

(1)　$1.0 \times 10^5 \times 5.0 = p_2 \times 10$，$p_2 = 5.0 \times 10^4\,Pa = 50\,kPa$[❶]

(2)　$5.0 \times 10^4 \times 2.0 = 1.0 \times 10^5 \times v_2$，$v_2 = 1.0\,m^3$

(3)　$1.0 \times 10 = 2.5 \times v_2$，$v_2 = 4.0\,L$

エクセル　ボイルの法則

温度一定のとき，一定量の気体の体積 v は，圧力 p に反比例する。

$$v = \frac{a}{p}\ (a：定数)\quad または \quad p_1 v_1 = p_2 v_2$$

▶圧力，体積の単位をそろえて代入する。
❶ $1\,kPa = 1000\,Pa$

217　**解答**　(1) $4.0\,m^3$　(2) $3.0\,L$

解説　圧力一定なので，シャルルの法則 $\dfrac{v_1}{T_1} = \dfrac{v_2}{T_2}$ を用いる。温度 T はセルシウス温度〔℃〕から絶対温度〔K〕に変換する。

(1)　$\dfrac{3.0}{27 + 273} = \dfrac{v_2}{127 + 273}$，$v_2 = 4.0\,m^3$

(2)　$\dfrac{2.0}{77 + 273} = \dfrac{v_2}{252 + 273}$，$v_2 = 3.0\,L$

エクセル　シャルルの法則

圧力一定のとき，一定量の気体の体積 v は，絶対温度 T に比例する。

$$v = bT\ (b：定数)\quad または \quad \frac{v_1}{T_1} = \frac{v_2}{T_2}$$

▶体積の単位をそろえて代入する。

● シャルルの法則
$$\frac{v_1}{T_1} = \frac{v_2}{T_2}$$

▶セルシウス温度 t〔℃〕から絶対温度 T〔K〕への変換方法
$$T = t + 273$$

94 —— 3章　物質の状態と平衡

218
解答 (1) $3.5 \times 10^{-2}\,m^3$　　(2) $6.4 \times 10^4\,Pa$　　(3) $15\,L$

解説 ボイル・シャルルの法則 $\dfrac{p_1 v_1}{T_1} = \dfrac{p_2 v_2}{T_2}$ を用いる。温度 T はセルシウス温度〔℃〕から絶対温度〔K〕に変換する。

(1) $\dfrac{3.0 \times 10^5 \times 2.0 \times 10^{-2}}{27 + 273} = \dfrac{2.0 \times 10^5 \times v_2}{77 + 273}$,　$v_2 = 3.5 \times 10^{-2}\,m^3$

(2) $\dfrac{1.2 \times 10^5 \times 10.0}{27 + 273} = \dfrac{p_2 \times 25.0}{127 + 273}$,　$p_2 = 6.4 \times 10^4\,Pa$

(3) $\dfrac{1.0 \times 20.0}{300} = \dfrac{2.0 \times v_2}{450}$,　$v_2 = 15\,L$

エクセル ボイル・シャルルの法則
一定量の気体の体積 v は，圧力 p に反比例，絶対温度 T に比例する。

$$v = c\,\dfrac{T}{p}\ (c：定数)\quad または\quad \dfrac{p_1 v_1}{T_1} = \dfrac{p_2 v_2}{T_2}$$

▶圧力，体積の単位をそろえて代入する。

219
解答 $8.31 \times 10^3\,Pa \cdot L/(K \cdot mol)$

解説 ボイル・シャルルの法則 $\dfrac{pv}{T} =$ 一定 の式に数値を代入する。

$$\dfrac{1.013 \times 10^5 \times 22.4}{0 + 273} = 8.311 \times 10^3 \fallingdotseq 8.31 \times 10^3\ \dfrac{Pa \cdot L}{K \cdot mol}$$

エクセル ボイル・シャルルの法則の式に，1 mol あたりの気体の体積 v，絶対温度 T，圧力 p の値を代入すると，気体定数の値が求まる。
　＊v，T，p の単位に注意すること。

▶圧力の単位が Pa，体積の単位が L のときの気体定数 R を求めることになる。

● 気体定数
$R = 8.31 \times 10^3\,Pa \cdot L/(K \cdot mol)$
$= 8.31\,J/(K \cdot mol)$

220
解答 (1) $127\,℃$　　(2) $15\,L$　　(3) $2.0\,mol$

解説 気体の状態方程式 $pv = nRT$ に圧力 p〔Pa〕，体積 v〔L〕，物質量 n〔mol〕，温度 T〔K〕を代入する。

(1) $1.66 \times 10^5 \times 10.0 = 0.500 \times 8.3 \times 10^3 \times T$
　　$T = 400\,K$,　$400 - 273 = 127\,℃$

(2) $4.15 \times 10^5 \times v = 2.5 \times 8.3 \times 10^3 \times (27 + 273)$
　　$v = 15\,L$

(3) $3.32 \times 10^5 \times 20 = n \times 8.3 \times 10^3 \times 400$
　　$n = 2.0\,mol$

エクセル 気体の状態方程式
$$pv = nRT$$
$\left(\begin{array}{l}圧力 p〔Pa〕，体積 v〔L〕，物質量 n〔mol〕，絶対温度 T〔K〕 \\ 気体定数 R = 8.31 \times 10^3\,Pa \cdot L/(K \cdot mol)\end{array}\right)$

▶気体定数の単位と与えられた値の単位をそろえる。

221
解答 (1) $1.5 \times 10^5\,Pa$　　(2) $5.0\,L$　　(3) $0.30\,mol$

解説 (1) $1\,atm = 1.01 \times 10^5\,Pa$ より
　　圧力 $p = 1.01 \times 10^5 \times 1.5 = 1.51 \times 10^5 \fallingdotseq 1.5 \times 10^5\,Pa$

(2) $1\,L = 10^{-3}\,m^3$ より，体積 $v = 5.0\,L$

(3) 気体の状態方程式 $pv = nRT$ に

▶単位に注意すること。

● 圧力
$1.013 \times 10^5\,Pa$
$= 101.3\,kPa = 1013\,hPa$
$= 760\,mmHg = 1\,atm$

10 気体の性質——95

$$p = 1.51 \times 10^5\,\mathrm{Pa}, \quad v = 5.0\,\mathrm{L}, \quad R = 8.3 \times 10^3\,\frac{\mathrm{Pa \cdot L}}{\mathrm{K \cdot mol}}$$

$T = 27 + 273 = 300\,\mathrm{K}$ を代入すると

$$1.51 \times 10^5 \times 5.0 = n \times 8.3 \times 10^3 \times 300$$

$$n = 0.303 \fallingdotseq 0.30\,\mathrm{mol}$$

エクセル 気体定数の値によって，圧力，体積の単位を使い分ける必要がある。

$$R = 8.31 \times 10^3\,\frac{\mathrm{Pa \cdot L}}{\mathrm{K \cdot mol}} = 8.31\,\frac{\mathrm{Pa \cdot m^3}}{\mathrm{K \cdot mol}} = 8.31\,\mathrm{J/(K \cdot mol)}$$

222 **解答** (1) 1.3 g/L (2) 28

解説 (1) $pv = nRT = \dfrac{w}{M}RT$

❶ 1 kPa $= 10^3$ Pa

$$密度\,d = \frac{w}{v} = \frac{Mp}{RT} = \frac{32 \times 1.01 \times 10^5}{8.3 \times 10^3 \times 300}\text{❶} = 1.29 \fallingdotseq 1.3\,\mathrm{g/L}$$

(2) 温度 T，圧力 p が一定ならば，密度 $d = \dfrac{Mp}{RT}$ はモル質量 M に比例する。つまり，密度が 0.88 倍ならば，モル質量は $32 \times 0.88 = 28.1 \fallingdotseq 28$

エクセル 気体の密度 $d = \dfrac{w}{v} = \dfrac{Mp}{RT}$

気体の物質量 n〔mol〕を気体の質量 w〔g〕，分子量 M を用いて表すと $n = \dfrac{w}{M}$

これを気体の状態方程式に代入すると

$$pv = \frac{w}{M}RT \qquad \frac{w}{v} = \frac{Mp}{RT}$$

223 **解答** (1) (イ) (2) (イ) (3) (オ) (4) (ア)

解説 ボイル・シャルルの法則 $\dfrac{pv}{T} =$ 一定 の圧力 p，体積 v，温度 T のうち一定のものを定数とおく。

● ボイル・シャルルの法則
$$\frac{pv}{T} = c\,(c：定数)$$

(1) 圧力 p が一定なので，$\dfrac{v}{T} =$ 一定。よって，体積 v と絶対温度 T は比例関係。

(2) 体積 v が一定なので，$\dfrac{p}{T} =$ 一定。よって，圧力 p と絶対温度 T は比例関係。

(3) 温度 T が一定なので，$pv =$ 一定。よって，圧力 p と体積 v は反比例の関係。

(4) 温度 T が一定なので，$pv =$ 一定。よって，圧力 p を変化させても，圧力と体積の積 pv は一定である。

エクセル ボイル・シャルルの法則の式の中で，p，v，T のどの値が一定かを考える。

96 —— 3章　物質の状態と平衡

224

解答　115

解説　気体の状態方程式 $pv = nRT$ を質量 w〔g〕，分子量 M を用いて

表すと，$n = \dfrac{w}{M}$ より，$pv = \dfrac{w}{M}RT$　よって，$M = \dfrac{wRT}{pv}$

圧力 $p = 1.00 \times 10^5\,\text{Pa}$

体積 $v = 500\,\text{mL} = 0.500\,\text{L}$

絶対温度 $T = 100 + 273 = 373\,\text{K}$，質量 $w = 1.86\,\text{g}$

気体定数 $R = 8.31 \times 10^3\,\dfrac{\text{Pa·L}}{\text{K·mol}}$ を上式に代入する。

$M = \dfrac{1.86 \times 8.31 \times 10^3 \times 373}{1.00 \times 10^5 \times 0.500}$

$= 115.2 \fallingdotseq 115$

エクセル　$pv = nRT = \dfrac{w}{M}RT$

よって，$M = \dfrac{wRT}{pv}$

▶気体の状態方程式をたてるときは，単位に注意。気体定数 R の単位に注目して考えると，わかりやすい。

225

解答　(1) (a) $5.0 \times 10^5\,\text{Pa}$　(b) 0.25　(c) $2.5 \times 10^5\,\text{Pa}$　(2) 32

解説　(1) (a) 各気体の物質量は

$O_2 = \dfrac{3.20}{32} = 0.10\,\text{mol}$

$N_2 = \dfrac{5.60}{28} = 0.20\,\text{mol}$

$Ar = \dfrac{4.00}{40} = 0.10\,\text{mol}$

よって，混合気体の物質量は

$0.10 + 0.20 + 0.10 = 0.40\,\text{mol}$

全圧 P は，混合気体の状態方程式より

$P \times 2.0 = 0.40 \times 8.3 \times 10^3 \times 300$

$P = 4.98 \times 10^5 \fallingdotseq 5.0 \times 10^5\,\text{Pa}$

(b) O_2 のモル分率は，$\dfrac{0.10}{0.40} = 0.25$ ❶

(c) N_2 の分圧は，全圧 × N_2 のモル分率より

$4.98 \times 10^5 \times \dfrac{0.20}{0.40} = 2.49 \times 10^5 \fallingdotseq 2.5 \times 10^5\,\text{Pa}$ ❷

(2) 混合気体の平均分子量は

$32 \times \dfrac{0.10}{0.40} + 28 \times \dfrac{0.20}{0.40} + 40 \times \dfrac{0.10}{0.40} = 32$

エクセル　混合気体の平均分子量 $M = M_A \times \dfrac{n_A}{n_A + n_B} + M_B \times \dfrac{n_B}{n_A + n_B}$

3種以上の気体でも同様に考える。

❶酸素のモル分率

$= \dfrac{n_{O_2}}{n_{O_2} + n_{N_2} + n_{Ar}}$

❷混合気体の成分気体の分圧は，全圧 × モル分率

226

解答　(1) $9.84 \times 10^4\,\text{Pa}$　(2) $0.0983\,\text{mol}$

解説　ドルトンの分圧の法則より，メスシリンダー内の全圧は，水素の分圧と水蒸気圧の総和である。

10 気体の性質——97

(1) メスシリンダー内の全圧 = 水素の分圧 + 水蒸気圧 より
　　水素の分圧 = メスシリンダー内の全圧 − 水蒸気圧
$$= 1.02 \times 10^5 - 3.56 \times 10^3$$
$$= 9.844 \times 10^4 \fallingdotseq 9.84 \times 10^4 \, \text{Pa}$$

(2) 気体の状態方程式に
　　水素の分圧 $p = 9.844 \times 10^4 \, \text{Pa}$，体積 $v = 2.49 \, \text{L}$ ❶
　　絶対温度 $T = 27.0 + 273 = 300 \, \text{K}$
　　気体定数 $R = 8.31 \times 10^3 \dfrac{\text{Pa·L}}{\text{K·mol}}$ を代入
$$9.844 \times 10^4 \times 2.49 = n \times 8.31 \times 10^3 \times 300$$
$$n = 0.09832 \fallingdotseq 0.0983 \, \text{mol}$$

❶ メスシリンダー内は，水素と水蒸気の混合気体であるが，水素の体積はメスシリンダーの体積と等しい $2.49 \, \text{L}$ となることに注意。

エクセル ドルトンの分圧の法則
　　メスシリンダー内の全圧 = 水素の分圧 + 水蒸気圧

227 解答 (1) ○　(2) ○　(3) ×　(4) ○

解説 (1) 圧力が低くなると，気体分子間の距離が大きくなるため，分子間力の影響が小さくなり，分子自身の体積の影響も弱くなる。よって，実在気体は低圧では理想気体とみなすことができる。正
(2) 実在気体では分子自身が体積をもち，気体分子間に引力がはたらく。正
(3) 温度が高くなると，熱運動のエネルギーが大きくなり，分子間力の影響が相対的に弱くなる。よって，実在気体は高温では理想気体とみなすことができる。誤
(4) 理想気体の体積は絶対温度に比例し，絶対零度では体積が0となる。正

エクセル 実在気体は，高温・低圧では理想気体とみなしてよい。

228 解答 $3.1 \times 10^4 \, \text{Pa}$

解説 水素と酸素が同じ物質量で入っているので，容器内の各気体の分圧はそれぞれ $2.6 \times 10^4 \, \text{Pa}$ である。同温・同体積では，気体の分圧は物質量に比例するので，燃焼前と燃焼後を27℃で考えると，分圧は次のようになる。

	$2H_2$	$+$	O_2	$\longrightarrow$	$2H_2O$
燃焼前	$2.6 \times 10^4 \, \text{Pa}$		$2.6 \times 10^4 \, \text{Pa}$		$0 \, \text{Pa}$
燃焼後	$0 \, \text{Pa}$		$2.6 \times 10^4 - \dfrac{2.6 \times 10^4}{2} = 1.3 \times 10^4 \, \text{Pa}$		$2.6 \times 10^4 \, \text{Pa}$

これを57℃にすると分圧は大きくなるので，水蒸気の分圧は57℃での水の飽和蒸気圧 $1.7 \times 10^4 \, \text{Pa}$ を上回る。よって，水は一部が液体で存在し，水蒸気の分圧 p_{H_2O} は $1.7 \times 10^4 \, \text{Pa}$ となる。一方，酸素の57℃での分圧 p_{O_2} はボイル・シャルルの法則より
$$\frac{1.3 \times 10^4}{27 + 273} = \frac{p_{O_2}}{57 + 273}$$
$$p_{O_2} = 1.43 \times 10^4 \, \text{Pa}$$

▶まず，水がすべて気体だと仮定して，水の分圧 p_{H_2O} を考える。
・$p_{H_2O} >$ 飽和蒸気圧 ならば，仮定は誤りで液体の水が存在する。
・$p_{H_2O} <$ 飽和蒸気圧 ならば，水はすべて気体として存在する。

よって，全圧は
$$p_{H_2O} + p_{O_2} = (1.7 + 1.43) \times 10^4 = 3.13 \times 10^4 ≒ 3.1 \times 10^4 \,Pa$$

エクセル ●体積一定：気体の圧力 p と絶対温度 T の関係

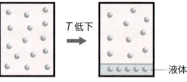

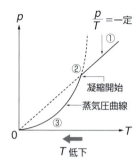

ボイル・シャルルの法則により，温度の低下にともなって，気体の圧力は温度に比例しながら下がる。①→②

温度が低下して凝縮が起こると，気体と液体が共存し気体の圧力は蒸気圧曲線にしたがう。②→③

●圧力（外圧）一定：水蒸気の圧力 p と絶対温度 T の関係
　　　　　　　　　　（水蒸気と酸素の混合気体）

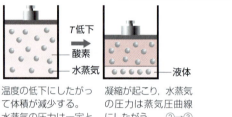

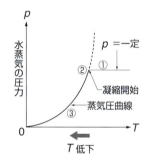

温度の低下にしたがって体積が減少する。水蒸気の圧力は一定となる。①→②

凝縮が起こり，水蒸気の圧力は蒸気圧曲線にしたがう。②→③

●反応によって生成した水が，気体だけなのか，気体と液体が共存しているのかの判断のしかた
① 仮に生成した水がすべて気体になったとして，気体の圧力を求める。
② $\begin{cases} ①の圧力が，その温度における蒸気圧より大きいとき \\ \quad →気体と液体が共存 \\ ①の圧力が，その温度における蒸気圧より小さいとき \\ \quad →気体のみ \end{cases}$

229 **解答** (1) $4.4 \times 10^4 \,Pa$　(2) $8.0\,L$
(3) 二酸化炭素　(イ)　水蒸気　(ウ)　(4) $8.4\,g$

解説 (1) 問題文より，このとき水はすべて水蒸気である。
したがって，混合気体の物質量は
$0.10 + 0.40 + 0.60 = 1.10\,mol$
全圧 P は
$$P = \frac{nRT}{V} = \frac{1.10 \times 8.3 \times 10^3 \times 400}{83}❶$$
$$= 4.4 \times 10^4 \,Pa$$

❶混合気体についての状態方程式を用いる。

(2) 容器の温度は $400\,K$ であるから，水は蒸気圧が $2.5 \times 10^5 \,Pa$ になったときに凝縮を始める。このとき水蒸気の物質量は $0.60\,mol$ であるから，体積 V は

$$V = \frac{nRT}{P} = \frac{0.60 \times 8.3 \times 10^3 \times 400}{2.5 \times 10^5}❷$$
$$= 7.96 \fallingdotseq 8.0 \text{L}$$

❷水蒸気についての状態方程式を用いる。

(3) 二酸化炭素は，与えられた体積の範囲では，ボイルの法則にしたがって分圧と体積は反比例する。(イ)
 水蒸気は，圧縮すると，体積 V_c までは分圧と体積は反比例する。さらに圧縮すると，分圧は飽和蒸気圧で一定となる。(ウ)

(4) 操作2で体積83L，温度300Kとしたとき，水蒸気として存在する水の物質量 n は，水蒸気の状態方程式より
$$n = \frac{PV}{RT} = \frac{4.0 \times 10^3 \times 83}{8.3 \times 10^3 \times 300}$$
$$= 0.133 \text{mol}$$
よって，凝縮した水の質量は
 $(0.60 - 0.133) \times 18 = 8.40 \fallingdotseq 8.4 \text{g}$❸

❸凝縮した水の質量＝(水の物質量－水蒸気の水の物質量)×分子量

エクセル

(1) 操作前　　　　(2) 操作1で体積 V_c に圧縮　　　　(3) 操作2

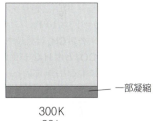

400K　　　　　　400K　　　　　　　　　　　　300K
83L　　　　　　　V_c [L]　　　　　　　　　　　83L
0.60mol　　　　水 0.60mol，すべて水蒸気　　水蒸気圧 4.0×10^3 Pa

一部凝縮

230

解答
(1) A　1.5×10^5 Pa　　B　2.5×10^5 Pa
(2) メタン　6.0×10^4 Pa　　酸素　1.5×10^5 Pa
(3) 3.5×10^5 Pa

解説
(1) 容器A，Bに関して気体の状態方程式を適用する。
容器A
 体積 $v = 1.66$ L，絶対温度 $T = 27 + 273 = 300$ K
 気体定数 $R = 8.3 \times 10^3 \dfrac{\text{Pa} \cdot \text{L}}{\text{K} \cdot \text{mol}}$
 メタン CH_4 の分子量＝16 より
　メタンの物質量 $n = \dfrac{1.6}{16} = 0.10$ mol
 以上の値を気体の状態方程式 $pv = nRT$ に代入すると
　$p \times 1.66 = 0.10 \times 8.3 \times 10^3 \times 300$　　$p = 1.5 \times 10^5$ Pa
容器B
 体積 $v = 2.49$ L，絶対温度 $T = 27 + 273 = 300$ K
 気体定数 $R = 8.3 \times 10^3 \dfrac{\text{Pa} \cdot \text{L}}{\text{K} \cdot \text{mol}}$
 酸素 O_2 の分子量＝32 より

100 —— 3章　物質の状態と平衡

酸素の物質量 $n = \dfrac{8.0}{32} = 0.25\,mol$

以上の値を気体の状態方程式 $pv = nRT$ に代入すると

$p \times 2.49 = 0.25 \times 8.3 \times 10^3 \times 300$　　$p = 2.5 \times 10^5\,Pa$

(2)　メタンに関する変化

コックを開いたあとの容器の体積は

$1.66 + 2.49 = 4.15\,L$

▶混合気体でも、1種類の気体の変化に注目するとよい。

$1.5 \times 10^5\,Pa$ 1.66 L	▶	$p\,[Pa]$ 4.15 L

温度一定の条件で変化させているので、ボイルの法則より

$1.5 \times 10^5 \times 1.66 = p \times 4.15$

$p = 6.0 \times 10^4\,Pa$

酸素に関する変化

$2.5 \times 10^5\,Pa$ 2.49 L	▶	$p\,[Pa]$ 4.15 L

温度一定の条件で変化させているので、ボイルの法則より

$2.5 \times 10^5 \times 2.49 = p \times 4.15$

$p = 1.5 \times 10^5\,Pa$

(3)　メタン CH_4 は燃焼させると酸素 O_2 と反応して、二酸化炭素 CO_2 と水 H_2O が生成する。反応前と反応後の量的関係を表にすると（単位は mol）

▶水の状態に注意しよう。すべてが気体の場合は状態方程式が使えるが、一部液体として存在する場合は、飽和蒸気圧を示す。

	CH_4	$+$	$2O_2$	$\rightarrow$	CO_2	$+$	$2H_2O$
反応前	0.10		0.25		0		0
変化量	−0.10		−0.20		+0.10		+0.20
反応後	0		0.05		0.10		0.20

問題文より、反応後に生成した水はすべて気体になっているので

反応後の気体の総物質量 $= 0.05 + 0.10 + 0.20 = 0.35\,mol$

混合気体の全圧を p とすると、気体の状態方程式より

$p \times 4.15 = 0.35 \times 8.3 \times 10^3 \times (227 + 273)$

$p = 3.5 \times 10^5\,Pa$

エクセル　ボイル・シャルルの法則の式と気体の状態方程式を使い分けられるかがポイント。

231 解答　(ア) 2　(イ) $\dfrac{4RT}{V}$　(ウ) $\dfrac{0.8RT}{V}$　(エ) A　(オ) B

(カ) 10　(キ) $\dfrac{3RT}{V}$　(ク) $\dfrac{3RT}{V}$

解説　円筒内では温度一定であり、A室とB室の体積は等しい。A室の気体の物質量がB室の物質量の2倍であるから、A室の圧力 p_1 も2倍となる❶。

A室の気体の物質量は 2 mol、体積は円筒容器の体積 V の $\dfrac{1}{2}$ だ

❶ $n_A : n_B = p_A : p_B$

10　気体の性質——101

から，$p_1\left(\dfrac{1}{2}V\right)=2RT$　　$p_1=\dfrac{4RT}{V}$

酸素のモル分率は 0.20 だから

　　酸素の分圧 $=\dfrac{4RT}{V}\times 0.20=\dfrac{0.8RT}{V}$ ❷

❷分圧 ＝ 全圧 × モル分率

一方，A 室の圧力は，B 室の圧力の 2 倍であるから，壁を動け
るようにすると壁は A 室から B 室に移動する。移動後，A 室
と B 室での気体の圧力は等しく❸なるから，A 室の体積は B 室
の体積の 2 倍になる。したがって，A 室の長さが 40 cm，B 室
の長さが 20 cm になる。このときの A 室の圧力 p_2 は，ボイル
の法則より

❸壁は，A 室と B 室の圧力
が等しくなるまで移動する。

　　$\dfrac{4RT}{V}\times\left(\dfrac{30}{60}V\right)=p_2\times\left(\dfrac{40}{60}V\right)$　　$p_2=\dfrac{3RT}{V}$

また，壁を取り除くと，体積 V に全部で 3 mol の気体が存在す

るので，容器全体の圧力は，$p=\dfrac{3RT}{V}$

エクセル　容器内の壁を動けるようにすると，壁は両側の気体の圧力
　　　　が等しくなるように，高圧側から低圧側に移動する。

232 解答
(1)　① A　② C　③ A　　(2)　H_2　　(3)　低いとき
(4)　分子量の大きい分子や極性分子では分子間力の影響を受け
　　るから。

解説
理想気体では気体 1 mol について，$\dfrac{pv}{RT}=1$ が常に成り立つ。

一方，実在気体では，分子自身の体積や分子間力の影響を受け
て，ずれが生じる。

▶実在気体は高温，低圧ほど
理想気体に近づく。

(1)　①　$\dfrac{pv}{RT}=1$ に近い値を示すのが，最も理想気体に近い。

　　②　温度 T が一定なので $40\times 10^5\,\mathrm{Pa}$ で比較して，最も体積

　　v が小さいもの，つまり，$\dfrac{pv}{RT}$ の値が小さいものを選ぶ。

　　③　温度 T が一定なので同じ圧力で比較して，最も体積 v

　　が大きいもの，つまり，$\dfrac{pv}{RT}$ の値が大きいものを選ぶ。

(2)　$\dfrac{pv}{RT}$ の値が 1 より小さい B，C は，分子間力の影響で同じ
　　圧力の理想気体より体積が小さくなっていると考えられる。
　　分子間力は分子量が大きいほど，極性が強いものほど大きい。
　　したがって，A は最も分子量の小さい水素，B はメタン，そ
　　して，C は極性分子のアンモニアである。

(3)　図より，低圧ほど $\dfrac{pv}{RT}$ の値が 1 に近づいている。

(4)　アンモニアは極性分子である。メタンは無極性分子である
　　が，水素よりも分子量が大きいので分子間力が水素よりも大
　　きい。

102 —— 3章 物質の状態と平衡

エクセル 理想気体　気体の状態方程式が厳密に成立すると仮想した気体
理想気体の条件
　① 分子間にはたらく引力を0とする。
　② 分子自身の体積を0とする。

233

解答

(1)　ア　$V+b$　イ　$P-\dfrac{a}{V_r^2}$

(2)　A　PV　B　大きく　C　小さく

　　D　$\left(P_r+\dfrac{a}{V_r^2}\right)(V_r-b)$　(3)　$T_1<T_2<T_3$

(4)　高温になると，熱運動のエネルギーが大きくなり，分子間
　　力の影響が小さくなるから。

(5)　$2.45\times10^6\,\text{Pa}$

解説

(1)　ア　実在気体の体積は，分子の体積分，理想気体よりも大
　　きくなる。
　　　よって，$V_r=V+b$
　　イ　実在気体の圧力は，分子間力により，理想気体より小さ
　　　くなる。気体が1molのとき，圧力の減少は$\dfrac{1}{V_r^2}$に比例する。

　　　よって，$P_r=P-\dfrac{a}{V_r^2}$

(2)　A　理想気体1molについての状態方程式は，$PV=RT$
　　B　体積が小さくなるほど，気体分子が接近するため分子間
　　　力の影響は大きくなる。
　　C　分子間力により，容器の内壁に衝突する気体分子が内側
　　　に引かれるため，実在気体の圧力は理想気体の圧力に比べ
　　　て小さくなる。
　　D　(1)より，$P=P_r+\dfrac{a}{V_r^2}$，$V=V_r-b$であるから，これら
　　　を状態方程式(1)に代入する。

　　　$\left(P_r+\dfrac{an^2}{V_r^2}\right)(V_r-nb)=nRT$ ❶

(3)　グラフは①②③の順に，$Z=1$からのずれが小さくなって
　　いる。実在気体のZは高温ほど1からのずれが小さくなる
　　から，温度は$T_1<T_2<T_3$

(4)　実在気体では，高温になると，熱運動のエネルギーが大き
　　くなり，分子間力の影響が小さくなる。このため，Zの値は
　　高温ほど理想気体($Z=1$)に近づく。

(5)　式(2)を変形して

　　　$P_r=\dfrac{RT}{V_r-b}-\dfrac{a}{V_r^2}$

　　これに与えられた値をそれぞれ代入して

　　　$P_r=\dfrac{8.31\times10^3\times(273+27)}{1-3.91\times10^{-2}}-\dfrac{1.41\times10^5}{1^2}$

　　　　$=2.453\times10^6\,\text{Pa}\fallingdotseq2.45\times10^6\,\text{Pa}$

❶ n〔mol〕の実在気体の，ファ
ンデルワールスの状態方程
式。

10 気体の性質——103

エクセル 実在気体は高温・低圧ほど理想気体に近づく。

234 解答 (1) 25 L　(2) 1.5×10⁴ Pa　(3) (ウ)　(4) 2.5 L
(5) (サ)

解説 (1) 容器内のエタノールと窒素の混合気体の物質量は

$$0.030 + 0.020 = 0.050 \, \text{mol}$$

体積 V は，混合気体の状態方程式より

$$V = \frac{nRT}{P} = \frac{0.050 \times 8.3 \times 10^3 \times 300}{0.050 \times 10^5}$$
$$= 24.9 \fallingdotseq 25 \, \text{L}$$

(2) 状態 B でのエタノールの分圧は飽和蒸気圧に等しいから，

$$0.090 \times 10^5 \, \text{Pa}$$

また，エタノールのモル分率は　$\dfrac{0.030}{0.050}$

よって容器内の圧力は　$0.090 \times 10^5 \times \dfrac{0.050}{0.030} = 1.5 \times 10^4 \, \text{Pa}$

(3) エタノールのモル分率(x)が 0，窒素のモル分率が 1 の状態から x を増加させたとき，エタノールの分圧が飽和蒸気圧に達するまでは，容器内の混合気体の物質量は一定である。したがって容器内の圧力も一定である。エタノールが飽和蒸気圧に達して以降，エタノールの分圧は変化しないが，窒素の分圧は窒素のモル分率に比例して減少するから，容器内の圧力はエタノールのモル分率に比例して減少する。

(4) 状態 C でのエタノールの分圧は $0.090 \times 10^5 \, \text{Pa}$
よって，窒素の分圧は

$$0.29 \times 10^5 - 0.090 \times 10^5 = 0.20 \times 10^5 \, \text{Pa}$$

容器内の体積 V は，窒素の状態方程式より

$$V = \frac{nRT}{P} = \frac{0.020 \times 8.3 \times 10^3 \times 300}{0.20 \times 10^5}$$
$$= 2.49 \fallingdotseq 2.5 \, \text{L}$$

(5) エタノールがすべて気体であると仮定すると，温度 t〔℃〕と圧力 P〔Pa〕との関係は，状態方程式より

$$P \times 2.49 = 0.030 \times 8.3 \times 10^3 \times (273 + t)$$
$$P = 100t + 2.73 \times 10^4$$

この直線とエタノールの蒸気圧曲線との交点の温度が，エタノールがすべて気体になるときの温度である❶。

❶容器内のエタノールの圧力は，温度を上げると，液体がある間は蒸気圧曲線に沿って増加する。エタノールがすべて気体になると，エタノールの圧力は温度に比例して増加する。

エクセル 状態 A，B，C について，与えられた条件を図に表す。

状態 A
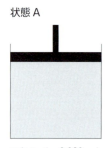
エタノール　0.030 mol
窒素　0.020 mol
全圧　0.050×10^5 Pa
温度　27℃

状態 B

エタノール　0.030 mol
分圧　0.090×10^5 Pa
窒素　0.020 mol
温度　27℃

状態 C
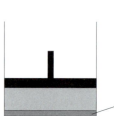
全圧　0.29×10^5 Pa
エタノール　0.090×10^5 Pa

凝縮した
エタノール

11 固体の構造（p.147）

235 解答　(ア)—②—(b)　(イ)—③—(d)　(ウ)—④—(c)　(エ)—①—(a)

解説
(ア) 自由電子を共有してできる結合は金属結合。
(イ) 分子どうしが弱い力で結びついている分子結晶。
(ウ) 静電気的に引き合ってできる結合はイオン結合。
(エ) 原子が共有結合で結びつき巨大分子をつくる。

エクセル　イオン結晶　　構成粒子間でイオン結合してできる。
　　　　共有結合の結晶　多数の原子が共有結合してできた結晶
　　　　分子結晶　　　原子が共有結合してできた分子が弱い分子間力で結びついた結晶
　　　　金属結晶　　　原子が自由電子を共有した金属結合による結晶

● 結晶と結合の力

結晶	結合の力
イオン結晶	イオン結合
分子結晶	共有結合(原子間)
	分子間力(分子間)
共有結合の結晶	共有結合
金属結晶	金属結合

236 解答　(1) (ア)　(2) (ア), (カ)　(3) (ア), (オ), (カ)　(4) (ウ)
(5) (ア), (ウ), (エ)　(6) (イ)

解説
(1) SiO_2 は非金属元素どうしが共有結合してできた共有結合の結晶。
(2) CO_2 は共有結合でできた分子の間に分子間力(ファンデルワールス力)がはたらいて分子結晶となる。
(3) HF は共有結合でできた分子。F 原子は電気陰性度が大きいので，H 原子を仲立ちとして水素結合をする。
(4) CaO は金属元素と非金属元素からなるのでイオン結合。
(5) NH_4Cl は NH_4^+ と Cl^- がイオン結合してできている。NH_4^+ はアンモニア NH_3 に H^+ が配位結合してできたイオン。NH_3 は非金属元素が共有結合してできた分子。
(6) Cu は金属元素が金属結合してできた金属結晶。

エクセル 分子間力 ─┬─ ファンデルワールス力 ─┬─ すべての分子間にはたらく引力
　　　　　　　　　　　　　　　　　　　　　　└─ 極性分子間にはたらく静電気的な引力(クーロン力)
　　　　　　　　　└─ 水素結合：F，O，Nのように電気陰性度の大きい原子に結合した水素原子が，他の分子中の電気陰性度の大きな原子と引き合ってできる結合。

配位結合：一方の原子の非共有電子対が他方の原子に提供されてできる結合。

$$H:\underset{H}{\overset{..}{N}}:H + :H^+ \longrightarrow \left[H:\underset{H}{\overset{H}{N}}:H\right]^+$$

237

解答
(1) 4.1×10^{-8} cm　(2) Cs^+　1個　　Cl^-　1個
(3) 69%　(4) Cs^+　1.4×10^{22}個　　Cl^-　1.4×10^{22}個
(5) 4.0 g/cm³

解説
(1) $\sqrt{3}a = 2(r_+ + r_-)$
$a = \dfrac{2(1.89 \times 10^{-8} + 1.67 \times 10^{-8})}{\sqrt{3}} = 4.11 \times 10^{-8} \fallingdotseq 4.1 \times 10^{-8}$

(2) Cs^+：1個(中心)　　Cl^-：$\dfrac{1}{8}$(頂点) $\times 8 = 1$個

(3) $\dfrac{2.83 \times 10^{-23} \times 1個 + 1.95 \times 10^{-23} \times 1個}{(4.11 \times 10^{-8})^3} \times 100 \fallingdotseq 69\%$

(4) $\dfrac{1個}{(4.11 \times 10^{-8})^3 \mathrm{cm}^3} = 1.44 \times 10^{22} \fallingdotseq 1.4 \times 10^{22}$個/cm³

(5) CsCl のモル質量が 168.5 g/mol だから，Cs^+とCl^- 1個ずつの質量は $\dfrac{168.5}{6.0 \times 10^{23}}$ g である。(4)よりイオンは1cm³に 1.44×10^{22} 個ずつあるから，密度は

$\dfrac{168.5}{6.0 \times 10^{23}}$ g/個 $\times 1.44 \times 10^{22}$ 個/cm³ $= 4.04 \fallingdotseq 4.0$ g/cm³

エクセル CsCl 型の結晶構造

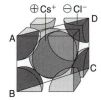

238

解答 5.0 g/cm³

解説 単位格子中の分子数は，面心立方格子と同様に考えることができ

$\dfrac{1}{8}$(頂点)$\times 8 + \dfrac{1}{2}$(面)$\times 6 = 4$個

106 —— 3章　物質の状態と平衡

I_2 のモル質量は $127 \times 2 = 254\,\text{g/mol}$ だから

$$\frac{254\,\text{g/mol} \times \dfrac{4}{6.0 \times 10^{23}/\text{mol}}}{3.4 \times 10^{-22}\,\text{cm}^3} = 4.98 \fallingdotseq 5.0\,\text{g/cm}^3$$

エクセル 分子結晶の単位格子の密度は分子量から求めることができる。

239 **解答** (ア) **アモルファス（非晶質）**　　(イ) **なく**　　(ウ) **軟化点**
(エ) **アモルファス金属**

解説 アモルファス金属では，ミクロの視点では原子配置が乱れているが，マクロの視点では均質であるから，機械的強度や耐食性などが優れている。

エクセル アモルファス（非晶質）
ガラスのように，原子・分子の配列に規則性のない固体。
決まった融点はなく，ある温度幅で軟化する。

240 **解答** (1) (ア) **1**　　(イ) **1**　　(ウ) **3**　　(エ) **$BaTiO_3$**
(2) **4**　　(3) **$6.1\,\text{g/cm}^3$**

解説 (1) バリウムイオンは $\dfrac{1}{8}$（頂点）$\times 8 = 1$ 個，チタンイオンは 1

個（中心），酸化物イオンは $\dfrac{1}{2}$（面）$\times 6 = 3$ 個

(2) (1)より $Ba^{2+} : Ti^{n+} : O^{2-} = 1 : 1 : 3$ だから，チタン酸バリウムの組成式は $BaTiO_3$ となる（これは与えられた式量 233.2 と一致する）。化合物全体で電荷を打ち消すには $n = 4$。

(3) 単位格子には $BaTiO_3$ が 1 組（Ba^{2+} 1 個，Ti^{4+} 1 個，O^{2-} 3 個）含まれているから，その質量は $233.2\,\text{g/mol} \times \dfrac{1}{6.0 \times 10^{23}/\text{mol}}$。

よって，求める密度は $\dfrac{233.2 \times \dfrac{1}{6.0 \times 10^{23}}}{(4.0 \times 10^{-8})^3} = 6.07 \fallingdotseq 6.1\,\text{g/cm}^3$

● 単位格子中の粒子数
・中心にある粒子　1 個
・面にある粒子　$\dfrac{1}{2}$ 個
・辺にある粒子　$\dfrac{1}{4}$ 個
・頂点にある粒子　$\dfrac{1}{8}$ 個

▶ イオン結晶では，単位格子1個あたりの陽イオンのもつ正電荷の和と陰イオンのもつ負電荷の和がちょうど打ち消し合う。

エクセル
$$\text{単位格子の密度〔g/cm}^3\text{〕} = \frac{\text{モル質量〔g/mol〕} \times \dfrac{\text{単位格子中の粒子数}}{6.0 \times 10^{23}/\text{mol}}}{\text{単位格子の体積〔cm}^3\text{〕}}$$

241 **解答** (1) (ア) **硫化物**　(イ) **面心立方**　(ウ) **亜鉛**　(エ) **カルシウム**
(オ) **フッ化物**

(2) (a) **ZnS**　$Zn^{2+} \cdots 4$ 個，$S^{2-} \cdots 4$ 個
CaF_2　$Ca^{2+} \cdots 4$ 個，$F^- \cdots 8$ 個

(b) **ZnS**　Zn^{2+} に接する $S^{2-} \cdots 4$ 個，S^{2-} に接する $Zn^{2+} \cdots$ 4 個
CaF_2　Ca^{2+} に接する $F^- \cdots 8$ 個，F^- に接する $Ca^{2+} \cdots 4$ 個

(3) $\dfrac{\sqrt{3}}{4}\,a$　　(4) **$4.1\,\text{g/cm}^3$**

(5) $CaF_2 + H_2SO_4 \longrightarrow CaSO_4 + 2HF$

解説 (1) ZnS では，S^{2-} が面心立方格子を形成し，Zn^{2+} がそのすき間に 1 つおきに配置されている。CaF_2 では，Ca^{2+} が面心立方格子を形成し，F^- はそのすべてのすき間に配置されている。

(2) (a) ZnS では，Zn^{2+} は $1 \times 4 = 4$ 個，S^{2-} は面心立方格子だから $\dfrac{1}{8} \times 8 + \dfrac{1}{2} \times 6 = 4$ 個

CaF_2 では，Ca^{2+} は面心立方格子だから $\dfrac{1}{8} \times 8 + \dfrac{1}{2} \times 6 = 4$ 個，F^- は $1 \times 8 = 8$ 個

(b) ZnS では，Zn^{2+} に接する S^{2-} は，単位格子を $\dfrac{1}{8}$ に切った小立方体で考えると 4 個。S^{2-} に接する Zn^{2+} は，単位格子の面の中央の S^{2-} に着目し，単位格子を 2 個並べて考えると 4 個。CaF_2 でも同様に考える。

(3) 陽イオンと陰イオンの間の最短距離は，単位格子を $\dfrac{1}{8}$ に切った 1 辺の長さ $\dfrac{a}{2}$ の小立方体の対角線 $\dfrac{\sqrt{3}}{2}a$ の半分となる。

(4) 単位格子中に，Zn^{2+} と S^{2-} が 4 個ずつ含まれる。ZnS の式量は 97.5 であるから，密度は，

$$\dfrac{4 \times 97.5}{6.0 \times 10^{23} \times (5.4 \times 10^{-8})^3} \fallingdotseq 4.1 \, g/cm^3$$

エクセル ZnS は S^{2-} が，CaF_2 は Ca^{2+} が面心立方格子を形成している。

解答 (1) $1 \, cm^3$ 中の鉄原子　8.3×10^{22} 個
　　　鉄原子 1 個の質量　9.5×10^{-23} g
(2) 1.1 倍

解説 (1) 体心立方格子の単位格子中に，鉄原子は 2 個含まれる。鉄の結晶 $1 \, cm^3$ 中に含まれる単位格子の数は $\dfrac{1}{2.4 \times 10^{-23}}$ 個であるから，結晶 $1 \, cm^3$ 中の鉄原子の数は

$$\dfrac{2}{2.4 \times 10^{-23}} = 8.33 \times 10^{22} \text{ 個}$$

また鉄の密度 $7.9 \, g/cm^3$ より，鉄原子 1 個の質量は，結晶 $1 \, cm^3$ あたりの質量を含まれる原子の数で割って

$$\dfrac{7.9}{8.33 \times 10^{22}} = 9.48 \times 10^{-23} \, g$$

(2) 鉄の原子量 56 より，体心立方格子の密度は

$$\dfrac{56 \times \dfrac{2}{6.0 \times 10^{23}}}{2.4 \times 10^{-23}} \, g/cm^3 \quad \cdots ①$$

面心立方格子の単位格子中に，鉄原子は 4 個含まれるから

$$密度は \dfrac{56 \times \dfrac{4}{6.0 \times 10^{23}}}{4.3 \times 10^{-23}} \, g/cm^3 \quad \cdots ②$$

よって，$\dfrac{②}{①} = \dfrac{2 \times 2.4}{4.3} = 1.11 ≒ 1.1$ 倍

エクセル
$$単位格子の密度〔g/cm^3〕 = \dfrac{モル質量〔g/mol〕 \times \dfrac{単位格子中の原子数}{6.0 \times 10^{23}/mol}}{単位格子の体積〔cm^3〕}$$

243
解答
(1) 8 個
(2) ダイヤモンド　$4.6 \times 10^{-23}\,cm^3$　　黒鉛　$3.6 \times 10^{-23}\,cm^3$
(3) ダイヤモンド　$3.4\,g/cm^3$　　黒鉛　$2.2\,g/cm^3$

解説
(1) $\dfrac{1}{8}(頂点) \times 8 + \dfrac{1}{2}(面) \times 6 + 4(中心) = 8$ 個

(2) ダイヤモンドの単位格子の体積は
$(3.6 \times 10^{-8})^3 = 4.64 \times 10^{-23} ≒ 4.6 \times 10^{-23}\,cm^3$
黒鉛は
$2.5 \times 10^{-8} \times (2.5 \times 10^{-8} \times \sin 60°) \times 6.7 \times 10^{-8}$ ❶
$= 3.63 \times 10^{-23} ≒ 3.6 \times 10^{-23}\,cm^3$

(3) ダイヤモンドの密度は，$\dfrac{12 \times \dfrac{8}{6.02 \times 10^{23}}}{4.64 \times 10^{-23}} ≒ 3.4\,g/cm^3$

黒鉛の単位格子では，上面と下面を合わせて
$\dfrac{1}{12}(60°の頂点) \times 4 + \dfrac{1}{6}(120°の頂点) \times 4 + \dfrac{1}{2}(面) \times 2$
$= 2$ 個 ❷
中央の層には
$\dfrac{1}{6}(60°の辺) \times 2 + \dfrac{1}{3}(120°の辺) \times 2 + 1(中心) = 2$ 個
の計 4 個の原子が含まれている。よって，密度は
$\dfrac{12 \times \dfrac{4}{6.02 \times 10^{23}}}{3.63 \times 10^{-23}} ≒ 2.2\,g/cm^3$

エクセル　ダイヤモンドの単位格子　面心立方格子を 8 分割した小さな立方体の 1 つおきに，頂点の 4 原子がつくる正四面体の中心に原子が入った構造。
　黒鉛の単位格子　　直方体の上面と下面，中心の層に分けて原子を数える。

❶ 黒鉛の単位格子の底面の高さ

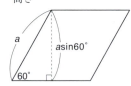

❷ 黒鉛の単位格子に含まれる原子数

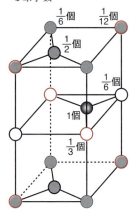

244
解答　(1) $1.4\,nm$　　(2) $1.7\,g/cm^3$

解説
(1) 単位格子 1 辺の長さを a〔nm〕とする。
単位格子の面の対角線が原子半径 r の 4 倍，つまり原子間距離の 2 倍にあたるので
$\sqrt{2}\,a = 1.00 \times 2,\ a = \dfrac{1.00 \times 2}{\sqrt{2}} = \sqrt{2} = 1.41 ≒ 1.4\,nm$

(2) C_{60} は面心立方格子の構造をとるので
$\dfrac{720 \times \dfrac{4}{6.02 \times 10^{23}}}{(\sqrt{2} \times 10^{-7})^3} = 1.68 ≒ 1.7\,g/cm^3$ ❶❷

❶ C_{60} の分子量は，$12 \times 60 = 720$

❷ $\sqrt{2}\,nm = \sqrt{2} \times 10^{-7}\,cm$

エクセル フラーレン C_{60} は面心立方格子をとる。

245 **解答** (1) 正八面体間隙 4個　正四面体間隙 8個
(2) 正八面体間隙 6個　正四面体間隙 4個　(3) 0.15倍

解説 (1) 正八面体間隙は，単位格子の辺上および中心にあるので，$\frac{1}{4} \times 12 + 1 = 4$ 個ある。正四面体間隙をつくる4個の原子は図3のように立方体の頂点に位置している。この小さな立方体の1辺の長さは面心立方格子の1辺の $\frac{1}{2}$ であるから，小さな立方体は面心立方格子中に8個ある。したがって，正四面体間隙も8個ある。

(2) 正八面体間隙は正八面体の頂点の6個の原子，正四面体間隙は小さな立方体の頂点の4個の原子に囲まれている。

(3) 単位格子の1辺の長さを a，原子半径を r とする。また，正八面体間隙に入る球の最大の半径を x とする。
$4r = \sqrt{2}\,a$
$a = 2r + 2x$
これを解いて，$x = 0.147a$

エクセル 面心立方格子

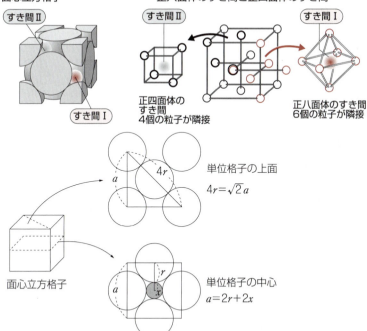

246 **解答** (1) $2\sqrt{2}\,R$　(2) $\sqrt{2} - 1$
(3) $2R$　(4) $\sqrt{3} - 1$

(5)

		陰イオンどうし	陽イオンと陰イオン
NaCl型	$\frac{r}{R} < a$	接する	接しない
	$a < \frac{r}{R}$	接しない	接する
CsCl型	$\frac{r}{R} < b$	接する	接しない
	$b < \frac{r}{R}$	接しない	接する

(6) NaCl型 6 CsCl型 8

(7) $a < \frac{r}{R} < b$ NaCl型 $b < \frac{r}{R}$ CsCl型

解説

(1) 仮定のもとに陰イオンを図示すると，右図のようになる。
単位格子の1辺 AD の長さは，三角形 ADC が直角二等辺三角形になり，また，AC 間は $4R$ になるため
$1:\sqrt{2} = (\text{AD}):4R$ よって，$(\text{AD}) = 2\sqrt{2}\,R$ ❶

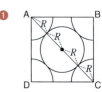

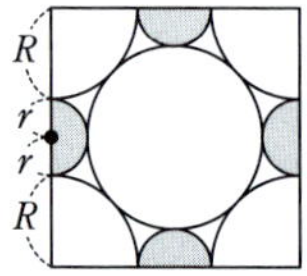

(2) 仮定のもとに立方体の1面を図示すると，右図のようになる。
単位格子の1辺は，r と R により $2r + 2R$ と表せるので
$2r + 2R = 2\sqrt{2}\,R$ ❷

よって，$\frac{r}{R} = \sqrt{2} - 1$

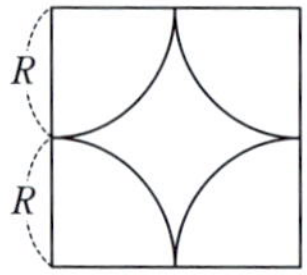

(3) 仮定のもとに陰イオンを図示すると，右図のようになる。
単位格子の1辺で陰イオンは接することになるので，図より $2R$ ❸。

(4) 陽イオンと陰イオンが接している面は右図のように正方形の対角線を1辺とする四角形 BCFE になる。したがって
$(2R)^2 + (\text{FC})^2 = (2R + 2r)^2$
また，FC 間は格子の面（一辺が $2R$ の正方形）の対角線なので，$(\text{FC}) = 2R \times \sqrt{2}$ になる。
$(2R)^2 + (2\sqrt{2}\,R)^2 = (2R + 2r)^2$
$4R^2 + 8R^2 = (2R + 2r)^2$
$\cancel{12}\,3\,R^2 = \cancel{4}(R + r)^2$
$\sqrt{3}\,R = R + r$
$(\sqrt{3} - 1)R = r$

よって， $\frac{r}{R} = \sqrt{3} - 1$

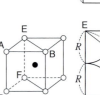
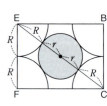

(5) NaCl型で $\frac{r}{R} < a$ の場合

(2)の図より r が小さくなるので，陰イオンどうしは接するが陽イオンと陰イオンは離れてしまう。そのため，結晶は不安定になる。

NaCl 型で $a < \dfrac{r}{R}$ の場合

(2)の図より r が大きくなるので，陰イオンどうしは離れ，陽イオンと陰イオンは接する。そのため，結晶は安定になる。

CsCl 型で $\dfrac{r}{R} < b$ の場合

(4)の図より r が小さくなるので，陰イオンどうしは接するが陽イオンと陰イオンは離れてしまう。そのため，結晶は不安定になる。

CsCl 型で $b < \dfrac{r}{R}$ の場合

(4)の図より r が大きくなるので，陰イオンどうしは離れ，陽イオンと陰イオンは接する。そのため，結晶は安定になる。

(6)　NaCl 型は陽イオン 1 つに，上下左右前後の 6 個の陰イオンが配位している。

CsCl 型は陽イオン 1 つに立方体の頂点の 8 個の陰イオンが配位している。

(7)　$a < \dfrac{r}{R} < b$ の場合

$a < \dfrac{r}{R} < b$ であるから NaCl 型は安定であるが，CsCl 型は不安定であるので NaCl 型になる。

$b < \dfrac{r}{R}$ の場合

NaCl 型も CsCl 型も安定であるが，イオン結晶は，「異符号のイオンどうしができるだけ多く接する」方が安定なため，配位数が多い構造をとる。この場合，NaCl 型よりも CsCl 型の方が多いため，とりうる結晶構造は CsCl 型になる。

エクセル **イオン結晶の安定な構造**
・同符号のイオンどうしは接しない
・陽イオンと陰イオンどうしができるだけ多く接する

▶12 溶液の性質 (p.160)

247 **解答** (1)　A　　(2)　B　　(3)　A　　(4)　A

解説　NaCl や HCl のような電解質やグルコースのような極性分子は，極性をもつ H_2O 分子と水素結合や静電気的な引力によって水和するので，水に溶けやすい。

H_2O 分子の分子間力は大きいが，I_2 のような無極性分子では分子間力が弱いため，I_2 は H_2O 分子の間に入ることができないので，水に溶けにくい。

C_6H_6 分子間と I_2 分子間との引力は同じ程度に弱いので，分子の熱運動で互いによく混ざる。

▶水溶液中において，極性の大きな水分子は，水素結合や静電気的な引力によって，イオンや極性分子のまわりに水和している。

112 —— 3章　物質の状態と平衡

	極性の大きい溶質	極性の小さい溶質
極性の大きい溶媒	溶けやすい	溶けにくい
極性の小さい溶媒	溶けにくい	溶けやすい

248 解答　(5), (6)

解説　溶媒に溶かしたときに陽イオンと陰イオンに電離する物質を電解質とよぶ。一方，溶媒に溶かしても電離しない物質を非電解質とよぶ。塩化ナトリウム $NaCl$ や塩化カルシウム $CaCl_2$ などのイオン結晶は溶媒中で電離する電解質である。

エクセル　電解質　　溶媒に溶かしたときに陽イオンと陰イオンに電離。電気を導く。

非電解質　溶媒に溶かしたときに電離しない。電気を導かない。

249 解答　114 g

解説　グラフより，溶解度は45℃で70だから，70℃で$(100 + 110)$ g の水溶液を45℃に冷却すると，$(110 - 70)$ g が析出する。600 g の飽和水溶液から x〔g〕析出したとすると

$$\frac{析出量}{飽和溶液の質量} = \frac{110 - 70}{100 + 110} = \frac{x}{600} \qquad x = 114.2 \fallingdotseq 114\,g$$

エクセル　再結晶

温度による溶解度の差を利用して，高温で溶媒に溶かしたあとに冷却して，結晶を析出させる精製方法(不純物は少量で飽和に達せず析出しない)。

250 解答　62 g

解説　40℃での飽和水溶液 324 g を 20℃に冷やして x〔g〕析出したとすると

$$\frac{析出量}{飽和溶液の質量} = \frac{62 - 31}{100 + 62} = \frac{x}{324} \qquad x = 62\,g$$

エクセル　水 100 g に溶質を最大量溶かした飽和水溶液を冷却するとき，析出量＝溶解度の差

251 解答　(1)　$4.0 \times 10^{-2}\,g$　　(2)　$8.0 \times 10^{-2}\,g$　　(3)　$0.40\,g$
(4)　$5.6 \times 10^2\,mL$　　(5)　$2.8 \times 10^2\,mL$

解説　(1)　メタン CH_4 は 0℃，$1.0 \times 10^5\,Pa$ で水 1 L に 56 mL 溶ける。標準状態での気体 56 mL の物質量は

$$\frac{56 \times 10^{-3}}{22.4} = 2.5 \times 10^{-3}\,mol$$

$CH_4 = 16$ なので

$$16 \times 2.5 \times 10^{-3} = 4.0 \times 10^{-2}\,g$$

(2)　圧力が 2 倍になったので，水に溶けるメタンの物質量や質量も 2 倍になる[1]。よって

$$4.0 \times 10^{-2} \times 2 = 8.0 \times 10^{-2}\,g$$

[1] 溶ける気体の物質量や質量は，その気体の圧力に比例する。

(3) 圧力が2倍，水の体積が5倍になったので
$4.0 \times 10^{-2} \times 2 \times 5 = 0.40 \,g$
(4) 圧力が2倍，水の体積が5倍であるので
標準状態で，$56 \times 2 \times 5 = 5.6 \times 10^2 \,mL$
(5) 圧力が2倍，水の体積が5倍であるが，圧力が2倍の$2.0 \times 10^5 \,Pa$における体積を問われているので❷
$56 \times 5 = 2.8 \times 10^2 \,mL$

❷溶ける気体の体積は，その気体の圧力下では一定である。

エクセル ヘンリーの法則
一般に，一定量の溶媒に溶け込む気体の質量は，一定温度のもとでは，その気体の圧力(混合気体の場合には分圧)に比例する。

252
解答 (1) 90 g (2) 3.5 mol/L (3) 3.8 mol/kg

解説 (1) $500 \times \dfrac{18}{100} = 90 \,g$❶

(2) 溶液 1 L ($= 10^3 \,cm^3$) の質量は $1.13 \times 10^3 \,g$，この中の NaCl (式量 58.5) の物質量❷は
$1.13 \times 10^3 \times \dfrac{18}{100} \times \dfrac{1}{58.5} = 3.47 \doteqdot 3.5 \,mol$ よって，3.5 mol/L

(3) $1000 \times \dfrac{18}{100 - 18} \times \dfrac{1}{58.5} = 3.75 \doteqdot 3.8 \,mol/kg$❸

エクセル
質量パーセント濃度〔%〕：$\dfrac{溶質の質量〔g〕}{溶液の質量〔g〕} \times 100\%$

モル濃度(体積モル濃度)〔mol/L〕：$\dfrac{溶質の物質量〔mol〕}{溶液の体積〔L〕}$

質量モル濃度〔mol/kg〕：$\dfrac{溶質の物質量〔mol〕}{溶媒の質量〔kg〕}$

❶
溶質	18 g	
溶媒		
溶液	100 g	500 g

❷溶液 1 L 中の NaCl の質量から物質量を求める。

❸
溶質	18 g	
溶媒	82 g	1000 g
溶液	100 g	

253
解答 (ア) 低い (イ) 大気圧 (ウ) 温度 (エ) 内部 (オ) 低
(カ) 高 (キ) 大き (ク) 高

解説 大気圧のもとで液体を加熱すると，温度が高くなるにつれて蒸気圧の値が大きくなる。蒸気圧が大気圧に等しくなると，液面ばかりでなく，液体内部からも激しく蒸発が起こるようになる。この現象が沸騰である。
液体に不揮発性物質を溶かすと蒸気圧が低下する。このとき溶液の質量モル濃度が大きいほど，蒸気圧はより低下する。このために，純溶媒の沸点よりも温度を上げないと，蒸気圧が大気圧と等しくならない。よって，溶液の質量モル濃度が大きいほど，沸点が高くなる。

エクセル 蒸気圧降下
不揮発性物質を溶かした溶液の蒸気圧は，純溶媒の蒸気圧よりも低くなる。

●蒸気圧降下と沸点上昇
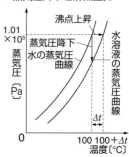

254
解答 (1) (ア), (イ), (ウ) (2) (ウ), (イ), (ア) (3) (ア), (イ), (ウ)

114——3章　物質の状態と平衡

解説　溶質分子やイオンの質量モル濃度はそれぞれ次のようになる。

(ア)　グルコースは非電解質なので，$0.10 \times 1 = 0.10\,\text{mol/kg}$

(イ)　NaCl 1 mol が電離すると Na^+ と Cl^- の計 2 mol のイオンになるから，$0.12 \times 2 = 0.24\,\text{mol/kg}$

(ウ)　$CaCl_2$ 1 mol は水溶液中で 1 mol の Ca^{2+} と 2 mol の Cl^- に電離するから，イオンは計 3 mol 生じているから，$0.10 \times 3 = 0.30\,\text{mol/kg}$

▶蒸気圧降下度，沸点上昇度，凝固点降下度は，それぞれ溶質分子やイオンの質量モル濃度に比例する。
$\Delta t = K \times m$

エクセル　質量モル濃度の大きい溶液ほど，蒸気圧は低く，沸点は高く，凝固点は低くなる。

---

255 解答　(1)　B　　(2)　過冷却　　(3)　$-0.093\,℃$

解説　(1)　B 点は過冷却が起こらなければ凝固が始まる点である。

(2)　物質を冷却して凝固点以下になっても固体にならない状態を過冷却という。振動や微小な結晶核の出現などのきっかけがあると急激な凝固が起こり温度が上昇する[1]。

(3)　スクロースの質量モル濃度は，

$$\dfrac{\dfrac{3.42}{342}\,\text{mol}}{0.200\,\text{kg}} = 5.00 \times 10^{-2}\,\text{mol/kg}$$

よって，$\Delta t = K \times m$

$1.85 \times 5.00 \times 10^{-2} = 0.0925 ≒ 0.093$

❶凝固が始まると，凝固熱によって凝固点まで温度が上昇する。溶液の冷却曲線では，溶媒が凝固するにしたがって溶液の濃度が大きくなるため，凝固が進む間も凝固点が下がり，曲線が右下がりになる。

エクセル　冷却曲線

溶液を冷却すると，温度が凝固点以下に下がって過冷却となり，凝固が始まると凝固点まで温度が上昇する。このような温度変化と冷却時間を測定してグラフに表したもの。

---

256 解答　(1)　半透膜　　(2)　浸透圧　　(3)　(d)＞(a)＞(b)＞(c)

(4)　$3.1 \times 10^4\,\text{Pa}$

解説　(3)　それぞれの水溶液 100 mL 中の溶質粒子の物質量〔mol〕は

(a)　$C_6H_{12}O_6 = 180$ より，$\dfrac{225 \times 10^{-3}}{180} = 1.25 \times 10^{-3}\,\text{mol}$

(b)　$NaCl = 58.5$，また $NaCl \longrightarrow Na^+ + Cl^-$ のように電離する。

$\dfrac{23.4 \times 10^{-3}}{58.5} \times 2 = 8.00 \times 10^{-4}\,\text{mol}$

(c)　$\dfrac{500 \times 10^{-3}}{1.00 \times 10^4} = 5.00 \times 10^{-5}\,\text{mol}$

(d)　$CaCl_2 = 111$，また $CaCl_2 \longrightarrow Ca^{2+} + 2Cl^-$ のように電離する。

$\dfrac{55.5 \times 10^{-3}}{111} \times 3 = 1.50 \times 10^{-3}\,\text{mol}$

よって，液面の高さの差が大きい順は，(d)＞(a)＞(b)＞(c)[1]

(4)　ファントホッフの式 $\Pi v = nRT$ より

$$\Pi = \dfrac{nRT}{v} = \dfrac{1.25 \times 10^{-3} \times 8.3 \times 10^3 \times (27 + 273)}{100 \times 10^{-3}}$$

$≒ 3.1 \times 10^4\,\text{Pa}$

❶液面の高さの差は，溶液の浸透圧が大きいほど大きくなる。また，温度・体積が同じ水溶液では，浸透圧は溶質粒子の物質量に比例する。

12 溶液の性質——115

エクセル ファントホッフの式

$$\Pi v = nRT \quad よって, \quad \Pi = \frac{nRT}{v}$$

$$\left(\begin{array}{l}\Pi〔Pa〕：浸透圧, \ v〔L〕：溶液の体積, \ n〔mol〕：溶質の物質量 \\ 8.3 \times 10^3〔Pa \cdot L/(K \cdot mol)〕：気体定数, \ T〔K〕：絶対温度\end{array}\right)$$

257 解答 (1) (オ)　(2) (エ)　(3) (イ)　(4) (キ)

解説 (1) 墨汁は疎水コロイドである炭素に親水コロイドであるニカワを加えて凝析しにくくしたもの。このときの親水コロイドのことを保護コロイドという。

(2) コロイド粒子が光を散乱し，光の通路が輝いて見える現象をチンダル現象という。

(3) 浄水場では，河川から取り入れた濁水に硫酸アルミニウム $Al_2(SO_4)_3$ を添加して，コロイド粒子となっている粘土を凝析によって除去している**❶**。

(4) 煙は大気中に固体が分散したコロイドである。コロイド粒子は帯電しているので，直流電圧をかけることによって電気泳動を行い，除去することができる。

エクセル 身近なところで，コロイドの性質が利用されているので，整理しておこう。

❶ Al^{3+} は正の電荷の大きいイオンであるので，負の電荷を帯びたコロイドを凝析させる効果が大きい。

258 解答 81 g

解説 60℃において，飽和水溶液の質量における溶質の質量の割合は一定だから

$$\frac{溶質〔g〕}{飽和水溶液〔g〕} = \frac{40}{100+40} = \frac{\frac{160}{250}x}{100+x} \quad x = 80.6$$

エクセル $CuSO_4 \cdot 5H_2O$ 250 g を水に溶かすと，$CuSO_4$ 160 g が溶質，水和水 90 g は溶媒の水になる。つまり，$CuSO_4 \cdot 5H_2O$ x 〔g〕を水に溶かすと，$CuSO_4$ $\frac{160}{250}x$〔g〕が溶質，水和水 $\frac{90}{250}x$〔g〕は溶媒の水になる。

259 解答 (1) 7.0×10^{-2} g　(2) 2.8×10^{-2} g

解説 (1) $\frac{49}{22.4 \times 10^3}$ mol × 32 g/mol = 7.0×10^{-2} g

(2) 酸素の分圧は，$2.0 \times 10^5 \times \frac{1}{1+4} = 4.0 \times 10^4$ Pa**❶**

7.0×10^{-2} g × $\frac{4.0 \times 10^4}{1.0 \times 10^5}$ = 2.8×10^{-2} g

❶ 分圧 = 全圧 × モル分率

エクセル 混合気体の溶解度は，各気体の分圧に比例する。

260 解答 (1) 100.26℃
(2) 溶液の蒸気圧が，純溶媒よりも下がるため。

解説 (1) 沸点上昇度 Δt は，溶液の質量モル濃度 m に比例[1]しており，その比例定数 K は $0.52\,\text{K}\cdot\text{kg/mol}$ より，$\Delta t = K \times m$ が成り立つ。$CO(NH_2)_2 = 60$ より

質量モル濃度 $m = \dfrac{\frac{4.5}{60}\,\text{mol}}{0.150\,\text{kg}} = 0.50\,\text{mol/kg}$

$\Delta t = 0.52 \times 0.50 = 0.26\,\text{K}$

よって沸点は，$100 + 0.26 = 100.26\,℃$

[1] 沸点が上昇する度合いは，溶質の種類には無関係で，溶液の質量モル濃度に比例する。

エクセル 沸点上昇度は，濃度の小さい溶液では，溶液の質量モル濃度 m に比例する。

$$\Delta t = K \times m$$

$\begin{pmatrix}\Delta t\,(\text{K})：沸点上昇度,\ m\,(\text{mol/kg})：質量モル濃度\\ K\,(\text{K}\cdot\text{kg/mol})：モル沸点上昇\end{pmatrix}$

261 解答 (1) 6.8×10^{-3} (2) (3) 0.80

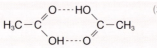

解説 (1) 溶質の物質量を $n\,(\text{mol})$ とすると

$\Delta t = K \times m$ より

$0.870 = 5.12 \times \dfrac{n}{40.0 \times 10^{-3}}$

$n = 6.79 \times 10^{-3} ≒ 6.8 \times 10^{-3}\,\text{mol}$

(3) 加えた酢酸の物質量を $m\,(\text{mol})$，会合度を α とすると，会合前後の物質量は

$$2CH_3COOH \rightleftarrows (CH_3COOH)_2$$

会合前　　　m　　　　　　　　　 0

会合後　$m(1-\alpha)$　　　　　 $\dfrac{1}{2}m\alpha$

よって，会合後の溶質粒子の物質量の合計は

$$m(1-\alpha) + \dfrac{1}{2}m\alpha = m\left(1 - \dfrac{1}{2}\alpha\right)$$

加えた酢酸の物質量は $m = \dfrac{0.680}{60}\,\text{mol}$，また(1)より溶質の物質量は $6.8 \times 10^{-3}\,\text{mol}$ であるから

$$6.8 \times 10^{-3} = \dfrac{0.680}{60}\left(1 - \dfrac{1}{2}\alpha\right)$$

よって，$\alpha = 0.80$

エクセル 酢酸の溶液では，酢酸分子の一部は 2 分子間の水素結合により二量体を形成する。このため，凝固点降下度は計算値よりも小さくなる。

262 解答 (1) イーウ間は凝固点以下の温度で液体として存在する過冷却状態であり，ウーエ間は凝固が急激に起こっている。
(2) 溶媒のみが凝固して，溶液の濃度が増すため。
(3) b　(4) 128

▶イーウ間の状態を過冷却といい，乱雑に動き回っていた溶媒分子が，規則正しく配列しようとしている。ウーエ間で一気に凝固が始まる。

解説 凝固点降下度の値は，溶液の質量モル濃度に比例している。

12 溶液の性質──117

$$\Delta t = K \times m$$

(4)　$\Delta t = 5.460 - 4.670 = 0.790\,\mathrm{K}$,　$K = 5.07\,\mathrm{K \cdot kg/mol}$

X の分子量を M とすると

$$質量モル濃度\ m = \frac{\dfrac{2.00}{M}\,\mathrm{mol}}{0.100\,\mathrm{kg}}$$

$\Delta t = K \times m$ より

$$0.790 = 5.07 \times \frac{\dfrac{2.00}{M}}{0.100} \qquad M = 128.3 \doteqdot 128$$

エクセル 溶液を冷却すると，溶媒のみが凝固する。よって，d 〜 e では，まだ凝固していない溶液の質量モル濃度が大きくなっていくので，凝固点降下度も大きくなる。

---

263 **解答** (1) (ア) 0　(イ) 1　(ウ) 5　(2) $7.9 \times 10^5\,\mathrm{Pa}$

解説 (1)　0.90 ％の NaCl 水溶液（密度 $1.0\,\mathrm{g/cm^3}$）が 1 L（＝ $10^3\,\mathrm{cm^3}$）あるとすると

$$溶液の質量 = 10^3\,\mathrm{cm^3} \times 1.0\,\mathrm{g/cm^3} = 1.0 \times 10^3\,\mathrm{g}$$

$$溶質の質量 = 1.0 \times 10^3\,\mathrm{g} \times \frac{0.90}{100} = 9.0\,\mathrm{g}$$

よって，溶質の物質量 $= \dfrac{9.0\,\mathrm{g}}{58.5\,\mathrm{g/mol}} = 0.153\,\mathrm{mol}$ だから，この水溶液のモル濃度は $0.15\,\mathrm{mol/L}$

(2)　ファントホッフの式 $\Pi v = nRT$ より

$$\Pi = \frac{nRT}{v} = CRT$$

1 mol の NaCl は電離して，Na^+ と Cl^- 合わせて 2 mol のイオンになるから

$$\Pi = (0.153 \times 2) \times 8.3 \times 10^3 \times (37 + 273) \doteqdot 7.9 \times 10^5\,\mathrm{Pa}$$

エクセル ファントホッフの式　$\Pi v = nRT$

よって，$\Pi = \dfrac{nRT}{v} = CRT$

---

264 **解答** (1) (ア) チンダル　(イ) 透析　(ウ) 電気泳動　(エ) 保護

(2) **加えた多量の電解質から生じるイオンが，親水コロイドに水和していた水分子をうばってしまうためにコロイド粒子間の引力がはたらくようになったから。**

解説 (2)　疎水コロイドの溶液に親水コロイドの溶液を加えると，凝析しにくくなる。これは，疎水コロイドのまわりを親水コロイドが取り囲み，さらにそのまわりに水分子が水和しているため，少量の電解質を加えただけでは，そのイオンの影響は内部にある疎水コロイドに及びにくくなっているからである。

エクセル コロイド溶液の分野でのキーワード。しっかりとまとめておこう。

・性質：チンダル現象，ブラウン運動，電気泳動，透析

・分類：疎水コロイド，親水コロイド

・凝析，塩析
・保護コロイド
・ゾル，ゲル

265 2.0×10^3 個

実験に用いた塩化鉄(Ⅲ)の物質量は
$0.40 \times 5.0 \times 10^{-3} = 2.0 \times 10^{-3}$ mol
また調整したコロイド溶液 100 mL 中のコロイド粒子の物質量を n [mol] とすると
ファントホッフの式 $\Pi v = nRT$ より
$24.9 \times 100 \times 10^{-3} = n \times 8.3 \times 10^3 \times (27 + 273)$
$n = 1.0 \times 10^{-6}$ mol
よって，1つのコロイド粒子に含まれる鉄原子は
$\dfrac{2.0 \times 10^{-3}}{1.0 \times 10^{-6}} = 2.0 \times 10^3$ 個

エクセル 水酸化鉄(Ⅲ)コロイドは，水酸化鉄(Ⅲ)$Fe(OH)_3$ が多数集合した粒子であり，セロハンを通過できない。

266 (1) 3.4 g (2) 1.1×10^5 Pa, 3.7 g
(3) CO_2 : 3.7 g N_2 : 3×10^{-2} g

(1) 2.0×10^5 Pa では，20℃の水 1.00 L に
3.9×10^{-2} mol $\times \dfrac{2.0 \times 10^5}{1.0 \times 10^5} = 7.8 \times 10^{-2}$ mol 溶ける。
よって，質量は 7.8×10^{-2} mol $\times 44$ g/mol $= 3.43 \fallingdotseq 3.4$ g

(2) 操作①において気体として存在する CO_2 は
$\dfrac{2.0 \times 10^5 \times 0.20}{8.3 \times 10^3 \times (20 + 273)} = 1.64 \times 10^{-2}$ mol
容器内の CO_2 は全部で
7.8×10^{-2} mol $+ 1.64 \times 10^{-2}$ mol $= 9.44 \times 10^{-2}$ mol
操作②での気体の圧力を p [Pa] とおくと，容器全体の CO_2 の物質量は
$\dfrac{0.20 p}{8.3 \times 10^3 \times 273} + 7.7 \times 10^{-2} \times \dfrac{p}{1.0 \times 10^5} = 9.44 \times 10^{-2}$ mol
$p = 1.09 \times 10^5 \fallingdotseq 1.1 \times 10^5$
よって，溶けている CO_2 の質量は
7.7×10^{-2} mol $\times \dfrac{1.09 \times 10^5}{1.0 \times 10^5} \times 44$ g/mol $= 3.69 \fallingdotseq 3.7$ g

● 気体の状態方程式
$pv = nRT$

論述問題──119

(3) 操作③では，操作②と同温・同体積なので，圧力が一定である。したがって，CO_2 の分圧 p_{CO_2} も一定であるから，CO_2 の溶けている量は変わらない。また

窒素の分圧 = 全圧 − p_{CO_2} = $2.0 \times 10^5 - 1.1 \times 10^5 = 9.0 \times 10^4$ Pa

よって，溶けている N_2 の質量は

$$1.0 \times 10^{-3} \text{mol} \times \frac{9.0 \times 10^4}{1.0 \times 10^5} \times 28 \, \text{g/mol} \fallingdotseq 3 \times 10^{-2} \text{g}$$

エクセル 温度，体積が一定ならば，圧力が一定なので，気体の溶解度は変わらない。

---

267 解答 4.9×10^{-1}

解説 実験1から，化合物 X を ab とすると

溶質 ab が $ab \rightleftharpoons a^+ + b^-$ と電離していることがわかる。

実験2から，溶液中の総物質量 = $\dfrac{20}{100}(1 + \alpha)$ mol

実験2，3から，化合物 X の水溶液と血漿の浸透圧が等しく，その値が 7.6 atm であることがわかる。

$1000 \text{mL} = 1.000 \text{L}$，気体定数 $R = 8.3 \times 10^3 \dfrac{\text{Pa·L}}{\text{K·mol}}$

$1 \text{atm} = 1.01 \times 10^5 \text{Pa}$ より，$7.6 \text{atm} = 7.6 \times 1.01 \times 10^5 \text{Pa}$

ファントホッフの式 $\Pi v = nRT$ より

$$7.6 \times 1.01 \times 10^5 \times 1.000 = \frac{20}{100}(1 + \alpha) \times 8.3 \times 10^3 \times (37 + 273)$$

$\alpha \fallingdotseq 4.9 \times 10^{-1}$

エクセル 溶質が電解質の場合，溶質の総物質量を求めるときは，電離度 α を考慮する。

	ab	$\xrightarrow{\quad \alpha \quad}$ $\rightleftharpoons$	a^+	+	b^-
電離前	n		0		0
電離後	$n(1 - \alpha)$		$n\alpha$		$n\alpha$

よって，電離後の総物質量は

$$n(1 - \alpha) + n\alpha + n\alpha = n(1 + \alpha)$$

---

268 解答

(1) 区間 $C \to D$　理由　比熱が大きいと，温度が上昇しにくくなるから。

(2) E は D に比べて熱運動のエネルギーは変わらず，分子間の平均距離は大きい。

(3) 固体から液体への変化では分子間力の変化が小さく，状態変化に必要な融解熱は小さい。液体から気体への状態変化では分子間力を切るため蒸発熱は大きい。

キーワード
・比熱
・熱運動エネルギー
・分子間力

解説 (1) 比熱が大きいほど，温度が上昇しにくく，直線の傾きが緩やかになる。反対に，比熱が小さいと，温度が上昇しやすいため，傾きが急になる。

(2) 温度変化がなければ熱運動のエネルギーは一定である。このとき，加熱時間の増加に対して，物質が得る熱エネルギーは増加する

が,それらは,状態変化が起こる直前まで,位置エネルギー(分子間の引力に逆らって,距離を広げるためのエネルギー)の増加に使われる。したがって,分子間の平均距離も,同じ状態の中で長くなる。
(3) 液体から気体に変化するとき,分子間力を切る必要があるため,蒸発熱は大きくなる。

269

解答 温度上昇により気体分子の熱運動が激しくなるため,分子間力の影響が少なくなるから。

解説 実在気体が理想気体に近づくためには,気体分子間の分子間力の影響を小さくする必要がある。単位体積あたりの気体分子数が少なく,気体分子の運動エネルギーが大きいとき,つまり,低圧・高温の条件ほど理想気体に近づく。

キーワード
・理想気体
・実在気体
・分子間力

270

解答 Xの圧力と水蒸気圧の和が大気圧に一致。大気圧から水蒸気圧を引く。

解説 メスシリンダー内外の水面を合わせていることより,メスシリンダー内の気体の圧力と大気圧はつり合っている。水上置換で気体Xを捕集するとき,メスシリンダー内にある気体はXだけでなく水蒸気も含まれている。このときの水蒸気の圧力はその温度における水蒸気圧になる。したがって,水上置換で捕集したときのメスシリンダー内の気体の圧力は捕集気体の圧力＋その温度における水蒸気圧である。

キーワード
・水上置換
・水蒸気圧

271

解答
(1) 2層に分離し,上層は紫色になる。
理由：ヨウ素は無極性の分子なので,極性の水分子とは混ざりにくく,無極性のヘキサンとは混ざりやすいから。
(2) ヘキサンに溶けていたヨウ素がヨウ化カリウム水溶液に溶けるため,上層の紫色は薄くなり,下層は褐色になる。

解説 一般に,イオン結晶や極性のある分子結晶は極性分子からなる水などの溶媒によく溶け,無極性の分子結晶は無極性の分子からなる溶媒に溶ける。
無極性の分子結晶であるヨウ素は,極性の水には溶けにくいが無極性のヘキサンには溶けやすい。ヨウ素がヘキサンに溶けると紫色の溶液となる。また,KI水溶液ではヨウ素はI_3^-となってよく溶ける。KI水溶液の方がヘキサンに比べて容易にヨウ素を溶かすため,KI水溶液をヘキサン溶液と接触させると,ヘキサン溶液に溶けていたヨウ素の一部がKI水溶液に移動し,褐色になる。

キーワード
・極性と無極性

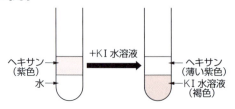

論述問題——121

一般にハロゲンなどを含まない有機溶媒は，水より密度が小さいので，水層より上層にくる。

272 解答
(1) 一定量の溶媒に溶け込む気体の質量は，一定温度では，その気体の圧力に比例する。
(2) HCl，NH_3
理由：HClやNH_3のような溶解度の大きい気体には当てはまらないため。

解説
(1) 気体の圧力に比例して，溶け込む気体の物質量や質量が増加する。
(2) ヘンリーの法則はH_2やNeのような溶解度の小さい気体（無極性分子）で当てはまる。

キーワード
・ヘンリーの法則

273 解答
希薄溶液では溶媒に対する溶質の割合が極めて小さい。そのため，モル濃度と質量モル濃度の値はほぼ等しくなる。しかし，温度により体積が変化するため，体積を用いるモル濃度ではなく，質量を用いる質量モル濃度を使用する。

解説
温度変化にともない溶液の体積は変化する。そのため，溶液の体積をもとに算出するモル濃度と沸点上昇度，蒸気圧降下度，凝固点降下度の相関関係は見られない。
これに対して，温度が変化しても溶媒の質量は変化しない。そのため，沸点上昇度，蒸気圧降下度，凝固点降下度の問題は，溶媒の質量をもとに算出する質量モル濃度を用いて考える。

キーワード
・希薄溶液
・モル濃度

274 解答
蒸気圧降下：溶液では溶媒分子の割合が純溶媒における溶媒分子より少ない。同温・同体積では溶液の方が純溶媒より気体分子が少ない状態で気液平衡になる。
沸点上昇：溶液の方が純溶媒より，同じ温度での蒸気圧は低下する。蒸気圧が大気圧に等しくなるときの温度が沸点であり，蒸気圧の減少により沸点は上昇する。

解説
液体表面から蒸発して気体となっていく分子の数をn_1，蒸発した気体分子が液体に戻ってくる分子数をn_2とすると，$n_1 = n_2$のとき気液平衡になる。
　不揮発性の溶質を溶かした溶液は，純溶媒よりも蒸発して気体になる分子の数n_1が少ないので，溶液の蒸気圧は純溶媒の蒸気圧より低下する（蒸気圧降下）。液体では気体の蒸気圧が大気圧に等しくなったときに沸騰が起こる。そのときの温度が沸点であるので，蒸気圧を大気圧と一致させるためには，純溶媒のときよりも高い温度にする必要がある（沸点上昇）。

キーワード
・蒸気圧
・気液平衡
・沸騰

275 解答
不揮発性の塩化カルシウムの水溶液の凝固点は下がり，路面は凍りにくくなる。

解説
不揮発性の溶質を溶かした水溶液は水より凝固点が低い（凝固点降下）。一定量の水溶液に含まれる溶質の粒子の数が多いほど凝固点降下度は大きい。塩化カルシウム$CaCl_2$は水に溶け

キーワード
・凝固点降下

ると次のように電離する。

$$CaCl_2 \longrightarrow Ca^{2+} + 2Cl^-$$

$CaCl_2$ 1 mol から溶質の粒子（Ca^{2+}，Cl^-）は 3 mol 生じるので，$CaCl_2$ を溶かした水溶液の凝固点降下度は大きく，水はより低い温度まで凍らない。

276

解答 ベンゼンの中で安息香酸は分子間に水素結合を形成する。安息香酸 2 分子が会合したため，測定した値が真の値の 2 倍を示す。

解説 安息香酸は次のように会合する。

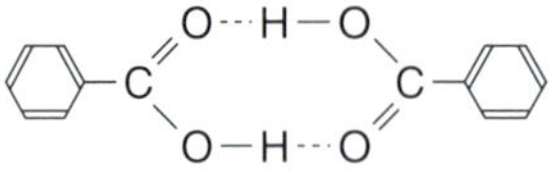

キーワード
・水素結合
・会合

277

解答 高分子化合物の希薄溶液の凝固点降下度は極めて小さく，実験による測定が困難であるから。

解説 凝固点降下度は $\Delta t = K \times m$ から求めることができる。しかし，分子量 10000 以上の高分子化合物の希薄溶液では M の値は極めて小さいため，Δt の値を測定することは困難である。そのため，高分子化合物の分子量測定には，凝固点降下法ではなく浸透圧法が適している。

キーワード
・高分子化合物
・浸透圧法

278

解答 生理的食塩水の塩分濃度は生物体と同じでなければならない。生理的食塩水の塩分濃度が生物体よりも高いと浸透圧の作用で赤血球が縮まり，塩分濃度が生物体より低いと浸透圧の作用で溶血が起こるため。

解説 塩分濃度 0.9％以上，塩分濃度 0.9％，塩分濃度 0.9％以下の生理的食塩水に赤血球を入れると次のような現象が起こる。

キーワード
・浸透圧

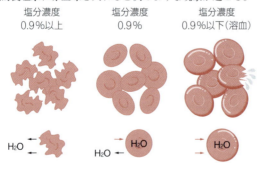

279

解答 親水コロイド粒子には多数の水分子が水和しており，少量の電解質ではコロイド粒子どうしの反発をなくせないため。

解説 コロイド粒子は電荷を帯びており，反発して集合しにくくなっている。電解質を加えると，電解質から生じるイオンの影響により，コロイド粒子は集合して沈殿する。疎水コロイド粒子は少量の電解質で沈殿する（凝析）。
親水コロイド粒子は水和している水を除く必要があるので，多量の電解質を加えないと沈殿しない（塩析）。

キーワード
・水和

13 化学反応と熱エネルギー —— 123

13 化学反応と熱エネルギー（p.172）

280 **解答** (1) 溶解熱　　(2) 中和熱　　(3) 燃焼熱　　(4) 蒸発熱
(5) 生成熱

解説 (1) 硝酸ナトリウム $NaNO_3$ 1mol が多量の水に溶解するとき
に吸収する反応熱

(2) 酸である塩酸 HCl と塩基である水酸化ナトリウム $NaOH$
が中和して水が1mol できるときの反応熱

(3) エタノール C_2H_5OH 1mol が完全燃焼するときの反応熱

(4) 液体の水1mol が気体に状態変化するときの反応熱

(5) プロパン C_3H_8 1mol がその成分元素の単体である炭素 C
(黒鉛)と水素 H_2 から生成するときの反応熱❶

エクセル 発熱反応　エネルギーを放出する反応
吸熱反応　エネルギーを吸収する反応

▶ aq は多量の水を表す。
HCl aq は水溶液中の HCl
1mol を表す。

❶化合物1mol が成分元素の
単体から生成するときの反
応熱が生成熱

---

281 **解答** (1) $\dfrac{1}{2}N_2(気) + \dfrac{3}{2}H_2(気) = NH_3(気) + 46.1\,kJ$

(2) $C(黒鉛) + O_2(気) = CO_2(気) + 394\,kJ$

(3) $NaOH(固) + aq = NaOH\,aq + 44.6\,kJ$

(4) $H_2O(固) = H_2O(液) - 6.00\,kJ$

(5) $C_2H_6(気) + \dfrac{7}{2}O_2(気) = 2CO_2(気) + 3H_2O(液) + 1560\,kJ$

解説 着目する物質1mol あたりの反応熱を求める。

(1) 化合物のアンモニア NH_3 1mol を単体の窒素と水素からつ
くるときの生成熱が46.1kJ。

(2) 炭素(黒鉛)1mol を完全燃焼させたときの燃焼熱が394kJ。
単体に同素体が存在する C などでは，C(黒鉛)のように表記
する場合もある。

(3) $NaOH$ 1mol を多量の水に溶解させたときの溶解熱が
44.6kJ。

(4) 固体の水2mol が液体になるときに12.0kJ の融解熱が必
要になるので，固体の水1mol が液体になるときは融解熱が
$\dfrac{12.0}{2} = 6.00\,kJ$ 必要となる。

(5) 0.5mol のエタン C_2H_6 を完全燃焼させるとき，780kJ の熱
を発生しているので，1mol のエタンを完全燃焼させるときは，
$\dfrac{780}{0.5} = 1560\,kJ$ の熱を発生する。

エクセル 物質のもつエネルギーは，その状態によって異なるので，
原則として化学式に物質の状態を(気)，(液)，(固)のよう
に付記する。

●固体から液体への状態変化

124 —— 4章　物質の変化と平衡

282 解答　892 kJ/mol

解説
メタン CH_4 の燃焼の熱化学方程式は

$$CH_4 + 2O_2 = CO_2 + 2H_2O(液) + Q\,kJ ❶❷$$

$-①+②+③$ より

①，②，③式から H_2，C を消去する。

$$\begin{array}{rl}
-2H_2 \quad - \quad C(黒鉛) &= -CH_4 - 74\,kJ \\
2H_2 \quad + \quad O_2 &= 2H_2O(液) + 572\,kJ \\
+)\quad C(黒鉛) + O_2 &= CO_2 + 394\,kJ \\
\hline
CH_4 \quad + \quad 2O_2 &= CO_2 + 2H_2O(液) + Q\,kJ
\end{array}$$

よって，$Q = -74 + 572 + 394 = 892\,kJ$

エクセル　求める燃焼熱を $Q(kJ)$ として，熱化学方程式をかく。

$$CH_4 + 2O_2 = CO_2 + 2H_2O + Q\,kJ \quad \cdots Ⓐ$$

与えられた熱化学方程式①，②，③式より C と H_2 を消去し Ⓐ式を求める。

❶ 炭化水素を完全燃焼させると，二酸化炭素 CO_2 と水 H_2O が生成する。

❷ 燃焼熱に関する熱化学方程式では，生成する H_2O は液体とする。

283 解答　727 kJ/mol

解説
二酸化炭素，水(液体)，メタノール CH_3OH(液体)の生成熱が，それぞれ 394，286，239 kJ/mol なので，熱化学方程式は

$$\left\{\begin{array}{l}
C + O_2 = CO_2 + 394\,kJ \quad\quad\quad \cdots① \\[4pt]
H_2 + \dfrac{1}{2}O_2 = H_2O(液) + 286\,kJ \quad\quad \cdots② \\[4pt]
C + 2H_2 + \dfrac{1}{2}O_2 = CH_3OH(液) + 239\,kJ \quad \cdots③
\end{array}\right.$$

求める式は

$$CH_3OH(液) + \frac{3}{2}O_2(気) = CO_2(気) + 2H_2O(液) + Q\,kJ$$

$①+②×2−③$ より

①，②，③式から C，H_2 を消去する。

$$\begin{array}{rl}
C \quad + \quad O_2 &= CO_2 + 394\,kJ \\
2H_2 \quad + \quad O_2 &= 2H_2O(液) + 286×2\,kJ \\
+)\quad -C-2H_2-\dfrac{1}{2}O_2 &= -CH_3OH(液) - 239\,kJ \\
\hline
CH_3OH(液) + \dfrac{3}{2}O_2(気) &= CO_2(気) + 2H_2O(液) + Q\,kJ
\end{array}$$

$Q = 394 + 286×2 - 239 = 727\,kJ$

よって，メタノールの燃焼熱は 727 kJ/mol

エクセル　二酸化炭素，水(液体)，メタノール(液体)の生成熱が与えられているので，それぞれの熱化学方程式をつくり，必要な反応熱を求める。

別解
(反応熱)＝(生成物の生成熱)
　　　　－(反応物の生成熱)
＝ $(394 + 2×286) - 239$
＝ $727\,kJ$
ただし，単体である O_2 の生成熱は $0\,kJ$ とする。

284 解答　$1.2×10^2$ kJ/mol

解説
求める式は

$$C(黒鉛) + H_2(気) + \frac{1}{2}O_2(気) = HCHO(気) + Q\,kJ ❶$$

❶ $HCHO$ の成分元素の単体は C(黒鉛)，H_2(気)，O_2(気)。

I＋Ⅱ－Ⅲより

Ⅰ，Ⅱ，Ⅲ式から CO_2，H_2O を消去する。

$$C（黒鉛）　＋O_2（気）＝CO_2（気）＋394\,kJ$$

$$H_2（気）＋\frac{1}{2}O_2（気）＝H_2O（液）＋286\,kJ$$

$$+）－HCHO（気）－O_2（気）＝－CO_2（気）－H_2O（液）－561\,kJ$$

$$C（黒鉛）＋H_2（気）＋\frac{1}{2}O_2（気）＝HCHO（気）＋Q\,kJ$$

$Q＝394＋286－561＝119≒1.2×10^2\,kJ$

よって，ホルムアルデヒドの生成熱は $1.2×10^2\,kJ/mol$

エクセル ホルムアルデヒド HCHO の生成熱を $Q\,kJ$ とすると，熱化学方程式は，

$$C＋H_2＋\frac{1}{2}O_2＝HCHO＋Q\,kJ$$

であるので，Ⅰ，Ⅱ，Ⅲ式より CO_2，H_2O を消去する。

---

285 **解答**

(1) (ア) 111 　(イ) $C（黒鉛）＋\frac{1}{2}O_2（気）＝CO（気）＋111\,kJ$

(2) ① (a) 　② (c) 　③ (b)

(3) $283\,kJ$，$CO（気）＋\frac{1}{2}O_2（気）＝CO_2（気）＋283\,kJ$

解説 (3) エネルギー図より

$Q＝394－111＝283\,kJ$

エクセル 反応熱

反応物がもっているエネルギーと生成物がもっているエネルギーの差で，反応物のほうが大きければ，発熱となる。

▶図で物質のもっているエネルギー差が反応熱。

▶エネルギーの高いほうから低いほうへの反応は発熱反応。

---

286 **解答** (1) $3272\,kJ/mol$ 　(2) $619\,kJ/mol$

解説 (1) 求める式は

$$C_6H_6＋\frac{15}{2}O_2＝6CO_2＋3H_2O（液）＋Q_1\,kJ$$

①×3－②＋⑤×6 より

①，②，⑤式から H_2，C を消去する。

$$3H_2＋\frac{3}{2}O_2＝3H_2O（液）＋286×3\,kJ$$

$$－6C　－　3H_2＝－C_6H_6＋50\,kJ$$

$$+）　6C　＋　6O_2＝6CO_2＋394×6\,kJ$$

$$C_6H_6＋\frac{15}{2}O_2＝6CO_2＋3H_2O（液）＋Q_1\,kJ$$

$Q_1＝286×3＋50＋394×6$

$＝3272\,kJ$

よって，ベンゼンの燃焼熱は $3272\,kJ/mol$

(2) 求める式は

$$3C_2H_2＝C_6H_6＋Q_2\,kJ$$

(1)の答えと③×3より O_2，CO_2，H_2O を消去する。

126 —— 4章　物質の変化と平衡

$$-C_6H_6 - \frac{15}{2}O_2 = -6CO_2 - 3H_2O（液）- 3272\,kJ$$

$$+\left)\ 3C_2H_2 + \frac{15}{2}O_2 = \ \ 6CO_2 + 3H_2O（液）+ 1297 \times 3\,kJ\right.$$

$$3C_2H_2 \qquad = \qquad C_6H_6 + Q_2\,kJ$$

$Q_2 = 1297 \times 3 - 3272 = 619\,kJ$

よって，求める反応熱は $619\,kJ/mol$

エクセル ベンゼン C_6H_6 の燃焼の熱化学方程式

$$C_6H_6 + \frac{15}{2}O_2 = 6CO_2 + 3H_2O（液）+ Q_1\,kJ$$

①，②，⑤式より H_2，C を消去することによって Q_1 が求まる。

---

287 解答

(1)　$H_2（気）+ \frac{1}{2}O_2（気）= H_2O（液）+ 286\,kJ$

$C_2H_6（気）+ \frac{7}{2}O_2（気）= 2CO_2（気）+ 3H_2O（液）+ 1561\,kJ$

(2)　水素　$0.150\,mol$，エタン　$0.050\,mol$

(3)　$121\,kJ$

解説

(1)　水素とエタン C_2H_6 の燃焼熱は，それぞれ，286，1561 kJ/mol なので，熱化学方程式は

$$\begin{cases} H_2 + \dfrac{1}{2}O_2 = H_2O（液）+ 286\,kJ & \cdots\mathrm{I} \\[2mm] C_2H_6 + \dfrac{7}{2}O_2 = 2CO_2 + 3H_2O（液）+ 1561\,kJ & \cdots\mathrm{II} \end{cases}$$

(2)　反応前に水素が x〔mol〕，エタンが y〔mol〕あったとすると，水素とエタンの混合気体の体積が標準状態で 4.48 L であるので

$$x + y = \frac{4.48}{22.4} = 0.200\,mol \quad \cdots①$$

I 式より，水素 1 mol から，水（$H_2O = 18$）が 1 mol 生成し，II 式より，エタン 1 mol から，水が 3 mol 生成していることがわかる。よって，生じた水の物質量の関係より

$$x + 3y = \frac{5.40}{18} = 0.300\,mol \quad \cdots②$$

①，②より　$x = 0.150\,mol$，$y = 0.050\,mol$

(3)　求める熱量 $= 286 \times 0.150 + 1561 \times 0.050$
$$= 120.9 \fallingdotseq 121\,kJ$$

エクセル 水素とエタン C_2H_6 の燃焼熱が与えられているので，それぞれの熱化学方程式をつくる。燃焼では水素成分は H_2O，炭素成分は CO_2 になる。

---

288 解答

(1)　$Q = -Q_1 + Q_2 + 2Q_3$　　(2)　1 : 2

解説

(1)　$CH_3OH + \frac{3}{2}O_2 = CO_2 + 2H_2O + Q_1 \quad \cdots①$

$C + O_2 = CO_2 + Q_2 \quad \cdots②$

$$H_2 + \frac{1}{2}O_2 = H_2O + Q_3 \quad \cdots ③$$

$$C + 2H_2 + \frac{1}{2}O_2 = CH_3OH + Q \quad \cdots ④$$

反応熱＝生成物の生成熱の総和－反応物の生成熱の総和

この関係を①に適用すると

$$Q_1 = (Q_2 + 2Q_3) - Q$$

よって，$Q = -Q_1 + Q_2 + 2Q_3$

(2) エタンが x〔mol〕，プロパンが y〔mol〕とすると

$$\begin{cases} x + y = 1 & \cdots ① \\ 1560x + 2220y = 2000 & \cdots ② \end{cases}$$

①，②より，$x = \dfrac{1}{3}$，$y = \dfrac{2}{3}$

よって，$x : y = 1 : 2$

エクセル 反応熱＝（生成物の生成熱の総和）－（反応物の生成熱の総和）

---

289 解答

$945\,\text{kJ/mol}$

解説

水素の燃焼

$$H_2 + \frac{1}{2}O_2 = H_2O(液) + Q_1\,\text{kJ} \qquad \cdots ①$$

酸化バリウム BaO と水の反応

$$BaO + H_2O(液) = Ba(OH)_2 + Q_2\,\text{kJ} \quad \cdots ②$$

バリウムの燃焼

$$Ba + \frac{1}{2}O_2 = BaO + Q_3\,\text{kJ} \qquad \cdots ③$$

水酸化バリウム $Ba(OH)_2$ の生成熱を $Q\,\text{kJ/mol}$ とすると

$$Ba + O_2 + H_2 = Ba(OH)_2 + Q\,\text{kJ}❶$$

①＋②＋③より

①，②，③式から H_2O，BaO を消去する。

$$H_2 + \frac{1}{2}O_2 = H_2O + Q_1\,\text{kJ}$$

$$BaO + H_2O = Ba(OH)_2 + Q_2\,\text{kJ}$$

$$+\underline{\left) Ba + \frac{1}{2}O_2 = BaO + Q_3\,\text{kJ} \right.}$$

$$Ba + O_2 + H_2 = Ba(OH)_2 + Q\,\text{kJ}$$

$$Q = Q_1 + Q_2 + Q_3$$

$$Q_1 + Q_2 = 39.1 \times \frac{1}{0.100} = 391\,\text{kJ}$$

$$Q_3 = 55.4 \times \frac{1}{0.100} = 554\,\text{kJ}$$

よって，$Q = Q_1 + Q_2 + Q_3 = 391 + 554 = 945\,\text{kJ}$

エクセル H_2 の燃焼，BaO と水の反応，Ba の燃焼の熱化学方程式
をつくる。一般的に燃焼すると酸化物となる。

❶ $Ba(OH)_2$ の成分元素の単
体は，Ba（固），O_2（気），
H_2（気）となる。

128 —— 4章 物質の変化と平衡

290 解答
(1) $Zn(固) + Cl_2(気) = ZnCl_2(固) + 415.1\,kJ$
(2) $HCl(気) + aq = HClaq + 74.9\,kJ$
(3) $Zn(固) + 2HClaq = ZnCl_2aq + H_2(気) + 153.8\,kJ$

▶ aq は多量の水を表す。具体的な量を表しているわけではない。

解説
(1) 塩化亜鉛 $ZnCl_2$ の生成熱は 415.1 kJ/mol より
$$Zn + Cl_2 = ZnCl_2 + 415.1\,kJ$$

(2) 塩化水素 HCl の水への溶解熱は 74.9 kJ/mol より
$$HCl + aq = HClaq + 74.9\,kJ$$

(3)
$$Zn + Cl_2 = ZnCl_2 + 415.1\,kJ \qquad \cdots①$$
$$ZnCl_2 + aq = ZnCl_2aq + 73.1\,kJ \qquad \cdots②$$
$$\frac{1}{2}H_2 + \frac{1}{2}Cl_2 = HCl + 92.3\,kJ \qquad \cdots③$$
$$HCl + aq = HClaq + 74.9\,kJ \qquad \cdots④$$

亜鉛を塩酸に溶かしたときの反応熱を Q〔kJ/mol〕とすると
$$Zn + 2HClaq = ZnCl_2aq + H_2 + Q\,kJ$$

①＋②－③×2－④×2 より
①，②，③，④式から Cl_2，$ZnCl_2$，HCl を消去する。

$$
\begin{array}{r}
Zn \;+\; Cl_2 = ZnCl_2 + 415.1\,kJ \\
ZnCl_2 + aq = ZnCl_2aq + 73.1\,kJ \\
- H_2 \;-\; Cl_2 = -2HCl - 92.3×2\,kJ \\
+)\;-2HCl - 2aq = -2HClaq - 74.9×2\,kJ \\
\hline
Zn + 2HClaq = ZnCl_2aq + H_2 + Q\,kJ
\end{array}
$$

$Q = 415.1 + 73.1 - 92.3×2 - 74.9×2$
$= 153.8\,kJ$
よって
$$Zn + 2HClaq = ZnCl_2aq + H_2 + 153.8\,kJ$$

エクセル **生成熱** 化合物 1 mol がその成分元素の単体から生成するときの反応熱
溶解熱 物質 1 mol が多量の溶媒に溶解するときに発生または吸収する熱

291 解答 0.14 mol/L

解説 水酸化ナトリウム水溶液に塩化水素を溶解したあと，溶液が酸性であるので，塩化水素が過剰に存在している。水酸化ナトリウム濃度を x〔mol/L〕とすると，塩化水素の溶解熱が 75 kJ/mol であるので，塩化水素 0.050 mol が溶解すると，$75 × 0.050\,kJ$ の熱が発生する。
200 mL の水酸化ナトリウム水溶液の濃度が x〔mol/L〕とすると，水酸化ナトリウムと塩酸の中和熱が 57 kJ/mol なので，$57 × x$ $× \dfrac{200}{1000}\,kJ$ の熱が発生する。
溶液の温度が 25.0℃ から 31.3℃ に上昇しているので，発生した熱量は，$200 × 1.0 × 4.2 × (31.3 - 25.0) × 10^{-3}\,kJ$ である。

● 熱量の求め方
熱量：Q〔J〕＝質量：m〔g〕
　　×比熱：C〔J/(g·K)〕×
　　温度変化 Δt〔K〕
$\Delta t = 31.3 - 25.0$
　　$= 6.3\,K$
　　　　↑
▶温度差には〔K（ケルビン）〕単位を使うことがある。

13 化学反応と熱エネルギー —— 129

よって，$75 \times 0.050 + 57 \times x \times \dfrac{200}{1000}$

$\qquad = 200 \times 1.0 \times 4.2 \times (31.3 - 25.0) \times 10^{-3}$

$x = 0.135 \fallingdotseq 0.14 \, \text{mol/L}$

エクセル 中和熱 酸の水溶液と塩基の水溶液が中和して水 1 mol ができるときの反応熱。

---

292 **解答** (1) 891 kJ/mol　(2) $3564 \text{kJ} - Q_0$　(3) $7.9 \times 10^2 \text{kg}$

解説 (1) メタンの燃焼熱を Q〔kJ/mol〕とすると

$CH_4(気) + 2O_2(気) = CO_2(気) + 2H_2O(液) + Q$

反応熱 ＝ (生成物の生成熱の総和) － (反応物の生成熱の総和)
より

$Q = (394 + 286 \times 2) - 75$

$\quad = 891 \text{kJ}$

(2) $4CH_4(気) + 23H_2O(液) = (CH_4)_4 \cdot (H_2O)_{23}(固) + Q_0 \quad \cdots(1)$

$(CH_4)_4 \cdot (H_2O)_{23}(固) + 8O_2(気)$

$\qquad\qquad\qquad = 4CO_2(気) + 31H_2O(液) + Q_1 \quad \cdots(2)$

$CH_4(気) + 2O_2(気) = CO_2(気) + 2H_2O(液) + 891\,\text{kJ} \quad \cdots(3)$

$(1) + (2) - 4 \times (3) = 0$ より

$Q_1 = 4 \times 891 - Q_0$

$\quad = 3564\,\text{kJ} - Q_0$

(3) $(CH_4)_4 \cdot (H_2O)_{23} = 478$, $H_2O = 18$ より

$1.0\,\text{m}^3$ の質量 $= 1.0 \times 10^6 \,\text{cm}^3 \times 0.91\,\text{g/cm}^3$

$\qquad\qquad = 0.91 \times 10^6 \,\text{g}$

メタンハイドレート 1 mol あたりに H_2O は 23 mol 含まれて
いるので

水の質量 $= \dfrac{0.91 \times 10^6 \,\text{g}}{478\,\text{g/mol}} \times 23 \times 18\,\text{g/mol}$

$\qquad = 7.88 \times 10^5 \,\text{g}$

$\qquad \fallingdotseq 7.9 \times 10^5 \,\text{g} = 7.9 \times 10^2 \,\text{kg}$

エクセル 反応熱 ＝ (生成物の生成熱の総和) － (反応物の生成熱の総和)

---

293 **解答** (1) 568 kJ/mol　(2) 812 kJ/mol　(3) 331 kJ/mol

解説 (1) $H_2 + F_2 = 2HF + 273 \times 2\,\text{kJ}$

反応熱 ＝ (生成物の結合エネルギーの総和)

$\qquad\qquad - (反応物の結合エネルギーの総和)$

H−F の結合エネルギーを x〔kJ/mol〕とすると

$273 \times 2 = 2x - (432 \times 1 + 158 \times 1)$

$\qquad x = 568\,\text{kJ/mol}$

(2) メタンの燃焼熱を Q〔kJ/mol〕とすると

$CH_4 + 2O_2 = CO_2 + 2H_2O + Q$〔kJ〕

反応熱 ＝ (生成物の結合エネルギーの総和)

$\qquad\qquad - (反応物の結合エネルギーの総和)$

$Q = (C=O \times 2 + 2 \times O-H \times 2) - (C-H \times 4 + 2 \times O=O)$

$\quad = (804 \times 2 + 463 \times 4) - (413 \times 4 + 498 \times 2)$

$\quad = 3460 - 2648 = 812\,\text{kJ/mol}$

(3) 反応熱＝(生成物の結合エネルギーの総和)
　　　　　－(反応物の結合エネルギーの総和)
309＝(C—H×6＋C—C)－(C—H×2＋C≡C＋H—H×2)
　＝(413×6＋C—C)－(413×2＋810＋432×2)
よって，C—C＝331 kJ/mol

エクセル 反応熱＝(生成物の結合エネルギーの総和)
　　　　　－(反応物の結合エネルギーの総和)

294

解答 (ア) 溶解　(イ) E－A　(ウ) 46　(エ) 中和
(オ) 4.4　(カ) ヘス　(キ) 102　(ク) 12

解説 (ウ) 水酸化ナトリウム NaOH の式量＝40

水酸化ナトリウム 2.0 g の物質量は，$\dfrac{2.0}{40}＝0.050$ mol

$$\dfrac{52×4.2×10.5}{0.050}＝45864\,\text{J/mol}≒46\,\text{kJ/mol}$$

(オ) 塩酸の物質量＝$1.0×\dfrac{100}{1000}＝0.10$ mol

水酸化ナトリウムの物質量＝$1.0×\dfrac{50}{1000}＝0.050$ mol

よって塩酸と水酸化ナトリウムが，0.050 mol ずつ反応する。
体積の総和＝100＋50＝150 mL，56 kJ/mol＝56000 J/mol
上昇温度を x [K] とすると
　56000×0.050＝150×x×4.2
　x＝4.44≒4.4 K

(キ) 水酸化ナトリウム 1 mol あたりの溶解熱と中和熱の和
　＝46＋56＝102 kJ/mol

(ク) 溶液の質量＝$1.0\,\text{g/cm}^3×100\,\text{cm}^3＋2.0\,\text{g}＝102\,\text{g}$
温度上昇度を y [K] とすると
　$102×4.2×y＝102×0.050×10^3$
　$y＝11.9≒12$ K

エクセル ヘスの法則
化学変化(状態変化も含む)にともなって出入りする熱量の総和は，化学変化する前後の物質の種類と状態によって決まり，物質の変化の過程に関わらず一定である。

●グラフの見方

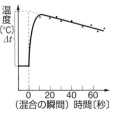

●エネルギー図

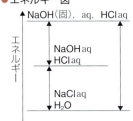

295

解答 (1) ① $3e＋3f＋6g$
　② $6f＋12g$
　③ $3f＋6g－3e－3h$
(2) 360 kJ/mol
(3) 204 kJ/mol
(4) 156 kJ/mol
(5) (b)

解説 (1) ① 仮想ベンゼンには，結合エネルギーが二重結合と単結合のちょうど中間の値をもつ炭素-炭素間の結合が6個と，炭素-水素の結合が6個ある。よって

$$\frac{e+f}{2} \times 6 + 6g = 3e + 3f + 6g$$

② シクロヘキサン❶には，C—C 単結合が 6 個，炭素-水素の結合が 12 個あるので

❶

$6f + 12g$

③ 仮想ベンゼンに水素が付加したときの反応熱を Q〔kJ/mol〕とすると

C_6H_6(仮想ベンゼン，気) $+ 3H_2$(気) $=$
$\qquad\qquad C_6H_{12}$(気) $+ Q$ …(i)

反応熱 $Q =$（生成物の結合エネルギーの総和）
$\qquad\qquad -$（反応物の結合エネルギーの総和）
$\qquad = (6f + 12g) - (3e + 3f + 6g + 3h)$
$\qquad = 3f + 6g - 3e - 3h$

(2) (1)③の答えに結合エネルギーの表の値を代入すると
$Q = 3 \times 350 + 6 \times 410 - 3 \times 610 - 3 \times 440$
$\quad = 360$

よって，求める水素化熱 Q は，360 kJ/mol

(3) 実在ベンゼンがシクロヘキサンになるときの反応熱を Q' とすると
C_6H_6(実在ベンゼン，気) $+ 3H_2$(気) $= C_6H_{12}$(気) $+ Q'$ …(ii)
$Q' =$（生成物の生成熱の総和）$-$（反応物の生成熱の総和）
$\quad = 122 - (-82) = 204$

よって，求める水素化熱 Q' は，204 kJ/mol

(4) 求める反応熱を Q'' とすると
C_6H_6(仮想ベンゼン，気) $= C_6H_6$(実在ベンゼン，気) $+ Q''$

(i)$-$(ii)より
$Q'' = 360 - 204 = 156$

よって，求める反応熱は，156 kJ/mol

(5) (1)～(4)までをエネルギー図で示すと

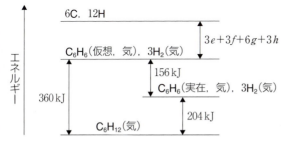

この図より，仮想ベンゼンよりも実在ベンゼンの方がより安定していることがわかる。よって，実在ベンゼンの炭素-炭素間の結合の方が強い。エネルギーの値より，実在ベンゼンの炭素原子間の結合エネルギーは，C=C 二重結合と C—C 単結合の結合エネルギーの中間の値より大きいことがわかる。

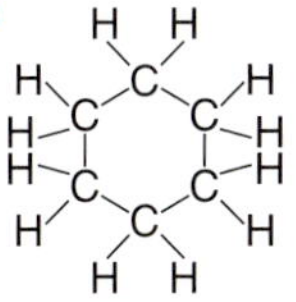

132 —— 4章 物質の変化と平衡

エクセル 反応熱と結合エネルギー
反応熱＝（生成物の結合エネルギーの総和）
　　　　　　　－（反応物の結合エネルギーの総和）
反応熱と生成熱
反応熱＝（生成物の生成熱の総和）
　　　　　　　－（反応物の生成熱の総和）

296 解答

(1) $H_2(気) + \dfrac{1}{2}O_2(気) = H_2O(液) + 286\,kJ$

(2) 45 kJ/mol

(3) 24 kJ/mol

(4) 1.9 本

(5) 融解のときは一部の水素結合が切れるだけだが，蒸発のときはすべての水素結合が切れなくてはいけないから。

解説

(1) 気体の水素 H_2 が燃焼して，液体の水（H_2O）が生じ，燃焼熱が 286 kJ/mol なので

$$H_2(気) + \frac{1}{2}O_2(気) = H_2O(液) + 286\,kJ \quad \cdots ①$$

(2) 気体の水素 H_2 が燃焼して，気体の水（H_2O）が生じたとすると，熱化学方程式は

$$H_2(気) + \frac{1}{2}O_2(気) = H_2O(気) + Q\,kJ$$

反応熱＝（生成物の結合エネルギーの総和）－（反応物の結合エネルギーの総和）より

$$Q = (463 \times 2) - \left(436 + \frac{1}{2} \times 498\right)$$
$$= 241〔kJ/mol〕$$

よって，$H_2(気) + \dfrac{1}{2}O_2(気) = H_2O(気) + 241\,kJ \quad \cdots ②$

②－①より

$$H_2O(液) = H_2O(気) - 45\,kJ$$

よって，蒸発熱は，45 kJ/mol

(3) 固体（氷）から気体（水蒸気）に状態変化（昇華）したときに，H_2O 分子間の水素結合はすべて切れる。

1つの水素結合は，2分子間で形成されているので，氷中の水分子1個あたりの水素結合の数は，$\dfrac{4}{2} = 2$ 本となる。昇華熱によって，すべての水素結合が切られていると考えられるので，水素結合の結合エネルギーは $\dfrac{47}{2} = 23.5 ≒ 24\,kJ/mol$

(4) 水が蒸発したときに，液体中で残っている水素結合がすべて切れる。水の蒸発熱は(2)より，45 kJ/mol であるので，

$$\frac{45}{23.5} = 1.91 ≒ 1.9\,本$$

▶結合エネルギーは結合を切るのに要するエネルギー。

(5) (3),(4)より，1分子あたり固体中では2本，液体中では1.9本，気体中では0本の水素結合がはたらいていると考えられる。
融解（固体→液体）では，ほんの一部の水素結合を切ればよいが，蒸発では，多くの水素結合を切る必要があるために，蒸発熱が大きくなっている。

エクセル 反応熱＝（生成物の結合エネルギーの総和）
　　　　　－（反応物の結合エネルギーの総和）

297

解答
(1) Q_2　148 kJ　　Q_5　502 kJ　　Q_6　354 kJ
(2) $Cl_2(気) = 2Cl(気) - 240$ kJ
(3) 228 kJ
(4) 787 kJ

解説
(1) ⑥式の Q_5 は，Na(気)のイオン化エネルギー[1]を表しているので
$Na(気) = Na^+ + e^- - 502$ kJ
よって，$Q_5 = 502$ kJ
⑦式の Q_6 は，Cl の電子親和力[2]を表しているので
$Cl(気) + e^- = Cl^- + 354$ kJ
よって，$Q_6 = 354$ kJ
問題のエネルギー図より
$Q_2 = Q_5 - Q_6$
　　$= 502 - 354$
　　$= 148$ kJ
(2) 気体の塩素分子から気体の塩素原子を得るには，塩素-塩素間の結合を切る必要がある。
Cl_2(気)の結合エネルギーは表より，240 kJ/mol なので
$Cl_2(気) = 2Cl(気) - 240$ kJ　…⑧
(3) ⑤＋⑧×$\frac{1}{2}$ より
$Na(固) + \frac{1}{2}Cl_2(気) = Na(気) + Cl(気) - \left(108 + 240 \times \frac{1}{2}\right)$ kJ
よって，$Q_3 = 108 + 240 \times \frac{1}{2} = 228$ kJ
(4) ①＝②＋③＋④なので
$-Q_1 = -148 - 228 - 411$　よって，$Q_1 = 787$ kJ

エクセル イオン化エネルギーと電子親和力

$A = A^+ + e^- - Q_1$　　　$B + e^- = B^- + Q_2$

[1] **イオン化エネルギー**
陽イオンにするために必要なエネルギー。

[2] **電子親和力**
陰イオンになるときに放出するエネルギー。

14 化学反応と光エネルギー (p.182)

298 【解答】(1) ① $12H_2S$ ② $12S$ (2) (イ), (オ)

【解説】緑色植物は，光エネルギーを利用して，次式の反応によりグルコースと酸素を生成する。

$12H_2O + 6CO_2 + 光エネルギー \longrightarrow C_6H_{12}O_6 + 6O_2 + 6H_2O$

一方，緑色硫黄細菌や紅色硫黄細菌は，光合成において酸素を発生せずにグルコースを生成する[❶]。

$12H_2S + 6CO_2 + 光エネルギー \longrightarrow C_6H_{12}O_6 + 12S + 6H_2O$

このとき，硫黄の酸化数は$-2 \to 0$に変化することから，硫化水素が酸化されて硫黄が生成している。

❶ 酸素を発生しない光合成を行う細菌を，光合成細菌とよぶことがある。

エクセル 非酸素発生型光合成
$12H_2S + 6CO_2 + 光エネルギー \longrightarrow C_6H_{12}O_6 + 12S + 6H_2O$

299 【解答】(1) 塩素ラジカル 17個　メチルラジカル 9個
(2) Cl—Cl　(3) $H\cdot + Cl\cdot \longrightarrow HCl$　$H\cdot + H\cdot \longrightarrow H_2$

【解説】(1) 塩素ラジカル　　　メチルラジカル

　　　　17個　　　　　　　　9個

(2) ①，⑤，⑥を比較すると，$Cl_2 = 2Cl\cdot -243\,kJ$より，Cl—Cl結合が最も切れやすい。

(3) H—H，H—Cl結合は比較的強い結合なので，停止反応となる。

$H\cdot + H\cdot \longrightarrow H_2$
$H\cdot + Cl\cdot \longrightarrow HCl$

▶結合エネルギーが小さいと，結合による安定化が小さく，その結合は切れやすい。

エクセル 連鎖反応は反応性が高い遊離基（ラジカル）により起こる。

300 【解答】②式で生じたCl原子は，不対電子をもち非常に反応性が高い。このCl原子が，③式，④式にあるように，次から次へと反応してはCl原子が生成する。この反応は，$Cl + Cl \longrightarrow Cl_2$の反応が起こるまで，繰り返し進むため。

【解説】成層圏のオゾンO_3は，紫外線を吸収して，O_2と原子状のOに分解する。

$O_3 \xrightarrow{紫外線} O_2 + O$　　　　…①

CCl_2F_2は，成層圏で太陽からの強い紫外線を吸収すると分解し，原子状のClが生じる。

$CCl_2F_2 \xrightarrow{紫外線} CClF_2\cdot + Cl\cdot$　　…②

ここで生じた，$\cdot CClF_2$，$Cl\cdot$は不対電子をもっており非常に反応性が高く，ラジカルとよばれる。これらのラジカルが，成層圏中のオゾンを次のように破壊し，酸素に変える。

14 化学反応と光エネルギー —— 135

$$Cl\cdot + O_3 \longrightarrow ClO\cdot + O_2 \qquad \cdots ③$$
$$ClO\cdot + O\cdot \longrightarrow Cl\cdot + O_2 \qquad \cdots ④$$

このように，1個の $Cl\cdot$ が O_3 を分解し，④式にあるように $Cl\cdot$ が再生する。このために，これらの反応が連鎖的に続いていく。このような反応を連鎖反応という。

エクセル オゾンの分解

$$O_3 \xrightarrow{紫外線} O\cdot + O_2$$
$$CCl_2F_2 \xrightarrow{紫外線} CClF_2\cdot + Cl\cdot$$
$$Cl\cdot + O_3 \longrightarrow ClO\cdot + O_2$$
$$ClO\cdot + O\cdot \longrightarrow Cl\cdot + O_2$$

301 解答

(1) (a) **6** (b) **6** (c) **6**

(2) (d) **6** (e) **24** (f) **24** (g) **6**

(3) **33.3%**

解説 (3) ①式より酸素 O_2 は 6mol 生成しているので，化学エネルギーに変換されている割合は

$$\frac{\dfrac{2807\,kJ}{6\,mol}}{1407\,kJ/mol} \times 100 ≒ 33.3$$

エクセル 光合成

第一段階 $2H_2O \xrightarrow{光} O_2 + 4H^+ + 4e^-（光が関与）$

第二段階 $6CO_2 + 24H^+ + 24e^- \longrightarrow C_6H_{12}O_6 + 6H_2O$

302 解答

(1) $3.9\,g/cm^3$　　(2) $HCHO + 4\cdot OH \longrightarrow CO_2 + 3H_2O$

(3) **紫外線を当てるのをやめると，ヒドロキシラジカルが生成しないのでホルムアルデヒドは分解されない。紫外線を可視光線に変えてもエネルギーが足りず，ヒドロキシラジカルが生成しないので，ホルムアルデヒドは分解されない。**

解説 (1) 図(b), (c)よりチタン原子は頂点に 8 個，面上に 4 個，格子内に 1 個あるので❶

$$\frac{1}{8} \times 8 + \frac{1}{2} \times 4 + 1 = 4 \text{ 個}$$

図(b), (c)より酸素原子は面上に 8 個，辺上に 8 個，格子内に 2 個あるので❶

$$\frac{1}{2} \times 8 + \frac{1}{4} \times 8 + 2 = 8 \text{ 個}$$

単位格子の質量は

$$\frac{47.9}{6.0 \times 10^{23}} \times 4 + \frac{16}{6.0 \times 10^{23}} \times 8 = 5.32 \times 10^{-22}\,g$$

単位格子の体積は

$$(0.38 \times 10^{-7})^2 \times 0.95 \times 10^{-7} = 1.37 \times 10^{-22}\,cm^3$$

アナターゼ型酸化チタン(Ⅳ)の密度は

$$\frac{5.32 \times 10^{-22}\,g}{1.37 \times 10^{-22}\,cm^3} ≒ 3.9\,g/cm^3$$

❶頂点の原子はそれぞれ 3 つの面で切断されているので $\left(\dfrac{1}{2}\right)^3 = \dfrac{1}{8}$ 個，辺上の原子はそれぞれ 2 つの面で切断されているので $\left(\dfrac{1}{2}\right)^2 = \dfrac{1}{4}$ 個，面上の原子はそれぞれの面で切断されているので $\dfrac{1}{2}$ 個の原子に相当する。

136 —— 4章　物質の変化と平衡

(2) HCHO が酸化されて，H_2O と CO_2 になる。

HCHO の半反応式は

$$HCHO + H_2O \longrightarrow CO_2 + 4H^+ + 4e^- \quad \cdots ①$$

水分子が存在するとき

$$H_2O \longrightarrow \cdot OH + H^+ + e^- \quad \cdots ②$$

の反応が起こるので，①式－②式×4 としてまとめると

$$HCHO + 4 \cdot OH \longrightarrow CO_2 + 3H_2O$$

エクセル 光触媒

①酸化作用

②超親水性

303 **解答**

(1) $C_8H_7N_3O_2$ 　　(2) N_2 　　(3) **酸化剤**

(4)

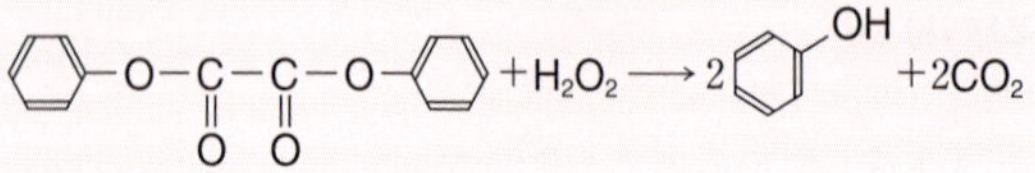

(5)

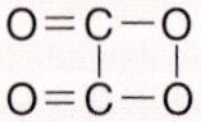

$$\begin{array}{c} O=C-O \\ O=C-O \end{array}$$

(6) (ウ)　**理由**　化学発光の場合，反応温度が上がると反応が促進されるので，より多くの反応中間体が生成し，発光が強くなる。

解説

(2), (3)　ルミノールと 3-アミノフタル酸を比較すると，N 原子 2 個と H 原子 2 個が減少しているので，H_2O_2 により酸化されて N_2 が発生したと考えられる。

(4)　シュウ酸ジフェニル❶は，シュウ酸❷とフェノール 2 分子からなるジエステル❸であると考えられる。

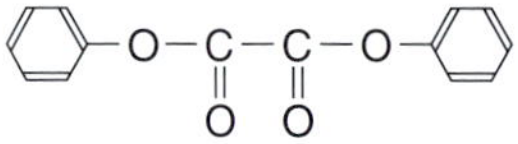

これは組成式 $(C_7H_5O_2)$ の 2 倍 $(C_7H_5O_2)_2 = C_{14}H_{10}O_4$ である。シュウ酸ジフェニルが過酸化水素で酸化されると，フェノールと二酸化炭素が得られる。

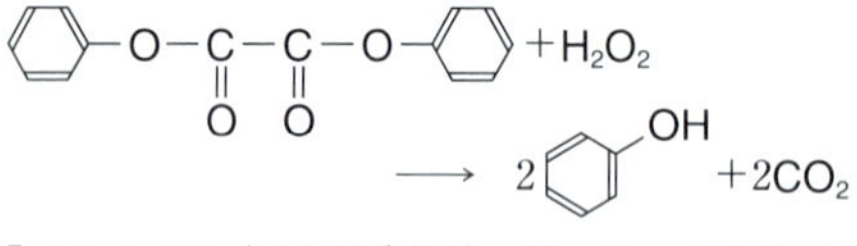

(5)　「ペルオキシ」は過酸化物 $-O-O-$ の構造を示す。分子式 C_2O_4 より

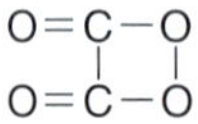

$$\begin{array}{c} O=C-O \\ O=C-O \end{array}$$

の構造が考えられる。

(6)　化学発光の場合，反応温度が上がると反応が促進されるので，反応中間体が多く生成し，それにともない発光も強くなる。

エクセル 化学発光は一般的に温度が高くなると発光が強くなる。

❶フェニル基

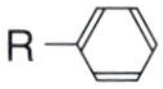

❷シュウ酸

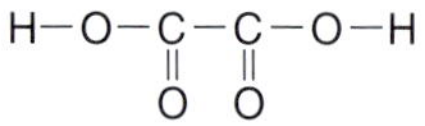

❸ジエステル

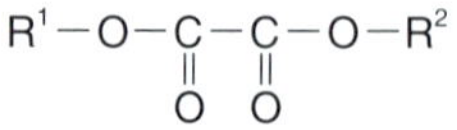

▶生物発光の場合，酵素による最適温度があるので，温度を上げても発光が強くなるとはかぎらない。

304

解答
(1) NO(気) + O₃(気) = NO₂(気) + O₂(気) + 200 kJ
(2) 6.00×10^2 nm

解説
(1) オゾンと一酸化窒素が反応して，酸素と二酸化窒素が生成するので
NO(気) + O₃(気) = NO₂(気) + O₂(気) + 200 kJ

(2) 反応物各1分子から1個の光子が放出されるので
$$\text{光の波長}[\text{m}] = \frac{0.120\,\text{J}\cdot\text{m/mol}}{E[\text{J/mol}]} = \frac{0.120\,\text{J}\cdot\text{m/mol}}{200 \times 10^3\,\text{J/mol}}$$
$$= 6.00 \times 10^{-7}\,\text{m}$$
$$6.00 \times 10^{-7}\,\text{m} \times \frac{10^9\,\text{nm}}{1\,\text{m}} = 6.00 \times 10^2\,\text{nm}\,❶$$

❶ 1 nm = 10^{-9} m

エクセル 光の波長が短いほど，エネルギーが大きい。

305

解答
(1) シス形　理由　トランス形は分子全体として極性を打ち消し合うが，シス形は打ち消さないため。
(2) 6通り

解説
(1) トランス-アゾベンゼン❶は結合の極性を分子全体として打ち消すことができるが，シス-アゾベンゼン❷は結合の極性を分子全体として打ち消すことができない。
(2) 反応の前後で2つの塩素原子間の距離が変わらないので，2つの塩素原子は同一のベンゼン環に存在する。

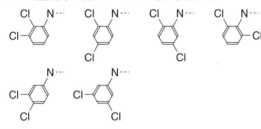

上記の6通りが考えられる。

エクセル 光異性化
分子が光エネルギーを吸収することにより二重結合が回転して構造が変わるなどの変化。

15 反応の速さとしくみ (p.191)

306

解答
(1) (ウ)　(2) (エ)　(3) (ア)　(4) (イ)

解説
(1) 酸化マンガン(Ⅳ)はそれ自身は化学変化することはないが触媒❶として反応速度を増すはたらきをする。
(2) 褐色びんは光をさえぎることによって濃硝酸の分解を防ぐはたらきがある❷。
(3) マッチは空気中でも酸素によって燃焼するが，酸素中の方が酸素の濃度が高くて激しく燃焼する。

❶触媒は化学反応式に記入しない。
$2H_2O_2 \longrightarrow 2H_2O + O_2$

❷濃硝酸は光によって一部分解して NO_2 を生じる。
$4HNO_3 \longrightarrow 4NO_2 + 2H_2O + O_2$

138 —— 4章　物質の変化と平衡

(4) 加熱し温度を上昇させることで，反応速度が増している。

エクセル 反応の速さを変える条件：濃度，温度，触媒

307 **解答** (1) $3.2 \times 10^{-4}\,\mathrm{mol/(L \cdot s)}$ 　(2) **9倍**

解説 (1) 反応速度を求める式に当てはめる。

$$v = -\frac{(3.9 \times 10^{-4} - 1.0 \times 10^{-2})}{60} \times 2 \fallingdotseq 3.2 \times 10^{-4}\,\mathrm{mol/(L \cdot s)}❶$$

(2) 反応速度式は $v = k[\mathrm{H_2}][\mathrm{I_2}]$ であるから，$[\mathrm{H_2}]$ を3倍にすると反応速度は3倍に，$[\mathrm{I_2}]$ を3倍にすると反応速度は3倍になる。したがって，それぞれを同時に3倍にすると反応速度は $3 \times 3 = 9$ 倍になる。

エクセル 反応速度と濃度の関係：$a\mathrm{A} + b\mathrm{B} \longrightarrow c\mathrm{C}$ の反応
反応速度式 $v = k[\mathrm{A}]^m[\mathrm{B}]^n$
$[\ ]$ はモル濃度，v が濃度の何乗に比例するかは，実験によって決定する。

❶ Δt〔秒〕間に反応物の濃度が ΔC〔mol/L〕変化したとき，反応の平均の速度は
$$v = -\frac{\Delta C}{\Delta t}\ [\mathrm{mol/(L \cdot s)}]$$

▶ヨウ化水素の生成量(物質量)は水素の減少量の2倍である。

308 **解答** (1) $v = k[\mathrm{X}]^2[\mathrm{Y}]$ 　(2) $2.5 \times 10^{-2}\,\mathrm{L^2/(mol^2 \cdot s)}$
(3) $1.8 \times 10^{-3}\,\mathrm{mol/(L \cdot s)}$

解説 (1) $v = k[\mathrm{X}]^m[\mathrm{Y}]^n$ とする。
①，②より$[\mathrm{X}]$が一定で，$[\mathrm{Y}]$が2倍になると，vは2倍になる。
よって，$n = 1$ である。
①，③より$[\mathrm{Y}]$が一定で，$[\mathrm{X}]$が2倍になると，vは4倍になる。
よって，$m = 2$ である。
したがって，$v = k[\mathrm{X}]^2[\mathrm{Y}]$

(2) ①のときの値を代入すると
$$1.0 \times 10^{-4}\,\mathrm{mol/(L \cdot s)} = k \times (0.20\,\mathrm{mol/L})^2 \times (0.10\,\mathrm{mol/L})$$
$$k = \frac{1.0 \times 10^{-4}\,\mathrm{mol/(L \cdot s)}}{4.0 \times 10^{-3}\,\mathrm{mol^3/L^3}}$$
$$= 2.5 \times 10^{-2}\,\mathrm{L^2/(mol^2 \cdot s)}$$

(3) $v_4 = 2.5 \times 10^{-2}\,\mathrm{L^2/(mol^2 \cdot s)} \times (0.60\,\mathrm{mol/L})^2 \times (0.20\,\mathrm{mol/L})$
$$= 1.8 \times 10^{-3}\,\mathrm{mol/(L \cdot s)}$$

エクセル 反応速度式
$v = k[\mathrm{X}]^m[\mathrm{Y}]^n$
（k：反応速度定数，m，n：実験により求まる）

309 **解答** (ア) **触媒** 　(イ) **活性化エネルギー** 　(ウ) **234** 　(エ) **96**

解説 反応の前後でそれ自身は変化せず，反応速度のみが変わる物質を触媒といい，活性化エネルギーを小さくするはたらきがある。
(ウ) 図より $280 - 46 = 234$ 　(エ) 図より $142 - 46 = 96$

エクセル 触媒　活性化エネルギーを小さくするはたらきがある。なお，反応熱や平衡時の量的関係は変えない。

● 活性化エネルギー
反応する粒子どうしが衝突して，エネルギーの高い状態(活性化状態)になるために必要なエネルギー

310
解答 (1) 4倍　(2) 8倍

解説 (1) 体積を半分にすると，[A]，[B]❶ がそれぞれ 2 倍になるので，反応速度は $2 \times 2 = 4$ 倍となる。

(2) 温度を 10 K 上げると反応速度が 2 倍になるので，温度を 30 K 上げると反応速度は $2^3 = 8$ 倍となる。

エクセル 濃度，温度を上げると反応速度は大きくなる。

❶ $[A] = \dfrac{n_A}{V}$

$[B] = \dfrac{n_B}{V}$

311
解答 (1)

解説 (1) 硝酸をつくるためには，アンモニアを酸化して二酸化窒素にし，水と反応させる。アンモニアを酸化させるためには触媒が必要である。工業的製法であるオストワルト法では，触媒として白金が使われている。

(2) 硝酸とアンモニアを反応させる中和反応では触媒は必要ない。

(3) ボーキサイトからアルミニウムをつくるには溶融塩電解法を利用するが触媒は必要としない。溶融塩電解法でアルミナとともに入れる「氷晶石」は，融点を下げるはたらきをする物質で触媒ではない。

(4) 赤鉄鉱から鉄をつくる酸化還元反応に触媒は不要。

(5) 分留するための触媒は必要ない。

エクセル 触媒の例

H_2O_2 の分解：MnO_2，ハーバー法（NH_3）：Fe_3O_4，
接触法（H_2SO_4）：V_2O_5，オストワルト法（HNO_3）：Pt

●工業的製法と触媒
ハーバー法（NH_3 合成）
：Fe_3O_4
接触法（H_2SO_4 合成）
：V_2O_5
オストワルト法（HNO_3 合成）
：Pt

312
解答 (1) (ア) 3.41　(イ) 2.47×10^{-2}

(2) ①　(3) $v = k[A]$　(4) ①

解説 (1) $\dfrac{(ア) + 2.67}{2} = 3.04$ より，(ア) $= 3.41$

(イ) $= \dfrac{(ア) - 2.67}{30} = \dfrac{3.41 - 2.67}{30} ≒ 2.47 \times 10^{-2}$

(2)

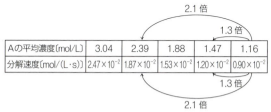

Aの平均濃度(mol/L)	3.04	2.39	1.88	1.47	1.16
分解速度(mol/(L·s))	2.47×10^{-2}	1.87×10^{-2}	1.53×10^{-2}	1.20×10^{-2}	0.90×10^{-2}

分解速度と平均濃度はほぼ比例関係にある。よって，①のグラフが当てはまる。

(3) (2)より分解速度と平均濃度は比例関係であるので，分解速度 v は

$v = k[A]$

(4) 反応速度定数は温度と活性化エネルギーに依存する。温度が大きく，活性化エネルギーが小さいとき，k は大きくなる。

140 —— 4章　物質の変化と平衡

触媒が存在するとき，活性化エネルギーは小さくなるので，k は大きくなる。

エクセル 反応速度定数は温度と活性化エネルギーに依存する。

313 **解答**

(1) $2.56\,L$，$1.77\,mol/L$

(2) $v = -\dfrac{c_2 - c_1}{t_2 - t_1}\,[mol/(L \cdot s)]$

(3) $v = 1.06 \times 10^{-3}\,mol/(L \cdot s)$
$k = 6.34 \times 10^{-4}\,s^{-1}$

解説

(1) 捕集した酸素の分圧 P はドルトンの分圧の法則より
$1.01 \times 10^5\,Pa = (P + 1.21 \times 10^4)\,Pa$
したがって，$P = 0.889 \times 10^5\,Pa$
酸素の物質量は気体の状態方程式より
$0.889 \times 10^5 \times 3.10 = n \times 8.3 \times 10^3 \times (273 + 17)$
$n = 0.1144\,mol$，標準状態の体積は $0.1144 \times 22.4\,L ≒ 2.56\,L$
また減少した N_2O_5 の物質量は $0.1144 \times 2 = 0.2288\,mol$
したがって，残りの N_2O_5 は $2.00 - 0.2288 = 1.771 ≒ 1.77\,mol$

(2) 反応速度 $= \dfrac{濃度の変化量}{経過時間}$　反応物の減少量で考えたときは速度を正の値にするために式にマイナスをつけておく。

(3) 平均の反応速度
$v = -\dfrac{1.56 - 1.771}{400 - 200} = 1.055 \times 10^{-3} ≒ 1.06 \times 10^{-3}\,mol/(L \cdot s)$
分解の反応速度と濃度の次数を確かめる。
たとえば，時間 $0 \sim 100$ 秒の平均の反応速度は
$v_1 = -\dfrac{1.88 - 2.00}{100} = 0.0012\,mol/(L \cdot s)$

平均の濃度 $c_1 = \dfrac{2.00 + 1.88}{2} = 1.94\,mol/L$

時間 $400 \sim 800$ 秒の平均の反応速度は
$v_2 = -\dfrac{1.21 - 1.56}{400} = 0.000875\,mol/(L \cdot s)$

平均の濃度 $c_2 = \dfrac{1.56 + 1.21}{2} = 1.385\,mol/L$

この 2 つのデータを比較すると反応速度と濃度の関係は

$\dfrac{v_2}{v_1} ≒ 0.73$ のとき，$\dfrac{c_2}{c_1} ≒ 0.71$ でほぼ一定なので

$v = k[N_2O_5]$ という 1 次の式と推定できる。したがって，反応速度式は速度定数を k とすれば $v = k[N_2O_5]$ となり，

$k = \dfrac{v}{[N_2O_5]}$ である。

$200 \sim 400$ 秒後の平均の反応速度 $1.055 \times 10^{-3}\,mol/(L \cdot s)$ と

平均の濃度 $[N_2O_5] = \dfrac{1.771 + 1.56}{2} = 1.665\,mol/L$ を代入して

$k = \dfrac{1.055 \times 10^{-3}}{1.665} = 6.336 \times 10^{-4} ≒ 6.34 \times 10^{-4}\,s^{-1}$

▶反応の速さを表す
・平均の反応速度

$$反応速度 = \frac{濃度の変化量}{経過時間}$$

▶反応速度式
反応速度＝速度定数×濃度

（別解）ボイル・シャルルの法則より，
$$\frac{(1.01 \times 10^5 - 1.21 \times 10^4) \times 3.10}{290}$$
$$= \frac{1.01 \times 10^5 \times v}{273}$$
$$v ≒ 2.57\,L$$

▶反応速度式の次数は，実験で求められるもので，化学反応式の係数とは必ずしも一致しない。

> **エクセル** ある物質の濃度が Δt 秒間に c_1 [mol/L] から c_2 [mol/L] に変化したとすると,
> $$平均の反応速度 = \frac{|c_2 - c_1|}{\Delta t} \text{[mol/(L·s)]}$$

314

(1) 解説参照　(2) (う)　(3) 解説参照

(1) 図Aより活性化エネルギーは 1.50×10^{-19} J であるので,活性化エネルギー以上のエネルギーをもっている分子の領域は,図Bの斜線部分である。

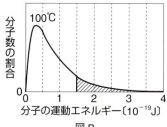

図B

(2) ある温度において,分子には運動エネルギーが0のものから高いエネルギーのものまでさまざまなエネルギーをもつものが存在する。温度が上昇すると,活性化エネルギー以上のエネルギーをもつ分子の割合が増える。また,分子の総数は変わらないので,曲線と横軸で囲まれる面積は一定である。(あ)は分子の運動エネルギーが0のものが存在しないので誤り。よって,最も適当なグラフは(う)である。

(3) 触媒を使用すると活性化エネルギーは小さくなるが,反応熱は変わらない。よって,グラフは図Dのようになる。

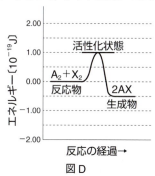

図D

> **エクセル** 活性化エネルギー以上のエネルギーをもつ分子が反応する。

142 —— 4章 物質の変化と平衡

315

解答 (1) c (2) 0.69 (3) 2.9×10^3 年

解説 (1) 半減期が 5730 年(約 6000 年)であることから,グラフ c と d が考えられる。③式より

$$-\frac{\Delta[^{14}C]}{\Delta t} = k[^{14}C]$$

$$\frac{d[^{14}C]}{dt} = -k[^{14}C]$$

$$\frac{1}{[^{14}C]} d[^{14}C] = -kdt \quad ❶$$

両辺を積分すると

$$\log_e[^{14}C] = -kt + C (C は定数)$$

よって,$[^{14}C] = e^C \times e^{-kt} = $ 定数 $\times e^{-kt}$

^{14}C の含有量($[^{14}C]$)は t に対して指数関数的に減少するので,答えは c となる。

(2) $t = 0$ のとき $[^{14}C] = [^{14}C]_0$ とすると

$t = t_{1/2}$ のとき $[^{14}C] = \frac{1}{2}[^{14}C]_0$ となる。

$\log_e[^{14}C] = -kt + C$ に $t = 0$,$t_{1/2}$ をそれぞれ代入すると

$$\log_e[^{14}C]_0 = C \quad \cdots④$$

$$\log_e \frac{1}{2}[^{14}C]_0 = -kt_{1/2} + C \quad \cdots⑤$$

よって,④－⑤より

$$\log_e \frac{[^{14}C]_0}{\frac{1}{2}[^{14}C]_0} = kt_{1/2}$$

$$k \cdot t_{1/2} = \log_e 2 = \log_e 10 \times \log_{10} 2 = 0.69 \quad ❷$$

(3) 現在から t 年前だとすると

$$\left(\frac{1}{2}\right)^{\frac{t}{5730}} = 0.70$$

底を 10 とする両辺の対数をとると

$$\frac{t}{5730} = \frac{\log_{10} 0.70}{\log_{10} \frac{1}{2}} = \frac{\log_{10} 7 - \log_{10} 10}{\log_{10} 1 - \log_{10} 2} = \frac{\log_{10} 7 - 1}{-\log_{10} 2}$$

$\log_{10} 2 = 0.30$,$\log_{10} 7 = 0.85$ より

$$t = 2865〔年〕$$

エクセル 半減期 放射性元素の原子の数が半分になる時間

❶ $\int \frac{1}{x} dx = \log_e x + C$

$\int a dx = ax + C$

(a,C は定数)

❷ $\log_e a$
$= \log_e b + \log_b a$

316

解答 (1) (d) (2) (エ)

解説 一般に反応温度が上昇すれば,分子の運動エネルギーは大きくなる。しかし,実際はエネルギーが 0 のようなエネルギーの低い分子も存在し,平均的に大きくなる。したがって,グラフの山の最高値は右に移動する。しかし,全体の分子数(グラフと横軸に囲まれた部分の面積)は変化しないため,グラフの山の高さは低くなる。

活性化エネルギーを超える運動エネルギーをもった分子は温

15　反応の速さとしくみ── 143

度 T が高いほど多くなる。また，活性化エネルギー E_a が小さいほど反応する分子が多くなる。この二つの関係を満たす式[●]を選べばよい。

❶ $\dfrac{1}{e^{C \times \frac{E_a}{T}}}$

エクセル　一般に反応の速さは温度が上昇すると速くなる。それは分子どうしの衝突回数が増加することと活性化エネルギーを超える分子数の増加による。

317

解答

(1)　この反応は，いくつかの段階を経て進む多段階反応だから。

(2)　①式の両辺の自然対数をとると，
$$\log_e[N_2O_5] = \log_e([N_2O_5]_0 e^{-kt})$$
$$= \log_e[N_2O_5]_0 - kt$$
よって横軸を t，縦軸を $\log_e[N_2O_5]$ とすると，$\log_e[N_2O_5]_0$，k は定数なので，直線のグラフとなる。この直線の傾きが $-k$ となるので，k を求めることができる。

(3)　温度を上げると，分子の熱運動が激しくなり，活性化エネルギー以上のエネルギーをもつ分子の割合が急激に多くなるため。

(4)　②式の両辺の自然対数をとると，
$$\log_e k = \log_e\left(A e^{-\frac{E_a}{RT}}\right)$$
$$= \log_e A - \frac{E_a}{RT} = \log_e A - \frac{E_a}{R} \cdot \frac{1}{T}$$
よって，横軸を $\dfrac{1}{T}$，縦軸を $\log_e k$ とすると，
$\log_e A$，$\dfrac{E_a}{R}$ は定数なので，直線のグラフとなる。
この直線の傾きが $-\dfrac{E_a}{R}$ となるので，E_a を求めることができる。

(5)　$1.8 \times 10^5\,\text{J/mol}$

●多段階反応
いくつかの段階を経て進む反応。それぞれの反応を素反応とよび，素反応の中で最も反応速度が小さい段階を律速段階とよぶ。

▶ $\log_e AB$
　$= \log_e A + \log_e B$

解説

(5)　$\log k = \log A - \dfrac{E_a}{RT}$ に k_1 と T_1，k_2 と T_2 の値を代入してから，両辺どうしを引き算すると
$$\log k_1 - \log k_2 = -\frac{E_a}{R}\left(\frac{1}{T_1} - \frac{1}{T_2}\right)$$
上式に $T_1 = 647\,\text{K}$，$T_2 = 716\,\text{K}$，$k_1 = 8.6 \times 10^{-5}\,\text{L/(mol·s)}$，$k_2 = 2.5 \times 10^{-3}\,\text{L/(mol·s)}$，$R = 8.31\,\text{J/(mol·K)}$ を代入すると
$$E_a = -\frac{(\log k_1 - \log k_2)R}{\frac{1}{T_1} - \frac{1}{T_2}} = -\frac{(-9.3 + 6.0) \times 8.31}{\frac{1}{647} - \frac{1}{716}}$$
$$= 1.83 \times 10^5\,\text{J/mol}$$

エクセル　アレニウスの式

反応速度定数　$k = A e^{-\frac{E_a}{RT}}$

$\begin{pmatrix} A：頻度因子 & E_a：活性化エネルギー \\ R：気体定数 & T：絶対温度 \end{pmatrix}$

16 化学平衡（p.203）

318 解答 (1)

解説 反応を開始すると正・逆両方の反応が起こる。はじめは H_2 と I_2 の濃度が高いため正反応の速度が大きい。しかし，時間とともに逆反応も起こりはじめ正反応の速度は小さくなり，逆反応の速度は大きくなる。一定時間が経過すると平衡状態になり，反応速度は正逆ともに同じになり見かけ上反応が停止しているように見える。

エクセル 平衡状態
正反応の反応速度と逆反応の反応速度が等しくなり，見かけ上反応が停止したように見える状態

● 化学平衡
正反応の速度 v_1 ＝ 逆反応の速度 v_2

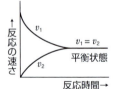

319 解答 18

解説

	H_2	+	I_2	$\rightleftarrows$	2HI
反応前	5.0 mol		4.0 mol		0
変化量	−3.0 mol		−3.0 mol		+6.0 mol
平衡時	2.0 mol		1.0 mol		6.0 mol

平衡定数 K は

$$K = \frac{[HI]^2}{[H_2][I_2]} = \frac{\left(\frac{6.0}{2.0}\right)^2}{\left(\frac{2.0}{2.0}\right)\left(\frac{1.0}{2.0}\right)} = \frac{9.0}{0.50} = 18 \;❶$$

❶ この場合，平衡定数に単位はない。

エクセル 化学平衡の法則
$aA + bB \rightleftarrows cC$

$$K = \frac{[C]^c}{[A]^a[B]^b}$$

320 解答 (1) 4　(2) 0.87

解説 (1)

	CH_3COOH	+	CH_3CH_2OH	$\rightleftarrows$	$CH_3COOCH_2CH_3$	+	H_2O
反応前	1.6 mol		1.0 mol		0		0
変化量	−0.8 mol		−0.8 mol		+0.8 mol		+0.8 mol
平衡時	0.8 mol		0.2 mol		0.8 mol		0.8 mol

平衡定数 K は，体積を V とすると

$$K = \frac{[CH_3COOCH_2CH_3][H_2O]}{[CH_3COOH][CH_3CH_2OH]} = \frac{\left(\frac{0.8}{V}\right)\left(\frac{0.8}{V}\right)}{\left(\frac{0.8}{V}\right)\left(\frac{0.2}{V}\right)} = \frac{0.8 \times 0.8}{0.8 \times 0.2} = 4 \;❶$$

❶ この場合，平衡定数に単位はない。

(2) 酢酸エチルが x [mol] 生成したとすると

16 化学平衡——145

$$CH_3COOH + CH_3CH_2OH \rightleftharpoons CH_3COOCH_2CH_3 + H_2O$$

反応前	2.0 mol	1.0 mol	0	0
変化量	$-x$〔mol〕	$-x$〔mol〕	$+x$〔mol〕	$+x$〔mol〕
平衡時	$(2.0-x)$〔mol〕	$(1.0-x)$〔mol〕	x〔mol〕	x〔mol〕

平衡定数が(1)と同じであるので

$$K = \frac{[CH_3COOCH_2CH_3][H_2O]}{[CH_3COOH][CH_3CH_2OH]} = \frac{\left(\dfrac{x}{V}\right)\left(\dfrac{x}{V}\right)}{\left(\dfrac{2.0-x}{V}\right)\left(\dfrac{1.0-x}{V}\right)} = 4$$

$$\frac{x^2}{(2-x)(1-x)} = 4 \qquad x^2 = 4(2-x)(1-x)$$

$$3x^2 - 12x + 8 = 0 \qquad x = \frac{6 \pm 2\sqrt{3}}{3}$$

$x < 2.0$ より

$$x = \frac{6 - 2\sqrt{3}}{3} = \frac{6 - 2 \times 1.7}{3} = 0.866 \fallingdotseq 0.87$$

エクセル 化学平衡の法則

$$aA + bB \rightleftharpoons cC + dD$$

$$K = \frac{[C]^c[D]^d}{[A]^a[B]^b}$$

321 **解答** (1) 4.3×10^4 Pa　(2) 7.6×10^4 Pa

解説 (1)

$$N_2O_4 \rightleftharpoons 2NO_2$$

反応前	n〔mol〕	0
変化量	$-0.4n$〔mol〕	$+2 \times 0.4n$〔mol〕
平衡時	$0.6n$〔mol〕	$0.8n$〔mol〕

平衡時の分圧は全圧が 1.0×10^5 Pa より

$$p_{N_2O_4} = \frac{0.6n}{0.6n + 0.8n} \times 1.0 \times 10^5 = \frac{3}{7} \times 10^5 \, Pa$$

$$p_{NO_2} = \frac{0.8n}{0.6n + 0.8n} \times 1.0 \times 10^5 = \frac{4}{7} \times 10^5 \, Pa$$

(2) 圧平衡定数 K_p は

$$K_p = \frac{p_{NO_2}^2}{p_{N_2O_4}} = \frac{\left(\dfrac{4}{7} \times 10^5\right)^2}{\dfrac{3}{7} \times 10^5} \fallingdotseq 7.6 \times 10^4 \, Pa❶$$

❶単位の計算
$$\frac{Pa \times Pa}{Pa} = Pa$$

エクセル 圧平衡定数

$$aA \rightleftharpoons bB$$

$$K_p = \frac{p_B^{\,b}}{p_A^{\,a}}$$

322 **解答** (1) 64　(2) H_2 の濃度 1.0×10^{-2} mol/L
I_2 の濃度 1.0×10^{-2} mol/L　HI の濃度 8.0×10^{-2} mol/L

146 —— 4章　物質の変化と平衡

解説 (1)

	H_2	$+$	I_2	$\rightleftarrows$	$2HI$
反応前	0.225 mol		0.225 mol		0
変化量	-0.180 mol		-0.180 mol		$+0.360$ mol
平衡時	0.045 mol		0.045 mol		0.360 mol

平衡定数 K は

$$K = \frac{[HI]^2}{[H_2][I_2]} = \frac{\left(\dfrac{0.360}{5.00}\right)^2}{\left(\dfrac{0.045}{5.00}\right)\left(\dfrac{0.045}{5.00}\right)} = \frac{0.360^2}{0.045 \times 0.045} = 64^{❶}$$

❶この場合，平衡定数に単位はない。

(2)

	H_2	$+$	I_2	$\rightleftarrows$	$2HI$
反応前	0.070 mol		0.070 mol		0.360 mol
変化量	$-x$〔mol〕		$-x$〔mol〕		$+2x$〔mol〕
平衡時	$(0.070-x)$〔mol〕		$(0.070-x)$〔mol〕		$(0.360+2x)$〔mol〕

温度一定のとき，平衡定数も一定であるので

$$K = \frac{[HI]^2}{[H_2][I_2]} = \frac{\left(\dfrac{0.360+2x}{5.00}\right)^2}{\left(\dfrac{0.070-x}{5.00}\right)\left(\dfrac{0.070-x}{5.00}\right)} = 64$$

$$\frac{(0.360+2x)^2}{(0.070-x)(0.070-x)} = 64 = 8^2 \quad x < 0.070 \text{ より } x = 0.020$$

$$[H_2] = [I_2] = \frac{(0.070-0.020)\,\text{mol}}{5.00\,\text{L}} = 1.0 \times 10^{-2}\,\text{mol/L}$$

$$[HI] = \frac{(0.360+2 \times 0.020)\,\text{mol}}{5.00\,\text{L}} = 8.0 \times 10^{-2}\,\text{mol/L}$$

エクセル 温度が一定のとき，平衡定数は一定である。

323 **解答** $K_p = \dfrac{K}{RT}$

解説 p_A，p_B，p_C，p_D はそれぞれ次のように表せる。

$p_A = [A]RT$，$p_B = [B]RT$，$p_C = [C]RT$，$p_D = [D]RT$

$$K_p = \frac{p_C\,p_D{}^2}{p_A\,p_B{}^3} = \frac{([C]RT)([D]RT)^2}{([A]RT)([B]RT)^3} = \frac{[C][D]^2}{[A][B]^3} \cdot \frac{1}{RT}$$

$$K = \frac{[C][D]^2}{[A][B]^3} \text{であるので}$$

$$K_p = \frac{K}{RT}$$

エクセル 圧平衡定数 K_p と濃度平衡定数 K

$a A + b B \rightleftarrows c C + d D$

$K_p = K(RT)^{(c+d)-(a+b)}$

324 **解答** (1) ウ　(2) ア　(3) ウ　(4) イ　(5) イ
(6) イ　(7) ア　(8) イ　(9) ウ　(10) イ

解説 (1) 圧力を減らす（気体分子数が減る）向きに移動する。
(2) 固体は濃度や圧力に関係ないので無視してよい（気体の分子数についてだけ考えればよい）。

16 化学平衡——147

(3) 触媒は反応速度にだけ影響を与え，平衡の移動には関与しない。

(4) 発熱する向きに移動する。

(5) 圧力を減らす(気体分子数が減る)向きに移動する。

(6) 加えられた NH_4^+ を減らす向きに移動する。

(7) 加えられた水を減らす向きに移動する。

(8) 加えられた CH_3COO^- を減らす向きに移動する。

(9) 体積一定の容器では反応に関係のない He が入ってきても成分の分圧には影響ないため平衡は移動しない。

(10) 圧力一定にして He を入れるためには，容器の体積が大きくならなければならない。反応に関与する物質の圧力が減るため，気体分子数が増加する向きに平衡は移動する。

エクセル ルシャトリエの原理
温度・圧力・濃度の条件を変化させると，その変化をやわらげる方向へ平衡は移動する。

325

解答
(ア) $\dfrac{[CH_3COO^-][H^+]}{[CH_3COOH]}$　(イ) $c\alpha^2$　(ウ) 1

(エ) 2.6×10^{-5}　(オ) 1.6×10^{-3}　(カ) 2.8

解説

	CH_3COOH	$\rightleftharpoons$	CH_3COO^-	+	H^+
反応前	c〔mol/L〕		0		0
変化量	$-c\alpha$〔mol/L〕		$+c\alpha$〔mol/L〕		$+c\alpha$〔mol/L〕
平衡時	$c(1-\alpha)$〔mol/L〕		$c\alpha$〔mol/L〕		$c\alpha$〔mol/L〕

$$K_a = \frac{[CH_3COO^-][H^+]}{[CH_3COOH]} = \frac{(c\alpha)^2}{c(1-\alpha)} = \frac{c\alpha^2}{1-\alpha} \fallingdotseq c\alpha^2$$

α は 1 よりも非常に小さいため $1-\alpha \fallingdotseq 1$ という近似ができる。
ここで，$c = 0.10$ mol/L，$\alpha = 0.016$ を代入すると

$$K_a = 0.10 \times 0.016^2 \fallingdotseq 2.6 \times 10^{-5} \text{mol/L}$$
$$[H^+] = c\alpha = 0.10 \times 0.016 = 1.6 \times 10^{-3} \text{mol/L}$$
$$pH = -\log_{10}[H^+] = -\log_{10}(1.6 \times 10^{-3})$$
$$= -(\log_{10} 1.6 + \log_{10} 10^{-3}) = 2.8$$

エクセル 弱酸の電離定数　$K_a = \dfrac{c\alpha^2}{1-\alpha} \fallingdotseq c\alpha^2$，$[H^+] = \sqrt{cK_a}$

● 電解度 α

$$\alpha = \frac{電離した電解質の物質量}{溶かした電解質の全物質量}$$

$\alpha \ll 1$ のとき

$$\alpha = \sqrt{\frac{K_a}{c}}$$
$$[H^+] = c\alpha = \sqrt{cK_a}$$
$$pH = -\log_{10} c\alpha$$

❶ $\log_{10} AB$
$= \log_{10} A + \log_{10} B$
$\log_{10} A^n = n \log_{10} A$

326

解答
(ア) $\dfrac{C\alpha^2}{1-\alpha}$　(イ) $C\alpha^2$　(ウ) 4.2×10^{-2}　(エ) 4.2×10^{-4}mol/L

(オ) 10.6

解説

	NH_3	+	H_2O	$\rightleftharpoons$	NH_4^+	+	OH^-
反応前	C〔mol/L〕				0		0
変化量	$-C\alpha$〔mol/L〕				$+C\alpha$〔mol/L〕		$+C\alpha$〔mol/L〕
平衡時	$C(1-\alpha)$〔mol/L〕				$C\alpha$〔mol/L〕		$C\alpha$〔mol/L〕

$$K_b = \frac{[NH_4^+][OH^-]}{[NH_3]} = \frac{C^2\alpha^2}{C(1-\alpha)} = \frac{C\alpha^2}{1-\alpha}$$

❶ $K = \dfrac{[NH_4^+][OH^-]}{[NH_3][H_2O]}$
$[H_2O]$ は一定とみなしてもよいため

$$K[H_2O] = K_b = \frac{[NH_4^+][OH^-]}{[NH_3]}$$

148 —— 4章　物質の変化と平衡

αは非常に小さいので，$1-\alpha \fallingdotseq 1$

$$K_b = C\alpha^2$$

$$\alpha = \sqrt{\frac{K_b}{C}}$$

$C = 1.0 \times 10^{-2}\,\text{mol/L}$，$K_b = 1.8 \times 10^{-5}\,\text{mol/L}$ であるので

$$\alpha = \sqrt{\frac{1.8 \times 10^{-5}}{1.0 \times 10^{-2}}} = \sqrt{\frac{18 \times 10^{-6}}{1.0 \times 10^{-2}}} = 3\sqrt{2} \times 10^{-2}$$

$$= 3 \times 1.4 \times 10^{-2} = 4.2 \times 10^{-2}$$

$[\text{OH}^-] = C\alpha = 1.0 \times 10^{-2}\,\text{mol/L} \times 4.2 \times 10^{-2} = 4.2 \times 10^{-4}\,\text{mol/L}$

また，$[\text{OH}^-]$は次のようにも表せる。

$$[\text{OH}^-] = C\alpha = C\sqrt{\frac{K_b}{C}} = \sqrt{C^2 \cdot \frac{K_b}{C}} = \sqrt{CK_b}$$

$K_w = [\text{H}^+][\text{OH}^-] = 1.0 \times 10^{-14}\,\text{mol}^2/\text{L}^2$ より

$$[\text{H}^+] = \frac{K_w}{[\text{OH}^-]} = \frac{K_w}{\sqrt{CK_b}} = \sqrt{\frac{K_w^2}{CK_b}}$$

$$\begin{aligned}
\text{pH} = -\log_{10}[\text{H}^+] &= -\log_{10}\sqrt{\frac{K_w^2}{CK_b}} = -\log_{10}\sqrt{\frac{(1.0 \times 10^{-14})^2}{(1.0 \times 10^{-2})(1.8 \times 10^{-5})}} \\
&= -\frac{1}{2}\log_{10}\left(\frac{10^{-28}}{18 \times 10^{-8}}\right) = -\frac{1}{2}\log_{10}\left(\frac{10^{-20}}{18}\right) \\
&= -\frac{1}{2} \times \log_{10}10^{-20} + \frac{1}{2}\log_{10}2 \cdot 3^2 \\
&= 10 + \frac{1}{2}\log_{10}2 + \log_{10}3 \\
&= 10 + \frac{1}{2} \times 0.30 + 0.48 \\
&= 10.63 \fallingdotseq 10.6
\end{aligned}$$

エクセル 水酸化物イオンの濃度

$$[\text{OH}^-] = \sqrt{CK_b}$$

327 **解答**

(ア) 緩衝液　(イ) CH_3COO^-　(ウ) H^+　(エ) Na^+

(オ) CH_3COO^-　(カ) CH_3COOH

① $CH_3COO^- + H^+ \longrightarrow CH_3COOH$

② $CH_3COOH + OH^- \longrightarrow CH_3COO^- + H_2O$

解説

酢酸は弱酸なので次のような電離平衡にある。

$CH_3COOH \rightleftharpoons CH_3COO^- + H^+$　…①

酢酸ナトリウムは電解質の塩であり完全に電離している。

$CH_3COONa \longrightarrow CH_3COO^- + Na^+$　…②

酢酸と酢酸ナトリウムの混合水溶液では②で生じた CH_3COO^- のために①の平衡は左に大きくかたよっている状態になる。ここで酸を加えると②により生じた CH_3COO^- と H^+ が反応して，増えたはずの H^+ の影響が緩和される。また，塩基を加えると①の CH_3COOH が OH^- と反応し，OH^- の影響を緩和する。このように，酸や塩基を加えても pH があまり変化しない水溶液を緩衝液という。

●緩衝液

CH_3COOH と CH_3COO^- が多量に存在しているとき

・酸(H^+)の影響

$CH_3COO^- + H^+$
$\qquad \longrightarrow CH_3COOH$

・塩基(OH^-)の影響

$CH_3COOH + OH^-$
$\qquad \longrightarrow CH_3COO^- + H_2O$

16 化学平衡—— 149

エクセル 緩衝液
酸や塩基を少量加えても，pH があまり変化しない溶液。
弱酸とその弱酸の塩(例：CH_3COOH と CH_3COONa)や
弱塩基とその弱塩基の塩(例：NH_3 と NH_4Cl)の混合溶液。

328

解答
(1) $1.00 \times 10^{-10}(mol/L)^2$　(2) 4.66×10^{-7} g

解説
(1) $BaSO_4$(式量 233)のモル濃度を求めると

$$\frac{2.33 \times 10^{-4}}{233} \times \frac{1000}{100} = 1.00 \times 10^{-5} \, mol/L$$

$BaSO_4 \rightleftarrows Ba^{2+} + SO_4^{2-}$ より
$$\begin{aligned}
K_{sp} &= [Ba^{2+}][SO_4^{2-}] \\
&= (1.00 \times 10^{-5}) \times (1.00 \times 10^{-5}) \\
&= 1.00 \times 10^{-10}(mol/L)^2
\end{aligned}$$

(2) $H_2SO_4 \longrightarrow 2H^+ + SO_4^{2-}$❶　$[SO_4^{2-}] = 0.0500 \, mol/L$
この H_2SO_4 に $BaSO_4$ が x〔mol/L〕溶解するとすれば
$$[Ba^{2+}][SO_4^{2-}] = x \times (0.0500 + x) = 1.00 \times 10^{-10}$$
ここで，x は非常に小さく $x \ll 0.050$ と仮定し $0.0500 + x \fallingdotseq$
0.0500 と近似すると
$$0.0500x = 10^{-10}$$
$$x = 2.00 \times 10^{-9} \, mol/L❷$$
したがって，$2.00 \times 10^{-9} \times 233 = 4.66 \times 10^{-7}$ g

❶硫酸は強酸なので，ほぼ完全に電離している。

❷この x の値は $x \ll 0.050$ を満たす。

エクセル 水に溶けにくい物質の飽和水溶液
⇒ $[Ba^{2+}][SO_4^{2-}] = $ 溶解度積(温度が変わらなければ一定)

329

解答
(1) 発熱反応　理由：温度が上がるにつれてアンモニアの生成量が減少しているから。(29 字)

(2) A　(3) E

解説
(1) 図 1 より，温度が上がるとアンモニアの生成量は減少している。つまり温度の上昇によって，$N_2 + 3H_2 \rightleftarrows 2NH_3$ の平衡が左に移動することを示している。温度を上げると吸熱反応の向きに移動するから，左向きの反応は吸熱反応である。したがって，逆向きのアンモニアの生成は発熱反応である。

(2) アンモニアの生成反応は次のように表せる。
$$N_2 + 3H_2 \rightleftarrows 2NH_3$$
圧力を高くすると，気体の総分子数が減る方向に平衡が移動する。この反応では，NH_3 が生成する方向がその方向になるため，グラフはすべての温度で赤色の実線を上回るグラフを選べばよい。

(3) アンモニアの生成反応は発熱反応であるため，温度を低くすれば平衡時の生成量は増加する。正・逆両反応は温度が低くなると反応速度が小さくなり，生成量の最大を迎えるまでの時間は多くかかることになる。

●ルシャトリエの原理
変化をやわらげる方向へ平衡は移動する。

150 —— 4章　物質の変化と平衡

> **エクセル** ルシャトリエの原理
> 温度・圧力・濃度の条件を変化させると，その変化をやわらげる方向へ平衡は移動する。
> しかし，触媒を入れても，反応速度は変化するが平衡は移動しない。

330 解答

(1) (イ)　(2) $\dfrac{2b^2}{(a-b)^3}$

解説

(1) 温度一定で体積を$\dfrac{1}{2}$にすると，三酸化硫黄の分圧は2倍になる。さらに，ルシャトリエの原理により，体積を$\dfrac{1}{2}$にすると平衡は右に移動するので，三酸化硫黄の分圧は2倍より大きくなる[❶]。

(2)

	$2SO_2$	$+$	O_2	$\rightleftarrows$	$2SO_3$
反応前	$2a$〔mol〕		a〔mol〕		0
変化量	$-2b$〔mol〕		$-b$〔mol〕		$+2b$〔mol〕
平衡時	$(2a-2b)$〔mol〕		$(a-b)$〔mol〕		$2b$〔mol〕

平衡定数 K は

$$K=\frac{\left(\dfrac{2b}{2}\right)^2}{\left(\dfrac{2a-2b}{2}\right)^2\left(\dfrac{a-b}{2}\right)}=\frac{2b^2}{(a-b)^2(a-b)}=\frac{2b^2}{(a-b)^3}\,〔L/mol〕$$

> **❶** 分子数が変わらなければ，圧縮後の分圧は単純に2倍。平衡が右に移動するということは，圧縮前よりも三酸化硫黄分子の数が増えるということである。

> **エクセル** 温度一定で体積を$\dfrac{1}{2}$にすると，分圧は2倍になる。

331 解答

(1) 0.63　(2) $1.2\times10^5\,Pa$　(3) 0.48

解説

(1) N_2O_4 の分子量は92なので，0.92gは0.010molになる。解離度をxとおいて反応前・変化量・平衡時の表をつくる。

	N_2O_4	$\rightleftarrows$	$2NO_2$
反応前	$0.010\,mol$		0
変化量	$-0.010x$〔mol〕		$+0.020x$〔mol〕
平衡時	$0.010(1-x)$〔mol〕		$0.020x$〔mol〕

容器内の分子全体の総物質量 $=0.010(1-x)+0.020x$
$\qquad\qquad\qquad\qquad\qquad =0.010(1+x)$〔mol〕

容器の体積1.0L，全圧 $0.46\times10^5\,Pa$ であるから気体の状態方程式より

$0.46\times10^5\,Pa\times1.0L=0.010(1+x)$〔mol〕$\times8.3\times10^3\times(273+67)K$

$\quad x=0.630≒0.63$

(2) 圧平衡定数 $K_p=\dfrac{(p_{NO_2})^2}{p_{N_2O_4}}$ …①

それぞれの物質の物質量は

$n_{NO_2}=0.020x=0.020\times0.630,\ n_{N_2O_4}=0.010(1-0.630)=0.00370$

気体の状態方程式によりそれぞれの分圧を求め，①式に代入

> ▶ 平衡状態の問題は，反応前と平衡時の物質量の関係を整理するところから始める。

> ▶ 圧力 Pa，体積 L なので，気体定数 R は 8.3×10^3
> $\dfrac{Pa\cdot L}{K\cdot mol}$ を用いる。

すると

$$K_p = \frac{(p_{NO_2})^2}{p_{N_2O_4}} = \frac{\left(\dfrac{n_{NO_2} \cdot RT}{V}\right)^2}{\dfrac{n_{N_2O_4} \cdot RT}{V}}$$

$$= \frac{n_{NO_2}{}^2}{n_{N_2O_4}} \times \frac{RT}{V}$$

$$= \frac{0.020^2 \times 0.630^2}{0.00370} \times \frac{8.3 \times 10^3 \times 340}{1.0}$$

$$= 1.20 \times 10^5 \fallingdotseq 1.2 \times 10^5 \, Pa$$

(3) 平衡は途中から始まるが容器内の物質は出し入れしていないので，始めの状態から考えても同じことである。(1)と同様に表を作成する。解離度は y とする。

$$\begin{array}{ccc} & N_2O_4 & \rightleftharpoons & 2NO_2 \\ \text{平衡時} & 0.010(1-y)\,[mol] & & 0.020y\,[mol] \end{array}$$

容器内の分子全体の総物質量 $= 0.010(1-y) + 0.020y$

$$= 0.010(1+y)$$

全圧が $1.0 \times 10^5 \, Pa$ なのでそれぞれの分圧は

$$p_{NO_2} = \frac{NO_2\text{ の物質量}}{\text{総物質量}} \times \text{全圧}^{❶}$$

❶ 分圧＝モル分率×全圧

$$= \frac{0.020y}{0.010(1+y)} \times 1.0 \times 10^5 \, Pa = \frac{2y}{1+y} \times 1.0 \times 10^5 \, [Pa]$$

$$p_{N_2O_4} = \frac{0.010(1-y)}{0.010(1+y)} \times 1.0 \times 10^5 \, Pa = \frac{1-y}{1+y} \times 1.0 \times 10^5 \, [Pa]$$

ここで，(2)と同じ温度であるため平衡定数は変化していない❷から，$K_p = 1.20 \times 10^5 \, Pa$ となる。

❷ 平衡定数は，温度が変わらなければ同じ値を利用できる。

$$K_p = \frac{(p_{NO_2})^2}{p_{N_2O_4}} = \frac{\left(\dfrac{2y}{1+y}\right)^2}{\dfrac{1-y}{1+y}} \times 1.0 \times 10^5 = 1.20 \times 10^5 \, Pa$$

これを解いて，$y \fallingdotseq 0.48$

エクセル $N_2O_4 \rightleftharpoons 2NO_2$ の反応では

平衡状態の解離度を α，全圧を $p_全$ とすると，

圧平衡定数 $K_p = \dfrac{\left(\dfrac{2\alpha}{1+\alpha} \times p_全\right)^2}{\dfrac{1-\alpha}{1+\alpha} \times p_全} = \dfrac{4\alpha^2}{1-\alpha^2} \times p_全$

332 解答 解説

$pH = 9.0$

$$K_h = \frac{K_w}{K_a} = \frac{1.0 \times 10^{-14}}{2.0 \times 10^{-5}} = 5.0 \times 10^{-10} \, mol/L$$

この加水分解定数の大きさは非常に小さい。これは側注の平衡反応式(a)が大きく左にかたよっていることを示しており，$[CH_3COO^-] \fallingdotseq 0.20 \, mol/L$ と近似できる。また，(a)より $[CH_3COOH] = [OH^-]$ である。

▶ CH_3COONa は水溶液中で完全に電離して，そのときに生じた CH_3COO^- は水と反応し，次式のような平衡になる。

$CH_3COO^- + H_2O$
$\rightleftharpoons CH_3COOH + OH^-$ (a)

152 —— 4章　物質の変化と平衡

したがって，$K_h = \dfrac{[OH^-]^2}{[CH_3COO^-]}$ と変形できるので，

$[OH^-] = \sqrt{K_h[CH_3COO^-]}$

それぞれの数値を代入すると，

$[OH^-] = \sqrt{5.0 \times 10^{-10} \times 0.20} = 1.0 \times 10^{-5}\,mol/L$

よって，$[H^+] = \dfrac{K_w}{[OH^-]} = \dfrac{1.0 \times 10^{-14}}{1.0 \times 10^{-5}} = 1.0 \times 10^{-9}\,mol/L$

$pH = -\log_{10}(1.0 \times 10^{-9}) = 9.0$

エクセル 加水分解定数　$K_h = \dfrac{K_w}{K_a}$

これより

$K_h = \dfrac{[CH_3COOH][OH^-]}{[CH_3COO^-]}$

分子・分母に$[H^+]$をかけると

$K_h = \dfrac{[CH_3COOH][OH^-][H^+]}{[CH_3COO^-][H^+]}$

$\quad = \dfrac{K_w}{K_a}$

333 解答　**pH = 9.3**

解説　塩化アンモニウムは水に溶けて完全に電離する。

$NH_4Cl \longrightarrow NH_4^+ + Cl^-$

	NH_3	$+$	H_2O	$\rightleftharpoons$	NH_4^+	$+$	OH^-
反応前	0.010 mol				0.010 mol		0
変化量	$-x$〔mol〕				$+x$〔mol〕		$+x$〔mol〕
平衡時	(0.010 $-$ x)〔mol〕				(0.010 $+$ x)〔mol〕		x〔mol〕

ここで，この平衡定数は

$K_b = \dfrac{[NH_4^+][OH^-]}{[NH_3]}$

$\quad = \dfrac{\dfrac{0.010 + x}{0.100} \times \dfrac{x}{0.100}}{\dfrac{0.010 - x}{0.100}}$〔mol/L〕

アンモニアは弱塩基であり，xは非常に小さいので $0.010 \gg x$

したがって，$0.010 + x \fallingdotseq 0.010$，$0.010 - x \fallingdotseq 0.010$ と近似できる。

$K_b = \dfrac{0.010x}{0.010 \times 0.100} = 2.0 \times 10^{-5}\,mol/L \quad x = 2.0 \times 10^{-6}\,mol$

$[OH^-] = \dfrac{x}{0.100} = 2.0 \times 10^{-5}\,mol/L$ なので

$[H^+] = \dfrac{1.0 \times 10^{-14}}{2.0 \times 10^{-5}}\,mol/L$

したがって，$pH = -\log_{10}\left(\dfrac{1}{2} \times 10^{-9}\right) = 9 - \log 2^{-1} = 9.3$

▶ 水溶液の体積は $100\,mL = 0.100\,L$
平衡定数は，モル濃度〔mol/L〕の式である。

▶ アンモニア水中のアンモニアの物質量は
$0.10\,mol/L \times 0.100\,L = 0.010\,mol$

▶ このxの値は $0.010 \gg x$ を満たす。

▶ 弱塩基の濃度：c_b
弱塩基の塩の濃度：c_s
とすると

$[OH^-] = K_b \cdot \dfrac{c_b}{c_s}$

エクセル 平衡状態を考えるときは，反応前・変化量・平衡時の物質収支を表でかくと考えやすい。

334 解答　(1)　**pH = 4.7**　　(2)　**pH = 6.8**

解説　(1)　酢酸の濃度が薄いため電離度が大きくなっている。電離度

$\alpha = \sqrt{\dfrac{2.0 \times 10^{-5}}{4.0 \times 10^{-5}}} \fallingdotseq 0.70$❶ となり，$\alpha$が非常に小さいとは言え

ない。よって，$1 - \alpha \fallingdotseq 1$ と近似できない。$K_a = \dfrac{c\alpha^2}{1 - \alpha}$ につ

いての二次方程式を解く。

❶ αが小さいとき

$\alpha = \sqrt{\dfrac{K_a}{c}}$

$$K_a = \frac{4.0 \times 10^{-5} \times \alpha^2}{1 - \alpha} = 2.0 \times 10^{-5}, \quad 2\alpha^2 + \alpha - 1 = 0$$

$\alpha = 0.50, \quad -1$。ここで，$0 < \alpha < 1$ なので $\alpha = 0.50$

（αは近似できるほど小さくないことがわかる）

$$[\text{H}^+] = c\alpha = 4.0 \times 10^{-5} \times 0.50 = 2.0 \times 10^{-5} \text{mol/L}$$

$$\text{pH} = -\log(2.0 \times 10^{-5}) = 4.7$$

(2) 塩酸の濃度が薄くなり，水の電離によって生じた$[\text{H}^+]$を無視できなくなる。水が電離して生じた$[\text{H}^+]$をx〔mol/L〕とすると

$$\text{H}_2\text{O} \rightleftharpoons \text{H}^+ + \text{OH}^-$$
$$\qquad\qquad x \qquad x$$

$$\text{HCl} \longrightarrow \text{H}^+ + \text{Cl}^-$$
$$\qquad\qquad 1.0 \times 10^{-7} \quad 1.0 \times 10^{-7}$$

ここで，水溶液中の全$[\text{H}^+]$について水のイオン積が成り立つので❶

$$K_w = [\text{H}^+][\text{OH}^-] = (x + 1.0 \times 10^{-7}) \times x = 1.0 \times 10^{-14}$$

これを解くと，$x \fallingdotseq 0.62 \times 10^{-7} \text{mol/L}$

$$[\text{H}^+] = 1.0 \times 10^{-7} + 0.62 \times 10^{-7} = 1.62 \times 10^{-7} \text{mol/L}$$

$$\text{pH} = -\log_{10}(1.62 \times 10^{-7}) = 6.79 \fallingdotseq 6.8$$

❶ 温度が変わらなければ，中性・酸性・塩基性のいずれの水溶液でも水のイオン積の値は一定になる。

エクセル 極端に希薄な酸の pH は水の電離により生じる$[\text{H}^+]$も考える。

---

335 **解答** (1) $\text{pH} = 6.6$ (2) $\text{pH} = 10.3$

解説 (1) 純水は中性であるから$[\text{H}^+] = [\text{OH}^-]$である。25℃では
$K_w = [\text{H}^+] \times [\text{OH}^-] = 1.0 \times 10^{-14} (\text{mol/L})^2$ である。
$K_w = [\text{H}^+] \times [\text{OH}^-] = [\text{H}^+] \times [\text{H}^+] = 1.0 \times 10^{-14} (\text{mol/L})^2$
$[\text{H}^+] = 1.0 \times 10^{-7} \text{mol/L}$ より，$\text{pH} = 7$ になる。これは温度によって変化し，題意のように50℃では $K_w = 5.47 \times 10^{-14}$ $(\text{mol/L})^2$ なので，

$$[\text{H}^+] = \sqrt{5.47 \times 10^{-14}} \text{ mol/L} \quad \text{pH} = -\log_{10}\sqrt{5.47 \times 10^{-14}}$$

$$= -\frac{1}{2}\log_{10}(5.47 \times 10^{-14}) = \frac{1}{2}(14 - \log_{10}5.47) = 6.63 \fallingdotseq 6.6$$

(2) 弱塩基性の電離については弱酸と同じ扱いができるため，$[\text{OH}^-] = \sqrt{cK_b}$ が成り立つ。

$$[\text{OH}^-] = \sqrt{0.200 \times 5.00 \times 10^{-6}} = 1.00 \times 10^{-3} \text{mol/L}$$

よって，$[\text{H}^+] = \dfrac{K_w}{[\text{OH}^-]} = \dfrac{5.47 \times 10^{-14}}{1.00 \times 10^{-3}} = 5.47 \times 10^{-11} \text{mol/L}$

$$\text{pH} = -\log(5.47 \times 10^{-11}) = 11 - \log 5.47 = 10.26 \fallingdotseq 10.3$$

各物質の物質量について

$$\text{H}_2\text{O} + \text{A} \rightleftharpoons \text{AH}^+ + \text{OH}^-$$

	c		
	$-c\alpha$	$+c\alpha$	$+c\alpha$
$(1-\alpha)c$		$c\alpha$	$c\alpha$

$$K_b = \frac{[\text{AH}^+][\text{OH}^-]}{[\text{A}]}$$

$$= \frac{c^2\alpha^2}{c(1-\alpha)} \fallingdotseq c\alpha^2$$

$$[\text{OH}^-] = c\alpha = \sqrt{cK_b}$$

エクセル 塩基の水溶液の水素イオン濃度 $[\text{H}^+] = \dfrac{K_w}{[\text{OH}^-]}$

---

336 **解答** (1) 3.0 (2) $1.0 \times 10^{-15} \text{mol/L}$

解説 (1) 沈殿が生じない条件は，$[\text{Zn}^{2+}][\text{S}^{2-}] < K_{sp} \cdots$① である。
$[\text{Zn}^{2+}] = 1.0 \times 10^{-7} \text{mol/L} \cdots$② であり，硫化水素は水溶液中で平衡状態にあるので以下の式が成り立っている。

154 —— 4章　物質の変化と平衡

$$K = \frac{[\mathrm{H^+}]^2[\mathrm{S^{2-}}]}{[\mathrm{H_2S}]}$$

変形すると，$[\mathrm{S^{2-}}] = \dfrac{K[\mathrm{H_2S}]}{[\mathrm{H^+}]^2}$ …③

①に②，③を入れて整理すると

$$[\mathrm{Zn^{2+}}] \times \frac{K[\mathrm{H_2S}]}{[\mathrm{H^+}]^2} < K_{\mathrm{sp}}$$

$$[\mathrm{H^+}]^2 > [\mathrm{Zn^{2+}}] \times \frac{K[\mathrm{H_2S}]}{K_{\mathrm{sp}}}$$

$$= 1.0 \times 10^{-7} \times \frac{1.0 \times 10^{-22} \times 0.10}{1.0 \times 10^{-24}} = 1.0 \times 10^{-6}$$

したがって，$[\mathrm{H^+}] > 1.0 \times 10^{-3}$ のとき，沈殿しない。すなわち pH 3.0 未満では沈殿しないことになる。

(2) 水溶液中で沈殿しているときも，水溶液中では飽和しており，$[\mathrm{Zn^{2+}}][\mathrm{S^{2-}}] = K_{\mathrm{sp}}$ …④　が成り立っている。
$[\mathrm{H^+}] = 1.0 \times 10^{-7}\,\mathrm{mol/L}$ …⑤　のとき❶，④に③，⑤を入れて整理すると

$$[\mathrm{Zn^{2+}}] = \frac{K_{\mathrm{sp}}[\mathrm{H^+}]^2}{K[\mathrm{H_2S}]}$$

$$= \frac{1.0 \times 10^{-24} \times (1.0 \times 10^{-7})^2}{1.0 \times 10^{-22} \times 0.10}$$

$$= 1.0 \times 10^{-15}\,\mathrm{mol/L}$$

エクセル　$\mathrm{M^{2+}} + \mathrm{S^{2-}} \rightleftharpoons \mathrm{MS}$（$\mathrm{M^{2+}}$：金属イオン）の反応で，
溶解度積 $K_{\mathrm{sp}} \geqq [\mathrm{M^{2+}}][\mathrm{S^{2-}}]$…沈殿が生成しない
溶解度積 $K_{\mathrm{sp}} < [\mathrm{M^{2+}}][\mathrm{S^{2-}}]$…沈殿を生じる

337 解答　31%

解説　pH $= 6.0$ より $[\mathrm{H^+}] = 1.0 \times 10^{-6}\,\mathrm{mol/L}$
このとき，③式より

$$\frac{[\mathrm{HCO_3^-}]}{[\mathrm{H_2CO_3}]} = \frac{0.45}{1} \quad \cdots(\mathrm{i})$$

④式より

$$\frac{[\mathrm{CO_3^{2-}}]}{[\mathrm{HCO_3^-}]} = \frac{5.6 \times 10^{-5}}{1} \quad \cdots(\mathrm{ii})$$

(ii)より $[\mathrm{HCO_3^-}] \gg [\mathrm{CO_3^{2-}}]$ であるので，$[\mathrm{CO_3^{2-}}]$ の電離はほとんど無視できる。炭酸物質中の炭酸水素イオンの割合は

$$\frac{[\mathrm{HCO_3^-}]}{[\mathrm{H_2CO_3}] + [\mathrm{HCO_3^-}] + [\mathrm{CO_3^{2-}}]} \times 100$$

$[\mathrm{HCO_3^-}] \gg [\mathrm{CO_3^{2-}}]$ であるので

$$\frac{[\mathrm{HCO_3^-}]}{[\mathrm{H_2CO_3}] + [\mathrm{HCO_3^-}]} \times 100$$

$$= \frac{0.45}{1 + 0.45} \times 100$$

$$= 31$$

● 硫化物の沈殿
「イオン化列」で区分
中性・塩基性で沈殿
$\mathrm{Zn^{2+}} \sim \mathrm{Ni^{2+}}$
酸性でも沈殿
$\mathrm{Sn^{2+}} \sim \mathrm{Ag^+}$

▶ pH を変化させることによって，$\mathrm{H_2S} \rightleftharpoons 2\mathrm{H^+} + \mathrm{S^{2-}}$ の平衡が移動し，$[\mathrm{S^{2-}}]$ を調整することができる。

❶ pH が 7 なので
$[\mathrm{H^+}] = 1.0 \times 10^{-7}\,\mathrm{mol/L}$

エクセル 炭酸の電離

1 段階目 $H_2CO_3 \rightleftharpoons HCO_3^- + H^+$

2 段階目 $HCO_3^- \rightleftharpoons CO_3^{2-} + H^+$

2 段階目の電離は起こりにくいので，ほとんど無視できる。

338

解答

(1) 沈殿が生じる。理由 溶液中のイオンについて$[Ag^+]^2$ $[CrO_4^{2-}] = 1.6 \times 10^{-11}$ が成り立ち，この値は Ag_2CrO_4 の $K_{sp} = 3.6 \times 10^{-12}$ より大きいため。

(2) Ag^+ (エ) CrO_4^{2-} (イ) Cl^- (ウ)

(3) $0 \sim 50\,mL$ では $AgCl$ の白色沈殿が生じ，$50 \sim 70\,mL$ では Ag_2CrO_4 の赤褐色沈殿が生じる。

解説

(1) 混合後の$[Ag^+]$，$[CrO_4^{2-}]$は

$$[Ag^+] = 1.0 \times 10^{-2} \times \frac{0.2}{1000} \times \frac{1000}{49.8 + 0.2}$$
$$= 4.0 \times 10^{-5}\,mol/L$$

$$[CrO_4^{2-}] = 1.0 \times 10^{-2} \times \frac{49.8}{1000} \times \frac{1000}{49.8 + 0.2}$$
$$= 9.96 \times 10^{-3} \fallingdotseq 1.0 \times 10^{-2}\,mol/L$$

$$[Ag^+]^2[CrO_4^{2-}] = (4.0 \times 10^{-5})^2 \times 1.0 \times 10^{-2}$$
$$= 1.6 \times 10^{-11}$$

Ag_2CrO_4 の K_{sp} は $3.6 \times 10^{-12}\,mol^3/L^3$ であるので

$3.6 \times 10^{-12} < 1.6 \times 10^{-11}$ より沈殿が生じる。

(2) 次のように 2 段階で反応が起こる。

$$Ag^+ + Cl^- \longrightarrow AgCl \quad \cdots ①$$
$$2Ag^+ + CrO_4^{2-} \longrightarrow Ag_2CrO_4 \quad \cdots ②$$

①，②の反応により Ag^+ は常に消費されるので$[Ag^+]$は(エ)である。

①の反応により，Cl^- は $50\,mL$ まで減少していく。

よって，$[Cl^-]$は(ウ)である。

$0 \sim 50\,mL$ の範囲では$[CrO_4^{2-}]$は体積の増加により減少する。$50 \sim 150\,mL$ の範囲では，②の反応により CrO_4^{2-} は消費される。

よって，$[CrO_4^{2-}]$は(イ)である。

(3) $0 \sim 50\,mL$ の範囲では 1 段階目の反応

$$Ag^+ + Cl^- \longrightarrow AgCl$$

が起こり，白色沈殿が生じる。

$50 \sim 70\,mL$ の範囲では 2 段階目の反応

$$2Ag^+ + CrO_4^{2-} \longrightarrow Ag_2CrO_4$$

が起こり，赤褐色沈殿が生じる。

エクセル モール法(塩化物イオン濃度の定量)

1 段階目 $Ag^+ + Cl^- \longrightarrow AgCl$(白色沈殿)

2 段階目 $2Ag^+ + CrO_4^{2-} \longrightarrow Ag_2CrO_4$(赤褐色沈殿)

Ag_2CrO_4 が生じた時点が反応の終点である。

▶ Ag_2CrO_4(固)
$$\rightleftharpoons 2Ag^+ + CrO_4^{2-}$$
における平衡定数は
$$K = \frac{[Ag^+]^2[CrO_4^{2-}]}{[Ag_2CrO_4(固)]}$$
$[Ag_2CrO_4(固)]$は一定とみなしてよいので
$$K[Ag_2CrO_4]$$
$$= [Ag^+]^2[CrO_4^{2-}] = K_{sp}$$
とする。

▶ $AgCl$，Ag_2CrO_4 が沈殿しはじめるときの$[Ag^+]$を $x[mol/L]$，$y[mol/L]$とすると，K_{sp} の値より
$$K_{sp} = [Ag^+][Cl^-]$$
$$1.8 \times 10^{-10} = x \times 1.0 \times 10^{-2}$$
$$x = 1.8 \times 10^{-8}\,mol/L$$
$$K_{sp} = [Ag^+]^2[CrO_4^{2-}]$$
$$3.6 \times 10^{-12} = y^2 \times 1.0 \times 10^{-2}$$
$$y \fallingdotseq 1.9 \times 10^{-5}\,mol/L$$
$x < y$ より，$AgCl$ の方が先に沈殿する。

156 —— 4章　物質の変化と平衡

339 解答

(1) $\dfrac{P}{1+P} \times 1.00 \times 10^{-4}\,\text{mol}$

(2) 1回目　$\dfrac{P}{2+P} \times 1.00 \times 10^{-4}\,\text{mol}$

　　2回目　$\dfrac{2P}{(2+P)^2} \times 1.00 \times 10^{-4}\,\text{mol}$

(3) 12.5%

解説

(1) 水相中の化合物 X の物質量を x_0〔mol〕とすると

$$x_0 = 1.00 \times 10^{-3}\,\text{mol/L} \times \frac{100}{1000}\,\text{L} = 1.00 \times 10^{-4}\,\text{mol}$$

抽出により水相に残る化合物 X の物質量を y〔mol〕とすると

$$P = \frac{\dfrac{x_0 - y}{0.100}}{\dfrac{y}{0.100}} \quad \text{より,} \quad y = \frac{1}{1+P} \times x_0$$

したがって，抽出された X の物質量は

$$x_0 - y = x_0 - \frac{1}{1+P} \times x_0 = \frac{P}{1+P} \times 1.00 \times 10^{-4}\,\text{mol}$$

(2) 1回目の抽出により水相に残る化合物 X の物質量を x_1〔mol〕とすると

$$P = \frac{\dfrac{x_0 - x_1}{0.0500}}{\dfrac{x_1}{0.100}} \quad \text{より,} \quad x_1 = \frac{2}{2+P}x_0$$

したがって，抽出された X の物質量は

$$x_0 - x_1 = x_0 - \frac{2}{2+P} \times x_0 = \frac{P}{2+P} \times x_0 = \frac{P}{2+P} \times 1.00 \times 10^{-4}\,\text{mol}$$

2回目の抽出により水相に残る化合物 X の物質量を x_2〔mol〕とすると

$$P = \frac{\dfrac{x_1 - x_2}{0.0500}}{\dfrac{x_2}{0.100}} \quad \text{より,} \quad x_2 = \frac{2}{2+P}x_1$$

したがって，抽出された X の物質量は

$$x_1 - x_2 = x_1 - \frac{2}{2+P}x_1 = \frac{P}{2+P} \times x_1$$

$$= \frac{P}{2+P} \times \frac{2}{2+P} \times x_0$$

$$= \frac{2P}{(2+P)^2} \times 1.00 \times 10^{-4}\,\text{mol}$$

(3) (1)により抽出された化合物 X の物質量は，$P = 2.00$ より

$$\frac{P}{1+P} \times 1.00 \times 10^{-4} = \frac{2.00}{1+2.00} \times 1.00 \times 10^{-4} = \frac{2}{3} \times 1.00 \times 10^{-4}\,\text{mol}$$

(2)の1回目で抽出された化合物 X の物質量は

$$\frac{P}{2+P} \times 1.00 \times 10^{-4} = \frac{2.00}{2+2.00} \times 1.00 \times 10^{-4} = \frac{1}{2} \times 1.00 \times 10^{-4}\,\text{mol}$$

(2)の2回目で抽出された化合物Xの物質量は

$$\frac{2P}{(2+P)^2} \times 1.00 \times 10^{-4} = \frac{2 \times 2.00}{(2+2.00)^2} \times 1.00 \times 10^{-4} = \frac{1}{4} \times 1.00 \times 10^{-4}\,mol$$

(2)で抽出された総量は

$$\frac{1}{2} \times 1.00 \times 10^{-4}\,mol + \frac{1}{4} \times 1.00 \times 10^{-4}\,mol = \frac{3}{4} \times 1.00 \times 10^{-4}\,mol$$

(1)と(2)の抽出量の差は

$$\left(\frac{3}{4} - \frac{2}{3}\right) \times 1.00 \times 10^{-4}\,mol = \frac{1}{12} \times 1.00 \times 10^{-4}\,mol$$

2段階の抽出による増加量の割合は

$$\frac{\dfrac{1}{12} \times 1.00 \times 10^{-4}\,mol}{\dfrac{2}{3} \times 1.00 \times 10^{-4}\,mol} \times 100 = 12.5\%$$

エクセル 分配係数 $= \dfrac{\text{有機相の濃度}}{\text{水相の濃度}}$

340

解答

(1) (ア) 左 (イ) 無 (ウ) 赤

(2) $K = \dfrac{[\text{H}^+][\text{A}^-]}{[\text{HA}]}$ (3) $\text{p}K = \text{pH} - \log_{10}\dfrac{[\text{A}^-]}{[\text{HA}]}$

(4) $8.5 < \text{pH} < 10.5$

解説

(1) ルシャトリエの原理より，水素イオンが増加すると水素イオンが減少する向き(左)に平衡が移動する。

(2) 電離定数 K は

$$K = \frac{[\text{H}^+][\text{A}^-]}{[\text{HA}]} \quad \cdots ①$$

(3) ①式で常用対数をとると

$$-\log_{10}K = -\log_{10}[\text{H}^+] - \log_{10}\frac{[\text{A}^-]}{[\text{HA}]} \quad \cdots ②$$

$$\text{p}K = \text{pH} - \log_{10}\frac{[\text{A}^-]}{[\text{HA}]}$$

(4) (i) $\dfrac{[\text{A}^-]}{[\text{HA}]} = 0.1$ のとき，②式より

$$-\log_{10}(3.2 \times 10^{-10}) = \text{pH} - \log_{10}0.1$$
$$11 - \log_{10}32 = \text{pH} + 1 \text{ より}$$
$$\text{pH} = 10 - \log_{10}32$$
$$= 10 - 5\log_{10}2$$
$$= 10 - 5 \times 0.30$$
$$= 8.5$$

(ii) $\dfrac{[\text{A}^-]}{[\text{HA}]} = 10$ のとき，②式より

$$-\log_{10}(3.2 \times 10^{-10}) = \text{pH} - \log_{10}10$$
$$11 - \log_{10}32 = \text{pH} - 1 \text{ より}$$
$$\text{pH} = 12 - \log_{10}32$$
$$= 12 - 5 \times 0.30$$
$$= 10.5$$

158 —— 4章　物質の変化と平衡

したがって，変色域は $8.5 < pH < 10.5$

エクセル pHと指示薬

$$HA \rightleftarrows H^+ + A^-$$

$\dfrac{[A^-]}{[HA]}$ の濃度比により，色調が変化する。

341 **解答**

(1) (a) $k_1[E][S]$　　(b) $k_2[E \cdot S]$

(c) $k_3[E \cdot S]$　　(d) $(k_2 + k_3)[E \cdot S]$

(2) 解説参照

(3) (A)

理由：[S]はKに比べて十分に小さいため，$K + [S] \fallingdotseq K$ と近似できる。よって，④式は

$$v_2 = \frac{k_2[E]_T[S]}{K + [S]} \fallingdotseq \frac{k_2[E]_T[S]}{K}$$

となる。k_2, $[E]_T$, Kは定数であるので反応速度v_2はスクロース濃度[S]にほぼ比例する。

(4) (D)

理由：[S]はKに比べて十分に大きいため，$K + [S] \fallingdotseq [S]$ と近似できる。よって，④式は

$$v_2 = \frac{k_2[E]_T[S]}{K + [S]} \fallingdotseq k_2[E]_T$$

となる。反応速度v_2はスクロース濃度[S]によらずほぼ一定である。

解説

(1) $E + S \xrightarrow{k_1} E \cdot S$　　①

$E \cdot S \xrightarrow{k_2} E + P$　　②

$E \cdot S \xrightarrow{k_3} E + S$　　③

反応①において$E \cdot S$が生成する速度は

$$v_1 = k_1[E][S] \qquad \text{(a)}$$

反応②においてPが生成する速度(反応②における$E \cdot S$が分解する速度)は

$$v_2 = k_2[E \cdot S] \qquad \text{(b)}$$

反応③において$E \cdot S$が分解する速度は

$$v_3 = k_3[E \cdot S] \qquad \text{(c)}$$

$E \cdot S$の分解する速度 $v_4 = v_2 + v_3$ より

$$v_4 = k_2[E \cdot S] + k_3[E \cdot S] = (k_2 + k_3)[E \cdot S] \qquad \text{(d)}$$

(2) ⑤式より，$[E] = [E]_T - [E \cdot S]$

これを(a)へ代入すると

$$v_1 = k_1[E][S] = k_1([E]_T - [E \cdot S])[S]$$

$E \cdot S$の生成と分解がつり合っているので，$[E \cdot S] =$ 一定，つまり $v_1 = v_4$ となる。よって

$$k_1([E]_T - [E \cdot S])[S] = (k_2 + k_3)[E \cdot S]$$

$[E \cdot S]$について整理すると

$$(k_2 + k_3 + k_1[S])[E \cdot S] = k_1[E]_T[S]$$

▶ $v_1 = v_4$ のときのPの生成速度をVとすると，④式は $V = \dfrac{k_2[E]_T[S]}{K + [S]}$ となる。酵素反応で[S]を大きくすると反応速度は最大となる。このときの生成速度をV_{max}とすると，全酵素はすべて$E \cdot S$複合体をつくっているとみなせるので，$V_{max} = k_2[E]_T$ となる。これを④式に代入すると，

$$V = \frac{V_{max}[S]}{K + [S]} \quad \cdots\cdots (*)$$

これをミカエリス・メンテンの式という。

(i) $[S] \ll K$ のとき

$K + [S] \fallingdotseq K$

$$V = \frac{V_{max}}{K}[S]$$

V_{max}, Kは定数なので，生成速度は[S]に比例する。

(ii) $[S] \gg K$ のとき

$K + [S] \fallingdotseq [S]$

$$V = \frac{V_{max}[S]}{[S]} = V_{max}$$

よって，生成速度は，[S]に関係なくV_{max}を示す。

$$[E \cdot S] = \frac{k_1[E]_T[S]}{k_2 + k_3 + k_1[S]}$$

分母・分子を k_1 で割り，⑥式を代入すると

$$[E \cdot S] = \frac{[E]_T[S]}{\dfrac{k_2 + k_3}{k_1} + [S]} = \frac{[E]_T[S]}{K + [S]}$$

これを(b)に代入すると

$$v_2 = \frac{k_2[E]_T[S]}{K + [S]} \text{ となる。}$$

(3) $K = 1.5 \times 10^{-2} \, \text{mol} \cdot \text{L}^{-1}$

スクロース濃度 $[S] = 1 \times 10^{-6} \sim 1 \times 10^{-5} \, \text{mol} \cdot \text{L}^{-1}$

よって，$K \gg [S]$ となっている。

④式を $K \gg [S]$ で近似すると

$K + [S] \fallingdotseq K$ より

$$v_2 = \frac{k_2[E]_T[S]}{K + [S]} \fallingdotseq \frac{k_2[E]_T}{K}[S]$$

k_2，$[E]_T$，K は定数であるので v_2 と $[S]$ は比例関係にある。
よって，(A)が答えである。

(4) $K = 1.5 \times 10^{-2} \, \text{mol} \cdot \text{L}^{-1}$

スクロース濃度 $[S] = 1 \sim 2 \, \text{mol} \cdot \text{L}^{-1}$

よって，$K \ll [S]$ となっている。

④式を $K \ll [S]$ で近似すると

$K + [S] \fallingdotseq [S]$ より

$$v_2 = \frac{k_2[E]_T[S]}{K + [S]} \fallingdotseq k_2[E]_T$$

k_2，$[E]_T$ は定数であるので v_2 は $[S]$ によらず一定の値をとる。
よって，(D)が答えである。

●基質濃度[S]と反応速度 V
　との関係を表すグラフ

$[S] = K$ のとき

生成速度 $V = \dfrac{V_{max}K}{K + K}$

$\qquad\quad = \dfrac{V_{max}}{2}$

エクセル 酵素反応

$$E + S \underset{k_3}{\overset{k_1}{\rightleftharpoons}} E \cdot S \overset{k_2}{\longrightarrow} E + P$$

$\begin{pmatrix} E：酵素 & S：基質 & P：生成物 \\ E \cdot S：酵素-基質複合体 \end{pmatrix}$

$v_1 = k_1[E][S]$
$v_2 = k_2[E \cdot S]$
$v_3 = k_3[E \cdot S]$

---

342 解答 **ダイヤモンドから黒鉛に変化するときの活性化エネルギーが非常に大きいため。**

解説 活性化エネルギーとは化学反応が起こるために必要なエネルギーである。この値が小さいほど反応が起こりやすく，大きいほど反応が起こりにくい。

キーワード
・活性化エネルギー

---

343 解答 **強酸，強塩基は希薄溶液中では完全に電離している。強酸と強塩基の中和反応では，いかなる場合でも $H^+aq + OH^-aq \longrightarrow H_2O$ の反応が起こるため。**

解説 酸が放出した H^+ と塩基が放出した OH^- から $1 \, \text{mol}$ の H_2O が生成するときの中和熱はおよそ $56 \, \text{kJ/mol}$ である。

$$H^+aq + OH^-aq = H_2O + 56 \, \text{kJ}$$

キーワード
・中和熱

160 —— 4章 物質の変化と平衡

344 解答 化学発光では温度を上げると反応速度が上がるため発光が強くなる。しかし，生物発光では温度を上げても発光するとは限らない。これは，反応に関わる酵素が熱で変性してしまうからである。

解説 酵素はタンパク質からなるので「熱による変性」を起こしやすい。

キーワード
・化学発光
・生物発光

345 解答 水の濃度変化は無視でき，濃度が一定と考えられるから。

解説 一定温度において，反応速度は反応物質の濃度の積に比例する。酢酸エチルの加水分解における反応速度は$[CH_3COOC_2H_5]$$[H_2O]$に比例する。多量の水を加えてあるため，水の濃度$[H_2O]$はほとんど変化しないので一定と考えられ，反応速度は酢酸エチルの濃度$[CH_3COOC_2H_5]$に比例する。

キーワード
・反応速度
・モル濃度

346 解答 硫酸はこの反応における触媒としてはたらき，活性化エネルギーの低い反応経路をつくり，反応速度を大きくする。

解説 硫酸は反応の前後では変化しないが，この反応における中間物質の生成に関与して，活性化エネルギーの低い反応経路をつくり，反応を進行しやすくしている。

キーワード
・触媒
・活性化エネルギー

347 解答 (1) 温度と体積が一定であるので，アンモニアが単独で示す圧力である分圧は変化しない。
(2) 圧縮による N_2 の濃度の増加は，NH_3 生成方向への平衡移動による N_2 の濃度の減少を上回る。温度は一定なので，p_{N_2} は増加する。

解説 (1) 気体の分圧はその気体が単独で示す圧力である。アルゴンが容器内に注入されても，容器の温度と体積は変化しないので，気体の分圧は変化しない。
(2) 密閉容器の容積を減少させると，平衡にある気体物質は圧縮され，圧力は高くなる。このとき，平衡は気体分子数の少ない方向である NH_3 の生成方向に移動するので，N_2 の数の減少を引き起こすが，圧縮による単位体積中の N_2 の増加の効果の方が多い。

キーワード
・平衡移動
・分圧

348 解答 反応容器の温度が下がりすぎると反応速度が低下してしまう。そのため，ある程度温度を上げて反応速度が低下しすぎないようにしている。

解説 この反応は発熱反応である。アンモニアの収率を上げるために，ルシャトリエの原理から，反応容器の温度を下げて圧力を上げている。ただし，反応速度が低下しすぎないようにするため，この反応は 400 ～ 500℃の条件下で触媒を用いて行われる。

キーワード
・ハーバー・ボッシュ法
・ルシャトリエの原理

論述問題―― 161

349 解答 吸熱反応は温度を下げると平衡が左側に移動する。そのため，水のイオン積の値は小さくなる。

解説 化学平衡が成立しているとき，濃度，温度，圧力を変えると，これらの影響を緩和させる方向に平衡が移動する（ルシャトリエの原理）。

キーワード
・水のイオン積
・ルシャトリエの原理

350 解答 水のイオン積の値は温度に依存する。水の電離は吸熱反応であり，水の温度が上昇するとイオン積の値が上昇して$[H^+]$の値が大きくなる。また，$pH = -\log[H^+]$であり，$[H^+]$の値が大きくなるほど pH の値は小さくなる。

解説 水のイオン積の値は温度により異なる。温度25℃では$1.0 \times 10^{-14}(mol/L)^2$だが，温度50℃では$5.5 \times 10^{-14}(mol/L)^2$になる。たとえば，温度25℃の水では次の関係が成り立ち，水の pH は 7 になる。

$$K_w = [H^+][OH^-] = (1.0 \times 10^{-7}) \times (1.0 \times 10^{-7}) = 1.0 \times 10^{-14}(mol/L)^2$$
$$pH = -\log[H^+] = -\log(1.0 \times 10^{-7}) = 7$$

しかし，50℃の水では次の関係が成り立つので，$[H^+]$の値はpH7のときに比べて大きくなり，水の pH は 7 以下になる。

$$K_w = [H^+][OH^-] = 5.5 \times 10^{-14}(mol/L)^2$$

キーワード
・水のイオン積

351 解答 酢酸と水酸化ナトリウムの中和反応により酢酸ナトリウムが生じる。酢酸ナトリウムは弱酸と強塩基の塩であるため，加水分解により弱塩基性を示す。

$$CH_3COO^- + H_2O \rightleftharpoons CH_3COOH + OH^-$$

このため，中和した溶液は弱塩基性となる。

解説 中和点での水溶液の液性は塩の影響を受ける。塩と水溶液の液性は下図のようになる。

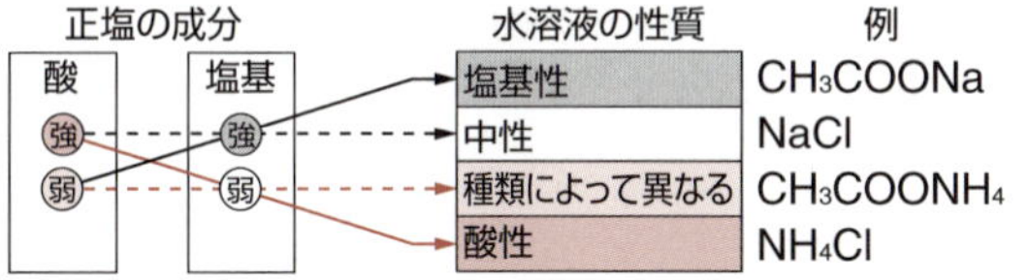

正塩の成分		水溶液の性質	例
酸	塩基		
強 →	強 →	塩基性	CH₃COONa
		中性	NaCl
弱 →	弱 →	種類によって異なる	CH₃COONH₄
		酸性	NH₄Cl

キーワード
・塩
・加水分解

352 解答 アンモニア水は弱い塩基性の水溶液であり，希塩酸は強い酸性の水溶液である。これらの中和反応では中和点が酸性側になるため，酸性側に変色域をもつメチルオレンジを使用する。

解説 中和滴定の指示薬は次の通りである。

強酸と強塩基の中和反応	フェノールフタレイン(pH8.0 ～ 9.8)，メチルオレンジ(pH3.1 ～ 4.4)
強酸と弱塩基の中和反応	メチルオレンジ(pH3.1 ～ 4.4)
弱酸と強塩基の中和反応	フェノールフタレイン(pH8.0 ～ 9.8)

キーワード
・指示薬
・変色域

162 — 4章 物質の変化と平衡

353 解答 酸を加えると次の反応により，H^+ は消費され pH はほとんど変化しない。

$NH_3 + H^+ \longrightarrow NH_4^+$

塩基を加えると次の反応により，OH^- は消費され pH はほとんど変化しない。

$NH_4^+ + OH^- \longrightarrow NH_3 + H_2O$

解説 弱酸とその弱酸の塩が共存する溶液，弱塩基とその弱塩基の塩が共存する溶液では，酸や塩基を加えても pH はあまり変化しない。このような溶液を緩衝液という。

キーワード
・緩衝液

354 解答 飽和食塩水の溶解平衡が成立しているところに，濃い塩酸を少量加えると塩化物イオン濃度が増加する。塩化物イオン濃度が増加すると，ルシャトリエの原理によりその影響を緩和させる方向に平衡が移動するため，塩化ナトリウムの沈殿が生成する。

解説 飽和食塩水では次のような溶解平衡が成立している。

$NaCl(固) + aq \rightleftharpoons Na^+aq + Cl^-aq$

この反応に関与している塩化物イオンの濃度を高くすると，濃度変化の影響を緩和させる方向，すなわち塩化物イオンの濃度が小さくなる方向に平衡は移動する。

キーワード
・溶解平衡
・共通イオン効果

355 解答 硫化水素は水溶液中で次のように電離している。

$H_2S \rightleftharpoons 2H^+ + S^{2-}$ ①

硫化鉄(Ⅱ)は次のように沈殿を生成する。

$Fe^{2+} + S^{2-} \rightleftharpoons FeS$ ②

酸性溶液中では①の電離平衡が左に移動するため硫化物イオンが減少する。したがって，②の溶解平衡も左に移動するため，硫化鉄(Ⅱ)が沈殿しない。

解説 亜鉛，鉄などは溶解度積が大きいため，硫化物イオン濃度が大きくないと沈殿を生じない。つまり，水溶液が中・塩基性でないと沈殿を生成しない。

キーワード
・平衡の移動

17　非金属元素──163

▶17／非金属元素（p.226）

356 解答 (2)

解説 (1)　A は水素なので非金属元素である。C には金属元素のアル
　　　ミニウムを含む。D は貴ガスなのですべて非金属元素である。
　　　誤

(2)　B はすべて金属元素である。E は遷移元素ですべて金属元
　　　素である。正

(3)　第 4 周期，17 族の元素である臭素が液体である。誤

(4)　D は貴ガスですべて単原子分子である。誤

エクセル　3 〜 11 族の元素を遷移元素とよぶ。
　　　遷移元素はすべて金属元素である。

357 解答 (1)　$Zn + 2HCl \longrightarrow ZnCl_2 + H_2$
(2)　(ウ)，(オ)，(カ)

解説 (1)　水素よりイオン化傾向が大きい金属に酸を加えることによ
　　　り，水素 H_2 を発生させることができる。イオン化傾向が大
　　　きいと反応が激しく，小さいと反応はおだやかである。Mg，
　　　Zn，Fe などがよく使われる。

(2)　水素は，常温で無色・無臭の気体で，水に溶けにくく，す
　　　べての気体中で最も密度が小さい。空気中で燃焼し，酸素と
　　　の混合気体に点火すると爆発的に化合する。高温では酸化物
　　　から酸素をうばう[1]。

❶水素は還元作用をもつ。

エクセル　イオン化傾向が H_2 より大きい金属に酸を加えると水素が
　　　発生。

358 解答 (1)

解説 (1)　貴ガスは単原子分子であるから，気体の分子量はヘリウム
　　　He は 4，ネオン Ne は 20，アルゴン Ar は 40 である。
　　　空気の平均分子量は 29[1] であるので，Ar は空気より重い。

❶空気の平均分子量は 28.8
でほぼ 29 となる。

エクセル　貴ガスは単原子分子とよばれ，いずれも電子配置は閉殻で
　　　ある。

359 解答 (1)　ハロゲン
(2)　フッ素 F_2（気体），塩素 Cl_2（気体），臭素 Br_2（液体），
　　　ヨウ素 I_2（固体）
(3)　A　HF　理由：分子間に水素結合が形成されているから。

解説 (1)　フッ素 F，塩素 Cl，臭素 Br，ヨウ素 I の元素群をハロゲ
　　　ンという。

(2)　単体はすべて二原子分子であり，分子量が大きくなるにし
　　　たがい融点・沸点も高くなる[1]。したがって，常温の状態も
　　　フッ素 F_2，塩素 Cl_2 では気体，臭素 Br_2 では液体，ヨウ素 I_2
　　　では固体。

❶ハロゲンや貴ガスの単体は，
分子量が大きいほど融点・
沸点が高い。

164 —— 5章 無機物質

(3) 電気陰性度の高い F, O, N 原子と水素原子 H との間には分子間に水素結合が形成される。水素結合は極性分子間の分子間力に比べて非常に強い。

エクセル HF 分子間には水素結合が形成される。
　　　　 —→ 沸点が分子量から考えられる温度より高くなる。

▶ハロゲン化水素では HF を除いて分子量が大きいほど融点・沸点が高い。

360 解答
(1) $MnO_2 + 4HCl \longrightarrow MnCl_2 + 2H_2O + Cl_2$
(2) 容器 C：加熱することにより発生する塩化水素ガスを水に溶かして取り除くため。
　　 容器 D：水蒸気を取り除き, 発生した気体を乾燥させるため。
(3) 水溶液　(a)
　　 理由　塩素は水に溶けると一部が水と反応して塩酸と次亜塩素酸になる。
　　　 $Cl_2 + H_2O \rightleftharpoons HCl + HClO$
　　　 そのため水溶液は酸性を示す。

●塩素の製法
　$MnO_2 + 4HCl$
　　　$\longrightarrow MnCl_2 + 2H_2O + Cl_2$
　$Ca(ClO)_2 \cdot 2H_2O + 4HCl$
　　　$\longrightarrow CaCl_2 + 4H_2O + 2Cl_2$

解説
(2) 容器 C：塩酸は塩化水素ガスが水に溶けているため, 加熱によって塩化水素の気体が出てきてしまう。この気体は水によく溶けるため, 水に溶かして取り除く。
　　 容器 D：気体を水に通すため水蒸気が混じってしまう。これを取り除くために吸湿性のある濃硫酸を使う。気体が酸性なので濃硫酸で乾燥させることができる。
(3) 塩素は水に溶けると塩酸と次亜塩素酸を生じるため酸性になる。

エクセル 塩素の乾燥
　①水で HCl を除去
　②濃硫酸で H_2O を除去

361 解答
(1) (ア)　7　　(イ)　陰　　(ウ)　次亜塩素酸
　　(エ)　強　　(オ)　弱　　(カ)　ガラス(二酸化ケイ素)
(2) (a)　$2F_2 + 2H_2O \longrightarrow 4HF + O_2$
　　(b)　$SiO_2 + 6HF \longrightarrow H_2SiF_6 + 2H_2O$

●ハロゲン単体の反応性
　$F_2 > Cl_2 > Br_2 > I_2$

●ハロゲン化水素酸の酸性度
　HF　弱酸性
　$HCl < HBr < HI$　強酸性

解説
塩素は水と反応して塩酸と次亜塩素酸を生じる。
　$H_2O + Cl_2 \rightleftharpoons HCl + HClO$
単体の反応性は原子番号が大きくなるほどおだやかになる。

エクセル おもなハロゲン単体と水の反応
　$2F_2 + 2H_2O \longrightarrow 4HF + O_2$
　$Cl_2 + H_2O \longrightarrow HCl + HClO$

362 解答
(1) (ア)　フッ化物イオン F^-　　(イ)　塩化銀 AgCl
　　(ウ)　臭化銀 AgBr　　(エ)　ヨウ化銀 AgI
(2) $2AgBr \longrightarrow 2Ag + Br_2$

●ハロゲン化銀の水溶性と色

解説
(1) フッ化物イオン F^- 以外のハロゲン化物イオンは水溶液中で Ag^+ と反応して沈殿を生成する。
　　AgF　水溶性

▶フッ化銀 AgF は水に可溶。

17 非金属元素——165

AgCl　白色沈殿

AgBr　淡黄色沈殿

AgI　　黄色沈殿

(2) ハロゲン化銀は光によって分解する。

$$2AgX \longrightarrow 2Ag + X_2$$

写真のフィルム用として多くは AgBr が使われる。

エクセル ハロゲン化銀は光によって分解して銀が生成する。

▶写真フィルムでは AgBr が よく使われ，光によって次 の反応を起こす。
$$2AgBr \longrightarrow 2Ag + Br_2$$
ここで生じた Ag によって 像をつくる。

---

363 **解答** (1) $2H_2O_2 \longrightarrow O_2 + 2H_2O$　(2) $3O_2 \longrightarrow 2O_3$：**ヨウ化カリ ウムデンプン紙は青色に変色する。**

解説 (1) 酸化マンガン(Ⅳ)は触媒として作用するため，化学反応式 にはかかない。

(2) オゾンは酸化力が強いため，ヨウ化カリウムを酸化する。

$$2KI + O_3 + H_2O \longrightarrow I_2 + 2KOH + O_2$$

生成した I_2 がデンプンと反応して青色に変色する（ヨウ素デ ンプン反応）。

エクセル **オゾンの検出**
ヨウ化カリウムデンプン紙はオゾンが存在すると酸化還元 反応でヨウ素が生成し，ヨウ素デンプン反応により青変。

●オゾンの製法
酸素 O_2 中で放電
（無声放電）
$$3O_2 \xrightarrow{\text{放電}} 2O_3$$

---

364 **解答** (ア) 16　(イ) 6　(ウ) 2　(エ) 2

(オ) **同素体**　(カ) O_3　(キ) **オゾン**

(ク)(ケ)(コ) **斜方硫黄・単斜硫黄・ゴム状硫黄**

解説 酸素と硫黄はともに 16 族の元素であり，価電子数は 6。した がって，最外殻に 2 個の電子を受け入れることにより安定な貴 ガス型電子配置となる。また，同じ元素の単体で性質の異なる 物質である同素体には，酸素 O_2 とオゾン O_3，斜方硫黄 S_8 と 単斜硫黄 S_8，ゴム状硫黄 S_x がある。

エクセル **同素体**　同じ元素の単体で性質の異なる物質。
S，C，O，P がよく出題される。

▶価電子数が 1 個，2 個，3 個の場合はそれぞれ 1 価， 2 価，3 価の陽イオンにな りやすい。

▶価電子数が 6 個，7 個の場 合はそれぞれ 2 価，1 価の 陰イオンになりやすい。

---

365 **解答** (1)

解説 (1) SO_2 は酸化剤としても還元剤としてもはたらくが，H_2S のように還元性が強いものに対しては酸化剤としてはたらい て S を生じる。$SO_2 + 2H_2S \longrightarrow 2H_2O + 3S$

(2) 二酸化硫黄は刺激臭のある気体である。

(3) 二酸化硫黄は酸性酸化物であり，水溶液は酸性を示す。

(4) 硫化水素は空気よりも重い。

(5) 銅(Ⅱ)イオンを含む水溶液に硫化水素を吹き込むと，黒色 沈殿の CuS を生じる。

エクセル H_2S：無色，腐卵臭，有毒な気体。水溶液は弱酸性。多く の金属イオンと沈殿をつくる。

SO_2：無色，刺激臭，漂白作用のある有毒な気体。水溶液 は弱酸性を示す。酸性雨の原因物質。

●H_2S と SO_2
共通点
ともに水溶液は弱酸性で還 元性がある。
相違点
におい
SO_2 刺激臭，
H_2S 腐卵臭

H_2S の水溶液は多くの金 属イオンと沈殿をつくる。

166 —— 5章　無機物質

366

解答

(1) (ア) $S + O_2 \longrightarrow SO_2$
(イ) $2SO_2 + O_2 \longrightarrow 2SO_3$
(ウ) $SO_3 + H_2O \longrightarrow H_2SO_4$

(2) 接触法　(3) 160 g

解説

硫酸の工業的製法として接触法がある。接触法では二酸化硫黄 SO_2 を酸化バナジウム(V) $V_2O_5$❶を触媒として酸化して三酸化硫黄 SO_3 とし，これを濃硫酸に吸収させて発煙硫酸とする。発煙硫酸を希硫酸で薄めると濃硫酸が得られる。

(3) S 1 mol から H_2SO_4 1 mol が生成する。

H_2SO_4 は $\dfrac{490\,g}{98\,g/mol} = 5\,mol$ であるので

必要な S は $32\,g/mol \times 5\,mol = 160\,g$ である。

❶酸化バナジウム(V) V_2O_5 は SO_2 を酸化する触媒。

エクセル 接触法(硫酸の工業的製法)

$S \xrightarrow[O_2]{} SO_2 \xrightarrow[O_2,\ V_2O_5]{} SO_3 \xrightarrow[H_2O]{} H_2SO_4$

S 1 mol から H_2SO_4 1 mol が生成する。

367

解答

(1) (ア) $Ca(OH)_2$ (イ) H_2O (ウ) 濃塩酸 (エ) 塩化水素
(オ) 塩化アンモニウム　(a) 2 (b) 2 (c) 2

(2) $NH_3 + HCl \longrightarrow NH_4Cl$

(3) ① ◯　② ×　③ ×　④ ◯

解説

(2) NH_3 と HCl の気体が触れると $NH_3 + HCl \longrightarrow NH_4Cl$ という反応が起こる。生成した NH_4Cl の白い粉末で煙のように見える。

(3) アンモニアは塩基性の気体であるから酸性物質の乾燥剤は使えない。また，塩化カルシウムはアンモニアとは反応するため使えない。「ソーダ石灰」とは $NaOH$ と CaO の混合物である。

●気体の乾燥剤
中和反応しない組み合わせで考える。ただし，$CaCl_2$ は NH_3 と反応するため不適当である。

エクセル NH_3 の乾燥

酸性の乾燥剤とは反応するので使えない。また，$CaCl_2$ はアンモニアと反応するため使えない。

368

解答

(ア) 一酸化窒素 NO (イ) にくい (ウ) 赤褐
(エ) 二酸化窒素 NO_2

(a) $3Cu + 8HNO_3 \longrightarrow 3Cu(NO_3)_2 + 4H_2O + 2NO$
(b) $Cu + 4HNO_3 \longrightarrow Cu(NO_3)_2 + 2H_2O + 2NO_2$

解説

NO は水に溶けにくいため水上置換で捕集することができる。NO_2 は水に溶けて HNO_3 になる。

$3NO_2 + H_2O \longrightarrow 2HNO_3 + NO$（高温の水）

▶ NO_2 は常温で一部，N_2O_4 に変化している。

エクセル 一酸化窒素 NO：無色の気体。酸化して NO_2 になる。
$2NO + O_2 \longrightarrow 2NO_2$
二酸化窒素 NO_2：赤褐色・刺激臭の気体。水に溶けやすい。

369

解答

(1) (ア) 4 (イ) 5 (ウ) H_2O (エ) 3 (オ) 2 (カ) NO

(2) オストワルト法　(3) $NH_3 + 2O_2 \longrightarrow HNO_3 + H_2O$

17 非金属元素——167

解説 (3) 与えられた式から中間生成物 NO, NO_2 を消去する。

$$(① + ② × 3 + ③ × 2) × \frac{1}{4}$$

▶オストワルト法をまとめた式
$NH_3 + 2O_2$
$\longrightarrow HNO_3 + H_2O$
は知っておくとよい。

エクセル 硝酸の工業的製法（オストワルト法）

$$NH_3 \xrightarrow[O_2,\ Pt]{} NO \xrightarrow[O_2]{} NO_2 \xrightarrow[H_2O]{} HNO_3$$

NH_3 1 mol から HNO_3 1 mol が生成する。

370

解答 (1) (ア) 光　(イ) 不動態　(2) 褐色びんに入れて冷暗所に保存する。　(3) (e)

解説 (2) 濃硝酸は光で分解されやすいので褐色びんに入れる。また、熱により分解されやすいため冷暗所に保存する。

$$4HNO_3 \longrightarrow 4NO_2 + 2H_2O + O_2$$

(3) 濃硝酸に Al, Fe, Ni の金属を入れると、表面に酸化被膜が生じて反応しなくなってしまう。この状態は不動態という。

エクセル 濃硝酸：強酸性で、酸化力が大きい。
光で分解するので褐色びんに保存する。
Al, Fe などと不動態を形成する。

●硝酸の性質
・酸化力が強い。金、白金以外のほとんどの金属を酸化する。
・濃硝酸は光や熱で分解されやすい。
・火薬や肥料の原料として重要

371

解答 (4), (5)

解説 (1) 黄リンと赤リンとは同素体である。
(2) 黄リンは空気中では不安定で自然発火する。
(3) 赤リンは安定である。

エクセル 赤リン P_x と黄リン P_4 は同素体。黄リンは水中で保存する。

●リンの同素体
黄リン P_4：淡黄色の固体。自然発火するので水中に保存。猛毒。
赤リン P_x：赤褐色の固体。空気中で安定。毒性は低い。

372

解答 (1) C　(2) B　(3) A　(4) A　(5) B

解説 (2) 点火すると CO は青白い炎を上げて燃える。

$$2CO + O_2 \longrightarrow 2CO_2$$

(3) CO_2 は水に溶けて炭酸 H_2CO_3 になる。

$$CO_2 + H_2O \longrightarrow H_2CO_3$$

(4) CO_2 は石灰水と反応して白く濁る。

$$Ca(OH)_2 + CO_2 \longrightarrow CaCO_3 + H_2O$$

(5) CO は血液中のヘモグロビンと結合しやすく有毒である。
ヘモグロビンは赤血球中に含まれ、酸素を運搬する。

エクセル CO は可燃性の気体

$$2CO + O_2 \longrightarrow 2CO_2$$

373

解答 (1) $CO_2 + Ca(OH)_2 \longrightarrow CaCO_3 + H_2O$
(2) $CaCO_3 + CO_2 + H_2O \longrightarrow Ca(HCO_3)_2$
(3) $CaCO_3 + CO_2 + H_2O \rightleftharpoons Ca(HCO_3)_2$
理由：加熱により CO_2 が放出され、平衡が左に移動して水に不溶の $CaCO_3$ を生じる。

解説 (1) 水に不溶の $CaCO_3$ が生じるため白濁する。
(2) $CaCO_3$ はさらに吹き込まれた CO_2 と反応して、水に可溶な炭酸水素カルシウム $Ca(HCO_3)_2$ を生じて水に溶ける。

▶白濁は $CaCO_3$ の生成。
$Ca(HCO_3)_2$ は水に可溶。

エクセル アルカリ土類金属元素の炭酸塩（$CaCO_3$ など）は水に不溶，炭酸水素塩（$Ca(HCO_3)_2$ など）は水に可溶。

374 解答 (2), (4)

解説
(1) ケイ素は正四面体構造でダイヤモンドと同じ形である。
(3) ケイ酸ナトリウム Na_2SiO_3 に水を加えて加熱すると水ガラスができる。
(5) ケイ素原子1個と酸素原子4個からなる基本単位が三次元的に繰り返される共有結合結晶である。

エクセル $SiO_2 \xrightarrow[融解]{NaOH} Na_2SiO_3 \xrightarrow[加熱]{H_2O}$ 水ガラス $\xrightarrow{HCl}$ ケイ酸

$\xrightarrow{乾燥}$ シリカゲル

375 解答
(1) (ア) 14 (イ) 4 (ウ) 固体 (エ) 共有
(2) $SiO_2 + 6HF \longrightarrow H_2SiF_6 + 2H_2O$
(3) 酸性酸化物

▶貴ガス以外の典型元素の価電子の数は族番号の1桁の数と一致。

▶ヘキサフルオロケイ酸の化学式は H_2SiF_6

解説
(1) 炭素とケイ素はいずれも14族の元素で，どちらの原子も価電子を4個もつ。炭素の単体には黒鉛，ダイヤモンド，フラーレン，カーボンナノチューブなどが知られ，いずれも，常温・常圧では固体である。ケイ素の単体はダイヤモンドと同様なケイ素原子の共有結合結晶であり，常温・常圧では固体である。
(3) 非金属元素の酸化物の多くは酸性酸化物であり，水に溶けて酸を生じたり，塩基と反応したりする。SO_2，CO_2，P_4O_{10} などがある。
また，金属元素の酸化物の多くは塩基性酸化物であり，水に溶けて塩基を生じたり，酸と反応したりする。

エクセル ケイ素の単体はダイヤモンド型の共有結合結晶

● C・Si の構造

ダイヤモンド・ケイ素
（正四面体構造）

黒鉛（グラファイト）
（層状構造）

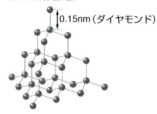
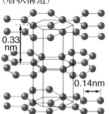

376 解答 (6), (7)

解説
(1) 酸化物は Na_2O。水に溶かすと，$Na_2O + H_2O \longrightarrow 2NaOH$
(2) Mg は燃焼すると MgO を生成。$2Mg + O_2 \longrightarrow 2MgO$
(3) Al_2O_3 は両性酸化物。
(4) SiO_2 は共有結合結晶。

▶金属酸化物の多くは塩基性酸化物。

17 非金属元素──169

(5) リン P を燃焼させると吸湿性の強い P_4O_{10} を生成。

(6) SO_2 を水に溶かすと弱酸の亜硫酸 H_2SO_3 を生じる。
$$SO_2 + H_2O \longrightarrow H_2SO_3$$

(7) 酸化物の最大の酸化数は Cl_2O_7 の +7。

エクセル 酸化物中の酸素の酸化数は -2 である。

▶ SO_2 を水に溶かすと亜硫酸 H_2SO_3 が生成。
SO_3 を水に溶かすと硫酸 H_2SO_4 が生成。

---

377 **解答**

(1) (ア) 高　(イ) 分子間力(ファンデルワールス力)
(ウ) フッ素　(エ) 塩素　(オ) 次亜塩素酸
(カ) 臭素　(キ) 赤褐　(ク) ヨウ素

(2) ガラスを溶かすためポリエチレンの容器に保存する。

(3) $Ca(ClO)_2 \cdot 2H_2O + 4HCl \longrightarrow CaCl_2 + 4H_2O + 2Cl_2$

(4) $H_2O + Cl_2 \longrightarrow HClO + HCl$

(5) ヨウ素 I_2 がヨウ化物イオン I^- と反応して水溶性の塩をつくるため。

解説

(1) ハロゲンの単体は二原子分子であり，その融点・沸点は分子量が大きいほど高くなる。結晶は分子間力による分子結晶である。

(5) ヨウ素 I_2 は無極性分子のため，無極性溶媒には溶けやすいが水のような極性溶媒には溶けにくい。ただし，ヨウ化物イオン I^- と次のように反応して塩をつくり，水に溶ける。
$$I_2 + I^- \rightleftharpoons I_3^-（三ヨウ化物イオン）$$

エクセル ハロゲン単体の酸化力　$F_2 > Cl_2 > Br_2 > I_2$

▶ フッ化水素酸の保存
× ガラス容器
○ ポリエチレン容器

● ファンデルワールス力
N_2, I_2, CO_2 などの無極性分子どうしには，弱い引力がはたらく。この力を分子間力(ファンデルワールス力)という。

---

378 **解答**

(1) (a) $CaF_2 + H_2SO_4 \longrightarrow CaSO_4 + 2HF$
(b) $SiO_2 + 6HF \longrightarrow H_2SiF_6 + 2H_2O$

(2) ①，②，⑤

解説

(1) フッ化水素はフッ化カルシウム(蛍石)と濃硫酸とともに加熱することで得られる(式(a))。フッ化水素はガラスと反応してしまう(式(b))ため，特殊な実験装置を用いる。フッ化水素の水溶液をフッ化水素酸とよび，ガラス工芸などでの用途がある。

(2) ハロゲンは原子番号の小さいものほど反応性が高く，イオンになりやすい。たとえば，化学反応式①の左辺「$2I^- + Cl_2$」に注目すると，原子番号の小さい塩素は分子として，原子番号の大きいヨウ素はヨウ化物イオンとして存在する。塩素はイオンになりやすいため，ヨウ化物イオンから電子を奪う。したがって，この化学反応は進行する。同様に，左辺のハロゲンの状態(分子かイオンか)に注目して考える。

エクセル ハロゲン単体の酸化力
$$F_2 > Cl_2 > Br_2 > I_2$$

379

解答
(1) (A) 21　(ア) 酸性　(イ) 塩基　(ウ) オキソ酸
(2) 貴ガス　(3) 過塩素酸, 塩素酸, 亜塩素酸, 次亜塩素酸

過塩素酸	$HClO_4$	強い
塩素酸	$HClO_3$	
亜塩素酸	$HClO_2$	
次亜塩素酸	$HClO$	弱い

解説
(1) 非金属元素の酸化物は酸性酸化物, 金属元素の酸化物は塩基性酸化物であることが多い。また, アルミニウムの酸化物は酸とも塩基とも反応する両性酸化物である。
(2) 大気中に存在するアルゴン, ヘリウム, ネオンなどの貴ガスは単原子分子として存在し, 酸化物などの化合物をつくりにくい。
(3) 酸素の数が増えるほど, 酸の強さは強くなる。中心の塩素原子の酸化数が大きいほど電子をまわりから強く引きつけるためである。

エクセル
酸性酸化物　非金属元素の酸化物が多い。
塩基性酸化物　金属元素の酸化物が多い。
両性酸化物　金属元素と非金属元素の境界にあるアルミニウム, 亜鉛, スズなどの酸化物。

380

解答
(1) (ア) 同素体　(イ) 紫外
　　(ウ) フロン(クロロフルオロカーボン)　(エ) 無声放電
　　(オ) 酸素原子　(カ) 酸化　(キ) 青
(2) (ウ)　(3) $2KI + O_3 + H_2O \longrightarrow 2KOH + I_2 + O_2$

解説
オゾンは, 酸素中の無声放電や紫外線の照射により生成する。
$3O_2 \longrightarrow 2O_3$
オゾンは, 紫外線により, 酸素分子と酸素原子に分解する。
$O_3 + 紫外線 \longrightarrow O_2 + (O)$
オゾンをヨウ化カリウムデンプン紙に触れさせると, 酸化反応により生成したヨウ素 I_2 により, 青色に変化する。
オゾンは酸素原子間の反発があるため, 90°より結合角が大きい, 折れ線形の構造となる。

▶大気の上層部にあるオゾン O_3 は太陽からの紫外線を吸収する。

▶オゾンの構造は, 電子対反発則から考えることができる。(→ p.385)

エクセル オゾンの検出
ヨウ化カリウムデンプン紙を青変する。

381

解答
(1) (ア) キップ　(イ) E　(ウ) B　(エ) G(H)
　　(オ) H(G)　(カ) A　(キ) G　(ク) C　(ケ) 大き
　　(コ) 無　(サ) 腐卵　(シ) 弱酸
(2) $FeS + H_2SO_4 \longrightarrow FeSO_4 + H_2S$

解説
Gを閉じるとB内の硫化水素の圧力が高くなり, B内の希硫酸の液面を下げる。すると, CからAに希硫酸が上昇し, B内での硫化鉄(Ⅱ)と希硫酸の接触がたたれる。その結果, 気体の発生は止まる。
(ケ) 空気と硫化水素の密度を標準状態❶で比較。

$$\begin{pmatrix} 空気の平均分子量　28 \times \dfrac{4}{5} + 32 \times \dfrac{1}{5} = 28.8 \\ (N_2 : O_2 = 4 : 1) \\ 硫化水素の分子量　34 \end{pmatrix}$$

よって, 密度は $\dfrac{28.8}{22.4}$ g/L $< \dfrac{34}{22.4}$ g/L となり

●キップの装置

❶標準状態では1 mol の理想気体の体積は22.4Lである。

17 非金属元素——171

硫化水素の密度のほうが空気より大きい。

エクセル 弱酸の塩 ＋ 強酸 ⟶ 強酸の塩 ＋ 弱酸

$FeS + H_2SO_4 \longrightarrow FeSO_4 + H_2S$

---

382 解答

(1) ① $4NH_3 + 5O_2 \longrightarrow 4NO + 6H_2O$

② $2NO + O_2 \longrightarrow 2NO_2$

③ $3NO_2 + H_2O \longrightarrow 2HNO_3 + NO$

まとめた式：$NH_3 + 2O_2 \longrightarrow HNO_3 + H_2O$

(2) $2.1 \times 10^2 \, L$

(3) $14.7 \, mol/L$

▶いくつかの反応が連続して起こる場合，中間生成物を消去してまとめることができる。

解説

(1) アンモニアから硝酸を製造する工業的製法をオストワルト法❶という。まとめた式を知っておくとよい。

(2) まとめた式で考えると，係数比から硝酸 1mol を合成するために必要な酸素は 2mol である。酸素は空気の 21％を占めているから，空気の物質量を x〔mol〕とすると
$21％：2\,mol = 100％：x$〔mol〕となり，$x = 9.52\,mol$ になる。
その体積は $9.52\,mol \times 22.4\,L/mol = 213\,L$

(3) 66.0％の硝酸は 100g の溶液中に溶質が 66.0g 含まれていることを意味する。水溶液 1L の質量は 1400g，この中に含まれる HNO_3 は $66.0\,g \times \dfrac{1400\,g}{100\,g} = 924\,g$

これを物質量にすると，$\dfrac{924\,g}{63\,g/mol} = 14.66\,mol$

したがって，14.7mol/L

❶**オストワルト法**
（HNO_3 の製法）

NH_3
↓ 酸化(Pt)
NO ←
↓ 空気
NO_2
↓ 水
$HNO_3 + NO$

エクセル オストワルト法

まとめた式：$NH_3 + 2O_2 \longrightarrow HNO_3 + H_2O$

---

383 解答

(1) (ア) (b) (イ) (a) (ウ) (c) (エ) (a) (オ) (c)

(カ) 王水

(2) NH_4Cl　液性 (a)　理由　塩の加水分解 $NH_4^+ + H_2O \rightleftarrows NH_3 + H_3O^+$ により，オキソニウムイオンが生じるため，酸性となる。

(3) 11 mL　注意点　発熱するため，希釈するときは水に濃硫酸を加える。

▶イオン化傾向が H_2 より小さい Cu は濃硝酸に溶ける。さらに小さい Pt や Au は王水に溶ける。

解説

(1) 濃硫酸は不揮発性であり，脱水作用がある。濃塩酸は揮発性であり，その蒸気がアンモニアに触れると，塩化アンモニウムの白煙を生じる。濃硝酸は酸化作用が強く，銅と反応して，赤褐色の二酸化窒素が生成する。

(2) 塩化アンモニウムは強酸と弱塩基の塩である。加水分解をして，オキソニウムイオンが生成するため，水溶液は弱酸性となる。

(3) 濃硫酸の体積を x〔mL〕とすると

$\dfrac{x\text{〔mL〕} \times 1.8\,g/cm^3 \times \dfrac{96}{100}}{98\,g/mol} = 2.0\,mol/L \times \dfrac{100}{1000}\,L$

▶希硝酸と銅が反応すると，無色の一酸化窒素が生成する。

172——5章　無機物質

$x = 11.3 ≒ 11\,mL$

濃硫酸を希釈すると溶解熱により発熱する。濃硫酸に水を加えると，発熱により液体が飛散するため危険である。希釈するときは周囲を冷やしながら水に濃硫酸をゆっくり注ぐ。

エクセル 濃硫酸の希釈　氷水で冷やしながら水に濃硫酸を少しずつ加える。

384 解答 (1) (ア)　ドライアイス　　(イ)　温室　　(ウ)　酸　　(エ)　酸性雨
(オ)　亜硫酸

(2) (a)　$CaCO_3 + 2HCl \longrightarrow CaCl_2 + CO_2 + H_2O$

(b)　$CaCO_3 \longrightarrow CaO + CO_2$

(c)　$SO_2 + H_2O \longrightarrow H_2SO_3$

解説 二酸化炭素は大気圏外へ放射される赤外線を吸収する性質があるため温室効果ガスとよばれている。また，車や工場から排出される硫黄酸化物や窒素酸化物は酸性雨[1]の原因物質と考えられている。

❶酸性雨
pH が 5.6 よりも低い雨

エクセル 大気中の CO_2　　　　温室効果
大気中の SO_2，NO_2　酸性雨の原因

385 解答 (1) (a)　$2NH_3 + CO_2 \longrightarrow NH_2CONH_2 + H_2O$

(b)　$Ca_3(PO_4)_2 + 2H_2SO_4 \longrightarrow Ca(H_2PO_4)_2 + 2CaSO_4$

(2) **46.7 %**

解説 (1) 尿素はアンモニア 2 分子が二酸化炭素と反応して生成した共有結合性物質である。

(2) それぞれの化学式を記し，式量を計算する。そのうちの窒素原子の割合を計算すればよい。

いずれも窒素原子を 2 つもつので，式量の最も小さい物質が，窒素の質量百分率が最も大きい。

窒素の質量百分率

硫酸アンモニウム $(NH_4)_2SO_4$（式量 132）

$\dfrac{14 \times 2}{132} \times 100 ≒ 21.2\,\%$

硝酸アンモニウム NH_4NO_3（式量 80）

$\dfrac{14 \times 2}{80} \times 100 = 35.0\,\%$

尿素 NH_2CONH_2（分子量 60）

$\dfrac{14 \times 2}{60} \times 100 ≒ 46.7\,\%$

これらの肥料を散布した土壌は酸性になりやすいので，消石灰（水酸化カルシウム）を散布して酸性化を抑えることがある。

▶硝酸アンモニウムは，金属元素を含まないイオン結合性物質である。

エクセル 硫酸アンモニウムや硝酸アンモニウムの水溶液は加水分解により弱酸性となる。

18 典型金属元素の単体と化合物—— 173

386 解答

(1) (a) $P_4O_{10} + 6H_2O \longrightarrow 4H_3PO_4$
   (b) シリカゲルには空孔があり，構造中のヒドロキシ基が水分子を水素結合によって強く引きつけるから。
(2) $CaCl_2 \cdot 6H_2O$

解説

(1) (a) 十酸化四リンをシャーレにとり，デシケーターの下に置くことで，乾燥剤として利用される。
   (b) シリカゲルは水ガラスに酸を加えると生じるケイ酸を乾燥させて得られる固体である。内部に空孔（すきま）があり，ケイ酸の$-OH$（ヒドロキシ基）が水分子と水素結合を形成するため，乾燥剤として使われる。
(2) 塩化カルシウムのn水和物とすると，その化学式は$CaCl_2 \cdot nH_2O$であり，式量は$(111 + 18n)$である。$10.0g$の無水塩化カルシウムが水を吸収し，その水溶液を蒸発させると$19.7g$の結晶が得られたことから，以下の式が成り立つ。
$$10.0 : 19.7 = 111 : (111 + 18n)$$
よって，$n \fallingdotseq 6$

▶一般に，乾燥させたい気体と中和反応する乾燥剤は，用いることができない。

エクセル 乾燥のしくみ
水和（無水硫酸ナトリウムなど）
水との反応（十酸化四リン）
吸湿性（濃硫酸）
吸着（シリカゲル）

387 解答

(1) 水素(ウ)，硫化水素(オ)，塩化水素(ア)，二酸化硫黄(キ)，塩素(エ)
(2) ① FeS ② NaCl ③ Na_2SO_3 ④ MnO_2
(3) 硫化水素：$FeS + H_2SO_4 \longrightarrow FeSO_4 + H_2S$
  塩素：$MnO_2 + 4HCl \longrightarrow MnCl_2 + 2H_2O + Cl_2$
(4) (b) 理由 塩素は水に溶け，空気より重い気体のため。

解説

(1) (イ)はNOである。空気に触れると$2NO + O_2 \longrightarrow 2NO_2$となり赤褐色の気体$NO_2$(カ)になる。$NO_2$は水と反応して$3NO_2 + H_2O \longrightarrow 2HNO_3 + NO$となり硝酸を生成する。

●気体の捕集
まず水に溶けるかどうか。
溶けにくい場合
→水上置換
溶けやすい場合
→空気より重い→下方置換
→空気より軽い→上方置換

エクセル 気体の捕集法の選択：水に溶けるか溶けないか。
                $\longrightarrow$ 空気より重いか軽いか。
気体の乾燥法の選択：気体と反応しない乾燥剤を使用。

▶18 典型金属元素の単体と化合物（p.242）

388 解答

(1) (ア) アルカリ金属 (イ) 1 (ウ) 陽 (エ) 小さい
(2) K，Na，Li (3) Li：赤，Na：黄，K：赤紫

解説 アルカリ金属の原子は1個の価電子をもち，1価の陽イオンになりやすい。原子番号が大きくなるほどイオン化エネルギーは小さくなる。アルカリ金属の原子やイオンは炎色反応を示す。

●イオン化エネルギー
原子から1個の電子を取り去って1価の陽イオンにするときに必要なエネルギー。

●炎色反応
Li：赤，Na：黄，K：赤紫

エクセル アルカリ金属：銀白色の金属で密度が小さい。比較的やわらかく融点が低い。1価の陽イオンになりやすい。

174 —— 5章　無機物質

389 解答 (4)

解説

(1) ①の反応は，金属ナトリウムを水に入れたときに起こる反応である。$2Na + 2H_2O \longrightarrow 2NaOH + H_2$

(2) ②の反応は，塩化ナトリウムの溶融塩電解により，Na 単体を取り出す反応である。$2NaCl \longrightarrow 2Na + Cl_2$

(3) ③の反応は，金属ナトリウムに塩素を作用させると起こる反応である。$2Na + Cl_2 \longrightarrow 2NaCl$

(4) 潮解❶とは，固体が空気中の水分を吸収して溶けていく現象のことで，④とは無関係で誤り。
④は，$NaOH$ と CO_2 との中和反応として起こる反応である。
$2NaOH + CO_2 \longrightarrow Na_2CO_3 + H_2O$

(5) ⑤と⑥は，炭酸ナトリウムの工業的製法であるアンモニアソーダ法の反応過程である。

エクセル Na の単体：銀白色でやわらかく，融点が低い。空気中の酸素や水分と反応するため，石油中に保存する。

●ナトリウムの単体
空気中で速やかに酸化され，水とは激しく反応するため，石油中に保存する。

❶潮解
結晶が空気中の水分を吸収して溶けてしまう現象。きわめて水に溶けやすい結晶で起こりやすく，$NaOH$ の他に KOH，$MgCl_2$，$CaCl_2$，$FeCl_3$ などで起こる。

390 解答 (4)

解説

(1) $NaHCO_3$ は次のような反応で得られる。
$NaCl + NH_3 + H_2O + CO_2 \longrightarrow NaHCO_3 + NH_4Cl$
この反応はアンモニアソーダ法の反応過程の一部である。

(2) $NaHCO_3$ は「ふくらし粉」・「ベーキングパウダー」ともよばれ，加熱すると分解して CO_2 を発生するのでパン生地などをふくらませるために利用される。
$2NaHCO_3 \longrightarrow Na_2CO_3 + H_2O + CO_2$

(3) Na_2CO_3 も $CaCl_2$ も電解質のため水に溶けてイオンになる。すると Ca^{2+} は CO_3^{2-} と結合して白色沈殿をつくる。

(4) 炭酸イオンは水と反応して水酸化物イオンを生じるので，水溶液はアルカリ性になる。
$CO_3^{2-} + H_2O \rightleftharpoons HCO_3^- + OH^-$
また，炭酸水素イオンも水と反応して水酸化物イオンを生じるので，水溶液はアルカリ性になる。したがって，誤り。
$HCO_3^- + H_2O \rightleftharpoons OH^- + H_2CO_3$

(5) 弱酸の塩である Na_2CO_3 や $NaHCO_3$ は，強酸である HCl と反応すると弱酸を遊離する。
$NaHCO_3 + HCl \longrightarrow NaCl + H_2O + CO_2$
$Na_2CO_3 + 2HCl \longrightarrow 2NaCl + H_2O + CO_2$

エクセル $NaHCO_3$：水に溶けにくい，水溶液は弱塩基性，固体は熱分解する
Na_2CO_3：水に溶けやすい，水溶液は強塩基性，固体は熱分解しない

●Na_2CO_3 と $NaHCO_3$

	Na_2CO_3	$NaHCO_3$
水溶性	可溶	微溶
液性	塩基性	弱塩基性
加熱	分解しない	分解する

●水に溶けにくい炭酸塩
2 族の Ca，Sr，Ba の炭酸塩である $CaCO_3$，$SrCO_3$，$BaCO_3$ はともに白色沈殿となるため，Ca^{2+}，Sr^{2+}，Ba^{2+} の検出に利用される。

391 解答

(1) 石油中で保存する。

(2) 塩化ナトリウム水溶液の電気分解では，塩素と水素が発生するから。

18　典型金属元素の単体と化合物——175

(3)　(ア) $NaHCO_3$　(イ) $NaCl$　(ウ) CO_2

解説 (1)　金属ナトリウムは水や空気中の酸素と反応するため，石油中で保存する。

(2)　塩化ナトリウム水溶液を電気分解すると

陽極　$2Cl^- \longrightarrow Cl_2 + 2e^-$

陰極　$2H_2O + 2e^- \longrightarrow H_2 + 2OH^-$

のような反応が進行し，金属ナトリウムは得られない。

(3)　炭酸ナトリウムに塩酸を反応させると，まず一段階目の反応が起きる。

$Na_2CO_3 + HCl \longrightarrow NaHCO_3 + NaCl$

すべて炭酸水素ナトリウムに変化した後，二段階目の反応が進行する。

$NaHCO_3 + HCl \longrightarrow NaCl + H_2O + CO_2$

▶中和滴定の場合，一段階目の指示薬にはフェノールフタレインを，二段階目の指示薬にはメチルオレンジを使用する。

エクセル アルカリ金属は石油中に保存する。

---

392 **解答** (1)　(ア) **価電子**　(イ) **陽**　(ウ) Ca　(エ) Sr　(オ) Ba

(2)　②

解説 (1)　2族の元素は，アルカリ土類金属といわれ，2個の価電子をもち，2価の陽イオンになりやすい。そのなかで Ca，Sr，Ba，Ra は性質がとくに似ているため，これらをアルカリ土類金属という場合がある。

(2)　①　Be や Mg は常温の水とは反応しない。

②　硫酸カルシウム二水和物はセッコウといい，硫酸バリウムは X 線の造影剤として利用され，水には溶けない。

③　水酸化カルシウムの水溶液を石灰水とよぶ。

④　Be，Mg は炎色反応を示さない。

●炎色反応
Ca　橙赤色
Sr　深赤色
Ba　黄緑色

エクセル Mg と Ca・Ba との違い

単体	Mg $\longrightarrow$ 熱水と反応する	Ca・Ba $\longrightarrow$ 常温の水と反応する	
化合物の 水溶性	$Mg(OH)_2 \longrightarrow$ 溶けない	$Ca(OH)_2 \longrightarrow$ 少し溶ける $Ba(OH)_2 \longrightarrow$ 溶ける	強塩基
	$MgSO_4 \longrightarrow$ 溶ける	$CaSO_4$ $BaSO_4$ $\longrightarrow$ 溶けない(白沈)	
炎色反応	示さない	Ca：橙赤　Ba：黄緑	

●Ca，Sr，Ba の特徴
・単体は常温で水と反応し H_2 を発生
・炭酸塩は水に難溶性（塩酸には可溶）
・硫酸塩は水に難溶性（酸にもほとんど不溶）

---

393 **解答** (1)　(オ)　(2)　(ア)　(3)　(カ)　(4)　(ウ)

(5)　(エ)　(6)　(イ)

解説 (1)　CaO は吸湿性があり，乾燥剤として利用され，水を加えると発熱することからインスタント食品などの熱源として使われたりしている。生石灰ともよばれる。

(2)　$CaCl_2$ は吸湿性があり，乾燥剤として利用されている。また潮解性があり，空気中の水分を吸って溶けてべたべたになる。

(3)　石灰石や大理石の主成分で，弱酸の塩のため，強酸である塩酸をかけると弱酸である二酸化炭素と水（炭酸）を生成する。

(4)　石灰水を白く濁らせたあとに，さらに二酸化炭素を吹き込

●乾燥剤と Ca 化合物
・CaO，ソーダ石灰
塩基性の乾燥剤のため，酸性の気体の乾燥には不適当。
・$CaCl_2$
中性の乾燥剤のため，ほとんどの気体の乾燥に利用できるが，NH_3 は反応するため使えない。

176 —— 5章　無機物質

　　(5) $Ca(OH)_2$ は消石灰ともよばれ，強塩基性で水溶液は石灰
　　　水とよばれる。

　　(6) $CaSO_4 \cdot \dfrac{1}{2} H_2O$ は焼きセッコウとよばれ，医療用のギプ
　　　スなどに利用される。

エクセル Ca の化合物の通称

　　CaO…生石灰，$Ca(OH)_2$…消石灰，水溶液は石灰水

　　$CaSO_4 \cdot 2H_2O$…セッコウ，$CaSO_4 \cdot \dfrac{1}{2} H_2O$…焼きセッコウ

　　$CaCO_3$…石灰石，$CaCl(ClO) \cdot H_2O$…さらし粉

394 **解答** (ア) $CaCO_3$　(イ) $Ca(HCO_3)_2$　(ウ) CaO　(エ) $CaCl_2$

① $Ca(OH)_2 + CO_2 \longrightarrow CaCO_3 + H_2O$

② $CaCO_3 + CO_2 + H_2O \longrightarrow Ca(HCO_3)_2$

③ $CaCO_3 \longrightarrow CaO + CO_2$

▶いずれの場合も Ca の酸化数は +2 である。陰イオンの組み合わせが変わっている。

解説 水酸化カルシウム $Ca(OH)_2$ の水溶液に二酸化炭素を通じると，炭酸カルシウム $CaCO_3$ が生じて水溶液が白濁する(ア)。白濁した水溶液にさらに二酸化炭素を通じると，炭酸水素カルシウム $Ca(HCO_3)_2$ に変化して白濁が消える(イ)。

炭酸カルシウム $CaCO_3$ を強熱すると，酸化カルシウム CaO が生じる(ウ)。

弱酸の塩である炭酸カルシウム $CaCO_3$ に塩酸を加えると，弱酸である炭酸($H_2O + CO_2$)が遊離して，塩化カルシウム $CaCl_2$ を生じる(エ)。

エクセル カルシウムを含む化合物の反応

　　$CaCO_3 \longrightarrow CaO \longrightarrow Ca(OH)_2 \longrightarrow CaCO_3 \longrightarrow Ca(HCO_3)_2$

395 **解答** (1) Na　(2) Mg　(3) Mg　(4) Ca　(5) Na
(6) Mg

解説 (1) Na の単体は水と激しく反応するため石油中に保存する。

(2) アルカリ金属や Ca，Sr，Ba の単体は水と反応するが，Mg の単体は熱水でないと反応しない。

(3) アルカリ金属や Ca，Sr，Ba 以外の水酸化物は沈殿する。

(4) Ca^{2+}，Ba^{2+} の硫酸塩は沈殿する。

(5) アルカリ金属以外の炭酸塩は沈殿する。

(6) Mg は炎色反応を示さない。

	Mg	Ca, Ba
単体	熱水と反応	冷水と反応
炎色	×	Ca 橙赤
		Ba 黄緑
OH^-	難溶性	水溶性
$SO_4{}^{2-}$	水溶性	難溶性

エクセル アルカリ土類金属の Mg と Ca・Sr・Ba との違い ⇒ 単体と水の反応性，炎色反応，
　　　　　　　　　　　　　　　　　　　　　　水酸化物や硫酸塩の水溶性

18 典型金属元素の単体と化合物── 177

396 解答
(A) 水素　(B) 両性
(a) 6　(b) 2　(c) 3　(d) 2　(e) 2　(f) 3
(ア) $AlCl_3$　(イ) $Na[Al(OH)_4]$

解説
アルミニウム Al，亜鉛 Zn，スズ Sn，鉛 Pb は両性元素で，その単体・酸化物・水酸化物が酸・塩基の両方と反応する。とくに Al と Zn に関しては，その化学反応式も重要である。
Al^{3+}，Zn^{2+} を含む水溶液に NaOH 水溶液を加えていくと，はじめ白色の沈殿を生じるが，過剰に加えると，その沈殿が溶けてしまう。これは両性金属イオンを見分ける大切な現象である。
また Al^{3+} と Zn^{2+} はアンモニア水との反応の違いで見分ければよい。Al^{3+} も Zn^{2+} も沈殿を生じるが，過剰のアンモニア水では Zn^{2+} の沈殿が溶けてしまう。

エクセル Al は両性金属：酸とも強塩基とも反応し水素を発生する。
$$2Al + 6HCl \longrightarrow 2AlCl_3 + 3H_2$$
$$2Al + 2NaOH + 6H_2O \longrightarrow 2Na[Al(OH)_4] + 3H_2$$

● Al^{3+}，Zn^{2+} と NaOH，NH_3 の反応
・NaOH との反応
　Al^{3+}，Zn^{2+} とも白色沈殿
　　↓過剰な NaOH
　Al^{3+}，Zn^{2+} とも沈殿が溶けて透明になる。

・NH_3 との反応
　Al^{3+}，Zn^{2+} とも白色沈殿
　　↓過剰な NH_3
　Zn^{2+} だけ沈殿が溶ける。

397 解答
(1) (ア) ボーキサイト　(イ) 氷晶石　(ウ) 炭素(黒鉛)
　　(エ) 溶融塩電解　(オ) 陰　(カ) 還元
(2) 5.40 kg

解説
(1) アルミニウムはイオン化傾向が大きいため，水溶液から金属を直接取り出すことはできない。酸化物を融解して電気分解してつくっている。そのとき，融点を下げる目的で氷晶石が使われる。それぞれの電極で起こる反応は次のようになる。
陽極：$C + O^{2-} \longrightarrow CO + 2e^-$
　　　$C + 2O^{2-} \longrightarrow CO_2 + 4e^-$
陰極：$Al^{3+} + 3e^- \longrightarrow Al$
(2) 酸化アルミニウムは還元されてアルミニウムになる。
$$Al_2O_3 + 3C \longrightarrow 2Al + 3CO$$
それぞれの式量は $Al_2O_3 = 102$，$Al = 27$ なので，
$$\frac{10.2\,kg}{102} \times 2 \times 27 = 5.40\,kg$$

エクセル アルミニウムの溶融塩電解
陽極：$C + O^{2-} \longrightarrow CO + 2e^-$
　　　$C + 2O^{2-} \longrightarrow CO_2 + 4e^-$
陰極：$Al^{3+} + 3e^- \longrightarrow Al$

● アルミニウムの溶融塩電解

　導電棒
アルミナ　炭素 陽極
氷晶石　　炭素 陰極
フッ化アルミニウム　アルミニウム
氷晶石と酸化アルミニウム　融けたアルミニウム
陽極では電極の炭素が高温のため，反応し一酸化炭素，二酸化炭素が生じる。

398 解答
(1) (ア) 典型　(イ) 両性
(2)(a) $Zn + 2HCl \longrightarrow ZnCl_2 + H_2$
　　(b) $Zn + 2NaOH + 2H_2O \longrightarrow Na_2[Zn(OH)_4] + H_2$

解説
亜鉛は 12 族の元素で 2 個の価電子をもち，2 価の陽イオンになりやすい。単体は青白色で融点が低く，合金の原料にも利用される。両性元素❶に属し，酸とも塩基とも反応する。

エクセル 亜鉛は両性元素なので，単体 Zn，酸化物 ZnO，水酸化物 $Zn(OH)_2$ は酸とも塩基とも反応する。

❶両性元素
単体や酸化物，水酸化物が酸や塩基と反応する元素。
Al，Zn，Sn，Pb

178 —— 5章 無機物質

399

解答 (1) C (2) C (3) A (4) B (5) C

解説
(1) 両性元素は Al, Zn, Sn, Pb である。

(2) 両性元素は酸とも強塩基とも反応して水素が発生する。

(3) Al は濃硝酸と不動態になって溶けない(他に Fe, Ni)。

(4), (5) どちらの水酸化物も過剰の NaOH には溶解するが, NH_3 水では $Al(OH)_3$ には変化がないが, 亜鉛は
$$Zn(OH)_2 + 4NH_3 \longrightarrow [Zn(NH_3)_4]^{2+} + 2OH^-$$
の反応が起こり沈殿が溶解する。

エクセル 両性元素のイオン Al^{3+}, Zn^{2+}
NaOH でともに沈殿を生じ, 過剰で両方の沈殿が溶ける。
NH_3 でともに沈殿を生じ, 過剰で Zn^{2+} の沈殿だけ溶ける。

400

解答 (5)

解説
(1) スズ❷は水素よりイオン化傾向が大きいため, 塩酸と反応する。$Sn + 2HCl \longrightarrow SnCl_2 + H_2$

(2) スズは Sn^{2+} より Sn^{4+} のほうが安定なため, 還元作用がある。
$$Sn^{2+} \longrightarrow Sn^{4+} + 2e^-$$

(3) 鉛蓄電池で放電時に析出する $PbSO_4$ は, 希硫酸に溶けにくい。

(4) $PbCl_2$ は熱水には溶けるが常温の水には溶けにくい。

(5) 鉛❶は, Pb^{4+} より Pb^{2+} のほうが安定なため, 鉛蓄電池でも正極では次のように反応させて酸化剤として使われている。
$$PbO_2 + SO_4^{2-} + 4H^+ + 2e^- \longrightarrow PbSO_4 + 2H_2O$$

エクセル 鉛：酸化数は +4 までの化合物があるが, Pb^{2+} が安定。塩のほとんどが水に溶けにくい。
スズ：Sn^{2+} と Sn^{4+} があるが Sn^{4+} が安定。両性金属で酸や塩基の水溶液に溶ける。

401

解答
(1) $NaCl + NH_3 + CO_2 + H_2O \longrightarrow NaHCO_3 + NH_4Cl$

(2) ②の現象：風解, ④の現象：潮解

(3) 炭酸ナトリウムは電離して, 水中で CO_3^{2-} を放出する。CO_3^{2-} は弱酸由来の陰イオンのため, 水と次のように反応して塩基性を示す。
$$CO_3^{2-} + H_2O \longrightarrow HCO_3^- + OH^-$$

(4) 陰極, Cl_2

(5) 化学反応式：$2H_2O + 2e^- \longrightarrow 2OH^- + H_2$
名称：オゾン 化学式：O_3

解説
(1) 問題文にある Na_2CO_3 の工業的製法はアンモニアソーダ法とよばれる。①の反応では水への溶解度が比較的小さい $NaHCO_3$ が沈殿するため, これを加熱して Na_2CO_3 を得る。

(2) $Na_2CO_3 \cdot 10H_2O$ は無色の結晶だが, 空気中に放置すると水和水の一部を失って $Na_2CO_3 \cdot H_2O$ の白色粉末になる。この現象は風解❶という。また NaOH は空気中の水分を吸収してべたついてくる。この現象を潮解

---

❶鉛
水に可溶
$Pb(NO_3)_2$
$Pb(CH_3COO)_2$
水に溶けにくい
$Pb(OH)_2$ 白色
$PbCl_2$ 白色
$PbSO_4$ 白色
$PbCrO_4$ 黄色
PbS 黒色

❷スズ
・Sn^{2+} と Sn^{4+} があるが, Sn^{4+} が安定。
・青銅, はんだのような合金やブリキに利用されている。

❶風解
水和水をもった結晶は, 空気中で一定の飽和水蒸気圧を示す。この圧力が空気中の水蒸気圧より大きいと, 結晶中から水和水が放出されていく。この現象はほかに $Na_2SO_4 \cdot 10H_2O$ などで起こる。

● 炭酸ナトリウムと炭酸水素ナトリウム

	Na_2CO_3	$NaHCO_3$
水溶性	よく溶ける	少し溶ける
液性	塩基性	弱塩基性
加熱	変化なし	容易に分解

という。

(3) 炭酸イオン CO_3^{2-} や炭酸水素イオン HCO_3^- は弱酸由来の陰イオンである。そのため水と反応して塩基性を示す。

$CO_3^{2-} + H_2O \longrightarrow HCO_3^- + OH^-$

$HCO_3^- + H_2O \longrightarrow OH^- + H_2O + CO_2(H_2CO_3)$

(4) 陰極では $2H_2O + 2e^- \longrightarrow 2OH^- + H_2$ により OH^- が生成し，陽イオン交換膜を通って Na^+ が入り込むため，陰極では NaOH が生じる。また陽極では次の反応が起こり，Cl_2 が発生する。$2Cl^- \longrightarrow Cl_2 + 2e^-$

(5) 陽極では次のような反応が起こる。

$4OH^- \longrightarrow 2H_2O + O_2 + 4e^-$

ここで発生した O_2 は，紫外線によってオゾン O_3 になる。

エクセル NaOHの工業的製法（イオン交換膜法）

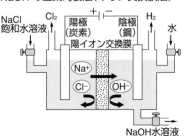

陽極：$2Cl^- \longrightarrow Cl_2 + 2e^-$

陰極：$2H_2O + 2e^- \longrightarrow 2OH^- + H_2$

陰極付近に OH^- が集まるため，Na^+ が移動してくる。つくった NaOH と Cl_2 が反応しないように陽イオン交換膜が使われている。

402

解答

(1) (ア) マグネシウム　(イ) カルシウム

(2) (A) 生石灰　(B) 石灰水

(3) $Mg + 2H_2O \longrightarrow Mg(OH)_2 + H_2$

(4) 0.495 L

(5) $CaCO_3 \longrightarrow CaO + CO_2$

(6) 水溶液中の白い沈殿 $CaCO_3$ は，さらに CO_2 を吹き込まれると次のように反応して水溶性の炭酸水素カルシウムになってしまうため。

$CaCO_3 + CO_2 + H_2O \longrightarrow Ca(HCO_3)_2$

(7) $CaO + 3C \longrightarrow CaC_2 + CO$

解説

(1) アルカリ土類金属において，Be，Mg は反応性や性質が Ca，Sr，Ba と異なる。

(2) カルシウムの化合物には，さまざまな慣用名がついている。CaO は「生石灰」とよばれ，水と反応すると発熱しながら $Ca(OH)_2$ に変化する。この水酸化物は「消石灰」とよばれ，水溶液は「石灰水」とよばれる。

(3) Be や Mg は常温の水とは反応しないが，熱水や高温の水蒸気とは反応する。

(4) 化学反応式は次のようになる。

$CaCO_3 + 2HCl \longrightarrow CaCl_2 + H_2O + CO_2$

反応式の係数の関係から，$CaCO_3$ 1 mol から CO_2 1 mol が生成する。$CaCO_3$（式量 100）2.21 g は $\dfrac{2.21 \text{g}}{100} = 0.0221$ mol で，

● セッコウ

（セッコウ）

$CaSO_4 \cdot 2H_2O$

セッコウを約 130 ℃ で焼くと焼きセッコウになる。焼きセッコウに適量の水を加えると固化してセッコウになり，塑像や医療用ギプスになる。

（焼きセッコウ）

$CaSO_4 \cdot \dfrac{1}{2} H_2O$

180 —— 5章　無機物質

これから CO_2 は 0.0221 mol 発生する。この気体は標準状態
（0℃，1.01×10^5 Pa）で 1 mol の気体は 22.4 L のため，
22.4 L × 0.0221 mol ≒ 0.495 L になる。

(6)　例えば，鍾乳洞をつくる石灰石は $CaCO_3$ でできている。
雨水などに溶けた CO_2 によって次のような反応を起こし，
少しずつ溶けていく。

$$CaCO_3 + H_2O + CO_2 \longrightarrow Ca(HCO_3)_2$$

この反応は水溶液を加熱して CO_2 を追い出すと，逆反応が
起きて $CaCO_3$ が沈殿する。

(7)　酸化カルシウムにコークス C を混ぜて電気炉で強熱する
と次の反応が起きて炭化カルシウム（カルシウムカーバイド）
ができる❶。

$$CaO + 3C \longrightarrow CaC_2 + CO$$

❶ CaC_2（炭化カルシウム）と
水の反応により，アセチレ
ンを生じる。
$CaC_2 + 2H_2O$
　$\longrightarrow C_2H_2 + Ca(OH)_2$
（→本冊 p.289）

エクセル　アルカリ土類金属の特徴

	Mg	Ca，Ba
単体	熱水と反応	冷水と反応
炎色	×	Ca 橙赤
		Ba 黄緑
OH^-	難溶性	水溶性
SO_4^{2-}	水溶性	難溶性

403 解答

(1)　(ア)　ボーキサイト　　(イ)　氷晶石　　(ウ)　陽　　(エ)　陰
　　　(オ)　還元　　(カ)　ジュラルミン　　(キ)　ミョウバン

(2)　不動態

(3)　アルミニウムイオンは水素イオンよりイオン化傾向が大き
　　いため，水溶液から単体は得られない。

(4)　$Na[Al(OH)_4] + HCl \longrightarrow NaCl + H_2O + Al(OH)_3$

解説

(1)　アルミニウムは酸化アルミニウムを含む鉱石であるボーキ
サイトからつくられるアルミナを，炭素電極を用いて融解塩
電解して得る。アルミナの融点は高いため，氷晶石 Na_3AlF_6
を入れて融点を下げて電解する。

(2)　アルミニウムは空気中の酸素などで表面に無色透明の酸化
アルミニウムの被膜ができ，反応しにくくなる。このような
状態を不動態という。

(3)　アルミニウムイオンはイオン化傾向が大きく，金属にはな
りにくい。水溶液中にはアルミニウムイオンよりもイオン化
傾向の小さい水素イオンが存在するため，還元されると H^+
が電子を受け取ってしまう。したがって酸化アルミニウムを
直接融解し，電極を入れて電気分解する方法で得ている。

●アルミニウムの酸化被膜
アルミニウム表面に厚さ数
十 nm の Al_2O_3 が無色透明
の被膜になって覆う。この
状態を不動態とよぶ。

●ミョウバン
$AlK(SO_4)_2 \cdot 12H_2O$
無色透明の正八面体結晶で，
水に溶けるとイオンに電離
する。
$AlK(SO_4)_2 \longrightarrow$
　　　$Al^{3+} + K^+ + 2SO_4^{2-}$
このように 2 種類以上の塩
が一定の割合で結合した塩
を複塩という。

エクセル　K，Ca，Na，Mg，Al などのイオン化傾向の大きい金属の
　　　　単体は，還元力が強いため酸化物や塩化物の結晶を融解し
　　　　て電気分解して得る。

404

解答

(1) **7.16 g**

(2) **アルミニウム　54 g　亜鉛　65 g**

解説

(1) 硫酸バリウム $BaSO_4$（式量 233）の沈殿 4.66 g は，2.00×10^{-2} mol に相当する。そのため，はじめの混合物には硫酸イオンが 2.00×10^{-2} mol 存在することになる。

したがって，硫酸ナトリウム Na_2SO_4（式量 142）の質量は

$142 \times 2.00 \times 10^{-2} = 2.84$ g

である。混合物の質量は 10.0 g なので，塩化ナトリウムは 7.16 g である。

(2) 混合物 X 中にアルミニウム x [mol]，亜鉛 y [mol] 存在するとする。混合物に十分量の塩酸を加えて発生する水素は標準状態で 89.6 L であり，これは 4.00 mol に相当する。アルミニウムと塩酸，亜鉛と塩酸の反応を表した化学反応式は

$2Al + 6HCl \longrightarrow 2AlCl_3 + 3H_2$
x [mol] 　　　　　　　　　$1.5x$ [mol]

$Zn + 2HCl \longrightarrow ZnCl_2 + H_2$
y [mol] 　　　　　　　y [mol]

である。化学反応式の係数の関係から

$1.5x + y = 4.00$ 　…①

同様に，酸素との反応を化学反応式で表すと

$4Al + 3O_2 \longrightarrow 2Al_2O_3$
x [mol] 　　　$0.5x$ [mol]

$2Zn + O_2 \longrightarrow 2ZnO$
y [mol] 　　　y [mol]

のようになる。酸化アルミニウムの式量は 102，酸化亜鉛の式量は 81.4 なので

$0.5x \times 102 + 81.4y = 183$ 　…②

①，②より，　$x = 2.00$，$y = 1.00$

したがって，混合物中にアルミニウムは 2.0 mol（54 g），亜鉛は 1.0 mol（65.4 g）存在する。

エクセル 混合物の組成を求める問題では，はじめの混合物の質量，生成物の質量に注目して連立方程式を立てる。

▶ Ca^{2+}，Ba^{2+} の硫酸塩，炭酸塩は水に溶けにくい。

▶水素と酸化物の物質量に注目して連立方程式を立てる。

▶19 遷移元素（p.253）

405

解答

(ア) ⑦　(イ) ⑨　(ウ) ⑫　(エ) ②

解説

遷移元素は 3 〜 11 族の元素で，すべて金属元素である。遷移元素は周期表の隣り合う元素どうしの性質が似ているが，それは最外殻電子が 1 個または 2 個で，あまり変化しないためである。

エクセル 典型元素：1，2 と 12 〜 18 族　縦の周期性がある。
遷移元素：3 〜 11 族　横に並ぶ元素の性質が似ている。

● 遷移元素の原子
原子番号が増えても，内側の電子殻で電子が増加していき，最外殻電子は 1 または 2 個になる。

182 —— 5章 無機物質

406

解答 (ア) ② (イ) ③ (ウ) ⑦ (エ) ⑨

解説 鉄は溶鉱炉に Fe_2O_3 を主成分とする鉄鉱石，コークス，石灰石を入れて，コークスから生成する CO で Fe_2O_3 を還元して得る。こうして得られた鉄は銑鉄[1]といい，約4%の炭素や不純物を含んでいる。この銑鉄を転炉に移し，融解しながら酸素を吹き込むと，炭素の含有量の少ない鋼になる。

エクセル 鉄鉱石 → 銑鉄 → 鋼　　$Fe_2O_3 + 3CO \longrightarrow 2Fe + 3CO_2$

❶銑鉄
鉄に炭素や不純物が少量含まれているため，かたいがもろい。また融点も低いため鋳物などに利用されている。

407

解答 (1) ① 8　② アルミニウム　③ 濃青
(2) (ア) Fe_2O_3　(イ) Fe_3O_4　(ウ) Fe^{2+}　(エ) Fe^{3+}
　(オ) $KSCN$　(カ) Fe^{3+}　　　　　((ア)，(イ)は順不同)
(3) $Fe^{3+} + 3NaOH \longrightarrow Fe(OH)_3 + 3Na^+$

解説 鉄は8族に属する元素で，地殻中ではアルミニウムについで多い金属元素である。酸化物には FeO，Fe_2O_3，Fe_3O_4 が存在する。鉄の単体は酸と反応して Fe^{2+} になりながら H_2 を発生して溶けるが，濃硝酸とは不動態になって溶けない。Fe^{2+} は酸化されて Fe^{3+} になりやすく，$K_3[Fe(CN)_6]$ には Fe^{2+} が，$K_4[Fe(CN)_6]$ には Fe^{3+} が反応して濃青色沈殿を生じる。また Fe^{3+} は $KSCN$ と反応して血赤色溶液になる。

エクセル

水溶液中	Fe^{2+}（淡緑色）	Fe^{3+}（黄～黄褐色）
OH^-	緑白色沈殿	赤褐色沈殿
$NaOH \cdot NH_3$	$Fe(OH)_2$	$Fe(OH)_3$
$K_3[Fe(CN)_6]$	濃青色沈殿	
$K_4[Fe(CN)_6]$	——	濃青色沈殿
$KSCN$	——	血赤色溶液

● **クラーク数**
地殻から10マイル（16km）下までの岩石圏に含まれる元素の存在比率で多い順に O，Si，Al，Fe，Ca，Na

● **鉄の酸化物**
・FeO：酸化鉄(Ⅱ)　黒色
・Fe_2O_3：酸化鉄(Ⅲ)　赤褐色
赤さび，ベンガラ，赤鉄鉱
・Fe_3O_4：四酸化三鉄　黒色
黒さび，磁鉄鉱
FeO と Fe_2O_3 を含んだもの。

▶ $K_3[\underset{+3}{Fe}(CN)_6]$

▶ $K_4[\underset{+2}{Fe}(CN)_6]$

408

解答 36 t

解説 ③の反応より Fe_2O_3 を還元するための CO の量を求める。
Fe_2O_3（式量＝160）は $\dfrac{200 \times 10^6 \times 0.80}{160}$ mol。反応式より必要な CO の物質量は3倍。①と②の反応より CO を2molつくるために C は2mol必要になる。したがって，必要な C の物質量は $\dfrac{200 \times 10^6 \times 0.80}{160}$ mol×3となり，その質量は
$\dfrac{200 \times 10^6 \times 0.80}{160}$ mol×3×12g/mol＝36×10^6 g＝36t になる。

エクセル 多段階の化学反応では，反応式をまとめて考えるとよい。

▶反応式をまとめて考えると，（①＋②）×3＋③×2 より
$2Fe_2O_3 + 6C + 3O_2$
$\longrightarrow 4Fe + 6CO_2$
この反応式より Fe_2O_3：C＝1：3。いくつかの反応を段階的に使う場合は，反応式をまとめると考えやすくなる。

409

解答 (ア) 陽　(イ) 陰　(ウ) イオン化傾向　(エ) CuO
(オ) Cu_2O　(カ) 酸化　(キ) $Cu(OH)_2$
(ク) $[Cu(NH_3)_4]^{2+}$　(ケ) 錯　(コ) 配位子

解説 銅は工業的に黄銅鉱を製錬して得たあと，電解精錬で純度をあげる。銅イオンは酸化数が＋1と＋2のものがあるため，酸化物には黒色の CuO と赤色の Cu_2O がある。またイオン化傾向

● **銅イオン**
水溶液は青色（アクア錯イオンになっている。）
$Cu^{2+} \xrightarrow{OH^-} Cu(OH)_2$
（青白色沈殿）

19 遷移元素── 183

が水素より小さいので一般的な酸とは反応しないが，酸化作用のある酸と反応する。水溶液中の Cu^{2+} は OH^- と反応して青白色の水酸化銅(Ⅱ)$Cu(OH)_2$ の沈殿を生じるが，塩基としてアンモニア水を使うと，はじめ $Cu(OH)_2$ を生じるが，過剰に入れると深青色の $[Cu(NH_3)_4]^{2+}$ になって溶解する。このときできる金属イオンに分子やイオンが配位結合してできたイオンを錯イオンという。

$$Cu^{2+} \xrightarrow[少量]{NH_3} Cu(OH)_2 \text{（青白色沈殿）}$$

$$Cu^{2+} \xrightarrow[多量]{NH_3} [Cu(NH_3)_4]^{2+} \text{（深青色溶液）}$$

$$Cu^{2+} \xrightarrow{H_2S} CuS \text{（黒色沈殿）}$$

エクセル Cu^{2+} 青色水溶液 $\xrightarrow{OH^-}$ $Cu(OH)_2$ 青白色沈殿
$\xrightarrow{過剰 NH_3 aq}$ $[Cu(NH_3)_4]^{2+}$ 深青色水溶液

410

解答 (2), (4), (6)

解説
(1) 銀に濃硝酸を加えると二酸化窒素が発生する。
$$Ag + 2HNO_3 \longrightarrow AgNO_3 + H_2O + NO_2$$
(2) $Ag^+ + Cl^- \longrightarrow AgCl$
(3) 銀イオンを含む水溶液に $NaOH$ を加えると酸化銀を生じる。
$$2Ag^+ + 2OH^- \longrightarrow Ag_2O + H_2O$$
(4) 銀イオンが OH^- により Ag_2O の褐色沈殿になったあと，次の反応が起こり無色になる。
$$Ag_2O + 4NH_3 + H_2O \longrightarrow 2[Ag(NH_3)_2]^+ + 2OH^-$$
(5) イオン化傾向は $Cu > Ag$ のため，銀がイオンになることはない。
(6) ハロゲン化銀は感光性があり，光で分解して銀になる。

エクセル Ag^+ 無色水溶液 $\xrightarrow{OH^-}$ Ag_2O 褐色沈殿
$\xrightarrow{過剰 NH_3 aq}$ $[Ag(NH_3)_2]^+$ 無色水溶液（錯イオンは直線形）

●銀の化合物
$AgCl$（白色沈殿）
Ag_2O（褐色沈殿）
$\begin{bmatrix} AgOH は不安定で，脱 \\ 水してすぐに Ag_2O に \\ なってしまう。 \end{bmatrix}$

411

解答 (1) 〔A〕(ウ) 〔B〕(イ)　(2) (イ)

解説
(1) 銅(Ⅱ)イオンを含む水溶液にアンモニア水を加えると，水酸化銅(Ⅱ)$Cu(OH)_2$ の青白色沈殿を生じ，さらにアンモニア水を加えるとテトラアンミン銅(Ⅱ)イオン $[Cu(NH_3)_4]^{2+}$ の濃青色溶液になる。一方，アルミニウムイオンを含む水溶液にアンモニア水を加えると，水酸化アルミニウム $Al(OH)_3$ の白色沈殿を生じるが，さらにアンモニア水を加えても沈殿は変化しない。
　なお，亜鉛(Ⅱ)イオンはアンモニア水や $NaOH$ 水溶液を加えると $Zn(OH)_2$ の白色沈殿を生じるが，さらにアンモニア水や $NaOH$ 水溶液を加えると，ともに $[Zn(NH_3)_4]^{2+}$，$[Zn(OH)_4]^{2-}$ という錯イオンになって溶解する。
(2) 水酸化銅 $Cu(OH)_2$ を加熱すると，酸化銅(Ⅱ)の黒色沈殿になる。
$$Cu(OH)_2 \longrightarrow CuO + H_2O$$

エクセル Ag^+，Cu^{2+} はともに過剰のアンモニア水を加えるとアンミン錯イオンになる。

▶水溶液が青色であれば Cu^{2+}，黄色であれば Fe^{3+} を考える。

184 —— 5章　無機物質

412 解答
(1) A Fe　B Zn　C Al　D Cu　E Ag
(2) (ア) 不動態　(イ) 両性　(ウ) 酸化　(エ) 還元
(3) Cu ＋ 2H₂SO₄ ⟶ CuSO₄ ＋ SO₂ ＋ 2H₂O

解説
AとCは濃硝酸と反応すると表面に不動態を形成することから，Al，Fe，Ni のいずれかであるが，Ni は水と反応しないため除かれる。
また，BとCは両性元素なので，Al，Zn のいずれかである。
以上のことから，Aは Fe，Bは Zn，Cは Al と決まる。
DとEは塩酸や希硫酸と反応しないことから，Cu か Ag のいずれかとなる。
Dの水溶液にB（Zn）の金属板を加えると，Dが金属単体として析出するが，これだけではDが Cu，Ag のいずれかは決定できない。「Eは空気中では酸化されない」という表現より，Eが Ag，Dが残りの Cu となる。

エクセル 化合物を区別する問題では，文章全体に目を通し，特徴的な表現から絞り込む。

▶マグネシウムは熱水（沸騰水）と反応して水素を発生させる。

▶鉛は希塩酸や希硫酸とは反応しない。これは，PbCl₂ や PbSO₄ が水に不溶なためである。

413 解答
(1) (ア) 銑鉄　(イ) 不動態　(ウ) トタン　(エ) ブリキ
(2) $5.41 × 10^2$ g
(3) 亜鉛は鉄よりイオン化傾向が大きいので，亜鉛が電子を放出して陽イオンになりやすい。そのため鉄がイオンになり腐食するのを防ぐことができる。

解説
(1) 鉄は鉄鉱石を石灰石・コークスとともに溶鉱炉で還元すると得られる。ただ，この状態では炭素が鉄に混じっており，かたくてもろい性質をもつ銑鉄という。この炭素を取り除くために転炉とよばれる容器に入れて酸素を吹き込み，鋼とよばれるものを得る。

(2) 下線部(a)の反応は次のようになる。

4FeS₂ ＋ 11O₂ ⟶ 2Fe₂O₃ ＋ 8SO₂
2SO₂ ＋ O₂ ⟶ 2SO₃
SO₃ ＋ H₂O ⟶ H₂SO₄

係数比を見ると，H₂SO₄ を 1mol つくるために $\frac{1}{2}$ mol の FeS₂ が必要になる。96.0 % の H₂SO₄ 0.500 L（500 cm³）中の H₂SO₄（式量 98）の質量は

$$500 \text{cm}^3 × 1.84 \text{g/cm}^3 × \frac{96.0}{100} = 883.2 \text{g} \text{である。}$$

したがって，物質量は $\frac{883.2}{98} = 9.012$ mol になる。FeS₂（式量 120）の質量は

$$9.012 × \frac{1}{2} × 120 = 540.7$$

エクセル 鉄に亜鉛めっき ⟶ トタン
鉄にスズめっき ⟶ ブリキ

●めっき
鉄 Fe に亜鉛 Zn をめっき
⟶ トタン
鉄 Fe にスズ Sn をめっき
⟶ ブリキ

▶ SO₂ は酸化されにくく，通常 V₂O₅ などの触媒が必要である。

▶ S は H₂SO₄ にしか使われていないので S の数から物質量の比がわかる。
FeS₂ ⟶ 2H₂SO₄
1　:　2
$\frac{1}{2}$ mol : 1mol

19 遷移元素── 185

414

解答

(1) $Ag_2O + 4NH_3 + H_2O \longrightarrow 2[Ag(NH_3)_2]OH$

(2) $Zn(OH)_2 + 2NaOH \longrightarrow Na_2[Zn(OH)_4]$

(3) $AgCl + 2Na_2S_2O_3 \longrightarrow Na_3[Ag(S_2O_3)_2] + NaCl$

解説 錯イオンが形成されるときの化学反応式を書けるようにする。なお、これらの反応をイオン反応式で表すと、次のようになる。イオン反応式では、$NaCl$ など沈殿しない物質は省略し、沈殿や錯イオンの生成のみ表現する。

イオン反応式と化学反応式との違いに注意しよう。

(1) $Ag_2O + 4NH_3 + H_2O \longrightarrow 2[Ag(NH_3)_2]^+ + 2OH^-$

(2) $Zn(OH)_2 + 2OH^- \longrightarrow [Zn(OH)_4]^{2-}$

(3) $AgCl + 2S_2O_3^{2-} \longrightarrow [Ag(S_2O_3)_2]^{3-} + Cl^-$

▶ $[Ag(S_2O_3)_2]^{3-}$ ビスチオスルファト銀(I)酸イオン写真の現像の際に使われる。

エクセル 沈殿生成反応では、イオン反応式と化学反応式の違いに注意。

415

解答

(1) (ア) AgF (イ) $AgBr$ (ウ) AgI (エ) $AgCl$

(2) $1.7 \times 10^{-7}\,mol/L$

解説

(1) Ag^+ を含む水溶液にハロゲン化物イオンを加えると特徴的な変化をする。F^- を入れても変化は見られないが、Cl^- を加えると白色、Br^- を加えると淡黄色、I^- を加えると黄色の沈殿を生じる。これらの沈殿は光を当てると分解され(感光性)、Ag が遊離してくる。写真がフィルムを利用していたころは、この性質を利用してネガがつくられていた[1]。

(2) 塩化銀の溶解度積 K_{sp} は、

$K_{sp} = 1.3 \times 10^{-5} \times 1.3 \times 10^{-5}$
$= 1.69 \times 10^{-10}\,(mol/L)^2$

混合溶液中の塩化物イオン濃度は

$[Cl^-] = \dfrac{2.0 \times 10^{-3}}{2.0} = 1.0 \times 10^{-3}\,mol/L$

であるので、$K_{sp} = [Ag^+][Cl^-]$ より

$1.69 \times 10^{-10} = [Ag^+] \times 1.0 \times 10^{-3}$
$[Ag^+] \fallingdotseq 1.7 \times 10^{-7}\,mol/L$

[1] $2AgBr$
$\xrightarrow{\text{光}} 2Ag + Br_2$
未反応の $AgBr$ はチオ硫酸ナトリウムに錯イオンとして溶かすことで写真のネガがつくられた。

エクセル ハロゲン化銀は感光性がある。

Ag^+ とハロゲン化物イオンの反応
$Ag^+ + F^- \longrightarrow \times$ (沈殿しない)
$Ag^+ + Cl^- \longrightarrow AgCl$ (白色沈殿)
$Ag^+ + Br^- \longrightarrow AgBr$ (淡黄色沈殿)
$Ag^+ + I^- \longrightarrow AgI$ (黄色沈殿)

416

解答

(1) $2CrO_4^{2-} + 2H^+ \rightleftarrows Cr_2O_7^{2-} + H_2O$

(2) Fe^{3+} $3.0 \times 10^{-2}\,mol/L$ Cr^{3+} $1.0 \times 10^{-2}\,mol/L$

解説

(1) クロム酸イオン CrO_4^{2-} は黄色、二クロム酸イオン $Cr_2O_7^{2-}$ は橙赤色である。

(2) このときの反応を e^- を含む化学反応式で記すと、以下のようになる。

$Fe^{2+} \longrightarrow Fe^{3+} + e^-$

▶ 還元剤が出す電子
＝酸化剤が受け取る電子

$$Cr_2O_7^{2-} + 14H^+ + 6e^- \longrightarrow 2Cr^{3+} + 7H_2O$$

6.0×10^{-2} mol/L の FeSO$_4$ 水溶液 50mL に含まれる Fe^{2+} の物質量は 3.0×10^{-3} mol である。

Fe^{2+} が完全に反応すると，電子は 3.0×10^{-3} mol 生じる。

この電子を受け取る Cr$_2$O$_7^{2-}$ は 5.0×10^{-4} mol であり，Cr^{3+} は 1.0×10^{-3} mol 生成する。

3.0×10^{-2} mol/L の K$_2$Cr$_2$O$_7$ 水溶液 50mL に含まれる Cr$_2$O$_7^{2-}$ の物質量は 1.5×10^{-3} mol なので，Fe^{2+} は完全に反応し，二クロム酸イオンが余ることになる。

反応後の溶液は 100mL であることから，Fe^{3+} のモル濃度は 3.0×10^{-2} mol/L，Cr^{3+} のモル濃度は 1.0×10^{-2} mol/L となる。

▶ Cr$_2$O$_7^{2-}$ がすべて反応するには，Fe^{2+} が 9.0×10^{-3} mol 必要である。Fe^{2+} は 3.0×10^{-3} mol しかないので，Fe^{2+} がすべて反応する。

エクセル 2つの物質を反応させ，生成量を求める問題では，過不足のある場合に注意しよう。

417

[解答]

(1)
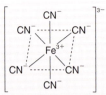

(2) 鉄が酸化されて Fe^{2+} となり，液滴中の [Fe(CN)$_6$]$^{3-}$ と反応して濃青色沈殿を生じる。

(3) 鉄が放出した電子を水溶液中の酸素が受け取り，水酸化物イオンを生じるため。
$$O_2 + 2H_2O + 4e^- \longrightarrow 4OH^-$$

(4) Fe^{2+} がさらに酸化されて Fe^{3+} となり，水酸化鉄(Ⅲ) Fe(OH)$_3$ となった。

(5) 鉄よりイオン化傾向の大きい亜鉛が反応して Zn^{2+} となる。このとき，電子を受け取るのは鉄側になるので，鉄板側では水酸化物イオンが生成し，ピンク色になる。

[解説] 空気中で鉄を放置すると，水蒸気や空気中の酸素によってさびが進行する。本問は，さびができるしくみについて注目したものである。

(2) 鉄は酸化されると2価の Fe^{2+} を経て3価の Fe^{3+} へと変化する。まず，鉄が酸化されて Fe^{2+} となり，液滴中の [Fe(CN)$_6$]$^{3-}$ と反応して濃青色沈殿を生じる。

(3) 水酸化物イオンが生じたことを，フェノールフタレインがピンク色になることで確認している。

(4) 2価の Fe^{2+} が3価の Fe^{3+} へと変化した。鉄板表面で生じた OH$^-$ と反応して Fe(OH)$_3$ の茶色(赤褐色)沈殿を生じた。

(5) 鉄と亜鉛が接しているので，イオン化傾向の大きい亜鉛が先に反応し，同様の現象が進行する。この場合，ヘキサシアニド鉄(Ⅲ)酸イオンによる青変は見られない。

▶鉄と塩酸の反応は
Fe + 2HCl ⟶ FeCl$_2$ + H$_2$
一般に，鉄は2価のイオンとして表現する。

エクセル 鉄が酸化されると，Fe^{2+} を経て Fe^{3+} と変化する。

418

解答 (1) 正八面体 (2) (a) 1種類 (b) 2種類
(3) [CoCl(NH$_3$)$_5$]Cl$_2$ (4) 1.6 g (5) $z = x + ny$

解説 (2) 下図のように，正四面体構造をとる場合は1種類，平面正方形構造をとる場合は，シス，トランスの2種類の構造異性体が存在する。

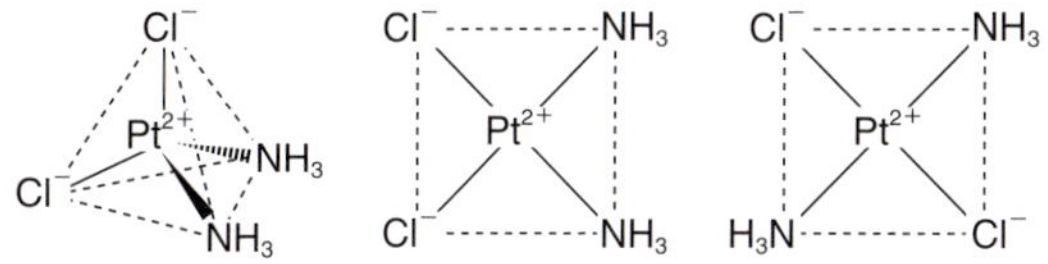

(3) 問題文より，コバルトに配位している塩素(塩化物イオン)は AgCl の沈殿をつくらないことを読み取る。2mol の AgCl が析出するので，コバルトに配位している塩素は1個とわかる。

(4) コバルト(Ⅲ)錯体の式量は 267.5 である。錯体 1 mol から AgCl が 3 mol 生成するので，錯体 1.0 g から生成する AgCl (式量 143.5)の質量は

$$\frac{1.0}{267.5} \times 3 \times 143.5 ≒ 1.6 \text{ g}$$

と求まる。

(5) 錯イオンの電荷の和を求める。y が負であることに注意する。

エクセル 錯イオンの電荷＝(中心金属の電荷)＋(配位子の電荷の和)

● おもな錯イオンの立体構造
[Zn(NH$_3$)$_4$]$^{2+}$ 正四面体
[Cu(NH$_3$)$_4$]$^{2+}$ 正方形
[Fe(CN)$_6$]$^{3-}$ 正八面体

419

解答 6.80×10^{-2} mol/L

解説 銅(Ⅱ)イオンと EDTA は 1：1 で反応することから，銅(Ⅱ)イオンの濃度を求めることができる。
水溶液の濃度を x [mol/L] とすると

$$x \times \frac{30.0}{1000} = 4.00 \times 10^{-2} \times \frac{51.0}{1000}$$

$$x = 6.80 \times 10^{-2} \text{ mol/L}$$

キレートとは，1分子の配位子が金属イオンを取り囲むように配位結合した構造のことを指す。このようにしてできた錯体をキレート錯体とよぶ。キレートとは，ギリシア語で「蟹のハサミ」を指すことばである。

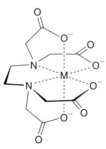

EDTA のキレート錯体の例

エクセル 2価の金属イオンと EDTA は 1：1 で反応することから，金属イオンの濃度を求めることができる。

▶ EDTA は，「エデト酸塩」としてシャンプーなどの生活用品に加えられている。これは，水中のカルシウムイオンやマグネシウムイオンをキレート化して，泡立ちをよくするためである。

188 —— 5章　無機物質

▶20 金属イオンの分離と推定（p.264）

420 解答
(1) Pb^{2+}　(2) Ba^{2+}　(3) Cu^{2+}　(4) Al^{3+}
(5) Cu^{2+}

解説
(1) Cl^- を加えて沈殿する金属イオンは Ag^+，Pb^{2+}。AgCl は白色沈殿でアンモニアなどと錯イオンをつくり溶ける。$PbCl_2$ も白色沈殿で熱湯に溶ける。
(2) $SO_4{}^{2-}$ で沈殿する金属イオンは Ba^{2+}，Pb^{2+}。いずれも白色沈殿。また Ca^{2+} は多量の $SO_4{}^{2-}$ では沈殿を生じる。
(3),(4) OH^- との反応では，アルカリ金属のイオン，Ca^{2+}，Sr^{2+}，Ba^{2+}，および $NH_4{}^+$ 以外との反応で，沈殿が生じる。ただし，アンモニア水の場合，アンモニア過剰なときは錯イオンを形成する Cu^{2+}，Zn^{2+}，Ag^+ は沈殿が溶ける。また，NaOH を過剰にした場合，両性水酸化物は溶けるため，Al^{3+}，Zn^{2+}，Sn^{2+}，Pb^{2+} は沈殿が溶ける。
(5) 硫化水素を吹き込むと，その水溶液の液性によって硫化物が生成したりしなかったりする。イオン化傾向の大きい金属は沈殿を生じない。Zn^{2+}，Fe^{2+}，Ni^{2+} などのイオン化傾向が比較的大きくないイオンは，硫化水素から生じる S^{2-} が少ない酸性条件下では沈殿を生じないが，液性が中性または塩基性になり水溶液中の S^{2-} の量が多くなると沈殿を生じる。またイオン化傾向が小さな金属では，液性にかかわらず沈殿を生じる。硫化物の沈殿は，ほとんどが黒色で，他の色は ZnS（白色），MnS（淡赤色），SnS（褐色），CdS（黄色）などがある。

エクセル
Cl^- で沈殿……Ag^+，Pb^{2+}
$SO_4{}^{2-}$ で沈殿……Ba^{2+}，Pb^{2+}，Ca^{2+}
NaOH 過剰で溶解……両性金属 Al^{3+}，Zn^{2+}，Sn^{2+}，Pb^{2+}
NH_3 過剰で溶解……Ag^+，Cu^{2+}，Zn^{2+}

● 硫化物の沈殿
H_2S を吹き込む（Na_2S 水溶液を加える）。
　↓
白色沈殿：ZnS
黄色沈殿：CdS
中・塩基性で黒色沈殿：FeS
酸性で黒色沈殿：PbS，CuS，Ag_2S，HgS

421 解答
① AgCl　② $Cu(OH)_2$　③ $Fe(OH)_3$　④ $CaCO_3$
(ア) 白　(イ) 青白　(ウ) 赤褐　(エ) 白

解説
順番に操作することで一つ一つの金属イオンを分けていくことができ，これを系統分離とよぶ。
① $Ag^+ + Cl^- \longrightarrow AgCl$
② $Cu^{2+} + 2OH^- \longrightarrow Cu(OH)_2$
③ $Fe^{3+} + 3OH^- \longrightarrow Fe(OH)_3$
④ $Ca^{2+} + CO_3{}^{2-} \longrightarrow CaCO_3$

エクセル

イオン化傾向	$K^+ \sim Na^+$	$Mg^{2+} \sim Cu^{2+}$	Ag^+
OH^- での変化	沈殿しない	水酸化物が沈殿	酸化物が沈殿

20 金属イオンの分離と推定——189

422 解答 (5)

解説 塩化ナトリウム水溶液の中に含まれているイオンは Na^+ と Cl^- であり，白色沈殿は Na^+ か Cl^- の塩ということになる。この場合に考えられる塩は $AgCl$ であり，A は $AgNO_3$ と考えられる。次に加える水溶液によって $AgCl$ が溶解するには，アンモニア水を入れて $[Ag(NH_3)_2]^+$ になって溶けたと考えればよい。

エクセル Ag^+，Pb^{2+} は Cl^- を加えると $AgCl$，$PbCl_2$ の白色沈殿を生じる。

● Cl^- で白色沈殿
$AgCl$：アンモニア水には溶ける。
$AgCl + 2NH_3$
　　$\longrightarrow [Ag(NH_3)_2]^+ + Cl^-$
$PbCl_2$：熱湯には溶ける。

423 解答 (4)

解説 アルカリ土類金属のうち，バリウム，カルシウム，ストロンチウムの金属イオンの性質は似ている。そのため，この問題では陰イオンの違いに注目する。
硫酸バリウムは強酸の塩で，炭酸カルシウムは弱酸の塩である。弱酸の塩に強酸を加えると弱酸が遊離してくるため，強酸を加えることで炭酸カルシウムのみを溶解させることができる。

エクセル 炭酸塩は酸を加えると，CO_2 を発生して溶ける。
$$CaCO_3 + 2HCl \longrightarrow CaCl_2 + H_2O + CO_2$$
$$CaCO_3 + 2HNO_3 \longrightarrow Ca(NO_3)_2 + H_2O + CO_2$$

▶ SO_4^{2-} で沈殿するイオン
　　$\longrightarrow Ba^{2+}$，Ca^{2+}，Pb^{2+}
▶ CO_3^{2-} で沈殿しないイオン
　　$\longrightarrow Na^+$，K^+，NH_4^+
炭酸塩は酸を加えると CO_2 を発生して溶ける。

424 解答 (3)

解説
(1) Cu も Ag も薄い酸には溶けないが，熱濃硫酸 H_2SO_4 のような酸化力のある酸には，酸化還元反応して溶ける。
(2) Al，Fe は薄い酸には溶けるが，濃硝酸 HNO_3 には不動態をつくって溶けない。
(3) Zn は希硫酸にも希塩酸にも水素を発生しながら溶けるが，Pb は難溶性の $PbSO_4$ や $PbCl_2$ になって溶けない。
(4) Pt，Au は王水には溶ける。
(5) Na や Ca は常温の水と反応して H_2 を発生する。

● 不動態
Al，Fe，Ni は濃硝酸や濃硫酸と反応しない（他の酸とは反応する）。これらの金属の表面に，ち密な酸化被膜ができて反応しない。

エクセル 金属のイオン化列と金属の反応性

イオン化列	K	Ca	Na	Mg	Al	Zn	Fe	Ni	Sn	Pb	Cu	Hg	Ag	Pt	Au
空気中の反応	ただちに酸化			徐々に酸化		湿った空気中で徐々に酸化			変化しない						
水との反応	常温で反応			*1	高温の水蒸気と反応		変化しない								
酸との反応	一般の酸と反応								*2	酸化作用のある酸と反応		王水と反応			
濃硝酸で不動態となる					○		○	○							
NaOH水溶液と反応					○	○			○	○					

*1　熱水と反応。
*2　塩酸・硫酸と反応しない。他の酸とは反応する。

190 —— 5章　無機物質

425 解答 ③

解説

① 操作 a では，沈殿として $Al(OH)_3$, $Fe(OH)_3$ を含む。また，ろ液には，Ba^{2+} と $[Zn(NH_3)_4]^{2+}$ が含まれる。アンモニア水の量が少ない場合は，$Zn(OH)_2$ で反応が止まる恐れがあるため，アンモニア水を過剰に加える必要がある。正

② 操作 b の後，沈殿として $Fe(OH)_3$ が残り，アルミニウムは錯イオン $[Al(OH)_4]^-$ となってろ液イに移動する。水酸化ナトリウム水溶液の量が少ない場合は，$Al(OH)_3$ が錯イオンになる反応が十分に進行しない恐れがあるため，水酸化ナトリウム水溶液を過剰に加える必要がある。正

③ 操作 c では，塩基性水溶液に硫化水素を加えて，ZnS の白色沈殿を得ている。酸性にすると，硫化物イオン S^{2-} の濃度が低下するので，沈殿が生成しにくくなる。誤

④ Fe^{3+} の存在下で濃青色沈殿が生成する。Fe^{3+} の代表的な検出反応である。正

⑤ $[Al(OH)_4]^- + H^+ \rightarrow Al(OH)_3 + H_2O$ の反応が進行する。正

⑥ ZnS は白色沈殿である。正

▶ $Al(OH)_3$ は $NaOH$ で $[Al(OH)_4]^-$ になるが，アンモニア水では沈殿は変化しない。

▶ $Zn(OH)_2$ は $NaOH$ で $[Zn(OH)_4]^{2-}$ になり，アンモニア水では $[Zn(NH_3)_4]^{2+}$ になる。

エクセル 硫化物沈殿の色
　　　たいていは黒色　　　ZnS　白　　　CdS　黄

426 解答 (2)

解説

(1) Fe^{3+} は塩基を加えると赤褐色の $Fe(OH)_3$ の沈殿を生じる。
$$Fe^{3+} + 3OH^- \longrightarrow Fe(OH)_3$$

(2) Fe^{3+} は $KSCN$ を加えると血赤色の溶液になるが，Fe^{2+} ではならない。誤り

(3) Fe^{3+} に $K_4[Fe(CN)_6]$ の水溶液を加えると，濃青色沈殿を生じる。

(4) Fe^{2+} に $K_3[Fe(CN)_6]$ の水溶液を加えると，濃青色沈殿を生じる。

(5) Fe^{2+} に塩基を加えると，緑白色の $Fe(OH)_2$ を生じる。
$$Fe^{2+} + 2OH^- \longrightarrow Fe(OH)_2$$
この沈殿は，空気中の O_2 に酸化されて $Fe(OH)_3$ になる。

▶ Fe^{2+}（淡緑色）→酸化される→ Fe^{3+}（黄褐色）
酸化剤：Cl_2, O_2

▶ Fe^{3+}（黄褐色）→還元される→ Fe^{2+}（淡緑色）
還元剤：H_2S

エクセル

水溶液中	Fe^{2+}（淡緑色）	Fe^{3+}（黄〜黄褐色）
OH^- NaOH 水溶液・アンモニア水	緑白色沈殿 $Fe(OH)_2$	赤褐色沈殿 $Fe(OH)_3$
$[Fe(CN)_6]^{4-}$ ヘキサシアニド鉄(Ⅱ)酸イオン	（青白色沈殿）	濃青色沈殿
$[Fe(CN)_6]^{3-}$ ヘキサシアニド鉄(Ⅲ)酸イオン	濃青色沈殿	（暗褐色溶液）
KSCN 水溶液 チオシアン酸カリウム	（変化なし）	血赤色溶液

20　金属イオンの分離と推定──191

427

解答 (1) (ウ)　(2) (イ)

解説

(1) 同じ白金線を使って複数の試料を調べる場合，白金線を蒸留水で洗って濃塩酸で洗う。濃塩酸を使うのは，塩化物イオンにすることで揮発性の高い化合物として燃焼させるためである。

(2) Li^+ 赤色，Na^+ 黄色，K^+ 赤紫色，Sr^{2+} 深赤色

エクセル 炎色反応

Li 赤　Na 黄　K 赤紫　Cu 青緑　Ca 橙赤　Sr 深赤　Ba 黄緑

428

解答 (4)

解説

(1) Mn は複数の価数をとることができる。例えば，MnO_4^- は＋7 である。誤

(2) 銀の錯イオンは直線形である。誤

(3) ヘキサシアニド鉄(Ⅱ)酸イオンは正八面体構造である。誤

(5) クロム酸イオン CrO_4^{2-} の酸化数は＋6 である。誤

エクセル Mn：いろいろな酸化数をとる。$KMnO_4 \to +7$，$\underline{MnO_2} \to +4$ 酸化剤($KMnO_4$)や電池・触媒(MnO_2)に利用されている。

Cr：合金やめっきに利用されている。
ステンレス(Fe, Cr, Ni)　ニクロム(Ni, Cr)
いろいろな酸化数をとる。$\underline{Cr_2O_7^{2-}} \to +6$，$\underline{Cr_2O_3} \to +3$

●錯イオンの配位数と形
$Ag^+ \cdots 2 \to$ 直線形
$Cu^{2+} \cdots 4 \to$ 正方形
$Zn^{2+} \cdots 4 \to$ 正四面体
$\left.\begin{array}{l} Fe^{2+} \\ Fe^{3+} \end{array}\right\} \cdots 6 \to$ 正八面体

●クロム酸イオンとニクロム酸イオンの平衡

$$2CrO_4^{2-} + 2H^+ \underset{\text{塩基性}}{\overset{\text{酸性}}{\rightleftharpoons}}$$
$$Cr_2O_7^{2-} + H_2O$$

429

解答 (2)

解説

混合水溶液に塩酸を加えると，$AgCl$ が沈殿し(沈殿ア)，Al^{3+} と Cu^{2+} がろ液に残る。そこに NH_3 で水溶液を塩基性にすると，$Al(OH)_3$ の沈殿が生じ(沈殿ウ)，ろ液には $[Cu(NH_3)_4]^{2+}$ が残る。

(1) ろ液イ・エにはともに Cu^{2+} が溶けているため，水溶液は青色になる。誤

(2) 沈殿アである $AgCl$ は，NH_3 により $[Ag(NH_3)_2]^+$ になって溶ける。正

(3) H_2S を加えると，Ag_2S と CuS が沈殿として分離される。誤

(4) NaOH を入れると，$Cu(OH)_2$ が沈殿し，ろ液には $[Al(OH)_4]^-$ が残る。誤

エクセル アンモニア水　$NH_3 + H_2O \longrightarrow NH_4^+ + OH^-$

$Cu^{2+} \xrightarrow{OH^-} Cu(OH)_2$　青白色沈殿
青色溶液 $\xrightarrow{NH_3} [Cu(NH_3)_4]^{2+}$　深青色溶液

430

解答 (1) A Zn　B Fe　C Cu　D Pt　E Ca

(2) $Ca + 2H_2O \longrightarrow Ca(OH)_2 + H_2$

(3) イオン化傾向

(4) E, A, B, C, D

192 ── 5章　無機物質

解説

(ア) 酸と反応するということは，イオン化傾向が H よりも大きい金属である。したがって，A, B, E は Fe, Ca, Zn で，C, D は Cu か Pt である。

(イ) 常温で水と反応するのはイオン化傾向が大きい Ca だけである。

(ウ) 硝酸と反応しないのは Pt だけである。

(エ) 塩基とも反応する金属なので，A は両性金属であり Zn ということがわかる。

(オ) A に B が析出するということは，酸化還元によってイオン化傾向の小さい B が A の表面についたということになる。

エクセル イオン化傾向の違いによる金属の交換

$$2Ag^+ \quad + \quad Cu \longrightarrow 2Ag + Cu^{2+}$$

イオン化傾向　　イオン化傾向
　小　　　　　　　大
（イオンより単体）（単体よりイオン）

431 解答
① 塩化亜鉛　② 硫酸銅(Ⅱ)　③ 塩化鉄(Ⅱ)
④ 硝酸銀　⑤ 酢酸鉛(Ⅱ)　⑥ $[Ag(NH_3)_2]^+$
⑦ $[Zn(OH)_4]^{2-}$

解説
実験1　HCl で沈殿が生じるのは，Ag^+, Pb^{2+} を含む水溶液である。

実験2　K_2CrO_4 水溶液で Ag_2CrO_4 は赤褐色，$PbCrO_4$ は黄色の沈殿を生じる。

実験3　OH^- で沈殿を生じるのは，Al^{3+}, Zn^{2+}, Ag^+, Cu^{2+}, Fe^{2+}, Pb^{2+} があげられるが，アンモニアで錯イオンを形成するのは Zn^{2+}, Ag^+, Cu^{2+} になる。残ったイオンで緑白色の沈殿は $Fe(OH)_2$ になる。

実験4　酸性で H_2S を吹き込んで沈殿を生じるのは Pb^{2+}, Cu^{2+}, Ag^+ であり，PbS も CuS も Ag_2S も黒色沈殿である。

実験5　水酸化物に過剰の NaOH を加えると溶解するのは，Al^{3+} と Zn^{2+} になる。

エクセル

NaOH
アンモニア水 を加えて
　　赤褐色沈殿：Fe^{3+}
　　褐色沈殿：Ag^+
　　青白色沈殿：Cu^{2+}

NaOH
アンモニア水 を加えてはじめ沈殿して過剰で溶解：Zn^{2+}

NaOH を加えるとはじめ沈殿して過剰で溶解：Al^{3+}, Pb^{2+}

432 解答
A (オ)　B (カ)　C (キ)　D (ア)　E (ウ)　F (イ)　G (エ)

解説
(1) 有色の粉末は A, G で，これらは $FeCl_3$, $CuSO_4$ のいずれかである。また，水に溶けにくいのは D, E, F で，これらは AgCl, Al_2O_3, $CaCO_3$ のいずれかである。

(2) 塩酸に溶けるときに気体を発生するのは C, E で，これらは $CaCO_3$, $NaHCO_3$ のいずれかである。また，D は希塩酸に溶けなかった。このことから，D は

▶溶解性だけでは化合物を決定しにくい。(2)以降の条件を使いながら絞り込んでいく。

▶気体の発生→炭酸塩を連想しよう。

20　金属イオンの分離と推定——193

AgCl と確定する。(1), (2)より，E が $CaCO_3$，C が $NaHCO_3$，
F が Al_2O_3 と判明する。
残りの A，B，G を考えていく。これは $FeCl_3$，$CuSO_4$，
NaCl のいずれかである。

▶ Al_2O_3 は両性酸化物なので，
酸にも塩基にも溶解する。

(3)　水酸化ナトリウム水溶液に B，C，F は溶解した。Fe^{3+}，
Cu^{2+} の塩はともに水酸化物の沈殿を形成するので，B は
NaCl となる。

(4)　(3)の沈殿にアンモニア水を加えたところ，D，G の水酸化
物は溶解した。Fe^{3+}，Cu^{2+} の水酸化物のうち，アンモニア
水に錯イオンをつくって溶解するのは $Cu^{2+}(Cu(OH)_2)$ であ
る。したがって，G が $CuSO_4$ となり，残りの A が $FeCl_3$ と
なる。

エクセル 無機化合物の決定
問題文全体に注目し，沈殿の生成，色，溶解性など，特徴
的な表現から化合物を推定する。

433
解答
(A)　SO_4^{2-}　　(B)　CO_3^{2-}　　(C)　I^-　　(D)　CrO_4^{2-}
(E)　S^{2-}　　(F)　MnO_4^-　　(G)　SCN$^-$　　(H)　NO_3^-

解説
実験1　Ba^{2+}，Pb^{2+} と白色沈殿を生じるのは CO_3^{2-} と SO_4^{2-}
が考えられるが，実験2と合わせると SO_4^{2-} と決まる。
実験2　Ba^{2+}，Pb^{2+}，Ca^{2+} と白色沈殿をつくり，Ca^{2+} との白
色沈殿に CO_2 を吹き込むと沈殿が溶解するということは
CO_3^{2-} である。
実験3　Ag^+ との沈殿が黄色で，光で分解することから I^- であ
る。
実験4　Ba^{2+}，Pb^{2+} との沈殿が黄色で Ag^+ との沈殿が赤褐色
であることから CrO_4^{2-} である。
実験5　硫化水素水の中に含まれる陰イオンは S^{2-} であり，
PbS，Ag_2S は黒色沈殿である。
実験6　硫酸酸性で赤紫色で Fe^{2+} と反応して色が消えるとこ
ろから水溶液に含まれていた陰イオンは MnO_4^- で，Fe^{2+} と
酸化還元反応したため色が消えた。
実験7　Fe^{3+} と反応して血赤色溶液になるのは SCN$^-$ である。
実験8　沈殿をつくらないのは NO_3^- である。

▶ SO_4^{2-} との沈殿
$BaSO_4$(白色沈殿)
$PbSO_4$(白色沈殿)

▶ $CaCO_3$ と CO_2 の反応
$CaCO_3 + CO_2 + H_2O$
　　　　$\longrightarrow Ca(HCO_3)_2$
　　　　　　(水溶液)

▶沈殿を生じないイオン
NO_3^-，NH_4^+

エクセル 長い問題文も整理しながら読み進もう。あとに続く問題文
に前の問題を解く手がかりがある場合も多い。

194 —— 5章　無機物質

▶21 無機物質と人間生活（p.272）

434 （1）　ファインセラミックス　　（2）　ガラス　　（3）　陶磁器
（4）　複合材料

セラミックスとは粘土やケイ砂などを焼いてつくるものである。
粘土，ケイ砂，長石などを焼いてつくったのが陶磁器，ケイ砂
に炭酸ナトリウム，ホウ砂，酸化鉛（Ⅱ）などを混ぜて焼いてつ
くったのがガラスであり，混合成分によりその性質は異なる。
ファインセラミックスは炭化ケイ素，窒化ケイ素などを原料と
して，制御された条件で焼結した材料で，高度の寸法精度をも
つ。複合材料はいくつかの異なる材料を組み合わせて，特徴あ
る機能と性能をもたせた材料である。

▶セラミックスは原料を焼い
てつくる。
陶磁器：粘土，ケイ砂，長
石など。
ガラス：ケイ砂を主成分，
用途により，炭酸ナトリウ
ム，ホウ砂，酸化鉛（Ⅱ）な
ど。

▶ファインセラミックスや複
合材料は特殊な機能や新し
い機能をもたせた材料。

エクセル

陶磁器	土器 (粘土)	陶器 (粘土とケイ砂)	磁器 (粘土，ケイ砂，長石)

ガラス	ソーダ石灰ガラス　（ケイ砂，Na_2CO_3，$CaCO_3$）
	ホウケイ酸ガラス　（ケイ砂，$Na_2B_4O_7 \cdot 10H_2O$）
	鉛ガラス　　　（ケイ砂，K_2CO_3，PbO）

（　　）は主な原料

435 （1）　S　　（2）　B　　（3）　B　　（4）　B　　（5）　S

ソーダ石灰ガラスの原料はケイ砂 SiO_2，Na_2CO_3，石灰石
$CaCO_3$ である。ホウケイ酸ガラスの原料はケイ砂 SiO_2 とホ
ウ砂 $Na_2B_4O_7 \cdot 10H_2O$ である。ソーダ石灰ガラスは板ガラスな
ど日用によく使われるが，軟化点が $650 \sim 730℃$ でもろい。ホ
ウケイ酸ガラスは軟化点が $830℃$ と高く，耐熱性で膨張率も小
さい。

●ガラスの成分と性質
（SiO_2 ＋ □ ）
　　　　　　　↑
この成分で性質が異なる

エクセル　ガラスの主成分はケイ砂 SiO_2
ソーダ石灰ガラスでは炭酸ナトリウム，ホウケイ酸ガラス
ではホウ砂 $Na_2B_4O_7 \cdot 10H_2O$，鉛ガラスでは酸化鉛（Ⅱ）
PbO などが加えられる。

436 （ア）　銑鉄　　（イ）　炭素　　（ウ）　ボーキサイト　　（エ）　アルミナ
（オ）　電子　　（カ）　電解精錬　　（キ）　クロム
（ク）　アルミニウム　　（ケ）　形状記憶合金

金属の製法は，イオン化傾向をもとに考えるとよい。K，Ca，
Na，Mg，Al はいずれもイオン化傾向が大きく酸化物や塩化物
を直接加熱して電気分解によって還元し，単体を得る。Zn，
Fe，Sn，Pb などは，酸化物や硫化物をコークス（炭素）や CO
とともに加熱し還元して得る。

エクセル　Al の鉱石：ボーキサイト→溶融塩電解
Cu の鉱石：黄銅鉱→溶鉱炉＋転炉→粗銅→電解精錬→純銅
Fe の鉱石：鉄鉱石→溶鉱炉→銑鉄→転炉→鋼

論述問題——195

437 解答 (1) 大気中には窒素のほかにアルゴンなどが含まれるため。
(2) 液体空気を分留して，窒素を気体とする。

解説 (1) 乾燥空気中には割合が多い順に，窒素，酸素，アルゴンが
含まれる。
(2) 酸素の沸点は-183℃，窒素の沸点は-196℃である。窒
素の沸点は酸素より低いため，温度を上げていくと先に窒素
が気体になる。

キーワード
・分留

438 解答 アンモニア　理由：アンモニアは塩基性の気体であるため酸性
の乾燥剤の濃硫酸と中和反応して吸収されるから。

解説 塩基性の気体は酸性の乾燥剤と反応するため使用することがで
きない。

キーワード
・乾燥剤
・中和反応

439 解答 濃硫酸に水を加えると突沸が起きて危険なので，希硫酸を調製
するときには水に濃硫酸を加えなければならない。

解説 濃硫酸は溶解熱が非常に大きい。そのため，濃硫酸に少量の水
を加えると溶解熱によって水が突沸して飛び散る危険性がある。

キーワード
・溶解熱

440 解答 希硫酸中の水が蒸発し，硫酸の脱水作用により，ノートが炭化
されて穴があく。

解説 実験ノートの主成分はセルロースである。ここでは，硫酸によ
るセルロースの炭化が起きて穴があく。

キーワード
・不揮発性
・脱水作用

441 解答 一酸化炭素が赤血球中のヘモグロビンと結合し，血液の酸素を
運ぶ働きを妨げるため。

解説 血液は赤血球中のヘモグロビンに酸素が結合することにより，
全身に酸素を運搬している。一酸化炭素は酸素よりヘモグロビ
ンに結合しやすいため，酸素の運搬を妨げる（一酸化炭素中毒）。

キーワード
・ヘモグロビン

442 解答 同一元素のオキソ酸では，分子内の酸素原子が多いオキソ酸ほ
ど酸性度が高くなる。

解説 電気陰性度の値が大きい酸素原子がオキソ酸の分子内に多くあ
るほど分子内の電子が酸素原子に強く引き寄せられる。した
がって，酸素原子周辺の電子密度が高まり，水素イオンの電離
が容易になる。よって，分子内の酸素原子が多いオキソ酸ほど
酸性度が高くなる。

キーワード
・オキソ酸

443 解答 潮解とは固体が空気中の水分を吸収して溶ける現象である。風
解とは水和水をもつ結晶が空気中で水和水を失う現象である。

解説 水酸化ナトリウムの固体を空気中に静置しておくと潮解する。
水酸化ナトリウムは，空気中の水分や二酸化炭素を吸収して炭
酸ナトリウムに変化する。また，無色透明な炭酸ナトリウム十
水和物を空気中に静置しておくと風解して白色の炭酸ナトリウ
ム一水和物に変化する。

キーワード
・潮解
・風解

444 解答 水酸化カルシウムが強塩基であるため，酸性の土壌を中和する。

解説 アルカリ金属および Ca，Sr，Ba の水酸化物は強塩基である。
（例）NaOH，KOH，Ca(OH)$_2$，Ba(OH)$_2$

キーワード
・中和反応

445 解答 二酸化炭素が溶けて酸性になった雨水が石灰岩の土地に降ると，石灰岩の主成分である炭酸カルシウムを溶かして地下へしみ込む（①式）。この結果，地殻中に形成された空洞を鍾乳洞という。そして，炭酸水素カルシウムを含んだ水溶液から水が蒸発すると，①式の逆反応（②式）が起こり，鍾乳洞内に炭酸カルシウムが析出する。これが鍾乳石や石筍である。

$CaCO_3 + CO_2 + H_2O \rightleftharpoons Ca(HCO_3)_2$ …①
$Ca(HCO_3)_2 \longrightarrow CaCO_3 + H_2O + CO_2$ …②

キーワード
・鍾乳洞

解説 鍾乳石・鍾乳洞は次のように形成される。

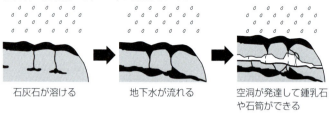

石灰石が溶ける　地下水が流れる　空洞が発達して鍾乳石や石筍ができる

446 解答 酸化アルミニウム Al$_2$O$_3$ は融点が約 2050℃と高く，溶融させるのが困難なため，融解させた氷晶石（融点がおよそ 1000℃）に溶かして電気分解をする。

解説 金属アルミニウムはボーキサイトからとれる酸化アルミニウム Al$_2$O$_3$ の溶融塩電解によって得られる。しかし，Al$_2$O$_3$ の融点が高く融解しにくいので氷晶石と一緒に加えて加熱し，融けた氷晶石に溶かして電気分解する。

キーワード
・溶融塩電解

447 解答 鉄鉱石をコークス，石灰岩とともに溶鉱炉に入れ，コークスと一酸化炭素によって還元して銑鉄を得て，これを転炉に移し，酸素を吹き込み炭素含量を低くして鋼を得る。

解説 鉄の製造工程
赤鉄鉱（主成分 Fe$_2$O$_3$），磁鉄鉱（主成分 Fe$_3$O$_4$）などの酸化物を C や CO で還元して銑鉄をつくる。

$Fe_2O_3 + 3CO \longrightarrow 2Fe + 3CO_2$
$2Fe_2O_3 + 3C \longrightarrow 4Fe + 3CO_2$

銑鉄に O$_2$ を送り，含まれている炭素を少なくして，鋼をつくる。
銑鉄の炭素含量約 4%，鋼の炭素含量 0.02～2%

キーワード
・銑鉄
・鋼

エクササイズ── 197

448 解答
(1) A CuS 理由 Zn^{2+} 以外は硫化物の沈殿は黒色，酸性条件で硫化物イオンと沈殿をつくるのは Cu^{2+} だけであるから。
B $Fe(OH)_3$ 理由 Zn^{2+} と Fe^{3+} はいずれもアンモニア水により水酸化物の沈殿 $Zn(OH)_2$，$Fe(OH)_3$ をつくるが，過剰のアンモニア水に $Zn(OH)_2$ は溶けるから。
(2) 硫化水素で還元されて価数が減った鉄イオンを酸化して元の価数に戻すため。

解説
金属イオンと硫化水素が反応するとき，中・塩基性では ZnS（白），FeS（黒），酸性では CuS（黒）のみが沈殿する。
$Al(OH)_3$，$Zn(OH)_2$，$Pb(OH)_2$ は，過剰の水酸化ナトリウム水溶液で溶け，$Cu(OH)_2$，$Zn(OH)_2$，Ag_2O は過剰のアンモニア水で溶ける。

キーワード
・金属イオンの検出

449 解答
ブリキ 理由 ブリキでは，スズよりもイオン化傾向が大きい鉄の酸化が優先的に起こる。鉄の酸化によって生成した鉄（Ⅱ）イオンとヘキサシアニド鉄（Ⅲ）酸カリウムから濃青色の沈殿が生成する。

解説
ブリキとは鉄の表面をスズで覆ったものであり，トタンとは鉄の表面を亜鉛で覆ったものである。

キーワード
・鉄（Ⅱ）イオンの検出

450 解答
ジュラルミン 理由：軽くて丈夫で加工しやすいから。

解説
ジュラルミンは $Al(94\%)$，$Cu(5\%)$ を主成分とする合金である。軽くて丈夫で，加工しやすいため航空機などに使われている。

キーワード
・合金

●エクササイズ(p.276)

F

フッ化カルシウム(蛍石)と硫酸	△	$CaF_2 + H_2SO_4 \xrightarrow{\triangle} CaSO_4 + 2HF$
フッ化水素酸とガラス(二酸化ケイ素)		$SiO_2 + 6HF \longrightarrow H_2SiF_6 + 2H_2O$

Cl

濃塩酸と酸化マンガン(Ⅳ)	△	$4HCl + MnO_2 \xrightarrow{\triangle} MnCl_2 + 2H_2O + Cl_2$
高度さらし粉と塩酸		$Ca(ClO)_2 \cdot 2H_2O + 4HCl \longrightarrow CaCl_2 + 4H_2O + 2Cl_2$
塩素と水		$Cl_2 + H_2O \rightleftharpoons HCl + HClO$
塩素と水酸化カルシウム		$Cl_2 + Ca(OH)_2 \longrightarrow CaCl(ClO) \cdot H_2O$
塩素と水素		$Cl_2 + H_2 \xrightarrow{\text{光}} 2HCl$
塩化ナトリウムと濃硫酸	△	$NaCl + H_2SO_4 \xrightarrow{\triangle} NaHSO_4 + HCl$

Br

臭化カリウムと塩素(ハロゲンの酸化力)		$2KBr + Cl_2 \longrightarrow 2KCl + Br_2$

I

ヨウ化カリウムと塩素(ハロゲンの酸化力)		$2KI + Cl_2 \longrightarrow 2KCl + I_2$
ヨウ化カリウムと臭素(ハロゲンの酸化力)		$2KI + Br_2 \longrightarrow 2KBr + I_2$

O

塩素酸カリウムの分解	△	$2KClO_3 \xrightarrow[\triangle]{MnO_2} 2KCl + 3O_2$
過酸化水素の分解		$2H_2O_2 \xrightarrow{MnO_2} 2H_2O + O_2$

198——エクササイズ

ヨウ化カリウム水溶液とオゾン	$2KI + H_2O + O_3 \longrightarrow 2KOH + O_2 + I_2$

S

硫黄の燃焼	$S + O_2 \longrightarrow SO_2$
二酸化硫黄の酸化(接触法)	$2SO_2 + O_2 \xrightarrow{V_2O_5} 2SO_3$
三酸化硫黄と水	$SO_3 + H_2O \longrightarrow H_2SO_4$
亜硫酸水素ナトリウムと硫酸	$NaHSO_3 + H_2SO_4 \longrightarrow NaHSO_4 + H_2O + SO_2$
銅と熱濃硫酸　　　　　　　△	$Cu + 2H_2SO_4 \xrightarrow{\triangle} CuSO_4 + 2H_2O + SO_2$
硫化鉄(Ⅱ)と硫酸	$FeS + H_2SO_4 \longrightarrow FeSO_4 + H_2S$

N

銅と濃硝酸	$Cu + 4HNO_3 \longrightarrow Cu(NO_3)_2 + 2H_2O + 2NO_2$
銅と希硝酸	$3Cu + 8HNO_3 \longrightarrow 3Cu(NO_3)_2 + 4H_2O + 2NO$
塩化アンモニウムと水酸化カルシウム　△	$2NH_4Cl + Ca(OH)_2 \xrightarrow{\triangle} CaCl_2 + 2H_2O + 2NH_3$
窒素と水素(ハーバー・ボッシュ法)	$N_2 + 3H_2 \rightleftarrows 2NH_3$
アンモニアと塩化水素	$NH_3 + HCl \longrightarrow NH_4Cl$
アンモニアと水	$NH_3 + H_2O \rightleftarrows NH_4^+ + OH^-$
アンモニアの酸化(オストワルト法)	$4NH_3 + 5O_2 \xrightarrow{Pt} 4NO + 6H_2O$
一酸化窒素の酸化	$2NO + O_2 \longrightarrow 2NO_2$
二酸化窒素と水	$3NO_2 + H_2O \longrightarrow 2HNO_3 + NO$
二酸化窒素と四酸化二窒素の平衡	$2NO_2 \rightleftarrows N_2O_4$

P

リンの燃焼	$4P + 5O_2 \longrightarrow P_4O_{10}$
十酸化四リンと水	$P_4O_{10} + 6H_2O \longrightarrow 4H_3PO_4$
過リン酸石灰の生成	$Ca_3(PO_4)_2 + 2H_2SO_4 \longrightarrow Ca(H_2PO_4)_2 + 2CaSO_4$

C

二酸化炭素と水(光合成)	$6CO_2 + 6H_2O \longrightarrow C_6H_{12}O_6 + 6O_2$
ギ酸の分解　　　　　　　△	$HCOOH \xrightarrow[\triangle]{H_2SO_4} H_2O + CO$
コークスと水蒸気(水性ガスの生成)	$C + H_2O \longrightarrow CO + H_2$

Si

二酸化ケイ素と炭酸ナトリウム	$SiO_2 + Na_2CO_3 \longrightarrow Na_2SiO_3 + CO_2$
水ガラスと塩酸	$Na_2SiO_3 + 2HCl \longrightarrow 2NaCl + H_2SiO_3$

Na

ナトリウム(金属)と水	$2Na + 2H_2O \longrightarrow 2NaOH + H_2$
酸化ナトリウムと水	$Na_2O + H_2O \longrightarrow 2NaOH$
水酸化ナトリウムと二酸化炭素	$2NaOH + CO_2 \longrightarrow Na_2CO_3 + H_2O$
炭酸水素ナトリウムの熱分解　　△	$2NaHCO_3 \xrightarrow{\triangle} Na_2CO_3 + H_2O + CO_2$
炭酸ナトリウムと塩酸	$Na_2CO_3 + 2HCl \longrightarrow 2NaCl + H_2O + CO_2$
炭酸水素ナトリウムと塩酸	$NaHCO_3 + HCl \longrightarrow NaCl + H_2O + CO_2$
飽和食塩水とアンモニアと二酸化炭素	$NaCl + NH_3 + CO_2 + H_2O$
(アンモニアソーダ法)	$\longrightarrow NaHCO_3 + NH_4Cl$

Ca

カルシウムと水	$Ca + 2H_2O \longrightarrow Ca(OH)_2 + H_2$
酸化カルシウムと水	$CaO + H_2O \longrightarrow Ca(OH)_2$

水酸化カルシウム（石灰水）に二酸化炭素		$Ca(OH)_2 + CO_2 \longrightarrow CaCO_3 + H_2O$
炭酸カルシウムに水と二酸化炭素		$CaCO_3 + H_2O + CO_2 \rightleftharpoons Ca(HCO_3)_2$
炭酸カルシウムの熱分解	△	$CaCO_3 \xrightarrow{\triangle} CaO + CO_2$
炭酸カルシウムと塩酸		$CaCO_3 + 2HCl \longrightarrow CaCl_2 + H_2O + CO_2$
炭化カルシウムと水		$CaC_2 + 2H_2O \longrightarrow Ca(OH)_2 + C_2H_2$

Al

アルミニウムと塩酸	$2Al + 6HCl \longrightarrow 2AlCl_3 + 3H_2$
アルミニウムと水酸化ナトリウム	$2Al + 2NaOH + 6H_2O \longrightarrow 2Na[Al(OH)_4] + 3H_2$
酸化アルミニウムと塩酸	$Al_2O_3 + 6HCl \longrightarrow 2AlCl_3 + 3H_2O$
酸化アルミニウムと水酸化ナトリウム	$Al_2O_3 + 2NaOH + 3H_2O \longrightarrow 2Na[Al(OH)_4]$
水酸化アルミニウムと塩酸	$Al(OH)_3 + 3HCl \longrightarrow AlCl_3 + 3H_2O$
水酸化アルミニウムと水酸化ナトリウム	$Al(OH)_3 + NaOH \longrightarrow Na[Al(OH)_4]$

Zn

亜鉛と硫酸	$Zn + H_2SO_4 \longrightarrow ZnSO_4 + H_2$
亜鉛と水酸化ナトリウム	$Zn + 2NaOH + 2H_2O \longrightarrow Na_2[Zn(OH)_4] + H_2$
酸化亜鉛と塩酸	$ZnO + 2HCl \longrightarrow ZnCl_2 + H_2O$
酸化亜鉛と水酸化ナトリウム	$ZnO + 2NaOH + H_2O \longrightarrow Na_2[Zn(OH)_4]$
水酸化亜鉛と塩酸	$Zn(OH)_2 + 2HCl \longrightarrow ZnCl_2 + 2H_2O$
水酸化亜鉛と水酸化ナトリウム	$Zn(OH)_2 + 2NaOH \longrightarrow Na_2[Zn(OH)_4]$

Cu

水酸化銅（Ⅱ）とアンモニア	$Cu(OH)_2 + 4NH_3 \longrightarrow [Cu(NH_3)_4]^{2+} + 2OH^-$

Ag

銀イオンと水酸化物イオン	$2Ag^+ + 2OH^- \longrightarrow Ag_2O + H_2O$
酸化銀とアンモニア水	$Ag_2O + 4NH_3 + H_2O \longrightarrow 2[Ag(NH_3)_2]^+ + 2OH^-$

Fe

酸化鉄（Ⅲ）とアルミニウム（テルミット反応）	$Fe_2O_3 + 2Al \longrightarrow Al_2O_3 + 2Fe$
塩化鉄（Ⅲ）と水（コロイドの生成）	$FeCl_3 + 3H_2O \longrightarrow Fe(OH)_3 + 3HCl$

Pb

鉛蓄電池の全体の反応	$Pb + PbO_2 + 2H_2SO_4 \rightleftharpoons 2PbSO_4 + 2H_2O$

22 有機化合物の特徴と分類 (p.283)

451 解答 (1), (4), (5)

解説
(1) 有機化合物は原子どうしが共有結合によって次々に結合し分子をつくっている。
(2) 有機化合物は，C，H，O，N，S，ハロゲンなど構成する元素の種類は少ない。
(3) 有機化合物の多くは水よりも有機溶媒に溶けやすい。
(4) 有機化合物には分子式が同じで構造が異なる構造異性体などが存在する。
(5) 有機化合物の多くは可燃性で，完全燃焼すると二酸化炭素と水を生じる。

エクセル 無機物質と比較して特徴を確認しておこう。
有機化合物は炭素 C を骨格とした化合物である。

452 解答 (1) (ア)　(2) (ウ)　(3) (オ)　(4) (エ)

解説 有機化合物の性質を決める原子団を官能基といい，官能基の種類によって化合物を分類する。

エクセル 一般的な有機化合物

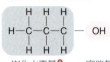

炭化水素基❶　　官能基

官能基
有機化合物の性質を決める原子団。代表的な官能基の構造と特徴を整理しておこう。

❶炭化水素基（アルキル基）
飽和炭化水素の水素原子が一つ少ない原子団。
（例）－CH₃　メチル基
　　　－C₂H₅　エチル基

453 解答 (1), (4)

解説
(1) 両者とも，炭素原子を中心とした四面体構造をとる❶。したがって，重ね合わせることができる。
(2) 塩素原子のついている炭素原子の環境から，互いに異なる化合物である。
(3) 互いに幾何異性体❷であり，異なる化合物である。
(4) 一方を 180 度回転させれば重ね合わせることができる。

エクセル 炭素原子を含む簡単な分子の形状を把握しておこう。
電子式もかけるとよい。

単結合
正四面体

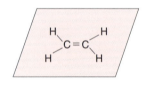
二重結合
平面状

❶四面体の頂点を回転させると重なる。

同じ化合物！

❷

C＝C は回転できない。

H－C≡C－H
三重結合
直線状

454

解答 (3), (6)

解説 幾何異性体とは，二重結合を構成する炭素原子についた置換基の位置が異なることによって生じる立体異性体のことである。二重結合をもつものを選び，二重結合についている官能基から判断する。

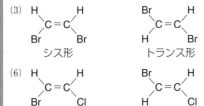

エクセル 二重結合は回転できない。
下図のような幾何異性体をもつものもある。

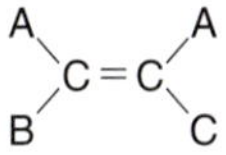

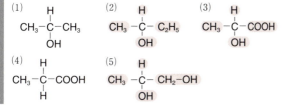

455

解答 (2), (3), (5)

解説 中心のC原子(不斉炭素原子❶)に，4つの異なる置換基が結合しているものを選ぶ。

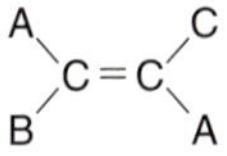

(1) $CH_3-\underset{\underset{OH}{|}}{\overset{\overset{H}{|}}{C}}-CH_3$ (2) $CH_3-\underset{\underset{OH}{|}}{\overset{\overset{H}{|}}{C}}-C_2H_5$ (3) $CH_3-\underset{\underset{OH}{|}}{\overset{\overset{H}{|}}{C}}-COOH$

(4) $CH_3-\underset{\underset{H}{|}}{\overset{\overset{H}{|}}{C}}-COOH$ (5) $CH_3-\underset{\underset{OH}{|}}{\overset{\overset{H}{|}}{C}}-CH_2-OH$

エクセル 鏡像異性体❷をもつ化合物
 → 不斉炭素原子が存在する。

   A, B, D, Eはいずれも異なる置換基

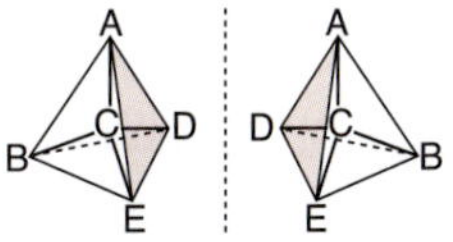

両者は重ならない！

	化学的性質 （反応性など）	物理的性質 （沸点，密度など）
光学異性体どうし	同じ	同じ
幾何異性体どうし	異なる	異なる

❶**不斉炭素原子**
4つの異なる原子や原子団が結合した炭素原子。

❷**鏡像異性体**
融点・密度などの性質は等しいが，偏光面を回転させる向きが異なる。また，においなど，生体への作用が異なる場合がある。

202 —— 6章　有機化合物

456

解答

(1) $CH_3-CH_2-CH_2-CH_2-CH_3$　　$CH_3-CH_2-CH-CH_3$
　　　　　　　　　　　　　　　　　　　　　　　　　　　　$|$
　　　　　　　　　　　　　　　　　　　　　　　　　　　　CH_3

　　　　　　CH_3
　　　　　　$|$
　　CH_3-C-CH_3　　　(2)　**4種類**
　　　　　　$|$
　　　　　　CH_3

解説

(1) 主鎖となる C 原子の数で場合分けする[1]。ペンタンは炭素数が５なので，主鎖の C 原子は，５個，４個，３個の３通りがある。

(2) H 原子は末端の CH_3-，中心の $-CH_2-$ 部分にあるので，この１つを塩素原子で置き換える[2]。

　　$CH_3-CH_2-CH_2-Cl$　　$CH_3-CH-CH_3$
　　　　　　　　　　　　　　　　　　　　　　$|$
　　　　　　　　　　　　　　　　　　　　　　Cl

H 原子をもう１つ塩素原子で置き換える。

　　　　　　　　　　　　　　　　　　　　　Cl
　　　　　　　　　　　　　　　　　　　　　$|$
　　$CH_3-CH_2-CH-Cl$　　CH_3-C-CH_3
　　　　　　　　　　$|$　　　　　　　　　$|$
　　　　　　　　　　Cl　　　　　　　　　Cl

　　$CH_3-CH-CH_2-Cl$　　$Cl-CH_2-CH_2-CH_2-Cl$
　　　　　　$|$
　　　　　　Cl

エクセル 主鎖と側鎖

構造異性体を書くときは，H 原子を省略し，C 原子だけの骨格をまず考える。

C−C−C−C−C,　C−C−C−C
　　　　　　　　　　　$|$
　　　　　　　　　　　C

①　　　　主鎖（直鎖）

$\boxed{CH_3-CH_2-CH-CH_3}$
$\qquad\qquad\boxed{CH_3}$

側鎖（枝分かれ）

②　この２種類は同じ化合物

$CH_3-CH_2-CH_2-Cl$
$Cl-CH_2-CH_2-CH_3$
同じ！

457

解答 (ア) ○　　(イ) ×　　(ウ) ○

解説

(ア) このとき生じる白煙は塩化アンモニウム NH_4Cl[1] である。

(イ) 硫黄はナトリウムの小片とともに加熱・融解し，硫化ナトリウムを生成させ，その後，酸性にして酢酸鉛(Ⅱ)を加えると，硫化鉛(Ⅱ)の黒色沈殿を生じることで検出できる。

(ウ) この検出方法のことをバイルシュタイン試験という。

エクセル 各元素の検出方法を確認しよう。

①窒素の検出

$NH_3 + HCl \longrightarrow NH_4Cl$

458

解答 (1) (ア)　**水（水蒸気）**　　(イ)　**二酸化炭素**
　　　　(ウ)　**塩化カルシウム**　　(エ)　**ソーダ石灰**
　　(2)　**試料を完全燃焼させるための酸化剤。**

解説

(1) 有機化合物を完全燃焼させると，構成元素の炭素は二酸化炭素として，水素は水となって生じる。塩化カルシウム管では水蒸気が，ソーダ石灰管[1]では二酸化炭素が吸収されるため，それぞれの増加した質量から試料中の炭素と水素の質量を計算することができる。

(2) 酸化銅(Ⅱ)CuO は試料を完全燃焼させるための酸化剤として用いる。

①ソーダ石灰は水も吸収してしまうので，先に塩化カルシウム管をつなぐこと。

22 有機化合物の特徴と分類—— 203

エクセル 炭素，水素，酸素からなる有機化合物を完全燃焼させると水と二酸化炭素が生成する。このことを利用して，試料中の炭素の質量を二酸化炭素から，水素の質量を水から求める。
① 水の吸収……塩化カルシウム管
② 二酸化炭素の吸収……ソーダ石灰管
ソーダ石灰は水も二酸化炭素も吸収するのであとにする。

459 **解答** $C_6H_{12}O_2$

解説 組成式を $C_xH_yO_z$ とすると

$$x:y:z=\frac{62.1}{12}:\frac{10.3}{1.0}:\frac{100-62.1-10.3}{16}=5.17:10.3:1.72$$

$$\fallingdotseq 3:6:1$$

組成式は C_3H_6O（式量58）である。
この化合物の分子量が116なので
$(C_3H_6O)_n=58n=116$ より，$n=2$
よって，分子式は $C_6H_{12}O_2$

エクセル 原子数比　$C:H:O=\dfrac{C\,の\%}{12}:\dfrac{H\,の\%}{1.0}:\dfrac{O\,の\%}{16}$

●組成式の求め方
①組成式を $C_xH_yO_z$ とする。
②燃焼で生じた二酸化炭素と水の質量から，ある質量の化合物中の C，H，O の質量を求める。
③C，H，O の質量を物質量に変換し比をとる。

460 **解答** $C_6H_{12}O_2$

解説 カルボン酸 5.80 mg 中の C，H，O の質量を求める。

炭素：$13.2\times\dfrac{12}{44}=3.60\,\text{mg}$❶

水素：$5.40\times\dfrac{2.0}{18}=0.60\,\text{mg}$❷

酸素：$5.80-(3.60+0.60)=1.60\,\text{mg}$

組成式を $C_xH_yO_z$ とすると

$$x:y:z=\frac{3.6}{12}:\frac{0.6}{1.0}:\frac{1.6}{16}=3:6:1$$

組成式は C_3H_6O である。
1価カルボン酸は，O原子を2つもつので，分子式は
$(C_3H_6O)_2=C_6H_{12}O_2$

❶ CO_2 中の C の質量は $\dfrac{12}{44}$

❷ H_2O 中の H の質量は $\dfrac{2.0}{18}$

エクセル 分子式＝（組成式）$_n$
分子量から n を決定せよ。問題文の記述から官能基を推測し，n を求めることもある。

461 **解答** (1) 3:4　(2) 1:1　(3) 1:1　(4) 3:4

解説 一般に，化合物 $C_xH_yO_z$ の完全燃焼の化学反応式は

$$C_xH_yO_z+\left(x+\frac{1}{4}y-\frac{1}{2}z\right)O_2\longrightarrow xCO_2+\frac{1}{2}yH_2O$$

である。各化合物の分子式と上の反応式から求める。

エクセル 有機化合物の完全燃焼
C は CO_2，H は H_2O になる。

▶化合物 C_mH_n が燃焼すると m 個の CO_2 と $\frac{1}{2}n$ 個の H_2O となる。

$$C_mH_n+(m+\frac{1}{4}n)O_2$$
$$\longrightarrow mCO_2+\frac{1}{2}nH_2O$$

462 (1) 5種類

CH₂=CH-CH₂-CH₂-Cl
CH₂=CH-CHCl-CH₃
CH₂=CCl-CH₂-CH₃

H   H   H   CH₂-CH₃
 \\C=C/   \\C=C/
Cl   CH₂-CH₃   Cl   H

(2) CH₃-CH₂-C≡C-H   CH₃-C≡C-CH₃

(3) CH₃-CH₂-CH₂-C≡C-H
CH₃-CH₂-C≡C-CH₃
CH₃-CH-C≡C-H
      |
      CH₃

解説 炭素原子の並び方，二重結合・三重結合の位置に注意する。炭素数6以下のアルカン，炭素数4以下のアルケン・アルキンの異性体はかけるようになっておくこと。

炭化水素の構造異性体の書き方

分子内の最も長い炭素原子の並びを主鎖，主鎖からはずれた炭素原子を側鎖という。構造式をかくときは，常にこのことを意識する。

主鎖（直鎖）
C-C-C-C…
    |
    C ←側鎖（枝分かれ）

① アルカンの場合　炭素骨格のみ記す❶。

C₄H₁₀　直鎖炭素数4　　　直鎖炭素数3
　　　C-C-C-C　　　　C-C-C
　　　　ブタン　　　　　　|
　　　　　　　　　　　　　C
　　　　　　　　　　2-メチルプロパン

C₅H₁₂　直鎖炭素数5　　直鎖炭素数4　　直鎖炭素数3
                                       C
                                       |
　　　C-C-C-C-C　　C-C-C-C　　C-C-C
　　　　ペンタン　　　　|　　　　　|
　　　　　　　　　　　　C　　　　　C
　　　　　　　　　　2-メチルブタン　2,2-ジメチルプロパン

C₆H₁₄　直鎖炭素数6　　　直鎖炭素数5
　　　C-C-C-C-C-C　　C-C-C-C-C
　　　　ヘキサン　　　　　　|
　　　　　　　　　　　　　　C
　　　C-C-C-C-C　　　2-メチルペンタン
　　　　　|
　　　　　C
　　　3-メチルペンタン

直鎖炭素数4　 C
              |
　　　C-C-C-C   C-C-C-C
　　　　| | |
　　　　C   C C
　　2,2-ジメチルブタン　2,3-ジメチルブタン

❶これらは，考えやすくするためH原子を省略している。問題の解答としてかく場合には，省略しないように注意する。

▶主鎖（直鎖）が長いものから順に短くしていくと，重複や数え忘れを防げる。また，化合物の名称を一緒に書いていくと，重複に気づくことがある。

22 有機化合物の特徴と分類── 205

ヘプタン C_7H_{16} には9個の，オクタン C_8H_{18} には18個の構造異性体がある。

② アルケンの場合

炭素原子の並び方，二重結合の位置に注意する。

幾何異性体を考慮する必要がある❷ので，二重結合につながっている H 原子は略さずに記した。

❷幾何異性体は，とくに指示のない限り異なる化合物として扱う。

C_4H_8

```
  H       H        C         C        C         H        H         C
   \     /          \       /          \       /          \       /
    C = C            C = C              C = C              C = C
   /     \          /       \          /       \          /       \
  H       C-C      H         C-C      H         C         H         C
```
1-ブテン　　　シス-2-ブテン　トランス-2-ブテン　2-メチルプロペン

C_5H_{10}

```
  C-C-C       H       C-C         C         C-C         C
       \     /          \       /              \       /
        C = C            C = C                  C = C
       /     \          /       \              /       \
      H       H        H         H            H         C
```
　　1-ペンテン　　　　　シス-2-ペンテン　　　トランス-2-ペンテン

```
        C
        |
  C - C      H        C         C         C-C         H
       \    /          \       /             \       /
        C = C           C = C                 C = C
       /    \          /       \             /       \
      H      H        C         H            C         H
```
3-メチル-1-ブテン　　2-メチル-2-ブテン　　2-メチル-1-ブテン

③ アルキンの場合

炭素原子の並び方，三重結合の位置を考慮する。

C_4H_6

```
C-C-C≡C       C-C≡C-C
```
　1-ブチン　　　　2-ブチン

C_5H_8

```
C-C-C-C≡C     C-C-C≡C-C     C-C-C≡C
                                 |
                                 C
```
　1-ペンチン　　　　2-ペンチン　　　3-メチル-1-ブチン

エクセル 有機化合物の命名法を把握しておくと，構造決定の問題の際などに心強い。

463

解答

(1) 54.0　　(2) C_4H_6

(3) $CH_2=C=CH-CH_3$　　　　$CH\equiv C-CH_2-CH_3$

　　$CH_2=CH-CH=CH_2$　　　$CH_3-C\equiv C-CH_3$

解説

(1) 標準状態での化合物Aのモル質量〔g/mol〕は

$2.41 \times 22.4 = 53.98 ≒ 54.0 \, g/mol$

よって，Aの分子量は54.0である。

(2) 化合物Aは炭化水素であり，分子式を C_xH_y と表すと，完全燃焼の化学反応式は次のようになる。

$$C_xH_y + \left(x + \frac{y}{4}\right)O_2 \longrightarrow xCO_2 + \frac{y}{2}H_2O$$

これより，Aと O_2 の物質量の比は $1 : \left(x + \frac{y}{4}\right)$ であり，

Aの分子量は $12x + y$ となることから，

$$\frac{32.0 \times 10^{-3}}{12x+y} : \frac{73.0 \times 10^{-3}}{22.4} = 1 : \left(x + \frac{y}{4}\right)$$

これを解いて，$x:y \fallingdotseq 2:3$ となり，組成式は C_2H_3（式量 27）である。(1)よりAの分子量が 54.0 であるから，分子式は C_4H_6 となる。

(3) (2)よりAの分子式は C_4H_6 であり，飽和炭化水素ならば C_4H_{10} となる。C原子間に不飽和結合が1つ生じるごとにH原子が2個減少するので，Aの分子内には，二重結合が2つまたは三重結合が1つ含まれる。

(i) 二重結合が2つ含まれるとき❶

 C=C-C=C C=C=C-C
 ↑ ↑   ↑ ↑

(ii) 三重結合が1つ含まれるとき❷

 C≡C-C-C C-C≡C-C
 ↑   ↑

（↑は二重結合または三重結合の場所を示している。）

エクセル 炭化水素は C_xH_y と表すことができ，炭素Cは燃焼によってすべて二酸化炭素に，水素Hはすべて水に変化する。このことから，完全燃焼の化学反応式を x，y を用いて立てる。

❶ C-C-C-C と
 ↑ ↑
 C-C-C-C は
  ↑ ↑
表と裏を反転させれば同一の構造となる。

❷ C-C-C-C と
 ↑
 C-C-C-C は
   ↑
表と裏を反転させれば同一の構造となる。

464

解答 (1) B (2) A

解説 A～Cを時計まわりに回転させて，環構造の右側が手前にくるように書いてみると，次のようになる。

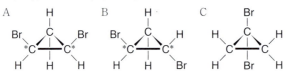

環構造をつくる炭素原子が不斉炭素原子かどうかは，環を時計まわりと反時計まわりに回転させ，同じ順番で原子団が現れるかどうかで判断する。例えば，上図Aの左側のC原子は，時計まわりに $-CH_2-CHBr-$，反時計まわりに $-CHBr-CH_2-$ が現れ，順番が異なる。かつ，H原子とBr原子も1個ずつもつため，不斉炭素原子となる。これより，A～Cの不斉炭素原子に * をつけると，上図のとおり，AとBに2個ずつあり，Cにはない。

(1) Aは不斉炭素原子をもつが，対称面❶が存在し，鏡像異性体は存在しない。したがって，鏡像異性体が存在するのはBのみである。

(2) (1)よりAとなる。

❶ 対称面の存在は，鏡像異性体の有無を左右する。

対称面 Bの鏡像異性体

エクセル 環構造をつくる炭素原子が不斉炭素原子かどうかは，次のように考える。

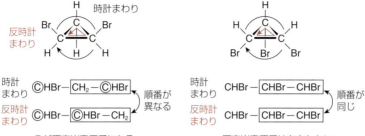

○が不斉炭素原子になる。　　不斉炭素原子は存在しない。

465 解答
(1) $H_ア$ なし　$H_イ$ 2　$H_ウ$ 2
(2) $H_ア$, $H_カ$, $H_キ$

解説 (1) 環構造をもつそれぞれの化合物の不斉炭素原子を判断していく。

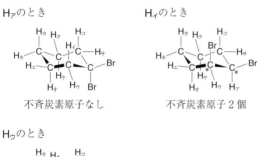

(2) (1)からわかるとおり，Br 原子が結合している C 原子に Cl 原子も結合すれば，時計まわりでも反時計まわりでも同じ原子団が現れ，不斉炭素原子をもたなくなる。また，シクロヘキサンは 6 員環であるため，Br 原子が結合している C 原子の対角線上にある C 原子に Cl 原子が結合すれば，同様に同じ原子団が現れ，不斉炭素原子をもたなくなる。

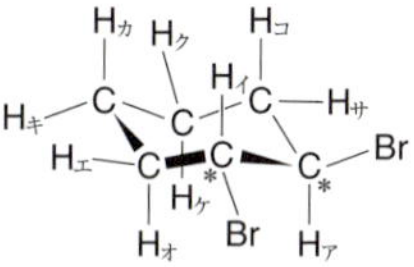

エクセル 例えば，$H_ア$ が結合している C 原子を起点とする。
$H_ア$ が Br 原子となると，

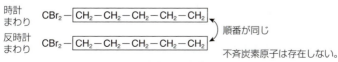

不斉炭素原子は存在しない。

H_イ が Br 原子となると,

時計
まわり　ⒸHBr─ ⎡ⒸHBr─CH₂─CH₂─CH₂─CH₂⎤
　　　　　　　　⎣　　　　　　　　　　　　　　⎦
反時計
まわり　ⒸHBr─ ⎡CH₂─CH₂─CH₂─CH₂─ⒸHBr⎤
　　　　　　　　⎣　　　　　　　　　　　　　　⎦

順番が異なる

○が不斉炭素原子になる。

466 解答

(1)

HOOC　　　OH
　＼　　　／
H─C─C―‖‖CH₃
　／　　＼
OH　　　H

(2) 8

HOOC　　　OH
　＼　　　／
H─C─C―COOH
　／　　＼
OH　　　H

9

　　　OH　　H
　　　｜　／
HOOC─C─C―COOH
　　　｜　＼
　　　H　OH

10

　　　H　　OH
　　　＼　｜
HOOC─C─C―COOH
　　　／　｜
　　　OH　H

(3) 9, 10

解説

(1) 5を鏡に写したものが6であることを参考にして，3を見ながら4を書けばよい。鏡に写すと手前と裏側の関係は変わらないが，左右が反転する。

(2) 8 (2)と同様に7を鏡に写したものを書く。
9 図2の3と5の関係のように，右側の炭素原子につく－Hと－COOHを入れかえたものを書く。
10 9を鏡に写したものを書く。

(3) 9を上下方向に裏返すと10になる。これは不斉炭素原子どうしの間に対称面❶が存在するために起こる。
7と8は互いに鏡像関係にあり，鏡像異性体(エナンチオマー)である。9と10は互いに重ね合わせることができるので，同一化合物である。これをメソ化合物という。一方，7と9，7と10，8と9，8と10は互いに鏡像関係にはない立体異性体で，これをジアステレオマーという。

エクセル 鏡像異性体を書くときは，ある化合物の1つの構造式の左または右に鏡を置いたと考え，その鏡に写した構造式を書けばよい。その際，手前と裏側の関係は変わらないが，左右が反転する。

　　　A　　　　　　　A
　　　｜　　　　　　｜
B─C―‖‖E　｜　E‖‖―C─B
　　　｜　　　　　　｜
　　　D　　　　　　D
　　　　　　鏡

図1のように，紙面の手前にある結合を表すときはくさび形 ◀━ で書く。紙面の裏側にある結合を表すときは先細りの破線 ⅢⅢ‥ で書く。

❶図2と図3の構造式でそれぞれ表される化合物の違いは，対称面が存在するかどうかである。図3はそれぞれの不斉炭素原子がもつ原子(原子団)が同一なので，対称面が存在する。このとき，メソ化合物が存在する。図2は対称面が存在しないので，不斉炭素原子が2個あり，2×2＝4種類の鏡像異性体が存在する。

図3の化合物

　　　OH　　OH
　　　｜　｜
HOOC‖‖―C─C―‖‖COOH
　　　｜　｜
　　　H　　H
　　　　対称面

23 脂肪族炭化水素 —— 209

23 脂肪族炭化水素（p.292）

467 解答

(1) $H-C\equiv C-H$

(2)
$$\begin{array}{c} H \quad\quad H \\ C=C \\ H \quad\quad H \end{array}$$

(3)
$$H-\underset{\underset{\underset{H}{|}}{\overset{|}{C}-H}}{\overset{|}{\underset{H}{C}}}-\underset{\overset{|}{H}}{\overset{|}{C}}-H$$

(4)
$$H-\underset{\overset{|}{H}}{\overset{|}{C}}-\underset{\overset{|}{H}}{\overset{|}{C}}=\overset{|}{C}-H$$

(5)
$$H-\underset{\overset{|}{H}}{\overset{|}{C}}-C\equiv C-H$$

(6)
$$\begin{array}{c} H \quad\quad\quad H \\ C \\ H-C\quad\quad\quad C-H \\ H \quad\quad\quad H \end{array}$$

(7)
$$\begin{array}{c} H \quad\quad H \\ H-C\quad\quad C-H \\ H\quad\quad\quad\quad\quad H \\ C\quad\quad\quad\quad\quad C \\ H\quad\quad\quad\quad\quad H \\ C=C \\ H \quad\quad H \end{array}$$

▶炭素数の少ない有機化合物の名称と構造式は覚えよう。

● 炭化水素の一般式
　アルカン　C_nH_{2n+2}
　アルケン　C_nH_{2n}
　アルキン　C_nH_{2n-2}

エクセル 炭素数の少ない有機化合物の名称と構造式は覚えよう。
　アルカン　すべての原子は単結合で結ばれている。
　アルケン　分子中に二重結合を一つ含む。
　アルキン　分子中に三重結合を一つ含む。

468 解答

(1)
$$\begin{array}{c} H \\ C \quad H \\ H \\ H \end{array}$$

(2) $CH_3COONa + NaOH \longrightarrow CH_4 + Na_2CO_3$

解説
(1)　メタンは正四面体形の分子であり，$H-C-H$ の結合角はすべて 109.5° である。
(2)　この反応によって生じるメタンは最も簡単なアルカンで，安定に存在する。このため，メタンを臭素水に加えても，反応しない。

エクセル メタンは最も簡単なアルカンで，無色・無臭の気体である。空気より軽く，水に溶けにくいので，水上置換で捕集[1]する。

❶ メタンの実験室的製法
酢酸ナトリウム
+水酸化ナトリウム

メタン

469 解答 **(1)　3種類　(2)　4種類　(3)　1種類**

解説 H原子の1つを塩素原子で置換する。下図には，置換することが可能なH原子に矢印→をつけてある。

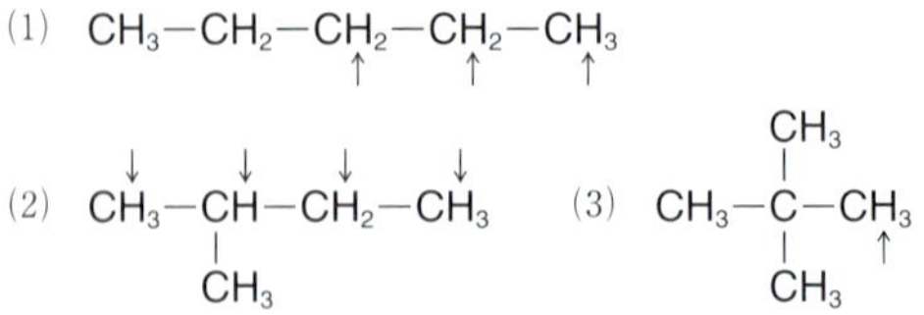

(例)

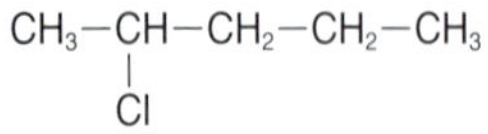

と

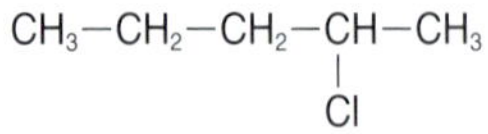

両者は同じ化合物。

エクセル **アルカンの塩素置換……紫外線照射下で反応が進行する。**

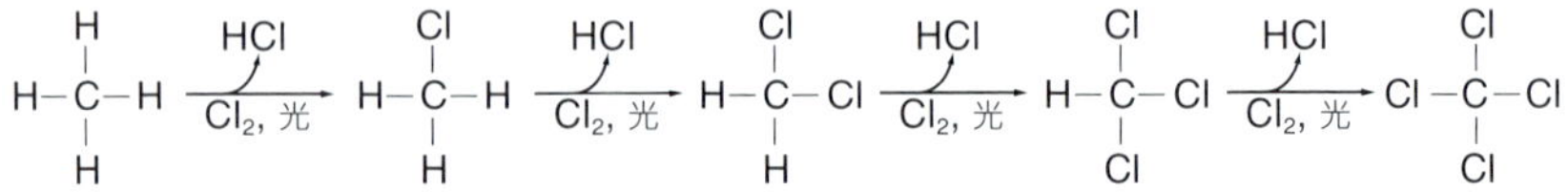

クロロメタン　ジクロロメタン　トリクロロメタン　テトラクロロメタン

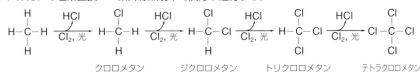

470 解答 **(1)　(ア)　アルケン　(イ)　C_nH_{2n}**

(2)　$C_2H_5OH \longrightarrow C_2H_4 + H_2O$

解説 (1)　エチレン $H_2C{=}CH_2$ やプロペン $H_2C{=}CH{-}CH_3$ などはアルケンとよばれ，分子内に二重結合を1つもつ。このため，一般式は C_nH_{2n} で表される。

(2)　アルケンの実験室的製法は，アルコールの分子内脱水である。エチレンの場合，エタノールに濃硫酸を加え，約160～170℃で加熱すると得られる❶。

エクセル **エチレンは最も簡単なアルケンで，無色の気体である。わずかに甘いにおいがあり，水に溶けにくいので，水上置換で捕集❶する。**

❶エチレンの実験室的製法

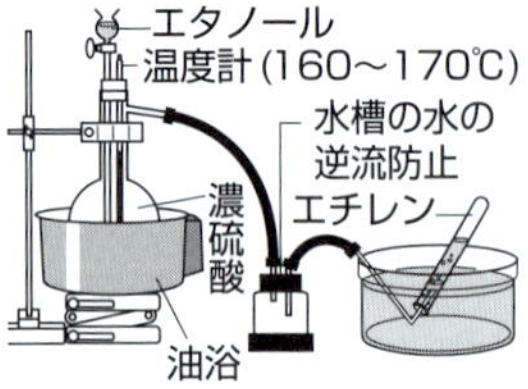

471 解答 **(1)　(ア)　(2)　(イ)**

解説 (1)　C=C 二重結合のC原子と，それと直接結合する4個の原子は，同一平面上に存在する❶。

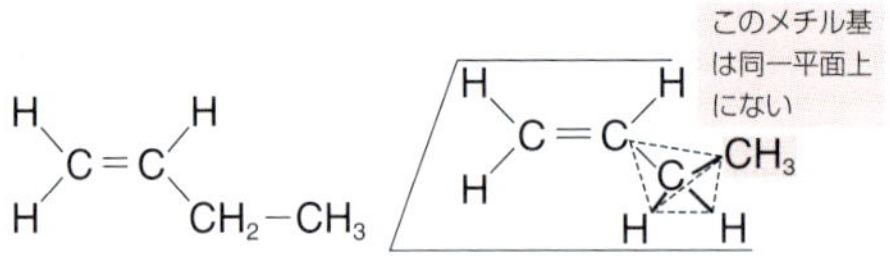

❶プロペンの場合
同一平面上には，常に6個の原子が存在し，最大で7個の原子が存在できる。

(2)　各化合物について，付加させた化合物の構造式をかいて判断する。(C*は不斉炭素原子)

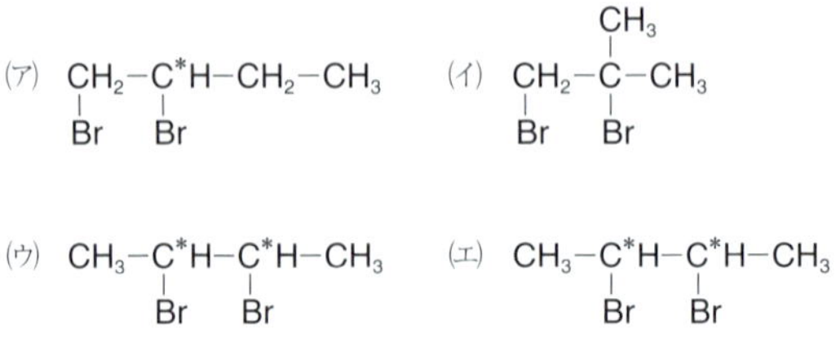

23 脂肪族炭化水素 —— 211

エクセル 二重結合に直接結合している原子は同一平面上にある。
ⒸとⓌⓍⓎⓏは同一平面上にある。

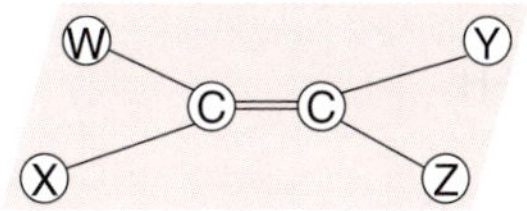

472 解答 (2), (5)

解説
(2) アセチレンなど，炭素数の小さい炭化水素は気体である。

(3) H−C≡C−H $\xrightarrow[\text{付加}]{\text{CH}_3\text{COOH}}$ 酢酸ビニル

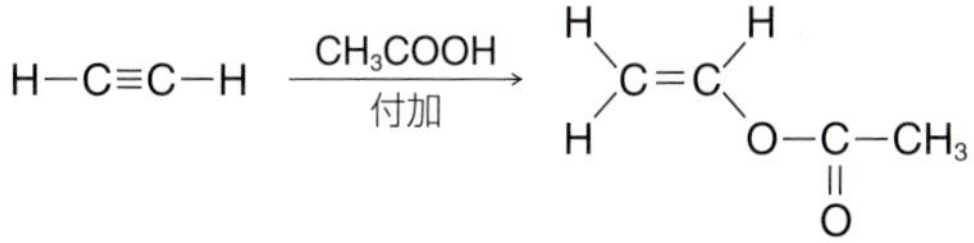

(4) H−C≡C−H $\xrightarrow[\text{付加}]{\text{Br}_2}$ 1,2-ジブロモエチレン

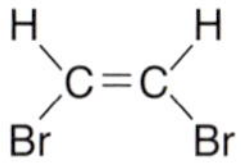

シス形 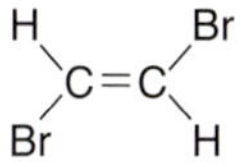　トランス形

(5) 炭素原子間の距離は，単結合よりも二重結合のほうが短く，二重結合よりも三重結合のほうが短い❶。

エクセル 結合とその長さ（結合距離）
C−C＞C＝C＞C≡C

▶プロピンの場合
同一平面上には，常に4個の原子が存在し，最大で5個の原子が存在できる。

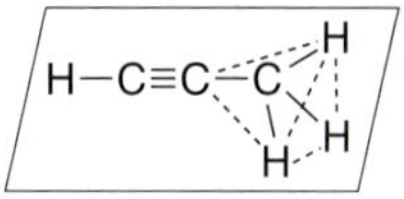

❶
結合	長さ〔nm〕
C≡C	0.120
C＝C	0.134
C−C	0.154

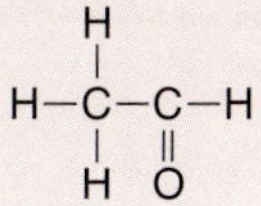

●付加反応
二重結合・三重結合の両側に原子(団)が付加する。

473 解答

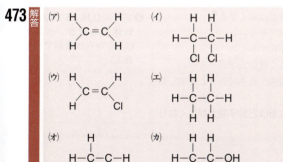

解説 アルケン，アルキンの反応は付加反応である。

212 — 6章　有機化合物

エクセル アセチレンへの水の付加
不安定なビニルアルコールを経てアセトアルデヒドになる。

$$H-C{\equiv}C-H \xrightarrow{H_2O} \begin{bmatrix} H\\ \\ H \end{bmatrix}C=C\begin{matrix} H\\ \\ OH \end{matrix} \longrightarrow H-\overset{\displaystyle H}{\underset{\displaystyle H}{C}}-\overset{\displaystyle H}{\underset{\displaystyle O}{C}}-H$$

ビニルアルコール(不安定)　アセトアルデヒド

474

解答 (1) 1.3 g　(2) 1.1 L　(3) 1.1 L

解説
(1) 反応した CaC_2 の物質量は $\dfrac{3.2}{64} = 0.050\,\text{mol}$

化学反応式より，アセチレンも $0.050\,\text{mol}$ 発生する。
その質量は，$26 \times 0.050 = 1.3\,\text{g}$

(2) アセチレン1分子に水素1分子が付加してエチレンになる。
アセチレン $0.050\,\text{mol}$ は，その標準状態での体積が，$22.4 \times 0.050 = 1.12\,\text{L} \fallingdotseq 1.1\,\text{L}$ であるから，水素も $1.1\,\text{L}$ となる。

(3) エチレン1分子に水素1分子が付加してエタンになる。(2)のエチレンをそのまま反応させるので，必要な水素の体積は同じ $1.1\,\text{L}$ である。

エクセル アセチレンの実験室的製法(右図)
炭化カルシウムはカーバイドともよばれる。
$$CaC_2 + 2H_2O \longrightarrow Ca(OH)_2 + C_2H_2$$

●CaC_2：炭化カルシウム
カーバイドともいい，アセチレンを得るために用いられる。

アセチレン　　ウム　包んだ炭化カルシ　ア　アルミニウム箔で

475

解答 (1) ○　(2) ×　(3) ○　(4) ×　(5) ×
(6) ×　(7) ○　(8) ×

解説
(1) ○　二重結合・三重結合をもたないことを飽和という。
(2) ×　炭素数4のブタンから，構造異性体が存在する。
(3) ○　これらを総称してアルケンという。
(4) ×　分子量が大きくなるので沸点は高くなる●。
(5) ×　二重結合，三重結合は回転できない。
(6) ×　幾何異性体はアルケンに存在する。
(7) ○　構造異性体は分子式が同じで構造式が違うもの。
(8) ×　アルカンはメタンの正四面体を基本に次々と連結した構造をしている。

エクセル 直鎖アルカンは分子量が多くなるほど分子間力が強くなり，沸点が高くなる。

❶ブタン C_4H_{10} までは常温で気体であるが，ペンタン C_5H_{12} からは常温で液体である。

476

解答 (2)

解説
(1) 地中からくみ上げられた石油を原油という。原油は，炭素数が1から40くらいまでの炭化水素の混合物で，硫黄，窒素，酸素などとの化合物も少量成分として含んでいる。

(2) 原油を沸点の違いにより成分に分けることを分留という。石油ガスは炭素数が1〜4の炭化水素の混合物で，沸点が最も低い。その主成分はプロパンやブタンであり，液化石油ガスなどに用いられる。メタンは天然ガスの主成分である。

(3) ナフサは最も低い温度で分離される液体成分で，熱分解（クラッキング）によって石油化学工業の基礎製品であるエチレンやプロペンなどになる。

(4) 軽油は，バスやトラックなどのディーゼルエンジンの燃料などに用いられる。

(5) 残油に含まれる成分を熱分解すると，ガソリンなどが得られる。残油は，重油として船の燃料に用いられたり，アスファルトとして利用されたりする。

エクセル 石油は炭化水素などの混合物である。石油を沸点の違いにより成分に分け，改質してそれらの成分はさまざまな製品の原料になる。

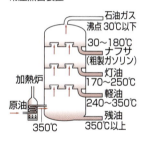
常圧蒸留装置

477

解答 (2)

解説
発生した二酸化炭素と水の質量から，分子式を求める。

炭素：$88 \times \dfrac{12}{44} = 24 \, \text{mg}$

水素：$27 \times \dfrac{2.0}{18} = 3.0 \, \text{mg}$

この鎖式不飽和炭化水素の組成式を C_xH_y とすると

$x : y = \dfrac{24}{12} : \dfrac{3.0}{1.0} = 2 : 3$

組成式は C_2H_3 である。炭素原子を4つもつので，分子式は C_4H_6 である❶。

鎖式不飽和炭化水素に，水素が十分に付加するとアルカンになる。今回の化合物ではブタン C_4H_{10} に相当する。

$C_4H_6 + 2H_2 \longrightarrow C_4H_{10}$

鎖式不飽和炭化水素（分子量54）の8.1 g は $\dfrac{8.1}{54} = 0.15 \, \text{mol}$ なので，反応した水素分子は 0.30 mol である。

エクセル 炭化水素 C_mH_n の1 mol が完全燃焼すると
二酸化炭素 CO_2 は m 〔mol〕
水 H_2O は $\dfrac{n}{2}$ 〔mol〕生成する。

❶ C_4H_6 の分子式をもつ鎖式不飽和炭化水素は，次の2つの可能性がある。
・三重結合を1つもつアルキン
・二重結合を2つもつアルカジエン

214──6章　有機化合物

478 [解答] $n = 5$

[解説] もとのアルケンの分子量は $12n + 2n = 14n$ である。臭素を付加させたあとの分子量は $14n + 160$[1]で，これがもとのアルケンの3.3倍の分子量をもつことから

$$14n : (14n + 160) = 1 : 3.3$$
$$n \fallingdotseq 5$$

エクセル 付加反応の流れ

$$-C\equiv C- \xrightarrow{X_2} \underset{\substack{幾何異性体の\\生じる場合もある}}{\overset{\overset{\textstyle X \quad X}{|\quad\ |}}{-C=C-}} \xrightarrow{Y_2} \overset{\overset{\textstyle X \quad X}{|\quad\ |}}{\underset{\underset{\textstyle Y \quad Y}{|\quad\ |}}{-C-C-}}$$

479 [解答] (1) (イ), (エ), (オ)　(2) (ウ), (オ)

[解説] (1) すべて三重結合をもつ物質であるため，水素が1分子付加すると二重結合になる。幾何異性体が生じるためには $C\equiv C$ の少なくとも一方に H 原子が結合しているものは該当しない[1]。そのため，(イ), (エ), (オ)。

(2) 水素2分子が付加するため，三重結合をしている C 原子は不斉炭素原子にはならない。枝分かれ部分の炭素原子が不斉炭素原子(C^*)になるか考えればよい。(ア), (イ), (エ)は同じ原子または原子団がそれぞれ2つ以上結合しているため，不斉炭素原子は存在しない。

(ウ)
$$\overset{\overset{\textstyle CH_3}{|}}{\underset{\underset{\textstyle H}{|}}{CH_3-CH_2-CH_2-\overset{*}{C}-CH_2-CH_3}}$$

(オ)
$$\overset{\overset{\textstyle CH_3}{|}\qquad\qquad\overset{\textstyle CH_3}{|}}{\underset{\underset{\textstyle H}{|}}{CH_3-CH_2-\overset{*}{C}-CH_2-CH_2-C-CH_3}}$$

エクセル 不斉炭素原子が存在すると光学異性体が存在する。

[1]
$$\underset{Y}{\overset{X}{\diagdown}}C=C\underset{H}{\overset{H}{\diagup}}$$

の構造をもつ化合物には，幾何異性体は存在しない。

480 [解答] (4)

[解説] 二酸化炭素，水の質量より，不飽和炭化水素中の炭素と水素の質量を求めると

$$炭素：308 \times \frac{12}{44} = 84\,mg$$

$$水素：108 \times \frac{2.0}{18} = 12\,mg$$

組成式を C_xH_y とすると

$$x : y = \frac{84}{12} : \frac{12}{1.0} = 7 : 12$$

組成式は C_7H_{12} である。
炭素数が7の不飽和化水素なので，分子式も C_7H_{12}（分子量96）となる。これに当てはまるのは(1)と(4)である。
次に，この炭化水素に Br_2 を付加させた化合物の分子式を

$C_7H_{12}Br_n$(分子量 $96+80n$)とすると，生成物の質量中の Br の質量の割合が 77% であることより，

$$\frac{n \times 80}{96+80n} \times 100 = 77 \quad n ≒ 4 \text{ となる。}$$

Br 原子を 4 つもつことから，Br_2 は 2 分子付加したことになる❶ので，二重結合を 2 つもち，答えが(4)になる。

エクセル 二重結合 1 つにつき，Br_2 は 1 分子付加する。

❶付加反応
$C_7H_{12} + 2Br_2 \longrightarrow C_7H_{12}Br_4$

481

解答

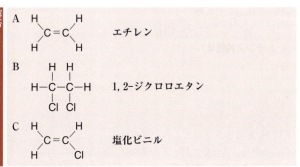

A エチレン
B 1,2-ジクロロエタン
C 塩化ビニル

解説 炭化水素を C_xH_y とすると

$$C_xH_y + \frac{4x+y}{4}O_2 \longrightarrow xCO_2 + \frac{y}{2}H_2O$$

燃焼後の混合気体から水と二酸化炭素を除いた気体 6.16 L は余った酸素なので，
完全燃焼で生じた CO_2 は，$9.52 - 6.16 = 3.36$ L
消費した O_2 は，$11.2 - 6.16 = 5.04$ L
炭化水素：酸素：二酸化炭素
$= 1.68 : 5.04 : 3.36 = 1 : 3 : 2$ より，$x = 2$
$\frac{4x+y}{4} = 3$ に $x = 2$ を代入すると，$y = 4$
よって，化合物 A はエチレン C_2H_4
エチレンに塩素を付加させると，1,2-ジクロロエタンを生じる❶。
1,2-ジクロロエタンを加熱分解すると塩化ビニルが生じる❷。

エクセル エチレンの反応経路図を確認しておこう。

❶
$\underset{H}{\overset{H}{}}C=C\underset{H}{\overset{H}{}} + Cl_2$

$\xrightarrow{\text{付加}}$ $\underset{Cl}{CH_2}-\underset{Cl}{CH_2}$

❷
$\underset{Cl}{CH_2}-\underset{Cl}{CH_2}$ $\xrightarrow{\text{加熱分解}}$

$\underset{H}{\overset{H}{}}C=C\underset{Cl}{\overset{H}{}} + HCl$

加熱分解によって，HCl が脱離する。

216 —— 6章　有機化合物

482 解答

(1)　A　$CH_2=\underset{\underset{CH_3}{|}}{C}-CH_2-CH_3$　　B　$CH_3-\underset{\underset{CH_3}{|}}{C}=CH-CH_3$

　　C　$CH_3-\underset{\underset{CH_3}{|}}{CH}-CH=CH_2$

　　D　$CH_2=CH-CH_2-CH_2-CH_3$

(2)　$\underset{H}{\overset{CH_3}{\diagup}}C=C\underset{H}{\overset{CH_2-CH_3}{\diagdown}}$　　$\underset{H}{\overset{CH_3}{\diagup}}C=C\underset{CH_2-CH_3}{\overset{H}{\diagdown}}$

幾何異性体（シス-トランス異性体）

(3)　$CH_3-\underset{\underset{CH_3}{|}}{\overset{\overset{Br}{|}}{C}}-CH_2-CH_3$

解説

(1)　a）　アルケンA～Fに H_2 を付加させたところ，アルカンXおよびYが得られたことから，A～CとD～Fのアルケンの炭素骨格がそれぞれ同じであったことがわかる。

　　b）　ⅰ）～ⅲ）をまとめると，AおよびBの反応は以下のようになる。

　　A──→ケトン＋ホルムアルデヒド
　　B──→ケトン＋アセトアルデヒド

Aからホルムアルデヒドが生じたことから，$R^1=R^2=H$ とすると，Aの炭素数が5であるから

$(R^3,\ R^4)=(CH_3,\ CH_2-CH_3)$ と決まる。

Bからアセトアルデヒドが生じたことから，$(R^1,R^2)=(CH_3,$ H$)$とすると，Bの炭素数が5であるから

$(R^3,\ R^4)=(CH_3,\ CH_3)$ と決まる。

　　A　$\underset{H}{\overset{H}{\diagup}}C=C\underset{CH_2-CH_3}{\overset{CH_3}{\diagdown}}$　　B　$\underset{H}{\overset{CH_3}{\diagup}}C=C\underset{CH_3}{\overset{CH_3}{\diagdown}}$

一方，Cからもホルムアルデヒドが生じたことから，Aと反対側の C－C 末端が二重結合であることがわかる。

　　C　$CH_3-\underset{\underset{H}{|}}{\overset{\overset{CH_3}{|}}{CH}}\diagdown C=C\underset{H}{\overset{H}{\diagup}}$

C_5H_{10} のアルケンは6種類しかなく，残るD～Fは炭素骨格が同じであることから，5個の炭素原子が枝分かれなくつながった構造をもつことがわかる❶。

　　$\underset{\uparrow\ \ \uparrow}{C-C-C-C-C}$（↑は二重結合の場所を示している。）

ⅱ）より，Dからホルムアルデヒドが生じたことから，C－C 末端が二重結合であることがわかる。

❶アルケンへの H_2 付加やオゾン分解によって，炭素骨格が変化することがないのは，重要なポイントである。例えば，アルケンへの H_2 付加では，直鎖状のアルケンからは直鎖状のアルカンが，分枝状のアルケンからは分枝状のアルカンが生成する。

D
$$\underset{H}{\overset{H}{}}C=C\underset{H}{\overset{CH_2-CH_2-CH_3}{}}$$

また，ⅲ）より，EとFからアセトアルデヒドが生じたことから，EとFは幾何異性体の関係にあるアルケンであることがわかる。

E，F
$$\underset{H}{\overset{CH_3}{}}C=C\underset{H}{\overset{CH_2-CH_3}{}}\qquad \underset{H}{\overset{CH_3}{}}C=C\underset{CH_2-CH_3}{\overset{H}{}}$$

(3) AおよびBにHBrを付加させると，以下の構造の化合物が得られる。

$$CH_2=\underset{CH_3}{\overset{|}{C}}-CH_2-CH_3 \xrightarrow{HBr}$$

A

$$\boxed{CH_3-\underset{CH_3}{\overset{\overset{\textstyle Br}{|}}{C}}-CH_2-CH_3}$$

$$\underset{Br}{\overset{|}{C}H_2}-\underset{CH_3}{\overset{|}{C}H}-CH_2-CH_3$$

$$CH_3-CH=\underset{CH_3}{\overset{|}{C}}-CH_3 \xrightarrow{HBr}$$

B

$$\boxed{CH_3-CH_2-\underset{CH_3}{\overset{\overset{\textstyle Br}{|}}{C}}-CH_3}$$

$$CH_3-\underset{Br}{\overset{|}{C}H}-\underset{CH_3}{\overset{|}{C}H}-CH_3$$

（注）このとき，マルコフニコフ則により，□□□で囲まれた構造の化合物が多く生成されることが知られている。（→発展問題484）

エクセル オゾン分解

$$\underset{R^2}{\overset{R^1}{}}C=C\underset{R^4}{\overset{R^3}{}} \longrightarrow \underset{R^2}{\overset{R^1}{}}C=O+O=C\underset{R^4}{\overset{R^3}{}}$$

オゾン分解によって生じたケトンまたはアルデヒドの構造から，もとのアルケンの構造を推定する。炭素数を参考にするとよい。

218──6章 有機化合物

483

解答

(1) C_2H_2　アセチレン(エチン)
　　C_3H_4　メチルアセチレン(プロピン)

(2) (i) A　$CH_3-C\equiv C-CH_3$　　B　$H-C\equiv C-CH_2-CH_3$

　　(ii) E　$CH_3-\underset{\underset{O}{\|}}{C}-CH_2-CH_3$　　F　$H-\underset{\underset{O}{\|}}{C}-CH_2-CH_2-CH_3$

解説

(2) (i) 分子式 C_4H_6 をもつアルキンには 1-ブチンと 2-ブチンの2種類が考えられる。実験1より，A は 2-ブチン，B は 1-ブチンであることがわかる。

$$CH_3-\underset{A}{C\equiv C}-CH_3 \xrightarrow{+H_2} \underset{C}{\underset{H}{\underset{|}{\overset{H_3C}{\overset{|}{C}}}}=\underset{CH_3}{\overset{H}{C}} \quad \underset{H_3C}{\overset{H}{\underset{|}{C}}}=\underset{CH_3}{\overset{H}{\underset{|}{C}}}}$$

$$H-\underset{B}{C\equiv C}-CH_2-CH_3 \xrightarrow{+H_2} \underset{D}{H_2C=CH-CH_2-CH_3}$$

(ii) エノール形は不安定なため，安定なケト形に変異する。左右対称な A からは1種類，左右非対称な B からは2種類の生成物ができる。

$$CH_3-\underset{A}{C\equiv C}-CH_3 \xrightarrow{+H_2O} \left[CH_3-\underset{\underset{OH}{|}}{C}=CH-CH_3\right] \rightarrow \underset{E}{CH_3-\underset{\underset{O}{\|}}{C}-CH_2-CH_3}$$

$$H-\underset{B}{C\equiv C}-CH_2-CH_3 \xrightarrow{+H_2O} \left[\begin{array}{l}H-\underset{\underset{H}{|}}{C}=\underset{\underset{OH}{|}}{C}-CH_2-CH_3 \\ H-\underset{\underset{HO}{|}}{C}=\underset{\underset{H}{|}}{C}-CH_2-CH_3\end{array}\right] \begin{array}{l}\rightarrow \underset{E}{CH_3-\underset{\underset{O}{\|}}{C}-CH_2-CH_3} \\ \rightarrow \underset{F}{H-\underset{\underset{O}{\|}}{C}-CH_2-CH_2-CH_3}\end{array}$$

エクセル ケト-エノール互変異性

$$R^1-\underset{\underset{R^2}{|}}{C}=\underset{\underset{R^3}{|}}{C}\overset{OH}{} \rightleftharpoons R^1-\underset{\underset{R^2}{|}}{\overset{\overset{H}{|}}{C}}-\underset{\underset{R^3}{|}}{\overset{\overset{O}{\|}}{C}}$$

エノール形　　　ケト形
(不安定)　　　(安定)

23 脂肪族炭化水素──219

484 解答

A 　
　　　H　　　CH₂-CH₂-CH₃
　　　　C＝C
　　　H　　　H

B, C　CH₃　　　CH₂-CH₃
　　　　　C＝C
　　　H　　　H

　　　CH₃　　　H
　　　　　C＝C
　　　H　　　CH₂-CH₃

（B，Cは一つには決まらない）

G　CH₃-*CH-CH₂-CH₂-CH₃
　　　　　｜
　　　　　Cl

H　CH₂-CH₂-CH₂-CH₂-CH₃
　　｜
　　Cl

I　CH₃-CH₂-CH-CH₂-CH₃
　　　　　　｜
　　　　　　Cl

J　　　CH₃　 *
　　　　｜
　　CH₃-CH-CH-CH₃
　　　　　　｜
　　　　　　OH

K　　CH₃
　　　｜
　CH₃-C-CH₂-CH₃
　　　｜
　　　OH

L　　CH₃
　　　｜
　CH₃-CH-C-CH₃
　　　　　‖
　　　　　O

解説

アルケンA，B，Cは直鎖状構造をしており，BとCにHClを付加させると，どちらからもGとIが得られたことから，BとCは互いに幾何異性体(シス-トランス異性体)である。したがって，以下のようになる。

$CH_2=CH-CH_2-CH_2-CH_3$ $\xrightarrow{HCl}$ $CH_3-CH-CH_2-CH_2-CH_3$
　　　　　A　　　　　　　　　　　　G　　｜
　　　　　　　　　　　　　　　　　　　　Cl

　　　　　　　　　　　　　　H　$CH_2-CH_2-CH_2-CH_2-CH_3$
　　　　　　　　　　　　　　　　｜
　　　　　　　　　　　　　　　　Cl

$CH_3-CH=CH-CH_2-CH_3$ $\xrightarrow{HCl}$ $CH_3-CH-CH_2-CH_2-CH_3$
　　　　　B，C　　　　　　　　　　G　　｜
　　　　　　　　　　　　　　　　　　　　Cl

　　　　　　　　　　　　　　I　$CH_3-CH_2-CH-CH_2-CH_3$
　　　　　　　　　　　　　　　　　　　｜
　　　　　　　　　　　　　　　　　　　Cl

したがって，いずれの反応からも生じる構造をもった化合物がGとなる。

次に，アルケンD，E，Fは分枝状構造となるので，以下の3つのいずれかである。

　　　CH₃　　　　　　　　　CH₃　　　　　　　　　CH₃
　　　｜　　　　　　　　　　｜　　　　　　　　　　｜
$CH_2=C-CH_2-CH_3$　　$CH_3-C=CH-CH_3$　　$CH_3-CH-CH=CH_2$
　　　↓H₂O　　　　　　　　↓H₂O　　　　　　　　↓H₂O
　　　CH₃　　　　　　　　　CH₃　　　　　　　　　CH₃
　　　｜　　　　　　　　　　｜　　　　　　　　　　｜
$CH_3-C-CH_2-CH_3$　　$CH_3-C-CH_2-CH_3$　　$CH_3-C-CH-CH_3$
　　　｜　　　　　　　　　　｜　　　　　　　　　　｜
　　　OH　　　　　　　　　 OH　　　　　　　　　 OH
　　　K　　　　　　　　　　K　　　　　　　　　　J

HCl の付加反応と同じようにH₂Oの付加反応を考えると，主生成物はそれぞれ上記のようになる。このうち左2つは同一の構造をもち，第三級アルコールである。右だけは第二級アルコールである。よって，$K_2Cr_2O_7$水溶液で酸化されるJは第二級アルコールと決まる。したがって，Lはケトンであり，問題文の条件を満たす。

$$\underset{\text{J}}{CH_3-\underset{\underset{OH}{|}}{CH}-\underset{\underset{CH_3}{|}}{CH}-CH_3} \xrightarrow[\text{酸化}]{K_2Cr_2O_7} \underset{\text{L}}{CH_3-\underset{\underset{CH_3}{|}}{CH}-\underset{\underset{O}{\|}}{C}-CH_3}$$

ケトン(中性)

エクセル　マルコフニコフ則
アルケンに対称な構造をもたないハロゲン化水素 HX のような分子が付加する場合，置換基が少ない(水素原子が多い)炭素原子に H が付加した生成物が主生成物となる。

(例)

$$CH_2=CH-CH_3 \xrightarrow[\text{付加}]{HCl} \underset{\underset{\text{(主生成物)}}{\text{2-クロロプロパン}}}{CH_3-\underset{\underset{Cl}{|}}{CH}-CH_3} , \underset{\underset{\text{(副生成物)}}{\text{1-クロロプロパン}}}{CH_2-CH_2-CH_3}$$

1-プロペン

24 酸素を含む脂肪族化合物（p.305）

485 解答 (1) (ウ) (2) (オ) (3) (ア), (オ)

解説 アルコールを分類する。

　　第一級アルコール　第二級アルコール　第三級アルコール
　　　(ア), (イ), (エ)　　　　(オ)　　　　　　　(ウ)

(1) 第三級アルコールは，酸化されにくい。
(2) 第二級アルコールを酸化するとケトンになる。
(3) ヨードホルム反応を示す骨格❶をさがす。

エクセル　アルコールの分類

第一級アルコール　　第二級アルコール　　第三級アルコール

$$R-CH_2-OH \qquad R-\underset{\underset{R'}{|}}{CH}-OH \qquad R-\underset{\underset{R''}{\overset{\overset{R'}{|}}{|}}}{C}-OH$$

❶ **ヨードホルム反応**

$$CH_3-\underset{\underset{O}{\|}}{C}- \quad CH_3-\underset{\underset{OH}{|}}{CH}-$$

の構造をもつ化合物に，塩基性でヨウ素を作用させると，ヨードホルム(CHI_3)の黄色沈殿が生じる。

486 解答
(C) CH_3CH_2CHO (D) CH_3CH_2COOH
(E) CH_3COCH_3 (F) CHI_3 (G) $CH_2=CHCH_3$
(ア) 銀鏡 (イ) 青 (ウ) 赤 (エ) 水素
(オ) ヨードホルム (カ) 脱水

解説 第一級，第二級アルコールの酸化と，生成物の検出反応を確認する。

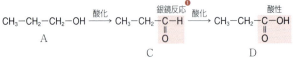

❶ **アルデヒド R-CHO の検出反応**
銀鏡反応
　銀 Ag の析出
フェーリング液の還元
　酸化銅(Ⅰ)Cu_2O 赤色沈殿の生成

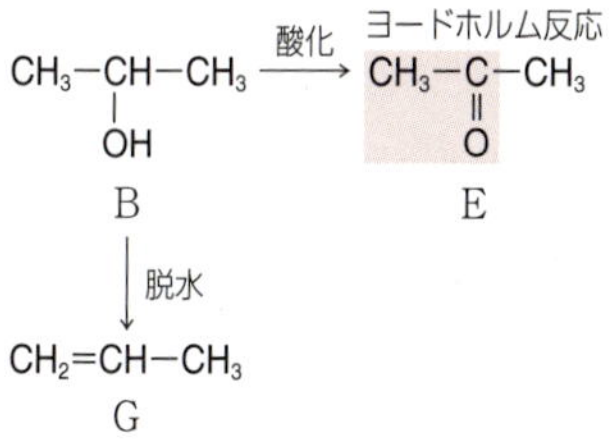

$$\text{CH}_3\text{-CH-CH}_3 \xrightarrow{\text{酸化}} \text{CH}_3\text{-C-CH}_3$$
$$\quad\quad |\text{OH}\quad\quad\quad\quad\quad\quad\quad ||\text{O}$$
$$\quad\quad\ \text{B}\quad\quad\quad\quad\quad\quad\quad\quad\ \text{E}$$
$$\downarrow \text{脱水}$$
$$\text{CH}_2=\text{CH-CH}_3$$
$$\quad\quad\ \text{G}$$

ヨードホルム反応 (上の矢印ラベル)

エクセル アルコールの酸化

① 第一級アルコール

$$\text{R-CH}_2\text{-OH} \longrightarrow \text{R-CHO} \longrightarrow \text{RCOOH}$$
　　　　　　　　　　　　アルデヒド　　カルボン酸

② 第二級アルコール

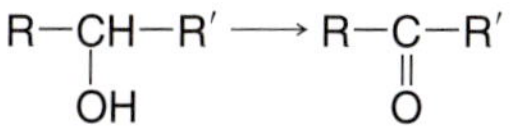

$$\text{R-CH-R}' \longrightarrow \text{R-C-R}'$$
$$\ \ |\text{OH}\quad\quad\quad\quad ||\text{O}$$
　　　　　　　　　　　　ケトン

③ 第三級アルコール
　酸化されにくい

アルコールの脱水反応

① $2\text{R-OH} \xrightarrow[\text{分子間脱水}]{130\sim140℃} \text{R-O-R} + \text{H}_2\text{O}$

② $\text{R}'\text{-CH}_2\text{-CH}_2\text{-OH} \xrightarrow[\text{分子内脱水}]{160\sim170℃} \text{R}'\text{-CH}=\text{CH}_2 + \text{H}_2\text{O}$

487

解答 (1) A (2) C (3) A (4) A (5) B

解説
(1) 第一級アルコール→アルデヒド→カルボン酸
(2) ヨードホルム反応…CH₃-CO-,CH₃-CH(OH)-
(3) フェーリング液の還元……アルデヒド
(4) 還元性(＝酸化されやすい)……アルデヒド
(5) 第二級アルコール→ケトン

エクセル ヨードホルム反応

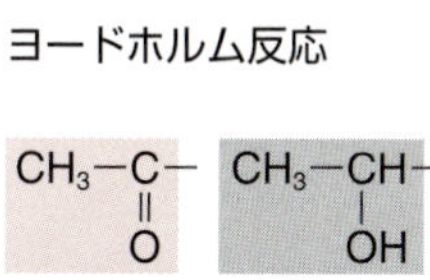

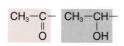

左図の ▢ と ▢ の構造をもつ化合物に，塩基性でヨウ素を作用させると，ヨードホルム(CHI₃)の黄色沈殿が生じる。

●検出反応

①カルボン酸　R-COOH
・酸性を示す
　NaOHと中和反応する。
・NaHCO₃を加えるとCO₂発生。

②アルコール　R-OH
　金属Naと反応して水素発生

③アルデヒド　R-CHO
・銀鏡反応を示す。
　(アンモニア性硝酸銀水溶液の銀イオンを還元して銀が析出)
・フェーリング液を還元してCu₂Oの赤色沈殿を生じる。

④ケトン　R-CO-R'
　CH₃-CO-の構造をもつものは，ヨードホルム反応を示す。

488

解答 (1) A (2) B (3) A (4) B (5) A

解説
(1) 水酸化ナトリウムと中和反応……カルボン酸
(2) 酸化される……アルコール
(3) 炭酸水素ナトリウムで二酸化炭素を発生……カルボン酸
(4) ヨードホルム反応…CH$_3$—CO—，CH$_3$CH(OH)—
　　　　　　　　　　　　　　　　　　　　　　→エタノール
(5) 酸性を示す……カルボン酸
なお，アルコールのヒドロキシ基の水素原子は水素イオンとして電離せず，中性を示す。

▶酢酸は CH$_3$—CO— の構造をもつが，ヨードホルム反応は示さない。

エクセル 酢酸の性質
① エタノールの酸化で得られる。
　CH$_3$—CH$_2$—OH $\xrightarrow{酸化}$ CH$_3$—CHO $\xrightarrow{酸化}$ CH$_3$COOH
② 塩基と中和反応する。
　CH$_3$COOH + NaOH ⟶ CH$_3$COONa + H$_2$O
③ 炭酸水素ナトリウム水溶液に加えると発泡する(弱酸の遊離)。
　CH$_3$COOH + NaHCO$_3$ ⟶ CH$_3$COONa + H$_2$O + CO$_2$↑

489

解答 (ア) カルボキシ　(イ) ヒドロキシ　(ウ) アルデヒド
(エ) 還元性　(オ) 氷酢酸　(カ) 弱い　(キ) 強い

解説 分子中にカルボキシ基をもつ化合物をカルボン酸という。

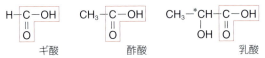

ギ酸は最も簡単なカルボン酸である。カルボキシ基とともにホルミル基ももち，還元性を示す。
酢酸は私たちの生活に最も身近な酸である。凝固点が約17℃で，純粋な酢酸は冬季に凍結する。このため，純粋な酢酸を氷酢酸ともいう。酢酸は弱酸で，水酸化ナトリウム水溶液と以下のように反応する。
　CH$_3$COOH + NaOH ⟶ CH$_3$COONa + H$_2$O
酢酸ナトリウムは弱酸の塩であり，強酸である塩酸と以下のように反応する。
　CH$_3$COONa + HCl ⟶ CH$_3$COOH + NaCl
しかし，酢酸よりも弱い酸である二酸化炭素の水溶液とは反応しない[❶]。
乳酸はカルボキシ基とともにヒドロキシ基ももち，ヒドロキシ酸とよばれる。乳酸には不斉炭素原子があり，鏡像異性体が存在する。

エクセル カルボン酸は，酸無水物やエステルなどをつくる重要な化合物である。炭素数が3までの1価のカルボン酸(ギ酸・酢酸・プロピオン酸)は構造と名称を頭に入れておこう。

❶酸の強さと反応性
酸の強さ
HCl > R—COOH > CO$_2$ > C$_6$H$_5$—OH
弱酸の塩 + 強酸
　⟶ 弱酸 + 強酸の塩

490 解答 (ア) マレイン酸 (イ) フマル酸 (ウ) 無水マレイン酸 (エ) 幾何 (オ) シス (カ) トランス

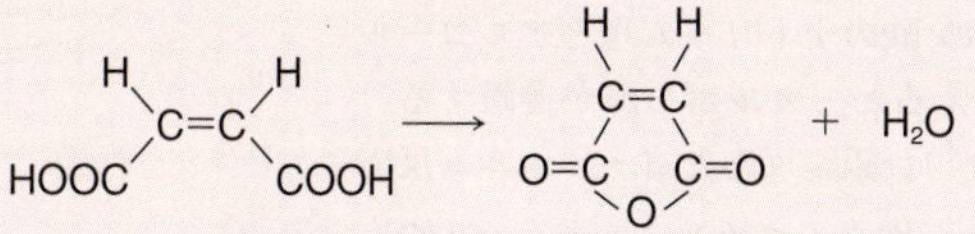

解説 マレイン酸やフタル酸は，カルボキシ基が分子内で隣接しており，加熱すると脱水して酸無水物❶になるが，フマル酸は脱水しない。酢酸などの1価のカルボン酸は，隣接する分子どうしで脱水して酸無水物になる。

エクセル マレイン酸とフマル酸

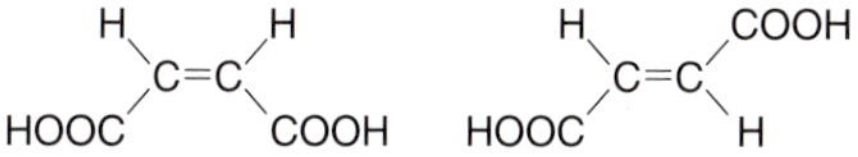

マレイン酸(シス形) / フマル酸(トランス形)

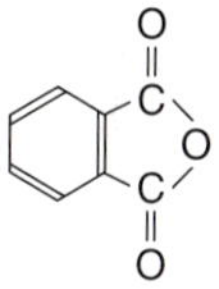

491 解答
(A) HCOOCH₃ (B) CH₃COOCH₃
(C) HCOOCH₂CH₃ (D) CH₃COOCH₂CH₃
(E) HCOO(CH₂)₂CH₃ (F) CH₃COO(CH₂)₂CH₃
(G) HCOOCH(CH₃)₂ (H) CH₃COOCH(CH₃)₂

解説 エステルの合成ではアルコールとカルボン酸を脱水縮合させる。示性式のかき方に注意。

エクセル エステル合成反応……触媒として濃硫酸を用いる。
R－COOH ＋ R′－OH ⟶ R－COO－R′ ＋ H₂O

492 解答
(1) 酢酸エチル
(2) 試験管の中の内容物が気化した場合，空気で冷やして再び液体に戻すため。
(3) CH₃－C－OH ＋ CH₃－CH₂－OH
        ‖
        O
    ⟶ CH₃－C－O－CH₂－CH₃ ＋ H₂O
          ‖
          O
(4) 濃硫酸には脱水作用があり，触媒として用いるため。
(5) 未反応の酢酸を水溶性の塩にして，生成物から取り除くため。

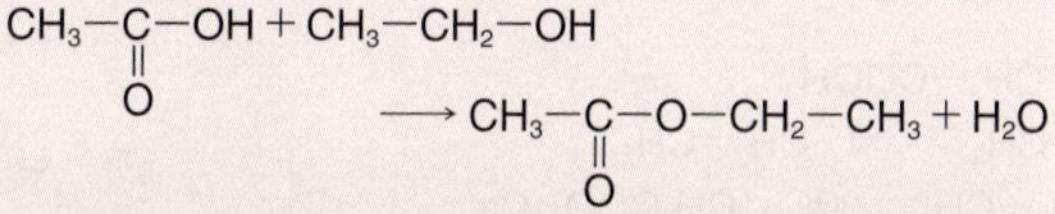

解説 カルボン酸とアルコールの縮合で生じた化合物をエステルという。反応後水を加えると，エステルは水より軽いので，上に浮く❶。

エクセル エステル合成実験のポイント
反応後の水層には未反応の酢酸，エタノール，硫酸を含む。エステルは水に溶けにくく，水より軽いので上層に浮く。エステルの層を取り出し，炭酸水素ナトリウム水溶液で混入した酸を除く。

---

❶酸無水物
・無水酢酸
酢酸2分子の縮合で生じる。

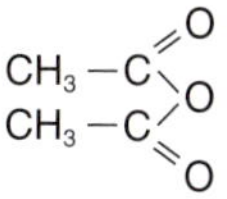

CH₃－C＝O
       \
        O
       /
CH₃－C＝O

・無水マレイン酸
マレイン酸の脱水で生じる。

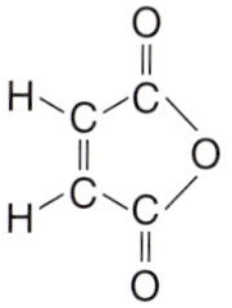

・無水フタル酸
フタル酸の脱水で生じる。

❶酢酸エチル
密度 0.91 g/cm³(15℃)
沸点 77℃

493 解答 (1)

解説 (1)～(6)はすべてエステル結合をもつので，NaOHによりけん化して生じる化合物はカルボン酸のナトリウム塩とアルコールである。（そこに希硫酸を加えると，カルボン酸が遊離する。）
また，生成した2種類の化合物が銀鏡反応とヨードホルム反応を示したことから，一方が還元性をもつホルミル基(―CHO)，またもう一方が CH₃―CH― や CH₃―C― の構造をもつことがわかる。生成したアルコールに還元性をもつものはないので，ホルミル基をもつギ酸❶のエステルである(1)か(2)のいずれかである。ヨードホルム反応を示すのは(1)から生じる2-プロパノールとなるので，(1)が正解となる。

❶ギ酸の構造

ホルミル基　カルボキシ基

エクセル CH₃―CH― や CH₃―C― の構造をもつ化合物はヨードホルム反応を示す。
　　　　　│OH　　　　‖O

494 解答
(1)―(イ)―(b)　(2)―(オ)―(d)　(3)―(エ)―(a)　(4)―(ア)―(c)
(5)―(ウ)―(e)

解説 官能基の名称，基本的な物質の名称はしっかり把握しておこう。

エクセル アセトンの合成
①2-プロパノールの酸化

CH₃―CH―CH₃ ―酸化→ CH₃―C―CH₃
　　│OH　　　　　　　　　　‖O

②酢酸カルシウムの乾留（空気を断って加熱すること）

(CH₃COO)₂Ca ―→ CH₃―C―CH₃ + CaCO₃
　　　　　　　　　　　‖O

495 解答
(ア) CH₃―CHO　　(イ) CH₃―COOH
(ウ) CH₃―COO―CH₂―CH₃　(エ) CH₂=CH₂
(オ) CH₃―CH₂―O―CH₂―CH₃　(カ) (CH₃COO)₂Ca
(キ) CH₃―CO―CH₃

解説 有機化学の分野では，反応経路図は化合物を整理するうえで重要である。繰り返し解いて覚えること。
(カ→キ) 酢酸カルシウムを熱分解するとアセトンが生じる。
(CH₃COO)₂Ca ―→ CaCO₃ + CH₃COCH₃

エクセル エタノールの脱水
130～140℃（2分子間で脱水）
2CH₃―CH₂―OH ―→ CH₃―CH₂―O―CH₂―CH₃ + H₂O
160～170℃（分子内で脱水）
CH₃―CH₂―OH ―→ CH₂=CH₂ + H₂O

496

解答 (ア) グリセリン (イ) エステル (ウ) 飽和 (エ) 脂肪 (オ) 不飽和 (カ) 脂肪油 (キ) 付加 (ク) 硬化油

解説 油脂の分子を構成する各脂肪酸の炭素数は 12～26 の偶数で，自然界には 16 と 18 のものが最も多い。

飽和脂肪酸をおもな構成成分とする油脂は，室温で固体のものが多く，不飽和脂肪酸をおもな構成成分とする油脂は，室温で液体のものが多い。室温で固体の油脂を脂肪といい，液体の油脂を脂肪油という。

また，脂肪油にニッケル触媒を用いて水素を付加させると，不飽和結合が失われ，固体の油脂になる。マーガリンの製造に利用されている。

エクセル 油脂の合成

$$\begin{array}{l} R^1COOH \\ R^2COOH \\ R^3COOH \end{array} + \begin{array}{l} CH_2-OH \\ CH-OH \\ CH_2-OH \end{array} \xrightarrow{\text{エステル化}} \begin{array}{l} R^1COO-CH_2 \\ R^2COO-CH \\ R^3COO-CH_2 \end{array} + 3H_2O$$

高級脂肪酸　　グリセリン　　　　　　　　油脂

実際には動植物から抽出したものを精製して用いることが多い。

497

解答 (ア) グリセリン (イ) けん化 (ウ) 疎水 (エ) 親水 (オ) 内 (カ) 外 (キ) ミセル (ク) 乳化作用 (ケ) 空気 (コ) 水 (サ) 表面張力

解説 油脂に水酸化ナトリウムを加えて加熱すると，以下のように反応し，脂肪酸のナトリウム塩が生成する。これをセッケンとよび，この反応をけん化という。

$$\begin{array}{l} CH_2-OCO-R \\ CH-OCO-R \\ CH_2-OCO-R \end{array} + 3NaOH \xrightarrow{\text{けん化}} \begin{array}{l} CH_2-OH \\ CH-OH \\ CH_2-OH \end{array} + 3R-COONa$$

油脂　　　　　　　　　　　　　　　脂肪酸のナトリウム塩（セッケン）

セッケンは，疎水性の炭化水素基と親水性のイオンの部分からなり，水に溶かすと，疎水性の部分を内側，親水性の部分を外側に向けて集合体（ミセル）をつくる。

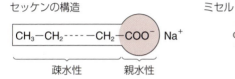

セッケンは，油脂に対しては以下のように取り囲み，水中に分散する。これをセッケンの乳化作用という。

● 表面張力
水は表面積をできるだけ小さくしようとする性質がある。このときにはたらく力を表面張力という。セッケンは水の表面張力を小さくするはたらきがある。

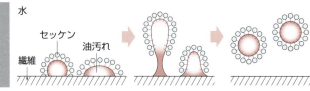

> [エクセル] セッケンの構造や合成法，性質は，用語を中心に反応式などもおさえておこう。

498

解答 (ア) 黒　(イ) ホルムアルデヒド　(ウ) Cu
(エ) HCHO　(オ) アンモニア　(カ) 銀鏡
((ウ)，(エ)は順不同)

解説 銅線を空気中で加熱すると，表面が黒色の酸化銅(Ⅱ)に変化する。これをメタノール蒸気に触れさせると，メタノールが酸化されてホルムアルデヒドが生じる。ホルムアルデヒドは刺激臭があり，銀鏡反応などで確認できる。

> [エクセル] メタノールの反応
> ① 酸化　$CH_3-OH \longrightarrow HCHO \longrightarrow HCOOH$
> ② カルボン酸とエステルをつくる。
> ③ 金属ナトリウムと反応して水素を発生する。
> ④ 完全燃焼して二酸化炭素と水になる。
> エタノールの酸化によりアセトアルデヒドを得る実験も頻出である。

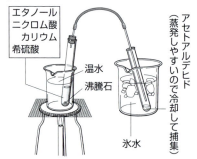

499

解答 (A) $CH_2=CH_2$　(B) 水素　(C) CH_3CH_2ONa
(D) CH_3CHO　(E) CH_3COOH　(F) 酸化銅(Ⅰ)
(G) $CH_3CH_2OCH_2CH_3$　(H) CH_2BrCH_2Br

解説 エタノールと金属ナトリウムが反応すると，次の反応式にしたがって反応が起こり，水素が発生する。

$2C_2H_5OH + 2Na \longrightarrow 2C_2H_5ONa + H_2$

この反応はアルコールの異性体であるエーテルでは起こらず，アルコールとエーテルの区別に用いられる。

> [エクセル] エタノールの製法
> ① エチレンへの水の付加
> ② 糖類のアルコール発酵　$C_6H_{12}O_6 \longrightarrow 2C_2H_5OH + 2CO_2$

500

解答

(1) (A) CH₃–CH₂–CH(OH)–CH₃

(B) CH₃–CH₂–CH₂–CH₂–OH

(C) CH₃–CH(CH₃)–CH₂–OH

(D) (CH₃)₃C–OH

(2) アルコールはヒドロキシ基をもち，分子間に水素結合が生じるから。

(3) B

解説

分子式 $C_4H_{10}O$ のアルコールは，以下の4種類がある。これらを脱水して，生成物を見てみる。

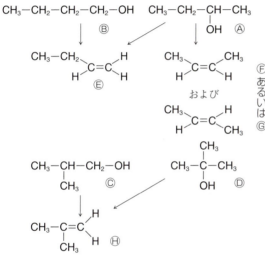

Aを脱水するとアルケンE～Gが得られることから，Aは2-ブタノールとわかる。(F，Gは幾何異性体である[❶]。)

Eが1-ブテンとわかったので，Bは1-ブタノールとなる。

最後にC，Dを決定する。Dは酸化されにくいアルコールとあるので，第三級アルコール 2-メチル-2-プロパノールである。したがって，残ったCは2-メチル-1-プロパノール，Hは2-メチルプロペンと決まる。

[❶] 幾何異性体どうしは融点が異なる。したがって異なる化合物として扱う。

エクセル 有機化合物の沸点

・一般に，①分子量が大きく，②–OH 基をもち水素結合しやすい化合物ほど沸点が高くなる。

・同じ分子式の場合，炭化水素基に枝分かれがないほうが，分子どうしが密になり沸点が高くなる。

	沸点
CH₃–CH₂–CH₂–CH₂–OH	117℃
CH₃–CH₂–CH(OH)–CH₃	99℃
(CH₃)₃C–OH	83℃

228 —— 6章 有機化合物

501

解答

(1) A　$CH_3-CH_2-CH_2-CH_2-CH_2-OH$

B　$CH_3-CH_2-CH_2-\overset{*}{C}H-CH_3$
　　　　　　　　　　　　　|
　　　　　　　　　　　　OH

C　$CH_3-CH_2-CH-CH_2-CH_3$
　　　　　　　　　|
　　　　　　　　OH

D　$CH_3-CH_2-\overset{*}{C}H-CH_2-OH$
　　　　　　　　|
　　　　　　　CH_3

　　　　　　　CH_3
　　　　　　　|
E　$CH_3-C-CH_2-CH_3$
　　　　　　|
　　　　　OH

F　$CH_3-CH-\overset{*}{C}H-CH_3$
　　　　|　　|
　　　CH_3　OH

(2) **0.15 L**

(3) 銀鏡反応，ホルミル基

(4)
　CH_3-CH_2　　CH_3
　　　　　＼C＝C／
　　　　　／　　＼
　　　　H　　　H

　CH_3-CH_2　　H
　　　　　＼C＝C／
　　　　　／　　＼
　　　　H　　　CH_3

　$CH_3-CH_2-CH_2$　　H
　　　　　　　＼C＝C／
　　　　　　　／　　＼
　　　　　　H　　　H

(5)
　　　　CH_3　　　　　　　　CH_3
　　　　|　　　　　　　　　|
$CH_2-\overset{*}{C}-CH_2-CH_3$　　$CH_3-C-\overset{*}{C}H-CH_3$
　|　　|　　　　　　　　|　　|
　Cl　OH　　　　　　　OH　Cl

解説

① A〜F：$C_5H_{12}O$，Na と反応して H_2 発生
　──→いずれもアルコールで，不飽和結合をもたない

② B，D，F：不斉炭素原子あり
　　A，C，E：不斉炭素原子なし

③ A，B，C：直鎖状構造
　──→ $CH_3-CH_2-CH_2-CH_2-CH_2$,　$CH_3-CH_2-CH_2-CH-CH_3$,
　　　　　　　　　　　　　　　　|　　　　　　　　　　　　　　|
　　　（第一級）　　　　　　OH　（第二級）　　　　　　OH

　　　$CH_3-CH_2-CH-CH_2-CH_3$
　　　　　　　　　|
　　　（第二級）　OH

　　D，E，F：分枝状構造

④ B，F：ヨードホルム反応陽性（ヨードホルム CHI_3 生成）
　──→ $-CH-CH_3$ の構造をもつ第二級アルコール
　　　　　|
　　　　OH

⑤ A，B，C，D，F：酸化された──→第一級アルコールまたは第二級アルコール

　　E：酸化されにくかった──→第三級アルコール

⑥ A，D：酸化生成物が銀鏡反応陽性（銀 Ag 析出）

24 酸素を含む脂肪族化合物——229

　　　　──→A，Dは1級アルコールで，酸化生成物はアルデヒド

A：③，⑤，⑥より　　$CH_3-CH_2-CH_2-CH_2-CH_2-OH$

　　これは②も満たす

B：③，④より　　$CH_3-CH_2-CH_2-{}^*CH-CH_3$
　　　　　　　　　　　　　　　　　　　　　$|$
　　　　　　　　　　　　　　　　　　　　　OH

　　これは②，⑤も満たす

C：③より残りがCであり，　$CH_3-CH_2-CH-CH_2-CH_3$
　　　　　　　　　　　　　　　　　　　　　　　　$|$
　　　　　　　　　　　　　　　　　　　　　　　　OH

　　これは②，④も満たす

D：②，③，⑤，⑥より　　$CH_3-CH_2-{}^*CH-CH_2-OH$
　　　　　　　　　　　　　　　　　　　　　　$|$
　　　　　　　　　　　　　　　　　　　　　　CH_3

E：③，⑤より　　　　　　CH_3
　　　　　　　　　　　　　　$|$
　　　　　　　$CH_3-C-CH_2-CH_3$
　　　　　　　　　　　　$|$
　　　　　　　　　　　　OH

　　これは②も満たす

F：③，④より　　$CH_3-CH-{}^*CH-CH_3$
　　　　　　　　　　　　　　$|$　　$|$
　　　　　　　　　　　　　　CH_3　OH

　　これは②，⑤も満たす

(2)　$2C_5H_{11}OH + 2Na \longrightarrow 2C_5H_{11}ONa + H_2$

　　A（分子量88）は　$\dfrac{10}{88} \fallingdotseq 0.11\,\mathrm{mol}$

　　Na（原子量23）は　$\dfrac{0.30}{23} \fallingdotseq 0.013\mathrm{mol}$

　　これより，反応は Na がすべて使われて停止する。
　　よって，発生する H_2 は標準状態で

　　$\dfrac{0.30}{23} \times \dfrac{1}{2} \times 22.4 = 0.146 \fallingdotseq 0.15\mathrm{L}$

(4)　$CH_3-CH_2-CH_2-CH-CH_3$ $\xrightarrow[\text{脱水}]{\text{濃 }H_2SO_4}$ $\boxed{CH_3-CH_2-CH=CH-CH_3}$
　　　　　　　　　　　　　　↑↑ 　　　　　　　　　（幾何異性体あり）
　　　　　　　　　　　　　　$\boxed{OH}$ 　　　　　　$CH_3-CH_2-CH_2-CH=CH_2$

　　このようにBの脱水反応が進み，得られる生成物には幾何
　　異性体（シス-トランス異性体）を含めて3種類の異性体が
　　存在する。

＊このとき，ザイツェフ則により，□□□□で囲まれた構造の化
　合物が多く生成されることが知られている。

(5)　E　　　CH_3　　　　　　↑の C 原子がもつ H 原子1つを Cl
　　　　　　　　$|$　　　　　　　原子に置換すると不斉炭素原子が生
　　　$CH_3-C-CH_2-CH_3$　　じる。
　　　　　↑　　$|$　　↑
　　　　　　　OH

エクセル Na との反応

　　アルコールは反応して H_2 が発生するが，エーテルは反
応しない。

230 —— 6章　有機化合物

ヨードホルム反応

$CH_3-\overset{\underset{\displaystyle O}{\|}}{C}-$ または $CH_3-\underset{\underset{\displaystyle OH}{|}}{CH}-$ の構造式をもつ化合物は

反応して，ヨードホルム CHI_3 が生じる。

銀鏡反応

アルデヒドは反応して，Ag が析出する。

502 解答

(1) $CH_3-CH_2-CH_2-CH_2-CHO$

$CH_3-\underset{\underset{\displaystyle CH_3}{|}}{CH}-CH_2-CHO$　　$CH_3-CH_2-\underset{\underset{\displaystyle CH_3}{|}}{CH}-CHO$

$CH_3-\overset{\overset{\displaystyle CH_3}{|}}{\underset{\underset{\displaystyle CH_3}{|}}{C}}-CHO$

(2) $CH_3-CH_2-CH_2-CO-CH_3$

$CH_3-\underset{\underset{\displaystyle CH_3}{|}}{CH}-CO-CH_3$

(3) $CH_3-CH_2-CH_2-CO-CH_3$

$CH_3-\underset{\underset{\displaystyle CH_3}{|}}{CH}-CO-CH_3$

解説

(1) ホルミル基—CHO をもつものをあげる。ホルミル基の中に炭素原子が1個含まれているので，炭化水素基として炭素原子4個の並べ方，およびホルミル基がつく位置を書き上げる。

(2) ヨードホルム反応を示す構造は

$CH_3-\overset{\underset{\displaystyle O}{\|}}{C}-$　　　$CH_3-\underset{\underset{\displaystyle OH}{|}}{CH}-$

である。分子式よりアルコールとはならないので，CH_3CO- の構造をもつものを考える。残りの炭素原子の数は3個であるため，構造異性体は2種類となる。

(3) 還元するとアルコールになる。アルデヒドを還元すると第一級アルコールになるので，不斉炭素原子は生じない[1]。したがって，ケトンを考える[2]。

エクセル 第一級アルコール $\xrightarrow{酸化}$ アルデヒド(銀鏡反応を示す)

第二級アルコール $\xrightarrow{酸化}$ ケトン(ヨードホルム反応を示すものもある)

第三級アルコールは酸化されにくい。

503 解答 122

解説 カルボン酸は弱酸であるので，塩基である水酸化ナトリウムと中和反応する。

1価のカルボン酸の分子量を M とすると，1価のカルボン酸のモル質量は M〔g/mol〕となる。

[1] $R-\overset{\underset{\displaystyle O}{\|}}{\underset{}{C}-H}$

$\xrightarrow[還元]{}$ 新たに生じる構造　$R-\boxed{CH_2-OH}$

アルデヒドを還元して第一級アルコールになっても，新たに生じる構造内に不斉炭素原子は存在しない。

[2] ケトンであっても，左右に同じ炭化水素基をもつケトンは，還元しても不斉炭素原子は生じない。

$CH_3-CH_2-\overset{\underset{\displaystyle O}{\|}}{C}-CH_2-CH_3$

$\xrightarrow[還元]{}$ $CH_3-CH_2-\underset{\underset{\displaystyle OH}{|}}{CH}-CH_2-CH_3$

▶化学反応式の係数比より，カルボン酸と水酸化ナトリウムは物質量比1:1で反応する。

$$0.100\,\text{mol/L} \times \frac{15.0}{1000}\,\text{L} = \frac{0.183\,\text{g}}{M\,[\text{g/mol}]} \qquad M = 122$$

エクセル １価のカルボン酸と水酸化ナトリウム水溶液との化学反応式
RCOOH ＋ NaOH ⟶ RCOONa ＋ H₂O

504 解答

(1) マレイン酸　　　　フマル酸

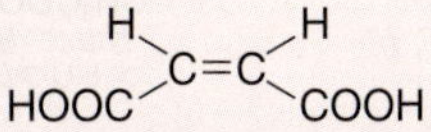

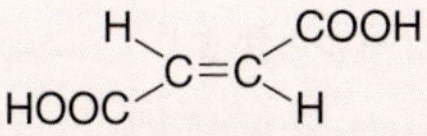

（構造式）

(2) マレイン酸もフマル酸もカルボキシ基を２つもち，どちらもカルボキシ基どうしで水素結合している。マレイン酸は分子内水素結合をしているが，フマル酸は分子間水素結合しているため，より分子間の結びつきが強い。

▶構造異性体ではあるが，同じように融点が異なる組み合わせとして，フタル酸とテレフタル酸がある。

フタル酸
（融点 234℃）

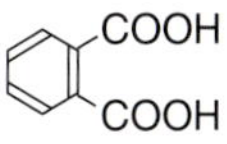

テレフタル酸
（300℃ で昇華）

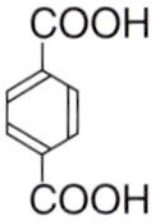

解説
分子性物質の融点は，分子量がほぼ同程度なら，分子間の結びつきの強さを表している。
マレイン酸，フマル酸は２つのカルボキシ基をもち，それらは以下のように水素結合を形成している。

マレイン酸　　　フマル酸

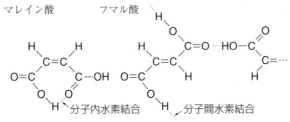

分子内水素結合　　分子間水素結合

エクセル 主要な酸無水物……カルボン酸を高温で加熱すると脱水し，酸無水物になるものがある。

①無水酢酸
　酢酸２分子の縮合で生じる。

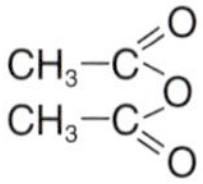

②無水マレイン酸
　マレイン酸の脱水で生じる。

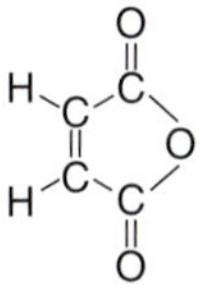

③無水フタル酸
　フタル酸の脱水で生じる

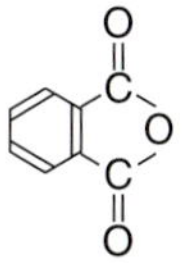

505 解答

(A) H-C-O-CH(CH₃)₂ の構造
(B) H-C-O-CH₂-CH₂-CH₃ の構造
(C) CH₃-CH₂-C-O-CH₃ の構造

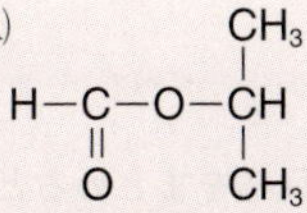

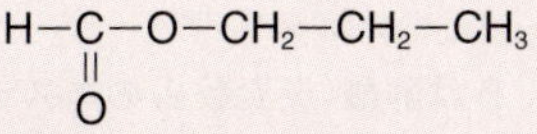

●エステルの構造決定
①エステルを加水分解してみる。生じるのはカルボン酸，アルコールである。
②カルボン酸，アルコールを文字でおく。
③各化合物について，検出反応，炭素数から，構造式を決定する。

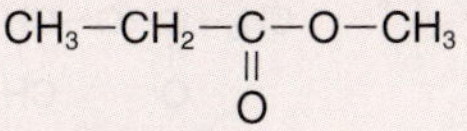

解説
A～C は水に溶けにくく，水酸化ナトリウムでけん化されることから，いずれもエステルである。問題文より，D，G はカルボン酸で，E，F，H はアルコールである。

232 —— 6章　有機化合物

　　　　エステル　　　カルボン酸　　　アルコール
　　　　　A　⟶　　　D　　+　　　E
　　　　　B　⟶　　　D　　+　　　F
　　　　　C　⟶　　　G　　+　　　H

Dは銀鏡反応を示したからギ酸である。ここで，A〜Cは炭素数4のエステルで，Dは炭素数1のギ酸であるから，アルコールE，Fは炭素数3のアルコールとわかる。Eはヨードホルム反応を示した[1]ので，2-プロパノールと決まり，ここからFが1-プロパノールとなる。

次にG，Hを決める。まず，アルコールHだが，上の説明よりプロパノールではない。Hが炭素数2のエタノールだとすると，ヨードホルム反応を示す[2]ため，問題文の条件と矛盾する。よって，Hは炭素数1のメタノールで，Gはプロピオン酸となる。以上から構造式をかく。

D　H−COOH　　　E　CH_3−CH(OH)−CH_3
F　CH_3−CH_2−CH_2−OH　　G　CH_3−CH_2−COOH
H　CH_3−OH

エクセル 分子式 $C_4H_8O_2$ のカルボン酸，エステルの構造異性体はかけるようになっておこう。
　　　カルボン酸
　　　CH_3−CH_2−CH_2−COOH　　　CH_3−CH−COOH
　　　　　　　　　　　　　　　　　　　　　　|
　　　　　　　　　　　　　　　　　　　　　CH_3
　　　エステル
　　　CH_3−CH_2−C−O−CH_3　　　CH_3−C−O−CH_2−CH_3
　　　　　　　　‖　　　　　　　　　　　　　‖
　　　　　　　　O　　　　　　　　　　　　　O
　　　H−C−O−CH_2−CH_2−CH_3　　　H−C−O−CH−CH_3
　　　　‖　　　　　　　　　　　　　　　　‖　　|
　　　　O　　　　　　　　　　　　　　　　O　CH_3

506 解答　(A)　CH_3−CH_2−C−H　　(B)　CH_3−C−O−CH−CH_2−CH_3
　　　　　　　　　　　　‖　　　　　　　　　　　　‖　　　|
　　　　　　　　　　　　O　　　　　　　　　　　　O　　CH_3

　　　(C)　CH_3−CH_2−C−O−CH_2−CH_2−CH_3
　　　　　　　　　　　　‖
　　　　　　　　　　　　O

解説　Aは分子式 C_3H_6O でフェーリング液を還元することから，アルデヒドであることがわかる。
　　　B，Cは分子式 $C_6H_{12}O_2$ である。Bは酢酸（炭素数2）のエステルである。したがって，アルコールDは炭素数4とわかる。（下式）

　　　　　B　　+　H_2O　⟶　CH_3COOH　　+　　D
　　$C_6H_{12}O_2$　　　　　　　　　　　　　　　　($C_4H_{10}O$)

　　Dは不斉炭素原子をもつことから，
　　CH_3−CH_2−CH(OH)−CH_3 の2-ブタノールとなる[1]。
　　一方，Cを加水分解すると，EとFが得られる。Eを酸化する

● **エステルの加水分解**
①酸を用いた場合
　　$CH_3COOCH_3 + H_2O$
　　　⟶ $CH_3COOH + CH_3OH$
②塩基を用いた場合は，けん化とよばれる。
　　$CH_3COOCH_3 + NaOH$
　　　⟶ $CH_3COONa + CH_3OH$
　　　　　　カルボン酸の
　　　　　　ナトリウム塩

[1] ヨードホルム反応
　CH_3−CH−　, 　CH_3−C−
　　　　|　　　　　　　　‖
　　　　OH　　　　　　　O
の構造をもつ。

[2] エタノールはヨードホルム反応を示す。
　CH_3−CH−H
　　　　|
　　　　OH

[1] 反応をまとめると
　CH_3−C−O−CH−CH_2−CH_3
　　　　‖　　　|
　　　　O　　CH_3　　　　(B)
　　　⟶ 加水分解
　　　CH_3−C−OH
　　　　　‖
　　　　　O
　+ CH_3−CH−CH_2−CH_3
　　　　　　|
　　　　　　OH　　　　　(D)

24 酸素を含む脂肪族化合物——233

とFになることから，Eが第一級アルコール，Fがカルボン
酸と判断される。

$$C + H_2O \longrightarrow E + F$$
$$C_6H_{12}O_2 \quad\quad アルコール\quad カルボン酸$$

酸化によって炭素数は変わらないことから，E，Fともに炭素
数3で同じといえる。したがって，Eが1-プロパノール
（$CH_3-CH_2-CH_2-OH$），Fがプロピオン酸
（CH_3-CH_2-COOH）となる[2]。

エクセル 分子式＝（組成式）$_n$

❷
$$CH_3-CH_2-\overset{\displaystyle O}{\underset{\displaystyle \|}{C}}-O-CH_2-CH_2-CH_3$$
(C)

加水分解
酸化
$$\rightarrow CH_3-CH_2-\overset{\displaystyle O}{\underset{\displaystyle \|}{C}}-OH \quad (F)$$
$$+$$
$$CH_3-CH_2-CH_2-OH \quad (E)$$

507 **解答**

A　マレイン酸　　B　2-プロパノール　　C　無水マレイン酸

解説 エステルを加水分解するとアルコールとカルボン酸が生じるた
め，化合物A，Bはアルコールかカルボン酸である。文章の最
後の記述より，Bを酸化するとケトンであるアセトンを生じる
ことから，アセトンを還元したものがBとなり，2-プロパノー
ルとわかる。また，2-プロパノールは
$$\overset{\displaystyle CH_3-CH-}{\underset{\displaystyle OH}{|}}$$
の構造をも
つため，ヨードホルム反応を示す。

$C_{10}H_{16}O_4$で表されるエステル1molからアルコールであるB
（C_3H_8O）が2mol得られることから，Aは2価のカルボン酸と
考えられる。エステル結合が2か所あるので，加水分解したと
き次のような関係が成り立つ。

$$C_{10}H_{16}O_4 + 2H_2O \longrightarrow A + 2C_3H_8O$$

Aの分子式は$C_4H_4O_4$

$C_4H_4O_4$で表され，カルボキシ基を2つもち，幾何異性体が存
在するのはマレイン酸[1]であるので，Aはマレイン酸となる。
また，マレイン酸を加熱すると脱水されて無水マレイン酸
$C_4H_4O_3$を生じる。

エクセル エステルの加水分解

$$R-\overset{\displaystyle O}{\underset{\displaystyle \|}{C}}-O-R' + H_2O \longrightarrow RCOOH + R'OH$$

エステル　　　　　　　　カルボン酸　アルコール

❶マレイン酸
とフマル酸 $C_4H_4O_4$

$$\overset{\displaystyle HOOC}{\underset{\displaystyle H}{}}C=C\overset{\displaystyle COOH}{\underset{\displaystyle H}{}}$$

マレイン酸（シス形）
酸無水物をつくる。

$$\overset{\displaystyle HOOC}{\underset{\displaystyle H}{}}C=C\overset{\displaystyle H}{\underset{\displaystyle COOH}{}}$$

フマル酸（トランス形）
酸無水物をつくらない。

508 **解答** (1) **4種類**　　(2) **3種類**

解説 (1) 構成脂肪酸はリノール酸とリノレン酸であり，その数の組
み合わせとして

リノール酸：リノレン酸＝（1：2）または（2：1）

の2通りが考えられる。
リノール酸：リノレン酸＝（1：2）の油脂には，立体異性体
を考慮しないで以下の2種類が考えられる[1]。

$$\begin{array}{l} CH_2-OCO-C_{17}H_{29} \\ | \\ CH-OCO-C_{17}H_{31} \\ | \\ CH_2-OCO-C_{17}H_{29} \end{array} \quad , \quad \begin{array}{l} CH_2-OCO-C_{17}H_{29} \\ | \\ CH-OCO-C_{17}H_{29} \\ | \\ CH_2-OCO-C_{17}H_{31} \end{array}$$

❶例えば，左の構造をもつ油
脂には不斉炭素原子はない
が，右の構造をもつ油脂に
は不斉炭素原子がある。こ
のため，鏡像異性体が存在
する。

234 —— 6章　有機化合物

したがって，$2 \times 2 = 4$ 種類存在する。

(2)
$$
\begin{array}{l}
\mathrm{CH_2-OCO-R^1} \\
\quad | \\
\mathrm{CH-OCO-R^2} \quad \text{の R}^1 \sim \mathrm{R}^3 \text{に，} \mathrm{C_{17}H_{35}-}, \mathrm{C_{17}H_{33}-}, \mathrm{C_{17}H_{31}-} \\
\quad | \\
\mathrm{CH_2-OCO-R^3}
\end{array}
$$

を並べればよい。その組み合わせは，立体異性体を考慮しないいで，

$(\mathrm{R^1}, \mathrm{R^2}, \mathrm{R^3}) = (\mathrm{C_{17}H_{35}-}, \mathrm{C_{17}H_{33}-}, \mathrm{C_{17}H_{31}-})$
$\qquad\qquad\quad (\mathrm{C_{17}H_{35}-}, \mathrm{C_{17}H_{31}-}, \mathrm{C_{17}H_{33}-})$
$\qquad\qquad\quad (\mathrm{C_{17}H_{33}-}, \mathrm{C_{17}H_{35}-}, \mathrm{C_{17}H_{31}-})$

の3種類のみである。

エクセル 油脂には，脂肪酸の炭化水素基が3つ結合していて，その位置によって構造異性体や立体異性体が生じる。

509

解答 (1) **19 g**　　(2) **4個**

解説
(1) リノレン酸 $\mathrm{C_{17}H_{29}-COOH}$（分子量278）のみからなる油脂の分子量は，グリセリンの分子量が92であることから

$92 + 278 \times 3 - 18 \times 3 = 872$

油脂 1 mol のけん化には KOH（式量56）が 3 mol 必要であるから

$$\frac{100}{872} \times 3 \times 56 = 19.2 \fallingdotseq 19 \, \mathrm{g}$$

(2) 脂肪酸 X 中に含まれる二重結合の数を x 個とする。油脂 1 mol は脂肪酸 $\times$ 3 mol から構成される。$\mathrm{I_2}$ の分子量 254 より

$$\frac{100}{950} \times 3 \times x = \frac{320}{254}$$

$$x = 3.98 \fallingdotseq 4 \, \text{個}$$

エクセル けん化価は油脂の分子量，ヨウ素価は油脂に含まれる二重結合の数の目安になる。油脂には3つのエステル結合が含まれるため，けん化には油脂 1 mol に対して 3 mol の強塩基が必要である。

510

解答 (1) $\mathrm{C_{15}H_{31}-COOH}$　　(2) $\mathrm{C_{18}H_{32}O_2}$　　(3) **119**
(4) **2個**　　(5) $\mathrm{C_{55}H_{98}O_6}$　　(6)
$$
\begin{array}{l}
\mathrm{CH_2-OCO-C_{15}H_{31}} \\
\quad | \\
{}^{*}\mathrm{CH-OCO-C_{17}H_{35}} \\
\quad | \\
\mathrm{CH_2-OCO-C_{17}H_{35}}
\end{array}
$$

解説
(1) C は④より飽和脂肪酸であるから，$\mathrm{C_nH_{2n+1}-COOH}$ と表される。この分子量は

$12 \times n + 1.0 \times (2n + 1) + 12 + 16 \times 2 + 1.0 = 14n + 46$

と表され，⑤より 256 となる。

$14n + 46 = 256 \qquad n = 15$

よって，$\mathrm{C_{15}H_{31}-COOH}$

(2) D は⑥の元素分析より求める。

● 油脂の評価
①けん化価
　油脂 1 g をけん化するのに必要な KOH の質量〔mg〕
②ヨウ素価
　油脂 100 g に付加することのできるヨウ素 $\mathrm{I_2}$ の質量〔g〕不飽和脂肪酸の割合の多いほど，ヨウ素価も大きい。最近は，ヨウ素のかわりに，付加する水素の体積で求める問題が多い。

24 酸素を含む脂肪族化合物—— 235

C　$39.6 \times \dfrac{12}{44} = 10.8\,g$

H　$14.4 \times \dfrac{2.0}{18} = 1.6\,g$

O　$14.0 - (10.8 + 1.6) = 1.6\,g$

$$C : H : O = \dfrac{10.8}{12} : \dfrac{1.6}{1.0} : \dfrac{1.6}{16}$$
$$= 0.90 : 1.6 : 0.10$$
$$= 9 : 16 : 1$$

これより，Dの組成式は $C_9H_{16}O$ となり，脂肪酸には O 原子が 2 個含まれるから，Dの分子式は $C_{18}H_{32}O_2$ となる。

(3) A 100 g に付加する I_2 の物質量は，②の H_2 の物質量に等しい。

$$\dfrac{10.5}{22.4} \times (127 \times 2) = 119.0 \fallingdotseq 119$$

(4) (2)よりDは $C_{17}H_{31}-COOH$ で表されるリノール酸である。炭化水素基に二重結合が含まれていなければ $C_{17}H_{35}-COOH$ （ステアリン酸）であり，二重結合が 2 個あったことになる。

(5) ④より，Aは飽和脂肪酸C 1 分子と不飽和脂肪酸D 2 分子からなる。

$$\underset{\text{グリセリン}}{C_3H_8O_3} + \underset{\text{C((1)より)}}{C_{16}H_{32}O_2} + 2 \times \underset{\text{D((2)より)}}{C_{18}H_{32}O_2} - 3 \times H_2O = C_{55}H_{98}O_6$$

(6) Aは不斉炭素原子を 1 個もち，④より構造は次のようになる。

```
      CH2-OCO-C15H31
   *  |
      CH-OCO-C17H31  ←(4)より二重結合を
      |                 2 個ずつもつ
      CH2-OCO-C17H31
```

よって，Bの構造は次のようになる。

```
      CH2-OCO-C15H31
   *  |
      CH-OCO-C17H35
      |
      CH2-OCO-C17H35
```

エクセル 油脂の構造決定では，元素分析，けん化価，ヨウ素価，不斉炭素原子の有無などが利用される。

511 解答 (3)

解説

A　セッケンの水溶液は弱塩基性，合成洗剤の水溶液は中性である。

B　カルシウムやマグネシウムとセッケンとの塩は水に難溶❶であるが，合成洗剤との塩は水によく溶ける。

C　セッケンはけん化により合成され，合成洗剤は高級一価アルコールの硫酸エステルのナトリウム塩である。

$$R-OH + HO-SO_3H \longrightarrow R-O-SO_3H + H_2O$$
$$R-O-SO_3H + NaOH \longrightarrow R-O-SO_3Na + H_2O$$

❶このため，Ca^{2+} や Mg^{2+} を多く含む水（硬水）の中でセッケンを使用すると，泡立ちが悪くなる。

D セッケンも合成洗剤も親水基を外側に向けてミセル❷を形成する。
E セッケンも合成洗剤も脂肪油に加えると乳化する。

エクセル セッケンと合成洗剤の違いを覚えよう。

❷セッケンのミセル

512 解答
(1) (ア) 弱 (イ) 強 (ウ) 加水分解 (エ) 疎水 (オ) ミセル
(カ) 乳化 (キ) ナトリウムイオン (ク) 強 (ケ) 強
(コ) 中
(2) A $C_3H_5-(OCOR)_3$ B $R-COONa$
C $C_3H_5-(OH)_3$ あ 3
(3) $R-COONa + H_2O \rightleftarrows R-COOH + NaOH$
(4) 硬水
(5) D $C_{12}H_{25}-OSO_3Na$ E $C_{12}H_{25}-\langle\!\!\!\bigcirc\!\!\!\rangle-SO_3Na$

解説 (1) 油脂に水酸化ナトリウムを加えて得られた，高級脂肪酸のナトリウム塩がセッケンであるから，セッケンは弱酸と強塩基からなる塩である。セッケンの水溶液は次のように加水分解し，弱塩基性を示す。
$R-COONa + H_2O \rightleftarrows R-COOH + NaOH$
セッケンは疎水基を内側，親水基を外側に向けて球状の集合体(ミセル)をつくる。油脂が加えられると，油脂がセッケンのミセルに包まれ，水中へ分散する。セッケンのこの作用を乳化作用という。
一方，合成洗剤は強酸と強塩基からなる塩で，その水溶液は中性を示す。
(2) 油脂 1 mol をけん化するのに，NaOH は 3 mol 必要である。その結果，セッケン 3 mol が得られる。
(4) セッケンは硬水中では，水に不溶の塩をつくり，洗浄作用が低下する。
$2R-COONa + Ca^{2+} \longrightarrow (R-COO)_2Ca + 2Na^+$
しかし，合成洗剤は硬水中で使用しても，水に不溶の塩をつくらないため，洗浄作用は低下しない。
(5) それぞれの合成洗剤の合成は次のとおりである。

$C_{12}H_{25}-OH$ $\xrightarrow[\text{エステル化}]{H_2SO_4}$ $C_{12}H_{25}-OSO_3H$
1-ドデカノール　　　　　　　硫酸水素ドデシル
$\xrightarrow[\text{中和}]{NaOH}$ $C_{12}H_{25}-OSO_3Na$
　　　　　　　硫酸ドデシルナトリウム

$C_{12}H_{25}-\langle\!\!\!\bigcirc\!\!\!\rangle$ $\xrightarrow[\text{スルホン化}]{H_2SO_4}$ $C_{12}H_{25}-\langle\!\!\!\bigcirc\!\!\!\rangle-SO_3H$
ドデシルベンゼン　　　　ドデシルベンゼンスルホン酸
$\xrightarrow[\text{中和}]{NaOH}$ $C_{12}H_{25}-\langle\!\!\!\bigcirc\!\!\!\rangle-SO_3Na$
　　　　　　　ドデシルベンゼン
　　　　　　　スルホン酸ナトリウム

24 酸素を含む脂肪族化合物——237

エクセル セッケンと合成洗剤の性質および反応性の違いを頭に入れておこう。また，代表的な合成洗剤の合成経路を理解しておこう。

513 解答

(1) $C_5H_{10}O$　　(2) 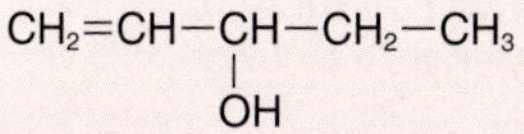 $CH_2=CH-CH-CH_2-CH_3$ 下に OH

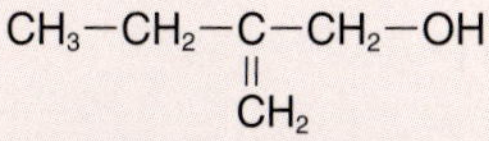

(3) $CH_3-CH-CH-CH-CH_3$ 下に Br Br OH

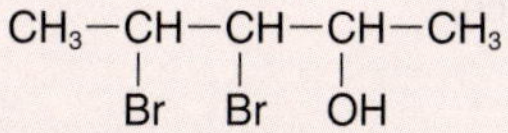

(4) 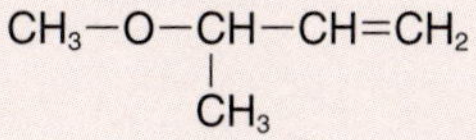 $CH_3-O-CH-CH=CH_2$ 下に CH_3

(5) D　$CH_3-CH_2-C-CH_2-OH$ 下に CH_2（二重結合）

　　E　$CH_3-CH_2-CH-C-H$ 下に CH_3 O

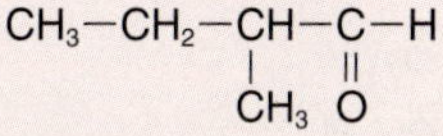

(6) $3E + Cr_2O_7{}^{2-} + 8H^+ \longrightarrow 3L + 2Cr^{3+} + 4H_2O$

(7) 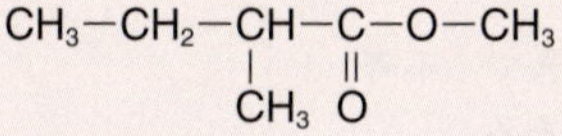 $CH_3-CH_2-CH-C-O-CH_3$ 下に CH_3 O　　(8) $Ca(OH)_2$

(9) 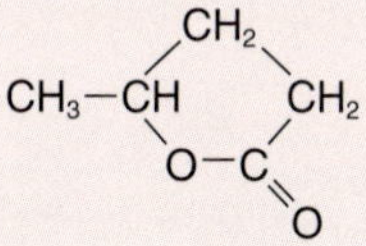 （環状構造）　　(10) 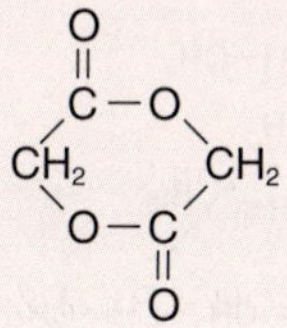 （環状構造）

解説

(1) 実験1より，Aについて

　C　$220 \times \dfrac{12}{44} = 60.0\,\text{mg}$

　H　$90.0 \times \dfrac{2.0}{18} = 10.0\,\text{mg}$

　O　$86.0 - (60.0 + 10.0) = 16.0\,\text{mg}$

　$C:H:O = \dfrac{60.0}{12} : \dfrac{10.0}{1.0} : \dfrac{16.0}{16} = 5 : 10 : 1$

これよりAの組成式は $C_5H_{10}O$（式量86）となる。

分子量が100以下より，Aの分子式は $C_5H_{10}O$ となる。

(2) 実験2より，Aについて以下のようにまとめられる。

$$\underset{\substack{\text{（不斉炭素原子1つ）}}}{A} \xrightarrow[\text{付加}]{H_2} \underset{\substack{\text{（不斉炭素原子なし）}}}{\text{飽和化合物}}$$

$\Downarrow$

(1)で求まった分子式 $C_5H_{10}O$ より，Aは $C=C$ を1つもつ鎖状アルコールまたはエーテルである。

これより，可能性がある構造は次のアルコール5種類，エーテル1種類である。

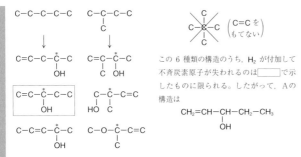

C−C−C−C−C
C−C−C−C
C
C=C−C−C−C
OH
C=C−C−C
C OH
C=C−C−C−C
OH
C−C−C=C
HO C
C−C=C−C−C
OH
C−O−C−C=C
C

C=C を
もてない

この６種類の構造のうち，H_2 が付加して不斉炭素原子が失われるのは□で示したものに限られる。したがって，Aの構造は

CH₂=CH−CH−CH₂−CH₃
OH

(3)　実験３より，Bについて以下のようにまとめられる。

B
（不斉炭素原子１つ）
H₂
付加
H
（不斉炭素原子１つ）
Br₂
付加
I
（不斉炭素原子３つ）

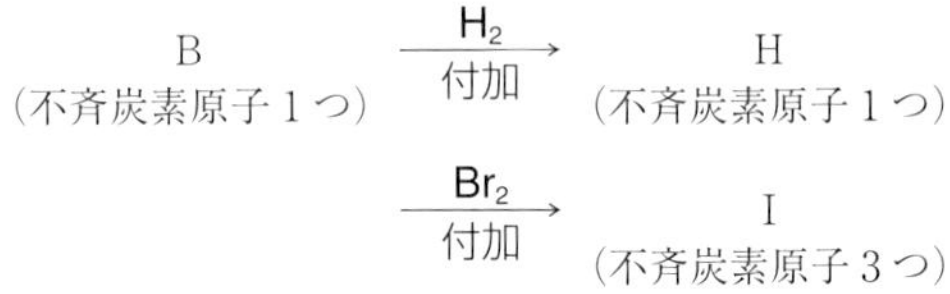

Bについては，これまでにわかっている条件はAと全く同じである。よって，Bは(2)の６種類のうち，A以外の５種類のうちのいずれかである。

そこで，H_2 を付加したときと Br_2 を付加したときで，不斉炭素原子の数が合致するのは，以下の構造のみである。

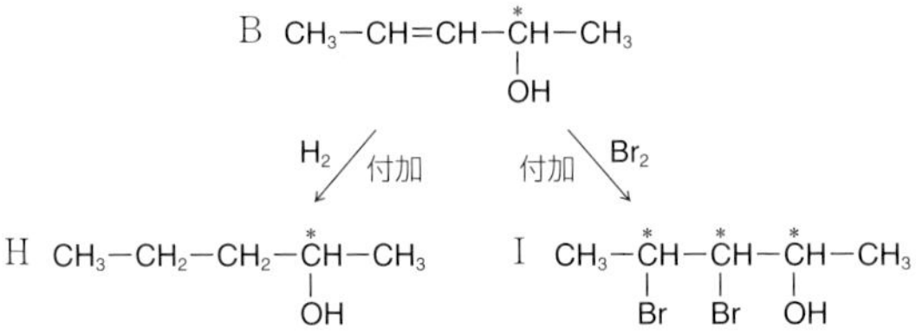

B CH₃−CH=CH−CH−CH₃
OH
H₂ 付加
付加 Br₂
H CH₃−CH₂−CH₂−CH−CH₃
OH
I CH₃−CH−CH−CH−CH₃
Br Br OH

(4)　実験４より，Cについて以下のようにまとめられる。

C
（不斉炭素原子１つ）
H₂
付加
J
（不斉炭素原子１つ）
Na
反応せず

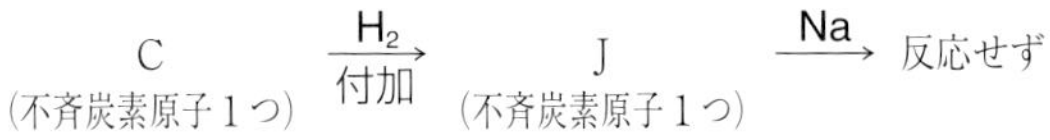

Cについては，これまでにわかっている条件はAと全く同じである。Jが Na と反応しないことから，CやJはエーテルと決まる。(2)の６種類のうち，エーテルは１つしかない。

C CH₃−O−CH−CH=CH₂
CH₃
H₂
付加
J CH₃−O−CH−CH₂−CH₃
CH₃

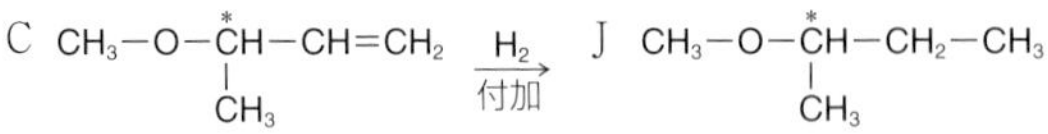

24 酸素を含む脂肪族化合物——239

(5) 実験5より，Dについて以下のようにまとめられる。

$$
\begin{array}{c}
\underset{\substack{\text{アルコール}}}{\underset{\substack{(\text{不斉炭素原子なし})}}{\text{D}}}
\xrightarrow[\text{付加}]{\text{Br}_2}
\underset{\substack{(\text{不斉炭素原子}1\text{つ})}}{\text{飽和化合物}}
\end{array}
$$

$$
\xrightarrow[\text{付加}]{\text{H}_2}
\underset{\substack{\text{第一級アルコール}\\(\text{不斉炭素原子}1\text{つ})}}{\text{K}}
\xrightarrow[\substack{\text{酸化}\\\text{分子量}14.0\text{㊞}}]{\text{K}_2\text{Cr}_2\text{O}_7}
\underset{\substack{\text{カルボン酸}\\(\text{不斉炭素原子}1\text{つ})}}{\text{L}}
\xleftarrow[\text{酸化}]{\text{K}_2\text{Cr}_2\text{O}_7}
\underset{\substack{(\text{不斉炭素原子}1\text{つ})}}{\text{E}}
$$

$$
\underset{\substack{\text{濃 H}_2\text{SO}_4}}{\overset{\text{CH}_3-\text{OH}}{\Big\downarrow}}\text{エステル化}
$$

$$
\underset{\text{エステル}}{\text{M}}
$$

K を $\text{K}_2\text{Cr}_2\text{O}_7$ により酸化して得られる L は，分子量の変化によりカルボン酸と決まる。

$$
\underset{\substack{\text{K}}}{\overset{\substack{\text{R}^*-\text{CH}_2\\|\\\text{OH}}}{}}
\xrightarrow[\text{酸化}]{\text{K}_2\text{Cr}_2\text{O}_7}
\underset{\substack{\text{E}}}{\overset{\substack{\text{R}^*-\text{C}-\text{H}\\\|\\\text{O}}}{}}
\xrightarrow[\text{酸化}]{\text{K}_2\text{Cr}_2\text{O}_7}
\underset{\substack{\text{L}}}{\overset{\substack{\text{R}^*-\text{C}-\text{OH}\\\|\\\text{O}}}{}}
$$

分子量14.0㊞

よって，K は第一級アルコール，E はアルデヒドと決まる。
E に不斉炭素原子が1つ含まれることから，K と L にも同じく含まれる。
以上の条件より，まず K が1つに決まる。

$$
\text{K}\quad\text{CH}_3-\text{CH}_2-\overset{*}{\underset{\underset{\text{CH}_3}{|}}{\text{CH}}}-\text{CH}_2-\text{OH}
$$

$$
\text{K}_2\text{Cr}_2\text{O}_7\Big\downarrow\text{酸化}
$$

$$
\text{L}\quad\text{CH}_3-\text{CH}_2-\overset{*}{\underset{\underset{\text{CH}_3}{|}}{\text{CH}}}-\underset{\text{O}}{\overset{\|}{\text{C}}}-\text{OH}
\xleftarrow[\text{酸化}]{\text{K}_2\text{Cr}_2\text{O}_7}
\text{E}\quad\text{CH}_3-\text{CH}_2-\overset{*}{\underset{\underset{\text{CH}_3}{|}}{\text{CH}}}-\underset{\text{O}}{\overset{\|}{\text{C}}}-\text{H}
$$

これより，D の可能性は以下の3種類に限られ，条件を満たすのは で囲んだものに決まる。

$$
\text{CH}_2=\text{CH}-\overset{*}{\underset{\underset{\text{CH}_3}{|}}{\text{CH}}}-\text{CH}_2-\text{OH}\qquad
\text{CH}_3-\text{CH}=\overset{}{\underset{\underset{\text{CH}_3}{|}}{\text{C}}}-\text{CH}_2-\text{OH}
$$

$$
\boxed{\;\text{CH}_3-\text{CH}_2-\overset{}{\underset{\underset{\text{CH}_2}{\|}}{\text{C}}}-\text{CH}_2-\text{OH}\;}
$$

D

(6) E を $\text{R}-\underset{\text{O}}{\overset{\|}{\text{C}}}-\text{H}$，L を $\text{R}-\underset{\text{O}}{\overset{\|}{\text{C}}}-\text{OH}$ と表すと，酸化剤と還元剤の反応は以下のようになる。

$$
\begin{cases}
\text{酸化剤} & \text{Cr}_2\text{O}_7{}^{2-}+14\text{H}^++6\text{e}^-\longrightarrow 2\text{Cr}^{3+}+7\text{H}_2\text{O} \quad\text{①}\\[2mm]
\text{還元剤} & \underset{E}{\underbrace{\text{R}-\underset{\text{O}}{\overset{\|}{\text{C}}}-\text{H}}}+\text{H}_2\text{O}\rightarrow\underset{L}{\underbrace{\text{R}-\underset{\text{O}}{\overset{\|}{\text{C}}}-\text{OH}}}+2\text{H}^++2\text{e}^- \quad\text{②}
\end{cases}
$$

①＋②×3 より

$$
3\text{E}+\text{Cr}_2\text{O}_7{}^{2-}+8\text{H}^+\longrightarrow 3\text{L}+2\text{Cr}^{3+}+4\text{H}_2\text{O}
$$

240 —— 6章　有機化合物

(7) (5)でカルボン酸Lの構造が決まったので，エステルMが生成する反応は以下のようになる。

$$CH_3-CH_2-\underset{\underset{CH_3}{|}}{CH}-\underset{\underset{O}{\|}}{C}-OH \xrightarrow[\text{エステル化}]{\overset{CH_3-OH}{\text{濃 }H_2SO_4}} CH_3-CH_2-\underset{\underset{CH_3}{|}}{CH}-\underset{\underset{O}{\|}}{C}-O-CH_3$$
L　　　　　　　　　　　　　　　　　　M

(8)〜(10)　実験6よりFとGの分子式について次のことがわかる。(7)よりMの分子式は$C_6H_{12}O_2$で，分子量は116である。FとGは分子量が同じく116で，炭素原子数が4以上であるから，可能性は4通りある。

$C_4H_4O_4$

$C_5H_8O_3$

$(C_6H_{12}O_2 \leftarrow M)$

$C_7H_{16}O$

C_8H_4O　　＊炭素原子数が9以上になると，酸素が含まれなくなる。

実験7より，FとGについて以下のようにまとめられる。

F
（不斉炭素原子なし）
二重結合1つ
カルボン酸
ヨードホルム反応
$C_5H_8O_3$

$\xrightarrow[\substack{\text{付加} \\ \text{分子量2.0増}}]{H_2 \text{ 1分子}}$

N
（不斉炭素原子1つ）
カルボン酸
ヨードホルム反応

$\downarrow$ 濃 H_2SO_4　分子内脱水

O

G
0.10 mol
エステル
$C_4H_4O_4$

$\xrightarrow[\text{加水分解}]{\text{希 }H_2SO_4}$

P
0.20 mol

Gは実験8よりエステルであり，物質量の関係からエステル結合を2か所もつジエステルと考えられる。したがって，Gの分子式は$C_4H_4O_4$と決まる。

一方，Fはヨードホルム反応を示すカルボン酸であり，酸素原子数が3以上である。したがって，Fの分子式は$C_5H_8O_3$と決まる。

Nを分子内脱水するとOが得られることから，Nは分子内に－OHと－COOHを合わせもつ。これまでの条件と合わせると，Nの構造は1つに決まる。

$$CH_3-\underset{\underset{O(H}{|}}{\overset{*}{C}H}-CH_2-CH_2-\underset{\underset{O}{\|}}{C}-OH$$
N

$\xrightarrow[\text{分子内脱水}]{\text{濃 }H_2SO_4}$

O

＊題意より，環状構造をもつ場合は，5個以上の原子からなる環と指定されており，これもNとOの構造を決める材料である[1]。

また，Gは分子式$C_4H_4O_4$のジエステルであることから，GとPの構造が1つに決まる。

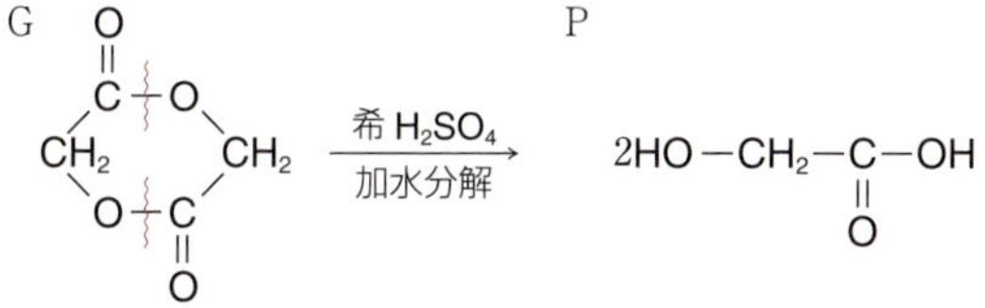

G　　　　　　　　　P

(Gの構造) →(希H_2SO_4 加水分解)→ $2HO-CH_2-C(=O)-OH$

最後に，FとNはいずれもカルボン酸であり，$NaHCO_3$水溶液を加えるとCO_2が発生する。したがって，白色沈殿が生じるためのアは石灰水である。

エクセル 構造決定の発展問題では，炭素原子の数の変化や不斉炭素原子の数，分子量の変化などが決め手となることが多い。

❶環状のエステルをラクトンという。

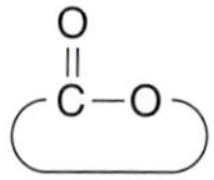

また，環状のアミドをラクタムという。

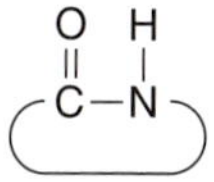

25 芳香族化合物（p.324）

514
解答 (6)

解説
(1) ベンゼンは水にほとんど溶けず，無色の液体である（融点6℃）。密度が$0.88 g/cm^3$で，水より軽く，水に浮く。
(2) ベンゼンは揮発性があり，引火しやすい。
(3) ベンゼンは分子中の炭素の割合が大きいので，多量のすすを出して燃える。
(4) ベンゼン分子を構成する炭素原子と水素原子は，すべて同一平面上に存在する。
(5) ベンゼン分子中の炭素原子間の結合距離は0.140nmで，すべて同じである。それゆえ，炭素原子は正六角形を形づくっている。
(6) エタン分子の炭素原子間の結合距離は0.154nm，エチレン分子は0.134nm，アセチレン分子は0.120nmである。単結合から三重結合に向かって短くなっていく。ベンゼン分子はエタン分子とエチレン分子の間の距離となっている。

エクセル ベンゼン環は特殊な構造をしており，ベンゼンはきわめて安定な化合物である。構造や反応の特徴がよく出題される。

●炭素原子間の距離
単結合＞二重結合＞三重結合

515
解答
(ア) 付加　(イ) 置換　(ウ) ブロモベンゼン
(エ) ベンゼンスルホン酸　(A) C_6H_5Br　(B) HBr
(C) $C_6H_5SO_3H$　(D) H_2O
((A)と(B)，(C)と(D)は順不同)

242 —— 6章 有機化合物

エクセル ベンゼンの置換反応

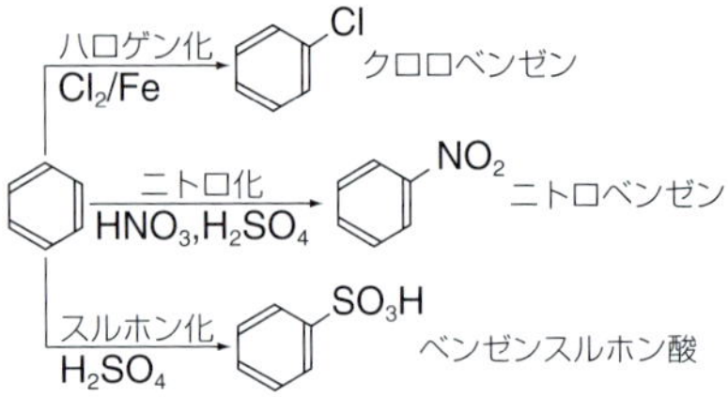

ハロゲン化
Cl_2/Fe → クロロベンゼン (Cl)

ニトロ化
HNO_3, H_2SO_4 → ニトロベンゼン (NO_2)

スルホン化
H_2SO_4 → ベンゼンスルホン酸 (SO_3H)

▶アルケン・アルキン
　→付加反応

▶芳香族化合物
　→置換反応

---

516 解答

(2) (1, 2, 3, 4, 5, 6-)ヘキサクロロシクロヘキサン

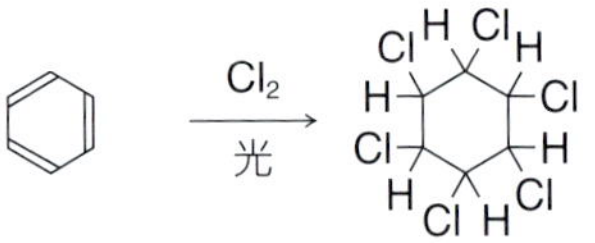

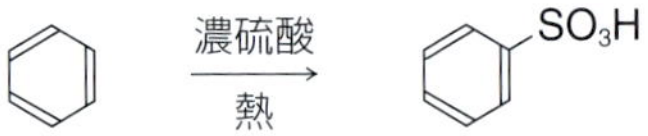

解説 (1), (3), (4)は置換反応，(2)は付加反応が起こる。

(1) 濃硝酸／濃硫酸 → ニトロベンゼン (NO_2)

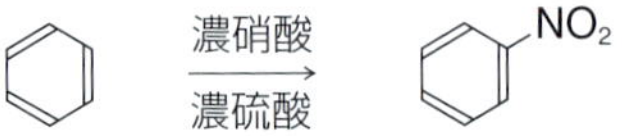

(2) Cl_2／光 → (ヘキサクロロシクロヘキサン構造)

▶鉄粉の存在下で塩素を反応させると，置換反応が起こる。

(3) 濃硫酸／熱 → ベンゼンスルホン酸 (SO_3H)

(4) (OH) Br_2 → 2,4,6-トリブロモフェノール (Br置換フェノール)

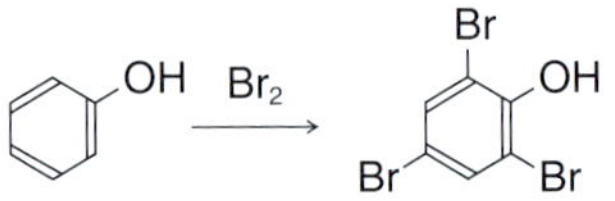

エクセル ベンゼン環は置換反応が起こりやすいが，条件により付加反応が起こる。

---

517 解答

(1) (ア) ヒドロキシ　　(イ) 酸
　　(ウ) ナトリウムフェノキシド　　(エ) 塩化鉄(Ⅲ)

(2) (O_2N, NO_2, NO_2置換のOHベンゼン) ピクリン酸
　　(2, 4, 6-トリニトロフェノール)

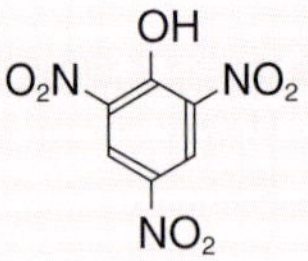

●フェノール類の検出
・塩化鉄(Ⅲ)水溶液で青紫～赤紫色に呈色。
・水酸化ナトリウム水溶液と塩をつくって溶ける。

解説 (1) フェノールは，水溶液中では弱酸性を示す。

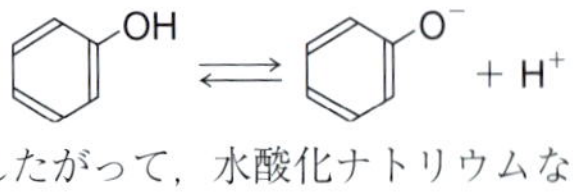

(OH) ⇄ (O^-) $+ H^+$

したがって，水酸化ナトリウムなどと中和反応する。

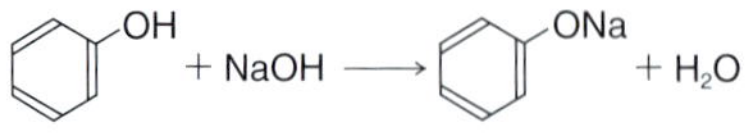

(OH) $+ NaOH \longrightarrow$ (ONa) $+ H_2O$

(2) フェノールをニトロ化すると，爆薬として用いられるピクリン酸が得られる。

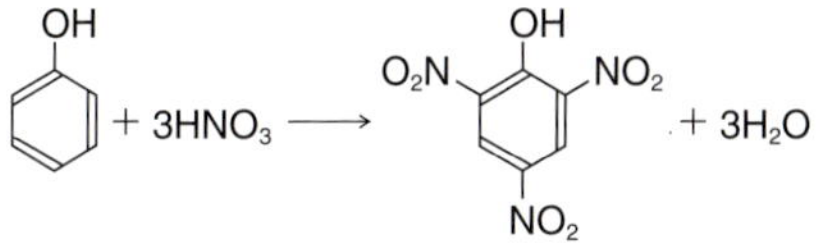

$$\text{C}_6\text{H}_5\text{OH} + 3\text{HNO}_3 \longrightarrow \text{C}_6\text{H}_2(\text{NO}_2)_3\text{OH} + 3\text{H}_2\text{O}$$

エクセル フェノール類の性質
① 水溶液は弱酸性
② 塩基と中和反応する。
③ カルボン酸と反応してエステルとなる。
④ 塩化鉄(Ⅲ)水溶液を加えると青紫～赤紫色になる。

518
解答 (1) A (2) B (3) C (4) C (5) B (6) B

解説 以下の表を参考に考える。

	エタノール	フェノール
水への溶解性	よく溶ける	少ししか溶けない
液性	中性	弱酸性
塩化鉄(Ⅲ)で呈色	しない	する
NaOH と中和反応	しない	する
エステルを	つくる	つくる
金属 Na と反応	する	する

(3), (4) 両方ともヒドロキシ基をもつので，カルボン酸との間にエステルをつくる。また，金属ナトリウムを加えると水素を発生する。

エクセル 2種類のヒドロキシ基

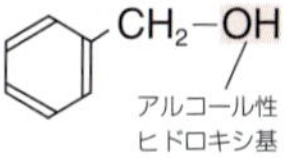

C₆H₅-CH₂-OH ベンジルアルコール（アルコール性ヒドロキシ基）

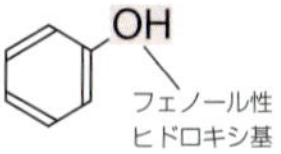

C₆H₅-OH フェノール（フェノール性ヒドロキシ基）

金属ナトリウムと反応し，カルボン酸などと反応してエステルをつくるという点では類似している。一方で，塩化鉄(Ⅲ)水溶液による呈色や NaOH 水溶液との中和反応は，フェノールでしか起こらない。

519
解答

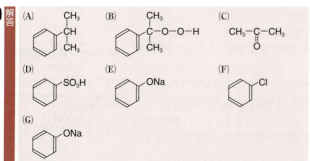

解説　ベンゼンから直接1段階でフェノールを合成することはできない。そのため，ベンゼンの水素原子を置換し，導入した官能基に対して反応を行うことで，フェノールを得ている。

エクセル　フェノールの合成
① クメン法
② ベンゼンスルホン酸のアルカリ融解
③ クロロベンゼンの置換

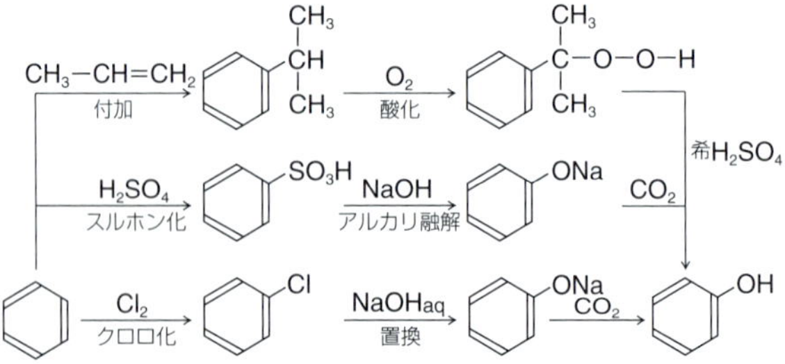

520
解答
(1) (ア) 酸　(イ) ナトリウムフェノキシド
　　(ウ) 二酸化炭素
(2) (A) サリチル酸メチル　(B) アセチルサリチル酸

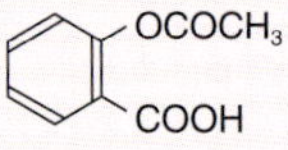

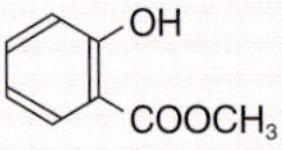

解説　サリチル酸にはカルボキシ基とフェノール性ヒドロキシ基の2つがある。したがって，2通りのエステルが生じる[1]。Aのサリチル酸メチルは消炎鎮痛剤，Bのアセチルサリチル酸は解熱鎮痛剤として利用されている。

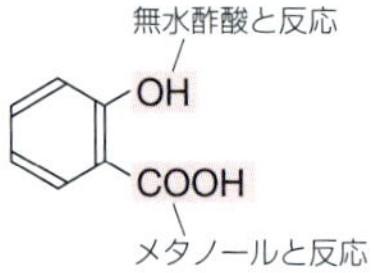

エクセル　サリチル酸のエステル

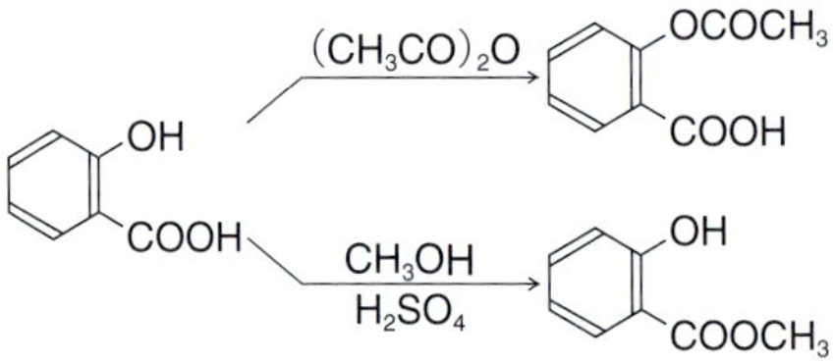

❶サリチル酸
2種類のエステルが生じる。
　　無水酢酸と反応
　　メタノールと反応

アセチルサリチル酸…解熱鎮痛剤
　カルボン酸としての性質を有し，
　炭酸水素ナトリウム水溶液に加える
　と CO_2 発生
サリチル酸メチル…消炎鎮痛剤
　フェノール類としての性質を有し，
　塩化鉄(Ⅲ)水溶液で青紫～赤紫色に呈色

521
解答 (1) (ア), (イ)　(2) (イ), (ウ)

解説
(1) ベンゼン環に結合した炭化水素基を過マンガン酸カリウムで酸化すると，炭化水素基が酸化されてカルボキシ基になる[1]。

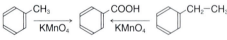

(2) ベンゼン環に結合したヒドロキシ基をフェノール性ヒドロキシ基といい，塩化鉄(Ⅲ)水溶液で青紫～赤紫色に呈色する。

❶ベンゼン環の側鎖の酸化

エクセル 安息香酸の合成
① トルエンの過マンガン酸カリウムによる酸化（エチルベンゼンなどからも得られる）

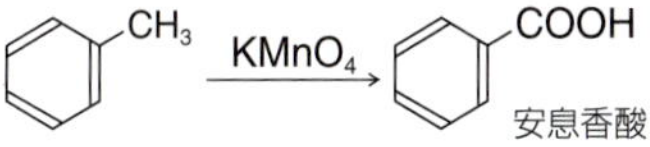

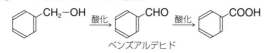

② ベンジルアルコールの酸化

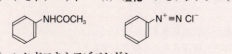

522 解答
(1) (ア) ニトロ　(イ) 還元　(ウ) $C_6H_5NH_2$
　　(エ) 塩基　(オ) アニリン塩酸塩
(2) (ア) アセトアニリド　(イ) 塩化ベンゼンジアゾニウム

　　　　NHCOCH₃　　　　　N⁺≡N Cl⁻

(ウ) p-ヒドロキシアゾベンゼン

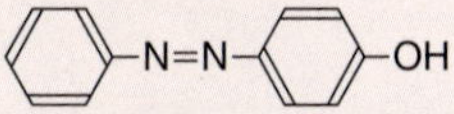

　　　　—N=N—　　—OH

(3) さらし粉の水溶液を加えると赤紫色になる。

解説　アニリンは示性式 $C_6H_5NH_2$ で，ベンゼン環にアミノ基がついた構造をしている❶。ベンゼンからのアニリンの合成法，アニリンの反応，アゾ化合物❷の合成についてまとめる。

エクセル アニリンの反応
① 酸と反応して水溶性の塩となる。
② アゾ染料の原料となる。
③ 酸無水物と反応しアミドとなる。

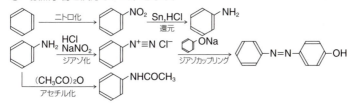

523 解答 (2)

解説
(2) 芳香族炭化水素は水に溶けにくいものが多い。
(3) 置換反応が起きる。
(4) 炭素－炭素間の結合距離は，以下のようになる。

　C－C　＞　ベンゼン　＞　C＝C　＞　C≡C
　0.154 nm　　0.140 nm　　0.134 nm　　0.120 nm

ベンゼン環の炭素－炭素間の結合距離は，単結合と二重結合の中間の値をとることが知られている。

(5) 正しい。

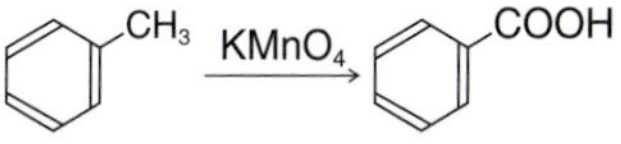

❶アニリン
ベンゼン環にアミノ基がついた構造をしており，水に溶かすと塩基性を示す。また，酸無水物と反応するとアミド結合をもつ化合物が生じる。

❷アゾ染料
－N=N－の結合をもつ化合物をアゾ化合物という。染料として用いられるものが多く，アゾ染料ともいう。一般に，芳香族アミンを酸性下でジアゾ化し，フェノール類の塩と反応させて（カップリング）得る。

▶ベンゼン環の二重結合は特定の炭素原子間に固定されていない。

246 —— 6章　有機化合物

(6)　ベンゼン環をつくる 6 個の炭素原子と，それに直接結合している 6 個の原子は常に同一平面上にある。

エクセル　トルエンの水素原子 1 つを臭素原子で置換した化合物

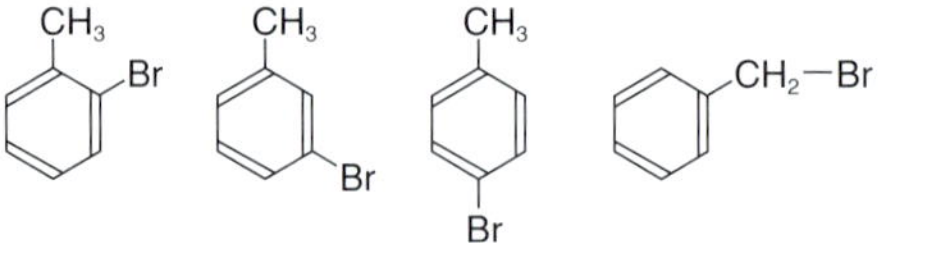

「ベンゼン環の水素原子が置換される」とあるときは前の 3 種類を答える。

524

解答

(1)　トルエン　(ウ)　　(2)　安息香酸　(カ)
(3)　フェノール　(ア)　　(4)　ニトロベンゼン　(オ)
(5)　アニリン　(イ)　　(6)　ベンゼンスルホン酸　(キ)
(7)　スチレン　(エ)

解説

芳香族化合物は，化合物の名称から官能基がイメージしにくいので，繰り返し解くこと。名称から構造式をかく練習もするとよい。

(ア)

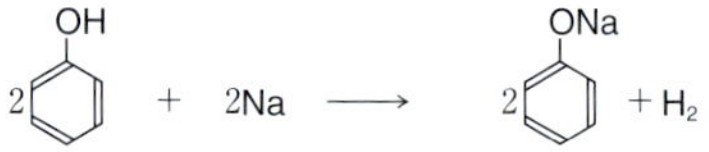

(イ)

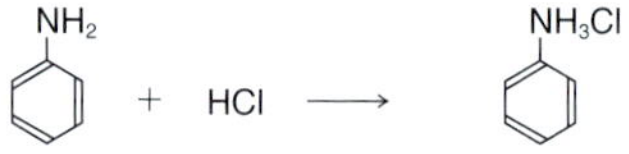

(ウ)

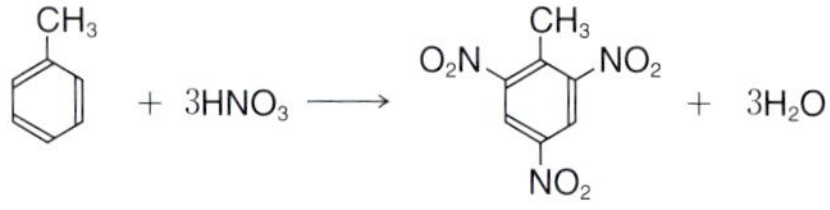

2, 4, 6-トリニトロトルエン
(TNT)

(エ)　スチレンは発泡スチロールなどのプラスチック製品の原料となる。

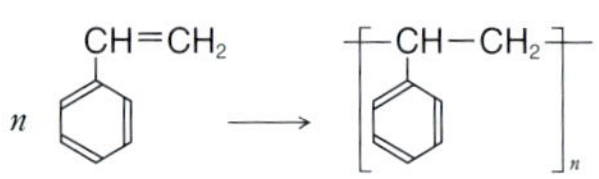

(オ)　ニトロベンゼンの密度は $1.2\,\mathrm{g/cm^3}$ で，水よりも重く，水に沈む。

(カ)

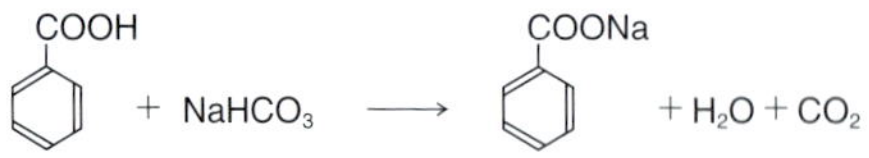

エクセル　官能基の名称と性質，主要な化合物は把握しておこう。

25 芳香族化合物 — 247

525 解答 (1) (イ), (オ)　(2) (エ), (キ)　(3) (ウ), (カ)　(4) (ア), (ク)

解説 カルボン酸は炭酸水素ナトリウム水溶液に溶ける。また、フェノール性ヒドロキシ基をもつ化合物は、塩化鉄(III)水溶液を加えると青紫〜赤紫色になる。この点から、化合物を分類する。

	カルボキシ基	フェノール性ヒドロキシ基
(1)	もつ	もつ
(2)	もつ	もたない
(3)	もたない	もつ
(4)	もたない	もたない

▶問題文のように化合物を分類すると
・カルボキシ基をもつ
　(イ), (エ), (オ), (キ)
・フェノール性ヒドロキシ基をもつ
　(イ), (ウ), (オ), (カ)
・ともにもたない
　(ア), (ク)

エクセル 有機化合物と酸・塩基との反応

酸に溶ける	アミン(−NH₂)…塩基性の化合物
水酸化ナトリウム水溶液に溶ける	スルホン酸(−SO₃H), カルボン酸(−COOH)
	フェノール類(⌬−OH)…酸性の化合物
炭酸水素ナトリウム水溶液に溶けて二酸化炭素を発生	スルホン酸(−SO₃H), カルボン酸(−COOH) …炭酸より強い酸

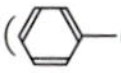

526 解答 (1) 3種類

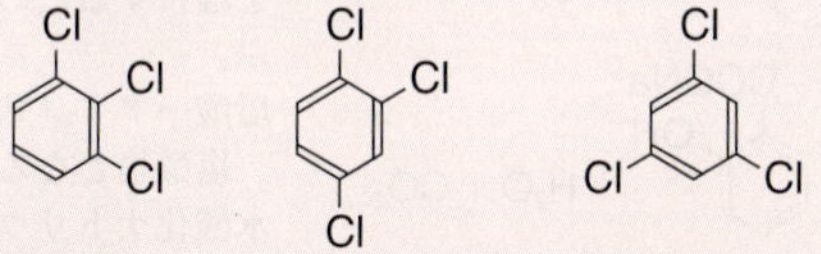

(2) 8種類

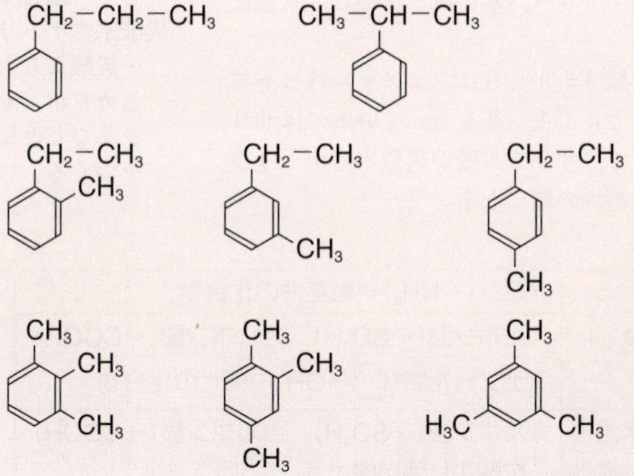

解説 (1) ベンゼンの同一置換基による三置換体には3つの異性体がある。ベンゼン環の水素原子のうち3つが塩素原子に置換されたと考える。

(2) 一置換体　X

　　　　　　（C₆H₅−X）

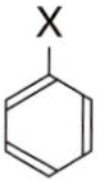

▶ 一置換体　C₆H₅−X
　二置換体　C₆H₄−XY
　三置換体　C₆H₃−XYZ

248——6章 有機化合物

$C_9H_{12} - C_6H_5 = C_3H_7$

$-X$は，$-CH_2-CH_2-CH_3$と $-\overset{\overset{\displaystyle CH_3}{|}}{CH}-CH_3$

二置換体

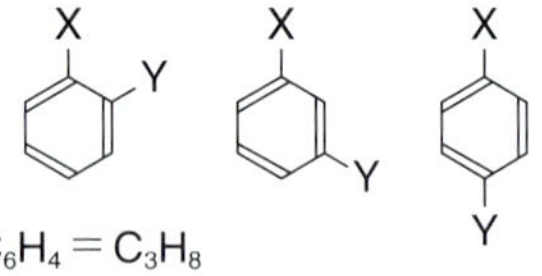

（C_6H_4-XY）

$C_9H_{12} - C_6H_4 = C_3H_8$

$-X$と$-Y$は，$-CH_2-CH_3$と $-CH_3$

三置換体

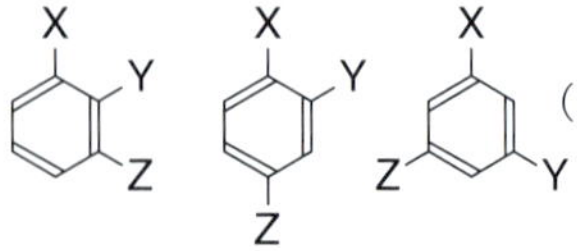

（C_6H_3-XYZ）

$C_9H_{12} - C_6H_3 = C_3H_9$

$-X$，$-Y$，$-Z$はすべて $-CH_3$

エクセル 芳香族の異性体は，一置換体，二置換体，三置換体に分けて，側鎖の官能基を考える。

527

解答

(1) (イ)

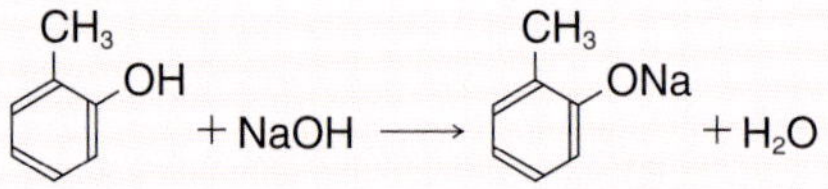

(2) (ウ)

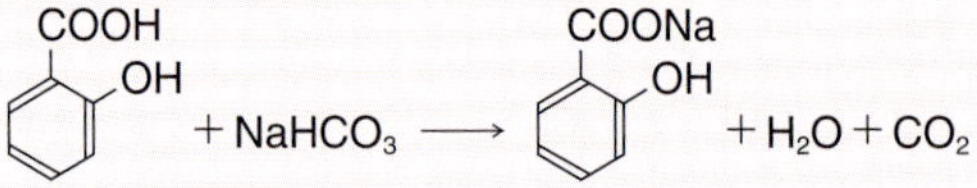

解説
(1) o-クレゾールは酸性を示すフェノール性ヒドロキシ基をもっているため，水酸化ナトリウム水溶液と反応して水溶性の塩になる。

(2) サリチル酸，サリチル酸メチルともにフェノール性ヒドロキシ基をもっているが，カルボキシ基をもっているのはサリチル酸のみである。よって，サリチル酸が炭酸水素ナトリウム水溶液に反応して，水溶性の塩になる。

▶ 2つの化合物を比べて，異なる官能基に注目し，それを塩にするための試薬を選ぶ。
　塩酸…アミノ基と反応して塩酸塩となる。
　水酸化ナトリウム水溶液…酸性を示す官能基と反応して，塩をつくる。
　炭酸水素ナトリウム水溶液…炭酸よりも強い酸であるカルボン酸のカルボキシ基などと反応して，塩をつくる。

エクセル 酸・塩基との反応

酸に溶ける	アミン（$-NH_2$）…塩基性の化合物
水酸化ナトリウム水溶液に溶ける	スルホン酸（$-SO_3H$），カルボン酸（$-COOH$）
	フェノール類（◯$-OH$）…酸性の化合物
炭酸水素ナトリウム水溶液に溶けて二酸化炭素を発生	スルホン酸（$-SO_3H$），カルボン酸（$-COOH$）…炭酸より強い酸

528

解答

(1) (A) ベンゼンスルホン酸　(B) ナトリウムフェノキシド
　　(C) プロペン（プロピレン）　(D) クメン　(E) アセトン

(2) (F) $C_6H_5-NO_2$　(G) $C_6H_5-NH_2$　(H) $C_6H_5-N^+\equiv N\ Cl^-$　(I) $C_6H_5-N=N-C_6H_4-OH$

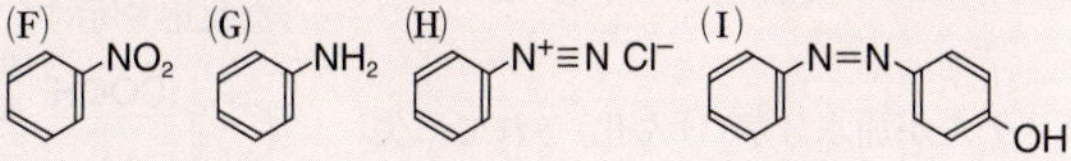

解説 本問題を経路図で表すと，次のようになる。文章中の試薬，生成物の名称などをキーワードに，できるところから解いていく。

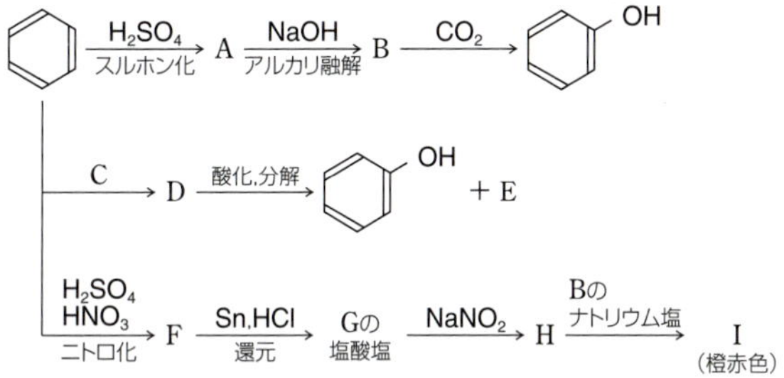

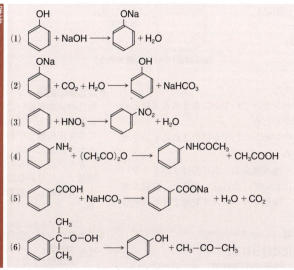

▶(ウ)の反応で得られた塩化ベンゼンジアゾニウム(H)は不安定で分解しやすく，室温では次のような反応によってフェノールと窒素に変化する。それゆえに氷冷する必要がある。

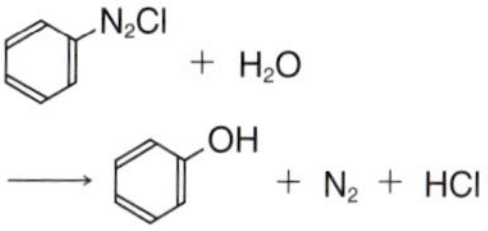

$C_6H_5-N_2Cl + H_2O \longrightarrow C_6H_5-OH + N_2 + HCl$

エクセル アセトンの合成
① 2-プロパノールの酸化（実験室的）
② 酢酸カルシウムの乾留（実験室的）
③ クメン法

529

解答

(1) $C_6H_5OH + NaOH \longrightarrow C_6H_5ONa + H_2O$

(2) $C_6H_5ONa + CO_2 + H_2O \longrightarrow C_6H_5OH + NaHCO_3$

(3) $C_6H_6 + HNO_3 \longrightarrow C_6H_5NO_2 + H_2O$

(4) $C_6H_5NH_2 + (CH_3CO)_2O \longrightarrow C_6H_5NHCOCH_3 + CH_3COOH$

(5) $C_6H_5COOH + NaHCO_3 \longrightarrow C_6H_5COONa + H_2O + CO_2$

(6) $C_6H_5-C(CH_3)_2-O-OH \longrightarrow C_6H_5OH + CH_3-CO-CH_3$

解説 まず，問題文より，芳香族化合物について，原料と生成物の構造式をかく。次に，両辺が等しくなるように残りの化合物の化学式を推定して記すとよい。

エクセル 酸の強さと反応性
① 酸の強さ　$HCl > R-COOH > CO_2 > C_6H_5-OH$
② 弱酸の塩 ＋ 強酸　⟶　弱酸 ＋ 強酸の塩

▶(4)の反応はアセチル化とよばれる。無水酢酸を反応させることでアセチル基が導入されるとともに，アミド結合がつくられる。

530

(1)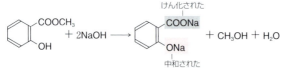

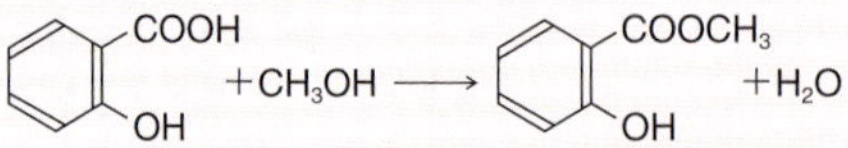

(2) (イ)

(3) 得られたサリチル酸メチルが加水分解(けん化)されて，失われてしまうから。

未反応のサリチル酸と，触媒として加えた濃硫酸を中和するために，炭酸水素ナトリウム水溶液中に注ぐ。このとき，水酸化ナトリウム水溶液を使うと，生成したサリチル酸メチルがけん化されて水に溶けてしまう。

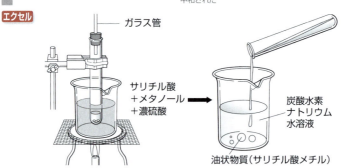

▶サリチル酸は2つの官能基をもち，それぞれに特徴的な反応を示す。

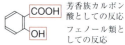

メタノールとはカルボキシ基が反応し，エステル結合がつくられる。

エクセル

531

(1) 淡黄 (2) 沈んできた

(3) (a) 生成したニトロベンゼンにわずかに含まれる未反応の硝酸と硫酸を中和するため。
   (b) 生成したニトロベンゼンにわずかに含まれる水分を吸収し乾燥させるため。

ニトロベンゼンは淡黄色の油状物質で，水に溶けず水より重いため底に沈む。合成実験において，水に注いだあと，炭酸水素ナトリウム水溶液で中和，塩化カルシウムで乾燥させて，純粋なニトロベンゼンを得る。

エクセル ニトロベンゼンの性質
- ベンゼンのニトロ化で得られる。
- 特有のにおいをもつ淡黄色の液体で，水に溶けにくい。
- 水より密度が大きい($1.2 g/cm^3$)。
- アニリンの原料となる。

● 反応後の処理
・酸性の試薬を用いた場合は，炭酸水素ナトリウム水溶液で未反応の酸を中和する。
・水分を除くために，無水塩化カルシウムあるいは無水硫酸ナトリウムを加えると，水分を吸収し，水和物となる。

● ニトロベンゼンの合成

532

解答

(ア) ニトロ化　(イ) 還元　(ウ) ジアゾ化
(エ) スルホン化　(オ) ジアゾカップリング
(1) Sn　(2) NaOH　(3) NaOH　(4) H_2SO_4
(5) $(CH_3CO)_2O$

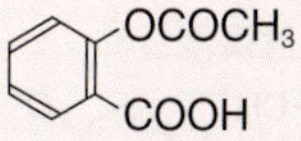

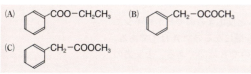

解説 主要な化合物をベンゼンから合成するルートを常に意識しておこう。

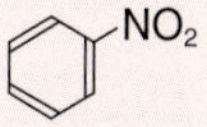

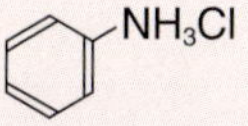

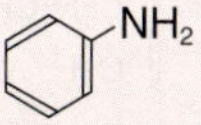

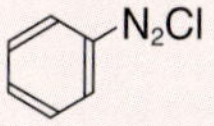

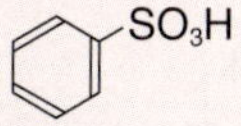

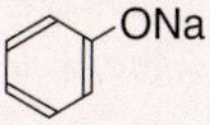

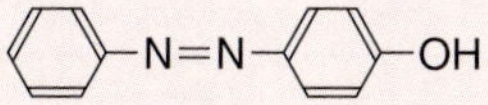

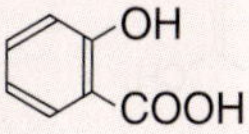

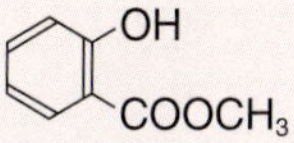

エクセル カルボキシ基のおもな反応
● 中和反応　● エステル化　● アミド化

533

解答

(A) ⌬-COO-CH$_2$CH$_3$　(B) ⌬-CH$_2$-OCOCH$_3$
(C) ⌬-CH$_2$-COOCH$_3$

▶加水分解生成物から，もとのエステルを決定していく。

● エステルの加水分解
　エステル＋水 ⟶
　　カルボン酸＋アルコール

解説 A～Cのそれぞれについて考える。

(ア) Aを加水分解すると，Dとエタノールになる。

　　A　　＋　水　⟶　　D　　＋　エタノール
$C_9H_{10}O_2$　H_2O　カルボン酸　C_2H_5OH

Dの分子式は，$C_9H_{10}O_2 + H_2O - C_2H_6O = C_7H_6O_2$
該当するカルボン酸は安息香酸である。

(イ) Bを加水分解すると，EとFになる。

　　B　　＋　水　⟶　　E　　＋　F
$C_9H_{10}O_2$　H_2O　酢酸　アルコール
　　　　　　　　　　$(C_2H_4O_2)$　(C_7H_8O)

問題文より，Eはエタノールの酸化で得られる酢酸である。したがって，Fは炭素原子を7個もつアルコールである。Fを酸化すると安息香酸になることから，Fはベンジルアルコール($C_6H_5-CH_2-OH$)である。

● 安息香酸の合成

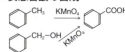

いずれも$KMnO_4$によってベンゼン環の側鎖が酸化され，安息香酸が得られる。

(ウ) Cを加水分解すると，Gとメタノールになる。

　　C　　＋　水　⟶　　G　　＋　メタノール
$C_9H_{10}O_2$　H_2O　カルボン酸　CH_3OH

Gの分子式は，$C_9H_{10}O_2 + H_2O - CH_4O = C_8H_8O_2$
Gはベンゼンの一置換体で，カルボン酸なので，解答のように決まる。

エクセル エステルの加水分解でカルボン酸とアルコールが得られる。加水分解生成物からもとのエステルを推測する。

252 —— 6章 有機化合物

534

解答

(A) ベンゼン環-OH, CH$_2$-CH$_3$

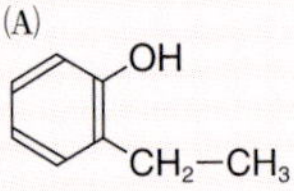

(B) ベンゼン環-CH$_2$-OH, CH$_3$

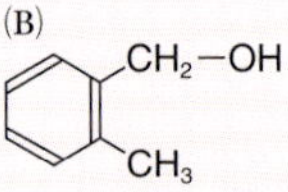

(C) ベンゼン環-O-CH$_3$, CH$_3$

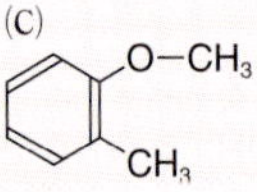

(D) ベンゼン環-CH$_2$-CH$_2$-OH

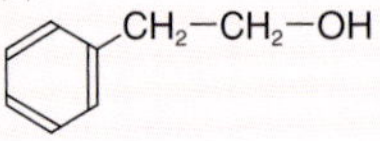

(E) ベンゼン環-CH-CH$_3$, OH

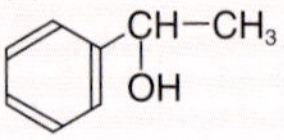

解説

条件を満たすものをかきだしてみるとよい。

分子式 C$_8$H$_{10}$O の芳香族化合物のオルト二置換体

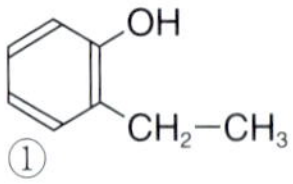

① ベンゼン環-OH, CH$_2$-CH$_3$
② ベンゼン環-CH$_2$-OH, CH$_3$
③ ベンゼン環-O-CH$_3$, CH$_3$

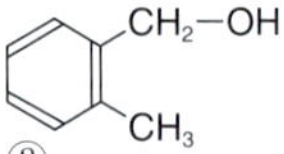

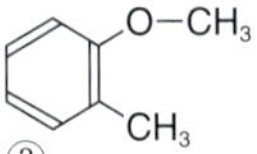

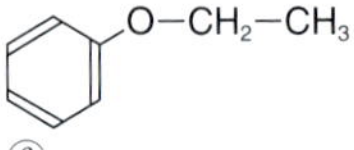

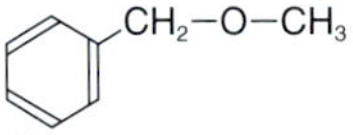

分子式 C$_8$H$_{10}$O の芳香族化合物の一置換体

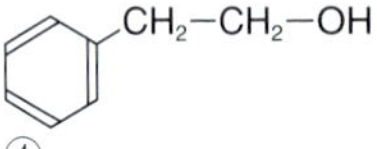

④ ベンゼン環-CH$_2$-CH$_2$-OH
⑤ ベンゼン環-CH-CH$_3$, OH
⑥ ベンゼン環-O-CH$_2$-CH$_3$

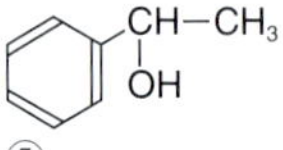

⑦ ベンゼン環-CH$_2$-O-CH$_3$

ここで，A，B は金属ナトリウムと反応するのでヒドロキシ基をもつ。A を酸化するとサリチル酸になるので A は①である。B を酸化するとフタル酸になるので B は②である。未反応の C はエーテル結合をもつ③となる。

D を酸化するとアルデヒド F が得られる[●]ので，D は第一級アルコールの④である。

ベンゼン環-CH$_2$-CH$_2$-OH $\xrightarrow{\text{酸化}}$ ベンゼン環-CH$_2$-C-H, O

F

E は不斉炭素原子をもつので⑤であり，酸化すると G になる。

ベンゼン環-CH-CH$_3$, OH $\xrightarrow{\text{酸化}}$ ベンゼン環-C-CH$_3$, O

G

[●] 還元性を示す。
＝ホルミル基

エクセル 下の化合物を過マンガン酸カリウムで酸化すると，いずれもフタル酸になる。

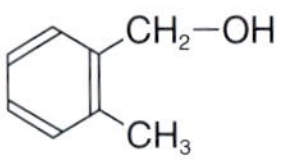

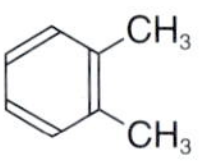

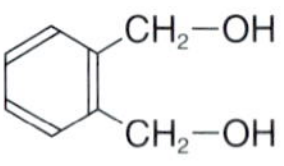

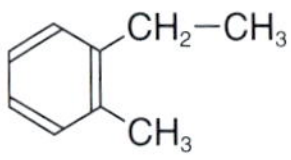

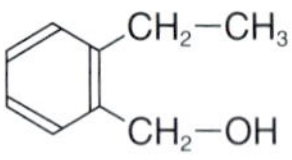

ベンゼン環-CH$_2$-OH, CH$_3$

ベンゼン環-CH$_3$, CH$_3$

ベンゼン環-CH$_2$-OH, CH$_2$-OH

ベンゼン環-CH$_2$-CH$_3$, CH$_3$

ベンゼン環-CH$_2$-CH$_3$, CH$_2$-OH

535 解答

(ア) **ニトロ**　(イ) **スズ**

(ウ) **濃硫酸**　(エ)　HO–⟨benzene⟩–N=N–⟨benzene⟩–SO_3Na

解説

(1) ベンゼンに濃硝酸と濃硫酸の混合物を反応させると，ニトロベンゼン（化合物 A）が得られる。さらに，スズあるいは鉄を塩酸中で反応させるとアニリン塩酸塩になり，これを水酸化ナトリウムで処理するとアニリン（化合物 B）が得られる。

$$\text{⟨benzene⟩} + HNO_3 \xrightarrow{H_2SO_4} \text{⟨benzene⟩}NO_2 + H_2O$$

$$2\,\text{⟨benzene⟩}NO_2 + 3Sn + 14HCl \longrightarrow 2\,\text{⟨benzene⟩}NH_3Cl + 3SnCl_4 + 4H_2O$$

$$\text{⟨benzene⟩}NH_3Cl + NaOH \longrightarrow \text{⟨benzene⟩}NH_2 + NaCl + H_2O$$

(2) アニリンを濃硫酸とともに加熱すると，スルファニル酸が生じる❶。スルファニル酸を炭酸ナトリウム水溶液により，水溶性のナトリウム塩としたのち，塩酸と亜硝酸ナトリウムを加えると，ジアゾ化してジアゾニウム塩（化合物 C）が得られる。

$$H_2N-\text{⟨benzene⟩} + H_2SO_4 \longrightarrow H_2N-\text{⟨benzene⟩}-SO_3H + H_2O$$

$$H_2N-\text{⟨benzene⟩}-SO_3H + Na_2CO_3 \longrightarrow H_2N-\text{⟨benzene⟩}-SO_3Na + NaHCO_3$$

$$H_2N-\text{⟨benzene⟩}-SO_3Na + NaNO_2 + 2HCl \longrightarrow ClN_2-\text{⟨benzene⟩}-SO_3Na + NaCl + 2H_2O$$

❶スルファニル酸の構造は特別覚えておく必要はないが，反応経路や反応試薬から推定することが大事である。

(3) ジアゾニウム塩に 2-ナフトール（化合物 D）と水酸化ナトリウムの水溶液を加えるとジアゾカップリングして，オレンジ II が得られる❷。2-ナフトールをフェノールに変えると，次の反応が起こる。

$$NaO-\text{⟨benzene⟩} + ClN_2-\text{⟨benzene⟩}-SO_3Na \longrightarrow HO-\text{⟨benzene⟩}-N=N-\text{⟨benzene⟩}-SO_3Na + NaCl$$

❷オレンジ II の構造が与えられているので，p-ヒドロキシアゾベンゼンの反応経路と同じように考えていく。

エクセル ジアゾカップリング

$$\text{⟨benzene⟩}-N_2Cl + \text{⟨benzene⟩}-ONa \longrightarrow \text{⟨benzene⟩}-N=N-\text{⟨benzene⟩}-OH + NaCl$$

536 解答

(1) $C_{16}H_{16}O_3$

(2) ⟨benzene⟩–CH*–OH, CH₃ （*CH–OH, CH₃）

(3) (ア) **ヨウ素**　(イ) **ヨードホルム**

(4) $C_8H_8O_3$

(5) (B) ⟨benzene⟩–CH₂–COOH, OH　　(D) ⟨ring⟩ CH₂, C=O, O

254 —— 6章　有機化合物

(6)

　反応名…けん化（または加水分解）

(7)　**6種類**

(1)　元素分析値から

$$C : H : O = \frac{75.00}{12} : \frac{6.25}{1.0} : \frac{18.75}{16}$$

$$= 1 : 1 : \frac{3}{16}$$

$$= 16 : 16 : 3$$

　組成式 $C_{16}H_{16}O_3$，よって式量は $16 \times 12 + 16 \times 1.0 + 3 \times 16$
$= 256$，分子量も 256 なので，分子式も $C_{16}H_{16}O_3$ である。

(2)(3)　C の炭素原子の数は 8 で，このうち 6 個はベンゼン環が
占める。$C_8H_{10}O$ より $C_6H_5-C_2H_5O$ であり，また，ヨード
ホルム反応を示す[1]ので，C は $C_6H_5-CH(OH)-CH_3$ となる。

(4)　C の分子式が求まったので，B の分子式も求められる。
　実験 2 から A の加水分解により B と C が得られる。

$$\begin{array}{ccccccc} A & + & H_2O & \longrightarrow & B & + & C \\ C_{16}H_{16}O_3 & & & & & & C_8H_{10}O \end{array}$$

　B の分子式は，$C_{16}H_{16}O_3 + H_2O - C_8H_{10}O = C_8H_8O_3$ となる。

(5)　B はベンゼンの二置換体であり，塩化鉄（Ⅲ）水溶液で紫色
になることから，ベンゼン環に直接結合しているヒドロキシ
基であるフェノール性ヒドロキシ基をもつ[2]。また，B は化
合物 C のアルコールと反応してエステルとなることから，B
にはカルボキシ基も存在する。ここで，2 つの置換基の位置
関係だが，加熱により酸無水物となることから，オルト二置
換体と考えられる。したがって，
B，D の構造式は

となる。

(6)　A は B と C からなるエステルであり，水と反応して B と
C を生じる反応は加水分解，強塩基による加水分解はけん化
という[3]。

(7)　三置換体の場合，メチル基 2 個とフェノール性ヒドロキシ
基 1 個をもつ。メチル基 2 個をオルト，メタ，パラの位置に固
定して，そこにヒドロキシ基を入れて考えるとわかりやすい。

▶計算する前に数値をよく見
て作戦を立てよう。

❶ヨードホルム反応を示すの
はエタノールと次の骨格を
もつ分子である。
$CH_3-CH(OH)-$
CH_3-CO-

❷ $C_6H_5-CH_2-OH$
ベンジルアルコール（アル
コール性ヒドロキシ基）と
の違いに注意。

❸塩基性条件下での加水分解
をとくにけん化という。

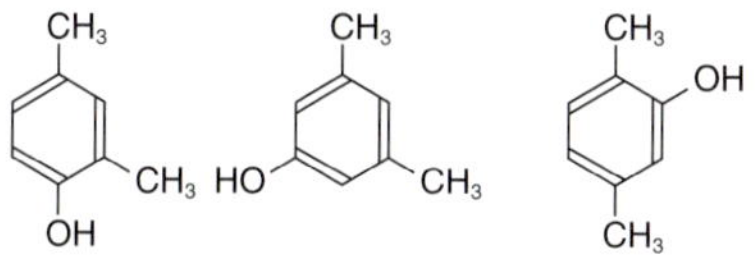

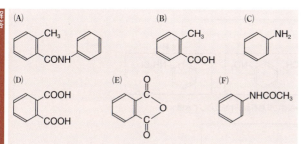

|エクセル| 分子式 C₈H₁₀O のアルコール
C₆H₅—CH₂—CH₂—OH
これは第一級アルコール
C₆H₅—CH(OH)—CH₃
これは第二級アルコールで，ヨードホルム反応を示し，不斉炭素原子をもつ。

537 解答

(A) o-CH₃-C₆H₄-CONH-C₆H₅
(B) o-CH₃-C₆H₄-COOH
(C) C₆H₅-NH₂
(D) o-C₆H₄(COOH)₂
(E) 無水フタル酸
(F) C₆H₅-NHCOCH₃

解説 Aを加水分解するとBとCが得られる。B，Cから得られる化合物について決定したあと，Aを推定する。

Cをアセチル化すると，アミドF(分子式 C₈H₉NO)が得られた。

$$C + (CH_3CO)_2O \longrightarrow F + CH_3COOH$$
$$C_8H_9NO$$

Fについて考えると，Fの示性式は X－NHCOCH₃ とおけるので，Xの部分は，C₈H₉NO－C₂H₄NO＝C₆H₅
Fはアセトアニリドとわかる。したがって，Cはアニリンである。
ここで，Bの分子式を求める。

$$A + 水 \longrightarrow B + C$$
$$C_{14}H_{13}NO \quad H_2O C_6H_7N$$

Bの分子式は，C₁₄H₁₃NO＋H₂O－C₆H₇N＝C₈H₈O₂ で，ベンゼン環の外に2個の炭素原子がある。Bを酸化して得られたDは，加熱すると酸無水物Eになる。したがって，Dのカルボキシ基2つはオルト位にあり，Eは無水フタル酸である。
ここから，Bは次のような構造とわかる。

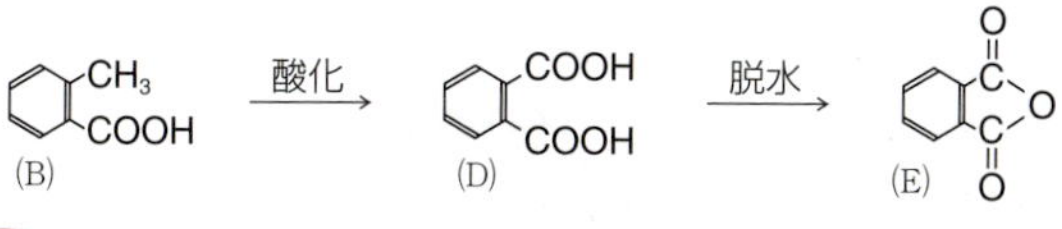

(B) o-CH₃-C₆H₄-COOH →[酸化] (D) o-C₆H₄(COOH)₂ →[脱水] (E) 無水フタル酸

|エクセル| アミドの酸による加水分解

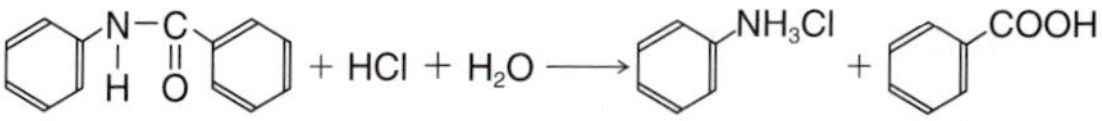

C₆H₅-NH-CO-C₆H₅ ＋ HCl ＋ H₂O ⟶ C₆H₅-NH₃Cl ＋ C₆H₅-COOH

エーテルを加えると，カルボン酸がエーテル層に移動する。

538 トルエンとニトロベンゼン

まず，希塩酸を加えたとき，アニリンが塩酸塩となって水層に移動する[1]。
次に，水酸化ナトリウム水溶液を加えると，安息香酸が反応して水層に移動する[1]。したがって，トルエンとニトロベンゼンが油層に残る。上の層が油層，下の層が水層であることから導く。

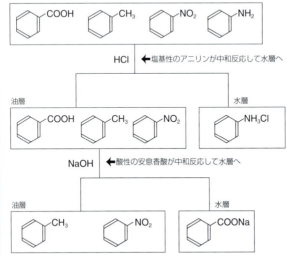

❶ 塩は水に溶ける。

エクセル 有機化合物の系統分離……2通りのパターン
① 中和反応により，塩は水に溶ける。
② 塩の水溶液に強い酸を加えると弱酸が，強い塩基を加えると弱塩基が遊離する。

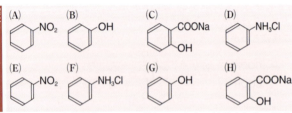

539

それぞれの分離操作について考えてみよう。試薬を加えて反応しない物質がエーテル層に残り，塩になると水層に移動する。

25 芳香族化合物

●芳香族化合物の分離
一般に芳香族化合物は水に溶けにくいが、中和反応により塩になると、水に溶けやすくなる。この点を利用している。

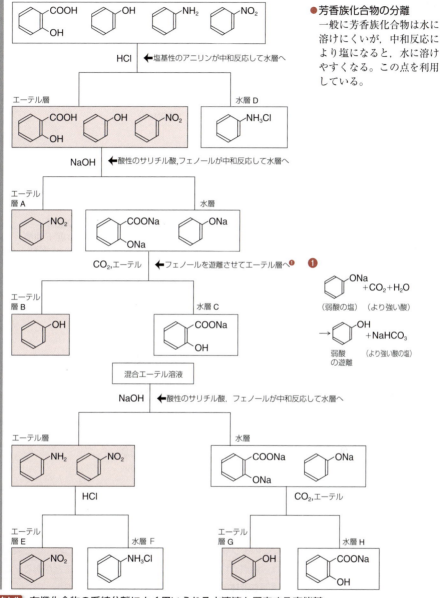

エクセル 有機化合物の系統分離によく用いられる水溶液と反応する官能基

酸に溶ける	アミン($-NH_2$)…塩基性の化合物
水酸化ナトリウム水溶液に溶ける	スルホン酸($-SO_3H$), カルボン酸($-COOH$)
	フェノール類(⟨⟩$-OH$)…酸性の化合物
炭酸水素ナトリウム水溶液に溶けて二酸化炭素を発生	スルホン酸($-SO_3H$), カルボン酸($-COOH$) …炭酸より強い酸

258 —— 6章　有機化合物

540

解答

(1) (C) ベンゼン環-NH₂ (アニリン)　(D) ベンゼン環-OH (フェノール)　(E) ベンゼン環-COOH (安息香酸)

(2) (A) **0.050 mol**　(B) **0.10 mol**　(C) **9.3 g**

解説

(1) 操作1において，A，Bの両者を加水分解している。

(反応式)
ベンゼン環-O-C(=O)-ベンゼン環 + 2NaOH ⟶ ベンゼン環-ONa + ベンゼン環-COONa + H₂O

ベンゼン環-N(H)-C(=O)-ベンゼン環 + NaOH ⟶ ベンゼン環-NH₂ + ベンゼン環-COONa

塩基性条件のため，フェノールと安息香酸は塩として水に溶けているが，アニリンはもともと塩基性であり，NaOHと反応せず水に溶けずに残る。よって，Cがアニリンである。操作2で塩酸を加えていくと，まず酸性度の弱いフェノールDが遊離し，次に，酸性度の強い安息香酸Eが析出する❶。

❶弱酸の遊離
弱酸の塩 + 強酸
　⟶ 弱酸 + 強酸の塩

ベンゼン環-ONa + HCl ⟶ ベンゼン環-OH (D) + NaCl

ベンゼン環-COONa + HCl ⟶ ベンゼン環-COOH (E) + NaCl

(2) D(フェノール，分子量94)の物質量は $\dfrac{4.70}{94} = 0.050\,\text{mol}$，

また，E(安息香酸，分子量122)の物質量は $\dfrac{18.3}{122} = 0.150\,\text{mol}$ である。

このことから，Aの物質量は0.050 molであり，Aの原料となる安息香酸も0.050 molである。

　フェノール ＋ 安息香酸 ⟶ 　A 　 ＋ 　水
　0.050 mol 　 0.050 mol 　　0.050 mol

安息香酸の全量は0.150 molなので，Bの原料となった安息香酸は0.100 molで，アニリンとBの物質量もともに0.100 molである。

　アニリン ＋ 安息香酸 ⟶ 　B 　 ＋ 　水
　0.100 mol 　 0.100 mol 　　0.100 mol

C(アニリン，分子量93)の質量は 93 × 0.10 = 9.3 g である。

エクセル 化合物の特性……室温でどのような状態にあるか知っておくと役に立つ。

フェノール	透明な液体。融点41℃なので冬場は白色の固体となることがある。
アニリン	淡黄色～透明な液体。特異臭がある。
安息香酸	白色の固体。ほぼ無臭。
酢酸	透明な液体。純粋な酢酸の融点は17℃なので冬場は凍ることがある。純粋な酢酸のことを氷酢酸ということもある。
サリチル酸	白色の固体。独特の香りがある。

25 芳香族化合物―― 259

541 (解答)

(1) (f), (g)

(2)

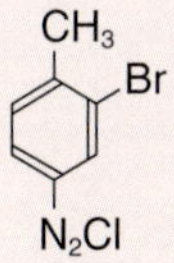

CH$_3$ / Br / N$_2$Cl 置換されたベンゼン環構造

(3) (ア) フェノール (イ) 二酸化炭素

(4) ① え ② く ③ い

解説

(1) ―CH$_3$ はオルト・パラ配向性置換基[1]であり，まずオルト位に―NO$_2$ を置換させる。

CH$_3$ のベンゼン環 ――ニトロ化→ CH$_3$ と NO$_2$ のベンゼン環 B

次に，―CH$_3$ はオルト・パラ配向性置換基，―NO$_2$ はメタ配向性置換基[2]であるから，―Br を置換させた化合物は 2 通り生じる。

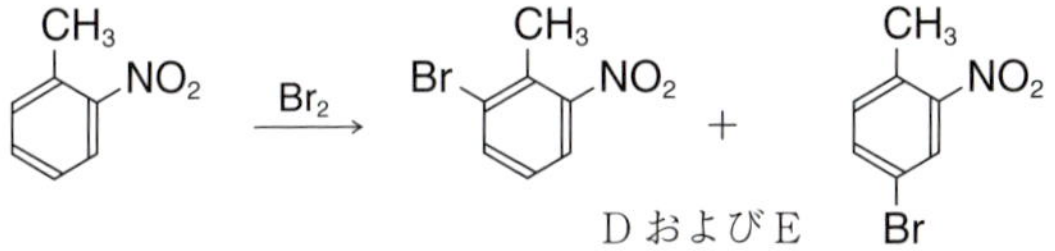

CH$_3$・NO$_2$ のベンゼン環 ――Br$_2$→ Br・CH$_3$・NO$_2$ のベンゼン環 ＋ CH$_3$・NO$_2$・Br のベンゼン環

D および E

❶オルト・パラ配向性置換基
―CH$_3$，⬡，―OH，
―Cl，―Br，―NH$_2$ など

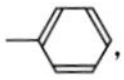

❷メタ配向性置換基
―CHO，―COOH，
―SO$_3$H，―NO$_2$ など

(2) 化合物 2 を見ると，トルエンの構造に対して，アゾ基―N＝N― がパラ位についていて，これが―NO$_2$ であったと考えられる。つまり，この反応経路はトルエンのニトロ化がパラ位で行われた場合を表している。それゆえに(1)はオルト位で行われた場合として考えることができる。

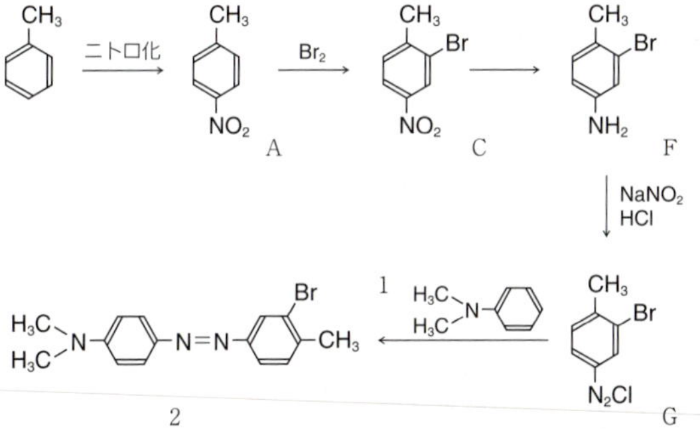

CH$_3$ のベンゼン環 ――ニトロ化→ CH$_3$・NO$_2$ のベンゼン環 A ――Br$_2$→ CH$_3$・Br・NO$_2$ のベンゼン環 C ――→ CH$_3$・Br・NH$_2$ のベンゼン環 F

↓ NaNO$_2$ HCl

H$_3$C―N―ベンゼン環―N＝N―(Br・CH$_3$ 環) 2 ←1 H$_3$C―N―フェニル← CH$_3$・Br・N$_2$Cl のベンゼン環 G

(3) サリチル酸はフェノールから合成する方法が知られている。

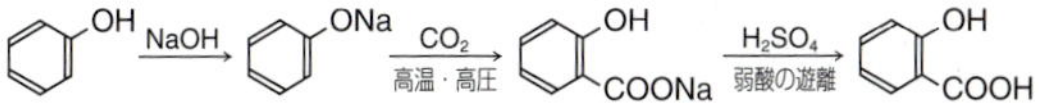

OH環 ――NaOH→ ONa環 ――CO$_2$ 高温・高圧→ OH・COONa環 ――H$_2$SO$_4$ 弱酸の遊離→ OH・COOH環

(4) 化合物 3 を見ると，―COOH と―OH がメタの位置に置換されている。しかし，出発物質であるトルエンの―CH$_3$ はオルト・パラ配向性置換基である。そこで，メタ配向性置換基である―COOH に変えてから―OH を導入すればよい。

260 —— 6章 有機化合物

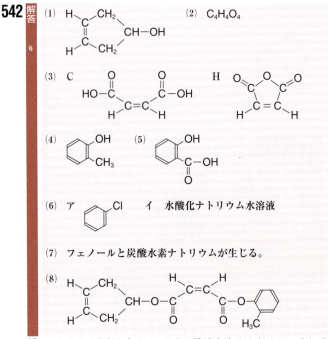

フェノールの合成法はいくつか知られているが，(4)の選択肢より本問では NaOH を用いたアルカリ融解法しかない。

エクセル 置換反応における置換基の配向性をもとに，合成経路を推定していく。

542 解説 エステルA(分子式 $C_{16}H_{16}O_4$)の構造を決めるために，それぞれの実験を順に見ていく。

実験1　A($C_{16}H_{16}O_4$) $\xrightarrow{\text{加水分解}}$ B(C_5H_8O) + C(分子量 116.0) + D
　　　　エステル　　　　　　　1価環状アルコール

Bの分子式より C=C を1つもつことがわかる。また，環は5個以上の原子から構成されることから，Bでは炭素5個が環をつくっている(酸素はアルコールの—OH のため，環をつくれない)。
また，Aに不斉炭素原子がないため，Bにも存在しない。以上より，Bの構造は1つに決定される。

実験2　BにはC=Cが含まれる。これは実験1の記述と矛盾しない。

25 芳香族化合物——261

実験3 Bに H_2 付加させたところ，分子量が 2.0 増加したことから，Bに含まれる $C=C$ は 1 つである。これは実験 1 の記述と矛盾しない。

また，Bを加熱したところ，分子量が 18.0 減少したことから，Bの分子内から H_2O が 1 分子抜けたことがわかる。

以上よりEとFの構造が決定される。

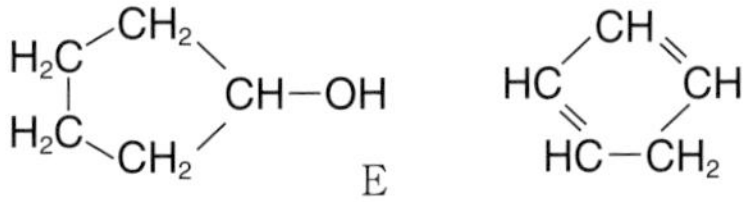

E

F

実験4 Cの元素分析

C $66.0 \times \dfrac{12}{44} = 18.0\,\mathrm{mg}$

H $13.5 \times \dfrac{2.0}{18} = 1.50\,\mathrm{mg}$

O $43.5 - (18.0 + 1.50) = 24.0\,\mathrm{mg}$

$C : H : O = \dfrac{18.0}{12} : \dfrac{1.50}{1.0} : \dfrac{24.0}{16} = 1.5 : 1.5 : 1.5 = 1 : 1 : 1$

これよりCの組成式は CHO（式量 29）となり，分子量 116.0 より分子式は $C_4H_4O_4$ である。

実験5 この反応はエステル化であり，メタノールと反応させたCはカルボン酸である。このとき，分子量が 28.0 増加したことから，Cはジカルボン酸であり，以下のように反応したことになる。

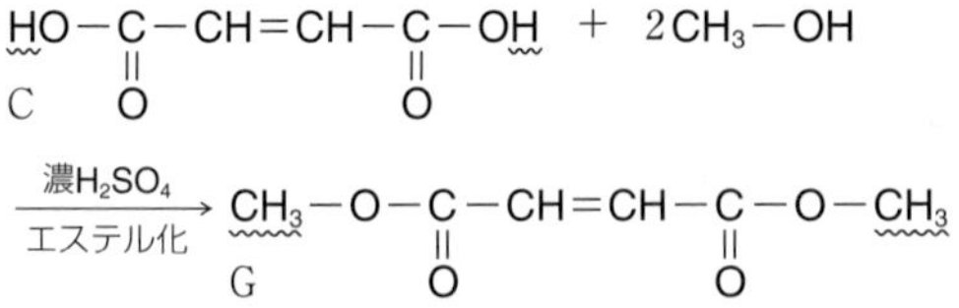

この結果，〜〜で示した部分が変化し，分子量は合わせて 28.0 増加している。

実験6 実験5ではCの構造が *cis* 形か *trans* 形か決まっていなかったが，分子内脱水が起こったことから，*cis* 形と決まる。

C　マレイン酸　　　　　H　無水マレイン酸

このとき，分子量が H_2O 1 分子に相当する 18.0 減少している。

実験7 これまでの実験より，まだ構造が決まっていないDには $-OH$ が含まれ，1 価のアルコールまたはフェノール類である。

実験8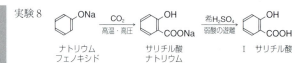

ナトリウム   サリチル酸   Ⅰ サリチル酸
フェノキシド   ナトリウム

これよりⅠが決まったので，実験7のDの構造が決まる。

D ─酸化→ Ⅰ

なお，Dに─CH_3 が含まれると決まるのは，実験1の反応式より，Dのもつ炭素数が7であるからである。

(6) ベンゼンからナトリウムフェノキシドを合成する過程は，フェノールの合成の一段階手前であり，大変重要な過程である。クメン法などいくつかをおさえておきたい。ここでは，クロロベンゼンを経る方法が問われている。

ベンゼン ─Cl_2/Fe→ クロロベンゼン ─NaOH aq 高温・高圧→ ナトリウムフェノキシド

(7) ナトリウムフェノキシドに炭酸水を作用させると，フェノールよりも二酸化炭素の方が酸性が強いので，フェノールが生成する。

ナトリウムフェノキシド ─H_2O+CO_2 弱酸の遊離→ フェノール + $NaHCO_3$

(8) エステルAは，ジカルボン酸Cに，アルコールBとフェノール類Dが縮合してできたものである。

エクセル 構造決定の発展問題では，炭素原子の数の変化や不斉炭素原子の数，分子量の変化などが決め手となることが多い。

26 有機化合物と人間生活（p.342）

543 解答 (1) タンパク質　(2) 油脂　(3) デンプン　(4) スクロース

解説 デンプンはグルコースが縮合重合した構造の高分子で，米，麦，穀物類に多く含まれ，酵素アミラーゼでマルトース（麦芽糖）に加水分解される。
油脂はバターなどに含まれている。マーガリンは液状の油脂（脂肪油）からつくったものである。酵素リパーゼにより，モノグリセリドと脂肪酸に分解される。
タンパク質はアミノ酸が縮合重合したもので，肉，魚，大豆などに含まれている。
$C_{12}H_{22}O_{11}$ は二糖類を表し，このなかで甘味料として，日常，広く使用されているのはスクロースである。

▶デンプン（多糖類）はアミラーゼでマルトースに分解。
油脂はリパーゼにより，モノグリセリドと脂肪酸に分解。
タンパク質はアミノ酸の縮合重合した形のものである。
スクロースは二糖類でよく使用される甘味料。

26　有機化合物と人間生活── 263

エクセル デンプンは多糖類，油脂はグリセリンと脂肪酸のエステル，
　　　　タンパク質はアミノ酸重合体，スクロースは二糖類。

544 **解答** (2)

解説
(1) タンパク質は熱や酸，アルコール，重金属イオンなどに
　　よって立体構造が変化し，凝固する。これを変性という。
(2) ビウレット反応では，水溶液は赤紫色になる。
　　キサントプロテイン反応の呈色　黄色──→橙黄色
(3) セルロースを消化する酵素をヒトはもっていない。
(4) 米，麦，イモ類にはデンプンが多く含まれている。
(5) 油脂を構成する脂肪酸の部分の炭素─炭素間に二重結合が
　　ある。このような脂肪酸は不飽和脂肪酸とよばれ，脂肪油に
　　多く含まれる。

エクセル タンパク質は熱，酸・塩基，重金属イオン，アルコールで
　　　　変性。キサントプロテイン反応(硝酸で黄色，アンモニア
　　　　で橙色)，ビウレット反応(赤紫色)で確認。

●タンパク質の確認反応
・ビウレット反応
・キサントプロテイン反応

545 **解答** (ア) 発酵　(イ) 腐敗　(ウ) 酵母　(エ) 細菌

解説
糖類，タンパク質，油脂などの有機化合物は，微生物によって
分解される。この分解生成物が人間に有用ならば発酵，好まし
くなければ腐敗とよばれる。発酵の例として，酵母によるビー
ル，ワインなどのアルコールの製造，乳酸菌によるチーズや
ヨーグルトの製造，納豆菌による納豆の製造などがある。

エクセル 糖類，タンパク質，油脂などの有機化合物は微生物によっ
　　　　て分解される。そのなかで人間に有用のものが発酵。

546 **解答** (ア) (3)　(イ), (ウ) (4), (5)　(エ) (1)　(オ) (2)

解説
医薬品の開発は，通常，次の流れで行われる。
① 薬理成分をもつと思われる物質を選定する。
② 人体に毒性や副作用がないかを確認する。
③ 製造許可を得る。
④ 医薬品の合成。
⑤ 製造された医薬品について，再度，有効性・安全性を確認
　する。

エクセル 医薬品の合成経路
　　　　薬理成分の発見→毒性のチェック→医薬品の合成

547 **解答** (1) A　(2) A　(3) B　(4) B

解説
セッケンは高級脂肪酸のアルカリ金属塩で，油脂を水酸化ナト
リウムなどの塩基で加水分解(けん化)すると得られる。炭化水
素基が疎水性，カルボキシ基が親水性をもち，界面活性剤とし
ての機能をもつ。セッケンは加水分解して塩基性を示すので，
絹や羊毛などの動物性繊維の洗浄には適さない。また，Ca^{2+}，
Mg^{2+}と水に不溶の沈殿を生成する。合成洗剤は，セッケンの

264 —— 6章　有機化合物

欠点を改良したものである。水に溶けて中性を示し，Ca^{2+}，Mg^{2+}と沈殿を生成しない。

エクセル セッケンや合成洗剤などの界面活性剤は，分子内に親水性の基と疎水性の基をもつ。

548 **解答** (1) (ア) 生薬　(イ) 対症　(ウ) サルファ剤　(エ) 抗生物質
(オ) ペニシリン　(カ) 耐性菌

(2) 副作用

エクセル 医薬品に関して，細部の知識を問う問題である。重要な語句をおさえておこう。

549 **解答** (1) ア 顔料　イ アゾ

(2) (Ⅰ) (b) (Ⅱ) (a) (Ⅲ) (d) (Ⅳ) (c)

エクセル アゾ染料は見慣れた問題かもしれないが，染料と顔料，染料の種類をおさえておこう。

550 **解答** 有機化合物の燃焼から生じる CO_2 と H_2O の両方を吸収する。

解説 有機化合物の元素分析では，有機化合物を完全燃焼させて生じる CO_2 から炭素，H_2O から水素の質量を計算する。炭素，水素，酸素からなる有機化合物では，酸素は有機化合物の質量から含まれる炭素と水素の質量を引くことにより求める。

ソーダ石灰は塩基性の乾燥剤であり，H_2O と酸性酸化物の CO_2 の両方を吸収する。塩化カルシウム $CaCl_2$ は中性の乾燥剤であるので，水は吸収するが CO_2 は吸収しない。したがって，有機化合物の燃焼生成物は $CaCl_2$ で H_2O を吸収した後，CO_2 をソーダ石灰に吸収させる。

キーワード
・乾燥剤

551 **解答** (1) シス-2-ブテン　　　トランス-2-ブテン

$$CH_3 \diagdown C=C \diagup CH_3 \qquad CH_3 \diagdown C=C \diagup H$$
$$H \diagup \qquad \diagdown H \qquad H \diagup \qquad \diagdown CH_3$$

(2) 炭素と炭素の二重結合は自由に回転ができないため。

解説 炭素と炭素の単結合は自由に回転ができるが，炭素と炭素の二重結合は自由に回転ができない。そのため，二重結合をもった炭素原子の置換基の配置により，立体構造の異なる幾何異性体（シス-トランス異性体）が存在する。

キーワード
・幾何異性体

552 **解答** 直鎖状の1価の第一級アルコールでは炭素数が大きいほど，疎水性の炭化水素基の影響が大きくなるため水に対する溶解度が小さくなる。また，同じ炭素数のアルコールでは親水性のヒドロキシ基が多いほど水に溶けやすい。

解説 炭化水素基は疎水性を示し，ヒドロキシ基は親水性を示す。

キーワード
・ヒドロキシ基
・炭化水素基

論述問題——265

553 解答 ヒドロキシ基—OH に形成される水素結合により，アルコール分子どうしが強く引き合うから。

解説 分子間力が大きいほど沸点は高い。分子間力は分子量の大きい分子ほど大きく，極性分子間ではさらに大きくなる。分子間に水素結合が形成されると，極性分子間の引力よりさらに強くなる。アルコールはヒドロキシ基—OH の位置に水素結合が形成されるが，エーテルには形成されない。

キーワード
・水素結合

554 解答 銅が析出して試験管の壁に付着する。

解説 ホルミル基をもつ物質には還元作用がある。これを確認するには，アンモニア性硝酸銀溶液から銀 Ag を析出させる銀鏡反応，フェーリング液を還元して Cu^{2+} を含む溶液から酸化銅（Ⅰ）Cu_2O の赤色沈殿を生成させる方法がある。
ホルムアルデヒドは還元作用が強いので，Cu^{2+} を含む溶液から Cu_2O だけでなく，Cu_2O をさらに還元した Cu を析出させることがある。

キーワード
・ホルミル基
・還元作用

555 解答 ギ酸
理由：構造式中にホルミル基をもつため還元性を示す。

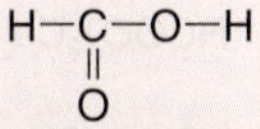

$$H-C-O-H$$
$$\overset{\|}{O}$$

解説 アルデヒドを酸化するとカルボン酸が得られる。通常，ホルミル基がカルボキシ基になり，還元性がなくなるが，ギ酸は構造中にカルボキシ基とホルミル基が存在するので還元性を示す。

キーワード
・ホルミル基
・還元作用

556 解答 (1)　　　シス形　　　　　　　トランス形

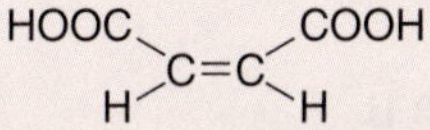

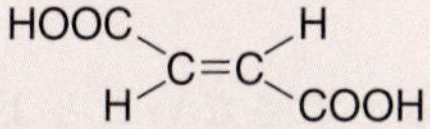

HOOC　　　COOH　　　HOOC　　　H
　　　C＝C　　　　　　　　C＝C
　H　　　　H　　　　　　　H　　　　COOH
　　　マレイン酸　　　　　　　フマル酸

(2)　シス形では分子内の2つのカルボキシ基が接近しているので加熱により脱水して環状の酸無水物を生じるが，トランス形ではカルボキシ基どうしは離れているので，分子内のカルボキシ基間の脱水は起きない。

解説 分子内の2つのカルボキシ基が脱水縮合することにより環状の酸無水物をつくるので，カルボキシ基どうしが接近している必要がある。シス形は接近しているがトランス形は離れている。

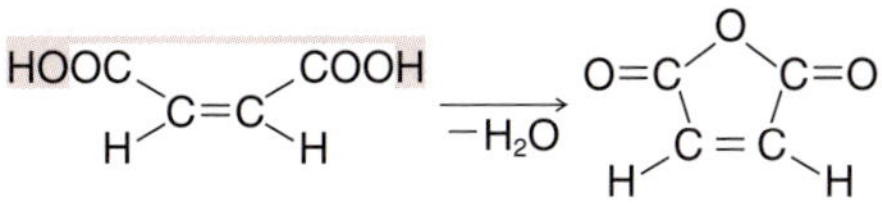

HOOC　　　COOH　　　　　　　O
　　　C＝C　　　　→　　O＝C　　C＝O
　H　　　　H　　　　−H₂O　　　C＝C
　　　　　　　　　　　　　　　H　　　H

キーワード
・酸無水物
・脱水縮合

266 —— 6章　有機化合物

557　成分の脂肪酸において A は B, C より低級脂肪酸の割合が多い。

解説　油脂は化学式 $CH_2(OCOR^1)CH(OCOR^2)CH_2(OCOR^3)$ で示されるように，グリセリンと脂肪酸のエステルである。油脂 1mol をけん化するのに，KOH 3mol が必要である。

$$CH_2(OCOR^1)CH(OCOR^2)CH_2(OCOR^3) + 3KOH \longrightarrow$$
$$CH_2(OH)CH(OH)CH_2(OH) + R^1COOK + R^2COOK + R^3COOK$$

油脂 1g のけん化により多くの KOH が必要であることから，油脂 1g 中に含まれる油脂分子の数は A が最も多いことになり，これは油脂の平均分子量が A では B と C よりも小さいことを意味する。

キーワード
・けん化
・脂肪酸

558　硬水中にはカルシウムイオンやマグネシウムイオンが含まれている。硬水中でセッケンを使うとこれらのイオンと水に不溶な塩を形成してしまうため，泡立てることができなくなる。

解説　セッケンはマグネシウムイオンやカルシウムイオンと反応して，水に不溶な塩を形成する。

$$2RCOO^- + Mg^{2+} \longrightarrow (RCOO)_2Mg\downarrow$$
$$2RCOO^- + Ca^{2+} \longrightarrow (RCOO)_2Ca\downarrow$$

559　(1)　A　$HO-CH_2-CH_2-CH_2-CH_2-COOH$

X_1 の確認：アンモニア性硝酸銀水溶液を加えて温める。
：フェーリング液を加えて温める。

(2)　B　$CH_3-CH_2-CH(OH)-CH_2-COOH$ か
$CH_3-CH_2-CH_2-CH(OH)-COOH$

酸化によりケトン基をもつことより第二級アルコールであることがわかる。
また，ヨードホルム反応を示さないことより B は $CH_3CH(OH)-$ の構造をもたない。

キーワード
・アルコールの酸化
・ホルミル基
・ケトン基

解説　(1)　A は分子式と直鎖状モノカルボン酸であることから，$C-C-C-C-COOH$ になることがわかる。A の酸化で生じる X_1 を酸化するとジカルボン酸になることより，X_1 はホルミル基をもつことがわかる。したがって，A は第一級アルコールなので，$HO-CH_2-CH_2-CH_2-CH_2-COOH$ である。

ホルミル基があるので，銀鏡反応またはフェーリング液の還元で生成が確認できる。

(2)　B の酸化で生じる X_2 はケトンであるので，B は第二級アルコールである。

$C_4-C_3-C_2-C_1-COOH$

第二級アルコールであるので，C_4 にヒドロキシ基は結合していない。また，ヨードホルム反応を示さないため，C_3 にもヒドロキシ基は結合していない。

論述問題——267

560 解答 クメン法は，常温・常圧で進み，副生成物の再利用ができるため。

解説 昔はアルカリ融解法でフェノールを合成していた。この方法は，多量のエネルギーを必要とすることや，副生成物の処理の面で難点があった。

キーワード
・クメン法

561 解答 生成物のアニリンは弱塩基の塩として水に溶けているので，NaOH で遊離させてエーテル層へ移す。

解説 ニトロベンゼンに濃塩酸と金属スズを加えて加熱するとアニリンは塩酸塩 $C_6H_5NH_3^+Cl^-$ となり水溶液中に溶けている。アニリン $C_6H_5NH_2$ は弱塩基であるので，アニリン塩酸塩に強塩基の NaOH を加えれば，アニリンが遊離し，エーテル層に移動する。

キーワード
・強塩基による弱塩基の遊離

562 解答 塩化ベンゼンジアゾニウムは温度が高いと分解するから。

解説 ジアゾニウム塩は不安定で，熱分解を起こしたり，水と反応したりする。フェノール類と反応させて，アゾ染料などをつくる際には，低温にして分解や水などとの反応を抑えつつ，素早く反応させる。

キーワード
・ジアゾニウム塩

563 解答 炭酸より酸性の強い安息香酸が炭酸水素ナトリウムと反応して二酸化炭素が発生したため。

解説 フェノール C_6H_5OH，安息香酸 C_6H_5COOH はともに酸性の有機化合物である。酸性の強さはカルボン酸＞炭酸＞フェノールであり，炭酸の塩である炭酸水素ナトリウム $NaHCO_3$ は安息香酸と反応して弱酸の炭酸を遊離する。

$$NaHCO_3 + C_6H_5COOH \longrightarrow C_6H_5COONa + H_2O + CO_2$$

キーワード
・強酸による弱酸の遊離
・有機酸の酸性の強さ

564 解答 ① 理由：エチル基はメチル基よりもかさが大きく立体障害が大きいので，エチル基の隣のオルトの位置はメチル基の場合よりも試薬の攻撃を受けにくい。

解説 ニトロ化の反応ではニトロニウムイオン NO_2^+ がベンゼン環を攻撃する。このとき，ベンゼン環にメチル基やエチル基が入っていると，オルトとパラの位置を NO_2^+ が攻撃しやすくなる（オルト・パラ配向性）。しかし，エチル基はかさが大きいために，オルトの位置ではメチル基の場合よりも攻撃を受けにくくなる。

オルト・パラ配向性を示す官能基
　$-CH_3$，$-OH$，$-NH_2$，$-OCH_3$

キーワード
・立体障害

27 天然高分子化合物 (p.357)

565 解答 (1) (ア) フェーリング　(イ) 酸化銅(I)　(ウ) 1

(2)

解説　α-，β-グルコースの構造式はかけるようになっておこう。グルコースなどの単糖類の鎖状構造にはホルミル基などの還元性を示す構造があるため，還元性を示す。

エクセル グルコースのかき方

C原子は省略，○は－OHを表す。

● おもな単糖類(→ p.350)
グルコース(ブドウ糖)
フルクトース(果糖)
ガラクトース

566 解答
(A) セロビオース，(オ)　(B) スクロース(ショ糖)，(ウ)
(C) マルトース(麦芽糖)，(ア)　(D) セルロース，(エ)
(E) アミロース，(カ)

解説　二糖類では，スクロース[1](ショ糖)には還元性がないことに注意。

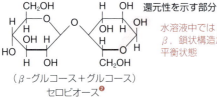

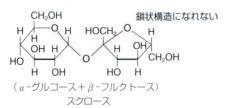

❶ スクロース
α-グルコース＋β-フルクトース
サトウキビ，テンサイなどに多く含まれる。還元性なし。

▶ スクロースでは還元性を示す部分が結合に使われている。

❷ セロビオース
β-グルコース＋グルコース

❸ マルトース
α-グルコース＋グルコース

● ラクトース
ガラクトース＋グルコース

● 還元性を示す構造
－O－C－OH

多糖類には，デンプンとセルロースがある。
デンプンは，α-グルコースからなり，直鎖状のアミロースと枝分かれのあるアミロペクチンがある。

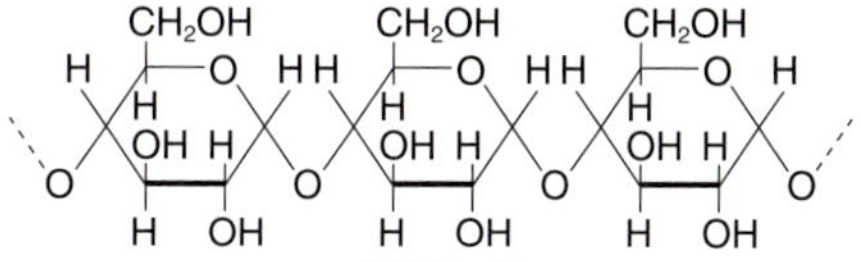

アミロース

セルロースはβ-グルコースからなる。グルコースの六員環構造が上下に逆転して直鎖状につながっている。

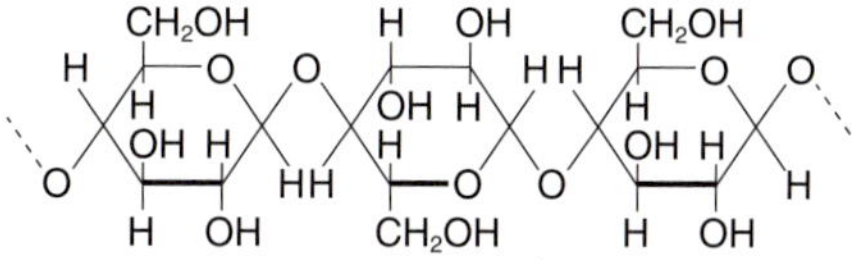

セルロース

エクセル グルコースのかき方

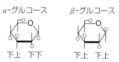

C 原子は省略，○は －OH を表す。

567

解答
A：マルトース　　B：ラクトース　　C：スクロース
D：ガラクトース　　E：フルクトース
(ア) ラクターゼ　(イ) インベルターゼ　(ウ) 転化糖

解説 各二糖類をそれぞれの酵素[1]で加水分解したときに生成する単糖を以下に記す。

A マルトース →(マルターゼ) グルコース* + グルコース
*加水分解後の単糖類はα，β，鎖状構造をとっている。

B ラクトース →(ラクターゼ) D ガラクトース + グルコース

C スクロース →(インベルターゼ) グルコース + E フルクトース
スクロースを加水分解したときに生成する単糖類の混合物を特に転化糖とよぶ。

[1] 酵素は触媒作用を示すタンパク質。

▶スクロースを加水分解することを，特に転化という。

エクセル
$C_{12}H_{22}O_{11}$ →(インベルターゼまたは希酸) $C_6H_{12}O_6$ + $C_6H_{12}O_6$
スクロース　　　　　　　　　　グルコース　　フルクトース
還元性を示さない　　　　　　　転化糖：還元性を示す

568

解答 (ア) α (イ) アミロース (ウ) アミロペクチン
(エ) 青紫 (オ) ヨウ素デンプン (カ) アミラーゼ
(キ) マルトース(麦芽糖) (ク) マルターゼ
(ケ) グリコーゲン (コ) β (サ) 水素
(シ) セルラーゼ (ス) セロビオース

解説 多糖類には,デンプンとセルロースがある。
デンプンは,α-グルコースからなり,直鎖状のアミロースと枝分かれのあるアミロペクチンがある。

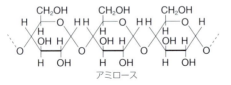

セルロースはβ-グルコースからなる。グルコースの六員環構造が上下に逆転して直鎖状につながっている。

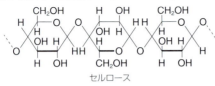

エクセル アミロースとアミロペクチン…ともにα-グルコースが多数つながっている。

569

解答 (ア) ジアセチルセルロース
(イ) [C_6H_7O_2(OH)(OCOCH_3)_2]_n (ウ) アセテート
(エ) ビスコースレーヨン

解説 セルロースのヒドロキシ基がアセチル化されたものがトリアセチルセルロース。

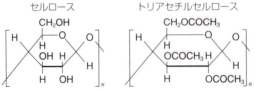

天然繊維を一度溶媒に溶かしたのち,凝固液中に引き出して繊維として再生させたものを再生繊維という。また,天然繊維を化学的に処理してから紡糸したものを半合成繊維という。

● 多糖類の加水分解
・デンプン
α-グルコースからなる。米,小麦,いも類に多く含まれる。

・セルロース
β-グルコースからなる。木綿,脱脂綿,ろ紙などの主成分。

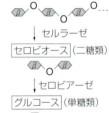

▶再生繊維
・ビスコースレーヨン
・銅アンモニアレーヨン

天然繊維
+
溶媒

27 天然高分子化合物——271

> **エクセル** 多糖類の分子式
> ヒドロキシ基に注目すると$[C_6H_7O_2(OH)_3]_n$と表される。

570

解答

(1) (ア) グリシン (イ) L (ウ) 必須

(2)

$$CH_3 \underset{H_2N}{\overset{COOH}{\underset{|}{\overset{|}{\underset{}{C}}}}} H$$

解説

グリシン[1]以外のアミノ酸は不斉炭素原子をもち，L体とD体の鏡像異性体が存在する。

天然に存在するアミノ酸はほとんどL体であるが，近年D体の存在や役割が少しずつ報告されている。

鏡

D体のアラニン ┊ L体のアラニン

> **エクセル** アミノ酸のD体とL体では，密度や融点など物理的性質は同じであるが，生体への作用が異なる。

❶ グリシン

$$H-CH-COOH$$
$$\quad |$$
$$\quad NH_2$$

不斉炭素原子がない

● α-アミノ酸の構造

$$R-CH-COOH$$
$$\quad\ |$$
$$\quad\ NH_2$$

Rはアミノ酸側鎖とよばれる。グリシン以外のアミノ酸は赤字のC原子が不斉炭素原子になる。

571

解答

(1) $H-CH-COOH$ (2) (キ) $CH_3-CH-COOH$
  $\quad\quad |$ $\qquad\qquad\qquad\quad\ |$
  $\quad\quad NH_2$ $\qquad\qquad\qquad\quad\ NH_2$

(3) (エ) (4) (オ) (5) (ウ), (ク) (6) (イ), (ケ)

解説

(1) (ア)～(ケ)の α-アミノ酸について，構造式をかく。

(ア) $H-CH-COOH$ (イ) $HS-CH_2-CH-COOH$
  $\quad\quad |$ $\qquad\qquad\qquad |$
  $\quad\quad NH_2$ $\qquad\qquad\qquad NH_2$
  グリシン   システイン

(ウ) $HO-\langle\bigcirc\rangle-CH_2-CH-COOH$ (エ) $CH_2-CH_2-CH-COOH$
  $\qquad\qquad\qquad\qquad |$ $\qquad |\qquad\qquad\ |$
  $\qquad\qquad\qquad\qquad NH_2$ $\qquad COOH\qquad NH_2$
  チロシン   グルタミン酸

(オ) $H_2N-(CH_2)_4-CH-COOH$ (カ) $HO-CH_2-CH-COOH$
  $\qquad\qquad\qquad |$ $\qquad\qquad\qquad |$
  $\qquad\qquad\qquad NH_2$ $\qquad\qquad\qquad NH_2$
  リシン   セリン

(キ) $CH_3-CH-COOH$ (ク) $\langle\bigcirc\rangle-CH_2-CH-COOH$
  $\qquad\quad |$ $\qquad\qquad\qquad\quad |$
  $\qquad\quad NH_2$ $\qquad\qquad\qquad\quad NH_2$
  アラニン   フェニルアラニン

(ケ) $CH_3-S-CH_2-CH_2-CH-COOH$
  $\qquad\qquad\qquad\qquad\ |$
  $\qquad\qquad\qquad\qquad\ NH_2$
  メチオニン

(2) α-アミノ酸に共通な構造の分子量が74になる。

グリシン(分子量75)　　　アラニン(分子量89)

(3) アミノ酸の側鎖に酸性を示すカルボキシ基(—COOH)を含むα-アミノ酸を酸性アミノ酸とよぶ。

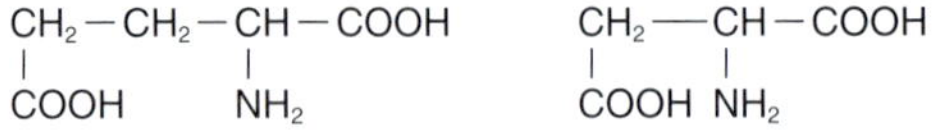

```
CH₂—CH₂—CH—COOH       CH₂——CH—COOH
 |          |           |      |
COOH       NH₂         COOH   NH₂
```
　　グルタミン酸　　　　　　　アスパラギン酸

❶ キサントプロテイン反応
(→ p.353)

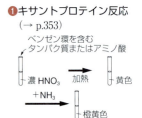

(4) アミノ酸側鎖に塩基性を示すアミノ基(—NH₂)を含むα-アミノ酸を塩基性アミノ酸とよぶ。

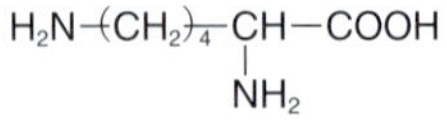

```
H₂N—(CH₂)₄—CH—COOH
              |
             NH₂
```
　　　　リシン

(5) ベンゼン環を含むα-アミノ酸は，キサントプロテイン反応❶に陽性である。

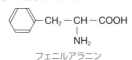

フェニルアラニン

(6) S元素を含む有機物を分解後にPb²⁺を加えると黒色沈殿(PbS)を生じる❷。(→ p.279)

❷ S元素の定性分析

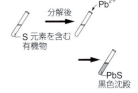

エクセル キサントプロテイン反応のキサントとはギリシア語で「黄色」の意味，プロテインは「タンパク質」のことを表す。

572 解答 (1) (ア) 双性 (イ) 等電点 (ウ) 陽 (エ) 陰

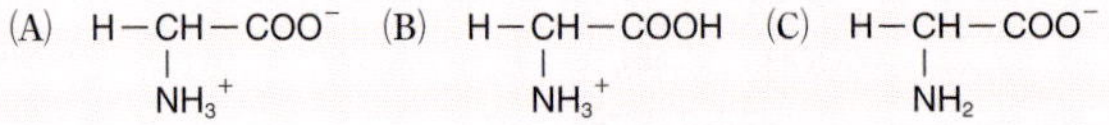

(A)
```
H—CH—COO⁻
   |
  NH₃⁺
```
(B)
```
H—CH—COOH
   |
  NH₃⁺
```
(C)
```
H—CH—COO⁻
   |
  NH₂
```

解説 アミノ酸は結晶状態では，正電荷と負電荷をともにもつ双性イオン❶として存在している。アミノ酸を水に溶かすと陽イオン，双性イオン，陰イオンの平衡状態として存在している。pHがある値になるとアミノ酸の電荷が平均すると「0」になる。このときのpHを等電点という(グリシンの等電点はpH = 6.0)。
グリシンの電離平衡

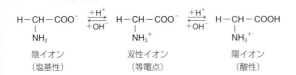

❶ アミノ酸は同程度の分子量をもつ物質より融点が高い。

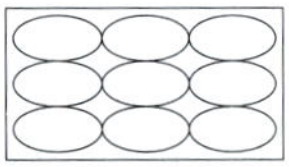

(分子結晶の図)

双性イオン

アミノ酸の結晶
クーロン力でより強く引きあっている。

❷ リシンの等電点 pH = 9.7

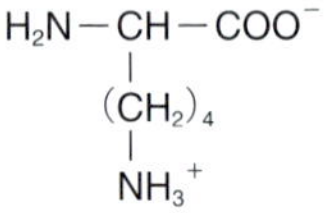

エクセル 酸性アミノ酸の等電点は小さく，塩基性アミノ酸の等電点[2]は大きくなる。

グルタミン酸の電離平衡

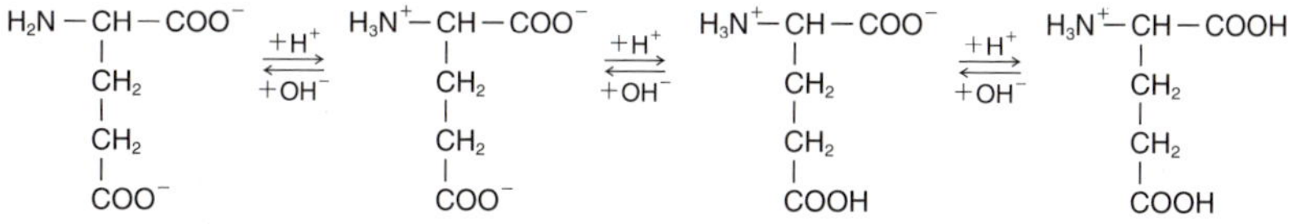

573

解答 (1) $C_7H_{13}N_3O_4$　(2) $(M-18)X+18$

解説 (1) グリシンの分子式は$C_2H_5NO_2$，アラニンの分子式は$C_3H_7NO_2$である。アミノ酸3分子が縮合すると，水分子が2分子抜けるので，分子式は

$$2C_2H_5NO_2 + C_3H_7NO_2 - 2H_2O = C_7H_{13}N_3O_4$$

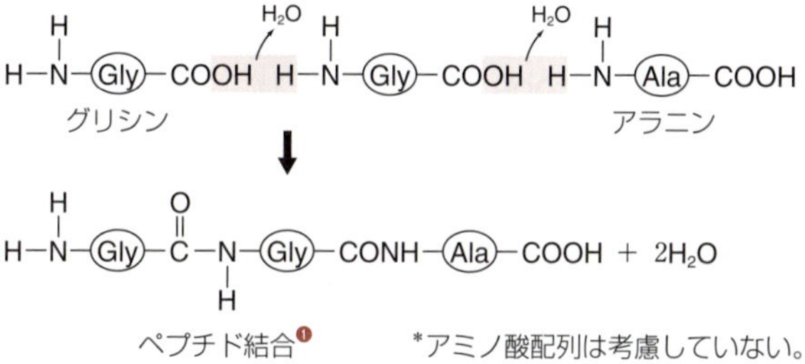

ペプチド結合[1]　　*アミノ酸配列は考慮していない。

(2) アミノ酸 X 個の縮合で$(X-1)$個の水分子が抜けるので，
$MX - 18(X-1) = (M-18)X + 18$

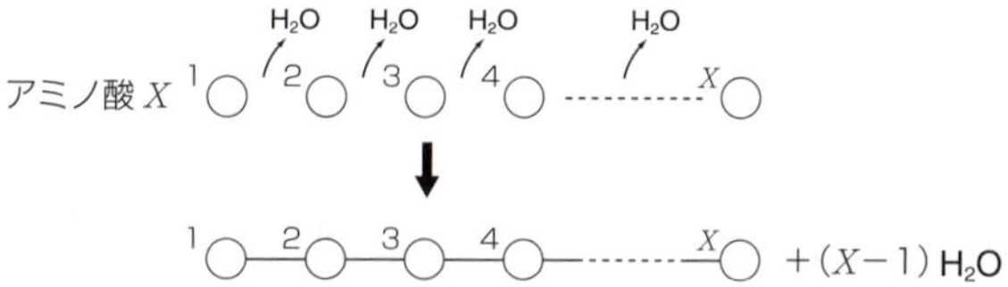

[1] アミノ酸がつくるアミド結合をペプチド結合とよぶ。

ペプチド結合

エクセル グリシンとアラニンからなるジペプチドは2種類ある。

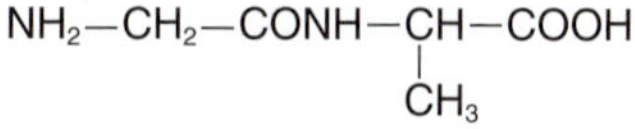

NH₂—CH₂—CONH—CH—COOH
　　　　　　　　　｜
　　　　　　　　　CH₃
グリシン-アラニン

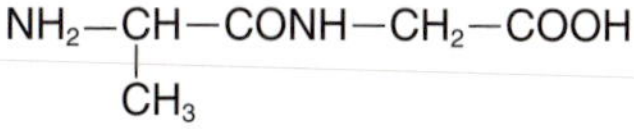

NH₂—CH—CONH—CH₂—COOH
　　　｜
　　　CH₃
アラニン-グリシン

574

解答 (1) 2種類　(2) 6種類　(3) 3種類

解説 (1) グリシンとアラニンよりなるジペプチドには，次の2種類の構造が考えられる。

274 —— 7章　高分子化合物

$$H_2N-\underset{H}{\underset{|}{CH}}-COOH \quad + \quad H-\underset{CH_3}{\underset{|}{\underset{|}{N}}}-CH-COOH$$

グリシン（Gly）　　　　　　アラニン（Ala）

$$\xrightarrow{-H_2O} \quad H_2N-\underset{H}{\underset{|}{CH}}-\overset{O}{\overset{||}{C}}-\underset{H}{\underset{|}{N}}-\underset{CH_3}{\underset{|}{CH}}-COOH$$

ペプチド結合

ジペプチド

$$H_2N-\boxed{Gly}-\boxed{Ala}-COOH$$

$$H_2N-\underset{CH_3}{\underset{|}{CH}}-COOH \quad + \quad H-\underset{H}{\underset{|}{N}}-\underset{H}{\underset{|}{CH}}-COOH$$

アラニン　　　　　　　　　　グリシン

$$\xrightarrow{-H_2O} \quad H_2N-\underset{CH_3}{\underset{|}{CH}}-\overset{O}{\overset{||}{C}}-\underset{H}{\underset{|}{N}}-\underset{H}{\underset{|}{CH}}-COOH$$

ジペプチド

$$H_2N-\boxed{Ala}-\boxed{Gly}-COOH$$

(2)　3種類のα-アミノ酸からなるトリペプチドには，次の6種類の構造が考えられる。

フェニルアラニン

$$H_2N-\boxed{Gly}-\boxed{Ala}-\boxed{Phe}-COOH \quad H_2N-\boxed{Gly}-\boxed{Phe}-\boxed{Ala}-COOH$$

$$H_2N-\boxed{Ala}-\boxed{Gly}-\boxed{Phe}-COOH \quad H_2N-\boxed{Ala}-\boxed{Phe}-\boxed{Gly}-COOH$$

$$H_2N-\boxed{Phe}-\boxed{Gly}-\boxed{Ala}-COOH \quad H_2N-\boxed{Phe}-\boxed{Ala}-\boxed{Gly}-COOH$$

$3! = 3×2×1 = 6$ 種類

(3)　グリシンとグルタミン酸からなるジペプチドには，次の3種類の構造が考えられる。

$$H_2N-\underset{H}{\underset{|}{CH}}-COOH \quad + \quad H-\underset{\underset{CH_2-COOH}{\underset{|}{CH_2}}}{\underset{|}{N}}-CH-COOH$$

グリシン（Gly）

グルタミン酸（Glu）

$$\xrightarrow{-H_2O} \quad H_2N-\underset{H}{\underset{|}{CH}}-CONH-\underset{\underset{CH_2-COOH}{\underset{|}{CH_2}}}{\underset{|}{CH}}-COOH$$

$$H_2N-\boxed{Gly}-\boxed{Glu}-COOH$$

$$H-\underset{\underset{\overset{\gamma}{CH_2}-COOH}{\underset{|}{\overset{\beta}{CH_2}}}}{\underset{|}{N}}-\overset{\alpha}{CH}-COOH \quad + \quad H-\underset{H}{\underset{|}{N}}-\underset{H}{\underset{|}{CH}}-COOH$$

Glu　　　　　　　　　　　　Gly

$$\xrightarrow{-H_2O} \quad H-\underset{\underset{\overset{\gamma}{CH_2}-COOH}{\underset{|}{\overset{\beta}{CH_2}}}}{\underset{|}{N}}-\overset{\alpha}{CH}-CONH-\underset{H}{\underset{|}{CH}}-COOH$$

$$H_2N-\boxed{Glu}\overset{\alpha}{-}\boxed{Gly}-COOH$$

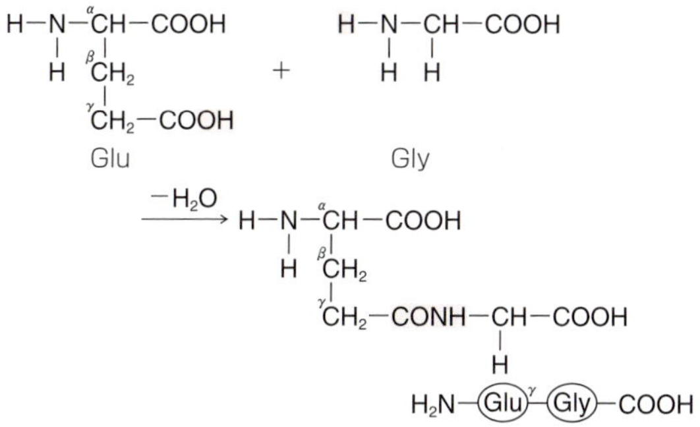

```
H-N-αCH-COOH         H-N-CH-COOH
  |   |                |  |
  H   βCH₂       +     H  H
      |
      γCH₂-COOH
     Glu                  Gly
```

```
  -H₂O
  ───→  H-N-αCH-COOH
         |   |
         H   βCH₂
             |
             γCH₂-CONH-CH-COOH
                      |
                      H
         H₂N-(Glu)-(Gly)-COOH
```

> **エクセル** タンパク質やペプチドの鎖において，アミノ基（-NH₂）が残っている側を N 末端，カルボキシ基が残っている側を C 末端とよぶ。

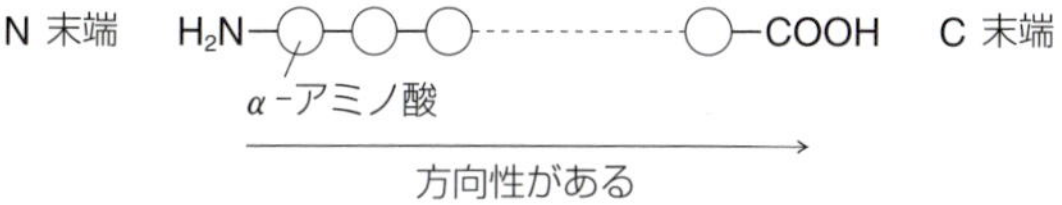

```
N 末端  H₂N-○-○-……-○-COOH  C 末端
          └── α-アミノ酸 ──┘
          ────方向性がある────→
```

575

解答 (ア) ペプチド　(イ) 水素　(ウ) α-ヘリックス　(エ) β-シート　(オ) ジスルフィド

解説 多数の α-アミノ酸がペプチド結合により結合した鎖をポリペプチドという。このポリペプチド鎖が水素結合やジスルフィド結合（→ p.353）により一定の構造をもつものをタンパク質という。タンパク質はアミノ酸の並び順によって構造が決定され，アミノ酸配列のことをタンパク質の**一次構造**❶という。ペプチド鎖は水素結合により，α-ヘリックス構造やβ-シート構造がつくられ，これらの構造を**二次構造**❷という。タンパク質鎖1本がとる構造を**三次構造**❸，数本の鎖が集まり特定の形をとったものを**四次構造**❹とよぶ。

タンパク質中の α-ヘリックス構造

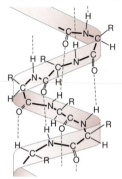

❶ タンパク質の一次構造
Gly Ile Val Glu Gln Cys Ala ……
ペプチド鎖のアミノ酸配列
（アミノ酸の並び順）

❷ タンパク質の二次構造
α-ヘリックス
β-シート

❸ タンパク質の三次構造
タンパク質鎖1本の空間的構造

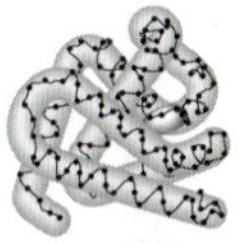

❹ タンパク質の四次構造
数本の鎖が集まり機能ある形をとる構造

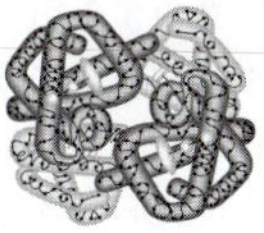

タンパク質は直鎖状の高分子であるが，分子内の水素結合（NH…O=C）によって，らせん形などの立体構造をつくる。らせん形は，タンパク質分子に最も多く見られる立体構造である。

エクセル タンパク質は，熱，強酸，強塩基，重金属イオン，アルコールなどにより水素結合が切れて，立体構造が保てなくなり，凝固や沈殿する。この現象を変性❺という。

❺生卵を加熱するとタンパク質が変性する。

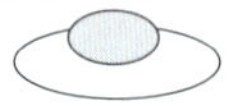

576
解答 (ア) 単純 (イ) 複合 (ウ) ヘモグロビン (エ) 球 (オ) 繊維 (カ) フィブロイン

解説
(ア) 単純タンパク質は α-アミノ酸のみからなる。
(イ) 複合タンパク質は α-アミノ酸以外に，糖，脂質，金属イオン，リン酸などを含む。
(ウ) ヘモグロビンは鉄イオンを含む複合タンパク質。
(エ) 球状に近い形のタンパク質を球状タンパク質とよぶ。球状タンパク質は，親水基を外側に向けて，水などに分散しやすい。
(オ) ポリペプチド鎖が束になり，繊維状になったものを繊維状タンパク質とよび，水などに分散しにくい。
(カ) 絹糸やクモの糸にはフィブロインとよばれるタンパク質が含まれている。

エクセル 単純タンパク質
　　球状タンパク質
　　　アルブミン：卵白などに含まれる。
　　繊維状タンパク質
　　　ケラチン：毛髪，爪などに含まれる。
　　　コラーゲン：軟骨や皮膚などに含まれる。
　　　フィブロイン：絹糸などに含まれる。

577
解答 (1) (ア) NH_3 (イ) PbS
(2) 実験2：ビウレット反応　実験4：キサントプロテイン反応

解説
(1) (ア) N元素を含む有機物を強塩基と加熱すると NH_3 が発生❶する。NH_3 の確認方法は濃塩酸を近づけると白煙を生じる。
(イ) S元素を含む有機物を分解後に Pb^{2+} を加えると，黒色沈殿(PbS)を生じる(→ p.279)。
(2) 実験2：3つ以上のアミノ酸が結合したペプチドに，$NaOH$ 水溶液を加えたのち，$CuSO_4$ 水溶液を加えると赤紫色に変色する❷(→ p.353)。

エクセル タンパク質の検出反応
　ビウレット反応(→ p.353)
　　$NaOH$ 水溶液 + $CuSO_4$ 水溶液で赤紫色 ⟶ 2個以上のペプチド結合が存在
　キサントプロテイン反応(→ p.353)
　　濃 HNO_3 で黄色 ⟶ ベンゼン環のニトロ化

❶N元素の定性分析

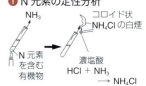

❷ビウレット反応

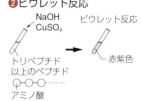

27 天然高分子化合物——277

578

解答
(ア) 触媒　(イ) 基質　(ウ) 活性化　(エ) 小さく
(オ) 活性部位(活性中心)　(カ) マルトース
(キ) セロビオース　(ク)と(ケ) グルコースとフルクトース
(コ) 最適温度
(下線部) 基質特異性
(理由) 酵素の活性部位の立体構造にうまく一致する基質のみが活性部位に結合できるため。

解説
生体内の化学反応の触媒として作用しているのが酵素である。化学薬品の触媒と違い，酵素は特定の物質(基質)のみに作用する。これを基質特異性という。これは「カギと穴」の関係で説明されている。タンパク質からできている酵素は特有の立体構造をもっており，この中に基質を受け入れる部分があり，立体的形状から基質以外は受け入れにくくなっている。
酵素を含め触媒は，化学反応における活性化エネルギーを小さくするように作用して，反応速度を速める。
(酵素の作用)
アミラーゼ
　デンプン$(C_6H_{10}O_5)_n$→マルトース $C_{12}H_{22}O_{11}$
マルターゼ
　マルトース $C_{12}H_{22}O_{11}$→グルコース $C_6H_{12}O_6$
インベルターゼ
　スクロース $C_{12}H_{22}O_{11}$
　　　　→グルコース $C_6H_{12}O_6$ + フルクトース $C_6H_{12}O_6$
セルラーゼ
　セルロース$(C_6H_{10}O_5)_n$→セロビオース $C_{12}H_{22}O_{11}$
酵素ははたらきが活発になる条件があり，最も高い触媒作用を示す温度を最適温度❶，pHを最適pH❷という。

エクセル 酵素の触媒作用
　特定の基質のみに作用(基質特異性)
　最も作用が活発になる温度(最適温度)とpH(最適pH)がある。

酵素は生体内の化学反応の触媒。
酵素と基質は「カギと穴」の関係で，酵素がカギ穴をもち，基質はその穴に入れるカギである。

❶ 活性化エネルギー以上の分子が増加
失活
酵素が変性し触媒作用が低下
反応速度
最適温度　温度

❷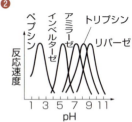
ペプシン
胃の中ではたらくタンパク質分解酵素
トリプシン
腸の中ではたらくタンパク質分解酵素
リパーゼ
油脂分解酵素

579

解答
(1) (ア) Cu_2O　(イ) 赤　(ウ) カルボキシ
　　(エ) $+2$　(オ) $+1$　(カ) 還元
(2) $2:2:3$

解説
(1) アルデヒドが還元性を示すために，フェーリング液が還元される。

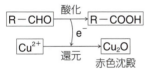

(2) ある体積の水溶液中のスクロースをx [mol]，マルトースを$2x$ [mol]とすると

実験A　マルターゼで加水分解したあと，溶液中にはスクロース x〔mol〕，グルコース $4x$〔mol〕が存在する。還元性を示す糖 1 mol あたり，1 mol の赤色沈殿ができるので，$4x$〔mol〕生成する。スクロースは還元性を示さない。

●糖類の還元性
グルコース　　示す
フルクトース　示す
スクロース　　示さない
マルトース　　示す

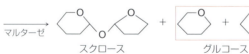
スクロース x〔mol〕　　　マルトース $2x$〔mol〕

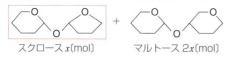
マルターゼ　　スクロース　　　　　　グルコース
　　　　　x〔mol〕　還元性なし　　　$4x$〔mol〕　還元性あり

実験B　インベルターゼで加水分解したあと，溶液中にはグルコース x〔mol〕，フルクトース x〔mol〕，マルトース $2x$〔mol〕が存在する。したがって，赤色沈殿は $4x$〔mol〕生成する。

スクロース x〔mol〕　　　マルトース $2x$〔mol〕

インベルターゼ　　グルコース　フルクトース　　マルトース
　　　　　　　　　x〔mol〕　x〔mol〕　　　$2x$〔mol〕
　　　　　　　　　還元性あり　還元性あり　　　還元性あり

実験C　希硫酸で2つの糖を加水分解したあとの溶液中には，グルコース $5x$〔mol〕，フルクトース x〔mol〕が存在する。したがって，赤色沈殿は $6x$〔mol〕生成する。

したがって，A : B : C = 4 : 4 : 6 = 2 : 2 : 3

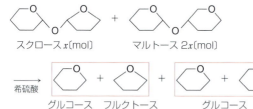
スクロース x〔mol〕　　　マルトース $2x$〔mol〕

希硫酸　　グルコース　フルクトース　　グルコース
　　　　　x〔mol〕　x〔mol〕　　　$4x$〔mol〕

エクセル　糖類の還元性……構造式をかいて確認しよう。
　　　グルコース　　示す　　　スクロース　示さない
　　　フルクトース　示す　　　マルトース　示す

580 解答　(1)　グルコース　　(2)　972　　(3)　11.1 g

解説　(1)　α-シクロデキストリンを希硫酸中で長時間加熱するとグルコースを生じる。

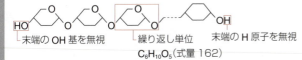
グルコース 6 分子

(2) グルコース $C_6H_{12}O_6$（分子量 180）6 分子から H_2O 6 分子が脱水すると $α$-シクロデキストリンが生じる。
$180×6-18×6=972$

(3) $α$-シクロデキストリン 1 分子を加水分解するとグルコース 6 分子が生じることにより，加水分解後のグルコースの質量を求める。

$$\frac{10.0\,\text{g}}{972\,\text{g/mol}}×6×180\,\text{g/mol}≒11.1\,\text{g}$$

エクセル $α$-シクロデキストリン ⟶ グルコース 6 分子が縮合した環状化合物
$β$-シクロデキストリン ⟶ グルコース 7 分子が縮合した環状化合物
$γ$-シクロデキストリン ⟶ グルコース 8 分子が縮合した環状化合物

581

解答 (1) 酵素 A：アミラーゼ　酵素 B：マルターゼ
(2) 106 g　(3) 88.3 g　(4) スクロース
還元性を示さない理由：スクロースは開環し鎖状構造をとることができない。このため，還元性を示す官能基が生じず，スクロースは還元性を示さない。

解説 (2) デンプン分子の両末端の OH 基と H 原子を無視すると，繰り返し単位は $C_6H_{10}O_5$ になる。デンプンをアミラーゼで加水分解したときに生じる麦芽糖の物質量は，繰り返し単位の物質量の $\frac{1}{2}$ 倍になる。

末端の OH 基を無視　繰り返し単位 $C_6H_{10}O_5$（式量 162）　末端の H 原子を無視

デンプン 100 g　→アミラーゼ→　麦芽糖 $C_{12}H_{22}O_{11}$（分子量 342）

麦芽糖の物質量　$\dfrac{100\,\text{g}}{162\,\text{g/mol}}×\dfrac{1}{2}$

麦芽糖の質量 $\dfrac{100\,\text{g}}{162\,\text{g/mol}} \times \dfrac{1}{2} \times 342\,\text{g/mol} \fallingdotseq 106\,\text{g}$

(3) デンプンを加水分解したときに，繰り返しの単位の数だけグルコースを生じる。
グルコース1molからCu_2O(式量143)1molが生じることにより，生じたCu_2Oの質量を求める。
$\dfrac{100\,\text{g}}{162\,\text{g/mol}} \times 1 \times 143\,\text{g/mol} \fallingdotseq 88.3\,\text{g}$

エクセル フェーリング液の還元では，アルデヒド1molより，1molのCu_2Oを生成する。

582

解答
(ア) β　(イ) 3
(1) トリニトロセルロース，33g
(2) 32g

解説
(1) 化学反応式は次の通りである。
$[C_6H_7O_2(OH)_3]_n + 3n\,HNO_3 \longrightarrow [C_6H_7O_2(ONO_2)_3]_n + 3n\,H_2O$
分子量　$162n$　　　　　　　　　　　　　　$297n$
ここから，反応前後の質量比より
$162 : 297 = 18 : x$　　$x = 33\,\text{g}$

(2) 化学反応式は次の通りである。
$[C_6H_7O_2(OH)_3]_n + 3n(CH_3CO)_2O \longrightarrow [C_6H_7O_2(OCOCH_3)_3]_n + 3n\,CH_3COOH$
分子量　$162n$　　　　　　　　　　　　　　　$288n$
ここから，反応前後の質量比より
$162 : 288 = 18 : y$　　$y = 32\,\text{g}$

● 多糖類の分子式
ヒドロキシ基に注目して$[C_6H_7O_2(OH)_3]_n$と表せる。

エクセル セルロースの化学的修飾

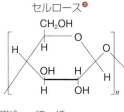
セルロース●
用途　綿，紙

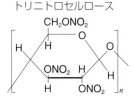
トリニトロセルロース
用途　火薬

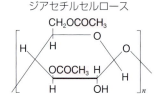
ジアセチルセルロース
用途　婦人服地，半合成繊維
　　　　（アセテート繊維）

❶
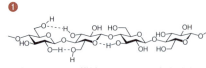
セルロースの構造　　　……… 水素結合

583

解答
(1) A：グルタミン酸　B：アラニン　C：リシン
(2) 6.0　(3) 1.0×10^4

(1) 等電点より酸性側では陽イオン，塩基性側では陰イオンとしておもに存在している。

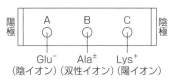

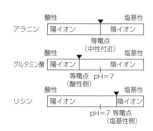

(2) 等電点では，陽イオンの濃度[X]と陰イオンの濃度[Z]は等しい。

$$K_1 \times K_2 = \frac{[Y][H^+]}{[X]} \times \frac{[Z][H^+]}{[Y]}$$

$$5.0 \times 10^{-3} \mathrm{mol/L} \times 2.0 \times 10^{-10} \mathrm{mol/L} = \frac{[Z][H^+]^2}{[X]} \quad \cdots ①式$$

[Z] = [X] より

$[H^+]^2 = 1.0 \times 10^{-12} \mathrm{mol^2/L^2}$ $\mathrm{pH} = -\log[H^+] = 6.0$

(3) ①式より$[H^+] = 10^{-4.0} \mathrm{mol/L}$ を代入すると

$$1.0 \times 10^{-12} \mathrm{mol^2/L^2} = \frac{[Z](10^{-4.0} \mathrm{mol/L})^2}{[X]}$$

$$\frac{[Z]}{[X]} = 1.0 \times 10^{-4} \qquad \frac{[X]}{[Z]} = 10^4$$

エクセル 等電点より pH が小さい ── おもに陽イオンとして存在
　　　　　　 pH が大きい ── おもに陰イオンとして存在

584 解答

A　$H_3N^+-CH_2-COOH$　　C　$H_3N^+-CH_2-COO^-$
E　$H_2N-CH_2-COO^-$

解説　領域点 B では，イオン A と C の混合物に，領域点 D では，イオン C と E の混合物になっている。
アミノ酸はアミノ基とカルボキシ基をともにもつため，酸とも塩基とも反応する。

エクセル 双性イオン
　　塩基性を示すアミノ基と酸性を示すカルボキシ基がともに存在するので，結晶や中性前後の溶液中では双性イオンとして存在する。また，溶液の pH によって構造が変化する。

$$\underset{\text{(塩基性溶液中)}}{R-CH_2-COO^-} \underset{OH^-}{\overset{H^+}{\rightleftharpoons}} \underset{\text{双性イオン}}{\underset{NH_3^+}{R-CH-COO^-}} \underset{OH^-}{\overset{H^+}{\rightleftharpoons}} \underset{\text{(酸性溶液中)}}{\underset{NH_3^+}{R-CH-COOH}}$$

585 解答　(1) 295　(2) 3種類

解説　(1) 不斉炭素原子をもたないグリシン(分子量 75) 2 分子とチロシン(分子量 181) 1 分子から構成されているので，トリペプチド A の分子量は，

$75 \times 2 + 181 - 18 \times 2 = 295$

(2) (グリシン-グリシン-チロシン)，(チロシン-グリシン-グリシン)，(グリシン-チロシン-グリシン)の 3 種類である。

282 —— 7章　高分子化合物

エクセル ペプチドの分子量

（アミノ酸の分子量の和）−（アミノ酸の数−1）×（水の分子量）

ペプチド結合の数

アミノ酸　　　　ペプチド

○ ○ ○ → ○─○─○

H₂O H₂O

ペプチド結合の数だけH₂Oがとれる

---

586 **解答**

(1) 293

(2) アミノ酸 B　　　　　アミノ酸 C

$$H_2N-\overset{\overset{\text{H}}{|}}{C}-COOH \qquad H_2N-\overset{\overset{\text{H}}{|}}{C}-COOH$$

CH₂　　　　　　　　CH₃

（ベンゼン環）

解説

(1) トリペプチド X[1]は末端にカルボキシ基をもつため，1価の酸として考える。トリペプチド X の分子量を M_x とすると，中和滴定の量的関係より

$$1 \times \frac{0.0586\,\text{g}}{M_x\,[\text{g/mol}]} = 1 \times 0.100\,\text{mol/L} \times \frac{2.00}{1000}\,\text{L}$$

$$M_x = 293$$

(2) 不斉炭素原子をもたないアミノ酸 A はグリシンで分子量は 75 である。アミノ酸 B の側鎖部分の式量は，$165 - 45 - 16 - 12 - 1 = 91$ である。フェニル基は 77 であるので，残りの式量は 14 である。アミノ酸 B は，ベンゼン環を含み分子量 165 であることよりフェニルアラニンと考えられる。

アミノ酸 C の分子量 M_c は

$$75 + 165 + M_c - 18 \times 2 = 293$$

$$M_c = 89$$

アミノ酸の側鎖部分の式量は $89 - 74 = 15$ であり，メチル基が結合したアラニンと決まる。

エクセル アミノ酸の側鎖部分の分子量＝アミノ酸の分子量−74

[1] トリペプチド X

H₂N─○─○─○─COOH

末端にカルボキシ基をもつ

▶フェニルアラニン（分子量 165）

（フェニルアラニン構造式）

▶チロシン（分子量 181）

（チロシン構造式）

$$R-\overset{\overset{}{|}}{\underset{\underset{}{|}}{CH}}-COOH$$

囲み部分の式量 74

---

587 **解答**

(1) H₂N─CH₂─CH₂─COOH

(2) ① ビウレット反応　② キサントプロテイン反応

(3) 453　(4) Gly─Phe─Cys─Lys，Lys─Cys─Phe─Gly

解説

(3), (4) 硫黄原子の検出反応から，B と C にはシステインが含まれることがわかる。同様に，キサントプロテイン反応から，C と D にはフェニルアラニンが含まれることがわかる。また，D にはグリシンが含まれ，A を構成するアミノ酸の最後の一種はリシンであることが読み取れる。リシンが塩基性アミノ酸であることは問題文から推測する。以上のことからテトラペプチドに対応する B〜D は次のようになる。

▶システイン（分子量 121）

（システイン構造式）

27　天然高分子化合物——283

```
□─□─□─□
B ─ B
    C ─ C
        D ─ D
─────────────
Lys Cys Phe Gly
```

したがって，テトラペプチド A の構造は

Lys—Cys—Phe—Gly

および，C 末端と N 末端が逆の

Gly—Phe—Cys—Lys

のいずれかである。

続いて分子量を求める。ペプチド結合が3個あるので，水(分子量18)3分子の式量を引いて，

146 ＋ 121 ＋ 165 ＋ 75 － 18×3 ＝ 453

▶リシン(分子量 146)

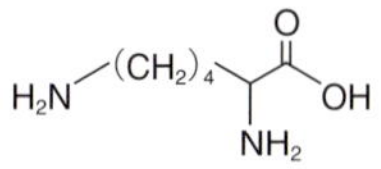

$$H_2N-(CH_2)_4-\overset{NH_2}{\underset{}{CH}}-\overset{O}{\underset{}{C}}-OH$$

エクセル キサントプロテイン反応

チロシンなど，ベンゼン環のあるアミノ酸を含むペプチドで起きる。

ビウレット反応

トリペプチド以上のペプチドを検出することができる。

588 解答

(1) (ア) 油脂(脂質)　(イ) 二重らせん　(ウ) リボソーム

(2) (i) ⑤　(ii) ③

(iii) アデニン(A)とチミン(T)，グアニン(G)とシトシン(C)

(3) リボース　　　RNA の塩基

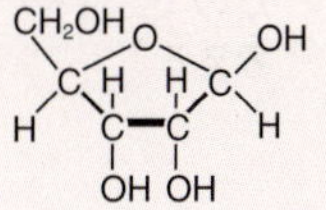

$$\underset{\text{OH OH}}{\underset{|\ \ |}{\overset{CH_2OH}{\underset{|}{C}}\ \ \overset{OH}{\underset{|}{C}}}}$$

アデニン(A)，グアニン(G)，
シトシン(C)，ウラシル(U)

解説

(2) ヌクレオチド[1]は，リン酸，糖，塩基で構成されている。DNA では，糖はデオキシリボース，塩基はアデニン，グアニン，シトシンおよびチミンである。リン酸はデオキシリボースの⑤炭素に結合するヒドロキシ基と結合する。また，ヌクレオチド鎖が高分子になるとき，③炭素に結合するヒドロキシ基と脱水縮合して重合する。

DNA：deoxyribonucleic acid

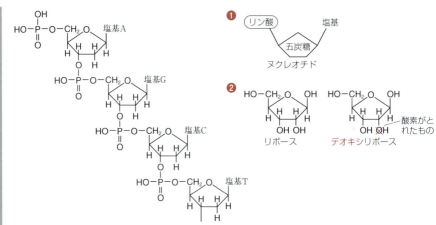

(3) RNAでは,糖はリボース,塩基はアデニン,グアニン,シトシン,ウラシルである。

RNA:ribonucleic acid

エクセル デオキシリボ核酸(DNA)…リン酸,デオキシリボース❷,塩基(アデニン,グアニン,シトシン,チミン)で構成される。

リボ核酸(RNA)…リン酸,リボース,塩基(アデニン,グアニン,シトシン,ウラシル)で構成される。

589

解答
(1) (ア) α
　　(イ) グリコシド
　　(ウ) アミロース
　　(エ) アミロペクチン
　　(オ) マルターゼ
(2) 5.4 g
(3) (カ) 2,3,6
　　(キ) 1　(ク) 3
(4) 右図

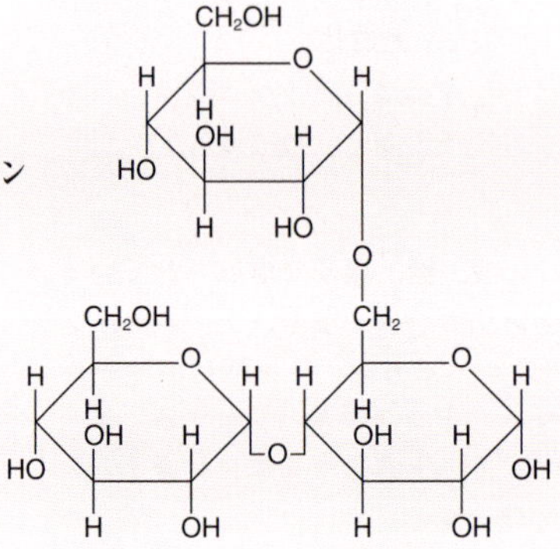

▶デンプンを加水分解して得たので,α-グルコースで考える。

解説
(1) デキストリンとは,デンプンの加水分解が部分的に進行して得られる物質である。

$(C_6H_{10}O_5)_n \longrightarrow (C_6H_{10}O_5)_m \longrightarrow C_{12}H_{22}O_{11} \longrightarrow C_6H_{12}O_6$
デンプン　$n>m$ デキストリン　　マルトース　　グルコース

(2) まず,マルトース10.0 g からグルコースがどれだけ得られるか考える。

$C_{12}H_{22}O_{11} + H_2O \longrightarrow 2C_6H_{12}O_6$
　342　　　18　　　180×2

得られるグルコースは $\left(10.0 \times \dfrac{180 \times 2}{342}\right)$ g …①

次に,グルコースをアルコール発酵する。

$$C_6H_{12}O_6 \longrightarrow 2CO_2 + 2C_2H_5OH$$
$$180 \qquad\qquad\qquad 46\times 2$$

①のグルコースから得られるエタノールは

$$10.0 \times \frac{180 \times 2}{342} \times \frac{46 \times 2}{180} = 5.38 \fallingdotseq 5.4 \text{ g}$$

(3) （カ，キ）

実際に反応式をかいて考える。加水分解すると，1位の $-OCH_3$ 基は $-OH$ に戻る点に注意しよう。

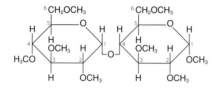

したがって，(2, 3, 4, 6)位がメチル化されたものと(2, 3, 6)位がメチル化されたものが 1：1 の割合で生成する。

(ク) A が，グルコース m 個からなるとすると，その分子式および分子量は

▶A の分子式を仮定し，質量比から決定する。

$$mC_6H_{12}O_6 - (m-1)H_2O = C_{6m}H_{10m+2}O_{5m+1}$$

グルコース m 分子　　　　　化合物 A
$180 \times m$　　　　　　　$162m + 18$

いま，100 g の A からグルコース 107.1 g が得られたことから

$$(162m + 18) : 180m = 100 : 107.1$$
$$m = 2.96 \fallingdotseq 3$$

(4) A はグルコース 3 分子からなる。

2, 3 位のヒドロキシ基がメチル化されたグルコースに注目すると，このグルコースの 4 位および 6 位は，グルコースとつながっていたことになる。

したがって，2, 3, 4, 6 位がメチル化されたグルコースは 2 分子あり，このグルコースはそれぞれ 1 位の $-OH$ 基がグリコシド結合に関与していたと推測される。

したがって，A の構造は

▶A の構造は

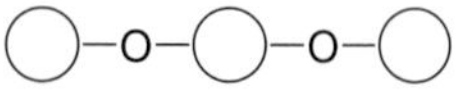

◯—O—◯—O—◯

型になる。
真ん中のグルコースに注目し，メチル化のようすから，グリコシド結合している $-OH$ 基を推測する。

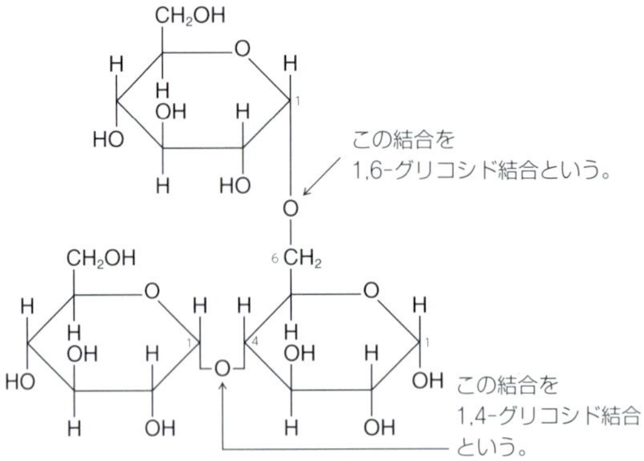

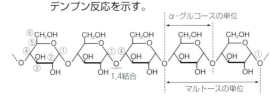

エクセル デンプンとセルロース

デンプン…α-グルコースが多数結合してできる。ヨウ素デンプン反応を示す。

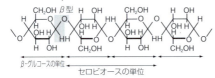

セルロース…β-グルコースが多数結合してできる。

590 解答 pH = 2.95　計算過程は解説参照

解説 アスパラギン酸[1]の等電点は酸性側にあり、(3)式によるH⁺の放出は抑えられる。

また、pK_3 = 9.90 であることより、(3)式による[A²⁻]の濃度は無視できる程小さいと近似する。

$$HA^- \rightleftharpoons H^+ + A^{2-}$$

($K_3 = 10^{-9.90}$ mol/L であり、K_3 の値は K_1、K_2 と比べて小さい）近似することで、溶液中におもに存在するイオンは以下の4種類と考えられる。

　　[H⁺]、[H₃A⁺]、[H₂A]、[HA⁻]

(a)式、(b)式より

$$K_1 \times K_2 = \frac{[H^+]^2[HA^-]}{[H_3A^+]}$$

溶液は等電点であることより、[H₃A⁺] = [HA⁻]と考えられる。

$$K_1 \times K_2 = [H^+]^2$$

[1] アスパラギン酸

CH₂——CH—COOH
|　　　　|
COOH　NH₂

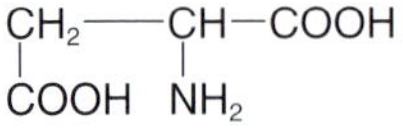

両辺に常用対数 $-\log_{10}$ をとり，pH を求めると

$$-(\log_{10} K_1 \times K_2) = -\log[\text{H}^+]^2$$
$$-\log_{10} K_1 + (-\log_{10} K_2) = 2 \times (-\log[\text{H}^+])$$
$$\text{p}K_1 + \text{p}K_2 = 2 \times \text{pH}$$
$$\text{pH} = \frac{1}{2} \times (2.00 + 3.90)$$
$$= 2.95$$

*(c)式に $[\text{H}^+] = 10^{-2.95}$ を代入し，$[\text{HA}^-]$ と $[\text{A}^{2-}]$ の割合について考えると

$$10^{-9.90} \text{mol/L} = \frac{10^{-2.95} \text{mol/L} \times [\text{A}^{2-}]}{[\text{HA}^-]}$$

$$\frac{[\text{A}^{2-}]}{[\text{HA}^-]} = 10^{-6.95}$$

$[\text{HA}^-]$ と比べて $[\text{A}^{2-}]$ は極めて小さく近似が妥当であることがわかる。

エクセル 多段階の電離を考えるときは，近似の利用を考える。

591

解答
(1) グアニン 27% シトシン 27% チミン 23%
(2) 4.2×10^6

解説
(1) DNA を構成する塩基はアデニン－チミン，グアニン－シトシンが水素結合により対を形成する。

$$\text{グアニンの数の割合} = \frac{100\% - 23\% \times 2}{2} = 27\%$$

(2) この微生物の DNA を構成するヌクレオチドの式量の平均を考えると

$$\text{ヌクレオチドの式量の平均} = 313 \times 0.23 + 329 \times 0.27 + 289 \times 0.27 + 304 \times 0.23$$
$$= 308$$

この微生物の細胞 1 個が有する DNA の塩基対の数を考えると

$$\underbrace{\frac{4.3 \times 10^{-6} \text{g}}{308 \text{g/mol}} \times 6.0 \times 10^{23}/\text{mol}}_{\text{ヌクレオチドの数}} \times \underbrace{\frac{1}{1.0 \times 10^9}}_{\substack{\text{細胞の数} \\ \text{で割る}}} \times \underbrace{\frac{1}{2}}_{\text{対の数}} \fallingdotseq 4.2 \times 10^6 \text{個}$$

●DNA の相補性
A（アデニン）－T（チミン）
G（グアニン）－C（シトシン）

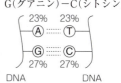

エクセル 塩基対

アデニン(A) ⟷ チミン(T)
　　　　　　（DNA での塩基）
　　　　　⟷ ウラシル(U)
　　　　　　（RNA での塩基）
グアニン(G) ⟷ シトシン(C)

288 —— 7章　高分子化合物

▶28　合成高分子化合物（p.374）

592 解答　(ア) (g)　(イ) (l)　(ウ) (b)
(エ) (f)　(オ) (a)　(カ) (d)

解説　二重結合をもつ単量体が，二重結合を開きながら次々と重合することを付加重合❶という。一方，2つの分子から水などの簡単な分子がとれて縮合しながら重合することを縮合重合❷という。

❶
$$>C=C< \quad >C=C< \quad >C=C<$$
付加重合
$$-C-C-C-C-C-C-C-$$
末端には触媒などがつく

❷
HO−A−OH　H−B−H　HO−A−OH·····
　　　　　└─→ H₂O
縮合重合
─────→ HO−A−B−A·····

エクセル　高分子化合物（ポリマー）とは，単量体（モノマー）が多数重合してできたものである。繰り返しの数を重合度という。

593 解答
(1) (ア) 縮合　(イ) アミド　(ウ) 開環

(2) HOOC−(CH₂)₄−COOH　　H−N−(CH₂)₆−N−H
　　　　　　　　　　　　　　　 |　　　　　|
　　　　　　　　　　　　　　　 H　　　　　H
　　　　アジピン酸　　　ヘキサメチレンジアミン

(3)
　　　　　　　 H　　　　　　H
　　　　　　　 |　　　　　　|
−C−(CH₂)₄−C−N−(CH₂)₆−N−
　|　　　　　|
　O　　　　　O　　　　　　　　　　ₙ

(4)
H₂C　CH₂−CH₂−C=O
　　|　　　　　　　|
　　CH₂−CH₂−N−H

(5)
　　　　　　　 O
　　　　　　　 ‖
−N−(CH₂)₅−C−
　|
　H　　　　　　ₙ

(6) ナイロンにはアミド結合が分子に多く存在し，分子間に水素結合を多数形成する。このためにナイロンは分子どうしがずれにくく強い性質をもつ。

解説　(2), (3) ヘキサメチレンジアミンとアジピン酸の縮合重合により，ナイロン66❶ができる。

n H−N−(CH₂)₆−N−H　+　n HO−C−(CH₂)₄−C−OH
　　 |　　　　　 |　　　　　　　　 ‖　　　　　 ‖
　　 H　　　　　 H　　　　　　　　 O　　　　　 O

縮合重合
─────→
　　　　　　　　　　　　　　 O　　　　 O
　　　　　　　　　　　　　　 ‖　　　　 ‖
[−N−(CH₂)₆−N−C−(CH₂)₄−C−]　+ 2nH₂O
ジアミン成分の炭素数「6」　ジカルボン酸成分の炭素数「6」
ナイロン66

　　　　　　　　　　　　　　 O　　　　 O
　　　　　　　　　　　　　　 ‖　　　　 ‖
[−N−(CH₂)₆−N−C−(CH₂)₈−C−]
ジアミン成分の炭素数「6」　ジカルボン酸成分の炭素数「10」
ナイロン610

❶ナイロン66
デュポン社のカロザースにより合成された。スポーツウェアやストッキングなどに使用されている。

28 合成高分子化合物──289

(5) ε-カプロラクタムの開環重合により，ナイロン6[2]ができる。

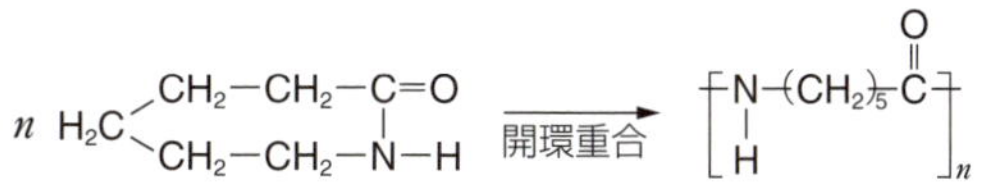

●ナイロン6
歯ブラシの毛などに使われている。

(6) アミド結合のなかのN−H結合のH原子と，別のアミド結合中のC=O結合のO原子の間で水素結合を形成する。

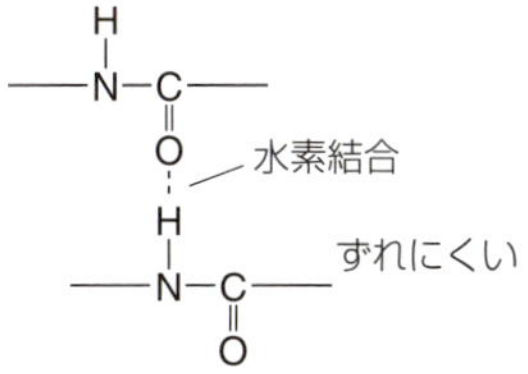

●アミド結合

水素結合を形成する。

エクセル 縮合重合により形成されたアミド結合と同じ数だけ水分子が生成する。

594
解答
(1) (ア) 縮合 (イ) エステル結合
(2) A：テレフタル酸 B：エチレングリコール
(3) A：HOOC−⟨ ⟩−COOH B：HO−CH₂−CH₂−OH
(4) 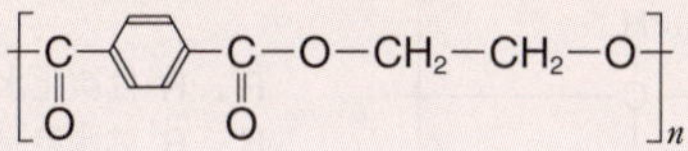 [−C(=O)−⟨ ⟩−C(=O)−O−CH₂−CH₂−O−]ₙ

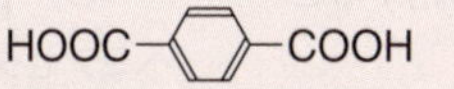

解説 PETボトルや衣料などに幅広く使われているポリエチレンテレフタラートはテレフタル酸とエチレングリコールの縮合重合（縮重合）により合成される。

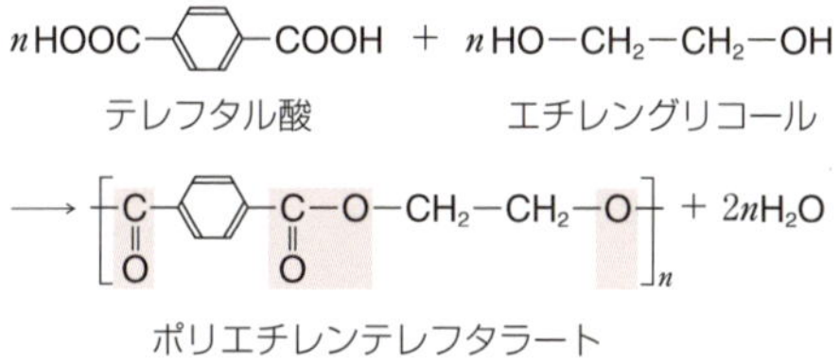

nHOOC−⟨ ⟩−COOH + nHO−CH₂−CH₂−OH
テレフタル酸   エチレングリコール
⟶ [−C(=O)−⟨ ⟩−C(=O)−O−CH₂−CH₂−O−]ₙ + 2nH₂O
ポリエチレンテレフタラート

●ポリエチレンテレフタラートの重合度とエステル結合の数

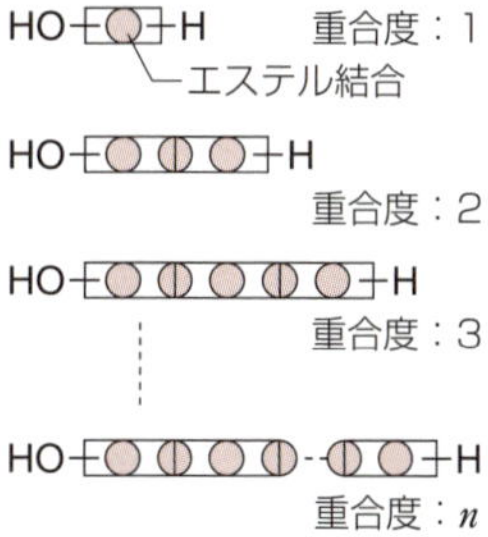

HO−[○]−H 重合度：1
      エステル結合

HO−[○○]−H 重合度：2

HO−[○○○]−H 重合度：3
    ⋮
HO−[○○○-○○○]−H 重合度：n

エステル結合の数 $(2n-1)$

エクセル 重合度nのポリエチレンテレフタラートには$(2n-1)$個のエステル結合が存在する。

595
解答 (a), (b), (c)

解説 平均分子量が等しいとき，繰り返し単位の式量が小さい程，重合度は大きい。

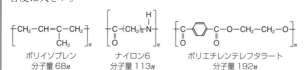

●平均分子量が等しいときの重合度

290 —— 7章 高分子化合物

596

解答

(1) (ア) 付加　(イ) アセトアルデヒド

(2) アセタール化

(3) $\left[CH_2-CH \atop \quad\ OCOCH_3 \right]_n + nNaOH \longrightarrow \left[CH_2-CH \atop \quad\ OH \right]_n + nCH_3COONa$

(4) ポリビニルアルコール[1]はヒドロキシ基を多く含むため，水溶性である。このため，ホルムアルデヒドを用いてアセタール化[2]することで，ヒドロキシ基の数を適度に減らし，水に溶けない繊維にする必要があるため。

解説

ビニルアルコールは不安定であり，アセトアルデヒドに変化する。

$$\left(\begin{matrix} H \\ H \end{matrix} C=C \begin{matrix} OH \\ H \end{matrix}\right) \longrightarrow H-\overset{H}{\underset{H}{C}}-C\overset{O}{=}$$

ビニルアルコール（不安定）　アセトアルデヒド
エノール形　　　　　　　　ケト形

このため，ビニルアルコールを直接付加重合することによりポリビニルアルコールを得ることができない。

そこで酢酸ビニルを付加重合したのちに，塩基でけん化することによりポリビニルアルコールを得る。

$$n \begin{matrix} H \\ H \end{matrix} C=C \begin{matrix} H \\ O-C-CH_3 \\ \quad\ O \end{matrix} \xrightarrow{付加重合} \left[\begin{matrix} H & H \\ C & C \\ H & O-C-CH_3 \\ & \quad\ O \end{matrix} \right]_n$$

酢酸ビニル　　　　　　　　エステル結合

$$\xrightarrow[+NaOH]{けん化} \left[CH_2-CH \atop \quad\ OH \right]_n$$

さらにポリビニルアルコールをホルムアルデヒドでアセタール化することでビニロンを得る。

······$CH_2-CH-CH_2-CH-CH_2-CH$······
　　　　　　　$\underset{OH}{|}$　　　　$\underset{OH}{|}$　　　　$\underset{OH}{|}$

$$\xrightarrow[HCHO]{アセタール化}$$

······$CH_2-CH-CH_2-CH-CH_2-CH$······
　　　　$\underset{OH}{|}$　　　　$\overset{|}{\underset{O}{\ \ CH_2-O}}$　　　$\underset{|}{}$

ビニロン
—OHを残すことで適度な
吸湿性をもつ

エクセル ポリビニルアルコールは，ポリ酢酸ビニルをけん化してつくる。

❶ 洗濯のりの成分や偏光フィルムの材料として使われている。

$$OH\overset{}{\underset{}{\diagup}}\overset{OH}{\diagdown}\overset{}{\diagup}OH\overset{OH}{\diagdown}\overset{}{\diagup}\overset{OH}{\diagdown}OH$$

水溶性
ポリビニルアルコール

$$OH\overset{}{\diagdown}O\ CH_2\ O\overset{}{\diagup}OH\overset{}{\diagdown}O-CH_2\overset{}{\diagup}O\overset{}{\diagdown}OH$$

ビニロン

❷

$$R^1-O-\overset{R^3}{\underset{R^4}{C}}-O-R^2$$

アセタール構造

$$R^1-O-\overset{R^3}{\underset{R^4}{C}}-O-H$$

ヘミアセタール構造

R^1, R^2 は炭化水素
R^3, R^4 は水素原子または
　　　炭化水素

28　合成高分子化合物——291

597

解答

(1)　(a) (エ)　(b) (オ)　(c) (ア)　(d) (カ)　(e) (イ)　(f) (ウ)

(2)　(b)，(c)

解説

(a)　ポリスチレン：スチレンの付加重合

(b)　フェノール樹脂：フェノールとホルムアルデヒドの付加縮合

(c)　尿素樹脂：尿素[1]とホルムアルデヒドの付加縮合

(d)　ポリ塩化ビニル：塩化ビニルの付加重合

(e)　ポリメタクリル酸メチル：メタクリル酸メチル[2]の付加重合

(f)　ポリ酢酸ビニル：酢酸ビニルの付加重合

エクセル　熱硬化性樹脂(→ p.369)：熱を加えると硬化する合成樹脂
例：フェノール樹脂，尿素樹脂，メラミン樹脂[3]
熱可塑性樹脂(→ p.369)：熱を加えると軟化する合成樹脂

1

$$H_2N-\underset{\underset{O}{\|}}{C}-NH_2$$
尿素

2

$$\underset{H}{\overset{H}{>}}C=C\underset{COOCH_3}{\overset{CH_3}{<}}\ \ エステル$$
メタクリル酸メチル

$$\underset{H}{\overset{H}{>}}C=C\underset{COOH}{\overset{CH_3}{<}}$$
メタクリル酸

3

メラミン

598

解答

(1)　(ア) ラテックス　(イ) 付加　(ウ) 共　(エ) 酸素

(2)　イソプレン $CH_2=\underset{\underset{CH_3}{|}}{C}-CH=CH_2$　(3)　SO_2　(4)　$CH_2=\underset{\underset{Cl}{|}}{C}-CH=CH_2$

(5)
$$nCH_2=CH-CH=CH_2 + nCH_2=\underset{\underset{CN}{|}}{CH} \longrightarrow \left[CH_2-CH=CH-CH_2-CH_2-\underset{\underset{CN}{|}}{CH} \right]_n$$

解説

ゴムの木の樹液(ラテックス)に酸を加えて得られる生ゴムを乾留するとイソプレンが得られる。これと類似の構造をもつ単量体を付加重合させると合成ゴムができる。このとき，異なる単量体を付加重合させることを共重合とよぶ。

ゴムの弾性は加硫[1](→ p.370)により調節をしている。したがって，タイヤなどを燃焼させると硫黄酸化物である二酸化硫黄が生成する。

エクセル　単量体を A，B とすると

付加重合　　　　　共重合

－A－A－A－A－　　－A－B－A－B－A－B－

1

ゴム
架橋

加硫による架橋構造

599

解答

14

解説

この高分子化合物の構造式は

$$\left[HN-(CH_2)_m-NH-CO-(CH_2)_n-CO \right]_x$$

であり，繰り返し単位の式量は $14(m+n)+86$ である。

この繰り返し単位の中に，窒素原子は2個あるので，窒素原子の含有率は

$$\frac{14\times 2}{14(m+n)+86}\times 100 = 10.0$$

これを解いて，$(m+n)=13.8 \fallingdotseq 14$

エクセル　ポリアミド系繊維　　・ナイロン 66　　・ナイロン 6
ポリエステル系繊維　　・ポリエチレンテレフタラート

▶構造式をかき，分子量を求める。

600

(1) 4.7×10^2 g **(2)** 7.8×10^2 **(3)** 3.6×10^4

(1) ポリ酢酸ビニルの構造式は

$-\!\!\!-\!\!\text{CH}_2-\text{CH}(\text{OCOCH}_3)-\!\!\!-\!\!_n$ で，繰り返し単位の式量は 86 である。

したがって，1 kg のポリ酢酸ビニルでは，繰り返し単位の物質量は $\dfrac{1000}{86}$ mol である。

これをけん化する NaOH（式量 40）の質量は

$$\dfrac{1000}{86} \times 40 = 465 ≒ 4.7 \times 10^2 \text{ g}$$

(2) (1)より，重合度 n のポリ酢酸ビニルの分子量は $86n$ である。

重合度 n は，$\dfrac{6.71 \times 10^4}{86} = 780 = 7.8 \times 10^2$ である。

(3) 分子内の 3 分の 1 のヒドロキシ基が反応したビニロンが得られた。重合度は 7.8×10^2 であることから，

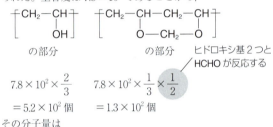

$7.8 \times 10^2 \times \dfrac{2}{3}$ $7.8 \times 10^2 \times \dfrac{1}{3} \times \dfrac{1}{2}$

$= 5.2 \times 10^2$ 個 $= 1.3 \times 10^2$ 個

その分子量は

$44 \times 5.2 \times 10^2 + 100 \times 1.3 \times 10^2 = 3.58 \times 10^4 ≒ 3.6 \times 10^4$

エクセル ビニロンの合成

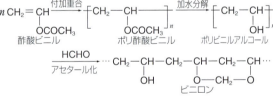

●けん化
R−COO−R′ + NaOH
⟶ R−COONa + R′−OH
1 mol のエステル結合をけん化するのに 1 mol の NaOH が必要。

●アセタール化
−OH 基 2 個に対して，HCHO 1 分子反応

●アセタール化後の質量の増加
炭素の分だけ質量が増える

601

(1) 40 % **(2)** 48 個 **(3)** (イ)

(1) 繰り返し単位の式量から考えると

$-\!\!\!-\!\!\text{CH}_2-\text{CH}=\text{C}(\text{Cl})-\text{CH}_2-\!\!\!-$ 式量 88.5

塩素の割合 $= \dfrac{35.5}{88.5} \times 100 = 40.1 ≒ 40\%$

(2) 共重合体を

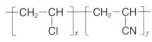

とすると

分子量より，$62.5x + 53y = 8700$ ……①

▶共重合体の構造式を仮定する。

塩素の質量パーセントより

$$\frac{35.5x}{8700} \times 100 = \frac{35.5}{88.5} \times 100 \quad \cdots\cdots ②$$

①,②より $x = 98.3$, $y = 48.2$

(3) 合成高分子に関する用語をおさえよう。
- (ア) ポリアクリロニトリルは付加重合である。
- (イ) 正しい。
- (ウ) 融点から，平均分子量を求めることはできない。
- (エ) ポリプロピレンは，高分子鎖に二重結合を含まない。
- (オ) ポリエチレンテレフタラートは，テレフタル酸とエチレングリコールの縮合重合で得られる。

▶②の右辺を40.1とすると計算が煩雑になる。(1)の計算前の式をおき，両辺の35.5を消す。

▶ゴムに加える硫黄の割合を増やすと硬くなり，40％程度加えたものをエボナイトという。

エクセル 共重合…スチレン-ブタジエンゴムの場合

$$xn\mathrm{CH_2=CH-CH=CH_2} + yn\mathrm{CH_2=CH-C_6H_5}$$
$$\longrightarrow \mathrm{[(CH_2-CH=CH-CH_2)}_x\mathrm{(CH_2-CH(C_6H_5))}_y]_n$$

スチレン-ブタジエンゴム(SBR)

実際には，スチレンとブタジエンが交互に並んでいるわけではない。

602

解答
(1) (ア) 天然　(イ) 再生　(ウ) 低密度　(エ) 高密度
(オ) 結晶
(2) 60％　(3) 8.66×10^3

解説
(1) 直鎖状高分子は糸状になるため，繊維として利用できる。
- 天然繊維：綿（セルロース），絹（タンパク質）
- 再生繊維：レーヨン（再生セルロース）
- 半合成繊維：アセテート，ニトロセルロース
- 合成繊維：ナイロン，ビニロン

(2) 繰り返し単位中のヒドロキシ基の x [％]がエステル化されたとして，物質量の関係より x を求める。

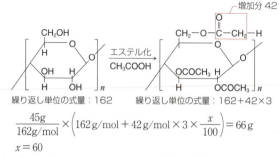

$$\frac{45\mathrm{g}}{162\mathrm{g/mol}} \times \left(162\mathrm{g/mol} + 42\mathrm{g/mol} \times 3 \times \frac{x}{100}\right) = 66\mathrm{g}$$

$x = 60$

(3) ポリエチレンテレフタラートの生成を重合度 n として，化学反応式を書き，物質量の関係より n を求める。

●芳香族化合物の分子量

ベンゼン C_6H_6
分子量 78

安息香酸
分子量 $78+44=122$

アニリン
分子量 $78+15=93$

テレフタル酸
分子量 $78+44+44=166$

294 —— 7章 高分子化合物

$$n\,HOOC-\!\!\!\left\langle\bigcirc\right\rangle\!\!\!-COOH \;+\; n\,HO-C_2H_4-OH$$

83.0 g　　　　　　　　　31.0 g

分子量 166　　　　　　　分子量 62

0.5 mol　　　　　　　　0.5 mol

$$\longrightarrow HO\!\!\left[\!\!\begin{array}{c}O\\\|\\C\end{array}\!\!-\!\!\left\langle\bigcirc\right\rangle\!\!-\!\!\begin{array}{c}O\\\|\\C\end{array}\!\!-O-C_2H_4-O\right]_n\!\!H \;+\; (2n-1)H_2O$$

96.2 g

分子量 192n+18

$$0.5\,\text{mol} \times \frac{1}{n} \times (192n+18)\,\text{g/mol} = 96.2\,\text{g}$$

ポリエチレンテレフ
タラートの物質量

$n = 45$

$192 \times 45 + 18 = 8658$　ポリエチレンテレフタラートの分子量

エクセル 重合度 n を使い量的関係を表す。

---

603 **解答** 1 : 4

▶付加重合では反応前後の質量は変わらない。

解説 スチレン-ブタジエンゴム(SBR)は，スチレンとブタジエンの比が 1 : x とすると，構造式は以下の通りである。

$$\left[\!\begin{array}{c}CH-CH_2\\|\\\left\langle\bigcirc\right\rangle\end{array}\!\!-\!\!\left(CH_2-CH=CH-CH_2\right)_x\right]_n$$

ここで，SBR において，ブタジエン由来の部分に二重結合が残っている。問題より，SBR の 8.0 g に水素 0.10 mol が付加したので，この SBR の 8.0 g をつくるのにブタジエン 0.10 mol が必要なことがわかる。

ブタジエン(分子量 54)の質量は 54 g/mol × 0.10 mol = 5.4 g であるから，スチレン(分子量 104)の質量は 8.0 g − 5.4 g = 2.6 g。

その物質量は $\dfrac{2.6}{104} = 0.025$ mol である。

したがって，スチレンとブタジエンの物質量の比は

0.025 : 0.10 = 1 : 4

エクセル 共重合体への水素の付加
　　　付加した水素分子の数と二重結合の数が等しい。

---

604 **解答** (1) (ア) 付加　(イ) 硫黄　(ウ) 架橋　(エ) 加硫

(オ) 付加

(2) $CH_2=CH-\underset{\underset{\displaystyle CH_3}{|}}{C}=CH_2$

(3) (B) $\left[\!\begin{array}{c}CH_2\\|\\H\end{array}\!\!C=C\!\!\begin{array}{c}CH_2\\|\\H\end{array}\!\right]_n$　(C) $\left[\!\begin{array}{c}CH_2\\|\\H\end{array}\!\!C=C\!\!\begin{array}{c}H\\|\\CH_2\end{array}\!\right]_n$

(4) 90 L　(5) 1.1 L

解説
(1) 生ゴム[1]（天然ゴム）に数％の硫黄を加えると，生ゴム分子間に硫黄原子が架橋してゴム弾性が大きくなる。このような操作を加硫という。
(2) 生ゴムの主成分はイソプレンが付加重合した形であるポリイソプレンである。

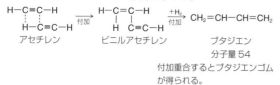

[1] シス形構造
: ゴム弾性を示す。
トランス形構造
: ゴム弾性にとぼしい。

(4) ブタジエン1molを生成するためには，アセチレンが2mol必要である。量的関係より，ブタジエンゴム108gをつくるために必要なアセチレンの体積を求める。

H−C≡C−H　　　H−C≡C−H　　　+H₂
　　　　　　付加　　　　　　　付加　CH₂=CH−CH=CH₂
H−C≡C−H　　　H　C≡C−H
アセチレン　　ビニルアセチレン　　ブタジエン
　　　　　　　　　　　　　　　　　分子量54
　　　　　　　　　　　　　　　付加重合するとブタジエンゴム
　　　　　　　　　　　　　　　が得られる。

$$\frac{108\,\mathrm{g}}{54\,\mathrm{g/mol}} \times 2 \times 22.4\,\mathrm{L/mol} = 89.6\,\mathrm{L}$$

(5) スチレンとブタジエン[2]が物質量比1:4で結合している繰り返し単位を考える。

$$\mathrm{+CH_2-CH-(CH_2-CH=CH-CH_2)_4+}_n$$
　　　　　　　(C₆H₅)

繰り返し単位の式量320

繰り返し単位の中に二重結合を4つ含むことにより，付加するH₂の体積を求める。

$$\frac{4.0\,\mathrm{g}}{320\,\mathrm{g/mol}} \times 4 \times 22.4\,\mathrm{L/mol} = 1.12\,\mathrm{L}$$

[2] スチレン−ブタジエンゴム（SBR）
耐摩耗性に優れている。タイヤや靴底などに利用されている。

エクセル 優れた性質をもたせるために，2種類以上の単量体の配分を調整して共重合させる。

605

解答 $1.0 \times 10^{-1}\,\mathrm{mol/L}$

解説 $x\,[\mathrm{mol/L}]$のCaCl₂水溶液を陽イオン交換樹脂に通すと，$2x\,[\mathrm{mol/L}]$のHCl水溶液が出てくる。

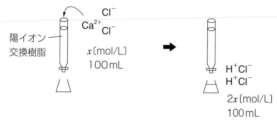

$$2x \times \frac{100\,\mathrm{mL}}{1000\,\mathrm{mL/L}} \times 1 = 0.80\,\mathrm{mol/L} \times \frac{25\,\mathrm{mL}}{1000\,\mathrm{mL/L}} \times 1$$

$$x = 1.0 \times 10^{-1}\,\mathrm{mol/L}$$

296 —— 7章　高分子化合物

> **エクセル**　n 価の陽イオンを陽イオン交換樹脂に通すと，n 倍の H^+
> が生じる。

606 **解答** (1)　**8 種類**　(2)　5.2×10^2　(3)　**54 %**

解説 (1)　リンゴ酸❶のヒドロキシ基に注目すると，これとエステル
結合するカルボキシ基は 2 つの可能性がある。生成したエス
テルにはそれぞれ 2 個の不斉炭素原子があるので，(2×2)
$\times 2 = 8$ 種類の光学異性体が存在する。

(2)　繰り返し単位の式量は 116 なので，

$$n = \frac{60000}{116} = 517 \fallingdotseq 5.2 \times 10^2$$

(3)　アラニン 1 分子が縮合すると，式量で $89 - 18 = 71$ の分子
量が増加する。平均分子量が 20000 増加したことに対応する
アラニンは，$\dfrac{20000}{71}$ 個に相当する。したがって，カルボキシ
基のうち，アラニンが反応した割合は

$$\frac{20000}{71} \div \frac{60000}{116} \times 100 = 54.4 \fallingdotseq 54$$

❶
$$\underset{\text{リンゴ酸}}{HOOC-\overset{\displaystyle OH}{\overset{|}{*}CH-CH_2-COOH}}$$

▶ $R-COOH + R'-NH_2$
$\longrightarrow RCONHR' + H_2O$
反応により水が抜ける。

> **エクセル**　エステル結合とアミド結合

	エステル結合　$\overset{}{\underset{\displaystyle \|}{-C-O-}}$	アミド結合　$\overset{}{\underset{H\ \ O}{-N-C-}}$
高分子化合物の例	ポリエチレンテレフタラート	ナイロン 66

607 **解答** (1)
$$CH_2=\overset{\displaystyle H}{\underset{\displaystyle \underset{\|}{\overset{|}{C}}-OH}{C}}$$
(2)
$$CH_2=\overset{\displaystyle H}{\underset{\displaystyle \underset{\|}{\overset{|}{C}}-O-CH_3}{C}}$$

理由　**B は分子間で水素結合するが，D はできないため。**

(3)　**(イ)**

(4)
$$H_3C-\underset{O-C}{\overset{C-O}{CH}}\ CH-CH_3$$

(5)　**(ウ)**

解説 (1)(2) 化合物 A はプロピレン CH₂=CHCH₃ である。したがって，化合物 X はポリプロピレンである。
A を酸化して得られる B は二重結合を有するカルボン酸で，分子量 72 であることから，B の示性式は CH₂=CHCOOH（アクリル酸❶）と求まる。
これをメタノールと反応させて得られる D の示性式は CH₂=CHCOOCH₃ である。
B と D の沸点の違いは，カルボキシ基による水素結合の有無による。

(3) ポリマー Y の示性式は ⁺CH₂−CHCOONa⁺ₙ で，ポリアクリル酸ナトリウムとよばれる。この化合物は吸水性高分子として知られており，カルボン酸の陰イオン，ナトリウムイオンが水和されることにより，自重の 10 倍以上の水を樹脂内部に蓄えることができ，紙おむつ，乾燥地への植樹などに利用されている。

(4)(5) 化合物 E は乳酸である。E を縮合すると，直鎖状の高分子化合物が直接得られるわけではなく，いったん，二分子が縮合した環状化合物 F になる。これが開環重合してポリ乳酸となる。ポリプロピレンと異なり，ポリ乳酸はエステル結合を有するため，加水分解されやすく，乳酸も微生物によって分解されるため，環境への負荷が少ない。

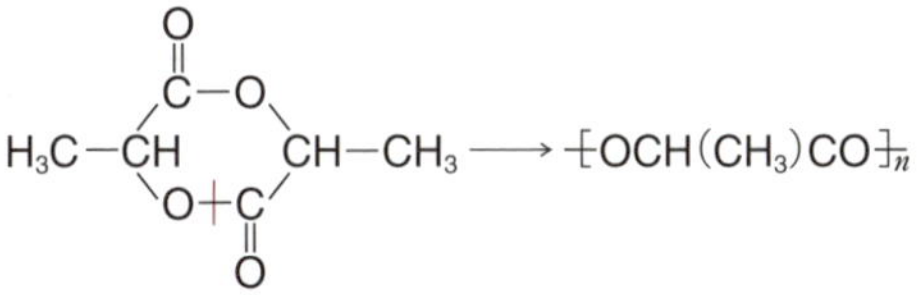

❶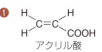
アクリル酸

エクセル 乳酸
・不斉炭素原子を有する。
・カルボン酸である。
・グルコースの発酵（乳酸菌）で得られる。
・ポリ乳酸（生分解性高分子）の原料である。

608 解答 アルギニン，アラニン，グルタミン酸
塩基性アミノ酸であるアルギニンの等電点は塩基性側，アラニンの等電点は中性付近，酸性アミノ酸であるグルタミン酸の等電点は酸性側になる。等電点より酸性の溶液中では，アミノ酸はおもに陽イオンとして存在する。このため等電点より酸性の溶液中では，アミノ酸は陰イオン交換樹脂に吸着しない。溶液の pH を小さくしていくことにより，等電点を塩基性側にもつアミノ酸から順にカラム出口から溶出される。

解説

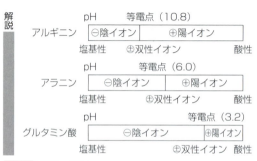

エクセル アミノ酸は
　　　等電点より酸性の溶液 ⟶ 陽イオン
　　　等電点より塩基性の溶液 ⟶ 陰イオン

609
解答 グルコースは分子中に親水性のヒドロキシ基をもつため、水に溶けやすい。しかし、ヘキサンやジエチルエーテルなどの有機溶媒には溶けにくい。

キーワード
・ヒドロキシ基
・親水性

解説 グルコースは右図のように親水性のヒドロキシ基を5個もつので水に溶けやすい。

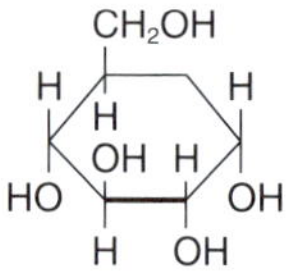

610
解答 ショ糖には還元性を示す基が存在しないから。

キーワード
・スクロース

解説 分子内に－CHO 基や－COCH₂OH 基をもつ糖類の水溶液は還元性を示す。還元性を示す糖と示さない糖は次の通りである。

分類	分子式	物質名	還元性	加水分解後の生成物
単糖類	$C_6H_{12}O_6$	グルコース	あり	加水分解されない
		フルクトース	あり	加水分解されない
		ガラクトース	あり	加水分解されない
二糖類	$C_{12}H_{22}O_{11}$	マルトース	あり	グルコース2分子
		スクロース	なし	グルコースとフルクトース
		ラクトース	あり	グルコースとガラクトース
		セロビオース	あり	グルコース2分子
多糖類	$(C_6H_{10}O_5)_n$	デンプン	なし	マルトースを経てグルコース
		グリコーゲン	なし	グルコース
		セルロース	なし	セロビオースを経てグルコース

611
解答 スクロースは還元性を示す基をもたないが、加水分解すると、還元性を示すグルコースとフルクトースができるので還元性を示すようになるため。

キーワード
・加水分解

解説 グルコースでは水溶液中で鎖状構造をとることができ、ホルミル基－CHO をもつ。フルクトースも水溶液中で鎖状構造をとることができ、－COCH₂OH となる部分をもつ。どちらも

論述問題——299

還元性を示す。グルコースとフルクトースが脱水縮合してスクロースになると，グルコース部もフルクトース部も鎖状構造をとれなくなり，ホルミル基―CHO や―COCH₂OH の部分をもたなくなるのでスクロースは還元性を示さなくなる。

612 解答 **デンプンが加水分解され，らせん構造が壊れる。**

解説 ヨウ素デンプン反応ではヨウ素分子がデンプン分子のらせん構造に入り込むことで，呈色反応を示す。酵素アミラーゼはデンプンを加水分解してマルトースにする。デンプンをつくっているグルコースのつながりを短くしていくので，デンプン分子のらせん構造は壊れていく。

キーワード
・加水分解
・らせん構造
・ヨウ素デンプン反応

613 解答 **α-アミノ酸は，結晶中では双性イオンとして存在している。これらは互いにクーロン力で結合しているため，α-アミノ酸の融点は一般的な有機化合物よりも高くなる。また，α-アミノ酸を水に溶かすと，陽イオン，双性イオン，陰イオンが平衡状態になる。そのため，α-アミノ酸は水に溶けやすく，有機溶媒に溶けにくい性質を示す。**

解説 双性イオンとは正電荷と負電荷の両方をもつ分子のことである。α-アミノ酸を水に溶かすと次のような電離平衡になる。

$$R-\overset{\overset{\displaystyle H}{|}}{\underset{\underset{\displaystyle NH_2}{|}}{C}}-COO^- \underset{OH^-}{\overset{H^+}{\rightleftharpoons}} R-\overset{\overset{\displaystyle H}{|}}{\underset{\underset{\displaystyle NH_3^+}{|}}{C}}-COO^- \underset{OH^-}{\overset{H^+}{\rightleftharpoons}} R-\overset{\overset{\displaystyle H}{|}}{\underset{\underset{\displaystyle NH_3^+}{|}}{C}}-COOH$$

陰イオン　　　　　双性イオン　　　　　陽イオン

キーワード
・双性イオン

614 解答 **タンパク質の構造が熱や pH などによって壊れ，性質が変化すること。**

解説 タンパク質は熱や pH の変化などによって立体構造が変化を受ける。これを変性という。

キーワード
・立体構造
・変性

615 解答 **卵白に含まれるアルブミン分子はコロイド粒子の大きさなので，水に溶かして横から強い光を照射するとチンダル現象によって光の通り道が輝いて見える。純水ではこの現象は観察できない。**

解説 コロイド溶液に横から光を当てると，光の通路が明るく光って見える現象をチンダル現象とよぶ。分子やイオンより大きいコロイド粒子が，光を散乱するために起こる。

キーワード
・チンダル現象

616 解答 **ベンゼン環をもつα-アミノ酸が含まれていない。**

解説 キサントプロテイン反応はベンゼン環をもつα-アミノ酸を含んだタンパク質の検出反応である。キサントプロテイン反応では，ベンゼン環をもつα-アミノ酸を含んだタンパク質の水溶液に濃硝酸を加えて加熱すると黄色に変化する。さらに，アンモニア水を加えると橙黄色に変化する。

キーワード
・キサントプロテイン反応

300 —— 7章　高分子化合物

617 解答　酵素には基質特異性，最適温度，最適 pH がある。

解説　各酵素に固有の「基質特異性」，「最適温度」，「最適 pH」がある。酵素の触媒としての特徴は一般的な触媒とは異なる。

キーワード
・基質特異性
・最適温度
・最適 pH

618 解答　DNA を構成する糖はデオキシリボースで，RNA を構成する糖はリボースである。DNA と RNA を構成する 4 つの塩基のうち，3 つは同じ（アデニン，グアニン，シトシン）で 1 つは異なる（DNA はチミン，RNA はウラシル）。さらに，DNA は 2 本のヌクレオチド鎖が二重らせん構造を形成しているのに対して，RNA は 1 本のヌクレオチド鎖からなる。

解説　DNA と RNA のヌクレオチドの違いは次の通りである。

	DNA	RNA
塩基	アデニン チミン グアニン シトシン	アデニン ウラシル グアニン シトシン
糖	デオキシリボース	リボース
リン酸	ある	ある

キーワード
・DNA
・RNA

619 解答　アデニン－チミン塩基対よりもグアニン－シトシン塩基対の方が水素結合の数が多いから。

解説　2 本鎖の解離は塩基対の水素結合の切断によって進行する。アデニン－チミン塩基対の水素結合は 2 本で，グアニン－シトシン塩基対は水素結合が 3 本である。そのため，アデニン－チミン塩基対よりグアニン－シトシン塩基対の方が解離しにくいと考えられる。

キーワード
・水素結合

620 解答　自然界には合成高分子化合物を分解する酵素がほとんど存在しないため。

解説　自然界の分解反応は微生物由来の酵素によって起こる。

キーワード
・合成高分子化合物

621 解答　分子鎖が同じ方向に規則的に配列して結晶部分が増加する。

解説　高分子化合物では，分子鎖が規則的に配列した結晶部分と無秩序な無定形部分とが混じり合っており，その割合も異なっている。結晶部分が増すと強度が増し，無定形部分が増すと柔軟性が増す。繊維ではその成分となっている高分子化合物の結晶部分と無定形部分の割合を調節して，用途に合った性質をもたせるようにしている。

キーワード
・結晶部分

622 解答　ビニルアルコールはすぐにアセトアルデヒドに変化してしまう。そのため，ビニルアルコールを単量体としてポリビニルアルコールを合成することはできない。

キーワード
・ビニルアルコール
・ポリビニルアルコール

論述問題——301

解説 ビニルアルコールは次の反応でアセトアルデヒドに変化する。

$$CH_2=CHOH \longrightarrow CH_3CHO$$

そのため，次の反応でポリビニルアルコールを合成する。
①酢酸ビニルを付加重合する。

$$nCH_2=CHOCOCH_3 \longrightarrow +CH_2-CH(OCOCH_3)\frac{}{}_n$$

②①で生成したポリ酢酸ビニルを水酸化ナトリウムで加水分解する（けん化）。

$$+CH_2-CH(OCOCH_3)\frac{}{}_n + nNaOH$$
$$\longrightarrow +CH_2-CH(OH)\frac{}{}_n + nCH_3COONa$$

---

623 解答 **熱可塑性樹脂は高分子間に結合がない鎖状構造をしているので，熱を加えるとやわらかくなり，冷やすと再びかたくなる。**
熱硬化性樹脂は鎖状高分子間に結合がある三次元の網目構造をとっており，加熱してもあまりやわらかくならない。

解説 熱可塑性樹脂では構成分子である高分子鎖間には結合はなく，分子間力によって集合している。そのため，加熱することにより分子運動が激しくなり，分子間力に打ち勝って動けるようになるために，加熱によりやわらかくなる。
熱硬化性樹脂は付加縮合によって分子がある程度重合したあとに，再び加熱して付加縮合させることによりつくられる。高分子鎖間に結合ができているので，加熱により分子運動が激しくなっても，自由に動けないのでやわらかくなりにくい。

キーワード
・鎖状構造
・網目状構造

---

624 解答 **ポリスチレンは炭素の含有量が多いため，ポリスチレンを燃やすと，不完全燃焼を起こし，反応後にすす（炭素）が多く生じる。**

解説 ポリスチレンには炭素と水素が1：1の割合で含まれているので，炭素の含有量が少ない物質に比べて不完全燃焼を起こしやすい（炭素と水素が1：2の割合で含まれているポリエチレンはポリスチレンより不完全燃焼を起こしにくい）。

キーワード
・炭素数

---

625 解答 **直鎖構造どうしを硫黄により架橋することで三次元網目構造となる。**

解説 生ゴムは熱により弾性を失うため，そのままではゴムとして使用することができない。生ゴムの主成分は鎖状のポリイソプレンであり，これに硫黄を加える（加硫）ことで三次元の架橋構造をつくると分子量が大きくなり，強い弾性や強度をもつようになる。

キーワード
・架橋

---

626 解答 **A中の陽イオンがH⁺に変換されるので，陽イオン交換樹脂を通したAではH⁺が多くなるので，pHは小さくなる。**

解説 陽イオン交換樹脂はスルホ基$-SO_3H$，カルボキシ基$-COOH$，フェノール性ヒドロキシ基$-OH$などの酸性の基を樹脂内にもち，水溶液中の陽イオンをH^+と交換する。
陰イオン交換樹脂は$-N^+(CH_3)_3OH^-$などの塩基性の基を樹脂内にもち，水溶液中の陰イオンをOH^-と交換する。

キーワード
・イオン交換

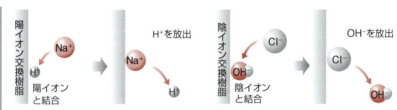

Aを陽イオン交換樹脂に通したので，A中の陽イオン(Na$^+$など)はH$^+$と交換され，溶液中のH$^+$の濃度が大きくなるので，pHは小さくなる。

入試のポイント・発展知識（p.386）

627 解答
(1) (ア) 共有　(イ) イオン　(ウ) 無極性分子
(2) 電気陰性度
(3) 最大　フッ化水素　δ値…4.1×10^{-1}
　　最小　ヨウ化水素　δ値…5.8×10^{-2}
(4)

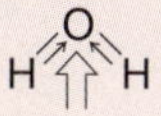

H↗O↖H

(5) NH_3, CH_3OH, CH_3Cl
(6) ① $\dfrac{\sqrt{3}}{3}M$　② $\dfrac{\sqrt{3}}{3}M$
(7) フッ化水素　理由　分子間に水素結合がはたらくため。

解説
(1) 同じ元素の原子は不対電子を出し合い共有電子対をつくることで共有結合を形成する。同じ元素の原子であるため、二原子分子には極性がない。一方、異なる原子が化学結合を形成すると、電子対はどちらかに引き寄せられる。このとき、二原子分子には極性が生じる。共有電子対がどちらかに引き寄せられる力が強いとき、分極が大きいため、化学結合はイオン結合性が大きいといえる。
　また、三原子分子の場合、二原子間の極性の他に分子全体の構造も考える必要がある。二酸化炭素の場合、C=O 間には分極が起こるが、分子全体として打ち消されるため、二酸化炭素は無極性分子である。一方、水の場合、H—O 間での分極が打ち消されないため、分子全体として極性がある。
(2) 電子対を引きつける強さは、電気陰性度によって決まる。
(3) 結合の極性は向きと大きさがあるため、ベクトルを用いて表すことができる。これを双極子モーメントとよぶ。本問中では、双極子モーメントの向きは$δ^+$から$δ^-$、大きさは$L \cdot δ \cdot e$である。表の値を与式に代入すると、δ値の最大はフッ化水素、最小はヨウ化水素である。
(4) 結合における双極子モーメントのベクトルの和が分子全体の双極子モーメントとなる。
(5) エチレン、アンモニウムイオンは分子に対称性があるため、結合の極性が打ち消し合い、無極性分子となる。
(6) o-ジクロロベンゼンは60°の角度をなす。
C-Cl 結合の$μ$の値は次のように求められる。

$$μ\sin60° = \dfrac{M}{2}$$

$$μ = \dfrac{M}{\sqrt{3}} = \dfrac{\sqrt{3}}{3}M$$

m-ジクロロベンゼンは120°の角度をなす。 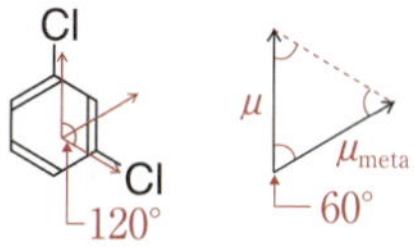
m-ジクロロベンゼンの$μ_{meta}$の値は次のように求められる。

304──入試のポイント・発展知識

$$\mu_{\mathrm{meta}} = \mu = \frac{\sqrt{3}}{3}M$$

(7) フッ化水素は H−F 間の電気陰性度の差が大きいため，分子間に水素結合を生じる。このため，フッ化水素は沸点が高い。

エクセル 双極子モーメント：結合の極性は向きと大きさをもつため，ベクトルを用いて表すことができる。

628 解答 ⑥

解説 A，B，Cの各ビーカーに含まれる溶質の物質量は次の通りである。

A：塩化ナトリウム $\dfrac{1.17\,\mathrm{g}}{58.5\,\mathrm{g/mol}} = 0.02\,\mathrm{mol}$

B：塩化カルシウム $\dfrac{1.11\,\mathrm{g}}{111\,\mathrm{g/mol}} = 0.01\,\mathrm{mol}$

C：スクロース $\dfrac{6.84\,\mathrm{g}}{342\,\mathrm{g/mol}} = 0.02\,\mathrm{mol}$

これらの電離後におけるA，B，Cの全溶質の物質量比は，

A：B：C $= 0.02 \times 2 : 0.01 \times 3 : 0.02$ となる。

A：B：C $= 0.04\,\mathrm{mol} : 0.03\,\mathrm{mol} : 0.02\,\mathrm{mol} = 4 : 3 : 2$

となる。そこで，最終的には同じ濃度にならなくてはならないため，溶媒の質量比も 4：3：2 になる。ここで，A，B，C全体に含まれる水の量は次のようになる。

A：$100 - 1.17 = 98.83\,\mathrm{g}$

B：$100 - 1.11 = 98.89\,\mathrm{g}$

C：$100 - 6.84 = 93.16\,\mathrm{g}$

$98.83 + 98.89 + 93.16 = 290.88\,\mathrm{g}$ になる。

最終的な水の量は，これを 4：3：2 に分けて考える。

A：$290.88 \times \dfrac{4}{4+3+2} = 129.28\,\mathrm{g}$

B：$290.88 \times \dfrac{3}{4+3+2} = 96.96\,\mathrm{g}$

C：$290.88 \times \dfrac{2}{4+3+2} = 64.64\,\mathrm{g}$

つまり，Aの水の量は増えて，B，Cの量は減る。

629 解答 舟形配座はいす形配座よりも，炭素原子や水素原子どうしの距離が近く不安定である。

解説 シクロヘキサンは 6 個の炭素原子が「いす形配座」と「舟形配座」を取ることで安定な構造を保っている。シクロヘキサンの平衡は次の通りである。

いす形配座　　　　　舟形配座　　　　　いす形配座

入試のポイント・発展知識―― 305

630

解答

(1) 第一段階　E_2-E_1　　第二段階　E_4-E_3

(2) (ア) 増加　(イ) 大きく　(ウ) 大きい　(エ) 小さく
　　(オ) 大きくなる　(カ) 大きくなる

(3) $3.33\times10^2\,K$

(4) $8.6\,kJ/mol$

解説

(1) 活性化エネルギーは，活性化状態の山を越えるのに必要な
　エネルギーなので，第一段階では E_2-E_1，第二段階では E_4
　$-E_3$ となる。

(2) ③式を図示すると，横軸 $\dfrac{1}{T}$，縦軸 $\log_e k$，傾き $-\dfrac{E}{R}$ となる。

　よって，T が増加すると $\dfrac{1}{T}$ は減少するので，$\log_e k$ は増加す
　る。また，活性化エネルギーが大きい反応ほど，傾きの絶対
　値は大きくなることから，速度定数の温度依存性が大きくな
　ることがわかる。
　反応中間体は正に帯電(電子が不足)しているため，置換基 X
　の電子供与性が強いほど安定化し，活性化エネルギーが小さ
　くなる。活性化エネルギーが小さくなる(反応が進みやすい)
　と，反応速度は大きくなる。エネルギー図より，この反応で
　は第一段階の活性化エネルギーが最も大きい。つまり，反応
　速度が最も小さいことから，第一段階が全体の反応速度を決
　めている。

(3) 温度を 250 K から 300 K に上げると，反応速度定数が 100
　倍になったことから，②式にそれぞれの条件を代入すると次
　の式が得られる。

$$100Ae^{-\frac{E}{250R}}=Ae^{-\frac{E}{300R}}$$

　両辺に対数をとると

$$\log_e 100-\frac{E}{250R}=-\frac{E}{300R}$$

　整理すると

$$\log_e 10=\frac{E}{3000R}\cdots(\text{i})$$

　温度を 250 K から x〔K〕に上げると，反応速度定数が 1000 倍
　になったことから，②式に同様にそれぞれの値を代入すると
　次の式が得られる。

$$1000Ae^{-\frac{E}{250R}}=Ae^{-\frac{E}{xR}}$$

　両辺に対数をとって整理すると，

$$\log_e 10=\frac{(x-250)E}{750xR}\cdots(\text{ii})$$

　(i)，(ii)より，$x\fallingdotseq333$

(4) メタ位は 2 つ存在するので，反応速度定数には次のような
　関係がある。

$$k_{パラ}:2k_{メタ}=16:1$$

▶何段階かで反応が進むとき，
それぞれの反応を素反応と
よぶ。

●**律速段階**
素反応の中で最も反応速度
が小さい段階。この段階が
全体の反応速度を決める。

温度 300 K におけるパラ置換体とメタ置換体の活性化エネルギーの差は⑤式より

$$\Delta E_{\text{パラ}\cdot\text{メタ}} = -RT\log_e\frac{k_{\text{パラ}}}{k_{\text{メタ}}} = -8.3 \times 300 \times \log_e 32$$
$$= -8.3 \times 300 \times 5 \times 0.69$$
$$= -8590$$
$$= -8.6\,\text{kJ/mol}$$

エクセル アレニウスの式 $k = Ae^{-\frac{E}{RT}}$

両辺に自然対数をとると，$\log_e k = -\dfrac{E}{RT} + \log_e A$

傾きより，活性化エネルギーを求めることができる。

入試のポイント・思考問題（p.408）

問題1 解答 ③

解説 水分子を構成する酸素原子は水素原子よりも電気陰性度が大きい。そのため，水分子内では，酸素原子が負に帯電して，水素原子が正に帯電している。水が氷になると，分子間に水素結合を形成して隙間の多い正四面体構造になる。

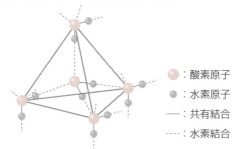

また，水素結合は分子間力の一種である。

分子間力 ｛ 水素結合：水素原子を仲立ちにして原子間にできる結合。
ファンデルワールス力：極性分子間にはたらく静電気的な引力や，すべての分子間にはたらく引力。

問題2 解答 ③

解説 水が氷になると，分子間に水素結合を形成して隙間の多い正四面体構造になる。そのため，氷の密度は水の密度よりも小さくなる。

問題3 解答 　1　③　　2　④　　3　③

解説 鉄 2000 g と水 500 g に必要な熱量の総和は次のようになる。
$Q = mc\Delta T$
$Q = (2000 \times 0.64 \times 1) + (500 \times 4.2 \times 1) = 3380 ≒ 3.4 \times 10^3$ J

問題4 解答 ①

解説 水の蒸発は吸熱反応である。固体と液体が共存しているときに加熱を続けても熱は状態変化にのみ使われる。そのため温度は上昇しない。

問題5 解答 ③

解説 抽出とは液体を用いて，試料から特定の成分を取り出す方法である。

問題6 解答 ①

解説 分子内にヒドロキシ基を多くもつ物質ほど水に溶けやすい傾向がある。

問題7
解答 1 ① 2 ④

解説 紅茶100gはすべて水からなると仮定する。溶解度の値から温度60℃の水100gにショ糖は最大で287g, 温度5℃の水100gにショ糖は最大で186g溶けることがわかる。下線部dで温度60℃の水100gに溶かしたショ糖は200gである。つまり，ここでショ糖はすべて溶けていたことになる。これを温度5℃に冷却したので，200g − 186g = 14gが溶けきれずに析出する。

問題8
解答 ②

解説 溶液を冷却していくと，先に溶媒だけが凝固するので溶液の濃度はしだいに濃くなる。つまり，加糖済の紅茶を冷却すると溶液部分に該当する紅茶の濃度はしだいに濃くなると考えられる。

問題9
解答 1 ② 2 ⑦

解説 凝固点降下度の公式より，$\Delta T = K_f \times m$

$$\Delta T = 1.86 \times \frac{\frac{5.00}{342}}{\frac{100}{1000}} = 0.271 ≒ 0.27℃$$

問題10
解答

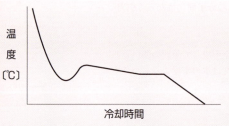

解説 凝固点以下の温度になっても液体が凝固せずに温度が下がる現象を過冷却という。図には過冷却が起きていること，結晶化にともなう発熱が起きていること，加糖済の紅茶の冷却にともなう凝固点降下度は溶液部分の質量モル濃度に比例していることを示す必要がある。